ISBN 978-3-662-23439-6   ISBN 978-3-662-25493-6 (eBook)
DOI 10.1007/978-3-662-25493-6

Inhalt.

Allgemeine Bemerkungen.

as Zeitalter des Stahls, dessen Herannahen seit der epochemachenden Erfindung Bessemer's verkündigt wurde, dessen Vorboten bereits auf den letzten vier Weltausstellungen erschienen und dessen Morgen auf der Wiener Ausstellung vor 5 Jahren angebrochen war, ringt heute mit dem Eisen um die Herrschaft. Vor unseren Augen sehen wir eine jener grossen Umwälzungen sich vollziehen, durch welche das Menschengeschlecht sich jedesmal auf eine höhere Entwicklungsstufe geschwungen hat.

Die Bodenfunde der neueren Zeit, mittels deren der Forscher die vorhistorischen Perioden in ungezählten Jahrtausenden durchspäht, haben uns in den Stand gesetzt, uns ein klares Bild von den früheren Entwicklungsstufen der Menschheit vor Augen zu stellen. Wir sehen die erste Stufe der menschlichen Cultur beginnen mit rohen Werkzeugen aus Feuerstein, Holz, Knochen, Hirschhorn; wir gewahren, wie die rohe Steinaxt allmälig mittels Schliffes und Politur eine Form gewinnt, aus welcher ihre heutige Gestalt hervorgegangen ist. Wir nehmen an den Ueberbleibseln der früheren Culturperioden, welche uns das Heiligthum der Gräber aufbewahrt hat, wahr, wie während des Stein-Zeitalters die Bronze entdeckt wurde und wie aus ihm heraus allmälig das Zeitalter der Bronze-Werkzeuge und Waffen emporwuchs, bis, nachdem beide Gattungen, vielleicht Jahrtausende, neben einander bestanden, indem die Reicheren der Bronze- und die Aermeren der Stein-Werkzeuge sich bedienten, die letzteren endlich gänzlich verdrängt worden waren. In einem ähnlichen Entwicklungskampf ist zu Anfang der historischen Zeit die Bronze vom Eisen verdrängt worden, und gegenwärtig rollt sich dasselbe culturgeschichtliche Ereigniss ersten Ranges auf's Neue vor unseren Augen ab, — nur dass bei dem heutigen Stand des Wissens und der technischen Hilfsmittel der Process ein weit kürzerer ist.

Erst vor zehn Jahren begannen die einsichtigeren Verwaltungen grosser Eisenbahnlinien allmälig die Stahlschiene an Stelle der Eisenschiene einzuführen. Noch zur Zeit der Wiener Ausstellung, wo diese Bewegung schon stark in Fluss gerathen war und z. B. die Köln-Mindener Eisenbahn bereits über 300 Kilometer Stahlgeleise besass, die Stahlschiene auch auf den deutschen Reichseisenbahnen in Elsass-Lothringen eingeführt war und auf den grösseren Linien in Oesterreich Eingang gefunden, traten daselbst noch viele neue Eisenbahnprojecte in's Leben, welche auf die Eisenschienen berechnet waren. Seitdem hat die Bewegung Dimensionen angenommen, für welche wir uns vergebens nach einem ähnlichen Beispiel in der Culturgeschichte umsehen. Nach dem Vorgange Frankreichs, Russlands und Englands haben fast sämmtliche Eisenbahnverwaltungen Europa's in diesem Augenblicke sich entschlossen, die Eisenschiene durch die Stahlschiene zu ersetzen, und die Tage der Ersteren sind gezählt.

Diese zur Zeit der Wiener Ausstellung bereits im Gange befindliche Umwälzung gewinnt noch an tiefgreifender Bedeutung durch eine Anzahl wirthschaftlicher Ereignisse, welche einerseits erschütternd, andererseits segenbringend wirken oder zu wirken im Stande sind. Wir meinen in erster Linie die vor 5 Jahren ausgebrochene Handelskrisis, welche unter allen Katastrophen ähnlicher Art in diesem Jahrhundert die grösste Ausdehnung genommen, das grösste Elend zur Folge gehabt und insbesondere in Beziehung auf Eisen und Kohle den tiefsten Preissturz herbeigeführt hat, welchen die Geschichte der Preise innerhalb so kurzer Zeit verzeichnet. Dies war die nothwendige Folge der masslosen Preissteigerung in den Jahren 1872 und 1873.

Gegenwärtig hat der Werth des Roheisens den Durchschnitt der 1860er Jahre wieder erreicht. Der Preis des schottischen Roheisens ist nämlich von dem Durchschnittssatze von 5 £ 16 sh. 11 d. per Tonne im Jahre 1873 auf 2 £ 14 sh. 4 d. im Jahre 1877 gefallen. Diese Preisermässigung hat aber wesentlich dazu beigetragen, den Verbrauch, welcher durch die Ueberspeculation der vorhergegangenen Jahre und die damit zusammenhängende abnormale Preissteigerung in's Stocken gerathen war, wieder zu beleben. Die Eisenindustriellen haben übrigens sowohl in Oesterreich wie in Deutschland, in England wie in den Vereinigten Staaten diese Katastrophe, welche über sie hereingebrochen, zum grössten Theil ihrer eigenen Unvorsichtigkeit beizumessen, denn die Hütten waren über alles Mass vermehrt und erweitert worden. So wurden z. B. in Preussen allein vom Jahre 1870 an, einer officiellen statistischen Aufstellung zufolge, ungefähr ebenso viele neue Actiengesellschaften für Hüttenbetrieb errichtet, als seit Anfang des Jahrhunderts. Die Industriellen sollten sich die üble Erfahrung der aus Uebertreibung hervorgegangenen Reaction umsomehr zu Herzen nehmen, als einerseits die Leichtigkeit, mit welcher das Hüttenwesen mit Hilfe des vereinigten Capitals und der neuen technischen Fortschritte einer raschen Vergrösserung fähig ist, einen grossen Reiz ausübt, andererseits aber die Gefahr neuer bahnbrechender Erfindungen, welche zu einer Veränderung der Anlagen und des Betriebs zwingen, in neuerer Zeit viel grösser ist.

Gerade seit der Wiener Ausstellung sind mehrere Erfindungen und Verbesserungen aufgetaucht, welche in das künftige Schicksal der Eisen- und Stahlindustrie tief einzugreifen geeignet sind.

Es würde zu weit führen, von dem Siemens-Martin'schen Verfahren der Gussstahlbereitung hier eingehender zu sprechen, welches gegenwärtig dem Bessemer-Process die meiste Concurrenz macht. Nun ist es nach den vorliegenden Berichten dem einen dieser Erfinder, dem Präsidenten des britischen Eisen- und Stahl-Instituts, Dr. Siemens, auf seinem Werke zu Landore gelungen, eine weitere Verbesserung zu bewerkstelligen, indem er, statt wie beim Siemens-Martin-Process Eisen- und Stahlabfälle, sehr reine Erze dem geschmolzenen Roheisen zusetzt. Nach einer Mittheilung, welche der frühere Präsident des Instituts der Maschinenbauer, Herr Bramwell, im Anfang des Jahres 1877 im königlichen Institut zu London gemacht hat, bestehen die wesentlichen Eigenheiten und Vortheile dieses bis jetzt sogenannten Landore-Processes in Folgendem: Nachdem in dem Siemens'schen Gasofen (Regenerator) das Eisenerz dem flüssigen Gusseisen beigemischt ist, reagiren beide auf einander, indem der Kohlenstoff des Gusseisens und der Sauerstoff des Erzes sich vereinigt in der Art, dass dem Gusseisen der Kohlenstoff entzogen und das Eisenerz entoxydirt wird. Das Resultat ist flüssiges Schmiedeeisen, welches kaum noch eine Spur von Kohlenstoff mehr enthält. Von Zeit zu Zeit kann eine kleine Probe aus dem Ofen genommen werden, um zu sehen, ob der Process vollständig ist. Ist dies der Fall, dann wird eine geeignete Menge Spiegeleisen dem Bade beigefügt, und das flüssige Metall ist in Stahl verwandelt. Durch dieses Probiren während des Gusses ist man im Stande, mit Sicherheit diejenige Qualität Stahl zu erhalten, welche man wünscht. Darin besteht ein wesentlicher Vortheil, den der neue Siemens-Process vor dem Bessemer-Verfahren voraus hat. Denn wenn auch der heutige Bessemer-Gussstahl, Dank den neuen verbesserten Methoden und insbesondere auch in Folge des Gebrauches phosphorfreier Erze (aus Spanien und Algerien) ein weit zuverlässigeres Product ist, als er vor zehn Jahren war, wo er mehr Phosphor enthielt und leicht sprang, so ist doch die Ungleichheit seiner Beschaffenheit ein Haupthinderniss gegen die allgemeine Einführung der Stahlschienen gewesen. Dieser Misstand des Bessemer-Processes, dass man die Qualität der einzelnen Güsse nicht absolut in der Gewalt hat und dass manche spröder gerathen, als beabsichtigt ist, wird beim Landore-Verfahren vollkommen vermieden, weil mittels desselben der Stahl beliebig weich gemacht werden kann. Die englische Admiralität z. B. verlangt, dass jedes Stahlmuster, wenn es 20 Centimeter lang ist, um 20 $^0/_0$ soll gestreckt werden können, ehe es einen Bruch bekommt und ebenso dass jedes Muster, nachdem es geglüht und wieder im kalten Wasser abgekühlt war, kalt auf $^3/_4$ seiner Dicke soll gebogen werden können, ohne dass es Schaden leidet. Von 14.000 Proben, welche in der Landore-Hütte bei Swansea in Süd-Wales gemacht worden sind, hat jede einzelne diesen Bedingungen entsprochen.

Während der Bessemer-Stahl wegen der Unsicherheit seiner Qualität für solche Zwecke, wo es wegen der möglichen Gefährdung von Menschenleben auf besondere Zuverlässigkeit ankommt, insbesondere bei Eisenbahnbrücken und beim Schiffbau nur ausnahmsweise oder gar nicht zur Anwendung gelangt, hat die englische Admiralität schon vor einem Jahre nicht weniger als acht neue Kriegsschiffe aus Landore-Stahl bestellt. Der oben genannte Ingenieur Bramwell kennzeichnete den Unterschied zwischen beiden Methoden mit den bemerkenswerthen Worten: „Bei dem Bessemer-Processe können zuverlässige Ergebnisse erlangt werden, wenn er von geschickten Leuten geleitet wird, die ihre Aufgabe durch und durch kennen. Bei dem Siemens'schen Verfahren dagegen erfordert es grosse Geschicklichkeit, um ein nicht zuverlässiges Resultat zu erzielen." Ein Hinderniss gegen die allgemeine Einführung dieses Processes scheint noch in den höheren Herstellungskosten zu liegen und dass nur sehr reiche Erze bis jetzt dazu in Verwendung kommen können. Wie aus einer auf der Jahresversammlung des Eisen- und Stahl-Instituts in Newcastle im September 1877 von Dr. Siemens verlesenen Denkschrift hervorgeht, ist er auf seinen Werken in Birmingham und in Towcester fortwährend bemüht, die Frage der Production von Eisen und Stahl durch directen Process zur endgiltigen Lösung zu bringen, und es wurde sein Verfahren in der genannten Versammlung für einen unzweifelhaften Fortschritt in der rechten Richtung erklärt. Gleichzeitig legte das Parlamentsmitglied J. Lowthian Bell ein Verfahren vor, um beim Bessemer-Process den Phosphor auszuscheiden und zwar mittels Anwendung von Eisenoxyd bei starker Umrührung des Gusses in weniger hoher Temperatur. Bell ist ein Gegner des Siemens'schen Ofens und ein lebhafter Vertheidiger der bisherigen Hohöfen einschliesslich der Bessemer Convertoren, denen das Gelingen seiner Erfindung unstreitig wieder die Behauptung ihrer jetzigen Stellung erleichtern würde. Die gleichzeitigen unabhängig von einander geführten Bestrebungen dieser beiden Männer können daher kaum verfehlen, früher oder später zur Beseitigung der letzten Hindernisse zu führen, welche einer billigeren Herstellung und allgemeineren Verbreitung des Stahles in der erforderlichen Güte und Geschmeidigkeit noch im Wege stehen.

Sobald es gelingt, den Phosphor während des Processes des Stahlgusses zu entfernen, oder Siemens sich am Ziel seines Wunsches sieht, das Landore-Verfahren billiger zu gestalten, so wird auch der Einwand oder das Vorurtheil schwinden, die jetzt nach der allgemeinen Einführung einer anderen Neuerung im Wege stehen, welche letztere ebenfalls für das Eisenbahnwesen epochemachend zu werden verspricht. Wir meinen die Anwendung eiserner Eisenbahnschwellen. Das Hauptbedenken gegen den Gebrauch derselben war der oben erwähnte Umstand, dass einzelne Partieen von Bessemer-Schienen früher von so spröder Beschaffenheit waren, dass sie leicht sprangen, eine Gefahr, die durch Anwendung gusseiserner Schwellen wesentlich erhöht würde. Diese Gefahr wird durch die Anwendung weicheren, geschmeidigeren Stahles vollständig entfernt. Schon jetzt wird indessen die Neuerung für so wichtig gehalten, dass der preussische Handelsminister im Frühjahr 1877 die Verwaltungen der preussischen Staatsbahnen angewiesen hat, fortan nur noch eiserne Schwellen zu verwenden. Dieselben bieten nach zwei Seiten hin wesentliche Vortheile. Einerseits wird der überhandnehmenden Verwüstung der Wälder gesteuert, andererseits eine bedeutende Ersparniss erzielt, weil die eisernen Schwellen, obwohl deren Anschaffungspreis durchschnittlich höher ist, doch durch die weit längere Dauer ihrer Verwendbarkeit billiger zu stehen kommen als hölzerne, besonders bei der gegenwärtigen Preisconjunctur. Die aus L-Eisen gebildete Form der Schwellen erleichtert wesentlich die Ersparniss an Material. Ueberdies sind erst gegen Ende 1877 Patente auf neue Schwellenconstructionen genommen worden, welche in dieser Hinsicht besondere Vorzüge besitzen, indem die Verbindung mit den Schienen in einer Form bewerkstelligt wird, dass an den letzteren gegen 40 % des Materials erspart werden kann.

Zu diesen Ersparnissen kommt aber ein Umstand, welcher diesen Vortheil noch wesentlich zu erhöhen verspricht, indem er den Schwellen eine fast unbegrenzte Dauerhaftigkeit verleiht. Es ist dies die neue Erfindung des Professor Barff, welcher nach den Mittheilungen, die schon im Winter 1877 im Eisen- und Stahl-Institut zu London gemacht wurden, ein wirksames Mittel gegen den Rost gefunden hat. Bekanntlich gibt man sich bis jetzt nur bei Gegenständen, wo Menschenleben in höchster Gefahr stehen, die Mühe, Mittel zum Schutze des Eisens vor Rost anzuwenden, z. B. bei Gitterbrücken und Dampfschiffen. Die Cramer-Klett'sche Brückenbau-Anstalt zu Nürnberg legt z. B. jeden zur Herstellung ihrer Fischbauchbrücken erforderlichen Eisentheil in Oel, welches bis auf 800⁰ Fahrenheit erhitzt wird. Ausserdem muss bei diesen Gegenständen der Oelanstrich sorgfältig erneuert werden. An der Britannia-Brücke bei Bangor in Nord-Wales ist der Anstreicher in Permanenz beschäftigt. Trotz dieser kostspieligen Vorsicht lassen sich heimliche Roststellen doch nicht vermeiden. Das Alter der Gitterbrücken ist freilich noch zu kurz, um daraus auf die grössere oder geringere Möglichkeit von Unglücksfällen schliessen zu können. Der oben genannte Professor der Chemie an der königlichen Academie zu London hat nun ein Verfahren gefunden, Eisen vor Rost zu bewahren, indem er es erst in einen Mantel seines eigenen Magnetoxyds einhüllt. Jeder eiserne Gegenstand, welcher im geschlossenen Raume der Wirkung überhitzten Dampfes ausgesetzt wird, überzieht sich nach und nach mit einer Haut dieses schwarzen Oxydes, deren Dicke von der Höhe des angewandten Wärmegrades und der Länge des Processes abhängig ist. Wird der zur Ausführung des Verfahrens verwendete Behälter bis zu 500⁰ Fahrenheit erhitzt, bezw. der zu behandelnde Eisentheil einem so hochgradig überhitzten Dampfe 5 Stunden lang ausgesetzt, so wird ein hermetischer Ueberzug gewonnen, welcher längere Zeit dem Schmirgelpapier widersteht und das Eisen unter Dach, auch wenn es der Feuchtigkeit ausgesetzt ist, vollkommen schützt. Wird der eiserne Gegenstand aber der Wirkung überhitzten Dampfes von

1200° Fahrenheit 6 bis 7 Stunden lang unterworfen, dann widersteht der Magnetoxydüberzug selbst jedem mechanischen Angriff und kann gefahrlos jeder Art von Witterung ausgesetzt werden. Das Magnetoxyd ist härter als das betreffende Eisen selbst und haftet auf dessen Oberfläche sogar noch fester, als die Eisenatome unter einander, so dass nicht blos an chemischer, sondern auch an mechanischer Widerstandskraft dadurch gewonnen wird. Ueberdies ändert die Oxydation nichts an der Oberfläche. Eine rauhe Schmiedearbeit behält ihre Unebenheit, eine polirte Fläche ihre Glätte. Entfernt man den Ueberzug an einem Flecke, so wird dieser rosten, aber nicht weiter als das Magnetoxyd beseitigt ist.

Diese Erfindung ist, wenn die Versuche in der Praxis ihre Bestätigung finden, von grosser Tragweite. Fast möchte man glauben, dass die Lücke, welche durch die phänomenale Ausbreitung des Stahles in die Eisenindustrie gerissen wird, wenigstens für eine längere Periode dadurch wieder ausgefüllt werden soll, dass das Eisen mit Hilfe dieser neuen Erfindung in demselben oder in noch grösserem Massstabe, wie es durch den Stahl verdrängt wird, seinerseits an die Stelle des Holzes tritt. Durch die gründliche Verhütung des Rostes wird in Zukunft, namentlich bei allen Bauconstructionen, das Eisen das Holz ersetzen können, nachdem dasselbe bereits jetzt den Eingang gefunden hat. Dachstühle können durch die Anwendung von T-Eisen eben so leicht gemacht werden, als von Holz.

Glauben wir bei allen diesen Umständen die gegenwärtige gedrückte Lage der Eisenindustrie nur für eine vorübergehende Conjunctur halten zu sollen, so werden wir in dieser Meinung noch durch folgende Momente bestärkt. Einmal durch die Thatsache, dass die Eisenbahnen seit Ausbruch der Krisis mehr gespart haben, als es für die regelrechte Erneuerung des Oberbaues angemessen ist, und daher bald gezwungen sein werden, Aufgeschobenes nachzuholen, und ferner durch den Umstand, dass vermöge der neueren Erfahrungen und Verbesserungen im Eisenbahnbau die Errichtung von Localbahnen in einer Weise erleichtert wird, welche für die Herstellung des Netzes der Linien zweiten und dritten Ranges eine lange Bauthätigkeit in Aussicht stellt. Der Bau der Localbahnen konnte bisher nicht in der gewünschten Weise um sich greifen, weil wegen verschiedener Umstände nur selten die erforderliche Rentabilität erzielt wurde. Ein Haupthinderniss, welches indessen nur bei dem System der Privatbahnen vorkommt, liegt darin, dass die gut rentirenden Richtungen durch stark bevölkerte, industriereiche Gegenden von den Unternehmern zuerst in Beschlag genommen werden und dass sich dann für die übrig bleibenden Bahnen das erforderliche Privatcapital nur unter der Bedingung darbietet, dass von Seiten des Staates, der Provinz, der Gemeinde oder der Adjacenten grössere oder geringere Opfer gebracht werden. Beim System des Staatseigenthums der Eisenbahnen dagegen können die Ueberschüsse der reichen Linien zur Deckung des Deficits der schlecht rentirenden Localbahnen verwendet werden. Es kann also bei diesem System in Folge der reicher zu Gebote stehenden Mittel ein vollständigeres Eisenbahnnetz ausgebaut werden. Da nun sowohl in Folge der Staatsverträge wie der ganzen Richtung, welche gegenwärtig die Eisenbahnpolitik in verschiedenen Ländern genommen hat, in der Zukunft, wenigstens in Europa, das System der Staatseisenbahnen zur überwiegenden oder sogar ausschliesslichen Herrschaft gelangen wird, so ist aus diesem Grunde eine lebhafte Thätigkeit auf diesem Gebiete zu erwarten. Von weit unmittelbarerer Wirkung sind andererseits die Erfahrungen und Fortschritte, welche in technischer Beziehung gemacht worden sind und für die Herstellung der Localbahnen benützt werden können. Ein Haupthinderniss, auf welches der Bau der Localbahnen bis jetzt gestossen ist, lag in der Tradition. Man glaubte längere Zeit, nicht von der Schablone abgehen zu können, welche der Continent von England übernommen hat und welche bei dem Bau der grossen internationalen Linien angewendet worden ist. Diese Methode bestand darin, dass alle Eisenbahnen gleichsam unter der Voraussetzung angelegt wurden, dass sie sämmtlich zur Bewältigung ihres künftigen Verkehres früher oder später ein zweites Geleise bedürfen, und dass Ober- und Unterbau so solid construirt sein müssten, um Schnellzüge und die grössten Lasten befördern zu können. Bei vielen Localbahnen stellt sich dieses Bedürfniss niemals ein und bei vielen erst so spät, dass aus dem Zinsverlust des in Gestalt des doppelten Bahndammes und des zu kostspieligen Oberbaues nutzlos angelegten Capitals dann eine ganz neue Linie errichtet werden könnte. Man hat daher früher schon begriffen, dass der Unterbau der Localbahnen nur auf ein Geleise berechnet werden sollte. Aber erst in neuerer Zeit hat sich in Folge der Fortschritte im Maschinenbau die Ueberzeugung Bahn gebrochen, dass der Bau der Localbahnen mit weit geringeren Kosten als bisher bewirkt werden kann, indem unter Anwendung leichter Locomotiven in der Voraussetzung, dass diese Bahnen nur mit gewöhnlicher Schnelligkeit und mit leichten Lasten zu verkehren haben, grosse Steigungen und starke Krümmungen angewendet, dadurch aber eine bedeutende Anzahl von Durchschnitten, Tunnels, Aufdämmungen und Brücken gespart und auch der Oberbau und die Schienen weit leichter genommen werden können. Wir bemerken an dieser Stelle ausdrücklich, dass wir dabei normalspurige Bahnen im Auge haben und von schmalspurigen Bahnen ganz Umgang nehmen. Die Erfahrung hat gelehrt, dass die Locomotiven der Letzteren verhältnissmässig mehr Betriebskosten erfordern, da ja feststeht, dass kleine Dampfmaschinen mehr Brennmaterial verzehren als grosse, ausserdem aber bringt die Nothwendigkeit des Umladens Zeitverlust und Kosten mit sich.

Die Eisen- und Stahlindustrie wird sich, sobald der Frieden wieder gesichert ist, in nicht allzu langer Zeit von der Lähmung erholen, in welche sie durch den Ausbruch der Krisis von 1873 versetzt worden ist. Die durch den überhandnehmenden Gebrauch des Gussstahles bewirkte Umwälzung wird aber nicht blos fortdauern, sondern immer grössere Dimensionen annehmen, bis sie zur gänzlichen Verdrängung des Eisens in den meisten Verwendungsarten durch den Stahl geführt haben wird. Die Einführung des eisernen Oberbaues bei den Eisenbahnen an Stelle der Holzschwellen, sowie der Ausbau des Netzes der Localbahnen dient für die nächsten Jahrzehnte wie eine von der Gunst des Schicksals gewährte Frist, während welcher die Eisenhüttenbesitzer vollständig Gelegenheit haben, ihre Werke zu amortisiren und zur Gussstahlerzeugung überzugehen. Auch die Ausführung der zahlreichen Canal- und Flussregulirungsprojecte, mit denen man sich gegenwärtig auf dem europäischen Continent trägt, in Verbindung mit der immer wahrscheinlicher werdenden Verdrängung des Pferdebetriebes durch den Dampfbetrieb erhöht den Verbrauch von Eisen und Stahl für eine lange Periode noch bedeutend. Ebenso wird in der überseeischen Schiffahrt, wo die Eisendampfer den Holzschiffen einen steigenden Tonnengehalt entreissen, der Gebrauch von eisernen und stählernen Fahrzeugen immer mehr überhand nehmen. Allerdings sind noch etwa zwei Drittheile der bewohnten Erde und auch von Europa fast noch die grössere Hälfte dem Eisenverbrauch erst zu erschliessen, immerhin aber wird die Eisen-, bezw. Stahlindustrie gut daran thun, sich in Bezug auf den Umfang der Production in Zukunft selbst rechtzeitig eine Beschränkung aufzuerlegen, um zu verhüten, dass eine solche wieder durch eine gewaltsame Krisis, d. h. durch theilweises Versiegen der Absatzwege und durch Schleuderpreise erzwungen werde. Diese Gefahr ist bei der Eisen- und Stahlindustrie mehr wie bei einem anderen Gewerbe vorhanden, weil der Haupthilfsstoff derselben, der Eisenstein, in verhältnissmässig unbegrenzter Fülle vorhanden ist und mittels der sich ausbreitenden Schiffahrtsgelegenheit immer billiger nach den Werken geschafft werden kann, deren Gruben erschöpft sind.

Dieser Zweig der Metallurgie könnte weit eher eine stoffliche Grenze finden in der Vertheuerung der Steinkohle.

Die Krisis und die ihr vorausgegangene Ueberproduction, an welcher der Eisenindustrie der hervorragendste Antheil zubeschieden war, hat seit unserem letzten Berichte für die Wiener Weltausstellung die Production der mineralischen Kohle in kaum geringerem Masse heimgesucht. Der Preis, welcher gleich dem des Roheisens in's Masslose gestiegen war, ist nach dem Ausblasen von vielen Hunderten von Hohöfen, nach der Schliessung so vieler Fabriken und nach der Betriebsreduction bei so vielen anderen Unternehmungen in demselben Verhältniss wieder gesunken, ohne dass diese colossale Preisermässigung des nothwendigsten Hilfsstoffes bis jetzt den Verbrauch wieder gehoben hätte. Der Massenconsum der Kohle ist indessen so eng mit dem Schicksal der Metallurgie und der Eisenbahnen verwoben, dass das Wiederaufleben des Unternehmungsgeistes in den letzten Industriezweigen nothwendig auch wieder neue Regsamkeit in die Kohlenausbeute bringen muss. Der Preis der Kohle hat nämlich mit dem des Roheisens während der kritischen Epoche merkwürdige Wahlverwandschaft gezeigt. Derselbe stand in denjenigen Districten Englands und Schottlands, welche als tonangebend betrachtet werden, wie folgt:

	Yorkshirer Steinkohle mittlerer Qualität	Schottisches Roheisen
	per englische Tonne	
Dezember 1871	— £ 11 sh. 6 d.	2 £ 18 sh. 11 d.
„ 1872	1 „ 3 „ — „	5 „ 1 „ 10 „
„ 1873	1 „ 4 „ 6 „	5 „ 16 „ 11 „
„ 1877	— „ 10 „ 4 „	2 „ 14 „ 4 „

Nichts vergegenwärtigt mehr als diese Preisbewegung die ungeheuere Springfluth, welche während der letzten Speculationsperiode mehrere Jahre hindurch den natürlichen Kreislauf der Volkswirthschaft ausser Rand und Band gebracht hat. Nach dem kurzen Unternehmungsrausche sind die Preise wieder in ihr regelrechtes Durchschnittsgeleise zurückgekehrt, und es ist nur zu hoffen, dass sie dasselbe nie wieder in so unerhörter Weise verlassen mögen, denn der Schaden ist weit grösser und allgemeiner, als der geträumte Nutzen nur hätte werden können. Wir haben in Beziehung auf die Eisenindustrie oben die Gründe angeführt, warum wir an die baldige Wiederkehr einer dauernden Prosperität glauben, wofern die Unternehmer das verständige Mass einhalten. Die Kohlenindustrie geht bis auf einen gewissen Grad mit ihr Hand in Hand. Indessen ist hier die Gefahr grösser, dass der Vorrath im westlichen Europa im Laufe der nächsten Jahrhunderte erschöpft wird. Für Grossbritannien wenigstens ist die Berechnung aufgestellt worden, dass die Kohlenbergwerke der Insel bei der Fortdauer des Betriebes im jetzigen Umfang nur noch gegen zweihundert Jahre reichen, durch das Tiefertreiben der Schächte unter das bisher gebräuchliche Mass mit Hilfe der neuen verbesserten Maschinerie in den unteren Schichten vielleicht noch auf ein drittes Jahrhundert lohnende Ausbeute geben würden. Wir wollen hier die Frage nicht untersuchen, ob es nicht wie für die englische, so für die europäische Wirthschaft überhaupt nützlicher wäre, wenn der Staat die Kohlenbergwerke erwerben und in ärarischen Betrieb nehmen würde, um durch die Aufrechterhaltung eines ständigen höheren Preises die Consumenten zu grösserer Sparsamkeit zu zwingen. Unstreitig würde dadurch der Zweck eines längeren Vorhaltens der eigenen Lager, eines gleichmässigeren Preises, sowie die Vermeidung ungestümer Schwankungen und Krisen erreicht. Will man sich indessen die Schwankungen in der Production und im Preise gefallen lassen, so wird allerdings durch die natürliche Bewegung des Marktes schliesslich dasselbe Ziel erreicht, denn sobald die Vorräthe in England schwinden, wird der Preis so steigen, dass der Erschluss neuer Kohlengruben auf dem europäischen und amerikanischen Continent, insbesondere in Deutschland, Russland und in den Vereinigten Staaten sich mehr und mehr lohnt, wo die Schichten noch für Jahrtausende vorhalten werden, wenn man einen Betrieb vom jetzigen oder sogar noch bedeutenderen Umfang voraussetzt.

Was dann später werden soll, ist eine Frage, welche unser leichtlebiges und auf die Fortschritte der Naturwissenschaften bauendes Jahrhundert nur wenig kümmert. Indessen greift auch diese Frage in gewisser Beziehung in die heutige Wirthschaft ein, so dass sie die Speculation nicht ganz gleichgiltig lassen kann.

Die Technik ist unausgesetzt am Werk, auf neue Einrichtungen zu sinnen, durch welche Ersparnisse im Kohlenverbrauch erzielt werden. Man heizt gegenwärtig stehende Kessel und sogar Locomobilen mit Material, welches vor 30 Jahren unter den Schutt geworfen wurde. Es ist eine permanente Aufgabe, welche sich die Maschineningenieure gestellt haben, den Verbrauch an Brennmaterial der Dampfmaschinen bei möglichster Steigerung des Nutzeffectes auf das geringste Mass zu reduciren. Die englischen und französischen Heizerschulen haben es dahin gebracht, Maschinisten zu erziehen, welche ganz erstaunliche Quantitäten von Brennmaterial gegen den gewöhnlichen Durchschnitt ersparen. Die Prämien, welche die Eisenbahnen für die Kohlenersparniss den Heizern auszusetzen pflegen, wirken in der gleichen Richtung. Eine ähnliche Tendenz ist in den Feuerungseinrichtungen der einzelnen Haushaltungen zu beobachten. Durch die Einrichtung der russischen Centralheizungen und die Verbreitung der schwedischen und norddeutschen Oefen, sowie der Meidingerschen Füllöfen, welche die mittelalterlichen holzfressenden Kachelöfen und Camino bereits aus der nördlichen Hälfte des europäischen Continentes verdrängt haben und wovon die ersteren nur noch in der Schweiz und in Tirol, die letzteren in Frankreich, Italien und Spanien ihr Dasein fristen mit einer Hartnäckigkeit, die einer besseren Sache würdig wäre, wird allmälig eine sparsamere Wirthschaft mit dem Brennmaterial eingeführt. Solche Bewegungen pflegen indessen sich so langsam zu entwickeln, dass sie mit der Vermehrung der Bevölkerung und mit dem Anwachsen der Industrie nicht gleichen Schritt zu halten vermögen. Der Kohlenverbrauch wächst rascher als jene Ersparniss.

Hingegen treten auch Entdeckungen und Erfindungen auf, welche einen plötzlichen Umschwung herbeizuführen im Stande sind. Einen solchen haben wir seit den letzten 15 Jahren erfahren durch die rasche allgemeine Einführung des Petroleums. Es kann keinem Zweifel unterliegen, dass der Gasproduction durch das Petroleum eine bedeutende Schranke gesetzt worden ist, welche rückwirkend nothwendigerweise auch von der Kohlenproduction empfunden werden musste.

Eine andere Schranke liegt in der von der Zukunft zu erwartenden besseren Ausnutzung der Wassertriebkräfte, welche bis jetzt nur in ihrer Kindheit gewesen zu sein scheint. Wir können hier nicht auf alle Projecte und Verbesserungen eingehen, durch welche man in neuerer Zeit das Wasser in grösserem Masse als Motor heranzuziehen sucht; wir erlauben uns aber doch daran zu erinnern, dass die auf der Pariser Ausstellung von 1867 zum ersten Male vorgeführte Erfindung von Siemens, Triebkraft auf elektromagnetischem Wege auf weite Entfernungen fortzupflanzen, wodurch die grössere Ausnützung der Wasserfälle und Strömungen ermöglicht wird, doch nicht eine theoretische Spielerei zu bleiben scheint, sondern bereits in das Stadium der practischen Versuche getreten ist.

Lassen wir aber auch die Zukunftsprojecte und halten wir uns blos an practisch bewährte Einrichtungen, so finden wir, dass in Folge der Herstellung und Verbreitung der elektromagnetischen Lichtmaschinen, welche gegenwärtig hauptsächlich von Gramme in Paris und Siemens in Berlin gemacht werden, ein ungeheuerer Umschwung vorbereitet wird.

Nach den Berechnungen, welche mit diesem durch Maschinen erzeugten elektrischen Lichte angestellt worden sind und deren Hauptresultat in Dingle r's polytechnischem Journal mitgetheilt wird, kommt dieses Licht bei 6mal stärkerer Leuchtkraft auf die Dauer 33mal billiger zu stehen als das Gas. Gegenwärtig ist das elektrische Maschinenlicht erst in einer Anzahl von Fabriken zu Paris und Mülhausen, auf Güterbahnhöfen und in Häfen, auf dem Platz des Wiener Eislaufvereines und in einigen Hüttenwerken Frankreichs eingeführt. In England wurde auf dem Dampfer Faraday, während er vor Gravesend vor Anker lag, ein Versuch mit einer Siemens'schen dynamo-elektrischen Lichtmaschine angestellt, welche ein Licht von 4000—6000 Normalkerzen gab. Diese Maschine wurde von einer besonderen Dampfmaschine an Bord getrieben. Die Lampe, welche sich an der Landseite befand, beleuchtete das Ufer soweit hin, dass man in einer Entfernung von über 400 Meter bequem Geschriebenes lesen konnte. Auf der See wird die Lampe an der Mastspitze befestigt und macht so das Schiff nicht nur anderen Fahrzeugen besser sichtbar, sondern lässt auch vom Schiffe aus entfernte Gegenstände deutlicher erkennen und gestattet bei Nacht die verschiedensten Arbeiten an Bord. In manchen Fabriken von Paris, deren Productionszweig besonders scharfe Beleuchtung erfordert, ist die Nachtarbeit erst durch das elektrische Maschinenlicht möglich geworden. Es kann schon angesichts der bis jetzt gemachten Erfahrungen keinem Zweifel mehr unterliegen, dass das Gaslicht nicht blos in den Fabriken und in anderen öffentlichen Anstalten, sondern auch bei den städtischen Beleuchtungen allmälig wird verdrängt werden.

Dadurch aber wird eine Ersparniss im Kohlenverbrauch erzielt werden, welche nothwendig einen fühlbaren Einfluss auf die Production äussern muss. Zum Betriebe der durch den russischen Physiker Tablohkoff neuerdings wieder verbesserten elektromagnetischen Lichtmaschinen werden zwar in der Regel Dampfmaschinen gebraucht, allein die zu deren Heizung erforderliche Kohlenquantität steht in verschwindendem Verhältniss zu dem Kohlenverbrauch der Gasöfen.

Die erwähnten Thatsachen führen zu dem Schlusse, dass im Kohlengeschäft, wo sich übrigens schon in ziemlich kurzer Zeit der normale Absatz wieder einstellen wird, in gleichem Masse wie noch beim Eisengeschäft Vorsicht in der Gründung neuer Unternehmungen geboten ist, wenn man sich nicht der Wiederholung ähnlicher Rückschläge aussetzen will.

Nach diesen allgemeinen Bemerkungen und bevor wir den Blick den einzelnen Ländern unseres Planeten zuwenden, sei es gestattet, zunächst in zwei übersichtlichen Tableau's zu zeigen, wie sich die Production von mineralischen Kohlen und von Roheisen auf der ganzen Erde in dem letzten Decennium entwickelt hat. Hierauf möge eine summarische Statistik der heutigen Bessemerstahl-Fabrication Platz finden und an diese sich endlich eine Tabelle anschliessen über die Ausdehnung der Eisenbahnen in allen Theilen der Welt.

Kohlenproduction der Erde.

Länder	Production				Zunahme in Procenten
	im Jahre	metr. Tonnen	im Jahre	metr. Tonnen	
Grossbritannien	1866	103.069.804	1876	135.611.788	$31._{57}$
Deutschland	„	28.162.805	1877	48,296.367	$71._{48}$
Frankreich	„	12.234.455	„	16,889.201	$38._{04}$
Belgien	„	12.774.662	1876	14,329.578	$12._{17}$
Oesterreich-Ungarn	„	4,893.933	„	13.362.586	$175._{08}$
Russland	„	271.533	1875	1.709.269	$529._{49}$
Spanien	„	432.664	1876	706.814	$63._{36}$
Italien	„	70.000	1875	102.140	$45._{91}$
Schweden	„	36.467	1876	92.352	$153._{25}$
Uebrige Länder Europa's	.	?	.	80.000	?
Vereinigte Staaten	1866	21.856 841	1875	48.273.447	$120._{85}$
Canada	„	558.519	1876	709.646	$27._{06}$
Uebrige Länder Amerika's	.	?	.	400.000	?
Asien	.	?	.	4,120.000	?
Afrika	.	?	.	100.000	?
Australien	1866	774.000	1876	1.380.000	$78._{29}$
Summa	.	185,135.686	.	286,163.188	.

Roheisenproduction der Erde.

Länder	Production				Zunahme in Procenten
	im Jahre	metr. Tonnen	im Jahre	metr. Tonnen	
Grossbritannien	1866	4,596.279	1876	6,660.893	$44._{92}$
Deutschland	„	1.000.492	„	1,614.687	$61._{38}$
Frankreich	„	1.260.348	1877	1,453.112	$15._{30}$
Belgien	„	482.404	1876	490.508	$1._{68}$
Russland	„	314.850	1875	426.896	$35._{59}$
Oesterreich-Ungarn	„	284.638	1876	400.426	$40._{68}$
Schweden	„	230.670	„	351.718	$52._{48}$
Luxemburg	„	46.460	„	231.658	$398._{62}$
Spanien	„	39.254	1873	42.825	$8._{92}$
Italien	„	22.200	1875	20.278	—
Uebrige Länder Europa's	.	?	1876	60.000	?
Vereinigte Staaten	1866	1.225.031	1877	2,351.618	$91._{96}$
Uebrige Länder Amerika's	.	?	.	115.000	?
Asien	.	?	.	60.000	?
Afrika	.	?	.	30.000	?
Australien	.	?	.	15.000	?
Summa	.	9,502.626	.	14,324.619	.

Die Kohlenproduction der Erde berechnet sich nach der nebenstehenden Uebersicht für das Jahr 1876 auf etwa 286 Millionen Tonnen. Gegenüber dem Jahre 1866 ergibt sich, wenn man von Amerika (exclusive der Vereinigten Staaten), Asien und Afrika, für welche auch nur annäherungsweise entsprechende Ziffern über die Kohlengewinnung des Jahres 1866 nicht vorliegen, absieht, eine Zunahme der Kohlenproduction des Erdballs für das zwischenliegende Decennium von beiläufig 52.0 %. Den grössten Antheil an der Kohlenproduction der Erde nimmt

Grossbritannien mit. . . . . 135,611.788 Tonnen = 47.4 %,
in weitem Abstande folgen dann
Deutschland mit . . . . 48,296.367 „ = 16.9 „
und die Vereinigten Staaten mit . 48,273.447 „ = 16.9 „.

Ihnen reihen sich Frankreich, Belgien und Oesterreich-Ungarn an. Das stärkste Wachsthum der Förderung innerhalb der angedeuteten 10 Jahre zeigt (Russland und Schweden, die mit ihren geringen Mengen weniger in Betracht kommen, ausgeschlossen) Oesterreich-Ungarn mit 175.08 % und die Vereinigten Staaten mit 120.85 %. Die schwächste Steigerung ihrer Kohlengewinnung haben Belgien (12.17 %) und — Grossbritannien (31.57 %) aufzuweisen. —

Die Roheisenproduction der Erde betrug im Jahre 1876 rund 14.3 Millionen Tonnen. Der Fortschritt der Eisenindustrie in Betreff der producirten Mengen hat nahezu gleichen Schritt mit der Entwicklung der Kohlenindustrie gehalten, denn die Roheisenproduction der Welt ist von 1866 bis 1876 um circa 47.8 % gestiegen. Auch hier zeigt sich die Machtstellung Englands, welches mit 6,660.893 Tonnen, daher mit 46.5 % an der Roheisenproduction der Erde participirt. An Grossbritannien schliessen sich an:

Die Vereinigten Staaten mit 2,351.618 Tonnen = 17.1 %
Deutschland mit . . . . . 1,614.687 „ = 11.3 „
Frankreich „ . . . . . 1,453.112 „ = 10.2 „

Die intensivste Zunahme in der Production zeigten, Luxemburg und Schweden ausser Betracht gezogen, die Vereinigten Staaten mit 91.96 %, Deutschland mit 61.38 % und England mit 44.92 %. —

Der gegenwärtige Stand der Bessemerstahl-Fabrication der Erde wird durch folgende Uebersicht veranschaulicht.

<h3 align="center">Bessemerstahl-Fabrication.</h3>

Länder	Bessemer Stahlwerke	mit Convertern	mit einer Stahlproduction von metr. Tonnen	in Procenten
Grossbritannien	25	114	762.000	36.1
Vereinigte Staaten von Nord-Amerika . . .	11	27	534.412	25.3
Deutschland	18	81	390.434	18.5
Frankreich	7	26	218.000	10.4
Oesterreich-Ungarn	13	32	97.470	4.6
Belgien	2	12	75.258	3.6
Schweden	19	38	22.138	1.1
Russland	2	4	8.636	0.3
Summa . . .	97	334	2.103.384	100.0

Es existiren jetzt hiernach auf der Erde 97 Bessemerhütten mit 334 Convertern. Die Gesammt-Fabrication an Bessemerstahl beläuft sich auf 2.1 Millionen Tonnen. Auch in dieser Fabricationsbranche dominirt Grossbritannien (mit 36.1 %); sodann folgen die Vereinigten Staaten, Deutschland und Frankreich. —

Ueberall hängt die Entwicklung des Eisenbahnnetzes auf das Innigste mit der Kohlen- und Eisenindustrie zusammen. Deshalb sind statistische Daten in dieser Richtung nicht ohne Interesse. Es betrug die Länge der Eisenbahnen auf der Erde

im Jahre	1850	41.897	Kilometer,
„ „	1860	108.626	„
„ „	1870	211.109	„
„ „	1873	268.323	„
„ „	1875	293.813	„
„ „	1877	321.272	„

Die Details für das Jahr 1877 (Stand vom 31. December) sind der folgenden Zusammenstellung zu entnehmen.

Das Eisenbahnnetz der Erde Ende 1877
(nach Prof. Dr. Stürmer in Bromberg.)

Länder	Eisenbahnen Ende 1877	Es kommen Eisenbahnen auf 100 Qu.--Kilometer	auf je 10.000 Einwohner
		in Kilometern	
Deutschland	30.303	5.6	7.1
Grossbritannien	27.540	8.7	8.1
Frankreich	23.383	4.4	6.1
Russland	20.467	0.38	2.8
Oesterreich-Ungarn	18.058	2.9	4.8
Italien	8.210	2.8	2.9
Spanien	6.199	1.2	3.7
Schweden	4.791	1.1	10.8
Belgien	3.710	12.6	6.8
Schweiz	2.565	6.2	9.3
Niederlande und Luxemburg	1.974	5.5	4.8
Türkei	1.537	0.42	1.6
Dänemark	1.446	3.8	7.6
Rumänien	1.233	1.0	2.4
Portugal	968	1.1	2.3
Norwegen	802	0.25	4.4
Griechenland	12	0.024	0.08
Europa	153.198	1.5	4.9
Asien	13.096	0.03	0.16
Afrika	3.255	0.01	0.17
Vereinigte Staaten	128.187	1.3	32.9
Uebrige Länder Amerika's	18.752	.	.
Amerika	146.939	0.35	17.2
Australien	4.784	0.05	10.6
Totalsumme	321.272	0.24	2.3

EUROPA.

Grossbritannien.

(315.325 Quadrat-Kilometer. — 32,800.000 Einwohner.)

Kohle.*)

Urkundlich wird der Verbrauch von Steinkohlen in England erst im 13. Jahrhundert erwähnt. König Heinrich III. ertheilt 1233 den Bewohnern von Newcastle am Tyne die Freiheit, „Steine und Kohlen zu graben und dieselben zu ihrem Vortheil anzuwenden”. In einem Lande, das noch heute zu Tage auslaufende, wenn auch nicht mehr abbauwürdige Kohlenflöze enthält, wird der Werth und die Verwendung der mineralischen Brennstoffe schon viele Jahrhunderte zuvor bekannt gewesen sein und ist die Behauptung, dass schon die Römer bei der Eroberung Englands den Abbau der Steinkohlen vorgefunden, zwar nicht historisch nachgewiesen, jedoch sehr glaubwürdig. Schon während der Regierung Eduards I., des Nachfolgers Heinrichs III., fangen die Gewerke der Stadt London an, statt Holz Steinkohlen zur Heizung zu verwenden. Der Adel beschwert sich dagegen, da der Rauch der Gesundheit nachträglich sei, und König Eduard erlässt eine geharnischte Verordnung gegen den Verbrauch von Steinkohlen, bis der später eintretende Holzmangel, andere Heizvorrichtungen, vor allen Dingen aber die bessere Erkenntniss und die Gewöhnung an die Neuerung die Wiederaufhebung des Verbots herbeiführen lassen. Das sind die Anfänge des Steinkohlenbergbaues in einem Lande, das gegenwärtig pro Jahr über 130 Millionen Tonnen Steinkohlen producirt, eine Dampfkraft verwendet, welche der Arbeitskraft von etwa 800 Millionen Menschen gleichzustellen ist und in der Ausdehnung, wie in der Vielseitigkeit seiner Industrie alle anderen Staaten übertrifft.

---

*) **Literatur.** Mineralische Kohle von J. Pechar und Dr. Peez, Officieller Bericht der Wiener Weltausstellung (Wien 1874). — Report of the Commissioners relating to Coal in the United Kingdom (London 1871). — E. Hull, the Coal-fields of Great-Britain (London, 1873). — Warrington, W. Smyth, Coal and Coalmining (London 1872). — Mineral statistics of the United Kingdom of Great-Britain and Ireland, for the years from 1853 to 1876. By Robert Hunt, Keeper of Mining Records London). — Geinitz, Fleck und Hartig, Die Steinkohlen (München 1865). — Jahresberichte des Vereins für die bergbaulichen Interessen in Dortmund. — Dr. Frantz, Zeitschrift für Handel, Gewerbe und Volkswirthschaft (Beuthen). — Zincken, Die Braunkohle (Hannover 1867).

Geographische und geologische Verhältnisse.

Die Kohlenformation Grossbritanniens erstreckt sich auf eine Fläche von nahezu 7000 englischen Quadratmeilen (über 1,800.000 Hectar), von denen etwa 72 % auf England, 26—27 % auf Schottland, der Rest mit 1—2 % auf Irland entfällt.

In Betrieb waren:

Im Jahre 1854 . . 2.397 Gruben mit einer Förderung von 65 Mill. metr. Tonnen
„   „   1857 . . 2.867   „   „   „   „   „ 66 „   „   „
„   „   1860 . . 3.009   „   „   „   „   „ 85 „   „   „
„   „   1863 . . 3.160   „   „   „   „   „ 89 „   „   „
„   „   1872 . . 3.850   „   „   „   „   „ 125 „   „   „
„   „   1875 . . 3.933   „   „   „   „   „ 133 „   „   „
„   „   1876 . . 4.002   „   „   „   „   „ 135 „   „   „

In den Uebersichten für 1876 sind 22 Productionsreviere angegeben, von denen 4 weniger als 1 Million metr. Tonnen förderten, 8 über 1 Million und weniger als 5 Millionen, 4 zwischen 5 und 10 Millionen und der Rest zwischen 10 und 20 Millionen Tonnen, und zwar:

South Durham	19,721.701	metr. Tonnen
Yorkshire	15,296.160	„ „
North Durham und Northumberland	12,781.788	„ „
South Wales	12,164.909	„ „
Scotland (East)	11,854.330	„ „
South Staffordshire und Worcestershire	10,242.364	„ „
West Lancashire	9,271.000	„ „
North et East Lancashire	8,397.240	„ „
Derbyshire	7,137.756	„ „
Scotland (West)	7,109.870	„ „
Monmouthshire	4,571.985	„ „
Staffordshire (North)	4,142.789	„ „
Nottinghamshire	3,469.541	„ „
North Wales	2,242.566	„ „
Cumberland und Westmoreland	1,424.028	„ „
Gloucestershire	1,277.674	„ „
Shropshire	1,070.919	„ „
Leicestershire	1,021.080	„ „
Warwickshire	898.906	„ „
Somersetshire	660.821	„ „
Cheshire	593.730	„ „
Irland	126.935	„ „

Die Zahl der Kohlenbergwerke steht in den einzelnen Revieren keineswegs in einem bestimmten Durchschnitts-Verhältnisse zur Gesammtförderung. So hat unter den grossen Kohlengebieten des Nordens in England South Durham 185 Bergwerke und producirt 19 Millionen Tonnen, North Durham 183 Werke, welche nur 12 Millionen produciren. Leicestershire mit einer geringen Anzahl Werke fördert mehr Kohlen als Warwickshire mit einer grösseren Zahl. Nottinghamshire fördert dreimal so viel Kohlen als Somersetshire, obschon es nur 3 Zechen mehr hat. Auch die Zu- und Abnahme der Zechen schliesst nicht immer eine Zu- oder Abnahme der Production in sich. Im nördlichen Gebiete vermehrte sich die Zahl der Werke, aber die Förderung war eine geringere. In Lancashire nahm die Zahl der Zechen ab, aber die Förderung stieg.

Unter den Kohlen erzeugenden Bezirken war das „grosse nördliche Kohlenfeld in Durham und Northumberland" von jeher das wichtigste. Seit der Regierung der Königin Elisabeth bis zu Anfang dieses Jahrhundertes waren selbst die südlicheren Provinzen, London eingeschlossen, mit ihrem Bedarf vorzugsweise auf dieses Gebiet angewiesen. Seitdem hat sich aber die

Production auch in den anderen Bezirken ausserordentlich gehoben und sind hierbei die nach den Kohlenbezirken geführten Eisenbahnen und Canäle von ausserordentlichem Einflusse gewesen. Selbstverständlich sind in Bezug auf die Production unter den einzelnen Bezirken allein im Laufe der letzten Jahrzehnte mancherlei Veränderungen und Verschiebungen eingetreten. Namentlich haben Schottland und Wales, Yorkshire, Stafford- und Worcestershire ihre Production in den Jahren von 1860 ab erheblich gesteigert, während andere Bezirke, wie Shropshire, Cheshire, das gleiche procentuale Wachsthum nicht aufzuweisen haben. Irland ist auf seiner niedrigen Productionsziffer constant stehen geblieben.

Geographisch werden die Kohlenfelder gewöhnlich in drei grosse Gruppen zerlegt, und zwar:

1. in die Kohlen des Nordens: Durham, Northumberland, Cumberland, Schottland;
2. in die des Centrums: Yorkshire, Derbyshire, Lancashire, Staffordshire, Cheshire, Nottinghamshire, Worcestershire, Leicestershire, Warwickshire;
3. in die des Westens: Süd-Wales und die kleineren Becken im Süden;
4. in die Kohlen Irlands.

In Bezug auf die geologischen Verhältnisse lässt sich jedoch diese Eintheilung kaum aufrechthalten, ebensowenig in Betreff der Qualität der in den einzelnen Bezirken gewonnenen Kohlen. Ihrer Bedeutung nach rangiren die Gruppen etwa in folgender Weise:

1. Durham und Northumberland. Dieses Revier producirt allein fast $^1/_4$ der gesammten Kohlenförderung Grossbritanniens. An der Ostküste, südlich von der schottischen Grenze gelegen, erstreckt es sich auf eine Länge von 80 und auf eine Breite bis zu $32^1/_2$ Kilometer über eine Oberfläche von circa 1140 Quadrat-Kilometer. Hier liegen zwischen Tyne und Wear die besonders für den Hausbrand beliebten Wallsendkohlen; vom Tyne nördlich die dichte Maschinenkohle, im Westen eine ausgezeichnete, für den Hohofenbetrieb besonders geeignete Cokekohle. Das Kohlenlager enthält im Durchschnitt 12 Flöze mit zusammen 12—18 Meter Mächtigkeit. Die Lagerung der Flöze ist für den Abbau nicht ungünstig, das Deckgebirge ziemlich fest, sodass für viele Schächte nur wenig Abzimmerung nöthig ist. Dagegen liegen manche Flöze so tief, dass die Anlagekosten sich sehr hoch stellen und für den Betrieb die Beseitigung der nicht selten massenhaft zuströmenden Wässer grosse Schwierigkeiten verursacht. In solchen Schächten sind auch die gefürchteten schlagenden Wetter nicht selten. Technisch stehen hier die Vorrichtungen für Wetterzuführung, Wasserhebung, Förderung, wie für sämmtliche Anlagen innerhalb und ausserhalb des Schachtes anerkannt auf einer hohen Stufe, auch die Arbeiterverhältnisse sind im Allgemeinen hier günstiger, als in den meisten andern Kohlenbezirken.

Die Lage des Kohlengebietes an der See, gestützt auf die Häfen Newcastle, Sunderland, Hartlepool, die vorzüglichen Einrichtungen für Ein- und Ausladungen am Tyne, der rege Seeverkehr mit circa 80.000 Seeleuten, die allein für die Küstenschifffahrt der nördlichen Kohlenhäfen thätig sind, sie haben ermöglicht, dass die Kohlenwerke von Durham und Northumberland im Versand der Kohle für In- und Ausland die erste Stelle einnehmen. Durchschnittlich werden von hier aus jährlich 14—15 Millionen Tonnen Kohlen verschifft. Ausserdem hat sich in der Nähe eine sehr bedeutende Industrie entwickelt, von der in erster Linie der Hohofen- und Walzwerkbetrieb, Locomotiven-, Schiffs- und Maschinenbau, die Fabrication von Chemicalien aller Art, besonders Soda, Glasindustrie und andere zu nennen sind.

Im Becken von Durham und Northumberland wurden an Kohlen gefördert:

Im Jahre 1854	. . . .	15.4 Mill. metr. Tonnen	= 100.0 %
„ „ 1864	. . . .	23.3 „	„	„	= 151.3 „
„ „ 1870	. . . .	27.7 „	„	„	= 179.9 „
„ „ 1876	. . . .	32.4 „	„	„	= 210.4 „

2. Yorkshire und Derbyshire. Ziemlich in der Mitte Englands mit einer schwachen Neigung nach Westen gelegen, erstrecken sich die dortigen Lager in einer Länge von 105 und einer Breite von 11—33 Kilometer zwischen Leeds und Nottingham auf circa 1290 Quadrat-Kilometer. Durchschnittlich finden sich in 10, 12 bis 16 Flözen mit je 1.5—2.6 Meter Mächtigkeit zusammen etwa 14 Meter Kohle, darunter die bewährte Kohle von Süd-Yorkshire, die Schwarzschale von Derbyshire und die für den Hausbrand sehr renommirte Kilburnkohle. Der Bezirk ist an dem Export der Kohle weniger betheiligt als Northumberland und Durham, findet vielmehr seinen Hauptabsatz in der reichentwickelten Industrie des mittleren Englands.

Die Production betrug:

Im Jahre 1854	. . . .	7.6 Mill. metr. Tonnen	=	100.0 %
„ „ 1870	. . . .	15.1 „	„	„	= 198.7 „
„ „ 1876	. . . .	22.4 „	„	„	= 294.7 „

3. Schottland. Das Revier erstreckt sich, wenn auch mit sehr ungleicher Stärke der Flöze und vielfach durch das Zutagetreten plutonischer Gesteinsarten und Verwerfungen unterbrochen, von der Ostküste Schottlands rings um den Firth of Forth bis zur Westküste bei Ayr. Als industrieller Mittelpunkt ist Glasgow anzusehen. In dem westlich gelegenen Ayrshire und Lanarkshire kommen sehr renommirte Gaskohlen, auch die für den Hohofenbetrieb gesuchten Splintkohlen vor. Die Zahl der Flöze ist wechselnd. Das stärkste sogenannte „grosse” Flöz, das indessen gleichfalls häufig unterbrochen oder wenigstens noch nicht überall nachgewiesen worden ist, erreicht eine Mächtigkeit von 2.2—3.2 Meter. An manchen Orten kommen bis zu 12 Flöze von je 0.6—1.5 Meter Mächtigkeit vor, unter anderen in dem ergiebigen Midlothian - Becken östlich von Edinburg. Einen vorzüglichen Abnehmer finden die Kohlenwerke dieses Reviers in der grossartig entwickelten schottischen Eisenindustrie, welche auf die in der Nähe vorkommenden kohlenhaltigen Eisensteine (Blackband) basirt ist.

Die Production betrug:

Im Jahre 1854 auf 367 Werken	7.7 Mill. metr. Tonnen	=	100.0 %
„ „ 1870 „ 411 „	15.1 „	„	„	= 201.3 „
„ „ 1876 „ 482 „	18.9 „	„	„	= 252.0 „

4. Wales, Monmouthshire, Gloucestershire. Die südlichen Kohlenlager von Wales sind hiervon die bedeutendsten. Sie erstrecken sich über 1.450 Quadrat-Kilometer und enthalten — allerdings meist in grosser Tiefe (bis zu 600 Meter) — 8, jedoch auch 15, und sogar 18 Flöze mit 5.5, 8.5 und 22.5 Meter Mächtigkeit. Die nur wenig Rauch gebende Kohle von Aberdare ist als Maschinenkohle viel begehrt. Cardiff und Swansea bilden ihre Ausfuhrhäfen, der grösste Theil der Förderung wird indessen in Wales von den grossen Hüttenwerken auf Eisen, Zinn und Kupfer beansprucht. Die besten Flöze sollen hier jedoch bereits ihrer Erschöpfung entgegengehen.

Das Kohlengebiet in Nord-Wales (auch das Kohlenfeld von Denbighshire genannt) liegt im Nordosten von Wales und producirte in 1860 mit 39 Kohlengruben 1.1 Millionen, 1869 mit 31 Gruben 1.4 Millionen, 1876 2.2 Millionen Tonnen.

Das Monmouthshire - Kohlenbecken (Production in 1876 4.5 Mill. Tonnen) wird, weil gewisse Uebereinstimmungen in der geologischen Lagerung vorhanden sind, gewöhnlich den Kohlenfeldern von Wales zugezählt.

Dasselbe ist auch bisweilen der Fall mit den Kohlenfeldern von Gloucestershire in der Nähe von Bristol und Bath. Geologisch ist dies kaum zu rechtfertigen, den Lagerungsverhältnissen nach nähert sich vielmehr dieses Revier eher dem belgischen, als dem englischen Typus. Es fehlt nicht an recht störenden Verwerfungen, auch sind die Flöze meist von nur geringer Mächtigkeit. Eine Ausnahme macht das kleine Becken „Forest of Dean“, das 11 Flöze mit zusammen über 8 Meter Kohlen enthält. Die Production von Gloucestershire betrug in 1876 1.27 Mill. Tonnen.

In den beiden grössten Becken der Gruppe, in Süd-Wales und in Monmouthshire, wurden gefördert:

Im Jahre 1854. . . . 8.6 Mill. metr. Tonnen = 100.0 %
„ „ 1864. . . . 11.1 „ „ „ = 129.0 „
„ „ 1870. . . . 15.8 „ „ „ = 183.7 „
„ „ 1876. . . . 16.7 „ „ „ = 194.2 „ ·

5. Lancashire. Der Flächeninhalt dieses Reviers ist zu nur etwa 360 Quadrat-Kilometer anzunehmen. Die Flöze sind nicht sehr mächtig, ausnahmsweise in der Nähe von Manchester bis zu 16 Flöze mit einer Gesammtmächtigkeit von 20.5 Meter Kohle. In Folge einer wenig regelmässigen Lagerung hat auch der Betrieb mit manchen Schwierigkeiten zu kämpfen. Reichlich wird dies aber durch die meist gute Qualität der Kohle — auch die bekannte Cannelkohle gehört dem Revier an — ausgeglichen. Dazu kommt nun noch, dass neben einer namhaft entwickelten Eisenindustrie die grosse englische Baumwollspinnerei und Weberei hier ihren wichtigsten Concentrationspunkt besitzt. Man braucht nur die Hauptplätze Manchester, Liverpool, Bolton, Rochdale, Oldham zu nennen, um sofort zur Erkenntniss zu bringen, dass allein der Bedarf der riesig entwickelten Industrie eine sehr starke Nachfrage nach fossilen Brennstoffen unterhalten muss. Ebenso bekannt ist, welche Stellung der Hafenplatz Liverpool im englischen Kohlenhandel einnimmt.

Producirt wurden:

Im Jahre 1854 . . . 9.2 Mill. metr. Tonnen = 100.0 %
„ „ 1870 . . . 14.0 „ „ „ = 152.2 „
„ „ 1876 . . . 17.6 „ „ „ = 191.3 „

6. Staffordshire, Worcestershire, Cheshire. In der Regel werden Nord-Staffordshire und Cheshire, andererseits Süd-Staffordshire und Worcestershire zusammengenannt und entspricht dies den Absatzverhältnissen, bis zu einem gewissen Grade auch der geologischen Lagerung der Kohlengebirge. Der nördliche Theil dieser Gruppe ist recht reich an Flözen, die an manchen Stellen mit einer Gesammtmächtigkeit von 30—42 Meter Kohle auftreten. Ueber diesen Flözen liegt nicht selten der bekannte Blackband-Eisenstein, darüber wiederum die grossen Thonlager, auf welche die Steingut- und Thonwaarenindustrie Englands gegründet ist. In Cheshire finden sich die grossen englischen Salzlager, das Fundament der riesig entwickelten chemischen Industrie Grossbritanniens.

In Süd-Staffordshire und Worcestershire ist die Zahl der Flöze nicht so gross, wie im nördlichen Bezirk, doch ist die Mächtigkeit einzelner Flöze um so bedeutender, bis zu der ausserordentlichen Stärke von 8—11 Meter ansteigend. Die Kohlen liegen theilweise nicht so tief, wie in den meisten andern Revieren, die Anlagen sind deshalb nicht so kostspielig wie im Norden, und die Oberfläche ist mit einer grossen Anzahl von Schächten und Schornsteinen der Kohlenzechen bedeckt. Freilich will man auch behaupten, dass der Betrieb hier weniger rationell und nicht so sparsam wie im Norden geführt werde.

Auch dieser Bezirk findet in der inmitten desselben liegenden Eisenindustrie, in den Hohöfen, Eisengiessereien, Schmieden, Hammerwerken und den sonstigen industriellen Anlagen direct guten Absatz. Für den Versand der Kohlen nach der Ferne sorgen auch in diesem durch die vielen Werke in Kohlenstaub gehüllten „Schwarzen Lande" zahlreiche Bahn- und Canalverbindungen.

Die Förderung betrug:

Im Jahre 1854 . . . . . . 8.4 Mill. metr. Tonnen = 100.0 %
„ „ 1870 . . . . . . 14.4 „ „ „ = 171.4 „
„ „ 1876 . . . . . . 14.9 „ „ „ = 177.4 „

7. Nottinghamshire, Leicestershire, Warwickshire gehören geographisch den Kohlenbecken des mittleren Englands an, sind auch in geologischer Hinsicht von den Revieren von Yorkshire und Derbyshire nicht sehr verschieden. Im Jahre 1860 fanden sich in Nottinghamshire 21, in Leicestershire 14, in Warwickshire 17 Kohlengruben, im Jahre 1869 für dieselbe Reihenfolge 26, 10, 16, zusammen 52 Kohlengruben.

Gefördert wurden:

Im Jahre 1854 . . . . . 1.2 Mill. metr. Tonnen = 100.0 %
„ „ 1869 . . . . . 2.9 „ „ „ = 241.6 „
„ „ 1876 . . . . . 5.4 „ „ „ = 450.0 „

8. Cumberland und Westmoreland. Im nordwestlichen Theile von England gelegen, repräsentirt dieses Gebiet, das sich über 3 Kilometer bis unter den Meeresgrund (St. Georgs-Canal zwischen England und Irland) erstreckt, ein circa 48 Kilometer langes und 9 Kilometer breites Kohlenfeld. Hinter den benachbarten Bezirken von Durham und Northumberland steht es in der Mächtigkeit seiner Flöze, auch in der Qualität seiner Kohlen zurück. Letztere eignen sich unter Anderm weniger gut zur Vercokung, wesshalb die in Cumberland mit vorzüglichen Erzen ausgestattete Eisenindustrie veranlasst ist, für den Bessemerprocess und die Stahlproduction bestimmte Kohlen aus dem Durham-Revier zu beziehen. Whitehaven ist der Verschiffungsplatz des Reviers.

Producirt wurden:

Im Jahre 1854 . . . . . 0.9 Mill. metr. Tonnen = 100.0 %
„ „ 1870 . . . . . 1.4 „ „ „ = 155.5 „
„ „ 1876 . . . . . 1.4 „ „ „ = 155.5 „

Die übrigen Reviere Shropshire, Somersetshire, schliesslich Irland sind in ihrer Production noch geringer und kommen mit ihrem Absatz über den localen Verkehr nur wenig hinaus, wenigstens nicht in dem Masse wie die vorerwähnten Bezirke. In Shropshire wurden 1873 grössere Lager von Hämatit-Erzen entdeckt, welche den hier vorhandenen, allerdings schon stark abgebauten Kohlenlagern erhöhte Wichtigkeit verliehen haben.

Braunkohlen und Torf.

Gegenüber dem grösseren Heizwerth und dem massenhaften Vorkommen der Steinkohle sind die vorhandenen Braunkohlen- und Torflager stark vernachlässigt worden, was unter den obwaltenden Umständen auch wirthschaftlich richtig gewesen sein mag. Bis auf ganz vereinzelte Vorkommen sind die englischen Braunkohlen meist auch von untergeordneter Qualität und lassen z. B. mit den ausgezeichneten Sorten des durch den Braunkohlenbergbau berühmten Beckens im nordwestlichen Böhmen auch nicht entfernt einen Vergleich zu.

Am bekanntesten ist das seit etwa 100 Jahren benutzte Braunkohlenbecken von Bovey (Devonshire), mit 10 Flözen von in Summa etwa 30 Meter Kohlenmächtigkeit. Lignite finden sich sodann bei Bothfield, Heathfield, Downholme, Hudswell in der Grafschaft Sussex, in Irland bei Lough Neagh (3 Flöze mit 10 Meter Gesammtmächtigkeit), Ballintoy (7 Meter), Ball macadam, in Schottland an der Mündung des Broraflusses, auf den Inseln Skye und Wight u. a. O.

Ausgedehnte Torflager finden sich im schottischen Hochland, vorzugsweise aber in Irland, wo die Unterscheidung, ob man Torf oder Braunkohlen vor sich hat, oft sehr schwierig ist. Dies sind die Sorten, auf welche sich meist die bekannte Verwerthung des Torfs oder der erdigen torfartigen Braunkohle zu den Destillationsproducten des Paraffins und Stearins, des Photogens und Solaröls gründet.

Gesammtproduction Grossbritanniens an Steinkohlen.

Ueber die Productionen der Steinkohlen weichen die älteren Angaben insofern von einander ab, als manche statistische Aufstellungen diejenigen Kohlenquantitäten, welche von den Werken selbst für ihre Förder- und Wasserhaltungsmaschinen, überhaupt für den Betrieb verbraucht worden sind, nicht berücksichtigen und nur das zum Verkauf gebrachte Kohlenquantum berechnen, während andere Aufstellungen die gesammte Förderung angeben. In der folgenden Tabelle ist, so weit dies für die früheren Jahrgänge zu ermitteln war, die gesammte Kohlenförderung (einschliesslich des eigenen Verbrauchs der Werke) berechnet worden. Die Production betrug:

im Jahre	metr. Tonnen	Werth $\mathcal{M}$.	im Jahre	metr. Tonnen	Werth $\mathcal{M}$.
1840 ..	34,572.000	.	1865 ..	99,662.106	501,057.792
1850 ..	45,328.000	.	1866 ..	103,069.804	518,823.907
1854 ..	65,695.984	306,308.168	1867 ..	105,982.862	533,475.461
1855 ..	65,297.794	329,235.744	1868 ..	104,600.626	526,535.601
1856 ..	67,533.050	340,274.796	1869 ..	109,231.448	548,417.673
1857 ..	66,279.267	333,839.433	1870 ..	110,784.572	563,751.235
1858 ..	65,887.173	331,867.882	1871 ..	119,247.714	718,898.515
1859 ..	72,966.100	366,536.958	1872 ..	125,473.273	945,673.540
1860 ..	85,387.381	408,617.963	1873 ..	129,049.015	972,630.738
1861 ..	86,829.031	426,957.696	1874 ..	127,043.949	936,240.541
1862 ..	84,796.905	416,761.990	1875 ..	133,976.778	942,658.384
1863 ..	89,523.213	440,520.660	1876 ..	135,611.788	953,015.041
1864 ..	94,394.501	473,701.118			

Für die Jahre vor 1840 liegen vielfache Angaben sowohl über die Production einzelner Kohlenreviere wie über den Absatz vor und reichen derartige Zusammenstellungen, beispielsweise über die Zufuhr von Kohlen nach London, über die Verschiffung aus bestimmten Häfen, die Förderung einzelner Werke u. s. w. bis fast zu dem Jahr 1700 zurück. Man hat danach die Höhe der Production auch für frühere Jahre, als in der vorliegenden Tabelle angegeben, abzuschätzen versucht, doch sind alle diese Ziffern von mehr oder weniger zweifelhaftem Werth. Sobald es sich um Erhebungen handelt, welche von mehreren Tausend Werken über Gewichtsobjecte von über Hundert Millionen Tonnen und über Werthe von vielen Millionen Pfund Sterling einzuholen sind, bleiben grössere oder kleinere Fehler unvermeidlich, und deshalb sind auch die für die letzten Jahre gegebenen Gewichts- und Werthziffern, so sorgfältig sie gesammelt sein mögen, nicht absolut, sondern nur annähernd richtig. Je weiter man indessen zurückgeht, um so mehr bleibt man dann der Vermuthung oder einer sehr unsicheren Wahrscheinlichkeitsberechnung überlassen. Auch die für die Jahre 1840 und 1850 notirte Production ist, obgleich die etwaigen Fehler nicht gross sein können, noch mit Vorsicht aufzunehmen. Zuverlässiger ist die englische Kohlenstatistik erst vom Jahre 1854 ab.

Für die Zunahme der Production ergeben sich nach vorstehender Tabelle folgende Procentualziffern:

Die Production ist gestiegen (Anfangsziffern jeder Periode $= 100\,\%$)

	dem Gewicht nach	dem Werth nach
von 1854—1860	129.8 %	134.1 %
„ 1854—1870	168.6 „	184.0 „
„ 1854—1876	206.4 „	311.1 „
„ 1860—1870	129.6 „	138.0 „
„ 1860—1876	159.1 „	233.2 „
„ 1870—1876	122.5 „	169.1 „

Seit dem Jahre 1840 hat sich die englische Kohlenproduction ungefähr vervierfacht, seit 1857 verdoppelt. Von dem ungeheuren Quantum von über 130 Millionen Tonnen wird man sich kaum eine richtige Vorstellung machen können. Eine einzige Jahresförderung würde ausreichen, um das ganze Königreich England einschliesslich Wales längs der ganzen Seeküste im Süden, Osten und Westen, im Norden längs der schottischen Grenze mit einer Mauer von 4 Meter Höhe und 1 Meter Breite zu umgeben. Wollte man daraus eine Säule bauen, welche 50 Meter im Durchmesser besässe, sie würde so hoch ausfallen, dass sie in unseren Breiten mit ewigem Schnee bedeckt wäre.

Qualität der Kohle.

Wie bereits erwähnt, ist die Qualität der englischen Kohle sowohl nach den Revieren, wie nach den einzelnen Schächten sehr verschieden. Es fehlt durchaus nicht an geringen Sorten von nur mässigem Brennwerthe, an erdigen oder steinigen Kohlen, an Qualitäten, welche leicht zerfallen, der Verwitterung schnell unterliegen, und was derartige Untugenden einer weniger guten oder schlechten Kohle mehr sein mögen. Im Allgemeinen überwiegen aber doch die besseren Sorten erheblich und alle die wechselnden Ansprüche, welche an die Kohlen je nach deren Verwerthung überhaupt nur gemacht werden können, werden durch die englischen „schwarzen Diamanten" im höchsten Masse befriedigt. Wir geben nachstehend die Analysen von 16 Kohlensorten besserer Qualität:

Chemische Analysen.

Englische Kohle	In 100 Gewichtstheilen getrockneter Substanz						In 100 Gewichtstheilen aschenfreier Substanz				Verhältniss des disponiblen zum nicht-disponiblen Wasserstoffs zum Kohlenstoffe = 100		Analytiker
	Kohlenstoff	Wasserstoff	Sauerstoff	Stickstoff	Schwefel	Asche	Kohlenstoff	Wasserstoff	Sauerstoff	Stickstoff	des disponiblen	des nicht-disponiblen	
1. Stückkohle von Westhartley (Norden) . . .	84.53	5.70	5.05	1.29	0.08	3.35	87.54	5.90	5.23	1.33	58.02	9.36	Grundmann
2. Beste Kohle von Newcastle (Norden) . . .	84.31	5.09	7.24	1.49	0.13	1.73	85.92	5.18	7.38	1.51	47.39	12.94	„
3. Cannelkohle von Newcastle (Norden) . . .	86.17	5.81	3.71	1.14	0.07	3.11	88.99	6.00	3.83	1.18	60.36	7.03	„
4 Seaton - Dampfkessel-Kohle (Norden) . . .	78.65	4.65	14.21	.	0.55	2.49	80.54	4.76	14.70	.	36.17	22.84	Dick
5. Low-Main-Flözkohle (Norden)	78.69	6.00	10.07	2.37	1.51	1.36	81.01	6.17	10.38	2.44	56.41	19.75	Taylor
6. Nusskohle von Sunderland (Norden) . . .	74.94	5.12	5.15	1.33	0.77	12.66	86.59	5.98	5.95	1.54	58.27	10.77	Grundmann
7. Schmiede - Kohle (Norden) . .	82.72	5.24	6.35	1.49	0.26	3.95	86.35	5.47	6.61	1.57	51.56	11.83	„
8. Nusskohle von Hartlepool (Norden) . . .	74.75	4.90	10.72	1.14	0.75	7.74	81.69	5.36	11.74	1.21	45.77	19.82	„
9. Maschinenkokle von Grimsby (Süd-Wales) .	82.26	5.73	7.41	1.34	0.17	3.08	85.02	5.93	7.66	1.39	56.40	13.14	„
10. Ellveinkohle (Süd-Wales) .	82.56	5.36	8.22	1.65	0.75	1.46	84.42	5.48	8.40	1.70	49.98	14.93	Noad
11. Kohle von Dowlais (S.-Wales)	89.33	4.43	3.25	1.24	0.55	1.20	90.93	4.51	3.30	1.26	43.33	6.27	Riley
12. Kohle von Wolverhampton (Staffordshire)	78.57	5.29	12.88	1.84	0.39	1.03	79.88	5.33	13.02	.	46.75	20.52	Vaux
13. Wigan Cannelkohle (Lancashire)	84.07	5.71	7,82	.	.	2.40	85.81	5.85	8.34	.	52.91	15.26	Regnault
14. Kohle von Ayrshire (Schottland) .	76.08	5.31	13.33	2.09	1.23	1.96	78.59	5.49	13.77	2.15	44.53	25.32	Rowney
15. Splintkohle aus den Elgingruben (Schottland)	80.63	6.16	10.61	1.77	0.84	1.43	82.50	5.28	10.68	1.36	45.58	18.12	„
16. Bogheadkohle .	61.04	9.22	4.40	0.33	0.32	24.23	80.90	12.48	5.60	1.02	44.03	10.23	Matter

In keinem Lande ist wohl auch die Technik der Kohlenverwerthung so ausgebildet wie hier. Jeder Grubenbesitzer hat entweder aus eigenem Studium oder durch seine Abnehmer die genaueste Kenntniss darüber erlangt, ob seine Kohlen sich besser zum Hausbrand oder zur Kesselfeuerung, zur Gasbereitung oder für den Hohofenbetrieb eignen, ob sie für die Heizung auf Dampfschiffen passen und ob ihre Structur und Festigkeit den Export gestatten. Jede Industriebranche, jede specielle Heizungsmethode stellt an die Kohlen andere Ansprüche: der englische Kohlenbergbau kann sie sämmtlich befriedigen, denn unter den vielen Tausend verschiedenen Sorten und Qualitäten haben sich stets auch solche mitbefunden, welche den weitgehendsten, wenn nur sonst noch gerechtfertigten Anforderungen entsprechen.

Interessant sind die Versuche*, welche die kaiserl. deutsche Admiralität im Jahre 1876 über den Heizwerth und die Brauchbarkeit englischer, besonders für Dampfschiffsheizung geeigneter Kohlen im Vergleich mit westfälischen Kohlen auf der Marinestation zu Wilhelmshafen angestellt hat. Es handelte sich hierbei nicht um die Frage, ob die englischen Kohlen überhaupt für die deutsche Marine brauchbar seien — dies wurde von vornherein bejaht, nachdem die deutschen Kriegsschiffe bisher ausschliesslich englische Kohlen verbraucht hatten, — sondern um die Untersuchung, ob die besten deutschen Kohlen den englischen gleichkommen würden. Diese Probeversuche sind nicht etwa in einem Laboratorium mit kleinen ausgewählten Musterstücken, sondern auf grossem practischen Fusse vermittels eines Schiffsdampfkessels und unter genau den gleichen Verhältnissen bei jeder Kohlensorte angestellt worden: sie sind daher im strengsten Sinne des Wortes als vergleichende zu betrachten. Von den englischen wie von den westfälischen Kohlen wurden die für den genannten Zweck bestbekannten Kohlensorten ausgewählt. Wir geben in der folgenden Tabelle nur die Hauptresultate.

Bezeichnung der Kohlen	Gewicht eines Cubm. zerschlagener Kohlen	Erhaltene unverbrannte Rückstände. Asche, Schlacke	Relative Cohäsion	Heizkraft			Zeitdauer des Rauches
				Stündlich sind per Quadr.-Meter Rostfläche		pr. Kg. Kohlen ist Wasser von 0° verdampft	
				Kohlen verbrannt	Wasser von 0° verdampft		
	Kg.	%	%	Kg.	Kg.	Kg.	Minuten
Englische 1)	720.1	10.048	51.60	81.47	705.82	8.655	5—5¹/₄
2)	746.3	10.012	48.08	89.41	755.76	8.452	5—6¹/₂
Süd-Wales 1)	729.7	7.243	46.26	110.43	922.14	8.350	5—6
2)	741.8	10.129	49.76	104.57	833.8	7.973	5—7
3)	837.3	7.219	46.90	103.03	831.5	8.072	5—7
4)	744.66	5.604	48.80	109.6	921.9	8.412	5—6
Westfälische 1)	—	3.910	—	92.4	808.4	8.748	3—4
2)	724.0	3.250	35.90	79.6	684.1	8.595	1¹/₂
3)	745.8	7.340	40.56	93.95	798.7	8.502	3—4
4)	720.2	7.162	47.56	91.70	687.5	8.432	1—2
5)	752.5	5.107	—	79.37	674.7	8.498	2
6)	737.92	6.160	33.52	88.4	751.5	8.500	4—5
7)	716.48	6.38	34.66	88.0	741.6	8.120	4—5
8)	762.5	8.692	42.88	92.38	793.9	8.156	4—5

*) Diese Versuche sind, insofern sie andere als englische und westfälische Kohlen betreffen, nicht von entscheidender Autorität in ihren Resultaten. Was oben von der westfälischen Kohle gesagt ist, hat sich längst practisch bewährt.

Man ersieht aus diesem Auszug, dass bezüglich Heizkraft, Aschengehaltes, verbrannten Quantums und Zeitdauer des Rauches die westfälische Kohle diejenige Englands in Qualität übertrifft. Bezüglich der relativen Cohäsion steht in den hier gegebenen Beispielen die westfälische Kohle der englischen dagegen nach (nicht aber die oberschlesische, welche nach denselben Versuchen beide an Cohäsion übertrifft).

Arbeiterverhältnisse.

Im Jahre 1872 waren in Grossbritannien bei der Kohlenförderung direct 413.344, im Jahre 1875 422.000 Arbeitskräfte beschäftigt. Indirect werden indessen durch die Kohlenindustrie die Arbeiter der in England besonders ausgedehnten Transportgewerbe, Eisenbahnen und Schiffahrt, letztere sowohl in der Binnen- wie in der Seeschiffahrt, eine grosse Anzahl von Fuhrleuten, sodann Maschinenbauer, Schmiede, Schiffsbauer u. s. w. in Anspruch genommen, sodass die Ziffer der überhaupt betheiligten Arbeitskräfte sehr erheblich zu erhöhen sein wird.

Der englische Arbeiter ist im Allgemeinen von kräftiger Constitution. Seine Ernährung, bei welcher Fleischkost und der Genuss anderer proteïnhaltiger Stoffe vorwiegen, gibt ihm unter normalen Lohnverhältnissen vollen Ersatz der aufgebrauchten Kraft und durch seine physische Arbeitsleistung übertrifft er — immer im grossen Durchschnitt — fast alle anderen Arbeiter des europäischen Continents, vielleicht auch die der andern Erdtheile. Obgleich sehr oft ohne Schulunterricht aufgewachsen, also mit theoretischem Wissen nur wenig ausgestattet, ist er doch intelligent genug, um sich in und mit der übertragenen Arbeit bald zurechtzufinden; vor allen Dingen ist ihm der practische Blick, die rasche Erkenntniss wie eine bestimmte Arbeit genau nach Auftrag, aber auf die leichteste und beste Weise auszuführen sei, in hohem Grade eigen. Die grossartige Concentration der englischen Industriebranchen, die in andern Ländern in gleicher Weise noch lange nicht ausgebildet ist, hat ferner dazu geführt, dass jedes industrielle Etablissement, jedes Hütten- oder Bergwerk seinen festen Arbeiterstamm besitzt, der wenigstens bis vor kurzer Zeit den vom Vater und Grossvater übernommenen Arbeitsplatz ohne dringende Veranlassung nicht wechselte, und wo auch die neu herangewachsene Generation, sobald sie nur irgend leistungsfähig geworden war, in Arbeit trat. Der englische Arbeiter mag insofern einseitig sein, als er nur für eine ganz bestimmte Leistungsfähigkeit eindressirt und zugeschnitten ist, beziehungsweise sich selbst dazu herausgebildet hat; an seinen richtigen Platz gestellt, leistet er aber in seinem Fach mehr, als ein Arbeiter jeder andern Nation. Unter solchen Umständen ist es nur zu erklärlich, warum die englische Grossindustrie mit so vorzüglichen Arbeitskräften ausgestattet und unter der Gunst anderweitig bevorzugter Productionsbedingungen einen Aufschwung nehmen konnte, mit dem andere Völker gleichen Schritt bis jetzt nicht zu halten vermochten. Dem Kohlenbergbau sind diese Vortheile gleichfalls in hervorragender Weise zu Statten gekommen.

Seit einigen Jahren ist indessen auch in den englischen Arbeiterverhältnissen ein Umschwung eingetreten, welcher zu ernsten Bedenken Veranlassung gibt. Die ersten Anfänge machten sich schon seit etwa 1850 bemerkbar. Seit dem Ende des deutsch-französischen Krieges im Jahre 1871 haben sie sich erheblich verschärft. In der Hoffnung auf eine lange Friedenszeit nahmen Handel und Verkehr in allen Ländern — selbst sogar in Nord-Amerika, das damals den Ausbau seines Eisenbahnnetzes nahezu überstürzte, — einen in gleicher Weise kaum je zuvor beobachteten Aufschwung. Sämmtliche Preise stiegen, vor allen Dingen die des Eisens, das damals massenhaft begehrt wurde. Die verstärkte Production vermehrte die Nachfrage nach Kohlen und steigerte deren Preise in geradezu rapider Weise. Jetzt hielten auch die Kohlenarbeiter, durch ein gleiches Vorgehen der Eisenarbeiter ermuthigt, die Zeit für gekommen, ihre seit Jahren schon vorgebrachte Forderung höherer Löhne durchzusetzen. Niemand wird den Arbeitern verdenken, dass sie ihre öconomische Lage zu verbessern suchten, so lange ihre Ansprüche nicht unbillig waren. Man darf nicht ausser Acht lassen, dass die Arbeit in den englischen Kohlengruben schwierig und gefährlich ist, schwieriger und gefährlicher als in den meisten Kohlengruben in Deutschland, Oesterreich und Frankreich, selbst auch in Belgien. Die Zahl der tödtlichen Unfälle in den englischen Gruben beläuft sich jährlich auf 1050 bis 1100, in besonders unglücklichen Jahren noch weit höher. Auf je 120.000 Tonnen Förderung fällt durchschnittlich ein Menschenleben zum Opfer. Die grosse Tiefe der Gruben vermehrt die Gefahren, denen der Kohlenarbeiter ausgesetzt ist; die oft geringe Mächtigkeit der Flöze, die nicht selten eine Bearbeitung in liegender Stellung erfordert, bringt für den Arbeiter manche Beschwerden, die durch die hohe Temperatur keineswegs gemildert werden. In Bezug auf Ventilation und die sonstigen technischen Einrichtungen lassen manche Gruben — besonders die der kleineren Besitzer — Vieles zu wünschen übrig, da selbst der englische Ingenieur oft ohne ausreichende technische Vorkenntnisse von der Pike auf gedient hat und im grossen Durchschnitte die wissenschaftliche Leitung, welche unter Anderm bei den Kohlenwerken in Deutschland, Oesterreich, auch in Frankreich fast niemals fehlt, in England noch zu wünschen übrig lässt.

Bis etwa zum Jahre 1870 waren die Lohnsätze der Kohlenarbeiter noch mässig zu nennen. In den Jahren 1865—68 verdiente in den Revieren Durham und Northumberland ein gewöhlicher Grubenarbeiter bei zwölfstündiger Arbeitszeit $3^3/_4$, 4—$4^1/_2$ sh. (3.83, 4.08—4.67 $\mathscr{M}.$) pro Tag, ein Häuer bei zehnstündiger Arbeitszeit $4^1/_2$, 5—$5^1/_2$ sh. (4.59, 5.11—5.61 $\mathscr{M}.$). In Wales stellten sich die Löhne um circa 12—$15^0/_0$, in Schottland um 10—$12^0/_0$ niedriger. Das sind allerdings Lohnsätze, wie sie den Kohlenarbeitern in andern Ländern nicht gezahlt wurden, und doch haben wir sie mässig zu nennen, einerseits weil die Leistung des englischen Arbeiters erheblich grösser, andererseits weil der Lebensunterhalt in England theurer, mit anderen Worten weil der Werth des Geldes geringer ist.

Als die Eisenarbeiter im Jahre 1871 die Erhöhung ihrer Löhne durchgesetzt hatten, verlangten auch die Kohlenbergleute eine entsprechende Aufbesserung. Allein dabei blieben sie nicht stehen, selbst dann nicht, als die Werkleute bei nur vier Arbeitstagen bis zu 2 £ (40.84 $\mathscr{M}.$) die Woche und darüber, also pro Arbeitstag 10 sh. (10.21 $\mathscr{M}.$) erhielten. So oft als möglich griffen sie zu der in England nur zu bekannten Waffe der Arbeitseinstellung, zu den Strikes, und gerade in den Jahren 1872—1874, in denen die Löhne am höchsten standen, sind die Kohlenbergleute so unzufrieden und anspruchsvoll gewesen, wie nie zuvor. Zu erinnern ist beispielsweise an den grossen Strike in Süd-Wales, wo von 65.000 Arbeitern der dortigen Kohlen- und Eisenwerke circa 60.000 vom 1. Dezember 1872 bis Mitte Februar 1873 die Arbeit einstellten und allein 118 Kohlenwerke zum Stillstand gezwungen waren. Der Ausfall in der Kohlenförderung während dieser Zeit ist zu 1,170.000 Tonnen, der Gesammtverlust der Kohlenzechen, der Eisenwerke und der Arbeiter zu rund 2,000.000 £ ($40,840.000$ $\mathscr{M}.$) berechnet worden. An Arbeitslöhnen betrug der Ausfall allein 800.000 £ ($16,336.000$ $\mathscr{M}.$).

Bekanntlich fand der Aufschwung der Industrie schon vom Jahre 1873 ab ein jähes Ende und in dem Masse, als sich der Absatz mehr und mehr verschlechterte, mussten auch die Kohlenpreise der allgemeinen Strömung folgen. Von 1875, noch mehr 1876 ab trat, wie noch nachgewiesen werden wird, der Rückschlag auch für die Kohlenbranche ein, und Anfang 1878 befindet sich dieselbe nicht blos in Grossbritannien, sondern in allen Industriestaaten in überaus ungünstiger Situation, um nicht zu sagen: in sehr schwer bedrohter Lage. Schritt für Schritt haben auch die englischen Kohlenarbeiter ihre Lohnansprüche ermässigen müssen, und heute trifft man in den sämmtlichen Revieren nahezu wieder auf dieselben Lohnsätze, die bis zum Jahre 1870 gezahlt wurden. Entrichtet wurden im Sommer 1877 auf den Werken von Durham und Northumberland pro Tag dem Grubenarbeiter $4^1/_4$, $4^3/_4$—$4^7/_8$ sh. (4.31 —4.85—5.23 $\mathcal{M}$.), dem Häuer 5, $5^1/_4$—6 sh. (5.10, 5.36—6.13 $\mathcal{M}$.), je nach der persönlichen Leistung; in Wales stellten sich die Löhne zu 4—$4^1/_2$ sh. (4.08 —4.67 $\mathcal{M}$.) für Werkarbeiter, zu 5—$5^1/_4$ sh. (5.10—5.36 $\mathcal{M}$.) für Häuer. Seitdem sind die Arbeitslöhne noch weiter gesunken.

Trotzdem ist aber der frühere Zustand noch nicht wieder hergestellt. vielmehr ist der Verkehr mit den Arbeitern sehr schwierig geworden und die zunehmende Entfremdung zwischen Arbeitgeber und Arbeitnehmer und die daraus entspringende Unsicherheit der Productionsverhältnisse wirken vielleicht noch weit nachtheiliger ein, als die Erhöhung der Lohnsätze. Sehr bedenklich bleibt, dass die Leistungen geringer geworden sind, dass die Arbeiter sich, so weit nur irgend möglich, der Arbeit entziehen, die Accordarbeit verweigern, die Arbeitszeit vermindern, kurz für möglichst hohen Lohn möglichst wenig leisten wollen. Wenn irgend eine Zeit zur Erhöhung der Lohnsätze ungeeignet und die Durchführung eines Strikes unzweckmässig und ungerechtfertigt erscheinen konnte, so war es die überaus trübe Geschäftsperiode im Laufe des Jahres 1877. Trotzdem kamen in diesem Jahre in Grossbritannien allein 191 planmässig vorbereitete grössere Arbeitseinstellungen vor, darunter 21 in der Kohlenindustrie. Unter Andern strikten die Kohlenarbeiter von Soundersfort in Südwales 7 Monate lang zur Erreichung höherer Löhne und mussten sich endlich doch zur Annahme der früher gewährten Lohnsätze verstehen. Ebenso erging es den Kohlenbergleuten in Fife und Clockmannan. welche 3 Monate, denen von Dodsworth, welche 7 Monate, und von Dronfield, welche sogar $7^1/_2$ Monate strikten.

Bis zum Jahre 1823 bestand für Steinkohlen ein Ausfuhrzoll von 7 sh. 2 d. (7.32 $\mathcal{M}$.) pro englische Tonne (1016 Kg.); von 1825—31 wurde derselbe auf 4 sh. (4.08 $\mathcal{M}$.) ermässigt, von 1831—42 auf 5% des Werthes festgesetzt, von 1842 ab wiederum zu 4 sh. (4.08 $\mathcal{M}$.) per Tonne für fremde, zu 2 sh. (2.04 $\mathcal{M}$.) für englische Schiffe abgeändert, bis endlich 1845 die Aufhebung dieses lästigen und vollständig ungerechtfertigten Zolles erfolgte.

Wir schicken diese Bemerkungen den Angaben der Kohlenpreise voraus, da ein so hoch normirter Ausführzoll bis zum Jahre 1845 auf die Preise der Kohlen nicht ohne Einfluss geblieben sein wird.

Für die beste Newcastle-Wallsend-Kohle, die für den Hausbrand am meisten gesucht wird, wurden in London einschliesslich Steuer, Ueberladen und Zufuhr (zusammen 5—$7^1/_4$ sh. [5.10—7.41 $\mathcal{M}$.] pro engl. Tonne (1016 Kg.) gezahlt:

Im Jahre	1805	45.7 $\mathcal{M}$.	im Jahre	1868	16.2 $\mathcal{M}$.
„ „	1810	52.8 „	„ „	1869	17.8 „
„ „	1820	43.7 „	„ „	1870	17.7 „
„ „	1830	37.1 „	„ „	1871	19.6 „
„ „	1840	24.0 „	„ „	1872	25.4 „
„ „	1850	17.4 „	„ „	1873	46.6 „
„ „	1860	20.5 „	Ende	1874	31.2 „
„ „	1865	20.6 „	„	1875	25.9 „
„ „	1866	18.1 „	„	1876	20.1 „
„ „	1867	18.6 „	„	1877	19.9 „

Der höchste Preis für Wallsend-Kohlen wurde in London am 12. Februar 1873 mit 52 sh. (53.09 $\mathcal{M}$.) bezahlt. Ende 1873 waren sie bereits auf $38^1/_2$ sh. (39.31 $\mathcal{M}$.) zurückgegangen.

Die andern Kohlensorten zeigen einen ähnlichen Verlauf der Preisbewegung, wenn auch je nach Qualität und Begehr mit andern Anfangs- und Endziffern. Für alle ohne Ausnahme machte sich die Erscheinung geltend, dass, während in den Jahren von 1865 bis etwa Mitte 1871 für die Fluctuationen des Kohlenmarkts erheblich grosse Differenzen nicht vorhanden waren, von 1871 ab eine sprungweise Steigerung der Preise bis auf das Doppelte (von 100 auf 200—250), für manche Sorten noch höher, in dem Zeitraum von 1—1$\frac{1}{2}$ Jahren eintrat.

In Süd-Wales stiegen Maschinenkohle vom Juni 1871 bis März 1873 um 112 Procent, Coke um 162 Procent. Für Yorkshire gibt eine Vergleichung der Preise je am Schluss der Jahre 1871, 1872, 1873 und 1877 folgendes Resultat.

Gezahlt wurden für:

	December 1871	December 1872	December 1873	December 1877
Beste Kohle .	13.3 $\mathcal{M}$.	24.3 $\mathcal{M}$.	26.2 $\mathcal{M}$.	11.4 $\mathcal{M}$.
II. Qualität .	11.7 „	23.5 „	25.9 „	10.5 „
III. Qualität . . .	8.5 „	20.6 „	18.7 „	7.3 „

Metallurgische Kohle, die 1870 höchstens mit 12$\frac{1}{2}$ sh. (12.76 $\mathcal{M}$.) bezahlt wurde, war Anfang des Jahres 1873 kaum zu 42$\frac{1}{2}$ sh. (43.39 $\mathcal{M}$.) zu erhalten.

Um die Ursachen dieser ausserordentlichen Preissteigerung zu erforschen und zugleich die Mittel in Erwägung zu ziehen, die Preise auf ein richtiges Mass zurückzuführen, wurde im März 1873 eine besondere Kohlencommission niedergesetzt, welche sich in zwanzig Sitzungen ihrer Aufgabe unterzog. Als Ursachen der Preissteigerung bezeichnete die Commission hauptsächlich folgende:

1. Die Entwicklung der englischen Eisenindustrie, hervorgerufen namentlich durch die vermehrte Nachfrage in Deutschland und Amerika, sowie durch den vermehrten Bau von eisernen Schiffen.
2. Der gesteigerte Consum aller übrigen Industriezweige, namentlich der Fabriken für die Herstellung chemischer Producte und der Textilindustrie.
3. Der 13wöchentliche Strike in Süd-Wales, in Folge dessen zum ersten Male die Production hinter der Nachfrage zurückblieb.
4. Die Abkürzung der Arbeitszeit namentlich durch das Grubengesetz (Mines Regulation Act) vom Jahre 1872, welches die Arbeitszeit der jugendlichen Arbeiter auf 24 Stunden wöchentlich beschränkte.
5. Die Steigerung der Arbeitslöhne, die so weit ging, dass in einzelnen Bergbaudistricten ein Durchschnittslohn von 2 £ (40.84 $\mathcal{M}$.) per Woche gezahlt wurde.

Der Rückschlag konnte nicht ausbleiben. Er begann bereits in der zweiten Hälfte des Jahres 1873, dauerte bis zum Schluss des Jahres 1874, auch noch in der ersten Hälfte 1875 in mässigen Progressionen, von da an aber mit stärkeren Preiserniedrigungen, derart, dass Ende 1877 die Kohlenpreise niedriger waren, als vor dem Beginn der Hausseperiode. Gegenwärtig, Anfang 1878, verkaufen die meisten englischen Kohlenwerke zu den Selbstkosten, viele noch darunter, und noch dazu können sie bei dem Darniederliegen der einheimischen Hohöfen, der Hütten- und Walzwerke und Angesichts der gestiegenen Production in solchen Ländern, wohin England seine Kohlen exportirte, ihre Förderung nur mit grösster Mühe absetzen.

Grossbritanniens Kohlenhandel.

Von dem grossen Productionsquantum von über 130 Mill. metr. Tonnen bleibt der grösste Theil in Grossbritannien und wird hier verbraucht. Zum Export gelangen nur etwa 11 % ($\frac{1}{9}$ der gesammten Production); 89 % dienen zu Zwecken der inländischen Consumtion.

Im Jahre 1872 wurden 125.4 Millionen metr. Tonnen gefördert und davon verbraucht:

Von der Eisenindustrie . . . 40.6 Mill. metr. Tonnen $=$ 32.40 %
„ Fabriken . . . . . 27.4 „ „ „ $=$ 21.87 „
„ Haushaltungen . . . 20.5 „ „ „ $=$ 16.36 „
„ Gas- und Wasserwerken . 8.1 „ „ „ $=$ 6.46 „
„ Bergwerken . . . . 8.0 „ „ „ $=$ 6.38 „
„ Dampfschiffen . . . 3.6 „ „ „ $=$ 2.87 „
„ Eisenbahnen . . . . 2.2 „ „ „ $=$ 1.76 „
„ Kupferwerken . . . 0.9 „ „ „ $=$ 0.72 „
„ Verschiedenen . . . 0.9 „ „ „ $=$ 0.64 „
Export . . . . 13.2 „ „ „ $=$ 10.54 „

Zusammen 125.4 Mill. metr. Tonnen $=$ 100.00 %.

Die riesenhafte englische Eisenindustrie verbrauchte demnach fast ein Drittel oder 32.4 % der gesammten englischen Kohlenförderung, während für Hausbrand nur ein Sechstel oder 16.36 % verwendet wurden.

Die günstigsten Transportverhältnisse stehen dem englischen Kohlenhandel zur Seite und gestatten nach allen Richtungen eine auch durch die niedrigen Frachttarife sehr erleichterte Kohlenabfuhr.

Was zunächst die Eisenbahnen betrifft, so haben sich die Bahnverwaltungen ein so dankbares Object der Massenfracht, wie Kohlen sind, nirgends entgehen lassen und sind sämmtliche Kohlenreviere von Eisenbahnen mit zahlreichen Anschlussgeleisen durchzogen.

Seit dem 27. September 1825, da die erste öffentliche Eisenbahn, die „Stockton- and Darlington Railway" eröffnet wurde, hat sich das Schienennetz in Grossbritannien in nachstehender Weise entwickelt. Grossbritannien besass an Schienenwegen:

Im Jahre 1840 . . .	2.141 Kilometer	im Jahre 1871 . . .	24.755 Kilometer
„ „ 1845 . . .	3.768 „	„ „ 1872 . . .	25.460 „
„ „ 1850 . . .	10.142 „	„ „ 1873 . . .	25.892 „
„ „ 1855 . . .	13.406 „	„ „ 1874 . . .	26.472 „
„ „ 1860 . . .	16.792 „	„ „ 1875 . . .	26.870 „
„ „ 1865 . . .	21.362 „	„ „ 1876 . . .	27.380 „
„ „ 1870 . . .	24.692 „	„ „ 1877 . . .	27.540 „

Nächst Belgien gibt es kein Land, in dem auf den Kopf der Bevölkerung und auf jeden Quadrat-Kilometer der Oberfläche eine so bedeutende Anzahl von Eisenbahn-Kilometern entfällt, als in Grossbritannien. Diese Ausbreitung des Eisenbahnwesens hat in England auf die Verwerthung der Kohlenlager den günstigsten Einfluss ausgeübt. Auf der ganzen Insel ist kaum noch ein Platz mit nennenswerthem Verkehr vorhanden, der nicht in das Eisenbahnnetz hineingezogen wäre. Die Concurrenz zwischen den einzelnen Linien hat die Frachttarife längst auf die niedrigsten Sätze herabgedrückt, und es sind die Eisenbahnen sogar mit der Küstenschiffahrt schon seit den Jahren von 1860 ab nicht ohne Erfolg, seit 1875 siegreich, in Mitbewerbung getreten. So wurden in London eingeführt:

	zur See	pr. Eisenbahn, Canal und Achse
Im Jahre 1863 . .	3,335.174 metr. Tonnen	1,791.932 metr. Tonnen
„ „ 1864 . .	3,116.703 „ „	2,339.723 „ „
„ „ 1876 . .	3,273.442 „ „	5,177.933 „ „
„ „ 1877 . .	3,273.442 „ „	5,421.081 „ „

Schon im Jahre 1867 berechnete man, dass die auf den Bahnen verfrachteten Kohlen eine doppelt so grosse Menge repräsentiren, als sämmtliche andere auf Eisenbahnen transportirte Güter. Die wichtigsten englischen Kohlenbahnen beförderten an Kohlen:

Im Jahre	North Eastern	Midland	London and North Western	Caledonian	Lancashire and Yorkshire	North British
	metrische Tonnen					
1870	9,098.979	6,637.041	6,592.012	4,097.740	3,337.328	3,969.577
1872	16,285.538	9,462.230	11,204.170	5,726.616	4,301.715	3,576.828
1876	19,737.150	10,369.960	13,659.792	6,130.680	5,287.228	4,631.139
1877	19,447.499	10,807.498	15.516.691	6,435.582	5,391.404	4,768.147

Im Jahre	Great Western	Great Northern	Manchester Sheffield and Lincolnshire	Glasgow and S. Western	North Staffordshire
	metrische Tonnen				
1870	3.742.578	2,155.486	2,129.892	1,717.244	554.868
1872	6,380.027	2,227.072	4,873.901	2,118.252	835.958
1876	10,849.160	2,738.912	.	2.260.923	1,456.767
1877	.	2,970.457	.	.	.

Ströme von namhafter Grösse sind in England nicht vorhanden, selbst die Themse steht in Bezug auf die Länge ihres Laufs, die Ausdehnung ihres Flussgebiets und ihren (eigenen) Wasserreichthum hinter den meisten Strömen des europäischen Continents zurück. Das Meer ersetzt indessen durch die vielen Einbuchtungen den etwaigen Ausfall reichlich, ja es macht sogar kleinere Gewässer, die sonst nur Bäche genannt werden könnten, durch die weit hinaufsteigende Fluthwelle zu schiffbaren Verkehrsadern, es wandelt flache Küstenflüsse zu den prächtigsten Seehäfen um. Und was darin etwa die Natur noch versäumte, hat die Technik mit ihren Canalbauten, ihren vorzüglich ausgedachten und eben so trefflich durchgeführten Regulirungsarbeiten, Uferbefestigungen, Ein- und Auslade - Vorrichtungen und dergl. nachgeholt. Vor etwa 40 Jahren war der Tyne bei Newcastle eine kaum für flachgehende Bote mit 2—300 Tonnen Tragfähigkeit zu benutzende Wasserstrasse. Heute hat die Technik mit weiser Benutzung der Ebbe und Fluth daraus einen Seehafen ersten Ranges und eine schiffbare Strasse geschaffen, die von Kohlenfeldern eingerahmt, dicht gedrängt mit industriellen Etablissements besetzt ist, wie überall da, wo die belebende Kraft der Kohle mit einer leistungsfähigen Verkehrsstrasse zusammentrifft, die industrielle Thätigkeit sich zu vollster Blüthe entfaltet hat.

Und endlich Englands Seeverkehr! Die englische Kohle geht heute nach fast 900 Häfen*); sie beherrscht nahezu alle Küsten und dringt in den Mündungen der Ströme aufwärts. Die Ostsee und die Nordsee betrachtet der englische Kohlenhandel trotz der erwachenden deutschen Concurrenz als seine Domaine; er versorgt Frankreichs Küsten bis tief in das Innere, dringt in das Mittelmeer bis zu dessen östlichen Grenzen, bis zur Türkei und Aegypten, vor, wendet sich aber gleichfalls nach den überseeischen Plätzen, in der einen Hauptrichtung um das Cap der guten Hoffnung oder durch den Suezkanal bis nach Ostindien und China, in der anderen Richtung Westindien, Mittel-Amerika, Brasilien und die übrigen Häfen des Atlantischen und Grossen Oceans anlaufend.

Die Interessen der Kohlenproduction und des Seehandels stehen in England in harmonischer Wechselwirkung. Kohle ist an und für sich schon ein Frachtobject von namhafter Bedeutung. Dieselbe Kohle, die in Newcastle mit 10 sh. (10.21 $\mathscr{M}$.) pro englische Tonne bezahlt wird, kostet nach Bordeaux geliefert bereits 20—25 sh. (20.42—25.53 $\mathscr{M}$), in den Häfen des Mittel-

---

*) Diesen ungeheuern Seeverkehr erzielt Grossbritannien aus ungefähr 100 eigenen Häfen, wobei ja nicht zu übersehen ist, dass diese, bis auf etwa 10, unmittelbar in der Nähe der Kohlenfelder liegen, so dass der See-Export gewissermassen direct von den Kohlengruben erfolgt, während in allen andern Kohlenländern dieser commercielle Vortheil fehlt.

meeres bis zu 30 sh. (30.63 M.), in den überseeischen Plätzen 50, 60—70 sh. (51.05, 61.26—71.47 M.) Je nach der Entfernung steigt ihr Marktpreis bis auf das Sechs- und Siebenfache, und diese Preiserhöhung ist nichts Anderes, als gut bezahlte Arbeit für die Leistungen der Rhederei, welche auch noch das Verdienst in Anspruch nehmen kann, der einheimischen Production den Absatz erleichtert zu haben. Im Jahre 1877 sind dem Werthe nach für 8.9 Mill. £ (181,738.000 M.) englische Kohlen exportirt worden. Dieser Betrag — abzüglich einer wahrscheinlich nicht hohen Summe für die Transportkosten von der Grube bis zum Schiff — wurde den Kohlenwerksbesitzern gezahlt als Rente ihrer Anlage- und Betriebscapitalien, als Rückerstattung der ausgelegten Arbeitslöhne und (je nach den erzielten Preisen) als Unternehmergewinn. Der Seehandel verfrachtet diese Kohlen nach allen Theilen der Erde, er erhöht den Verkaufswerth von 8.9 Millionen £ (181,738.000 M.) auf das Doppelte bis Dreifache und erreicht als Resultat dasselbe, als wenn der Rohstoff durch die einheimische Arbeit veredelt und in seinem Werthe erhöht worden wäre. Kohle ist allein durch die Verfrachtung nach der Ferne ein viel werthvollerer Artikel geworden.

Dieselbe Kohle spielt indessen in den englischen Handelsbeziehungen noch eine andere ungleich wichtigere Rolle. Sie dient nach solchen Häfen, von denen England seine Rohstoffe bezieht, zum Austausch aber nur seine zwar hochwerthigen, jedoch wenig in's Gewicht fallenden Fabricate versenden könnte, als Ballast. Die Frachten stellen sich für den englischen Industriellen deshalb so billig, weil nach fast allen Häfen der Erde, von denen der englische Fabricant irgend welche Stoffe beziehen will, Kohle zur Hinfahrt als noch dazu werthvoller Ballast eingenommen werden kann. Die Ueberlegenheit der englischen Industrie beruht zum grossen Theil auf diesen durch den ausgebreiteten Kohlenhandel erst ermöglichten Frachten, welche ähnlich wie eine Exportprämie wirken, nicht minder darin, dass ihre producirten Werthe zum grossen Theile aus umgesetzter Kohle bestehen.

Auch über die englische Handelsbilanz, welche seit Jahren ein kaum zu erklärendes Ueberwiegen der Einfuhrwerthe über die Ausfuhr ziffermässig nachweist, erhält man ein ganz anderes Bild, sobald man den auf englischem Boden ermittelten Werthen der Ausfuhrobjecte die sehr beträchtlichen Preiserhöhungen hinzufügt, welche durch die Rhederei, also gleichfalls durch englische Arbeitsleistungen und durch englisches Capital, verdient werden.

Die Entwicklung der Seeschifffahrt erfolgt seit etwa 10—15 Jahren in den meisten Ländern nach der Richtung hin, dass die Segelschiffe mehr und mehr reducirt und durch Dampfschiffe ersetzt werden. Auch dieser Umstand ist für die Kohlenproduction von Vortheil. Denn jede Vermehrung der Dampfer ist mit einer Steigerung des Kohlenexports verbunden, und so lange die englische Kohle die Seehäfen beherrscht, wird die Versorgung der bereits in allen Welttheilen angelegten zahlreichen Kohlenstationen vorzugsweise, wenn nicht ausschliesslich der englischen Kohlenindustrie zufallen. Zur Zeit sind Deutschland und Nord-Amerika die einzigen Länder, welche vielleicht als Concurrenten in Frage kommen könnten, in beiden Staaten sind aber noch andere sehr wichtige Vorbedingungen zu erfüllen, ehe man zu einer Aufgabe schreiten könnte, die dem begünstigten England gegenüber durchaus nicht leicht genannt werden kann.

In welcher Weise übrigens die englische Handelsflotte sich in den letzten Jahren entwickelt hat, zeigen folgende Ziffern. Grossbritannien besass:

	Segelschiffe		Dampfschiffe	
	Zahl	Tonnen	Zahl	Tonnen
Im Jahre 1860	25.663	4,204.360	2.000	454.327
„ „ 1870	23.165	6,993.153	2.426	1,651.767
„ „ 1873	20.832	5,320.089	3.061	2,624.431
„ „ 1875	20.538	5,383.763	3.002	3,015.773
„ „ 1877	17.765	5,526.930	3.133	3,283.910

Sämmtliche seefahrende Nationen in Europa und die Vereinigten Staaten von Amerika waren 1877 im Besitze von

51.912 Segelschiffen mit 14,799.139 Tonnen und
5.471 Dampfschiffen „ 5,507.699 „

Demnach besitzt England, die „Beherrscherin der Meere", mehr als die Hälfte aller Dampfschiffe, und ein Drittel der Segelschiffe führt die Flagge dieses Landes.

Wie bereits erwähnt, führt Grossbritannien circa $^1/_{11}$ seiner geförderten Kohlen aus. Die Kohlenausfuhr betrug

im Jahre 1821	173.676 metr. Tonnen	im Jahre 1869	10,757.840 metr. Tonnen
„ „ 1831	362.122 „ „	„ „ 1870	11,688.544 „ „
„ „ 1841	1,521.152 „ „	„ „ 1871	12,750.672 „ „
„ „ 1851	3,524.042 „ „	„ „ 1872	13,199.113 „ „
„ „ 1856	5,973.855 „ „	„ „ 1873	12,536.582 „ „
„ „ 1861	7,976.854 „ „	„ „ 1874	14,150.040 „ „
„ „ 1866	10,112.971 „ „	„ „ 1875	14,706.637 „ „
„ „ 1867	10,582.430 „ „	„ „ 1876	16,559.862 „ „
„ „ 1868	11,011.209 „ „	„ „ 1877	15,604.569 „ „ *

Im Jahre 1861 waren die stärksten Abnehmer: Amerika mit 1,080.776 metr. Tonnen, Frankreich 1,459.139, Dänemark 551.247, Hamburg 522.758, Preussen 446.122, Italien 424,311, Spanien und Canarische Inseln 409.690, Russland 347.993, Niederlande 267.074, Schweden 217.429, Ostindien 202.254, Türkei 177.481, Norwegen 137.385, Malta 117.583 Tonnen.

Seit 1861 hat sich nicht blos das Absatzquantum (von 7,9 Mill. auf 15,5 Mill. metr. Tonnen) erheblich geändert, auch in den Absatzgebieten ist eine wesentlich andere Reihenfolge in der Grösse der exportirten Kohlenmengen eingetreten. Für 1876 und 1877 geben wir die Details der Ausfuhr von Kohlen und Coke nach den im „Economist" veröffentlichten Nachweisen des Board of trade:

Ausfuhr	Gewicht		Werth	
	metr. Tonnen		M.	
	1876	1877	1876	1877
Nach Russland	1,206.012	1,061.084	14,263.921	11,522.761
„ Schweden und Norwegen	1,166.995	1,215.116	13,067.513	12,706.468
„ Dänemark	792.300	778.071	8,318.148	7,732.441
„ Deutschland	2,315.367	2,061.706	22,924.840	19,476.024
„ Niederlande	488.585	418.242	5,571.863	4,364.060
„ Frankreich	3,302.573	3,030.090	32,768.301	27,444.603
„ Spanien und den Canarischen Inseln	774.770	837.053	9,410.373	9,770.317
„ Italien	1,233.032	1,082.634	13,032.759	10,517.525
„ Türkei	295.102	217.643	3,316.473	2,321.141
„ Aegypten.	554.062	530.525	6,613.058	5,772.938
„ Brasilien	331.777	345.524	4,438.226	4,207.031
„ Malta	307.717	282.792	3,694.141	3,142.372
„ Britisch-Indien	772,013	910.513	9,327.100	10,094.627
„ anderen Ländern	3,019.557	2,833.576	35,082.418	30,785.600
Sa. .	16,559.862	15,604.569	181,829.134	159,857.908

* Zu diesem Export tritt noch der von Schiffen, welche im Aussenhandel beschäftigt sind, für eigenen Bedarf (coal etc. shipped for the use of steamers engaged in the foreign trade), nämlich

1874 . . 3,140.383 Tonnen   1876 . . 3,564.524 Tonnen
1875 . . 3,278.249 „   1877 . . 3,661.552 „

Interessant ist der Vergleich dieses Verbrauchs mit der Dampferflotte Englands.

Als „andere" speziell nicht genannte Länder sind nach der Grösse ihres Imports anzuführen: Westindien, Britisch-Nordamerika, Peru, Chile, China, Uruguay, Oesterreich (Triest und Dalmatien), die Küsten des Schwarzen Meeres, auch, wiewohl in immer geringeren Quantitäten, die Vereinigten Staaten von Nord-Amerika.

Aussichten für die Zukunft.

Die Lage der Kohlenindustrie ist gegenwärtig überall eine höchst ungünstige, und auch Grossbritannien macht darin keine Ausnahme. In Folge sehr schlechten Geschäftsganges verbraucht das Grossgewerbe, vor allen Dingen die in der Consumtion der Brennstoffe den ersten Rang einnehmende Eisenindustrie jetzt weit weniger Kohlen. Diesem Minderverbrauch steht eine bis etwa Mitte 1877 stetig gestiegene Förderung von Kohlen als Ueberproduction gegenüber, deren nachtheiliger Einfluss nicht eher zu beseitigen sein wird, bis entweder durch die Rückkehr des geschwundenen Vertrauens der Consum wieder steigt, oder bis die Kohlenwerke ihre Production in einer dem jeweiligen Bedarf entsprechenden Weise reduciren. Die Nothlage hat die Werke bereits gezwungen, den letzteren Weg zu betreten. Wie lange die sehnlichst erwartete Steigerung des Consums, veranlasst durch die Wiederkehr besserer Zustände für Industrie, Handel und Verkehr, noch auf sich warten lassen wird, liegt im Schoss der Zukunft verborgen. Sicher ist indess, dass auch diese schwere Krisis ihr Ende nehmen und die Kohlenindustrie wieder zu normalen Zuständen mit geregeltem und lohnendem Absatze gelangen wird.

Von den erlittenen und etwa noch zu erleidenden Verlusten wird sich die englische Kohlenindustrie seiner Zeit voraussichtlich rascher erholen, als die gleichfalls schwer bedrängten Kohlenwerke in den meisten anderen Ländern. Der ausserordentlich erleichterte Absatz, grosser Capitalreichthum, altbewährtes Renommé, gut eingeschulte Arbeitskräfte, sie bieten neben einer das Wohl der Industrie und des Handels stets im Auge behaltenden Regierungspolitik die sicherste Bürgschaft für die kräftige Weiterentwicklung des englischen Kohlenbergbaues.

Richtet man jedoch den Blick auf die ferne Zukunft, so lassen sich gewisse Besorgnisse nicht zurückdrängen, und sind es vorzugsweise zwei Gesichtspunkte, deren schwerwiegende Bedeutung selbst in England nicht mehr verkannt wird.

Der wichtigste ist die befürchtete Erschöpfung der englischen Kohlenlager, die, wenn auch heute noch in gewisser Ferne, dennoch die Gemüther vielfach beschäftigt und deprimirend eingewirkt hat. Schon im Jahre 1846 berechnete Greenwell, dass die grossen Kohlenlager der Bezirke Durham und Northumberland bei einer Jahresproduction, die indessen seitdem verdoppelt ist, nur noch 331 Jahre ausreichen würden. Edward Hull kam dagegen mit seinen Berechnungen des Kohlengehalts sämmtlicher englischer Kohlenbezirke im Jahre 1859 zu einem Resultat, nach welchem mit Rücksicht auf die inzwischen gestiegene Förderung die englischen Kohlenfelder in etwa 100 Jahren vollständig abgebaut sein würden. Nach andern Berechnungen nahm Jevons das Jahr 1965, Armstrong das Jahr 2072 als Endpunkt der englischen Kohlenproduction in Aussicht. Das englische Parlament erachtete begreiflicher Weise die Angelegenheit für wichtig genug, um mit der Untersuchung eine Commission zu beauftragen. Nach deren Ansicht soll der bis jetzt bekannte Kohlenvorrath bis zum Jahre 3100 ausreichen.

Mag nun die eine oder andere Ansicht die richtige sein, Thatsache ist allerdings, dass schon jetzt manche englische Kohlenbecken ihrer Erschöpfung mit raschen Schritten entgegengehen. Selbst nur angenommen, dass der Vorrath der englischen Kohlen noch für Jahrhunderte ausreiche, so wird man doch mit den Schächten, die jetzt schon bis zu 640 Meter hinabsteigen, tiefer und tiefer gehen müssen, und dann wird die Förderung noch beschwerlicher und ungleich kostspieliger werden. Drei, vier Jahrzehnte können noch vergehen, ehe dies für die englische Kohlenindustrie bedrohlich wird, in welchem Masse aber die höheren Productionskosten auf die Rentabilität und den Absatz der Kohlen einwirken werden, wird ganz davon abhängen, ob und inwieweit die ausländische Concurrenz sich gekräftigt haben wird.

Mit dieser ausländischen Concurrenz berühren wir den zweiten Gesichtspunkt. In allen Ländern, welche in der Kohlenproduction überhaupt eine Rolle spielen, hat während des letzten Jahrzehnts gleichfalls eine Steigerung der Kohlenförderung stattgefunden, in nicht wenig Fällen procentual in noch höherem Grade als in Grossbritannien. Am meisten gilt dies von Deutschland und Nord-Amerika. Während Frankreich und Oesterreich noch auf Jahre hinaus zu thun haben werden, um nur den einheimischen Bedarf an Kohlen zu decken, während Belgien mit der Versorgung der Niederlande und des Nordens von Frankreich vollauf beschäftigt ist, fängt die deutsche Kohle an, zunächst Englands Kohlenhandel aus den deutschen Küstengebieten zurückzudrängen, und nachdem ihr dies gelungen sein wird, wird es ganz von der Energie der Kohlenwerke, von dem Entgegenkommen der Transportgesellschaften und von der Unterstützung der deutschen Regierung abhängen, ob und inwieweit die deutsche Kohle die englische aus den übrigen Küstenländern der Ost- und Nordsee zurückdrängen kann.

Von da bis zur Versorgung der französischen und der Mittelmeerküsten wäre nur ein weiterer, keineswegs unmöglicher Schritt. Was für Europa von der deutschen Kohle gilt, könnte für die Häfen von Mittel- und Süd-Amerika von dem Kohlenhandel der Vereinigten Staaten erwartet werden; mindestens wird mit Rücksicht auf die in Aussicht stehenden höheren Gestehungskosten der englischen Kohlen die zu erwartende Concurrenz der Kohlen aus Deutschland und Nord-Amerika nicht zu unterschätzen sein. In England ist man sich allem Anschein nach dieser Eventualitäten jetzt schon voll bewusst.

Eisen*).

Grossbritannien producirte im Jahre 1876 an Roheisen 6,660.892 metr. Tonnen, d. i. 59 $^0/_0$ oder mehr als die Hälfte der gesammten Roheisenproduction Europa's und circa 47 $^0/_0$, also etwas unter der Hälfte der Eisenerzeugung der ganzen Erde. Zu Anfang des 16. Jahrhunderts war Englands Eisenproduction noch so unbedeutend, dass der damals freilich sehr geringe Bedarf vorwiegend von auswärts und zwar meist aus Deutschland und dem heutigen Belgien gedeckt wurde. Bis dahin war die deutsche Hansa Beherrscherin der Meere wenigstens in der nördlichen Hälfte von Europa; sie vermittelte Englands Ein- und Ausfuhr und besass unter Anderm in dem „Stahlhof" in London grosse Niederlagen, aus denen England mit ausländischen Fabricaten versorgt wurde — das vollständig umgekehrte Bild der heutigen Handelsbewegung.

Der Aufschwung der englischen Eisenindustrie datirt von dem Jahre 1717 ab, als man begann, Roheisen mit Steinkohlen und später mit Coke zu erblasen, und als gleichzeitig England zum Schutze seiner einheimischen Industrie gegen die ausländische Concurrenz Eisenzölle einführte. Wäre jene wichtige Erfindung nicht mit einer Aenderung der englischen Handelspolitik zusammengetroffen, es wäre sehr fraglich, ob die Eisenindustrie Grossbritanniens trotz

---

*) **Literatur.** Mineral Statistics of the United Kingdom of Great-Britain and Ireland. — Publicationen des englischen Iron and Steel-Instituts. — W. v. Lindheim, Kohle und Eisen (Wien 1877). — Wedding, Handbuch der Eisenhüttenkunde. — Preussische Zeitschrift für das Berg-, Hütten- und Salinenwesen. — Publicationen des Vereins deutscher Eisen- und Stahlindustriellen. — Veröffentlichungen des englischen Handelsamtes über Ein- und Ausfuhr im „Economist".

ihrer sehr günstigen Productions- und Absatzverhältnisse zu der heutigen colossalen Bedeutung gelangt wäre. Und doch ging die Entwicklung noch im vorigen Jahrhundert, dem geringen Eisenverbrauch entsprechend, nur langsam vorwärts. Im Jahre 1740 wurden in den vereinigten Königreichen von 59 Hohöfen nur ca. 17.000 Tonnen erzeugt, ein Quantum, das heute von einem einzigen Hohofen producirt werden kann. Bis 1796 war die jährliche Roheisen-Erzeugung auf 125.000 Tonnen, die Zahl der Hohöfen inzwischen auf 130 gestiegen. Erst im Jahre 1835 wurde die Ziffer von 1 Million Tonnen erreicht, die im Jahre 1840 auf 1,399.800 metr. Tonnen mit einem Kohlenverbrauch von 4,945.366 metr. Tonnen angewachsen war. Der rasch zunehmende Verbrauch des Eisens für die in ihrer Meilenzahl ausserordentlich wachsenden Eisenbahnen, für Maschinen, für Schiffe, zu Bauzwecken aller Art, endlich die mit jedem Jahre steigende Anwendung des Eisens als Surrogat für Holz und Stein, sie waren etwa von 1840 ab die wesentlichsten Factoren für die überraschend schnelle Entwicklung einer Industrie, die in den reichen Erz- und Kohlenlagern der Heimat, in dem grossen Capitalreichthum des Landes, in vorzüglichen, seit mehr als einem Jahrhundert von Generation zu Generation besser eingeübten Arbeitskräften, in dem altbewährten Renommé ihrer Leistungen, in ausserordentlich erleichterten Transportverhältnissen, in dem riesig grossen Absatzgebiet der englischen Colonien, in der dominirenden Stellung der britischen Handelsflagge, schliesslich auch in der die materiellen Interessen stets berücksichtigenden englischen Politik Hilfsquellen besass, wie solche in gleichem Masse und in gleichem Zusammentreffen niemals einem andern Volke geboten worden sind. Obgleich die englische Industrie schon Anfang dieses Jahrhunderts so gekräftigt war, dass sie die Concurrenz mit allen andern Ländern ohne jede Gefahr aufnehmen konnte, war doch die englische Regierung vorsichtig genug, den jugendlichen Streber erst zum kräftigen Manne erwachsen zu lassen, ehe sie ihm den Zollschutz entzog. Im Jahre 1718 betrug der Zoll für Roh- und Walzeisen 2 sh. (2.04 M.) pro Ctr. (50.8 Kilogramm); 1782 $2^3/_4$ sh. (2.81 M.); 1797 $3^1/_6$ sh. (3.23 M.); 1802 $3^3/_4$ sh. (3.83 M.); 1825 sogar $6^1/_2$ sh. (6.64 M.), und, wenn auf fremden Schiffen eingeführt $7^1/_2$ sh. (7.66 M.). Von da ab sind die Eisenzölle stetig ermässigt worden; aber erst dann als die einheimische Eisenindustrie dem inländischen Bedarf nicht blos vollkommen genügte, sondern auch die vollste Gewissheit vorhanden war, dass von der ausländischen Concurrenz auch nicht die geringste Beeinträchtigung der englischen Eisenindustrie zu erwarten war: erst dann sind die Eisenzölle — die letzten Reste bei dem Abschlusse des englisch-französischen Handelsvertrages im Jahre 1862 — gänzlich gefallen.

Heute dictirt die englische Eisenindustrie in allen Ländern der Erde, deren Grenzen nicht durch Zölle geschützt sind, die Preise der Eisen- und Stahlartikel, und selbst da, wo das Eisen noch geschützt ist, regulirt sich der Marktpreis unter Aufrechnung des Zollzuschlags nach den englischen Notirungen. Unter dem Einfluss seiner ausserordentlich begünstigten Production und seiner vorzüglichen Transportverhältnisse hat Grossbritannien zur Zeit keinen Rivalen, der ihm nur einigermassen ebenbürtig wäre. Mit seiner Massenproduction in Kohle und Eisen hat der mächtige Inselstaat seine dominirende Stellung im Welthandel nahezu unangreifbar gemacht; ob für immer? — das ist zu bezweifeln.

Eisenerze.

Die Ueberlegenheit der englischen Eisenindustrie gründet sich in erster Linie auf den grossen Reichthum vorzüglicher Erze, die noch dazu meist direct neben oder doch in nicht grosser Ferne von den Kohlengruben und den Lagerstätten der kalkhaltigen Zuschläge gefunden werden. Der Quantität nach überwiegt in der Förderung das bekannte Cleveland-Erz in Yorkshire, sodann kommen die Thon- und Kohleneisensteine in Schottland, Staffordshire, Yorkshire, Wales und Shropshire; der Brauneisenstein in Devonshire, Gloucestershire, Wiltshire, Northamptonshire und Shropshire; Rotheisenstein in Lancashire und auf der Insel Man; Spatheisenstein in Northumberland, Durham und Somersetshire. Bei der Schilderung des Kohlenbergbaues sind wir meist schon denselben Namen der Grafschaften begegnet; ein besonders gütiges Geschick fügte es, dass die meisten erzführenden Districte auch die mineralischen Brennstoffe zu deren Verhüttung enthalten. Die Qualität der Erze ist, wie überall, so auch in England ausserordentlich verschieden, hier und da selbst in ein und derselben Grube wechselnd. In seinem berühmten Handbuch der Eisenhüttenkunde gibt Wedding eine grosse Anzahl von Analysen englischer Eisenerze, und noch reichhaltiger finden sich dieselben in dem auf Kosten der englischen Regierung veröffentlichten Werke „Die Eisenerze von Grossbritannien" zusammengestellt. Beschränken wir uns blos auf die in den Eisenerzen vorkommende Gesammtmenge des Eisens, auf das für die Qualität des Eisens ziemlich einflussreiche Mangan, sodann auf die Angabe des Gehaltes an Phosphor und Schwefel, als denjenigen Bestandtheilen, welche die Qualität des Roheisens beeinträchtigen und nur zu gern in jedem Eisenerz vermisst werden, so finden sich im grossen Durchschnitt

	Eisengehalt	Mangan-Oxydul	Phosphorsäure	Schwefeleisen
	Procent			
im Magneteisenstein .	57.00—68.90	0.14— 1.88	0.01—0.70	0.07—0.80
„ Rotheisenstein . .	47.50—66.60	0.01— 1.13	Spur—1.02	0.03—0.06
„ Brauneisenstein . .	11.98—63.04	0.00— 1.60	0.00—3.17	0.02—0.17
„ Spatheisenstein . .	13.98—49.78	1.93—12.64	Spur—0.22	0.03—0.11
„ Sphärosiderit . . .	24.80—43.40	0.90— 3.30	Spur—1.40	0.05—0.21
„ Thoneisenstein . .	17.34—49.17	0.00— 1.30	0.00—5.05	0.05—1.60

Selbstverständlich können diese summarischen Angaben über die Qualität der englischen Erze nur eine annähernd richtige Vorstellung verschaffen. Im Allgemeinen sind dieselben, wie die meist hohen Procentziffern des Eisengehaltes nachweisen, als ziemlich reiche Erze zu betrachten. Die Phosphorbeimischung, für manche Eisensorten, z. B. Giessereiroheisen, zwar nicht beliebt, aber doch weniger bedenklich, ist dagegen für Roheisen, das zu Bessemerstahl umgearbeitet werden soll, nur in sehr geringen Quantitäten zulässig. Auch Schwefel ist in der Eisenindustrie ein sehr unangenehmer, leider oft recht aufdringlicher Geselle. Grossbritannien besitzt von sehr guten und von mittleren leicht zu verarbeitenden Erzen einen grossen Vorrath. Es ist daher in die Lage versetzt, einerseits ein zwar geringes, aber dann auch ausserordentlich billiges Eisen zu produciren, andererseits finden sich auch die für die bessern Eisensorten tauglichen Erze in grösserer Menge, als in vielen anderen Ländern. Speciell für die Herstellung des Bessemerstahls stehen der englischen Eisenindustrie sehr geeignete Erze zu Gebote, was jedoch nicht ausschliesst, dass von Elba, Algier, aus Spanien und neuerdings sogar aus Nord-Amerika taugliche, besonders phosphorfreie Erze eingeführt werden.

Die Production der Eisenerze ist in Tabelle I, Seite 34, enthalten.

Die Production stieg demnach von 1860—70 dem Gewichte nach um 179.0 %, von 1860—76 um 209.9 %.

Die Ein- und Ausfuhr von Eisenerzen zeigt Tabelle II, Seite 34.

Seit dem Jahre 1860 ist demnach die Einfuhr von 23.482 metr. Tonnen bis auf 1,158.680 metr. Tonnen gestiegen, in welchem Quantum vorzugsweise wenn nicht ausschliesslich Bessemer-Erze enthalten sein werden. Die verschwindend kleine Erzausfuhr beweist dagegen, dass England vorzieht, seine mineralischen Bodenschätze nicht als solche, sondern als Fabricate mit dem Preisaufschlag der Arbeits- und Capitalrente zu exportiren.

I.	Eisenerz - Production	in metr. Tonnen	Werth in $\mathscr{M}$.
Im Jahre 1860		8,152.592	50,374:690
„ „ 1866		9,819.652	63,691.980
„ „ 1867		10,181.395	65,550.201
„ „ 1868		10,331.938	65,274.572
„ „ 1869		11,692.661	76,218.875
„ „ 1870		14,600.584	101,103.912
„ „ 1871		16,596.247	156,633.080
„ „ 1872		16,850.215	158,762.927
„ „ 1873		15,826.739	154,654.464
„ „ 1874		15,082.455	149,437.011
„ „ 1875		16,074.197	122,017.872
„ „ 1876		17,111.049	139,380.896

II. Eisenerze	Einfuhr		Ausfuhr	
	metr. Tonnen	Werth in $\mathscr{M}$.	metr. Tonnen	Werth in $\mathscr{M}$.
Im Jahre 1860	23.482	309.465	127	3.655
„ „ 1866	57.596	1,002.234	356	18.215
„ „ 1867	87.954	1,413.432	365	10.986
„ „ 1868	116.226	1,932.140	334	9.291
„ „ 1869	133.422	2,075.570	672	26.526
„ „ 1870	211.643	3,393.600	919	26.464
„ „ 1871	329.219	7,007.633	260	6.289
„ „ 1872	814.327	20,723.074	1.142	71.307
„ „ 1873	983.017	26,102.437	1.720	47.068
„ „ 1874	766.207	20,858.642	1.109	30.650
„ „ 1875	466.012	11,916.520	2.497	60.321
„ „ 1876	685.993	16,299.346	652	18.500
„ „ 1877	1,158.681	25,318.840	.	.

Wie für die Kohlengruben hat auch die einmal rege gemachte Besorgniss eine bevorstehende Erschöpfung der englischen Erzlager zur Sprache gebracht. Mag nun auch eine Jahresförderung von 17 Mill. Tonnen mit mancher Lagerstätte bereits aufgeräumt haben, so lässt doch der noch vorhandene Erzreichthum eine derartige Befürchtung kaum ernstlich aufkommen. Ob dasselbe auch für die Qualität der Erze gilt, mit andern Worten, ob in grösseren Tiefen und bei spätern Aufschlüssen die Erze dasselbe Ausbringen geben werden, darüber liegen zur Zeit ausreichende Untersuchungen nicht vor.

Verbraucht wurden an Eisenerzen mit Einschluss der Einfuhr:

	Production	Werth	Einfuhr	Totalverbrauch
	metr. Tonnen	$\mathscr{M}$.	metr. Tonnen	
Im Jahre 1869 . .	11,692.661	76,218.875	133.403	11,826.064
„ „ 1872 . .	16,850.215	158,762.927	812.927	17,663.142
„ „ 1876 . .	17,111.049	139,380.876	685.993	17,797.042

Der Verbrauch an Eisenerzen stieg demnach von 1869—1872 um 149.8, von 1869—1876 um 150.8 %.

Roheisen.

Der englische Hohofenbetrieb verbraucht im grossen Durchschnitte zur Production einer Tonne Roheisen je nach Qualität 2.4 — 2.8 (ausnahmsweise über 3) Tonnen Eisenerz, $2^3/_4$—$3^8/_4$ Tonnen Kohlen beziehungsweise Coke, $^3/_4$—$1^1/_4$ Tonnen kalkhaltige Zuschläge. Obgleich die Fundorte dieser drei Materialien selten weit von einander entfernt sind, so ist doch der etwas stärkere Verbrauch der Steinkohlen für die Wahl des Orts einer Hohofenanlage mehr und mehr massgebend geworden und transportirt man vortheilhafter das geringere Erzquantum in die Nähe der Kohlengruben, als den stärkeren Kohlenbedarf zu den Erzlagerstätten. Dass hierin mancherlei Ausnahmen, namentlich bei Hohofenanlagen aus früheren Jahrzehnten vorkommen, braucht kaum erwähnt zu werden, vorzugsweise gilt dies von den Eisenproductionsbezirken in Cumberland, Lancashire und Lincolnshire, in denen die Transportkosten für das Brennmaterial weit höher ansteigen als die Erzfrachten.

Nach einer Ende 1877 in „The Colliery-Guardian" erschienenen Zusammenstellung betragen die Frachtkosten für die Materialien zur Production von einer Tonne Roheisen:

	Brennmaterial	Erze	Kalkstein	Total
	$\mathit{M.}$			
West-Schottland .	1.82	3.82	1.19	6.80
„ .	1.95	4.16	1.70	7.82
Süd-Staffordshire .	1.53	2.80	0.51	5.10
Cumberland	9.77	4.59	0.59	14.96
Lancashire	10.20	4.59	0.59	15.38
Lincolnshire	9.94	2.80	.	12.75
Süd-Wales	1.82	13.77	0.76	16.32
Middlesbrough. . .	3.06	4.08	1.53	8.67
durchschnittlich .	5.01	5.10	0.85	10.96

In Nord-Amerika stellen sich nach den Berechnungen aus 14 Bezirken dieselben Frachtkosten pro 1 Tonne Roheisen auf 26 sh. 2 d. (26.72 $\mathit{M.}$), für die deutschen Roheisenhütten in Westfalen und Rheinland auf $18^{1}/_{4}$—$26^{1}/_{8}$ sh. (18.63 bis 26.72 $\mathit{M.}$), in Oberschlesien auf $15^{1}/_{8}$—$15^{7}/_{8}$ sh. (15.44 — 16.21 $\mathit{M.}$), und geht hieraus wiederum die grosse Ueberlegenheit der englischen Eisenindustrie hervor.

Die Production von Roheisen umfasste:

	Werke	Hohöfen		Roheisen-Production	Kohlenverbrauch
	Anzahl	überhaupt	in Betrieb	metr. Tonnen	
In 1869:					
England....	138	550	350	3.511.555	. .
Wales......	32	186	118	852.934	. .
Schottland..	29	165	132	1,168.400	. .
	199	901	600	5,532.889	. .
In 1872:					
England....	165	557	450	4,668.128	11,570.555
Wales......	36	165	122	1,074.232	2.649.613
Schottland..	27	154	130	1,107.440	3.266.948
	228	876	702	6,849.800	17,487.116
In 1876:					
England....	159	626	393	4,738.779	11,045.653
Wales......	24	145	73	801.465	1,703.502
Schottland..	26	156	119	1,120.648	3,098.800
	209	927	585	6,660.892	15,847.955

Die einzelnen Bezirke waren in England (ausser Wales und Schottland) bei der Gesammtproduction von 4,738.779 metr. Tonnen Roheisen während des Jahres 1876 in folgender Weise betheiligt:

	Werke	Hohöfen		Roheisen-Production
		überhaupt	in Betrieb	metr. Tonnen
Northumberland . .	1	4	1	836.343
Durham	13	69	50	
Yorkshire Nord. . .	19	86	75	1,281.189
„ West . .	16	49	34	239.218
Derbyshire	12	54	35	305.531
Lancashire.	9	47	30	561.832
Cumberland	12	49	27	443.877
Shropshire	10	24	16	108.418
Staffordshire Nord .	8	37	25	216.986
„ Süd. .	41	147	65	473.401
Northamptonshire .	7	20	11	86.274
Lincolnshire	6	21	16	127.201
Gloucestershire . . .	3	10	5	28.558
Wiltshire, Hampshire und Somersetshire .	2	9	3	29.951
	159	626	393	4,738.779

In der geringen Ziffer der in 1876 in Betrieb gewesenen Hohöfen spiegelt sich der schlechte Geschäftsgang der Eisenindustrie wieder, der bekanntlich sich bis jetzt (Anfang 1878) noch nicht gebessert, weit eher verschlechtert hat. Allerdings hat sich im Laufe der Jahre auch die Zahl der Hohöfen vermindert, dafür aber deren Leistungsfähigkeit gesteigert. So kam im Jahre 1860 auf 1 Hohofen eine durchschnittliche Jahresproduction von 6.680, in 1876 von 11.386 metr. Tonnen.

Für das Jahr 1877 liegen sichere Angaben nur erst aus einzelnen Bezirken vor, darunter die wichtigen Gebiete von Cleveland und Schottland.

In Cleveland und den angrenzenden Bezirken von Nord-Yorkshire und Durham waren nach Berichten aus Middlesbrough an Hohöfen:

	vorhanden	in Betrieb	ausser Betrieb
Im Jahre 1877	162	106	56
„ „ 1876	158	111	47
„ „ 1875	159	116	43
„ „ 1874	155	125	30

Es betrugen ferner	1877	1876	1867
die Production metr. Tonnen: . . .	2,158.828	2,108.774	1,166.266
„ Vorräthe „ „	309.674	185.462	177.190
„ Exporte und zwar:			
nach Deutschland metr. Tonnen . .	110.947	118.453	16.063
„ Niederlande*) „ „ . .	71.327	78.918	12.714
„ Belgien*) „ „ . .	43.947	55.702	44.588
„ Frankreich „ „ . .	72.426	60.089	40.073
„ Spanien „ „ . .	26.232	7.873	5.220
„ Italien „ „ . .	4.740	2.162	1.386
„ Scandinavien „ „ . .	30.538	28.215	8.985
„ Russland „ „ . .	9.258	9.661	5.423
„ Amerika „ „ . .	.	122	2.697
„ anderen Ländern „ „ . .	1.323	1.853	1.409
„ Britischen Häfen verschifft „ „ . .	465.092	392.824	.

*) meist Transit nach Deutschland.

Die Exportziffern umfassen die Verschiffungen von der Tees, Tyne, Wear und den Hartlepools.

In Schottland waren Anfang 1877 119 Hohöfen in Betrieb, von denen indessen 33 bis zum Jahresschluss ausgeblasen wurden, so dass das Jahr 1878 mit nur 86 Hohöfen eröffnet wurde. Nach den vergleichenden Zusammenstellungen von Colvin betrug die Production der schottischen Eisenindustrie seit 1873 in metr. Tonnen:

	1873	1874	1875	1876	1877
Jährl. Production	947.928	818.896	1,066.800	1,120.648	997.712
Auswärtig verschifft	405.232	301.552	374.348	308.429	278.790
Nach der engl. Küste	217.486	168.762	176.841	168.849	172.720
Gesammtverschiffung	622.718	470.314	551.189	477.461	451.510
Consum in Schottland	378.968	322.072	365.760	375.920	340.360
Stock am 31. December	121.920	97.536	172.720	368.808	513.080
Durchschnittl. Zahl der Hohöfen im Betriebe	119	96	117	116	103
Hohöfen Ende December	122	121	113	116	88
Durchschnittl. Jahrespreis $\mathcal{M}$.	119.$_8$	89.$_4$	67.$_3$	59.$_8$	55.$_7$
Preis 31. December	120.$_1$	77.$_6$	65.$_9$	59.$_2$	52.$_7$
Production von Schmiedeeisen	192.339	182.880	199.136	233.680	221.488
Einfuhr von engl. Roheisen	127.000	203.200	223.520	289.560	358.648

Production und Verschiffung schottischen Roheisens sind nach dieser Zusammenstellung im Jahre 1877 geringer, als in den Jahren 1875 und 1876, was zunächst der Abnahme des auswärtigen Bedarfs, ausserdem aber der Concurrenz von Middlesbrough zugeschrieben wird.

Die Gesammtproduction an Roheisen in Grossbritannien wird angegeben zu:

	metr. Tonnen	Werth in M.	Hohöfen in Betrieb
Im Jahre 1860	3,887.980	195,355.690	582
„ „ 1866	4,596.279	230,944.932	618
„ „ 1867	4,837.199	243,050.214	551
„ „ 1868	5,049.729	252,825.738	560
„ „ 1869	5,532.889	278,005.987	600
„ „ 1870	6,058.931	304,437.430	664
„ „ 1871	6,733.214	340,359.478	673
„ „ 1872	6,849.800	378,593.008	702
„ „ 1873	6,671.514	368,739.030	683
„ „ 1874	6,087.270	336,447.516	649
„ „ 1875	6,467.319	319,486.705	629
„ „ 1876	6,660.893	327,989.961	585

Die procentuale Steigerung betrug	dem Gewichte nach	dem Werthe nach
in den Jahren 1860—1870	155.8 %	155.2 %
„ „ „ 1870—1870	109.9 „	107.7 „
„ „ „ 1860—1876	171.5 „	168.0 „

Die höchste Production von Roheisen fällt auf das Jahr 1872, d. h. auf die Periode, in welcher in allen cultivirteren Ländern ein ausserordentlich lebhafter Geschäftsgang vorherrschte, der Bau von Maschinen, eisernen Schiffen, namentlich aber die Erweiterungen der Schienenwege, auch die stärkere Verwendung des Eisens zum Bau der Häuser eine sehr starke Nachfrage auf dem Eisenmarkte hervorriefen und die Preise rapid steigerten. Binnen Jahresfrist stiegen die Notirungen für ordinärere Marken — in Qualitätseisen steht in gewissen Sorten England hinter anderen Ländern, z. B. hinter Schweden und Deutschland, zurück — um mehr als das Doppelte, und es entstand eine Haussebewegung, welche, vorzugsweise vom Eisen ausgehend, mit Sturmeslauf auch die anderen Industriebranchen ergriff und eine grossartige Veränderung fast aller Preise zur Folge hatte. Der Rückschlag trat auch zuerst wieder bei dem Eisen ein. Im Jahre 1873 waren zwar die Notirungen noch höher, aber die Kohlen-, Erz- und Kalkpreise, die Löhne und Frachtsätze hatten sich der Haussebewegung bereits derart angeschlossen, dass selbst die höheren Notirungen für Eisen und Eisenartikel aller Art dem Producenten nur einen mässigen Nutzen liessen. Inzwischen hatten auch in anderen Ländern die Hüttenwerke ihre Production gesteigert, und als durch bekannte Vorgänge das Vertrauen plötzlich schwand und die Nachfrage ermattete, ergab sich, dass weit mehr Eisen producirt wurde, als begehrt war. Ob nun die Schuld mehr in der gesteigerten Production oder in der verminderten Consumtion zu suchen sein mag, ändert an der Thatsache nichts, dass die Eisenindustrie aller Länder unter der internationalen Eisen-Ueberproduction leidet, wobei wiederum streitig bleibt, welche Länder dabei am särksten betheiligt gewesen sind. Da England allein nahezu die Hälfte des sämmtlichen (auf der ganzen Erde verbrauchten) Roheisens erzeugt, ist man in anderen Staaten nur zu leicht geneigt, gegen die englische Eisenindustrie anklagend aufzutreten, und dieser Vorwurf erlangt in der That einige Berechtigung, sobald man erwägt, dass trotz weichender Preise und trotz des erschwerten Absatzes Grossbritannien seine Roheisenproduction von 1874 bis 1876 wiederum um den erheblichen Posten von 573.623 metr. Tonnen erhöht hat. Auch noch in 1877 hat, wie oben bereits nachgewiesen worden ist, Cleveland mehr Eisen erblasen, als in 1876, während die schottischen Hohofenwerke in besserer Würdigung der Zeitverhältnisse erkannt haben, dass zur Wiedererlangung normaler Geschäftsverhältnisse vor allen Dingen nothwendig ist, durch Reductionen des Betriebs Angebot und Nachfrage in besseren Einklang zu bringen.

Was die Preise betrifft, so wählen wir dafür die Notirungen für schottisches Roheisen, bekanntlich eine auch ausserhalb Englands vielbegehrte Marke, umsomehr da deren Warrants bis zu einem gewissen Grade auch für die Preise der anderen Eisensorten (etwa Bessemer-Roheisen ausgenommen) massgebend zu sein pflegen.

Die Durchschnittspreise für schottisches Roheisen stellten sich pro englische Tonne für Warrants (Certificate au porteur, lautend auf die Hauptmagazine in Glasgow) so, wie es Tabelle I, Seite 39, zeigt.

Für die Ausfuhr ihrer Fabricate ist die englische Eisenindustrie gleichfalls sehr günstig situirt. Die Vortheile eines durch zahlreiche Bahnlinien und Wasserstrassen vorzüglich unterstützten Binnenverkehrs, die billigsten Frachten zur See, die Möglichkeit, innerhalb der kürzesten Frist Frachtgelegenheit nach fast jedem Seehafen der Erde zu finden, der erleichterte Absatz in den ausgedehnten englischen Colonien, sie allein sichern den englischen Eisenwaaren schon den ausgedehntesten Export, auch wenn dieselben nicht zu den denkbar billigsten Kosten hergestellt werden könnten. Wie mit seinen Kohlen, so versorgt England mit den Artikeln „Eisen, Eisen- und Stahlwaaren" die ganze Welt.

Von seiner Roheisenproduction führte Grossbritannien in den letzten Jahren durchschnittlich $^1/_6$—$^1/_7$ (in 1876 15.2 $^0/_0$) aus. Für die Jahre 1860—1877 ist die Ein- und Ausfuhr von Roheisen in Tabelle II, Seite 39, angegeben.

Die procentuale Zunahme der Ausfuhr macht Tabelle III, Seite 39, ersichtlich. Von den im Jahre 1877 ausgeführten 895.545 metr. Tonnen gingen 238.009 Tonnen nach Deutschland direct, 202.183 Tonnen nach den Niederlanden,

I.

Durchschnittspreis für Roheisen	$\mathscr{M}$.	Durchschnittspreis für Roheisen	$\mathscr{M}$.
im Jahre 1845	77.58	im Jahre 1861	50.27
„ „ 1846	73.14	„ „ 1862	54.10
„ „ 1847	66.36	„ „ 1863	56.90
„ „ 1848	45.25	„ „ 1864	58.43
„ „ 1849	46.60	„ „ 1865	55.88
„ „ 1850	45.09	„ „ 1866	61.77
„ „ 1851	40.56	„ „ 1867	54.61
„ „ 1852	46.02	„ „ 1868	53.84
„ „ 1853	63.55	„ „ 1869	54.35
„ „ 1854	81.30	„ „ 1870	55.45
„ „ 1855	72.22	„ „ 1871	60.13
„ „ 1856	74.01	„ „ 1872	123.97
„ „ 1857	70.61	„ „ 1873	139.35
„ „ 1858	55.45	„ „ 1874	89.33
„ „ 1859	52.82	„ „ 1875	67.12
„ „ 1860	54.61	„ „ 1876	59.67
		„ „ 1877	55.45

II.

Roheisen	Einfuhr		Ausfuhr	
	metr. Tonnen	Werth $\mathscr{M}$.	metr. Tonnen	Werth $\mathscr{M}$.
Im Jahre 1860	12.035	1,638.623	348.047	19,890.407
„ „ 1866	17.340	1,970.101	508.508	31,490.601
„ „ 1867	25.430	2,764.950	574.662	33,606.951
„ „ 1868	25.046	2,240.135	561.847	32,312.424
„ „ 1869	22.800	1,911.148	722.026	41,964.591
„ „ 1870	40.362	3,648.033	765.392	45,517.099
„ „ 1871	56.527	6,109.786	1,074.377	65.944.511
„ „ 1872	102.170	14,072.116	1.352.441	137,070.863
„ „ 1873	75.966	12,275.197	1,160.338	145,350.315
„ „ 1874	57.850	8,498.763	788.534	75,017,648
„ „ 1875	48.367	6,984.885	962.992	70.447.285
„ „ 1876	31.952	4,476.533	924.565	58,042.502
„ „ 1877	.	.	895.545	51,557.580

III.

Zunahme der Ausfuhr	dem Gewicht nach	dem Werth nach
In den Jahren 1860 — 1870	219.5 %	228.8 %
„ „ „ 1870 — 1877	117.3 „	113.6 „
„ „ „ 1860 — 1877	258.8 „	259.8 „

100.406 Tonnen nach Belgien (die in belgischen und holländischen Häfen ausgeschifften Posten gelangen zum grössten Theil gleichfalls nach Deutschland), nach Frankreich 109.118 Tonnen, nach den Vereinigten Staaten von Nord-Amerika 36.478, nach Britisch-Nord-Amerika 21.575, nach anderen Ländern 187.775 metr. Tonnen.

Stahl.

Die Stahlproduction hat durch Bessemer's bekannte Erfindung eine fast totale Umänderung erfahren, mindestens sind die anderen Stahlsorten, obgleich nach wie vor begehrt, der Massenfabrication des Bessemerstahls gegenüber mehr und mehr in den Hintergrund getreten. Grossbritannien hat sich dieser

Erfindung sofort bemächtigt, umsomehr da die hierzu erforderlichen phosphorfreien, sogenannten Hämatiterze unter billigen Gewinnungskosten (namentlich
in Westcumberland, wo eine erhebliche Anzahl von Hohöfen Bessemer-Roheisen produciren,) im Lande selbst zu erlangen sind, andererseits von den
meist an der Seeküste gelegenen Stahlwerken vorzügliche Bessemer-Erze zu sehr
mässigen Frachtsätzen aus Elba, Spanien, Algier, neuerdings sogar aus Nord-
Amerika, als Ballast der rückkehrenden Kohlenschiffe bezogen werden können.

Während im Jahre 1869 auf 18 Werken erst 57 Bessemer-Converter
vorhanden waren, hatte sich im Jahre 1872 die Zahl der Werke um 1, somit auf
19, die der Converter bis auf 91 vermehrt. Ende 1877 betrug sogar die Zahl
der Werke 25 und die der Converter 114. Davon gehören allein 18 der Barraw
Haematite Steel Compagny in Barraw, 10 den Mersey Steel and Iron Works
in Liverpool an.

Ueber die Höhe der Production liegen ganz sichere Angaben nicht vor.
Für 1877 wurde die Bessemerstahl-Production Grossbritanniens auf 762.000
metr. Tonnen, die Stahl-Production überhaupt auf 905:154 Tonnen geschätzt.
1875 bezifferte man die Letztere mit 723.392 metr. Tonnen.

Die Ein- und Ausfuhr von Stahl betrug

	Einfuhr		Ausfuhr	
	metr. Tonnen	Werth $\mathcal{M}$	metr. Tonnen	Werth $\mathcal{M}$
im Jahre 1820	.	.	445	404.500
„ „ 1830	.	.	845	.
„ „ 1840	780	.	2,624	.
„ „ 1850	50	.	10.762	.
„ „ 1860	3.848	1,538.238	32.688	20,138.776
„ „ 1866	4.522	1,373.163	34.963	22,970.805
„ „ 1867	8.774	2,631.321	33.208	21,759.838
„ „ 1868	7.776	2,310.126	31.864	20,610.764
„ „ 1869	10.940	3,280.575	34.097	21,251.237
„ „ 1870	8.199	2,314.975	35.521	22,542.372
„ „ 1871	7.732	1,739.008	39.816	24,471.900
„ „ 1872	7.666	2,257.329	45.689	30,195.810
„ „ 1873	9.677	3,016.851	40.049	29,871.540
„ „ 1874	7.451	2,621.520	31.943	24,567.895
„ „ 1875	7.629	2,434.554	30.336	21,925.628
„ „ 1876	9.412	2,831.580	26.189	17,937.173
„ „ 1877	5.100	1,444.164	24.792	16,502.403

Dem Gewichte nach stellte sich die Ausfuhr procentual (die Anfangszahlen
jeder Periode = 100):

$$\text{Von } 1840 - 1860 \text{ auf } 1.245.6 \,{}^0\!/\!{}_0$$
$$\text{„ } 1860 - 1870 \text{ „ } 108.7 \text{ „}$$
$$\text{„ } 1870 - 1877 \text{ „ } 69.9 \text{ „}$$
$$\text{„ } 1840 - 1877 \text{ „ } 945.7 \text{ „}$$

Von den im Jahre 1877 exportirten 24.792 metr. Tonnen (unverarbeiteten)
Stahls gingen 2.901 Tonnen nach Frankreich, 6.383 Tonnen nach Nord-Amerika,
15.509 Tonnen nach andern Ländern.

Schmiede- und Walzeisen, Schienen, Bleche.

Vorhanden waren an Walzwerken (in Betrieb):

Im Jahre 1869	245 Werke	mit	6.243 Puddelöfen	und	859 Walzenstrassen.		
„ „ 1872	276	„	„ 7.311	„	„ 1.015	„	„
„ „ 1873	285	„	„ 7.264	„	„ 939	„	„
„ „ 1875	314	„	„ 7.575	„	„ 909	„	„
„ „ 1876	312	„	„ 7.259	„	„ 942	„	„

Im Jahre 1876 vertheilten sich diese Werke auf die einzelnen Districte in folgender Weise:

	Werke	Puddelöfen	Walzenstrassen
Northumberland und Durham	28	1.347	80
Yorkshire mit Cleveland, Leeds, Bradford, Sheffield u. Rotherham	45	1.365	168
Derbyshire	5	69	14
Lancashire	26	421	78
Cumberland	5	80	11
Shropshire.	9	175	24
Nord-Staffordshire	9	433	39
Süd-Staffordshire	129	2.009	342
Gloucestershire	1	3	2
Somersetshire.	1	22	3
Wales	36	1.024	131
Schottland	18	311	50
	312	7.259	942

Auch über diesen wichtigen Zweig der Eisenindustrie liegen officielle Angaben nicht vor. Nach Schätzungen aus dem Kohlenverbrauch, also nach Berechnungen mit sehr unsicheren Einheitssätzen, wurde für 1870 die Production von Stab- und Walzeisen (mit Einschluss der Schienen in Höhe von 1,000.500 Tonnen) zu 2,310.000 metr. Tonnen, für 1874 zu 2,425.000 Tonnen (inclusive 1.189,500 Tonnen Schienen) angegeben. Wir reproduciren diese Ziffern, obgleich wir ihre Richtigkeit für sehr zweifelhaft halten, in Ermangelung genauerer Nachweise.

Weit besser ist es mit der Statistik der Ein- und Ausfuhr bestellt, wenigstens was das Gewicht der zur Verschiffung gelangten Quantitäten betrifft. Dagegen sind die Werthangaben mit etwas grösserer Vorsicht aufzunehmen, da nicht selten für einen und denselben Artikel, z. B. Schienen, je nach den verschiedenen Exportländern, den Werthberechnungen sehr von einander abweichende, 100 und mehr Procentdifferenz betragende Preise zu Grunde gelegt zu werden scheinen.

Von Schmiede- und Walzeisen (Façoneisen) [Bar, Angle, Bolt and Rod], jedoch ohne Schienen, betrugen:

	Einfuhr		Ausfuhr	
	metr. Tonnen	Werth ℳ.	metr. Tonnen	Werth ℳ.
Im Jahre 1820	10.027	.	55.276	10,877.693
„ „ 1830	15.187	.	69.014	.
„ „ 1840	19.252	.	147.034	23,337.916
„ „ 1850	34.611	.	476.945	57,197.298
„ „ 1860	54.926	13,469.440	316.442	48,719.484
„ „ 1866	65.204	13,659.591	273.730	47,551.952
„ „ 1867	72.850	14,965.308	306.251	47,875.691
„ „ 1868	65.724	12,251.743	307.466	46,663.518
„ „ 1869	69.558	12,711.675	364.607	55,107.372
„ „ 1870	75.335	13,627.185	326.598	53,403.303
„ „ 1871	75.518	14,449.457	354.669	59,662.686
„ „ 1872	83.689	18,818.398	318.618	74,182.144
„ „ 1873	75.861	20,193.032	291.434	76,697.112
„ „ 1874	74.644	21,612.324	263.096	62,373.850
„ „ 1875	91.259	26,955.605	280.485	55,663.021
„ „ 1876	86.560	22,340.787	231.592	39,725.987
„ „ 1877	93.490	20,008.680	251.697	39,303.068

Procentual (Anfangsziffern jeder Periode = 100) stellt sich das Wachsthum der Ein- und Ausfuhr von Schmiede- und Walzeisen auf:

	Einfuhr		Ausfuhr	
In den Jahren	dem Gewichte nach	dem Werthe nach	dem Gewichte nach	dem Werthe nach
1820 — 1860	547.7 %	.	572.0 %	448.3 %
1860 — 1870	137.2 „	101.2 %	103.2 „	119.6 „
1870 — 1877	124.3 „	147.0 „	77.1 „	73.6 „
1820 — 1877	938.8 „	.	455.3 „	361.7 „

Von den in 1877 exportirten 251.697 metr. Tonnen Schmiede- und Walzeisen gingen 30.613 Tonnen nach Britisch-Nord-Amerika, 51.883 Tonnen nach Ostindien, 30.222 Tonnen nach Australien, 4.144 Tonnen nach Russland, 5.629 Tonnen nach Deutschland, 281 Tonnen nach Frankreich, 23.281 Tonnen nach Italien, 7.210 Tonnen nach der Türkei, 5.973 Tonnen nach den Vereinigten Staaten, 4.359 Tonnen nach den Niederlanden (bezw. gleichfalls nach Deutschland), der Rest von 88.101 Tonnen nach anderen Ländern.

In dem Artikel Schienen ist Grossbritannien in den letzten Jahren in fast allen eisenproducirenden Ländern Concurrenz erwachsen, die sich seit 1870 in der fallenden Ausfuhr bemerkbar macht. Eine Einfuhr ausländischer Schienen in England hat niemals stattgefunden. Die Ausfuhr an Schienen, und zwar sowohl aus Eisen, als aus Stahl, betrug:

Schienenausfuhr	metr. Tonnen	Werth ℳ
Im Jahre 1860	460.700	69,606.859
„ „ 1866	505.989	85,420.903
„ „ 1867	589.860	99,264.254
„ „ 1868	592.824	95,169.697
„ „ 1869	902.218	197,803.431
„ „ 1870	1,076.342	178,808.792
„ „ 1871	996.896	165,087.920
„ „ 1872	960.547	208,804.547
„ „ 1873	797.574	212,752.957
„ „ 1874	795.188	196,812.789
„ „ 1875	554.717	111,367.331
„ „ 1876	421.290	75,556.144
„ „ 1877	505.990	78,921.584

In Procenten (Anfangszahlen der Perioden = 100) veränderte sich die Ausfuhr:

	dem Gewichte nach	dem Werthe nach
In den Jahren 1860 — 1870	233.8 %	256.0 %
„ „ „ 1870 — 1877	47.0 „	44.1 „
„ „ „ 1860 — 1877	109.7 „	113.3 „

Von den im Jahr 1877 exportirten 505.891 metr. Tonnen Schienen entfallen 238.233 Tonnen auf Stahl-, 267.658 Tonnen auf Eisen-Schienen. Unter den grösseren Posten sind hervorzuheben: 85.907 metr. Tonnen nach Russland, 61.449 Tonnen nach Schweden und Norwegen, 23.770 Tonnen nach Deutschland, 21.951 Tonnen nach Spanien, 9.051 Tonnen nach Italien, 2.564 Tonnen nach den Vereinigten Staaten, 24.651 Tonnen nach Brasilien, 1.329 Tonnen nach Peru, 36.960 Tonnen nach Britisch-Nord-Amerika, 107.746 Tonnen nach Ostindien, 86.140 Tonnen nach Australien, dagegen nur 157 Tonnen nach Frankreich und 125 Tonnen nach Belgien.

Sehr bedeutend entwickelt ist ferner die Fabrication **eiserner Reifen, Bänder, Platten und Bleche.** Die **Ausfuhr** in diesen Artikeln betrug:

	Bänder, Reifen, Platten, Schwarzblech		Weissblech	
	metr. Tonnen	Werth ℳ.	metr. Tonnen	Werth ℳ.
Im Jahre 1860	110.239	22,800.319	60.993	30,646.781
„ „ 1866	137.827	36,433.895	72.115	38,720.241
„ „ 1867	148.527	37,107.796	80.168	42,073.572
„ „ 1868	152.635	36,946.314	89.820	42,736.365
„ „ 1869	201.724	47,724.685	98.249	47,064.424
„ „ 1870	184.388	43,282.824	101.449	48,249.846
„ „ 1871	203.542	48,991.705	121.520	59,230.763
„ „ 1872	210.815	69,732.381	119.972	77,738.389
„ „ 1873	204.795	76,021.393	122.568	80,721.118
„ „ 1874	171.125	60,757.852	124.927	75,856.420
„ „ 1875	207.755	67,470.702	140.577	75,280.515
„ „ 1876	195.054	58,271.941	134.685	59,048.371
„ „ 1877	203.062	55,656.691	155.558	61,973.005

Procentual stieg die Ausfuhr:

	nach Gewicht	nach Werth	nach Gewicht	nach Werth
In den Jahren 1860-1870	167.9 %	189.9 %	166.3 %	157.3 %
„ „ „ 1870-1877	110.6 „	129.0 „	153.1 „	128.4 „
„ „ „ 1860-1877	185.0 „	244.2 „	255.0 „	202.3 „

Ausnahmsweise ist für **Weissblech** die Höhe der Production bekannt. Im Jahre 1872 waren in dem Vereinigten Königreich 61 Etablissements vorhanden, in denen Weissblech hergestellt wurde. 32 Werke gaben ihre Production zu 1,534.181 Kisten im Gewichte von 79.337 metr. Tonnen an. Die Gesammtproduction wurde für alle Werke auf 2,977.851 Kisten geschätzt, die nach derselben Berechnung circa 153.995 metr. Tonnen wiegen würden. Für 1876 wird die Production zu 2,816.393 Kisten (ca. 151.969 metr. Tonnen) angegeben.

Von **Eisen- und Stahldraht,** worin seines besseren Qualitäts-Eisens wegen Rheinland-Westfalen den Engländern, wenn auch noch nicht in der Masse des Exports, so doch in der Güte seines Fabricats starke Concurrenz macht, wurden in 1876 45.327 metr. Tonnen im Werthe von 731.148 £ (14,930.042 ℳ.), in 1877 51.311 Tonnen im Werthe von 744.906 £ (15,210.981 ℳ.) exportirt. Der stark begehrte Artikel „Telegraphendraht" ist in diesen Posten noch nicht mit inbegriffen.

In welcher Weise auch die vorstehend genannten Artikel während der letzten Jahre Veränderungen ihrer **Preise** erfahren haben, geht aus folgender Tabelle hervor. Notirt wurden pro englische Tonne:

	Stab- und Façoneisen	Eisen-schienen	Stahl-schienen	Kessel-bleche	Walz-draht
1. Juli 1871 . . ℳ.	165	185	291	220	251
1. „ 1872 . . „	248	268	370	332	346
1. „ 1873 . . „	255	257	351	408	334
1. „ 1874 . . „	171	170	242	239	258
1. „ 1875 . . „	153	155	203	207	174
1. „ 1876 . . „	140	135	148	168	160
1. „ 1877 . . „	128	128	138	160	142

Um ein nur einigermassen vollständiges Bild der englischen Eisen-industrie zu geben, ist ferner auf die Production der **Giessereien** und die **Fabrication der ordinäreren und feineren Eisenwaaren**, von dem stark in's Gewicht fallenden eisernen Schiffsanker und der Schiffskette bis zur Nähnadel und zur Uhrfeder, von der Herstellung eiserner Brücken bis zum feinsten Kunstguss, von der riesigen Gusstahlkanone bis zum Taschen-messer, von der Construction eiserner Bahnhofhallen bis zur Erzeugung der Stahlfeder, kurz auf die Hunderte und Tausende grosser und kleiner, kost-barer und billiger, vielbegehrter oder nur in beschränktem Umfange gesuchter Artikel des täglichen Verbrauchs zu verweisen. Leider fehlen hierzu die statistischen Ermittlungen; Wahrscheinlichkeitsberechnungen ergeben gar zu unsichere Resultate. Einigen Anhalt giebt die Ausfuhrstatistik, die auch für diese Artikel enorme Gewichts- und Werthziffern nachweist und damit documen-tirt, dass auch diese Branchen in gleich grossartiger Weise entwickelt sein müssen.

Die Ausfuhr betrug:

	1876		1877	
	metr. Tonnen	Werth *M.*	metr. Tonnen	Werth *M.*
Gusswaaren und ord. Eisenwaaren	247.959	82,525.756	258.890	74,343.400
Feinere Eisen- und Stahlwaaren	26.189	17,937.173	24.792	16,502.403
Eisen- und Stahlwaaren	274.148	100,462.929	283.682	90,845.803

Summirt man schliesslich alle die Ausfuhrposten des Roheisens, des Stahls, des Walzeisens bis zu den feinern Eisenwaaren hinauf, so kommt man zu dem colossalen Gewichtsquantum einer Ausfuhr von $2^1/_4$ Millonen Tonnen im Werthe von über 20 Millionen £ (400 Millionen *M.*) Die englische Eisen-industrie exportirte an **Eisen, Eisen- und Stahlwaaren aller Art:**

In 1876 2,260.061 metr. Tonnen im Werthe von 463,497.912 *M.*
„ 1877 2,382.165 „ „ „ „ „ 410,331.036 „

Von seiner Roheisenproduction in Höhe von 6.7 Millionen Tonnen schickt also Grossbritannien nur durchschnittlich $^1/_7$ (914.000 Tonnen) zu dem Ver-kaufspreise von $2^1/_2$—$2^3/_4$ Millionen £ (51—56 Millionen *M.*) in unveränderter Form (als Roheisen) in's Ausland. Der Rest von 5.8 Millionen Tonnen bleibt im Lande zurück, um zu Halb- und Ganzfabricaten veredelt zu werden. Nach-dem der inländische Bedarf gedeckt ist, versendet Grossbritannien an Eisen- und Stahlfabricaten weitere 1,422.400 Tonnen, jetzt aber erhöht um den Betrag der Capitals- und Arbeitsrente, zu dem Verkaufspreise von nahezu 18 Millionen £ (368 Millionen *M.*). Der Preis der Tonne Roheisen stellt sich demnach auf (rund) $2^3/_4$ £ (56 *M.*), der Preis der veredelten Ausfuhrobjecte auf 13 £ (265 *M.*). Würde aus einer Tonne Roheisen auch eine Tonne Fabricat herzustellen sein, so würde die englische Eisenindustrie durch ihre Arbeit den Werth einer Tonne Roheisen um das $4^3/_4$fache erhöht haben. Nimmt man jedoch für die Gewichtsverminderung, welche das Roheisen bei seiner weiteren Veredlung erfährt, selbst sehr hohe Durchschnittssätze an, so wird die Wertherhöhung doch noch mindestens auf das Dreifache des Roheisenpreises zu schätzen sein.

Bei dem Mangel statistischer Unterlagen müssen wir darauf verzichten, die Weiterverarbeitung des Stahls, des Schmiede- und Façoneisens, der Platten und Bleche, Reifen und Bänder, des Eisengusses u. s. w. in der Fabrication von **Locomotiven und Motoren**, in der Herstellung von **Dampfkes-**

seln, im Bau von eisernen See- und Flussschiffen, in der Anwendung zu Maschinen aller Art weiter zu verfolgen und alle die Branchen anzuführen, welche, unter dem Collectivnamen „Maschinenbau" zusammengefasst, der Eisenindustrie so nahe verwandt sind, dass sie derselben sehr oft ohne Weiteres zugezählt werden. Einige dieser Branchen, unter anderen der Bau eiserner Schiffe, viele Specialitäten in der Herstelluug von Dampfmotoren und Arbeitsmaschinen für die verschiedensten Industriezweige, Maschinen zum Spinnen, Weben, Stricken, Sticken, nicht minder für die Fabrication von Papier, für die Bearbeitung von Leder, Holz, Stein u. s. w., haben sich einen Weltruf verschafft und, was in heutiger Zeit fast noch schwerer ist, auch erhalten. Derselbe grosse Zug, der durch die ganze englische Grossindustrie geht, ist auch hier nicht zu verkennen und die Vortheile, deren sich die englische Industrie erfreut, kommen in reichem Masse auch dem Maschinenbau zu Statten. Ohne dessen Bedeutung herabzusetzen, ist aber doch zu constatiren, dass der englische Maschinenbau (einzelne Zweige ausgenommen) an Umfang der Production die gleichnamigen Branchen in andern concurrirenden Ländern doch nicht in demselben Masse überragt, wie dies im Eisenhüttenwesen der Fall ist.

Arbeiter-Verhältnisse.

Was früher über den englischen Kohlenarbeiter im Allgemeinen gesagt worden ist, gilt auch von den in der Eisenindustrie beschäftigten Arbeitskräften. Physisch in hohem Grade leistungsfähig, von Jugend auf daran gewöhnt, die hohen Temperaturen und die starken Wärmeausstrahlungen des weissglühenden oder geschmolzenen Eisens und Stahls zu ertragen und trotzdem im gegebenen Momente mit Anspannung aller Kräfte die grössten Lasten zu bewegen, mit practischem Blick dafür ausgestattet, auf welche Weise eine übertragene Arbeit genau nach Auftrag und doch auf die am wenigsten beschwerliche Weise auszuführen sei, sehr oft ohne die wünschenswerthe Schulbildung, aber durch die Erfahrung und sorgfältiges Aufmerken gewitzigt, sich mit peinlichster Genauigkeit dem Uhrwerke des Betriebes mit seinen Operationen einfügend: mit diesen sehr anerkennenswerthen Eigenschaften ist in dem englischen Eisenarbeiter nahezu das Ideal physischer Arbeitsthätigkeit verkörpert. In Deutschland, in Amerika, Belgien, Oesterreich und Frankreich haben die Leistungen der Eisenarbeiter in den letzten Jahrzehnten sehr erhebliche Fortschritte gemacht, und doch stehen sie mit denen der Engländer bei Weitem noch nicht auf gleicher Stufe. Dagegen gilt auch hier bei aller Anerkennung der „objectiven" Leistungsfähigkeit der englischen Eisenarbeiter, dass der Verkehr zwischen Arbeitgeber und Arbeitnehmer in den letzten Jahren sehr schwierig geworden ist, dass die Bestrebungen, höhere Löhne zu erhalten, gleichzeitig aber die täglichen Arbeitsstunden zu vermindern, immer grössere Dimensionen angenommen haben und die Waffe der Arbeitseinstellung nahezu fortdauernd in Bereitschaft gehalten wird. Während die früheren Strikes in den Jahren 1860—1870 vorzugsweise in der Textilindustrie ihren Agitationsherd fanden, haben sich seit 1871 die Eisenarbeiter an die Spitze der Bewegung gestellt und mit ihren unausgesetzten Forderungen für Lohnerhöhungen den Anstoss dazu gegeben, dass auch andere Gewerke, zunächst die Kohlenbergleute, später vorzugsweise die Bauhandwerker, nachfolgten. Selbst in dem Jahre 1877, dem denkbar schlechtesten für die Rentabilität der Eisenwerke, kamen von den 191 Strikes in dem Vereinigten Königreiche allein 23 auf die Eisenindustrie. Einige derselben dauerten Monate lang und waren die Strikenden schliesslich doch genöthigt, sich den von den Hüttenwerken gestellten Bedingungen zu unterwerfen.

Was die Lohnsätze betrifft, so sind dieselben in England auch in der Eisenbranche der Ziffer nach im Durchschnitt höher, als in anderen Ländern, in Anbetracht der dafür erlangten besseren und grösseren Leistung dagegen relativ denen fremder Eisen-Productionsbezirke annähernd gleich.

Es fehlt nicht an Angaben über die auf einzelnen Werken gezahlten Wochen- und Tagelöhne, dieselben weichen aber selbst aus benachbarten Bezirken so ausserordentlich von einander ab, dass sie wenig Glaubwürdigkeit verdienen. Von einem Hüttenmanne im nördlichen England werden uns folgende Durchschnittszahlen mitgetheilt, doch wird hinzugefügt, dass dieselben nur als annähernd richtig zu betrachten sind. Danach betrug der durchschnittliche Tagesverdienst eines Eisenarbeiters

	1869	1873	1876
in Schottland	3.31—6.63 $\mathit{M.}$	4.59, 6.63—8.03 $\mathit{M.}$	3.57—5.99 $\mathit{M.}$
„ Staffordshire	3.82—7.01 „	4.84, 7.65—8.67 „	3.95—6.24 „
„ Wales	2.93—5.86 „	3.95, 5.86—7.65 „	3.06—5.61 „

Uebereinstimmend wird bestätigt, wie auch aus diesen Ziffern hervorgeht, dass die Lohnsätze, welche in den Jahren 1872 und 1873 rapid hinaufgegangen waren, im grossen Durchschnitte wieder auf dem früheren Stand herabgegangen sind, nur mit dem befremdenden Unterschiede, dass für die geringeren Leistungen noch etwas mehr, für die höherwerthigen Arbeiten dagegen etwas weniger gezahlt zu werden scheint, als im Jahre 1869.

Ueber die Zahl der beschäftigten Arbeitskräfte fehlt leider jede nur einigermassen sichere Angabe. Nach der Ziffer der vorhandenen Hohöfen, Stahl- und Walzwerke, Giessereien u. s. w. wird die Arbeiterzahl zu mindestens 600.000, mit Einschluss der sogenannten Kleineisenindustrie, des Schiffs- und Maschinenbaues zu etwa 1 Million anzunehmen sein. Wahrscheinlich ist jedoch diese Ziffer noch zu niedrig gegriffen.

Aussichten für die Zukunft.

Wie in allen Ländern, so liegt auch in Grossbritannien die Eisenindustrie schwer darnieder und dieser Zustand wird so lange andauern, bis Angebot und Nachfrage, Production und Consumtion sich wieder decken werden. Zur Zeit wird auf der ganzen Erde an Eisen und Stahl, Eisen- und Stahlwaaren mehr producirt, als gebraucht wird: eine Besserung kann nur eintreten, wenn entweder weniger producirt oder mehr verbraucht wird. In manchen englischen Bezirken hat die Nothlage der Zeit von selbst zu einer Einschränkung des Betriebes geführt, in andern Bezirken scheint man dagegen noch immer durch forcirte Thätigkeit und durch noch grössere Massenproduction die Einwirkungen der niedrigen Preise ausgleichen zu wollen. Man wird damit nur erreichen, dass die Lage noch schlechter wird. Da England fast die Hälfte des ganzen Eisenbedarfs der Erde allein producirt, so wird sein Vorgehen dafür entscheidend werden, wie lange die schwere Krisis noch andauern wird, denn, wenn auch in den anderen Ländern Betriebsreductionen gleichfalls nothwendig, ja unvermeidlich sind, so bleibt es doch immer und immer wieder Grossbritannien, das mit seinen grossen Exportmassen auf dem Weltmarkte die Parole ausgibt.

Früher oder später werden und müssen indessen normale Zeiten zurückkehren, und gerade wie die Kohlenwerke werden sich auch die englischen Eisenhütten von den erlittenen Verlusten voraussichtlich rascher erholen, als ihre ausländischen Concurrenten.

Und dem Eisen steht noch eine grosse Zukunft bevor! In allen cultivirten Ländern ist der Eisenverbrauch pro Kopf ausserordentlich gestiegen, und doch gibt es noch viele grosse Gebiete, welche davon sehr wenig gebrauchen, die aber, sobald die bessere Erkenntniss Platz greift und die Kaufkraft wächst, die Frage von einer Ueberproduction der Eisenindustrie sofort verschwinden lassen werden. England ist mit seinen günstigen Productions- und Absatzverhältnissen jetzt und voraussichtlich noch auf lange Zeit in der Lage, jede Mitbewerbung anderer Nationen mit Erfolg zu bekämpfen, und diesen steigenden Eisenverbrauch wird es in erster Linie ausnützen. Wenn auch andere Länder in den letzten Jahren die anerkennenswerthesten Bestrebungen für die Hebung ihres Hüttenbetriebes gemacht haben, so hat doch die Erfahrung gelehrt, dass selbst in ihrer Heimat der Wettkampf mit England ohne Zollschutz nicht durchführbar war.

Von den grösseren Ländern hat bis jetzt blos Deutschland gewagt, seine Eisenzölle ganz zu beseitigen, das Experiment hat indessen die deutschen Eisenwerke sehr schwer gefährdet, und es ist kaum zu zweifeln, dass der übereilt erfolgte Schritt wird zurückgenommen werden müssen, wenn das deutsche Reich auf das Vorhandensein einer lebenskräftig entwickelten Eisenindustrie nicht geradezu verzichten will. Nord-Amerika hat dagegen durch Einführung von allerdings übertrieben hohen Zöllen seine Eisenindustrie so weit gekräftigt, dass der früher sehr belangreiche Absatz nach Nord-Amerika den britischen Werken mehr und mehr verloren gegangen ist. Derartige Erfahrungen werden auf die Handelspolitik der übrigen Länder nicht ohne Einfluss bleiben und wird die weitere Entwicklung der englischen Eisenausfuhr wesentlich davon abhängen, ob für die nächsten Jahrzehnte freihändlerische oder schutzzöllnerische Anschauungen in den Cabineten und gesetzgebenden Körperschaften die Oberhand erlangen werden.

Ob später, vielleicht nach einem oder zwei Menschenaltern, eines der in der Eisenindustrie nächst England am weitesten vorgeschrittenen Länder — in Europa etwa Deutschland, Belgien, Schweden, jenseits des Oceans Nord-Amerika — dazu gelangen wird, England mit Erfolg auf dem Weltmarkte zu bekämpfen, lässt sich schwer voraussehen. In gewissen Specialitäten wird auch in anderen Ländern sehr Treffliches geleistet, namentlich wenn es sich um Fabricate aus bestimmten Qualitäts-Eisensorten handelt, welche England nur in geringer Menge producirt. In solchen Artikeln, z. B. Draht, gewissen Sorten Stahl, Schmiede- und Façoneisen, feineren Gusswaaren, bestimmten Erzeugnissen der sogenannten Kleineisenindustrie, Specialitäten des Maschinenbaues u. s. w., wird das Ausland sein natürliches Uebergewicht behaupten. Auch werden sich die Fälle mehren, in denen bei Lieferungen auf neutralem Gebiete das englische Angebot mit der fremden Concurrenz zusammentrifft. Zur vollständigen Beherrschung des Weltmarktes, wie sie England thatsächlich ausübt, gehört indessen eine eben so grosse Massenproduction, dazu wieder so günstige Productions- und Absatzverhältnisse, wie solche zur Zeit nur England besitzt, und wenn selbst der eine oder andere dieser Factoren, beispielsweise der Bezug billiger Kohlen, die Lohnsätze, der Besitzstand in den Colonien, sich ändern sollte, so bleiben der englischen Eisenindustrie doch noch Hilfsquellen genug, um unter sonst unveränderter Thatkraft und Energie ihre Weltstellung vorläufig wenigstens auf manches Jahrzehnt hinaus behaupten zu können.

Frankreich.

(528.577 Quadrat-Kilometer. — 36,905.788 Einwohner.)

Kohle.*)

Die Ausbeutung der französischen Kohlenlager im Grossen reicht kaum weiter zurück als bis zum Ende des 18. Jahrhundertes, und ihr eigentlicher Aufschwung beginnt von der verhältnissmässig jungen Zeitepoche, wo die Ein-

---

*) Literatur: Siehe Seite 56.

führung der in England gebräuchlichen Methoden der Eisenfabrication mittels Zuhilfenahme der Steinkohle mit der der Dampfmaschinen zusammentraf und in Folge dessen der Verbrauch mineralischer Brennstoffe auf eine unerwartete Weise gesteigert wurde.

Kann man auch den Reichthum der Steinkohlenfelder Frankreichs mit dem Englands, Deutschlands und Amerikas nicht vergleichen, so bieten jene doch den Vortheil einer günstigen geographischen Vertheilung und werden mit einer Umsicht und Sicherheit ausgebeutet, welche das zu Gebotestehen der unversiegbaren Quelle grosser, der Kohlenindustrie freigebig gewidmeter Capitalien verleiht.

Durch einen verhältnissmässig hohen Eingangszoll gegen die Concurrenz der Kohlen producirenden Nachbarländer geschützt und beinahe sicher vor der Eventualität, dass die Grenzen des Kohlenverbrauches im Inlande von der Production jemals erreicht werden, hat der Betrieb der Kohlenminen in Frankreich, besonders in Bezug auf die Ausrüstung, einen sehr hohen Grad der Vollkommenheit erreicht.

Man unterscheidet drei Hauptdistricte, in Nord-, Mittel- und Süd-Frankreich gelegen, welche erhebliche geologische Verschiedenheiten zeigen.

1. Das Becken von Valenciennes (in den Departements Nord und Pas-de-Calais), welches sich von der belgischen Grenze bis in die Umgebung von Boulogne-sur-mer hinzieht, bildet nur die Fortsetzung des in Belgien im Abbau befindlichen Kohlenlagers, worüber man hinreichende Angaben in jenem Theile dieses Berichtes, welcher über Belgien handelt, finden wird.

   In Frankreich liegt diese Kohlenablagerung unter einer schwer zu durchbrechenden Kalk- und Kreideschicht, welche eine Mächtigkeit von 45 bis 200 Meter hat. Die Kohlenflöze sind zahlreich, aber unregelmässig und von einer geringen Mächtigkeit, wie in Belgien; die grösste Mächtigkeit überschreitet nicht einen Meter und die mittlere beträgt beiläufig 0.65 Meter. Bei Aniche zählt man 12 Flöze mit einer totalen Mächtigkeit von 7.30 Meter, bei Anzin 18 Flöze mit einer Mächtigkeit von im Ganzen 10 Meter.

   Dieses Kohlenlager wurde in Frankreich im Bezirke der letztgenannten Gemeinde am 28. Juli 1734 entdeckt. Der Entdecker war Vicomte Désandrouin; die von ihm vorgenommenen Schürfungen hatten 17 Jahre in Anspruch genommen und sein ganzes Vermögen aufgezehrt. Das Kohlenlager von Valenciennes enthält alle Abarten des Brennstoffes, deren wir bei der Steinkohlenformation des belgischen Hennegau Erwähnung thun werden.

2. Die Becken von Mittel-Frankreich haben in Bezug auf die Lagerung einen ganz anderen Character als jene des Nordens. Im Grubenfeld von Creuzot und Blanzy wird ein Flöz oder vielmehr eine beinahe verticale Masse abgebaut, deren stets sehr grosse Mächtigkeit, oft 24 Meter, ja sogar an manchen Orten 45 Meter beträgt.

   Das Becken der Loire, welches die Kohlenfelder von Saint-Etienne, von Rive-de-Gier und von Commentry einschliesst und welches gegenwärtig das weitaus wichtigste in Mittel-Frankreich ist, umfasst die ganze schmale Zone von Forez, welche die Loire von der Rhone trennt. Es übersetzt selbst das Flussbett der Rhone und erstreckt sich bis in das Departement der Isère. Die Grubenfelder sind hinsichtlich des Reichthums ihrer Flöze sehr verschieden, denn in der Gegend von Saint-Etienne kommen manche mit 18 Flözen und einer Mächtigkeit von 35 Meter vor, während an anderen Stellen sich nur 3 finden, deren Mächtigkeit kaum 3 Meter beträgt. In der Umgebung von Rive-de-Gier baut man 3 unter einem Winkel von 20 Grad geneigte Flöze ab, welche im Allgemeinen eine regelmässige Schichtung und eine mittlere Mächtigkeit von 9 bis 10 Meter haben.

Die Kohle in Mittel-Frankreich ist durchwegs ausgezeichnet, und eine Art derselben, eine fette Schmiedekohle, wird von der Industrie, besonders der Metallurgie, sehr gesucht.

3. Die Becken von Süd-Frankreich, welche die Kohlendistricte von Alais, Aveyron und der Rhône umfassen, zeigen im Allgemeinen eine günstige Lagerung. Im Revier von Alais bildet der Urschiefer die nördliche Grenze des Kohlenlagers, dessen Spur sich gegen Ost und Süd unter der Liasformation verliert; der Reichthum dieses Beckens übersteigt aller Wahrscheinlichkeit nach jenen Mittel-Frankreichs.

Die in den südlichen Becken Frankreichs gewonnene Kohle ist von verschiedener Qualität; man findet für Cokefabrication geeignete Fettkohle und magere Kohle mit kurzer Flamme. Im Departement Aveyron ist der Reichthum der Kohlenlager weniger zufriedenstellend.

Ueberall im Süden, wie in Mittel-Frankreich hat jedoch der Kohlenbergbau das Entstehen wichtiger industrieller Unternehmungen im Gefolge gehabt, deren Production und Verbrauch wir später beleuchten werden.

Zufolge der letzten Publication der Direction des Mines betrug die Zahl der Verleihungen am 31. December 1872 611, mit einer Flächenausdehnung von 5.418 Quadrat-Kilometer 25 Hectar 6 Ar, welche sich unter die 49 Departements wie folgt vertheilen:

Departements	Zahl d. verliehenen Grubenfelder	Flächeninhalt Quadrat-Kilometer	Hectar	Ar	Departements	Zahl d. verliehenen Grubenfelder	Flächeninhalt Quadrat-Kilometer	Hectar	Ar
Loire	72	284	86	.	Cantal	5	30	20	.
Gard	55	517	65	.	Vendée	5	20	83	.
Aveyron	43	165	27	.	Vosges	4	92	31	.
Isère	42	103	90	.	Vaucluse	4	74	.	.
Hautes-Alpes	42	55	27	48	Corrèze	4	31	6	.
Savoie	41	62	65	12	Ain	4	21	10	.
Hérault	26	293	6	.	Loire-Inférieure	3	152	7	.
Saône-et-Loire	24	441	94	.	Dordogne	3	26	13	75
Basses-Alpes	22	60	37	.	Drôme	3	14	36	.
Nord	21	615	18	.	Tarn	2	91	31	.
Allier	21	131	28	50	Jura	2	13	70	.
Pas-de-Calais	20	520	50	.	Lot	2	11	39	.
Bouches-du-Rhône	20	276	70	.	Finistère	2	7	35	.
Var	14	81	2	21	Landes	2	5	14	.
Mayenne	11	130	38	.	Calvados	1	100	6	.
Puy-de-Dôme	11	46	6	.	Nièvre	1	80	10	.
Haute-Savoie	11	30	91	.	Manche	1	47	61	.
Haute-Loire	10	40	36	.	Côte-d'Or	1	11	41	.
Maine-et-Loire	9	172	29	.	Deux-Sèvres	1	4	50	.
Haute-Saône	9	125	87	.	Doubs	1	4	5	.
Ardèche	8	91	27	.	Hautes-Pyrénées	1	3	22	.
Sarthe	7	197	29	.	Alpes-Maritimes	1	1	36	.
Rhône	7	30	49	.	Basses-Pyrénées	1	1	28	.
Aude	5	65	9	.	Pyrénées-Orientales	1	.	31	.
Creuse	5	33	72	.	Summe	611	5.418	25	6

Die Zahl und Fläche der Grubenverleihungen haben sich gegenüber den von der Regierung unter'm 31. December 1869 gesammelten Daten vermindert; es betrug nämlich die Zahl der Verleihungen zu jener Zeit 623 mit einem Flächeninhalt von 5.699 Quadrat-Kilometer 65 Hectar.

Man hat die Ursache dieser Verminderung in der Abtretung von Elsass-Lothringen zu suchen.

Die Zahl der in Betrieb stehenden Kohlengruben, welche im Jahre 1870 auf 315 sich belief, fiel im Jahre 1871 auf 307, stieg jedoch im Jahre 1872 wieder auf 310. Die grösste im letzteren Jahre erreichte Tiefe der Gruben war

630 Meter im Departement Nord,			
618 "	"	"	Saône-et-Loire,
616 "	"	"	Loire,
570 "	"	"	Haute-Saône,
475 "	"	"	Sarthe,
467 "	"	"	Pas-de-Calais,
460 "	"	"	Nièvre.

Es standen 873 Dampfmaschinen mit 40.824 Pferdekräften in Verwendung, welche sich folgendermassen unter die Hauptbecken vertheilen:

Loire................ 11.304 Pferdekräfte,	
Pas-de-Calais .... 7.259 "	
Nord .... 6.152 "	
Saône-et-Loire .... 5.460 "	
Gard .... 2.690 "	

Die Werksausrüstungen und das Grubenpersonal der französischen Steinkohlenbergwerke haben in den letzten sieben Betriebsjahren, über welche vollständige Daten vorhanden sind, nachstehende Veränderungen erlitten:

Jahr	Zahl der Grubenwerke im Betrieb	Dampfmaschinen		Arbeiter	
		Zahl	Pferdekräfte	Zahl	Jährlicher Lohn Mark
1866	324	838	35.237	79.909	51,627.640
1867	328	854	37.097	83.490	56,420.486
1868	324	871	38.563	84.909	57,782.112
1869	323	859	39.769	84.494	58,071.489
1870	315	877	40.550	82.673	59,048.362
1871	307	860	40.313	83.649	60,192.430
1872	310	873	40.824	91.899	73,622.593

Im Jahre 1875 betrug die Kohlenproduction in Frankreich 16,949.032 metr. Tonnen und stieg im Jahre 1876 auf 17,104.794 metr. Tonnen, ging jedoch 1877 auf 16,889.201 metr. Tonnen zurück.

Die definitiven Daten über den Betrieb von 1877 sind der Regierung noch nicht zugekommen; es können daher die betreffenden Ziffern eine kleine Modification erleiden. Aus der nachstehenden Tabelle ist zu entnehmen, wie sich die gesammte Kohlenproduction der Republik auf die verschiedenen Arten des mineralischen Brennstoffes vertheilt.

Production	1876	1875
	metr. Tonnen	
Anthracite	1,123.161	1,087.136
Kurzflammige Hartkohle	3,183.144	3,253.290
Fette Schmiedekohle..........................	408.544	387.455
Langflammige Fettkohle........................	8,574.216	8,451.635
Langflammige Magerkohle......................	3,350.134	3,344.077
Braunkohle etc.	465.595	425.435
Summe...	17,104.794	16,949.028

Anthracit wird besonders in den Departements Calvados, Isère, Mayenne, Nord, Sarthe gefunden; Braunkohle kommt hauptsächlich in den Departements Bouches-du-Rhône, Isère, Haute-Saône und Vaucluse vor. Die anderen Becken fördern ausschliesslich Steinkohle.

Von der Gesammtproduction des Jahres 1877 haben nachstehende Kohlenbecken mehr als 100.000 Tonnen gefördert:

	metr. Tonnen		metr. Tonnen
Valenciennes	6.565.824	Brassac	199.887
Loire	3,302.292	Decize	169.065
Alais	1,774.166	Romchamp	168.731
Creuzot et Blanzy	1,101.805	Ahun	167.950
Commentry	843.849	Saint-Eloy	159.714
Aubin	682.947	Epinac	142.384
Aix	378.085	Le Maine	107.043
Carmaux	281.500	Le Drac	100.810
Graissessac	263.808		

Diesen folgen nach der Wichtigkeit geordnet die nachstehenden Productiondistricte:

	metr. Tonnen		metr. Tonnen
Hardinghem	87.651	Langeac	29.009
Basse-Loire	65.773	Maurienne et Briançon	29.002
Vouvant et Chantonnay	45.677	Fréjus	25.000
Buxière-la-Grue	40.486	La Chapelle-sous-Dun	24.665
Manosque	39.229	Bagnols	13.448
Bert	35.206	Rodez	12.347
l'Argentière	31.905	Littry	10.146

u. s. w.

Die Steinkohlenproduction in Frankreich hat sich, vom Anfang dieses Jahrhundertes an gerechnet, bis zum Jahre 1860 verzehnfacht. Seitdem hat sie sich innerhalb 16 Jahren von Neuem verdoppelt, und es unterliegt keinem Zweifel, dass wenn die gegenwärtige Krise überstanden ist, sie abermals namhafte Fortschritte machen wird.

Ein französischer Schriftsteller suchte jüngst zu beweisen, dass Frankreich mit den Bergwerksausrüstungen, die ihm zu Gebote stehen, in einer kurzen Zeit sehr leicht der gegenwärtigen gesammten Consumtion des Landes (24 Millionen Tonnen) Genüge leisten könnte, wenn es der Kohlenindustrie gelingen würde, sich mit den nöthigen 35 bis 40.000 Arbeitern zu versehen, um die gegenwärtige Production um 7 Millionen Tonnen zu vermehren.

Aus der nachfolgenden Tabelle ist ersichtlich, dass die Production innerhalb zweier Jahre (1871 bis 1873), durch dringende Umstände veranlasst, um 4,250.000 Tonnen zu steigen vermochte, dass jedoch, nach der letzten Periode von 10 Jahren zu urtheilen, die mittlere jährliche Zunahme derselben 500.000 Tonnen nicht überschreitet.

Jahr	Steinkohlen		Jahr	Steinkohlen	
	Menge	Werth		Menge	Werth
	metr. Tonnen	ℳ		metr. Tonnen	ℳ
1802	844.180	.	1869	13,509.745	127,850.279
1811	773.694	.	1870	13,330.308	127,270.440
1820	1,093.658	.	1871	13,258.920	134,164.404
1830	1,862.665	.	1872	15,802.514	173,823.672
1840	3,003.382	.	1873	17,485.786	.
1850	4,433.567	35,272.994	1874	17,059.547	.
1860	8,309.622	79,005.715	1875	16,949.032	.
1866	12,234.455	118,095.466	1876	17,104.794	.
1867	12,533.335	127,299.146	1877	16,889.201	.
1868	13,330.826	126.073.162			

Ueber die Coke- und Briquets-Fabrication gibt uns die officielle Statistik keine gehörigen Nachweisungen; man kann jedoch immerhin die Menge der jährlich in Frankreich erzeugten Coke auf beiläufig 1,400.000 Tonnen schätzen, eine Production, welche etwa 2,000.000 Tonnen Steinkohle erfordert.

Frankreich nimmt in Bezug auf die Verkehrswege einen sehr hervorragenden Rang unter den Industrieländern ein, und in keinem anderen Lande sind gegenwärtig so bedeutende Projecte auf der Tagesordnung, wie dort.

Nachstehende Tabelle zeigt die Fortschritte des Eisenbahnnetzes, indem sie die Kilometerlängen der jeweilig in Betrieb befindlichen Bahnen angibt:

Bezeichnung	Nach den Aufnahmen des Jahres							
	1820	1830	1840	1850	1860	1866	1867	1868
	Kilometer							
Hauptbahnen	17	31	425	3.001	9.447	14.525	15.725	16.258
Local-Eisenbahnen	.	.	.	.	.	.	17	90
Industrie-Eisenbahnen ..	.	27	65	74	151	173	175	167
Summe...	17	58	490	3.075	9.598	14.698	15.917	16.515

Bezeichnung	Nach den Aufnahmen des Jahres							
	1869	1870	1871	1872	1873	1874	1875	1876
	Kilometer							
Hauptbahnen	16.977	17.479	17.263	17.843	17.569	19.128	19.808	20.363
Local-Eisenbahnen	170	290	426	750	1.284	1.502	1.802	2.153
Industrie-Eisenbahnen ..	171	178	177	181	179	187	217	235
Summe...	17.318	17.947	17.866	18.774	19.032	20.817	21.827	22.751

Die Anzahl der schiffbaren Flüsse und Ströme Frankreichs, welche 68 Departements durchziehen und deren schiffbarer Lauf 8.386 Kilometer beträgt, beläuft sich auf 141. 15 Departements besitzen keine schiffbaren Flüsse und Ströme. Im Jahre 1870 hatte Frankreich in 50 Departements 77 Canäle mit einer totalen Länge von 4.753 Kilometer. Es beträgt demnach die ganze Länge der schiffbaren Gewässer in Frankreich über 13.000 Kilometer, die sich nach den am meisten bevorzugten Departements wie folgt vertheilen:

Departement Nord.................... 496 Kilometer,
    „   Cher...................... 493   „
    „   Saône-et-Loire 434   „
    „   Gironde 416   „
    „   Maine-et-Loire 380   „
    „   Seine-et-Marne......... 361   „
    „   Nièvre 357   „
    „   Marne................ 356   „
    „   Loire-Inférieure 355   „   u. s. w.

An grossen Seen besitzt Frankreich nicht viele, doch hat es als Grenze, in einer Länge von 50 Kilometer, den Leman- oder Genfer See, der in seiner grössten Ausdehnung 70 Kilometer lang ist. Die bedeutendsten Seen im Innern sind folgende: der See von Grand-Lieu zwischen Nantes und Paimboeuf (7.000 Hectar); der See von Bourget nahe bei Aix in Savoyen (1.050 Hectar) und der See von Annecy in Ober-Savoyen (750 Hectar).

Was schliesslich die Handelsflotte anbelangt, welche jedoch für den Transport von Kohle keine Rolle spielt, so beläuft sich dieselbe auf 15.441 Schiffe mit einem Gehalte von 1,028.228 Tonnen, worunter 537 Dampfer mit 205.420 Tonnen und 14.904 Segelschiffe mit 822.808 Tonnen.

Nach diesem flüchtigen Ueberblick über die Communications-Wege und Mittel sei es gestattet, die verschiedenen Verkehrsrichtungen, welche die mineralischen Brennstoffe nehmen, näher ins Auge zu fassen und zu ermitteln, bis wohin letztere vordringen, wo sie sich begegnen, und wie sich die Einfuhr und der Verkehr im Inneren Frankreichs gegen einander verhalten.

Von den drei Einfuhrströmen versieht jener der Saarkohle zunächst Lothringen, breitet sich dann in der Champagne aus, geht gegen Westen nicht über Paris hinaus, gelangt jedoch bis Dijon und Besançon, ja im Süden selbst bis Lons-le-Saulnier.

Der aus Belgien kommende Einfuhrstrom von Kohle, mit dem sich überall die Kohle aus dem Becken von Valenciennes vereinigt, ergiesst sich über das ganze nördliche Frankreich, zieht sich gegen Südosten in die Champagne hinein und im Süden bis zur Loire, welche er hier und da überschreitet. Den Lauf dieses letzteren Einfuhrstromes werden wir unter „Belgien" noch beschreiben.

Der englische Strom schliesslich breitet sich längs der ganzen Küste aus, dringt, daselbst mit der belgischen und französischen Steinkohle concurrirend, bis in die südlichen Theile der Normandie und dominirt allein oder nahezu allein von der Bretagne bis nach Béarn. Die in diese Gegenden eindringende englische Einfuhr geht gegen Osten nicht über Tours, Poitiers, Angoulême, Périgueux und Toulouse hinaus; dies sind in der That die Scheidepunkte, an welchen die englische Kohle, von der daselbst nicht gerade sehr thätigen Industrie wenig gesucht, durch die Production der kleinen Becken, die im Westen des Centralbeckens der Loire gelegen sind, aufgehalten wird.

Auch an der Küste des Mittelländischen Meeres trifft man englische Steinkohle, trotz des langen Seeweges, welchen dieselbe durch die Meerenge von Gibraltar nehmen muss, doch überwiegt sie dort nirgends, weil einerseits die reichen Becken der Loire und von Alais mit Hilfe der Eisenbahnen des Rhônethales ihre Producte in diese Richtung werfen, andererseits einige ganz im Süden in den Alpen der Provence vorkommende kleine Becken zur Deckung des Kohlenbedarfes beitragen. So waren nach Herrn v. Ruolz von den im Jahre 1869 in Cette eingeführten 112.000 metr. Tonnen Steinkohle weniger als 1.000 Tonnen englischen Ursprungs, das Uebrige kam von Graissessac und Alais; nach Marseille wurden im Jahre 1872 an 36.170 metr. Tonnen englischer gegen 305.760 metr. Tonnen französischer Steinkohle gebracht; in Nizza allein beträgt die Einfuhr fremder Steinkohle 15.000 metr. Tonnen gegen 12.000 metr. Tonnen inländischer Steinkohle.

Die Becken des südlichen Frankreichs produciren sogar mehr, als dieser Theil des Landes verbraucht, wodurch sich die Ausfuhr der französischen Steinkohlen erklärt. So erzeugte z. B. im Jahre 1872 das Becken von Alais 1,300.000 metr. Tonnen, wovon der grösste Theil an Ort und Stelle theils für den Localverbrauch, theils für den der Eisenbahnen verkauft wurde; der Rest ging gegen Westen bis nach Toulouse und Montauban, gegen Nordosten bis Lyon und Savoyen, und während gegen Norden der Abfuhr dieser Kohle durch jene des Loirebeckens Halt geboten wurde, konnte dieselbe gegen Süden unbehindert Marseille und Toulon erreichen. Im Jahre 1872 wurden in den Häfen Frankreichs 365.000 metr. Tonnen Steinkohle verschifft, ein Quantum, an welchem das Becken von Alais mit nahezu 300.000 Tonnen participirt.

Auf Seite 54, Tabelle I, geben wir eine ausführliche chronologische Darstellung der Ein- und Ausfuhr mineralischer Brennstoffe.

Die im Jahre 1876 ein- und ausgeführten Quantitäten vertheilen sich bezüglich ihrer Provenienz in der aus Tabelle II., Seite 54, ersichtlichen Weise.

Aus dieser Tabelle ersieht man, dass Belgien mit 50 %, England mit 36 %, Deutschland mit 14 % an der Einfuhr nach Frankreich theilnimmt; dagegen participirt an der Ausfuhr Frankreichs Belgien blos mit 10 %, die Schweiz mit 14 %, Italien mit 36 %, andere fremde Länder mit 40 %, letztere zumeist im Seeverkehr.

Die Direction des Mines hat den Kohlenverbrauch in Frankreich bis zum Jahre 1872 in einer Tabelle zusammengestellt, welche wir auf Seite 54 unter III reproduciren.

I.

Jahr	Einfuhr				Ausfuhr			
	Menge		Geldwerth		Menge		Geldwerth	
	Steinkohle	Coke	Steinkohle	Coke	Steinkohle	Coke	Steinkohle	Coke
	metr. Tonnen		ℳ		metr. Tonnen		ℳ	
1802	116.000	.	.	.	25.000	.	.	.
1811	120.000	.	.	.	30.000	.	.	.
1820	280.920	.	.	.	26.455	.	.	.
1830	637.291	.	.	.	6.012	.	.	.
1840	1,290.660	.	.	.	37.331	.	.	.
1850	2,833.260	.	.	.	41.560	.	.	.
1860	4,923.485	.	72,807.026	.	179.430	.	1,779.790	.
1866	6,676.431	.	105,272.186	.	343.579	.	3,226.100	.
1867	6,562.576	676.354	106,696.333	13,317.211	298.093	28.758	2,800.737	587.387
1868	6,584.765	662.299	95,759.605	12,066.505	308.345	43.017	2,897.102	878.618
1869	6,663.804	794.505	83,842.644	13,501.508	330.555	25.444	3,105.728	519.693
1870	4,997.476	490.837	70,618.487	8,341.096	352.715	21.098	3,313.937	430.932
1871	5,279.956	276.835	77,215.817	5,340.485	303.163	13.054	2,105.315	213.302
1872	6,628.954	499.805	108,317.103	13,066.912	512.427	32.124	3,641.680	656.212
1873	6,964.549	496.966	113,800.730	12,992.692	621.154	41.810	4,415.100	853.969
1874	6,111.341	745.270	.	.	633.433	19.072	.	.
1875	7,321.142	546.356	.	.	702.270	16.279	.	.
1876	9,892.886	614.934	.	.	777.077	23.718	.	.

II.

Bezugs-Land	Einfuhr			Bestimmungs-Land	Ausfuhr		
	Steinkohle	Coke	Zusammen		Steinkohle	Coke	Zusammen
	metr. Tonnen				metr. Tonnen		
England	2,792.907	.	2,792.907	Belgien	84.622	.	84.622
Belgien	3,325.060	382.894	3,872.051	Schweiz	88.960	15,151	110.604
Deutschland .	771.555	223.883	1,091.388	Italien	289.748	2.710	293.619
Andere Länder	3.364	8.157	15.017	Andere Länder	313.747	5.857	322.114
Summe . . .	6,892.886	614.934	7,771.363	Summe . . .	777.077	23.718	810.959

III.

Jahr	Production	Einfuhr	Ausfuhr	Verbrauch	Jahr	Production	Einfuhr	Ausfuhr	Verbrauch
	metr. Tonnen					metr. Tonnen			
1787	215.000	217.378	28.787	413.591	1866	12,234.455	8,229.650	406.480	20,057.625
1802	844.180	116.000	25.000	935.180	1867	12,533.335	7,982.610	355.610	20,160.335
1820	1,093.658	280.920	26.456	1,348.122	1868	13,330.826	7,975.140	394.380	20,911.586
1830	1,862.665	637.291	6.018	2,493.945	1869	13,509.745	8,304.200	381.440	21,432.505
1840	3,003.382	1.290.660	37.331	4,256.712	1870	13,179.708	6,045.160	394.910	18,830.038
1850	4,433.567	2,833.260	41.560	7,225.267	1871	13,240.135	5,949.560	329.270	18,860.425
1860	8,309.622	6,160.470	199.840	14,270.253	1872	16,100.773	7,709.240	576.800	23,233.333
1865	11,652.755	7,212.680	343.060	18,522.375					

In derselben ist bei Ermittlung der Productionsziffer auf die sich stets ändernde Höhe der Kohlenvorräthe Rücksicht genommen und sind in den für die Ein- und Ausfuhr angegebenen Quantitäten Kohle und Coke zusammengefasst.

Von den im Jahre 1870 verbrauchten 18,830.040 metr. Tonnen entfallen auf die Hüttenwerke 13,279.750 metr. Tonnen oder 70.5 %, 2,798.070 metr. Tonnen oder 14.9 % wurden zur Hausfeuerung verwendet, 1,903.150 metr. Tonnen oder 10.4 % haben die Transportanstalten verbraucht, der Rest endlich von 789.060 metr. Tonnen oder 4.2 % ist bei Gewinnung von Erzen aller Art consumirt worden. Im Jahre 1871 ist der Verbrauch nahezu gleich geblieben; denn er stieg blos um 30.380 metr. Tonnen, und auch das Verhältniss des Verbrauches nach den einzelnen Categorien blieb dasselbe.

Im Jahre 1872 hob sich der Consum namhaft und waren es insbesondere die Hüttenwerke, welche an der Steigerung des Verbrauches participirten. Es vertheilt sich der Verbrauch wie folgt:

Hüttenwerke, Gasfabriken, Manufacturen u. s. w... 16,834.280 metr. Tonnen
Hauswirthschaft .... 3,096.040 „ „
Transportanstalten .... 2,385.900 „ „
Bergwerke und Steinbrüche .... 927.110 „ „
Summa... 23,233.330 metr. Tonnen.

Der Verbrauch der Jahre 1875, 1876 und 1877 kann nach den von der Regierung halbjährig bekannt gegebenen, jedoch noch nicht definitiven Daten wie nachstehend angenommen werden.

Jahr	Production	Einfuhr	Ausfuhr	Verbrauch
		metr. Tonnen		
1875	16,949.032	8,176.012	660.678	24,464.366
1876	17,104.794	8,101.650	725.525	24,480.919
1877	16,889.201	7,771.363	810.959	23,849.605

Hierbei sind zwar die Schwankungen in der Grösse der Kohlenvorräthe nicht in Betracht gezogen, nichtsdestoweniger lässt sich aus den früheren Daten schliessen, dass der Verbrauch Frankreichs trotz der Krise fast derselbe geblieben ist.

Der Consum hat mit furchtbaren Hindernissen zu kämpfen, die sich ihm in Gestalt der Eingangszölle, der Besteuerung, vor Allem der Verzehrungssteuer entgegenstellen. Der Eingangszoll für Kohle beträgt 0.99 $\mathcal{M}$ für eine metr. Tonne, wird jedoch noch sehr viel drückender durch das Hinzutreten des sogenannten Zolles für die Statistik, der 5 %igen auf dem Transport von Frachtgut lastenden Steuer (im März 1878 aufgehoben), vor Allem aber der übertrieben hohen Verzehrungssteuer, welche z. B. in Paris 5.92 $\mathcal{M}$ pro metr. Tonne beträgt. Man schätzt die verschiedenen Kosten, welche auf eine metr. Tonne mineralischen Brennstoffes vor dessen Einlagerung in die Kohlenniederlagen und Magazine in Paris lasten, auf 14.71 bis 16.34 $\mathcal{M}$.

Im Detail stellen sich diese Kosten für Steinkohle von Charleroi (Belgien) nach Paris (La Chapelle) folgendermassen zusammen:

Kohlenpreis an der Grube .... (schwankend)
Transport in Belgien .... 1.85 $\mathcal{M}$.
Einfuhrzoll und Abgabe für die Statistik.................. 1.14 „
Transport in Frankreich und 5 %ige Steuer .... 6.37 „
Durchsieben, Abladen und Einsacken .... (schwankend)
Verlust an Kohle in Folge des Transportes................. „
Verzehrungssteuer in Paris.............................. 5.92 $\mathcal{M}$.
Zuführung, Einlagerung in die Keller, Werkzeugausrüstung. (schwankend)
Fixe Kosten.... 15.28 $\mathcal{M}$.

Wie man sieht, sind diese Lasten beträchtlich, und sie rechtfertigen vollkommen die Anstrengungen, die man in Frankreich wegen Aufhebung des Eingangszolles und der Verzehrungssteuer für Kohle macht. Im Jahre 1871 belief sich der Bruttoertrag von 1.510 Verzehrungssteuerstellen auf 127,853.093 $\mathcal{M}$, an welcher Summe die Kohle mit 14,464.918 $\mathcal{M}$ participirt.

Betrachtet man die überspannten Lasten, welche auf einer Consumtion, die ein Drittel des ihr nöthigen Quantums aus dem Auslande zu nehmen gezwungen ist, ruhen, so muss man seine Bewunderung über die Lebensfähigkeit der französischen Industrie, die gegen solche Hindernisse zu kämpfen hat, aussprechen.

Die officielle Statistik liefert uns hinsichtlich der Anzahl der bei der Industrie, den Eisenbahnen und der Flotte in Verwendung stehenden Dampfmaschinen nachstehende Daten:

Bezeichnung der Maschinen		Nach dem Berichte des Jahres									
		1840	1850	1860	1866	1867	1868	1869	1870	1871	1872
Stationäre Maschinen	Anzahl	2.591	5.322	14.513	22.348	23.435	24.844	26.221	27.088	26.146	27.644
	Pferdekräfte	34.350	66.642	177.652	274.798	289.409	306.156	320.447	336.030	315.884	338.328
Locomotiven	Anzahl	142	973	3.101	4.130	4.435	4.591	4.822	4.835	4.867	5.102
Maschinen der Dampfer	Anzahl	263	501	681	804	859	897	917	973	1.005	1.048
	Pferdekräfte	11.422	22.025	36.690	55.545	58.131	59.845	62.827	59.573	63.711	69.880

Nach M. Ducarre übersteigt die Anzahl der im Jahre 1875 in Frankreich benutzten Dampfmaschinen die Summe von 32.000 mit 900.000 Pferdekräften, wovon 320.000 bei industriellen Werken in Verwendung stehen. Zählt man zu letzteren noch die 260.000 Pferdekräfte der durch Wasser getriebenen Werke, so ergibt dies eine Summe von 580.000 mechanischen Pferdekräften zu 75 Kilogrammeter, welche der Industrie dienten. Diese ungeheuere Kraft wird nutzbar gemacht und gelenkt von drei Millionen drei Hundert zweiunddreissig Tausend Arbeitern, und gestattet diesen, jährlich Producte im Werthe von zwölf Milliarden zu schaffen.

Eisen.*)

Frankreich besitzt zahllose Lager von Eisenerzen vorzüglichster Qualität.

Die Vogesen, das Centralplateau, die Alpen, die Pyrenäen, die Cevennen, vor Allem Algier sind reich an Erze führenden Lagern, und ihre Manganeisenerze, verschiedenen Hämatite, Magneteisenerze, Siderite und Glanzeisenerze aller Art können den Vergleich mit den analogen Erzen, welche die Eisenindustrie aus Spanien und Italien bezieht, vollkommen aushalten.

Diese Erze finden sich in regelmässigen oder unregelmässigen Gängen, in Flözen oder Angehäufen, kurz in allen geologischen Formationen; es wäre ein Ding der Unmöglichkeit, hier in das Detail einzugehen und die Formen der Ablagerungen, in denen dieselben auftreten, näher zu beschreiben, sowie die Verschiedenheiten hinsichtlich ihres Werthes für die Industrie und ihrer Zusammensetzung anzugeben, welche von der Natur, dem Alter und der Anordnung der sie umschliessenden Gesteinsarten abhängen.

Die Anzahl der Eisenbergwerke, deren es am 31. December 1869 266 mit einem Gesammtumfange von 1.302 Quadrat-Kilometer 21 Hectar gab, betrug am 31. December 1872 — dem Datum der letzten officiellen Erhebungen — nur 251 und die oberirdische Ausdehnung derselben 1.187 Quadrat-Kilometer 68 Hectar 90 Ar. Die Ursache dieser Verminderung liegt in der Abtrennung von Lothringen, welches einen bedeutenden Antheil an Frankreichs Gesammtproduction von Eisenerzen hatte. Die französischen Eisenbergwerke vertheilen sich gegenwärtig auf 34 Departements, unter denen nachfolgende das grösste zu Bergbauzwecken verliehene Terrain besitzen:

Gard .... 232 Quadrat-Kilometer 85 Hectar,
Meurthe-et-Moselle 119   „   51   ..
Ardèche.......... 99   „   20   ..
Isère............. 79   „   37   „
Aveyron.......... 63   „   4   „ u. s. w.

Die Eisenbergwerke Frankreichs kommen, was deren Anzahl und Wichtigkeit anlangt, unmittelbar nach den Steinkohlenbergwerken. Dessenungeachtet bilden sie für die Hütten nicht die einzigen Bezugsquellen für den Bedarf an Erzen, vielmehr bezieht ein Theil der Hohöfenbesitzer, um ein zur Stahlfabri-

---

*) Literatur: **Ministerium der öffentlichen Arbeiten**, Resumé des travaux statistiques de l'administration des mines; de 1834 jusqu'à 1827 inclus. — **Desselben**: Chemins de fer français, Situation au 31. Décembre 1876. — **Journal officiel** vom 7. April 1876. Bulletin du **Comité des maîtres de forges** de France. — **Maurice Block**, Statistique de la France, 1875. — **La Houille**, journal hebdomadaire, industriel, commercial et financier, Paris, Jahrgang 1875, 1876, 1877 und die im Jahre 1878 erschienenen Nummern.

cation sich besser eignendes Roheisen zu erhalten, Erze besserer Qualität aus Spanien, von der Insel Elba oder aus Algier.

Andererseits liefern zahlreiche oberirdische Vorkommen von Eisenerzen, welche nach dem Gesetze vom Jahre 1810 nicht verliehen werden können, den Eisenwerken Frankreichs einen grossen Theil ihres Rohmateriales. Durch dieses organische Gesetz waren diese Art von Gruben zu Gunsten der legal bestehenden Hütten mit einer Bergbau-Dienstbarkeit belastet, von welcher sie jedoch durch das Gesetz vom 9. Mai 1866 im Principe, am 1. Januar 1876 thatsächlich befreit wurden.

Die officielle Statistik über die Production von Eisenerzen in Frankreich reicht blos bis zum Ende des Betriebsjahres 1872. Während des Letzteren wurden an Eisenerzen 3,081.026 metr. Tonnen im Geldwerthe von 11,085.672 ℳ. producirt, die metr. Tonne nämlich zu 3.60 ℳ. gerechnet, und an Ort und Stelle 2,781.790 metr. Tonnen Erze im Werthe von 11,982.238 ℳ. oder 4.30 ℳ. per metr. Tonne zu Roheisen verschmolzen; die Einfuhr hob sich zu der bis dahin ungekannten Ziffer von 668.665 metr. Tonnen, während zu gleicher Zeit die Ausfuhr 336.790 metr. Tonnen erreichte. Das von den Eisenhütten verbrauchte Quantum belief sich sonach auf 3,113.665 metr. Tonnen. Im Jahre 1870 betrug dieses Quantum 2,958.490 metr. Tonnen, im Jahre 1871 2,094.672 Tonnen. Nachstehend bezeichnen wir die Departements, welche die höchste Production aufweisen:

Departement	1870	1871	1872
	metr. Tonnen		
Moselle	810.074	.	.
Meurthe	404.403	505.837	1,012.101
Marne (Haute-)	325.472	293.954	421.254
Cher	201.580	245.076	320.000
Ardèche	230.502	208.573	229.041
Saône-et-Loire	190.382	173.318	175.309
Pas-de-Calais	123.349	123.000	132.970
Meuse	115.830	80.750	116.660

Wie man sieht, hat in diesen wichtigsten Departements die Production an Eisenerzen im Jahre 1872 jene des Jahres 1870 überstiegen, ungeachtet des Verlustes des grössten Theiles des ehemaligen Mosel-Departements, in welchem sehr reichhaltige Eisenerzlager vorkommen. Unsere oben gegebenen Daten über die Production reichen nur bis Ende des Betriebsjahres 1872; weiter erstrecken sich die Daten über die Ein- und Ausfuhr von Eisenerzen, welche sich in den summarischen Angaben der Zollbehörde finden; allerdings fehlen hier wieder die Angaben des Geldwerthes.

Jahr	Production		Einfuhr	Ausfuhr
	metr. Tonnen	Werth in ℳ.	metr. Tonnen	
1850	1,821.170	5,293.538	.	.
1860	3,604.600	10,818.516	.	.
1866	3,790.168	11,130.125	450.273	137.480
1867	3,279.395	9,301.222	491.565	149.843
1868	3,005.094	8,533.678	553.563	195.440
1869	3,461.672	9,956.036	592.182	239.070
1870	2,899.593	8,414.189	489.261	145.062
1871	2,099.706	6,641.066	378.235	135.835
1872	3,081.026	11,085.672	620.518	336.790
1873	.	.	720.518	392.072
1874	.	.	816.110	213.263
1875	.	.	832.800	179.668
1876	.	.	975.631	105.170

Die Ziffern über die Production beziehen sich auf Roherze; diese können zum grossen Theile in dem Zustande, in welchem sie gefördert werden, nicht zur Aufbereitung gelangen, sondern müssen einem Vorbereitungsprocesse unterworfen werden, wodurch sich wohl ihr Werth erhöht, ihr Gewicht jedoch vermindert. Um den Verbrauch Frankreichs richtig festzustellen, fügt nun die officielle Statistik diesen so vorbereiteten Erzquantitäten das Einfuhrquantum hinzu und zieht von dieser Summe das ausgeführte Quantum ab. Im Jahre 1865 betrug das Gesammtquantum der von der französichen Industrie verbrauchten Erze 3,334.379 metr. Tonnen; im Jahre 1870 ist dasselbe auf 2,958.490 Tonnen, im Jahre 1871 auf 2,094.672 Tonnen gefallen, um im Jahre 1872 wieder auf 3,113.665 Tonnen zu steigen.

Die im Laufe des Jahres 1877 ein- und ausgeführten Quantitäten von Eisenerzen vertheilen sich nach den betheiligten Ländern wie folgt:

Ausfuhr		Einfuhr	
nach	metr. Tonnen	von	metr. Tonnen
Belgien	47.216	Belgien	223.443
Deutschland	30.104	Deutschland	30.709
anderen Ländern	1.791	Spanien	248.226
		Italien	139.775
		Algier	330.049
		anderen Ländern	3.425
Summa...	79.111	Summa...	975.627

Die Eisenindustrie hat seit 15—20 Jahren sehr wichtige Veränderungen erlitten, welche jedoch derart sind, dass man dieselben aus der Statistik der Gesammtproduction nicht ersieht, da es sich vornehmlich um Verbesserungen in den Fabricationsprocessen handelt.

Im Jahre 1861 bestanden in **Frankreich** 472 Hohöfen, von denen 282 mit Holzkohle, 77 mit 2 Brennstoffen und 113 mit Coke arbeiteten. Im Jahre 1865 hatte sich die Sachlage bereits merklich geändert, man zählte nunmehr 195 Hohöfen auf Holzkohle und 71 auf zwei gemischte Brennstoffe, während die Zahl der Cokehohöfen 147 erreicht hatte. Im Jahre 1869 verminderte sich die Zahl der Holzkohlenhohöfen wiederum, man zählte deren blos 91 und auch die Anzahl der Hohöfen auf zwei Brennstoffe ging auf 55 herunter. Im Jahre 1872 endlich hat sich die Gesammtzahl der Hohöfen, welche während und nach dem Kriegsjahre 1870 kleiner geworden war, wieder gehoben und sich der im Jahre 1869 constatirten Ziffer bedeutend genähert; man zählte nämlich 270 Hohöfen, wovon 89 mit Holzkohle, 135 mit Coke und die übrigen 46 mit zwei gemischten Brennstoffen arbeiteten. Es scheint sonach, dass der Umwandlungsprocess, den wir angedeutet haben, seinem Ende entgegengeht.

Tabelle I, Seite 59, zeigt die Production, die Ein- und Ausfuhr von Roheisen in Frankreich.

Wie man bemerken wird, ist die Production Frankreichs nicht nur in einem verhältnissmässig kurzen Zeitraume bis zu der vor dem Kriege erreichten Productionsziffer wieder gestiegen, sondern es wächst die Eisenindustrie trotz der bestehenden industriellen Krise fortwährend. Das Cokeroheisen participirt an der Gesammtsumme des Jahres 1877 mit 1,369.869 metr. Tonnen; der Rest der Production entfällt mit 153.397 metr. Tonnen auf Holzkohlenroheisen und mit 63.281 Tonnen auf das mit zwei Brennstoffen erblasene Roheisen.

Tabelle II, Seite 59, enthält ein Verzeichniss der Departements, welche Eisenindustrie betreiben, mit vergleichenden Ziffern über die Productionsmengen in den Jahren 1876 und 1877.

I.	R o h e i s e n				
Jahr	Production		Anzahl der Hohöfen im Betrieb	Einfuhr	Ausfuhr
	Quantität metr. Tonnen	Geldwerth in *M.*		Quantität metr. Tonnen	
1819	112.500	·	·	·	·
1830	266.361	·	·	·	·
1840	347.773	·	·	·	·
1850	415.653	·	·	·	·
1860	898.353	·	·	·	·
1866	1,260.348	107,592.287	354	143.167	23.944
1867	1,229.044	114,070.433	346	155.052	18.204
1868	1,235.308	92,436.892	311	107.280	21.868
1869	1,380.965	102,908.416	288	127.701	22.414
1870	1,178.114	88,786.675	266	83.589	16.594
1871	859.641	69,151.842	223	77.478	14.906
1872	1,217.838	120,532.434	270	122.931	36.146
1873	1,366.971	·	·	125.203	46.385
1874	1,423.308	·	·	122.338	51.846
1875	1,416.228	·	·	202.589	·
1876	1,453.112	·	·	184.812	·
1877	1,522.266	·	·	212.897	·

II.

Departement	1877	1876	Departement	1877	1876
	metr. Tonnen			metr. Tonnen	
Allier............	104.804	94.773	Jura	14.377	29.731
Ardèche	113.725	80.860	Landes	13.900	15.213
Ardennes	14.903	14.270	Loire	47.159	46.790
Ariége	12.995	20.920	Loire-Inférieure...	5.790	8.360
Aube	·	120	Lot-et-Garonne ...	12.530	12.800
Aude	293	·	Marne	3.126	2.923
Aveyron	28.137	29.713	Marne (Haute-) ...	86.129	84.119
Bouches-du-Rhône	23.546	22.500	Mayenne	2.066	2.055
Cher	35.335	35.118	Meurthe-et-Moselle	385.663	326.796
Corse...........	4.700	4.800	Meuse.	13.679	17.615
Côte-d'Or	3.631	11.020	Morbihan	1.985	2.535
Côtes-du-Nord ...	1.829	1.475	Nord............	174.448	148.653
Dordogne	2.800	5.490	Pas-de-Calais	54.040	60.239
Doubs	2.325	3.068	Pyrénées-Orientales	8.537	7.907
Eure	4.494	4.352	Rhône	61.797	69.794
Gard	82.978	85.487	Saône (Haute-)....	9.200	12.874
Gironde.........	2.935	5.500	Saône-et-Loire	156.904	150.692
Ille-et-Vilaine	1.736	1.979	Sarthe	906	842
Indre...........	3.930	3.997	Savoie	·	285
Isère...........	20.653	22.097	Tarn-et-Garonne ..	4.281	5.350
			Summa...	1,522.266	1,453.112

Von der Roheisen-Production eines jeden Jahres wird ein Theil nochmals umgeschmolzen, um erst dann zur Fabrication von Gusswaaren zu dienen, deren Werth im Allgemeinen ein höherer ist, als derjenigen, welche direct aus der ersten Schmelzung gewonnen werden.

Nachstehende Tabelle gibt über das Gewicht, den Werth und den Durchschnittspreis der Gusswaaren aus zweiter Schmelzung, welche von den Eisenhütten dem Handel übergeben wurden, die nöthigen Aufschlüsse:

Jahr	Gusswaaren zweiter Schmelzung metr. Tonnen	Geldwerth ℳ	Durchschnitts-preis ℳ
1865	252.654	54,477.218	216
1866	265.534	57,966.509	218
1867	269.949	56,395.502	209
1868	280.584	57,979.548	207
1869	303.921	63,347.327	209
1870	247.145	51,342.419	207
1871	221.598	48,415.468	219
1872	309.638	80,588.316	261

Man kann die Wertherhöhung, welche die Gusswaaren in Folge der zweiten Schmelzung erfahren, auf ungefähr 50% schätzen.

Die officielle französische Statistik liegt, wie bereits wiederholt bemerkt wurde, vollständig nur bis zum Jahre 1872 vor; die Ziffern der folgenden Jahre, welche wir theils schon mitgetheilt haben, theils noch folgen lassen werden, sind von der Administration des Mines im Journal officiel veröffentlicht worden, dürften jedoch, obwohl nur annähernd angegeben, in den definitiven Ausweisen kaum bedeutende Abänderungen erleiden.

Die nachfolgende Tabelle gibt einen Ueberblick über die Eisenindustrie in Frankreich mit Rücksicht auf die bei der Fabrication verwendeten Brennstoffe:

Jahr	Mit Holz-kohle allein oder mit bei-gemischten minerali-schen Brenn-stoffen er-zeugtes Eisen	Mit mineralischen Brennstoffen erzeugtes Eisen			Gesammtsumme	
		Schienen	Anderes Handels-Eisen	Summa		
	metr. Tonnen					Werth in ℳ
1819	73.200	.	.	1.000	74.200	.
1822	71.154	.	.	15.000	86.154	.
1830	101.290	.	.	46.855	148.469	.
1840	103.305	.	.	134.074	237.379	.
1850	73.457	23.087	149.652	172.739	246.196	.
1860	96.416	121.348	314.449	435.796	532.212	.
1866	74.489	171.007	573.887	744.894	819.383	158,907.879
1867	68.825	172.482	534.971	707.454	776.278	141,705.916
1868	52.829	186.028	574.871	760.899	813.728	146,327.736
1869	55.226	216.628	631.866	848.494	903.720	166,158.941
1870	45.933	171.009	613.844	784.853	830.786	152,035.186
1871	37.316	122.504	517.590	640.094	677.411	131,539.965
1872	43.263	129.151	710.935	840.086	883.349	210,191.998

Eisenblech und Eisendraht sind in vorstehender Tabelle nicht mit enthalten.

Seit dieser Zeit (1872) hat sich die Eisenproduction wesentlich verringert: dieselbe betrug im Jahre 1875 nur 755.442 metr. Tonnen, im Jahre 1876 733.404 Tonnen und im Jahre 1877 747.437 metr. Tonnen.

Die in den beiden letzten Jahren erzeugten Quantitäten vertheilen sich folgendermassen auf die einzelnen Departements:

Departement	1877	1876	Departement	1877	1876
	metr. Tonnen			metr. Tonnen	
Allier	26.398	24.799	Mayenne	3	13
Ardennes	40.071	34.865	Meurthe-et-Moselle	48.336	56.839
Ariége	9.040	8.755	Meuse	16.186	12.500
Aube	4.255	6.991	Nièvre	22.460	20.313
Aveyron	40.090	36.825	Nord	205.640	177.834
Bouches-du-Rhône	1.098	1.340	Oise	18.697	16.665
Charente	480	675	Orne	100	190
Cher	3.350	3.460	Pas-de-Calais	400	600
Corse	1.000	1.200	Pyrénées (Basses-)	306	443
Côte-d'Or	14.067	15.045	Pyrénées-Orientales	481	133
Côtes-du-Nord	2.186	2.501	Rhin (Haut-)	2.670	1.131
Dordogne	4.942	4.482	Saône (Haute-)	1.300	2.057
Doubs	3.230	3.242	Saône-et-Loire	53.187	50.993
Finistère	400	477	Sarthe	98	144
Gard	23.441	25.588	Savoie	243	125
Garonne (Haute-)	900	1.700	Savoie (Haute-)	481	796
Gironde	650	944	Seine	22.076	24.040
Ille-et-Vilaine	115	155	Seine-Inférieure	.	604
Indre	922	1.692	Seine-et-Oise	1.367	2.508
Isère	8.046	7.315	Somme	1.545	830
Jura	9.896	16.711	Tarn	544	726
Landes	2.750	2.556	Tarn-et-Garonne	3.255	4.975
Loir-et-Cher	195	235	Vienne	158	160
Loire	56.536	56.990	Vienne (Haute-)	1.140	.
Loire-Inférieure	6.350	6.650	Vosges	1.723	1.708
Lot-et-Garonne	55	.	Yonne	10.770	9.681
Marne (Haute-)	73.808	82.203	Summa	747.437	733.404

Die Production von Eisenbahnschienen ist im Jahre 1875 auf 118.959 metr. Tonnen, 1876 auf 77.420 Tonnen gefallen.

Was die Fabrication von Eisenblechen anbetrifft, welche in den vorstehenden Angaben nicht berücksichtigt ist, so hat dieselbe im Jahre 1865 an Gewicht 100.915 metr. Tonnen im Werthe von 29,468.232 ℳ., im Jahre 1866 106.054 metr. Tonnen im Werthe von 29,602.678 ℳ., 1867 97.538 metr. Tonnen im Werthe von 26,531.215 ℳ,

im Jahre 1868 92.023 metr. Tonnen im Werthe von 24,364.167 ℳ
„ „ 1869 107.441 „ „ „ „ „ 28,160.659 „
„ „ 1870 83.102 „ „ „ „ „ 22,056.746 „
„ „ 1871 80.701 „ „ „ „ ., 23,348.844 „

betragen. Im Jahre 1872 endlich entfaltete dieser Industriezweig, ebenso wie die Fabrication von Gusseisenwaaren eine grosse Thätigkeit, so zwar, dass die Production 129.823 metr. Tonnen im Werthe von 44,616.952 ℳ. erreichte.

Der hierauf eingetretenen Krise und den enormen Anstrengungen der Concurrenz hat diese Branche der Eisenindustrie verhältnissmässig gut Stand gehalten: im Jahre 1875 wurden 114.931, 1876 115.136, 1877 125.361 metr. Tonnen Eisenbleche erzeugt.

Die Vertheilung der Production der beiden letztgenannten Jahre nach den hier in Betracht kommenden Departements zeigt Tabelle I, Seite 64.

Auch die Production von Eisendraht ist in der auf Seite 60 gegebenen allgemeinen Tabelle nicht enthalten; leider besitzen wir hierüber seit dem Jahre 1872 keine Angaben. Im Jahre 1865 wurden in Frankreich an Eisendraht 43.149 metr. Tonnen im Werthe von 15,127.026 ℳ. fabricirt. 1866 hob sich die Production dieses Artikels bis auf 59.585 metr. Tonnen im Werthe von

Departement	1877	1876	Departement	1877	1876
	metr. Tonnen			metr. Tonnen	
Aisne	795	875	Meurthe-et-Moselle	1.400	·
Allier	6.576	8.014	Meuse	240	·
Ardennes	18.392	18.070	Morbihan	4.346	3.069
Aveyron	1.390	2.992	Nièvre	1.394	1.362
Côte-d'Or	550	1.300	Nord	24.674	18.994
Doubs	3.109	3.423	Oise	13.107	11.100
Garonne (Haute-)	300	·	Saône (Haute-)	775	1.018
Isère	1.398	1.059	Saône-et-Loire	15.978	16.808
Jura	8.826	3.432	Savoie (Haute-)	359	422
Loire	15.143	16.145	Vosges	1.342	1.252
Marne (Haute-)	5.267	4.901	Summa	125.361	115.136

20,996.583 $\mathcal{M}$, 1867 war diese wieder etwas zurückgegangen; sie betrug nämlich nur 57.453 Tonnen im Werthe von 19,257·904 $\mathcal{M}$.

Im Jahre 1868 zeigte sich jedoch ein neuer Fortschritt, indem die Production 62.770 metr. Tonnen im Werthe von 19.918.584 $\mathcal{M}$ erreichte. 1869 war ein neuerlicher Rückgang derselben zu constatiren, immerhin hielt sie sich noch auf der Höhe von 56.037 metr. Tonnen im Werthe von 18,457.129 $\mathcal{M}$. Wie alle anderen Industriezweige aber litt auch sie unter dem Einflusse des Krieges und fiel im Jahre 1870 auf 42.387 metr. Tonnen im Werthe von 13,547.309 $\mathcal{M}$. 1871 stieg die Production von Blechen wieder auf 46.615 metr. Tonnen im Werthe von 16,525.158 $\mathcal{M}$, um im Jahre 1872 zu der bis dahin ungekannten Ziffer von 72.629 Tonnen im Werthe von 30,882.027 $\mathcal{M}$ zu gelangen.

In den fünfzig Jahren von 1819 bis 1869 haben die Eisenfabricate Frankreichs überhaupt dem Gewichte der Jahresproduction nach sich von 74.200 auf 903.720 metr. Tonnen erhöht, somit um das Zwölffache vermehrt; seit dem Jahre 1869 ist die Eisenfabrication im Fallen begriffen, jedoch nur um der steigenden Stahlproduction, mit der wir uns nun zu beschäftigen haben, Platz zu machen

Die officielle Statistik theilt den S t a h l in fünf Categorien ein:

In Rohstahl, Puddelstahl, Bessemer-, Siemens-, Martin-Stahl etc., in Cementstahl und endlich in Gussstahl.

Den Rohstahl erhält man direct durch Klumpfrischen besonderer Sorten von Gusseisen.

Der Puddelstahl ist das Product der Frischarbeit in Flammöfen.

Bessemer-, Siemens-, Martin-Stahl etc. werden gewonnen durch Frischung bei einer Temperatur von solcher Höhe, dass die ganze Masse in Fluss gebracht wird und gleichartige Barren liefert.

Der Cementstahl wird durch directe Einwirkung von Kohlenstaub auf das Eisen, welches dadurch Kohlenstoff aufnimmt, hergestellt.

Der Gussstahl endlich wird durch Umschmelzung eines bestimmten Quantums verschiedenen Stahls oder gewisser Mischungen (Roheisen mit Eisen, Stahl oder verschiedenen Abfällen) in Tiegeln oder auf dem Siemens'schen Herde, auch in Oefen anderer Construction gewonnen.

Die erste dieser Fabricationsmethoden ist heutzutage von keinem Belange mehr und scheint dazu bestimmt zu sein, in einer nicht allzufernen Zukunft gänzlich einzugehen.

Die zweite, das Puddelverfahren, erhält sich besser, besonders in dem Loirebecken, welches beiläufig 60 °/₀ des in Frankreich fabricirten Puddelstahles erzeugt. Die Gesammtproduction an Puddelstahl hat sich im Jahre 1876 auf 19.237 metr. Tonnen gehoben.

Von grösster Wichtigkeit sind die vermittels des Bessemer-, des Siemens-, des Martin- etc. Verfahrens hergestellten Stahlarten, und es zeigt sich in dieser Fabrication ein ungeheuerer Aufschwung.

Im Jahre 1865 betrug die Menge des auf diese Weise erzeugten Stahles 9.647 metr. Tonnen im Werthe von 3,921.396 ℳ, die metr. Tonne nämlich zu 406.52 ℳ. 1866 hatte sich die Production wenig geändert, sie belief sich auf 9.977 metr. Tonnen im Werthe von 4,154.984 ℳ, die metr. Tonne zu 416.40 ℳ. 1867 entwickelte sich diese Branche der Stahl-Fabrication ungemein; sie erreichte bereits die Höhe von 17.768 metr. Tonnen im Werthe von 6,992.942 ℳ, 393.62 ℳ per metr. Tonne. 1868 war der Zuwachs ein enormer, indem die Production auf 45.860 metr. Tonnen im Werthe von 14,819.182 ℳ stieg; zugleich war der Durchschnittspreis um ein Sechstel gefallen, auf 323.13 ℳ per metr. Tonne. Im Jahre 1869 erreichte die Production sogar schon 70.113 metr. Tonnen im Werthe von 17,982.888 ℳ, während der Durchschnittspreis weiter auf 256 ℳ fiel. In den zwei Jahren 1870 und 1871 drückte der Krieg die Fabrication auf 61.242 und 62.382 metr. Tonnen herab, die einen Werth von 14,280.283 und 15,089.125 ℳ repräsentirten; doch erreichte im folgenden Jahre (1872) die Production bereits wieder die Höhe von 112.286 metr. Tonnen im Werthe von 32,556.684 ℳ, die metr. Tonne nämlich zu 290 ℳ, und seitdem stieg sie von Jahr zu Jahr. 1875 betrug sie 231.468 metr. Tonnen, 1876 231.999 metr. Tonnen. Im Jahre 1877 zeigte sich in Folge der industriellen Krise allerdings ein kleiner Rückschlag, und zu Ende dieses letzten Betriebsjahres stand der Preis einer metr. Tonne Stahlschienen auf 163.36 ℳ.

Der Gussstahl endlich, welcher für viele Specialitäten Verwendung findet, weist fast ohne Schwankungen eine ziemlich bedeutende Production auf.

Im Jahre 1870 belief sich die Production ganz Frankreichs auf 8.135 metr. Tonnen im Werthe von 4,887.503 ℳ; 1871 fiel dieselbe auf 5.959 metr. Tonnen im Werthe von 3,648.556 ℳ; 1872 stieg sie wieder auf 8.080 metr. Tonnen im Werthe von 6,238.939 ℳ, die metr. Tonne nämlich zu 772.12 ℳ. Als Productionsbezirk ist das Loire-Departement allein von Wichtigkeit.

Die nachstehende Tabelle zeigt, in welcher Weise die Stahlindustrie seit dem Jahre 1831 vom französischen Markte Besitz ergriffen hat:

<table>
<tr><td rowspan="3">Jahr</td><td colspan="3" align="center">Stahl</td></tr>
<tr><td>Roh- Puddel-, Besse-mer-, Martin- u. s. w.</td><td>Cement-</td><td>Guss-</td></tr>
<tr><td colspan="3" align="center">metr. Tonnen</td></tr>
<tr><td>1831</td><td>3.257</td><td>1.500</td><td>158</td></tr>
<tr><td>1840</td><td>3.546</td><td>3.859</td><td>858</td></tr>
<tr><td>1850</td><td>3.307</td><td>5.625</td><td>2.050</td></tr>
<tr><td>1860</td><td>16.917</td><td>6.414</td><td>6.518</td></tr>
<tr><td>1866</td><td>26.626</td><td>5.019</td><td>6.119</td></tr>
<tr><td>1867</td><td>36.041</td><td>4.416</td><td>6.020</td></tr>
<tr><td>1868</td><td>66.907</td><td>4.304</td><td>9.353</td></tr>
<tr><td>1869</td><td>96.305</td><td>6.310</td><td>7.610</td></tr>
<tr><td>1870</td><td>81.023</td><td>5.229</td><td>8.135</td></tr>
<tr><td>1871</td><td>76.454</td><td>3.714</td><td>5.959</td></tr>
<tr><td>1872</td><td>129.903</td><td>3.722</td><td>8.080</td></tr>
<tr><td>1873</td><td>155.568</td><td>·</td><td>·</td></tr>
<tr><td>1874</td><td>216.072</td><td>·</td><td>·</td></tr>
<tr><td>1875</td><td>249.592</td><td>2.045</td><td>6.143</td></tr>
<tr><td>1876</td><td>224.473</td><td></td><td>7.774</td></tr>
<tr><td>1877</td><td>221.817</td><td></td><td>6.843</td></tr>
</table>

Man ersieht aus diesen Ziffern gleichzeitig, wie sich die Stahlproduction Frankreichs der einzelnen Fabricationsmethoden bedient. Wir lassen nun eine

Tabelle folgen, welche die Antheilnahme der einzelnen Departements an der Gesammtproduction der verschiedenen Stahlarten ersichtlich macht; dabei erscheint auch die Production von Stahlblech berücksichtigt.

Departement	Guss-, Bessem.-, Puddel-, Roh- und Cementstahl		Tiegelgussstahl		Stahlblech	
	im Jahre					
	1877	1876	1877	1876	1877	1876
	metr. Tonnen					
Allier	17.681	14.050	.	.	144	37
Ardennes	86	15	355	47	.	.
Ariége.........	1.809	1.802	23	21	.	60
Charente	670	770	20	.	.	.
Côtes-du-Nord..	21	25	7	11	.	.
Finistère	.	.	.	4	.	.
Gard	29.616	27.981	.	.	.	.
Garonne (Haute-)	145	840	.	.	.	.
Isère	5.780	5.513	144	124	.	.
Loire	78.859	93.174	5.751	6.561	5.347	3.154
Meurthe-et- Moselle	1.129	1.030	.	.	.	.
Nièvre	10.258	6.263	139	897	691	.
Nord	29.729	20.836	.	.	255	.
Saône (Haute-)..	.	23	.	21	.	.
Saône-et-Loire..	45.904	52.058	.	.	6.851	4.905
Seine	.	.	31	88	.	.
Tarn	135	93	373	.	.	.
Vosges.........	5	.	.	.	.	.
Summa...	221.817	224.473	6.843	7.774	13.288	8.156

Wir haben oben von der Abnahme der Hohöfen gesprochen. Die letzten Daten, welche über den Bestand der speciell mit der Verarbeitung des Eisens beschäftigten Hütten gesammelt wurden, ergaben fast dasselbe Resultat wie jene über die Productionsstätten von Roheisen. Die Anzahl der catalanischen Feuer wird immer geringer; von den im Jahre 1869 bestandenen 24 Feuern waren im Jahre 1870 nur noch 22, 1871 21 und 1872 blos 20 übrig. Die Anzahl von Puddelöfen, von Herden also, welche ausschliesslich Steinkohle brennen, betrug im Jahre 1869 1.111, 1870 1.073, um im Jahre 1871 auf 902 zu fallen, 1872 dagegen wieder auf 1.037 zu steigen.

Was den Stahl anbelangt, so ist durch die officiellen Erhebungen constatirt, dass die Frischfeuerherde zu verschwinden beginnen; im Jahre 1869 gab es deren 49, im Jahre 1870 37, 1871 20 und 1872 nur noch 4. In Bezug auf die Anzahl der Cementiröfen sind nahezu dieselben Veränderungen eingetreten, welche wir hinsichtlich der Hoh- und Puddelöfen erwähnt haben. Im Jahre 1869 zählte man deren 53, im Jahre 1870 47, 1871 43, 1872 44. Die Schmelzöfen für die Gusstahlerzeuguug verschwinden rapid; ihre Zahl betrug im Jahre 1869 287, im Jahre 1870 281, im Jahre 1871 235, im Jahre 1872 aber nur noch 212, und zwar bezieht sich diese Verminderung namentlich auf jene Oefen, welche zur Schmelzung von Stahl in Tiegeln dienen.

Die Umwandlungen, welche sich hiernach im Bereiche der Stahlfabrication vollzogen haben, sind durch die epochemachende Einführung neuer Verfahren (Bessemer und andere) hervorgerufen worden. Im Jahre 1876 bestanden in Frankreich 10 Werke, welche nach diesen Verfahren Stahl bereiteten und insgesammt 26 Bessemer-Converter und 25 Martin-Oefen besassen, nämlich die

Werke der Compagnie de Chatillon-Commentry mit 2 Convertern; der Société de Commentry-Fourchambault mit 5 Convertern; der Société de Denain-Anzin mit 2 Convertern; der Compagnie des hauts-fourneaux, forges et aciéries de la Marine et de Chemins de fer (Petin, Gaudet et Cie.) mit 3 Convertern; der M. M. Biétrix et Cie. zu Saint-Etienne mit 2 Martin-Oefen; der Compagnie des forges, fonderies et aciéries de Saint-Etienne mit 2 Convertern; der Werke in Creuzot mit 4 Convertern und 5 Martin-Oefen; der Compagnie des Terrenoire-Lavoulte-Bessèges mit 8 Convertern und 8 Martin-Oefen; der Clergué-Hütten zu Oullins mit 2 Martin-Oefen.

In Nachstehendem geben wir einen Ueberblick über die Handelssituation der französischen Eisenindustrie, indem wir die Daten der Jahre 1876 und 1877 über die Einfuhr (frei und verzollt) und Ausfuhr (direct und gegen acquits) von Roheisen, Eisenwaaren, Blechen und Stahl vergleichen.

	Im Jahre	
Einfuhr	1877	1876
	metr. Tonnen	
Roheisen.		
Zollfrei (Decret vom 15. Feber 1862)	95.578	99.112
Für Schiffsconstructionen	843	2.112
Mit Zoll belegt	116.475	83.089
Summa...	212.896	184.313
Eisenwaaren und Bleche.		
Zollfrei (Decret vom 15. Feber 1862)	23.620	24.443
Für Schiffsconstructionen	5.356	7.989
Mit Zoll belegt	33.758	23.951
Summa...	62.734	56.383
Stahl.		
Zollfrei (Decret vom 15. Feber 1862)	467	712
Für Schiffsconstructionen	2	10
Mit Zoll belegt	4.538	4.722
Summa...	5.007	5.444
Ausfuhr		
Gesammtsumme an Roheisen, Eisenwaaren, Bleche gegen acquits à caution	102.366	125.293
Stahl gegen acquits à caution	2.071	1.194
Eisen, Blechstahl und Kunstartikel, direct	64.767	79.760
Summa...	169.204	206.247

Die für Schiffsconstructionen bestimmte freie oder durch Anwendung von acquits à caution vermittelte Einfuhr von Artikeln ergibt für das Jahr 1877 folgendes Resultat:

	Einfuhr	mittels acquits à caution
	metr. Tonnen	
Alteisen	105	10
Roheisen	843	191
Eisen	5.104	905
Eisenbleche	251	300
Stahl in Barren	2	.
Transport...	6.305	1.406

	Einfuhr	mittels acquits à caution
	metr. Tonnen	
Transport	6.305	1.406
Stahlbleche	47	.
Maschinen	259	1.184
Eisenwaaren	.	2.645
Gusswaaren.	.	403
Stahlwaaren.....................	.	36
Blechwaaren	.	1.276
Anker................	162	170
Kabel und Ketten von Eisen	143	611
Summa..	6.916	7.731

Von dem mittels der acquits à caution zu befördernden Quantum waren mit Ende 1877 34.389 Tonnen noch nicht realisirt.

Belgien.*)

(29.455.16 Quadrat-Kilometer. — 5,403.006 Einwohner.)

Kohle.

Mit Rücksicht auf seinen Flächeninhalt ist Belgien durch Mineralreichthum eines der bevorzugtesten Länder der Erde, und es ist auch, vielleicht mit Ausnahme von England, jener Erdstrich, auf welchem die Ausbeutung dieser Bodenschätze in die früheste Epoche zurückgreift.

Man kann den Beginn der Steinkohlengewinnung in Belgien in das zwölfte Jahrhundert setzen. Das Steinkohlengebiet, welches beiläufig $^1/_{22}$ des Flächeninhaltes des ganzen Landes umfasst, bildet durch die Abflachung einer kohlenhaltigen Kalkformation eine tiefe Mulde, und streicht von Südwest nach Nordost über Quiévrain, Mons, Charleroi, Namur und Lüttich.

Am Samsonbache, unweit von Namur, in der Mitte der Mulde, tritt die Kohle an die Oberfläche; von diesem Punkte an neigt sich das Terrain einerseits im Westen gegen Mons, um das Becken von Hennegau, andererseits gegen Osten, um das Becken von Lüttich zu bilden.

Die Folge dieser Lagerung ist, dass sich das Kohlenbecken von Namur aus nach Ost und West immer mehr vertieft.

---

*) Bearbeitet von Max Goebel, Civilingenieur und Herausgeber der Zeitschrift „La Semaine Industrielle" in Lüttich.

Literatur. Michel Mourlon, Patria Belgica, Artikel Géologie. — F. L. Cornet idem, Artikel Mines et Carrières. — F. Jochams et Henri Witmeur, Statistique des industries minières et sidérurgiques de Belgique pour l'exercice 1875. — Jules Van Scherpenzeel Thim, Rapport sur la situation de l'industrie minérale et métallurgique dans la province de Liège pendant l'année 1876. — Emile Loguesse, Rapport de M. l'Ingénieur en chef des Mines, province de Hainaut, année 1876. — Berchem, Situation de l'Industrie minérale dans la province de Namur pendant l'année 1876. — Tableau général du commerce de la Belgique avec les pays étrangers pendant l'année 1876, publié par le Ministre des Finances. — Moniteur belge du 3 Février 1878, annexe, tableau du mouvement commercial de la Belgique avec les pays étrangers pendant les années 1876 et 1875. —

Bei Samson treten die untersten Schichten beiläufig 200 Meter über dem Meeresspiegel zu Tage. In der Nähe von Boussu, westlich von Mons, dürfte die Sohle des Beckens eine Tiefe von 2.370 Meter unter der Meeresoberfläche erreichen, und auch unweit Lüttich ist die Mächtigkeit des kohlenführenden Terrains, ohne so gross zu sein wie westlich von Mons, dennoch sehr beträchtlich.

Man glaubt, dass die Steinkohle beiläufig ein Vierzigstel der Masse des gesammten Kohlenterrains ausmache, dessen Flächeninhalt 134.110 Hectar beträgt.

Die Zahl der Kohlenflöze an einem gewissen Punkte des Kohlenbeckens ist gewöhnlich proportional der Tiefe des gesammten Kohlenterrains an der betreffenden Stelle. Die Kohlenflöze sind demnach in der Nähe von Namur weniger zahlreich und nehmen in dem Masse zu, als man sich Lüttich und Mons nähert; es hat sich denn auch in der Umgebung dieser beiden Städte der Kohlenbergbau besonders stark entfaltet.

Nach Dumont befinden sich in der Gegend von Lüttich 85 Flöze; nach F. L. Cornet kennt man in Borinage 130 bis 160 Flöze, von welchen zwei Drittel abbaufähig sind. Die Mächtigkeit dieser Flöze variirt zwischen einigen Centimetern bis zu mehr als zwei Meter; die, welche sich im Abbau befinden, haben meistens eine Mächtigkeit von 0.55 bis 1 Meter. Kohlenflöze unter 0.35 bis 0.40 Meter Mächtigkeit werden nicht abgebaut.

Obwohl die Flöze sehr zahlreich sind und beinahe alle Arten von mineralischer Kohle vorkommen, so verursachen doch die im Allgemeinen nur mittelmässige Mächtigkeit der Kohlenadern und die zahlreichen Verwerfungen derselben dem Bergbau grosse Schwierigkeiten. Auch besitzt das Kohlenterrain ein starkes, nach Süden geneigtes und mit der Muldenaxe parallel laufendes Gefälle, welches am Pas-de-Calais anfängt und sich bis in die preussische Rheinprovinz erstreckt.

Zu diesen geologischen Schwierigkeiten treten nun noch diejenigen hinzu, welche durch den Jahrhunderte dauernden Abbau, die stetige Tieferführung der Schächte, das Lockern des Terrains und das Hereinbrechen der Gewässer hervorgerufen werden. Danach wird man anerkennen müssen, dass die belgische Steinkohlenindustrie, welche die Concurrenz benachbarter von der Natur mehr begünstigter Productionsbecken zu bestehen hat, eine bemerkenswerthe Energie entwickelt.

Die belgischen Steinkohlen zeigen sehr grosse Verschiedenheiten in ihren physikalischen und chemischen Eigenschaften.

Man hat sie in vier Hauptclassen getheilt, deren Aufeinanderfolge nach der Lage nachstehende ist:

1. Die magere, von den niederen Flözen gelieferte Kohle dient vorzüglich zum Brennen von Ziegeln und Kalk, zum Rösten von Schwefelkies, zur Reduction von Zinkerzen und zur Briquetsfabrication; die grösseren Stücke werden für die Hausfeuerung gebraucht.

2. Die Fettkohle, von der vorhergehenden durch mehrere Zwischenarten getrennt, characterisirt sich durch eine grosse Neigung zu backen. Wird dieselbe der Destillation unterworfen, so erzeugt sie einen schweren festen Coke, welcher von den Hütten sehr gesucht wird; sie wird auch für die Hausfeuerung und als Schmiedekohle sehr geschätzt.

3. Die mittelfette Kohle, welche hauptsächlich zur Dampfkesselheizung, für den Hausgebrauch, zur Erzeugung von Leuchtgas und von Coke für das Hüttenwesen verwendet wird. Die Destillation derselben ergibt ein weniger festes Product als die vorhergehende Art und weniger Leuchtgas als die nachfolgende.

4. Die Flammkohle (Flénu) wird von allen Industriezweigen sehr geschätzt, welche einer langen Flamme oder der Entwicklung einer sehr grossen Hitze bedürfen. Diese Kohle wird zum grössten Theile zur Heizung der Dampfschiffe, der Puddelöfen, zum Brennen von Chamotte-Ziegeln, Ofenkacheln, Fayance, in den Glashütten und überdies zur Erzeugung von Leucht-

gas verwendet. Manche Gattungen der Steinkohlen von Mons haben aus 1000
Kilogramm Kohle 330 Kubikmeter Leuchtgas geliefert.

Die Production der Kohle im ganzen Königreiche, welche im Jahre
1876 sich auf 14,329.578 metr. Tonnen belief, zeigte, nach Qualität der Kohlen
eingetheilt, folgendes Procentverhältniss: Magerkohle 12 %; Halbfettkohle
45 %; Fettkohle 27 %; Flammkohle 16 %.

Die physikalischen Eigenschaften der belgischen Kohle zeigen dieselben
Verschiedenheiten wie die chemischen. Im Allgemeinen ist der Stückfall verhältnissmässig gering, und die Kohlenwerke, deren Förderung 40 % von Stückkohle (Würfelkohle und Grosskohle) beträgt, bilden eine Ausnahme.

Eine bedeutende Vermehrung der staatlicherseits verliehenen Grubenfelder scheint in Belgien nicht thunlich zu sein; man sieht im Gegentheil aus
der nachfolgenden Tabelle, dass wohl während zehn Jahren die Grösse der verliehenen und mit Freischürfen bedeckten Flächen etwas gewachsen ist, dafür
aber die Anzahl der Bergwerke in Folge von Fusionen abgenommen hat.

| Jahr | Kohlenwerke | | | | | |
| | in Betrieb | | stillstehend | | Zusammen | |
	Anzahl	Ausdehnung in Hectaren	Anzahl	Ausdehnung in Hectaren	Anzahl	Ausdehnung in Hectaren
1866	155	86.051	132	48.711	287	134.762
1869	171	92.483	114	48.157	285	140.640
1872	166	94.877	116	46.331	282	141.208
1873	180	103.301	102	37.907	282	141.208
1874	179	101.109	105	43.203	284	144.312
1875	175	100.652	105	43.226	280	143.878
1876	180	103.628	98	39.030	278	142.658

Bei dieser Gelegenheit möge hervorgehoben werden, dass es in der
Provinz Hennegau Verleihungen für die Ausbeutung blos einzelner von den
übereinander gelegenen Kohlenflözen gibt.

Auch wird man aus dem nun folgenden Tableau ersehen, dass die Anzahl
der Förderungsstätten mit der zunehmenden Tiefe des Abbaues abgenommen
hat. Diese Abnahme erlitt allerdings durch den lebhaften Aufschwung der
Industrie im Jahre 1873 eine Unterbrechung, und neue in Folge der ungewöhnlich starken Nachfrage nach Brennmaterial geschaffene Förderungsstätten sind
erst neuerdings zur Ausbeute gelangt; doch liegt es in der Natur der Sache,
dass die belgischen Kohlengewerken bedeutende Vortheile in der Einschränkung
der Anzahl der Gruben bei gleichzeitiger Ausbreitung der unterirdischen
Baue erzielen würden. — Im Nachfolgenden geben wir die Anzahl der Förderungsstätten der Schächte und die Tiefe der letzteren an.

| Jahr | Förderungsstätten | | | | Schächte | | | Mittlere Tiefe des untersten Horizontes der Schächte |
	in Betrieb	in Reserve	im Bau	Zu-sammen	für För-derung	für Was-serhub	Zu-sammen	
1866	335	101	56	492	49	196	245	308
1869	310	108	38	456	47	190	237	334
1872	317	86	39	442	48	186	234	344
1873	317	78	57	452	45	186	231	346
1874	317	82	58	457	45	184	229	355
1875	322	88	59	463	47	183	230	350
1876	306	88	60	454	49	172	221	340*)

*) Wäre letztere Messung nach Massgabe der in früheren Jahren gebräuchlichen Methode
erfolgt, so würde die betreffende Tiefe sich mit 370 Meter herausgestellt haben.

Dagegen haben die Ausrüstung der Bergwerke, die mechanischen Förderungsmittel, die Wasserhubs- und Ventilationsmaschinen von Jahr zu Jahr zugenommen, so dass die Steigerung im letzten Decennium sowohl in Bezug auf die Anzahl, als auch auf die Stärke der Maschinen annähernd 50 % beträgt.

| Jahr | Dampfmaschinen in Verwendung | | | | | | | | | |
| | zur Kohlen-förderung | | zum Wasser-hub | | zur Ventilation | | zu verschied. Zwecken | | Zusammen | |
	An-zahl	Pferde-kräfte	An-zahl	Pferde-kräfte	An-zahl	Pferde-kräfte	An-zahl	Pferde-kräfte	Anzahl	Pferde-kräfte
1866	421	27.412	170	28.136	266	5.076	332	2.768	1.189	64.022
1869	428	33.034	176	28.441	304	7.916	457	4.095	1.365	73.486
1872	431	35.912	183	30.935	309	8.861	522	5.164	1.445	80.872
1873	430	37 111	185	31.967	323	9.742	557	5 535	1.495	84.355
1874	450	39 398	182	31.447	337	10.895	617	6.612	1.586	88.352
1875	461	41.939	178	30.949	349	11.692	675	7.733	1.663	92.313
1876	481	46.575	180	31.828	361	12.310	736	8.669	1.766	99.382

Die Thatsachen, welche wir hiermit klar dargelegt haben, nämlich die immer mehr zunehmende Tiefe der Schächte, die Nothwendigkeit, die Maschinenkraft zur Erreichung und zum Aufhub der Kohle zu vergrössern, endlich der stetig wachsende Arbeitslohn haben bewirkt, dass sich die Gestehungskosten der Kohle auf einer bedeutenden Höhe erhalten.

Wenn man die grossen Schwierigkeiten berücksichtigt, welche sich den belgischen Kohlengewerken in Bezug auf die geologischen Verhältnisse entgegenstellen und wenn man dieselben mit denen der Kohlenreviere von England, Deutschland und selbst Frankreich vergleicht, so wird man zugestehen müssen, dass die Förderungskosten vor der grossen Hausseperiode von 1872 bis 1874 nicht übertrieben waren. Leider haben sich in Belgien die Gestehungskosten, welche in Folge der besseren Verkaufspreise rapid gestiegen, ebensowenig als anderwärts dann vermindert, als die Tage des Prosperirens vorüber waren. Um nur ein einziges Beispiel anzuführen, sind die Betriebskosten sämmtlicher Kohlenwerke während der Jahre 1874 und 1875 fast gleich geblieben: im Jahre 1874 178 Millionen $\mathscr{M}$. und 177.2 Millionen $\mathscr{M}$. im Jahre 1875; die Production stieg von 14,669.029 metr. Tonnen auf 15,011.330 metr. Tonnen, nichtsdestoweniger verminderte sich der Werth der Production von 196.8 Millionen $\mathscr{M}$. im Jahre 1874 auf 187.9 Millionen $\mathscr{M}$. im Jahre 1875, was einen Ausfall von 8.9 Millionen $\mathscr{M}$. ergibt. — Die nachstehende Tabelle gibt hierüber genaue Aufklärung:

| Jahr | Gesammtauslagen | | | Ausser-ordentliche Auslagen | Preis per metr. Tonne an | | |
| | an Löhnen | andere Auslagen | Zusammen | | regelmässigen Betriebs-Auslagen | ausserordentlichen Auslagen | verschiedenen Auslagen |
	Mark						
1866	61,402.566	43,014.332	104,476.898	11,371.716	7.28	0.89	8.17
1869	60,946.477	43,696.488	104,642.965	13,459.137	7.04	1.04	8.08
1872	84,603.430	56,762.524	141,365.954	12,953.115	8.20	0.83	9.03
1873	119,255.060	80,209.332	199,464.392	22,875.586	11.19	1.45	12.64
1874	106,106.315	71,956.992	178,063.308	25,807.893	10.38	1.76	12.14
1875	105,237.942	72,005.157	177,243.099	24,627.263	10.16	1.64	11.80
1876	91,396.865	64,089.848	155,486.713	22,055.695	9.31	1.54	11.85

Die Zahl der in den belgischen Steinkohlenwerken verwendeten Bergleute betrug im Jahre 1850 an 47.949; im Jahre 1860 erhob sich dieselbe auf

78.232 und im Jahre 1865 bereits auf 82.368. Die nachfolgende Tabelle zeigt dieses stetige Wachsen. Wir fügen den durchschnittlichen jährlichen Lohn bei und lenken die Aufmerksamkeit des Lesers besonders auf den plötzlichen Unterschied zwischen den Ziffern der dem Jahre 1872 vorhergehenden und der diesem Jahre nachfolgenden Periode. Man wird bemerken, dass dieser Unterschied noch viel grösser ist, wenn man nur den Lohn der eigentlichen Bergleute gegenüber jenem der Abraumarbeiter in's Auge fasst, denn der Unterschied beträgt alsdann vom Jahre 1871—1873 56 %.

Jahr	Pferde in Verwendung			Arbeiter in Verwendung						Durchschn. Jahreslohn*)
				Im Innern		Ueber Tag		Zusammen		
	Im Innern	Ueber Tag	Zusammen	Zahl	durchschn. Lohn Mark	Zahl	durchschn. Lohn Mark	Zahl	durchschn. Lohn Mark	
1868	2.150	1.450	3.600	68.722	$2_{.37}$	20.660	$1_{.68}$	89.382	$2_{.21}$	657
1869	2.235	1.438	3.673	68.875	$2_{.43}$	21.053	$1_{.76}$	89.928	$2_{.28}$	678
1870	2.253	1.471	3.724	71.374	$2_{.50}$	20.619	$1_{.78}$	91.993	$2_{.34}$	717
1871	2.436	1.499	3.935	72.644	$2_{.53}$	21.642	$1_{.80}$	94.286	$2_{.36}$	706
1872	2.679	1.598	4.277	76.232	$3_{.09}$	22.631	$2_{.03}$	98.863	$2_{.84}$	855
1873	2.953	1.791	4.744	83.065	$3_{.92}$	24.837	$2_{.32}$	107.902	$3_{.55}$	1105
1874	3.083	1.912	4.995	84.634	$3_{.62}$	24.997	$2_{.31}$	109.631	$3_{.31}$	967
1875	2.917	1.759	4.676	84.732	$3_{.42}$	25.988	$2_{.25}$	110.720	$3_{.15}$	950
1876	2.933	1.735	4.668	82.766	$3_{.73}$	25.777	.	108.543	.	.

Die Lage der arbeitenden Classe und jene der Bergleute insbesondere hat mit Recht die Aufmerksamkeit des Staates und der Spitzen der Industrie in Anspruch genommen.

Die vielerlei Gefahren, denen die Grubenarbeiter ausgesetzt sind, verpflichten den Staat zu besonderer Fürsorge.

Dank den guten Vorschriften, einer ununterbrochenen Ueberwachung, der Mitwirkung der Bergingenieure und aller jener durch Intelligenz und Kenntnisse ausgezeichneten Männer, welchen das heikle Amt der Leitung der Bergwerksunternehmungen anvertraut ist, vereinigen die Methoden, nach welchen gegenwärtig in Belgien der Bergbau betrieben wird, in hohem Grade alle Bedingungen, um soweit es möglich ist, die Bergleute vor beklagenswerthen Unfällen bei den Grubenarbeiten zu bewahren.

Die Anzahl der in den Bergwerken vorkommenden Unfälle vermindert sich in Folge dessen in allen Provinzen von Jahr zu Jahr.

Fast alle Kohlenwerke sind Mitglieder der bestehenden sechs Versicherungsvereine für Bergleute.

Die Cassen dieser Vereine werden gebildet zur Hälfte durch Abzüge vom Lohne der Arbeiter, zur anderen Hälfte durch Beiträge der Bergwerksbesitzer und überdies durch eine kleine Staatssubvention; die von denselben gebotene Unterstützung ist jedoch im Allgemeinen unzureichend. Bei den meisten Bergwerken bestehen noch separate Hilfscassen, in welche ausschliesslich Lohnabzüge fliessen; dieselben sind bestimmt, theils die Kosten der ärztlichen Behandlung zu bestreiten, theils den verwundeten oder kranken Arbeitern und den Familiengliedern der Getödteten eine einstweilige Unterstützung zu bieten. Die verwundeten Arbeiter erhalten einen Theil, oft die Hälfte ihres Lohnes und zwar entweder bis zu ihrer Genesung, oder, wenn die Krankheit länger als zwei Monate dauert, bis dieselben nach Ablauf dieser Frist Unter-

---

*) Dieser Lohn gilt für Männer, Weiber, Jünglinge, Mädchen und Kinder beiderlei Geschlechtes.

stützungen aus den Versicherungscassen erhalten. Die Unterstützungen der Kranken sind in der Regel ihrem und ihrer Familie Bedürfnisse angemessen, ohne dass bei der Vertheilung besondere Regeln beobachtet werden. Die Einnahmen der separaten Hilfscassen sind nahezu dieselben wie die der Versicherungsvereine. Da jedoch die ersteren die plötzlich eintretenden, unmittelbar nothwendigen, nicht die regelmässig wiederkehrenden Bedürfnisse zu decken haben, so erreichen und überschreiten oft die Ausgaben die Einnahmen, in welchem Falle das Deficit von den Gewerken gedeckt wird. Die durch beide Arten von Cassen geleisteten Unterstützungen belaufen sich jährlich auf circa 3.2 Millionen $\mathcal{M}$.

Die Geschäftswelt hat das belgische Kohlenterrain nach der geographischen Lage und — mit einer kleinen Ausnahme — nach der administrativen Eintheilung der Bergbehörde in fünf Regionen eingetheilt, welche sie unrichtigerweise mit dem Namen Becken belegte. Diese Regionen sind:

Das Revier von Mons oder Borinage, des Centrum's, von Charleroi, der Basse Sambre oder von Namur, endlich das Becken von Lüttich, welches Huy, Seraing und das Plateau von Herve umfasst.

Die nachstehende Tabelle gibt die Production des Jahres 1876 nach Provinzen und Becken getrennt an.

Provinz	Becken	Production in metr. Tonnen	Procent der Production
Hennegau	Mons	3,728.960	26.02
„	Charleroi	3,597.700	25.12
„	Centre	3,160.000	22.05
Namur	Namur	474.975	3.31
Lüttich	Lüttich	3,367.943	23.50
	Zuammen	14,329.578	100.00

Im Jahre 1875 war die Production auf 15,011.331 metr. Tonnen gestiegen; es zeigt sich daher im Jahre 1876 eine Minderproduction von 681.753 metr. Tonnen oder 4.54 %, welche sich nach den Provinzen folgendermassen vertheilt: Hennegau 481.515 metr Tonnen oder 4.39 %; Lüttich 183.848 metr. Tonnen oder 5.18 %; Namur 16.390 metr. Tonnen oder 3.33 %.

Aus der Tabelle I, Seite 72, ersieht man die Schwankungen in der Kohlenproduction seit dem Jahre 1830, dem Zeitpunkte der Trennung Belgiens von Holland. Man möge besonders bemerken, dass die Production dieses kleinen Landes, welches eine so ansehnliche Stellung unter den industriellen Staaten einnimmt, trotz der allgemeinen Krise im Jahre 1876 doch noch höher ist als diejenige der Periode, welche dem Aufschwung des Jahres 1872 voranging.

Die officielle Statistik in Belgien liefert uns über die Coke- und die Briquets-Fabrication keine Daten. Was das erstere Fabricat betrifft, welches eine so grosse Rolle im Hüttenwesen spielt, so existiren hierüber keine anderen, als die im Jahre 1873 vom Verfasser dieses Aufsatzes gesammelten Notizen, die somit aus einer Epoche herrühren, in welcher sich die Coke-Erzeugung in einer von der jetzigen wesentlich verschiedenen Lage befunden hat.

Es bestanden zu jener Zeit 53 Cokefabriken, welche 14 bis 16 % der gesammten Steinkohlenproduction des Königreiches vercokten. Von diesen Fabriken lagen 15 im Becken von Mons, 7 in jenem des Centrums, 13 in dem von Charleroi und 18 in jenem von Lüttich.

Wir geben in Tabelle II, Seite 72, eine Zusammenstellung über die Production in den verschiedenen Becken, welche nach den Angaben der Fabricanten verfasst ist, müssen jedoch bemerken, dass seitdem eine Anzahl von Etablisse-

I.

Jahr	Hennegau	Lüttich	Namur	Luxemburg	Belgien	Werth
			metrische Tonnen			$\mathcal{M}.$
1830	1,913.677	432.120	.	.	.	.
1835	1,965.166	591.931	.	.	.	.
1840	2,951.781	853.123	125.054	4	3,929.962	37.862
1845	3,670.486	1,086.045	161.872	753	4,919.156	38.520
1850	4,420.761	1,222.225	177.602	296	5.820,884	37.966
1855	6,458.416	1,720.053	230.861	.	8,409.330	85.006
1860	7,506.720	1,898.647	204.528	.	9,609.895	87.522
1865	9,206.058	2,328.911	305.734	.	11,840.703	101.223
1866	9,851.424	2,564.551	358.687	.	12,774.662	123.393
1867	9,595.280	2,770.956	389.586	.	12,755.822	129.292
1868	9,398.550	2,589.070	310.969	.	12,298.589	109.373
1869	9,840.530	2,799.826	303.638	.	12,943.994	111.206
1870	10,196.530	3,162.181	338.407	.	13,697.118	121.434
1871	10,037.230	3,345.557	350.389	.	13,733.176	125.657
1872	11,616.166	3,653.094	389.688	.	15,658.948	170.392
1873	11,652.953	3,674.578	450.870	.	15,778.401	275.849
1874	10,698.130	3,530.775	440.124	.	14,669,029	196.823
1875	10,968.175	3,551.791	491.365	.	15,011.331	187.779
1876	10,486.660	3,367.943	474.975	.	14,329.578	158.595

II.

Becken	1870	1871	1872	1873
	metrische Tonnen			
Mons	248.697	224.581	322.642	341.300
Centre	261.262	267.626	304.631	305.480
Charleroi	390.877	412.229	474.484	541.166
Lüttich	473.703	430.479	542.955	650.150
Zusammen..	1,374.599	1,334.915	1,644.712	1,838.096

ments den Betrieb eingestellt hat, und dass die Production wieder bis zu den Ziffern der Jahre 1870 und 1871, wenn nicht gar darunter, gefallen ist.

Briquetsfabriken gibt es 12, von welchen wir nur die nachstehenden namentlich anführen: die des Kohlenwerkes Grand-Bouillon du Bois de Saint Ghislain im Becken von Mons, von Dehaynin & Comp., und der Société anonyme de Agglomérés de Houille in Chatelinau im Becken von Charleroi und jene, welche als Annex zum Kohlenwerke le Hasard im Becken von Lüttich jüngst in Betrieb gesetzt wurde. Wir schätzen die Briquetsproduction in Belgien auf 1000 metr. Tonnen per Arbeitstag, ohne dabei die Production der kleinen Anlagen, welche die Haushaltungen versorgen, in Rechnung zu ziehen.

Die Länge der in Belgien in Betrieb stehenden Eisenbahnen betrug im Jahre 1876 3.589 Kilometer; im Jahre 1870 erst 2.897 Kilometer, demnach hat dieselbe innerhalb sechs Jahren um 692 Kilometer zugenommen.

Die schiffbaren Gewässer des Königreiches haben eine Ausdehnung von 1.000 Kilometer, jene der Canäle eine solche von 899 Kilometer; da die letzteren im Jahre 1830 eine Ausdehnung von 449 Kilometer hatten, so hat sich ihre Länge seitdem also verdoppelt. Dabei sind die wichtigen Verbesserungen, welche die Entwicklung der Schiffahrt nothwendig machte, und welche den Wasserstrassen fast überall eine Tiefe von mindestens 1.6 Meter gaben, nicht zu vergessen.

Im Vergleich mit den übrigen Communicationsmitteln, welche in Belgien eine hohe Stufe der Vollkommenheit erlangt haben, ist die Marine im Niedergang begriffen. Im Jahre 1875 betrug die Zahl der Handelsschiffe 59 mit 50.186 Tonnen, im Jahre 1876 dagegen waren blos 48 Handelsschiffe mit 44.980 Tonnen vorhanden; folglich fiel die Schiffszahl im letzten Jahre um 19 % und der Tonnengehalt um 10 %.

Nachstehende Tabelle zeigt den Stand der Handelsflotte in den Jahren 1860, 1870 und 1876.

Handelsmarine	Dampfschiffe			Segelschiffe		
	J a h r					
	1860	1870	1876	1860	1870	1876
Zahl der Schiffe	8	12	23	108	55	25
Tonnengehalt .	4.254	9.501	29.850	28.857	20.648	15.130

Von den mit 31. December 1876 vorhandenen 48 Schiffen entfielen auf:

Antwerpen .... 38 mit 39.375 metr. Tonnen
Ostende .... 5 „ 4.732 „ „
Gent .... 3 „ 555 „ „
Brüssel .... 2 „ 318 „ „

Bei der Abfuhr der belgischen Kohle spielt die Marine keine Rolle, indem die Ausfuhr zur See im Jahre 1876 20.000 metr. Tonnen kaum überstieg. Die gesammte Production, welche durch obige Ziffern festgestellt wurde, gelangt auf den in's Innere führenden Wegen, d. i. auf den Eisenbahnen und Canälen an die Stätten ihres Verbrauches.*

Was das Absatzgebiet der belgischen Steinkohle anbelangt, so consumiren die innerhalb einer imaginären Grenze von 25 Kilometer entlang der Axe des Kohlenbeckens gelegenen Hüttenwerke, Glasfabriken u. s. w. beiläufig $^3/_6$ der Production; über dieses Gebiet hinaus wird in's Inland beiläufig $^1/_6$ und in's Ausland $^2/_6$ der Production abgesetzt.

Die Grenzen des belgischen Kohlenmarktes haben sich im Laufe der letzten fünf Jahre auf eine empfindliche Weise verengert. Im Norden und Osten, wo sich dieselben im Jahre 1870—1871 infolge der durch den deutsch-französischen Krieg aussergewöhnlich günstigen Umstände weit über die Grenzen des Landes hinausgeschoben hatten, wurden sie seitdem durch die englische und deutsche Concurrenz wieder in das Innere des Landes zurückgedrängt. Der fremdländische Brennstoff wird in grossen Quantitäten in Gent, Antwerpen, Brüssel, ja sogar für gewisse besondere Zwecke im Bereiche der belgischen Production selbst abgesetzt.

Der deutsche Coke hat im Südosten grosse Fortschritte gemacht; das Saarbecken hat einen Theil des Elsass-Lothringischen Marktes wiedergewonnen und das Ruhrbecken hat in Folge der Frachtsätze, welche im belgischen Transit billiger sind, als die für das eigene belgische Brennmaterial, sich ein bedeutendes Absatzgebiet errungen in den Hohöfen des Grossherzogthums Luxemburg.

Endlich ist im Süden das französische Absatzgebiet ernstlich bedroht und zwar durch die englische Concurrenz: die Meeresküste, die Ufer der Seine und Paris; durch die deutsche Concurrenz dagegen: die östlichen und nördlichen Departements.

Man kann annehmen, dass die belgische Steinkohle gegenwärtig nicht über die nachstehend angegebenen äussersten Grenzen hinaus exportirt wird. Diese sind: Gegen Norden die holländische Grenze, im Osten die Maas bis

---

*) Carte de la Production, de la Circulation et de la Consommation des Charbons Belges en 1873 Elaborée par Max Goebel à Liège.

gegen Mastricht, ferner die deutsche Grenze bis nach Gouvy an der Grenze des Grossherzogthums Luxemburg, dann die Elsass-Lothringische Eisenbahn über Luxemburg, Metz bis nach Frouard; im Süden die Eisenbahn von Frouard nach Bar-le-Duc mit einem kleinen Bogen gegen Saint-Dizier, von da die Marne entlang nach Châlons, Epernay, Château-Thierry bis Paris, endlich die Seine bis nach Rouen; gegen Westen eine Linie von Rouen nach Amiens und Arras und von da über Bethune und Hazebrouck nach Dünkirchen. Die Nordsee-Küste wird fast ausschliesslich von der englischen Kohle beherrscht. Aber wie bereits gesagt, erstreckt sich die Concurrenz sogar bis in das Innere des hier bezeichneten Gebietes, was darin seine Erklärung findet, dass die wichtigen französischen Kohlenreviere der Departements Nord und Pas - de - Calais innerhalb der Grenzen dieses Absatzgebietes liegen. Ausserdem ist die Production in diesen Kohlenrevieren noch dadurch begünstigt, dass von fremdem Brennmaterial in Frankreich ein Zoll von 1.20 Francs eingehoben wird, während der belgische Markt für Jedermann offen steht und der Staat selbst in Belgien die Einfuhr und den Transit fremder Kohle durch niedrige Eisenbahntarife begünstigt.

Der Grubenpreis der Kohle betrug im Januar 1878 in den verschiedenen Becken:

Becken	Schütte	Schmiede-kohle	Förder-kohle	Würfel-kohle	Stück-kohle	Coke
			Preis per metr. Tonne in $\mathcal{M}$.			
			Fett- und Flammkohle			
Mons	8.17	9.80	11.44	18.79	20.32	12.25
Charleroi . . .	7.35	8.99	10.62	17.97	19.61	11.85
Centre	7.35	8.99	11.44	17.97	19.61	12.25
Lüttich	6.54	8.17	9.80	17.16	18.79	11.44
Namur	.	.	.	.	.	.
			Mittelfette Kohle			
Mons	.	.	.	.	.	.
Charleroi . . .	7.35	8.99	10.62	17.16	18.79	.
Centre	7.35	8.99	11.44	17.16	18.79	.
Lüttich	6.54	8.17	9.80	17.16	18.79	.
Namur	.	.	.	.	.	.
			Magerkohle			
Mons	5.72	7.35	8.99	14.71	15.52	.
Charleroi . . .	5.31	6.54	8.58	13.89	15.52	.
Centre	.	.	.	.	.	.
Lüttich	4.90	6.54	8.17	13.89	15.52	.
Namur	3.27	4.90	6.54	12.25	13.89	.

In vielen Fällen werden diese allgemeinen Preise noch durch besondere Begünstigungen der Kohlenwerke erniedrigt.

Was insbesondere die Würfelkohle betrifft, so sind für jene aus dem Ruhrbecken gegenwärtig alle Märkte erreichbar, weil die gesiebte langflammige Würfelkohle an den dortigen Gruben mit 8.6 bis 9.8 $\mathcal{M}$. per metr. Tonne berechnet wird und die Transportkosten bis mitten in die Bezugsstätten der belgischen Kohle 5.31 bis 8.16 $\mathcal{M}$. per metr. Tonne betragen; ihr leichtes Zerbröckeln ist allein das Hinderniss, dass sie nicht in grösseren Quantitäten in das Innere des Königreiches und weiter hinaus über den Hafen von Antwerpen verfrachtet wird.

Die nachfolgende Tabelle zeigt, wie seit dem Jahre 1872 die Steinkohleneinfuhr in Belgien zugenommen und die Ausfuhr abgenommen hat.

Jahr	Einfuhr				Ausfuhr			
	Menge		Werth		Menge		Werth	
	Kohle	Coke	Kohle	Coke	Kohle	Coke	Kohle	Coke
	metr. Tonnen		Mark		metr. Tonnen		Mark	
1840	21.148		259.000		779.000		9,552.000	
1850	9.397		115.000		1,987.000		24,353.000	
1860	97.009		1,268.000		3,450.000		45,102.000	
1866	179.427	4.819	2,346.000	106.000	3,971.772	547.504	51,919.000	12,078.000
1867	421.219	22.880	5,507.000	449.000	3,564.308	516.898	46,593.000	10,136.000
1868	247.749	4.891	8,036.000	87.000	3,754.645	539.965	46,013.000	9,705.000
1869	214.339	9.124	2,627.000	164 000	3,581.235	687.584	43,888.000	12,359.000
1870	220.656	8.108	2,704.000	145.000	3,175.828	576.501	38,819.000	10,362.000
1871	200.789	3.193	2,461.000	63.000	3,678.024	508.180	45,074.000	9,964.900
1872	210.829	8.041	3,186.000	184.000	4,608.016	749.072	69,648.000	17,136.000
1873	671.836	24.312	14,546.000	874.000	4,157.903	801.820	90,020.000	28,824.000
1874	454.869	8.790	7,804.000	208.000	3,902.385	599.020	66,953.000	14,193.000
1875	704.178	20.262	11,507.000	463.000	4,063.960	645.787	66,406.000	14,773.000
1876	805.580	26.716	11,846.000	568.000	3,828.482	571.123	56,302.000	12,132.000

Diese Ein- und Ausfuhr vertheilte sich in den Jahren 1875 und 1876 wie folgt:

Einfuhr

Länder	1875			1876		
	Kohle	Coke	Zusammen*)	Kohle	Coke	Zusammen*)
	metr. Tonnen					
Preussen	214.707	13.142	233.481	280.913	20.015	309.506
Niederlande**) . .	1.266	222	1.583	1.260	36	1.311
England	402.731	913	404.035	432.570	1.251	434.357
Frankreich	85.444	5.985	93.994	90.827	5.414	98.561
Andere Länder . .	30	.	30	10	.	10
Totale	704.178	20.262	733.123	805.580	26.716	843.745
Werth in ℳ . . .	11,506.268	463.513	11,969.782	11.846.859	567.501	12,414.360

Ausfuhr

Länder	1875			1876		
	Kohle	Coke	Zusammen*)	Kohle	Coke	Zusammen*)
	metr. Tonnen					
Frankreich	3,889.254	307.399	4,328.395	3,676.336	327.967	4,144.860
Niederlande . . .	130.990	4.025	136.740	109.256	4.535	115.735
Zollverein (Preussen etc.) .	41.171	334.363	518.832	8.435	33.328	56.046
Grossherzogthum Luxemburg . . .				29.945	204.108	321.528
Chile u. Brasilien	1.365	.	1.365	.	.	.
England	10	.	10	.	.	.
Spanien und Portugal	435	.	435	240	920	1.554
Andere Länder . .	735	.	735	4.270	265	4.648
Totale	4,063.960	645.787	4,986.512	3,828.482	571.123	4,644.371
Werth in ℳ . . .	66,405.106	14,773.023	18,178.120	56,301.656	12,131.794	68,433.451

*) Bei der Umwandlung der Cokeziffer in die Steinkohlenziffer hat man für 70 Kilogramm Coke 100 Kilogramm Steinkohle eingesetzt.

**) Fast das ganze Steinkohlenquantum, welches unter Niederlande angeführt ist, stammt aus Preussen und England.

	über Condé (Canal)	per Eisenbahn Valenciennes	per Eisenbahn Mons-Hautmont	per Eisenbahn Mouseron-Lille und den Canal von Espierre	per Eisenbahn Tournai-Lille (Bai-ireux)	via Jeumont (Sambre)	via Jeumont per Eisenbahn	via Givet (Maas) und über Anor, Vireux Givet. u. Athus per Eisenbahn
				metr. Tonnen				
Steinkohle ..	488.508	59.220	668.187	211.156	114.965	442.885	1,023.214	750.218
Coke	13.926	9.281	99.699	1.980	4.511	814	55.163	196.596

zu mehr als $^2/_3$ via Athus ausgetreten sind, soweit sie sich auf Steinkohle beziehen, zu $^3/_4$ via Anor, Vireux und Givet. Hervorzuheben wäre noch, dass der weitaus bedeutendste Theil dieser Kohlentransporte sich unweit der Grenze begegnet und vereinigt, um seinen Weg mittels der Nordbahn oder mittels des Canals gegen Paris zu verfolgen. Der Antheil, welchen Hennegau an diesem Kohlenverkehre nach Frankreich nimmt, übersteigt $3^1/_4$ Millionen Tonnen, wovon mehr als $^1/_3$ allein im Seine-Departement verbraucht wird.

Wir haben, als wir uns mit Frankreich beschäftigten, Gelegenheit gehabt, den Einfluss, welchen Belgien auf die Versorgung der Hauptconsumtionsorte übt, näher zu beleuchten. Hier können wir uns darauf beschränken, das bisher Gesagte in der nachfolgenden Tabelle zusammenzufassen und den Verbrauch im Innern Belgiens beizufügen.

Im Jahre	Einfuhr			Production und Einfuhr	Ausfuhr			Gesammt-Verbrauch und Vorrath an einheimischer Kohle
	Steinkohle	Coke	Zusammen		Steinkohle	Coke	Zusammen	
				metr. Tonnen				
1866	179.427	4.819	186.311	12,969.973	3,971.772	547.504	4,753.921	8,207.052
1867	421.219	22.880	453.905	13,209.727	3,564.308	516.898	4,302.734	8,906.993
1868	247.749	4.891	254.663	12,553.252	3,754.645	539.965	4,526.024	8,027.228
1869	214.339	9.124	227.373	13,171.367	3,581.235	687.584	4,563.498	8,607.869
1870	220.656	8.108	232.239	13,929.357	3,175.828	576.501	3,999.403	9,929.956
1871	200.769	3.193	205.350	13,938.526	3,678.024	508.180	4.403.995	9,534.531
1872	210.829	8.043	222.316	15,881.264	4,608.016	749.072	5,678.119	10,203.145
1873	671.836	24.312	706.567	16,484.368	4,157.903	801.820	5,303.360	11,181.608
1874	454.869	8.790	467.420	15,136.449	3,902.385	599.020	4,758.127	10,378.322
1875	704.518	20.262	733.123	15,744.454	4,063.960	645.787	4,986.512	10,757.942
1876	805.530	26.716	843.745	15,173.323	3,828.482	571.123	4,644.371	10,528.952

Die Vermehrung der Vorräthe während des Jahres 1876 ist durch M. Laguesse, Oberingenieur und Director der Hennegauer Kohlenwerke, auf 183.272 metr. Tonnen geschätzt worden. Hieraus geht hervor, dass die Consumtion in Belgien im Ganzen 10,345.680 metr. Tonnen betragen hat, wovon 92 % die einheimische Production und 8 % das Ausland lieferte. Der grösste Theil dieser ungeheuren Consumtion, welche bei einer Einwohnerzahl von 5,403.006 (Zählung von 1875) 1.915 Kilogramm per Kopf beträgt, wurde natürlich von der Industrie absorbirt.

In der Tabelle Seite 78 geben wir die Statistik der Dampfmaschinen in Belgien.

Keinem aufmerksamen Beobachter, welcher die von uns gebotenen Ziffern in Betracht zieht, kann es entgehen, dass der Verbrauch im Innern Belgiens auf Kosten der Ausfuhr im Steigen begriffen ist. Es ist dies ein Factum, welches aus dem Studium der belgischen Minenstatistik ganz klar

	über Condé (Canal)	per Eisenbahn Valenciennes	per Eisenbahn Mons-Hautmont	per Eisenbahn Mouscron-Lille und den Canal von Espierre	per Eisenbahn Tournai-Lille (Bai-ireux)	via Jeumont (Sambre)	via Jeumont per Eisenbahn	via Givet (Maas)und über Anor, Vireux Givet, u. Athus per Eisenbahn
				metr. Tonnen				
Steinkohle ..	488.508	59.220	668.187	211.156	114.965	442.885	1,023.214	750.218
Coke	13.926	9.281	99.699	1.980	4.511	814	55.163	196.596

zu mehr als $^2/_3$ via Athus ausgetreten sind, soweit sie sich auf Steinkohle beziehen, zu $^3/_4$ via Anor, Vireux und Givet. Hervorzuheben wäre noch, dass der weitaus bedeutendste Theil dieser Kohlentransporte sich unweit der Grenze begegnet und vereinigt, um seinen Weg mittels der Nordbahn oder mittels des Canals gegen Paris zu verfolgen. Der Antheil, welchen Hennegau an diesem Kohlenverkehre nach Frankreich nimmt, übersteigt $3^1/_4$ Millionen Tonnen, wovon mehr als $^1/_8$ allein im Seine-Departement verbraucht wird.

Wir haben, als wir uns mit Frankreich beschäftigten, Gelegenheit gehabt, den Einfluss, welchen Belgien auf die Versorgung der Hauptconsumtionsorte übt, näher zu beleuchten. Hier können wir uns darauf beschränken, das bisher Gesagte in der nachfolgenden Tabelle zusammenzufassen und den Verbrauch im Innern Belgiens beizufügen.

Im Jahre	Einfuhr			Production und Einfuhr	Ausfuhr			Gesammt-Verbrauch und Vorrath an einheimischer Kohle
	Stein-kohle	Coke	Zusam-men		Stein-kohle	Coke	Zusam-men	
				metr. Tonnen				
1866	179.427	4.819	186.311	12,969.973	3,971.772	547.504	4,753.921	8,207.052
1867	421.219	22.880	453.905	13,209.727	3,564.308	516.898	4,302.734	8,906.993
1868	247.749	4.891	254.663	12,553.252	3,754.645	539.965	4,526.024	8,027.228
1869	214.339	9.124	227.373	13,171.367	3,581.235	687.584	4,563.498	8,607.869
1870	220.656	8.108	232.239	13,929.357	3,175.828	576.501	3,999.403	9,929.956
1871	200.769	3.193	205.350	13,938.526	3,678.024	508.180	4.403.995	9,534.531
1872	210.829	8.043	222.316	15,881.264	4,608.016	749.072	5,678.119	10,203.145
1873	671.836	24.312	706.567	16,484.368	4,157.903	801.820	5,303.360	11,181.608
1874	454.869	8.790	467.420	15,136.449	3,902.385	599.020	4,758.127	10,378.322
1875	704.518	20.262	733.123	15,744.454	4,063.960	645.787	4,986.512	10,757.942
1876	805.530	26.716	843.745	15,173.323	3,828.482	571.123	4,644.371	10,528.952

Die Vermehrung der Vorräthe während des Jahres 1876 ist durch M. Laguesse, Oberingenieur und Director der Hennegauer Kohlenwerke, auf 183.272 metr. Tonnen geschätzt worden. Hieraus geht hervor, dass die Consumtion in Belgien im Ganzen 10,345.680 metr. Tonnen betragen hat, wovon 92 % die einheimische Production und 8 % das Ausland lieferte. Der grösste Theil dieser ungeheuren Consumtion, welche bei einer Einwohnerzahl von 5,403.006 (Zählung von 1875) 1.915 Kilogramm per Kopf beträgt, wurde natürlich von der Industrie absorbirt.

In der Tabelle Seite 78 geben wir die Statistik der Dampfmaschinen in Belgien.

Keinem aufmerksamen Beobachter, welcher die von uns gebotenen Ziffern in Betracht zieht, kann es entgehen, dass der Verbrauch im Innern Belgiens auf Kosten der Ausfuhr im Steigen begriffen ist. Es ist dies ein Factum, welches aus dem Studium der belgischen Minenstatistik ganz klar

Bezeichnung der Maschinen		Nach den Ergebnissen der Jahre								
		1850	1860	1870	1871	1872	1873	1874	1875	1876
Motoren	Anzahl	2.250	4.961	9.294	9.749	10.275	11.088	11.690	12.241	12.636
	Pferdekraft	54.300	157.177	338.404	365.167	394.024	445.133	504.277	510.027	539.864
Kessel im Betriebe	Anzahl	3.018	5.542	9.879	10.060	10.468	11.020	11.356	13.264	13.636
Einf. Dampfkessel	Anzahl	105	260	439	439	431	436	454	506	578

hervorgeht. Wenn man von dem aussergewöhnlichen Kohlenverkehre der Jahre 1872—1874 abstrahirend, auf die Ziffern vor 10 Jahren zurückgreift, so zeigt sich, dass die Ausfuhr des Jahres 1876 gegenüber jener des Jahres 1866 gefallen ist, während die Production um $1^{1}/_{2}$ Millionen und der Verbrauch im Inlande um 2 Millionen in demselben Zeitraume zugenommen hat. Wir haben oben gesagt, dass in Belgien im Jahre 1876 die Consumtion per Kopf 1.915 Kilogramm betrug; um die gesammte Production zu verbrauchen, müsste jene per Kopf auf 2.652 Kilogramm steigen; in England mit Einschluss von Ireland betrug aber schon im Jahre 1865 der Verbrauch per Kopf 3.300 Kilogramm.

Man wird uns demnach nicht der Uebertreibung zeihen, wenn wir mit Rücksicht auf die Hindernisse, welche sich der Kohlenproduction in Belgien mehr und mehr entgegenstellen, in einer nicht fernen Zukunft den Augenblick gekommen sehen, wo Belgien seinen Brennstoff nur noch in der Form verarbeiteter Waaren ausführen wird.

Eisen.

Die Eisenerze, die in Belgien gewonnen werden, sind: Eisenglanz, Sumpferz und thoniger Sphärosiderit. Den Eisenglanz findet man mit verschiedenen Mineralien in geologisch sehr von einander abweichenden Lagern, doch kommt er in Belgien nur in Drusenform vor.

In diesem Zustande bildet er in den Schieferschichten von Famenne, welche zu der oberen quarzigschieferigen oder drusigen Formation von Dumont gehören, mehrere kleine Nester, die zu beiden Seiten des bereits oben beschriebenen, in den Provinzen Namur und Lüttich gelegenen Kohlenbeckens auslaufen. Ihr nördliches Zutagestreichen zieht sich, von Isnes-les-Dames beginnend, gegen Osten über Rhisne, Emines, Marchovelette und Vezin hin, von wo es plötzlich nach Südwest gegen Marche-les-Dames umbiegt, um dort zu verschwinden. Im Osten von Vezin wird der Erzgang durch Verwerfungen unterbrochen, so dass er sich wieder erst bei Couthuin in der Provinz Lüttich und da nur auf einige Kilometer Länge zeigt. Im Süden tritt er am rechten Ufer der Sambre auf, in geringer Entfernung südlich von Floreffe, wendet sich dann gegen Osten und zieht im Süden von Malonne gegen Wepion an der Maas und südlich von Wierde gegen Haltinnes, Huy, Ampsin, Amay und Engis, wo er sich verliert.

Eisenglanzlager finden sich noch, jedoch in geringerer Ausdehnung, an anderen Orten der Provinz Lüttich, namentlich in der Nähe von Chaudfontaine zwischen Verviers und Dolhain und bei Goé.

Die bedeutendsten Bergbaue befinden sich am nördlichen Ausläufer des Erzganges. In der Nähe von Vedrin kennt man vier Lager von 0.07, 0.10, 0.20 und 0.30 Meter Höhe, die mit dem eingeschalteten Schiefer eine Schichte von 1.20 Meter Mächtigkeit bilden.

Entlang des südlichen Ausganges der Erzader ist die Ausbeutung des Eisenglanzes von weit geringerer Bedeutung als im Norden. Die namhaftesten Lager sind bei Huy unterhalb der Waldungen von Chaumont aufgeschlossen, wo sie zwei durch eine 0.25 Meter hohe Schichte Schiefer getrennte Flöze von 1.08 Meter Mächtigkeit bilden.

Der Eisenglanz liefert 35 bis 44 °/₀ kaltbrüchigen Eisens.

Der thonige Sphärosiderit kommt mit Sumpferz gemengt in Anhäufungen und schwebenden Gängen vor, von denen wir weiter unten sprechen werden, und wird in Belgien nur in geringen Quantitäten gewonnen.

Die Sumpferze zeigen sich in den verschiedensten geologischen Formationen. So in der historischen Bildung des Campine, besonders an den Ufern der Demer, der beiden Nethen und ihrer Zuflüsse in Flözen von 0.15 bis 1 Meter Mächtigkeit, die in den Bodensenkungen auf thonigem Sande lagern. Die aus diesen Flözen geförderten Erze sind tropfsteinartig, porös, glänzen an der Bruchfläche und geben beiläufig 40 °/₀ Eisen; sie sind zwar sehr phosphorhaltig, aber im Hohofen leicht aufzubereiten.

In der Quaternärformation gewinnt man in der Nähe von Quevy in Hennegau drusige phosphor- und kieselerdehaltige Sumpferze, die, mit thonigem Sand vermischt, ein Flöz von 1 bis 1.5 Meter Mächtigkeit bilden. Zu der Quaternärformation gehören auch die isolirten und nahezu an der Oberfläche gelegenen sogenannten Anschwemmungseisenerze, welche in der Provinz Luxemburg, namentlich bei Ruette, Athus, Toernich u. s. w. auf verschiedenen Jurakalkschichten aufgelagert sind. Diese Erze enthalten etwa 30 bis 45 °/₀ Eisen, werden mit Leichtigkeit aufbereitet und liefern ein kalt- oder rothbrüchiges Eisen.

In der Campine enthalten die tertiären Bildungen, die Schelde- und die Liasformation an einigen Stellen Lager von Sumpferzen; dieselben beutet man noch in Groenendael, sowie in dem Kalkgebilde in der Umgebung von Tournay aus.

Ungeheuere Mengen von Erzen entnimmt nun aber die belgische Metallurgie zugleich mit Frankreich, Deutschland und der localen Industrie des Grossherzogthums Luxemburg dem Jurakalk, der die Sohle des südlichen Theiles der belgischen Provinz Luxemburg, des Grossherzogthums gleichen Namens und des Nordens von Lothringen bildet.

Der kalkartige Eisenoolith (Minette), der in diesem Terrain vorkommt, ist ein rogenartiges Sumpferz, dessen Körner einen Durchmesser von $1/_3$ bis $1/_6$ Millimeter haben. Er besitzt eine röthliche oder graue Färbung und liefert 30 bis 45 °/₀ Eisen, dessen Gangmasse sehr schmelzbar ist und vorzugsweise aus kohlensaurem Kalk, Kieselerde und einer kleinen Menge Gyps besteht. Dieses Erz findet sich in Lagern in der unteren Schichte der Juraformation, besonders reichlich in der südlichen Gegend des Grossherzogthums und in Lothringen. In Belgien kommt die Minette nur auf einer beschränkten Fläche, südlich von den Dörfern Musson und Halanzy, nahe der französischen Grenze, in einer Mächtigkeit von 1.5 bis 2 Meter vor.

Das zwischen der unteren Quarzschiefer- und der Kohlenformation eingeschlossene Urgebirge endlich enthält zahlreiche und mächtige Lager von Sumpferzen, die bis jetzt den grössten Theil der von der belgischen Metallurgie verbrauchten Erze geliefert haben. Diese Lager kommen stets in Angehäufen und schwebenden Gängen, nie in Flözen vor. Man trifft sie zumeist entlang oder in geringer Entfernung von den Berührungslinien der in der Grauwacke vorkommenden Kalk- und Schieferlagen und streichen dieselben in Folge zahlreicher Faltungen der Schichten zwischen der Sambre und der Maas einer- und den Ardennen andererseits oft zu Tage. Die Erze finden sich in diesem Gestein in Adern, deren Mächtigkeit von einigen Centimetern bis zu 15, 20 Meter und noch darüber variirt. Lager von Sumpferzen im Urgebirge sind vorhanden in den Provinzen Namur, Lüttich, Hennegau und Luxemburg, doch ist blos die in den beiden erstgenannten stattfindende Ausbeute von grösserer Bedeutung. Die Sumpferze sind von gelber oder brauner Farbe, drüsig, schwartig oder massiv, oft mit anderen Mineralien, Kiesen, Thon, Sand u. s. w. gemengt.

Aus der nachfolgenden Tabelle ist zu ersehen, wie die Production der belgischen Bergwerke seit einigen Jahren abgenommen hat. Dieser plötzliche Verfall findet vornehmlich darin seine Erklärung, dass die Hohöfen Belgiens immer mehr die Minette aus dem Grossherzogthum Luxemburg verwenden.

Vor 18 Jahren hatte die Provinz Namur allein ungefähr drei Viertel der in
Belgien verbrauchten Erze geliefert; die Rubrik „Einfuhr" in unserer Tabelle
wird uns die gewaltige Aenderung seit dieser Zeit zeigen.

Eisenerze

Jahr	Erzeugung		Einfuhr		Ausfuhr	
	Menge	Werth	Menge	Werth	Menge	Werth
	metr. Tonnen	ℳ	metr. Tonnen	ℳ	metr. Tonnen	ℳ
1850....	367.360	2,191.194	·	·	·	·
1860....	809.176	6,330.633	1.486	32.680	152.114	2,688.747
1865....	1,018.231	8,030.715	301.846	14,796.687	230.539	5,420.461
1867....	603.829	4,652.530	322.891	7,122.606	152.227	2,246.750
1868....	519.740	3,881.440	396.282	8,741.900	136.067	2,000.833
1869....	628.046	4,664.206	551.900	12,174.117	164.576	2,017.173
1870....	654.332	4,743.054	568.571	12,541.767	179.867	2,204.266
1871....	697.272	5,169.718	594.405	13,112.033	162.566	1,991.846
1872 ...	749.781	6,037.991	790.593	17,439.682	178.997	2,486.131
1873....	503.565	4,920.200	739.541	16,313.856	215.042	2,986.952
1874....	527.050	4,237.303	738.835	12,072.809	109.144	1,248.376
1875....	365.044	2,796.688	804.370	13,143.079	141.767	1,621.745
1876....	269.206	2,008.181	671.134	10,966.591	166.418	1,903.610

Beifügen wollen wir noch, dass die Lage der Dinge, die zur Genüge aus
der Tabelle hervorleuchtet und die die belgische Rohcisen-Fabrication mit einer
Verrückung bedroht, eine Folge der lückenhaften Berggesetze ist, welche es unterlassen haben, die Verleihung der Erze in der Teufe zu regeln, was die Verhinderung eines rationellen Bergbaubetriebes im Gefolge hat.

Die folgende Tabelle gibt über die Provenienz der eingeführten und die
Bestimmung der ausgeführten Eisenerze die erforderlichen Daten; man sieht
hieraus die erheblichen Einfuhren aus dem Grossherzogthume nach Belgien,
so wie den Versand Belgiens nach Frankreich. Weiter fällt die rapide Steigerung der Einfuhr von aus Spanien und Algerien stammenden Erzen besonders in's Auge.

Einfuhr von Eisenerzen				Ausfuhr von Eisenerzen			
Bezugsland	1877	1876	1875	Bestimmungs-land	1877	1876	1875
	metr. Tonnen				metr. Tonnen		
Preussen	59.106	46.154	88.690	Preussen	10.682	14.641	3.585
Grossherzog-thum Luxem-burg	573.600	515.568	581.836	Niederlande ..	192	4.099	1.212
Niederlande ...	10.334	3.136	17.285	Frankreich ...	204.338	147.236	136.894
Frankreich	63.996	70.836	98.561	Andere Länder	446	440	75
Spanien	55.374	24.719	9.780				
Algerien	16.229	8.375	7.894				
Andere Länder.	4.657	2.343	321				
Summa..	783.296	671.131	804.367		215.658	166.416	141.766

Die Bewohner der belgischen Provinzen waren schon zur Zeit der
Römer wegen ihrer industriellen Geschicklichkeit und Betriebsamkeit bekannt.
Sie waren bewandert in der Kunst der Förderung und Bearbeitung der Metalle.

Man hat im Jahre 1870 in Lustin zwischen Namur und Dinant zwei alte aus dieser Periode stammende Schmelzöfen aufgefunden, deren Entdeckung ein helles Licht auf das damals gebräuchliche Verfahren zur Herstellung des Eisens wirft. Im 12. Jahrhunderte wurde in den Niederlanden die Eisenindustrie mit grosser Vollkommenheit betrieben. Im Jahre 1560 bestanden daselbst nicht weniger als 35 Schmelzöfen und 85 Hammerwerke. Gegen das Jahr 1800 ersetzte man die bis dahin gebräuchlichen achteckigen Schmelzöfen durch kreisrunde und verlängerte ihre Höhe von 4.5 auf 7.5 Meter; die Production erreichte dadurch die zu jener Zeit ausserordentliche Ziffer von drei metr. Tonnen per Tag.

In dem von John Cockerill in Seraing im Jahre 1817 gegründeten Etablissement wurde im Jahre 1826 der erste Cokehohofen des Festlandes aufgestellt. Im Jahre 1830 besass die Provinz Hennegau 4 Cokehohöfen und 11 Holzkohlenhohöfen, von welchen 3 im Betriebe waren; die Provinz Namur zählte 40 Holzkohlenhohöfen und einen Cokehohofen, die 25.000 metr. Tonnen Roheisen erzeugten. Die Provinz Luxemburg endlich, welche noch das Grossherzogthum umfasste, hatte 21 Hohöfen mit einer Production von 9.200 metr. Tonnen Eisen. Ein Cokehohofen lieferte bei einem Verbrauche von Brennstoffen und Erzen im Werthe von ungefähr 214.054 ℳ etwa 2.000 metr. Tonnen Roheisen.

Die nachfolgende Tabelle zeigt den seitherigen Aufschwung des belgischen Eisenhüttenwesens.

Jahr	Roheisen						
	Erzeugung		Hohöfen in Betrieb	Einfuhr		Ausfuhr	
	Menge	Werth		Menge	Werth	Menge	Werth
	metr. Tonnen	ℳ	Anzahl	metr. Tonnen	ℳ	metr. Tonnen	ℳ
1840....	.	.	.	.	121.733	10.438	1,236.938
1850....	144.452	9,451.756	41	.	174.021	92.345	10,939.630
1860....	319.943	21,478.419	51	725	50.654	22.086	1,533.509
1865....	470.767	30,248.919	56	24.864	1,645.438	10.711	709.156
1867....	423.069	25,886.901	.	53.385	3,489.407	11.062	723.045
1868....	435.754	25,056.122	.	42.549	2,781.068	16.525	1,080.074
1869....	534.319	30,673.052	.	61.600	4,026.176	14.266	932.197
1870....	565.234	33,667.617	48	82.330	5,380.762	10.176	665.038
1871....	609.230	36,653.733	49	84.299	5,509.848	48.526	3,171.594
1872....	655.565	53,448.614	52	137.008	11,753.362	49.096	4,211.635
1873....	607.373	57,392.812	54	145.212	15,423.326	27.208	2,889.729
1874....	532.790	38,809.343	55	158.291	14,225.604	16.188	1,455.077
1875....	540.473	33,313.781	42	146.886	13,201.086	15.672	1,408.508
1876....	490.508	27,068.727	31	207.264	18,626.783	9.479	852.131

Die gesammte Erzeugung der Hohöfen Belgiens vertheilt sich je nach den verschiedenen Productionsdistricten und der Qualität des gelieferten Roheisens wie folgt: Im Jahre 1877 hatte der District von Lüttich von 19 Hohöfen 11 im Betriebe, und zwar 5 Herdhohöfen mit 106.600 metr. Tonnen und 6 Bessemerhohöfen mit 75.800 metr. Tonnen Erzeugung; 8 Hohöfen waren ausgeblasen. Im District von Charleroi finden wir, mit Einschluss der Hohöfen des Centrums und eines in der Provinz Namur, von 40 Hohöfen im Jahre 1877 blos 13 im Gange; von diesen lieferten 11 Herdhohöfen 160.000 metr. Tonnen, zwei lieferten 27.600 metr. Tonnen Gusswaare. Die übrigen 27 Hohöfen dieses Districtes waren kalt. Der District von Athus hatte 2 Hohöfen, deren einer 33.600 metr. Tonnen Frischereieisen, der andere 21.600 metr. Tonnen Gusswaaren producirte. Im Ganzen hat Belgien von 61 bestehenden Hohöfen nur 26 im Betriebe.

Die Production dieser 26 Hohöfen zerfällt wie folgt:

17 Herdhohöfen erzeugten .... 310.200 metr. Tonnen
3 Gusswaarenhohöfen .... 49.200 „ „
6 Bessemerhohöfen .... 75.800 „ „

26 Hohöfen producirten im Jahre 1877 zusammen .... 425.200 metr. Tonnen

Die nachfolgende Tabelle zeigt uns, dass England mit der grössten Ziffer an der Einfuhr von Roheisen nach Belgien Theil nimmt, doch könnte sich dieses Verhältniss in Bälde durch die in Belgien rapid zunehmende Erzeugung von Bessemereisen, das bis jetzt zum grossen Theile aus Grossbritannien bezogen wurde, ändern.

Einfuhr von Roheisen

Bezugsland	1877	1876	1875
	metr. Tonnen		
Schweden und Norwegen	1.094	1.915	1.834
Preussen	35.535	27.686	18.452
Grossherzogthum Luxemburg	59.840	78.389	45.880
Niederlande ...	14.634	10.525	5.464
England.......	81.313	88.050	74.778
Andere Länder.	962	695	475
Summa...	193.378	207.260	146.883

Ausfuhr von Roheisen

Bestimmungsland	1877	1876	1875
	metr. Tonnen		
Grossherzogthum Luxemburg	50	691	1.380
Hamburg......	.	135	140
Niederlande ...	1.015	305	500
England.......	1.024	799	78
Frankreich	7.739	5.464	8.150
Schweiz	1.451	730	688
Vereinigte Staaten	110	134	266
Brasilien	13	105	.
Andere Länder.	621	1.113	4.467
Summa...	12.023	9.476	15.669

Die Einfuhr überstieg im Jahre 1876 die Ausfuhr um 197.784 metr. Tonnen, und da die Production in diesem Jahre 490.508 metr. Tonnen erreichte, so blieben für den Bedarf im Inlande 688.292 metr. Tonnen Roheisen. Im Jahre 1875 mit einer viel stärkeren Production, dagegen geringeren Einfuhr, verblieben 671.687 metr. Tonnen für die inländische Consumtion.

Der Unterschied ist offenbar sehr gering und die Modification von einem zum anderen Jahre besteht darin, dass der Ausfall in der einheimischen Production durch eine gleich grosse Einfuhr aus dem Auslande ersetzt werde. Allerdings ist im Jahre 1877 das im Inlande verbliebene Quantum auf 606.553 metr. Tonnen zurückgegangen. Das neuerliche Sinken dieser Ziffer wurde fast ausschliesslich durch das Zurückgehen der einheimischen Production veranlasst.

Tabelle I, Seite 83, zeigt, wie sich die eigentliche Eisenbearbeitung nach den verschiedenen betheiligten Provinzen und den in Verwendung gekommenen Betriebsvorrichtungen vertheilt hat. Wir wählen zu diesem Vergleiche die Ziffern des Jahres 1875, welche die vollständigsten sind und eine normale Situation darlegen.

Die Production der Eisenwerke hat im Jahre 1876 eine sehr fühlbare Abnahme erlitten; sie ist unter alle Ziffern gesunken, die seit dem Jahre 1868 erreicht wurden.

Aus den Daten der Tabelle II, Seite 83, ist die auf- und absteigende Fluctuation des Eisenmarktes vor und nach der fieberhaften Periode, deren Gipfelpunkt im Jahre 1873 liegt, zu entnehmen.

Ein wichtiger Zweig der Eisenindustrie, die Fabrication von Ketten, Ankern für die Marine, Nägeln u. s. w., welche in vorstehender Tabelle unberücksichtigt geblieben ist, möge hier noch erwähnt werden. Im Jahre 1875 zählte man 61 in dieser Branche arbeitende Eisenhütten. Dieselben wurden von 41 Dampfmaschinen von zusammen 584 Pferdekräften und von

I. **Eigentliche Eisenwerke**

Gegenstand der Nachweisung	Brabant	Henne-gau	Namur	Lüttich	Ganz Belgien	Anmerkung
Anzahl der Werke	2	¹) 30	5	17	54	1) hievon 8 ausser Betrieb
„ „ Frischfeuerherde (mit Holzkohlen)	.	.	7	.	7	
„ „ Schweissfeuerheerde	.	.	.	.	.	
„ „ Puddelöfen	35	²) 507	54	259	676	2) hievon 179 ausser Betrieb
„ „ Schweissöfen	12	³) 199	21	142	289	3) hievon 85 ausser Betrieb
„ „ Squeezers u. s. w.	2	21		6	29	
„ „ Eisenhämmer, Luppenhämmer, Stampfen	5	53	11	42	111	
„ „ Plattenhämmer	2	7	.	2	11	
„ „ Metallscheeren und Sägen	11	133	2	75	221	
„ „ Walzwerke und Präparirwalzen	4	37	1	26	68	
„ „ Walzwerke für Grobhandelseisen	2	29	.	11	42	
„ „ Walzwerke für Kleinhandelseisen	3	33	1	13	50	
„ „ Schienenwalzwerke		8	2	4	14	
„ „ Blechwalzwerke	3	11	.	28	42	
„ „ Eisenspaltwalzwerke	.	11	.	1	12	
„ „ Dampfmotoren	19	332	18	223	592	
„ „ Dampfpferdekräfte	567	10.051	550	5.236	16.404	
„ „ Wassermotoren	1	3	8	9	21	
„ „ Wasserpferdekräfte	15	115	76	300	506	
„ „ Arbeiter	1.048	7.660	994	4.449	14.151	
diverse Eisenproducte in metr. Tonnen	21.160	250.373	39.456	125.451	436.440	
Gesammtwerth in Mark	3,709.180	41,323.533	5,869.262	22,535.039	73,437.015	

II. **Walzwerks-Erzeugnisse (Stabeisen, Luppen, Bleche, Schienen u. s. w.)**

Jahr	Erzeugung		Einfuhr		Ausfuhr	
	Menge	Geldwerth	Menge	Geldwerth	Menge	Geldwerth
	metr. Tonnen	ℳ	metr. Tonnen	ℳ	metr. Tonnen	ℳ
1850	61.970	9,680.348	.	.	.	.
1860	200.596	30,931.280	.	.	.	.
1866	368.452	54,643.011	.	.	.	.
1867	340.741	48,769.776	.	.	.	.
1868	338.295	45,761.456	3.517	647.881	156.307	21,282.850
1869	468.565	64,386.406	5.806	1,006.544	240.386	32,305.814
1870	491.563	70,080.912	5.518	982.034	219.727	29,583.570
1871	467.216	68,827.906	4.673	906.870	186.922	28,852.355
1872	502.577	101,701.271	14.989	3,535.976	210.043	42,627.792
1873	480.374	113,828.569	18.177	5,102.982	181.661	46,288.769
1874	510.920	98,056.299	20.611	4,690.397	227.450	49,308.401
1875	436.440	73,437.015	9.671	2,557.210	182.668	40,338.558
1876	399.138	58,306.178	8.887	2,919.958	166.161	37,001.113

91 Wasserwerken von zusammen 1.301 Pferdekräften betrieben. Die Zahl der Arbeiter betrug 1026; die Erzeugnisse repräsentirten ein Gewicht von 20.440 metr. Tonnen und einen Gesammtwerth von 6,311.196 ℳ

Die auf Seite 85 angeführte Tabelle, in welcher wir die ein- und ausgeführten Quantitäten nach der Kategorie der Waaren zusammengefasst haben, gibt über den Aussenhandel mit den Artikeln, von welchen hier die Rede ist, alle nöthigen Aufschlüsse; wir wollen nur noch beifügen, dass die Production der solche Eisenwaaren erzeugenden Werke ihren Gipfelpunkt im Jahre 1871 mit 33.143 metr. Tonnen im Gesammtwerthe von 9,683.898 *M.* erreicht hatte und dass sie seitdem in stetem Abnehmen begriffen ist. Nach der officiellen Statistik wäre die oben ausgewiesene Production des Jahres 1875 vollständig in das Ausland ausgeführt worden und für die Consumtion des Inlandes nur die Einfuhr dieser Artikel verblieben.

Die Fabrication von Gusswaaren nimmt, wie die folgende Tabelle beweist, in Belgien eine hervorragende Stelle ein; die Ausfuhr ist jedoch, zumal wenn man die Einfuhr in Abzug bringt, unbeträchtlich. Hiernach erscheint der Schluss berechtigt, dass die Production der Giessereien im Gegensatze zu jener anderer Zweige der Eisenindustrie bis inclusive 1875 im Wachsen begriffen war und fast ausschliesslich im Inlande Absatz fand.

Gusswaaren.

Jahr	Erzeugung		Einfuhr		Ausfuhr	
	Menge	Geldwerth	Menge	Geldwerth	Menge	Geldwerth
	metr. Tonnen	*M.*	metr. Tonnen	*M.*	metr. Tonnen	*M.*
1857........	17.016	2,496.569	.	.	.	.
1860........	53.372	8,560.773	.	.	.	.
1866........	72.708	10,941.507	.	.	.	.
1867........	66.257	10,046.689	.	.	.	.
1868........	55.504	8,458.425	537	87.419	1.874	306.375
1869........	60.931	9,427.868	962	156.864	1.455	237.747
1870........	67.045	10,128.335	744	121.733	1.899	310.460
1871........	70.427	11,000.126	887	144.609	2.607	425.657
1872........	79.863	17,191.418	982	192.812	5.023	985.302
1873........	81.393	20,430.961	1.266	361.931	5.265	1,505.731
1874........	80.866	16,571.667	1.175	288.401	5.202	1,275.337
1875........	83.633	14,787.037	1.633	400.330	2.143	525.331
1876........	80.759	12,884.563	1.871	458.337	3.141	769.614

Im Jahre 1875 besass Belgien 177 Giessereien mit 275 Cupolöfen und 8 Flammöfen, 133 Dampfmaschinen von zusammen 1.006 Pferdekräften und 8 Wasserwerke mit 81 Pferdekräften. Es wurden in denselben 4.389 Arbeiter beschäftigt und 83.633 metr. Tonnen Gusswaaren im Gesammtwerthe von 14,786.972 *M.* erzeugt. Von dieser Production entfällt die Hälfte auf die Provinz Hennegau.

Der Handel mit dem Auslande in den Artikeln, die wir bis jetzt der Betrachtung unterzogen haben, ist für die drei letzten Jahre in folgender Tabelle I, Seite 85, zusammengefasst.

Diese Tabelle bietet ein grosses Interesse, denn einerseits zeigt sie, dass nahezu das gesammte nach Belgien eingeführte Rohmaterial wieder als Fabricat ausgeführt wird, andererseits, dass der Umsatz in Schmiede-, Stab- und Walzeisen, welcher im Jahre 1876 am flauesten war, im Jahre 1877 sich wieder einigermassen belebt und unzweideutige Anzeichen einer Verbesserung erkennen lässt.

Die Quantitäten vertheilen sich auf die betheiligten Länder so, wie dies Tabelle II, Seite 85, zeigt.

In Belgien befassen sich nur 3 Hüttenwerke mit der Fabrication von Gussstahl und diese befinden sich sämmtlich in der Provinz Lüttich. Es sind: Das Stahlwerk der Gesellschaft J. Cockerill mit 8 Bessemer-Convertern, jenes der Gesellschaft F. de Rossius, Pastor & Comp. zu Angleur mit 4 Convertern, endlich das der anonymen Gesellschaft von Sclessin zu Tilleur, welches nach dem Martinverfahren arbeitet.

I.

		Einfuhr			Ausfuhr		
		1877	1876	1875	1877	1876	1875
		metr. Tonnen			metr. Tonnen		
Roh- und Alteisen		193.380	207.264	146.886	12.027	9.480	15.672
Schmiede-, Stab- und Walzeisen	Draht	4.191	4.115	2.182	2.013	2.040	2.920
	Schienen . . .	448	61	3.442	44.674	43.741	60.398
	Blech	335	24	258	16.481	20.041	22.923
	Anderweitiges	4.482	3.919	3.789	112.578	100.338	96.426
Eisenhütten, Walzwerke u. s. w.		9.456	8.887	9.671	175.746	166.160	182.667
Eisenwaaren	Anker und Ketten	126	239	219	1	5	2
	Nägel	415	542	613	10.175	11.790	12.300
	Anderweitige	2.519	3.461	3.324	13.653	13.687	9.311
Eisenwerkstätten, Nagelschmieden u. s. w.		3.060	4.242	4.156	23.829	25.482	21.613
Gusswaaren		1.459	1.871	1.633	2.114	3.141	2.143
Zusammen . . .		207.355	222.264	162.346	213.716	204.263	222.095

II.

Einfuhr				Ausfuhr			
Bezugsland	1877	1876	1875	Bestimmungsland	1877	1876	1875
	metr. Tonnen				metr. Tonnen		
Schweden und Norwegen	2.662	3.171	3.436	Russland	13.716	25.054	19.509
Preussen	41.999	33.887	22.978	Schweden und Norwegen	1.657	2.955	5.396
Grossherzogthum Luxem-				Dänemark	965	1.136	1.238
burg	59.870	78.414	45.901	Preussen	6.478	6.089	15.575
Niederlande	15.387	10.800	6.968	Grossherzogthum			
England	83.044	90.479	77.492	Luxemburg	2.014	1.418	3.959
Frankreich	4.144	5.399	5.544	Sachsen und Bayern . .	223	268	846
Andere Länder	245	111	25	Bremen	222	580	630
				Hamburg	10.014	8.730	5.823
				Niederlande	47.006	49.457	42.072
				England	52.662	36.752	33.792
				Frankreich	21.893	22.279	25.136
				Portugal	1.012	1.226	4.055
				Spanien	9.943	7.217	6.135
				Italien	9.447	15.318	15.941
				Schweiz	8.401	14.198	22.902
				Oesterreich	562	1.024	1.387
				Türkei	2.295	1.285	8.213
				China	5.752	2.614	4.132
				Englisch-Indien	222	208	.
				Cuba und Portorico . . .	1.221	1.196	1.690
				Englische Besitzungen .	427	92	383
				Brasilien	13.127	2.272	822
				Uruguay	72	131	39
				Rio de la Plata	1.218	525	416
				Chile und Peru	819	490	487
				Andere Länder	2.335	1.735	1.504
Summa . .	207.351	222.261	162.344	Summa . .	213.703	204.249	222.082

Mit Ausnahme der Erzeugnisse zweier Hohöfen, welche in dem ersten der oben angeführten Hüttenwerke direct zu Stahl verschmolzen werden, ohne indessen den Bedarf zu decken, ist das verarbeitete Roheisen zum grössten Theile englischen Ursprungs.

Die erste Tabelle, Seite 86, enthält die jährliche Production an Bessemerstahl seit dem Beginn seiner Fabrication in Belgien.

Vier von den zwölf vorhandenen Convertern stehen in Reserve.

Das Gewicht der im Jahre 1876 erzeugten Gussstahlschienen beläuft sich auf 65.000 metr. Tonnen, deren Werth auf 11,048.087 $\mathcal{M}$, wenn man die metr. Tonne zu 169.93 $\mathcal{M}$ rechnet. Die Production von Stahlschienen hat 44 % der gesammten Schienenproduction Belgiens betragen und ist diese Proportion im Jahre 1877 mindestens auf 50 % gestiegen.

| Jahr | Anzahl der | | Gesammt-Production | Gesammtwerth | Mittlerer Verkaufspreis |
	Hütten	Converter	metr. Tonnen	ℳ	ℳ
1864...........	1	1	296	119.948	405.23
1865...........	1	1	969	351.107	362.34
1866...........	1	1	1.460	477.128	326.80
1867...........	1	1	1.767	499.499	282.68
1868...........	1	1	2.509	649.803	258.99
1869...........	1	1	3.699	949.538	256.70
1870...........	1	2	5.977	1,520.631	254.41
1871...........	1	4	10.854	2,592.033	238.81
1872...........	1	4	14.985	4,178.449	278.84
1873...........	2	7	21.268	6,942.554	323.21
1874...........	2	10	36.584	9,426.117	257.66
1875...........	2	12	53.500	11,299.409	211.20
1876...........	2	12	71.758	12,106.537	168.71

Die Daten, die soeben über die Bessemerstahlfabrication gegeben wurden sind bei den Hüttenwerken eingeholt worden; leider stimmen sie nicht mit der officiellen Statistik überein, welche sich, anstatt auf zwei, auf drei Etablissements bezieht und nichtsdestoweniger kleinere Ziffern zu Tage fördert. Folgende Tabelle zeigt dies.

| Jahr | Production | | Einfuhr | | Ausfuhr | |
| | Menge | Geldwerth | Menge | Geldwerth | Menge | Geldwerth |
	metr. Tonnen	ℳ	metr. Tonnen	ℳ	metr. Tonnen	ℳ
1840.......	.	.	.	981.217	.	.
1850.......	.	.	.	1,058.832	.	.
1860.......	3.172	693.633	.	2,173.220	.	.
1866.......	3.820	1,347.641	.	.	.	.
1867.......	2.833	932.847	.	4,696.933	.	.
1868.......	2.510	805.827	3.195	3,855.423	289	419.938
1869.......	5.490	1,789.230	4.256	4,969.811	434	736.117
1870.......	9.563	1,983.151	5.436	5,929.786	853	1,563.738
1871.......	8.900	2,589.890	9.673	5,425.697	4.519	2,717.342
1872.......	15.284	4,723.077	15.196	9,112.818	2.703	2,710.806
1873.......	19.056	6,356.260	17.395	10,665.935	4.321	4,475.526
1874.......	20.953	7,318.686	10.189	7,009.860	5.234	4,130.752
1875.......	47.200	11,539.308	5.342	3,754.932	7.319	5,391.383
1876.......	75.258	12,778.697	6.137	3,745.945	5.567	4,571.115

Das ungeheuere Etablissement der Serainger Gesellschaft John Cockerill, welches allein zwei Drittel der in Belgien befindlichen Converter besitzt, beschäftigt 8.750 Arbeiter; als bewegende Kraft dienen 259 Dampfmaschinen mit 6.600 Pferdekräften, und der tägliche Verbrauch an Brennmaterial beläuft sich auf mehr als 1000 metr. Tonnen. Die jährliche Production hat einen Werth von beiläufig 32,680.000 ℳ. Die Werkstätten von Seraing haben bis jetzt 40.000 Maschinen und andere mechanische Einrichtungen, ausserdem 390 Schiffe geliefert. Sie können jährlich 100 Locomotiven, 70 Dampfmaschinen, 1.500 verschiedene Maschinen, 8.000 metr. Tonnen Brückenbestandttheile, Drehscheiben u. s. w., 14 See- oder Flussschiffe, Panzer- oder Kriegsschiffe herstellen.

Der Verkehr in Stahl mit dem Auslande hat während des abgelaufenen Jahres einen ausserordentlichen Aufschwung genommen. Die Einfuhr wurde von der Ausfuhr um 12.000 metr. Tonnen überstiegen.

	Einfuhr			Ausfuhr		
	1877	1876	1875	1877	1876	1875
	metr. Tonnen			metr. Tonnen		
Roher Gussstahl..................	677	1.290	114	15	181	4
Stangenstahl, Blattstahl, Nadelstahl	3.442	3.926	4.209	13.349	3.733	5.737
Verarbeiteter Stahl..............	540	921	1.018	2.163	1.653	1.577

Preussen nimmt unter den Ländern, welche Stahl nach Belgien einführen, weitaus den ersten Rang ein, während die Länder am mittelländischen Meere: Spanien, Italien und die Türkei die besten Abnehmer Belgiens sind.

Deutschland.

(539.798 Quadrat-Kilometer. — 42,750.000 Einwohner.)

Kohle.*)

A. Steinkohle.

In welchem Jahrhundert in Deutschland zuerst Steinkohlen als Heizmaterial verwendet worden sind, ist unbekannt. Die vielen zu Tage tretenden Flöze lassen als wahrscheinlich annehmen, dass man schon in grauer Vorzeit die Brennbarkeit der schwarzen Steine kannte, doch mögen der vorhandene Holzreichthum, nicht minder die Unvollkommenheit der Heizanlagen die Hauptursachen gewesen sein, warum die vorhandenen mineralischen Brennstoffe Jahrhunderte hindurch unbenutzt geblieben sind. Unter den deutschen Steinkohlenlagern scheint das des Zwickauer Kohlenbassins im Königreich Sachsen am frühesten in Angriff genommen worden zu sein, da schon im 10. Jahrhundert n. Chr. die dort wohnenden Sorben-Wenden Steinkohlen abgebaut haben. Im Jahre 1348 werden die Metallarbeiter in Zwickau polizeilich verwarnt, mit Steinkohle als einem Brennmaterial, durch dessen Rauch die Luft verpestet werde, zu schmieden. — Im Ruhrbecken (Dortmund) datiren die ersten Nachrichten über die Verwendung von Steinkohlen aus dem Jahre 1302, von Essen aus dem Jahre 1317. Bei Aachen soll der Steinkohlenberg-

*) **Literatur:** J. Pechar und Dr. A. Peez. Mineralische Kohle, Wiener Ausstellungsbericht (Wien 1874). -- Die Steinkohlen Deutschlands und anderer Länder von Geinitz, Fleck und Hartig (München 1865). — Zinken, Braunkohlen (Hannover 1867). — Publicationen des Vereins für die bergbaulichen Interessen in Dortmund. — Berichte des Oberschlesischen Berg- und Hüttenmännischen Vereins von Dr. Frantz, Zeitschrift für Gewerbe, Handel etc. (Beuthen). — Zeitschrift für Berg-, Hütten- und Salinenwesen in Preussen (Berlin). — v. Viebahn, Statistik des zollvereinten Deutschland, Band I. S. 365—720, Band II. S. 349—409 (Berlin). — Statistik des deutschen Reichs, herausgegeben vom kaiserl. statistischen Amt. — Engel, Zeitschrift für Statistik des preussischen Staates. — W. v. Lindheim, Kohle und Eisen (Wien 1877). — Karte über die Production, Consumtion und die Circulation der mineralischen Brennstoffe in Preussen während des Jahres 1871. Herausgegeben im königl. preuss. Ministerium für Handel, Gewerbe und öffentl. Arbeiten.

bau schon im 11. und 12. Jahrhundert betrieben worden sein. An der Saar
hat dagegen der Abbau von Steinkohlen erst 1529 seinen Anfang genommen,
in Schlesien wahrscheinlich erst kurz vor dem 30jährigen Kriege. Der Verbrauch der Kohlen für den Hausbrand datirt in seiner allgemeineren Anwendung erst seit neuerer und neuester Zeit, der Aufschwung in dem Kohlenbergbau überhaupt erst seit den letzten Jahrzehnten, seitdem durch die verstärkte Einführung der Dampfkraft in den industriellen Etablissements, durch
das Wachsthum der Eisenindustrie, die Erweiterung der Eisenbahnen und
der Dampfschifffahrt, durch die Verminderung der Holzfeuerung für die
Zwecke der Hauswirthschaft, durch die steigende Ausfuhr u. s. w. die Nachfrage nach Kohlen gewachsen ist. In der Mitte des vorigen Jahrhunderts
wird die Kohlenproduction Deutschlands (ohne Deutsch-Oesterreich) kaum
mehr als 150.000 Tonnen betragen haben, und selbst für das Jahr 1800
wird das geförderte Kohlenquantum zu nur etwa 500.000 Tonnen anzunehmen
sein. Gegenwärtig beträgt die Steinkohlenproduction des deutschen Reiches mit
jährlich 37,500.000 Tonnen das 75fache der wahrscheinlichen Förderung zu
Anfang dieses Jahrhunderts.

Es belief sich die

Steinkohlen-Production

im Jahre	metrische Tonnen	Werth in Mark	im Jahre	metrische Tonnen	Werth in Mark
1848	4,383.565	25,697.334	1870	26,397.770	163,537.080
1853	8,328.760	51,325.722	1871	29,373.272	218,351.295
1857	11,279.266	82,735.851	1872	33,306.418	296,668.500
1862	15,576.278	83,097.894	1873	36,392.280	403,645.296
1866	21,629.746	127,320.114	1874	35,918.614	387,182.871
1867	23,808.071	137,414.202	1875	37,436.368	297,484.634
1868	25,704.758	145,791.087	1876	38,454.428	263,678.277
1869	26,774.368	155,785.209	1877*)	37,576.071	217,087.721

Die Productionssteigerung betrug in Procenten ausgedrückt

dem Gewicht nach; dem Werthe nach

vom Jahre 1848 bis 1868 .... 586.4 % .... 567.2 %

„ „ 1868 „ 1875 .... 145.6 „ .... 204.0 „

„ „ 1848 „ 1875 .... 854.0 „ .... 1157.5 „

Tabelle I, Seite 89, zeigt die Vertheilung der Steinkohlenproduction
des Jahres 1875 auf die Länder bezw. Provinzen im deutschen Reiche.

Wie aus dieser Tabelle ersichtlich ist, entfallen allein 89 % der Gesammtproduction auf das Königreich Preussen.

Gefördert wurden im preussischen Staate:

	metr. Tonnen			metr. Tonnen
Im Jahre 1862	13.088.391	im Jahre 1874		31,938.783
„ „ 1866	18.628.548	„ „ 1875		33.419.299
„ „ 1870	23,316.238	„ „ 1876		34,466.249
„ „ 1872	29,523.776	„ „ 1877		33,682.914

Die Steinkohlenförderung der beiden letzten Jahre vertheilt sich in
Preussen auf die einzelnen Oberbergamtsbezirke wie folgt (Tab. II, Seite 89):

---

*) Das statistische Amt des deutschen Reichs hat die Productionsziffern der Jahre 1876
und 1877 erst im April 1878, als dieser Bericht schon gedruckt vorlag, veröffentlicht. Soweit
möglich, sind die neuesten Ziffern nachträglich noch aufgenommen worden.

I.	Betriebene Werke	Production metr. Tonnen	Durchschnitts- werth pro metr. Tonne Mark	Arbeiter
Preussen	448	33,419.299	7.60	159.702
davon in Provinz Schlesien	152	10,444.364	6.40	43.506
„ „ „ Hannover	21	435.231	10.00	3.753
„ „ „ Westfalen	161	10,749.025	7.40	54.027
„ „ „ Rheinland	110	11,645.014	8.00	57.258
Bayern.................	43	457.929	10.00	3.284
Sachsen	78	3,061.275	10.80	17.272
Baden..................	3	9.782	13.00	121
Weimar.................	1	86	26.00	7
Oldenburg (Birkenfeld)	2	12	12.00	10
Meiningen..............	1	1.644	10.20	29
Gotha..................	2	457	20.60	28
Schaumburg-Lippe	.	100.780	12.60	760
Lothringen	2	385.104	10.40	2.610
Summa...	580	37,436.368	8.00	183.823

II.	1876	1877
	metr. Tonnen	
Oberbergamtsbezirk Breslau	10.618.380	10,102.637
„ Halle	42.035	35.472
„ Dortmund...................	17.902 412	17,728.252
„ Bonn	5,548.680	5,496.838
„ Clausthal..................	354 742	319 714
Summa...	34,466.249	33,682.914

Kohlenbezirke.

I. Das productivste unter den Revieren des deutschen Reiches ist das mächtige niederrheinisch-westfälische Steinkohlenbecken, gewöhnlich auch das Ruhrbecken genannt, obgleich die Ruhr nur den südlichen Theil desselben durchfliesst. Die Ausdehnung dieses Revieres ist, besonders seitdem in den letzten Jahren Aufschliessungen im Norden und Osten gleichfalls bedeutende Kohlenlager nachgewiesen haben, noch nicht ganz bekannt. Ueber 2800 Quadrat-Kilometer (circa 50 Qu.-Meilen) gelten indessen als sicher kohlenführend, und wird der vorhandene Kohlenreichthum zu etwa 45.000 Millionen Tonnen anzunehmen sein, so dass die gegenwärtige Förderung von rund 17,500.000 Tonnen die bis jetzt bekannten Kohlenlager in 2000 Jahren noch nicht erschöpfen würde. Von dieser riesigen Kohlenmenge liegen etwa 40 % zwischen der Oberfläche und einer Tiefe von nur 200—250 Meter. — Die Zahl der Flöze ist beträchtlich. Bis über 60 mit einer Gesammtmächtigkeit von 50, 60 bis 70 Meter reiner Kohle und darüber ansteigend, repräsentirt jedes Flöz eine durchschnittliche Mächtigkeit von 1—1.1 Meter.

Unter solchen Verhältnissen sind die Abbauverhältnisse sehr günstig. Bezeichnet doch selbst der bekannte Geologe v. Dechen „die Lagerungsformen mit ihren bogenförmigen Falten, in welche die sämmtlichen Schichten dieses Revieres und also auch die Kohlenlager zerlegt sind, die sogenannten Mulden und Sättel, das Zusammengedrängtsein des Kohlenreichthums in den oberen, dem Bergbau zugänglichsten Teufen u. s. w. für den Kohlenbergbau des Ruhrbeckens als so vortheilhaft, dass, wenn dieselben in der Absicht ersonnen werden sollten, um der Entwicklung des Kohlenbergbaues am förderlichsten zu sein, keine andern gewählt werden könnten".

Bei so grosser Ausdehnung des Kohlengebiets bieten selbstverständlich Qualität und Verwendbarkeit der Kohlen grosse Verschiedenheiten. Im grossen Durchschnitt kann indessen die Kohle des Ruhrbeckens als ein vorzügliches Brennmaterial bezeichnet werden und alle die verschiedenen Ansprüche, welche an die Steinkohlen je nach ihrer speciellen Bestimmung gemacht werden, lassen sich bei entsprechender Auswahl durch die rheinisch-westfälische Kohle befriedigen.

Bis noch vor wenig Jahren galten in den deutschen Seehäfen, ebenso im ganzen Norden und Nordosten des Reiches englische Kohlen als die vorzüglicheren, und selbst die deutsche Kriegsflotte versorgte sich ausschliesslich mit englischen Kohlen. Die rheinisch-westfälischen Zechenverwaltungen, vorzugsweise der hier unter Führung des Herrn Mulvany in Düsseldorf gebildete Kohlenexport-Verein, haben sich das grosse Verdienst erworben, die irrigen Anschauungen über den Werth der deutschen Kohlen zu berichtigen. In grossem Massstabe angestellte Versuche der deutschen Marine haben ergeben, dass in Bezug auf Heizkraft, Aschenrückstände, Zeitdauer des Rauches, westfälische Kohlen die englischen übertreffen und nur in Betreff ihrer relativen Cohäsion den besten englischen Kohlen in Etwas nachstehen[*]). Auch in Kopenhagen sind neuerdings vergleichende Versuche zwischen englischen und deutschen Kohlen durch die dortigen Eisenbahnverwaltungen angestellt worden. Die Resultate sind vollständig zu Gunsten der deutschen Kohle ausgefallen. Die westfälische Nusskohle verdampfte: 0.5 Kg. Kohle, 4.09 Kg. Wasser; Asche und Rückstände 39.5 Kg. aus 635.5 Kg. Kohle. Die englische Kohle verdampfte: 0.5 Kg. Kohle, 3.805 Kg. Wasser; Asche und Rückstände 56.5 Kg. aus 578.0 Kg. Kohle. Als weiteren Beleg lassen wir einige chemische Analysen verschiedener Kohlen des Ruhrbeckens folgen.

Ort	In 100 Gewichtstheilen getrockneter Substanz				Nutzbare Verdampfungskraft für 0.5 Kg. der rohen Kohle	Beim Vercoken entweichende Gase Procent	zurückbleibende Coke Procent	Asche Procent
	Kohlenstoff	Wasserstoff	Sauer- und Stickstoff	Asche				
Essen ...	85.62	4.65	7.64	2.09	7.47	21.4	88.5	2.1
Bochum .	85.90	4.56	4.77	1.56	7.66	20.4	78.8	3.2
Dortmund	82.22	5.00	7.71	5.07	7.16	18.4	80.2	3.8
Barop ...	78.05	5.05	12.92	3.98	7.37	25.5	73.3	1.2
Witten ..	83.79	4.44	6.23	5.53	.	10.9	88.2	0.9

Die Förderung des Ruhrbeckens betrug:

	metr. Tonnen			metr. Tonnen
Im Jahre 1737	20.724	im Jahre 1860	4 366.000
„ „ 1800	177 082	„ „ 1870	12 219.432
„ „ 1840	993.108	„ „ 1873	16 219.914
„ „ 1850	1,694.208	„ „ 1877	17,728.252

Bis fast zum Jahre 1860 befanden sich die hiesigen Kohlenzechen in nicht eben günstiger Lage. Etwa von 1857 ab datirt jedoch das enorme Wachsthum der Production, hervorgerufen vorzugsweise dadurch, dass das Grosscapital in der Form der Actiengesellschaften dem Kohlenbergbau und der Grosseisenindustrie sich zuwandte. Andere Industriebranchen haben seitdem in reicher Zahl dort Fuss gefasst; bereits vorhandene Werke sind erweitert worden, und heute ist Rheinland-Westfalen nächst dem Königreiche Sachsen die industriell

---

[*]) Details dieser Versuche siehe Abschnitt „Grossbritannien“ unter „Kohle“.

am mächtigsten entwickelte Provinz des deutschen Reiches. In Bezug auf die Grösse der einzelnen industriellen Anlagen wird sogar Sachsen übertroffen. Die bedeutenden Industrieplätze Essen, Dortmund, Bochum, Oberhausen, Hörde, Hamm u. a. sind zugleich die Concentrationspunkte für den Kohlenbergbau wie für die Eisenindustrie. Im Umkreise von wenigen Meilen finden sich sodann andere grossartig entwickelte Industriebranchen, imponirend durch die Zahl wie durch die Grösse der Anlagen, in reicher Auswahl vertreten und nehmen allein für ihren Bedarf einen beträchtlichen Theil der Kohlenförderung in Anspruch.

Die kleineren Kohlenreviere von Osnabrück, Ibbenbüren, Minden in der Nähe des Teutoburger Waldes werden in der Regel dem Ruhrbecken zugerechnet, obgleich sie in ihren Lagerungsverhältnissen von den Flözen an der Ruhr mannigfach abweichen.

II. Das Kohlenrevier bei Aachen (Inde- und Worm-Becken) kann, worauf besonders die Unregelmässigkeit der zwar zahlreichen aber vielfach gebrochenen und meist tiefliegenden Flöze hinweist, als eine Fortsetzung der belgischen Kohlenablagerungen angesehen werden. Ueber die Ausdehnung des Kohlenreviers schwanken die Angaben, da man vermuthet, dass spätere Aufschliessungen die jetzt bekannten Grenzen der beiden Hauptbecken an der Inde bei Eschweiler und an der Worm bei Aachen noch erweitern werden. Die Abbauverhältnisse sind schwieriger, als in den meisten übrigen deutschen Kohlenrevieren, doch halten dafür die gute backende Qualität der Kohle und die Nachbarschaft einer hochentwickelten Industrie in Eisen, Blei, Zink, in Webwaaren aller Art, Papier, Glas u. s. w. einigermassen schadlos. Die gegenwärtige Jahresproduction in Höhe von rund 1,250.000 Tonnen ist seit 1860 um circa 80 $^0/_0$ gestiegen.

III. Das Saarbecken, vielfach auch Revier von Saarbrücken genannt, erstreckt sich, begrenzt von der Saar, Nahe und Blies, im Südwesten der preussischen Rheinprovinz, im Osten bis in die bayerische Pfalz, im Westen bis nach Deutsch-Lothringen, in einer Länge von 39 und in einer Breite bis zu 30 Kilometer. Die Gesammtmächtigkeit der übereinanderliegenden mehr als 100 Flöze beläuft sich, soweit dieselben aufgeschlossen sind, auf zusammen über 80 Meter Kohlen. Andere darunter liegende Flöze sollen bis zu einer Tiefe von über 6000 Meter unter den Meeresspiegel hinabgehen, werden also mit den jetzt bekannten Hilfsmitteln des Bergbaues nicht abzubauen sein. Das Gewicht der gesammten zwischen Saar und Blies gelagerten Kohlenmasse schätzt v. Dechen auf 45.400 Millionen Tonnen, also für eben so gross, wie die Kohlenansammlung des Ruhrbeckens.

Die Saarkohle ist im Allgemeinen von guter Qualität; sie wird in ihren verschiedenen Sorten mit befriedigendem Erfolge zur Heizung wie zur Herstellung von Coke und Leuchtgas verwendet. Wir geben auch hier folgende chemische Analysen von Saarkohlen nach Untersuchungen von Heintz und Dr. Brix.

	In 100 Gewichtstheilen getrockneter Substanz				Nutzbare Verdampfungskraft für 1 Pfund roher Kohle
	Kohlenstoff	Wasserstoff	Sauerstoff und Stickstoff	Asche	
Gerhardgrube	72.38	4.46	15.05	8.11	7.03
Heinitzgrube	80.53	5.06	11.91	2.50	7.74
Dudweiler..........	87.29	5.30	8.54	4.87	7.46

Erschwert wird der Abbau der Saarkohlen durch die häufig vorkommenden Verwerfungen, auch sind die schlagenden Wetter hier häufiger, als in manchen anderen deutschen Kohlenbezirken und, wie der seit 2 Jahrhunderten „brennende Berg von Dudweiler" nachweist, macht sich das Auftreten von Schwefelkies stellenweise in sehr störender Weise bemerkbar.

Gefördert wurden im Saarbecken:

	metr. Tonnen			metr. Tonnen
Im Jahre 1816	97.496	im Jahre 1860		1,505.961
„ „ 1820	98.467	„ „ 1870		2,734.319
„ „ 1830	194.934	„ „ 1872		4,222.234
„ „ 1840	386.082	„ „ 1877		4,992.460
„ „ 1850	577.139			

Der weitaus grösste Theil der Förderung entfällt auf die fiscalischen Gruben, gegen welche die Production auf den Privatwerken sowohl in der preussischen Rheinprovinz, als auch in den angrenzenden bayerischen und lothringischen Bezirken erheblich zurücktritt. Die dem Reviere angehörenden Eisenwerke, Glashütten, Etablissements für Thonwaaren, Industrie, chemische Producte u. a. sichern der Saarkohle einen regelmässigen Absatz; die grössere Hälfte der geförderten Kohlen wird indessen ausserhalb des Saargebietes abgesetzt.

IV Das oberschlesische Kohlenbecken, in dem südlichen Theile Schlesiens in den Kreisen Ratibor, Beuthen, Pless, Rybnik gelegen, umfasst einen Flächenraum von circa 478 Quadrat-Kilometer und enthält nach den Berechnungen des Berghauptmannes v. Dechen in einer Tiefe bis zu 600 Meter das colossale Quantum von 50.000 Millionen Tonnen (1 Billion Centner à 50 Kg.) Kohlen und in einer grösseren, zur Zeit noch für unerreichbar zu haltenden Tiefe noch weitere 4 Billionen Ctr. Die Kohlenfelder erstrecken sich über die nahe Grenze südlich nach Oesterreich, ebenso östlich nach Polen hinüber.

Die Kohlen sind ziemlich regelmässig gelagert, die Abbaukosten in Folge dessen mässig. Die Flöze enthalten meist bis zu 3 und 4 Meter Mächtigkeit, aber gerade diese bedeutende Stärke ist einer vollständigen Auskohlung theilweise hinderlich. In ihrem Brennwerth stehen die oberschlesischen Kohlen hinter den besten Sorten anderer deutscher und fremder Kohlenreviere nicht zurück und finden dieselben in ihren verschiedenen Arten zu allen Zwecken, denen Steinkohle überhaupt dienstbar gemacht werden kann, mit grösstem Vortheil Verwendung. Was Oberschlesiens Steinkohle ganz besonders auszeichnet, ist ihre Cohäsion (relative Festigkeit), worin sie fast alle englischen und auch die westfälischen (Ruhr-) Kohlen übertrifft. Damit in Zusammenhang steht ihr vorzüglicher Stückfall (30 bis 40 Procent der gesammten Förderung sind Stückkohlen).

Chemische Analysen oberschlesischer Kohlen (Königsgrube).

	Kohlenstoff	Wasserstoff	Stickstoff	Schwefel	Sauerstoff	Asche	Wärme-Einheiten	Ausbeute an Coke
	%	%	%	%	%	%		%
Nr. I.	86.020	6.003	1.101	0.274	4.410	2.192	7.985.3	75.740
Nr. II.	53.970	5.400	0.651	0.932	6.020	3.027	7.637.3	71.041
Nr. III.	53.075	5.004	0.527	0.165	9.676	1.550	7.368.1	70.705

Producirt wurden:

	metr. Tonnen			metr. Tonnen
Im Jahre 1790	7.850		im Jahre 1872	7,251.838
„ „ 1842	546.858		„ „ 1873	7,839.315
„ „ 1860	2,478.276		„ „ 1876	8,467.743
„ „ 1870	5,854.403		„ „ 1877	8,101.052

Im Jahre 1877 wurden 6,148.360 metr. Tonnen von den Privatwerken, 1,952.692 metr. Tonnen von den fiscalischen Gruben gefördert.

Wenn auch nicht unmittelbar im Kohlenbezirke selbst, so doch in der angrenzenden Tertiärformation finden sich Braun- und Thoneisensteine, welche die Grundlage für die sehr lebenskräftig entwickelte Eisenindustrie Oberschlesiens gegeben haben. Ausser dem Eisenhüttenbetrieb ist noch die oberschlesische Zinkproduction für den localen Absatz der dortigen Kohlenwerke von nennenswerther Bedeutung.

V. Das niederschlesische Kohlenrevier von Waldenburg und Neurode steht an Ausdehnung des kohlenführenden Areals wie an Mächtigkeit der Flöze dem oberschlesischen Becken bedeutend nach, auch beeinträchtigen Verwerfungen, häufige Wässer und höhere Arbeitslöhne die Rentabilität. Die niederschlesische Kohle zeichnet sich indessen durch den hohen Grad ihrer Backfähigkeit aus und wird deshalb zur Cokebereitung stark begehrt, auch kommt dem Becken die grössere Nähe volkreicher Städte und wichtiger Industriebezirke zu Statten, so dass die hiesigen Werke in der Lage sind, auf höhere Preise zu halten, als die oberschlesischen anderweit begünstigten Gruben.

Chemische Analysen von Waldenburger Kohlen.

Ort	Zusammensetzung				Ein Kilo der aschenhaltigen Kohle gibt		Coke aus der aschenhaltigen Kohle
	Kohlenstoff	Wasserstoff	Sauer- und Stickstoff	Asche	Wärme-Einheiten	Kilo Dampf	
	Procent						Procent
Weissstein	81.59	5.01	10.52	2.88	158.06	8.27	67.2
Hermsdorf	83.77	4.96	8.61	2.66	160.80	8.41	67.4
Waldenburg....	81.94	4.77	10.76	2.53	154.76	8.10	69.4

Das Procentverhältniss der verschiedenen Kohlensorten gestaltet sich etwa so, dass 13.0 % auf Stück-, 3.0 % auf Mittel-, 52.8 % auf Klein-, der Rest auf gemischte Kohlen entfallen.

Gefördert wurden:

	metr. Tonnen			metr. Tonnen
Im Jahre 1740	1.900		im Jahre 1860	758.515
„ „ 1790	62.190		„ „ 1870	1,570.227
„ „ 1850	400.170		„ „ 1877	2,102.256

VI. Von den Steinkohlenbecken im Königreich Sachsen sind die wichtigsten die beiden, auch räumlich nicht weit von einander getrennten Reviere von Zwickau und Lugau, von denen das letztere erst in neuerer Zeit in Angriff genommen worden ist. In Bezug auf die Ausdehnung des kohlenführenden Areals stehen auch diese Reviere hinter den Becken der Ruhr, der Saar und Oberschlesiens beträchtlich zurück, auch ist der Bergbau in Folge mancherlei Verwerfungen, häufiger Wässer und (wenigstens in Lugau) wegen grosser Teufen der abbauwürdigen Flöze schwieriger, als in manchen anderen Bezirken. Besonders gefürchtet sind hier die schlagenden Wetter, und erinnern wir nur an die bekannten entsetzlichen Unglücksfälle von Lugau (1869) und im Plauen'schen Grunde (1871), bei denen in dem ersten Falle nahezu 100, im Plauen'schen Grunde über 200 Arbeiter tödtlich verunglückten. Auf beschränktem Raume ist indessen auch

hier ein grosser Vorrath einer recht brauchbaren Steinkohle aufge-
häuft und mag nur erwähnt werden, dass im Lugauer Revier das bis
jetzt erschlossene tiefste Flöz allein eine Mächtigkeit von 14.3 Meter
Pechkohle aufweist. Vollständig isolirt liegt das kleine Kohlengebiet
des Plauen'schen Grundes bei Dresden, das seine Kohlen von mittlerer Qualität indessen in etwa 100 Jahren abgebaut haben wird.

Chemische Analyse von sächsischen Steinkohlen nach Dr. Fleck.

Orte	Kohlen-stoff	Wasser-stoff	Sauer- und Stick-stoff	Asche	Nutzbare Ver-dampfungskraft für 0.5 Kg. roher Kohle
			Procent		
Oberhohndorf bei Zwickau	83.96	4.11	9.62	2.29	6.78
Planitz	76.96	4.40	16.09	2.54	6.25
Zwickau	77.98	4.05	12.85	5.12	6.48
Lugau	80.12	3.65	11.49	4.74	6.35
Niederwürschnitz	76.75	4.85	13.48	4.92	5.34
Zauckeroda	70.32	4.52	12.47	12.69	6.34
Burgk	63.84	3.81	11.09	11.19	5.39

Die zuletzt genannten Sorten (aus Zauckeroda und Burgk) sind Kohlen
des Plauen'schen Grundes.

Producirt wurden im Königreiche Sachsen:

	metr. Tonnen		metr. Tomnen
Im Jahre 1846	475.065	im Jahre 1874	3,047.313
„ „ 1856	1,149.854	„ „ 1875	3,061.276
„ „ 1866	2,201.680	„ „ 1876	3,037.853
„ „ 1872	2,946.260		

Wie bereits erwähnt, kommen unter den sächsischen Kohlen mehrfach Sorten von blos mittlerer Qualität vor, trotzdem finden dieselben bei der
zahlreichen Bevölkerung und der hochentwickelten Industrie des Landes
guten Absatz.

Ausser diesen vorstehend genannten grösseren Kohlenrevieren sind
noch kleinere Ablagerungen von Steinkohlen in Oberbayern, Baden, Weimar,
Gotha und anderen Orten, jedoch mit nur geringer, theilweise sogar verschwindend kleiner Production vorhanden.

B. Braunkohle.

Nahezu ebenso reich wie an Steinkohlen ist das deutsche Reich an
Braunkohlen. Da, wo die Gebirge des mittleren Deutschland — vom Riesen-
gebirge in Schlesien ab bis weit nach Westen, bis zur Weser und zum
Rhein, — sich nach Norden abflachen, findet sich ein zwar auf grössere
Strecken durchbrochener, oft in 2, 3 und mehr Zonen gespaltener, aber doch
immer wieder auftretender Braunkohle führender Gürtel von oft vielen Meilen
Breite. So kommen Braunkohlen in Niederschlesien, in der preussischen und
sächsischen Lausitz, im nördlichen Gebiet des Königreichs Sachsen, in Thüringen, bis nach Hessen und bis zum Westerwalde vor. Sehr oft ist aber die
Qualität so gering, dass die stark mit erdigen Bestandtheilen gemischte, in
ihrem Brennwerth noch hinter dem Torf zurückstehende Braunkohle gar nicht
gewonnen wird, oder, weil der Transport nicht lohnt, nur locale Verwendung
findet. Da die Lagerung sich selten bis auf grössere Tiefen erstreckt, sogar
vielfach Tagbau gestattet, sind auch die Gewinnungskosten gering und die
Preise meist sehr niedrig. Dazwischen treten indessen auf grösseren oder
kleineren Districten bessere Qualitäten auf, so am Westerwalde, am Meissner
in Hessen, in der Wetterau am Taunus, bei Merseburg und Weissenfels in

Thüringen, in Anhalt, bei Spremberg, bei Frankfurt a. d. Oder, bei Zittau in Sachsen, in Braunschweig u. s. w., doch können selbst diese besseren Sorten in Bezug auf ihre Güte mit den böhmischen Braunkohlen nicht entfernt in Concurrenz treten. Selbst derartige Kohlensorten bleiben mit ihrem Absatz meist nur auf ihre Umgebung beschränkt; nur erst neuerdings hat die Versendung in der Form der Briquets (Presssteine) hier und da einigen Aufschwung genommen.

In der preussischen Provinz Sachsen und zwar in der Umgegend von Weissenfels, Merseburg, Zeitz, ebenso im Anhaltischen eignet sich indessen die Braunkohle sehr gut zur Herstellung von Mineralölen, Paraffin, Stearin und deren Derivaten und hat sich dort eine sehr lebenskräftige Industrie herausgebildet, welche grosse Quantitäten Paraffin und Mineralöle producirt, in Bezug auf den letzteren Artikel jedoch durch die Concurrenz des amerikanischen Petroleums gegenwärtig zurückgedrängt ist.

An Braunkohlen wurden im deutschen Reiche gefördert:

Im Jahre	metr. Tonnen	Werth in Mark	im Jahre	metr. Tonnen	Werth in Mark
1848	1,417.420	3,788.871	1870	7,605.234	22,053.117
1853	2.385.796	7,009.347	1871	8.482.838	26.212.644
1857	3,587.855	11,269.896	1872	9,018.048	29,495.622
1862	5,084.399	14,110.089	1873	9,752.914	34,626.561
1866	6.533.059	18,848.091	1874	10,739.532	39,231.880
1867	6,994.818	20,051.043	1875	10,367.686	36,885.178
1868	7,174.365	20,006.520	1876	11,096.034	38.442.582
1869	7,569.545	21,051.681	1877	10,720.296	35,717.696

Procentual (Anfangsziffern jeder Periode = 100) stieg die Förderung:

1848 bis 1868 im Gewicht .... 506.1 % im Werth .... 527.9 %
1868 „ 1875 „ „ .... 144.5 „ „ „ .... 184.3 „
1848 „ 1875 „ „ .... 731.4 „ „ „ .... 973.3 „

An der Production des Jahres 1875 in Höhe von 10,367.686 metr. Tonnen waren vorzugsweise betheiligt:

	Betriebene Werke	Production metr. Tonnen	Durchschnitts- preis pro metr. Tonne $\mathscr{M}$	Arbeiter
Königreich Preussen	525	8 340.259	3.60	18.538
davon in Schlesien	45	439.902	3.80	1.365
„ „ Brandenburg	106	1.510.197	3.00	3.399
„ „ Prov. Sachsen	275	6,012.225	3.60	11.562
„ „ Hessen-Nassau.....	48	208.371	6.00	1.437
„ „ Rheinland.........	42	147.087	2.40	620
Königreich Sachsen	161	596.382	3.40	3.243
Braunschweig	5	191.349	4.20	1.057
Altenburg................	80	594.138	2.40	3.199
Anhalt................	17	524.229	4.40	2.851
Summa Deutsches Reich	815	10,367.686	3.60	25.289

Im Jahre 1877 wurden an Braunkohlen im Königreiche Preussen gefördert:

	1877 metr. Tonnen	gegen 1876 weniger metr. Tonnen
Im Oberbergamtsbezirk Breslau	438.210	24.292
„ „ Halle	7,987.385	240.679
„ „ Bonn	126.640	16.455
„ „ Clausthal	127.474	23.988
Summa Königreich Preussen	8,679.709	305.414

Arbeiterverhältnisse.

Mit der Gewinnung fossiler Brennstoffe (ausser Torf) waren im deutschen Reiche direct beschäftigt:

	Arbeitskräfte		
	1848	1857	1875
Bei dem Bergbau auf Steinkohlen	35.502	77.847	183.823
„ „ „ „ Braunkohlen	8.698	17.776	25.289
Summa	44.200	95.623	209.112

Die Zahl der Arbeiter hat sich demnach in der Zeit von 1848 bis 1857 mehr als verdoppelt, von 1848 bis 1875 nahezu verfünffacht.

Auf eine Arbeitskraft kam im preussischen Staate:

Im Jahre	für Steinkohlen		für Braunkohlen	
	Förderung metr. Tonnen	Werth in $\mathcal{M}$	Förderung metr. Tonnen	Werth in $\mathcal{M}$
1848..............	130	726	163	440
1857..............	145	1.086	202	635
1875..............	209	1.591	445	1.595

Es wird schwer nachzuweisen sein, wie viel von dieser erhöhten Leistungsfähigkeit auf die verbesserten Betriebseinrichtungen, wie viel auf die erhöhte Geschicklichkeit, also auf die persönliche Leistung des Arbeiters entfällt. Die Thatsache steht indessen als unbestritten fest, dass seitens der Bergarbeiter sehr bemerkenswerthe Fortschritte gemacht worden sind, und dass ein wohl zu beachtender Mehrbetrag in der Förderung allein den besseren Leistungen der Arbeiter zuzuschreiben ist.

Bis vor dem französischen Kriege 1870 und 1871 waren die Arbeiterverhältnisse im Kohlenbergbau ziemlich befriedigend. Der deutsche Arbeiter kommt in der Ausdauer, vielleicht auch in Bezug auf die körperliche Kraft, auf das schnelle Erfassen und das rasche Erlernen des practischen Handgriffs dem Engländer nicht gleich, aber er gilt von Haus aus als fleissig, genügsam, bescheiden, als willig und anstellig; er erfreut sich ferner einer guten Schulbildung. Grosse Emsigkeit bei der Arbeit ist dagegen nicht seine Sache, er zieht vor, die Dinge an sich herankommen zu lassen. Gerade diese Eigenschaften machen aber den Deutschen zu einem recht guten Bergmann, und deutsche Bergleute wurden deshalb gern von auswärts bis nach überseeischen Ländern verschrieben.

Mit dieser kurzen Schilderung entrollen wir indessen ein Bild, das für die Gegenwart als in allen Stücken zutreffend nicht mehr erachtet werden kann. Der rapide Aufschwung, der sich auf alle industriellen Kreise in den Jahren 1871—1873 erstreckte, die fieberhafte, leider nur zu bald in das Gegentheil umschlagende Hausseperiode ist auch auf die Arbeiterverhältnisse nicht ohne sehr bemerkenswerthe Einwirkungen geblieben. Die Arbeitslöhne gingen sehr rasch aufwärts, anstatt aber zu besseren Leistungen zu ermuntern, war diese Steigerung die Veranlassung, dass die Ansprüche der Arbeiter sich geradezu überboten. Mehr Lohn und weniger Arbeit wurde als Wahlspruch ausgegeben, und wo dies nicht im Wege gütlicher Vereinbarung mit dem Arbeitgeber durchgesetzt werden konnte, griff man, durch socialdemokratische Agitatoren aufgehetzt, zu der Waffe der Strikes. Als dann von 1874 ab mit den Preisen der Kohlen auch die Löhne herabgehen mussten, verschlossen sich die Arbeiter erst recht der besseren Erkenntniss, und noch heute wird seitens der Arbeitgeber darüber geklagt, dass die Kohlenbergleute im grossen Ganzen — Ausnahmen zugestanden — unzuverlässig und verdrossen geworden sind und, fast möchten wir sagen, die Lust und Liebe zur Arbeit verloren haben. Ist der alte Stamm der bejahrteren Arbeiter, der sich weder von socialistischen Reformpredigern noch von religiösen Agitatoren hat beeinflussen lassen, auch noch meist zuverlässig geblieben, so gewährt das Verhalten der jüngeren Generation gegenwärtig leider nur wenig Aussichten auf eine Rückkehr zu den früheren besseren Zuständen. Zu übersehen ist hierbei nicht, dass in den letzten 10—15 Jahren bei dem Kohlenbergbau allein gegen 100.000 Arbeiter neu eingestellt worden sind und dass damit manche neue Elemente eintraten, welche ohne jede vorherige Einübung nicht nur wenig leisteten, sondern auch auf die bisherigen Arbeiter hier und da den nachtheiligsten Einfluss ausgeübt haben.

Die inzwischen eingetretene sehr ungünstige Lage der Kohlenindustrie hat zwar die früheren Lohnsätze nahezu wiederhergestellt, auch die Entlassung zahlreicher Arbeiter herbeigeführt, jedoch in den Anschauungen der Arbeiter, mindestens in Sachsen, im Ruhrbecken, theilweise auch in Schlesien eine Aenderung umsoweniger zur Folge gehabt.

Was die Lohnsätze selbst betrifft, so wurden pro Arbeiter (mit Einschluss von Frauen und Mädchen) pro Woche durchschnittlich gezahlt:

	1864	1871	1873	1875	1877
			M a r k		
Im Ruhrgebiet	14.8	17.5	22.4	17.5	16.7
an der Saar.............	13.9	16.8	21.2	17.0	16.6
in Oberschlesien........	12.8	17.0	18.8	15.9	13.4

Die Lohnsätze sind demnach nahezu wieder auf die vor 1871 gezahlten Beträge zurückgegangen. Es ist jedoch noch zu constatiren, dass in keinem anderen Lande der Erde seitens der Werkbesitzer für Einrichtungen, welche die Wohlfahrt des Arbeiters, die Hebung seiner materiellen Lage und die Förderung seiner intellectuellen Bildung betreffen, mehr geschieht, als seitens des deutschen Bergbaues auf Erze und Kohlen und seitens der deutschen Eisenindustrie. Namentlich lassen es sich die vereinzelt (ausserhalb der Ortschaften) liegenden Werke angelegen sein, durch Errichtung von Menage-Einrichtungen, Consum- und Sparvereinen, Bau von Arbeitshäusern, durch Sonntags- und Fortbildungsschulen, Volksbibliotheken u. s. w. das Wohlbefinden der Arbeiter und deren geistige Bildung zu fördern.

Gleich wichtig ist die durch ganz Deutschland verbreitete Einrichtung der Knappschaftskassen für das Berg- und Hüttenwesen. In Preussen bestanden im Jahre 1876 87 Verbände, denen 2466 Werke und 263.687 Mitglieder angehörten. Versorgt wurden 15.070 (arbeitsunfähige) Invaliden, 640 Halbinvaliden, 19.090 Wittwen und 32.658 Waisen. Ausserdem wurden für 58.546 Kinder aus knappschaftlichen Mitteln die Kosten des Schulunterrichts gedeckt. An Krankheitsfällen, für welche Krankenlohn gezahlt wurde, waren 109.558 mit einer mittleren Dauer von 17.6 Tagen zu verzeichnen. — Die Gesammteinnahme sämmtlicher Vereine betrug 12,026.208 ℳ, die Gesammtausgabe 11,297.794 ℳ. An dieser Ausgabe participirten die dauernden Ausgaben für Invaliden- und Wittwenpensionen, sowie Waisengelder mit 6,323.798 ℳ, für Schulunterricht mit 347.551 ℳ und für die gesammte Krankenpflege mit 3,603.796 ℳ. Ausserdem wurden an einmaligen ausserordentlichen Ausgaben (incl. Begräbnisskostenbeihilfe) 276.123 $\mathcal{M}$ geleistet. Auf den Kopf eines Knappschaftsgenossen entfiel 1876 eine Gesammtausgabe von 47.27 $\mathcal{M}$. Das Gesammtvermögen der Vereine stieg von 19,536.094 $\mathcal{M}$ am Jahresanfang auf 20,499.214 $\mathcal{M}$ am Jahresschluss, und ergibt dies pro Kopf der am Jahresschluss vorhandenen meistberechtigten Mitglieder ein Vermögen von 138.13 $\mathcal{M}$.

Kohlenpreise.

Im Königreich Preussen betrug der durchschnittliche Werth von einer Tonne Steinkohlen:

Im Jahre	Mark	im Jahre	Mark
1848	5.46	1871	7.04
1852	5.02	1872	8.64
1857	7.22	1873	10.94
1862	5.16	1874	10.56
1864	5.42	1875	7.62
1867	5.58	1876	6.58
1870	5.92	1877	5.70

Der höchste Preisstand fällt in der fast 30jährigen Periode auf das Jahr 1873, der niedrigste auf das Jahr 1852. Für die einzelnen Kohlenreviere und deren gangbarste Sorten ergeben sich folgende Ziffern.

Die Kohlenpreise stellten sich durchschnittlich pro metr. Tonne:

		1852	1864	1873	1876	1877
				Mark		
Ruhrbecken	Grobe Steinkohlen ...		8.84	19.22		9.02
	Nusskohlen	4.91	7.50	17.48	6.10	7.00
	Melirte Kohlen		6.28	17.34		5.48
	Grusskohlen		5.12	13.76		4.44
Saarbecken	Stückkohlen		10.26	20.48		10.50
	Förderkohlen	6.73	7.36	18.96	9.74	7.68
	Grieskohlen		4.08	9.50		3.74
Oberschlesien	Stückkohlen		5.50	15.28		6.72
	Würfelkohlen	3.64	5.00	14.40	5.26	5.00
	Kleinkohlen		3.52	8.42		3.38
Niederschlesien	Stückkohlen	5.43	8.86	16.96	7.80	9.76
	Kleinkohlen		4.16	9.88		4.50
Zwickauer Becken	Stückkohlen		7.20	13.96		7.44
	Würfelkohlen	6.00	5.76	11.72	.	5.98
	Klarkohlen		2.02	4.76		2.14

Kohlenhandel. — Ein- und Ausfuhr.

Der Entwickelung des Verkehres durch den Bau von Eisenbahnen ist in Deutschland von Anfang an besondere Aufmerksamkeit zugewendet gewesen, und heute übertrifft das deutsche Reich in Bezug auf die Länge seiner Schienenwege alle Länder Europa's, selbst Grossbritannien eingeschlossen, und steht darin nur hinter den Vereinigten Staaten von Amerika zurück. An Eisenbahnen waren vorhanden:

Im Jahre	Kilometer	im Jahre	Kilometer
1835	7	1872	22.272
1840	350	1873	23.763
1850	5.785	1874	24.859
1860	10.805	1875	28.142
1870	18.806	1876	29.208
1871	20.121	1877	30.303

Wie nicht anders zu erwarten, sind die Kohlenreviere sämmtlich mit Bahnen ausgestattet, die grösseren Schachtanlagen durch Anschlussgeleise mit den Hauptbahnen verbunden worden. Am reichsten ist damit das Ruhrbecken durch die drei grossen Concurrenzbahnen: Köln-Minden, Bergisch-Märkische und Rheinische Bahn versehen.

Befördert wurden unter Anderem an Steinkohlen:

Bahn	1850	1860	1870	1876
	metr. Tonnen			
1. Bergisch-Märkische.......	55.185	1,081.547	4,695.946	7,874.019
2. Köln-Minden.............	.	1,638.156	3,464.718	5,477.066
3. Oberschlesische	92.668	434.324	2,265.062	3,635.341
4. Saarbrücker	.	1,483.866	1,969.443	3,609.234
5. Rheinische	.	114.682	1,710.991	3,556.997
6. Sächsische Staatsbahn	41.300	906.800	2,134.811	2,246.000
7. Niederschlesisch-Märkische	5.382	162.472	1,135.836	2,065.267
8. Rechte Oder-Ufer	.	.	.	1,057.079
9. Breslau-Schweidnitz-Freiburg..............	20.485	353.599	611.072	813.872

In neuerer Zeit hat man ausserdem dem Ausbau der Secundärbahnen besondere Aufmerksamkeit zugewendet, und wird, sobald nur bessere Zeiten wiederkehren, eine ansehnliche Vermehrung der Schienenwege durch diese vorzugsweise für den Localverkehr bestimmten Bahnen zu erwarten sein.

Während in Deutschland für den Eisenbahnbau sehr Anerkennenswerthes geleistet worden ist, muss es doppelt befremden, dass für die Hebung des Binnen-Schiffahrtsverkehres sehr wenig geschehen ist. Für die Artikel Kohle und Eisen ist das Vorhandensein billiger Wasserwege unbedingt eine Lebensfrage, und erklärt sich vorzugsweise mit daraus, warum Deutschland trotz seines Reichthums an Kohlen und — um dies schon hier mit anzuführen — trotz seiner technisch hochentwickelten Eisenindustrie die Concurrenz mit den hierin vortheilhafter situirten Ländern, namentlich mit England und Belgien, zur Zeit nur unter Opfern aufrecht halten kann.

Eine einigermassen leistungsfähige natürliche Wasserstrasse besitzt Deutschland nur im Rhein. Die Donau kommt nur in ihrem oberen Lauf in Frage, bietet aber gerade hier der Schiffahrt mancherlei Hindernisse. Die anderen Ströme: Weser, Elbe, Oder und Weichsel sind in der Regel nur 2—3 Monate nach der Schneeschmelze als leistungsfähige Wasserstrassen zu betrachten. Da früher für die Correction der Fahrstrassen rechtzeitig nichts geschehen ist, bedarf es nunmehr der grössten Mühe und sehr hoher Kosten, um diese wichtigen Verkehrsadern auch während der Sommer- und Herbstmonate fahrbar zu erhalten. Dazu kommt, dass mit Ausnahme der Donau sämmtliche Ströme von Süden nach Norden laufen, für die wichtigen Querverbindungen dagegen nur ausnahmsweise durch schiffbare Nebenflüsse (z. B. durch die Ruhr, Havel und Spree) Ersatz vorhanden ist. Uebrigens liegen die meisten Kohlenreviere Deutschlands von den schiffbaren Wasserläufen entfernt, und selbst die Ruhr und die Saar durchfliessen nicht die nach ihnen genannten Kohlenbecken, sondern tangiren sie nur an deren Grenzen.

Unter solchen Umständen wäre der Bau von künstlichen Wasserstrassen, wie solche England, Frankreich, Belgien, selbst Russland in grösserer Anzahl besitzen, längst angezeigt gewesen. Vorhanden sind zwar 72 Schiffahrtscanäle mit einer Gesammtlänge von circa 2000 Kilometer, doch sind dieselben in ihrer Fahrtiefe, in der Grösse der Schleussen, überhaupt in ihren Dimensionen und Einrichtungen meist so knapp bemessen, dass sie dem Verkehr nur verhältnissmässig wenig nützen. Für Kohle und Eisen bietet die Schiffahrt auf dem Rhein, der canalisirten Ruhr, auf der Saar und den daran anschliessenden Canälen manche Vortheile, dies sind aber auch nahezu die einzigen Wasserstrassen, welche im ganzen Reiche bei dem Transport von Kohlen, Erzen, Roheisen u. s. w. eine nur in etwas bedeutende Rolle spielen. Neuerdings scheint die preussische Regierung dem dringend nothwendigen Bau künstlicher Wasserstrassen grössere Aufmerksamkeit zuwenden zu wollen, und würden besonders der in Aussicht genommene Rhein-Weser-Elbe-Canal, die Regulirung der Oder und der projectirte Oder-Donau-Canal der Montanindustrie Westfalens und Schlesiens sehr grosse Dienste leisten können.

Um vieles besser ist es in Deutschland mit der Seeschiffahrt bestellt, so wenig auch dieselbe schon der geringeren Küstenentwicklung wegen an die Bedeutung der englischen Handelsmarine heranreicht. Vorhanden waren an Kauffahrtei-Schiffen:

	Segelschiffe		Dampfschiffe		Seeschiffe überhaupt	
	Zahl	Register-Tonnen	Zahl	Register-Tonnen	Zahl	Register-Tonnen
Anfang 1876	4.420	901.313	319	183.569	4.745	1,084.882
„ 1877	4.491	922.704	318	180.964	4.809	1,103.668
Hierzu Kriegsflotte (1877)	4	3.090	74	162.053	78	165.143

Jedes der hier aufgeführten Schiffe hat eine Grösse von mehr als 50 Cubikmeter Brutto-Raumgehalt (17.65 Reg. Tons); ausserdem besitzt die deutsche Kauffahrteiflotte noch 320 kleinere Fahrzeuge (darunter 12 Dampfer), welche zwar in ein Schiffsregister eingetragen, doch in den statistischen Nachweisen über den Bestand der deutschen Seeschiffe nicht mit aufgenommen sind; sie dienen hauptsächlich der engeren Küsten- bezw. Haffschiffahrt. — Die regelmässige Besatzung der Kauffahrtei-Schiffe betrug Anfang 1876 42.362 Mann.

Dem Umstande, dass die deutsche Kohlenindustrie in den meisten Fällen für ihren Transport der billigen Wasserkraft entbehrt, vielmehr auf die theuere Benutzung der Bahnen angewiesen ist, ist es vorzugsweise zuzuschreiben, dass die Absatzgebiete der einzelnen Kohlenreviere räumlich ziemlich beschränkt geblieben, mindestens nicht in dem Masse ausgedehnt worden sind, wie dies der grossartige Reichthum fossiler Brennstoffe und der verhältnissmässig leichte Abbau erwarten lassen sollten. Deutschland bezog 1877 für seine Seehäfen und seine nördlichen Provinzen über 2,000.000 Tonnen englische Kohlen und versendete nur circa 350.000 Tonnen über die Nord- und Ostseehäfen meist nach den nahen scandinavischen Ländern. Von einer Ausfuhr nach überseeischen Plätzen, auch blos nach den europäischen Häfen des Atlantischen Oceans und des Mittelmeeres, ist so gut wie gar nicht die Rede. Erst in den letzten Jahren ist es den grössten Anstrengungen der westfälischen Kohlenindustrie gelungen, wenigstens in den deutschen Nordseehäfen, in Hamburg, Bremen u. s. w. festen Fuss zu fassen und die englische Concurrenz etwas zurückzudrängen. Wenn trotzdem die Steinkohlenausfuhr in 1877 5,000.000 Tonnen überschritt, so war dies vorzugsweise nur auf dem Landwege möglich und zwar aus dem Ruhrbecken und von Aachen nach Belgien, Holland und Frankreich, von der Saar nach Frankreich und der Schweiz, aus Schlesien nach Oesterreich und Russland. Anstatt dass den deutschen Kohlengruben der Export in jeder Weise eröffnet und erleichtert werden sollte, sind sie sehr unnöthiger Weise gezwungen, auf deutschem Boden mit einander, der eine Bezirk gegen den andern, in die schärfste Concurrenz zu treten.

Ueber Ein- und Ausfuhr der Stein- und Braunkohlen geben wir nachstehend die Daten von 1862 ab.

Im Jahre	Einfuhr			Ausfuhr		
	Steinkohlen	Coke	Braunkohlen	Steinkohlen	Coke	Braunkohlen
	metrische Tonnen					
1862	894.893	.	.	2,107.383	.	.
1866	1,152.757	.	344.555	3,309.273	.	13.912
1867	1,303.662	.	451.081	3,805.510	.	13.066
1868	1,648.360	.	608.627	3,770.601	.	7.872
1869	1,856.149	.	611.734	3,984.828	.	15.116
1870	1,681.573	.	760.711	4,007.400	.	1.797
1871	2,395.072	.	874.672	3,699.692	.	3.356
1872	2,267.848	279.920	1,016.733	5,789.480	26.866	19.729
1873	1,456.497	548.553	1,488.171	4,020.812	42.853	17.611
1874	1,808.935	322.515	2,011.547	4,196.629	164.979	15.092
1875	1,876.286	351.177	2,415.704	4,523.019	221.884	11.208
1876	2,104.282	431.904	2,431.523	5,287.665	298.086	17.335
1877	2,028.764	262.390	2,459.789	5,007.368	354.950	8.374

Die procentuale Steigerung betrug für die Einfuhr der Steinkohlen von 1862—1877 226.9 %, von 1866—1877 175.9 %, für die Einfuhr von Braunkohlen von 1866—1877 713.9 %. Die Ausfuhr von Steinkohlen stieg von 1862—1877 von 100 auf 237.5 %, die der Braunkohlen fiel 1866—1877 von 100 auf 60.1 %.

Die Ausfuhr der Steinkohlen erfolgte in 1877 im Gesammtbetrage von 5,007.368 metr. Tonnen mit 1,888.558 Tonnen nach der Niederlande, 635.302 Tonnen nach Frankreich, 1,384.992 Tonnen nach Oesterreich, 226.663 Tonnen nach Russland, 361.593 Tonnen nach der Schweiz, 144.293 Tonnen nach Belgien, der Rest über die Nord- und Ostseehäfen, davon 205.105 Tonnen über Bremen, 127.688 Tonnen über Hamburg, und nur 12.052 Tonnen über die Ostseehäfen. — Von den 354.950 metr. Tonnen Coke gingen als Hauptposten 158.006 Tonnen nach Frankreich, 128.794 Tonnen nach Belgien, 18.709 Tonnen nach der Schweiz, 15.376 Tonnen nach Oesterreich.

Die in 1877 nach Deutschland eingeführten 2,028.764 metr. Tonnen kamen zum weitaus grössten Theil aus England. Hierzu gehören ohne Zweifel 1,085.865 Tonnen über die Ostsee, 318.215 Tonnen über Hamburg, 23.878 Tonnen über Bremen und 112.120 Tonnen über andere Nordseehäfen eingegangene metr. Tonnen Steinkohlen; 300.939 Tonnen wurden aus Oesterreich (vorzugsweise nach Bayern), 85.846 Tonnen aus Frankreich eingeführt.

In Braunkohlen ist der Export des deutschen Reiches nicht nennenswerth. Trotz der bedeutenden Production ist die Qualität der Braunkohlen nicht vorzüglich genug, um die hohen Spesen eines weiten Transports vertragen zu können. Um so stärker ist die Einfuhr und fällt der Löwenantheil den vorzüglichen Braunkohlen des nordwestlichen Böhmens zu. Von den in 1877 eingeführten 2,459.789 metr. Tonnen kam fast der ganze Betrag in der Höhe von 2,455.090 Tonnen aus Oesterreich. —

Von Interesse ist es, den Consum der deutschen Reichscapitale kennen zu lernen:

Berlin consumirte im Jahre 1877:

Oberschlesische Steinkohle	622.892	metr. Tonnen
Böhmische Braunkohle	247.890	„ „
Steinkohle von der Ruhr	81.945	„ „
Niederschlesische Steinkohle	69.992	„ „
Preussische Braunkohle	63.976	„ „
Englische Steinkohle	17.880	„ „
Zwickauer Steinkohle	5.641	„ „
Zusammen...	1,110.216	metr. Tonnen.

daher per Kopf rund 1.1 metr. Tonnen.

Gegenwärtige Lage. — Aussichten für die Zukunft.
Der deutsche Kohlenbergbau befindet sich zur Zeit in einer äusserst
ungünstigen Situation. Wer darüber noch im Zweifel sein sollte, braucht nur
unsere Tabelle über die Veränderungen in den Kohlenpreisen zu überblicken,
um sich sofort zu überzeugen, dass für einen Massenartikel wie Kohle Preis-
reductionen um mehr als 100 %, auf den kurzen Zeitraum von 3 Jahren vertheilt, von den empfindlichsten Nachtheilen für die Rentabilität der Anlage-
und Betriebscapitalien begleitet sein müssen. Während noch in 1876 eine
Anzahl von Zechen mit einem kleinen Gewinne arbeiteten, haben in 1877
fast alle Bergbaugesellschaften Unterbilanzen aufzuweisen gehabt, obgleich die
Löhne bereits bis zum Minimum reducirt und die technischen Einrichtungen
bei erhöhten Leistungen der Arbeiter mit sorgsamem Eifer verbessert worden
sind. Für das Jahr 1878 steht sogar eine beklagenswerthe Verschärfung
dieser Nothlage in Aussicht und lässt sich dies mit voller Sicherheit daraus
schliessen, dass die Verkaufspreise bei den für 1878 gemachten Abschlüssen
sich vielfach noch unter dem Niveau der vorjährigen befinden.

Die Nothlage lässt sich darauf zurückführen, dass mehr Kohlen producirt als begehrt wurden. Der allgemeine schlechte Geschäftsgang der
letzten Jahre hat den Verbrauch von Kohlen in den mit Dampf betriebenen
Etablissements aller Art erheblich eingeschränkt, vor allen Dingen hat aber
das Darniederliegen der Eisenindustrie, welche in normalen Zeiten allein ca.
29 % der gesammten Steinkohlenförderung beansprucht, die ungünstige Lage
des Kohlenbergbaues bis zur gefahrdrohenden Krisis gesteigert. Eine dauernde
Abhilfe wird auch nur erst dann zu erwarten sein, sobald die Eisenindustrie
wieder zu neuem Aufschwung gelangt.

Um der gegenwärtigen Ueberproduction so weit möglich zu begegnen,
haben sich die Kohlenwerke einiger Bezirke geeinigt, ihre Production zunächst um 6 % herabzusetzen. Ob diese Massregel, welche die Einsicht und
den guten Willen der Betheiligten documentirt, von Erfolg begleitet sein
wird, bleibt abzuwarten. Ein nachhaltiges Resultat wäre nur dann zu er-
hoffen, wenn möglichst alle Werke sich zu dem gleichen Schritt entschliessen
würden und wenn gleichzeitig dafür Bürgschaft vorhanden wäre, dass die
Minderproduction durch vermehrte Einfuhr englischer Stein- und böhmischer
Braunkohlen nicht sofort ausgeglichen werden könnte. Wie die Dinge
übrigens liegen, ist eine Ueberproduction an Kohlen zwar factisch vorhanden,
erwägt man indessen, dass jährlich 5,000.000 metr. Tonnen Stein- und
Braunkohlen ausgeführt, gleichzeitig aber 2,000.000 Tonnen fremde Steinkohlen und 2.450.000 Tonnen böhmische Braunkohlen, die den Steinkohlen
an Brennwerth nur wenig nachstehen, in Summe also 4,450.000 metr. Tonnen
Stein- und Braunkohlen eingeführt werden, so erlangt man in Betreff
der Ueberproduction doch ein anderes Bild. Die deutschen Werke haben
demnach in 1877 nur das verhältnissmässig geringe Quantum von 550.000
Tonnen mehr producirt, als ihr einheimischer Markt zu einer Zeit beansprucht,
in welcher noch dazu der Kohlenconsum auf das Aeusserste reducirt war.
Man wird daher den deutschen Kohlenwerken gegenüber mit dem oft gehörten Vorwurf der Ueberproduction sehr vorsichtig sein müssen, denn eine
gewisse Berechtigung, ihre Production mindestens nach dem Bedarf des natio-
nalen Marktes einzurichten, wird man jeder Industriebranche zuzuerkennen
haben.

So trübe die gegenwärtige Lage des deutschen Kohlenbergbaues ist, so
vielversprechend sind seine Aussichten für die Zukunft, sobald es nur gelingt,
die zwar schwierige, aber keineswegs unlösbare Transportfrage zu einem
befriedigenden Abschluss zu bringen. Wie sehr die englische Kohlenausfuhr
zur See dazu beigetragen hat, Grossbritanniens Handel und Industrie die
dominirende Stellung auf dem Weltmarkte zu verschaffen, ist bekannt genug.
Wenn irgend ein Land berufen erscheinen sollte, Englands Kohlenhandel die
Herrschaft streitig zu machen, so ist dies Deutschland mit seinen überaus

reichen Steinkohlenschätzen und seinen verhältnismässig niedrigen Abbaukosten. Die Erreichung eines solchen Zieles wird sehr grosser Anstrengungen bedürfen und im ersten, vielleicht noch im zweiten Jahrzehent wird auf grossartige Erfolge, oder wohl gar auf eine gleiche Stellung, wie solche der englische Kohlenhandel zur Zeit einnimmt, kaum zu rechnen sein. In dem Masse jedoch, als der englische Bergbau in grössere Tiefen hinabsteigen muss oder sogar der Kohlenvorrath in den bis jetzt für den Seetransport besonders günstig gelegenen Gruben im nördlichen England, in Schottland und Wales sich seiner Erschöpfung zuneigt, steigen die Chancen der deutschen Kohlenindustrie.

Vor allen Dingen wird es darauf ankommen, zu welchen Kosten deutsche Kohlen die Häfen der Nord- und Ostsee erreichen, wobei selbst vom Ruhrbecken aus im wohlverstandenen Interesse der deutschen Industrie, des Handels und der Rhederei die Häfen der deutschen Küste weit mehr in's Auge zu fassen sein werden, als die mittels des Rheins etwas leichter zu erreichenden Seehäfen von Holland und Belgien. Vorzugsweise berufen, diesen Export anzustreben, sind allerdings die Kohlengruben im Ruhrbecken und zwar in dessen ganzer Ausdehnung bis nach Osnabrück und Minden, eventuell auch der Aachener Bezirk, weil diese Reviere dem Meere am nächsten liegen. Durch die Ermässigung der Bahnfrachten, eventuell durch die Ausführung neuer Kohlenbahnen, vor allen Dingen aber durch den Bau von Canälen sind die jetzt noch zu hohen Transportkosten derart zu reduciren, dass die deutsche Kohle die Concurrenz mit ihrem englischen Rivalen aufnehmen kann. Ob für die schlesischen Kohlenreviere mittelst Regulirung der Oder und den Bau von Canälen nicht gleichfalls ein billiger Wasserweg zur Ostsee herzustellen sein dürfte, wäre dann kaum noch fraglich, und könnten dadurch Dänemark, Schweden, Norwegen und die russischen Ostseeprovinzen, die jetzt von England aus versorgt werden, der schlesischen Kohle gewonnen werden.

Für den Export deutscher Kohle sind sehr beachtenswerthe Schritte von dem Kohlen-Ausfuhr-Verein in Westfalen bereits unternommen worden. Ob und inwieweit diese Bestrebungen weiteren Erfolg haben werden, dürfte in der Hauptsache von den sehr wünschenswerthen Unterstützungen der deutschen Rhederei, der Eisenbahnen und, was wenigstens den Canalbau betrifft, auch der deutschen Regierung abhängen.

Eisen.*)

Im Mittelalter, etwa von dem Ende der Kreuzzüge bis zum dreissigjährigen Kriege, war die Eisenindustrie in Deutschland verhältnissmässig gut entwickelt. Der Verbrauch des Eisens war freilich noch sehr gering und reichte nicht entfernt an die grossen Massen des heutigen Bedarfs heran. In Folge dessen hielt sich die Production in engen Grenzen; was indessen erzeugt wurde, ward seiner guten Qualität wegen auch im Auslande gern gekauft. Die deutsche Hansa beherrschte damals die Häfen der Ost- und Nordsee; der Handel mit England, Norwegen, Schweden, mit Dänemark und den russischen Ostsee-Provinzen war ganz in ihren Händen; mit den Erzeugnissen deutschen Gewerbfleisses versorgte sie auch die französischen und spanischen Küsten und fand nur im Mittelmeere in der Rhederei der italienischen Handelsplätze ebenbürtige Gegner. Der deutsche Seehandel stützte sich aber auch auf die einheimische Industrie, welche in vielen Branchen das anerkannt Beste leistete, und wovon, was speciell die Eisenindustrie betrifft, erhalten gebliebene Metall-

---

*) Literatur. Wedding, Handbuch der Eisenhüttenkunde. — Lindheim, Kohle und Eisen. — Publicationen des Vereins deutscher Eisen- und Stahlindustrieller. — Zeitschrift für Berg-, Hütten- und Salinenwesen in Deutschland. — Dr. Frantz, Zeitschrift für Gewerbe, Handel und Volkswirthschaft (Beuthen). — v. Viebahn, Statistik des zollvereinten Deutschland. — Statistik des deutschen Reiches, herausgegeben vom kaiserlichen statistischen Amt. — Engel, Zeitschrift für Statistik des preussischen Staates.

arbeiten aller Art in ihrer nicht selten vorzüglichen Ausführung ein rühmliches Zeugniss ablegen.

Unter solchen Umständen wäre Deutschland mit seinem grossen Reichthum an Kohlen und Erzen berufen gewesen, in der Eisenbranche den Rang einzunehmen, den England im Laufe der Zeit erlangt hat, mindestens würde noch im 16. Jahrhundert auf deutschem Boden Niemand geglaubt haben, dass Grossbritannien, das seinen Bedarf von hier aus bezog, Deutschland später überflügeln würde. Die Hauptschuld, warum die deutsche Industrie sich in ihrer Stellung nicht behaupten konnte, entfällt auf die geradezu verhängnissvoll gewordene politische Uneinigkeit und Zerfahrenheit der deutschen Volksstämme, auf die Sonderpolitik der vielen Einzelregierungen, überhaupt auf die Kleinstaaterei. Während Grossbritannien und Frankreich zu Einheitsstaaten heranwuchsen, blieb Deutschland uneinig und zerspalten. Das grosse Reich musste dulden, dass die Nachbarstaaten ihre Fehden auf deutschem Boden auskämpften, eine Provinz nach der andern vom Mutterlande abtrennten und den Wohlstand des deutschen Volkes vernichteten. Der dreissigjährige Krieg allein hat entsetzliches Unglück über Deutschland gebracht; bei dem Friedensschluss von Osnabrück im Jahre 1648 war aus dem zuvor in Ackerbau, Gewerbe und Handel so blühenden Reiche ein armes, aus tausend Wunden blutendes Land geworden. Der spanische Erbfolgekrieg, die drei schlesischen, schliesslich die Napoleonischen Kriege zerstörten, was inzwischen wieder erarbeitet worden war; sie vernichteten die Ansammlung von Capitalien, ohne welche das Bestehen einer grossen leistungsfähigen Industrie nicht denkbar ist.

Ebenso nachtheilig war für die Entwicklung der Industrie das Fehlen einer einheitlich geleiteten Handelspolitik. Erst mit der Bildung des Zollvereins im Jahre 1833, als den deutschen Hüttenwerken der Vertrieb ihrer Artikel auf dem inländischen Markte gewährleistet wurde, beginnt die Eisenindustrie wieder aufzuleben. Der Bau der Eisenbahnen, die Erweiterung der Maschinenbetriebe, die steigende Verwendung des Eisens als Ersatz für Holz und Stein, der gesammte Aufschwung in Handel und Verkehr, sie kamen der jungen aufstrebenden Eisenindustrie derart zu statten, dass allein die Roheisenproduction, welche im Jahre 1830 kaum 100.000 Tonnen betragen haben mag, im Jahre 1848 zwar nur erst mit 200.000 Tonnen das Doppelte erreichte, in 1873 jedoch schon bis auf 2,175.000 metr. Tonnen (den nahezu 11fachen Betrag der Production von 1848) gestiegen war. Dabei ist nicht ausser Acht zu lassen, dass noch um das Jahr 1850 die ersten und wichtigsten Vorbedingungen für das Gedeihen einer Industrie: ausreichende Capitalien, eingeübte Arbeitskräfte, erleichterter Transport der Rohstoffe, gesicherter Absatz u. s. w., so gut wie nicht vorhanden waren und erst aus dem Rohesten herausgeschaffen werden mussten.

Die deutsche Eisenindustrie würde aber doch noch von der weit entwickelteren und unter ungleich günstigeren Verhältnissen arbeitenden ausländischen Concurrenz erdrückt worden sein, wenn ihr nicht durch die Zollgesetzgebung ein mässiger Schutz gewährt worden wäre. Dies gilt besonders von dem seit 1846 eingetretenen Roheisenzolle von 20 $\mathcal{M}$. pro metr. Tonne und der gleichzeitig eingetreten Erhöhung der bereits bestehenden Eingangszölle auf die wichtigsten Eisenartikel. Das Zollgesetz vom 10. October 1845 hat bis auf einige unbedeutende Ermässigungen fast 20 Jahre unverändert bestanden und sehr vortheilhaft eingewirkt. Auch die Zollreductionen von 1865 und 1870 waren noch so bemessen, dass die Concurrenz mit England allenfalls aufrecht gehalten werden konnte. Dagegen haben sich die weiteren Zollermässigungen des Jahres 1873, welche sogar für 1876 den Wegfall sämmtlicher Eisenzölle (feine Eisenwaaren ausgenommen) anticipirten, als eine sehr verhängnissvolle Massregel und als ein übereilter Schritt erwiesen, der jedenfalls zurückgenommen werden muss, wenn die Existenz der deutschen Eisenindustrie nicht ernstlich gefährdet werden soll. Für Eisen, Eisen- und Stahlwaaren, Maschinen betrugen die Zollsätze:

	Zollsätze in Deutschland pro metr. Ctr. à 100 Kilogram in ℳ						
	1818	1846	1865	1868	1870	1873	1877
Roheisen	-	2	1.5	1	0.5	-	-
Geschmiedetes und gewalztes Eisen in Stäben	6	9	5	5	5.5	2	-
Façonnirtes Eisen	6	18	7	7	5	2	-
Winkeleisen, T- und U-Eisen	6	9	5	5	3.5	3	-
Eisenbahnschienen	-	9	5	5	3.5	2	-
Eisenbahnlaschen und Unterlagsplatten	-	36	8	8	8	5	-
Stahl	6	9	5	5	5.5	2	-
Anker, Anker- und Schiffsketten	6	18	7	7	5	2	-
Platten und Bleche	13.5	18	7	7	5	2	-
Eisen- und Stahlblech polirt und gefirnisst	13.5	24	10.5	10.5	7	2	-
Weissblech	24	24	15	15	7	2	-
Eisen- und Stahldraht	15	24	5-7	7	3.5-5	2	-
Eisen zu Maschinentheilen roh vorgeschmiedet	-	18	5	5	3.5	2	-
Schmiedeeiserne Röhren	-	18	15	15	8	5	-
Ganz grobe Gusswaaren in Oefen, Platten, Gittern, Röhren etc.	6	6	2.4	2.4	2.4	2	-
Ganz grobe Eisenwaaren aus Schmiedeeisen und Stahl (Brücken und Brückentheile, Eisen und Stahl zu Bauzwecken verarbeitet etc.)	6	7	5	5	3.5	2	-
Eisenbahnwagenachsen, Radreifen, Räder, Puffer und dergl.	-	36	8	8	3.5-8	2-5	-
Grobe Eisenwaaren:							
a. Ambose, Schraubstöcke, Winden, Drahtseile, Drahtstifte, Pflugscharen, Wagenfedern, Hemmschuhe, Hufeisen und dergl.	36	36	8	8	8	5	-
b. Eisengusswaaren gefirnisst, abgeschliffen, jedoch nicht polirt, sodann Drahtwaaren, Kessel, Ketten, Nägel, Ringe, Schraubenmuttern, Bolzen, Aexte, kleine gegossene Schloss- und Thürtheile, Eisenbahnwagenfedern, ordinäre Blechwaaren, ordinäre eiserne Möbel und dergl.	36	36	8	8	8	5	-
c. alle unter a und b angeführten Gegenstände verkupfert, verzinnt, verzinkt oder emailirt, sodann Hämmer, Schlösser, grobe Messer, Sensen, Sicheln, Thurmuhren, Schrauben und dergl.	36	36	16	8-16	8	5	-
d. Degen, Handfeilen, Hobeleisen, Scheeren, Sägen, Bohrer, Maschinenmesser, alle Werkzeuge von Stahl und dergl.	36	36	16	16	8	5	-
Feine Eisenwaaren:							
a) aus feinem Eisenguss, polirtem Eisen oder Stahl, als: Gusswaaren (feine), lackirte Eisenwaaren, Messer, Stricknadeln, Häkelnadeln, Scheeren,							

	Zollsätze in Deutschland pro metr. Ctr. à 100 Kilogramm in ℳ.						
	1818	1845	1865	1860	1870	1873	1877
Schwertfegerarbeit	60	36	24	24	24	24	-
b) Nähnadeln, Schreibfedern aus Stahl, Uhrfournituren, Gewehre, Uhrwerke	60	60	60	60	60	60	-
Locomotiven, Tender, Dampfkessel	-	-	9	9	9	4	-
Maschinen vorwiegend aus Holz	-	-	3	3	3	2	-
„ „ „ Gusseisen	-	-	3	3	3	2	-
„ „ „ Schmiedeeisen oder Stahl	-	-	5	5	5	2	-
Eiserne Seeschiffe	-	-	8°/₀	8°/₀	8°/₀	-	-
Eiserne Flussschiffe	-	-	8°/₀	8°/₀	8°/₀	8°/₀	8°/₀

Wie aus der Tabelle hervorgeht, sind seit Anfang 1877 die Eisenzölle in Wegfall gekommen, und ist damit an die deutsche Eisenindustrie die sehr schwierige, zur Zeit unlösbare Aufgabe gestellt worden, mit den ungleich günstiger situirten Hüttenwerken Grossbritanniens in beiderseitig freie Concurrenz zu treten, den anderen Eisen producirenden Ländern (Belgien, Frankreich, Oesterreich, Nord-Amerika u. s. w.) gegenüber dulden zu müssen, dass dieselben ihre Eisenfabricate zollfrei nach Deutschland einführen können, während von deutschen Fabricaten bei deren Eingang nach jenen Ländern mehr oder weniger hohe Eingangszölle forterhoben werden. Einer solchen Aufgabe ist die verhältnissmässig junge deutsche Eisenindustrie nach mehrfachen Beziehungen hin bis jetzt noch nicht gewachsen, so unverkennbar auch aus den nachfolgenden Zusammenstellungen die sonstige Leistungs- und Lebensfähigkeit des deutschen Hüttenwesens zu ersehen sein wird.

Eisenerze.*)

Im deutschen Reiche wurden in 1875**) auf 1026 Werken (Gruben) 4,730.352 metr. Tonnen Eisenerze gefördert. Hiervon entfielen 2,594.422 metr. Tonnen auf Preussen, 102.185 metr. Tonnen auf Bayern, 131.216 metr. Tonnen auf Hessen, 758.208 metr. Tonnen auf Lothringen, 1,052.405 metr. Tonnen auf Luxemburg; der Rest vertheilt sich mit kleineren Quantitäten auf Sachsen, Württemberg und die thüringischen Staaten.

Deutschland besitzt einen grossen Reichthum an Eisenerzen und darunter Sorten von vorzüglicher Qualität. In der Gesammtförderung überwiegen mit etwa 35°/₀ die Brauneisenerze (Rheinprovinz, Schlesien, Luxemburg, Bayern, Thüringen, Lothringen, Sachsen, Hannover). Darauf folgen mit etwa 25°/₀ die Spatheisensteine der Rheinprovinz, in Westfalen, im Siegen'schen, Thüringen, Württemberg; mit etwa 18°/₀ die Kohleneisensteine in Westfalen und der Rheinprovinz, an der Saar, in Schlesien; mit circa 10°/₀ Rotheisenerze von Wetzlar, im Siegenerland, Nassau, Thüringen, Sachsen, Bayern, Hessen. Der

---

*) Bis zum Jahre 1867 gehörte Luxemburg (2587 Qu.-Kilometer. — 198.752 Einwohner) dem deutschen Bunde an. Seitdem aus dem deutschen Reiche ausgeschieden, ist es doch im Zollverein geblieben und muss daher, obgleich in Personal-Union mit dem Königreiche der Niederlande verbunden, in wirthschaftlicher, besonders in handelspolitischer Beziehung zu Deutschland gerechnet werden. Die Montanstatistik des deutschen Reiches führt zwar die Production Luxemburgs getrennt auf, nicht aber die Statistik über Ein- und Ausfuhr. Sämmtliche nachstehende Angaben über Productions- und Handelsbewegungen in Eisen und Stahl beziehen sich daher mit auf Luxemburg.

**) Das deutsche Kaiserl. statistische Amt veröffentlicht die Ziffern der Montanstatistik pro 1876 erst Anfang April 1878, und sind diese Daten so weit möglich noch während des Drucks des Berichtes nachgetragen worden. Für die Specialitäten war die vollständige Umarbeitung, wenn das Erscheinen des Berichtes nicht erheblich verzögert werden sollte, undurchführbar.

Rest der Eisenerzgewinnung vertheilt sich auf die **Thoneisensteine** der Rheinprovinz, von Westfalen, Schlesien, Bayern, Luxemburg und Deutsch-Lothringen, auf die **Raseneisenerze** der deutschen nördlichen Tiefebene und auf die vielfach zerstreut, aber **nur** selten in grösseren **Lagern** auftretenden **Magneteisenerze.**

Steht nun auch Deutschland in dem Reichthum an Eisenerzen anderen Ländern nicht nach, so befindet es sich doch darin im Nachtheil, dass nur verhältnissmässig wenig Fundstätten in directer Nähe der Kohlenlager vorkommen, vielmehr gerade sehr wichtige und ausgedehnte Eisenerzreviere — so die Eisensteine in Nassau, im Siegen'schen, in Hessen, Thüringen, Lothringen, Luxemburg, Bayern, Württemberg u. s. w. — von den Kohlengebieten ziemlich entfernt liegen. Ein anderer in der neuesten Zeit doppelt empfundener Uebelstand ist das verhältnissmässig geringe Vorkommen phosphorfreier, für die Herstellung von Bessemer-Roheisen geeigneter Erze. Die deutschen Stahlwerke sind deshalb gezwungen, bis zu 40 und 50 % ihres Bedarfs an Bessemererzen mit hohen Transportkosten aus weiter Ferne, aus Elba, Algier, Spanien, Schweden, Galizien herbeizuholen.

Mit der **Förderung** von **Eisenerzen** waren beschäftigt

im Jahre 1848 .... 1.974 Werke mit 15.610 Arbeitern
„ „ 1853 .... 1.878 „ „ 18.028 „
„ „ 1857 .... 3.015 „ „ 28.424 „
„ „ 1872 .... 1.341 „ „ 39.421 „
„ „ 1875 .... 1.026 „ „ 28.138 „

Die **Förderung** der **Eisenerze** wird angegeben:

Im Jahre	metr. Tonnen	Werth in ℳ.	im Jahre	metr. Tonnen	Werth in ℳ.
1848.....	693.725	3,832.662	1870.....	3,839.222	24,113.397
1853.....	903·236	5,023.002	1871.....	4,368.025	30.798.804
1857.....	1,962.054	11,654.001	1872.....	5.895.674	42,371.802
1862.....	2,216.021	10,803.024	1873.....	6.177.576	43,351.641
1866.....	2.996.021	17,144.313	1874.....	5.137.468	28,594.550
1867.....	3,264.464	18,373.530	1875.....	4.730.353	26,753.467
1868.....	3,634.369	19,388.283	1876.....	4,711.982	23;623.599
1869.....	4,033.807	23,269.473			

Die Production stieg demnach von 1848 bis 1875 dem Gewicht nach von 100 auf 681.9 %, dem Werthe nach auf 698.1 %. Ihre grösste Höhe erreichte sie in 1873 mit 6,177.576 metr. Tonnen, um jedoch schon im nächsten Jahre um 1,050.000 metr. Tonnen und bis 1876 um weitere 426.000 metr. Tonnen zu sinken. — In 1848 förderte 1 Arbeiter 444 metr. Centner, in 1875 1.681 metr. Centner.

Der **auswärtige Handel** mit **Eisenerzen** stellte sich:

Im Jahre	Einfuhr	Ausfuhr	Im Jahre	Einfuhr	Ausfuhr
	metr. Tonnen			metr. Tonnen	
1862	35.488	102.690	1872	382.536	111.719
1866	106.488	183.821	1873	460.509	104.668
1867	157.813	207.892	1874	48.031	316.352
1868	161.558	30.062	1875	220.916	606.925
1869	242.939	431.852	1876	197.537	670.882
1870	300.108	84.275	1877	328.184	804.037
1871	270.176	517.354			

Von den eingeführten Erzen kamen in 1877 allein 237.441 metr. Tonnen über die holländische Grenze, jedenfalls, also ausländische, in holländischen Häfen ausgeschiffte Bessemer-Erze. Derselben Qualität werden auch 43.318 metr. Tonnen aus Oesterreich, 7.375 metr. Tonnen aus Russland, höchst wahrscheinlich das ganze Quantum von 328.184 metr. Tonnen eingeführter Erze angehört haben.

Dass die Ausfuhr der Erze in den letzten Jahren erheblich gestiegen ist (von 1873 bis 1877 von 104.500 auf 804.000 metr. Tonnen), spricht deutlich genug für die ungünstige Lage der deutschen Hüttenwerke, zumal wenn man in Betracht zieht, dass in demselben Jahre 1877 526.708 metr. Tonnen fremdes Roheisen über die deutsche Grenze ein- und durchgeführt worden sind. Der Hauptposten der Erz-Ausfuhr ist mit 800.036 metr. Tonnen nach Belgien gegangen und dürfte vorzugsweise aus Luxemburg stammen. Unter anderen Verhältnissen würden die deutschen Werke sicher vorgezogen haben, die mineralischen Bodenschätze nicht als solche an das Ausland abzugeben, sondern als Fabricate mit dem Zuschlag des Arbeits- und Capitalsgewinnes auszuführen oder den einheimischen Bedarf damit zu decken.

Roheisen.

Der deutsche Hohofenbetrieb verbraucht durchschnittlich zur Herstellung einer Tonne Roheisen je nach Qualität 2.5 bis 2.8 Tonnen Eisenerz, 2.8 bis 3.2 Tonnen Kohlen bezw. Coke, 1 bis 1.5 Tonnen kalkhaltige Zuschläge, in Summa 6.3 bis 7.5 Tonnen Rohmaterialien. Leider finden sich dieselben in Deutschland seltener zusammen vereinigt, als in manchen anderen Eisen producirenden Ländern; da indessen dem Gewicht nach der Verbrauch der Brennstoffe überwiegt, zieht man bei neueren Anlagen auch in Deutschland vor, die Erze nach den Kohlenrevieren zu transportiren, als die grösseren Gewichtsmengen der Brennstoffe nach den Erzlagerstätten. Die Entscheidung läuft also auf die Transportfrage hinaus, d. h. gerade auf den Theil der Productionskosten, der in Deutschland bei dem Fehlen leistungsfähiger Wasserstrassen und durch irrationelle Erhöhung der Bahnfrachten aussergewöhnlich hoch zu stehen kommt.

Die Preise der Rohmaterialien (Erze, Kohlen, kalkhaltige Zuschläge) werden am Orte ihrer Gewinnung in Deutschland, England und Belgien nur wenig differiren. Für Giesserei- und Bessemer-Roheisen mag in England der Gesammtpreis der Materialien pro metr. Tonne Roheisen loco Grube sich etwas billiger stellen, für Puddeleisen dagegen sind die Gestehungskosten annähernd gleich hoch und für Qualitätseisen wird vielleicht das eine oder andere deutsche Werk einen kleinen Vorsprung haben. In Bezug auf die Transportkosten der Erze, Kohlen und Zuschlagsmaterialien von den Gruben bis zum Hohofen steht dagegen Deutschland in sehr bemerkbarem Nachtheil. Eine von dem Vereine deutscher Eisen- und Stahl-Industrieller Anfang 1877 bearbeitete Zusammenstellung ergab an durchschnittlichen Frachtkosten für Erze, Kohlen und Zuschläge pro metr. Tonne Roheisen bis zur Hütte:

	Giesserei-Roheisen	Puddeleisen	Weissstrahliges (Qualitäts-)Eisen	Bessemer-Roheisen
	M.			
England	10.50	10.50	14.70	14.70
Rheinland-Westfalen . . .	18.40	19.42	18.40	26.20
Oberschlesien	15.60	15.10	.	21.10

Die Frachtdifferenzen pro metr. Tonne betrugen demnach für Giesserei-Roheisen 5.10 bis 7.90, für **Puddeleisen** 4.60 bis 8.92, für weissstrahliges Eisen 3.70, für Bessemer-Eisen 6.40 bis 11.50 $\mathcal{M}$. Die auffallend grosse Differenz für Bessemer-Roheisen erklärt sich daraus, dass der Transport der von auswärts bezogenen phosphorfreien Erze bis zu den tief im Binnenland liegenden Hütten besonders hohe Kosten verursacht.

Nach sehr sorgfältigen Durchschnittsberechnungen stellten sich mit Einschluss der Preise für die Rohmaterialien bis zur Hütte, der Arbeitslöhne u. s. w., der Amortisation, der Verzinsung der Prioritätsanleihen, Banquierguthaben u. s. w. Mitte 1877 die gesammten Selbstkosten für die Production von 1 metr. Tonne

	Puddel-Roheisen	Giesserei-Roheisen	Bessemer-Roheisen
	circa $\mathcal{M}$		
England	39—44	45—52	60—62
Rheinland-Westfalen	50—61	63—70	72—81
Schlesien	52—55	64—69	71—78

Hierbei ist allerdings nicht zu übersehen, dass rheinisch-westfälisches und schlesisches Eisen an Qualität manche englischen Marken übertreffen und deshalb von den deutschen Werken auch ein höherer Preis verlangt werden kann, der freilich in Zeiten der Krisen nicht immer durchzusetzen sein mag. Auch finden sich einige wenige besonders günstig situirte Werke, deren Productionskosten unter jene Durchschnittsziffern hinabgehen und sich mehr den englischen Selbstkosten nähern, — im grossen Ganzen liegen aber für die deutsche Eisenindustrie die Productionsverhältnisse, und darunter in erster Linie die Frachten, erheblich ungünstiger als in den Concurrenzländern.

Producirt wurde an
Roheisen [ohne Gusswaaren aus Erzen] (incl. Luxemburg):

Im Jahre	metr. Tonnen	Werth in $\mathcal{M}$	Im Jahre	metr. Tonnen	Werth in $\mathcal{M}$
1848	205.342	24,605.589	1870	1,345.520	97,919.805
1853	305.761	35,921.013	1871	1,491.477	111,346 386
1862	645.693	52,628.643	1872	1,927.061	209,241.396
1865	524.591	67,227.954	1873	2,174.058	234,061.293
1866	996.738	76,976.589	1874	1.856.311	150,606.244
1867	987.163	72,000.846	1875	1,981.736	140,853.376
1868	1,200.188	83,725.938	1876	1,801.457	112,015.883
1869	1.356.965	94,342.491			

Die procentuale Steigerung (Anfangsziffern jeder Periode $=$ 100) betrug

	nach dem Gewicht	nach dem Werth
in 1848 bis 1868	584.4 %	340.0 %
„ 1868 „ 1875	165.1 „	168.2 „
„ 1848 „ 1875	965.0 „	572.4 „

Da seit 1871 Elsass-Lothringen mit einer Jahresproduction von durchschnittlich 235.000 metr. Tonnen dem deutschen Reiche angehört, Luxemburg hinwiederum mit durchschnittlich 270.000 metr. Tonnen Roheisengewinnung politisch nicht zu Deutschland zu rechnen ist, so wird über das procentuale Wachsthum die erste Tabelle, Seite 110, richtigeren Aufschluss geben.

Von der Gesammtproduction des Reiches entfallen durchschnittlich 68 9 % auf Preussen, welches producirte

in 1874	1,280.269 metr. Tonnen Roheisen,
„ 1875	1,398.337 „ „ „
„ 1876	1,324.339 „ „ „
„ 1877	1,421.032 „ „ „

Producirt wurden an Roheisen überhaupt mit Einschluss der Gusswaaren aus Erzen (erste Schmelzung):

Im Jahre	Deutsches Reich				Deutsches Reich mit Elsass-Lothringen und Luxemburg	
	ohne		mit			
	Elsass-Lothringen					
	metr. Tonnen	%	metr. Tonnen	%	metr. Tonnen	%
1867	1,034.300 = 100		1,034.300 = 100		1,113.606 = 100	
1868	1,158.439 = 112.5		1,158.939 = 112.5		1,264.347 = 113.5	
1869	1,288.990 = 125.1		1,288.990 = 125.1		1,409.429 = 126.5	
1870	1,261.683 = 122.3		1,261.683 = 122.3		1.391.124 = 125.2	
1871	1,265.805 = 122.8		1,420.830 = 137.8		1,563.682 = 140.5	
1872	1,585.069 = 153.8		1,807.846 = 175.2		1,988.395 = 178.8	
1873	1,719.765 = 166.9		1,983.163 = 192.2		2,240.575 = 201.8	
1874	1,416.590 = 137.3		1,660.209 = 161.1		1,906.263 = 171.6	
1875	1,526.019 = 148.0		1,759.052 = 170.3		2,029.389 = 182.4	
1876	1,416.411 = 136.9		1,614.687 = 156.0		1,846.345 = 166.8	

Die Anzahl der im Jahre 1875 vorhandenen Hohöfen, auf die einzelnen Länder und Provinzen vertheilt, ist aus nachtsehender Tabelle ersichtlich.

	Hohöfen				Hohöfen	
	in	ausser			in	ausser
	Betrieb				Betrieb	
Preussen:			Transport...		229	143
Schlesien	44	41	Württemberg.........		5	.
Sachsen	2	.	Hessen...............		5	.
Hannover..........	10	4	Braunschweig		7	3
Westfalen	48	32	Meiningen		1	1
Hessen-Nassau	22	7	Anhalt..............		1	.
Rheinland	83	43	Waldeck............		1	.
Hohenzollern	.	2	Reuss		1	.
Summa...	209	129	Elsass-Lothringen.....		26	11
Bayern	15	8	Luxemburg		21	8
Königreich Sachsen ...	5	6	Deutsches Reich......		297	166
Transport...	229	143				

Von den 297 angeblasenen Hohöfen verwendeten 198 als Brennmaterial Steinkohlen und Coke, 86 Holzkohlen, 13 gemischte (mineralische und vegetabilische) Brennstoffe.

Im Jahre 1848 beschäftigte der Hohofenbetrieb 13.823 Arbeiter, in 1857: 19.483, im Jahre 1875: 22.760 (22.082 männliche und 678 weibliche) Arbeitskräfte. — In 1848 producirte 1 Arbeiter durchschnittlich 149, in 1857: 155, in 1875: 812 metr. Ctr. Roheisen.

In Bezug auf die Absatzverhältnisse ist zunächst daran zu erinnern, dass die bedeutendsten Bezirke für die Roheisenverhüttung ebenso wie die Kohlenreviere — oder gerade deshalb — sich an den Grenzen des Reiches befinden. Es gilt dies von Oberschlesien, von Lothringen, Luxemburg, von den Hüttenwerken an der Saar, von den sächsischen und bayrischen Hohöfen, zum Theil auch von dem grössten Bezirk: von Rheinland-Westfalen. Nach der Mitte des Reiches zu liegen nur die nicht grossen Werke im Harz, einige Hütten in der Provinz Hannover, in Hessen-Nassau und in Württemberg. Für den Absatz ihrer Producte auf heimatlichem Boden sind die Eisenhütten deshalb ungünstig situirt, und wird dies noch insofern verschlimmert, als auch die Frachten des versandfähigen Fabricates in vielen Fällen sich für die ausländische Concurrenz günstiger stellen als für die einheimischen Werke. Mit ihrem Versand sind die deutschen Hütten vorwiegend auf die Bahnfracht angewiesen. Die englische Concurrenz erfreut sich dagegen für ihr Eisen und ihre Eisenfabricate nicht nur der niedrigen Seefrachten, sondern auch der Möglichkeit, bis in das Herz von Deutschland die niedrigen Wasserfrachten des Rheins, der Elbe, Oder und Weichsel zu benutzen. So betrug die Fracht pro metr. Tonne Eisen- und Eisenartikel im Frühjahr 1877:

1) Englische Küste — Stettin — Berlin . . . . *M.* 14.00
   Rheinland (Oberhausen) — Berlin . . . . „ 15.50
   Oberschlesien (Königshütte) — Berlin . . . . „ 14.20
2) Schottland — Stettin — Berlin . . . . „ 15.50
   Rheinland (Oberhausen) — Berlin . . . . „ 15.50
   Oberschlesien (Königshütte) — Berlin . . . . „ 14.20
3) Englische Küste — Hamburg — Magdeburg — Dresden. „ 16.50
   Rheinland (Oberhausen) — Dresden . . . . „ 19.50
   Oberschlesien (Königshütte) — Dresden . . . . „ 17.80
4) England — Stettin — Frankfurt a. O. . . . . „ 11.80
   Rheinland (Oberhausen) — Frankfurt a. O. . . . . „ 17.20
   Oberschlesien (Königshütte) — Frankfurt a. O. . . . . „ 12.80
5) Von der englischen Ostküste (bezw. Schottland) bis Holland betrug die Fracht pro metr. Tonne $6^{1}/_{2}$ *M.*; von da bis Köln höchstens 4 *M.*, bis Mainz 5—5$^{1}/_{2}$ *M.*, so dass englische und schottische Eisenartikel mit einem Frachtaufwand von $10^{1}/_{2}$ *M.* pro metr. Tonne, also mit einem geringeren Betrage, als die Differenz der Selbstkosten ausmacht, mitten durch das hervorragendste Gebiet der deutschen Eisenproduction befördert werden konnten.

Diesen Umständen ist es zum grossen Theil zuzuschreiben, dass die deutsche Eisenindustrie seit Wegfall des Zollschutzes den heimathlichen Markt sich nur unter Opfern sichern konnte und im Auslande einigermassen Ersatz für den Ausfall im Inlande suchen musste. — Nach den statistischen Aufstellungen ist zwar auch die **Ausfuhr von Roheisen** in den letzten Jahren erheblich gestiegen, doch kann die deutsche Handelsstatistik dafür nur mit grosser Reserve benutzt werden, da in ihren Ziffern auch die Durchfuhr mitenthalten ist. Von dem Ausfuhrquantum des Jahres 1877 per 344.019 metr. Tonnen sind allein 247.660 metr. Tonnen nach und über Belgien ausgeführt worden; 29.174 metr. Tonnen sind nach Oesterreich, 11.334 metr. Tonnen nach der Schweiz, 12.006 metr. Tonnen nach Russland, 23.837 metr. Tonnen nach und über die Niederlande gegangen.

Die Posten der **Ein- und Ausfuhr von Roheisen und altem Brucheisen** ergeben sich aus der folgenden Tabelle:

Im Jahre	Einfuhr		Ausfuhr	
	metr. Tonnen			
1862	152.815		13.127	
1866	140.469		20.606	
1867	116.911	einschliesslich	29.613	einschliesslich
1868	132.525	Alt- und	98.019	Alt- und
1869	189.746	Brucheisen	101.857	Brucheisen
1870	229.334		109.825	
1871	440.455	Brucheisen	111.701	Brucheisen
1872	619.756	42.819	124.318	25.331
1873	690.489	52.578	135.417	18.049
1874	531.474	17.560	207.105	15.138
1875	606.379	18.235	322.223	16.767
1876	571.134	12.520	289.417	16.783
1877	526.708	14.225	344.019	19.915

Roheisen wird vorzugsweise von Grossbritannien eingeführt, und sind von den 526.708 metr. Tonnen die Posten: 73.293 metr. Tonnen, eingeführt über die Ostsee, 215.772 metr. Tonnen aus den Niederlanden, 7.190 metr. Tonnen über Bremen, 87.697 metr. Tonnen über Hamburg, 9.043 metr. Tonnen über andere Nordseehäfen wohl ausschliesslich als englisches Eisen anzusehen. Zum Theil mag dies auch der Fall sein mit 99.240 metr. Tonnen aus Belgien eingeführtem Roheisen, da beträchtliche Posten, in Antwerpen ausgeschifft, ihre eigentliche Bestimmung in Deutschland finden.

Stahl.

In Deutschland bestanden bis zum Jahre 1856 nur 2 Stahlwerke, die bekannten Etablissements von Essen und Bochum, deren Artikel auf allen Weltausstellungen Aufsehen erregten. Ueber die grossartigen Leistungen der Krupp'schen Werke in Essen waren sogar die englischen Eisenindustriellen erstaunt. Als dann Bessemer durch seine berühmte Erfindung dem Tiegelgussstahl Concurrenz machte, Siemens seine Gasfeuerung und, im Verein mit Martin, den Schmelzprocess auf offenem Herde bei der Stahlerzeugung in Anwendung brachte, sahen sich die Stahlwerke genöthigt, der wichtigen Neuerung sich um ihrer Existenz willen zu bemächtigen, und sobald erkannt wurde, dass der viel dauerhaftere Bessemer-Stahl zunächst in dem Bedarf der Eisenbahnen das Eisen vollständig verdrängen werde, musste auch die Eisen-Grossindustrie wohl oder übel die Stahlfabrication mit aufnehmen. Für Deutschland war der Uebergang deshalb besonders schwierig, weil, wie bereits erwähnt, die zur Herstellung nothwendigen phosphor- und schwefelfreien Erze in ausreichender Menge nicht vorhanden waren, vielmehr unter sehr ungünstigen Frachtverhältnissen grosse Quantitäten ausländischer Erze bezogen werden mussten. Wollte indessen die deutsche Industrie nicht zurückbleiben oder gar auf ihre Existenz verzichten, so blieb keine andere Wahl, als, wenn auch mit Opfern, sich der Erfindung zu bemächtigen. In rascher Aufeinanderfolge entstanden etwa vom Jahre 1865 ab neue Bessemer-Anlagen in Hörde, Oberhausen, Ruhrort, Dortmund, Osnabrück, bei Aachen, in Königshütte (Oberschlesien), in Bayern und Sachsen. Die deutsche Stahlindustrie hat in kurzer Zeit auch technisch sehr anerkennenswerthe Fortschritte gemacht, sie hat unter anderem verstanden, allmählig den Zusatz fremder Erze zu verringern und doch ein auch im Auslande seiner Qualität wegen sehr geschätztes Fabricat zu liefern. Schwer hat sie indessen unter der seit 1873 bestehenden Krise gelitten, und noch empfindlicher traf sie die Aufhebung des Zollschutzes, den sie gerade jetzt der internationalen Ueberproduction gegenüber erst recht nicht entbehren konnte. Wie rasch die Production gestiegen ist, beweist folgende Tabelle.

Im Jahre	metr. Tonnen	Werth in $\mathscr{M}$	im Jahre	metr. Tonnen	Werth in $\mathscr{M}$
1848	9.024	2,498.320	1871	250.947	87,446.460
1862	40.916	18,545.763	1872	312.247	103,466.280
1866	114.434	57,938.514	1873	302.647	99,964.068
1867	122.591	58,247.769	1874	354.256	92,994.504
1868	122.837	57,645.903	1875	352.431	76,384.949
1869	161.319	67,970.409	1876	390.434	74,393.954
1870	169.951	68,242.878			

Auf das Königreich Preussen entfallen

in 1875 .... 333.640 metr. Tonnen Stahl und Stahlfabricate
„ 1876 .... 396.958   „   } Rohstahl.
„ 1877 .... 443.347   „

Beschäftigt waren bei der Stahlfabrication im Jahr 1848: 1332, in 1857: 3042, in 1875: 19.509 Arbeiter.

Die Zahl der Converter für die Bessemer-Stahl-Fabrication betrug in 1877 81, von denen indessen nur 39, und auch diese nicht das ganze Jahr hindurch in Betrieb waren.

An Stahlfabricaten aller Art (Schienen, Eisenbahnlaschen, Eisenbahnwagenachsen und Rädern, Maschinentheilen, Blechen und Platten, Draht, Kanonen und Geschossen) wurden hergestellt:

	metr. Tonnen		metr. Tonnen
Im Jahre 1872......	285.582	im Jahre 1875......	347.337
„ „ 1873......	310.425	„ „ 1876......	377.910
„ „ 1874......	361.947		

Die Ein- und Ausfuhr von Stahl betrug:

Im Jahre	Einfuhr	Ausfuhr	im Jahre	Einfuhr	Ausfuhr
	metr. Tonnen			metr. Tonnen	
1862	3.035	1.749	1872	5.417	8.689
1866	2.364	3.476	1873	6.221	5.519
1867	2.300	5.164	1874	5.291	8.494
1868	2.376	6.987	1875	5.489	10.586
1869	2.887	7.158	1876	3.946	17.792
1870	2.051	8.404	1877	5.622	16.145
1871	2.836	5.857			

Eisengusswaaren.

An Eisengiessereien waren vorhanden

im Jahre	Werke	Arbeiter
1848..	109	5.112
1853..	133	8.439
1857..	195	10.537
1872..	772	39.934
1875..	874	42.134
1876..	867	35.291

Eine Concentration der Eisengiessereien findet nicht statt. Dieselben sind in den eigentlichen Eisenbezirken von Rheinland-Westfalen, Oberschlesien u. s. w. kaum stärker vertreten, vielmehr ziemlich gleichmässig durch das ganze Reich vertheilt.

Verschmolzen wurden in 1875 in 874 Giessereien und 429 anderen Werken (Maschinenbau-Anstalten etc.) mit 1.566 Cupol- und 113 Flammöfen:

Verarbeitetes Roheisen		Erzeugte Gusswaaren	
metr. Tonnen		metr. Tonnen	
116.102	inländisches Roheisen	205.365	Maschinentheile
311.013	ausländisches „	204.577	sonstige Gusswaaren
120.465	Alteisen............	11.215	Hartgusswaaren
		60.332	eigener Bedarf der Werke
547.580	Roheisen........... zu	481.489	Gusswaaren

Die Giessereien bezogen demnach nahezu ca. 57 % ausländisches Roheisen. Sie sind die stärksten Consumenten von englischem und schottischem Eisen, da das deutsche Giesserei-Eisen, obgleich von meist besserer Qualität, nicht so billig — früher wurde auch behauptet: nicht so gleichartig für bestimmte wiederkehrende Giessereizwecke — hergestellt werden konnte, wie in Schottland. Neuerdings sind indessen von den deutschen Hüttenwerken, deren Hohöfen auf Giesserei-Roheisen gehen, sehr beachtenswerthe Fortschritte gemacht worden, und haben im Jahre 1877 in Rheinland-Westfalen unter Controle des preussischen Handelsministeriums im Grossen angestellte Versuche der Verwendbarkeit des deutschen Giesserei-Eisens das beste Zeugniss ausstellen lassen.

Die Production der Giessereien belief sich:

Im Jahre	Gusswaaren aus				Summe der Gusswaaren	
	Erzen		Roheisen			
	metr. T.	Werth in ℳ.	metr. T.	Werth in ℳ.	metr. T.	Werth in ℳ.
1848	·	·	·	·	31.356	9,437.631
1853	·	·	·	·	66.347	18,897.525
1857	·	·	·	·	112.654	29,832 099
1862	50.657	9,876.360	131.929	29,102.997	182.586	38,979.357
1866	50.216	9,198.171	175.948	38,201.202	226.164	47,399.373
1867	126.444	12,633.018	189.000	39,168.243	315.444	51,801.261
1868	64.160	9,180.195	202.171	41,059.479	266.331	50,239.674
1869	56.065	10,396.635	239.900	49,124.334	295.965	59,520.969
1870	45.604	8,444.928	235.430	48,589.041	281.034	57,033.969
1871	72.205	15,610.701	346.935	67,906.035	419.140	83,516.736
1872	61.333	13,100.811	492.109	125,704.497	553 442	138,805.308
1873	66.516	14,553.468	524.137	136,736.598	590.653	151,290.066
1874	49.951	10,515.582	488.306	111,483.491	538.257	121,999.073
1875	47.654	9,727.335	484.639	107,160 614	532.293	116,887.949
1876	44.887	8,998.512	436.104	88,873.278	480.991	97,871.790

In Procenten (Anfangsziffer jeder Periode = 100) stieg die Herstellung von Gusswaaren aller Art

	nach Gewicht	nach Werth
in 1848 bis 1868	849.6 %	532.4 %
„ 1868 „ 1875	199.9 „	232.6 „
„ 1848 „ 1875	1.697.9 „	1.238.5 „

Ueber Ein- und Ausfuhr der Giesserei-Artikel liegen zwar officielle Daten vor, doch lassen sich die einzelnen Perioden nicht mit einander vergleichen, weil die betreffenden Rubriken im Laufe der Zeit mehrfache Abänderungen erfahren haben. Beschränken wir uns nur auf die letzten Jahre, so betrug

	die Einfuhr		die Ausfuhr	
	1876	1877	1876	1877
	metr. Tonnen			
Ganz grober Eisenguss ...	23.698	17.898	84.109	118.443
Eisen- und Stahlwaaren, grobe geschmiedete und gegossene	11.593	31.378		

Unter der hier verzeichneten Ausfuhr von Eisen- und Stahlwaaren spielen die Artikel der sogenannten Kleineisenindustrie, die namentlich in der Rheinprovinz (Remscheid, Hagen, Witten, Lüdenscheid, Iserlohn, Altena u. s. w.) von Alters her hoch entwickelt ist, eine hervorragende Rolle. Hier sind die Fabricationsstätten für sehr beträchtliche Quantitäten von gegossenen, vorwiegend indessen geschmiedeten Eisenartikeln (Ambose, Aexte, Hämmer, Hacken, Ketten, Nägel, Ringe, Sensen, Blech- und Drahtwaaren, landwirthschaftliche und gewerbliche Werkzeuge aller Art), die nach allen Theilen der Erde versendet werden.

Schmiede- und Walzeisen, Schienen, Bleche, Draht.
Im Jahre 1875 waren für die Production von Walzeisen-Artikeln aller Art im Betriebe:

Königreich	Puddel-öfen	Frisch-feuer		Puddel-öfen	Frisch-feuer
Preussen	1.382	70	Transport...	1.484	106
davon in Schlesien ...	375	16	Baden	.	5
„ „ Sachsen	22	.	Hessen	.	2
„ „ Westfalen ..	469	17	Braunschweig	6	.
„ „ Hess.-Nassau	22	8	Meiningen	1	.
„ „ Rheinland ..	486	23	Anhalt	.	2
Königr. Bayern	70	16	Waldeck	.	1
„ Sachsen	13	6	Elsass-Lothringen ...	106	9
„ Württemberg	5	14	Luxemburg	5	.
Oldenburg ..	14	.	Deutsches Reich	1.602	125
Transport...	1.484	106			

Ausserdem weist die officielle Statistik noch nach als in 1875 in Betrieb befindlich

bei den Rohstahlhütten ...... 85 Puddelöfen ...... 18 Frischfeuer
„ „ Gussstahlhütten ...... 271 „ ...... 2 „
356 Puddelöfen 20 Frischfeuer.

An Stab- und Walzeisen einschliesslich Schienen, Blechen, Draht, Profileisen zu Bauzwecken, Brücken, Schmiedestücken, Röhren aus Eisen u. s. w. wurden producirt:

Im Jahre	metr. Tonnen	Werth in ℳ	im Jahre	metr. Tonnen	Werth in ℳ
1848	164.752	48.356.899	1872	1,179.794	319,126.755
1857	402.136	128.189.549	1873	1,182.502	315,625.251
1867	641.523	128,719.284	1874	1,207.419	247,315.710
1868	751.467	152,533.236	1875	1,102.813	187,744.269
1869	886.074	178,515.657	1876	1,017.747	152,294.166
1871	1,012.769	216.386.862			

Die procentuale Steigerung der Walzeisenproduction betrug demnach

<table>
<tr><td></td><td>nach Gewicht</td><td>nach Werth</td></tr>
<tr><td>von 1848 bis 1868 .... </td><td>456.1 %</td><td>........ ..... 315.4 %</td></tr>
<tr><td>„ 1868 „ 1875 .... </td><td>164.7 „</td><td>.............. 123.0 „</td></tr>
<tr><td>„ 1848 „ 1875 .... </td><td>669.3 „</td><td>.............. 388.3 „</td></tr>
</table>

Auf das Königreich Preussen entfallen von der Gesammtproduction des deutschen Reiches durchschnittlich 85 %. — An Walzeisen aller Art wurden in Preussen im Jahre 1876 898.769 metr. Tonnen, in 1877 878.433 metr. Tonnen hergestellt.

Schienen.

In diesem wichtigen Artikel tritt der Verbrauch des Eisens mehr und mehr gegen den des Bessemer-Stahls zurück.

Die Production betrug:

Im Jahre	Eisenschienen	Stahlschienen	Summa der Eisen- und Stahlschienen
		metr. Tonnen	
1871	320.619	128.406	449.025
1872	320.996	179.092	500.088
1873	385.601	186.643	572.244
1874	364.978	237.894	602.872
1875	227.976	241.505	469.481
1876	126.288	253.746	380.034

8*

Wie viel Schienen in dem Jahre 1877 ausgewalzt worden sind, ist officiell noch nicht veröffentlicht. Für 1877 wird die Production zu circa 400.000 metr. Tonnen, darunter mindestens 350.000 metr. Tonnen Stahlschienen geschätzt.

Für Schienen wird angegeben:

Im Jahre	Einfuhr	Ausfuhr	im Jahre	Einfuhr	Ausfuhr
	metr. Tonnen			metr. Tonnen	
1862	1.090	3.735	1872	11.706	70.699
1866	6.685	2.091	1873	44.578	70.683
1867	2.416	4.301	1874	8.590	84.864
1868	4.610	28.617	1875	6.937	122.224
1869	2.332	37.124	1876	684	133.484
1870	2.488	36.030	1877	76.034	225.630
1871	5.110	41.793			

Von den 225.630 metr. Tonnen Schienenexport werden angegeben als ausgeführt: nach Russland 65.357 metr. Tonnen, nach Holland 112.876 metr. Tonnen, nach Oesterreich 9.268 metr. Tonnen, nach der Schweiz 6.080 metr. Tonnen, nach Belgien 12.420 metr. Tonnen, der Rest über die Ost- und Nordseehäfen. Es ist indessen, wie eingehender schon für die Ein- und Ausfuhr des Roheisens nachgewiesen worden ist, nur zu wahrscheinlich, dass ein Theil der nach Russland ausgeführten Schienen in der Summe der über Holland exportirten Schienen schon mitberechnet worden und deshalb die Gesammtausfuhr viel zu hoch angegeben ist. — Dasselbe gilt auch von der Einfuhr. Im Jahre 1876 wurden nach der Zollstatistik nur 684 metr. Tonnen Schienen eingeführt. Im Jahre 1877 soll die Einfuhr auf 76.034 metr. Tonnen, also in einem einzigen Jahre um das 111fache gestiegen sein. Nun ist allerdings am 1. Januar 1877 der bisherige Eingangszoll auf Schienen von 20 $\mathcal{M}$ pro metr. Tonne weggefallen, und hat sich auch sofort die ausländische Concurrenz des zollfrei gewordenen deutschen Marktes bemächtigt. Der Hauptposten der Schienen-Einfuhr entfällt indessen mit 53.747 metr. Tonnen auf die Ostseehäfen und lässt vermuthen, dass, wenn auch die Einfuhr englischer Schienen nach Deutschland seit der Zollaufhebung bedeutend gewachsen sein mag, doch ein erheblicher Theil auf die Durchfuhr von Schienen nach Polen und Russland zu rechnen sein dürfte.

Draht.

Eines besonderen Renommés erfreut sich die Drahtfabrication, zu der sich gewisse Sorten des deutschen Eisens vorzüglich eignen. Es gilt dies sowohl von dem gezogenen, wie von dem gewalzten Draht, doch scheint in diesem Artikel, der im Jahre 1876 fast allein noch einen Gewinn abwarf, durch Errichtung neuer Drahtwalzenstrassen im Laufe des Jahres 1877 eine bedenkliche Ueberproduction entstanden zu sein. Producirt wurden an Eisendraht:

Im Jahre	metr. Tonnen	Werth in $\mathcal{M}$	im Jahre	metr. Tonnen	Werth in $\mathcal{M}$
1848	5.396	2,568.915	1870	44.291	10,903.968
1853	16.263	6.072.420	1871	65.962	17,318.907
1857	19.526	8.141.858	1872	102.659	33.891.996
1866	27.502	7,153.011	1873	74.705	26,895.000
1867	31.641	8,178.495	1874	88.058	24,105.800
1868	45.385	10,348.470	1875	121.357	29,125.752
1869	45.360	10,533.957	1876	132.526	27,830.533

Procentual stieg die Production von **Eisendraht**

	nach Gewicht	nach Werth
in den Jahren 1848 bis 1868	840.7 %	402.7 %
„ „ „ 1868 „ 1875	267.5 „	281.5 „
„ „ „ 1848 „ 1875	2.247.2 „	1.133.8 „

Stahldraht wird in nur geringen Mengen producirt. Im Jahre 1875 belief sich das ganze Quantum auf 153, in 1876 sogar auf nur $7^2/_3$ metr. Tonnen

Eisenblech. — Weissblech.

Auch die Fabrication von **Blech** und **Platten** weist eine ansehnliche Steigerung auf. Im Jahre 1875 ist dieselbe dem Gewicht nach 13.4 mal so gross als in 1848, doch gilt dies vorzugsweise nur vom **Schwarzblech**, von dem in 1875 113.786 metr. Tonnen erzeugt wurden. Die Production von **Stahlblech** belief sich auf nur 2.901 metr. Tonnen. In **Weissblech** ist seit 1848 die Zunahme der Production weit geringer, als bei Schwarzblech; seit 1872 ist bei diesem Artikel, der durch die ausländische Concurrenz besonders stark bedroht ist, sogar eine Abnahme in der Production zu bemerken. Hergestellt wurden an Eisenblech incl. Weissblech:

Im Jahre	metr. Tonnen	Werth in ℳ	im Jahre	metr. Tonnen	Werth in ℳ
1848	8.929	3.963.183	1871	99.119	26,904.465
1853	27.170	10,952.307	1872	117.425	40,139.076
1857	36.495	15.845.898	1873	96.046	31,866.000
1867	69.507	17.614.098	1874	111.195	28,090.000
1868	91.485	22.442.415	1875	120.632	26,539.095
1869	98.686	24,054.108	1876	109 493	21,898.740
1870	86.767	21,658.059			

An Weissblech allein wurden producirt

im Jahre 1848	....	782 metr. Tonnen
„ „ 1853	....	2.920 „ „
„ „ 1857	....	2.353 „ „
„ „ 1872	....	7.906 „ „
„ „ 1873	....	6.693 „ „
„ „ 1875	....	6.846 „ „
„ „ 1876	....	6.414 „ „

Ausser den vorstehend genannten Hauptartikeln ist noch die Production der **Eisenbahnwagenachsen** und **Räder**, des **Profileisens zu Bauzwecken**, der **Schmiedestücke** und **Maschinentheile**, der **gezogenen Röhren**, der **Geschütze** und **Geschosse** anzuführen, die theils aus Eisen, theils aus Stahl hergestellt werden. Bisher sind nur die **Eisenfabricate** aufgeführt, und nur bei einzelnen Artikeln zu besserer Vergleichung die correspondirenden **Stahlfabricate** gegenübergestellt worden. In der Tabelle I, Seite 118, werden die bereits angeführten Eisenfabricate recapitulirt und vervollständigt, zugleich aber die **Stahlfabricate** miteingestellt.

Die **Ein-** und **Ausfuhr** aller dieser genannten Artikel, soweit die betreffenden Zahlen nicht schon bei der Besprechung der einzelnen Kategorien aufgeführt worden sind, ergibt sich aus Tabelle II, Seite 118.

Auch in dieser Tabelle wird sofort auffallen, dass die Einfuhr des Jahres 1877 mit Ausnahme der feinen Eisen- und Stahlwaaren in allen Artikeln eine sehr erhebliche Steigerung gegen die Einfuhrposten von 1876 aufweist. So sind Stab- und Schmiedeeisen in der Einfuhr von 9.130 auf 36.423 metr. Tonnen, Winkeleisen von 2.136 auf 7.798 metr. Tonnen, Platten und Bleche von 4.748 auf 18.280 metr. Tonnen gestiegen. In der Hauptsache wird man

I.

	1872	1873	1874	1875	1876
	metr. Tonnen				
Eisenbahnschienen und Laschen aus Eisen ...	344.124	385.601	364.978	227.976	126.288
„ „ „ „ Stahl	155.964	186.643	237.894	241.504	253.746
Summa der Schienen und Laschen ..	500.088	572.244	602.872	469.480	380.034
Eisenbahnwagenachsen und Räder aus Eisen .·	21.472	19.950	16.711	13.483	9.761
„ „ „ „ Stahl	65.822	66.630	51.137	48.014	46.374
Summa der Eisenbahnwagenachsen und Räder	87.294	86.580	67.848	61.497	56.135
Profileisen zu Bauzwecken	91.493	90.121	94.361	98.151	1069.73
Platten, Schmiedestücke, Maschinentheile aus Eisen	31.641	37.399	42.814	31.293	37.100
Maschinentheile aus Stahl	7.910	8.162	6.183	7.617	12.248
Summa der Platten, Schmiedestücke, Maschinentheile	39.551	45.561	48.997	38.910	49.348
Andere Eisen- und Stahlsorten aus Eisen	466.470	459.539	474.972	473.378	463.977
„ „ „ „ „ Stahl	45.941	39.413	57.236	41.079	40.406
Andere Eisen- und Stahlsorten, Summa ..	512.411	498.952	532.208	514.457	504.383
Schwarzblech	109.518	89.352	103.627	113.786	103.080
Stahlblech	3.323	2.615	2.717	2.901	4.889
Weissblech	7.906	6.693	7.568	6.846	6.441
Eisendraht	102.659	74.705	88.058	121.357	132.536
Stahldraht.....................	25	25	96	153	8
Gezogene Röhren	3.110	3.530	3.897	2.515	8.248
Geschütze und Geschosse	6.597	6.938	6.683	6.068	4.469
Summa der Fabricate ..	1,463.975	1,477.316	1,558.932	1,436.121	1,356.508
Davon aus Eisen	1,178.393	1,166.891	1,196.986	1,088.785	990.368
„ „ Stahl.................	285.582	310.425	361.946	347.336	366.140
Summa ..	1,463.975	1,477.316	1,558.932	1,436.121	1,356.508

II.

	1872		1876		1877	
	Einfuhr	Ausfuhr	Einfuhr	Ausfuhr	Einfuhr	Ausfuhr
	metr. Tonnen					
Stab- und Schmiedeeisen	27.374	27.950	9.130	51.176	26.423	85.431
Winkeleisen	8.086	767	2.136	563	7.798	4.174
Eisenplatten und Bleche	13.250	3.580	4.748	11.543	18.280	21.208
Weissblech	2.362	234	3.740	441	4.082	1.645
Eisen- und Stahldraht	2.565	7.000	2.742	15.801	3.181	31.791
Pflugschareneisen, Anker und Schiffsketten	1.485	404	1.483	273	3.092	16g
Schmiedeeiserne Röhren	4.456	4.028	2.410	1.616	4.618	5.970
Feine Eisen- und Stahlwaaren....	580	1.860	679	1.328	603	1.527

hierin die Einwirkung der am 31. December 1876 erfolgten Aufhebung der
Eisenzölle zu erblicken haben. Da indessen in den Einfuhrposten, ebenso in
den gleichfalls gestiegenen Ausfuhrquantitäten die Durchfuhr mit enthalten
ist, so lässt sich nicht ziffermässig feststellen, in wie weit durch den Wegfall
des Zollschutzes die ausländische Concurrenz verstärkt worden ist. Dass allein
feine Eisen- und Stahlwaaren, deren Zölle unverändert beibehalten worden
sind, in der Einfuhr nicht gestiegen, sondern sogar zurückgegangen sind, wird
jedoch kaum als ein blos zufälliges Zusammentreffen, vielmehr als eine Bestätigung für den unverkennbaren Einfluss der Zollaufhebung anzusehen sein.

Gesammt-Production der deutschen Eisenwerke.

Summirt man die gesammte Verarbeitung des Roheisens d. h.
die Fabricate der Eisengiessereien, der Walzwerke für Stabeisen, Schienen,
Bleche, Draht u. s. w., endlich die Artikel der Stahlindustrie, so ergeben sich:

Im Jahre	metr. Tonnen	Werth in ℳ	im Jahre	metr. Tonnen	Werth in ℳ
1848	205.133	60,292.850	1873	2,009.287	552,325.917
1868	1,076.476	251,238.618	1874	2,054.980	452,743.705
1870	1,277.270	289,302.771	1975	1,943.633	371,990.652
1872	1,984.151	548,297.532	1876	1,835.224	314,055.167

Nach Procenten (Anfangsziffern jeder Periode = 100) gerechnet, resul-
tiren folgende Steigerungen der Production:

nach Gewicht   nach Werth

In den Jahren 1848—1868.... 524.7 %... 416.7 %

„   „   „   1868—1875.... 180.5 „ .... 148.0 „

„   „   „   1848—1875.... 947.4 „ .... 617.0 „

Was endlich die Gesammtsumme der Production im Hütten-
betriebe betrifft, so wählen wir nur 2 Jahre aus, um das enorme Wachsthum trotz mancher nachtheiliger und ungünstiger Productions- und Absatzverhältnisse zu documentiren. Als Gesammtsumme des Eisenhütten-
betriebes ergibt sich

in 1848: 1) Eisenproduction	metr. Tonnen	Werth in ℳ	Arbeiter
a. Eisenerzgewinnung	693.725 Erze	3,832.662	15.610
b. Eisenverhüttung ..	205.342 Roheisen	24,605.589	13.823
2) Eisenverarbeitung ..	164.752 Eisen- und Stahlfabricate	48,356.899	25.727
Summa...		76,795.150	55.160

in 1875: 1) Eisenproduction	metr. Tonnen	Werth in ℳ	Arbeiter
a. Eisenerzgewinnung	4,730.353 Erze	26,753.467	28.138
b. Eisenverhüttung ..	1,981.736 Roheisen	140,853.376	22.760
2) Eisenverarbeitung ..	1,943.633 Fabricate..........	371,990.652	114.003
Summa...		539,597.495	164.901

In den Jahren 1848—1875 ist demnach der Productionswerth von 100
auf 702, die Zahl der Arbeiter von je 100 auf 298.1 gestiegen. Im Jahre 1848
entfällt auf die Leistung eines Arbeiters ein Productionswerth von 1.392 ℳ,
in 1875 ein solcher von 3.272 ℳ.

Um ein vollständiges Bild der Eisenindustrie zu geben, müsste man die
fernere Bearbeitung des Stahls, des Schmiede- und Façoneisens, der Bleche
und Platten, des Drahtes, der Gusswaaren und Schmiedestücke u. s. w. im
Maschinen-, Waggon- und Schiffsbau, in der Herstellung von Dampfkesseln, Locomotiven und Locomobilen, überhaupt von Dampfmotoren aller Art, in der Fabrication von Eisen- und Stahlwaaren niederen, mittleren und höheren Feinheitsgrades, die Anwendung
des Eisens zu Bauzwecken, kurz die Umbildung, Veredlung und Verfeinerung des Eisens zu den Tausenden von grossen und kleinen Ver-
brauchsgegenständen weiter verfolgen. Leider steht hier das statistische
Material nicht in derselben Ausdehnung wie für den Hüttenbetrieb zur Verfügung und müssen wir uns, um wenigstens einen Ueberblick zu geben, auf
einige Ziffern aus der Gewerbezählung* Ende 1875 beschränken.

---

* Anmerkung: Vergl. Dr. Engel, Industrielle Enquête und die Gewerbezählung im
Deutschen Reiche. (Berlin, Leonh. Simion 1878.)

Beschäftigt waren Ende 1875 im deutschen Reiche

	Haupt- betriebe	Beschäftigte Personen
mit der Weiterverarbeitung von Eisen und Stahl	149.785	354.973
mit der Fabrication von Maschinen, Werkzeugen, Transportmitteln, Waffen, Instrumenten etc.	83.635	307.705

Nach Dr. Engel verfügte der Preussische Staat am 1. December 1875 in den der Zählung unterworfenen Gewerben (wozu unter anderen die Landwirthschaft nicht gehörte) über 628,849 Dampf-Pferdekräfte in stationären Maschinen mit Einschluss der Dampfhämmer und Schiffsmaschinen und über 27.314 Pferdekräfte in transportablen Dampfmaschinen mit Ausschluss der Locomotiven.

Für die Metallindustrie allein gibt Dr. Engel als vorhanden an:

	Dampfmaschinen	Dampfpferdekräfte
In Preussen (1875)	6.947	199.191
„ Frankreich (1874)	4.168	67.836
„ Grossbritannien (1871)	?	327.343.

Geht schon aus diesen wenigen Ziffern die hohe Bedeutung der deutschen Industrie in der Verarbeitung von Eisen und Stahl, im Maschinenbau u. s. w. hervor, so ist hinzuzufügen, dass diese Branchen auch in Bezug auf die Technik dem Hüttenbetrieb würdig zur Seite stehen und, was ihre Leistungen betrifft, ebenso wie die Eisen-Grossindustrie, eine Vergleichung mit den Concurrenzländern — Grossbritannien eingeschlossen — nicht zu scheuen haben.

Speciell für Maschinen stellten sich die internationalen Handelsbeziehungen in den Jahren 1872, 1876 und 1877 in folgender Weise heraus:

	1872		1876		1877	
	Einfuhr	Ausfuhr	Einfuhr	Ausfuhr	Einfuhr	Ausfuhr
	metr. Tonnen					
Locomotiven und Tender	2.848	6.144	125	3.965	2.030	6.147
Dampfkessel	899	1.301	620	1.103	679	700
Maschinen überwiegend aus Holz ..	3.230	29.800	1.743	36.407	3.249	41.014
„ „ „ Gusseisen ..	19.800		23.293		30.478	
„ „ „ Schmiedeeisen oder Stahl..	49.800		2.899		4.447	

Arbeiter-Verhältnisse.

Was von den Kohlenarbeitern gesagt worden ist, gilt auch von den Arbeitskräften der Eisenindustrie; beide grosse Branchen zeigen hierin grosse Uebereinstimmung, die sich sogar bis auf die bereits geschilderten Knappschafts- und Unterstützungscassen erstreckt. Um vieles ungünstiger ist jedoch die Eisenindustrie insofern situirt, als sie bei ihrer raschen Entwicklung über einen vollständig eingeschulten sesshaften Arbeiterstamm kaum verfügt, vielmehr über vielfachen Wechsel in dem Zu- und Wegzug ihrer Arbeiter zu klagen hat. Dem Kohlenbergbau mag es darin nicht besser gehen; hier wird aber für die gangbarsten Arbeitsleistungen ein neu eintretender Arbeiter doch rascher angelernt, als in dem Hüttenwesen und Maschinenbau, deren Operationen durchschnittlich weit mehr Einübung, grösseres Verständniss und besseres Vertrautsein mit der gestellten Aufgabe erfordern. Dazu kommt nun noch, dass mehrere politische und sociale Einrichtungen, deren Zweckmässigkeit und Nothwendigkeit keineswegs bestritten werden sollen, auf die Arbeiterverhältnisse mehr oder weniger ungünstig einwirken. So entfremdet das Gesetz der allgemeinen Wehrpflicht, das z. B. in England nicht besteht, den Arbeiter gerade in der Zeit, in welcher die Lehrjahre als abgeschlossen betrachtet werden können, der nutzbringenden Beschäftigung, und wenn dann der Militärpflichtige nach 2 bis 3 Jahren zur Hütte zurückkehrt, muss der Einübungscursus wieder von vorn begonnen werden. Es fehlt ferner unter den Grossgewerbetreibenden nicht an Stimmen, welche die unvermittelte, kurz auf einander folgende Einführung hoch bedeutsamer wirthschaftlicher Gesetze, unter anderem der vollen Freizügigkeit und Gewerbefreiheit, der Aufhebung des Coalitionsverbotes, der Gewährung des allgemeinen politischen Stimmrechtes, das in anderen Ländern gleichfalls nicht besteht, verantwortlich machen wollen für das gesteigerte Classenbewusstsein der Arbeiter, das, wenn es sich in rechter Weise äusserte, nur willkommen zu heissen wäre, sich aber, durch socialdemokratische Agitationen verschärft, in allerhand unmöglichen politischen und wirthschaftlichen Umsturzideen ergeht und in der Werkstätte in der Forderung: „Hohe Löhne — wenig Arbeit" gravitirt. Alle diese Umstände zusammen mögen dazu beigetragen haben, dass der deutsche Eisenarbeiter trotz seiner sonstigen guten Eigenschaften in seinen Leistungen — Ausnahmen zugestanden — heute noch dem englischen, vielleicht auch dem belgischen Arbeiter nicht gleichkommt, wobei eben nicht ausser Acht zu lassen ist, dass die deutsche Eisen-Grossindustrie ungleich jünger ist als die genannten ausländischen Concurrenten.

Was die Lohnsätze betrifft, so trat auch hier in der Hausseperiode von 1871—1873 eine sehr bedeutende Steigerung ein, oder richtiger die Lohnerhöhung, die nach und nach alle Industriebranchen ergriff, ging von den Arbeitern der Eisenindustrie und des Maschinenbaues aus und wurde, soweit nur irgend möglich, auf dem beliebten Wege der Strikes durchgesetzt. Als dann von Ende 1873 ab die Preise für die Eisenfabricate eine weichende Richtung annahmen, mussten auch, obgleich sehr allmählig, die Löhne folgen, bis endlich zahlreiche Arbeiterentlassungen und die schlechter werdende Lage die Sätze bis nahezu auf den früheren Stand herabdrückten. Selbstverständlich sind die Lohnsätze je nach den Bezirken, je nach der Beschäftigung, je nach Fähigkeit und Geschick des Arbeiters, je nach Alter und Geschlecht, Dauer der Arbeitszeit, je nach den Lebensmittelpreisen u. s. w. so grossen Verschiedenheiten unterworfen, dass die Berechnung eines Durchschnittssatzes aus einer möglichst grossen Anzahl von Notirungen fast ebenso unzuverlässige Resultate ergibt, wie das Nebeneinanderstellen der Löhne aus den verschiedensten Industriebezirken. Selbst bei der Accordarbeit, die noch den besten Anhalt für die Vergleichung bieten dürfte, ist die Leistung zwar anscheinend dieselbe, es kommt aber für den Werth der geleisteten Arbeit — und das soll doch für die Lohnzahlung schliesslich das Entscheidende sein — sehr viel darauf an, in welcher Zeit, mit welcher Ersparung von Rohstoff, Kohlenverbrauch, Maschinenabnutzung u. s. w. selbst die accordmässig vereinbarte Arbeitsleistung ausgeführt wird, und insofern sich diese Eigenschaften und Fähigkeiten eines guten Arbeiters nicht zur Ziffer bringen lassen, bietet ein Vergleich der heutigen Lohnsätze mit solchen, die vor Jahren gezahlt worden sind, seine grossen Schwierigkeiten. In der ersten Tabelle auf Seite 121 geben wir deshalb mit aller Reserve die durchschnittlichen monatlichen Lohnsätze für alle Arbeiter derselben Hüttenwerke aus den letzten Jahren an.

Hiernach sind die im Jahre 1877 gezahlten Lohnsätze, nachdem von 1871 bis 1873 Steigerungen von bis zu 30, 40 und 50 $^0/_0$ vorgekommen waren, nur wenig höher, als vor dem Beginn der Hausseperiode.

	1871	1873	1875	1877
	M.			
In Rheinland-Westfalen	67.0	86.4	80.0	70.2
„ Oberschlesien	69.2	81.5	74.2	70.5
„ Lothringen	63.8	80.3	73.4	65.4
„ Königreich Sachsen	62.7	82.5	75.6	67.8
„ „ Baiern	60.9	77.2	70.3	67.5

Allgemeine Lage und Aussichten für die Zukunft.

Anstatt der Besprechung jedes einzelnen Artikels dessen **Preisschwankungen** unmittelbar anzuschliessen, zieht der Verfasser vor, für die wichtigsten Handelsobjecte die Notirungen während der letzten Jahre übersichtlich zusammenzustellen.

Preisnotirungen* auf dem deutschen Eisenmarkte in den Jahren 1871—1877 pro metr. Tonne ab Werk.

	1.Juli 1871	1. Juli 1872	1. Juli 1873	1. Juli 1874	1. Juli 1875	1. Juli 1876	1.Januar 1877	Ende 1877
	M.							
Weisses Luxemburger Puddeleisen . . .	58	105	113	56	50	43	39	37
Ordinäres Westfälisches „ . . .	66	115	120	57	54	48	46	42
Weissstrahliges Puddeleisen	80	174	160	81	72	60	58	52
Spiegeleisen	108	210	234	99	92	78	72	66
Deutsches Giesserei-Roheisen Nr. 1 . .	84	150	156	84	78	70	68	60
„ Bessemer-Roheisen Nr. 1 . .	110	180	186	102	90	84	80	73
Westfälisches Stabeisen	180	270	270	186	168	145	135	122
Westfälische u. Schlesische Eisenschienen	200	305	270	186	168	140	135	120
Schienen von Bessemer-Stahl	300	390	366	255	210	156	156	128
Kesselbleche I. Qualität	250	350	420	252	220	186	180	170
Eiserne Laschen	230	290	305	220	180	150	132	124
Gewalzter Draht	283	380	365	272	188	172	153	148
Eisenguss zu Brücken und pro metr. Tonne ca.	440	565	550	388	304	250	210	195
Eisenbahnwagenachsen mit aufgezogenen Rädern pro Satz ca.	460	520	580	420	385	315	260	241

In welcher Lage sich die Eisenindustrie zur Zeit befindet, geht aus den exorbitant niedrigen Preisen der letzten Tabelle deutlich genug hervor. Um bis zur Wiederkehr besserer Zeiten nur einigermassen beschäftigt zu bleiben und der ausländischen Concurrenz den einheimischen Markt nicht ausschliesslich zu überlassen, liefern die Werke vielfach **unter den Selbstkosten** und suchen, was sie trotzdem im Inland nicht absetzen können, im Auslande durch einen **Export wiederum zu den niedrigsten Preisen** loszuschlagen.

Welche Resultate dabei erzielt werden, ist aus einer vom Verein deutscher Eisen- und Stahl-Industrieller im März 1878 veröffentlichten Zusammenstellung der Geschäftsergebnisse der Actiengesellschaften der deutschen Eisenindustrie (nach deren letzten Bilanzen bearbeitet) zu ersehen. Als Gesammtresultat ergibt sich, dass 125 Actiengesellschaften mit 497,662.754 *M.* Actiencapital, sobald deren Bilanzen aus dem Jahre 1877 zu einer Generalbilanz zusammengestellt werden, nicht nur nichts verdient, sondern noch 44,303.442 *M.* == 8.9 °/₀ ihres Actiencapitals zugesetzt haben. Seit Beginn der Krise haben auf 115 dieser Werke 37.547 (33.2 °/₀) Arbeiter entlassen werden müssen und werden an Löhnen jetzt 3,701.775 *M.* pro Monat (44.1 °/₀) — 44,421.300 *M.*

---

*) Die höchsten Preise kommen in dieser Tabelle nicht zum Ausdruck; dieselben fallen in das Halbjahr vom November 1872 bis Mai 1873.

pro Jahr — weniger gezahlt. Nach den Cursnotirungen an der Berliner Börse repräsentiren die obigen 497 Millionen ℳ Actiencapital nur noch einen Zeit- (Curs-) Werth von circa 150 Millionen ℳ

Die in der gesammten deutschen Eisenindustrie angelegten Capitalien werden zu circa 3.600 Millionen ℳ angenommen, und wird man, da die Privatwerke sich in kaum besseren Verhältnissen befinden, die Grösse der erlittenen Verluste danach beurtheilen können.

Bekannt ist, dass die Eisenindustrie der ganzen Erde sich zur Zeit in einer sehr ungünstigen Situation befindet, und würden daher auch von Deutschland gute Resultate nicht zu erwarten gewesen sein. Hier hat indessen der Wegfall der Eisenzölle die Nothlage ungemein verschärft, einerseits weil die Aufhebung des Zollschutzes der vortheilhafter situirten englischen Concurrenz gegenüber überhaupt verfrüht war, andererseits weil für die Einführung des Zollgesetzes die allerungünstigste Zeit — mitten in einer schweren Krise und während einer internationalen Eisen-Ueberproduction — gewählt worden war.

Die deutsche Eisenindustrie wird nicht verlangen können und wollen, dass man die Aufhebung der Zölle so lange vertage, bis sie sich denselben Capitalreichthum, wie England erarbeitet, ihren Arbeiterstamm ebenso herangebildet, ihren Absatz in etwa noch zu erwerbenden deutschen überseeischen Colonien befestigt habe. Sie muss aber fordern, dass zuvor wenigstens die wichtigste Frage, die der billigen Frachten, nicht unberücksichtigt und ungelöst bleibt, dass also durch Ermässigung der Eisenbahntarife, durch Regulirung der natürlichen und den Bau künstlicher Wasserstrassen soweit eben möglich dieselben günstigen Transportverhältnisse geschaffen werden, deren sich England, Belgien, Frankreich erfreuen.

Die Zollfrage würde für Deutschland schon ganz anders liegen, wenn auch andere Länder auf annähernd derselben Culturstufe ihre Eisenzölle aufheben würden, anstatt ihre Eisenartikel zollfrei nach Deutschland zu senden, von deutschen Fabricaten dagegen hohe Eingangszölle zu erheben. Damit würde dem deutschen Fabricat der Absatz nach auswärts erleichtert, zugleich aber erreicht werden, dass die ausländische Ueberproduction nicht vorzugsweise den zollfreien deutschen Markt aufsucht. Allem Anschein nach ist indessen die Aufhebung oder nur eine nennenswerthe Ermässigung der Eisenzölle in den Nachbarländern nicht zu erwarten, vielmehr denkt man überall daran, die einheimische Eisenindustrie vor der übermächtigen englischen Concurrenz durch Erhöhung der Zolltarife noch besser zu schützen.

Unter solchen Umständen hängt die Zukunft der deutschen Eisenindustrie mehr denn je von der wirthschaftlichen Gesetzgebung des Reiches, speciell von der Verbesserung der Frachtverhältnisse und von der einzuschlagenden Handelspolitik ab. Ein Verharren in der von den gesetzgebenden Körperschaften bisher verfolgten Richtung würde die Interessen der deutschen Eisenindustrie auf das Aeusserste gefährden, sogar deren Existenz in Frage stellen.

Oesterreich-Ungarn.

(624.044.₈₈ Quadrat-Kilometer. — 37,700.000 Einwohner.)

Kohle.

Die Anfänge des Bergbaues auf mineralische Kohle in Oesterreich fallen in das 16. Jahrhundert. Im Jahre 1550 wurde in Böhmen der erste Braunkohlenbergbau und 30 Jahre später (1580) in demselben Kronlande der erste

Steinkohlenbergbau in's Leben gerufen. Erst im 17. und 18. Jahrhundert sind in anderen Ländern der Monarchie (Steiermark, Niederösterreich und Mähren) weitere Kohlenbergbaue eröffnet worden.

Durch Jahrhunderte dienten indessen die Mineralkohlen nur einem ganz unbedeutenden Localbedarfe, da die Communicationsmittel für eine weitere Verführung derselben im Allgemeinen, sowie speciell für Massentransporte fehlten und der Reichthum der vorhandenen Wälder für die Zwecke des Hausbedarfes und der noch in den ersten Stadien der Entwicklung begriffenen Industrie ausreichenden Brennstoff darbot.

Mit der Entfaltung des Eisenbahnnetzes und dem Uebergange der Industrie zum Dampfbetriebe, ferner mit der Zunahme der Cokefeuerung bei dem Hohofenprocesse und endlich mit dem Theurerwerden des Holzes begann in Oesterreich jedoch die Nachfrage nach Kohle allgemeiner zu werden, und es wendete sich das Capital mit Eifer und Erfolg dem Kohlenbergbau zu.

Den stärksten Impuls gaben dem Letzteren aber wie überall, so auch in Oesterreich-Ungarn die Eisenbahnen. Die Entwicklung des Eisenbahnnetzes steht im innigsten Zusammenhange mit der Zunahme der Kohlenproduction und dem Aufblühen der Eisenindustrie.

Ein klares Bild über die Entwicklung der gesammten Kohlenproduction der österreichisch-ungarischen Monarchie ergibt sich aus folgender Uebersicht*).

Jahr	Production und Werth mineralischer Kohle							
	Steinkohlen			Braunkohlen			Zusammen	
	metr. Tonnen	ℳ	Procente der gesammten Förderung	metr. Tonnen	ℳ	Procente der gesammten Förderung	metr. Tonnen	ℳ
1819	.	.	.	.	.	.	94.607	.
1825	.	.	.	.	.	.	154.944	.
1830	.	.	.	.	.	.	211.298	1,584.742
1835	.	.	.	.	.	.	250.782	.
1840	.	.	.	.	.	.	469.212	3,056.364
1845	.	.	.	.	.	.	721.707	.
1850	584.068	4,906.174	61.9	360.255	2,161.536	38.1	944.323	7,067.710
1855	1,180.449	9,780.864	56.2	920.601	5,413.301	43.8	2,101.050	15,104.165
1860	1.948.189	12,020.220	55.7	1,548.306	7,108.910	44.3	3,496.495	19,129.210
1865	2,836.884	19,160.120	55.0	2,232.419	10,334.332	45.0	5,069.303	29,494.452
1870	4,295.775	33,997.700	51.2	4,060.169	20,504.094	48.8	8,355.944	54,501.794
1871	4,969.980	45,071.860	49.4	5,078.058	27,590.392	50.6	10,048.038	72,662.252
1872	4,788.455	48,431.320	45.4	5,767.612	31,831.918	54.6	10,556.067	80,263.238
1873	5,171.189	53,181.416	43.5	6,732.884	37,887.866	56.5	11,904.073	91,069.282
1874	5,096.659	47,966.692	41.5	7,183.098	37,924.380	58.5	12,279.757	85,891.072
1875	5,185.234	43,032.660	40.3	7,666.812	36,046.296	59.7	12,852.046	79,078.956
1876	5,564.331	43,424.472	41.6	7,798.255	34,599.170	58.4	13,362.586	78,023.642

Diese Zusammenstellung möge durch Folgendes ihre Erläuterung und Ergänzung finden.

Die amtlichen Nachweisungen über die Kohlenproduction beginnen erst mit dem Jahre 1819, und erst vom Jahre 1851 an sind die jährlich geförderten Kohlenmengen nach Stein- und Braunkohle getrennt ausgewiesen.

Bis zur Eröffnung der ersten Locomotiv-Eisenbahn — der Kaiser Ferdinands-Nordbahn — im Jahre 1837 zeigt die Production an Kohle nur eine unwesentliche Steigerung und ist überdies vielfachen Schwankungen unterworfen. Ein geregelter Bezug des Brennstoffes war noch nicht möglich und grossentheils von dem fahrbaren Zustande der Strassen abhängig.

---

*) Bei der Umwandlung der österreichischen in die deutsche Währung ist durchgängig 1 Gulden österr. Währ. = 2 Reichsmark gerechnet und von der Berücksichtigung eines Agio abgesehen worden.

Vom Jahre 1837 ab ist indess eine regelmässige und fortdauernde Zunahme der Kohlenproduction wahrnehmbar, da namentlich auch in jene Zeit die erste Verwendung der Braunkohle zur Erzeugung hoher Temperaturen fällt, die Benützung der Dampfmaschinen allgemeiner zu werden begann und die Grossindustrie sich des fossilen Brennstoffes bemächtigte. In erster Reihe ist aber der rapide Aufschwung der Kohlenproduction, wie bereits oben erwähnt, dem Ausbau des Eisenbahnnetzes zuzuschreiben. Und nicht sowohl der eigene Consum der Bahnen, welcher gegen 15.5 % des gesammten Kohlenconsums des Landes beträgt, als vielmehr deren indirecter Einfluss auf die Kohlenproduction bewirkte diesen Aufschwung, indem durch die Bahnen eine Verfrachtung der mineralischen Brennstoffe erst ermöglicht, die Industrie von den Wasserläufen emancipirt und die Entstehung grösserer Binnenstädte befördert ward.

Die Totalgewinnung von Kohle überstieg 1876 142.5 mal die Förderung des Jahres 1819, 3mal die Productionsziffer des Jahres 1862 und war beinahe doppelt so gross als jene des Jahres 1868, eine Erhöhung, die fast ausschliesslich in der Ausbeute der Kohlenreviere von Böhmen, Mähren, Schlesien und Steiermark zu suchen ist. Die geringere Production des Jahres 1866 erklärt sich durch die damaligen Kriegsereignisse.

Der Gesammtwerth der im Jahre 1876 erzeugten Steinkohlen und Braunkohlen Oesterreich-Ungarns betrug 78,023.642 ℳ. (39,011.821 Gulden).

Bei Betrachtung der obigen Productionstabelle zeigt sich ferner auch ein ganz eigenthümliches und für Oesterreich wichtiges Factum, welches darin besteht, dass die Production von Braunkohle viel intensiver zunimmt, als die der Steinkohle. Aus der soeben erwähnten Tabelle geht nämlich hervor, dass im Jahre 1871 die Braunkohlenförderung in Oesterreich die Steinkohlenförderung überholte, und dass seitdem der Vorsprung, welchen die Braunkohle gewonnen hat, von Jahr zu Jahr wuchs. Diese Thatsache findet durch die rapide und einzig dastehende Productionssteigerung des Erzgebirgischen Braunkohlenbeckens ihre Erklärung, dessen Kohle vermöge ihrer vorzüglichen Eigenschaften in einem ununterbrochen sich erweiternden Absatzgebiet immer grössere Anerkennung findet.*)

Oesterreich besitzt allerdings keine Steinkohlenbecken, die an Ausdehnung und Wichtigkeit jenen Westfalens oder den grossen englischen und amerikanischen Kohlenlagern an die Seite gestellt werden könnten. Seine Steinkohlenreviere sind vielmehr mit Ausnahme des Kladno - Schlan - Rakonitzer Beckens nur wenig ausgedehnt, auch häufig schwer abzubauen; indess liefern sie grösstentheils einen Brennstoff, welcher namentlich durch seine backende Eigenschaft mit Rücksicht auf die vortrefflichen Erzlager der Monarchie eine hohe volkswirthschaftliche Bedeutung erlangt hat.

Die österreichischen Steinkohlenreviere**) sind ihrer Mehrzahl nach längs einer Linie von west-östlicher Richtung gelagert, welche bei Pilsen an der bayerischen Grenze beginnt, bis nach Galizien an die russische Grenze reicht und die Becken von Pilsen, Kladno-Schlan-Rakonitz, Schatzlar-Schwadowitz, Ostrau-Karwin und Jaworzno umfasst; zum kleineren Theil im Süden und Südosten Ungarns, wo die Becken von Fünfkirchen und Steyerdorf liegen. Von den übrigen Becken abgesondert liegt in Mähren das Revier von Rossitz.

In hervorragender Weise ist Oesterreich mit thatsächlich unerschöpflichen und leicht abzubauenden Lagern ganz vorzüglicher Braunkohlen gesegnet. Diese eignen sich nicht allein ausgezeichnet für den Hausbedarf, sondern auch für die verschiedensten Industriezweige, als Maschinenkohle, zum Schmelzen der Bleierze, zum Bessemerprocess und zum Hohofenbetrieb.

---

*) Rossiwall, Die Entwicklung des Mineralkohlen-Bergbaues in Oesterreich. — Statistische Monatsschrift, III. Jahrgang, Wien 1877.

**) Kohlenrevierkarte der österreichisch-ungarischen Monarchie von J. Pechar, 2. Aufl. Wien, 1873.

Das ausgedehnteste und reichste Braunkohlenbecken dehnt sich am südlichen Abhange des Erzgebirges aus und nimmt gegenwärtig mit seiner Förderung von 4.8 Millionen metr. Tonnen (1876) unter sämmtlichen Kohlenrevieren Oesterreichs den ersten Rang ein. Andere, jedoch bei weitem weniger ausgedehnte Braunkohlenreviere liegen zwischen den Ausläufern der Alpen und namentlich an deren östlichem Abhange in Steiermark und Krain (Traunthal, Köflach, Leoben, Fohnsdorf, Hrastnigg, Cilli, Sagor etc.). Endlich kommen noch die Braunkohlenlager in Ungarn und Siebenbürgen zu erwähnen, von denen namentlich jenes von Salgó-Tarján im Gebiete der Matra und das Becken des Szillthales vielversprechend für die Zukunft sind. Letzteres ist für die Zukunft der unteren Donauländer von grösster Wichtigkeit. Die Kohlenexporte der südungarischen Reviere nach Rumänien werden an Lebhaftigkeit zunehmen, sobald die projectirte Eisenbahnverbindung von Petrozeny im Szillthale über den Vulkanpass nach Pitesti in Rumänien hergestellt sein wird.

In welcher Höhe die einzelnen Kohlenbecken an der Gesammtförderung der österreichisch-ungarischen Monarchie in den Jahren 1862, 1867 und 1876 Antheil genommen haben, ist aus nachstehender Tabelle ersichtlich.

Becken	1862		1867		1876		
	metr. Tonnen	%	metr. Tonnen	%	metr. Tonnen	%	Grubenpreis pro Z.-Ctr. in Mark
Steinkohlen.							
Kladno-Schlan-Rakonitz- (Böhmen)	839.950	18.5	983.363	16.1	1,516.268	11.3	0.29
Ostrau-Karwin(Schlesien)	596.315	13.2	817.435	13.4	1,502.359	11.2	0.40
Pilsen (Böhmen)	334.856	7.4	566.412	9.3	1,077.834	8.0	0.41
Jaworzno (Galizien)	109.557	2.4	135.488	2.2	337.375	2.5	0.29
Schatzlar - Schwadowitz (Böhmen)	100.887	2.2	157.404	2.6	228.000	1.7	0.43
Rossitz (Mähren)	167.952	3.7	192.956	3.2	219.338	1.7	0.57
diverse kleinere Becken	49.488	1.1	68.289	1.1	53.160	0.4	.
Oesterreich, Summa	2,199.005	48.5	2,921.347	47.9	4,934.334	36.8	0.37
Fünfkirchen (Ungarn)	.	.	201.463	.	341.571	.	.
Steyerdorf (Ungarn)	.	.	156.130	.	242.550	.	.
diverse kleinere Becken	.	.	45.145	.	45.867	.	.
Oesterr.-Ungarn, Summa	2,523.305	55.6	3,324.085	54.5	5,564.335	41.6	.
Braunkohlen.							
Erzgebirgisches Becken (Böhmen)	768.085	16.9	1,239.869	20.3	4,785.571	35.7	0.15
Köflach-Voitsberg(Steiermark)	131.248	2.9	167.289	2.7	609.688	4.6	0.23
Leoben-Fohnsdorf(Steiermark)	215.542	4.8	231.682	3.8	425.391	3.2	0.50
Traunthal(Oberösterreich)	129.256	2.8	180.031	3.0	283.840	2.1	0.39
Sagor (Krain)	47.502	1.0	98.163	1.6	122.162	0.9	0.28
diverse kleinere Becken	466.367	10.1	523.283	8.6	706.729	5.3	.
Oesterreich, Summa	1,748.000	38.5	2,440.317	40.0	6,933.381	51.8	0.21
Salgó-Tarján (Ungarn)	.	.	39.388	.	298.061	.	.
Szillthal (Siebenbürgen)	.	.	14.650	.	141.175	.	.
diverse kleinere Becken	.	.	280.364	.	425.638	.	.
Oesterr.-Ungarn, Summa	2,012.933	44.4	2,774.719	45.5	7,798.255	58.4	.
Totalproduction	4,536.238	100.0	6,098.804	100.0	13,362.586	100.0	.

Besonders in die Augen springend erscheint hier wiederum der in seiner Art einzige, enorme Aufschwung der Förderung des Erzgebirgischen Braunkohlenbeckens, welcher das letztere an die Spitze der sämmtlichen Kohlenreviere des österreichisch-ungarischen Kaiserstaates gebracht hat. 30.4 $^0/_0$, also beinahe der dritte Theil aller in Oesterreich-Ungarn geförderten Mineralkohle, werden jetzt in dem lange Zeit hindurch wenig gewürdigten Braunkohlenbecken des nordwestlichen Böhmens gewonnen. In zweiter Reihe stehen die in der Höhe ihrer Production ziemlich gleichen Steinkohlenbecken von Kladno-Schlan-Rakonitz und Ostrau-Karwin.

Den Antheil der einzelnen Kronländer an der Totalförderung von Steinkohle und Braunkohle, den Geldwerth der Production, die Anzahl der Unternehmungen und der bei denselben verwendeten Arbeiter, sowie die Leistung der letzteren enthält folgende Zusammenstellung für das Jahr 1876.

Kronland	Anzahl der Unternehmungen		Production		Arbeiter-Anzahl				Jährliche Leistung eines Arbeiters
	überhaupt	im Betrieb	metr. Tonnen	Geldwerth in $\mathscr{M}$	Männer	Weiber	Kinder	Zusammen	metr. Tonnen
Steinkohle									
Böhmen . .	277	143	2,823.138	19,598.808	18.493	1.579	654	20.726	1.362
Schlesien	15	15	1,246.431	9,858.778	8.712	627	46	9.385	1.328
Mähren . .	18	15	485.126	4,873.482	3.347	269	15	3.631	1.336
Galizien . .	17	5	337.375	1,989.116	1.634	170	20	1.824	1.850
Niederösterreich .	25	16	35.703	481.210	469	8	.	477	748
Steiermark	19	12	6.387	92.148	267	25	.	292	219
Oberösterreich . .	4	3	174	3.708	43	2	.	45	39
Tirol. . . .	1	1	.	.	2	.	.	2	.
Krain . . .	1	.	.	.	1	.	.	1	.
Summa	377	210	4,934.334	36,897.250	32.968	2.680	735	36.383	1.356
Ungarn mit Nebenländern . . .	.	.	629.997	6,527.222	.	.	.	.	.
Oesterreich-Ungarn .	.	.	5,564.331	43,424.472	.	.	.	.	.
Braunkohle									
Böhmen . .	668	291	4,841.309	15,289.918	12.895	613	79	13.587	3.563
Steiermark	107	60	1,454.076	10,079.872	6.922	909	94	7.925	1.835
Oberösterreich . .	5	4	283.841	1,458.776	1.127	53	40	1.220	2.327
Krain . . .	18	13	122.162	690.938	663	24	8	695	1.755
Mähren . .	14	10	100.272	419.380	698	9	.	707	1.418
Kärnthen .	19	10	52.186	526.144	695	168	17	880	593
Niederösterreich . . .	13	7	26.666	210.298	215	2	9	226	1.180
Istrien . . .	1	1	25.950	427.310	566	.	.	566	459
Tirol. . . .	3	3	18.140	278.604	206	.	.	206	881
Dalmatien .	6	3	5.255	50.058	130	2	5	137	384
Galizien . .	9	4	2.454	14.130	93	.	.	93	265
Schlesien .	1	1	1.043	7.142	7	.	.	7	1.490
Görz und Gradisca	2	1	15	450	6	.	.	6	.
Vorarlberg	1	1	9	90	12	.	.	12	.
Bukovina .	1	.	.	.	3	.	.	3	.
Summa	868	409	6,933.381	29,453.200	24.238	1.780	252	26.270	2.639
Ungarn mit Nebenländern . . .	.	.	864.874	5,145.970	.	.	.	.	.
Oesterreich-Ungarn .	.	.	7,798.255	34,599.170	.	.	.	.	.
Totalproduction	.	.	13,362.586	78,023.642	.	.	.	.	.

Bis Ende 1876 sind auf Mineralkohlen in Oesterreich (ohne Ungarn) Grubenmassen in einer Flächenausdehnung von 126.626.4 Hectar verliehen worden. Die Anzahl der im Jahre 1876 beim Kohlenbergbau in Verwendung gestandenen **Dampfmaschinen** war folgende:

Dampfmaschinen	zur Förderung	zur Wasserhebung	zur Förderung und Wasserhebung zugleich	Zusammen
bei den Steinkohlenbergbauen ...	187	175	37	399
„ „ Braunkohlenbergbauen ...	229	198	48	475
Zusammen	416	373	85	874

Zum auswärtigen Kohlenhandel Oesterreich-Ungarns übergehend, geben wir in nachstehendem Tableau ein Bild der Kohlen-Ein- und Ausfuhr, sowie mit Zuhilfenahme der Productionsziffern gleichzeitig auch den Nachweis des einheimischen Verbrauchs.

Jahr	Production	Einfuhr		Ausfuhr		Consum
	metr. Tonnen	metr. Tonnen	ℳ.	metr. Tonnen	ℳ.	metr. Tonnen
1835	250.782	16.128	.	2.737	.	264.173
1840	469.212	26.123	.	26.443	.	468.892
1845	721.707	37.343	.	49 207	.	709.843
1850	944.323	79.039	.	70.275	.	1,053.087
1855	2,101.050	62.949	.	129.397	.	2,034.602
1860	3,496.495	240.128	.	279.675	.	3,456.948
1865	5,069.303	366.488	.	385.662	.	5,050.129
1870	8,355.944	927.119	.	925.198	.	8,357.865
1871	10,048.038	1,363.974	.	1,046.501	.	10,365.511
1872	10,556.067	1,587.800	.	1,167.401	.	10,876.466
1873	11,904.073	1,785.266	.	1.681.029	.	12,008.310
1874	12,279.757	1,627.355	19.528.262	2,160.812	17,286.496	11,746.300
1875	12,852.046	1,627.942	16,279.426	2,703.237	20,544.602	11,776.751
1876	13,362.586	1,574.575	15,745.752	2,734.862	20,237.984	12,202.299

Aus obiger Zusammenstellung ergibt sich, dass die Kohlen-Ein- und Ausfuhr des österr.-ungarischen Staates lange Zeit hindurch, ungefähr bis zum Jahre 1866, nur als ein unbeträchtlicher Grenzverkehr sich manifestirte, wogegen dieselbe von diesem Zeitpunkte ab eine ganz aussergewöhnliche Steigerung erfahren hat, da seit dieser Zeit der Ausbau zahlreicher Bahnen erfolgte, welche den in Frage kommenden Kohlenbecken die Wege nach oder aus Oesterreich eröffnet hatten. Der auswärtige Kohlenverkehr besteht nun darin, dass Oesterreich aus dem nordwestlichen Böhmen erzgebirgische Braunkohle und nebenbei auch Pilsener Steinkohle nach Deutschland abgibt und dagegen aus der preussischen Provinz Schlesien ansehnliche Quantitäten Steinkohle und Coke bezieht, welche in der Richtung gegen Wien einen lohnenden Absatz finden. Es darf die aussergewöhnliche Steigerung der Kohlenausfuhr in den Jahren von 1870 bis 1876 nicht übersehen werden, während welcher Zeit sich dieselbe der Ziffer nach verdreifachte und bis auf 2.7 Millionen Tonnen emporschwang. Dieser Umstand findet wiederum in der Entwicklung des Erzgebirgischen Braunkohlenbeckens seine Begründung.

Die obige tabellarische Uebersicht erweist aber ferner die Thatsache, dass der fast ausschliesslich in preussischer Steinkohle bestehende Import an Mineralkohle seit 1873, wo derselbe seinen Höhepunkt erreichte, wenn auch nicht in beträchtlichen Dimensionen, doch zurückgegangen ist, immerhin aber noch im Jahre 1876 die Höhe von fast 1.6 Millionen Tonnen behauptet. Eigenthümlich erscheint diese starke Einfuhr schlesischer Kohle, wenn man sich vergegenwärtigt, dass die Transportstrasse, auf welcher dieselbe nach Oesterreich verfrachtet wird, auf österreichischem Boden das ausgedehnte Ostrauer Kohlenrevier berührt, welches ausserordentlich productionsfähig ist und eine Kohle liefert, die bezüglich des Heizeffectes der preussischen Steinkohle nur wenig nachsteht. Dieser Umstand ist weniger dadurch zu erklären, dass von Seiten der hier interessirten Bahnverwaltungen der preussischen Kohle besondere Begünstigungen eingeräumt werden, sondern vielmehr durch die doch wohl noch bessere Qualität der oberschlesischen Kohle, durch die günstigeren Verhältnisse, unter welchen sie abgebaut wird, und ihren dadurch bedingten billigeren Gestehungspreis und endlich durch ihren grösseren Procentfall an Stückkohle.

In der zuletzt mitgetheilten Tabelle über Kohlen-Import und Export wurde bereits auch der Consum im Inlande ermittelt, welcher sich im Jahre 1876 auf 12,202.299 metr. Tonnen belief, was bei einer Bevölkerung der österr.-ungarischen Monarchie von 37.7 Millionen Seelen einem Consum von 0.324 metr. Tonnen per Kopf entspricht, während die Production per Kopf sich auf 0.355 metr. Tonnen beziffert.

Es fehlen die erforderlichen statistischen Unterlagen, um den Consum der mineralischen Kohle nach Verbrauchszwecken zergliedern zu können; nur betreffs der Eisenbahnen, der Binnen-Dampfschiffahrt und einzelner grösserer Industriezweige sind die Ziffern des Kohlenconsums grösstentheils bekannt. Nach den Ermittlungen Rossiwall's entfielen von der gesammten Mineralkohlen-Consumtion Oesterreich-Ungarns im Jahre 1875

15.5 Procent auf die .... Eisenbahnen,
2.0 „ „ „ .... Binnendampfschiffahrt,
55.0 „ „ „ .... Grossindustrie und
27.5 „ „ den .... Hausbedarf und das Kleingewerbe.

Von der Nothwendigkeit einer vergleichenden Gewerbe- und Industriestatistik überzeugt, lässt das k. k. Handelsministerium in Oesterreich in gewissen Zwischenräumen solche Classificationsarbeiten in Bezug auf die Dampfkesselanlagen der Monarchie erscheinen, welche einen wichtigen Factor zur Beurtheilung des Gedeihens der Industrie bilden.

Eine Statistik der in Verwendung stehenden Dampfmaschinen gibt auch gleichzeitig den besten Aufschluss über die Vertheilung des Kohlenconsums.

In Oesterreich-Ungarn waren in den Jahren 1852 und 1863 Dampfmaschinen in nachstehender Anzahl in Activität:

Wirthschaftszweig	1852		1863	
	Maschinen	Pferde-kräfte	Maschinen	Pferde-kräfte
Landwirthschaft	9	59	358	3.284
Bergbau	111	1.833	461	10.581
Industrie	630	8.473	2.841	44.410
Summa	788	10.646	3.791	59.382
Locomotiven	440	29.248	1.329	264.465
Schiffsmaschinen	106	13.059	294	40.000
Totale	1.334	52.953	5.414	363.847

Die bedeutende Entwicklung der Industrie in diesen elf Jahren erhellt aus der Vermehrung der Maschinen in der Anzahl um das Vierfache, hinsichtlich der Pferdekräfte sogar um das Siebenfache. Colossal aber war der Aufschwung, welchen die gesammte Industrie in der Folgezeit nahm; dies zeigt eine Vergleichung mit der Zusammenstellung der Dampfmotoren im Jahre 1875.

Statistik der Dampfmaschinen Oesterreichs (ausschliesslich

Wirthschaftszweig	Ges. Oesterreich (excl. Ungarn) 375.627 Qu.-Meter Heizfläche			Böhmen 161.654 Qu.-Meter Heizfläche			Mähren 64.189 Qu.-Meter Heizfläche		
	Etablissements	Kessel	Atmosphären	Etablissements	Kessel	Atmosphären	Etablissements	Kessel	Atmosphären
Zuckerfabriken, Dampfmühlen etc.	645	1.921	8.080	347	1.058	4.527	136	488	1.963
Textilindustrie (Spinnereien, Webereien)	1.024	1.692	6.979	448	818	3.470	169	263	1.194
Gewinnung von fossilen Brennstoffen	365	1.381	6.109	237	777	3.732	20	147	733
Gewinnung von Eisen und Stahl	137	910	4.528	35	194	864	17	181	808
Bierbrauereien, Spiritusbrennereien etc.	1.682	1.875	4.487	406	475	1.413	198	212	562
Maschinen- und Werkzeugsfabrication	222	476	2.336	72	121	555	24	39	182
Holzindustrie (Brettsägen) etc.	389	482	2.208	140	163	705	50	62	287
Verkehr (Wasserstationen) der Bahnen	331	403	1.883	98	110	483	29	38	181
Chemische Industrie	286	466	1.777	90	146	533	36	47	180
Landwirthschaft	380	400	1.657	215	227	970	71	76	324
Papierfabriken etc.	103	237	1.085	38	84	378	5	11	44
Eisen- und andere Metallwaaren	168	223	1.040	48	53	211	24	44	216
Ziegeleien, Cement-, Chamotte-, Glasfabriken	138	197	919	75	102	446	13	17	89
Gewinnung von Mineralien excl. Kohle	63	166	800	30	87	429	8	22	101
Diverse gewerbliche Industrieen	135	185	823	52	58	133	13	20	98
Anderweitige Dampfkesselanlagen	295	364	1.089	82	101	329	35	42	102
Summa...	6.363	11.378	45.801	2.413	4.574	18.778	848	1.709	7.064
Locomotivkessel der Eisenbahnen (Ende 1875) [342.424 Qu.-Meter Heizfläche]	.	2.758	23.903	.	.	.	.	.	.
Dampfkessel der See- und Flusschiffahrt (Ende 1875) [63.475 Qu.-Meter Heizfläche]	366	607	1.682	.	.	.	.	.	.
Totale...	6.758	14.743	71.389	.	.	.	.	.	.

Auf das Auffallendste offenbart sich in der obigen tabellarischen Darstellung, wie sehr in Böhmen die sämmtlichen Industrieen entwickelt sind, denn die gesammte Heizfläche der in diesem Lande im Betriebe befindlichen Dampfkessel ist beinahe halb so gross wie die aller Dampfkessel der Monarchie.

Im Allgemeinen erscheinen unter den Industriezweigen die Zuckerfabriken und Dampfmühlen, die Spinnereien und Webereien besonders hervorragend. Dieselben sind daher auch als die stärksten Kohlenconsumenten zu betrachten.

Von den oben ausgewiesenen 11.378 Dampfkesseln wurden

    5.913 Kessel............ (51.9 %) mit Steinkohlen,
    2.377   „ .... (20.8 %) „ . Braunkohlen,

Ungarn) nach dem Stande im Jahre 1875.*)

| Niederöster-reich | | | Galizien | | | Steiermark | | | Schlesien | | | übrige Kronländer | | |
| 42.000 Qu.-Meter Heizfläche | | | 31.798 Qu.-Meter Heizfläche | | | 23.093 Qu.-Meter Heizfläche | | | 29.835 Qu.-Meter Heizfläche | | | 23.058 Qu.-Meter Heizfläche | | |
Etablissements	Kessel	Atmosphären	Etablissements	Kessel	Atmosphären	Etablissements	Kessel	Atmosphären	Etablissements	Kessel	Atmosphären	Etablissements	Kessel	Atmosphären
54	113	510	43	118	527	12	26	114	29	78	338	24	40	101
109	208	913	18	32	132	8	15	65	91	137	600	181	219	605
7	26	114	29	81	328	37	108	524	26	215	963	9	27	115
15	85	442	3	6	27	39	282	1.570	9	74	366	19	88	451
54	102	417	704	729	1.118	28	40	177	146	156	372	146	161	428
66	172	979	16	22	99	7	29	151	8	10	47	29	83	323
57	86	427	55	73	338	22	25	117	19	23	104	46	50	230
44	63	328	51	70	315	30	33	163	14	15	73	65	74	340
64	133	613	39	52	143	14	27	107	13	25	82	30	36	119
9	9	40	34	36	119	10	10	49	18	18	70	23	24	85
15	38	186	3	10	56	11	28	138	4	10	44	27	56	239
53	66	331	2	3	14	18	24	122	7	9	33	16	24	113
19	33	172	9	12	58	7	14	69	6	6	25	9	13	60
2	2	10	13	42	204	2	3	14	6	7	31	2	8	11
34	57	270	4	5	17	13	18	92	1	1	5	18	26	241
65	89	325	44	48	78	14	22	91	14	16	49	41	46	115
667	1.282	6.045	1.067	1.339	3.573	272	704	3.563	411	800	3.202	685	970	3.576
.	.	.	.	.	.	.	.	.	.	.	.	.	.	.
.	.	.	.	.	.	.	.	.	.	.	.	.	.	.
.	.	.	.	.	.	.	.	.	.	.	.	.	.	.

1.760 Kessel . . . . (15.4 °/₀) mit Holz,
745 „ . . . . (6.6 °/₀) „ gemischtem Brennmaterial,
197 „ . . . . (1.8 °/₀) „ gasförmigem Brennmaterial,
92 „ . . . . (0.9 °/₀) „ Coken und
77 „ . . . . (0.7 °/₀) „ Torf

geheizt; bezüglich der verbleibenden Dampfkessel ist die Beheizungsart nicht bekannt.

---

*) Unter Benützung der „Nachrichten über Industrie, Handel und Verkehr aus dem Statistischen Departement im k. k. Handels-Ministerium." XI. Band. Wien, 1877.

Die Handels-Marine Oesterreich-Ungarns bestand Ende 1876 aus
            98 Dampfern   mit 56.969 Tonnen Tragfähigkeit,
    und 7.440 Segelschiffen   „   273.339   „   „
die Kriegs-Marine aus
            61 Dampfern   mit 114.830 Tonnen Tragfähigkeit,
    und 7 Segelschiffen   „   3.150   „   „

Was nun die Circulation der Kohle Oesterreich-Ungarns anbelangt, so muss hier in erster Reihe das Erzgebirgische Braunkohlenbecken behandelt werden, dessen rapide Entwicklung schon aus der Tabelle Seite 126 zu entnehmen ist.

Der ganz aussergewöhnliche Aufschwung dieses Kohlenbeckens, welches an 7.700 Millionen Tonnen abbauwürdiger Kohle enthält, und in welchem namentlich auch viel englisches und belgisches Capital investirt ist, wird durch folgende chronologische Uebersicht gekennzeichnet.

| Jahr | Anzahl der Freischürfe | Bergwerksmassen in Hectaren | Anzahl der Werks. besitzer | Förderbahnen von | | Dampfmaschinen | | Arbeiterstand | Production in metr. Tonnen | Durchschnittsgrubenpreis per. Zoll-Ctr. in ℳ |
| | | | | Eisen | Holz mit Eisenschienen | zur Förderung | zum Wasserheben | | | |
				Curr.-Meter						
1860	1.751	18.587	.	18.382	16.110	62	.	7.313	341.638	0.18
1865	1.081	30.900	640	64.284	17.901	98	.	6.293	844.387	0.18
1870	3.973	39.072	633	114.556	24.409	146	.	6.691	1,795.526	0.18
1872	12.706	44.806	352	267.992	2.991	124	108	9.532	2,431.178	0.19
1874	10.328	53.892	650	540.475	3.969	163	142	13.507	4,163.010	0.18
1876	6.495	56.050	751	674.367	14.212	186	143	13.045	4,785.571	0.15

Die Kohlenverfrachtung dieses Beckens gestaltete sich im Jahre 1876 folgendermassen. Es wurden verfrachtet

nach dem Auslande per Bahn . . . . 1,988.875 metr. Tonnen
    „   „   „   „ Schiff (auf der Elbe). .   481.127   „   „
    „   „   Inlande und im Localverkehr . . . . . 1,611.673   „   „

                                        zusammen . . . 4,081.675 metr. Tonnen.

Das Hauptabsatzgebiet der böhmischen Braunkohle, deren Productionscentren in Karbitz-Mariaschein und Dux-Ossegg liegen, ist demnach vornehmlich das Ausland und zwar Norddeutschland, wo sie mit Erfolg bis an die Gestade der Nord- und Ostsee vorgedrungen ist. In neuerer Zeit hat sie sich auch im Süden und Südwesten Deutschlands bekannt gemacht und kommt sogar in der Schweiz und im Elsass zur Verwendung.*) Dieböhmische Braunkohle wird mit vollem Recht als der absolut billigste gute mineralische Brennstoff Europa's bezeichnet.

Der Verbrauch böhmischer Braunkohle in den Hauptabsatzplätzen in den Jahren 1868 bis 1876 ist aus der ersten Tabelle auf Seite 133 zu ersehen.

Die Kohle des Kladno-Schlan-Rakonitzer Revieres findet ihren Hauptabsatz in den Industriebezirken des mittleren Böhmens, in welchen besonders auch viele Zuckerfabriken gelegen sind, und dominirt vor Allem in Prag. Die Pilsener Steinkohle hingegen versorgt den Südwesten Böhmens mit Brennstoff und exportirt ziemlich stark nach dem kohlenarmen Bayern. Die Plattelkohle von Nürschan im Pilsener Becken ist als die vorzüglichste Gaskohle weithin bekannt.

---

*) J. Pechar, Karte über die Circulation der böhmischen Braunkohle während des Jahres 1870. Prag, 1871.

Jahr	Dresden	Berlin	Magde-burg	Prag	Leipzig	Hamburg	Wien
	metrische Tonnen						
1868	92.015	49.764	106.378	23.300	20.450	.	.
1869	97.445	40.400	131.242	25.960	22.910	1.947	.
1870	109.482	50.563	139.872	34.090	30.240	2.010	.
1871	127.245	58.740	130.682	41.670	42.030	2.465	30
1872	113.525	99.946	188.561	44.534	45.297	2.178	1.501
1873	140.033	111.503	117.721	51.923	59.280	22.310	15.650
1874	181.607	122.637	156.006	55.451	73.690	18.907	16.894
1875	214.114	169.376	185.366	62.980	87.319	22.049	17.671
1876	213.483	178.976	163.614	94.299	79.092	9.442	8.799

Für die österreichische Eisenindustrie ist das Ostrau-Karwiner Steinkohlenbecken insofern von Wichtigkeit, als die aus der Kohle desselben hergestellten Coke guter Qualität sind. Dessenungeachtet wurden im Jahre 1876 nur an 8 % der Production dieses Beckens vercokt. Das Ostrauer Kohlenrevier liefert auch sehr gute Gaskohlen. Die Circulation der Ostrauer Kohle erfolgt in der Richtung gegen Wien, sowie nach dem Osten, d. i. nach Galizien und Ungarn.

Eine ziemlich ausführliche Beschreibung der einzelnen Kohlenbecken Oesterreich-Ungarns, sowie eine eingehende Darstellung des Kohlenhandels in den österreichischen Ländergebieten findet sich in dem officiellen Wiener Weltausstellungsbericht „Mineralische Kohle".

Hieran anknüpfend mögen noch einige Ziffern über die in der Reichshauptstadt Oesterreichs verbrauchten Mengen von Brennmaterial Platz finden. Innerhalb der Linienwälle, also im Verzehrungssteuergebiete der Stadt Wien (ohne Vororte), wurde in den beigesetzten Jahren folgender Verbrauch ausgewiesen:

Jahr	Mineralkohle	Holzkohle	Brennholz
	Zoll-Centner		Cubik-Meter
1847	534.886	138.725	909.536
1850	991.047	123.304	832.661
1860	2.007.978	96.786	735.073
1870	4,425.753	151.887	744.417
1873	5,403.414	65.164	671.166
1875	6,993.374	36.622	492.281
1877	7,143.100	35.908	469.200

Hiernach ist wohl die Zunahme des Consums mineralischer Kohle in Wien sehr beträchtlich, doch darf dabei nicht ausser Acht gelassen werden, dass die Einwohnerschaft Wiens in diesem Zeitraume um 30 %, sich vermehrt hat und auch Gewerbe und Industrie sich inzwischen nicht unbedeutend entfaltet haben, sowie dass der Consum an Brennholz innerhalb 3 Decennien sich nicht einmal um die Hälfte vermindert hat. Da aber der Verbrauch an Holzkohle fast auf den vierten Theil sich reducirt hat, so ist daraus zu schliessen, dass die Steinkohle in den verschiedenen Zweigen der Industrie bei weitem leichter Eingang gefunden hat, als in den Wohnungen. Für den Hausgebrauch werden noch ganz enorme Mengen Holz absorbirt. In den obigen Ziffern ist, wie erwähnt, der Consum der zahlreichen Vororte Wiens, in denen fast ausschliesslich die Industrie concentrirt ist, nicht enthalten. Der wirkliche Kohlenconsum Wiens ist also viel bedeutender und kann auf mindestens eine doppelt so hohe Ziffer, als oben angeführt, daher auf circa 15 Millionen Zoll-Centner (750.000 Tonnen) angenommen werden.

Die nach Wien eingeführte mineralische Kohle setzt sich ihrer Provenienz nach annähernd wie folgt zusammen:

Oberschlesische Kohle..................... 69 %.
Ostrau-Karwiner Kohle.................... 18 %.
Diverse andere Kohle (Steierische, Rossitzer,
    Pilsener etc.)..................... 13 %.

An Communicationsmitteln besitzt Oesterreich-Ungarn gegenwärtig:

Eisenbahnen..................... 18.058 Kilometer
Schiffbare Flüsse................ 6.882 „
  „   Canäle............... 265 „
  „   Seen................. 858 „

Die Kohlenpreise sind im Allgemeinen in ganz Oesterreich-Ungarn infolge des Darniederliegens der Industrie und der deshalb geringeren Nachfrage in den letzten Jahren beträchtlich zurückgegangen; in der oben gegebenen Uebersicht der Production der einzelnen Kohlenbecken wurden die durchschnittlichen Grubenpreise des Jahres 1876, welche von den heutigen Verkaufspreisen am Erzeugungsorte nur unwesentlich abweichen, beigefügt.

Für die Beurtheilung der Qualität der Kohlen hinsichtlich ihrer chemischen Beschaffenheit und ihres Brennwerthes sind die vorzüglichen Classificationstabellen der fossilen Kohlen Oesterreichs von C. v. Hauer massgebend.

Zur Cokeerzeugung wurden im Jahre 1876 folgende Mengen Steinkohlen verwendet:

Im Ostrauer Becken......... 126.419 metr. Tonnen
  „ Kladnoer Becken......... 71.973 „   „
  „ Pilsener Becken......... 43.281 „   „
  „ Schatzlar - Schwadowitzer
    Becken.............. 7.340 „   „
  „ Rossitzer Becken .... 7.129 „   „
in Ungarn .... 2.974 „   „

daher zusammen .. 259.116 metr. Tonnen.

Aus dem Ostrauer Becken wurden 7.178 metr. Tonnen Coke nach Preussisch-Schlesien verkauft. Das Cokeausbringen beträgt im Durchschnitt 55 bis 61%, nur die Steinkohle des Oraviczaer Revieres in Ungarn hat einen stärkeren Procentfall an Coken.

Die Vercokung der Braunkohle hat bisher im Allgemeinen keine günstigen Resultate geliefert; auch in Betreff der Briquets-Fabrication aus Braunkohlen ist man bis jetzt über das Stadium der Versuche nicht hinausgekommen. Dagegen erzeugt die Donau-Dampfschiffahrts-Gesellschaft für ihren eigenen Bedarf Briquets aus Fünfkirchner Steinkohle in grösserer Menge, so z. B. im Jahre 1876 17.471 metr. Tonnen im Werthe von 256.507 ℳ. Auch in Ostrau werden Briquets fabricirt.

Eisen.

Oesterreich-Ungarn ist reich bedacht mit guten Eisenerzen, sodass eine der nothwendigsten Vorbedingungen für eine ausgedehnte Entwicklung der Eisenindustrie gegeben ist, welche letztere in diesem Staate in wirthschaftlicher Beziehung eine hervorragende Stellung einnimmt. Aus diesem Grunde ist Oesterreich-Ungarn nicht wie andere Staaten darauf angewiesen, aus dem Auslande grössere Quantitäten Eisenerze sich verschaffen zu müssen. Die Gewinnung der Eisenerze findet in fast allen Ländern der Monarchie statt.

Die österreichisch-ungarische Eisenindustrie vertheilt sich auf drei Gruppen, von welchen jede zufolge des Vorhandenseins der zur Erzeugung des Roheisens erforderlichen Rohmaterialien existenzfähig und existenzberechtigt ist. — Die erste und bedeutendste ist die Gruppe der Alpenländer, welche

Steiermark, Kärnthen, Krain, Tirol, Ober- und Niederösterreich umfasst; die zweite jene der Sudetenländer Böhmen, Mähren und Schlesien, und endlich die letzte die der Karpathenländer, welche Ungarn, Siebenbürgen, Galizien und die Militärgrenze in sich begreift.

Nicht allein in Hinsicht auf ihren beinahe unerschöpflichen Erzreichthum, sondern auch in Betreff der Qualität der Erze, welche grösstentheils Spatheisensteine sind, stehen Steiermark und Kärnthen an der Spitze der Alpenländer. In den genannten beiden Kronländern liegen die zwei berühmten Erzberge nächst Eisenerz und Hüttenberg. Sowohl was Quantität wie Qualität der Eisenerze anbelangt, stehen diese beiden Erzberge fast einzig da. Man kann auf das Bestimmteste nachweisen, dass dieselben bereits vor mehr als 1000 Jahren ausgebeutet wurden, und es unterliegt keinem Zweifel, dass sie mit ihrer nächsten Umgebung noch durch weitere 1000 Jahre mit gleich günstigem Erfolge exploitirt werden können, selbst wenn auf eine beträchtlich gesteigerte Production derselben gerechnet würde.*) J. G. Kohl stellt es sogar als eine Thatsache hin, dass die Römer ihre Waffen und Pflüge, mit denen sie den Erdkreis unterjochten und cultivirten, aus den Erzen dieser Berge beschafften, die sie daher frühzeitig besetzten und lange behaupteten. Die beiden Erzberge lieferten jährlich schon über 300.000 Tonnen Erz, welche zur Darstellung des weltberühmten steierischen Eisens und Stahls verwendet werden. Die meist offen zu Tage liegenden Erzmittel des Eisenerzer Berges ohne dessen ebenfalls bedeutend erzreiche Umgebung schätzt man auf 125 bis 150 Millionen Tonnen. Der Hüttenberger Erzberg steht dem ersteren an Reichthum nicht viel nach.

Die Erze sind durchwegs sehr rein, lediglich mit etwas Schwefelkies versetzt, seltener finden sich Beigaben von Kupferkies. Durchschnittlich enthalten die Erze in ungeröstetem Zustande 40—42 $^0/_0$ Eisen; zum grössten Theile werden sie aber im gerösteten Zustande verhüttet und gewähren so in der Regel ein Ausbringen an Roheisen von 48—52 $^0/_0$.

Unter den übrigen Eisensteinbergbauen der Alpengruppe sind noch jene der Eisenwerke von Mariazell und Neuberg von grösserer Bedeutung. Auf Grundlage von Urkunden ist festgestellt, dass in Mariazell schon im Jahre 1025 Eisenerze gefördert wurden und zur Verarbeitung gelangten. In Bezug auf Reinheit und Reichthum stehen die hier gewonnenen Erze allerdings jenen von Eisenerz und Hüttenberg nach.

Die Sudetengruppe, in welcher Böhmen die erste Stelle einnimmt, enthält Erze von geringerer Reichhaltigkeit und Güte, indessen grosse Mengen derselben, die sich zur Herstellung aller Arten gewöhnlichen Stabeisens, besonders aber von Gusswaare gut eignen. Hier werden namentlich Rotheisenstein und rother Thoneisenstein gefunden und verschmolzen, in kleineren Partien auch Brauneisenstein und Sphärosiderite.

Der Eisenbergbau ist in Böhmen sehr alt, er reicht bis in die Sagenzeit zurück, denn schon im Jahre 677 soll bei Čáslau Eisen gewonnen worden sein. Unter den Erzförderungsstätten Böhmens dominirt das sogenannte Nučicer Erzlager, dessen Förderung bis 100.000 Tonnen jährlich beträgt, wovon $^3/_4$ auf die Prager Eisen-Industrie-Gesellschaft entfallen. Ausserdem verdienen noch die mächtigen Erzlager von Krušnahora hervorgehoben zu werden.

Mähren und Schlesien besitzen keine so ausgedehnten und reichen Erzlagerstätten, doch liefern die Steinkohlen des Ostrauer Beckens beträchtliche Mengen vorzüglicher Coke für dem Hohofenbetrieb.

Was nun die dritte Gruppe der Eisenindustrie, die Karpathenländer anbelangt, so hat namentlich Ungarn reiche Lager von guten, reichhaltigen Eisenerzen aufzuweisen. Im nördlichen Erzzuge, am Südabhange der Karpathen, ist namentlich das Erzvorkommen am Zeleznik von Wichtigkeit, sodann jenes von Moravitza-Dognasca im Banate und das mächtige Erzlager,

---

*) Schauenstein, Denkbuch des österr. Berg- und Hüttenwesens, Wien 1873.

welches sich in Siebenbürgen von Telek über den Gyalar hinzieht. Auch in Kroatien wurden in letzter Zeit ansehnliche Erzvorkommen erschürft.

Die Gesammtförderung Oesterreich-Ungarns an Eisenerzen in der Zeit von 1851 bis 1876 ist aus folgender Tabelle ersichtlich, welche gleichzeitig auch die Ziffern der Ein- und Ausfuhr enthält.

Jahr	Production		Einfuhr		Ausfuhr	
	metr. Tonnen	$\mathcal{M}$	met. Tonnen	$\mathcal{M}$	metr. Tonnen	$\mathcal{M}$
1851	573.079	5,501.566	.	.	.	.
1860	793.354	7,933.546	.	.	.	.
1866	630.429	3,681.024	3.879	.	22	.
1867	743.923	5,972.102	5.890	.	63	.
1868	874.499	4,926.152	5.832	.	816	.
1869	992.792	6,021.506	6.340	.	680	.
1870	1,156.708	7,353.126	8.366	.	236	.
1871	1,224.875	9,113.284	9.027	.	102	.
1872	1,360.612	10,639.440	15.675	.	1.121	.
1873	1,588.256	13,099.888	7.782	.	24.255	.
1874	1,329.797	10,634.168	4.167	41.678	30.509	671.200
1875	1,103.227	8,113.426	4.997	49.870	52.817	1,161.982
1876	902.421	6,467.497	2.429	24.292	38.159	839.508

Nach obiger Uebersicht erreichte die Förderung von Eisenerzen im Jahre 1873 ihren Höhepunkt und sank von da ab bis 1876 um 43.4 %.

Die Vertheilung der Eisenerz-Production des Jahres 1876 auf die einzelnen Länder zeigt nachstehende Uebersicht:

Kronland	Anzahl der Unternehmungen		Production		Durchschnittspreis per Zoll-Ctr. am Erzeugungs-Orte	Arbeiteranzahl				Antheil eines Arbeiters an der Erzeugung
	überhaupt	im Betrieb	metr. Tonnen	Geldwerth in $\mathcal{M}$	$\mathcal{M}$	Männer	Weiber	Kinder	Zusammen	metr. Tonnen
Steiermark . . .	34	14	280.938	1,743.570	$0._{31}$	1.804	52	59	1.915	$146._7$
Kärnthen	10	8	113.687	1,006.692	$0._{44}$	1.188	11	.	1.199	$94._3$
Böhmen	108	31	69.281	344.786	$0._{25}$	938	2	2	942	$74._6$
Mähren	22	12	60.514	590.488	$0._{48}$	488	.	20	508	$119._2$
Krain	19	10	9.806	134.464	$0._{68}$	324	6	.	330	$29._7$
Schlesien	11	4	8.106	89.700	$0._{55}$	350	.	.	350	$23._2$
Galizien	13	4	4.559	36.016	$0._{39}$	196	.	.	196	$23._2$
Tirol	7	3	3.767	69.562	$0._{92}$	55	.	.	55	$68._5$
Salzburg	7	2	2.758	17.288	$0._{31}$	9	.	.	9	$306._5$
Bukowina	4	2	1.454	13.952	$0._{48}$	106	20	35	161	$13._0$
Niederösterreich	6	1	97	1.192	$0._{61}$	6	.	.	6	$16._2$
Oberösterreich .	2	.	.	.	.	.	.	.	.	.
Oesterreich, Summa . . .	243	91	554.965	4,047.710	$0._{36}$	5.464	91	116	5.671	$98._7$
Ungarn	.	.	307.220	2,222.356	$0._{66}$	.	.	.	.	.
Siebenbürgen . .	.	.	37.497	176.816	$0._{46}$	.	.	.	.	.
Kroatien	.	.	2.739	20.615	$0._{39}$	.	.	.	.	.
Ungarn etc., Summa . . .	.	.	347.456	2,419.787		.	.	.	.	.
Oesterreich-Ungarn, Summa	.	.	902.421	6,467.497	.	.	.	.	.	.

Die vorstehende Tabelle zeigt, dass die Alpenländer (Steiermark und Kärnthen) in Bezug auf Eisenerzgewinnung den erten Rang behaupten; dasselbe ist nun auch hinsichtlich der Roheisenerzeugung der Fall. Im

Jahre 1876 wurden in diesen beiden Ländern 161.27 metr. Tonnen Roheisen erzeugt, daher 41.3 %, der gesammten Production Oesterreich-Ungarns. Dabei ist das gewonnene Eisen von anerkannt vorzüglicher Qualität. Leider zeigt sich hier der grosse Uebelstand, dass die Roheisenerzeugung nicht nach Massgabe des eintretenden Bedarfes beliebig gesteigert werden kann, da gegenwärtig wegen Mangel an gut backender Mineralkohle fast ausschliesslich Holzkohle zur Verschmelzung der Eisenerze zur Verwendung gelangt. Die hohen Frachtentarife der Bahnen ermöglichen die Zufuhr von cokfähiger Kohle nur in beschränktem Masse. Um der Nothwendigkeit auszuweichen, aus diesem Grunde beträchtliche Mengen von Roheisen von auswärts beziehen zu müssen, wurde auch die Verwendung von Braunkohle bei dem Hohofenbetriebe vielfach versucht. So wird namentlich zu Zeltweg in Steiermark seit Jahren rohe Fohnsdorfer Braunkohle im dortigen Hohofen mit bestem Erfolge (bis 44 %, der ganzen Brennstoffgicht) regelmässig aufgegichtet.

Dass die Erze selbst vorzüglich und gesucht sind, geht wohl am besten daraus hervor, dass in den letzten Jahren (1873 bis 1876) nicht unbedeutende Quantitäten derselben, meist nach Deutschland, welches vorzügliche Coke in Menge zur Verfügung hat, ausgeführt worden sind.

Auch in der nördlichen Ländergruppe (Böhmen, Mähren, Schlesien) wurde die Roheisenerzeugung anfänglich ausschliesslich mit vegetabilischem Brennstoff erblasen, erst im Jahre 1838 wurde hier der erste Cokehohofen zu Witkowitz — überhaupt der erste in Oesterreich — erbaut. Seit dem Jahre 1870 beginnt in diesen Kronländern die Verwendung von Coke zur Roheisengewinnung allgemeiner zu werden, und jetzt wird schon die Hälfte der Production daselbst mit Coke erblasen. Die ausgedehnteste Cokehohofenanlage ist jene der Prager Eisen-Industrie-Gesellschaft in Kladno.

In den letztgenannten Ländern steht allerdings gut backende Kohle in grosser Menge zur Verfügung, doch ist die Eigenschaft der Erze eine wesentlich andere und demnach auch die Güte des aus denselben gewonnenen Roheisens im Allgemeinen eine abweichende und geringere. Mehr als ein Drittheil des hier producirten Roheisens ist Gussroheisen.

Die Roheisenproduction in Ungarn hat wohl in den letzten Jahren an Ausdehnung gewonnen, doch fehlt es auch hier an geeigneter cokebarer Kohle. Nur die Steinkohle des Banates findet in geringen Partien zur Herstellung von Cokeroheisen Verwendung. Die Eisenerze am Südabhange der Karpathen gelangen ebenfalls zumeist mittels Holzkohle zur Verhüttung; das Gleiche ist mit den Erzen Siebenbürgens der Fall.

In den Jahren 1870 bis 1876 war die gesammte Roheisenproduction der österreichisch-ungarischen Monarchie folgende:

Jahr	Roheisen-Production		Hievon aus den Hohöfen gewonnene Eisengusswaaren	
	Menge	Werth	Menge	Werth
	metr. Tonnen	ℳ.	metr. Tonnen	ℳ.
1840	127.307	17,693.502	17.045	3,792.686
1850	195.558	25,429.718	27.487	5,236.672
1860	312.554	39,744.342	36.244	7,604.902
1866	2 4.638	27,641.194	35.071	6,252.182
1867	319.902	33,532.960	41.136	7,712.172
1868	375.077	44,562.310	49.994	9,147.556
1869	405.082	50,135.516	45.485	8,813.132
1870	402.953	51,880.666	49.291	9,944.020
1871	424.606	55,485.018	52.021	10,809.110
1872	459.625	68,685.148	72.225	14,475.210
1873	534.507	83,394.200	60.473	12,414.100
1874	494.054	59,177.730	51.688	9,163.136
1875	454.574	49,273.810	49.773	8,214.754
1876	400.426	42,150.065	50.507	7,989.632

Hiernach ist die Zunahme der Roheisenerzeugung eine ganz unbeträchtliche, wenn man sich den colossalen wirthschaftlichen Aufschwung des letzten Jahrzehntes vor Augen hält.

Auf die einzelnen Länder vertheilt sich die Production des Jahres 1876 wie folgt:

Kronland	Anzahl der Unternehmungen		Eisenhohöfen			Production		
	überhaupt	im Betrieb	kalt	im Betrieb	Betriebswochen	Frisch-Roheisen	Guss-Roheisen	Zusammen
						metr. Tonnen		
Steiermark	22	20	8	28	1.167	114.335	2.258	116.593
Kärnthen	17	11	8	15	535	44.232	448	44.680
Böhmen	34	14	34	17	694	22.631	20.566	43.197
Mähren	14	7	12	11	437	16.186	10.578	26.764
Schlesien	6	4	2	6	271	18.395	2.345	20.740
Niederösterreich	4	2	3	2	52	8.727	45	8.772
Krain	11	6	3	7	167	3.150	781	3.931
Tirol	3	2	1	3	98	2.531	718	3.249
Galizien	8	4	3	3	125	775	2.282	3.057
Salzburg	3	2	1	2	29	1.741	9	1.750
Bukowina	4	1	3	1	22	170	143	313
Oesterreich, Summa	126	73	78	95	3.597	232.873	40.173	273.046
Ungarn	.	.	29	56	2.176	98.873	9.532	108.405
Siebenbürgen	.	.	6	12	230	17.135	793	17.928
Kroatien	.	.	.	3	35	1.038	9	1.047
Ungarn etc., Summa	.	.	35	71	2.441	117.046	10.334	127.380
Oesterreich-Ungarn, Summa	.	.	113	166	6.038	349.919	50.507	400.426

Da in Oesterreich-Ungarn bedauerlicherweise über die Production von Eisen und Eisenwaaren, mit Ausnahme von Roheisen, keine officiellen Nachweisungen existiren, welche ein klares Bild über die Eisenindustrie des Landes bieten würden, erübrigt nichts anderes, als dieselbe auf Grundlage der Handelsstatistik unter Berücksichtigung der grossartigen Entwicklung der Eisenbahnbauten und der gesammten Industrie zu betrachten.

Die Ein- und Ausfuhr an Eisen und den verschiedenen Erzeugnissen der Eisenbranche in den Jahren 1866 bis 1876 wird durch die Tabellen Seite 140 und 141 dargestellt.

Aus den nachstehenden Ziffern ist sodann der rapide Ausbau des Eisenbahnnetzes, namentlich in den Jahren 1870 bis 1873, ersichtlich. An Eisenbahnen besass Oesterreich-Ungarn:

Im Jahre 1837	13 Km.		im Jahre 1868	7.005 Km.		im Jahre 1873	15.444 Km.	
„ „ 1840	143 „		„ „ 1869	7.888 „		„ „ 1874	15.912 „	
„ „ 1850	1.510 „		„ „ 1870	9.454 „		„ „ 1875	16.597 „	
„ „ 1860	4.477 „		„ „ 1871	11.630 „		„ „ 1876	17.464 „	
„ „ 1866	5.962 „		„ „ 1872	13.746 „		„ „ 1877	18.058 „*	
„ „ 1867	6.266 „							

*) excl. 788 Km. Industrie- und Localeisenbahnen.

Auch die unten folgende Uebersicht der mit Dampf betriebenen Anlagen der Eisenindustrie, welche der schon früher erwähnten officiellen Statistik der Dampfmaschinen im Jahre 1875 entnommen ist, dürfte für die Beurtheilung des Standes der gedachten Industrie einen Anhaltspunkt bieten.

| Geldwerth | | | Durchschnittspreis per Zoll-Centner am Erzeugungsorte | | Arbeiteranzahl | | | | Antheil eines Arbeiters an der Erzeugung |
| Frisch-Roheisen | Guss-Roheisen | Zu-sammen | Frisch-Roheisen | Guss-Roheisen | Män-ner | Wei-ber | Kin-der | Zu-sammen | |
ℳ			ℳ						metr. Tonnen
11,429.574	429.996	11,859.570	5.00	9.52	884	64	15	963	121.1
4,517.162	72.184	4,589.346	5.10	8.05	498	23	2	523	85.4
2,421.640	2,943.990	5,365.630	5.35	7.16	2.773	48	150	2.971	14.5
1,972.054	1,428.318	3,400.372	6.09	6.75	1.151	48	23	1.222	21.9
1,779.940	486.056	2,265.996	4.83	10.30	962	2	10	974	21.3
873.438	4.340	877.778	5.00	4.80	83	.	.	83	105.7
553.182	103.124	656.306	8.78	6.60	313	4	.	317	12.4
328.258	168.586	496.844	6.48	11.74	169	.	.	169	19.2
19.412	529.038	548.450	1.25	11.59	452	6	.	458	6.7
181.848	1.224	183.072	5.22	6.60	10	1	.	11	159.1
34.330	41.528	75.858	10.12	14.52	49	.	.	49	6.4
24,110.838	6,208.384	30,319.222	5.18	7.72	7.344	196	200	7.740	35.3
8,331.394	1,618.082	9,449.476	4.22	8.48	.	.	.	.	.
1,640.479	162.446	1,802.925	4.78	10.24	.	.	.	.	.
77.722	720	78.442	3.74	6.00	.	.	.	.	.
10,049.595	1,781.248	11,830.843	4.24	8.24	.	.	.	.	.
34,160.433	7,989.632	42,150.065	.	.	.	.	.	.	.

| Bezeichnung der industr. Anlage | Oesterreich (excl. Ungarn) | | Böhmen | | Mähren | | Nieder-österreich | | Steier-mark | | Kärn-then | | Schle-sien | | übrige Kron-länder | |
	Etablissements	Kesselanzahl	Etablissements	Kesselanzahl	Etablissements	Kesselanzahl	Etablissement	Kesselanzahl	Etablissement	Kesselanzahl	Etablissement	Kesselanzahl	Etablissement	Kesselanzahl	Etablissement	Kesselanzahl
Hohofenanlagen . .	27	107	3	4	8	31	2	18	9	43	4	9	.	.	1	2
Eisenwerke	29	265	8	42	7	129	3	4	2	27	4	11	4	51	1	1
Eisengiessereien . .	28	30	10	10	1	1	8	8	3	5	.	.	2	2	4	4
Eisen-, Stahl-, Walz- und Puddlings-Werke	53	508	14	138	1	20	3	65	27	228	4	32	3	21	1	4
Maschinenschlosse-reien	25	29	8	9	4	4	8	9	2	3	.	.	1	2	2	2
Drahtstift- u. Draht-fabriken	31	35	5	6	1	6	8	8	10	11	.	.	2	2	2	2
Metallwarenfabriken	36	62	13	16	2	12	18	30	2	2	.	.	1	2	.	.
andere Eisenwaa-renfabriken . . .	28	36	9	9	7	9	10	16	.	.	.	.	2	2	.	.
Maschinenfabriken	122	242	39	57	16	30	39	75	3	16	2	3	7	9	16	52
Maschinenwerkstätten	71	136	27	40	7	8	15	46	4	13	.	.	1	1	17	28

Bei Betrachtung der statistischen Daten, Seite 140 und 141, über die Ein- und Ausfuhr fallen zunächst die ganz enormen Einfuhrsziffern, nament-

Einfuhr.

Mengen in metr. Tonnen

Jahr	Roheisen, Alteisen	Eisenbahn-schienen	Radkranzeisen (Tyres)	Stahl aller Art	Stahlblech, Stahlplatten, Stahldraht	Frischeisen, (Stab-, Band-Eisen etc.)	Eisenblech, Eisenplatten, Eisendraht, façonirtes Frischeisen	Grober Eisenguss	Eisenwaaren	Maschinen und Maschinen-bestandtheile
1866	3.628	165	495	132	105	251	375	665	1.538	4.415
1867	14.731	25	519	214	208	171	798	1.335	2.079	7.270
1868	131.351	54.218	2.322	636	401	9.731	9.753	2.802	7.451	14.796
1869	154.614	114.931	3.628	936	379	19.253	13.781	10.870	26.790	19.862
1870	161.008	116.813	1.774	848	986	13.556	12.166	8.795	31.514	16.171
1871	193.338	101.302	1.190	1.127	512	22.581	18.268	11.146	29.291	28.777
1872	219.078	65.839	1.795	1.111	439	27.880	23.706	14.779	29.268	35.283
1873	177.607	52.481	767	641	539	13.640	17.157	13.268	29.949	29.344
1874	478.869	10.110	475	371	159	3.836	4.467	6.676	20.490	18.586
1875	56.145	1.345	681	795	152	3.547	3.510	3.856	8.060	18.313
1876	38.057	805	630	880	185	1.458	2.590	3.117	6.503	13.860

Werth in Mark

Jahr	Roheisen, Alteisen	Eisenbahn-schienen	Radkranzeisen (Tyres)	Stahl aller Art	Stahlblech, Stahlplatten, Stahldraht	Frischeisen, (Stab-, Band-Eisen etc.)	Eisenblech, Eisenplatten, Eisendraht, façonirtes Frischeisen	Grober Eisenguss	Eisenwaaren	Maschinen und Maschinen-bestandtheile
1866	362.804	39.872	141.282	159.480	164.330	65.350	217.040	239.562	4,952.580	4,145.412
1867	1 473.174	6.096	155.924	257.040	281.210	44.602	407.270	480.400	7,087.904	6,698.640
1868	13.138.330	10,843.750	696.746	540.560	472.730	2,530.280	4,427.760	1,080.756	15,177.366	13,654.274
1869	15,461.484	22,984.320	1,088.474	586.750	479.228	5,006.614	6,067.700	3,913.200	27,037.032	18,248.690
1870	16,100.834	23,362.600	532.198	524.900	1.090.220	3,524.726	5,401.670	3,166.326	28,146.458	21,446.754
1871	19,333.858	20,260.460	357.282	691.360	787.920	5,871.216	7,877.250	4,012.596	33,180.060	27,520.546
1872	21,871.848	13,167.820	538.634	673.860	531.080	7,248.982	10,367.800	5,320.512	35,518.950	32,084.078
1873	17,760.728	10,496.330	231.624	382.560	656.270	3,546.594	7,454.810	4,776.804	35,684.108	26,716.594
1874	5,744.604	2,022.000	228.216	296.194	183.380	843.952	1,738.972	1,735.824	20,649.910	18,816.848
1875	5,614.570	258.240	327.312	467.862	134.610	674.080	1,250.626	848.452	14,457.766	16,430.966
1876	3,196.788	136.950	302.688	469.260	165.800	204.120	609.174	685.938	11,688.154	11,605.530

lich in den Jahren 1868 bis 1873 auf, wo die allgemeine Thätigkeit auf dem Gebiete des Eisenbahnbaues, wie sämmtlicher Industriezweige so hoch gespannt wurde und die Anforderungen, welche man an die Eisenindustrie stellte, so aussergewöhnliche waren, dass es rein unmöglich erschien, die riesige Dimensionen annehmenden Bestellungen an Eisenbahnschienen, Radkränzen (Tyres), Brückenconstructionen, diversen Eisengusswaaren etc. sämmtlich zu bewältigen. Ungeachtet der auf das äusserste forcirten Arbeiten der inländischen Werke, von denen allerdings die Mehrzahl theils noch nicht gehörig eingerichtet, theils erst im Entstehen begriffen waren, konnte nur ein geringer Theil des ganz unvorhergesehenen Bedarfes gedeckt werden, und man sah sich nothwendigerweise auch auf das Ausland und die Einfuhr fremder Fabricate angewiesen. Dass mit dem Aufhören der grossen Eisenbahnbauten und mit dem Eintritt der bekannten allgemeinen Krisis auch der Import fremdländischer Waare plötzlich und rapid sank, ist aus den Tabellen deutlich zu ersehen.

Es empfiehlt sich hier, die einzelnen Fabricationszweige der Eisenindustrie kurz zu beleuchten.

Was zunächst das Roheisen betrifft, so erreichte die Einfuhr desselben im Jahre 1872 die exorbitante Ziffer von 219.078 metr. Tonnen im Werthe von 21,871.848 *M.* Dieser starke Import, an welchem insbesondere Deutschland, England und Belgien betheiligt sind, war kein natürlicher, sondern durch den unverhältnissmässig forcirten Eisenbahnbau bedingt. Heute ist der Consum an Eisen in Oesterreich ein weit geringerer und daher leicht im Inlande zu decken. Der Roheisenbedarf ist übrigens dermalen um so beschränkter, als gegenwärtig die österreichischen Hüttenwerke ganz belangreiche

Ausfuhr.

Jahr	Roheisen, Alteisen	Eisenbahn-schienen	Radkranzeisen (Tyres)	Stahl aller Art	Stahlblech, Stahlplatten, Stahldraht	Frischeisen (Stab-, Band-Eisen etc.)	Eisenblech, Eisenplatten, Eisendraht, façonirtes Frischeisen	Grober Eisenguss	Eisenwaaren	Maschinen und Maschinen-bestandtheile
					Mengen in metr. Tonnen					
1866	8.561	246	.	8.986	30	4.656	2.501	4.451	6.849	2.289
1867	1.095	109	.	4.014	40	7.743	3.664	2.799	8.670	7,270
1868	1.033	41	13	8.162	411	4.175	3.183	2.951	8.416	2.926
1869	524	93	2	3.610	7	4.555	2.928	2.947	10.206	2.192
1870	342	58		3.546	94	8.855	2.245	1.447	9.197	1.286
1871	567	220		3.584	10	2.443	1.725	901	10.731	3.841
1872	1.393	237	21	3.618	106	2.549	2.307	1.321	11.471	3.200
1873	2.065	712	1	3.217	114	2.668	1.849	1.061	10.042	7.484
1874	5.689	7.795	243	4.215	22	5.650	3.380	2.959	13.009	13.877
1875	10.727	10.774	199	4.223	142	7.050	3.568	2.077	15.636	11.847
1876	7.317	4.325	40	3.843	428	8.304	4.107	2.100	13.898	6.028
					Werth in Mark					
1866	427.320	74.730		3,168.720	38.090	1,490.080	1,126.318	1,602.396	13,436.736	2.174.994
1867	129.990	32.684	.	3,211.280	46.410	2,477.872	1,628.516	1,007.784	16,911.872	6,698.640
1868	124.014	12.180	4.064	2,528.400	422.110	1,334.512	1,394.020	1,064.324	17,141.394	3,218.218
1879	62.916	28.080	690	2,888.040	18.410	1,457.504	1,143.402	1,060.992	21,669.174	1,919.292
1870	41.016	17.474	.	2,836.400	104.290	1,233.712	1,192.474	520.830	21,413.304	1,156.204
1871	68.100	66.134	.	2,866.920	20.520	781.744	737.908	324.486	24,925.338	4,572.720
1872	167.154	71.280	6.374	2.894 280	124.650	815.824	991.246	475.506	26.346.516	2 921.196
1873	247.746	213.764	300	2,573.800	181.090	853.616	811.224	381.816	24 058.698	8.630.426
1874	682.746	2,572.532	72.492	2,529.240	19.598	1,695.074	1,591.576	828.506	32.213.490	16,349.794
1875	1,201.458	3,146.124	79.544	2,533.740	65.028	1,905.012	1,397.196	498.504	34.778.580	11,680.628
1876	790.312	1,245.600	13.034	2,151.968	175.472	1,992.984	1,468.028	504.216	29,790.952	5,021.092

Quantitäten alter Schienen, die von den Bahnen seinerzeit zum grossen Theile aus dem Auslande bezogen worden waren, verarbeiten.

Die Verfrischung des Roheisens zu Stabeisen wurde früher meist nach der altherkömmlichen Methode des Herdfrischens mittels Holzkohle ausgeführt, doch ist jetzt diese Herstellungsweise fast gänzlich durch die Puddel-werke verdrängt, in denen mineralische Kohle, Torf und Gas als Brenn-material dienen. Die stärkste Erzeugung findet in Steiermark, Böhmen, Mähren und Niederösterreich statt.

Während in den Jahren 1869 bis 1873 enorme Quantitäten Frischeisen importirt wurden (1872 allein 27.880 metr. Tonnen im Werthe von 7,248.982 ℳ.) hat die Einfuhr 1876 fast aufgehört, und die Ausfuhr ist zusehends gestiegen.

Eisenblech, Eisenplatten und Eisendraht musste Oesterreich, da ihm Werksanlagen für diesen Fabricationszweig in entsprechender An-zahl und Ausdehnung noch fehlten, stark einführen und auch hierfür enorme Summen (so im Jahre 1872 10,367.800 ℳ) dem Auslande zufliessen lassen.

Die Erzeugung von Gusswaaren wurde schon weiter oben bei der Roheisenproduction ziffermässig angegeben. Hinsichtlich derselben ist Oester-reich bei seinen vorzüglichen Erzen theilweise auf die Herstellung von Quali-tätsproducten angewiesen, es ist in denselben sogar exportfähig, und es er-freuen sich die österreichischen Fabricate, was Festigkeit und Dauerhaftigkeit anbelangt, eines besonderen Rufes. In der Anzahl der Eisengiessereien und Productionsmengen stehen unter den Ländern Oesterreichs Böhmen und Nie-derösterreich oben an. Die Erzeugung der Gusswaaren erfolgt meist in Cupolöfen.

Die Einfuhr an grobem Eisenguss, in den grossen Bedarfsjahren allerdings sehr hoch, ist gegenwärtig nahezu auf die Ziffer der Ausfuhr herabgesunken, in den diversen Eisenfabricaten hat sich sogar eine ganz erfreuliche Zunahme der Ausfuhr herausgestellt, welche schon die bedeutende Ziffer von über 30 Millionen *M.* erreichte. Da die Erzeugnisse aus vorzüglich raffinirtem Material hergestellt sind, wird sich auch später ein lohnender Absatz in diesen Artikeln leicht erzielen lassen. Der Export ging nach Deutschland, Russland, Italien, Rumänien und der Türkei.

Infolge des in grossen Mengen vorhandenen qualitativ vorzüglichen und dabei billigen Brennstoffes (böhmische Braunkohle) und des Reichthumes an guten Eisenerzen liegt der Schwerpunkt der österreichischen Eisenindustrie in dem Raffiniren des Eisens, und in der vorzugsweisen Fabrication von Qualitätswaaren, und in dieser Beziehung ist Oesterreich ganz besonders leistungsfähig. In erster Reihe gilt dies aber von der Erzeugung eines qualitätsmässigen Stahles, welcher sich auch weithin eines sehr guten Rufes erfreut, namentlich in dem Orient, welcher bisher das Hauptabsatzgebiet für denselben war.

In der Stahlerzeugung nehmen Steiermark und Kärnthen den ersten Rang ein. Noch vor etwa 40 Jahren wurden daselbst über 15.000 Tonnen Herdfrischstahl jährlich hergestellt. Ungeachtet der lohnenden Preise, welche bei dem Export erzielt wurden, musste aber die Production in den Frischherden eingeschränkt werden, da die immer theurer werdenden Holzpreise und die auch im Allgemeinen sich steigernden Gestehungskosten eine weitere Concurrenz nach und nach unmöglich machten. Bei dem Umschwunge, welchen die Stahlfabrication durch die Einführung des Bessemerprocesses in neuerer Zeit erfahren hat, nimmt die Herstellung von Rohstahl auf Frischherden mehr und mehr ab.

Puddelstahl, welcher früher hauptsächlich zur Schienenfabrication verwendet wurde, gelangt nur noch in sehr geringer Menge zur Herstellung. Das erste Puddelwerk in Oesterreich wurde 1829 in Witkowitz errichtet. Von anerkannter Qualität ist der österreichische Gussstahl, welcher vorzugsweise in Obersteiermark gewonnen wird. Martinsstahl wird nur in wenigen Hütten fabricirt, namentlich aber in den Werksanlagen der Südbahn in Graz.

Die Einfuhr an Stahl und Stahlwaaren ist nur ganz schwach, denn Oesterreich vermag in diesem Zweige der Eisenindustrie den inländischen Consum selbst zu decken und ausserdem ziemlich stark zu exportiren. Unter den Stahlfabricaten sind die Sensen, Sicheln und Strohmesser erwähnenswerth, von welchen die ersteren in einer Anzahl von über 6 Millionen Stück jährlich erzeugt und zum grossen Theil ausgeführt werden.

Ausschlaggebend ist gegenwärtig die Bessemerstahl-Fabrication, welcher eine grosse Zukunft in Oesterreich nicht abgesprochen werden kann. Sowohl an Güte als relativer Menge des Productes wie auch in Bezug auf die technische Durchführung des Processes steht Oesterreich wohl an der Spitze der Länder des Continentes und wird diesen Standpunkt voraussichtlich auch behaupten.*)

Die erste Bessemerhütte in Oesterreich, jene zu Turrach in Obersteiermark hat man 1862 zu bauen begonnen, inzwischen hat sich die Anzahl der Bessemerhütten auf 13 vermehrt, mit zusammen 32 Convertern. Unter denselben dominirt dermalen als grösste die Bessemerstahlhütte zu Ternitz in Niederösterreich mit 6 Convertern. Im Durchschnitt werden 70 Zoll-Ctr. (3.5 metr. Tonnen) Bessemerstahl in einer Charge hergestellt. Die gesammte Erzeugung an Bessemermetall in Oesterreich seit der ersten Anwendung des Verfahrens bis Ende 1877 ist folgende:

---

*) Tunner, Das Eisen- Berg- und Hüttenwesen der Alpenländer. (Abhandlung in dem Seite 135 in der Anmerkung citirten Buche.)

Ort der Bessemerhütte	Böhmen		Mähren	Schlesien	Niederösterreich	Steiermark					Kärnthen		Ungarn	Summa
	Teplitz	Kladno	Witkowitz	Teschen	Ternitz	Turrach	Neuberg	Graz (Südb.)	Zeltweg	Graz (Stahlwerk)	Heft	Prävali	Reschitza	
Eröffnung	Mai 1873	September 1875	Mai 1866	Anfang 1875	Juni 1868	November 1863	Febr. 1865	Anfang 1865	September 1871	Mai 1873	Juli 1864	März 1876	December 1868	
Converteranzahl	2	2	3	2	6	3	2	2	2	2	2	2	2	32
Jahr	metrische Tonnen													
1864	.	.	.	.	.	109	.	.	.	.	197	.	.	306
1865	.	.	.	.	.	211	794	1.895	.	.	645	.	.	3.545
1866	.	.	524		.	308	1.718	2.906	.	.	1.379	.	.	6.835
1867	.	.	1.585	.	.	724	2.824	2.396	.	.	1.236	.	.	8.765
1868	.	.	2.727	.	3.346	547	3.090	3.294	.	.	1.304	.	287	14.495
1869	.	.	3.230	.	7.144	464	3.112	3.166	.	.	1.217	.	2.389	20.722
1870	.	.	3.200	.	6.055	607	3.980	3.878	.	.	764	.	3.628	22.112
1871	.	.	3.278	.	10.565	1.145	5.261	4.577	1.327	.	3.102	.	6.257	35.512
1872	.	.	3.800	.	20.514	901	5.697	5.063	7.142	.	5.189	.	7.098	55.404
1873	2.934	.	5.570	.	29.849	1.432	4.435	4.503	9.480	1.990	7.588	.	9.040	76.821
1874	9.963	.	6.630	.	34.127	897	3.607	3.659	11.358	7.255	10.160	.	9.302	96.958
1875	9.270	921	7.197	3.163	19.395	1.081	3.238	3.710	7.480	11.335	10.613	.	13.203	87.443
1876	11.835	7.635	2.734	5.113	15.606	1.419	3.834	5.196	6.653	3.350	9.192	340	22.132	89.926
1877	12.235	8.913	12.280	5.252	14.403	1.267	3.602	sistirt	10.530	sistirt	10.801	5.793	17.646	97.470

In Ungarn besteht nur auf den Werken der Staatseisenbahn zu Reschitza eine Bessemerhütte.

Die Schienenfabrication hat in Oesterreich wesentliche Fortschritte gemacht; es mussten zwar, wie schon weiter oben besprochen wurde, in den Jahren 1868—1873, obwohl neue Schienenwalzwerke (Ternitz, Graz, Teplitz) damals entstanden, enorme Schienenquantitäten aus Belgien und Deutschland bezogen werden — im Jahre 1870 erreichte die Schieneneinfuhr mit 116.813 metr. Tonnen im Werthe von 23,362.600 ℳ ihren Höhepunkt, — allein diese abnormen Verhältnisse sind überwunden; von einem Schienenimport nach Oesterreich ist heute keine Rede mehr, und die österreichischen Bahnen beziehen ihren Bedarf an Schienen jetzt durchgehends von den Walzwerken des Inlandes. Wohl entspricht der gegenwärtige Bedarf der Bahnen nicht der Leistungsfähigkeit der einheimischen Schienenwalzwerke, aber immerhin befindet sich Oesterreich in dieser Hinsicht in einer relativ weniger kritischen Situation wie andere Länder. Die heutigen niederen Schienenpreise bekunden zweifellos den Mangel an ausreichender Beschäftigung, an welchem überhaupt die gesammte österreichische Eisenindustrie gegenwärtig leidet.

Jahr	Eisenschienen	Stahlschienen	Zusammen
	metrische Tonnen		
1870	89.790	17.307	107.097
1871	90.463	23.199	113.662
1872	86.556	38.009	124.565
1873	80.742	50.327	131.069
1874	54.797	57.169	111.966
1875	40.155	61.345	101.500
1876	22.819	64.491	87.310
1877	18.645	79.065	97.710

Mit der Schienenfabrication befassten sich in Oesterreich-Ungarn mit Ende 1877 17 Walzwerke, deren bisherige Gesammterzeugung in der Schlusstabelle auf Seite 143 ihren Ausdruck findet.

Wie die Eisenschiene von der Stahlschiene rapid verdrängt wird, tritt in den Ziffern derselben klar zu Tage.

Aus den vorstehenden Betrachtungen ist der Schluss zu ziehen, dass die Eisenindustrie Oesterreichs ebenso wie jene anderer Staaten dermalen ebenfalls unter dem Drucke der jetzigen Zeitverhältnisse höchst empfindlich in Mitleidenschaft gezogen ist, und dass sich auch bei ihr die allgemeine Geschäftslosigkeit stark fühlbar macht.

Es kann aber mit voller Berechtigung ausgesprochen werden, dass die österreichische Eisenindustrie einer besseren Zukunft entgegengeht, und dass sie infolge der in den jüngsten Jahren vervollkommneten Einrichtungen ihrer Werks- und Fabriksanlagen und durch die Creirung zahlreicher neuer Etablissements bei dem gleichzeitigen Vorhandensein billiger Arbeitskraft zu einer bedeutenden Leistungsfähigkeit sich emporgeschwungen hat. Danach erscheint es ganz undenkbar, dass jemals wieder so bedeutende Capitalien für Eisenfabricate dem Auslande zufliessen, wie es in der ganz unerwartet hereingebrochenen Bedarfsepoche 1870—1872 geschah, in welcher die hohen Einfuhren namentlich auch durch die mässigen Eingangszölle begünstigt wurden. Einem mit der Wiederbelebung aller Geschäfte herantretenden Bedarf gegenüber steht Oesterreichs Eisenindustrie — unter der Voraussetzung eines entsprechenden Schutzzolles, welcher bei den sonstigen ungünstigen Productionsbedingungen unerlässlich ist — heute gewappnet und leistungsfähig da. Vermöge der von ihm naturgemäss erzeugten Qualitätsproducte wird sie sogar in einzelnen Artikeln exportfähig sein und wird ihre nach Deckung des einheimischen Bedarfes noch verbleibende Production Italien, der Türkei, den Donaufürstenthümern und Russland zuführen können, welche, noch in der Entwicklung begriffen oder von der Natur weniger begünstigt, ihren Bedarf an Eisenfabricaten gegenwärtig zumeist von England beziehen.

Russland.

(4,909.194 Quadrat-Kilometer. — 65,704.559 Einwohner.)

Bei den Einwohnern des Kaukasus, Ural, Altai, sowie der jetzigen Kirgisensteppe ist der Bergbau schon uralt, wie die verlassenen Gruben bewiesen, als die Russen diese Gebiete einnahmen. Diese selbst trieben bis in das 15. Jahrhundert hinein keinen Bergbau, und es dauerte drei Jahrhunderte, bis mit dem Berggesetz Peters des Grossen (1719) der Grubenbetrieb zu geregelter Entwicklung kam. Seitdem ist der Bergbau auch in Russland immer mehr ein selbstständiger, durch Gesetzgebung und Staatsverwaltung geleiteter und geschützter Zweig der Nationalindustrie geworden und hat sich namentlich durch die neuen Berggesetze*) von 1868 ab dem Bergbau in den übrigen Culturstaaten Europa's ebenbürtig an die Seite gestellt.

---

*) Diese Gesetze sind vereinzelte Verordnungen. Das russische Bergrecht findet sich in der allgemeinen Gesetzsammlung, dem Sswod sakonof, vom Jahre 1857 (VII. Band) und eine Uebersicht desselben in: Brassert, Zeitschrift für Bergrecht, Band XII (1871) S. 417—451.

Zunächst dem Grundbesitze nach als 1. Kronwerke, 2. dem Cabinet des Kaisers gehörige, 3. Possessionswerke, 4. private auf Kronländereien, 5. private auf Privatländereien unterschieden, sind die Berg- und Hüttenwerke je nach Lage in Bergdistricte eingetheilt, die in neuester Zeit einige Abänderungen erfahren haben. Das neueste Berggesetz, für Russland noch Entwurf, schliesst sich in seinen Grundsätzen fast durchweg dem preussischen Berggesetze vom 24. Juni 1865 an, nur mit dem Unterschiede, dass es dem Grundbesitzer für die Ausbeutung der in seinem Boden ruhenden Mineralienschätze die Vorhand einräumt. Dem Berggesetze, sowie der in demselben angeordneten Staatsaufsicht sind fast sämmtliche unterirdisch lagernden Mineralien und Fossilien unterworfen, so namentlich allgemein Erze und Metalle, mineralische Brennstoffe, Salz aller Art, Erden und Steine.

Für das Königreich Polen ist eine besondere Bergordnung unter'm 16/28. Juni 1870 erlassen worden, welche jedoch sammt ihren verschiedenen Ausführungs-Instructionen und Ergänzungs-Verordnungen den Bedürfnissen und Wünschen der Bergbautreibenden nicht zu entsprechen scheint. Wenigstens sind erst wieder in allerneuester Zeit verschiedene Desiderien bezüglich der Abänderung der Bergordnung zur Kenntniss der höheren Ressortbehörden gebracht worden, wie namentlich: die Consolidation von Bergwerken dem Besitzer anheimzustellen; den Bergbehörden die Befugniss zu geben, die Fristung von Bergwerken zu bewilligen; den Bergwerksbesitzern das erforderliche Expropriationsrecht bezüglich des Grundes und Bodens für die Anlage von Abfuhrwegen, Eisenbahnen etc. etc. zu gewähren; die beschränkenden Bestimmungen für Anwendung von Pulver in den Bergwerken zu beseitigen; die Entschädigung der Grundbesitzer für die gewonnenen Mineralien besser zu ordnen.

Schon diese Desiderien, die übrigens nicht minder in den übrigen Gouvernements Russlands begründet sind, beweisen, dass die bestehende Berggesetzgebung einer gesunden und gedeihlichen Entwicklung des Bergbaues in dem eben so reich gesegneten als ausgedehnten Reiche noch nicht genug Antrieb und Schutz gewährt.

Dazu treten noch andere Hindernisse, wie namentlich Mangel an Communications-Wegen und Mitteln sowohl zu Wasser wie zu Lande, zu hohe Belastung der Wasserwege und Eisenbahnen mit Abgaben, ganz besonders und am meisten aber die den Verkehr und Absatz nach und von dem Auslande beschränkende Zollordnung und Zolltarifgesetzgebung, deren nachtheilige Folgen durch die in neuester Zeit eingeführte Goldwährung für Zölle und Communicationsabgaben noch verstärkt und verschlimmert worden sind; endlich auch noch Beschränkungen des industriellen und commerciellen Gewerbebetriebes, die einerseits den letzteren monopolisiren für eine bestimmte Anzahl von Personen, anderseits mit so hohen Abgaben belasten, dass Production und Consumtion, Handel und Verkehr sehr merklich, für den allgemeinen Volkswohlstand höchst nachtheilig vertheuert werden.

Unter solchen Verhältnissen konnten Bergbau und Hüttenbetrieb natürlich dem riesigen Landes- und Bevölkerungsbedarf gegenüber nur ungenügend sich entwickeln, und so gross auch der Aufschwung beider Industriezweige in der Production in den letzten Jahren, im Verhältniss zu dem früheren Stande, war, so bleibt ihre Productionsleistung eben jenem Bedarfe gegenüber und noch mehr im Verhältniss zu der Production anderer Montanländer noch immer sehr gering, wie die nachstehenden Darlegungen ersehen lassen werden.

Kohle.

Der vermeintliche Ueberfluss an Waldungen und damit an Holz als Brennmaterial hat, wie in Schweden, so auch in Russland dem Kohlenbergbau nicht die Wichtigkeit beilegen lassen, welche er als Producent eines wohlfeileren und dabei besseren Nutzmaterials selbst da verdient, wo in der That noch kein Holzmangel eingetreten ist.

In Russland nehmen die Wälder allerdings noch fast unermessliche Flächen ein. Ihre Gesammtausdehnung wird, einschliesslich Polens und Finnlands, auf 193 Millionen Dessjatinen = 2.108 Millionen Quadrat-Kilometer oder 40 Procent des Gesammtflächenraums des europäisch-russischen Reiches angegeben. Dieser Wald- und Holzreichthum vertheilt sich jedoch sehr ungleich über die einzelnen Landestheile: haben einige Millionen von Dessjatinen Wald, so sind in anderen völlig waldlose Steppen von gleicher Ausdehnung zu finden.

Eine Zusammenstellung der Hauptfactoren der Kohlen- und Eisenindustrie Russlands, wie sie die folgenden Uebersichten nach den neuesten und besten officiellen Quellen zu Zahl und Ziffer gebracht haben, lässt sofort erkennen, dass Russland in Europa, nächst der Türkei, die niedrigste Stelle in der Eigenproduction von Kohlen und Eisen einnimmt, sobald man seine unermessliche Flächenausdehnung und seine enormen Bevölkerungsmassen zu den officiellen montanstatistischen Angaben in Verhältniss setzt.

Dass die **Waldbestände** Russlands, bei gleichmässiger Entwicklung des Brennmaterialbedarfs für Haus, Industrie und Verkehrsmittel nicht genügen, denselben zu decken, beweisen die Gegenden, in denen die Industrie einen gesunden Aufschwung genommen hat. Der Raum erlaubt uns nicht, uns hierüber ausführlicher auszulassen, bei den Fachmännern ist die Richtigkeit der Ansicht längst ausser allem Zweifel.

Zunächst müsste also die Kohle für das mangelnde Holz eintreten. Diese ist aber nicht in so grossen Massen in Russland vorhanden, als gewöhnlich angenommen wird. Der Kohlenreichthum Russlands wird vielfach überschätzt.

Ueber das **Donetz**'sche Kohlenbassin äussert sich J. v. **Bock**, welcher sich durch seine, bei vorliegender Abhandlung mehrfach benutzten Publicationen über die russische Kohlen- und Eisenindustrie besonders verdient gemacht hat, in der „Russischen Revue", 1874, S. 34, wie folgt:

„Dem **Raume** nach gehört das Donetz'sche Steinkohlensystem zu den ausgedehntesten und steht, indem es in dieser Beziehung alle Steinkohlenbassins des westlichen Europa übertrifft, nur dem Steinkohlenbassin Nord-Amerika's nach.

„Nach einer annähernden Berechnung enthält die Donetz'sche Gebirgskette 8.271 Millionen Kubikmeter Steinkohlen und Anthracit, im Gewichte von 10.751 Millionen Tonnen. — Dieser grosse Vorrath kann bei einer jährlichen Ausbeute von 18 Millionen Pud (300.000 Tonnen) erst in 35.000 Jahren erschöpft werden; würde man denselben in der gleichen Weise ausbeuten, wie dies z. B. in Preussen geschieht, so würde er nur auf 900 Jahre reichen."

Bezüglich der Flächenausdehnung steht das Donetz-Becken, welches einen Raum von 27.312 Quadrat-Kilometer einnimmt, allerdings an der Spitze sämmtlicher europäischer Kohlenbecken, allein die Kohlenflöze selbst sind in demselben meist nur von sehr geringer Mächtigkeit, weshalb auch die Förderung hier bei Weitem nicht jene Dimensionen erreichen kann, wie in den so mächtigen und weit reichhaltigeren Kohlenbecken Englands, Belgiens, Deutschlands etc.

Das Becken ist eine durch die Donetz'sche Gebirgskette gebildete Hochebene von etwa 244 Meter Höhe, mit tiefen Schluchten, Balki genannt, hat 345 Werst (368 Kilometer) Länge und 150 Werst (160 Kilometer) Breite und einen Flächenraum von 24.000 Quadrat-Werst (27.312 Quadrat-Kilometer). Die Gruben des Bassins theilen sich nach der Qualität der Kohle in zwei Gruppen, die **westliche** und die **südliche**.

Die erstere liegt im südlichen Theile des Gouvernements Charkow und in den Kreisen Bachmutsch und Sslawanoserbsch des Gouvernements Jekaterinosslaw. Ausser wenigen Erzgruben finden sich hier nur **Steinkohlen**. Die südliche Gruppe enthält dagegen vorzugsweise **Anthracit**, und zwar im Lande der Donischen Kosaken, in den Kreisen Donetz, Mius, Tscherkask und im 1. Donschen Kreise. In der Mitte beider Gruppen, am oberen Laufe der

Flüsse Mius, Bolschaja, Kamenka und Nebenflüsse des Lugan, werden sowohl Steinkohlen als Anthracit gefunden. Die Qualität ist übrigens sehr ungleich, doch wird das Product zur Stubenheizung und zu vielen industriellen Zwecken benutzt in Fabriken, Schmieden, Eisenhütten, Kalk-, Gips- und Ziegelbrennereien etc.

Der Export der Donetzkohle hält sich noch in engen Grenzen, weil es an Transportmitteln fehlt und der Preis der Kohle zu hoch steht. Ein Kubikfaden Fichtenholz (9.71 Kubikmeter) wird durch 72 Pud (1179 Kilogramm) Donetz-Anthracit ersetzt; 100 Pud (1638 Kilogramm) Newcastler Steinkohle oder der Perm'schen Kohle Wsewolodskiis entsprechen 70 Pud (1147 Kilogramm) Donetz-Anthracit, und 100 Pud (1638 Kilogramm) Cardiff-Kohle 80 Pud (1310 Kilogramm) Anthracit. Der Preis der Donetzkohle ist am Productionsorte 4 Kopeken, des Anthracit 6 Kopeken pro Pud (oder 0.79 und 1.19 $\mathcal{M}$ pro metr. Centner). Bei einem Preise von 20 Kopeken pro Pud (3.96 $\mathcal{M}$ pro metr. Centner) ist der Donetz-Anthracit noch mit Vortheil zu verwenden von den Wolga-Dampfern bis Astrachan und bei 17 Kopeken (3.36 $\mathcal{M}$ pro metr. Centner) bis Nischnij-Nowgorod. Bei 20 Kopeken pro Pud in Odessa schlägt er die englische Kohle selbst auf dem Asow'schen und Schwarzen Meere. — Das Wärme-Aequivalent des Donetzproductes ist sehr verschieden: bei Anthracit 7238 bis 7705, bei der Steinkohle 4697 bis 7970 Wärme-Einheiten.

Die übrigen Kohlenbassins Russlands sind folgende: Das Weichsel- oder westliche Bassin im Gouvernement Piotrkow (Königreich Polen); das Moskauer oder Centralrussische Bassin in den Gouvernements Tula, Kaluga, Ssmolensk, Moskau, Rjasan, Twer und Nowgorod; das Ural- oder östliche Bassin im Gouvernement Perm; ferner im asiatischen Russland das Kusnetzk'sche Bassin im Gouvernement Tomsk, das Bassin der Kirgisensteppe in den Gebieten Akmolinsk und Semipalatinsk, das Turkestan'sche Bassin im Sir-Darja-Gebiete.

Alle diese Bassins gehören der Steinkohlenformation an. Ausser denselben sind noch zu nennen: als zur Jura- und Kreide-Formation gehörig die Steinkohlen- und Brandschieferlagerstätten des Kaukasus in den Gebieten Kuban und Daghestan, und die Steinkohlenlager im Gouvernement Orenburg; als zur Tertiärperiode die Braunkohlenlager in den Gouvernements Kijew und Chersson und die Steinkohlenlager der Insel Sachalin und des Küstengebietes am Stillen Ocean.

Ausser dem Donetzbassin sind nur noch das Weichsel- und das Moskauer Bassin von grösserer Bedeutung.

Das Weichselbassin schliesst sich dem Steinkohlenbecken Oberschlesiens an sowohl hinsichtlich der Lagerung, als auch in der Qualität der Kohle. In den Kronfeldern allein soll ein Kohlenvorrath von 516,000.000 Pud (8,500.000 Tonnen) vorhanden sein. Die wichtigsten derselben (bei Dombrowa) sind in neuester Zeit in Privatbesitz übergegangen. An Ort und Stelle kommt der Preis der Kohle auf 3 bis 4 Kopeken pro Pud (0.59 bis 0.79 $\mathcal{M}$ pro metr. Centner) zu stehen. Der Absatz beschränkt sich hauptsächlich auf die Fabriken, Hütten und sonstigen Consumherde der nächsten Umgegend.

Das Moskauer Bassin nimmt einen Flächenraum von 20.000 Quadrat-Werst (22.800 Quadrat-Kilometer) ein. Von den Lagerstätten in den obengenannten Gouvernements streicht sein Bergkalk als ein schmaler Streifen nach Norden durch die Gouvernements Olonetz und Archangelsk bis nahe an das Weisse Meer. Die ausbeutefähigen Felder des Bassins befinden sich hauptsächlich nahe seiner Peripherie, während in der Mitte die Kohlen in so bedeutender Tiefe und in so dünnen Schichten lagern, dass ihre Gewinnung unmöglich oder nicht lohnend ist. Entdeckt wurden im Bassin schon 1766 die ersten Kohlenlager; der Abbau begann 1796 und ist namentlich seit etwa zwei Decennien auch in Privathänden. Ihrer Qualität nach steht die Moskauer Kohle der Braunkohle sehr nahe, sieht auch äusserlich derselben sehr ähnlich, hat viel Asche und nur 3220 bis 4128 Wärme-Einheiten. Trotzdem wird sie zu allen Heizzwecken verbraucht und findet im Centrum Russlands umsomehr Absatz, je mehr der Holzvorrath schwindet und der Holzpreis steigt. Als Gaskohle wird besonders das Product der Lager im Dorfe Murajewna (Kreis Dankow, Gouvernement Rjasan) und Abidi (Kreis Alexin, Gouvernement Tula) gerühmt; diese Kohle soll der schottischen Boghead-Gaskohle sehr ähnlich sein.

Die übrigen Bassins sind von geringer Bedeutung, sowohl hinsichtlich der Production als auch der Qualität ihrer Kohle.

Die Entwicklung der einzelnen Bassins in den letzten 10 Jahren lässt folgende Uebersicht ersehen:

Bassins	1867	1871	1872	1873	1874	1875
Moskau metr. Tonnen	38.374	142.140	148.204	150.700	242.746	387.538
Kijew-Jelissawetgrad „ „	1.311	16.380	14.913	26.209	22.363	17.906
Donetz „ „	152.157	335.147	604.558	618.655	635.083	842.558
Ural „ „	9.198	13.635	11.189	15.932	20.047	20.949
Weichsel „ „	223.675	301.553	283.201	335.725	402.153	407.935
Kaukasus „ „	3.604	3.160	3.130	3.538	3.653	6.177
Kusnetzk „ „	4.095	3.735	4.589	5.172	5.818	4.201
Kirgisensteppe „ „	4.406	4.886	10.070	8.131	11.007	13.636
Turkestan „ „	—	1.229	1.595	6.613	6.809	6.798
Insel Sachalin „ „	2.115	4.847	1.672	1.942	2.965	1.571
überhaupt Russland „ „	437.625	829.745	1,097.864	1,170.979	1,369.025	1,709.269

Die stärkste Steigerung der Production weist hiernach das Moskauer Becken auf; das Donetzbassin hat dasselbe jedoch weit überholt in der Quantität der Förderung.

Von der Production des Jahres 1875 kommen 5,580.600 Pud (91.413 metr. Tonnen) auf Kron- und kaiserliche Werke, nämlich im Donetzbecken, Gouvernement Jekaterinosslaw 70.400 (1.153 metr. Tonnen), im Weichselbassin (Königreich Polen) Gouvernement Piotrkow 4,857.852 (79.574 metr. Tonnen), im Kaukasus Gebiet Kuban 300.000 (4.914 metr. Tonnen), auf der Insel Sachalin 95.898 Pud (1.571 metr. Tonnen) auf Kronwerke; die kaiserlichen Gruben liegen im Kusnetzbecken Gouvernement Tomsk und förderten 1875 im Ganzen 256.450 Pud (4.201 metr. Tonnen).

Die Zahl der Gruben betrug im Jahre 1875 überhaupt 504, wovon jedoch nur 180 im Betriebe waren.

In dem Tableau auf Seite 149 sind für die einzelnen Gouvernements und Gebiete Russlands, in welchen Kohle gewonnen wird, jene statistischen Daten übersichtlich zusammengestellt, die für die Beurtheilung der Kohlenindustrie besonders in's Gewicht fallen.

Bei der grossen Verschiedenheit der Qualität der russischen Kohlen selbst in einem und demselben Bassin haben Analysen von einzelnen Gruben nur örtlichen Werth. So wechselt die Zusammensetzung der Kohle des Donetz- und des Uralbeckens folgendermassen:

Es enthält Anthracit Kohlenstoff 84.25 bis 95.38, Wasserstoff 2.25 bis 3.69, Sauer- und Stickstoff 3.50 bis 6.48, Asche 1.10 bis 8.56 $^0/_0$; Steinkohle dagegen Kohlenstoff 74.18 bis 88.83, Wasserstoff 3.40 bis 5.79, Sauer- und Stickstoff 5.98 bis 15.12, Asche 0.74 bis 6.36 $^0/_0$.

Im Weichselbassin (Polen) ergeben sich nach zahlreichen Analysen folgende Schwankungen: Kohlenstoff 65.49 bis 79.00, Wasserstoff 4.53 bis 5.78, Sauer- und Stickstoff 11.98 bis 28.24, Asche 2.31 bis 4.16 $^0/_0$.

Der theoretische Brennwerth variirt im Donetz- und Uralbecken bei Anthracit zwischen 6963 bis 7682, bei Steinkohle zwischen 6336 bis 8269, im Weichselbassin zwischen 5743 bis 7696 Wärme-Einheiten. Der practische

Gouvernements, Gebiete	Kohlenbecken	Flächenraum Quadrat-Kilometer	davon Waldungen %	Kohlenförderung im Jahre 1875 Stein-Kohlen (metr. Tonnen)	Anthracit	Braun-kohlen	Verkehrs-Strassen Eisenbahnen 1877 (Kilometer)	Schiffbare Wasserwege (Kilometer)	Seen, Limans etc. (Quadrat-Kilometer)
Nowgorod, Pskow, Ssmolensk, Kaluga, Moskau, Twer	Moskau	350.270$_2$	40$_3$	221.136	.	.	.	.	.
Rjasan	„	42.083$_2$	22	88.173	.	.	.	.	.
Tula	„	30.940$_8$	9	78.229	.	.	.	.	.
Gross-Russland im Ganzen	.	.	.	387.538	.	.	6.644	9.215	5.982$_8$
Kijew	Kijew-Jelissawetgrad	50.974$_1$	25	.	.	17.906	.	.	.
Klein-Russland im Ganzen	.	.	.	.	.	17.906	1.571	2.140	45$_5$
Jekaterinosslaw	Donetz	67.703$_4$	1	232.146	1.253	.	.	.	.
Donisches Kosakengebiet	„	160.397$_0$	2	188.963	420.196	.	.	.	.
Neu-Russland im Ganzen	.	.	.	421.109	421.449	.	2.726	4.326	3.862$_3$
Perm	Ural	332.065$_5$	74	20.949	.	.	.	.	.
Zarenthum Kasan im Ganzen	.	.	.	20.949	.	.	1.084	5.071	1.873$_5$
Piotrkow	Polen	11.695$_5$	.	391.278	.	15.040	.	.	.
Kjelitz	„	9.383$_0$	25$_3$	1.617	.	.	.	.	.
Königreich Polen im Ganzen	.	.	.	392.895	.	15.040	891	.	.
Kuban-Gebiet	Kaukasus	93.437$_5$	.	4.914	.	.	.	.	.
Daghestan-Gebiet	„	28.590$_4$	.	.	.	546	.	.	.
Kutaïs	„	20.820$_4$	.	717	.	.	.	.	.
Kaukasus im Ganzen	.	.	.	5.631	.	546	1.015	.	4.213$_2$
Tomsk	Kusnetzk	863.847$_0$	.	4.201	.	.	.	.	.
Sibirien im Ganzen	.	.	.	4.201	.	.	.	.	36.052$_0$
Gebiet Akmolinsk	Kirgisen-Steppe	632.659$_0$	.	13.118	.	.	.	.	.
„ Semipalatinsk	„	357.904$_0$	.	518	.	.	.	.	.
„ Kuldscha	Turkestan	71.225$_0$	.	4.914	.	.	.	.	.
„ Sir-Darja	„	512.330$_0$	.	1.507	.	377	.	.	.
Russ. Centralasien im Ganzen	.	.	.	20.057	.	377	.	.	25.040
Insel Sachalin	Sachalin	79.875$_0$	.	1.571	.	.	.	.	.
Totale	.	.	.	1,253.951	421.449	33.869	.	.	.

Brennwerth d. i. der bei der Verwendung der Kohle erreichbare Heizeffect beträgt auch bei dem Producte Russlands 0.60 bis 0.66 des theoretischen Brennwerthes.

Natürlich ist bei der grossen Verschiedenheit der Qualität der Kohle auch die Coke- und Gasfähigkeit derselben sehr verschieden. Bei der Vercokung hat sich selbst im Donetzbassin eine Differenz von 51.75 bis 81.99 % der verwendeten Kohlen ergeben. Das höchste Coke-Ausbringen (81.99 %) hatte die Kohle von Nischnij-Chanjonkoffskij, das niedrigste (51.75) die der Grube Pleschtschejeffskij. —

Was die Circulation der russischen Kohlen anbelangt, so ist dieselbe natürlich auf die nächsten Umgebungen der Productionsstätten beschränkt, weil die Production bei Weitem nicht dem Bedarfe entspricht und der weitere Transport durch Mangel an Communications-Mitteln und Wegen und durch die Höhe der Kosten behindert wird.

So ausgedehnt auch das russische Bahnnetz in einzelnen Theilen des grossen Reiches erscheint, und so erfolgreich dasselbe durch Wasserstrassen unterstützt und ergänzt wird in seiner Wirksamkeit, so ist doch, namentlich im Sommer, wo Schlitten und Eisbahn den Landtransport nicht erleichtern, die innere Circulation eine sehr geringe. Eine auch nur oberflächliche Vergleichung des Eisenbahn- und Wasserstrassen-Verkehres, in Verbindung mit dem ungeheueren Flächenraume und der Riesenvolkszahl Russlands, mit dem Verkehr in anderen Ländern lässt sofort den Mangel an Communication und die dadurch gehinderte Absatzfähigkeit der Kohlen und damit den Hauptgrund der für das grosse Reich sehr mässigen Kohlenproduction erkennen und würdigen. Es muss indessen anerkannt werden, dass die russische Regierung den Ausbau des Eisenhahnnetzes sich sehr angelegen sein liess, dessen Ende 1867 5.017 Kilometer betragende Ausdehnung sich Ende 1870 auf 10.798 und Ende 1877 auf 20.467 Kilometer steigerte. Einen weiteren Beweis hiefür liefert der im Jahre 1878 vollendete Bau der Bahn von Nischnij-Nowgorod nach Jekaterinburg, welche in Folge der Entwicklung des asiatischen Handels und der neuen Dampfschiffverbindungen zwischen Asien und Europa einen neuen Handelsweg nach Sibirien eröffnet.

Obwohl nun für die an Steinkohlengruben reichen Gebiete durch eine Schienenverbindung mit den Ostseehäfen neue Absatzwege erschlossen wurden, so kann doch von einer Kohlen-Ausfuhr in Russland wenig oder gar nicht die Rede sein, womit natürlich auch die Concurrenz der einzelnen Kohlenbassins unter einander ausgeschlossen ist. Umsomehr ist Russland dadurch auf den Kohlen-Import angewiesen.

Die Entwicklung der Production, Einfuhr und Ausfuhr ist in nachfolgender Tabelle ersichtlich gemacht:

Jahr	Steinkohle und Anthracit	Braunkohle	Kohle	
	Production		Einfuhr	Ausfuhr
	metr. Tonnen			
1840	15.000	.	.	.
1850	52.000	.	.	.
1860	131.200	.	968.911	.
1866	271.537	.	661.394	.
1867	433.709	3.607	816.683	.
1868	450.789	3.246	586.950	.
1869	588.565	13.048	816.549	.
1870	683.260	9.028	859.499	.
1871	806.551	23.851	1,259.179	.
1872	1,071.125	27.608	1,079.710	.
1873	1,129.943	41.964	791.320	.
1874	1,330.516	39.594	1,058.628	.
1875	1,675.400	33.869	1,054.727	1.139
1876	.	.	1,497.214	.

An dem Kohlen-Importe sind betheiligt England, Deutschland und Oesterreich. Nach den officiellen Handels-Ausweisen dieser drei Länder stellte sich ihr Kohlenexport nach Russland folgendermassen neben den russischen Zahlenangaben:

	Production	Ausfuhr	Einfuhr	Einfuhr aus		
				England	Deutschland	Oesterreich
	metr. Tonnen					
Im Jahre 1875	1,709.269	1.139	1,054.727	899.044	387.895	16.873

Die Selbstproduction von Kohlen hätte also in Russland hiernach schon den Kohlen-Import überschritten, selbst wenn man letzteren nicht nach russischer, sondern nach der Angabe des importirenden Auslandes beziffert. Was ist aber ein Kohlenconsum von 180 bis 190 Millionen Pud (2.9 bis 3.1 Millionen Tonnen) für das grosse russische Reich? Der Bedarf für industrielle Zwecke ist eben in Russland verhältnissmässig noch sehr unbedeutend, und diese geringe Nachfrage regulirt natürlich auch den Preisstand.

Es kostete nach officieller Feststellung im Jahre 1875 durchschnittlich Anthracit Grubenpreis pro Pud Stückkohle 7.5 bis 12 Kopeken (1.48 bis 2.37 ℳ pro metr. Centner), Kleinkohle 7 bis 9 Kopeken (1.38 bis 1.78 ℳ), ferner zu Nowotscherkask 10 bis 25 Kopeken (1.98 bis 4.94 ℳ), Rostow 15 bis 30 (2.97 bis 5.93 ℳ) und Taganrog 20 bis 60 Kopeken (3.96 bis 11.87 ℳ); Steinkohle an der Grube Grobkohle 8 bis 10 (1.58 bis 1.98), Feinkohle 6.5 bis 8 Kopeken (1.29 bis 1.58 ℳ). In Polen stand der Preis weit niedriger. Es kostete hier das Pud Grosskohle 4.5 bis 7 (der metr. Centner 0.89 bis 1.38), Mittelkohle 3.75 bis 4.25 Kopeken (0.74 bis 0.84 ℳ), Kleinkohle 0.33 bis 2 Kopeken (0.07 bis 0.40 ℳ). — Der Durchschnittspreis der Braunkohle wird auf 2.25 Kopeken (0.07 ℳ) berechnet. Der Preisstand ist also im Verhältnisse zu anderen Ländern ein mässiger; vorübergehende Vertheuerung der Kohle, wie z. B. in den Seehäfen während des russisch-türkischen Krieges, ist ein Ausnahmezustand, der für allgemeine Preisberechnungen nicht massgebend sein kann.

Neuestens wurden im Turkestan'schen Gebiete acht grosse Kohlenlager entdeckt, welche sich im Iliflussthale in einer Ausdehnung von 42 Kilometer und im Kaschflussthale in einer solchen von 10 Kilometer hinziehen. Die Ausbeutung dieser Kohlenlager dürfte seinerzeit auf die Kohlenpreise sowie die Einfuhr fremder Kohle nach Russland von namhaftem Einflusse werden.

Eisen.

An Eisenerzen ist Russland verhältnissmässig reich: seine Erzlager gehörig auszubeuten, reicht weder sein Holz-, noch sein Kohlenvorrath zu. Fast in allen Gouvernements gibt es Eisenerzlager, wie schon die in der Uebersicht auf Seite 154 nach Gouvernements bezifferte Erzförderung erkennen lässt. Die Verbreitung der Kohle bleibt weit zurück hinter der Verbreitung der Eisenerze, eine Thatsache, welche eine grossartige, ja eine landesbedarfsmässige Eisenproduction, wenn auch nicht unmöglich macht, so doch sehr erschwert.

Nach Quantität und Qualität der Erze ist das Uralgebirge die bedeutendste Schatzkammer für diesen unterirdischen Reichthum; besonders birgt es viel Magneteisenerz, doch gehört der grösste Theil des in Ural'schen Hütten gewonnenen Eisens dem Brauneisenerz an; Rotheisenerz findet sich bis jetzt nur im westlichen Theile des mittleren Ural auf sehr beschränkter Lagerstätte. Trotz dieses Erzreichthums ist die Entwicklung der Eisenindustrie im und am Ural eine wenig befriedigende. Ausser den reichen Lagern an Magnet-, Braun- und Rotheisenerzen findet sich im Ural auch Chromeisen, und zwar in Nestern und Adern, besonders aber im Serpentin, unweit der Hauptachse des Ural. Die Gewinnung dieses werthvollen Erzes ist jedoch sehr zurückgegangen: im Jahre 1871 = 450.973 Pud (7.387 metr. Tonnen), betrug dieselbe 1875 nur noch 209.848 Pud (3.437 metr. Tonnen).

Nächst dem Ural kommt das Donetzgebirge für die Eisenerzlagerung in Betracht. Die günstige Nähe der Steinkohlenlager gibt derselben ganz besondere Bedeutung für die russische Eisenindustrie. Der Art nach finden sich hier vornehmlich Brauneisenerz und Sphärosiderit. Diese Erze lagern meist in schieferartigen Psammiten und in Schiefern des Bergkalks, und zwar Brauneisenerz viel in Nestern; dagegen tritt Eisenoxydhydrat nicht nur in Nestern, sondern auch in kleinen Schichten im Sande des unteren Theils des Kreidesystems auf.

Die beiden Moskauér Privatbergbezirke umfassen die Gouvernements Wladimir, Nischnij-Nowgorod, Moskau, Tambow, Kostroma, Kaluga, Rjasan, Tula, Orel, Pensa. Hier finden sich überall Thoneisenerz, Brauneisenerz, Sphärosiderit, Sumpfeisenerz.

In den westlichen Gouvernements Wilna, Mohilew, Minsk, Wolhynien ist Sumpfeisenerz sehr verbreitet.

Im Gouvernement Olonetz wird Sumpf- und See-Eisenerz gefunden, ausserdem auch Braun- und Thoneisenerz, Eisenocker und eisenschüssiger Sandstein. Eisenglanz findet sich im Kreise Powenetz, Eisenvitriol in der Nähe der Kontschoferski'schen Eisenfabrik, ferner Magneteisenstein im Kreise Pudosch.

Finnland besitzt viel Magneteisenstein, ausserdem auch See- und Sumpferze.

Das Königreich Polen ist reich an thonigen Sphärosideriten und Brauneisenerzen.

Der Kaukasus hat ebenfalls reiche Eisenerzlager, und das asiatische Russland hat seinen berühmten Erzbergbau schon von altersher im Altai-Gebirge, im Nertschinsk'schen Bergbezirk, im Gouvernement Jenisseisk und Irkutsk.

Die Gesammtproduction an Eisenerzen betrug

in den Jahren	1866	1867	1868	1869	1870
metr. Tonnen	581.771	583.282	662.131	696.400	799.396
in den Jahren	1871	1872	1873	1874	1875
metr. Tonnen	831.535	893.614	908.507	934.783	1,063.831

Trotz seines grossen Eisenerz-Reichthums hat Russland eine sehr schwache Eisenindustrie, soweit eine Vergleichung derselben mit derjenigen in den übrigen mit Eisenerzen gesegneten Culturstaaten anzustellen ist. Doch ist nicht gering zu schätzen, dass Russlands Eisenindustrie aus eigenem Antriebe und eigener Kraft, noch mehr aber in Folge ebenso wohlgemeinter als wirksamer Ermunterung und Subvention seitens der russischen Regierung seit vielen Jahren in fast ununterbrochenem Aufschwunge, in anhaltender Steigerung ihrer Production geblieben ist, selbst in der Zeit, in welcher, wie seit 1872 und 1873, alle anderen Eisenindustrieländer einen Rückgang ihrer Eisenproduction aufweisen. Immerhin mögen bei dieser auffallenden Erscheinung ausserordentliche Ursachen, wie namentlich die Aussicht auf grossen Eisenbedarf zu Militär- und Kriegszwecken, für Marine und Eisenbahnen, mitgewirkt haben, die Thatsache verliert dadurch wenig von ihrer Bedeutung.

Production in metr. Tonnen	1830	1840	1850	1860	1866
Roheisen	183.104	180.639	227.743	297.937	314.850
Eisen	.	.	.	183.735	205.595
	1867	1868	1869	1870	1871
Roheisen	323.121	324.711	332.850	359.989	359.272
Eisen	225.945	231.015	248.548	251.582	254.002
	1872	1873	1874	1875	
Roheisen	399.273	384.356	380.236	426.896	
Eisen	268.123	255.296	294.441	303.819	

Nach den Werken und Gebieten vertheilt sich die Production wie folgt:

Production	1871		1872		1873		1874		1875	
metr. Tonnen	Roh-eisen	Eisen	Roh-eisen	Eisen	Roh-eisen	Eisen	Roh-eisen	Eisen	Roh-eisen	Eisen
Aerarische Werke	37.192	11.874	39.253	11.848	37.869	10.957	36.582	11.282	40.422	12.751
ausserdem in Polen	3.349	2.146	4.661	1.404	4.830	1.634	4.290	1.157	5.197	1.552
Kaiserliche Werke	1.011	300	1.505	477	1.338	385	1.209	645	1.755	576
Privatwerke: Ural .	211.584	135.252	243.962	152.135	202.767	147.319	210.647	160.268	252.101	170.421
Moskau	51.845	28.778	57.396	30.070	60.192	30.640	57.574	24.891	59.508	26.147
Kaukasus	311	20	.	14	.	.	287	.	.	.
West- und Süd-Russ-land	5.833	47.127	8.413	44.272	10.346	35.204	15.401	66.422	15.437	57.017
Sibirien	5.002	2.298	2.471	2.136	3.803	2.321	2.627	2.153	6.495	2.442
Königr. Polen. . . .	23.157	13.750	22.969	13.405	26.709	15.561	26.345	17.070	26.378	17.970
Olonetz	.	.	.	.	.	.	91	.	.	.
Finnland	20.151	10.819	18.476	12.362	23.398	11.274	23.217	15.374	19.508	14.943
überhaupt Russland	359.272	254.002	399.273	268.123	384.356	255.296	380.236	294.441	426.896	303.819

Russlands Eisenproduction ist also noch im Jahre 1875 beträchtlich gestiegen, während gerade dieses Jahr in Grossbritannien, Deutschland, Belgien, Oesterreich, den Vereinigten Staaten, also in den bedeutendsten Eisenländern der Welt, eine Minderung fast in allen Zweigen der Eisenindustrie aufweist.

Die auffallende Steigerung der Production Russlands tritt beim Stahl sehr merkbar hervor, während sie geringer ist bei den Giessereiproducten, welche bekanntlich grösstentheils in Artikeln des Militär- und Kriegsbedarfes (Geschütze, Geschosse, Schiffsplatten, Waffen etc.) bestehen. Die Gesammtproduction Russlands betrug nämlich:

	Stahl	Gusswaaren
	metr. Tonnen	
1860	1.051	.
1866	3.932	.
1867	6.271	.
1868	9.327	.
1869	7.200	.
1870	8.788	.
1871	7.244	31.665
1872	8.382	33.356
1873	8.944	56.530
1874	7.694	43.016
1875	12.928	57.164

Offenbar ist Russlands Eisenindustrie von der Krisis der letzten Jahre weit weniger getroffen, als die der übrigen Eisenländer. Der Hauptgrund dieser Thatsache liegt unzweifelhaft in dem günstigen Verhältniss des Eisenbedarfes zur Eisenproduction, — ersterer ist eben noch immer beträchtlich grösser als letztere.

Den Stand der gesammten Eisenproduction im Jahre 1875 macht die Tabelle Seite 154 und 155 ersichtlich.

Die russischen Eisenerze wie auch die Producte daraus sind von sehr guter Qualität. Die Erze sind reich an Eisen, und die meisten haben einen verhältnissmässig starken Mangangehalt. Der Procentsatz des Ausbringens von Roheisen variirt von 29 bis 56 Procent.

Macht hiernach die Qualität die russischen Eisenproducte auch besonders preiswürdig, so bewirken die hohen Eingangszölle für fremdes Eisen doch eine Erhöhung des Preisstandes, die für den Fortschritt der Eisenindustrie und noch mehr des Eisenconsums höchst nachtheilig ist. Mit Rücksicht auf den Nationalwohlstand der Bevölkerung des grossen russischen Reiches kann

Gouvernements, Gebiete	Flächenraum		Eisen-	
				Hohofenbetrieb
	Quadrat-Kilometer	davon Waldungen	Eisenerz-Förderung	Schmelzgut
		%	metr. Tonnen	
St. Petersburg	44.198.$_0$	.	.	.
Ostsee-Provinzen . . . im Ganzen	.	.	.	.
Abo-Björneborg	25.627.$_9$	.	.	7.403
Tawastehus	17.967.$_1$	.	.	.
Nyland	11.531.$_9$	.	.	7.662
Wiborg	34.777.$_1$	.	7.940	8.216
St. Michel	23.023.$_7$	.	74.737	6.824
Knopio	42.569.$_6$	.	.	20.034
Wasa	40.229.$_7$	.	.	.
Uleaborg	153.466.$_2$	.	.	7.680
Grossfürstenth. Finnland im Ganzen	.	52.$_3$	82.677	57.819
Wologda	401.502.$_0$	87	798	809
Olonetz	130.871.$_3$	80	2.508	4.833
Nördliche Provinzen . . im Ganzen	.	.	3.306	5.642
Nowgorod	119.942.$_8$	63	.	.
Kaluga.	30.759.$_2$	25	44.643	47.505
Wladimir	48.706.$_8$	47	15.242	11.580
Nischnij-Nowgorod	50.841.$_3$	50	95.400	50.261
Tambow	66.078.$_0$	18	21.062	8.787
Rjasan.	42.083.$_2$	22	12.286	7.087
Tula.	30.940.$_8$	9	3.895	4.077
Orel.	46.705.$_3$	23	5.474	2.904
Gross-Russland . . . . im Ganzen	.	.	198.002	132.201
Wilna	42.491.$_4$	30	13.266	13.266
Wolhynien	71.801.$_7$	42	5.034	4.338
West- oder Weiss-Russland im Ganzen	.	.	18.300	17.604
Jekaterinosslaw	67.703.$_4$	1	14.818	14.233
Donisches Kosaken-Gebiet	160.397.$_0$	2	3.391	3.276
Neu-Russland . . . . . im Ganzen	.	.	18.209	17.509
Pensa	38.938.$_4$	35	698	1.384
Wjatka.	153.251.$_2$	68	68.998	54.653
Perm	332.065.$_2$	74	431.778	423.077
Zarenthum Kasan . . . im Ganzen	.	.	501.474	479.114
Orenburg.	191.613.$_3$	29	23.343	23.723
Ufa	121.770.$_6$	53	73.652	60.619
Zarenthum Astrachan . . im Ganzen	.	.	96.995	84.342
Piotrkow	11.695.$_5$	.	33.299	15.293
Radom.	12.323.$_5$	31.$_8$	92.187	81.468
Kjelitz	9.383.$_0$	25.$_3$	7.827	10.944
Ljublin.	16.222.$_0$	25	.	.
Sjedletz	13.722.$_2$	.	.	.
Plotzk	10.352.$_8$	19	.	.
Königreich Polen . . . im Ganzen	.	.	133.313	107.705
Tomsk	863.847	.	1.065	1.226
Jenisseisk	2,516.833	.	3.477	3.477
Irkutsk.	704.064	.	4.732	4.733
Transbaikalien	553.778	.	2.281	2.803
Sibirien . . . . im Ganzen	.	.	11.555	12.239
Totale	.	.	1,063.831	913.607

man dieses das Land des theuersten Eisens der ganzen Welt nennen. So
stand noch im Jahre 1875 im Königreich Polen Roheisen auf 60 Kop. (1.$_{94}$ $\mathcal{M}$.),
Guss- oder Brucheisen auf 1 Rub. 20 Kop. (3.$_{89}$ $\mathcal{M}$.), Stabeisen auf 1 Rub.
50 Kop. (4.$_{86}$ $\mathcal{M}$.) bis 2 Rub. (6.$_{48}$ $\mathcal{M}$.), Eisenblech auf 2 Rub. 25 Kop. (7.$_{29}$ $\mathcal{M}$.),
alles pro Pud (16.$_{38}$ Kg.), also doppelt so hoch, wie in Deutschland oder Eng-

Production im Jahre 1875					Verkehrs-Strassen		Seen, Liman's etc.
Hohofenbetrieb		Stabeisen, Schienen, etc.	Bleche, Platten	Stahl	Eisenbahnen 1877	Schiffbare Wasserwege	
Production							
Roheisen	Gusswaaren						
metr. Tonnen					Kilometer		Quadrat-Kilometer
.	.	21.309	2.029	4.351	.	.	.
.	.	21.309	2.029	4.351	1.472	1.323	11.469_{1}
3.631	.	5.182	.	.	.	.	.
.	.	567	.	.	.	.	.
3.277	.	2.546	.	.	.	.	.
2.410	225	.	.	.	.	.	.
1.967	.	988	.	.	.	.	.
6.826	22	3.817	150	.	.	.	.
.	.	146	.	.	.	.	.
2.454	.	1.547	.	.	.	.	.
20.565	247	14.793	150	.	848	.	41.670_{8}
178	42	208	.	.	.	.	.
1.459	1	5	.	.	.	.	.
1.637	43	213	.	.	107	5.299	36.331_{8}
.	.	3	.	.	.	.	.
11.235	11.050	4.293	.	.	.	.	.
4.663	259	3.132	436	.	.	.	.
20.864	992	15.881	227	2.985	.	.	.
3.971	126	1.135	.	.	.	.	.
1.593	1.312	2.454	.	.	.	.	.
996	936	.	.	.	.	.	.
328	764	12.679	.	.	.	.	.
43.650	15.439	39.577	663	2.985	6.644	9.215	5.982_{9}
3.631	73	2.359	.	.	.	.	.
1.237	323	248	.	.	.	.	.
4.868	396	2.607	.	.	3.145	6.536	2.744_{4}
8.781	24	12.508	.	.	.	.	.
1.392	.	3.849	.	.	.	.	.
10.173	24	16.357	.	.	2.726	4.326	3.862_{3}
385	34	.	.	.	.	.	.
16.356	2.392	11.605	3.126	88	.	.	.
199.527	25.320	88.790	52.697	2.843	.	.	.
216.268	27.746	100.395	55.823	2.931	1.084	5.071	1.873_{5}
11.064	1.732	12.679	.	.	.	.	.
28.327	4.833	17.278	537	2.163	.	.	.
39.391	6.565	29.957	537	2.163	889	4.914	18.901_{2}
2.468	2.921	1.003	28	.	.	.	.
21.168	1.756	12.031	383	.	.	.	.
2.386	811	1.627	1.731	.	.	.	.
.	.	4.178	.	.	.	.	.
.	.	2.957	.	.	.	.	.
.	.	41	.	.	.	.	.
26.022	5.488	21.837	2.142	.	891	.	.
491	27	218	.	.	.	'	.
3.042	547	1.273	121	.	.	.	.
2.606	300	947	101	8	.	.	.
871	201	351	7	12	.	.	.
7.010	1.075	2.789	229	20	.	.	36.052
369.732	57.164	243.126	60.693	12.928	.	.	.

land. Im Innern Russlands steht der Eisenpreis noch viel höher: Tula z. B. hatte im Jahre 1875 folgende Durchschnittspreise: Roheisen 1 Rub. 85 Kop. (5.99 ℳ.) bis 2 Rub. 10 Kop. (6.80 ℳ.), Gusswaaren 2 Rub. 20 Kop. (7.13 ℳ.) bis 3 Rub. 20 Kop. (10.37 ℳ.), Eisenblech 4 Rub. 30 Kop. (13.93 ℳ.) bis 4 Rub. 60 Kop. (14.90 ℳ.), Stab-, Band-, Winkel-, Rund-, Sorteneisen 2 Rub. 25 Kop.

(7.29 ℳ.) bis 2 Rub. 50 Kop. (8.10 ℳ.), Stahl aus England 9 Rub. 40 Kop. (30.45 ℳ.) bis 10 Rub. 20 Kop. (33.04 ℳ.), alles pro Pud. — Ferner war der Börsenpreis zu St. Petersburg für russisches Eisen 1 Rub. 70 Kop. (5.50 ℳ.) bis 3 Rub. (9.72 ℳ.), für importirtes 1 Rub. 75 Kop. (5.67 ℳ.) bis 2 Rub. 10 Kop. (6.80 ℳ.) pro Pud, zu Taganrog für russisches Eisen 1 Rub. 90 Kop. (6.16 ℳ.) bis 2 Rub. 40 Kop. (7.78 ℳ.), zu Riga für Stahl 3 bis 10 Rub. (10.04 ℳ.), zu Odessa 1 Rub. 70 Kop. (5.51 ℳ.) bis 2 Rub. 85 Kop. (9.23 ℳ.) pro Pud. — Der sehr hohe Preisstand des Eisens und Stahls in Russland spricht sich denn auch aus in den officiellen Werthdurchschnitten, welche die Zollverwaltung bei der Zollerhebung zu Grunde legt und welche auch in die officielle Handelsstatistik übergehen.

Bei solchem Preisstande müsste Russland einen sehr lebhaften Binnen- und Aussenhandel in Eisen und Stahl aufweisen, wenn seine Bevölkerung wohlhabend genug und damit entsprechend consumtionsfähig wäre. Aber sowohl durch den Mangel an Nationalwohlstand als auch in Folge der vielen Verkehrshindernisse und der hohen Transportkosten kann sich nur ein sehr beschränkter Eisen- und Stahlhandel in Russland entwickeln. So ausgedehnt das Eisenbahnnetz und das Wasserstrassensystem Russlands erscheint in seiner Längenbezifferung, so genügt doch schon ein Blick auf die Landkarte, um sich zu überzeugen, dass Russland im Verhältniss zu seinem Flächenraume noch arm ist an Verkehrsstrassen und Transportmitteln, und auch die Statistik des inneren wie des äusseren Waarenverkehrs bestätigt diese Thatsache. Es sind nur einzelne Centren, welche einen lebhaften Verkehr haben, das Land in seiner ungeheueren Flächenausdehnung hat überall nur Kleinverkehr von Ort zu Ort.

Eine Zusammenstellung der Production und des Aussenhandels lässt sofort erkennen, dass Russland hinsichtlich der Eisen- und Stahl-Consumtion und Circulation auf einer der niedrigsten Stufen unter den Culturstaaten Europa's steht.

Es hatte überhaupt im Jahre 1875	Russland		aus resp. nach Asien	
	Einfuhr	Ausfuhr	Einfuhr	Ausfuhr
Roheisen .... metr. Tonnen	57.464	.	.	.
Stabeisen .... „	87.705	1.178	144	1.953
Eisenbahnschienen eiserne „	58.126	.	22	.
„ aus Stahl „	111.554	.	.	.
Band-, Blatt- etc. Eisen „	31.031	2.944	38	beiStabeisen
Blech .... „	3.813	.	3	1
Stahl .... „	19.638	.	62	265
Maschinen aller Art, Werth in ℳ.	112,008.971	187.427	502.375	.

Die Einfuhr von Maschinen ist nur bewerthet. Unter derselben sind viele Maschinen, welche nicht aus Eisen oder Stahl gefertigt sind. Nimmt man an, dass das Eisen des Maschinenimports durch den Quotienten 20 Rub. (395.6 ℳ pro metr. Centner) ermittelt wird, — und hiermit wird der in den Maschinen steckende Eisenimport noch zu hoch beziffert, — so repräsentirte die Maschinenposition 1,728.533 Pud (28.314 metr. Tonnen) Eisen oder Stahl. Im Ganzen hätte dann Russland einen Eisenimport von 24,275.618 Pud (397.645 metr. Tonnen) oder rund 400.000 Tonnen. Dieser Import ist im Verhältniss zu anderen Ländern sehr bedeutend: nur Deutschland und Holland haben stärkeren Import von Eisen und Stahl. Aber rechnet man zu diesem Import auch die eigene Eisen- und Stahlproduction Russlands noch mit 400.000 Tonnen, so betrüge der gesammte Eisenconsum des europäischen und asiatischen Russlands mit 86 Millionen Einwohnern immer erst 800.000 Tonnen, das ist pro Kopf noch nicht 10 Kg. Eisen!

Schweden.*)

(499.763 Quadrat-Kilometer. — 4,383.291 Einwohner.)

Wie in jedem andern Lande, haben auch in Schweden auf Bergbau und Hüttenbetrieb zwei Factoren an erster Stelle massgebend und fördernd eingewirkt: die montanistische Gesetzgebung und das Verkehrswesen. Erst in zweiter Stelle wirken natürliche Verhältnisse, wie z. B. die Ausdehnung und Productivität der Waldungen, der Lieferanten des Ersatzmaterials für Kohlen und Eisen.

Auch in Schweden sind Bergbau und Hüttenbetrieb zurückgeblieben, weil deren Unternehmer nicht durch die montanistische Landesgesetzgebung in ihren ebenso rechtlich als wirthschaftlich begründeten Ansprüchen und Wünschen unterstützt und nicht durch ein vom Staate kraft Hoheitspflicht anzulegendes und zu unterhaltendes System von Verkehrs-Wegen und Mitteln begünstigt sind.

Das Berggesetz vom 12. Januar 1855**) ist noch heute in Schweden in Kraft und damit das überwiegende Recht des Grundbesitzers gegenüber dem Rechte des Bergbautreibenden.

Nach § 1 des Gesetzes sind Gegenstand der Muthung:

1. alle Metalle und Erze, welche in Bergen oder dem Erdboden oder auf dem Grunde von Seen, Sümpfen und Morästen vorkommen;
2. Schwefelkies, Graphit und Steinkohlen;
3. Halden von verlassenen Gruben, welche die unter 1 und 2 angeführten Mineralien enthalten. Verlassene Gruben können ebenfalls auf obige Mineralien von Neuem gemuthet werden.

Schon diese Rangirung beweist, dass Schweden mehr auf Erze als auf Steinkohlen bei seinem Bergbau angewiesen ist, und dass selbst der Bergbau auf Erze nicht die geologischen Verhältnisse hat, wie in andern Ländern, wo derselbe nur feste Erdschichten durchteuft; in Schweden werden die Erze auch auf dem Grunde von Seen, Sümpfen und Morästen gefischt, eine Thatsache, die der ganzen absonderlichen geologischen Erdformation Schwedens entspricht. Was hier „See- und Sumpferze" sind, steht etwa den „Rasenerzen" in anderen festeren Ländern, wie z. B. Oberschlesien, gleich. Die Steinkohle Schwedens ist ebenfalls fast überall, wo sie gefunden wird, jüngeren Datums der Entstehung als in anderen Ländern, und deshalb wird sie auch nie eine grosse Rolle in der Selbstproduction des der schwedischen Eisenindustrie so nothwendigen Brenn- und Mischungsstoffes spielen.

Wie in allen Ländern fremdes Capital dem Bergbau und Hüttenbetrieb erst seinen Aufschwung gegeben hat, so sollte auch Schweden dem fremden Capital Thor und Thür öffnen als Anlage für die Montanindustrie. Statt dessen beschränkt aber schon das Berggesetz von 1855 diese für Schweden höchst zuträgliche Unterstützung des Auslandes, und in seiner Ergänzung führt dann noch die königliche Verordnung vom 12. April 1872 für den der schwedischen Montanindustrie lebhaftes Interesse entgegenbringenden Ausländer in der Erwerbung und Bearbeitung von Montanbesitz und damit für die nur dem Lande Schweden zum Vortheil gereichende Capitalverwendung Erschwerungen ein, welche wenig für staats- und volkswirthschaftliche Weisheit zeugen.

---

*) Bearbeitet von Dr. Adolf Frantz in Beuthen.

**) Vergl. die für internationales Bergrecht ganz unvergleichlich einzige „Zeitschrift für Bergrecht, herausgegeben vom Berghauptmann Dr. Brassert", V. Jahrgang, 1864. S. 293 ff. (Bonn, Ad. Marcus.)

Bei einer solchen Montangesetzgebung, welche noch ergänzt wird durch strenge Controle der Hüttenproduction bezüglich der Stempelung (Fabrikmarke) ihrer Fabricate, können Bergbau und Hüttenbetrieb um so weniger einen den mineralischen und metallischen Reichthümern entsprechenden Aufschwung nehmen, je mehr ein jederzeit dienstfähiges und dienstwilliges Verkehrsmaterial in Schweden fehlt, wie es die Eisenbahnen in allen andern Culturstaaten Europa's bieten.

Hat nun in neuerer Zeit die Association von Capital manches gebessert und gefördert, ist namentlich mit Hilfe derselben der montanistische Kleinbesitz häufig consolidirt und combinirt worden, so üben doch noch immer zwei mächtige Factoren auf Bergbau und Hüttenbetrieb ihren beherrschenden Einfluss: der Mangel an Verkehrs-Wegen und Mitteln und der Reichthum an Waldungen. Letzterer ist übrigens selbst mitwirkend zum ersteren: gerade die Waldungen treten den Neuanlagen von Eisenbahnen oft hindernd in den Weg, und die Bedeutung des Winters mit seinen natürlichen Schlittenbahnen verstärkt noch die Unlust, verhältnissmässig kostspielige, wenn auch weit nutzbarere Eisenbahnen zu bauen und zu unterhalten.

An diesen thatsächlichen Verhältnissen wird selbst die Auffindung und Ausdehnung von Kohlenfeldern und ihres Abbaues oder auch der Import fremder Kohle wenig ändern, und sogar die Vollendung eines vollständigeren Eisenbahnnetzes wird keine wesentlichen Umgestaltungen herbeiführen. Wird selbst das Eisenhüttenwesen an die Scholle, wo Wald und Eisenstein vorhanden, in Folge des weiteren Ausbaues des Eisenbahnnetzes nicht mehr gebunden, wird sein Umfang nicht mehr von der Nähe und dem Vorrath jener beiden Hauptmaterialien abhängig sein, werden Eisenbahnen und Canäle die Benützung des See- und Exportweges ermöglichen, erleichtern, verwohlfeilen, wird Vereinigung und damit Vergrösserung und Kräftigung des Capitals und Montanbesitzes den Anlagen grösseren Umfang und technische Vollkommenheit verschaffen: so lassen doch immer die eigenthümlichen Verhältnisse Schwedens einen Aufschwung der Eisenindustrie, wie er in Grossbritannien, Belgien, Deutschland, Frankreich möglich gewesen und selbst in Russland möglich erscheint, nicht erwarten. Die näheren Darlegungen, wie sie hier folgen, werden dies bestätigen.

Kohle.

Der verhältnissmässig grosse Reichthum an Waldungen, welche ungefähr 42 Procent der gesammten Bodenfläche Schwedens einnehmen, scheint diesem Lande von der Mutter Natur gewissermassen für die ungeheueren unterirdischen Wälder, die Kohlenfelder, wie sie andere in der Eisenindustrie mit Schweden concurrirende Länder besitzen, als Ersatz gegeben zu sein.

Im nordwestlichen Theile der Landschaft Skäne (Schonen) breiten sich einige aus Thon und Sandstein bestehende Ablagerungen aus, die der Annahme nach dem Ende der Trias- und dem Anfange der Jura-Periode angehören. In ihnen kommen die einzigen Steinkohlenflöze Schwedens vor, welche bei Zöganäs, Lilleshon, Helsingborg und anderen Orten gebrochen werden, und auf welche seiner Zeit grosse Speculationen betrieben worden sind.

Es ist mit einiger Bestimmtheit anzunehmen, dass weitere Aufschlüsse kaum gemacht werden. Die Steinkohlenlager der in Schonen zu Tage tretenden Juraformation sind mit ungefähr 9000 Verleihungen (mut redlor) belegt und nehmen die Muthungen etwa 914 Quadrat-Kilometer ein. Ihre Mächtigkeit beträgt 1.8 Meter im Durchschnitt. Spätere Bohrungen dehnen das Vorhandensein von Kohlen auf 1600 Quadrat-Kilometer aus.

Schwedens Kohlen werden in der officiellen Statistik nach drei Qualitäten unterschieden. Nach den im geologischen Bureau von E. Erdmann angestellten Untersuchungen haben Proben der verschiedenen Kohlenarten enthalten:

1. Sorte   Gase 32.9   Kohle 64.1   Asche 3.0 %
2. „   „ 25.0   „ 54.7   „ 20.3 „
3. „   „ 17.4   „ 39.3   „ 43.3 „

Die Minderwerthigkeit schwedischer Kohle gegen die Kohle anderer Länder tritt hier sofort zu Tage und es lässt sich kaum wünschen, dass der Kohlenbergbau Schwedens, soweit er nur Secunda- und Tertia-Sorte fördert, weiter ausgedehnt werde. Nur einige Kohlen sind cokfähig und auch nur in geringem Masse. Gasfähigkeit geht den schwedischen Kohlen bis auf einzelne Ausnahmen ganz ab, und hiermit ist festgestellt, dass Schwedens Kohlenbergbau immer nur ein schwaches Aushilfsproduct liefern wird.

Ob und wie die einzelnen Kohlenfelder nach den eigenthümlichen Verhältnissen Schwedens grösserer Ausbeutung fähig sind, zeigt sich in dem folgenden Tableau:

Es wurden gefördert:

	1863	1873	1874	1875
	Cubikfuss à 25 Kilogramm			
Höganäs Sorte 1	427.644	516.192	484.342	435.304
Höganäs „ 2	677.490	893.629	727.422	882.552
Höganäs „ 3	345.150	437.863	337.659	332.715
Wallakra-Gesellschaft Sorte 1	.	219.372		
„ „ „ 2 (seit 1865)	.	177.912	615.468	844.603
Boserups Steinkohlenfeld Sorte 1 (seit 1866)	.	50.000	74.261	76.000
Boserups Steinkohlenfeld Sorte 2 (seit 1866)	.	8.000	12.779	13.500
Kropps-Gesellschaft (seit 1873) . . .	.	48.398	476.449	427.785
Eslöf-Gesellschaft (seit 1873)	.	22.320	40.730	47.406
Helsingborg - Steinkohlenwerk (seit 1866)	.	32.800	10.500	7.143
Zusammen	1,450.284	2,406.486	2,729.610	3,066.981
In metr. Tonnen	36.257	60.162	68.240	76.674

Im Jahre 1876 sind 3,694.074 Cubikfuss (92.352 metr. Tonnen) gefördert worden. Die officielle Publication liegt hierüber noch nicht vor.

Die Steinkohlen werden verbraucht von den im Besitze der Gruben befindlichen Eisenhütten oder zu anderen Zwecken in der unmittelbaren Nähe der Kohlenfelder. Sie haben wenig Bedeutung für den Bedarf des Landes, der hauptsächlich durch Import gedeckt wird. Die Preise der Steinkohle stellten sich nach den officiellen Notirungen der Börse zu Stockholm pro metr. Centner (100 Kg.) im Jahre

1863 = 1.99 Mark   1868 = 1.63 Mark   1872 = 2.71 Mark
1864 = 1.81 „   1869 = 1.58 „   1873 = 2.58 „
1865 = 1.72 „   1870 = 1.36 „   1874 = 2.03 „
1866 = 1.81 „   1871 = 1.36 „   1875 = 1.94 „
1867 = 1.81 „

Der Preisstand schloss sich also auch in Schweden den Oscillationen des allgemeinen Kohlenmarktes an, und besonders merkwürdig ist die Vertheuerung der Kohle von 1871 zu 1872. Noch immer ist der Preis höher als in der Zeit vor 1872.

Die Einfuhr fremder Steinkohle ist in fortwährendem Steigen, ein Beweis, dass einerseits die Unzulänglichkeit des Holzverbrauchs und der Nachhaltigkeit der Wälder immer mehr zum Bewusstsein kommt, anderseits die wirthschaftlichen Vortheile des Verbrauchs mineralischer Kohle sich immer mehr geltend machen. Hier nur die folgende Andeutung. Der Import von Steinkohlen, Coke, Cinders betrug

in den Jahren	1855	1864	1873	1874	1875	1876
metr. Tonnen	135.652	412.845	681.202	731.687	896.174	946.092

Die Einfuhr erfolgt fast ausschliesslich bis auf 200.000 oder 300.000 Kubikfuss (5.000 — 7.500 metr. Tonnen) aus England. Der kleine Ueberrest ist wahrscheinlich auch noch englischen Ursprungs, denn er kommt aus Dänemark, Schleswig-Holstein, Preussen etc.

Um die Verbrauchs-Gegenden wenigstens anzudeuten, genügt wohl schon folgende Zergliederung der Gesammt-Einfuhr von 35,846.982 Cubikfuss (896.174 metr. Tonnen) nach den einzelnen Häfen (neuere Daten für Schweden überhaupt liegen nur nach englischen Exportlisten vor). Laut „Sveriges officiela Statistik F. Utrikes Handel och Sjöfart for ar 1875“ entfallen auf

	metr. Tonnen		metr. Tonnen		metr. Tonnen
Haparanda	—	Söderköping	579	Landskrona	31.698
Kanea	—	Jönköping	—	Helsingborg	25.037
Pitea	266	Westervik	21.807	Halmstad	4.635
Umea	—	Oskarshamn	8.477	Falkenberg	548
Hernösand	3.995	Kalmar	3.977	Warberg	560
Sundsvall	8.368	Wisby	5.240	Göteborg	264.319
Hudiksvall	1.744	Carlskrona	15.754	Kongelf	569
Söderhamn	1.790	Carlshamn	4.341	Marstrand	304
Gefle	47.010	Sölvesborg	1.398	Uddevalla	18.965
Grisselhamn	751	Christianstad	8.232	Strömstad	799
Stockholm	238.047	Cimbrishamn	2.668	Carlstad	—
Nyköping	2.291	Ystad	16.888	Grenze Nor-	
Norrköping	39.886	Trelleborg	12.652	wegens	3.255
Linköping	—	Malmö	99.324		

Von diesen Hafenstädten gehen die Kohlen, soweit sie nicht am Orte bleiben, zum Dampfmaschinenbetrieb in die nächste Umgegend nach den grösseren Industrie-Etablissements. Der Verbrauch von Steinkohlen für Stubenheizung etc. ist in Schweden ohne jegliche quantitative Bedeutung, ausser in den grösseren Hafenstädten Stockholm, Gothenburg, Malmö u. a.

Eisen.

Hinsichtlich der Eisenerze kann man Schweden geradezu das gesegnetste Land der Erde nennen, was Qualitätsvorzüge und Mannigfaltigkeit anbelangt. Die Erzlager fallen meist mit den Waldgegenden zusammen, haben demnach eine verhältnissmässig grosse Ausdehnung. Ausser dem ungeheueren Erzreichthum bei Gellivara und an einigen anderen Stellen hoch oben in Lappland befinden sich die grössten und mächtigsten Eisenerzlager innerhalb eines Gürtels, der von Osten nach Westen gehend, von Uppland und dem südlichen Gestrickland durch Westmanland und Nerike und das südliche Dalarne nach dem östlichen Theile von Wermland sich erstreckt. Ausser diesem Gürtel liegen dann noch Eisenerze in Södermanland und Ostergöllland, doch weit wenigere und geringere, und in Smaland am Südende des Wettersees, den Taberg bildend. Dies sind die Hauptlagerstätten der sogenannten „Bergerze“. Zu diesen treten dann noch die Fundorte der See- oder Sumpf- und Rasenerze, welche jedoch nur in Smaland ausgebeutet werden. Die räumliche Ausdehnung dieser Erzlager ist bis jetzt nirgends genauer bestimmt. Ihre natürliche Beschaffenheit schliesst sich der allgemeinen geologischen Bildung Schwedens überhaupt an.

Die Eisenerze Schwedens bestehen eigentlich aus Magneteisenerz (Eisenoxydoxydul) und Eisenglanz (Eisenoxyd), welche in der Urformation als Lager oder Lagerstöcke in Gneiss, Eurit (in Schweden als „Hälleflinta" bezeichnet), im Glimmerschiefer und Urkalk vorkommen. Die See- und Rasenerze haben natürlich andere Lagerformation und Qualität.

Den grössten Mangangehalt haben die Magneteisenerze vom Svartberge, meist 15 bis 20 %, Manganoxydul, dieselben werden von der Schisshütte in Koppaberg-Län zur Herstellung von Spiegeleisen verwendet. Das Magneteisenerz der Penninggrube in Gefleborg-Län enthält auch 12 bis 14 % Mangan.

Was dann die schwedischen Bergerze überhaupt auszeichnet, ist ihr geringer Phosphorgehalt von 0.05 % bis zu 0.003 % herab. Die See- und Rasenerze sind dagegen oft sehr phosphorhaltig.

Der Schwefelgehalt wird aus den Erzen durch sorgfältiges Rösten entfernt.*)

Die Production an Eisenerzen betrug in schwedischen Centnern à 42.5 Kg.:

	1840	1850	1860	1866	1867
Bergerze	6.105.514	6,589.957	9,290.973	11,366.078	11,401,831
See- und Raseneisenerze			522.643	191.910	408.436

	1868	1869	1870	1871	1872
Bergerze	12,594.439	13,920.634	14,508.278	15,215.589	16,938.345
See- und Raseneisenerze	294.175	147.215	323.436	370.784	292.224

	1873	1874	1875	1876
Bergerze	19,458.339	21,692.998	18,996.654	18,528.505
See- und Raseneisenerze	126.147	101.122	351.354	211.788

Seit vier bis fünf Jahrzehnten ist die Erzeugung von Roheisen in Hohöfen in Schweden allgemein geworden und die Darstellung schmiedbaren Eisens unmittelbar aus den Erzen ausser Anwendung gekommen.

Als Brennmaterial sind, je nach Verschiedenheit der Erze und Eisensorten, ausschliesslich Holzkohlen oder Holzkohlen mit Holz (Eichenholz) oder auch Holzkohlen mit englischem Coke oder endlich Torf und Torf mit Holzkohlen in Gebrauch, und schwankt ebenso die Quantität des Verbrauchs. Diese beträgt pro Tonne (1000 Kg.) Roheisen 5 bis 8 Cubikmeter Holzkohle, im Durchschnitt 5.8 bis 6.6 Cbm., oder nach Gewicht pro 100 Kg. Roheisen 75 bis 85 Kg. Holzkohle. — Die Kohlen sind fast ausschliesslich von Fichten- und Tannenholz gewonnen; der Gehalt von wirklicher Kohle beträgt pro schwed. Tonne (0.165 Cbm.) nur 21.3 Kg.

Im Allgemeinen geben die Gattirungen 40 bis 50 % Roheisen und per Cbm. Kohle werden 260 bis 450 Kg. Erz und Kalk gegichtet. In den kleinsten Hohöfen werden wöchentlich 31—65 metr. Tonnen, in den mittelgrossen 65—86 und in den grössten 86—132 metr. Tonnen Roheisen dargestellt.

In Wirklichkeit haben sich in den unten angeführten Jahren folgende Durchschnittsergebnisse der Hohofenbeschickung in Schweden herausgestellt:

Es betrug im Jahre	1871	1872	1873
Windpressung nach der Quecksilbersäule, mm.	44.7	49	33
Windwärme, Grad Celsius	195	200	195
Holzkohlensatz, Hectoliter	12.27	12.17	.
Kalkzuschlag, %	11.8	.	.
Kohlenverbrauch pro 50 Kg. Roheisen, Hectoliter	3.20	3.50	3.623
Ausbringen der Beschickung %	46.65	46.33	44.12

Die Betriebsergebnisse der Hohöfen werden in Schweden mehrfach beeinträchtigt, nämlich durch die unregelmässige Zufuhr von Erzen und Brennmaterial*), durch Mangel an Betriebskraft, welche meist Wasserkraft versieht,
durch Mangel an Arbeitern, indem diese namentlich zur Zeit der Ernte und
der Ackerbestellung die Hohöfen in grosser Anzahl verlassen und ihren Land-
arbeiten nachgehen. — Daher ist der Hohofenbetrieb sehr schwankend nach
Zeit und Leistung, wie die nachfolgende, der officiellen Montan-Statistik ent-
nommene Zusammenstellung ersehen lässt:

Jahr	Zahl der Hohöfen		Zahl der Arbeiter	Auf 1 Hohofen		Production m. Ctr. à 100 Kilogramm	
	ausser Betrieb	im Betrieb		Betriebs- tage	pro Tag Product. m. Ctr. à 100 Kg.	pro Hohofen	auf 1 Arbeiter
1866	80	220	3.565	150	69.9	10.462	644.7
1867	81	220	3.586	158	73.0	11.527	705.9
1868	94	207	3.616	165	77.1	12.712	726:8
1869	102	199	3.590	188	78.1	14.683	813.9
1870	88	213	3.815	178	79.1	14.103	785.3
1871	92	207	3.812	181	79.7	14.436	784.1
1872	95	212	4.090	197	81.2	16.013	829.6
1873	100	213	4.206	202	80.2	16.200	806.2
1874	104	217	4.458	180	83.7	15.114	734.8
1875	101	224	4.854	184	85.2	15.700	722.5
1876	.	205	4.542	190	90.3	17.197	776.1

Die Verbreitung und Leistung der Eisen- und Stahlwerke ist aus der
tabellarischen Uebersicht Seite 164 und 165 leicht ersichtlich. Es bleiben uns
hier nur noch folgende Bemerkungen.

Die gewöhnlichste Methode des Eisen-Frischens in Schweden ist die
Lancashire-Frische. Ihr Vorgang bestimmt der Eigenthümlichkeit des
schwedischen Roheisens gegenüber auch die eigenthümlichen Ein- und Vorrichtungen. Die Luppen werden bei grösseren Werken unter 34 bis 43 metr.
Ctr. schweren, aus Roheisen hergestellten Stirnhämmern, bei den kleineren unter
mit hölzernen Stielen versehenen Brusthämmern von etwa 12 metr. Ctr. Gewicht, oder hier und da unter Dampfhämmern von 6 bis 8 metr. Ctr.
Schwere zusammengeschlagen. Es gibt übrigens auch mehrere Luppen-
Walzwerke. Wo diese nicht in der Nähe sind, wird auch das sogenannte
Franche-Comté-Frischen angewandt und im Danemora-Bezirke
ist das Wallonen-Frischen von altersher in Gebrauch.

---

*) Der Schneefall und die durch ihn geschaffene Schlittenbahn-Communication spielt
noch immer für das Hüttenwesen in Schweden die Hauptrolle bei Beschaffung der Productions
materialien.

Das **Puddeln** kommt nur bei den, ihr Eisen selbst manufacturirenden Werken vor, so namentlich zu Motala, Surahammar, Guanebo, Kallinge, Nyby. Als Brennmaterial werden dabei englische Steinkohlen, nur zu Surahammar und Nyby wird Holz benutzt.

Von ganz besonderem Interesse für Schweden ist die **Bessemer**-**Production**.

Bei drei der ältesten Bessemerwerke, wo nie eine bedeutende Production stattfand, gibt es heute noch feste Converter, alle anderen haben bewegliche, und bei allen wird das Roheisen ohne Umschmelzung unmittelbar vom Hohofen genommen. In die Converter werden 50 bis 100 Ctr. (2100 bis 4200 Kg.) eingelassen; die Converter haben 7 bis 13 Düsensteine, von welchen jeder 7 bis 13 Oeffnungen von 4 bis 6 Linien (12 bis 18 mm.) Durchmesser hat. Die Windpressung wird im Allgemeinen auf 200 bis 300 Linien (6 bis 900 mm.) Quecksilberhöhe gehalten, und gewöhnlich wird eine Charge in 5 bis 10 Minuten beendet. Wenn man Sandviken ausnimmt, wo man theilweise Dampf benützt, arbeiten alle übrigen grösseren Bessemerwerke mit Wasserkraft; die Gebläsemaschinen haben im Allgemeinen ungefähr 500, aber mehrere der zuletzt angelegten zwischen 700 und 800 Pferdekräfte.

Bei der Mehrzahl der Bessemerwerke wird nach Schluss des Processes ein bis ein paar Procent Spiegeleisen zugesetzt, welches man bei Herstellung weichen Bessemermetalls in letzter Zeit anfängt, durch manganreichere Verbindung oder sogenanntes Manganeisen (Ferromanganese) zu ersetzen; aber bei einigen Werken, welche manganreichere Erze zu Gute machen, bedarf man überhaupt keines Spiegeleisenzusatzes, sondern es ist dabei möglich, ohne sich der Gefahr des Rothbruchs auszusetzen, Eisen, so weich man will, herzustellen.

In Form von Ingots erhält man bei der Production von weichem Eisen 80 bis 85 $^o/_o$, bei solcher von Stahl 85 bis 90 $^o/_o$ vom Gewichte des verwendeten Roheisens. Der Abbrand bewegt sich zwischen 9 und 15 $^o/_o$, Schrot und Auswurf zwischen 0 und 5 bis 6 $^o/_o$.

Seit dem Jahre 1868 wurde in Munkfors, welches der Uddeholms-Gesellschaft gehört, in einem Siemens'schen Regeneratorofen mit Lunden'schem Condensator Gussstahl nach Martin's Methode producirt, und später haben noch ein paar andere Werke das gleiche Verfahren angenommen, welches jedoch fast ausschliesslich für Herstellung von weichem Eisen benutzt wird.

Die Oefen sind klein, so dass sie nur 20 bis 80 schwed. Ctr. (850 bis 3400 Kg.) fassen. Als Brennmaterial wird theils lufttrockenes Holz, theils Maschinentorf verwendet, und ist der Aufwand von beiden Brennstoffen ungefähr gleich gross, nämlich 8 bis 12 Cub.-Fuss pro schwed .Ctr. Guss (5 bis 7.5 Cbm. per metr. Tonne).

Auf Vikmanshytta wird Gussstahl nach Uchatius erzeugt aus granulirtem Roheisen in Mischung mit reichem Eisenerzpulver und etwas Kohle. Die Schmelzung erfolgt in Graphittiegeln in mit Coke gefeuerten gewöhnlichen englischen Zugöfen. Der auf diese Weise hergestellte Stahl zeigt sich besonders für solche Zwecke als ausgezeichnet, welche neben nicht unbedeutender Härte eine besondere Stärke erfordern, als Stangen, Schlegel etc.

Von altersher wird im Allgemeinen ziemlich viel Brennstahl producirt, welcher ausgereckt und unter verschiedenen Namen als Gerb-, Kisten-Stahl etc. in den Handel gebracht wird. Auf ein paar Werken erzeugt man auch Puddelstahl und in Graninge wird noch ein wenig Rohstahl in Herden bereitet. Ferner producirt man in Osterby Tiegelgussstahl, welcher in Siemens-Lunden'schen Oefen mit Holz geschmolzen wird.

Die gesammte Eisen- und Stahlproduction Schwedens ist im nachfolgenden Tableau, getrennt nach den einzelnen Provinzen, ersichtlich gemacht.

Eisen- und

Bezirke (schwedisch Län)	Nor-botten	Wester-botten	Wester-Norr-land	Jemt-land	Gefle-borg	Upsala	Stock-holm	Koppar-berg	West-man-land
Eisenerz-Production — im Jahresdurchschnitt 1833/37 m. Tonnen	1.931	295	515	376	3.855	19.578	16.971	64.710	20.904
1862/66 „ „	1.067	.	.	99	11.250	28.508	19.760	123.591	58.249
im Jahre 1875 m. Tonnen	714	.	1.066	54	22.734	45.261	29.699	224.697	123.054
Zahl der Gruben	6	49	3	3	39	57	127	215	72
Von der Gesammt-Production Procent — 1833/37	0.87	0.13	0.23	0.17	1.73	8.9	7.62	29.04	9.34
1862/66	0.23	.	.	0.02	2.42	6.14	4.26	26.62	12.55
1875	0.08	.	0.13	0.01	2.81	5.60	3.67	27.83	15.24
Zahl der Arbeiter	24	.	11	10	274	547	507	1.547	869
darunter Frauen und Kinder	.	.	1	.	.	35	132	102	.
Ausfuhr von Eisenerzen nach Lage der Häfen 1873 metr. Ton.	.	.	.	.	1 185	.	22.638	.	.
1874 „ „	.	.	.	.	.	.	24.422	.	.
1875 „ „	.	.	.	.	.	.	27.188	.	.
Eisen- und Stahlproduction im Jahre 1875.									
I. Hohofen-Betrieb — Zahl der Hohöfen ausser Betrieb	4	1	.	.	8	4	3	20	12
in Betrieb	3	3	6	2	25	7	2	47	19
Betriebszeit, Tage	305	405	851	54	4.732	1.178	329	7.742	3.210
Roheisenproduction metr. Ton.	1.734	2.696	6.220	95	46.310	10.228	2.602	69.520	29.772
Gusswaaren „ „ „	129	379	92	15	563	216	16	635	320
zusammen „ „	1.863	3.075	6.312	110	46.873	10.444	2.618	70.155	30.092
Arbeiterzahl	42	72	140	14	646	184	61	995	409
II. Eisengiessereien — Zahl	.	1	1	1	3	.	2	7	4
Production metr. Tonnen	.	15	92	6	1.013	.	604	1.241	1.833
III. Stabeisen-Werke etc. — ausser Betrieb	1	3	7	.	21	3	2	21	22
in Betrieb	7	4	12	2	42	10	5	41	25
Herde und Oefen	9	7	21	2	108	38	14	94	76
Production metr. Tonnen	371	1.079	3.140	48	19.014	6.063	3.418	19.499	28.449
Arbeiterzahl	40	44	119	7	706	297	126	702	704
IV. Stahl-Production — Zahl der Werke	.	.	1	.	3	2	.	8	3
Production Bessemer metr. Ton.	.	.	.	.	8.637	.	.	5.184	2.917
Martin „ „	.	.	.	.	.	.	.	.	.
anderer „ „	.	.	13	.	.	158	.	160	744
Ueberh. Stahl	.	.	13	.	8.637	158	.	5.344	3.661
V. Eisen- und Stahl-Fabrication — Eisenbahnschienen metr. Ton.	.	.	.	.	.	.	.	2.893	.
Bleche, Platten „ „	.	.	.	.	.	.	.	1.194	1.322
Draht, Nägel „ „	24	42	144	.	155	.	8	480	97
Geräthschaften „ „	.	.	6	.	6	.	.	286	241
andere Waaren „ „	61	51	529	14	5.526	32	4	13	2.478
zusammen	85	93	679	14	5.687	32	12	4.866	4.138
Zahl der Werke	4	3	12	2	10	1	2	19	7
Arbeiterzahl	31	46	144	7	374	17	612	292	341

Schwedens Eisenbahnbau datirt erst seit 1856.

Mit Unterscheidung von Staats- und Privatbahnen vertheilt sich das Netz folgendermassen nach schwedischen Meilen (1 schwedische Meile == 10.6889 oder rund 10.69 Kilometer) (Vergl. die erste Tabelle, Seite 168.)

Die Staatsbahnen hatten hiernach 1876 eine Länge von 1574.43, die Privatbahnen von 2611.23 Kilometer, das ganze Bahnnetz also nur 4185.66 Kilometer. Seit November 1876 sind aber im Bau begriffen und theilweise im Jahre 1877 dem Betriebe übergeben noch 1856 Kilometer Privatbahnen, wovon 1180 Kilometer normalspurig und 676 Kilometer schmalspurig. Dazu tritt dann noch die Staatsbahn Oekelbo-Torpshammer-Norwegens Grenze mit 532 Kilometer, so dass das Eisenbahnnetz Schwedens binnen Kurzem eine Gesammt-Ausdehnung von 6574 Kilometer haben wird.

Stahl-Production

Oerebro	Skaraborg	Wermland	Elfsborg	Göteborg-Bohus	Södermanland	Oestergöfland	Calmar	Jönköping	Kronoberg	Blekinge	Malmöhus	Christianstad	Ueberhaupt Schweden
44.295	.	29.155	97	.	6.247	3.068	1.223	9.557	29	.	.	.	222.806
107.887	.	86.668	.	.	10.894	4.423	1.526	10.252	83	.	.	44	464.301
313.512	.	109.024	.	.	17.594	8.051	2.032	10.011	.	.	.	.	807.503
213	.	58	.	.	18	7	2	33	1	.	.	1	904
													gestiegen von
19.88	.	13.08	0.4	.	2.80	1.88	0.55	4.29	0.01	.	.	.	100.0
23.24	.	18.67	.	.	2.34	0.95	0.33	2.20	0.02	.	.	0.01	auf 208.39
26.45	.	13.51	.	.	2.18	1.00	0.25	1.24	.	.	.	.	und auf 362.42
2.082	.	709	.	.	214	78	13	72	1	.	.	3	6.961
94	.	49	.	.	15	.	.	.	.	.	.	.	428
.	.	.	.	19	.	.	.	.	.	.	19	.	23.861
.	.	.	.	.	850	.	.	.	.	.	27	.	25.299
.	.	.	.	10	.	.	.	.	.	.	.	.	27.198
22	.	10	2	.	9	.	5	2	1	.	.	.	101
51	1	24	.	.	5	4	6	10	7	.	.	.	224
11.554	195	5.314	282	.	782	1.522	772	1.181	750	.	.	.	41.158
96.497	1.162	46.235	1.940	.	4.376	13.414	4.320	4.338	2.153	.	.	.	343.642
2.929	11	506	67	.	184	309	71	135	352	.	.	.	6.899
99.426	1.173	46.741	2.007	.	4.560	13.723	4.391	4.473	2.505	.	.	.	350.541
1.023	18	495	51	.	89	96	99	270	150	.	.	.	4.854
3	1	5	.	2	5	3	7	4	6	2	3	1	61
448	352	197	.	1.197	2.299	2.510	2.314	454	649	160	1.354	589	17.331
25	5	50	7	2	6	12	3	3	2	.	.	.	195
42	5	46	8	.	7	21	14	15	10	2	.	.	318
119	7	127	14	.	11	54	32	23	11	3	.	.	770
48.630	790	32.422	4.099	.	1.216	12.978	5.565	2.189	944	4.933	.	.	189.845
1.329	38	1.071	111	.	69	895	416	163	68	21	.	.	6.926
3	.	7	2	.	.	4	.	.	.	.	.	.	33
34	.	2.598	.	.	.	.	.	.	.	.	.	.	19.370
.	.	33	.	.	.	.	.	.	.	.	.	.	33
100	.	376	248	.	.	183	.	.	.	.	.	.	1.982
134	.	3.007	248	.	.	183	.	.	.	.	.	.	21.385
.	.	.	.	.	.	.	.	.	.	.	.	.	2.893
612	.	.	.	.	425	4.684	.	.	.	840	.	.	9.077
362	255	1.734	159	20	282	1.565	981	114	223	1.668	.	.	8.313
106	35	133	9	420	109	22	409	57	8	.	.	.	1.847
722	97	2.252	281	28	18	557	1.447	161	130	52	1.252	405	16.110
1.802	387	4.119	449	468	834	6.828	2.837	332	361	2.560	1.252	405	38.240
25	6	34	10	3	8	22	15	13	12	4	2	1	215
236	205	599	124	691	490	417	527	149	158	244	236	114	6.054

Die Ausdehnung der Zechen- und Werksbahnen ist nicht genau bekannt, doch mögen sie nach den vielen Neuanlagen seit 1871 wohl mindestens auf 100 Kilometer gestiegen sein. Für Wasserstrassen hat Schweden schon seit dem 16. Jahrhundert die bedeutendsten Anstrengungen gemacht, namentlich für das Canalsystem zur Verbindung der Ostsee und der Nordsee. Die Ausdehnung der vorhandenen Canäle beläuft sich auf 6 bis 700 Kilometer, wobei der Göta-, der Trollhätta-, der Strömsholm-, der Dalslandsche-, der Kinda-Canal die bedeutendsten sind. Wie beträchtlich der Wasserstrassen-Verkehr ist, geht schon aus der Anzahl der Fahrzeuge und der Einnahme von Schleussenabgaben hervor. Aus neuerer Zeit liegen umfassende Daten hierüber nicht vor. Doch wird für 1871 der Transit für 27 Canäle officiell beziffert folgendermassen: Zahl der Dampfschiffe 18.541, der Segelschiffe und Boote 43.820

Schwedens Aussenhandel in Eisen und

metrische

E i n -

	Norwegen	Finnland	Russland	Dänemark	Preussen	Mecklenburg	Lübeck
Roheisen	1.147	.	.	416	1.770	.	18
Stabeisen	18	.	.	1.122	56	.	20
Luppenstücke	.	638	.	.	.	.	.
Eisenbahnschienen	9	.	.	1.132	9	.	.
Blech, Platten { Eisen	9	.	.	285	.	.	35
{ Weissblech	.	.	.	35	.	.	.
Eisen- und Stahldraht	.	.	.	30	.	.	39
Band-, Kolben- und anderes Eisen	.	.	.	796	.	.	21
Nägel und Stifte	797	.	.	33	.	.	6
Eisenschrott	.	.	.	575	.	.	26
Gusswaaren	65	.	.	76	3	.	23
Schmiedewaaren	9	.	.	149	15	.	106
Messer- und Schneidewaaren	1	.	.	10	.	.	6
Stahl { unverarbeitet	.	.	.	106	.	.	12
{ verarbeitet	.	1	.	1	.	.	2
Dampfmaschinen	.	.	.	.	.	.	.
Andere Maschinen und Geräthe	.	.	.	.	.	.	.
Summa . . .	2.055	639	.	4.766	1.853	.	314

A u s -

	Norwegen	Finnland	Russland	Dänemark	Preussen	Mecklenburg	Lübeck
Roheisen	1.932	6.114	2.387	156	1.380	.	261
Stabeisen	452	415	482	7.970	1.841	120	2.432
Luppenstücke	51	37	.	.	.	.	.
Eisenbahnschienen	8	52	.	.	.	.	.
Blech, Platten { Eisen	22	406	105	146	12	.	22
{ Weissblech	.	.	.	.	.	.	,
Eisen- und Stahldraht	13	.	277	7	.	.	.
Band-, Kolben- und anderes Eisen	.	77	898	446	651	19	626
Nägel und Stifte	49	776	7	210	.	.	58
Eisenschrott	.	.	.	.	219	.	.
Gusswaaren	.	71	.	223	.	.	.
Schmiedewaaren	8	182	.	15	2	.	7
Messer- und Schneidewaaren	.	.	.	.	.	.	.
Stahl { unverarbeitet	16	317	785	96	.	.	5
{ verarbeitet	.	.	.	.	.	.	.
Dampfmaschinen	.	.	.	.	.	,	.
Andere Maschinen und Geräthe	.	.	.	.	.	.	.
Summa . . .	2.551	8.447	4.941	9.269	4.105	139	3.411

Nach der Lage der Häfen vertheilt

		Norbotten	Westerbotten	Wester-Norrland	Gefleborg	Stockholm	Göteborg-Bohus
				Eisen- und Stahl-Ausfuhr nach			
Roheisen	mctr. Ton.	916	199	2.132	8.841	17.811	18.333
Stabeisen	„ 　 „	1	218	2.635	21.916	33.135	43.978
Luppenstücke	„ 　 „	.	.	.	62	1.385	8.856
Eisenbahnschienen	„ 　 „	.	.	.	.	50	10
Blech und Platten	„ 　 „	.	1	2	2	560	64
Weissblech	„ 　 „	.	.	.	.	2	1
Eisen- und Stahldraht	„ 　 „	.	.	.	.	29	544
Band-, Nagel- etc. Eisen	„ 　 „	.	.	.	775	3.429	18.857
Nägel	„ 　 „	.	3	6	.	757	181
Schuhstifte	„ 　 „	.	.	.	.	58	67
Eisenschrott	„ 　 „	.	.	.	5	265	2.197
Gusswaaren grobe	„ 　 „	.	.	13	.	109	221
Schmiedewaaren (Messer- und Schneidewaaren)	„ 　 „	2	.	.	.	181	58
Stahl	„ 　 „	.	1	1	1.427	1.255	3.490
Dampfmaschinen	M.	.	.	.	.	6.356	20.566
Andere Geräthschaften	„	1.576	1.132	2.430	.	708.577	367.549

Stahl 1875 nach den Absatzländern.

Tonnen — M.

f u h r

Hamburg	Bremen	Niederlande	Belgien	Grossbritannien	Frankreich	Vereinigte Staaten von Nord-Amerika	andere Staaten	überhaupt Schweden	Gesammt-Werth des Eisen- und Stahl-Verkehrs
.	.	.	.	14.548	25	.	.	17.924	1,429.461
.	.	211	547	1.372	8	.	.	3.354	713.192
.	.	.	.	.	.	.	4	642	122.994
.	.	104	660	53.185	.	.	.	55.099	7,289.636
.	13	151	169	2.519	5	.	.	8.186	847.822
.	.	22	.	913	.	.	3	951	568.681
.	.	22	.	156	.	.	1	248	131.912
.	41	163	1.003	1.300	.	.	4	3.328	760.900
.	.	.	.	35	.	.	5	876	352.062
.	.	.	.	.	.	.	.	601	83.236
4	.	.	.	62	.	.	14	247	81.626
17	.	15	19	1.185	9	.	.	1.524	1,885.035
.	.	.	.	69	1	.	.	87	362.373
.	.	16	1	142	.	.	1	278	92.223
.	.	.	.	4	1	.	1	10	81.342
.	.	.	.	.	.	.	.	.	1,181.584
.	.	.	.	.	.	.	.	.	16,411.617
21	54	682	2.399	75.490	49	.	33	88.355	32,395.696

f u h r

Hamburg	Bremen	Niederlande	Belgien	Grossbritannien	Frankreich	Vereinigte Staaten von Nord-Amerika	andere Staaten	überhaupt Schweden	Gesammt-Werth des Eisen- und Stahl-Verkehrs
306	20	375	1.954	32.881	716	260	.	48.742	4,648.046
2.342	146	3.712	2.006	65.037	10.728	4.373	4.337	106.393	28,282.295
105	.	.	2.353	7.830	2.060	.	3	12.439	2,397.264
.	.	.	.	.	.	.	.	60	7.859
.	.	10	.	23	.	.	36	782	207.705
.	.	.	.	.	.	.	4	4	2.110
.	.	25	17	486	.	.	33	858	455.704
124	.	471	2.780	12.521	4.325	177	934	24.049	7,351.427
67	.	.	.	.	.	.	2	1.169	466.657
.	.	31	34	2.146	126	.	365	2.921	388.075
.	.	337	.	62	.	.	106	799	301.872
8	.	.	.	35	.	.	5	262	204.162
.	.	.	.	.	.	.	1	1	5.254
19	.	191	61	4.208	10	.	565	6.273	3,752.170
.	.	.	.	.	.	.	.	.	26.922
.	.	.	.	.	.	.	.	.	1,488.056
2.971	166	5.152	9.205	125.229	17.965	4.810	6.391	204.752	49,985.578

sich die Ausfuhr im Jahre 1875 wie folgt:

Södermanland	Oestergötland	Calmar	Jönköping	Blekinge	Malmöhus	Grenze gegen Norwegen	Ueberhaupt Schweden
Lage der Häfen im Jahre 1875							
.	299	204	.	.	7	.	48.742
71	1.299	1.186	.	172	1.779	3	106.339
.	1.974	162	.	.	.	.	12.493
.	.	.	.	.	.	.	60
.	5	.	.	3	145	.	782
.	.	.	.	.	1	.	4
.	.	276	1	.	8	.	858
.	199	643	.	.	146	.	24.049
.	65	.	.	.	32	.	1.044
.	.	.	.	.	.	.	125
.	31	51	.	.	372	.	2.921
8	403	.	.	.	45	.	799
.	.	.	.	.	22	.	263
.	3	.	.	1	95	.	6.273
.	.	.	.	.	.	.	26.922
12.394	183.468	77.684	9.102	25	116.510	7.380	1,488.056

Län's	Staats-	Privat-	Län's	Staats-	Privat-
	Bahnen			Bahnen	
Wester-Norrland . .	—	5.3	Westmanland	4.9	20.3
Gefleborg.	5.2	10.1	Oerebro	12.2	32.1
Upsala	—	15.8	Skaraborg	21.6	13.5
Stockholm	11.6	3.5	Wermland	14.0	16.5
Kopparberg	9.4	12.9	Elfsborg	7.3	12.2
Göteborg-Bohus . . .	0.8	0.9	Kronoberg.	9.3	15.9
Södermanland	12.5	12.9	Blekinge	—	5.4
Oestergötland	11.8	7.1	Malmöhus	5.0	25.7
Calmar	—	10.5	Christianstad	5.5	9.8
Jönköping	16.2	13.9	Ganz Schweden . .	147.3	244.3

Einnahme an Schleussengeldern 869.075 Rdlr. (982.054 $\mathcal{M}$.) Der innere Verkehr auf Eisenbahnen und Wasserstrassen lässt sich schon nach unserer Uebersicht der Production und des Exportes beurtheilen. Dazu tritt dann noch der Import, so dass der Binnenverkehr im Verhältnis zu der geringen Ausdehnung der Eisenbahnen und Canäle als ein ganz enormer erscheint. Träte zu diesen grossen Verkehrsstrassen nicht noch die allgemein verbreitete, allerdings vom Winter und Schneefall sehr abhängige Schlittenbahn mit ihren unzähligen Fahrzeugen, so wäre der Güterverkehr Schwedens gar nicht zu bewältigen und besonders die Montanindustrie müsste ein kümmerliches Leben führen.

Leider liegen genauere Daten über den Waarenverkehr auf Eisenbahnen und Wasserstrassen Schwedens nicht vor; andernfalls liesse sich Absatz und Consumtion in und ausser den Productionsbezirken bestimmter angeben. Die Verkaufspreise regeln sich im Grossverkehr nach den Börsennotirungen in Stockholm. Diese liegen in Jahresdurchschnitten für die hauptsächlichsten Eisensorten vor. Für Kohlen haben wir sie bereits früher angegeben. Für den Export betrug der Mittelpreis an der Stockholmer Börse pro schwedischen Centner (42.5 Kg.):

	Roheisen.		Stabeisen.		Bandeisen.		Gärbstahl.		Anderer Stahl.	
1869	2.99	$\mathcal{M}$.	7.63	$\mathcal{M}$.	10.17	$\mathcal{M}$.	33.90	$\mathcal{M}$.	11.30	$\mathcal{M}$.
1870	2.68	„	7.35	„	10.17	„	31.64	„	11.30	„
1871	2.96	„	7.63	„	9.04	„	33.90	„	11.30	„
1872	4.80	„	11.30	„	12.43	„	31.64	„	13.56	„
1873	7.35	„	14.69	„	16.28	„	33.90	„	20.34	„
1874	4.52	„	12.43	„	13.28	„	37.29	„	18.08	„
1875	3.96	„	11.30	„	13.00	„	33.90	„	16.95	„

Diese Preise hätten sich in der That der allgemeinen Baisse auf anderen Eisenmärkten fast ganz entzogen, eine Thatsache, die bei der besonderen Qualität der schwedischen Eisensorten mehr oder weniger annehmbar ist. — Um die Auslandsmärkte, wohin Schwedens Eisenexport geht und woher seine Importe kommen, näher übersehen zu lassen, fügen wir hier bezüglich der verschiedenen Eisensorten vorstehende detaillirte Uebersicht an, in der die einzelnen Im- und Exportländer besonders beziffert werden. (Vergl. Seite 166 und 167.)

Was die Eingangszölle auf Eisen und Stahl anbelangt, so bestehen dergleichen für Roh- und Halbfabricate in Schweden nicht. Nur Eisen und Stahlfabricate, in anderen Zolltarifen als „ganz grobe, grobe und feine Eisen- und Stahlwaaren" bezeichnet, tragen Eingangszölle: 0.50 bis 50 Rdlr. (0.56 bis 56.5 $\mathcal{M}$. pro Centner (42.5 Kg). Bei einem Gesammtwerthe dieser Waaren von 8,627.231 Rdlr. (9,748.771 $\mathcal{M}$.) im Jahre 1875 betrug die Zolleinnahme 155.569 Rdlr. (175.792 $\mathcal{M}$.), also im grossen Durchschnitt der Werthzoll etwas mehr als 1.8 %, während die gesammte Zolleinnahme Schwedens 23,592.802 Rdlr. (26,659.866 $\mathcal{M}$.) erreichte, also vom Gesammtwerth des Importes 268,066.392 Rdlr. (302,915.022 $\mathcal{M}$.) = 8.8 % betrug.

Spanien.

(499.763 Quadrat-Kilometer. — 16,551.647 Einwohner.)

Kohle.

Die pyrenäische Halbinsel besitzt so bedeutende wichtige Kohlenlager, dass die noch sehr ungenügende Cultivirung des Bergbaues auf fossile Kohle in Spanien an und für sich höchst auffallend erscheinen müsste, wenn sie nicht in den ungünstigen politischen Verhältnissen des Landes ihre genügende Erklärung fände.

Die Flächenausdehnung der spanischen Kohlenreviere wird auf 906.720 Hectar angenommen. Die unterirdischen Kohlenvorräthe sind enorm zu nennen. Man hat dieselben auf 3.000 bis 3.50 Millionen Tonnen veranschlagt; aber selbst dann, wenn man nur die unter allen Umständen abbauwürdige Kohle in Betracht zieht, ergeben sich doch noch ganz gewaltige Ziffern. Der productive Kohlenvorrath berechnet sich nämlich nach den Schätzungen der Bergingenieure **Schulz** und **Aldana** wie folgt:

	nach Schulz:	nach Aldana:
Asturien	1.100	1.100 Millionen metr. Tonnen,
Leon und Palencia	550	500 „ „ „
Burgos und Soria	100	
Córdoba	220	
Sevilla	20	383 „ „ „
Gerona	23	
Cuenca	20	
Teruel (Braunkohle)	220	
Summa	2.253	1.883 Millionen metr. Tonnen.

Diese Kohlenschätze würden, den gegenwärtigen Kohlenconsum Spaniens (1.5 Millionen Tonnen jährlich) als Grundlage angenommen, auf 1.250 bis 1.500 Jahre dem Bedarfe des Landes genügen.

Mit dem Abbau der Kohle wurde in Spanien in der Mitte des 18. Jahrhunderts begonnen. Im Jahre 1742 wurde die erste Concession zur Errichtung eines Kohlenschachtes in Villanuevo del Rio bei Sevilla ertheilt. Bis zum Jahre 1825, als in Spanien ein neues Berggesetz in's Leben trat, war die Kohlenförderung gleich Null; erst von diesem Zeitpunkte an datirt eine Entwicklung der Production, deren grösste Zunahme von 109.314 auf 339.851 metr. Tonnen in die Jahre 1855 bis 1860 fällt. Seit dieser Zeit bis heute hat sich die Förderung nur etwas mehr als verdoppelt. Für einen Zeitraum von 27 Jahren muss diese Productionssteigerung als überaus gering bezeichnet werden.

Tableau I, Seite 170, gibt einen Ueberblick über die Kohlenproduction, die Kohleneinfuhr und den Kohlenconsum Spaniens.

Es zeigt sich hier ein langsames, aber fortdauerndes Steigen des Consums; während man aber erwarten sollte, dass dieser erhöhte Verbrauch durch eine in gleichem Verhältnisse erhöhte Production der eigenen Kohlenreviere gedeckt würde, zeigt es sich, dass die Einfuhr der englischen Kohle in den letzten Jahren dem Consum entsprechend gestiegen ist, während die Production seit dem Jahre 1872 sich constant auf etwa 700.000 Tonnen gehalten hat.

Der Antheil der einzelnen spanischen Provinzen an der oben ausgewiesenen Gesammtförderung des Jahres 1874 ist aus Tabelle II, Seite 170, ersichtlich.

I.

Jahr	Steinkohle Menge metr. Tonnen	Steinkohle Werth Mark	Braunkohle Menge metr. Tonnen	Braunkohle Werth Mark	Zusammen Menge metr. Tonnen	Zusammen Werth Mark	Einfuhr Menge metr. Tonnen	Einfuhr Werth Mark	Consum Menge metr. Tonnen
1830	10.524	99.968	.	.	10.524	99.968	.	.	.
1840	19.248	204.590	.	.	19.248	204.590	.	.	.
1845	36.201	642.796	500	6.534	36.701	649.331	.	.	.
1850	62.923	617.397	10.000	81.680	72.923	617.397	185.491	4,091.542	258.414
1855	91.314	895.023	18.000	155.192	109.314	1,050.215	138.103	3,045.602	247.417
1860	320.899	4,863.914	18.952	155.792	339.851	3,401.931	452.479	9,978.791	792.330
1865	461.396	5,479.455	34.359	351.677	495.755	5,831.131	394.806	8,706.894	890.561
1866	393.105	3,481.215	39.559	393.949	432.664	3,875.165	433.437	9,595.956	866.101
1867	511.550	3,962.026	37.640	394.103	549.190	4,356.129	428.811	9,500.593	978.001
1868	529.058	3,786.913	41.766	468.785	570.824	4,255.698	380.182	8,423.197	951.006
1869	550.388	5,535.993	39.420	487.830	589.808	5,023.823	432.730	10,109.556	1,022.538
1870	621.832	5,309.541	40.095	489.944	661.927	5,799.485	566.911	14,026.944	1,228.838
1871	589.707	6,026.330	43.824	518.766	633.531	6,545.096	534.897	15,292.452	1,168.428
1872	687.791	6,694.697	33.460	522.944	721.251	7,217.641	592.567	.	1,313.818
1873	658.744	7,386.173	20.938	350.522	679.682	7,736.695	619.248	.	1,298.930
1874	695.340	7,005.502	13.346	204.464	708.686	7,209.965	580.708	.	1,289.394
1875	628.810	6,264.255	25.689	299.745	654.499	6,564.000	704.287	10,879.776	1,358.786
1876	675.926	6,597.690	30.888	331.443	706.814	6,929.132	774.770	9,410.373	1,481.584
1877	699.500	7,408.486	.	.	.	.	837.053	9,770.317	1,536.553

II.

Provinz	Ausdehnung der im Betrieb befindlichen Werke in Hectaren	Anzahl der Arbeiter	Dampfmaschinen Anzahl	Dampfmaschinen Pferdekräfte	Production metrische Tonnen	Production Werth in Mark
Steinkohle:						
Oviedo (Asturien)..	21.002	3.883	6	144	374.914	3,062.297
Córdoba	716	1.066	14	272	176.336	2,376.520
Palencia	1.353	1.540	8	97	119.259	1,137.382
Sevilla............	38	120	3	95	13.500	} 429.303
Gerona	303	42	1	50	6.380	
Leon	403	39	.	.	4.721	
Burgos	165	48	.	.	230	
Summa..	23.980	6.738	32	658	695.340	7,005.502
Braunkohle:						
Barcelona	1.864	165	1	10	7.516	122.786
Santander........	80	66	.	.	2.022	16.516
Guipuzcoa	123	12	.	.	1.584	} 65.162
Teruel	424	77	.	.	1.157	
Logroño	50	10	.	.	243	
Alicante	48	12	.	.	208	
Balearische Inseln..	114	51	.	.	200	
Navarra	12	4	.	.	200	
Gerona	112	34	.	.	140	
Oviedo	105	29	.	.	56	
Castellon	110	27	.	.	20	
Summa..	3.042	587	1	10	13.346	204.464
Totalproduction..	27.022	7.325	33	659	708.686	7,209.966

Für die Kohlengewinnung in Spanien sind hiernach drei Provinzen ausschlaggebend, nämlich: Asturien, welches reichlich die Hälfte der gesammten Förderung liefert, und sodann Córdoba und Palencia, in der Höhe der Production einander ziemlich gleichstehend. Die Production der drei nach den erwähnten Provinzen benannten Kohlengebiete seit 1828 ist in folgender Tabelle beziffert:

	Asturien		Córdoba		Palencia
Jahr	Production an Kohle	davon verschifft	Production		Production an Kohle
			Kohle	Coke	
			metr. Tonnen		
1828	.	3.708	.	.	.
1838	21.500	13.261	.	.	.
1845	33.539	28 663	1.523	28	690
1855	65.024	47.980	5.000	.	6.720
1860	278.428	66.520	8.310	.	21.765
1865	339.328	65.480	12.287	92	88.518
1870	447.037	115.997	77.648	2.589	85.638
1871	370.967	130.214	119.238	4.707	82.505
1872	424.499	143.521	142.071	5.717	101.139
1873	375.014	120.135	144.855	.	113.678
1874	374.914	100.050	176.336	.	119.259
1875	376.649	101.000	133.083	.	133.213
1876	380.000	102.500	153.012	.	155.676
1877	357.000	100.340	158.000	.	160.000

Hiernach lässt sich nur in dem Becken von Palencia eine regelmässige Entwicklung der Production verfolgen.

Der Raum gestattet nicht, auf eine Beschreibung der einzelnen Kohlendistricte Spaniens einzugehen; in dieser Beziehung wird auf das vorzügliche Werk des Bergingenieurs Don Ramon Oriol y Vidal zu Mières in Asturien: „Carbones Minerales de España“, Madrid, 1874, verwiesen.

Nach der officiellen Statistik für das Jahr 1873, — neuere Daten über den Bergbau wurden bisher von der spanischen Regierung noch nicht veröffentlicht, — standen zu Ende des genannten Jahres 239 Steinkohlengruben und 44 Braunkohlengruben im Betrieb; concessionirt waren im Ganzen 792 Steinkohlengruben und 231 Braunkohlengruben.

Wie schon weiter oben dargelegt wurde, beziffert sich der Kohlenconsum Spaniens heute auf etwa 1.5 Millionen Tonnen; in den Jahren 1872–1874, als derselbe durchschnittlich 1.3 Millionen Tonnen betrug, entfielen approximativ davon auf

die Eisen- und Metallindustrie	500.000	metr. Tonnen
den Eisenbahnbetrieb	190.000	„ „
die Leuchtgasfabrication	110.000	„ „
„ Kriegsmarine	28.000	„ „
„ Handelsmarine.................................	110.000	„ „
diverse Industrien in Catalonien	146.000	„ „
„ „ „ anderen Provinzen.........	216.000	„ „
Summa...	1,300.000	metr. Tonnen

Unter den industriebetreibenden Landschaften Spaniens sind Catalonien und Asturien die stärksten Kohlenconsumenten; jede dieser Landschaften benöthigt jährlich Alles in Allem etwa 300.000 Tonnen Kohle. Von den Städten haben Barcelona und Madrid den grössten Verbrauch aufzuweisen, nämlich 97.990 beziehungsweise 46.249 metr. Tonnen (im Jahre 1872). —

Es ist nicht undenkbar, dass die Kohlengebiete Spaniens einmal zu grossartiger Entwicklung gelangen werden. Denn was den Kohlenfeldern der pyrenäischen Halbinsel einen besonderen Werth verleiht, ist die ungemein günstige Lage von mehreren derselben unweit der See, ein Vorzug, dessen sich in Europa sonst nur die Kohlenreviere von Wales und Nordengland erfreuen. Durch diese Lage wären die spanischen Kohlenfelder befähigt, nicht nur bei billiger Küstenfahrt die Häfen der Halbinsel zu versorgen, sondern auch die an Kohlen so armen Länder am Mittelmeer, sowie vermittels des Canals von Suez die asiatischen Länder und ihre Kohlenstationen aufzusuchen und mit mineralischem Brennstoff zu versehen.

Gegenwärtig allerdings müsste zunächst dahin gearbeitet werden, dass die Einfuhr aus England, welche von jeher die Hälfte des Consums deckte, aufhört oder auf eine geringere Ziffer herabgedrückt wird.

Welches sind nun aber die Hindernisse, die einer ausgedehnteren Entfaltung des Kohlenbergbaues in Spanien bis jetzt entgegengestanden und selbst heute noch entgegenstehen? Es sind: der Mangel an Capital und an Unternehmungsgeist und sodann die Schwierigkeiten des Transportes. Sobald einmal die Gesetzgebung in Spanien die Vereinigung grösserer Capitalien ermöglichen wird, sobald überhaupt die wirthschaftlichen Verhältnisse des Landes sich gebessert haben werden, wenn endlich ein grösseres Eisenbahnnetz die Halbinsel durchziehen wird und die Verwaltungen der Bahnen sich die Aufgaben von Transportsinstituten klarer vor Augen halten werden, als es dermalen der Fall ist: alsdann wird zweifellos der Bergbau in Spanien zu einer Blüthe gelangen, welche den von Natur aus vorhandenen günstigen Vorbedingungen entspricht. —

Die Erbauung der ersten Eisenbahn im Königreich Spanien (Barcelona-Mataro 28 Kilometer) fällt in das Jahr 1848. Die Länge des Eisenbahnnetzes betrug

im Jahre 1855 ....　　474 Kilometer　|　im Jahre 1870 ....　5.469 Kilometer
„　　„　1860 ....　1.913　　„　　|　„　　„　1875 ....　5.796　　„
„　　„　1865 ....　4.828　　„　　|　„　　„　1877 ....　6.199　　„

Die gesammte Kohlenverfrachtung der Eisenbahnen Spaniens belief sich im Jahre 1872 auf 363.386 metr. Tonnen, wovon 173.058 metr. Tonnen für den Bedarf der Bahnen selbst bestimmt waren.

Eisen.

Der grosse Reichthum Spaniens an den schönsten Eisenerzen ist bekannt. Die dortigen Lager der vorzüglichsten Spath-, Roth-, Magnet- und Brauneisensteine gehören zu den reichhaltigsten Europa's. Da das Land ausserdem reiche Kohlenlager besitzt, so würde bei mehr geordneten politischen Verhältnissen, regerem Gewerbfleisse und besser entwickeltem Eisenbahnnetze in Spanien die Entfaltung einer Eisenindustrie möglich sein, welche mit jener Englands concurriren könnte. In erster Reihe die unglücklichen politischen Verhältnisse haben indessen dieses Land gehindert, seiner Industrie jene Bedeutung zu geben, welche in den natürlichen Bodenverhältnissen des Landes begründet wäre.

In Spanien wurden an Eisenerzen, Roheisen, Schmiedeeisen und Stahl seit Mitte der sechziger Jahre nachstehende Mengen producirt: (Vergleiche Tabelle I, Seite 173.)

Speciell an der Eisenerz-Production haben in den Jahren 1874 bis 1877 die einzelnen Provinzen in folgender Weise theilgenommen: (Vgl. T. II, S. 173.)

Im Allgemeinen hat die Förderung der Eisenerze bis zum Jahre 1873 erhebliche Fortschritte gemacht; vom letzteren Jahre, wo sie bereits die Höhe von 811.926 metr. Tonnen erreicht hatte, sank sie aber infolge des Carlistenkrieges 1874 auf die Hälfte herab, erholte sich erst nach Beendigung der Unruhen 1876 und stieg 1877 auf 1,162.170 metr. Tonnen.

I.

Jahr	Eisenerze		Roheisen	Stab-, Band-eisen etc.	Stahl
	Production	Ausfuhr			
			metr. Tonnen		
1864	.	.	50.775	44.564	201
1865	.	70.000	49.533	42.298	301
1866	.	73.000	39.259	32.338	577
1867	.	118.000	41.933	35.637	331
1868	.	.	43.161	36.151	369
1869	.	160.000	34.486	35.626	247
1870	.	.	54.007	36.162	231
1871	585.762	391.436	53.606	42.528	216
1872	781.468	745.802	56.462	41.464	272
1873	811.926	800.381	42.825	32.154	216
1874	402.952	.	.	.	.
1875	496.528	.	.	.	.
1876	908.899	.	.	.	.
1877	1,162.170	.	.	.	.

II.

Provinz	Ausdehnung der in Betrieb befindlichen Bergbaue in Hectaren (1874)	Anzahl der Arbeiter (1874)	Production an Eisenerzen				
			1874		1875	1876	1877
			metr. Tonnen	$\mathcal{M}$	metr. Tonnen		
Vizcaya	6.443	239	10.821	61.870	34.296	432.418	702.090
Murcia	1.305	954	110.836	316.858	144.546	208.685	200.000
Oviedo	3.374	484	75.276	184.455	61.304	60.245	59.400
Almeria	66	173	75.120	368.148			
Malaga	13	460	52.645	430.003			
Santander . .	419	238	48.836	498.616			
Guipuzcoa . .	841	165	10.681	139.032			
Navarra	403	190	9.175	119.906			
Sevilla	35	60	3.320	14.101			
Burgos	64	18	1.300	10.618	236.382	207.551	200.680
Badajoz	45	28	1.200	17.643			
Lagroňo . . .	232	36	1.150	10.519			
Lugo	126	14	1.000	6.126			
Teruel	16	11	602	6.882			
Coruňa	12	12	600	3.921			
Leon	180	24	390	3.982			
Summa . .	13.574	3.112	402.952	2,192.680	496.528	908.899	1,162.170

Am Klarsten tritt der verderbliche Einfluss der inneren Kämpfe, welche sich insbesondere in den baskischen Provinzen abspielten, in den obigen Ziffern der Erzförderung von Vizcaya zu Tage. Die Production, welche hier in Folge dessen 1874 auf 10.821 metr. Tonnen gefallen war, betrug 1876 bereits 432.418 metr. Tonnen und 1877 sogar 702.090 metr. Tonnen, ein Resultat, welches die günstigen Chancen des Bergbaues hinreichend documentirt. Die genannte Provinz, in welcher namentlich im Thale von Somorrostro die Erze fast zu Tage liegen, ist von allen Provinzen Spaniens mit ausgezeichneten Eisenerzen am reichsten bedacht, denn sie lieferte 1877 nahezu $^2/_3$ der gesammten Production des Landes. Nach den Schätzungen des Sr. Ramon Adan de Yarza beträgt der Reichthum des Eisenerzlagers von Somorrostro allein 163,250.000 Tonnen.

Bis Ende 1873 waren im Ganzen 1.440 Bergbaue auf Eisen in einer Ausdehnung von 35.303 Hectar concessionirt. Davon waren aber in dem genannten Jahre nur 390 Gruben (mit 8.605 Hectar) in Betrieb. Die Anzahl der verwendeten Arbeiter belief sich auf 4.816.

Bis in den Anfang des vorigen Decenniums war die Gewinnung der Eisenerze überhaupt nur eine unbedeutende, da bei der niederen Entwicklungsstufe, auf welcher das Land sich befindet, der Bedarf sich nur in geringem Grade geltend macht und die Spanier den Werth der in ihrem Lande aufgespeicherten unterirdischen Schätze nicht genügend zu würdigen wissen.

Die Förderung betrug bis zu dem angegebenen Zeitpunkte nur etwa 30.000 bis 50.000 Tonnen jährlich. Ein Aufschwung des Bergbaues trat erst ein, als mit 1. Januar 1863 in Spanien die Ausfuhrzölle für Minerale aufgehoben wurden und die Eisenerze zum Export gelangten. Es nahm keine lange Zeit in Anspruch, die englischen, französischen und deutschen Industriellen von der Güte der nordspanischen Erze zu überzeugen, und so stieg die Ausfuhr, wie gleichzeitig mit den obigen Productionsziffern ersichtlich gemacht wurde, zusehends. Rapid war die Zunahme der Ausfuhr nach der Einführung des Bessemerverfahrens, da dieses ein sehr reines Rohmaterial verlangt. In dieser Beziehung fand man namentlich die Eisenerze von Vizcaya, welche in dem Hafen von Bilbao zur Verschiffung gelangen, sehr convenabel. Heute geht der bei weitem grösste Theil der ganzen Erzgewinnung Spaniens in das Ausland.

Bekanntlich besitzt das Etablissement von Fried. Krupp in Essen bedeutende Eisenerzgruben bei Bilbao. Diese können der Fabrik jährlich 200.000 Tonnen Erz liefern. Zum Transport dieser Erze dienen ausser gemietheten Dampfern 4 eigene Dampfer von je 1.700 Tonnen Gesammtlast, während ein fünfter im Bau begriffen ist. Von den Gruben werden die Erze auf einer 14.5 Kilometer langen Eisenbahn nach dem Nervionflusse gebracht, wo sie von einer Bühne aus direct in die Dampfer verladen werden.

Die ausgezeichnete Qualität der spanischen Erze erhellt aus folgenden Analysen, welche in dem Laboratorium des Eisenwerkes El Carmen zu Baracaldo bei Bilbao mit Erzen von Vizcaya ausgeführt wurden.

	Vena dulce		Campanil			Mineral rubio	
	1	2	1	2	3	1	2
Eisenoxyd	82.26	80.78	80.75	84.01	73.90	79.14	83.75
Silicium	1.35	2.63	3.24	3.20	5.70	7.20	5.25
Aluminium	1.53	1.38	3.10	0.40	3.80	2.40	3.20
Manganoxyd	1.78	2.24	8.15	4.38	5.80	2.45	3.17
Kalk	9.27	6.39	0.82	0.40	0.45	2.23	1.36
Magnesium	Spur	0.46	1.04	0.80	1.25	0.71	Spur
Schwefel	.	.	.	.	.	Spur	0.04
Phosphor	.	.	.	.	.	.	.
Wasser, Kohlensäure und Gewichtsverlust	3.81	6.12	2.90	6.81	1.25	5.27	3.23
Summa	100.00	100.00	100.00	100.00	100.00	100.00	100.00
metallisches Eisen	.	.	56.52	58.80	51.73	55.40	58.62

Unter Vena dulce versteht man das reinste Erz (Oligisteisen); Campanil ist rothes Hämatiteisen, welches zumeist mit Kalkstein gemischt ist und besonders stark exportirt wird; Mineral rubio (blondes Mineral) ist Limonit- oder Hämatiteisen von brauner Farbe.

Da nur ein sehr geringer Theil der geförderten Eisenerze in Spanien selbst verarbeitet wird, so ist die Erzeugung an Roheisen nicht bedeutend. Sie reicht sonderbarerweise trotz der in Menge vorhandenen guten Kohle nicht einmal hin, um den schwachen Bedarf des Inlandes zu decken, sodass Spanien noch beträchtliche Mengen an Roheisen von auswärts, und zwar fast ausschliesslich von Grossbritannien, bezieht. Die Einfuhr von dort her erreichte im Jahre 1877 die hohe Ziffer von 25.819 metr. Tonnen.

Im Jahre 1873 — soweit reicht die bisher veröffentlichte officielle Statistik — wurden in Spanien aus 94.394 metr. Tonnen Erzen 42.825 metr. Tonnen Roheisen hergestellt, wovon 23.456 metr. Tonnen auf Oviedo und 9.006 metr. Tonnen auf Vizcaya entfallen.

Das Roheisen wird theils mit Holzkohle, theils mit Coken erblasen. Die ersten Hohöfen wurden 1828 bei Marbilla in Granada auf die Verhüttung der Magneteisensteine von Ronda angelegt.

Die Production an Schmiedeeisen, welches, und zwar wieder zumeist in den beiden Provinzen Oviedo und Vizcaya in nahezu gleichen Mengen fabricirt wird wie das Roheisen, genügt ebenfalls für den inländischen Bedarf nicht; vielmehr muss Schmiedeeisen in sehr starken Partien, wie die unten folgende Einfuhrtabelle zeigt, importirt werden. Nicht alles Schmiedeeisen wird aus Roheisen, sondern eine nicht unbeträchtliche Menge direct aus den Erzen nach der alten Methode auf catalanischen Herden gewonnen.

Mit der Erzeugung von Roh- und Schmiedeeisen befassten sich im Jahre 1873:

Hohöfen und Eisenwerke (ausserdem 42 kalt gelegt) 68
Arbeiter waren beschäftigt 4.009
Hydraulische Maschinen in Activität 120
 Pferdekräfte derselben 1.092
Dampfmaschinen in Activität 113
 Pferdekräfte derselben .... 2.721.

Einige bedeutende Etablissements, welche den Anforderungen der Jetztzeit entsprechen, finden sich nur in Pedroso bei Sevilla, in Mières bei Oviedo, in Alicante und an einigen wenigen anderen Orten.

Die Stahlproduction Spaniens ist verschwindend klein; sie betrug im Jahre 1873 nur 216 metr. Tonnen.

Der Bedarf an Eisenbahnschienen, Blech, Stahl, Eisen- und Stahlwaaren wird zum weitaus grössten Theile durch die Einfuhr gedeckt, wie die hier anschliessende Tabelle über den Import nachweist.

Jahr	Roh- und Alteisen	Stab- und Bandeisen etc.	Eisenbahn-schienen	Blech, Draht, Nägel, Röhren etc.	Stahl	Eisen- und Stahlwaaren
	metr. Tonnen					
1864	21.857	.	.	.	.	.
1865	12.929	19.575	.	1.335	539	421
1866	5.466	12.265	.	1.332	572	352
1867	10.479	} 77.224	.	.	} 2.233	.
1868	12.345		.	.		.
1869	8.622		.	.		.
1870	16.790	28.936	.	.	468	.
1871	18.013	37.147	.	.	1.101	.
1872	12.579	.	.	.	.	.
1873	13.995	27.385	13.438	5.224	1.931	8.494
1874	14.768	40.251	23.365	6.272	3.222	9.790
1875	19.008	.	11.360	5.904	.	5.483

Von einer Ausfuhr von Eisen (von den Erzen abgesehen) und Eisenwaaren ist in Spanien nach allem dem keine Rede, obwohl die Eisenindustrie dieses Landes einer grossartigen Entwicklung fähig wäre.

Gewiss wird aber einmal, wenngleich die Zeit wohl noch in einiger Ferne liegt, auch in Spanien bei den enormen Mineralschätzen des Landes eine Aera des Aufschwunges eintreten!

Portugal.

(89.625 Quadrat-Kilometer. — 4,298.881 Einwohner.)

Die Kohlendistricte dieses Königreiches sind hinsichtlich ihrer Ausdehnung ziemlich beschränkt; die Ausbeute der Kohlen ist wenig lohnend, weshalb sie auch zeitweilig ganz sistirt wurde. Für das Jahr 1872 wurde die Production auf 12.387 metr. Tonnen beziffert, welche einen Werth von 2,974.205 $\mathcal{M}$ darstellten. Es waren überhaupt nur 4 Schächte in Betrieb. Neuere Daten waren nicht zu erlangen.

Der Kohlenbedarf wird unter solchen Umständen durch den Import gedeckt. Im Jahre 1875 wurden nach Portugal, den Azoren und Madeira allein aus Grossbritannien eingeführt:

265.276 metr. Tonnen Kohle im Werthe von 3,732.123 $\mathcal{M}$ und

   3.398 „   „ Coke   „   „   „   65.752 „

Es sind nur zwei Kohlenbecken in Portugal, welche Erwähnung verdienen, nämlich das Anthracitbecken des Douro und das Steinkohlenbecken am Cap Mondego in der Provinz Beïra. Das erstgenannte Revier dehnt sich auf etwa 12.000 Hectar unweit der Mündung des Douro-Stromes zu beiden Seiten desselben aus. Dieses Kohlengebiet, dessen Exploitirung schon im Jahre 1801 in Angriff genommen wurde, liefert ein für Hauszwecke sehr gut verwendbares Brennmaterial und hat den Hauptantheil an der oben ausgewiesenen Gesammtförderung des Landes. — Die Steinkohle von Mondego ist stark mit Kies vermengt, lässt sich aber mechanisch präpariren. Die Production ist nur ganz unbedeutend.

Weitere Vorkommen von Kohle sind theils gänzlich unbenützt, theils noch nicht genügend untersucht, scheinen indessen von keinem besonderen Werthe zu sein. —

Eisenerze finden sich wohl in den meisten Provinzen, mitunter von ziemlicher Mächtigkeit und besonderer Güte, — erwähnenswerth ist insbesondere das bis 20 Meter mächtige Lager brauner Hämatite und Hydratoxyde von Quadramil in der Provinz Traz-os-Montes, — allein die Eisengewinnung in Portugal ist ohne jede Bedeutung. Im Jahre 1872 betrug die gesammte Eisenproduction nur 2.423 metr. Tonnen im Werthe von 22.678 $\mathcal{M}$ Der Bedarf an Eisen und Eisenwaaren wird fast ausschliesslich von England bezogen. —

Mit dem Bau von Eisenbahnen wurde im Jahre 1854 begonnen. Es bestanden:

1860 .... 131 Kilometer		1873 .... 874 Kilometer
1870 .... 772 „		1877 .... 963 „

ITALIEN.

(296.322.91 Quadrat-Kilometer. — 27,482.174 Einwohner.)

Kohle.

Italien ist im Allgemeinen ein kohlenarmes Land. Eigentliche Steinkohle findet sich nur in der Provinz Udine (Friaul), jedoch ist dieses Kohlenvorkommen von keiner Bedeutung. Auch die Anthracitlager, welche Italien besitzt, geben nur sehr schwache Ausbeute. Das bekannteste derselben liegt im Thale von Aosta (Piemont), doch werden aus demselben kaum 500 metr. Tonnen jährlich gefördert. Braunkohlenablagerungen hat dagegen Italien eine grössere Anzahl aufzuweisen, welche sämmtlich der Tertiärzeit angehören. Die ausgedehntesten Braunkohlenbecken sind in Toscana, Ligurien, in den Provinzen Vicenza, Verona und Bergamo und auf der Insel Sardinien. Die gesammte Fläche, welche von ihnen eingenommen wird, beläuft sich auf 13.500 Hectar. Ausserdem liegen am Fusse der Alpen ziemlich ansehnliche Torflager.

Die Höhe der Braunkohlen-Production ist aus folgenden Ziffern ersichtlich:

	metr. Tonnen	Werth in ℳ.
in den Jahren 1866 bis 1870 durchschnittlich	70.000	694.280
Im Jahre 1871	84.000	894.968
„ „ 1872	95.500	947.488
„ „ 1873	110.305	1,151.688
„ „ 1874	121.855	1,298.712
„ „ 1875	101.640	1,094.512

Die Torfproduction beläuft sich etwa auf 95.000 metr. Tonnen jährlich.

Die mit ausgesuchten Kohlenproben im chemischen Laboratorium des kgl. technischen Institutes in Florenz angestellten Analysirungen ergaben folgendes Resultat:

Bezeichnung	Fundort	Dichtigkeit	Kohlenstoff	Wasserstoff	Sauerstoff	Asche	Wärmeeinheiten
Braunkohle	Montebamboli	1.32	73.44	6.15	13.20	5.10	7.485
„	Tatti	1.66	73.10	5.88	15.89	2.50	7.220
Torf	Ghedi	.	55.60	6.72	33.83	2.80	5.353
präparirter Torf	„	1.28	50.00	6.80	32.43	8.77	4.978

Es ist evident, dass bei einer so schwachen Kohlenförderung des Landes, wie sie oben ausgewiesen wurde, die fast ausschliesslich aus Grossbritannien erfolgende Einfuhr an mineralischen Brennstoffen ungeachtet des nicht besonders hohen Consums doch eine ziemlich starke sein muss. Dies zeigen denn auch die nachstehenden Ziffern über die Ein- und Ausfuhr von Kohle in Italien.

im Jahre	Einfuhr		Ausfuhr	
	Tonnen	Werth in ℳ	Tonnen	Werth in ℳ
1866	524.042	17,121.493	1.879	61.382
1867	515.943	16,856.897	2.068	67.557
1868	580.388	18,962.448	3.934	128.525
1869	653.694	21,357.487	6.442	210.473
1870	941.789	30,770.127	11.456	374.288
1871	791.589	21,336.806	12.550	358.452
1872	1,039.724	42,462.327	5.902	197.089
1873	959.532	39,187.286	4.189	171.078
1874	1,032.035	33,718.647	4.778	156.106
1875	1,059.816	32,894.992	7.736	240.073
1876	1,454.542	38,018.236	5.794	151.441

Eisen.

Besässe Italien mineralischen Brennstoff in solcher Fülle und solcher Qualität, wie es Eisenerze besitzt, so würde es in Betreff der Eisenindustrie hinter anderen, von der Natur mehr begünstigten Ländern wohl kaum zurückstehen. Da es aber in Italien an billiger und guter Kohle mangelt, so ist die Eisenindustrie trotz des Reichthums des Landes an den schönsten Eisenerzen nur unbedeutend und macht wenig Fortschritte. An Brennmaterial wird von derselben beinahe ausschliesslich Holzkohle verwendet. In Folge des Kohlenmangels erscheint es bis jetzt auch rentabler, die Erze auszuführen, statt sie im Lande zu verarbeiten.

Die Production der Eisenerze, sowie die Ein- und Ausfuhr derselben ist aus nachstehender Aufstellung ersichtlich.

im Jahre	Production		Einfuhr		Ausfuhr	
	metr. Tonnen	Werth in M.	metr. Tonnen	Werth in M.	metr. Tonnen	Werth in M.
1850	64.000	774.921	.	.	.	.
1860	71.000	815.116	.	.	.	.
1866	145.000	1,688.325	392	12.823	18.110	591.701
1867	105.000	1,222.749	6.578	214.900	31.562	1,031.205
1868	102.000	1,188.444	6.263	204.635	24.513	800.819
1869	101.000	1,176.192	1	38	54.122	1,768.261
1870	74.000	861.724	1	31	40.711	1,326.389
1871	72.000	838.036	7	57	45.322	370.190
1872	167.000	1,705.060	45	367	168.472	2,064.118
1873	260.000	2,710.142	431	3.520	151.949	1,984.199
1874	265.000	3,178.168	12	98	203.397	2,159.750
1875	234.000	2,736.280	.	.	191.157	1,561.370
1876	248.000	3,201.856	53	432	197.697	1,614.789

Die Gewinnung der Eisenerze findet statt in den lombardischen Provinzen Bergamo, Brescia und Como, auf Sardinien und in den piemontesischen Provinzen Turin und Novara, am ausgiebigsten aber auf der Insel Elba, auf welche der weitaus grösste Theil der obigen Productionsziffern entfällt.

Der unerschöpfliche Eisenberg von Elba ist schon seit den ältesten Zeiten berühmt; er wurde bereits von den Etruskern und Römern ausgebeutet; die Verschiffung der Erze erfolgt im Hafen von Rio, in dessen Nähe auch die wichtigste Grube des Verrucano gelegen ist.

Seit 1872 hat sich die Erzeugung von Eisenerzen in Italien gegenüber den früheren Jahren ziemlich hoch gehalten, und in den letzten zwei Jahren betrug die Ausfuhr $^4/_5$ der Production. Der Export richtet sich vornehmlich nach Frankreich. Einige Schiffsladungen gehen selbst nach Amerika.

Wie aus den folgenden Tabellen hervorgeht, ist die Erzeugung an Roh- und Gusseisen, an Stabeisen, Stahl und diversen Eisenfabricaten — aus dem bereits angeführten Grunde — nur sehr gering. An Roheisen wurden in dem letzten Jahrzehnt durchschnittlich nur 20—25.000 metr. Tonnen jährlich erzeugt. Von 1866 bis 1871 waren gegen 20 Hohöfen in Activität, seit dieser Zeit ist die Anzahl derselben auf ungefähr 14 beschränkt. Obwohl die letzteren die Arbeiten forcirten, blieb die Roheisengewinnung doch ziemlich constant. Nur in einzelnen, den Export aber nicht begünstigenden Localitäten wird Eisenindustrie betrieben, und zwar namentlich am Südabhange der Alpen in den Bezirken von Bergamo und Brescia. Es concurrirt dort auffallender Weise noch der Rennfeuerprocess auf Stahl und Stabeisen mit der Roheisenfabrication.

| | Roheisen | | | | | | Gusseisen und Gusswaaren | | | | | |
| | Production | | Einfuhr | | Ausfuhr | | Production | | Einfuhr | | Ausfuhr | |
im Jahre	metr. Tonnen	Werth in M.	metr. Tonnen	Werth in M.	metr. Tonnen	Werth in M.	metr. Tonnen	Werth in M.	metr. Tonnen	Werth in M.	metr. Tonnen	Werth in M.
1866	durchschnittlich		14.593	1,549.523	1.963	208.431	durchschnittlich		5.655	2,036.601	171	69.655
1867			16.600	1,762.624	303	24.842			9.910	1,888.096	421	83.700
1868			12.850	1,364.532	87	6.304			3.657	650.182	146	32.277
1869	2.200	2,042.000	20.386	2,164.736	127	10.368			3.848	752.044	80	18.037
1870			20.318	2,157.468	1.116	91.137			3.066	863.365	435	94.899
1871			18.932	2,010.275	1.680	137.222	4.600	735.120	4.569	802.702	434	75.603
1872	26.000	2,719.944	21.874	2,680.002	3.722	547.223			6.229	2,021.312	439	147.677
1873	25.480	2,515.744	13.944	2,050.102	2.679	547.051			8.345	4,297.478	889	395.331
1874	21.054	2,201.276	30.186	3,698.388	868	127.616			7.767	3,784.299	710	337.501
1875	20.278	2,164.520	21.980	1,965.859	1.013	121.074			7.282	3,294.611	350	151.802
1876	.	.	22.535	1,656.592	744	75.406			5.352	2,345.780	313	142.388

Die Tabelle, Seite 180 und 181, macht die Production und Handelsbewegung in Stahl und Walzwerkserzeugnissen (Stabeisen, Luppen, Blechen, Rohschienen etc. mit Ausschluss von Eisenbahnschienen), sowie die Ein- und Ausfuhr an Eisen- und Stahlschienen ersichtlich; es ergibt sich aus dieser Tabelle, dass in den letzten Jahren allerdings nur durchschnittlich 2.500 metr. Tonnen Stahl fabricirt wurden, derselbe ist jedoch meistens von besonders guter Qualität. Die Einfuhr an Stahl ist gegenwärtig bei weitem grösser als die Production.

Weiter zeigen diese Ziffern, dass die Fabrication von Stabeisen und diversen Eisenproducten, welche in den verschiedenen Eisenhütten, namentlich der Lombardei und Central-Italiens, hergestellt werden, seit dem Jahre 1860 von 30.000 auf 50.000 metr. Tonnen gestiegen ist, dass sie also beträchtlich grösser ist, als die gesammte einheimische Production an Roh- und Gusseisen. Es erklärt sich dies damit, dass bei Herstellung der Eisenfabricate häufig auch englisches Roheisen verwendet wird und ausserdem seit kurzer Zeit einige Eisenwerke auch Alteisen verarbeiten.

Zum Schluss noch einige Ziffern über die Communicationsmittel des Landes.

Das Eisenbahnnetz hat sich in folgender Weise entwickelt. Italien besass Eisenbahnen in einer Länge

im Jahre 1840 von 21 Kilometer | im Jahre 1870 von 6.183 Kilometer
„ „ 1850 „ 609 „ | „ „ 1873 „ 6.882 „
„ „ 1860 „ 2.189 „ | „ „ 1875 „ 7.675 „
„ „ 1866 „ 5.091 „ | „ „ 1877 „ 8.210 „

Die Anzahl der Locomotiven belief sich im Jahre 1876 auf 1.305 Stück gegen 1.172 im Jahre 1872.

im Jahre	Stahl						Production	
	Production		Einfuhr		Ansfuhr			
	metr. Tonnen	Werth in M.	metr. Tonnen	Werth in M.	metr. Tonnen	Werth in M.	metr. Tonnen	Werth in M.
1860.......	.	.	.	.	.	.	30.000	11,026.800
1866.......	durchschnittlich 650	265.460	1.993	1,663.184	74	48.239	32.000	11,435.200
1867.......			2.216	1,827.543	227	192.316	durchschnittlich 38.000	13,477.200
1868.......			2.270	1,552.425	140	95.977		
1869.......			2.370	1,626.506	116	73.017		
1870.......	1.250	510.500	2.234	1,672.751	187	133.827		
1871.......	1.400	571.760	2.059	1,812.088	208	131.263		
1872.......	1.550	633.020	3.199	3,321.688	118	131.290	49.000	19,603.200
1873.......	1.800	735.120	2.762	2,826.266	132	156.132		
1874.......	2.000	816.800	3.484	3,542.249	258	282.808		
1875.......	2.000	816.800	3.478	3,512.721	131	131.906		
1876.......	2.800	1,143.352	4.853	4,087.389	109	102.100		

Der Binnen-Schiffahrt standen im Jahre 1876 3.016 Kilometer an
schiffbaren Flüssen und Canälen zur Verfügung.

Der Stand der Marine war 1876 nachstehender:

I. Handelsmarine:

142 Dampfschiffe mit ...... 57.881 Tonnen Tragfähigkeit
10.903 Segelschiffe „ ...... 1,020.488 „ „

II. Kriegsmarine:

66 Dampfschiffe mit ...... 147.345 Tonnen Tragfähigkeit.
Die Zahl der stationären Dampfmaschinen ist nicht bekannt.

SCHWEIZ.

(41.389.8 Quadrat-Kilometer. — 2,680.000 Einwohner.)

Kohle.

Die Schweiz ist mit mineralischen Brennstoffen sehr dürftig ausgestattet. Steinkohlen finden sich in den Kantonen Wallis, Zürich, Freiburg, Bern, Waadt und Thurgau. Für das Jahr 1870 beziehungsweise für
1871 gibt eine Zusammenstellung des eidgenössischen statistischen Bureau
in Bern die Gesammtproduction zu 17.367 metr. Tonnen im Gesammtwerthe von 255.000 (Frcs. 208.284 $\mathcal{M}$.), das abzubauende Kohlenareal zu
73.6 Hectar, die Zahl der Arbeiter zu 180 an. Von Anthracit wurden in derselben Periode in 3 Gruben in Wallis 1813 metr. Tonnen durch 36

| Walzwerkserzeugnisse | | | | Eisen- und Stahlschienen | | | |
| Einfuhr | | Ausfuhr | | Einfuhr | | Ausfuhr | |
metr. Tonnen	Werth in M.	metr. Tonnen	Werth in M.	metr. Tonnen	Werth in M.	metr. Tonnen	Werth in M.
51.033	18,562.039	4.629	1,923.735	19.102	2,808.475	88	12.822
64.756	22,516.764	7.596	3,498.825	22.525	4,047.596	5.513	990.646
65.202	21,515.949	5.203	1,991.817	15.452	2,776.593	1.215	218.372
82.358	26,996.256	3.421	1,256.825	13.642	2,451.482	1.887	339.052
75.744	24,309.815	2.990	1,490.330	31.149	5,597.354	4.050	727.825
74.422	22,963.692	1.805	734.263	22.521	4,046.933	7.383	1,326.695
67.588	26,501.574	3.792	1,152.177	23.409	6,692.164	768	138.537
67.760	28,121.022	4.122	2,254.220	29.037	8,301.097	2.937	528.510
77.380	30,976.654	5.273	2,675.734	57.566	16,454.109	8.303	2,319.344
88.999	29,186.588	2.629	988.696	52.062	12,757.247	295	72.286
93.713	24,394.824	1.845	659.784	40.227	6,571.515	87	14.412

Arbeiter gefördert. Braunkohlen finden sich in den Kantonen Zürich, Waadt, St. Gallen und Freiburg. Im Jahre 1870 wurden nach derselben Quelle auf 13 Gruben mit circa 18.5 Hectar Abbau-Areal durch 280 Arbeiter 17.996 metr. Tonnen Braunkohlen gewonnen.

Berichten aus der Schweiz zufolge liegen neuere statistische Erhebungen nicht vor, doch wird hinzugefügt, dass ein nennenswerther Aufschwung des schweizer Kohlenbergbaues seit 1870 nicht stattgefunden habe.

Die geringe Production reicht selbstverständlich weder für den Hausbrand, noch weniger für die in manchen Branchen hochentwickelte schweizer Industrie aus, so vielfach sich auch für letztere in den vorhandenen reichen Wasserkräften vollster Ersatz für die anderswo anzuwendende Dampfkraft bietet. Vorzugsweise bleiben die Eisengiessereien und Maschinenbauanstalten der Schweiz, nicht minder die übrigen Metallbranchen neben der Wasserkraft auf grössere Bezüge ausländischer Brennstoffe angewiesen.

Eingeführt wurden:

| | Steinkohlen | Braunkohlen, Coke und Torf |
| | 1876 | 1876 |
	metr. Tonnen	metr. Tonnen
aus Frankreich	112.955	14.617
„ Deutschland	420.484	16.436
„ Oesterreich	4.334	1.380
„ Italien	4.557	74
Summa in 1876:	542.330 metr. Tonnen	32.507 metr. Tonnen
„ „ 1875:	465.195 „ „	26.177 „ „

Ausgeführt wurden (ausschliesslich auf den Grenzverkehr beschränkt) an Stein- und Braunkohlen, Coke und Torf

nach Frankreich .... 2.609 metr. Tonnen
„ Deutschland .... 871 „ „
„ Oesterreich .... 243 „ „
„ Italien .... 186 „ „

Summa in 1876: .... 3.909 metr. Tonnen
„ „ 1875: .... 3.168 „ „

Die Preise für mineralische Brennstoffe stellen sich in der Schweiz in Folge der Transportkosten für ausländische Kohlen sehr hoch. Gezahlt wurden loco Grube für Kohlen von mittlerer Qualität:

	1870	1877
Steinkohlen pro 100 Kg.	0.98 bis 1.55 $\mathscr{M}$	0.90 bis 1.80 $\mathscr{M}$
Anthracit „ „ „	0.65 „ 1.63 „	0.74 „ 2.12 „
Braunkohlen „ „ „	1.14 „ 2.46 bis 3.27 „	0.90 „ 2.62 „

Die auffallende Differenz in den Preisen zwischen Stein- und Braunkohlen erklärt sich theils aus der verhältnissmässig besseren Qualität einiger Braunkohlensorten, theils daraus, dass für manche Steinkohlengruben die Abfuhr sehr beschwerlich ist und die Consumenten vorziehen, die bequemer zu beziehende ausländische Kohle zu verbrauchen. Einige Braunkohlenwerke liegen dagegen in Gebirgsthälern, in denen in Folge der beschwerlichen Communication die Bevölkerung von dem Bezug ausländischer Kohlen so gut wie abgeschnitten und ausschliesslich auf den Verbrauch ihrer (dann aber auch im Preise hochgehaltenen) Braunkohlen angewiesen ist.

Der Preis der ausländischen Kohlen, nach dem sich auch die einheimischen Werke mit ihren Notirungen zu richten haben, hängt in der Schweiz vorzugsweise mit der Transportfrage zusammen, und verdient nach dieser Richtung hin die Entwicklung der Eisenbahnen und der Schiffahrt auf den Seen die vollste Beachtung. Vorhanden waren in der Schweiz an Eisenbahnen*)

in 1860 .... 962 Kilometer	in 1869 .... 1.336 Kilometer
„ 1862 .... 1.132 „	„ 1872 .... 1.501 „
„ 1865 .... 1.295 „	„ 1877 .... 2.565 „

Ueber die Schiffahrt auf den Seen liegen neuere statistische Erhebungen nicht vor.

Die Binnenseen haben eine Gesammtausdehnung von etwa 2.000 Quadrat-Kilometer und werden von 90 Dampfschiffen befahren. Die Länge der Wasserstrassen beträgt gegen 800 Kilometer, wovon auf den Rhein und Bodensee 140 Kilometer entfallen.

Eisen.

Eisenerze finden sich in den Kantonen Bern, Solothurn, Neuenburg, Wallis und St. Gallen, vorzugsweise Bohnerze und Rotheisenstein von meist recht guter Qualität.

Die Production an Eisenerzen betrug:

	metr. Tonnen	Werth $\mathscr{M}$		metr. Tonnen	Werth $\mathscr{M}$
1847	14.959	164.296	1870	14.999	245.026
1850	16.571	180.382	1871	13.391	267.758
1855	28.984	394.337	1872	14.484	269.288
1860	21.020	343.385	1873	20.863	340.817
1866	21.826	356.656	1874	23.545	384.595
1867	17.676	288.755	1875	18.224	297.720
1868	18.656	304.605	1876	13.864	226.487
1869	15.845	258.851			

Die Förderung könnte erheblich gesteigert werden, wenn nicht die zur Verhüttung erforderlichen Brennstoffe fehlten. Dieser Umstand macht sich sofort bei der Production von Roheisen geltend, die seit mehr als 20 Jahren zwar bald auf-, bald abwärts steigt, jedoch über die niedrige Productionsziffer von 10.000 Tonnen nicht hinausgekommen ist.

---

*) Ausserdem befahren fremde Bahnen in einer Länge von 64 Kilometern Schweizer Gebiet.

Producirt wurden an Roheisen

metr. Tonnen	metr. Tonnen	metr. Tonnen
in 1854 .... 7.000	in 1868 .... 6.518	in 1873 .... 8.470
„ 1857 .... 9.000	„ 1869 .... 6.518	„ 1874 .... 9.979
„ 1860 .... 7.111	„ 1870 .... 6.454	„ 1875 .... 7.379
„ 1866 .... 8.218	„ 1871 .... 6.654	„ 1876 .... 6.334
„ 1867 .... 5.836	„ 1872 .... 6.987	

Nur wenig bedeutender ist die Production der Walzwerke, die zum Theil auf die Bearbeitung ausländischen Eisens basirt ist. An Stab- und Walzeisen aller Art wurden producirt:

	metr. Tonnen	Werth $\mathcal{M}$.		metr. Tonnen	Werth $\mathcal{M}$.
1860	2.876	1,168.228	1871	3.908	1,276.821
1866	2.876	1,127.184	1872	4.043	1,448.235
1867	2.971	1,128.776	1873	4.828	1,774.579
1868	3.211	1,049.097	1874	5.170	1,892.117
1869	3.427	1,054.325	1875	5.504	1,888.180
1870	3.392	1,042.890	1876	6.116	1,794.019

Dagegen sind in der Schweiz der Maschinenbau, die Fabrication von Waffen, schneidenden Werkzeugen und von Uhren recht gut entwickelt. Nach der Zählung von 1870 waren beschäftigt:

	Arbeitskräfte		
	männliche	weibliche	Summa
Im Maschinenbau und als Mechaniker.......	6.119	29	6.148
als Giesser und Schmelzarbeiter	1.443	2	1.445
als Hammer- oder Blechschmiede	783	1	784
in der Nagelschmiede- & Drahtstiftfabrication	1.101	6	1.107
als Büchsenmacher und Waffenschmiede.....	927	5	932
als Messerschmiede und chirurg. Instrumenten-macher	887	14	901
als Feilenhauer	452	23	475
als Nadeln- und Haftenmacher..............	104	10	114
in der Uhrenfabrication...................	24.941	12.724	37.665
als Huf- und Zeugschmiede	8.167	21	8.188

Zur Deckung ihres Bedarfs ist die Schweiz genöthigt, grössere Quantitäten von Roheisen, Stab- und Walzeisen aller Art zu beziehen, und überwiegt in den sogenannten Massenartikeln der Eisenindustrie die Einfuhr sehr erheblich die Ausfuhr, während in Maschinen der Export den Import übersteigt. In 1877 hat eine beträchtliche Ausfuhr von Roheisen und Schienen stattgefunden, die indessen darauf zurückzuführen sein soll, dass für die Bauausführung der Gotthard-Bahn grössere Quantitäten Bauschienen etc. als nicht mehr nothwendig zum Verkauf gelangt sind.

Nach officiellen Quellen ist die Ein- und Ausfuhr in der ersten Tabelle, Seite 185, zusammengestellt.

Die Schweizer Statistik gibt für die einzelnen Posten der Ein- und Ausfuhr nur die vier Grenzländer Deutschland, Oesterreich, Italien und Frankreich an, und ist daraus nicht zu ersehen, in wie weit bei den Lieferungen und bei dem Bezug andere Länder betheiligt sind. Bekannt ist, dass namentlich bei der Einfuhr von Eisenartikeln aller Art nach der Schweiz England und Belgien stark betheiligt sind.

	Einfuhr			Ausfuhr		
	in metr. Tonnen			in metr. Tonnen		
	1875	1876	1877	1875	1876	1877
Roheisen und Rohstahl	29.363	31.069	20.279	3.191	2.817	4.402
Schmiede- und Stabeisen	18.912	16.774	14.504	1.131	891	359
Eisenbahn-Schienen incl. Stahlschienen, eiserne Schwellen	44.426	16.724	11.487	.	.	3.838
Eisenblech für Maschinenbau	4.057	4.752	8.113			26
Eisenblech, rohes unter 1 Linie Dicke	2.682	3.004	2.855	} 97	98	40
Eisenblech, verbleit, verzinnt u. Weissblech	3.004	3.521	3.118			10
Eisen- und Stahldraht	1.128	1.260	1.177	48	32	15
Eisengusswaaren	7.928	7.580	5.662	590	563	452
Eisen- u. Stahlwaaren, ordinäre	7.270	4.736	3.708	} 1.081	1.327	1.167
Eisen- u. Stahlwaaren, feine	475	436	283			48
Eiserne Röhren	1.904	1.906	1.829	.	.	253
Maschinen und Maschinentheile	10.424	7.662	4.681	9.477	9.425	11.836

Nach Belgiens Handelsstatistik hatte die Schweiz Import aus Belgien:

	1875	1876	1877
	metr. Tonnen		
Roh- und Alteisen (fonte brute et vieux fers)	688	730	1.452
Eisenbahnschienen (rails)	13.055	5.924	1.899
Bleche (tôles)	2.196	2.147	1.659
Stab-, Walz- und anderes Eisen (fer battu, étiré et laminé)	6.273	4.568	3.041
Eisenwaaren, geschmiedet etc. (ouvrages de fer)	605	744	225
Gusseisenwaaren (ouvrages de fonte)	31	67	72
Zusammen	22.848	14.180	8.348

Niederlande.

(32.874.81 Quadrat-Kilometer. — 3,924.792 Einwohner.)

Abgesehen von Luxemburg, das mit Holland nur in Personalunion verbunden, als frühere Provinz des deutschen Reiches im deutschen Zollverein verblieben ist, ist das Land sowohl an Kohlen als an Eisenerzen sehr arm und dessen Production so unbedeutend, dass Holland unter der Reihe der Kohlen und Eisen producirenden Länder in der Regel gar nicht mit aufgeführt wird.

Kohlen finden sich in der Provinz Limburg als Ausläufer des belgischen Beckens, doch ist die Förderung nicht von nennenswerthem Belang. — Dasselbe gilt von den Eisensteinen der Provinzen Geldern und Ober-Yssel.

Dagegen hat in den letzten Jahrzehnten in den Niederlanden in und mit der Bearbeitung eingeführten (englischen, belgischen und deutschen) Roh- und Stabeisens die Production von Eisengussartikeln, von Nägeln, Drahtstiften, Waffen und andern Eisen- und Stahlwaaren Fuss gefasst, und sind namentlich die Eisengiessereien zu einer gewissen Bedeutung gelangt. Amsterdam, Utrecht, Herzogenbusch, Mastricht sind als die Hauptplätze dieser Industrie zu nennen, welche seit einigen Jahren auch exportirend auftritt. Zur Zeit ist indessen Hollands Einfuhr selbst in diesen Artikeln

erheblich grösser als seine Ausfuhr. Wie hoch die einzelnen Posten der Ein-
und Ausfuhr für Kohlen und Eisen sich belaufen, ist aus der amtlichen Handelsstatistik nicht zu ersehen, da die veröffentlichten Ziffern auch die sehr
bedeutende Durchfuhr für den Handelsumsatz zwischen Grossbritannien und
Deutschland mit enthalten.

In Bezug auf Luxemburg verweisen wir auf den Abschnitt „Deutschland". Der grösseren Vollständigkeit wegen mag jedoch speciell hervorgehoben werden, dass Luxemburg producirte:

Eisenerze.

	metr. Tonnen	Werth ℳ
In 1866	498.974	.... 1,322.196
„ 1867	667.026	.... 1,647.723
„ 1868	722.059	.... 1,454.850
„ 1869	924.382	.... 2,439.051
„ 1870	911.695	.... 2,762.913
„ 1871	985.479	.... 2,698.587
„ 1872	1,170.939	.... 3,448.227
„ 1873	1,331.743	.... 3,856.788
„ 1874	1,442.666	.... 3,937.620
„ 1875	1,052.405	.... 2,929.868
„ 1876	1,196.000	.... 2,667.000

Roheisen (in 1875: 21 Hohöfen in Betrieb, 8 ausser Betrieb).

	metr. Tonnen	Werth ℳ
In 1866	46.460	.... 2,787.657
„ 1867	79.306	.... 4,144.788
„ 1868	105.408	.... 4,811.691
„ 1869	124.039	.... 6,734.598
„ 1870	129.440	.... 7,198.824
„ 1871	142.852	.... 8,025.300
„ 1872	180.549	.... 10,641.210
„ 1873	257.411	.... 23,836.089
„ 1874	246.054	.... 16,250.036
„ 1875	270.337	.... 17,923.590
„ 1876	231.658	

Für das kleine Land ist diese Production sehr bedeutend. Mit seiner
Erzeugung von ca. 1.35 metr. Tonnen pro Kopf übertrifft Luxemburg selbst
Grossbritannien um circa das Sechsfache und steht mit seiner Roheisenver-
hüttung unter allen Ländern der Erde obenan, wobei jedoch die sehr geringe
Ausdehnung des Territoriums nicht ausser Betracht zu lassen ist.

Das Luxemburger Roheisen wird nur zum geringsten Theile im Lande
weiterverarbeitet; in der Hauptsache geht dasselbe nach den deutschen Provinzen (siehe Abschnitt „Deutschland") und nach Belgien. Die Weiterverarbeitung erstreckt sich in Luxemburg selbst auf nur geringe Posten von
groben Eisengussartikeln und Eisenschienen und belief sich in
1875 auf 5.091 metr. Tonnen im Werthe von 1.056.185 ℳ.

———————

Dänemark.

(33.237 Quadrat-Kilometer. — 1,903,000 Einwohner.)

Eines der an mineralischer Kohle ärmsten Länder ist Dänemark.

Steinkohle kommt nur auf der Insel Bornholm vor, wo von einer
Actiengesellschaft auf zwei Gruben eine qualitativ geringe Kohle producirt

wird, welche indessen ausschliesslich auf der Insel, zumeist für die eigenen Werke und Ziegeleien der erwähnten Gesellschaft Verwendung findet. Die Ausbeute ist eine nur geringe; sie betrug früher 6.000 bis 7.500 metr. Tonnen, wovon 3.000 metr. Tonnen dem eigenen Bedarfe dienten, in letzterer Zeit ist dieselbe aber noch gesunken.

Braunkohle findet sich wohl an mehreren Stellen, in Jütland sowohl wie auf den Inseln; die Production ist indessen eine sehr unbedeutende und bestreitet nur den Bedarf der nächsten Umgebung.

Mithin ist Dänemark auf die Einfuhr angewiesen, deren Umfang aus der nachstehenden Tabelle ersichtlich ist.

Jahr	Einfuhr		Aus- (Durch-) fuhr	
	metr. Tonnen	Werth in ℳ	metr. Tonnen	Werth in ℳ
1866	355.815	.	40.567	.
1867	346.730	.	43.524	.
1868	411.204	.	35.348	.
1869	357.820	.	43.155	.
1870	433.060	.	49.852	.
1871	449.778	.	49.635	.
1872	430.520	.	45.355	.
1873	435.227	16,513.249	53.484	2,038.649
1874	470.040	13.283.988	57.158	1,622.232
1875	552.456	15,610.166	56.602	1,606.569
1876	583.075	14,646.256	49.644	1,252.524

Eigene Production von Eisen weist Dänemark überhaupt nicht auf. Ueber Einfuhr und Ausfuhr (Wiederausfuhr, Durchfuhr) von Eisen- und Stahlwaaren, Eisen und Stahl zum Verarbeiten, sowie von Roh- und Alteisen gibt die folgende Tabelle Aufschluss:

Jahr	Einfuhr							
	Gesammteinfuhr von Eisen- und Stahlwaaren, Eisen und Stahl zum Verarbeiten	Darunter						Ausserdem Roh- und Alteisen
		Stahl		Walzwerks-Erzeugnisse		Eisen-Schienen		
	metr. Tonnen	metr. Tonnen	Werth in *M.*	metr. Tonnen	Werth in *M.*	metr. Tonnen	Werth in *M.*	metr. Tonnen
1866	22.405	502	.	.	.	874	.	10.016
1867	34.050	685	.	17.487	.	9.853	.	9.982
1868	28.598	744	.	18.731	.	3.479	.	9.815
1869	29.836	645	.	14.931	.	8.212	.	9.708
1870	30.613	658	.	16.657	.	5.682	.	10.701
1871	30.802	1.020	.	19.482	.	3.127	.	10.572
1872	35.813	805	.	19.392	.	7.781	.	9.830
1873	48.469	928	424.715	19.076	7,418.924	16.790	4,223.943	11.610
1874	51.827	1.091	396.529	23.956	7,562.004	11.967	2,988.989	14.110
1875	51.203	1.207	383.693	24.927	7,109.577	10.345	1,445.533	17.599
1876	48.720	1.323	450.539	26.176	7,305.586	7.065	802.147	19.032

Zum Schlusse mögen hier noch einige Daten über die Verkehrsmittel Platz finden. An Eisenbahnen hatte Dänemark:

Jahr	Kilometer	Jahr	Kilometer	Jahr	Kilometer
1860	79	1869	669	1874	1.037
1866	474	1870	763	1875	1.250
1867	474	1871	869	1876	1.250
1868	588	1873	869	1877	1.466

Schiffbare Flüsse, Canäle oder Seen besitzt Dänemark nicht. Die Handelsmarine bestand Ende 1876 aus:

180 Dampfschiffen mit 43.720 Tonnen Tragfähigkeit
3.083 Segelschiffen „ 216.460 „ „

mithin aus 3.263 Schiffen überhaupt, von denen 3.144 zu dem eigentlichen Königreiche Dänemark, 119 zu den Rhedereien auf Island, den Faröern und in Westindien gehörten. —

Island. An einheimischen Brennstoffen gibt es Torf und Braunkohlen. Der Torf wird in einem einzigen Moor bei Reykjavik gestochen. Braunkohlen kommen blos im äussersten Nordwesten der Insel vor, wo sie überdies qualitativ und quantitativ so ungenügend sind, dass sie nur von den nächsten Ansiedlern benützt werden können. Ein Bergbau existirt nicht An Eisen wurden jährlich eingeführt: 8.000 metr. Tonnen, an Steinkohlen 7.000. metr. Tonnen.

Ausfuhr							
Gesammtausfuhr von Eisen- und Stahlwaaren, Eisen und Stahl zum Verarbeiten	Darunter						Ausserdem Roh- und Alteisen
	Stahl		Walzwerks-Erzeugnisse		Eisen-Schienen		
metr. Tonnen	metr. Tonnen	Werth in *M.*	metr. Tonnen	Werth in *M.*	metr. Tonnen	Werth in *M.*	metr. Tonnen
2.313	72	.	.	.	294	.	625
2.650	125	.	1.010	.	902	.	2.382
2.540	129	.	982	.	219	.	3.429
2.055	91	.	900	.	332	.	2.079
2.027	82	.	1.076	.	40	.	2.518
3.220	283	.	1.967	.	30	.	3.816
5.530	124	.	2.495	.	65	.	6.560
4.393	115	52.768	2.544	979.018	490	123.289	3.102
4.772	171	62.162	2.427	809.422	173	43.185	4.358
6.115	283	102.954	2.367	710.306	1.833	256.104	2.443
5.262	190	71.141	2.740	783.011	361	40.914	4.626

Norwegen.

(316.694 Quadrat-Kilometer. — 1,802.882 Einwohner.)

Kohlenproduction findet in diesem Lande nicht statt. Die Bohrungen auf Steinkohle, wie beispielsweise auf den Jadaren zwischen Stavanger und Egersund, haben durchwegs ungünstige Resultate ergeben und wurden deshalb bald wieder eingestellt. Im Jahre 1876 fand man einige Steinkohlenlager auf der kleinen Insel Andö an der Westküste. Dieselben sollen zwar von nur mässiger Mächtigkeit sein, aber eine ganz gute und leicht abzubauende Kohle enthalten, so dass dieser neue Fund vielleicht nicht ganz ohne Bedeutung bleibt. Norwegen ist auf den Bezug ausländischer Kohle angewiesen. Die Einfuhr, zumeist aus englischer Steinkohle bestehend, repräsentirte folgende Ziffern:

im Jahre 1864	....	161.100 metr.	Tonnen
„ „ 1874	....	275.000	„ „
„ „ 1875	....	347.130	„ „

Die Einfuhr steigt demnach zusehends.

Dagegen gewinnt man in Norwegen ein ganz vorzügliches Eisen. Allein die Production beläuft sich jährlich nur etwa auf

6.250 metr. Tonnen	....	Roheisen,
1.750 „ „	....	Gusswaaren und
4.000 „ „	....	Stabeisen.

Zur Eisenfabrication wird ausschliesslich Holz und Holzkohle verwendet.

Bei den immer mehr steigenden Preisen des Holzes ist es für die norwegischen Hütten nur sehr schwer, die Concurrenz mit der billigeren Production der ausländischen Eisenwerke auszuhalten. Es hat daher gegenwärtig ein grosser Theil der früher sehr zahlreichen Eisenwerke seine Thätigkeit eingestellt, und die meisten Gruben werden nur' ausgebeutet, um die geförderten Erze direct auszuführen. Daher kommt es denn, dass nicht nur Roheisen, sondern auch die diversen Fabricate aus Eisen in beträchtlichen Mengen importirt werden. —

Eisenbahnen Ende 1877: 802 Kilometer.

Türkei.

(532.728 Quadrat-Kilometer. — 15,140.000 Einwohner.)

Es lässt sich nicht leugnen, dass der Bergbau in der Türkei berufen wäre, eine grosse Rolle zu spielen und eine der ergiebigsten Quellen des Wohlstandes zu werden, wenn der wirthschaftliche Aufbau jener Gebiete ernstlich in Angriff genommen werden sollte. Denn die Mineralschätze des Bodens sind in der That bedeutend, und unter ihnen ragen namentlich die Kohlen-, Eisen- und Kupferlager durch ihre Mächtigkeit, wie nicht minder wegen der Leichtigkeit des Abbaues hervor.

Was zunächst die Kohle anbelangt, so existirt bis jetzt im ganzen türkischen Reiche nur ein einziges aufgeschlossenes Kohlenlager, nämlich jenes von Eregli an der asiatischen Küste des Schwarzen Meeres, zwischen dem Bosporus und Ineboli, dessen seit 20 Jahren von dem Staate betriebene Ausbeutung den gehegten Erwartungen aber nicht entsprochen hat. Im Uebrigen ist von einem Kohlenbergbau in der Türkei derzeit nicht die Rede.

Um so grössere Anerkennung verdient das Streben einer deutschen Gesellschaft, welche dem noch ganz jungfräulichen Boden der Türkei in montanistischer Richtung ihre Thätigkeit und ihre Capitalskraft zuwendet. Diese Gesellschaft hat sich zur Aufgabe gemacht, die Kohlenlager der Insel Imbros mit Hilfe von steiermärkischen Arbeitern auszubeuten. Da die Insel unweit des Curses aller von und nach dem Marmara-Meere und dem Schwarzen Meere gehenden Schiffe liegt, so gewinnt die Kohle möglicherweise eine grössere Bedeutung, wenn auch ihre Brennkraft der der englischen Kohle nicht gleichkommt. Dafür kommt sie auch nur auf etwa 16 ℳ. pro metr. Tonne zu stehen, während die englische Kohle, welche bis jetzt die zahlreichen Dampfschiffe im Bosporus, die Arsenale und sonstigen Regierungs-Etablissements allein versorgte, in Constantinopel zwischen 40 und 45 ℳ. im Preise schwankt.

Die Einfuhr englischer Coke in der Türkei belief sich

im Jahre 1875 auf 247.361 metr. Tonnen im Werthe von 3,644.602 ℳ.
„   „   1876 „   295.102   „   „   „   „   „   3,316.473 „
„   „   1877 „   217.643   „   „   „   „   „   2,321.141 „

In Macedonien wurden schon an vielen Stellen Kohlenlager nachgewiesen. In den im Sommer trocken liegenden Flussbetten der in den Vadar einmündenden Seitenthäler treten Braunkohlenflöze in einer Mächtigkeit bis zu einem halben Meter offen zu Tage, beispielsweise in der Umgebung von Köprülu und Üsküb. Nach den Aeusserungen der Einwohner des Landes ist auf grössere und zahlreichere Vorkommen zu schliessen. Auf der Bahn von Saloniki nach Mitrovitza wurden mit dieser Braunkohle, gemischt mit englischer Kohle, unter günstigen Erfolgen Versuche zur Beheizung der Locomotiven angestellt. An eine Gewinnung der Kohle konnte aber noch nicht gedacht werden, weil die Regierung den Abbau nicht im Geringsten unterstützte und auch die mohamedanischen Einwohner der Ausbeutung der mineralischen Schätze des Landes feindselig entgegentraten.

In Bosnien sind reiche und mächtige Braunkohlenflöze, welche indessen bei dem vorhandenen Reichthum an Holz bisher ganz unbeachtet gelassen wurden. Ebenso hat Serbien im Kreise Tschuprija bei dem Dorfe Senje ein grossartiges Steinkohlenlager, welches für die zukünftige Bahn Belgrad-Alexinatz-Nisch von der grösten Wichtigkeit ist.

Im Balkan-Gebirge findet sich gleichfalls Kohle; erst neuerdings, während des russisch-türkischen Krieges, wurden daselbst wieder Kohlenflöze aufgedeckt.

Einen grossen Reichthum an Kohle hat die asiatische Türkei, welche unter „Asien“ zur Behandlung gelangt. —

An Eisenlagerstätten ist Bosnien besonders reich. Die noch erhaltenen, wenn auch theils gar nicht mehr, theils ganz ungenügend betriebenen Minen haben eine Geschichte von Jahrhunderten; allein der Abbau, die Oefen, der ganze Hüttenbetrieb haben auch seit Jahrhunderten keine Fortschritte gemacht. Man kann nur staunen, dass aus der Production noch ein Gewinn gezogen wird. Die Eisenerze haben nahezu 60 % Eisengehalt, man gewinnt aber in Folge der primitiven Methoden nur 10 bis 12 %. An Roheisen werden jährlich etwa 5 bis 6.000 metr. Tonnen erzeugt. Abgesehen von allen politischen und socialen Verhältnissen ist es ein Umstand, welcher den kargen Bergbau in Bosnien zum allmäligen Stillstand bringen wird, nämlich der Mangel an geeignetem Brennmaterial für den Hüttenbetrieb. Die Verwüstung der Wälder geht von jeher in der unvernünftigsten Weise und, ohne für Nachwuchs zu sorgen, vor sich. Die Bergleute verbrauchen bei dem gänzlich primitiven Betriebe stets die zunächst gelegenen Holzvorräthe rings um den Productionsort, so dass sie die Holzkohlen aus immer grösser werdenden Entfernungen herbeischaffen mussten. Bei dem völligen Mangel an Communicationsmitteln ist einem derartigen Betriebe umsomehr eine natürliche

Grenze gesteckt, als dabei die Kosten des Feuerungsmaterials sehr bald in übertriebener Weise die Productionskosten erhöhen und damit die Unmöglichkeit der Marktconcurrenz nach sich ziehen müssen.*) Das bedeutendste Hüttenwerk liegt bei Starimaidan und hat 125 sogenannte Wolfsöfen, welche das Flammeisen liefern, aus welchem der Bedarf an Waffen und Werkzeugen gedeckt wird.

Auch in anderen Gebieten der Türkei wird noch etwas Roheisen und Schmiedeeisen erzeugt; so namentlich in Samakow, Raoutcha, Pilanka und anderen Orten des Balkans. Wie in Bosnien und Serbien ist die Fabrication daselbst jedoch höchst primitiv. In Samakow beträgt dieselbe jährlich etwa 12.000, in Raoutcha 5.000 metr. Tonnen.

Im Allgemeinen steht die Eisenindustrie in der Türkei auf der denkbar niedersten Stufe der Entwicklung. Fast der ganze Eisenbedarf des Landes wird aus England, Frankreich und Deutschland bezogen und diese Einfuhr durch den mässigen Eingangszoll von 8 % wesentlich begünstigt. —

In Rumänien wird gegenwärtig weder Kohle noch Eisen gewonnen. Eigentliche Steinkohle findet sich hier gar nicht; dagegen wurden Braun- oder Glanzkohlen an zahlreichen Orten am Fusse der Karpathen entdeckt. Die Kohle tritt hier überall zu Tage, und die schönen Proben, welche auf der Wiener Weltausstellung 1873 zu sehen waren, sind im wahren Sinne des Wortes zusammengeklaubt, ohne dass man sich bisher um den Werth derselben bekümmert hätte. Viel verspricht man sich von dem Vorkommen bei Bachna nördlich von Orsova, wo 8 Flöze von einer durchschnittlichen Mächtigkeit von 0.85 Meter festgestellt wurden. Die Kohle enthält 70.85 % Kohlenstoff; die mit ihr vorgenommenen Proben zur Locomotivfeuerung entsprechen allen Anforderungen. Im Februar 1878 ging Herr Dr. Nicolaidi daran, auf seiner Besitzung zu Marcascu bei Buzcu eine grössere Quantität Kohle (4.000 Tonnen) zu Tage zu fördern, welche er der Bahn Bukarest-Giurgewo zum Preise von 30 Frcs. (24 $\mathscr{M}$.) pro metr. Tonne offerirte. Die genannte Linie verbraucht gegenwärtig Briquets der Donau-Dampfschiffahrts-Gesellschaft, und es ist alle Wahrscheinlichkeit vorhanden, dass bei etwas billigerem Preise die neue Kohle sich auf allen Bahnlinien Rumäniens einführen wird.

Von geringerer Qualität, aber in reichen Mengen vorhanden, ist auch die Kohle des Neogenbeckens nördlich von Ploesti. —

An Eisenbahnen besass

	die Türkei	Rumänien	
im Jahre 1860	66 ....,...	— Kilometer	
„ „ 1870	286	245	„
„ „ 1871	333	865	„
„ „ 1872	805	939	„
„ „ 1873	1.311	939	„
„ „ 1875	1.537	1.233	„
„ „ 1877	1.537	1.233	„

---

*) Pressel, Die Situation der Türkei. (Manuscript.)

Griechenland.

(50.123 Quadrat-Kilometer. — 1,457.894 Einwohner.)

Schon aus dem Alterthume ist bekannt, dass es in Griechenland an Eisen, Blei und Kupfer nicht fehlt. Bis in die neueste Zeit hatte aber der Bergbau nur eine geringe Ausdehnung. Kohlen und Eisenerze treten mannigfaltig auf.

Braunkohle findet sich in Euböa in einer Beschaffenheit, welche sie zu metallurgischen Zwecken geeignet macht, ferner an der Ostseite von Attika, bei Korinth und an der Westküste des Peloponnes. Früher wurde dieselbe, allerdings in unbedeutenden Mengen nur auf Euböa und in Attika gewonnen, neuerdings aber auch auf der Insel Antiparos. In Attika werden Braunkohlengruben bei dem Dörfchen Markopulo von einer hellenischen Gesellschaft ausgebeutet. Das Material gilt für besser, als das von Kumi auf Euböa und wird in allen Fabriken des Piräeus und auf Syra, sowie auch auf den Dampfschiffen der hellenischen Compagnie gebrannt. An Ort und Stelle kostet die Tonne 22 Frcs. (17.6 $\mathcal{M}$.), im Piräeus 28 Frcs. (20.4 $\mathcal{M}$.), Newcastle-Kohlen dagegen 75 Frcs. (60 $\mathcal{M}$.), so dass sich die Braunkohlen noch empfiehlt, auch wenn sie nur die halbe Heizkraft wie englische Kohlen haben sollte.

Steinkohlenlager besitzen auch die Ionischen Inseln.

Im Jahre 1875 wurden von England nach Griechenland exportirt:

     64.705 metr. Tonnen Kohle im Werthe von   1,021.939 $\mathcal{M}$

     18.367   „   „   Coke   „   „   „ 342.300. „

Eisenerze finden sich namentlich auf Seriphos in so grosser Menge, dass man diese kleine Insel füglich das Elba Griechenlands nennen könnte. Die Alten haben sehr stark auf diese Erze (Braun- und Rotheisenstein, Glanzeisenerz) gebaut, aber an die Magneteisenstein-Lager haben sie sich mit ihren beschränkten Hilfsmitteln nicht herangewagt. Wie viel sie indess auch gewonnen haben, dem vorhandenen grossen Reichthum konnte es wenig Abbruch thun, und so bieten diese Lagerstätten noch ein höchst werthvolles Object. Die in England mit diesen Erzen angestellten Versuche haben deren vorzügliche Eignung zur Bessemerstahlfabrication dargethan. Eine griechische Gesellschaft hat im Jahre 1870 begonnen, diese Erze mit Braunkohle von Euböa zu verschmelzen.

Braun- und Roheisenerz-Lager kommen ausserdem auf Andros, an mehreren Orten der Maina, in der Nähe vom Cap Matapan, auf Thamia, Zea und Euböa, Raseneisenstein bei Korinth vor. In der Landschaft Böotien wurde das Eisen schon sehr frühzeitig gewonnen und verarbeitet.

Im Jahre 1874 bestanden 7 Eisenfabriken und 1 Nadelfabrik.

Griechenland besitzt eine einzige 12 Kilometer lange Eisenbahn, welche Athen mit dem Hafen Piräeus verbindet.

AMERIKA.

Vereinigte Staaten von Nord-Amerika.

(9,333.680 Quadrat-Kilometer. — 38,925.598 Einwohner.)

Die Vereinigten Staaten von Nord-Amerika, welche wir bisher vornehmhli als eine ergiebige Quelle auf dem Gebiete der technischen Erfindungen zu schätzen gewohnt waren, sind uns nunmehr in Folge der Centennial-Ausstellung zu Philadelphia auch auf dem montanistischen Felde nahe gerückt und die Erfolge der dortigen Bestrebungen im Bergbau und Hüttenwesen so klar gelegt worden, dass es nicht zweckentsprechend wäre, uns hier auf weitläufige Darlegungen aus der ungemein reichhaltigen Literatur der jüngsten Zeit einzulassen, welche die Vereinigten Staaten in Bezug auf die Montanindustrie vorgeführt hat. Auf diese nach Fassung und Inhalt gleich vortreffliche Literatur verweisend*), begnügen wir uns, hier nur einige Hauptpunkte behufs characteristischer Kennzeichnung des Kohlenbergbaues und der Eisenindustrie hervorzuheben, wobei wir besonders auf das Kohlengeschäft, als einen sicheren Gradmesser für das nationale Wohlergehen, hinweisen.

---

*) Als Autoritätsquellen für unsere statistischen Mittheilungen citiren und empfehlen wir hier:

The American Iron Trade in 1876. Politically, historically and statistically considered. By James M. Swank, Secretary of the American Iron and Steel Association. Annual report to January 1, 1876. Philadelphia.

The Ironworks of the United States. A Directory of the furnaces, rolling mills, steel works, forges and bloomaries in every state. Prepared by the American Iron and Steel Association. No. 265 South Fourth Street, Philadelphia. Centennial Edition. 1876.

Statistics of the American and Foreign Iron Trades. Annual report of the Secretary of the American Iron and Steel Association, containing statistics of the American iron trade to January 1, 1877, and a review of the present condition of the iron industry in foreign countries. Presented to the members, June 15, 1877. Philadelphia.

Report on the Progress of the Iron and Steel Industries in Foreign Countries, by M. Julien Deby, C. E., Brussels, in: The Journal of the Iron and Steel Institute. London 1877.

Ferner die Publicationen der Herren Chr. Mosler, F. Althaus, Dr. H. Wedding über ihre amtlichen Commissionsreisen zur Centennial-Ausstellung; und

Die Industrie Amerika's (Vereinigte Staaten von Nord-Amerika), ihre Geschichte, Entwicklung und Lage etc. etc. von Dr. Hermann Grothe. Berlin, Burmester & Stemell, 1877.

Bericht über die Weltausstellung in Philadelphia 1876. Herausgegeben von der Oesterreichischen Commission etc. IV. Heft: Das Hüttenwesen mit besonderer Berücksichtigung des Eisenhüttenwesens in den Vereinigten Staaten Amerika's. Von Franz Kupelwieser. Wien, 1877.

Die Wasserstrassen in den Vereinigten Staaten von Amerika in ihrer commerciellen und industriellen Bedeutung. Im Auftrage Sr. Exc. des Herrn Ministers für Handel etc. verfasst von Chr. Mosler. Berlin, 1877.

Höfer, Die Kohlen- und Eisenerz-Lagerstätten Nord-Amerika's, ihr Vorkommen und ihre wirthschaftliche Bedeutung, Wien, 1878.

Kohle.

Ueber Lage, Ausdehnung und natürliche Beschaffenheit der Kohlenfundgebiete Nord-Amerika's sind in der unten folgenden statistischen Uebersicht (Tabelle I, Seite 195) die nöthigen Notizen gegeben worden.

Eine Eigenthümlichkeit in der horizontalen Vertheilung der verschiedenen Kohlensorten ist gewiss die, dass beiläufig der hundertste Grad westlicher Länge von Paris eine Scheidelinie zieht, so dass die Osthälfte Nord-Amerika's nur Steinkohlen, die Westhälfte nur Tertiär- und Kreidekohlen führt.

Der Flächeninhalt, welcher von den Kohlenfeldern der Vereinigten Staaten belegt wird, ist nicht ganz genau zu bestimmen, indem einerseits die genaue Begrenzung der productiven Steinkohlenformation bisher nicht überall durchgeführt ist, andererseits es dort, wo jüngere Schichten die flözführende Gruppe überdecken, unmöglich ist, anzugeben, wie weit sich letztere abbauwürdig erstreckt. Es liegen mehrfache Angaben über die Flächenausdehnung der Steinkohlenfelder vor; die meisten geben die Summe der von der gesammten Formation bedeckten Area an, sind deshalb grösser als die nachfolgenden, bei welchen nur jene Flächen in Rechnung gebracht wurden, welche mit aller Wahrscheinlichkeit flözführend sind:

1. Das Anthracit-Gebiet von Neu-England …	1.295	Quadrat-Kilometer
2. die Anthracite Pennsylvaniens …	1.217	„
3. das appalachische Kohlenfeld …	152.804	„
4. das Bassin von Michigan …	17.352	„
5. das centrale Gebiet …	121.725	„
6. das Missouri-Feld …	202.012	„
zusammen	496.405	Quadrat-Kilometer

Es steht hiernach der Industrie ein solch enormer Reichthum an vorzüglichen Kohlen aller Art zur Verfügung, dass deren Entwicklung, unterstützt von allen jenen Factoren, die bisher zum raschen Aufschwunge beitrugen, eine ganz ausserordentlich grossartige sein wird. Zu jenen wichtigen Factoren gehören vor allem der amerikanische Unternehmungsgeist, die geringere Besteuerung und die leichte und billige Communication.

Die Qualität und Verwendbarkeit des Productes hängen ab von der Art des Vorkommens der Kohle als Anthracit und bituminöse Steinkohle und als Braunkohle wie in anderen Ländern. Unter den drei Kohlensorten bilden die vercokbaren Kohlen Pennsylvaniens die wichtigste Grundlage des sich entwickelnden Eisenhüttenwesens, obwohl der Anthracit voraussichtlich noch auf lange Zeit hinaus eine ziemlich gleichberechtigte Stelle einnehmen wird. Die Coke sind an sich ein günstigeres Brennmaterial für den Hohofen als der Anthracit. Welche Rolle die Blockkohlen und die vercokbaren Kohlen der Südstaaten und des Illinois-Beckens, namentlich die des letzteren an den Ufern des Mississippi, in Zukunft spielen werden, ist jetzt noch nicht abzusehen. Die grosse Verschiedenheit der Cokekohlen macht eine sorgfältige Auswahl für den Hohofenbetrieb nothwendig. Im Durchschnitt beträgt der Aschengehalt dieser Kohlen nur 4.7 $^o/_o$, doch bei vielen steigt er auf 5.3 bis 5.5 und bei einigen sogar auf mehr als 19 $^o/_o$. Die Bestandtheile der Asche sind, mit den Nebenbestandtheilen der Erze verglichen, günstig. Das Cokeausbringen ist sehr verschieden, doch nie unter 50 $^o/_o$ und selten über 70 $^o/_o$. Der Kohlenstoff beträgt beim Anthracit im grossen Durchschnitt 89 bis 92 $^o/_o$. Was diese Kohlensorte vor der bituminösen Steinkohle aber vorzüglich auszeichnet, ist ihre Härte und grosse Cohäsion, welche zur Folge haben, dass sie weder beim Transport leidet, noch durch Liegen an der Luft zerfällt. Zum Hohofenbetrieb eignet sich der amerikanische Anthracit besser als der englische, weil er nicht so wie dieser im Feuer zerspringt. Der Kohlenstoffgehalt der bituminösen Kohlen variirt in den verschiedenen Lagerstätten bedeutend; von 40 bis 78 $^o/_o$ finden sich alle Abstufungen, während der Aschengehalt bis 17 $^o/_o$ steigt, aber auch bis 2 $^o/_o$ und noch tiefer sinkt. Abgesehen von dem grossen Reichthum an Anthracit ist Nord-Amerika in seinen Kohlensorten nicht besser gestellt als alle übrigen Hauptkohlenländer, auch in Bezug auf seine Braunkohlen (Lignite) und Kohlen der Trias- oder Juraformation nicht. Letztere beiden Sorten sind übrigens für die Eisenindustrie ohne alle Bedeutung.

Ueber Zahl und Anlage der Productionsstätten bieten unsere sonst so vorzüglichen Quellen nur Spärliches, namentlich fehlt eine genaue Bezifferung der Gruben und Arbeiter.

Die Productionskosten sind sehr niedrig, weil der Bergbau noch in sehr mässigen Teufen umgeht und in umfassendster Weise mit Maschinenkraft arbeitet. Eigentliche Productionskosten erreichten noch vor einigen Jahren pro gross ton (1016 Kilogramm) kaum $\frac{1}{2}$, selten 1 Dollar ($\mathscr{S}$.) [2.07 bis 4.13 $\mathscr{M}$.]. In neuester Zeit haben dieselben sich jedoch erhöht durch die allgemeine Preis- und Lohnsteigerung, sowie durch die Unbotmässigkeit und Leistungslässigkeit der Arbeiter, deren ebenso einseitig selbstsüchtige als bis zu Gewaltthätigkeiten und Verbrechen ausschreitende Coalitionen, sowie die häufigen Unglücksfälle und Betriebsstörungen, auf den Kostenpunkt des Kohlenbergbaues sehr nachtheilig eingewirkt haben. Im grossen Durchschnitt erreichen die Productionskosten jetzt nahezu 2 $\mathscr{S}$ (8.28 $\mathscr{M}$.) pro gross ton.

Trotzdem liessen die Productionskosten bei dem hohen Preisstande der Kohlen aller Sorten einen verhältnissmässig hohen Gewinn, wenn derselbe nicht sehr herabgedrückt würde durch die hohen Transportkosten, durch die coalitionsmässig geleitete Concurrenz der Kohlenproducenten und durch die grossen Schwankungen der Nachfrage. So sank Anthracit von 7 $\mathscr{S}$ (28.91 $\mathscr{M}$.) pro gross ton im Jahre 1820 bis auf 3.40 $\mathscr{S}$ (14.04 $\mathscr{M}$.) im Jahre 1860, stieg bis 1865 auf 7.86 $\mathscr{S}$ (32.46 $\mathscr{M}$.), um bis 1872 auf 3.74 $\mathscr{S}$ (15.35 $\mathscr{M}$.) zu sinken. Dies ist nun freilich der niedrigste Stand in den letzten Jahren, aber die Preise sind auch nur nominell, und man kämpft in Nord-Amerika ebenso merkbar wie in anderen Ländern mit dem Preisdrucke, den Ueberproduction gegenüber derzeitiger Minderconsumtion stets mit sich bringt.

Die Entwicklung der Production, wie sie in dem unten folgenden Tableau der einzelnen Staaten und in der chronologisch-statistischen Uebersicht näher dargestellt ist, datirt in ihren ersten Anfängen nicht aus den Anthracitfeldern, wie gewöhnlich angenommen wird, sondern es hat die Kohlenförderung schon früher an verschiedenen Punkten begonnen, allerdings nur im Umfange örtlichen Bedarfs und ohne förmliche Bergbau-Anlagen. Bezüglich der Anthracit-Förderung bietet die Uebersicht die vorliegenden statistischen Daten. Von der Förderung der bituminösen Steinkohlen und der Lignite liegen bis auf die neueste Zeit genaue Angaben nicht vor, indem alle Bezifferung derselben nur auf Schätzung beruht. Sichergestellt ist jedoch, dass beispielsweise im verflossenen Jahre die Production so stark war, dass der Markt bald überfüllt wurde und nur mehrfache Arbeitseinstellungen, welche die theilweise Auswanderung von Bergleuten zur Folge hatten, das Gleichgewicht zwischen Angebot und Nachfrage wieder herstellten. (Vgl. Seite 195, I. T.)

Ausser Coke werden auch Briquets in Nord-Amerika fabricirt, namentlich durch die Anthracit-Fuel-Compagnie zu Rondout, New-York, und zwar aus Anthracitstaub, der am Orte der Fabrik nur auf 1.50 $\mathscr{S}$ (6.20 $\mathscr{M}$.) pro gross ton zu stehen kommt, und 8 bis 10 % Theer, wovon 1 ton 10 $\mathscr{S}$ (41.30 $\mathscr{M}$.) kostet. Verkauft wird dieses Fabricat zu 4.50 bis 5 $\mathscr{S}$ (18.59 bis 20.65 $\mathscr{M}$.) pro ton, und soll dasselbe einen um 20 % höheren Brennwerth als die besten bituminösen Kohlen Nord-Amerika's (Cumberland-Coal) haben.

Gruppirt man die Productionsziffern der letzten Jahre nach den einzelnen grösseren Kohlengebieten der Unionsstaaten, so erhält man folgendes Bild*): (Vergl. Seite 195, II. Tabelle.)

---

*) Höfer, Die Kohlen- und Eisenerz-Lagerstätten Nord-Amerika's, Wien, 1878.

I.

Nord-Amerika's Vereinigte Staaten und Gebiete	Flächenraum im Ganzen	Production 1875		Verkehrsstrassen	
		Steinkohle * Braunkohle	Anthracit	Eisenbahnen	Canäle und slak waters
	Qu.-Kilm.	metr. Tonnen		Kilometer	
1 Maine	90.646	60.960	.	1.588	81.27
2 New Hampshire ..	24.034	.	.	1.516	17.91
3 Vermont	26.448	.	.	1.304	1.71
4 Massachusetts	20.201	.	.	2.940	10.70
5 Rhode Island	3.382	.	11.176	293	.
6 Connecticut	12.302	.	.	1.488	8.85
7 New York	121.725	.	.	8.893	1.331.72
8 New Jersey	21.548	.	.	2.565	267.91
9 Pennsylvania	119.135	10.668.000	20,973.805	9.518	1.921.20
10 Delaware	5.491	.	.	459	20.33
11 Maryland	28.810	2,380.257	.	1.757	369.34
12 Virginia..........	99.317	* 80.467	.	2.652	} 347.58
13 North Carolina ...	131.318	} 101.600	.	2.206	}
14 Georgia	150.214		.	3.714	45.06
15 Alabama	131.365	.	.	2.771	83.30
16 Texas	710.553	.	.	3.335	.
17 Arkansas	135.187	9.144	.	1.267	.
18 Washington Territ.	181.277	* 90.322	.	177	.
19 West Virginia	59.568	1,117.600	.	927	.
20 Kentucky	97.587	381.000	.	2.356	1.236.76
21 Tennessee	118.099	365.760	.	2.636	1.604.49
22 Ohio	103.503	4,416.199	.	7.538	729.02
23 Indiana	87.562	812.800	.	6.553	164.15
24 Illinois...........	143.506	3,556.000	.	11 277	1.21
25 Michigan	146.202	12.192	.	5.531	.
26 Wisconsin	139.657	.	.	4.144	.
27 Missouri..........	169.250	762.000	.	4.854	.
28 Oregon	246.750	* 29.261	.	404	.
29 Utah	218.784	* 35.560	.	782	.
30 Minnesota	216.337	.	.	3.257	.
31 Wyoming Territory	253.507	* 282.448	.	738	.
32 Nebraska	196.819	1.321	.	1.901	.
33 Jowa	142.560	1,624.000	.	6.336	.
34 Kansas	210.605	279.400	.	3.582	.
35 California.........	489.441	* 168.758	.	2 992	.
36 Colorado	270.644	* 152.400	.	1.526	.
33 Nevada...........	269.673	* 1.016	.	1.149	.
38 Die übrigen Staaten	2,066.614	.	.	6.396	140.93
Vereinigte Staaten ...	7,659.621	26,448.234	20,984.981	123.322	8.383.44
		* 840.232			

II.

Kohlengebiet	1870	1874	1875
	metr. Tonnen		
Anthracit-Gebiet von Pennsylvanien .	14,197.035	22,014.064	20,973.805
Appalachisches Kohlengebiet........	11,733.357	18,999.443	19,101.063
Central-Gebiet	2,282.108	4,153.403	4,657.514
Missouri-Becken	834.373	2,149.520	2,575.865
Die jüngeren Kohlenfelder des Westens	70.887	737.514	759.765

Als das wichtigste Kohlenfeld erscheint hiernach das Anthracit-Gebiet Pennsylvaniens, welchem sowohl räumlich, als in wirthschaftlicher Bedeutung, das appalachische Kohlenfeld zunächst steht. Die Entwicklung dieser beiden Kohlengebiete hatte einen nahezu gleichen Verlauf, weil die Productions- und Absatzverhältnisse vielfach dieselben sind.

Die Becken von Neu-England, Michigan und Virginia sind für den grossen Kohlenmarkt nur von untergeordneter Bedeutung.

Die beiden im Herzen der Vereinsstaaten liegenden grossen Kohlengebiete, das centrale und jenes am Missouri, zeigen dagegen ein rasches Steigen der Productionsziffern, bedingt durch die rasch vorwärts schreitende Entwicklung der betreffenden Staaten, welchen sich die Einwanderung und Speculation in neuerer Zeit mit besonderer Vorliebe · zuwendet. Das Gleiche gilt besonders auch von den Kohlenfeldern des Westens, vornehmlich der Staaten Wyoming, Californien, Colorado und Washington. Alle die zahlreichen Kohlenfelder zwischem dem Missouri und der Küste des Stillen Oceans erhielten durch die sie überschreitenden Pacificbahnen, durch den raschen Aufschwung des Bergbaues auf edle Metalle und den hiermit verbundenen regen geschäftlichen Verkehr grössere Bedeutung und werden einer weiteren Entwicklung entgegengehen.

Auch in Alaska, früher russisch, jetzt Eigenthum der Vereinigten Staaten, wurden an mehreren Punkten Kohlenfunde gemacht.

Die Circulation der Producte der verschiedenen Kohlen-Bassins und, Felder hängt natürlich von den Bedarfsstätten und den dahin führenden Transportwegen ab. Auf den vielen und guten Wasserstrassen ist der Kohlenverkehr ein sehr lebhafter, und auch die Eisenbahnen, welche die Kohlenproductionsstätten mit den Sitzen der Grossindustrie und des Grosshandels, namentlich der Eisenindustrie, verbinden, befördern grosse Kohlenmassen. Bedauerlicher Weise liegen über den Kohlenverkehr im Innern des Landes nur Specialübersichten vor, welche denselben nur theilweise übersehen lassen*). An einer guten Statistik des Binnenverkehrs auf Wasserstrassen und Eisenbahnen fehlt es auch in den Vereinigten Staaten noch. Nur für einzelne Regionen hat man vortreffliche Arbeiten. Im Allgemeinen ist die Transportbewegung von Kohle auf den Wasserstrassen weit geringer als auf den Eisenbahnen, eine Erscheinung, die sich auch in anderen Ländern bemerkbar macht und nicht zu Gunsten künstlicher Wasserstrassen spricht, wo Eisenbahnen mit ihnen concurriren. Eine Besserung in der Kohlenverschiffung hat fast nur der Eriecanal aufzuweisen. Einen sehr beträchtlichen Theil des Kohlenverkehrs zu Wasser besorgen die Dampfschiffe auf den Binnenseen, namentlich als Rückfracht**). So sind auch auf dem Chesapeake- und Ohio-Canal Schraubendampfer mit bestem Erfolge in Verkehr. Trotzdem wird die Kohlenbewegung auf den Eisenbahnen mindestens auf 500 Millionen Centner (zu 50 Kg.) geschätzt, während derselbe auf den Canälen kaum 250 Millionen erreichen kann. Beiderlei Verkehr wird ermöglicht und erleichtert durch ein sehr weit ausgesponnenes Netz von schmalspurigen Eisenbahnen, welche gerade als Zufuhradern weit besser gediehen und gedeihen, als die Hauptstrassen des Verkehrs, deren bedeutende Anlage- und Unterhaltungskosten einen verhältnissmässig nur geringen Gewinn übrig lassen. Die schmalspurigen Bahnen, welche circa 0.9 Meter Spurweite besitzen, hatten schon im Jahre 1874 eine Ausdehnung von 996 engl. Meilen (1.603 Km.), seitdem sind noch hinzu getreten im Bau und projectirt 8714 engl. Meilen (14.024 Km.), sodass Nord-Amerika jetzt

---

*) Zu den trefflichsten Organen, welche den Kohlen- und Eisenhandel Nord-Amerika's controliren und statistisch darstellen, gehört das zu New York erscheinende Fachblatt „The Coal and Iron Record“.

**) Vergl. hierüber: „Die Wasserstrassen in den Verein. Staaten von Amerika etc. von Chr. Mosler“. Berlin, Ernst & Korn. 1877.

	Production				Einfuhr		Ausfuhr	
Jahr	Steinkohle	Anthracit	Stein-kohle	An-thra-cit	Quan-tum	Werth	Quan-tum	Werth
	metr. Tonnen		Durchschnitts-preis p. Tonne $\mathcal{M}$.		metr. Tonnen	$\mathcal{M}$.	metr. Tonnen	$\mathcal{M}$.
1830	1,119.801	212.970	.	24.78	.	.	.	.
1840	2,117.222	1,024.351	.	30.28	.	.	.	.
1850	1,850.781	3,925.179	.	15.03	.	.	.	.
1860	5,239.183	9,964.032	14.33	14.04	435.169	3,466.449	160.687	3,059.434
1866	7,888.231	14,318.322	24.53	23.95	444.174	3,611.098	227.670	4,627.351
1867	11,338.516	14,575.174	20.53	18.05	492.775	6,009.332	375.158	7,624 802
1868	12,647.010	16,063.433	19.78	15.94	397.234	4,869.935	285.750	6,171.950
1869	12,082.915	16,637.689	20.53	21.93	430.349	4,792.303	258.112	6,031.617
1870	17,930.843	18,104.815	19.49	18.13	464.270	4,777.807	271.711	5,851.054
1871	24,389.233	17,657.425	19.49	18.42	479.697	4,910.942	305.489	6,143.140
1872	23,705.841	22,437.428	19.25	15.45	467.256	5,724.411	510.897	10,113 399
1873	28,573.714	23,247.016	20.03	17.64	502.575	8,021.505	708.559	14,445.600
1874	25,652.663	22,014.064	19.12	18.79	505.996	8,262.003	775.616	13,461.545
1875	*)26,448.234	20,984.981	18.25	18.13	448.666	7,428.619	527.655	12,002.457
1876	.	19,304.000	16.23	15.98	414.379	6,640.590	366.855	11,234.199

oder binnen Kurzem ein schmalspuriges Eisenbahnnetz von fast 10.000 engl. Meilen (16.100 Km.) haben wird. Unter diesen Bahnen sind Zechen- und Werksbahnen in grosser Ausdehnung, doch lassen dieselben sich nach vorliegenden Quellen nicht genauer beziffern.

Absatz- und Marktverhältnisse sind in Nord-Amerika weit schwankender als in anderen Ländern. Abgesehen von den Coalitionen der Producenten, wie sie unter dem Namen „Ring" besonders in der Anthracit-Region dem freien Verkehr sehr hemmend entgegen gewirkt haben, abgesehen von den Arbeiter-Strikes und Coalitionen, stehen Angebot und Nachfrage oder besser gesagt, Vorrath und Bedarf in Nord-Amerika, in Folge der weiten Transportstrecken zwischen beiden Consumtionsfactoren und des bald hier, bald dort die Calculationen der Producenten kreuzenden Unternehmungsgeistes, der nirgends unberechenbarer ist als in den Vereinigten Staaten, in weit lockererem Causalnexus als in anderen Ländern. Die ungeheueren Preisschwankungen an den einzelnen Absatzmärkten beweisen diese Thatsache. Es besagt dies auch die Preiscolonne, welche in die obige Tabelle aufgenommen ist. Die grossen Auctionsverkäufe, die dort üblich sind, drücken die Preise selbstverständlich herunter; dagegen erscheint die Errichtung einer Kohlenbörse zweckmässiger.

Zur Steigerung der Verkaufspreise trägt übrigens eine Verschwendung des Kohlenklein (Kohlenstaub, Kohlengruss, Staubkohle, Grusskohle) bei, welche den Vereinigten Staaten ganz eigenthümlich ist. Es ist dies nicht etwa eine Folge nachlässiger Sortirung der Kohlen, — im Gegentheil, Nord-Amerika steht in dieser Beziehung durch Anwendung ausgezeichneter Maschinen anderen Ländern voran, — es ist das Bewusstsein unerschöpflicher Kohlenvorräthe, das den Kohlenstaub oder das Kohlenklein als werthlos auf der

---

*) An Braunkohle 840.232 metr. Tonnen.

Halde liegen und zu wahren oberirdischen Kohlengebirgen sich häufen lässt. Mindestens ein Drittheil der gesammten Kohlenförderung Nord-Amerika's soll so als nutzloser Dünger, namentlich in den Anthracit-Regionen die oberirdischen Kohlenfelder belasten und durch seine Anhäufung schon jetzt einem geordneten Förderungs- und Abfuhrsbetriebe unbequem und hinderlich werden. Ein so bedeutender „Haldenverlust" muss natürlich auch die Verkaufspreise steigern und einen wirthschaftlichen Kohlenbergbau erschweren und merkbaren Theiles illusorisch machen.

Ein- und Ausfuhr. Der Aussenverkehr in Kohlen hält sich in Nord-Amerika noch immer in engen Schranken, wie die statistische Uebersicht (Seite 197) ersehen lässt.

Der sehr grosse eigene Bedarf des Landes lässt einen bedeutenden Aussenverkehr nicht zu, und insofern haben England und die übrigen Staaten, welche bedeutenderen Kohlenaussenhandel treiben, von Nord-Amerika bezüglich der Concurrenz wohl noch auf längere Zeit hin nichts zu besorgen. Die Verbrauchscentren sind durch unsere Zusammenstellungen der einzelnen Staaten nach Kohlenproduction (Seite 195) und Eisenindustrie (Seite 201—203) genügend bezeichnet. Die letztere nimmt mindestens 60 % der gesammten Kohlenförderung in Anspruch, wenn man ihr auch den Bedarf der Eisenwaarenfabriken zuzählt.

Eisen.

Die Vereinigten Staaten vertreten gegenüber der Eisenindustrie Europa's die Eisenindustrie der neuen Welt jenseits des Oceans und sind bei ihrem grossen Reichthum an Kohlen und Erzen selbst zum Export von Eisenproducten aller Art berufen und berechtigt. Von diesem Standpunkte aus kann man die ungeheure Ausdehnung, welche diese Industrie dort in neuester Zeit erreicht hat, nicht als Ueberproduction ansehen, so sehr auch jetzt der Bedarf hinter derselben zurückbleibt.

Anders steht es mit einzelnen Zweigen der Production. Hier werden eigenthümlich qualificirte Materialien verlangt, und wenn, wie z. B. für die Bessemer-Industrie, in Nord-Amerika das erforderliche Erzmaterial nicht in genügender Menge und Güte vorhanden ist, so lässt sich ein natürlicher Beruf für das Land zu einer Production in grossen Massen nicht begründen.

So reich die Vereinigten Staaten an Erzen mit verhältnissmässig hohem Eisengehalt sind, so haben dieselben doch zu häufig auch einen bedeutenden Phosphorgehalt, der sie für Stahlerzeugung untauglich macht. Ebenso fehlt es auch an Erzen mit grösserem Mangangehalt, wogegen die meisten Erze viel Kieselerde enthalten und deshalb bei der Verschmelzung eine grössere Menge von Zuschlagskalk erfordern.

Der stetigen und gleichmässigen Entwicklung der Eisenindustrie ungünstig ist dann ferner die grosse Entfernung der Eisenerze, namentlich der reicheren und reineren, von den grossen Kohlenbecken, eine Thatsache, die trotz der guten und wohlfeilen Transport-Wege und Mittel und selbst bei der Reichhaltigkeit der Erze und bei der Güte der Kohlen die Herstellungskosten aller Eisensorten erhöht und gleichzeitig den Betrieb von allen jenen Zufällen und Unfällen abhängig macht, welche weite Transporte auf Land- und Wasserwegen unvermeidlich begleiten. Dieser Umstand nöthigt den Nord-Amerikaner, ohne alle Rücksicht auf den Zukunftsbedarf und die Ansprüche der Nachwelt stets das Beste für sich zu erwerben und zu verwenden und das Minderwerthe als nutzlos bei Seite zu werfen. Dies gilt namentlich von Kohlen und Eisenerzen, deren minderwerthe Sorten sich auf den Halden zu Bergen häufen, die bezüglich des freien und schnellen Verkehrs bereits Verlegenheiten zu bereiten beginnen.

Eisenerze finden sich fast in allen Staaten Nord-Amerika's, doch sind sie sehr verschiedener Qualität. Die Grundlage der Eisenindustrie, namentlich in ihrem neuesten und bedeutendsten Zweige, in der Bessemerei, bilden die Erze des Staates Michigan, des Erzreviers des Lake Superior. Die Förderung dieser Erze betrug 1856 erst 7.225 metr. Tonnen, 1866 dagegen schon 302.323, 1870 870.174, 1873 1,186.057 metr. Tonnen. Seitdem ist sie in Folge des Rückschrittes der Eisenproduction um 20 % gesunken und betrug 1876 992.869 metr. Tonnen. Nur ein geringer Theil dieser Erze wird in der Nähe des Gewinnungsortes mittels Holzkohlen oder Coke verschmolzen, im Uebrigen kommen sie zum Export nach den Hauptsitzen der Eisenindustrie. Die Lagerstätten erstrecken sich bis in den Staat Wisconsin. Der Sorte nach werden diese Erze unterschieden: Red specular ores, harte, feste Hämatite, die reichsten unter ihnen; black magnetic und slate ores, Magneteisensteine; soff haematites, weiche oder milde Rotheisensteine; flag ores, eine minder reiche Sorte der ersten Gruppe. Als wichtigste Bestandtheile mögen Phosphor und Eisen hier notirt werden; sie betragen: Phosphor von $0._{031}$—$0._{224}$ %, Eisen $49._{19}$ bis $66._{51}$ %. Der Preis der Erze stand 1872 und 1873 auf 7 bis 8 $ ($28._{91}$—$33._{94}$ $\mathcal{M}$) pro gross ton, ist seitdem aber gefallen auf $4._5$ bis 5 $ ($18._{59}$ bis $20._{65}$ $\mathcal{M}$) currency values und zwar loco Marquette im Hafen. Die Productionskosten stellen sich $2._{70}$ bis 3 $ ($11._{15}$—$12._{39}$ $\mathcal{M}$), einschliesslich Fracht bis Marquette, nach Chicago, Toledo, Cleveland etc. noch $1._{50}$ bis $1._{70}$ $ ($6._{20}$—$7._{02}$ $\mathcal{M}$) so dass die Erze den Hütten an den südlichen Seeufern 6 bis 7 $ ($24._{78}$—$28._{91}$ $\mathcal{M}$) kosten.

Magneteisensteine hat der Staat New-York am westlichen Ufer des Lake Champlain schon seit 1800 gefördert. Die Production wird auf etwa 375.000 Tonnen angegeben. Die Erze enthalten Eisen-Oxyd und Oxydul 62 bis 94 % neben 0.12 bis 0.55 Mangan-Oxydul und 0.020 bis 0.082 Phosphor. Der Preis steht in den Champlain-See-Häfen auf 4 $ (16.52 $\mathcal{M}$).

Auch Pennsylvanien hat reiche, aber nicht reine Magneteisensteine, da sie mehr oder weniger Kupfer- und Eisenkies enthalten. Ihr Eisengehalt steigt von 62 bis 92 %, dabei sind sie sehr arm an Phosphor. Ihr Preis steht niedrig in Folge sehr mässiger Gestehungskosten.

Im Staat Missouri lagern reiche Erze, deren Förderung gegen den grossen Lagervorrath noch sehr gering ist (etwa 370.000 Tonnen), und ebenso im Staate New Jersey (etwa 670.000 Tonnen). Die Missouri-Erze sind von vorzüglicher Qualität, indem sie reich an Eisen und arm an Phosphor sind. Ihr Schwefelgehalt wird durch Rösten und Auslaugen beseitigt. Mangan fehlt ihnen fast ganz. Nicht so gut sind die Erze von New Jersey, doch wohl geeignet, einer bedeutenden localen Eisenindustrie als Grundlage zu dienen. Franklinite und Zinkabbränder aus den Rothzinkerzen dieser Reviere haben für die Spiegeleisen-Erzeugung wegen ihres Mangangehaltes Werth.

Der Staat Ohio führt nur arme, aber sehr viel Erze, selten Hämatite, überwiegend Black-Band und Sphärosiderite. Vermischt mit Erzen aus Missouri und vom Lake Superior werden sie hauptsächlich zur Erzeugung von Giesserei-Roheisen verschmolzen. Ihr Eisengehalt variirt von 30—70 % und geröstet noch höher. Im Staate Tennessee lagern vorzugsweise Magneteisensteine von vorzüglicher Qualität, aus denen Roheisen von besonderer Festigkeit, z. B. auch zu Schalengussrädern geeignet, erblasen wird. Die Production ist jedoch noch gering. Die Erze enthalten Mangan, wenig Phosphor, und eignen sich auch zu Bessemer-Roheisen.

Der Staat Kentucky hat grossen Reichthum an Limoniten, Thoneisensteinen, Black-Band, theils auch rothe Hämatite, die zu Giesserei-, auch Qualitäts-Roheisen geeignet sind.

West-Virginia ist ebenfalls reich an Erzen mit geringem Phosphorgehalt, die zu Bessemer-Roheisen verwendbar sind.

Alabama hat gleichfalls reiche Erzlager, auch von rothen Hämatiten, rein und manganhaltig, zu Spiegeleisen geeignet. Dieses Erzgebiet hat eine hoffnungsvolle Zukunft, da die Erze mit geringen Kosten gewonnen werden, z. B. in den Red Mountains zu 12 Cents (0.50 $\mathcal{M}$) pro ton (1016 Kg.).

Gewiss haben die Vereinigten Staaten viele und mächtige Lager reicher und guter Erze, doch fehlt es ihnen an solchen, welche reich an Mangan und arm an Phosphor sind. Sie bedürfen deshalb des Imports fremder Erze, und dieser ist auch im Steigen begriffen. Eingeführt werden Erze aus Algier, Spanien und Canada, um im nördlichen Theile von New-York und im Westen des Landes die phosphorreichen und manganarmen Erze zu ergänzen.

Die gesammte Erzproduction der Vereinigten Staaten wird folgendermassen in neuester Zeit geschätzt:

I. Oestliche Magneteisenerzzone = 1,320.800 metr. Tonnen, wovon Lake Champlain Region 335.280, New Jersey 629.920, Cornwall 254.000, andere Fundorte 101.600 metr. Tonnen liefern;

II. Oestliche Brauneisenerzzone = 304.800 metr. Tonnen;

III. Lake Superior Region = 1,016.000 metr. Tonnen;

IV. Missouri Region = 335.280 metr. Tonnen;

V. Andere Erz-Regionen zusammen 579.120 metr. Tonnen;

Diese Productionsziffern haben die Voraussetzung zur Stütze, dass die Roheisen-Production aus Erzen mit durchschnittlich 60 % gewonnen werde.*)

Dieser Procentsatz ist jedoch zu hoch und wird sich nach anderen eingehenden Ermittelungen um 15 bis 20 % ermässigen, damit aber die gesammte Erzproduction der Vereinigten Staaten um 2 bis 3,000.000 Tonnen erhöhen müssen. Nach den Census-Angaben von 1850 wurden zu 573.791 metr. Tonnen Roheisen 1,622.866 metr. Tonnen Eisenerze verbraucht, das Ausbringen der letzteren betrug also nur 35.36 %. Die Census-Aufnahmen von 1860 ermittelten für die Roheisenproduction von 898.626 metr. Tonnen einen Erzverbrauch von 92,554.510 metr. Tonnen, das Ausbringen betrug also auch da nur 35.18 %. Nimmt man nun an, dass seitdem durch technische Fortschritte in der Ausnützung der Erze das Ausbringen auf 40 bis 45 % gesteigert worden ist, so wären zu der Roheisen-Production von 1876 = 1,898.984 metr. Tonnen etwa 3.6 bis 4.5 Millionen Tonnen Erze verbraucht worden, daher bei weitem mehr, als oben ausgewiesen wurde.

Was nun die verschiedenen Zweige der Eisenproduction anbelangt, so haben die Angaben über dieselben in den später folgenden statistischen Tabellen ihre übersichtliche Zusammenstellung und Würdigung gefunden. Noch näher hier auf dieselben einzugehen, verbietet uns einerseits der uns zur Disposition stehende nur mässige Raum, andererseits ist die darüber veröffentlichte Literatur so reichhaltig und erschöpfend und dabei so neu und verbreitet, dass eine Verweisung auf dieselbe genügen muss.

Nur der ersten Anfänge in diesem Productionszweige sei mit wenigen Worten gedacht. Das erste im Jahre 1620 zu Falling Creek errichtete Eisenwerk ging sofort im nächstfolgenden Jahre zu Grunde, weil die Indianer das gesammte Personale dieses Werkes tödteten. Im Jahre 1643 wurde zu Lyna im Staate Massachusetts ein neues Eisenwerk errichtet, und hier soll der erste Eisenartikel, ein kleines, eine Quart haltendes eisernes Kochgeschirr, verfertigt worden sein. Nun entstanden in rascher Aufeinanderfolge neue Eisenwerke in New Haven, Rhode Island, New Jersey u. s. w. Im Jahre 1750 zählte Massachusetts bereits 3 Eisenhämmer und einen Hohofen. Der aus dieser Zeit stammende Hohofen in Oxford soll der älteste unter den gegenwärtig in den Vereinigten Staaten vorhandenen sein; dagegen behaupteten der von Samuel Waldo in Rhode Island im Jahre 1735 errichtete Hohofen und die Schmelzhütte in Bezug auf Wichtigkeit den ersten Platz unter den Eisenwerken während des verflossenen Jahrhunderts. Die Production der Eisenwaaren war bis in's letzte Viertel des verflossenen Centenniums eine ziemlich primitive;

---

*) Vergl. „Dr. Wedding, Das Eisenhüttenwesen der Vereinigten Staaten von Nord-Amerika“ in der „Zeitschrift für Berg-, Hütten- und Salinenwesen etc“. Jahrg. 1876 II, S. 349.

so wurde beispielsweise in den langen Winterabenden, wenn andere Arbeit ruhte, in einer Ecke des Kamines eine Schmiede improvisirt, und es wurden aus Stabeisen von Kindern Nägel fabricirt. Erst die Revolutionszeit führte einen enormen Aufschwung in der Eisenindustrie herbei, indem zahlreiche Werke durch Erzeugung von Kanonen, Kugeln und anderem Kriegsbedarf in Anspruch genommen waren, während die Zufuhr aus Europa gänzlich stockte; daher begünstigte die unverhältnissmässig gesteigerte Nachfrage nach Eisenwaaren für den Privatbedarf das Entstehen neuer Eisenwerke. Um ein Bild von dem grossen Aufschwunge der Eisenindustrie zu jener Zeit zu geben, wollen wir nur beispielsweise erwähnen, dass in Rutland, wo im Jahre 1785 die erste Erzgrube erschlossen wurde, bis 1794 schon 14 Eisenwerke, 3 Hohöfen und ein Schneidwerk in Thätigkeit waren. In Boston bestand im Jahre 1790 ein Walz- und ein Schneidwerk und in Dover 1792 ein Walzwerk; bis zum Jahre 1800 jedoch hatte sich die Zahl der dortigen Etablissements auf 3 Walz- und Schneidwerke, 2 Hohöfen und 40 Eisenwerke gehoben, von welch letzteren zwei mit je 4 Feuern arbeiteten. Selbst in Pennsylvanien, einem der in der Eisenindustrie am meisten zurückgebliebenen Staaten, waren um's Jahr 1789 schon 14 Hohöfen und 34 Eisenwerke in Thätigkeit.

Der heutige Stand der Etablissements der Eisenindustrie ist in den folgenden Tabellen dargestellt:

| Nord-amerika's Vereinigte Staaten und Gebiete | Der Hohöfen 1875 | | Production im Jahre 1876 | | | | | | | | | Ge-sammt-production |
| | Zahl | Productionsfähigkeit (capacity) metr. Tonnen | Anthracit-Hohöfen | | | Kohlen- und Coke-Hohöfen | | | Holzkohlen-Hohöfen | | | |
			in	ausser (Betrieb Ende 1876)	Production metr. Tonnen	in	ausser (Betrieb Ende 1876)	Production metr. Tonnen	in	ausser (Betrieb Ende 1876)	Production metr. Tonnen	metr. Tonnen
Maine	1	5.160	.	.	.	.	.	.	1	.	2.723	2.723
Vermont . .	2	6.350	.	.	.	.	.	.	.	2	498	498
Massachusetts	6	22.907	.	1	.	.	.	.	1	4	4.572	4.572
Connecticut.	10	31.780	.	.	.	.	.	.	4	6	9.216	9.216
New York .	57	480.360	18	23	157.431	.	.	.	5	11	7.334	164.765
New Jersey .	18	166.560	4	14	22.997	.	.	.	.	.	.	22.997
Pennsylvania . . .	279	2,054.717	62	102	534.185	35	41	360.770	16	23	20.960	915.915
Maryland . .	24	89.540	1	2	5.455	.	6	.	4	11	12.756	18.031
Virginia . .	34	65.680	.	1	773	1	4	4.394	5	22	6.667	11.834
North Carolina	8	15.873	.	.	.	.	1	.	.	7	363	363
Georgia . . .	12	39.370	.	.	.	1	2	9.078	1	7	454	9.542
Alabama . .	14	75.296	.	.	.	1	1	1.284	4	7	21.158	22.442
Texas	1	1.360	.	.	.	.	.	.	.	1	386	386
West Virginia . . .	12	90.176	.	.	.	1	5	37.070	.	6	272	37.342
Kentucky .	23	125.466	.	.	.	2	2	15.850	2	17	15.616	31.466
Tennessee .	22	90.176	.	.	.	2	2	13.154	3	17	9.123	22.277
Ohio	99	783.204	.	.	.	27	36	321.464	11	26	44.390	365.854
Indiana . . .	9	64.864	.	.	.	2	6	11.670	1	.	1.522	13.192
Illinois . . .	12	170.554	.	.	.	3	9	49.141	.	.	.	49.141
Michigan . .	34	243.273	.	.	.	1	3	11.521	6	24	74.828	86.349
Wisconsin .	14	99.520	.	.	.	.	3	22.680	5	6	23.824	46.504
Missouri . .	19	202.759	.	.	.	2	6	40.010	4	7	21.878	61.888
Oregon . . .	1	3.628	.	.	.	.	.	.	.	1	1.587	1.587
Utah	1	1.360	.	.	.	.	1	.	.	1	59	59
Minnesota .	1	4.536	.	.	.	.	.	.	.	1	.	.
Vereinigte Staaten . .	713	4,934.469	85	143	720.841	78	128	898.036	73	207	280.006	1,898.883

Nordamerika's Vereinigte Staaten und Gebiete	Zahl der		Productions-fähigkeit (Capacity) inclusive Schienen (rails)	Walzwerks-			
						Production von	
	Werke	Puddelöfen		Walzwerkproducte aller Art. (Bar, angle, bolt, rod, hoop, plate, sheet iron)	Nägel etc. (cut nails and spikes)	Productions-Fähigkeit der Schienenwerke	Schienen-Production überhaupt
				metr. Tonnen			
Maine	2	26	22.680	3.007	.	13.608	6.805
New Hampshire	1	.	5.443	1.723	.	.	.
Vermont	1	14	18.144	.	.	18.144	8.332
Massachusetts	22	173	162.479	42.804	20.260	36.288	8.220
Rhode Island	2	12	15.604	6.260	448	.	.
Connecticut	7	14	20.775	9.175	.	.	.
New-York	23	309	326.955	63.342	3.248	153.317	51.987
New Jersey	16	172	128.187	31.795	15.532	13.608	220
Pennsylvania	137	2.153	1,473.746	364.628	62.060	620.979	321.082
Delaware	8	34	27.216	15.965	.	.	.
Maryland	5	99	83.009	11.192	.	52.617	17.095
Virginia	4	46	43.963	10.282	5.418	.	.
Georgia	2	13	21.320	2.042	681	13.608	8.165
Alabama	1	4	907	907	.	.	.
West Virginia	8	181	103.875	3.312	41.228	22.681	488
Kentucky	10	160	94.349	22.128	4.499	13.608	1.382
Tennessee	4	31	37.558	1.315	390	25.402	19.409
Ohio	46	669	575.709	108.734	26.001	264.902	91.445
Indiana	10	129	91.264	14.664	8.814	64.411	26.656
Illinois	9	98	293.026	9.002	9	276.696	164.647
Michigan	3	31	29.030	3.380	.	16.330	1.451
Wisconsin	1	34	55.158	7.892	.	40.642	19.305
Missouri	6	68	85.277	17.046	.	45.360	18.963
Wyoming Territory	1	.	13.608	.	.	13.608	11.177
Kansas	2	.	40.824	.	.	40.824	13.342
California	1	5	22.680	6.201	.	13.608	7.828
Vereinigte Staaten	332	4.475	3,792.786	756.796	188.598	1,760.241	797.999

Die Entwicklung der Production, sowie der Umfang der Ein- und Ausfuhr der verschiedenen Eisensorten ist aus der Tabelle Seite 204 zu ersehen.

Die Ausfuhr an Gusswaaren ist in der erwähnten Uebersicht nicht ersichtlich gemacht, da dieselbe in den Handelslisten nur dem Werthe nach eingestellt wird. Dieser Werth belief sich

1875 auf .... 512.185 $ (2,115.324 ℳ.)
1876 „ .... 397.982 $ (1,643.665 ℳ.)

Die Einfuhr von Giessereiproducten ist dagegen ganz unbedeutend und in den letzten Jahren in stetiger Abnahme begriffen.

Was nun die Preise betrifft, so stellten diese sich im Jahre 1877 folgendermassen:

Roheisen in Philadelphia .... 18.00 $ (74.34 ℳ.)
Ger. Stangen in Philadelphia............ 44.80 „ (185.02 „)
Stahlschienen ab Fabrik .... 40.50 „ (167.27 „)
Gew. Eisenschienen ab Fabrik........... 32.54 „ (134.39 „)

Vergleicht man diese Preise mit jenen früherer Jahre, so wird man die Ueberzeugung gewinnen, dass die Klagen von jenseits des Oceans über das

Betrieb 1876							Stahlproduction ausser Bessemerstahl		Production von	
Walzeisen, Eisen- und Stahlschienen										
Schienen-Production 1876							Tiegel-stahl	Puddel-, Herd-, Blasen-stahl	Herd-Frisch-eisen (bloo-maries)	Catala-nischer Renn-arbeit (catalan forges)
davon schwere Eisen- und Bessemer Stahlschienen	Bessemerwerke			Stahl- u. Stahl-kopf-schienen ausser Bessemer	Strassenschienen					
	Zahl der Werke	Zahl der Con-verter	Capaci-tät der Conver-ter		über-haupt	davon Bessemer Stahl-schienen				
metr. Tonnen				metr. Tonnen						
6.805	.	.	.	.	.	.		.	.	.
.	.	.	.	.	.	.		.	.	.
8.332	.	.	.	.	.	.	996	5.520	.	.
8.220	.	.	.	.	.	.		.	.	.
.	.	.	.	.	.	.		.	.	.
40.475	1	3	11.5	11.523	.	.	2.087	126	18.855	.
51	.	.	.	.	168	.	6.174	591	.	.
310.844	5	10	50.8	90	9.150	3.233	25.598	13.743	.	21.631
.	.	.	.	.	.	.	.	.	.	.
17.095	.	.	.	.	.	.	235	bei Tennessee	.	.
.	.	.	.	.	.	.	.	.	.	.
8.165	.	.	.	.	.	.	.	.	.	.
.	.	.	.	.	.	.	.	.	.	.
488	.	.	.	.	.	.	.	.	.	.
871	.	.	.	.	512	.	.	.	.	.
19.366	.	.	.	.	42	.	bei Marylaed	194	.	.
90.564	1	4	20.3	.	882	.	636	8.671	.	.
26.567	.	.	.	.	88	.	.	.	.	.
164.270	3	6	30.5	.	377	.	.	.	.	.
1.451	.	.	.	.	.	.	.	.	.	.
19.305	.	.	.	.	.	.	.	.	.	.
18.471	1	2	10.2	.	485	.	.	.	.	.
11.176	.	.	.	.	.	.	.	.	.	.
13.343	.	.	.	.	.	.	.	.	.	.
7.668	.	.	.	.	159	.	.	.	.	.
853.752	11	25	123.5	11.613	11.861	3.233	35.726	28.845	18.855	21.631

allmählige Zurückgehen des Eisengeschäftes, über „niedrige Löhne, kleine oder gar keine Profite, Bankerotte und Entmuthigung der amerikanischen Eisenfabricanten und Eisenarbeiter" nur zu begründet sind. Es kostete

Roheisen .... in 1861 $ 18.92 gegen jetzt $ 18.00 (74.34 ℳ)
Gereinigtes Stangeneisen..... „ 1852 „ 52.50 „ „ „ 44.80 (185.02 „)
Stahlschienen .... „ 1868 „ 165.— „ „ „ 40.50 (167.27 „)
Eisenschienen .... „ 1862 „ 36.50 „ „ „ 32.54 (134.39 „)

Das sind Ziffern, welche keines Commentars bedürfen.

Bestand und Entwicklung der nordamerikanischen Eisenindustrie beruhen mehr auf technischen, maschinellen und commerciell-politischen Grundlagen und Voraussetzungen, als auf natürlichen Reichthümern und Vorzügen. Besonders zwei Thatsachen sind es, welche hier in Betracht kommen als schwer zu beseitigende Schranken: es fehlt in den Vereinigten Staaten an genügend manganhaltigen und phosphorarmen Erzen und an jener glücklichen Annäherung und Vereinigung der Erze und Kohlen, wie sie in England und Schottland so vortheilhaft auf die Production einwirkt

Jahr	Production					Einfuhr				Ausfuhr			
	Roh-eisen	Walz-werk-Erzeug-nisse	Stahl excl. Schienen	Eisen-schie-nen	Stahl-schie-nen über-haupt	Roh-eisen	Walzwerk-Erzeugnisse	Eisen-schie-nen	Stahl-schie-nen über-haupt	Roh-eisen	Walzwerk-Erzeugnisse	Stahl	Eisen-schienen
						metr. Tonnen							
1800	·	·	·	·	·	·	·	·	·	193	540	·	·
1810	54.867	·	·	·	·	·	·	·	·	94	605	·	·
1820	20.321	·	·	·	·	·	·	·	·	·	·	·	·
1830	167.651	·	·	·	·	·	·	·	·	·	·	·	·
1840	320.060	·	·	·	·	·	·	·	·	·	·	·	·
1850	573.823	252.241	·	39.992		·	·	·	·	·	·	·	·
1860	834.415	368.593	·	186.010	·	ˮ72.646	175.304	124.138	·	·	·	·	·
1866	1,225.031	540.067	17.212	390.802	·	104.027	81.210	79.260	·	·	·	·	·
1867	1,325.987	526.029	17.237	416.911	2.314	113.841	103.388	107.798	·	·	·	·	·
1868	1,454.242	542.765	19.504	453.136	6.554	113.934	93.843	153.550	·	·	·	·	·
1869	1,738.777	582.803	20.866	529.747	8.754	139.164	104.442	187.089	·	·	·	·	·
1870	1,691.928	639.576	31.751	531.619	30.845	155.747	90.805	272.357	·	·	·	·	·
1871	1,734.211	644.112	33.566	669.044	34.700	181.000	114.520	465.414	·	3.599	2.520	7	223
1872	2,589.655	854.575	36.288	821.860	85.340	251.505	132.291	428.529	111.545	2.058	2.230	30	87
1873	2,602.101	976.481	47.174	666.506	140.972	218.957	97.282	218.185	145.189	2.861	3.130	8	1.285
1874	2,439.835	1,007.126	45.070	514.916	146.808	93.519	40.808	184.878	132.823	9.796	5.825	307	347
1875	2,056.242	995.985	55.392	437.464	281.513	54.295	29.393	1.994	40.764	16.040	10.634	58	1.777
1876	1,898.984	945.395	64.491	412.211	385.788	80.732	31.394	268	4.515	4.901	13.270	61	1.018

und die Möglichkeit gewährt und erhält, jede Concurrenz des Auslandes zu beherrschen oder mehr oder weniger zu beschränken.

Alle Fortschritte in Technik und Chemie, alle Vollkommenheit der Maschinen-Einrichtung und Arbeit, alle Erz- und Kohlenreichthümer können die Eisenindustrie der Vereinigten Staaten nur so lange halten und fördern, als ein nun schon lange erprobtes Schutzzollsystem die Landesindustrie vor der Invasion fremder überlegener Concurrenten sichert, und die wohlthätige Interessen-Solidarität besteht, welche die Eisenindustrie und die Factoren des Verkehrs auf Wasserstrassen und Eisenbahnen Hand in Hand zu gehen veranlasst, die Entfernungen zwischen Kohlen und Erzen und Eisen aufhebt oder möglichst vermindert und in ihren schädlichen Einwirkungen auf den Höhenstand der Productionskosten abschwächt.

Gewiss ist es, dass die Eisenbahnfracht auf das Aufblühen der Eisenindustrie in Amerika einen gewaltigen Einfluss übt. Lange litt dieser Industriezweig unter hohen willkürlichen Frachtsätzen, bis der Zusammenbruch des Schwindelgebäudes unreeller Gebahrung der Eisenbahngesellschaften die Legislative zum Eingreifen zwang, sodass nunmehr auch das Eisenbahn-Tarifswesen einer gesetzlichen Regelung unterliegt. Während das Gesammtnetz der amerikanischen Eisenbahnen im Jahre 1875 132.322 Kilometer und Ende des Jahres 1877 128.187 Kilometer betrug, wurden in den verflossenen zwei Jahren in den Vereinigten Staaten 84 Eisenbahnen mit einer Bahnlänge von 12.500 Kilometer und einem Actiencapitale von rund 417 Millionen $ (1.793 Millionen ℳ.) im Zwangswege verkauft, wobei das Anlagecapital theilweise gänzlich, in der Mehrzahl der Fälle jedoch mit über 50% verloren ging. Weitere 60 Bahnen mit einem Anlagecapital von 575 Millionen $ (2.472 Millionen ℳ.) werden noch zum Verkaufe gelangen. Es ist nunmehr die Gewissheit vorhanden, dass eine reellere, unter die Aufsicht des Staates gestellte Verwaltung den Interessenten durch entsprechend billige Frachtsätze Rechnung tragen und dadurch namentlich auch die Eisenindustrie fördern wird.

Nur in wenigen Fällen ist in den Vereinigten Staaten der Erzbergbau, der Kohlenbergbau und die Hütte in denselben Händen. Die Theilung der Arbeit, damit aber auch des Lohnes und der Interessen, ist hiermit für die Eisenindustrie der Vereinigten Staaten gewissermassen natürliche Thatsache. Aber die Productionskosten werden dadurch gewiss nicht ermässigt und wird schon durch

deren hohen Stand jede übermächtige Concurrenz nach irgend einem Eisenmarkte Europa's ausgeschlossen. Allerdings ist mit dem gegenwärtigen Stande
der Eisenindustrie deren weitere Entwicklung noch nicht abgeschlossen; es
werden namentlich noch andere Staaten und Territorien, in denen die Bedingungen zur Eisenerzeugung im vollsten Masse vorhanden sind, zu den schon
jetzt Eisen producirenden Ländern hinzutreten, wodurch die Verhältnisse wesentlich modificirt werden können. Aber einer Concurrenz nach dem Auslande werden immer jene Hindernisse entgegentreten, welche oben näher bezeichnet worden
sind, und namentlich ist eine Ueberschwemmung der europäischen Eisenmärkte
mit transatlantischen Producten, wie sie in neuester Zeit anlässlich einiger Export-
bestrebungen und Erfolge nordamerikanischer Eisenproducenten in England,
Belgien und auch in Deutschland profezeit wurde, unter den jetzigen Verhältnissen der Eisenindustrie in Nord-Amerika nicht zu befürchten. Aber selbst
die Anfänge dieser Concurrenz sollen nicht verkannt werden in ihrer Bedeutung
für die Möglichkeit der Zukunft und schliessen wir deshalb mit Kupelwieser's weiser Mahnung:

„Auf keinen Fall darf Europa die Entwicklung der Eisenindustrie in
„den Vereinigten Staaten Nord-Amerika's von nun an aus den Augen ver-
„lieren oder sie als allzu gering schätzen!“

Nach dem inzwischen ausgegebenen Bericht der Iron and Steel Association
betrug die Gesammtproduction von Roheisen im Jahre 1877 in den Vereinigten Staaten 2,351.618 metr. Tonnen, das ist gegen 1876 mehr 224.972
metr. Tonnen, wogegen der Bestand (stock) von 697.787 metr. Tonnen Ende
1876 auf 652.629 metr. Tonnen Ende 1877 gesunken ist. Danach hätte der
Consum im Jahre 1877 um 270.099 metr. Tonnen sich vermehrt gegen das
Vorjahr. Die Production bestand fast ausschliesslich in Bessemer-Roheisen.

Die Production von Eisenbahnschienen belief sich in 1877 auf
776.944 metr. Tonnen, nämlich aus Eisen 337.860, aus Stahl 439.084, während
im Vorjahre 893.703 metr. Tonnen (474.643 metr. Tonnen eiserne und 419.060
metr. Tonnen aus Stahl) producirt wurden.

Dominion of Canada.

(9,203.255 Quadrat-Kilometer. — 3,833.502 Einwohner.)

Eigentliches Canada. Die Kohlenfelder liegen an der Ostküste
des südlichen Theiles von Canada, haben eine Gesammtausdehnung von 5.700
Quadrat-Kilometer und werden unter dem Namen Acadisches Kohlenbassin
zusammengefasst. Dasselbe zerfällt naturgemäss in drei Gruppen und zwar
in die Becken von Neu-Braunschweig, von Neu-Schottland und vom Cap Breton.

Das Kohlenbecken von Neu-Braunschweig ist ohne irgend welche
Bedeutung. Die Flöze, deren es sehr viele gibt, sind auf weite Erstreckung
hin ganz horizontal gelagert, doch gewöhnlich nur wenige Zoll mächtig; nur
an einer einzigen Localität ist ein unbedeutender Abbau eingeleitet.

In Neu-Schottland sind mehrere Flöze bituminöser Kohle bekannt,
aber auch hier die meisten wegen ihres hohen Schiefer- und Aschengehaltes
nicht abbauwürdig. Nur zwei Flöze kommen für die Ausbeutung in Betracht;
in denselben zeigt die brauchbare gute Kohle eine Mächtigkeit von 7.2 beziehungsweise 3.6 Meter.

Die Kohlenförderung von Neu-Schottland concentrirt sich auf Picton
County, wo die Albion-Mine die erste Stelle einnimmt, da ihre Jahresförderung 1875 mit 607 Arbeitern 130.069 metr. Tonnen betrug. Die mit ausgesuchten Kohlenproben angestellten Analysen ergaben folgendes Resultat:

	Oberes Flöz	Tief-Flöz
Kohlenstoff	66.50 %	68.50 %
Gase	24.28 „	20.46 „
Wasser	1.48 „	2.54 „
Asche	7.74 „	8.50 „

Im Allgemeinen ist aber der Kohlengehalt geringer, und Asche wurde
schon bis zu 14 % constatirt. Wegen dieses hohen Aschengehaltes vertragen
die Kohlen keinen weiten Transport und würden in den atlantischen Häfen
eine Concurrenz mit anderen bituminösen, aber besseren Kohlen auch dann
nicht bestehen können, wenn die Vereinigten Staaten einen Eingangszoll nicht
erheben würden. Die Kohle von Neu-Schottland kommt vorwiegend als Dampf-
kohle in den Handel; nur von einigen Gruben ist die Kohle cokbar, gelangt
aber nirgends in der Form von Coke zur Verwendung.

Das dritte Kohlenbecken liegt in der Nähe des Cap Breton und Sidney-
Harbour an der nordwestlichen Spitze der Halbinsel Neu-Schottland. An horizontaler Ausdehnung steht es hinter den vorhergehenden Becken zurück, überragt dieselben aber weitaus in qualitativer Hinsicht. Von den vielen Flözen
werden nur zwei von einer Mächtigkeit von 1.8 und 2.4 Meter abgebaut.

Im Durchschnitt enthält diese Kohle

Kohlenstoff	62.28 %,
Flüchtige Bestandtheile	33.12 „
Asche	3.82 „

Sie ist als Gaskohle gesucht und wird als solche trotz eines Eingangszolles von 0.75 $ (3.15 ℳ.) pro metr. Tonne nach Boston und New-York ver-
frachtet. Eine metr. Tonne liefert durchschnittlich 280 Cubikmeter Gas und
an 0.67 metr. Tonnen Coke.

In Canada selbst unterliegt die metr. Tonne Kohle einer Besteuerung
von 10 Cents (0.42 ℳ.).

Nachstehend folgt eine Uebersicht der Gesammtproduction des acadischen
Kohlenbeckens.*)

---

*) Höfer, Die Kohlen- und Eisenerz-Lagerstätten Nord-Amerika's. Wien, 1878.

metr. Tonnen		metr. Tonnen		metr. Tonnen
1827 ...... 11.491		1855 ...... 216.338		1872 ...... 880.950
1830 ...... 25.240		1860 ...... 304.129		1873 ...... 1,051.467
1835 ...... 57.813		1865 ...... 635.586		1874 ...... 1,872.720
1840 ...... 98.267		1870 ...... 625.769		1875 ...... 781.165
1845 ...... 137.908		1871 ...... 673.242		1876 ...... 709.646
1850 ...... 163.728				

Im Betriebe waren 1875 16 Gruben, welche 3083 Arbeiter beschäftigten.

Ebensowenig entwickelt wie die Gewinnung von fossilen Brennmaterialien ist auch die Verarbeitung der Erze des Landes, vorzüglich der Eisenerze. Jedenfalls scheint Canada sehr reich an Eisenerzen der verschiedensten Gattungen zu sein. Magnet- und Titaneisen findet sich namentlich in den Bezirken von Beauce und Vaudreuil, Chromeisen bei Bolton. Die Magnetite haben einen Eisengehalt von 52.72—67.94 $^0/_0$, die Hämatite von 54.36—68.35 $^0/_0$; die ersteren zeichnen sich durch einen sehr geringen Gehalt an Phosphor aus, während die letzteren ziemlich viel Phosphorsäure enthalten. Ausserdem werden noch Ilmonite, Limonite und Sumpferze gefunden.

Die Production an Eisenerzen betrug im Jahre 1871 nur 129.363 metr. Tonnen, von welchen nur ein geringes Quantum in Canada selbst verarbeitet wurde. An Manganerzen wurden in demselben Jahre 635 metr. Tonnen erzeugt.

Von den im Eisenhüttenwesen verwendbaren Materialien ist noch der canadische Graphit vorzüglich desshalb zu erwähnen, weil Amerika sehr arm an Graphit ist und einen Theil seines Bedarfes aus Europa und von Ceylon bezieht.

Auf der Ausstellung zu Philadelphia war weisses Roheisen als pig iron ausgestellt, welches aus canadischen Magneteisensteinen mittelst Petroleum und Dampf erzeugtes Eisen sein sollte. Es war jedoch nichts Näheres hierüber zu erfahren.

Bedenkt man, dass in Canada bis zum Jahre 1874 nicht mehr als 17 meist sehr kleine Holzkohlen-Hohöfen erbaut wurden, von denen mehrere ausser Betrieb oder schon Ruinen geworden sind, so kann man daraus folgern, dass die Roheisenproduction Canada's sehr gering sein muss; sie dürfte schwerlich mehr als 10.000 Tonnen betragen. Der Ueberschuss an Erzen wird theilweise nach den Vereinigten Staaten von Nord-Amerika verkauft. Den grössten Besitz hat die „Steel Company of Canada" zu Londonderry in Neu-Schottland, nämlich 3 Hohöfen, 2 Giessereien, 1 Walzwerk und 1 Stahlwerk. Dieselbe producirte 1876 15.274 metr. Tonnen Eisenerze. Der Bedarf an Eisen wird noch jetzt fast ausschliesslich von England eingeführt; im Jahre 1870 153.575 metr. Tonnen, 1874 163.576 metr. Tonnen.

Zweifellos sind die Hauptbedingungen zur Entwicklung einer bedeutenden Eisenindustrie: gute Eisenerze, grosse Wälder und Kohlenablagerungen, in Canada vorhanden, wahrscheinlich fehlt es aber an Capital, an dem erforderlichen Schutz oder den nothwendigen Communicationsmitteln.

Immerhin bestanden Ende 1877 schon 7.985 Kilometer Eisenbahnen. —

Neu-Foundland. Auf dieser britischen Insel sind neuerdings nicht unbedeutende Steinkohlenlager entdeckt worden.

Manitoba. In diesem erst in den letzten Jahren besiedelten Gebiete existiren Braunkohlenlager am Saskatschewan-Flusse. Auch das weite angrenzende Nordwestgebiet soll Kohlen an verschiedenen Punkten aufweisen.

Britisch-Columbia. Diese Colonie ist reich an Gold, Kupfer, Eisen und Kohle. Besonders mit Kohle bedacht ist die Vancouver-Insel, an deren östlicher Küste sich ein 210 Kilometer langes und 21 Kilometer breites Becken findet, in welchem man an vielen Orten Braunkohle angetroffen hat. Die Gewinnung derselben erfolgt namentlich auf zwei Gruben in der Umgebung von Nanaimo im südlichen Theile der Mulde. Im Norden derselben bei Comox wird ein 3 Meter starkes Flöz abgebaut, doch ist über die Production nichts bekannt. Die Kohle von Vancouver-Island, welche zum grossen Theil auch cokbar ist, enthält 51.45 bis 68.27 $^0/_0$ Kohlenstoff und 2.86 bis 10.10 $^0/_0$ Asche.

Die Förderung bezifferte sich

im Jahre 1870 auf 29.863 metr. Tonnen
„ „ 1874 „ 81.546 „ „
„ „ 1875 „ 110.145 „ „
„ „ 1876 „ 140.185 „ „

Ebensowenig wie in Canada hat sich hier eine grössere Industrie entfaltet; die Kohle dient hier wie dort in erster Linie dem Verkehre, den Dampfern, welche in den britischen Häfen landen. Ein beträchtlicher Theil der Erzeugung wird nach San Francisco, dem Stapelplatz für Kohle am Stillen Ocean, verschifft. Daselbst wurde diese Kohle Ende Juni 1876 mit 8 bis 9 $ (33.6 bis 37.8 M.) pro metr. Tonne gehandelt.

Auf den benachbarten Queen-Charlotte-Inseln sind Eisenpyrite überall in grösster Menge verbreitet. Bei Harriet-Harbour auf Moresby, westlich von Burnaby, finden sich ganze Felsenhügel, die aus einer einzigen soliden Masse reinen magnetischen Eisens bestehen, welches $82^1/_2$ °/₀ Prooxyd und 4.60 °/₀ Protoxyd enthält. Im Süden der Meerenge Trapp wurden auch Kohlen entdeckt. Poole sah Proben von Anthracit, nach denen er glaubt, dass für Hohöfen dieser Anthracit dem berühmten pennsylvanischen gleichkomme.

England exportirte im Jahre 1875 nach Britisch-Nord-Amerika

140.789 metr. Tonnen Kohle im Werthe von 1,616.978 M.
und 1.327 „ „ Coke „ „ „ 26.526 „

Mexico.

(1,921.240 Quadrat-Kilometer. — 9,276.079 Einwohner.)

Steinkohlen hat man in grösseren Lagern bisher in Mexico nicht entdeckt, dagegen findet sich Eisen in den meisten Staaten. Ein grosser, über 180 Meter hoher Eisenberg vom schönsten, 60 °/₀ haltenden Erz liegt im Thale von Durango. Die Spanier hörten einst von diesem Metallberge. Sie glaubten, er enthalte Gold, und im Jahre 1552 erhielt Don Ginez Vasquez del Mercado den Befehl, ihn in Besitz zu nehmen. Der Spanier untersuchte den Berg, fand aber nur Eisen, das er als für seine Landsleute unnütz unberührt liess. Erst in neuester Zeit hat man angefangen, diesen gewaltigen Schatz auszubeuten.

Ausserdem findet sich Eisen namentlich in den Staaten Mexico, Guerrero, Mechoacan, Jalisco, Oaxaca, Puebla und im Gebiete Tlascala. Das Eisen ist theils Brauneisenstein, theils Magnet- und Meteoreisen. Alexander von Humboldt schrieb vor 70 Jahren: „Ueberblickt man den ungeheuren Flächenraum, den die Cordilleren einnehmen und die immense Zahl der noch nicht angegriffenen Erzlagerstätten, so begreift man, dass Neu-Spanien mit einer besseren Administration und mit einer industriösen Bevölkerung, allein was die edlen Metalle betrifft, dereinst die 130 Millionen M. in Gold und Silber liefern könnte, welche gegenwärtig das gesammte Amerika producirt.“

Eisenwerke besitzt das Land gegenwärtig sieben. Die bedeutendste Hütte ist die von Comanjo, wo ebenso, wie in jener von Tula, die vorzüglichen Eisenerze der Provinz Jalisco verarbeitet werden. Die Qualität des daselbst erzeugten Eisens ist eine ganz gute. Im Staate Hidalgo bestehen zwei Eisenhütten zu Zacualtipan, welche Hämatite verschmilzt und die **Ferreria de la Encarnacion**, welche das in zwei Holzkohlen-Hohöfen aus Magnetiten erblasene Roheisen in Frischfeuern aufarbeitet und zu currenten Stabeisensorten auswalzt und ausschmiedet. Die übrigen drei Hütten Mexico's sind Terro Mercado im Staate Durango, Ferreria de la Trinidad im Staate Puebla und Temascaltepec im Staate Mexico.

Ueber die Grösse der Eisenproduction in Mexico existiren keine bestimmten Daten; dieselbe wird auf etwa 7.500 Tonnen jährlich geschätzt.

Der Gesammtwerth der Montan-Production, ausschliesslich des Ertrages der Gold- und Silberminen, wird auf 1.6 Millionen ℳ. veranschlagt.

England importirte 1875 Eisen und Eisenwaaren im Werthe von 927.170 ℳ., doch wird mehr als das doppelte Quantum aus den Vereinigten Staaten eingeführt.

Mit Schluss des Jahres 1877 zählte Mexico erst 623 Kilometer Eisenbahnen.

Central-Amerika.

(569.633 Quadrat-Kilometer. — 2,828.164 Einwohner.)

Guatemala. An Schätzen des Mineralreiches scheint der Staat nicht reich zu sein. Nur an der Grenze von Honduras (im Departement Chiquimula) hat man Gold, Silber, Kupfer und Blei gefunden. Eine Exploitation von Kohle und Eisen findet nicht statt. Eine grössere Industrie, die erstere erfordern würde, fehlt. Die Dampfer werden von Nord-Amerika versorgt. Eine Bahn ist im Bau. Alle Eisenwaaren, wie Stab-, Band-, Rundeisen etc., werden von England und den Vereinigten Staaten bezogen.

Honduras. Edle Metalle finden sich reichlich vor, auch Eisen und Steinkohlen, doch liegt der Bergbau noch gänzlich darnieder. 1877 bestanden 90 Kilometer Eisenbahnen.

San Salvador. Im Districte Metopam, im Thale des Rio Lampo, wird sehr gute Steinkohle und insbesondere viel Eisen gefunden.

Die Ausbeute beider Minerale ist aber nur eine sehr beschränkte und dient fast ausschliesslich dem Consum des eigenen Landes, da die Fundorte, im Innern gelegen, den Transport zur Küste schwierig und ganz unverhältnissmässig theuer gestalten.

Nicaragua. Zu Beginn der sechziger Jahre wurden im District Chantales in der Nähe des Nicaraguasee's Steinkohlen entdeckt. Auch Eisen ist in diesem Staate vorhanden. Der Bergbau liegt noch in der Kindheit.

Costarica. Die Berge enthalten wohl Eisen, Kohlen, Kupfer und Blei, aber noch wird nichts davon ausgebeutet. Ende 1877 existirten hier 59 Kilometer Eisenbahnen.

West-Indien.

(245.509 Quadrat-Kilometer. — 4,316.178 Einwohner.)

Auf der Insel Cuba gewinnt man Braunkohlen; die sich daselbst findenden Steinkohlenlager werden indessen noch nicht ausgebeutet. An Eisenerzen ist Mangel.

In den Bergzügen des Nordens von San Domingo kommen häufig Kohlenlager vor, deren gründlichere Untersuchung und Bearbeitung bisher nur der unsichere Zustand des Landes verhindert hat.

Die französische Insel Guadeloupe birgt Magneteisensteine, welche 74.8 % reines Eisen enthalten.

Im Jahre 1875 wurden in West-Indien 475.099 metr. Tonnen englischer Kohlen im Werthe von 6,540.320 ℳ eingeführt. — Eisenbahnen existiren dermalen

auf Cuba............................... 640 Kilometer,
　„　Jamaica .... 43　　　„
　„　Portorico .... 34　　　„
　„　Barbados .... 10　　　„

Brasilien.
(8,337.218 Quadrat-Kilometer. — 11,108.291 Einwohner.)

Der südamerikanische Continent galt bisher als sehr arm an mineralischen Brennstoffen, und die unentbehrlichen Steinkohlen mussten entweder aus Nord-Amerika oder aus England eingeführt und zu gewaltigen Preisen bezahlt werden (in den Hafenplätzen mit 29.25 ℳ für die englische Tonne, die in England selbst 5 ℳ kostet). Diese Thatsache genügt, um das Interesse neben anderen südamerikanischen Ländern auch an den südlichen Theil Brasiliens, die Provinzen Santa Catarina und Rio Grande do Sul zu fesseln, in denen im letzten Jahrzehnte mehrere Steinkohlenlager aufgefunden wurden.

Das erste Kohlenfeld in der Provinz Santa Catarina, auf dem rechten Ufer des Tubarao, etwas über 50 Kilometer von der Mündung dieses Flusses in den Atlantischen Ocean entfernt gelegen, ist durch mehrfache Schürfe auf einer grösseren Fläche untersucht worden. Es wurden im Ganzen 6 Schürfe vorgenommen, von denen der tiefste $3^{1}/_{2}$ Meter tief war. Man fand hierbei 2, 4, 9, auch 12 Kohlenflöze, welche nur durch ganz schwache Zwischenschichten von Schieferthon getrennt waren. Die Kohlen zeigten sich mehrfach verunreinigt, und namentlich beeinträchtigte ein bedeutender Gehalt von Schwefelkies ihre Brauchbarkeit. Im Uebrigen sind die Kohlen schwarz und glänzend, haben jedoch bei längerem Liegen an der Luft die Neigung, in würfelförmige Stücke und Stückchen zu zerfallen. Wie von einer so jungen Steinkohle nicht anders zu erwarten ist, so ist sie reich an Bitumen und gibt darum wenig Coke; auch ist ihre Heizkraft geringer als die der englischen Steinkohle aus der eigentlichen Steinkohlenformation.

Das zweite Kohlenfeld in der Provinz Santa Catarina liegt weiter westlich, an den Abhängen der Serra Geral, an den Quellwässern des Jaguarao. Es soll 170 Quadrat-Kilometer umfassen und hinsichtlich der Lagerung der Flöze, ihrer Beschaffenheit und der begleitenden Gebirgsschichten dem Kohlenvorkommen auf dem rechten Ufer des Tubarao sehr ähnlich sein. Ueber die Anzahl und Mächtigkeit der Kohlenflöze ist jedoch nichts Näheres bekannt geworden.

Das dritte Kohlenfeld Südbrasiliens befindet sich, von dem soeben besprochenen südlich und an 300 Kilometer entfernt, in der Provinz Rio Grande do Sul, zwischen den Nordabhängen der Serra Erval und dem schiffbaren Jacuhy.

Ein über 2 Meter mächtiges Flöz, öfter durch Schieferthonschmitze getheilt, lässt sich regelmässig verfolgen, ebenso mehrere andere, weniger mächtige, zwischen Sandstein- und Schieferthonschichten eingelagerte. Auch diese Kohle gleicht der am Tubarao geförderten. Sie ist verunreinigt durch Schwefelkies, Sandstein, Thonschiefer und Letten, und es müssen daher die bessern Bänke ausgehalten werden. Am Gleichmässigsten in der Führung guter Kohle ist das erwähnte, über 2 Meter mächtige Flöz. Ihm sind alle jene Kohlen entnommen, welche seitens der brasilianischen Regierung zu Versuchen auf Dampfschiffen verwendet wurden.

Da man nirgends in eine nennenswerthe Tiefe gedrungen ist, lässt sich die Bedeutung auch dieses Kohlenlagers für jetzt noch nicht klar übersehen. Es ist jedoch nicht ganz unwahrscheinlich, dass die Güte der tieferen Kohle besser ausfallen wird; auch ist die Annahme nicht ungerechtfertigt, dass die Flöze an Mächtigkeit mit der grösseren Tiefe zunehmen werden. Unter diesen Umständen drängt sich die Frage auf: Ist der Abbau dieser Steinkohlenlagerstätte unter den gegenwärtigen Verhältnissen lohnend, d. h. wird diese Kohle entsprechend billiger auf die Märkte Süd-Brasiliens gelegt werden können, als die bessere importirte nordamerikanische oder englische?

Da die Flöze in hügeligem und zum Theil bergigem Territorium zu Tage treten, so ist reichliche und günstige Gelegenheit zu Stollenanlagen vorhanden, und können, was für jene Gegenden höchst wichtig ist, auf längere Zeit hinaus wenigstens, die kostspieligen Maschinen zur Fortschaffung der Grubenwässer entbehrt werden. Die örtlichen Verhältnisse sind daher der bergmännischen Gewinnung günstig, auch bieten die schiffbaren Flüsse, der Jacuhy und der Tubarao Gelegenheit zur Versendung per Schiff nach den Märkten am südatlantischen Ocean. Ebenso können den Transport in das Innere des Landes, namentlich nach den deutschen Colonien San Leopoldo, Santa Maria, Boa Bista etc., die schiffbaren Ströme Taquary, Cahi und Sino vermitteln, die mit dem Curral alto in Verbindung stehen.

Man hat nun auch schon den Versuch gemacht, diese grossen Schätze des Erdinnern zu verwerthen, und einige Bergwerke angelegt. In der Provinz Rio Grande do Sul sind zwei Minen im Betriebe: die von Candiosa, im Besitze einer englischen Gesellschaft, welche im Begriffe steht, eine Eisenbahn für den Kohlentransport herzustellen, und jene von Arroio-dos-Patos, die gleichfalls einer englischen Gesellschaft gehört und bereits durch eine Eisenbahn mit dem Flusse Lagôa-dos-Patos verbunden ist. Die gewonnene Kohle wird von den Dampfschiffen gern consumirt. Auch zur Ausbeutung der Kohlenlager von Santa Catarina ist eine Concession ertheilt worden.

Brasiliens Einfuhr an englischer Kohle belief sich

im Jahre 1875 auf 369.882 metr. Tonnen im Werthe von 5,993.617 $\mathcal{M}$.
„ „ 1876 „ 331.777 „ „ „ „ „ 4,438.226 „
„ „ 1877 „ 345.524 „ „ „ „ „ 4,207.031 „

Unter ebenso günstigen Bedingungen wie die Kohle findet sich in Brasilien auch das Eisen vor. In der ganzen Kette des Itabira-Gebirges, in der Umgebung der Stadt Uro-Preto, in den Espinhaso-Bergen, bei den Hügeln von Piedade und an vielen anderen Stellen der Provinz Minas-Geras erscheint das Eisen in unermesslichen Mengen. Auch in den Nord-Provinzen, dann in San Pedro, Rio Grande do Sul und Parana trifft man Eisen in Ueberfluss, zumeist von ausserordentlicher Qualität. Das viel vorkommende Magneteisen enthält bis 72.5 $^0/_0$ reines Eisen. Ungeachtet dieser günstigen Bedingungen liegt die Eisenindustrie Brasiliens noch in den ersten Anfängen. In der Provinz Minas-Geras hat sich eine Gesellschaft zur Ausbeutung dieses Productes gebildet. Ueber ihre Erfolge ist bisher nichts bekannt geworden. Die wichtigste Grube in Süd-Amerika befindet sich in der Provinz San Paulo auf dem linken Ufer des Flusses Ipanema, 191 Kilometer vom Hafen von Santos, 425 Kilometer von der Hauptstadt der Provinz und etwa 2 Kilometer vom Fusse des Arassoiava-Gebirges entfernt. Dieses Bergwerk ist im Besitze des Staates und beschäftigt 100 Arbeiter. In einer Entfernung von 33 Kilometern hat man ein Kohlenlager entdeckt und verspricht sich hiervon für die Zukunft dieser Eisenindustrie eine günstige Förderung.

Chile.[*)]

(328.175 Quadrat-Kilometer. — 2,138.800 Einwohner.)

Das Vorhandensein von Braunkohle in Chile ist seit dem Jahre 1825 bekannt. Die wichtigsten Kohlenfelder liegen im tertiären Gebilde in der Provinz Concepcion, südlich vom Biobio, bis etwa zum 37. Grad südlicher Breite. Namentlich stehen die Gruben von Lota, Coronel, Lebié und Colchura in ausgedehntem Betriebe.

Ausserdem werden nur noch und zwar erst neuerdings im Territorium der Magellan-Strasse Kohlen gefördert. Die Entstehungszeit der Kohlenfelder schwankt offenbar zwischen der Kreide- und Melasseperiode.

Die ziemlich geringen Sorten sind bald Russ- oder Faserkohle, bald Pechkohle oder Lignit und unterscheiden sich wesentlich beim Verbrennen von den englischen Steinkohlen durch unangenehmen Harzgeruch und Qualm.

Das Lager der Magellan-Strasse befindet sich am Rio de las Minas ungefähr 9.7 Kilometer landeinwärts von der chilenischen Colonie Punta Arenas. Das im Abbau befindliche Flöz guter Braunkohle variirt von $2\frac{1}{2}$ bis 3 Meter Mächtigkeit. Die Production aller Minen daselbst beträgt über 10.000 metr. Tonnen jährlich. Man rechnet auf 1 Pfund Rostkohle 5 Pfund Dampferzeugung gegenüber 7—8 Pfund bei Anwendung englischer Kohlen. Zu einem schwunghafteren Betriebe der Kohlengruben haben sich in neuester Zeit chilenische Capitalisten vereinigt. Punta Arenas wird jetzt regelmässig von den Schiffen der englischen wie der Hamburger Schiffahrtslinie nach Valparaiso angelaufen um daselbst Kohlen einzunehmen.

Vornehmlich concentrirt sich aber, wie bereits erwähnt, die Gewinnung chilenischer Kohle in der Provinz Concepcion. Die Kohlenminen von Lota wurden 1841 unter den Auspicien der Liverpooler Dampfschiffahrts-Gesellschaft begonnen. In der Nähe wurde eine bedeutende Kupferschmelze errichtet. Etwa 7 Kilometer nördlich davon liegt Coronel. Mit den Kohlenwerken daselbst steht eine in grossartigem Massstabe angelegte Ziegel- und Glasfabrik, sowie eine Maschinenwerkstätte und eine ansehnliche Giesserei in Verbindung.

Ausser diesen Fundorten ist namentlich noch Lebié zu erwähnen, 350 Kilometer südlich von Lota gelegen. Der Ort ist erst seit den sechziger Jahren bekannt.

Die Gesammtproduction der Kohlengruben der Republik Chile (mit Ausnahme der Colonie Punta Arenas)

betrug im Jahre 1872 . . . . 300.000 metr. Tonnen und
stieg „ „ 1875 auf . . . . 360.000 „ „

---

*) Quellen: Estadistica comercial de la Republica de Chile, Valparaiso 1877. Memoria del Ministro de Hacienda. Santiago 1877. Die Kohlen- und Kupferminen Chile's v. B. Flemming, Globus, Bd. XXXII.

Die Existenz der chilenischen Kohlenlager erweist sich als wesentlich für die enorme Kupfergewinnung des Landes, welche schon jetzt mehr als die Hälfte der gesammten Kupferausbeute der Erde ausmacht, und diese wiederum für das Prosperiren der ersteren. Wenn sich nun auch Kupfer und Kohle in Chile in ganz getrennten Gebieten finden, so ergibt sich doch eine Erleichterung des Verkehres dadurch, dass fast alle Kupferwerke gleich den Kohlengruben an oder in der Nähe der Küste liegen.

Allerdings reicht die heutige Kohlenproduction Chile's nicht aus, um den bedeutenden Consum der Kupferschmelzen, sowie den übrigen Bedarf des Landes zu decken, und es ergibt sich deshalb die Nothwendigkeit, noch beträchtliche Mengen von Kohle zu importiren, die fast ausschliesslich aus England und nur zu einem ganz unbedeutenden Theile aus den Vereinigten Staaten stammen.

Den Kohlenhandel Chile's veranschaulichen folgende Ziffern:

| Jahr | Einfuhr | | | | Ausfuhr | | Küstenschifffahrt in inländischer Kohle |
| | Im Ganzen | | auf Grossbritannien entfallend | | | | |
	metr. Tonnen	Werth in ℳ.	metr. Tonnen	Werth in ℳ.	metr. Tonnen	Werth in ℳ.	metr. Tonnen
1872	60.737	1,728.335	60.600	1,724.432	64.582	2,179.083	181.469
1873	125.324	4,156.965	125.020	4,148.333	28.138	1,141.701	205.212
1874	115.662	3,286.732	114.517	3,254.143	43.147	1,698.293	339.704
1875	127.226	3,620.176	120.794	3,437.176	38.436	1,010.665	261.640
1876	116.759	3,361.176	115.243	3,317.947	47.020	1,311.358	303.716

Auffallend ist bei diesen Ziffern, dass, während sich die Einfuhr fremder Kohle im Jahre 1873 um 58% des im Vorjahre eingeführten Quantums vergrösserte, die Ausfuhr inländischer Kohle im gleichen Jahre auf mehr als die Hälfte der Vorjahrsziffer sank; es findet dies seine Erklärung darin, dass im Jahre 1873 der Zoll auf Kohle aufgehoben wurde, was der englischen Kohle massenhaft Eingang verschaffte.

Die Ausfuhr der Kohle richtet sich vornehmlich nach Peru, Bolivia und der Argentinischen Republik. In den bezüglichen Ziffern ist indessen die Ausfuhr der Colonie an der Magellan-Strasse nicht mit inbegriffen.

Chile hat an dem Ausbau eines Eisenbahnnetzes schon fleissig gearbeitet. Es handelt sich in diesem Lande vornehmlich darum, die im Innern und am Westabhange der Cordilleren liegenden Fundorte von Metallen und Mineralien mit der Küste beziehungsweise den zahlreichen Häfen des Landes in Verbindung zu bringen. Am Schlusse des Jahres 1877 standen 1.689 Kilometer Eisenbahnen im Betrieb. —

Eisen wird nur in geringen Quantitäten gewonnen, obwohl es sich in der Gegend von Atacama in fast gediegenem Zustande findet. Es bleibt Chile in dieser Beziehung vorläufig noch ausschliesslich auf das Ausland angewiesen. Die Einfuhr an Eisen betrug in den Jahren 1875 und 1876:

| | 1875 | | 1876 | |
	metr. Tonnen	Werth in ℳ.	metr. Tonnen	Werth in ℳ.
Roheisen.............	4.586	856.422	4.388	861.687
Eisen in Platten......	420	127.753	621	180.568
Verzinktes Eisen	1.006	438.184	2.013	974.701
Reifeisen............	1.043	267.484	602	161.582

Hiervon entfallen allein 98% auf England, der unbedeutende Rest auf die Vereinigten Staaten und Deutschland.

Die übrigen Staaten Süd-Amerika's.
(8,988.307 Quadrat--Kilometer. — 13,062.600 Einwohner.)

Columbien (Neu-Granada). Steinkohlen sind in grosser Menge vorhanden, aber es ist bis jetzt noch nichts geschehen, diese Schätze zu heben. In neuerer Zeit wurde der Abbau der Kohlenfelder am Rio Hacha in Angriff genommen. Sonst finden sich Steinkohlen noch in den Provinzen Cartagena, Bogotá, Chiriqui, Soata und Panamá.

Aus England wurden im Jahre 1875 4.993 metr. Tonnen Kohle im Werthe von 58.660 ℳ eingeführt.

Bemerkenswerth sind auch die Eisensteinlager bei Pacho und Panamá. Länge der Eisenbahnen Ende 1877: 106 Kilometer.

Venezuela. Eigentlicher Bergbau findet in Venezuela noch nicht statt. Selbst die Gewinnung von edlen Metallen beschränkt sich auf oberflächlich betriebenes Waschen von goldhaltigem Flusssand. Reiche Kohlenlager, sowie die Eisenminen werden gar nicht ausgebeutet. Von industrieller Thätigkeit ist in Venezuela kaum noch die Rede. Der Besitz von genügenden Bau- und Nutzhölzern setzt die wenigen Brennereien und Zuckerraffinerien in die Lage, die Kohle entbehren zu können. Eingeführt werden verhältnissmässig nur geringe Quantitäten von Kohle (1875 aus England 426 metr. Tonnen im Werthe von 6.020 ℳ), dagegen Eisen- und Stahlwaaren in grossen Mengen.

Ende 1877 waren 126 Kilometer Eisenbahnen in Betrieb.

Guayana. Im holländischen Guayana kennt man reiche Brauneisensteinlager. Eisenbahnen 1877: 96 Kilometer.

Ecuador. Die Gebirgsketten sind von Eisenerzgängen durchzogen, die in geringem Maase ausgebeutet werden. Die Eisengiesserei ist ziemlich vorgeschritten.

An Eisenbahnen besass Ecuador Ende 1877 41 Kilometer.

Peru. Dieses Land ist durch seinen Mineralreichthum, namentlich an edlen Metallen, seit Alters berühmt. Der theuere Transport war bisher der Ausbeutung der vielen Steinkohlenlager Peru's hinderlich. Letztere finden sich in grösserer Anzahl im Innern des Landes, theilweise bis 5.6 Meter mächtig. Die Kohle des Departements Huaylas ist von bester Qualität und und hat man seit der Eröffnung der Bahn von Chambote nach Huaraz mit der Förderung derselben begonnen. Gelegentlich des Baues der letztgenannten Bahn wurden noch andere mächtige Steinkohlenlager erschlossen, deren Kohle an Güte der besten englischen gleichkommen soll und letzterer daher eine gefährliche Concurrenz bereiten dürfte. Von Wichtigkeit sind ferner die Kohlenlager bei Huallanca und Cerro de Pasco. Ausser den im Lande selbst producirten Kohlen gelangen noch englische (1875: 115.854 metr. Tonnen Kohle im Werthe von 1,795.340 ℳ und 1756 metr. Tonnen Coke im Werthe von 35.460 ℳ,) sowie auch chilenische zur Verwendung.

In der Küsten-Codillera und in deren westlichen Armen wird auf Eisen, das in erstaunlicher Menge vorkommt, nicht gebaut, weil im Vergleich zu den Edelmetallen und dem Kupfer sein Preis zu niedrig ist. England importirte 1874 Roheisen und Eisenwaaren im Werthe von 6,407.380 ℳ Im Jahre 1875 sank diese Einfuhr auf 4,219.220 ℳ

In Peru hat sich in den letzten Jahren schon ein ganz ansehnliches Eisenbahnnetz entwickelt, dessen Ausdehnung Ende 1877 bereits 1.582 Kilometer betrug und in den nächsten Jahren noch eine beträchtliche Erweiterung erfahren dürfte.

Bolivia. Die Exploitation der Edelmetalle bildet eine Hauptbeschäftigung der Bevölkerung, doch fehlt es an Capital und Maschinen, um selbst diesen Bergbau rationeller zu betreiben.

Auf den Inseln von Queboya im Titicaca-See hat D'Orbigny zur Kohlenformation gehörige Schichten in der Art des englischen Kohlenkalksteines entdeckt.

Steinkohlen wurden im Jahre 1864 gleichfalls in der Nähe des Titicaca-See's, gute Braunkohlen in der Provinz Tarija gefunden, wo auch Petroleum in reichlicher Fülle vorhanden ist. Der Consum an englischer Kohle betrug im Jahre 1875: 4.133 metr. Tonnen im Werthe von 47.880 ℳ Auch an Eisen fehlt es nicht.

Eisenbahnen Ende 1877: 130 Kilometer.

Argentinien. In der Provinz San Juan sind neuerlich (1872) ausgedehnte Lager bituminöser Kohle entdeckt worden. Bisher war das Land mit seinem Kohlenbedarf ausschliesslich auf Grossbritannien angewiesen, welches im Jahre 1875 50.725 metr. Tonnen im Werthe von 808.040 ℳ einführte. Auch Eisen findet sich in der Provinz San Juan.

Ausser Kohle, Baumwollen- und Wollenwaaren, sowie Maschinen importirt die Republik vornehmlich Eisen. Die Einfuhr von Roheisen und Eisenwaaren aus England bewerthete sich im Jahre 1875 mit 11,598.300 ℳ

Stand der Eisenbahnen Ende 1877: 2.240 Kilometer.

Paraguay. Das Land bietet an allen Naturproducten den reichsten Ueberfluss. Der Ackerbau bildet die Hauptbeschäftigung der Einwohner. Die bestehende Metallindustrie ist ganz unbedeutend. Kohle wurde bis jetzt noch nicht gefunden.

Stand der Eisenbahnen Ende 1877: 72 Kilometer.

Uruguay. Vorwiegende Beschäftigung der Einwohner ist die Viehzucht. Ackerbau und Gewerbfleiss liegen noch in der Kindheit.

An Kohle und Eisen fehlt es hier gänzlich. Englische Kohlen wurden im Jahre 1875 118.720 metr. Tonnen im Werthe von 1,868.540 ℳ importirt, Eisenwaaren für 2,374.980 ℳ

An Eisenbahnen besitzt Uruguay 376 Kilometer.

Patagonien. Entgegen der Ansicht, dass nutzbare Mineralien im Osten der Andes sich nicht finden, berichtet Musters, dass er zu wiederholtenmalen auf Eisen gestossen sei.

Allgemeines. Die Tertiärbildungen haben in Süd-Amerika eine ungeheuere Ausdehnung. Das tertiäre Becken der Pampas erstreckt sich von der Mündung des Rio de la Plata bis zur Magellanstrasse und senkt sich unter den Atlantischen Ocean. Die untere Lage dieser Tertiärbildungen besteht im Allgemeinen aus drei Schichten: die erste ist ein eisenschüssiger Sandstein mit Kugeln von rothem Eisenoxyd oder Eisenoxydhydrat; er ist in seiner grössten Entwicklung 90 Meter mächtig. Die zweite Schicht ist ein weisslicher Mergel-Kalkstein mit abgerundeten Körnern von Eisenhydrat gefüllt. Seine grösste Dicke beträgt etwa 3.9 m. Die dritte Schicht besteht aus gypshaltigem Thon ohne Eisenhydrat; sie bildet den oberen Theil dieser Formation und misst ebenfalls 3.9. m.

Das Klima des südlichen Theiles von Amerika scheint für die Hervorbringung von Torf besonders geeignet. Auf den Falkland-Inseln wird fast jede Pflanzenart in diese Substanz umgewandelt. Einige von den Lagern sind von beträchtlicher Dicke, einige bis zu 3.7 Meter; der Torf in dem unteren Theile ist erdig und wird, wenn er trocken ist, so fest, dass er ohne Schwierigkeit brennt. Als nördliche Grenze, in welcher das Klima diese Zersetzung zulässt, dürfen die Chinas-Inseln unter dem 38. Grade südlicher Breite bezeichnet werden.*)

---

*) Darwin, Naturwissenschaftliche Reisen, Band I, S. 307, II. S. 42.

ASIEN.

Asiatisches Russland.*)

(15,809.280 Quadrat-Kilometer. — 8,079.213 Einwohner.)

Die Productionsziffern sind bereits in dem Abschnitte über das europäische Russland gegeben worden.

Man kennt im asiatischen Russland bis jetzt 17 verschiedene Ablagerungen von Kohle, die theils der Steinkohlen-, theils der Juraformation angehören.

Die Steinkohlenlager am östlichen Abhange des Ural. Für die sibirischen Bahnprojecte ist es von grösster Wichtigkeit, dass man nicht blos am Westabhange, sondern auch am Ostabhange des Ural neuerdings Steinkohlenlager entdeckt hat, die nicht wenig versprechen. G. v. Helmersen schreibt darüber, dass bei der Hütte Reshewskoi, nordöstlich von Jekaterinburg, vier Anthracitflöze, bei der Hütte Kamenskoi, östlich von Jekaterinburg, mehrere Steinkohlenflöze, und bei Suchoi-Log ebenfalls bauwürdige Kohlenflöze aufgeschlossen wurden, und dass alle Hoffnung vorhanden sei, noch viel mehr zu finden. Die nothwendigen Schürfungen sind von der Oberbergverwaltung angeordnet.

Das Kohlenrevier von Kusnetzk am Altai im Gouvernement Tomsk (Sibirien). Schon seit längerer Zeit (seit 1850) gewinnt man am nördlichen Fuss des Altai-Gebirges in der Gegend von Kusnetzk Kohlen, die nach den Pflanzenabdrücken, welche in den begleitenden Sandsteinen und Schieferthonen gefunden werden, den Bestimmungen von Prof. Dr. Geinitz in Dresden zu Folge der echten Steinkohlenformation Westeuropa's entsprechen. Diese Formation nimmt hier, wie Cotta sagt, einen sehr grossen Flächenraum ein, ist aber grösstentheils von diluvialen und recenten Ablagerungen bedeckt, unter denen sie sich bis in die Gegend von Tomsk fortsetzen dürfte. Den besten Aufschluss geben die Schächte und Schürfe in der Gegend von Batschask nordöstlich von Salair. Die Ausbeute war aber bisher nur eine geringe (nach v. Bock im Jahre 1870 5.730 metr. Tonnen, 1871 3.735 metr. Tonnen). Das Kusnetzk'sche Bassin gehört der Krone, und die aus demselben gewonnenen Kohlen, die sich sehr gut vercoken lassen, wurden bisher nur auf den kaiserlichen Werken, der Silberhütte von Gawrilowsky und auf dem Eisenwerke

---

*) Nach v. Hochstetter's „Asien, seine Zukunftsbahnen und Kohlenschätze", Wien, 1876.

Gurzewsky verwendet. Die Eisenproduction beträgt per Jahr durchschnittlich 2.460 metr. Tonnen. Die Steinkohlenlager bei Kolywan wurden erst in neuerer Zeit erschlossen und sind von so ausserordentlicher Mächtigkeit, dass der mineralische Brennstoff dort die bisher gebrauchte Holzkohle bald ganz verdrängen wird.

Dieselbe Steinkohlenformation tritt auch in der Gegend von Kuria am nördlichen Fusse des Altai auf.

Ueber das Kohlenterrain an der Nischne-Tugunska (im Jenissei-Gebiet), wo die Steinkohlenformation nach Lopatin über der Silurformation lagert, sind nähere Daten nicht bekannt.

Das Bassin der Kirgisensteppe. Die Umgebung von Semipalatinsk hat in neuerer Zeit durch die Entdeckung ausgedehnter Steinkohlenlager erhöhte Wichtigkeit erlangt. Die Steinkohlen kommen hauptsächlich vor im Becken Permykinsk in einer Grube etwa 100 Kilometer von Semipalatinsk, ferner im Becken des Pawlodar-Districtes in den Gruben Talldykulsk, Maukobensk, Kysyltawsk und Dschemantysk, endlich im Becken des Karkalinskischen Districtes in 2 Gruben. Ausserdem wurde noch eine Grube eröffnet bei Ermensk, etwa 141 Kilometer westlich von den Alexandrowski'schen Hüttenwerken. Sämmtliche Gruben sind Eigenthum der Familie Popow und lieferten seit dem Jahre 1840 über 49.140 metr. Tonnen Steinkohlen.

Die Russ. Revue enthält über die Kohlenlager bei Semipalatinsk Folgendes: Dem Bassin der Kirgisensteppe gehören an: die Steinkohlenlager der Akmolinskischen, Bajan-Aulschen, Karkalinskischen und Pawlodar'schen Bezirke des Akmolinsk'schen Gebietes und des Semipalatinsk'schen Bezirkes des Gebietes Semipalatinsk. Im Gebiet Akmolinsk geschieht die Ausbeutung nur in den Karagantin'schen Gruben, welche zur Spasski'schen Metallfabrik der Herren Risanow und Uschakow gehören. Hier wurden 1870 6.721 metr. Tonnen und 1871 6.626 metr. Tonnen Kohlen gewonnen. Im Gebiete Semipalatinsk werden Steinkohlen in 4 Bergwerken gewonnen: In dem Maukobensk'schen und Kysyltawsk'schen (der Herren Popow), in dem Spasski'schen (Permykinsk) und dem zu Dungulek-Sor (der Irtysch-Dagestan'schen Gesellschaft). Bei den Kysyltawsk'-schen Gruben sind von den Herren Popow Kupfer- und Silberschmelzereien eröffnet worden. Die Steinkohlengewinnung betrug im Jahre 1864 875 metr. Tonnen, 1869 2.922 metr. Tonnen, 1871 12.480 metr. Tonnen. Die Production dieses Minerals wird noch ungleich mehr zunehmen als bisher, wenn die Untersuchungen, mit welchen der Generalmajor Beswassikoff in den letzten Jahren sich befasst hat, die Anlegung einer Eisenbahn im westlichen Theile der Steppe von Orenburg bis zum Aralsee als ausführbar erscheinen lassen.

Die Kohlenlager im Kaukasus und in Transkaukasien sind noch wenig erforscht und spielen in der Industrie noch keine Rolle. Folgende Vorkommnisse sind bekannt: 1. Bei Tquirbul unweit Kutaïs; 2. die Humarin'-schen Lager am Flusse Kuban; 3. ein Lager unweit der Festung Grosnaja hinter dem Terek; 4. ein Lager unweit von Bambar; 5. ein Lager im Engpasse Kana-Syrga des Gouvernements Derbend; 6. eines in der Nähe von Achalzich; 7. eines auf dem Vorgebirge Tekie.

Das Becken von Tquirbul (Tquibuli) am südlichen Abhange des Gebirges, 48 Kilometer von Kutaïs am Rion, ist wegen des gleichzeitigen Vorkommens von guten Eisenerzen und der im Jahre 1872 eröffneten Eisenbahnlinie Poti-Tiflis, an der es liegt, von einiger Wichtigkeit. Die in diesem Becken lagernden Kohlenflöze, deren Erstreckung auf 15 Kilometer nachgewiesen ist, sind bis zu 14 Meter mächtig und wird ihr Inhalt auf $1^1/_4$ Millionen Tonnen berechnet; es wurde aber bis jetzt noch nicht ernstlich zu einer geregelten Ausbeutung derselben geschritten, sodass selbst die erwähnte Bahn ihre Maschinen gegenwärtig noch immer mit Holz heizt.

Die Steinkohle von den Quellen des Kuban bei Ghumara an der Nordseite des Gebirges ist wahrscheinlich von gleichem Alter. Die Grube wird von der Krone bearbeitet und lieferte in den letzten Jahren circa 2.450 metr. Tonnen jährlich. Die Kohle wird zur Zimmerheizung bis Pjatigorsk und Stawropol verführt.

Ausserdem sind noch im Betriebe befindliche Braunkohlengruben in der Nähe von Tiflis gelegen.

Ueber das Vorkommen von Kohle auf der Halbinsel Mangyschlak am östlichen Ufer des Kaspischen Meeres hat G. v. Helmersen berichtet und auch diese Kohle der Liasformation zugerechnet. Jedoch sollen die Kohlen von sehr geringer Qualität sein, namentlich sollen sie sehr schwefelkiesreich und zur Selbstentzündung geneigt sein. Sie werden daher bis jetzt nicht ausgebeutet.

Uebrigens liegt es auch im Interesse der an der Naphta-Industrie in Baku Betheiligten, die ihre Naphta-Rückstände verwerthen wollen, keine Concurrenz in billiger Kohle aufkommen zu lassen. Nach den Mittheilungen Dr. Tietze's werden fast alle auf dem Kaspischen Meere laufenden Dampfer, deren Feuerung eigens dazu eingerichtet ist, jetzt mit Naphta-Rückständen geheizt, die zu $5^{1}/_{2}$ Kop. per Pud (1.1 $\mathscr{M}$ pro metr. Ctr.) verkauft werden, während die Kohle aus dem Donetz-Becken loco Baku 55—60 Kop. per Pud (11—12 $\mathscr{M}$ pro metr. Centner) kostet.

Die Kohlenvorkommnisse im Lande der Orenburg'schen Kirgisen bei Uralsk und in dem erst neuerlich gebildeten Turgai'schen Districte der Kirgisensteppe, besonders an den Quellen des Dschilantschik werden als Braunkohlen beschrieben. Sie scheinen aber bis jetzt gar nicht, oder nur ganz unbedeutend ausgebeutet zu werden.

Das Turkestan'sche Kohlenbassin am Karatau im Sir-Darja-Gebiet. Herr A. S. Tatarinow, welcher Jahre lang das Gebiet des Sir-Darja bergmännisch durchforschte, berichtet, dass die 1867 in den Gebirgen (Ala- und Karatau) zwischen Aulie-ata und Tschemkend (nordöstlich von Taschkend) aufgefundenen Kohlenlager sich als ungemein ergiebig erwiesen haben. Einstweilig dienen sie nur zur Heizung der Dampferflotille auf dem Aral-See. Die Kohlenproduction im Ak-tasty-bulak wird gleichen Schritt halten mit der Thätigkeit der Eisen und Kupferschmelzerei, deren Gründung des befruchtenden Capitals und Unternehmungsgeistes harrt. Die Natur hat hier Alles für das Aufblühen einer grossartigen Industrie gethan, neben Kohle lagern Eisen-, Kupfer- und Bleierze. Allein das Volk hat diese Schätze noch nicht zu heben verstanden. Bei den Ackergeräthen in Turkestan sind Eisentheile bisher sehr spärlich verwendet und werden dieselben mit einer Sorgfalt geschont, welche den hohen Preis dieses unedlen Metalles sehr deutlich zeigt. Der Pflug besitzt in der Regel ein gusseisernes Pflugmesser. Ueberraschend unbeholfen sind die Bewohner Turkestans in der Herstellung der einfachsten eisernen Werkzeuge. Mit der Kunst, Eisen zu schmelzen, wurden sie schon im ersten Jahrhundert vor Christus durch die Chinesen bekannt gemacht. Das Schmiedeeisen ist spröde, die daraus gefertigten Gegenstände eignen sich nur für ein Volk auf ganz niederer Culturstufe.

v. Bock bemerkt über das Turkestan'sche Kohlenterrain: Die in demselben auftretenden Kohlenlager gehören theils der Krone, theils Privatpersonen. In den Tatarinowsk'schen Kohlengruben wurden in den letzten Jahren 1.150 bis 1.300 metr. Tonnen jährlich, und in zwei Privatgruben, der Babatin'schen und Hodschen'schen (Fawitzkis), sind im Jahre 1869 850 metr. Tonnen Steinkohlen gewonnen worden.

Weitere Kohlenfunde, die bereits vor meheren Jahren durch russische Bergingenieure im russischen Turkestan gemacht wurden, liegen topographisch leider so ungünstig, dass sie bei dem Mangel an guten Wegen und bei den ungenügenden Transportmitteln — nur auf dem Rücken von Pferd oder Kameel — nicht benützt werden können.

In dem Gebiete Ton-Tau im Osten von Samarkand hat schon im Jahre 1841 der Dorpater Reisende Alexander Lehmann gute Kohle aufgefunden, und im oberen Sarafschanthal (im südlichen Grenzgebirge von Chokand) hat derselbe Reisende brennende Steinkohlenlager angetroffen. Fedschenko erwähnt die Localität als Kan-Tag, ein Berg, auf welchem Schwefel gewonnen wird (brennende Steinkohlenschichten).

Es kann daher keinem Zweifel unterliegen, dass in den ausgedehnten Gebieten Central-Asiens noch reiche Kohlenschätze lagern, von denen aber bis jetzt wenig bekannt geworden ist.

Ueber die Kohlenvorkommnisse bei Sergiopol im District von Semirjetschinsk und über die Kohlenlager bei Kuldscha am Ili, die schon von den Chinesen ausgebeutet wurden, fehlen nähere Daten.

Ausser den beschriebenen Lagerstätten sind im asiatischen Russland noch mehrere Kohlenvorkommnisse bekannt, so an mehreren Punkten des Gouvernements Irkutsk, im Nertschinskischen Bezirke des transbaikalischen Gebietes am Argun, und unweit der Mündung des Amur. Aus einer der Bergreihen, dem Gebirge Zagajan, welche den Amur einsäumen, steigt an einzelnen Stellen schwarzer Rauch auf, der vermuthlich durch Selbstentzündung von Steinkohlenschichten entsteht. Nach den Berichten des seinerzeitigen Statthalters Grafen Murawieff besitzt das ganze Amurland einen ungeahnten Reichthum an Eisen und Kohle. Allein der Bergbau soll erst begonnen, eine Schmelzhütte erst gebaut werden.

Die Insel Sachalin. Auf der früher zum Inselreiche Japan gehörigen, gegenwärtig aber russischen Insel Sachalin werden schon seit dem Jahre 1853 an der Westküste bei Dui Steinkohlen von den Russen gewonnen. An 12 Orten dieses Küstenstriches wurden bisher Kohlenflöze aufgeschlossen; eine Ausbeutung derselben findet aber ausser bei Dui nur noch bei Sertunai statt. Die Kohle ist zwar nur Lignit, nichtsdestoweniger aber von vorzüglicher Beschaffenheit, da sie im Durchschnitt 70 % reinen Kohlenstoff enthalten soll. Die Kohle wird mit 28.9 ℳ die metr. Tonne verkauft und der japanesischen Kohle vorgezogen. Die Production ist in den letzten Jahren erheblich gestiegen. In Petersburg hat sich eine aus grossen Capitalisten und angesehenen Industriellen bestehende Actiengesellschaft zur Ausbeutung der Kohlenlager von Sachalin gebildet. Ein Theil der Kohle wird nach China exportirt.

Asiatische Türkei.*)

(1,925.550 Quadrat-Kilometer. — 13,141.641 Einwohner.)

Das einzige Steinkohlenbergwerk der Türken, dessen schon bei der europäischen Türkei Erwähnung geschah, ist jenes von Eregli oder Bender-Eregli (Heraclea pontica der Alten, Penderachia des Mittelalters) in Klein-Asien, am südlichen Ufer des Schwarzen Meeres gelegen. Im Jahre 1834 wurde in der Nähe dieser Stadt die Kohle entdeckt, aber erst im Jahre 1841 die Ausbeutung derselben durch österreichische Croaten und Montenegriner begonnen. Die verschiedenartigsten Schürfungen, die seitdem vorgenommen wurden, haben nachgewiesen, dass das Kohlenbecken bis Amassra (Amastris der Alten), etwa 105 Kilometer weit, sich erstreckt und landeinwärts eine Ausdehnung desselben von 8 bis 11 Kilometer angenommen werden kann, in Höhen bis zu 300 Meter. Die ergiebigsten und reichsten Lager sind bei Armudschik und Kozlu aufgeschlossen. Ein Flöz ist 4 Meter mächtig, und fünf oder sechs andere haben eine Mächtigkeit von 1½ bis 2

*) Vergl. Schwegel „Volkswirthschaftliche Studien über Constantinopel und das umliegende Gebiet".

Meter. Die Minen sind gegenwärtig Krongut. Obgleich eines der reichhaltigsten Kohlenbecken, ist die Production doch eine äusserst geringe, und überdies wird der unverantwortlichste Raubbau getrieben. Auf Grund eines Teskere, den man sich beim Marine-Departement leicht verschaffen kann, erhält man das Recht, Kohle zu suchen und beim eventuellen Fund die Ausbeute auf Rechnung der Regierung zu bewerkstelligen. Die Regierung zahlt den Bergleuten für jeden geförderten metr. Centner Kohle 0.30—0.40 ℳ und hat das ausschliessliche Recht der Gewinnung, so dass die ausgegrabene Kohle an keinen Zweiten verkauft werden darf.

Durch diese Art des Abbaues verlieren die Minen täglich an Werth, denn die Bergleute suchen die Kohle höchstens bis zu einer Tiefe von 80 bis 100 Meter, und wenn sie dann durch eintretende schlechte Wetter und Tagwässer gestört werden, so geben sie den Bau auf, um in nächster Nähe einen neuen zu beginnen. So wird das ganze Gebiet durchwühlt. Man nahm sich auch nicht die Mühe, Verkehrswege anzulegen. Der Transport erfolgt auf die primitivste Art in Körben, die auf dem Rücken getragen werden, obgleich bei der äusserst günstigen Lage Heraclea's, welche jener von Cardiff und Newcastle gleichkommt, und bei der Nähe des Meeres ohne grosse Kosten die Communication mit den Küstenpunkten hergestellt werden könnte.

In der Qualität ist die Kohle von Eregli der englischen Steinkohle ebenbürtig. Es ist eine Schwarzkohle von schiefriger Structur. Die beste Sorte wird in Sanguldagh gewonnen.

Die jährliche Production beläuft sich auf 100 bis 125.000 metr. Tonnen. Die Kohle, die bei ihrer Ankunft in Constantinopel in Folge der verschiedenen Umladungen als Kleinkohle sich darstellt, wird zu 8 Piaster per Centner verkauft. Da 18 türkische Centner einer englischen Tonne gleich sind, so würde diese Kohle auf 144 Paster (ca. 28 ℳ) per metr. Tonne zu stehen kommen, während die beste Cardiff- oder Newcastle-Kohle gleichfalls mit 28 bis 32 ℳ im Hafen verkauft wird. Hierbei ist jedoch zu bemerken, dass die Steinkohle von Eregli gegenwärtig nicht auf den Markt kommt, sondern nur den Bedarf des Arsenals, ihres einzigen Consumenten, zu decken berufen ist.

Da in der ganzen Türke kein zweites so reichhaltiges Kohlenbecken in unmittelbarer Nähe des Meeres sich findet, so sind die Ansprüche, welche die Regierung an die Concession zum Betriebe dieses Bergwerkes knüpft, für jede sich etwa bildende Gesellschaft unerschwinglich. Es steht aber ausser Zweifel, dass bei einem gut geleiteten Betriebe jene Kohlenlager nicht allein Constantinopel, sondern auch die Küstengebiete des Schwarzen Meeres ganz mit Kohlen versehen könnten.

Weiter angestellte Nachforschungen ergaben die Fortsetzung der Steinkohlenformation bei Sinope, Kerasund, Bujuk-Liman und bis Kowata östlich von Trapezunt, ohne dass jedoch in diesen Gegenden eine nennenswerthe Ausbeute stattfinden würde. —

Das vom Ingenieur Černik im Jahre 1873 auf seiner Traçirungsreise von Bagdad herauf entdeckte Vorkommen von Kohlen befindet sich abseits der herkömmlichen Handels- und Karawanenwege im Chaburthale des centralen Kurdistan. Das Thal ist 22 Kilometer lang und endet mit einer Gabelung, welche die beiden Quellbäche des Chabur, eines Zuflusses des Tigris von Osten her, bilden.

Der Hauptort des Thales, Zacho, hat 2.000 Einwohner. Die Mächtigkeit der Kohlenschichten beträgt 3 Meter (zu Tage liegend). Das Gebirgsmaterial ist Sandstein (in Zwischenschichten von 2 Decimeter). Nur das Thälchen von Scheramisch hat Kohle, im Djebel Herbol findet sich dagegen Erdpech, welches auf Schlauchflössen Tigris abwärts bis Bagdad exportirt wird. Das Tragvermögen eines solchen, „Kellek" genannten Flosses ist gleich 6000 Okken (à 2¼ Pfund = 6.75 metr. Tonnen). Eine Exploitation der Scheramischen Kohle findet nicht statt. —

Die vom Ingenieur Černik projectirte Kohlenbahn (normalspurig) geht von Feysch-Chabur, einem Nestorianerstädtchen mit 2.000 Seelen, ab. Die

Hauptbahn überbrückt hier den Tigris (das einzige Mal) und ist über Mosul nach Bagdad projectirt. Die Bewohner des Chaburthales sind Kurden.

Der noch ganz unausgebeutete Reichthum des Kohlenbeckens von Zacho müsste die Kupferproduction von Diarbekir und Erzerum ausserordentlich befördern. Aber wer denkt heutzutage daran in der Türkei? Obwohl sich das gedachte grossartige Kohlenlager nur 33 Kilometer vom linken Ufer des schiffbaren Tigris und 80 Kilometer oberhalb Mosul befindet, wird für die Dampfschiffahrt auf dem Tigris zwischen Bagdad und Bassora Kohle via Suez aus England herbeigeschafft. Auch im Libanon soll sich Kohle finden, welche besonders leicht abgebaut werden könnte.

Die asiatische Türkei ist auch reich an Eisenerzen. Schon zu und vor Herodot's Zeiten war am Schwarzen Meer berühmt „das Volk der Schmiede, die Chalyber", die in den an Eisenerz reichen Thälern am Pontus-Gestade bei Kerasus und Trapezunt wohnten und welche die Härtung des Eisens zu Stahl erfunden haben sollen.

Ein anderes altes Eisen-Eldorado ist der District von Sivan Maaden, am Flusse Murad, im Gebiete des Euphrat, „in welchem Berge und Thäler weit und breit mit grossen schwarzen Blöcken, die 75 $^0/_0$ Roheisen enthalten, besäet sind". Sie wurden seit ältesten Zeiten von den Völkern Mesopotamiens ausgebeutet, liefern noch heutigen Tages für Jahrhunderte Material zum Schmelzen und Schmieden und sind die reichsten Eisenminen im türkischen Orient.*)

Colossale Eisenlagerstätten, welche aber ebenfalls noch gänzlich unbenützt blieben, befinden sich hinter Brussa, östlich und südöstlich vom bythinischen Olymp.

Im Libanon werden hochhaltige Eisensteine in primitiven Holzkohlenhohöfen verschmolzen und zu Hufeisennägeln und anderen Dingen verarbeitet.

An Eisenbahnen besass Klein-Asien im Jahre 1877 395 Kilometer.

Arabien.

(2,507.410 Quadrat-Kilometer. — 3,720.000 Einwohner.)

Maltzan theilt mit, dass Süd-Arabien den Markt von Aden mit Kohle versieht.

In dem Terrain zwischen dem Wadi Hadjar und dem Plateau von Hadramaut fand Ad. v. Wrede einen Eisensandstein, der von Eisenocker und Eisenoxydhydrat durchdrungen ist, Nester von Thoneisenstein eingeschlossen enthält und in unzähligen Klüften Eisenocker und Eisenoxyd führt. Dieser Sandstein dehnt sich auf einer Strecke von etwa 30 Quadrat-Kilometer aus und füllt das Thal zwischen den Djebel Mulk und Djebel Noman. In dem Wadi Mayfaah am östlichen Gehänge setzt sich ein 1.5 Meter mächtiges Lager von quarzigem, sehr reichhaltigem Eisenerz auf und fällt wie die Schichten der Grauwacke unter einem Winkel von 47° nach Westen ab. Weiter unten durchschneidet der Wadi El Hadnuah ein Vorgebirge, bestehend aus einem Conglomerat von Gesteinen, in welchem ein sehr fester Thoneisenstein auffällt.

Im Ganzen ist die Gewinnung von Eisen in Arabien noch eine sehr unbedeutende.

---

*) J. G. Kohl, Die natürlichen Lockmittel des Völker-Verkehrs. Bremen, 1878.

Persien.

(1.647.070 Quadrat-Kilometer. — 5 Millionen Einwohner.)

Da Persien wohl botanisch, nicht jedoch geologisch durchforscht ist, — wenigstens hat Bergrath Dr. Tietze das Ergebniss seiner Beobachtungen, ausser einer kurzen Mittheilung in Hochstetter's „Asien" noch nicht veröffentlicht, — so lässt sich über seinen Reichthum an fossilem Brennstoff noch kein endgiltiges Urtheil abgeben.

Ein mächtiges Kohlenlager findet sich etwa 114 Kilometer nordwestlich von Teheran, ausstreichend beim Dorfe Hif, südöstlich von Kaswin; dieses Lager setzt sich gegen die Hauptstadt fort, denn man findet von demselben eine Ader bei Kent (23 Kilometer von Teheran) und bei Ferezât (15 Kilometer), geht dann nördlich hinter die erste Kette des Elburz, erscheint als gutes Lager 38 Kilometer nördlich von Teheran bei Scheristanek und wendet sich hierauf gegen den Pik Demawend, welcher Vulcan die Kohlenformation durchbrochen hat. Es wird daher in seinen Seitenthälern, so am Laarfluss, als auch in Diwasia gute Kohle gefunden.

Dieses Kohlenlager von Hif ist für die Zukunft von grosser Wichtigkeit, weil es ausserordentlich leicht zugänglich ist, dann weil es knapp an der Traçe liegt, welche die zukünftige Bahn von Tiflis über Täbris, Teheran, Schahrud, Meschhed, Herat und Kabul nach Indien verfolgen muss. Die Kohle von Hif wird übrigens schon seit Jahren ausgebeutet und ein Chalvar (circa 0.3 metr. Tonnen) kostet an der Grube trotz der mangelhaften Gewinnungsmethode nur 6.4 bis 6.8 M.

In derselben Elburzkette finden sich reichlich Kohlen nahe Astrabad, etwa 23 Kilometer davon entfernt auf dem Karawanenweg nach Schahrud. Diese Kohle dürfte einst für die Schiffahrt auf dem Caspi-See von Wichtigkeit werden, wenn die Urwälder an den Ufern derselben erschöpft sind.

Weitere Kohlenlager sind in der Nähe von Meschhed bei Kelat-Nadiri, und in der Nähe von Täbris liegen die reichen Braunkohlenlager von Ainal und Zainal. Endlich sollen sich Kohlen bei Gerus in Kurdistan finden.

Die Steinkohlen finden in Persien im Allgemeinen wegen des schwierigen Transportes wenig Anwerth, nur die Engländer lassen hier und da aus Gewohnheit einige Ladungen (mittels Esel) kommen. Der Preis stellt sich dann etwa auf 0.75 M. per 50 Kg.

Dass kein regelrechter Abbau stattfindet, versteht sich von selbst. Man gräbt einen Brunnen, fördert einige Centner, und ist eine gewisse Tiefe erreicht, so verlässt man ihn und gräbt einen neuen.

Nach der jurassischen Formation unterliegt es keinem Zweifel, dass zwischen Kaswin, Astrabad und Meschhed an vielen Punkten noch Kohlen existiren, da diese Formation in Persien kohlenführend ist. —

Es gibt in Persien ausserordentlich reiche Eisenlager mit vorzüglichen Erzen, so z. B. in der Nähe von Kaswin und namentlich in Masanderan; allein wegen des mangelnden Brennstoffes wird Eisen nur in Masanderan und auch hier in geringer Quantität gewonnen.

Der Verbrauch an Eisen ist in Persien ein relativ sehr geringer, weil es noch keine Eisenbahnen, keine Wagen und keine Fabriken gibt. Fast alles Eisen kommt vom Ural über die Wolga nach dem Caspi-See und wird von den Hafenplätzen mittels Karawanen weiter befördert. Gutes Eisen kostet loco Hafen per Pud $6\,^1/_2$ Karan (17.03 M.) per metr. Centner. Der Import beträgt per Jahr circa 3.000 metr. Tonnen; wie verlautet, gewinnt Russland wenig bei dem Eisenimport und hält ihn nur aufrecht, um die Uralwerke zu beschäftigen.

Etwas Eisen wird auch via Bushir und Bender Abbas über den Persischen Meerbusen von England importirt. Eisendraht sowie fast alle ordinären Eisenwaaren, als Schlösser, Riegel, Nägel etc. kommen ausschliesslich aus Russland. Eisenblech wird jährlich im Werthe von 24.000 bis 40.000 ℳ. aus England bezogen; es vertritt bei den Persern, seit die gemalten Fenstergläser wegen ihrer Kostspieligkeit ausser Gebrauch gekommen sind, häufig die Stelle des weissen Fensterglases, muss also sehr glänzend sein; die Solidität der Waare ist Nebensache.

Stahl kommt zumeist aus England und aus Oesterreich-Ungarn über Triest. Die jährliche Einfuhr betrug in den letzten Jahren durchschnittlich 150—200 Kisten im Gesammtwerthe von 16.000—20.000 ℳ.

Der Import an Waffen repräsentirt einen jährlichen Werth von 48.000 ℳ. Am gesuchtesten sind die englischen Fabricate*).

Für gute Damascenerklingen wird noch etwas präparirter Stahl von Indien nach Schiraz und Meschhed eingeführt, wo noch eine, allerdings jetzt dahinsiechende Damascener-Fabrication besteht.

Zu Zeiten der Kaijoniden, also vor Alexander dem Grossen, scheint das Eisen in Persien sehr selten gewesen zu sein, weil die unzähligen Pfeilspitzen, die in der Nähe von Persepolis gefunden werden, sämmtlich aus Bronce sind.

Central-Asien.

(1,971.600 Quadrat-Kilometer. — 4,341.000 Einwohner.)

In dem noch selbstständigen Bochara wurden in neuerer Zeit grosse Kohlenlager aufgefunden, was für dieses Land von besonderer Wichtigkeit ist.

Die Einwohner des bis jetzt so wenig bekannten Fürstenthums Karategin im Gebiete des Hindukush treiben lebhaften Bergbau und erzeugen namentlich vortreffliches Eisen.

Das Hauptgeschäft der Stadt Faisabad in Badakschan, in der Nähe der Dscher-Mündung im Flussgebiete des Koktscha, ist die Eisengiesserei, welche namentlich ausgezeichnetes Kochgeschirr liefert, eine Kunst, die hier wahrscheinlich von Indien eingeführt wurde.

In Ost-Turkestan produciren die Provinzen Aksu und Turfan Kohle. Die in ersterer Gegend gefundene soll sehr schwarz und von ausgezeichneter Güte sein, während die Turfaner Kohle von röthlich brauner Farbe und sehr untergeordneter Heizkraft ist wegen ihrer kiesigen und erdigen Beimengungen.

Die Kohle von Aksu soll aus der Umgegend von Karabagh kommen, die von Turfan aus den Bergen bei Siukip nahe Ghotschang. Der türkische Name dieses Minerals ist Tash-kumur oder steinerne Holzkohle. Kohle soll sich auch im Gebirge Kuen-Luen finden, wird aber seit dem Ende der chinesischen Herrschaft nicht mehr abgebaut. Seit der Vertreibung der Chinesen sind überhaupt fast alle in Kaschgarien betriebenen Industriezweige zurückgegangen. Die Kohle von Aksu und Turfan wird durch Landleute auf der Erdoberfläche gesammelt und nach den Städten verkauft, aber ihre heutige Consumtion kann sich mit der während der chinesischen Herrschaft stattgefundenen nicht mehr vergleichen. Nach den neuesten Mittheilungen befindet sich das Land wieder in dem Besitze der Chinesen.

---

*) Dr. J. E. Polak, Officieller Ausstellungsbericht „Persien", Wien 1873.

Eisen liefern in Ost-Turkestan der Kisil-Tagh und der Tumur-Tagh („rother Berg“ und „Eisen-Berg“) an den Quellen des Schahuas-Flusses.

Auch in Bar-Roschan am Pandschah unterhalb Wamar wird Eisen in grossen Mengen gefunden. Ferner producirt ein 25 Kilometer oberhalb letztgenannter Stadt an der Wamar-Ravine gelegenes Bergwerk ein reiches Erz.

Heute sind die Eisenbergwerke von Schahuas die einzigen noch im vollen Betriebe befindlichen. Das Sammeln des Erzes, das in Kisili geschieht, ernährt etwa 400 — 500 Familien. Das Metall, welches von hervorragender Güte sein soll, versorgt den Markt sämmtlicher westlichen Städte und wird ausserdem für den einheimischen Consum in Anspruch genommen.*)

Ost-Indien.
(8,221.148 Quadrat-Kilometer. — 313,043.500 Einwohner.)

Vorder-Indien. Die Kohlenfelder von Indien**) liegen fast alle in einer Region, welche nördlich vom Ganges begrenzt ist und südlich bis über den Godáveri sich erstreckt, während sie in ostwestlicher Richtung von der Umgegend von Calcutta bis zum Nerbudda (Narbada) reichen. Ausserhalb dieses Gebietes liegen nur die Kohlenfelder von Kutsch-Behar (in den Darjeeling Territories) am Südabhange des Himálaya im oberen Flussgebiete des Tista (eines Zuflusses des Brahmaputra) und die Kohlenvorkommnisse in Ober-Assam, im Ditrugarh- und Sibsagar-District.

Mr. Blanford theilt die Kohlenterrains der ersteren Region in vier Gruppen:

1. Die der Rajmahal-Hills und des Damuda-Thales (das Hauptgebiet).
2. Die in Rewah, Sirgújah, Choda Nágpur, Tálchir am Bráhmani-Flusse etc.
3. Die Kohle des Narbada-Thales und der Satpura-Hills.
4. Die neuen Felder in den Thälern des Wardha und Godáveri.

In den Rajmahal-Hills sind kleine Kohlenbassins in jedem grösseren Thal, welches die Kette durchsetzt, mit Flözen von 0.9 — 3.6 Meter Mächtigkeit. Das Hauptterrain ist aber das von Raniganj am Damuda oder Damodar, südlich vom Ganges, nordwestlich von Calcutta, und nahezu alle Kohle, die in Indien gewonnen wird, kommt von dort. Im Jahre 1868 wurden daselbst 493.000 metr. Tonnen gewonnen, von allen übrigen Kohlenfeldern kamen nur 40.000 metr. Tonnen. Die Production ist aber seither rasch gestiegen.

Das Kohlenfeld beginnt 192 Kilometer nordwestlich von Calcutta. Es ist 29 Km. lang von Nord nach Süd, und 64 Kilometer breit, und besitzt eine Oberfläche von 1300 bis 1550 Quadrat-Kilometer. Die Flöze sind zahlreich und von 1.3 bis 10.5 Meter mächtig, sie haben eine Gesammtmächtigkeit von 30—36 Meter. Die abbauwürdige Kohle wird auf 14.000—16.000 Millionen Tonnen geschätzt.

Die Kohle selbst ist sehr verschieden von europäischen Steinkohlen, sowohl nach Qualität, als nach ihrem äusseren Ansehen. Der Hauptunterschied besteht darin, dass die indische Kohle sehr schiefrig ist und 10—30 % Asche enthält, bei durchschnittlich 52 % (selten mehr als 60 %) Kohlenstoff

*) Ost-Turkestan und das Pamir-Plateau. Petermann's Mittheilungen, Gotha, 1877.
**) Vergl. das bereits Seite 216 angeführte Werk v. Hochstetter's.

Englische Kohle enthält dagegen durchschnittlich 68 $^0/_0$ Kohlenstoff und nur 2.7 $^0/_0$ Asche. Indische Kohle leistet deshalb nur $^1/_3$—$^2/_3$ von dem, was englische Kohle leistet. Das an Naturschätzen reichste Land entbehrt daher, so weit bis jetzt bekannt, einer vollkommen guten Kohle.

Schon 1775 wurde diese Kohle theilweise ausgebeutet. Gegenwärtig sind 44 Kohlenwerke mit 61 Dampfmaschinen in Betrieb, und Eisenbahnen führten bis zu den Hauptwerken.

Die bengalischen Bahnen gebrauchen jetzt durchaus die Kohle von Raniganj, allein die Madras- und Bombay-Bahnen heizen ihre Maschinen noch immer mit englischen Kohlen. Die Ostindische Eisenbahn-Gesellschaft besitzt einen Complex von Kohlengruben, aus dem sie jetzt bereits täglich 800 metr. Tonnen Kohlen fördert — in Indien die grösste von einer Gesellschaft gelieferte Tagesleistung. Die Eisenbahn verbraucht nur etwa die Hälfte dieses Quantums und verkauft den Rest. Sie befindet sich in der glücklichen Lage, ihre Kohlen zu etwa nur ein Achtel des Kostenpreises anderer Bahnen zu haben. Die vorhandenen Schätze haben eine Tiefe von durchschnittlich 30 Meter, an einigen Stellen aber wird die Kohle steinbruchartig und über Tag gefördert.

In Calcutta kostet englische Kohle 40 $\mathscr{M}$. pro metr. Tonne, die einheimische 7 $\mathscr{M}$., also fast 6 mal weniger.

Mit den übrigen Kohlenfeldern des Damuda-Thales (Iherria, Bokaro, Rámgarh, Karanpura, Kurhurbari, Deogarh, Chopé, Itkuri) wird die Gesammtausdehnuug der Kohlenformation des Damuda-Thales auf 4.000 Quadrat-Kilometer geschätzt, und wenigstens in der Hälfte dieses Areals kommen bauwürdige Flöze von ansehnlicher Mächtigkeit in nicht grösserer Tiefe als 300 Meter unter der Oberfläche vor.

Die zweite Gruppe der indischen Kohlenterrains besteht aus einer Anzahl von Becken (Daltonganj, Risrampur, Talchir u. s. w.), die über ein immenses Gebiet der wildesten Gegenden Indiens zerstreut liegen und noch nicht genügend erforscht sind.

Die dritte Gruppe liegt im Nerbudda- (Narbada-) Thale und den Satpura-Hills, welche dessen südliche Grenze bilden. Das Flöz, welches auf den Mopani-Werken abgebaut wird, hat eine durchschnittliche Mächtigkeit von 7.5 Meter und ist in Qualität der Raniganj-Kohle gleich.

Die vierte Gruppe von Kohlenfeldern liegt an der Grenze des grossen Sandsteingebietes des Godáveri-Thales mit den Seitenthälern des Wardha und Pranhita, von der Gegend von Nágpur bis Ellor. Nach den Untersuchungen von Mr. Blanford und Mr. Hughes kommt abbauwürdige Kohle an mehreren Localitäten vor. Ebenso wurde im Chanda-Districte, in den Centralprovinzen, in Berár und wieder im Nizam-Territorium in grosser Verbreitung ein Flöz bis zu 15 bis 21 Meter Mächtigkeit nachgewiesen. Auf den Wurrorawerken im Chanda-District wird der Reichthum auf 5 Millionen Tonnen geschätzt.

Die Kohle aus Ober-Assam ist nach Mr. Medlicott von etwas jüngerem Alter als die Damuda-Kohle und noch wenig ausgebeutet. Sie enthält 53 bis 61 $^0/_0$ Kohlenstoff, 43 bis 36 $^0/_0$ Wasserstoff und Sauerstoff und 1.7 bis 3.7 $^0/_0$ Asche nach Proben, welche von drei verschiedenen Localitäten genommen wurden.

In Bezug auf das geologische Alter der Steinkohlen führenden Schichten in Indien war man früher der Ansicht, dass sie sämmtlich einer und derselben Formation angehören, die man für identisch mit derjenigen der australischen Kohlenformation und nur wenig verschieden von der europäischen Steinkohlenformation hielt. Neuerdings jedoch hat Mr. Henry F. Blanford nachgewiesen, dass die Pflanzen- (Kohlen-) führenden Schichten Indiens von sehr verschiedenem Alter sind, von der Permischen Formation angefangen bis zum oberen Jura. Speciell für die Schichten der Rajmahal-Gruppe hat Dr. O. Feistmantel den Nachweis geliefert, dass sie dem Lias angehören.

Die Eingeborenen brennen fast nirgends Kohle, sondern Holz oder getrockneten Kuhdünger.

Die Einfuhr englischer Kohle in den britischen Besitzungen betrug

im Jahre 1875 .. 625.190 metr. Tonnen im Werthe von 9,369.880 $\mathcal{M}$.
,, ,, 1876 .. 772.013 ,, ,, ,, ,, ,, 9,327.100 ,,
,, ,, 1877 .. 910.513 ,, ,, ,, ,, ,, 10,094.627 ,,

ist demnach noch immer bedeutend im Steigen begriffen. —

Uralt ist der Bergbau auf Eisen in einigen Partieen Indiens. Indisches Eisen wird schon von dem Griechen Ktesias 400 v. Chr. erwähnt, und die aus ihm geschmiedeten Schwerter waren berühmt. Eisenstein wird überhaupt noch häufiger in Indien angetroffen als Kohle. Die Eingeborenen verstehen aber das Schmelzen nur schlecht und bedienen sich zur Herstellung von Schmiedeeisen äusserst einfacher Apparate, der sogenannten Rennöfen. Erst in neuester Zeit haben sich europäische Gesellschaften mit Projecten zur Hebung der mineralischen Schätze beschäftigt.

Grossartige Ablagerungen an Eisenerzen sind in Madras, im Distrikte Salem bei Godumulay, zu Karnul, Kadapeh, zu Kunjamullay bei Sooramunglam und an mehreren anderen Orten bekannt, aber wenig oder gar nicht ausgebeutet. Die Eisenerze von Madras sind stark magnetisch, enthalten 70 % metallisches Eisen und stehen an Qualität dem schwedischen Erze gleich. Ein interessantes Beispiel des Vorkommens ist der 120 Meter hohe Magneteisenberg von Kunjamullay, der viele weithin sichtbare Lager dieses Erzes enthält, welche bis 30 Meter dick sind.

Das in Gondwana in Hindostan von den Kurrukporebergen, dem Ganges und den Rajmahalbergen eingeschlossene Land (8.100 Quadrat-Kilometer) enthält ebenfalls neben Kohle auch Eisen. Letzteres wird besonders in den erwähnten Kurrukporebergen in rohgebauten Hohöfen geschmolzen.

Auch Nepal im Himâlaya-Gebirge hat reiche Lager von Eisenerzen. Der Maharaja ist Eigenthümer und eifersüchtiger Wächter der Minen. Der Bergbau ist Raubbau.

Es existirten bereits die Anfänge einer grösseren Eisenindustrie in Indien, aber alle Unternehmungen gingen nach und nach zu Grunde, weil sie vermuthlich von Seite Englands wenig Unterstützung fanden, sodass gegenwärtig nur die Ruinen der bereits bestandenen Hohöfen zu finden sind. Die Eisenproduction ist, so günstig bei den Kohlenschätzen des Landes die Bedingungen für ihre Entwicklung wären, gegenüber den von England eingeführten Eisenwaaren 1874: 1,772.848 £ (35,477.960 $\mathcal{M}$.) und 1875: 1,638.506 £ (32,770.120 $\mathcal{M}$.) unbedeutend; sie beschränkt sich auf die Gewinnung von Stabeisen und Stahl direct aus Erzen nach den primitivsten ältesten Methoden.

Merkwürdig ist nur der berühmte indische Stahl, der den Namen „Wootz" erhalten hat. Die Herstellung desselben besteht darin, dass Stabeisen in kleine Stücke zerhackt und diese mit etwa 10 % trockener Holzspäne von Cassia auriculata und einigen grünen Blättern von Asclepias gigantea oder Convolvulus laurifolia in kleinen Tiegeln einer entsprechenden Hitze ausgesetzt werden. Die chemischen Untersuchungen haben bisher nichts ergeben, was die vorzüglichen Eigenschaften dieses Stahles erklären würde. Die Erzeugung des Wootzstahles ist auf wenige Bezirke von Missore und auf Salem in Madras beschränkt.

Die in Indien gefertigten Schutzwaffen, namentlich die Schuppenpanzer und Ringelhemden sind von vorzüglicher Schönheit und übertreffen bei weitem ähnliche Fabricate der Circassier, Kurden, Japanesen und Sudân-Völker. Rangoon, Gwalior, Vizianagram, Nellemasla, Sealkote und Goajerat sind berühmt durch ihre Waffenschmieden.

Man gibt sich der sicheren Erwartung hin, dass sowohl die Kohlen- als auch die Eisenindustrie in Indien in nächster Zeit eine grossartigere und zeitgemässere Entwicklung erfahren, und dass namentlich die Erzeugung des Eisens mit Kohlen und Coke sich einführen wird. Besondere Erwähnung verdienen die Bemühungen der Bengal Ironworks Company, deren Besitz im Burrakur-Distrikt 160 Kilometer von Calcutta entfernt liegt. In den beiden grossen Hohöfen dieser Gesellschaft werden die Erze mit der in unmittelbarer Nähe gefundenen Kohle verschmolzen, die sich als gut cokbar erwiesen hat. Die nicht weit davon ansässige Bengal Coal Company, welche ebenfalls 2 Hohöfen errichtet hat, erzeugt täglich 25 metr. Tonnen Roheisen. Die Erze liegen überall offen zu Tage, ebenso ist Kohle dort leicht zu gewinnen.

Eine gute Zukunft scheint das Wardha-Thal im Gebiete der Centralprovinzen in Bezug auf seine Kohlen- und Eisenindustrie zu besitzen. Man glaubt, dass diese Gegend einst ein wahres „schwarzes Indien" (Indian Black Country) werden wird. —

Die vorderindische Halbinsel hatte Ende 1877 bereits ein Eisenbahnnetz von 11.164 Kilometer Länge aufzuweisen, wozu noch 146 Kilometer ausgebaute Bahnen auf der Insel Ceylon zu rechnen sind.

Hinter-Indien. An Eisen ist die hinterindische Halbinsel ziemlich reich, an Kohle weniger, denn man hat abbauwürdige Kohle nur in Birma und neuerdings in Tongking nachgewiesen. Die vorzüglichen Kohlenlager von Britisch-Birma liegen bei Kjukphju. Eisenerze werden auf Ramri und Tscheduba gefunden, doch lohnen sie den Abbau nicht, weil sie die Concurrenz mit dem eingeführten englischen Eisen nicht bestehen können. In Tongking liegen neben Eisenminen unberührte Kohlenlager an der Oberfläche, darunter einige in der Nähe der Meeresküste, welche leicht erschlossen und ausgebeutet werden könnten.

Ostindischer Archipel. Auf Java, der Centralbesitzung der Niederländer im Archipel, birgt die neptunische Formation an verschiedenen Stellen der Insel Mineralkohle. Solche Kohlenflöze aber, die im Hinblick auf technische Verwerthung Beachtung verdienen, kommen nur in den östlichen Gegenden von Süd-Bantam vor, da, wo quarzige, nicht |kalkige Sandsteine vorherrschen. Sie sind auf einen schmalen Gebirgsstrich beschränkt; innerhalb desselben sind jedoch die Kohlen rein, hart, schwarz, stark glänzend und reich an Kohlenstoff, vielmehr der eigentlichen Steinkohle als der Braunkohle gleichend. Die Kohlenflöze in Bantam stimmen ihrer Beschaffenheit nach fast alle mit einander überein. Sie enthalten bituminöse Pechkohlen mit lebhaftem Fettglanz. Entdeckt wurden diese Kohlen im Jahre 1826 von dem Botaniker Spanoghe.

Bei Gelegenheit des Eisenbahnbaues hat man ganz neuerdings noch zahlreiche Kohlenflöze aufgeschlossen, zu deren näherer Untersuchung die Regierung Fachmänner entsendet hat. Man verspricht sich ziemlich viel von diesen neuentdeckten Kohlenlagern.

Im Jahre 1875 bezog Java von England 72.952 metr. Tonnen Kohle im Werthe von 1,094.246 ℳ. und 1.297 metr. Tonnen Coke im Werthe von 31.488 ℳ.

An Metallen, wie Magneteisen, Brauneisenstein und Titaneisen sind die Gebirge Java's sehr arm. Die Insel hat bereits 260 Kilometer Eisenbahnen.

Sumatra besitzt auf seiner Westküste reiche Kohlenlager.

In unerschöpflichen Lagern ist die Steinkohle über das gesegnete Eiland Borneo, dessen Grund von Gold-, Kupfer- und Eisenadern ganz durchzogen ist, verbreitet, namentlich in Brunai, auf der dicht, an der Nordwestküste Borneos gelegenen britischen Insel Labuan, und in Banjermasing; sie ist leicht zu gewinnen, wird aber noch wenig ausgebeutet. In besonders grossen Quantitäten findet sich auf Borneo, namentlich im Süden, das Eisen. Die Eingeborenen verfertigen aus demselben ihre vortrefflichen Klingen. Wegen Mangel an genügenden Arbeitskräften und noch mehr an dem nothwendigen Capitale schlummern diese Schätze aber noch im Innern der Erde, und es wird wohl auch noch langer Zeit bedürfen, ehe man sie den Bedürfnissen der Menschen dienstbar macht. Auch die Insel Billiton zwischen Borneo und Banka hat schönes Eisen, das neuerdings ausgebeutet wird.

Im Archipel der **Philippinen** sind zahlreiche Inseln mit Kohle versehen. Den hervorragendsten Platz nimmt die Insel Cebu ein, deren Steinkohle schon seit längerer Zeit gefördert wird und an Qualität für besser erkannt wurde als die Kohle von Labuan (Borneo) und Australien, welche jetzt in den englischen Besitzungen China's (Hongkong) importirt wird. Die Kohlen von Cebu, welche nur auf 4 ℳ per metr. Tonne zu stehen kommen, während die englischen Kohlen, deren 1875 10.466 metr. Tonnen im Werthe von 150.373 ℳ eingeführt wurden, in Manila 12—13.5 ℳ kostet, enthält durchschnittlich:

$$46.16 \; \% \;\; \text{Kohlenstoff,}$$
$$42.00 \;\; \text{„ Wasser und flüchtige Bestandtheile,}$$
$$11.84 \;\; \text{„ Asche.}$$

Ausserdem kommen noch die reichen Braunkohlenlager von Caramuan auf der Hauptinsel Luzon in Betracht. — An Eisen mangelt es den verschiedenen Inseln der Philippinen ebenfalls nicht.

China.[*]

(10,290.600 Quadrat-Kilometer. — 433,694.000 Einwohner.)

Weitaus die grössten **Kohlen**schätze auf dem asiatischen Continent besitzt China. Alle 18 Provinzen des Reiches sowie die südliche Mantschurei sind mit Steinkohlen gesegnet, und wenn auch die Grösse der Kohlenfelder, Alter und Güte der Kohlen sehr verschieden sind, so kann doch schon jetzt China als eines der reichsten Steinkohlenländer der Welt bezeichnet werden.

Es ist unbekannt, wie weit bei den Chinesen ein wirklicher Kohlenbergbau zurückreicht, doch dürfte derselbe schon sehr früh bestanden haben, denn Marco Polo fand daselbst im 13. Jahrhundert eine ausgedehnte locale Benützung der Steinkohle, welche die Chinesen „Mei" nennen, vor. Sogar schon im 3. Jahrhundert v. Chr. lässt sich der Gebrauch der Kohle in China nachweisen. Trotzdem ist die Art und Weise der Gewinnung heute noch ebenso primitiv wie vor Jahrhunderten oder Jahrtausenden. Es werden einfach schiefe Stollen in die Hügelseite getrieben, und sobald Wasser kommt, wird das Bergwerk aufgegeben. Erst im Jahre 1876 sollten die ersten Dampfmaschinen in den Peking zunächst gelegenen Kohlenwerken aufgestellt werden, und damit würde also eine neue Periode in der Ausbeutung der immensen Kohlenschätze China's beginnen. Neuestens (Mai 1878) verlautete, dass einem Mandarinen sogar die Erlaubniss zur Bildung einer Art Actien-Gesellschaft zu dem Zwecke ertheilt wurde, um etwa 180 Kilometer westlich von Tschifu ein Kohlenwerk mit allen modernen wissenschaftlichen Hilfsmitteln auszurüsten und zum Behufe des Transportes der gewonnenen Kohle eine Tramway-Linie zum Meere herzustellen.

Jeder, dem es beliebt, darf ein Kohlenlager abbauen. Der Preis wird aber durch eine Reihe von Zwischenhändlern und den kostspieligen Transport so hoch hinaufgetrieben, dass in den Seestädten englische Kohle billiger

---

[*] Unter Benützung des schon mehrfach erwähnten Buches v. **Hochstetter's** „Asien, seine Zukunftsbahnen und Kohlenschätze", und der unschätzbaren Publicationen v. **Richthofen's**.

kommt als einheimische. Schiffe laden daher jetzt noch vortheilhafter Kohle aus Europa; neuerdings macht japanesische Kohle Concurrenz. Der Regierung fehlt noch jegliche Einsicht von dem Werthe dieses Materials. In der Haushaltung werden die Kohlen vorwiegend nur im Norden, ungern in den im Süden gelegenen Provinzen gebraucht.

Gegenwärtig ist die Dampfschiffahrt an den chinesischen Küsten und auf den chinesischen Strömen fast ausschliesslich noch auf fremde Kohle angewiessen, die aus England, den Vereinigten Staaten von Nord-Amerika, Australien, Japan und Formosa eingeführt wird. Die Einfuhr geschieht nach den Häfen von Hongkong und Shanghai. Im Jahre 1875 wurden in China (incl. Hongkong) 59.332 metr. Tonnen Kohle im Werthe von 949.203 $\mathcal{M}$. und 1.529 metr. Tonnen Coke im Werthe von 58.544 $\mathcal{M}$. aus England eingeführt. Die Preise loco Shanghai sind nach dem Durchschnitte der letzten Jahre für beste englische Cardiffkohle 24 $\mathcal{M}$. per metr. Tonne, für amerikanischen Anthracit 24—26 $\mathcal{M}$. per metr. Tonne, für australische Kohle (hauptsächlich von Newcastle) 20 $\mathcal{M}$. per metr. Tonne, für japanesische Kohle harter Qualität (Anthracit) 16 $\mathcal{M}$. per metr. Tonne, weicher (bituminöse Kohle) 12 $\mathcal{M}$. per metr. Tonne, für Kohle von Formosa 12 $\mathcal{M}$. per metr. Tonne. Infolge der eigenthümlichen Zollverhältnisse besteht für den Handel mit inländischer Kohle ein Missverhältniss, welches den Transport chinesischer Kohle von einem Hafen zum anderen auf europäischen Schiffen gegenwärtig rein unmöglich macht. —

Das Scheidegebirge zwischen dem Becken des Yang-tsze-kiang und des Hwang-ho ist die bis 3.300 Meter hohe Kette des Tsing-ling-schan*), aus Granit, krystallinischen Schiefern und den ältesten Formationen bestehend, die als Fortsetzung des Kuen-luen in Central-Asien wie ein mächtiger Keil gegen Osten in China eindringt und den Norden China's vom Süden scheidet, das Becken des Gelben Flusses, des Hwang-ho, von jenem des Yang-tsze, oder die Regionen, welche grossentheils mit Löss bedeckt sind, von jenen, in welchen diese auffallende Formation Nord-China's nicht oder weniger vorkommt.

Die südlichen Kohlenfelder. In den Provinzen südlich von der Wasserscheide zwischen dem Hwang-ho und dem Yang-tsze-kiang-Gebiete, also in den Provinzen am unteren und mittleren Yang-tsze, haben Kohlen führende Schichtensysteme zwar kaum eine geringere Verbreitung als in den Nord- und Nordostprovinzen, aber dennoch ist mit Ausnahme von Hunan das Kohlenvorkommen in den südlichen und südwestlichen Provinzen nicht von derselben Bedeutung.

Verhältnismässig die grösste Ausdehnung besitzt das auf allen Seiten von hohen Gebirgsketten (im Osten aus silurischen und devonischen Schichten bestehend, im Westen aus Urgebirge) umschlossene Kohlenbecken der Provinz Sz'-tschwand. i. des „Vier-Strom-Landes". Nach v. Richthofen hat dasselbe eine Ausdehnung von wenigstens 250.000 Quadrat-Kilometer. Die Kohlenlager treten in den tief eingerissenen Flussthälern am Rande des Beckens zu Tage und werden ausgebeutet. Im Westen und Norden des Beckens ist die Kohle bituminös und von besserer Sorte, gegen Süden und Osten hingegen eine geringe Sorte von Anthracit. An einen Export dieser Kohle nach den Regionen des unteren Yang-tsze-kiang kann nicht gedacht werden; dagegen kann dieses Kohlenterrain die Bewohner der ausgedehnten Provinz mit einem billigen Brennmaterial sehr leicht versorgen, da nahezu alle Flüsse der Provinz von ihrer Mündung in den Yang-tsze bis an die Grenzen

---

*) Die Hauptkette, auf unseren Karten fälschlich Peling genannt, führt in ihren einzelnen Theilen verschiedene Namen, der höchste Theil heisst nach einem der wichtigsten Pässe Tsing-ling-schan.

des Kohlenbeckens schiffbar sind. Die Provinz Kwéi-tschóu participirt an ihrer nördlichen Grenze noch an dem Kohlenbecken von Sz'-tschwan, und auch in Yünnan, der südwestlichen Grenzprovinz China's gegen Hinter-Indien, finden sich ausgedehnte und mächtige Lager eines guten Anthracites, der hier unmittelbar in der Nachbarschaft von Kupfer, Zinn, Zink und Bleierz vorkommt und daher die Entwicklung eines schwunghaften Erzbergbaues und einer bedeutenden Metallgewinnung ermöglicht. Nach v. Richthofen gehören die Kohlenlager von Sz'-tschwan, Kwéi-tschóu und Yünnan nicht der productiven Steinkohlenformation, sondern der Trias oder dem Lias an, hätten also ungefähr dasselbe Alter wie die indischen Kohlenfelder.

Dagegen tritt die echte Steinkohlenformation in den östlicher gelegenen Theilen des südlichen China auf, namentlich in der Provinz Hunan; ausserhalb derselben nur in einer Anzahl kleinerer und von einander getrennter Gebiete der Küstenprovinzen. Unter diesen dürfte das Vorkommen bei Schautschóu-fu in Kwangtung vielleicht bei grösserer Ausbeutung für Canton und Hongkong von einigem Nutzen sein; doch ist die Qualität der Kohle gering und die Lagerstätte unbedeutend. Aehnliches gilt von den anderen Vorkommen.

Weit günstiger sind die Verhältnisse in der Provinz Hunan, und diese Provinz war auch bis vor wenigen Jahren die einzige, von deren Kohlenreichthum man hörte, denn eine ganze Flotte von Frachtboten, mit Kohle von Hunan beladen, belebt fortwährend den Yang-tsze und seine Nebenflüsse; und das Städte-Trio Wu-tschang, Hankau und Hanyang, mit seinen $1^1/_2$ Millionen Einwohnern am Einfluss des Hankiang in den Yang-tsze, sowie die dichte Landbevölkerung der Provinz Hupéi beziehen ihren Bedarf an fossilem Brennmaterial ausschliesslich aus Hunan.

Der Kohlenreichthum lagert im südöstlichen Theile der Provinz. v. Richthofen, der die Kohlenfelder von Hunan 1870 besucht hat, schätzt sie auf $^1/_8$ der Oberfläche der Provinz, d. i. auf 47.300 Quadrat-Kilometer und stellt sie den pennsylvanischen Kohlenfeldern an die Seite. Sie erstrecken sich zu beiden Seiten des Siang-Flusses, von dessen Quelle bis zur Stadt Siang-tan, einer Stadt mit einer Million Einwohnern und führen in ihrer südlichen Hälfte — dem Lui-River-Kohlenfelde — ausgezeichneten Anthracit, sog. harte Kohle, in ihrer nördlichen Hälfte — dem Siang-River-Kohlenfelde — bituminöse oder weiche Kohle. Eine beschränkte Eisenindustrie steht mit den Kohlenwerken in Verbindung.

Die Hunan-Kohle ist dazu bestimmt, einen grossen Theil Central-China's mit Feuerungsmaterial zu versorgen, während die Seehäfen, solange die Kohlenfelder nicht mit Canton durch eine Eisenbahn verbunden sind, keinen Nutzen von dem Reichthum Hunans ziehen werden, da sie leichter von den Nordprovinzen Schansi und Schantung versorgt werden könnten. Der beste Lui-Yang-Anthracit kann nach Hankau (693 Kilometer) um den Preis von 7.2 ℳ. per metr. Tonne gestellt werden. Die Flöze sind 0.9—1.8 Meter mächtig, und die Ausbeute betrug 1870 circa 150.000 metr. Tonnen.*)

Die nördlichen Kohlenfelder. Im Norden von China, im Stromgebiet des Gelben Flusses, wendet sich die Aufmerksamkeit alsbald dem ungeheuren Kohlenreichthum in den beiden Provinzen Schansi und Schensi zu, der sich einerseits in westlicher Richtung bis an die Wüstengebiete Hoch-Asiens, andererseits in nordöstlicher Richtung bis in die Mantschurei und an die Grenzen von Korea erstreckt. Die Provinzen, welche an diesem Kohlen-

---

*) Die Kohlenvorkommnisse am unteren Yang-tsze-kiang, zwischen Wutschang und Nanking sind nach v. Richthofen von keiner Bedeutung, und über einzelne weitere Kohlenvorkommnisse in den Seeprovinzen Fokiën und Tschekiang besitzen wir nur unsichere Nachrichten von Missionären. Margary fand auf seiner Reise durch China 1875 bei Tsching-Pink-Hsien Steinkohlen zum Verkauf ausgestellt, woraus er schloss, dass sich in der Nähe Steinkohlengruben befinden.

reichthum Theil nehmen, sind: im Osten an der Küste des Gelben Meeres die Provinzen Schantung und Tschili, im Nordosten Schönking (oder Liaotung) und die Mantschurei, im Centrum Schansi und Schensi, im Süden Honan und im Westen Kansu. Dieses ganze Gebiet, im Süden von der Kette des Tsing-ling-schan und Fu-niu-schan, im Norden von den Abfällen der Hochebenen der Mongolei und im Osten theils vom Meere, theils von der grossen Tiefebene des Gelben Flusses und des Peiho eingeschlossen, ein Gebiet, das von Kansu im Westen bis an die Grenze von Korea eine Ausdehnung von 25 Längengraden besitzt, kann als ein einziges ungeheures Terrain kohlenführender Schichten betrachtet werden, wenn auch die Kohle selbst in diesem ausgedehnten Gebiete nicht überall in gleich guter Qualität vorkommt und der einstige Zusammenhang der Kohlenfelder jetzt vielfach durch die gewaltigen Resultate des ununterbrochen durch Millionen von Jahren fortdauernden Denudationsprocesses des Festlandes aufgehoben und gestört ist. Trotzdem sind die Reste dieser nordchinesischen Kohlenformation noch gross genug, um sich, mit Einschluss der Kohlenfelder von Sz'-tschwan und Hunan, selbst mit den ausgedehntesten Kohlenfeldern der Erde, die man bis jetzt kennt, mit den nordamerikanischen, messen zu können.

Vor Allem ist es die Provinz Schansi, welche nicht blos als die Kohlen-, sondern auch als die Eisen-Provinz von China par excellence bezeichnet werden kann. In keiner anderen Provinz wird die Kohle schon seit den ältesten Zeiten in so hervorragendem Masse zu häuslichem Verbrauch und zu industriellen Zwecken verwendet. v. Richthofen hat nachgewiesen, dass der grössere Theil der südlichen Hälfte dieser Provinz in einer Ausdehnung von ungefähr 91.000 Quadrat-Kilometer ein continuirliches Kohlenfeld von unglaublichem Reichthum bildet, welches zudem für die Gewinnung der Kohle Verhältnise bietet, wie sie in gleich vortheilhafter Weise kein anderes Kohlenlager von ähnlicher Ausdehnung in irgend einem Theile der Erde aufweist. Läge es in Europa, meint v. Richthofen, so würde sich der materielle Fortschritt unseres Continentes jeder Schätzung entziehen. Ueberdies finden sich bei den Kohlenlagern ausgezeichnete Eisenerze im Ueberfluss.

Der Ho-schan, eine von Norden nach Süden ziehende, hauptsächlich aus Gneis gebildete Bergkette, welche sich bis 2.400 Meter erhebt, theilt das Kohlenfeld in zwei Flügel. Der östliche Flügel führt ausschliesslich Anthracit, der westliche, gegen den Gelben Fluss zu, nur bituminöse Kohle. Die Anthracit-Region, welche sich von Tse-tschóu-fu bis Ping-ting-tschóu ohne Unterbrechung ausdehnt, ist das grösste und reichste der bekannten Kohlenfelder und das dort gewonnene Product von der besten Qualität. Eines der Lager, dessen Ausbeissen längs des Abhanges des Tai-hang-schan mit Unterbrechungen auf eine Distanz von 320 Kilometer verfolgt werden kann, hat eine constante Mächtigkeit von 6 bis 9 Meter. Der Anthracit, der sehr grosse Festigkeit und Reinheit besitzt, wird in grossen cubischen Stücken gebrochen, welche an verschiedenen Gruben zu 6 Pence (0.5 $\mathscr{M}$.) per metr. Tonne verkauft werden. Der Preis der bituminösen Kohle in den westlichen Theilen des Kohlenfeldes ist noch niedriger. In der Nähe von Tai-yuen-fu beträgt er nicht mehr als 3 bis 4 Pence per metr. Tonne (0.25 bis 0.33 $\mathscr{M}$.). Für die Fülle, in welcher Kohle dort vorkommt, sowie für die Leichtigkeit, mit der dieselbe gewonnen wird, können wohl keine sprechenderen Beweise als die eben genannten Ziffern gegeben werden.

Die Provinz Honan theilt in gewissem Masse die Vortheile, welche die Provinz Schansi geniesst, und obschon von der Natur, was die Ausdehnung des Kohlengebietes anbelangt, weniger begünstigt, übertrifft Honan in Bezug auf die Vortheilhaftigkeit der geographische Lage seiner Kohlenfelder die benachbarten Provinzen. In Folge einer Faltung der Schichten, welche dort vorkommt, wo die Hochebene von Schansi an die Ebene des Gelben Flusses grenzt, erscheinen die Anthracitlager des östlichen Schansi in den niedrigen Hügeln wieder, welche sich nördlich vom Hwang-ho über der Ebene von

Hwai-king-fu erheben, und geben Veranlassung zu einem ausgedehnten Bergbau in mehr als 100 Minen. Dieses Kohlenfeld von Honan wird in Zukunft eine äusserst wichtige Stellung einnehmen, weil es an einem der Thore des Verkehres von Ost-China mit Central-Asien liegt.

In Honan befinden sich überdies noch einige Kohlenlager von geringerer Bedeutung. Das verhältnismässig ausgedehnteste derselben ist das von Lu-chau und Ju-chau mit guter bituminöser Steinkohle in Flözen von 1.4 bis 2.8 Meter. Dieses Kohlenfeld dürfte in Zukunft eine nicht unbedeutende Rolle spielen, indem es den Kohlenbedarf einer wichtigen Eisenbahnlinie, welche eventuell das Han-Thal mit den Regionen des Gelben Flusses einmal verbinden wird, decken und auch zum Schmelzen der Eisenerze, die dort in Verbindung mit Kohle vorkommen, dienen könnte.

An der südwestlichen Fortsetzung des westlichen Flügels des grossen Steinkohlenfeldes von Schansi nimmt auch noch die Provinz Schensi Theil. Allein obschon die Steinkohlenformation bei weitem vor allen übrigen Bildungen vorzuherrschen scheint, dürfte sie dort weniger günstig entwickelt sein. Kohle wird an verschiedenen Orten gewonnen, doch hat dieselbe nirgends eine mehr als locale Bedeutung.

Die Provinz Kansu dagegen vereint, nach den Informationen, die v. Richthofen in den Grenzgebieten eingezogen hat, mit dem Vortheile eines weiten Vertheilungsgebietes seiner Kohlenlager günstige Bedingungen für deren Abbau, und verschiedene seiner Bergbaudistricte liegen für den Brennmaterialbedarf an den Verkehrsstrassen der Gegenwart und Zukunft leicht zugänglich. Die Kohle soll sich mit der besten von Schansi vortheilhaft messen können und in Schichten von bedeutender Mächtigkeit vorkommen.

Unter den zahlreichen und ausgedehnten Kohlenfeldern von jüngerem geologischen Alter, welche im Nordwesten des grossen Kohlenfeldes von Schansi in der nördlichen Hälfte der Provinz längs deren Nordwestgrenze und der grossen Chinesischen Mauer entlang einen vielfach unterbrochenen Zug bilden, ist das bedeutendste das schöne Kohlenfeld von Tatung-fu. Alle natürlichen Verhältnisse sind hier ausserordentlich günstig, die Lagerungsverhältnisse für den Abbau, die Qualität der Kohle, die ein ausgezeichneter Anthracit ist und die Mächtigkeit der Flöze, die 6 Meter erreicht. Dieses Kohlengebiet gehört nach v. Richthofen der räthischen Formation an.

In der Nähe von Peking, der jetzigen Hauptstadt des Chinesischen Reiches, wird Anthracit von mittlerer Qualität gewonnen, der das Hauptbrennmaterial in Peking ist und auf Kameelen und Eseln nach der Stadt gebracht wird. Einige der Gruben liegen in den Hügeln, welche im Norden und Westen die Ebene von Peking begrenzen (z. B. im Thale von Tschai-tang 80 Kilometer westlich von Peking), die meisten jedoch im höheren Gebirge und an schwer zugänglichen Localitäten. Ausserdem besitzt die Provinz Tschili einerseits in dem Terrain zwischen Peking und dem Plateau der Mongolei gegen Westen, andererseits in den östlichen, der Küste näher gelegenen Gebieten noch eine grosse Anzahl von kleineren Kohlenterrains, welche der Trias oder dem Lias angehören. Seiner günstigen Lage halber ist besonders das Kohlenfeld von Kai-ping in den Ching-schan-Hügeln erwähnenswerth, welche sich 128 Kilometer östlich ven Tien-tsin isolirt aus der Alluvialebene erheben; und durch vorzüglichen Anthracit zeichnet sich die Localität Schi-men-tsai unmittelbar an der grossen Mauer und nur unweit von der Stelle, wo diese das Meer erreicht, aus.

Die schöne Provinz Schantung enthält nach v. Richthofen jene Kohlenfelder, welchen es vor Allem beschieden sein dürfte, zu einer Bedeutung für die Bedürfnisse der Seehäfen und der Seedampfer zu gelangen. Die Kohlen lagern am Fusse der Hügel in den westlichen Theilen der Provinz, in nächster Nähe der Küste, die aber hier leider jedes Hafens entbehrt. Dagegen ist die Kohle von guter Qualität, regelmässig geschichtet und über bedeutende Strecken ausgedehnt. Nirgends wären die Verhältnisse — sowohl die Oberflächengestaltung des Terrains, als auch die Dichtigkeit der Bevölkerung — für die Anlage einer Eisenbahn günstiger.*)

Endlich bestehen auch in Schöngking oder der südlichen Mantschurei an verschiedenen Orten Kohlenminen; einige davon liegen in der Nähe der Seeküste, unweit ziemlich guter Häfen, wie Tschifu, wo daher die Kohle in grosser Menge consumirt wird; andere liegen zwischen dem Liao-Flusse und Korea. Doch sind alle diese Vorkommnisse von keinem grösseren Belang, da die Ausdehnung der Kohlenterrains nur eine unbedeutende ist. —

So gelangt man, geführt von Richthofen, zu der Ueberzeugung, dass das Reich der Mitte, was Reichthum an fossilen Kohlen anbelangt, zu den am meisten begünstigten Gebieten der Erde gezählt werden muss. Wahrscheinlich übertrifft das Areal der Kohlenfelder in China noch die Ausbreitung der nordamerikanischen, und mit dem grössten, dem von Schansi, welches v. Richthofen „gigantisch" nennt und dessen Producte die bisher bekannt gewordenen Vorkommen von Anthracit, dieser heizkräftigsten und werthvollsten aller Kohlensorten, weit hinter sich zurücklassen, kann sich in der Vereinigung der günstigsten Bedingungen in Hinsicht auf Lagerung, Qualität und Quantität kein anderes Kohlengebiet messen. Nirgends, glaubt v. Richthofen, wäre der Abbau einer vorzüglichen Kohle so leicht und billig in grösstem Massstabe einzurichten, wie in diesen Kohlenfeldern, wo man Eisenbahntunnels meilenweit direct durch die Kohlen- und Anthracitflöze führen könnte, und mit den Kohlen gleichzeitig ausgedehnte Lager von vorzüglichen Brauneisenerzen und Thon erschliessen würde. Seit alter Zeit wurde von hier aus China mit Eisen versorgt. Das Anthracitbecken von Süd-Schansi enthält 730 Billionen Tonnen Kohle, sodass es bei einer jährlichen Ausbeute von 300 Millionen Tonnen allein den ganzen gegenwärtigen Bedarf der Welt für etwa 2.400 Jahre decken könnte!

Die Ausbeutung der chinesischen Kohlenfelder ist indess noch vollständig in der Kindheit; trotz so günstiger Bedingungen beträgt sie gegenwärtig nur erst ungefähr $^1/_{15}$ der Kohlenproduction von Deutschland oder den Vereinigten Staaten. v. Richthofen berechnet die Steinkohlenproduction China's auf jährlich gegen 3 Millionen Tonnen, nämlich:

	metr. Tonnen
Provinz Schansi, Anthracit	1,000.000
„ „ bituminöse Kohle	700.000
„ Hunan, Kohle im Allgemeinen	600.000
Kohlenfeld von Loping in Kiangsi....................	75.000
Der Rest von Kiangsi und die Provinzen Kwangsi, Kwangtung, Fokiën, Tschekiang, Kiangsu, Nganhwéi, Hupéi und Kwéitschóu, zusammen ...	20.000
District Tsing-hwa in Honan	60.000
Der Rest der Provinz Honan	40.000
Die Provinzen Sz'-tschwan und Yünnan.............	50.000
„ „ Schensi und Kansu	40.000
„ Provinz Schantung	200.000
„ „ Tschili	150.000
„ „ Schöngking (südliche Mantschurei).......	20.000
Zusammen.....	2,965.000

*) Die Kaufleute von Tien-tsin haben sich seit Langem bemüht, diese Kohlenfelder nach europäischem Muster geöffnet zu sehen. Sie wollten Strassen bauen und die Kohle nach Tien-tsin bringen. Auch hätten die Grundbesitzer das Land für die Minen gegen Entschädigung gern abgetreten. Allein die Regierung erlaubte es nicht. In Folge dessen müssen die Dampfer zwischen Shanghai und Tien-tsin englische Kohle zu 24 *M.* per metr. Tonne kaufen, während sie die inländische um 12 *M.* hätten herbeischaffen können.

oder gegen 3 Millionen Tonnen für die 18 Provinzen des Reiches und die südliche Mantschurei.*)

Eine genauere Statistik dürfte wahrscheinlich die Gesammtsumme noch erhöhen.

Der Durchschnittslohn der Arbeiter beträgt 0.50—0.60 *M.*, der Preis der Tonne besten Anthracits an der Grube, je nach der leichteren oder schwierigeren Förderung, 0.50—4.50 *M.* Der Transport beläuft sich oft auf das 15fache des Kohlenpreises; von einem weiteren Transport ist überhaupt nicht die Rede.

v. Richthofen zweifelt nicht, dass sich die Kohlenproduction in China schon in der nächsten Zukunft erheblich steigern wird, und da nirgends so billiges Brennmaterial mit einer so unerschöpflichen Fülle billiger und zugleich intelligenter und effectiver Arbeitskraft vereinigt ist wie in China, so können sich, falls die Chinesen nur wollen, in kurzer Zeit Productionscentren ersten Ranges bei den Kohlenfeldern bilden. —

Ein kleines Kohlenfeld findet sich auch an der Nordküste der Insel Formosa, bei den Häfen von Kilung, Nuan-nuan und Sikk'on im Districte von Tamsui, der unter chinesischer Herrschaft steht. Die Art der Gewinnung durch die auf Formosa angesiedelten Chinesen ist eine äusserst primitive. Wo ein Flöz an der Seite eines Hügels zu Tage ausstreicht, oder wo die Lage der Schichten ein Flöz vermuthen lässt, da beginnen die Arbeiter einen Stollen zu treiben, entweder in horizontaler Richtung oder nach innen wenig ansteigend, so dass das Wasser ablaufen kann. Diese Stollen werden am Eingang bis 6 Meter hoch angelegt und 90 bis 450 Meter weit geführt. Am Ende sind sie gewöhnlich so niedrig, dass man darin kriechen muss. Die Kohle wird in Körben hinausgetragen. Ein Korb und eine Spitzhaue ist daher der ganze Apparat, den ein chinesischer Bergmann braucht. Schlagende Wetter scheinen in den Formosa-Kohlenwerken nicht vorzukommen. Im Jahre 1875 hatten die Chinesen bereits 192 Schächte angelegt, deren Ertrag sehr reichlich ist.

Diese Kohlenminen Nord-Formosa's sind von grosser Wichtigkeit, da ihr Product, besonders mit englischen Kohlen vermischt, ein ganz vorzügliches Heizmaterial abgibt, sodass die fremden Handelsdampfer sich schon ganz daran gewöhnt haben, Kilung anzulaufen, um Kohlen einzunehmen. Die Kohle ist tertiärer Lignit, brennt rasch und gibt bedeutende Hitze. Obwohl die chinesischen Behörden sich alle Mühe geben, der Production entgegenzuarbeiten, so stieg dennoch die Ausfuhr derselben aus den beiden nördlichen Häfen Tamsui und Kilung von 1869 bis 1873 von 14.730 metr. Tonnen auf 45.177 metr. Tonnen. Sobald nur diese reichen Lager erst rationell betrieben und die hohen Zölle ermässigt werden, wird auch die Kohlenausfuhr Formosa's sich mächtig heben und die ihr gebührende Wichtigkeit für den Handel der ostasiatischen Gewässer erlangen.

Die Kohle kostet in Shanghai 12 *M.* pro metr. Tonne; die Production betrug 1871 18.790 metr. Tonnen und stieg 1872 schon auf 75.000 metr. Tonnen. Neuere Productionsziffern liegen nicht vor.

Auch nordwärts in der Gegend von Takow fand ein amerikanisches Geschwader unter Commodore Perry ein Kohlenlager, welches sehr ausgedehnt zu sein schien und eine brauchbare Kohle führte. —

Schon bei der Schilderung der Kohlenfelder wurde erwähnt, dass mächtige Lager von Eisenerzen im Zusammenhang mit den Steinkohlen vorkommen, so in den Provinzen Schansi, Honan, Yünnan und Sz'-tschwan. Auch sonst ist Eisen in China sehr verbreitet. Eine grosse Menge Menschen findet in den Eisenwerken, namentlich Schansi's, Beschäftigung, aber die bergmän-

---

*) F. v. Richthofen, Die gegenwärtige Kohlen-Production in China und die voraussichtlichen Folgen ihrer zukünftigen Entwicklung. Oesterr. Monatsschrift für den Orient, 1878 Nr. 1.

nische Bearbeitung der Felder wie die Schmelzung des Erzes ist noch höchst einfach und ursprünglich. Eigentliche Hohofenanlagen 'und rationelle Einrichtungen zur Verarbeitung des Eisens und Stahles dürften kaum irgendwo in China anzutreffen sein. Die obenerwähnten Eisenwerke sind ebenfalls noch ganz primitiv eingerichtet. —

An Eisen soll auch Formosa grosse Quantitäten produciren.

Wie bekannt, wurde in China am 30. Juni 1876 die erste, allerdings nur 13 Kilometer lange Eisenbahn von Wusung nach Shanghai eröffnet, welche auch allerseits stark benützt wurde. Die Regierung kaufte im Jahre 1877 diese Bahn an, nicht aber, um weitere Bauten hieran zu knüpfen, sondern um diese erste Bahn zur grossen Verwunderung der Europäer wieder zu zerstören!

Unter solchen Verhältnissen ist der Ausbau von Eisenbahnen im chinesischen Reiche im Allgemeinen in weite Ferne gerückt. Die Realisirung des grossen Eisenbahnprojectes v. Richthofen's, das seit Kurzem russische Jli-Thal in Central-Asien mit den chinesischen Provinzen an der Küste des Gelben Meeres durch eine Eisenbahn zu verbinden, wird daher wohl noch lange auf sich warten lassen. Es ist ein merkwürdiges Zusammentreffen, dass die ganze Strecke, welche diese Zukunftsbahn durchlaufen soll, mit Kohlen gut versehen ist.

Japan.
(407.772 Quadrat-Kilometer. — 33,299.014 Einwohner.)

Den grössten mineralischen Reichthum Japans bilden die zahlreichen und mächtigen Kohlenlager des Landes, obgleich dieselben derzeit nur höchst ungenügend erforscht sind und nur sehr primitiv ausgebeutet werden. Es findet sich, abgesehen von Torf, sowohl Braunkohle als auch magere cokbare Steinkohle, Anthracit und Graphit, und zwar Braunkohle in 16 Districten (Ken), Steinkohle in 11 und Anthracit in 2 Districten dieses Inselreiches. In den übrigen „Ken" ist das Vorkommen mineralischen Brennstoffes wohl nachgewiesen, aber hinsichtlich der Beschaffenheit desselben noch nichts Näheres bekannt.

Die erste Tabelle, Seite 236, gibt ein Bild von der Ausdehnung und dem Character der wichtigsten Kohlenbecken Japans.

Rechnet man hierzu auch jene Kohlenbecken, deren Ausdehnung noch unbekannt ist, so kann mit viel Wahrscheinlichkeit die durch die Kohlenfelder Japans eingenommene Fläche auf 13.000 Quadrat-Kilometer beziffert werden. Die durchschnittliche Mächtigkeit der Kohle ist mit 4.5 Meter anzunehmen.

Die wichtigsten, gegenwärtig aber noch wenig erforschten Kohlenfelder sind unstreitig jene der Insel Yesso; denselben ist eine grosse Zukunft nicht abzusprechen. Dermalen kommt in erster Reihe die Kohle von Takashima im Hafen von Nagasaki in Betracht, deren weiter unten noch Erwähnung geschehen wird.

Eine Beschreibung aller Kohlendistricte des Inselreiches, soweit dieselben überhaupt bekannt, findet sich in dem werthvollen Berichte des Mr. Henry S. Munroe, Professor der Geologie uud des Bergbaubetriebes an der kaiserlichen Universität von Tokio (Jedo): „La richesse minérale du Japon", aus dem Englischen in das Französische übertragen von Mr. Léon Thonard, Bergingenieur in Lüttich; Revue universelle des Mines, 1877.

Insel	Kohlenbecken	Ausdehnung in Quadrat-Kilometer	Anzahl der abbaufähigen Flöze	Mächtigkeit der Flöze	Mächtigkeit der Kohle	Gattung der Kohle
				Meter		
Yesso	Becken von Ishikari, obere Formation . .	1.553	6—12	0.6—5.8	13.7	trockene u. fette bituminöse
„	Becken von Ishikari, untere Formation . .	6.215	4	0.6—1.2	3.0	trockene bituminöse
„	Becken von Kayanoma	2	12	0.6—2.3	15.2	trockene und fette bituminöse
„	„ „ Akkeshi . .	.	4	0.6—0.9	3.0	trockene bituminöse
Nippon	„ „ Iwaki . . .	517	2	1.4—1.8	3.0	„ „
„	„ „ Niigata . .	.	.		.	„ „
„	„ „ Kii	.	.	.	.	Anthracit
Shikoku	„ „ Awa	517	.	.	.	trockene und fette bituminöse
Kiushiu	„ „ Chikuzen .	776	.	.	.	trockene bituminöse
„	„ „ Karatsu, obere Formation . . .	} 906 {	3	0.9—1.2	3.0	trockene uud fette bituminöse
„	Becken von Karatsu, untere Formation . .		10	0.3—0.6	4.6	trockene bituminöse
„	Becken von Nagasaki, einschliesslich Takashima und andere Inseln im Hafen von Nagasaki	5	13	0.9—4.9	15.2	fette bituminöse
„	Becken von Miike. . .	64	3	1.2—2.4	4.6	„ „
„	„ „ Amakusa .	25	2	0.6—0.9	1.5	Anthracit

Bisher verstanden es die Japanesen nicht, tiefe Schächte in die Berge zu senken; sie gewannen daher nur, was von Kohlen und Metallen sich auf der Oberfläche befand. Sobald sie von den Europäern die Kunst gelernt haben werden, tiefer in die Berge einzudringen und das Wasser herauszupumpen, werden sie ohne Zweifel an die Ausbeutung der vielen Metall- und Brennstoff-Lager herantreten, die sich weit im Lande verbreitet finden.

Nachstehend folgen die Daten über die Kohlenproduction Japans für das Jahr 1874:

Insel Takashima im Hafen von Nagasaki . . . .   73.589 metr. Tonnen
Becken von Miike . . . .   67.385   „   „
District von Imabuku, Becken von Karatsu . . . .   33.088   „   „
   „   „   Taku   „   „   „   . . . .   22.553   „   „
   „   „   Karatsu   „   „   „   . . . .   59.221   „   „
   „   „   Hirado   „   „   „   . . . .   64.171   „   „
Das übrige Japan schätzungsweise . . . .   76.233   „   „

Zusammen . . . . . 396.240 metr. Tonnen, welche einen Werth von 8,053.500 ℳ repräsentirten.

Seit dem Jahre 1871, wo die Kohlenproduction sich auf 112.369 metr. Tonnen bezifferte, hat demnach eine Steigerung der Förderung um das dreifache stattgefunden. In den jüngsten Jahren dürfte die Production in gleicher Weise gestiegen sein.

Besonders gross ist dieselbe in dem Bezirk von Nagasaki; zu Beginn der siebziger Jahre wurde auf einer Insel bei Nagasaki ein Kohlenwerk eröffnet, dessen Exploitation einem englischen Hause Glover & Co. übertragen ist. Dieser Vorgang war bisher von den Chinesen sowohl wie von den Japanesen streng perhorrescirt worden. Die letzteren haben dadurch den ersten Schritt zu einem Unternehmen gethan, welches zur Erleichterung der Dampfschiffahrt und zur Bearbeitung der Metalle beitragen und auch die Staatseinkünfte um ein Bedeutendes vermehren wird. Im Jahre 1866 exportirte Nagasaki nur 10.348 metr. Tonnen, 1872 aber bereits 139.700 metr. Tonnen Kohle. Im Jahre 1876 betrug allein die Förderung zu Nagasaki bereits über 200.000 metr. Tonnen, da täglich gegen 600 metr. Tonnen Kohle gewonnen wurden. Im Ganzen waren dort 4000 Arbeiter Tag und Nacht beschäftigt. Die

Arbeitslöhne, Transport- und Unterhaltungskosten betrugen monatlich nur 20.000 $\mathcal{M}$, sodass die Gesellschaft, welcher die Gruben gehören, ein gutes Geschäft macht; denn die Steinkohle wird in China und Japan theuer bezahlt. Obige Ziffern bekunden einen raschen Fortschritt, aber selbst wenn man annimmt, dass der Kohlenhandel sich im ganzen Lande im gleichen Verhältniss entwickeln würde, so könnte doch diese Ausdehnung auch nicht einmal annähernd die Leistungsfähigkeit Japans erschöpfen. Nicht nur sind, bei angemessener Leitung, die vorhandenen Gruben einer weit grösseren Abgabe fähig, sondern es existiren, wie nachgewiesen wurde, noch unendlich viele Flöze von grösserer oder geringerer Dimension, an die sich der Unternehmungsgeist noch nicht herangewagt hat. Was die bereits angedeutete mangelhafte Art der Ausbeutung anbelangt,*) so besitzt eine Grube gewöhnlich nur einen Stollen von 1.2 Meter Breite und 1 Meter Höhe mit Seitengalerien von 0.9 Meter Höhe und 9 Meter Länge. Gegen Unglücksfälle sind keinerlei Vorkehrungen getroffen. Die Beleuchtung erfolgt durch offene Oellampen. Das Dach kann jeden Moment einstürzen, denn es wird nicht gestützt. Nicht besser sieht es mit dem Gewinnungsprocesse selbst aus. Die Arbeiter bedienen sich zur Aushebung der Kohle kleiner Brechstangen und Spitzhauen; die Kohle wird in Bambuskörbe geworfen, welche mit Schiebern versehen sind, die auf eine Art leiterartigen Holzwerkes passen, eine Einrichtung, welche unseren Schienen entspricht. Vor die Körbe werden 12—14jährige Knaben gespannt, deren Aufgabe es ist, dieselben an die Oeffnung der Grube zu schleppen. Von Ventilation ist keine Rede; nicht weniger primitiv ist die Bewässerungsmethode. Auf der Erde werden die Kohlen nicht besser behandelt als unter derselben. Die Körbe werden an der Mündung ausgeleert, worauf ihr Inhalt stückweise auf einfache Karren geladen wird, die durch Arbeiter an den gewöhnlich nahe gelegenen Fluss gefahren werden. Dort erfolgt abermals eine Ausladung und sodann eine Füllung in kleine Körbe, in denen sie auf das Schiff kommen. Infolge dieser unentwickelten Procedur vertheuert sich der billige Preis der japanesischen Kohlen von kaum 7 $\mathcal{M}$ auf über 8 $\mathcal{M}$ per metr. Tonne durchschnittlich. Trotzdem sind die Aussichten für die Entwicklung der Montanindustrie derartige, dass man schon jetzt voraussagen kann, Japan werde früher oder später grosse Partieen Ost-Asiens mit Brennstoff versehen.

Der Hauptfehler der Gesetzgebung in Japan bestand, wie gleichfalls schon angedeutet, darin, dass sie ausländisches Capital vom japanesischen Bergwerkswesen ausschloss. Ein Ausländer durfte weder an dem Besitz einer Mine betheiligt sein, noch durfte er Geld auf der hypothekarischen Grundlage von Minen ausleihen. Mit dem Abgehen von dieser principiellen Erschwerung, wie es thatsächlich bereits erfolgt ist, wird ein mächtiger Aufschwung gewiss nicht lange auf sich warten lassen.

Nicht ohne Interesse dürften die auf Seite 238 mitgetheilten Analysen japanesischer Kohlen sein.

Mit Eisen ist das japanesiche Inselreich im Ueberfluss bedacht, dagegen ist die Production noch gering. Für das Jahr 1874 wurde sie mit 5.080 metr. Tonnen im Werthe von 619.500 $\mathcal{M}$ angegeben, während sie im Jahre 1871 9.375 metr. Tonnen betragen haben soll.

Diese geringen Mengen von Eisen werden hauptsächlich aus im aufgeschwemmten Lande gefundenen und dann durch Waschen gereinigten Magneteisenstein-Sand, namentlich von der Insel Yesso, seltener aus Magnet- und Hämatiteisensteinen aus anderen Theilen des Reiches erblasen. Der Aggregatzustand des Magneteisenstein-Sandes ist sehr fein und wird der Sand so gut gewaschen, dass der Eisengehalt 60 % erreichen oder etwas übersteigen dürfte. Man glaubt, dass derselbe etwas titanhaltig ist. Dieser Eisensand wird

------

*) L. Katscher, Das Mineralreich Japans. Globus, Bd. XXXI.

	Sorachi, Becken von Kayanowa, Insel Yesso	Karatsu	Takashima, Hafen von Nagasaki	Gaskohle von Miike	Durchschnitt von 12 japanesischen Kohlensorten
Feuchtigkeit	2.9	2.7	1.3	0.5	4.6
Kohlenstoff	77.0	69.4	78.6	69.3	67.6
Wasserstoff	5.7	5.2	5.8	5.5	5.0
Sauerstoff und Stickstoff	11.0	11.9	8.7	4.9	10.8
Schwefel	0.6	1.2	0.7	3.5	1.6
Mineralische Bestandtheile	2.8	1.6	4.9	16.3	10.4
Summa	100.0	100.0	100.0	100.0	100.0
Wasserverbindungen	11.0	12.1	8.5	4.1	10.8
Freier Wasserstoff	4.5	3.8	4.9	5.1	3.8
Wärme-Einheiten	7.782	6.927	8.035	7.342	6.764
Gewicht des durch Kohle verdampften Wassers	14.0	12.4	14.4	13.2	12.1
Temperatur der Verbrennung	2.627°C.	2.581°C.	2.644°C.	2.615°C.	2.566°C.

mittels Holzkohlen in kleinen Stucköfen verschmolzen. Die Qualität der Producte, welche bei dieser Arbeit erhalten werden, ist offenbar sehr verschiedenartig.

Zur Erzeugung von Gusswaaren wird auch englisches Roheisen eingeführt. Die verwendete Holzkohle ist von vorzüglicher Qualität, meist Eichenkohle. Die aus dem eingeschmolzenen Roheisen erzeugten Gusswaaren bestehen hauptsächlich aus Hausgeräthschaften, wie Kesseln, Pfannen, Schaufeln etc., welche recht hübsch gearbeitet zu sein pflegen.

Ausser Handhämmern waren bis vor Kurzem keinerlei Werkzeuge und maschinelle Vorrichtungen zur Bearbeitung des Eisens bekannt. Die Qualität des letzteren ist eine vorzügliche; die aus Eisen und Stahl erzeugten Werkzeuge sind gut ausgeführt.

Ein sehr ausgedehntes und reiches Eisenerzlager von 2.4—5.4 Meter Mächtigkeit befindet sich bei Naka kosaka in der Provinz Hitachi unweit Tokio (Jedo). Daselbst liess eine japanesische Gesellschaft durch zwei englische Ingenieure einen Holzkohlenhohofen errichten. Im März 1876 wurde in dieser Anlage mit der Erzeugung von Roheisen begonnen.

Eine andere wichtige Erzlagerstätte ist bei Heigori in Riklishiu. Die dortigen magnetischen Eisenerze lagern in einer Mächtigkeit von 3.6—4.5 Meter und enthalten 60 % metallisches Eisen. Hier wurden von der japanesischen Regierung zwei Holzkohlenhohöfen sowie ein Walzwerk angelegt, welches 12 Puddel- und 7 Flammöfen, einen Dampfhammer und alle sonstigen neuesten technischen Einrichtungen aufzuweisen hat.

Eine grosse Maschinenbauanstalt, die erste im Reiche, war 1877 in der Errichtung begriffen.

Eisen wurde auch auf Yesso gefördert, doch hat die Regierung die Bearbeitung der meisten Minen wegen nicht lohnenden Ertrages aufgehoben. Der Seesand an der Südküste der Vulcan-Bai und bei Cap Ison ist sehr eisenhaltig und wird aus demselben noch bei Nedanai Eisen gewonnen. —

Japan besass Ende 1877 Eisenbahnen in einer Länge von 105 Kilometer; die erste Linie Jokohama—Jedo wurde am 12. Juni 1872 eröffnet.

AFRIKA.

(29,932.948 Quadrat-Kilometer. — 199,921.600 Einwohner.)

Zweifellos ist Afrika der mit Kohlenschätzen am geringsten bedachte Erdtheil; es darf entschieden als sehr kohlenarm bezeichnet werden. Wohl ist Afrika in seinen sonst zwar schon bekannten Theilen in geologischer Beziehung noch sehr ungenügend studirt worden, in seinen Aequatorialgebieten finden sich grosse Länderstriche, welche noch jetzt eine terra incognita sind; aber selbst ein nur einigermassen reichliches Vorhandensein mineralischer Brennstoffe hätte gewiss mehr Entdeckungen von Kohlenlagern zur Folge haben müssen, als bisher aufzuweisen sind.

An Eisen dagegen scheint Afrika im Allgemeinen ziemlich reich zu sein. Man kennt in diesem Erdtheile zahlreiche einheimische Völkerstämme, die seit urältester Zeit das Eisen zu schmelzen und zu schmieden verstehen.

Der Kordofaner wie der Hottentotte, der Batoka wie der Ovampo und der Bewohner des Sudân wissen aus Erzen auf die einfachste Weise treffliches Eisen und auch vorzüglichen Stahl zu gewinnen und zu verarbeiten. Eine ziemlich bedeutende Eisenindustrie hat sich bei den Batoka am Sambesi, rings um die grossen Quellseen des Nils und in Usanga an der Ostküste entwickelt.

In Afrika waren Ende 1877 3.255 Kilometer Eisenbahnen ausgebaut, nämlich in Aegypten.................... 1,763 Kilometer

„ Tunis	60	„
„ Algerien	682	„
im Capland	644	„
und auf Mauritius	106	„

Zusammen... 3.255 Kilometer,.

Neuerdings sind Projecte aufgetaucht, welche die Erbauung einer Eisenbahn von der Nordküste nach Central-Afrika, also die Durchkreuzung der Sahara zum Gegenstande haben, um die an Naturproducten überaus reichen weiten Ländergebiete des Sudân zugänglicher zu machen. Das eine der beiden Projecte nimmt Algerien als Ausgangs- und Timbuktu als Endpunkt für die Linie an, während das andere offenbar günstigere, welches besonders von dem Afrika-Reisenden Rohlfs gepflegt wird, die Städte Tripolis und Kuka miteinander verbinden will. Die enorme Bedeutung, welche die Realisirung eines so grossartigen Projectes für den Handelsverkehr zwischen Europa und dem inneren Afrika hat, kann nicht verkannt werden, doch dürfte man wohl noch lange auf den jetzigen Karawanentransport angewiesen sein, da der Ausführung einer solchen centralafrikanischen Bahn in erster Reihe der gerade in den hier in Betracht kommenden Gegenden ausnahmslos vor-

handene Kohlenmangel und sodann auch, wenn auch nicht in so hervorragender Weise, der Wassermangel, die Sanddünen und die Feindseligkeit der Bewohner wesentliche Hindernisse bereiten.

Aegypten nebst Vasallenstaaten.

In Aegypten ist der Bergbau, abgesehen von den Natron-, Salpeter-
und Alaunauslaugungen, den Steinbrüchen und der Schwefelgewinnung,
gleich Null.

In den vierziger Jahren entdeckte man in der Oase von Ghenne Kohlenlager; dieselben gelangen aber nicht zur Ausbeutung. Der Kohlenverbrauch
ist aber ein sehr bedeutender. Die Einfuhr, welche 1865 in Alexandrien circa
125.000 metr. Tonnen betrug,*) war 1870 auf circa 200.000 Tonnen gestiegen; in Port-Said wurden 1870 allein 125.000 metr. Tonnen eingeführt. Alle
diese Kohlen wurden fast ausschliesslich von England geliefert; ihr Preis
in Alexandrien bei gewöhnlicher Fracht, alle Spesen inbegriffen, war 35.2 bis
36.7 $\mathcal{M}$ per metr. Tonne.

Eisen producirt Aegypten nicht selbst, sondern verarbeitet nur einge-
führtes Eisen; die Quantitäten sind aber verschwindend klein. Beispielsweise
erzeugten 1872 83 Giessereien in Kairo und 6 Giessereien in Alexandrien
zusammen nur 360 metr. Tonnen, und die Waffenfabrik an letzterem Orte
verarbeitete nur 52 metr. Tonnen Eisen. Eisenwaaren wurden nach den am
detaillirtesten vorliegenden Angaben des Jahres 1865 eingeführt für 3,563.004 $\mathcal{M}$,
davon 85% durch England oder durch Vermittlung Englands.

In Nubien, in der Nähe des ersten Nil-Kataractes, will man mineralischen Brennstoff gefunden haben. Für Nord-Kordofan ist der dort vorkommende eisenschüssige Sand und Thon voll Raseneisenstein von Wichtigkeit, indem die dortigen Eingeborenen ihr Eisen daraus gewinnen.

Schweinfurth gelangte auf seiner Reise zu den Niam-Niam und
Monbuttu im Gebiete der westlichen Nilzuflüsse 1870—1872 wiederholt zu
kahlen weit ausgedehnten Flächen ebenfalls grosskörnigen Raseneisensteines.
Dieselben sind dem ganzen Gebiete des Gazellenstromes im Süden der weiten,
von den Dinka bewohnten Alluvial-Niederung eigen und erscheinen häufig
auf stundenweiten Strecken. Ebenso traf er grosse Lager von Brauneisenstein.
Magneteisensteinlager finden sich im Bergland der Bari.

Dar Fur liefert Eisen und Kupfer.

Abessynien.

Eine sehr glaubwürdige Persönlichkeit, Major W. Cornwallis Har-
ris, welcher sechzehn Monate in diesen Gegenden zubrachte, hat schon vor
Jahren das Vorkommen von Kohle, etwa 650 Kilometer vom Hafen
Tadschurra am Rothen Meere entfernt, in überzeugender Weise nachgewiesen.
Dieser Reisende versichert, dass sich die Kohlenbecken längs der östlichen
Grenze von Schoa erstrecken, dass indessen den Eingeborenen die Brenn-
barkeit dieses Fossils nicht bekannt sei. Sehr beträchtliche Braunkohlenlager,
die jedoch nicht ausgebeutet werden, finden sich im Goángthale zwischen
Dembra und Tschelga. Auch Eisen kommt in beträchtlichen Massen in
diesen Länderstrichen vor, besonders in Tigrié und Schoa am Tschatschaflusse.

Ost-Afrika.

Der berühmte Afrika-Reisende Livingstone fand am Flusse Ruvuma
im Niare-Districte Steinkohlen, augenscheinlich vom Wasser abgeschwemmt
und mitgeführt, in Menge zerstreut umherliegen. Ebenso entdeckte derselbe
am Sambesi-Strome bei Tete an vielen Punkten Steinkohlenflöze, welche offen
zu Tage liegen. Der Reisende schloss aus beiden Vorkommen auf das Vor-

---

*) Genau: 117.722 metr. Tonnen im Werthe von 4,572.048 $M.$, darunter aus England 103.403
metr. Tonnen für 3,839.097 $M.$

handensein eines ausgedehnten productiven Kohlenfeldes im Norden des Sambesi. Livingstone constatirte in den von ihm durchzogenen Gebieten auch einen Ueberfluss an Eisenerzen. Auch in Moçambique findet sich Kohle.

Süd-Afrika.

Im Capland wurden schon an zahlreichen Stellen sowohl Braunkohlen- als Anthracitlager aufgefunden. Ebenso sind im Basutolande, welches bekanntlich vor Kurzem den britischen Besitzungen in Süd-Afrika einverleibt wurde, nahe der Vereinigung des grossen und kleinen Caledon, von dem durch seine Forschungen im Caplande bekannten Richard Bright im Sommer 1873 Steinkohlen entdeckt worden. Die zwischen Schiefer und Sandstein gelagerte Kohle ist allerdings nicht mächtig genug für eine gewinnbringende Ausbeutung, liefert beim Verbrennen auch wenig und schlechten Coke, doch knüpft sich an dieses Vorkommen die Hoffnung auf weitere und bessere Aufschlüsse. In der Gasanstalt zu Capstadt wurden die Kohlen einer genauen Prüfung unterworfen. Auch bei Pieter-Maritzburg in Natal wurden Kohlenflöze aufgeschlossen. — An Eisen und Eisenwaaren ·importirte England in den britischen Besitzungen Süd-Afrika's im Jahre 1875 für 12,319.345 ℳ

West-Afrika.

Nicht nur die portugiesische Provinz Angola, sondern ganz Nieder- und Ober-Guinea, sowie auch Senegambien sind mit Eisenerzen reichlich bedacht.

In dem letztgenannten Ländergebiete ist vorzüglich das Bergland der Mandingo am oberen Senegal, sowie die Landschaft Bondu besonders reich an Eisen. Bei dem Volke der Fan am Gabun (Süd-Guinea) bewunderte Du Chaillu die Geschicklichkeit derselben in der Bearbeitung des Eisens. An vielen Stellen im Lande steht dort Eisenerz zu Tage. Die Fan bauen aus Erz und Holzkohlen einen Meiler auf, den sie in Brand stecken und solange in Brand erhalten, bis Gusseisen zusammensickert. Durch vielfaches Glühen und Hämmern verwandeln sie das Roheisen in Schmiedeeisen und Stahl, die sie den europäischen Rohstoffen sogar vorziehen.

Marokko.

In seinen geognostischen Verhältnissen stimmt Marokko mit dem südlichen Spanien vollkommen überein. Namentlich ist die Aehnlichkeit zwischen dem Felsen von Gibraltar und der gegenüberliegenden afrikanischen Küste eine ganz ausserordentliche. Das Rif (Küstenland) besteht zumeist aus Kalkfelsen. Der schiefrige und leicht verwitternde Mergel ist die Ursache der grossen Fruchtbarkeit der Ebenen. An den südlichen Küstenpunkten des Atlantischen Meeres nimmt man viele gelbe Sandsteine wahr. Die Steinbildung des Atlas kennt man so gut wie nicht.

Ueber das Vorkommen von Kohle verlautet nichts. Zudem ist ein grosser Theil des Atlas wie das Rif mit unermesslichen Urwäldern bedeckt, die den mineralischen Brennstoff vorläufig gänzlich entbehrlich machen.

Das Eisen scheint das am weitesten verbreitete Metall zu sein. Man findet es in gediegenen Stücken an vielen Orten, und der ganze Atlas hat Ueberfluss daran. In der Nähe des Flusses Wad un ausud entspringt eine eisenhaltige Quelle.

Eisenerze wurden in Marokko schon lange vor der Herrschaft der Carthager abgebaut; man kann die Spuren dieser alten Bergwerke noch jetzt am Fusse des Djebel Hadyd, 25 Kilometer von Mogador entfernt, verfolgen. In England tauchten Projecte auf, welche die Ausbeutung der reichen Eisenlager des Landes in Aussicht nahmen, allein bis jetzt hat von einer practischen Ausführung derselben nichts verlautet.

Algerien.

Die geologische Beschaffenheit Algeriens lässt das Vorkommen von Kohlenbecken in den cultivirten Theilen als sehr zweifelhaft erscheinen. In neuerer Zeit indessen ist es einigen, von der französischen Regierung abgesandten Geologen geglückt, in den entlegeneren Provinzen Kohle zu entdecken. Speciell für Algier ist die Thatsache von enormer Bedeutung. Bekanntlich hat das Land einen Ueberfluss an Eisen, und zwar finden sich zwei verschiedene Gattungen in der Qualität des schwedischen und in jener des Elba-Eisens. Im Jahre 1870 waren in Algerien 70 Gruben auf Eisenerze concessionirt, wovon jedoch nur 10 im Betriebe, und diese lieferten für 1.6 Millionen *M.* Ausbeute. Für die Entwicklung dieser Industrie wäre demnach der Besitz genügender Kohlenlager ganz unerlässlich.

Ausgedehnte Braunkohlenbecken befinden sich in Smendu in der Provinz Constantine, sowie in Goleah. Das Smendu-Becken liegt 140 Kilometer von Constantine und 273 Kilometer vom Meere entfernt. Die Kohle von Goleah scheint von guter Qualität zu sein; doch ist der Reichthum dieses Beckens kein sehr grosser. Dieselbe französische Gesellschaft, welche bei Bona auf Eisenerze baut, förderte auch Kohle und exportirte im Jahre 1875 86.448 metr. Tonnen. —

Der Eisenbergbau in Algerien concentrirt sich in Ain-Mokta (Mokta-el-Hadid) am See Fezzara, etwa 30 Kilometer von Bona entfernt. Die Anlagen daselbst werden von einer französischen Gesellschaft verwaltet. Im Hinblick auf die unerschöpflichen Eisenlager im nördlichen Spanien, welche jetzt, nach Beendigung der inneren Unruhen in diesem Lande, der erfreulichsten Entwicklung entgegengehen, stimmt man den Ansichten des M. Rocour bei, welcher glaubt, dass die Eisenausfuhr Algeriens nach den Mittelmeerhäfen in kommender Zeit etwas beschränkt werden wird. Dies gewinnt noch mehr an Wahrscheinlichkeit, wenn in Berücksichtigung gezogen wird, dass der bisherige Abbau der Erze auf die einfachste Weise bewerkstelligt wurde, indem diese Schätze offen zu Tage lagen. Bei fortgesetzter Massenproduction müssten kostspielige Anlagen geschaffen und die Hebung der weiter in der Tiefe liegenden Erze ausgeführt werden. Da die oben erwähnte französische Gesellschaft im Ganzen an 3 Millionen Tonnen Erze gefördert, hat sie auch im Jahre 1874 schon mit dem Tiefbau beginnen müssen.

An Eisenerzen wurden zu Mokta gefördert

im Jahre 1875 .... 418.868 metr. Tonnen
    „   „   1876 .... 388.802   „   „

Ein grosser Theil dieser Erze gelangte im Hafen von Bona zur Verschiffung nach Frankreich. Im März 1877 belief sich der Vorrath an geförderten Erzen zu Mokta auf 126.000 metr. Tonnen. Wahrscheinlich wird die Gesellschaft, wenn in einigen Jahren der Abbau der Erze schwieriger und daher nicht mehr so lohnend sein wird wie jetzt, die gegenwärtig betriebenen Bergwerke verlassen und andere Orte aufsuchen, wo die Gewinnung der Erze unter günstigeren Bedingungen stattfinden kann. Dies wird ihr nicht schwer fallen, da das Vorkommen von vorzüglichen Eisenerzen in ausgedehntem Masse noch an vielen anderen Orten der Colonie nachgewiesen ist.

Auch noch andere Gesellschaften haben sich die Förderung von Eisenerzen in Algerien zur Aufgabe gestellt, doch wurden ihre Bestrebungen nicht überall von dem gleichen Erfolge gekrönt. Im Allgemeinen hat aber die Thätigkeit auch dieser Gesellschaften im Jahre 1876 einen Aufschwung erfahren.

Nach officiellen Angaben wurden die in der ersten Tabelle Seite 243 angeführten Quantitäten von Eisenerzen aus Algerien exportirt.

Man schätzt die Gesammtförderung Algeriens in 14 Gruben auf etwa 600.000 Tonnen jährlich; die Anzahl der Arbeiter wird für das Jahr 1876 auf 4.311 Köpfe angegeben.

Für die Eisenindustrie Frankreichs sind die algerischen Erze von grösster Wichtigkeit, da sie dort das Hauptmaterial für die Erzeugung des Qualitätseisens bilden. Ausser in Frankreich finden die algerischen Erze auch in England, Belgien, Deutschland und in den Niederlanden Absatz, ja zu einem allerdings geringeren Theile selbst in den Vereinigten Staaten Nord-Amerika's.

Eisenerz-Ausfuhr Algeriens.

Jahr	Menge	Werth
1850...............	89.125 metr. Tonnen	307.308 ℳ
1860...............	69.391 „ „	566.792 „
1870...............	84.714 „ „	6,919.480 „
1871...............	86.166 „ „	7,038.063 „
1872...............	195.594 „ „	15,976.179 „
1873...............	210.347 „ „	5,497.985 „
1874...............	230.136 „ „	6,015.213 „
1875...............	261.315 „ „	6,830.147 „

Die einzige nennenswerthe Eisenhütte Algeriens befindet sich in Atélik bei Bona, wo aus Spatheisensteinen mit Coken aus der Kohle von Edough und Ben Salah Roheisen erzeugt wird.

Eisen und Stahlwaaren gelangten im Jahre 1875 9.134 metr. Tonnen im Werthe von 3,321.400 ℳ zur Einfuhr.

Die Länge der Eisenbahnen in Algerien belief sich im Jahre 1877 auf 682 Kilometer, wozu noch 325 Kilometer Bahnen kommen, welche sich damals im Bau befanden.

Die Sahara.

Was das ungeheuere Gebiet der Sahara anbelangt, so ist dasselbe ganz frei von Eisen und Kohle. Die Sahara besitzt nämlich folgende geologische Beschaffenheit: Gypsplateau's, mit Erde untermischt in horizontalen Lagen, kleine Hügel, bedeckt mit gypsartigem Gestein von fester compacter Structur, Crystallplättchen von glasartigem Gyps, Mergel, Thonerde und vor allem feiner Sand, welcher nur eine ganz geringe Beimengung von Eisenoxyd zeigt.

Sudân.

An Eisenerzen sind hier vorzugsweise die Mandara-Berge im Süden des Tsad-See's sehr reich. Aus diesen Erzen wird ein recht gutes Eisen hergestellt, das einen namhaften Handelsartikel im Sudân bildet. Die anliegende Landschaft Mora wird wegen ihrer vortrefflicher Eisenwaaren von den umwohnenden Völkern vielfach besucht.

Die Inseln.

Madagascar soll Kohle und Eisen im Ueberfluss besitzen.

Mauritius hat eisenhaltigen Sand, doch existirt weder Bergbau noch Hüttenindustrie. Die für die Zuckerproduction erforderlichen Kohlen werden von England geliefert. —

Im Jahre 1875 exportirte England folgende Kohlenmengen nach Afrika:

Bestimmungsort	Menge in metr. Tonnen	Werth in ℳ
Aegypten...	535.692	8,105.984
Tripolis und Tunis.............................	2.914	44.801
Algerien......................................	25.842	323.575
Marokko...	264	4.737
West-Afrika	56.110	890.189
Insel Ascension	3.492	51.826
„ St. Helena	1.526	24.790
Britisches Süd-Afrika.........................	48.345	754.192
Ost-Afrika	11.549	190.294
Abessynien....................................	1.964	25.525
Madagascar....................................	457	6.432
Mauritius	25.566	47.179

AUSTRALIEN.

(8,865.684 Quadrat-Kilometer. — 4,748.600 Einwohner.)

Kohle und Eisen finden sich über das ganze Festland Australiens zerstreut, freilich in sehr verschiedener Ergiebigkeit und sehr verschiedenem Werthe. Dort, wo die Erde unerschöpfliche Vorräthe an edlen Metallen birgt, wird der Kohlen- und Eisenbergbau naturgemäss vernachlässigt, und an jenen Orten, wo diese gefährliche Concurrenz nicht existirt, standen noch immer andere Hemmnisse einer ausgedehnteren Entwicklung der Kohlen- und Eisenindustrie im Wege.

Mit Schluss des Jahres 1877 besass das australische Festland an Eisenbahnen:

Neu-Südwales	920	Kilometer
Victoria	1.292	„
Süd-Australien	597	„
West-Australien	61	„
Queensland	451	„

Zusammen 3.321 Kilometer.

Neu-Südwales.

Wenn Süd-Australien oft die Kupfer- und Victoria die Goldcolonie genannt wird, so verdient Neu-Südwales den Namen der Kohlencolonie.

Das Areal der Ablagerung dieses Minerals dehnt sich in einer colossalen Ausdehnung von der nördlichen Grenze der Colonie bis zum 35. südlichen Breitegrade aus, liegt nahe der Meeresküste, reicht westlich bis an den östlichen Abhang der Blauen Berge und ist auf nicht weniger als 64.250 Quadrat-Kilometer berechnet worden.

Dieses grosse Kohlengebiet durchschneiden auf 156 Kilometer zwei Eisenbahnen, die Grosse Süd- und die Westeisenbahn, welche beide von Sidney auslaufen, und zwar durchzieht die erstere dieses Becken bis Marulan, die letztere bis Rydal. Die von Newcastle ausgehende Nordbahn endlich bestreicht diese reichhaltigen Kohlenlager bis Murrurundi in einer Ausdehnung von 193 Kilometer.

Die Flöze haben einschliesslich der Bergemittel eine Mächtigkeit bis zu 3 Meter. Die hier gefundene Kohle ist von anerkannt vorzüglicher Qualität, eignet sich auch zur Vercokung und steht der besten englischen nicht nach. Besonders die Dampfschiffe gebrauchen sie gern; von der in Australien stationirten englischen Flotte wird sie ausschliesslich verwendet. Ausser nach den australischen Colonien wird sie nach der Südsee (Neu-Seeland), nach Californien, Valparaiso, China, Japan, Manila, Singapore, Bombay, Calcutta, Java, Ceylon und Mauritius in Menge exportirt.

Erst im Jahre 1829 findet man zum ersten Male unter den Erzeugnissen der Colonie auch Kohle angeführt; im Districte von Newcastle waren 780 metr. Tonnen im Werthe von 7880 ℳ gefördert worden. Damals besorgte noch ein einziger Kutter von 80 Tonnen den ganzen Verkehr zwischen Sidney und Port Hunter. Heute ist der Hafen von Newcastle nach jenem von Sidney der bedeutendste in der Colonie, und es laufen, die Küstenfahrer nicht eingerechnet, jährlich an 1050 grosse Schiffe mit Kohlen für andere Häfen der Colonien und fremde Plätze aus demselben aus.

Unter den Kohlenbergwerken nehmen jene, welche sich von Newcastle bis Maitland und Singleton am Hunterflusse hinaufziehen, den ersten Rang ein. Ihre Zahl beträgt gegenwärtig 11.

An Kohlen wurden von Newcastle ausgeführt

im Jahre	1870	743.795 metr. Tonnen	im Jahre	1874	1,117.345 metr. Tonnen	
„ „	1871	768.676 „ „	„ „	1875	1,160.278 „ „	
„ „	1872	870.700 „ „	„ „	1876	1,130.683 „ „	
„ „	1873	963.510 „ „				

Es stehen gegenwärtig 7 Kohlenbergwerke im südlichen und 4 im westlichen District in Betrieb. Die letzteren werden sich infolge der jetzt schon bis Orange (312 Kilometer) ausgebauten Grossen Westeisenbahn voraussichtlich rasch entwickeln.

Die in den Jahren 1829 bis 1876 gewonnene Kohlenmenge beziffert sich auf 15,036.776 metr. Tonnen im Werthe von 165,562.340 ℳ Aus nachstehenden Productionsdaten ist der rasche Fortschritt in der Entwicklung der Minen ersichtlich:

Jahr	Quantum metr. Tonnen	Werth ℳ	Jahr	Quantum metr. Tonnen	Werth ℳ
1830	4.000	36.000	1870	868.564	6,336.720
1835	12.392	109.660	1871	898.784	6,326.800
1840	30.256	329.960	1872	1,012.426	7,933.960
1845	22.324	175.380	1873	1,192.862	13,314.940
1850	71.216	467.500	1874	1,304.567	15,804.480
1855	137.076	1,781.640	1875	1,329.729	16,388.580
1860	368.862	4,529.860	1876	1,319.918	16,066.000
1865	585.525	5,486.060			

Die Arbeiterzahl in den australischen Gruben betrug im Jahre 1872 3.407 Köpfe.

In den amtlichen Berichten der Colonie wird gewiss mit vollem Recht die Behauptung aufgestellt, dass Neu-Südwales die reichsten, leichtest zugänglichen und ausgedehntesten Kohlenfelder auf der südlichen Halbkugel besitzt, und dass dieselben diese Colonie schliesslich zur grössten und reichsten unter den australischen Colonien erheben müssen. Die bituminösen und halbbituminösen Splitter-, Anthracit- und Cannelkohlen, die man hier gewinnt, heisst es dort weiter, werden an Qualität von keinen anderen der Erde übertroffen, und die zahlreichen Lager von Petroleum-Cannelkohle, aus welcher sowohl Gas als auch ein sehr brauchbares Mineralöl erzeugt wird, finden nirgends ihres gleichen.

Auf dem Hartley-Schachte an der Grossen Westbahn, 136 Kilometer nordwestlich von Sidney, wird die vorzüglichste Petroleum-Cannelkohle der Erde gewonnen; eine metrische Tonne dieser Kohle liefert 681—727 Liter rohes Oel und 576 Cubikmeter Gas mit einer Leuchtkraft von 40 Kerzen. Grosse Mengen dieser Kohle werden nach den Gasanstalten nicht blos der anliegenden Colonien, sondern auch nach China, San Francisco u. a. O. ausgeführt, um die gewöhnliche Kohle, zur Erhöhung der Leuchtkraft, damit zu vermischen.

Im Jahre 1876 wurden in Neu-Südwales überhaupt 15.998 metr. Tonnen Cannelkohle und Brandschiefer im Werthbetrage von 947.880 ℳ gefördert, wovon der bei weitem grösste Theil auf die Hartley-Mine entfiel. —

Die Schätze welche Neu-Südwales an Eisen birgt, sind nach den Forschungen der Geologen geradezu unerschöpflich; der Abbau dieses Erzes ist aber noch in der Kindheit begriffen.

Einige Eisenlager sind bereits angebrochen worden und werden, sobald hinlängliche Arbeitskräfte zur Verfügung stehen, gute Ausbeute liefern. Die Eisenlager sind entschieden werthvoll. Die Erze der Mittagong-Minen sind fast reine Oxyde wie die schwedischen und von vorzüglicher Qualität.

Unweit Wallerawang an der Grossen Westbahn, 245 Kilometer westlich von Sidney gelegen, befinden sich innerhalb eines Kreises von 6 Kilometer im Durchmesser massenhafte Lager der reichsten Eisenerze (besonders Hämatit) sowie Kalkstein. Die Ausbeutung dieser werthvollen Lager hat sich die in neuerer Zeit constituirte Wallerawang-Iron and Coal Company zur Aufgabe gesetzt.

Von nicht minderer Wichtigkeit ist die neuerdings gemachte Entdeckung von Erzlagern an der südlichen Küste, etwa 30 Kilometer von Jervis-Bay entfernt. Die dortigen Erze enthalten bis zu $51^1/_2$ % metallisches Eisen und sind mit Kalkstein- uud Kohlenlagern verbunden.

Dem ebenfalls an der Südküste gelegenen North Bulli-Coal- and Iron-Estate steht eine colossale Ablagerung von Thoneisen mit 32 bis 55 % Eisengehalt zur Verfügung. Auch bei Carcoar am Belubula-Flusse, 282 Kilometer westlich von Sidney, wurden hinter Kupfererz mächtige Lager von Eisenerzen entdeckt.

Die Eisenminen der Fitzroy-Bessemer-Steel, Haematite-Iron and Coal Company bei Nattai an der Grossen Südbahn, 126 Kilometer von Sidney, sind die bedeutendsten und wichtigsten der ganzen Colonie. Der dortige District zeigt einen wahren Ueberfluss von Lagern reicher Eisenerze, sowie an Kohle und Kalkstein. Bei der in dem Hohofen zu Nattai vorgenommenen Verschmelzung der Erze wurden aus 18,8 metr. Centnern (à 100 Kg.) der letzteren 10 metr. Centner metallisches Eisen gewonnen. Als Brennmaterial dienten Coke und Anthracit gemischt. Der erwähnte Hohofen producirte 1876 2.679 metr. Tonnen Roheisen im Werthe von 267.980 ℳ, welches Quantum leicht vervielfacht werden kann. Von diesem Roheisen gingen 50 metr. Tonnen nach San Francisco. Die Arbeiteranzahl belief sich auf 70. In neuester Zeit beabsichtigte die genannte Gesellschaft, auch ein Walzwerk zu errichten.

Die Ausfuhr von Eisen erreichte allerdings im Ganzen erst die Ziffer
von 40 metr. Tonnen zu 10.040 ℳ im Jahre 1875
und 482　„　　„　　„　68.880　„　„　　„　1876,
gewiss aber werden schon die nächsten Jahre eine ganz erhebliche Steigerung des Eisenexportes aufweisen.*)

Victoria.

Der Bergbau auf Gold hat das Interesse für die reichen Schätze dieser Colonie an Kohle und Eisenerzen in den Hintergrund gedrängt. Im Jahre 1876 wurde aus England Eisen (roh und bearbeitet) im Werthe von 1,174.374 £ (23,980.717 ℳ) nach Victoria importirt. Die ganze Förderung an Eisenerzen beschränkte sich 1874 auf 130 metr. Tonnen.

Castlemaine, 223 Kilometer südlich von Bendigo, die drittgrösste Stadt der Goldregion, besitzt eine Eisengiesserei, welche über 100 Arbeiter beschäftigt. Melbourne umschliesst eine ganze Reihe flott betriebener Eisengiessereien.

---

*) H. Greffrath, Die Colonie Neu-Südwales in ihrer mineralischen Bedeutung. „Aus allen Welttheilen," Jahrgang 1878.

Süd-Australien.

Der unermessliche Reichthum an Kupfer verhindert jeden anderen Bergbau. Im Jahre 1877 verlautete von der Auffindung bedeutender Kohlenlager. Bisher beruhten jedoch alle ähnlichen Ankündigungen auf Selbsttäuschung.

Süd-Australien soll auch reiche und ausgedehnte Lager von Eisenerzen besitzen, zweifellos ist Eisen aber bisher nur in der Nähe des Hafens Walleroo nachgewiesen. Noch in neuester Zeit schloss die Regierung von Süd-Australien mit England einen Vertrag auf Lieferung von 26.000 metr. Tonnen Eisen- und Stahlschienen ab.

West-Australien.

Hinsichtlich ihrer Mineralschätze ist diese Colonie noch wenig bekannt. Besonders wichtig ist der Nordbezirk. Zwischen dem Murchisonfluss in 27° 50' südlicher Breite und dem oberen Irwin, 300 Kilometer von der See gelegen, enthält der Nordbezirk der Colonie unter Anderem Steinkohle und Eisen in Menge. Schon im Jahre 1846 wurden zwei Kohlenflöze von 2 und 2.5 Meter Mächtigkeit gefunden. Neuerdings sind Steinkohlen 300 Kilometer weit von der Champion-Bai entdeckt worden.

Queensland.

Eisen und Kohle finden sich an verschiedenen Stellen, aber Gold, Kupfer, Zinn und Galena, an denen das Land reich ist, lenken das Interesse davon ab. Die Kohlenwerke förderten im Jahre 1875 33.500 metr. Tonnen.

Im Jahre 1875 wurde am Flusse Logan ein sehr ergiebiges Lager vortrefflicher Steinkohlen aufgefunden. Mit der Moretonbai in Verbindung gebracht, könnten diese Kohlen leicht zur See ausgeführt werden.

Tasmanien.

Die Insel besitzt reiche Kohlenfelder, die sich fast über das ganze Land erstrecken; ihre Förderung gehört der jüngsten Zeit an, indem erst zu Beginn der 60er Jahre ein junger Geologe, Gould, die Lager untersuchte und ihre Ausdehnung feststellte. Vor dieser Zeit waren nur einige offen zu Tag liegende Lager, nahe der Hauptstadt der Insel, in Betrieb. Gould stellte jedoch fest, dass bei weitem reichere Lager sich in den Höhenzügen von Nicholas und Killymoun finden, von denen einzelne eine Ausdehnung von 15 bis 20 Kilometer und mehr als 2 Meter Mächtigkeit haben. Auch ist ihre Lage in unmittelbarster Nähe der Hafenplätze die vortheilhafteste. Im Jahre 1875 besass Tasmanien 4 Gruben, welche 7.719 metr. Tonnen förderten.

Ebenso besitzt die Insel Eisenerze. Die Tamar-Haematite-Iron Company setzte mit gutem Erfolge Anfang 1875 einen Hohofen in Betrieb, weshalb sogleich eine zweite Anlage in Angriff genommen wurde.

An Eisenbahnen besass Tasmanien Ende 1877 250 Kilometer.

Neu-Seeland.

Auch hier schädigt die Goldwäscherei jeden anderen Bergbau. Kohlenlager sind an mehreren Punkten der Nord- und Südinsel bekannt, so im nordöstlichen Theile der Provinz Auckland und im Nordwesten von Nelson, wo kohlenführende Schichten bereits die Erschliessung von Kohlengruben veranlasst haben. Auch der Kohlensandstein der Papahaua-Berge an der Westküste der Südinsel umschliesst bedeutende Kohlenflöze. Der südliche Theil des Paparohagebirges enthält werthvolle Kohlengruben. Endlich findet sich auch im östlichen Theile der Südalpen und an der ganzen Südküste der Provinz von Otago Kohlensandstein mit reichen Kohlenlagern.

Eisenerze fehlen Neu-Seeland gleichfalls nicht. Die Titanic-Steel Company errichtete zu Taranaki ein Eisenwerk, über dessen Production aber noch keine Daten vorliegen. England exportirte nach Neu-Seeland im Jahre 1875 für 1,265.000 £ (25,831.000 ℳ) Eisen.

Das Eisenbahnnetz dieser Colonie war mit Ende des Jahres 1877 1.137 Kilometer lang. —

Kohle soll sich auch auf den Neu-Seeland benachbarten Chatam-Inseln finden.

Neu-Caledonien.

Die Brigg „Prony", welche im Mai 1854 im Namen Frankreichs die Besitznahme von Neu-Caledonien vollzog, entdeckte an der schön gelegenen Bai von Moaré ein Steinkohlenlager, aus welchem sie ihre Vorräthe ergänzte. Die Kohlen waren von der besten Qualität; dennoch wird noch gegenwärtig Kohle von Frankreich importirt.

Eisen findet sich in Menge an der Südbai auf der Insel Uën, sowie überhaupt im Süden der Hauptinsel bei Unia, an der Massacrebai u. a. O. Man glaubt, dass die hier gefundenen Eisenerze eine grosse Bedeutung erlangen werden, weil der aus ihnen hergestellte Stahl, obwohl die Erze 2 °/$_0$ Chrom enthalten, von letzterem frei bleibt, an Dehnbarkeit nichts verliert und von einer ungemeinen Härte ist.

Arctische Gebiete.

Das nördlichste bisher entdeckte Kohlenlager der Erde ist jenes, welches die „Discovery" der englischen Nordpolexpedition 1875 in der nach ihr benannten und an der Westseite des Robeson-Canals im äussersten Norden von Grönland liegenden Bai unter 84° 44′ nördl. Breite und 65° 3′ westlicher Länge auffand. Die Kohle ist glänzend, etwas pechartig und sehr spröde. Ihre Analyse ergab dieselben Resultate, wie jene sehr guter bituminöser Kohle. Sie ist manchen englischen Kohlenarten, insbesondere jener von Chesterfield ähnlich, und liefert 65 Procent Coke. Die kleinen Quantitäten dieser Kohle, welche von der Expedition verbraucht wurden, waren steinbruchmässig durch Tagbau gewonnen. Für zukünftige Expeditionen kann dieses Kohlenlager von grosser Wichtigkeit werden, zumal als Material zur Gasgewinnung, falls die schon wiederholt vorgeschlagenen Ballonfahrten zur Ausführung gelangen sollten.

Auch auf Spitzbergen ist das Vorkommen von Steinkohlen schon von Alters her bekannt. Genauere Angaben darüber aber haben erst die letzten wissenschaftlichen Expeditionen zu Tage gefördert. Man hat nun Kohlen an fünf verschiedenen Punkten in ziemlicher Mächtigkeit in der Kingsbai anstehend gefunden.

Endlich hat auch J. Payer im Kaiser Franz-Josef-Land das Vorkommen von tertiärem Braunkohlensandstein nachgewiesen. Braunkohlen selbst fanden sich allerdings nur in geringen Aufschlüssen.

HENRY SIMON

Jngenieur

7. St. Peter's Square

MANCHESTER

TECHNISCHES BUREAU

etablirt seit nahezu 20 Jahren.

Auskünfte über und Lieferung zweckmässiger Maschinen und Apparate für die verschiedenen Industrieen.

Anlage von industriellen Etablissements — Pläne — Kostenanschläge — Technische Berichte.

Verwerthung von Erfindungen in England.

Ueberwachung der Ausführung, Inspection und Abnahme in England bestellter Lieferungen.

Erste Referenzen in den meisten Ländern.

Thomas Jandach

Juristische Expertensysteme

Methodische Grundlagen ihrer Entwicklung

Springer-Verlag
Berlin Heidelberg New York
London Paris Tokyo
Hong Kong Barcelona Budapest

Thomas Jandach
Seeadlerstraße 19
70378 Stuttgart

ISBN-13:978-3-540-56913-8

Die Deutsche Bibliothek - Cip-Einheitsaufnahme
Jandach, Thomas:
Juristische Expertensysteme: methodische Grundlagen ihrer Entwicklung / Thomas Jandach
Berlin; Heidelberg; New York, London; Paris; Tokyo; HongKong; Barcelona; Budapest:
Springer, 1993
   Zugl.: Berlin, Techn. Univ., Diss. (D-83)
   ISBN-13:978-3-540-56913-8   e-ISBN-13:978-3-642-84978-7
   DOI: 10.1007/978-3-642-84978-7

Satz: Reproduktionsfertige Vorlage des Autors
Umschlaggestaltung: H. Lubina, Schöneiche

64/3020 - 5 4 3 2 1 0 - Gedruckt auf säurefreiem Papier

Geleitwort

Die vorliegende Arbeit enthält die umfassendste Analyse juristischer Expertensysteme, die es weltweit gibt. Mehr als 100 solcher Systeme werden aus der Sicht der Informatik auf ihre methodischen Grundlagen und ihre Leistungsfähigkeit hin untersucht. Die methodischen Grundlagen solcher Systeme beruhen auf Verfahren der formalen Logik und dem Einsatz technischer Werkzeuge, wie beispielsweise sogenannter Shells. Die Leistungsfähigkeit juristischer Expertensysteme wird an ausgewählten Konzepten der juristischen Methodik gemessen.

Das Herausragende dieser wissenschaftlichen Untersuchung liegt in der gelungenen Kombination der theoretischen Grundlagen von zwei wissenschaftlichen Disziplinen, der Informatik und der Rechtswissenschaft. Der Autor hat sich als Informatiker und wissenschaftlicher Mitarbeiter in einem juristischen Universitätsinstitut tief mit rechtstheoretischen und rechtsmethodischen Problemen befaßt. Wie sich an den überzeugenden Ergebnissen seiner interdisziplinären Arbeit erkennen läßt, muß die Einschätzung der Leistungsfähigkeit juristischer Expertensysteme aus prinzipiellen und methodischen Gründen erheblich stärker relativiert werden, als dies bisher der Fall war. Zugleich dämpft die Arbeit zumindest im konkreten Anwendungsbereich übertriebene Erwartungen der Informatik an die Verfahren der "Künstlichen Intelligenz".

Hannover, im Mai 1993   Wolfgang Kilian

Vorwort

Diese Arbeit entstand als Dissertation während meiner Tätigkeit als wissenschaftlicher Mitarbeiter am Institut für Rechtsinformatik (Fachbereich Rechtswissenschaften) der Universität Hannover. Da es sich um ein interdisziplinäres Thema handelt, wurde das Promotionsverfahren am Fachbereich Informatik der Technischen Universität Berlin durchgeführt.

Ich danke Herrn Prof. Dr. Bernd Lutterbeck für seine Bereitschaft zur Betreuung dieses interdisziplinären Vorhabens. In zahlreichen Gesprächen vermittelte er mir wichtige inhaltliche Impulse, die mir bei der Strukturierung und Akzentuierung des Themas behilflich waren.

Ich danke ferner Herrn Prof. Dr. Wolfgang Kilian, Leiter des Instituts für Rechtsinformatik, für die freundliche Unterstützung meiner Arbeit. Er half mir bei der organisatorischen Vorbereitung des Promotionsvorhabens und gewährte mir einen großen Freiraum, innerhalb dessen ich diese Arbeit gestalten konnte. Ich danke ihm außerdem dafür, daß ich stets auf seinen wissenschaftlichen Rat bei der Bewältigung inhaltlicher Schwierigkeiten zurückgreifen konnte.

Ich danke außerdem Herrn Prof. Dr. Erhard Konrad für seine wissenschaftliche Kritik an einzelnen Aspekten dieser Arbeit, besonders hinsichtlich der Fragen, die in den Kapiteln 3 und 4 bearbeitet werden.

Hannover, im Mai 1993 Thomas Jandach

Inhaltsverzeichnis

Einleitung

Die Informatik hat insbesondere in ihrem Zweig "Künstliche Intelligenz" (KI) eine Reihe eigener Methoden und Konzepte zur Automatisierung geistiger Tätigkeiten entwickelt, die beispielhaft durch folgende Stichwörter gekennzeichnet sind:
- logische Programmierung,
- automatisches Theorembeweisen,
- Default Reasoning,
- nicht-monotones Schließen,
- Frames und semantische Netze zur Wissensrepräsentation.

In Expertensystemen sollen diese Techniken mit dem Ziel zum Einsatz kommen, die geistige Tätigkeit von Experten zu automatisieren.

Dabei sollten folgende Ansprüche verwirklicht werden:
- Darstellung des semantischen Gehalts eines Wissensgebietes,
- Verarbeitung unscharfen Wissens,
- automatische Ableitung von Schlußfolgerungen.

Vor dem Hintergrund dieser Ansprüche erscheint das Gebiet der Rechtswissenschaften als ein geradezu idealer Prüfstein, an dem sich der Erfolg oder auch Mißerfolg des Einsatzes von KI-Techniken zur Umsetzung dieser Ansprüche erkennen läßt. Die Rechtsinformatik sieht hier die Chance[1], die Tätigkeit von Juristen durch Expertensysteme zu unterstützen. Relativ unbeachtet von Informatik und Rechtswissenschaft entstand eine Reihe juristischer Expertensysteme, die jedoch das Umfeld der Universitäten und Forschungslabors nicht haben verlassen können.

Die traditionelle juristische Methodenlehre, die auch heutzutage noch die Vorstellung von der Rechtsanwendung bestimmt, räumt formalen, gar automatisiert ablaufenden Modellen einen sehr geringen Stellenwert ein. In der jüngeren juristischen Methodendiskussion ist eine Tendenz hin zu solchen Modellen spürbar, die zumindest mit einem modernen Verständnis von Logik und Algorithmik in Einklang stehen.

Eine vergleichende Gegenüberstellung logischer und informatischer Methoden und Instrumente einerseits und der Modelle der juristischen Methodenlehre andererseits bildet die Basis für die Formulierung eines Anforderungsprofils juristischer Expertensysteme. Es wird deutlich, daß eine Unterstützung juristischer Tätigkeit durch Expertensysteme grundsätzlich möglich ist. Die Voraussetzung hierfür besteht in einer - bislang nicht geleisteten - interdisziplinären Erarbeitung rechtsmethodischer und rechtsinformatischer Grundlagen.

---

[1] Vgl. Herbert Fiedler/Thomas F. Gordon, Recht und Rechtsanwendung als Paradigma wissensbasierter Systeme, in: W. Brauer/W. Wahlster (Hrsg.), Wissensbasierte Systeme, Proceedings, Heidelberg/Berlin 1987, S. 63-77.
Fiedler und Gordon sehen darin eine "bemerkenswerte Analogie" zwischen dem "Paradigma richterlicher Rechtsanwendung im gewaltenteilenden Staat" und der "wissensbasierten Gestaltung von Informatiksystemen".

Diese Arbeit verfolgt das Ziel, methodische Grundlagen - sowohl informatischer wie auch juristischer Art - für eine Entwicklung juristischer Expertensysteme zu erarbeiten.

Kapitel 1:
Juristische Expertensysteme - Ein Überblick über den Stand der Entwicklung

Der Begriff "Expertensystem" wird von verschiedenen Autoren unterschiedlich definiert. Daher werden in diesem Kapitel zunächst begriffliche Grundlagen geklärt. Ferner wird eine Reihe typischer Ausprägungen juristischer Expertensysteme dargestellt. Diese Klassifizierung basiert auf einer empirischen Auswertung einer Übersicht[2] bisher entwickelter juristischer Expertensysteme. Diese Übersicht wird anschließend analysiert, um einen Überblick über den Stand der Entwicklung juristischer Expertensysteme zu gewinnen. Dabei zeigt sich deutlich, daß der erreichte Leistungsstand den Bedürfnissen juristischer Anwender nicht gerecht wird. Die folgenden Kapitel untersuchen einzelne Themenbereiche, die einen Beitrag zur Methodik der Entwicklung juristischer Expertensysteme erwarten lassen.

Kapitel 2: Erwartungshaltung gegenüber juristischen Expertensystemen

Speziell in Verbindung mit Entwicklungsvorhaben der Künstlichen Intelligenz (KI) läßt sich immer wieder ein starkes Mißverhältnis zwischen der erwarteten und der tatsächlichen Leistung eines Systems beobachten. Dieses trifft auch auf juristische Expertensysteme zu. Eine erfolgreiche Einführung juristischer Expertensysteme setzt eine Akzeptanz der Entwicklungsvorhaben auf Seiten zukünftiger Anwender sowie eine enge Zusammenarbeit zwischen Juristen und Informatikern während der Entwicklungsphase voraus. Falsche Vorstellungen möglicher Anwender über die erreichbaren Systemleistungen beeinträchtigen den Entwicklungsprozeß. Sie können leicht eine Enttäuschung über nichterreichbare Ziele oder eine unbegründete Ablehnung des projektierten Systems bewirken. Eine entsprechende "Entmythologisierung"[3] gehört daher zu den Grundlagen für die Entwicklung eines juristischen Expertensystems.

---

[2] Siehe Anhang 1.

[3] Der Begriff der Entmythologisierung wurde im Rahmen eines Tagungsprogramms in eine Verbindung mit der Technik (juristischer) Expertensysteme gebracht. Siehe: Hinrich Bonin (Hrsg.), Entmythologisierung von Expertensystemen, Heidelberg 1990. Darin speziell: Herbert Fiedler, Entmythologisierung von Expertensystemen, S. 1-11.

Kapitel 3:
Konzeptionen der Informatik als Entwicklungsgrundlage juristischer Expertensysteme

Dieses Kapitel nennt Konzeptionen aus dem Bereich der Informatik und speziell der KI, die für eine Realisierung juristischer Expertensysteme in Frage kommen. Dabei wird untersucht, ob und inwieweit diese Informatik-Werkzeuge eine strukturelle Ähnlichkeit zu einzelnen Aufgaben des juristischen Einsatzbereiches aufweisen.

Kapitel 4:
Formale Logik als Entwicklungsgrundlage juristischer Expertensysteme

Innerhalb der Rechtswissenschaften - und dabei speziell innerhalb der Rechtstheorie - wird seit geraumer Zeit über das Verhältnis formaler Logik zum Recht diskutiert. Besondere Probleme entstehen dabei durch die Behandlung von Operatoren wie etwa Gebot, Verbot und Erlaubnis sowie deren Beziehungen untereinander. In der juristischen Diskussion hierüber, die übrigens nahezu unabhängig von der Diskussion um juristische Expertensysteme geführt wird, wird gelegentlich behauptet, die von den Juristen anzuwendende "juristische Logik" sei überhaupt nicht formal faßbar. Dies hätte entscheidenden Einfluß auf die Konzeption juristischer Expertensysteme. Daher widmet sich dieses Kapitel den Grundlagen der Entwicklung juristischer Expertensysteme aus Sicht der formalen Logik. Dabei werden sowohl indikative als auch normative (deontische) Logiken sowie deren Paradoxa untersucht.

Kapitel 5: Analyse der juristischen Methodenlehre

Die juristische Methodenlehre beleuchtet den Prozeß der juristischen Entscheidungsfindung und -begründung. Sie entwirft Modelle, die diese Verfahren beschreiben, und entwickelt Kriterien, denen die genannten Verfahren genügen sollen. Die Methodenlehre richtet sich mit ihren Ergebnissen an die juristischen Praktiker mit dem Ziel, diesen eine Anleitung für ein strukturiertes Entscheidungsverhalten anzubieten. Ein solches Modell der Methodenlehre stellt aus Sicht der Informatik eine Spezifikation dar, der ein juristisches Expertensystem gerecht werden muß. Daher gebührt der Auseinandersetzung mit der juristischen Methodenlehre eine besondere Stellung bei der Erarbeitung methodischer Grundlagen für die Entwicklung juristischer Expertensysteme. In Kapitel 5 werden einige wichtige Konzepte der Methodenlehre dargestellt. Es wird geprüft, inwieweit die einzelnen Modelle mit formal-logischen Darstellungsverfahren vereinbar sind.

Kapitel 6: Unterstützung juristischer Entscheidungstätigkeit durch Expertensysteme

Dieses Kapitel schließt unmittelbar an die Darstellung der unterschiedlichen Methodenkonzeptionen aus Kapitel 5 an und untersucht, inwieweit die juristische Entscheidungsfindung gemäß der einzelnen Modelle durch den Einsatz von Expertensystemen unterstützt werden kann.

Kapitel 7: Berücksichtigung der Technikfolgen im Bereich juristischer Expertensysteme

Die Einführung von Computersystemen in Justiz und öffentlicher Verwaltung ruft eine Vielzahl von teilweise unerwarteten und unerwünschten Auswirkungen hervor. Diese können sich beispielsweise in den Bereichen Arbeitsorganisation oder Kommunikation zwischen Behörde und Bürger, aber auch in anderen Bereichen manifestieren. Unerwünschte Auswirkungen oder auch nur die Sorge hiervor können die Akzeptanz juristischer Expertensysteme beeinflussen. Daher erfordert eine systematische Entwicklung juristischer Expertensysteme eine vorherige Untersuchung und Offenlegung denkbarer Auswirkungen sowie eine geeignete Veränderung des Systementwurfs mit dem Ziel der Vermeidung oder Minimierung unerwünschter Auswirkungen.

Kapitel 8: Unterstützung juristischer Tätigkeit durch Expertensysteme

Die in Kapitel 1 vorgestellten Systemtypen werden vor dem Hintergrund der juristischen Anforderungen, die in den vorangegangenen Kapiteln erarbeitet wurden, beleuchtet und auf ihre Eignung zur Realisierung juristischer Expertensysteme untersucht.

Anhang 1: Übersicht über juristische Expertensysteme

Der Anhang nennt die wichtigsten Merkmale der 119 juristischen Expertensysteme, die im Rahmen dieser Arbeit ausgewertet wurden.

Anhang 2: Ausführliche Darstellung ausgewählter Projekte

Dieser Anhang enthält eine ausführliche Darstellung von 13 ausgewählten juristischen Expertensystemen.

1 Juristische Expertensysteme - Ein Überblick über den Stand der Entwicklung

1.1 Einführung

Die Begriffe "Künstliche Intelligenz" und "Expertensystem" werden zwar häufig verwendet, jedoch laufen die Auffassungen darüber, was hierunter zu verstehen sei, weit auseinander. Daher beginnt dieses Kapitel mit einem Abschnitt, der der Begriffsklärung dient. Daran anschließend wird ein Überblick über Projekte der Planung oder Realisierung juristischer Expertensysteme gegeben. Hierfür wurden 119 juristische Expertensysteme analysiert[4]. Diese Systemübersicht bildet die Basis für die Darstellung der Typklassen, denen die untersuchten Systeme zugeordnet werden können. Die Auswertung der Systemübersicht liefert ferner eine Reihe empirischer Aussagen über den derzeitigen Entwicklungsstand juristischer Expertensysteme. Die dabei gewonnenen empirischen Aussagen werden in den folgenden Kapiteln den dort gefundenen theoretischen Ergebnissen gegenübergestellt.

1.2 Der Begriff "Künstliche Intelligenz"

Trotz der mehr als 35-jährigen Entwicklungsgeschichte der KI[5] konnte unter den Beteiligten keine Einigkeit darüber erzielt werden, was unter diesem Begriff zu verstehen sei. Dies mag auch daran liegen, daß der Gehalt dieses Begriffs oft weniger durch bestimmte sachliche Inhalte als vielmehr durch (ungewisse) Zukunftsvorstellungen und Wünsche bestimmt wird[6].
Zwar sind inzwischen die früher oft geäußerten euphorischen Erwartungen und Hoffnungen im Hinblick auf intelligente Maschinen einer eher pragmatischen Sichtweise gewichen, aber auch heutzutage gibt es noch deutliche Unterschiede in der Definition dieses Begriffes.
So gibt es Definitionen, die sich ausschließlich oder vorwiegend auf softwaretechnische Aspekte stützen. Demgegenüber gibt es Positionen, anhand derer sich ein KI-Produkt insbesondere durch sein "intelligentes Verhalten" ausweist.

Einige der in dieser Arbeit analysierten Systeme reichen in ihrer Konzeption über den engeren Begriff des Expertensystems hinaus. Sie benutzen beispielsweise eine natürlichsprachliche Dialogschnittstelle und berühren den KI-Bereich des Sprachverstehens. Oder sie versuchen, nichtklassische Logik (nichtmonotone Logik oder auch deontische Logik) in ein System zu integrieren, was eher dem KI-Bereich des automatischen Beweisens zuzuordnen wäre. Auch

---

[4] In Anhang 1 zu dieser Arbeit findet sich eine tabellarische Übersicht über die wichtigsten Merkmale der ausgewerteten Systeme. Anhang 2 stellt ausgewählte Systeme näher vor.

[5] Der Begriff "Artificial Intelligence" wurde auf einer Konferenz in Dartmouth im Jahr 1956 geprägt. Vgl.: Christopher Habel, Perspektiven einer logischen Fundierung der KI, in: KI, Heft 3/92, S. 8.

[6] Diese Einschätzung teilt auch die Enquête-Kommission "Gestaltung der technischen Entwicklung; Technikfolgen-Abschätzung und -Bewertung". Sie führt aus: "Die Wahl der Bezeichnung "Künstliche Intelligenz" ist sicher ein Symptom eines im nachhinein als naiv zu bezeichnenden Optimismus, gekoppelt mit der Notwendigkeit einer Selbstdarstellung, die eine junge Disziplin mit ungewissen Erfolgsaussichten als glänzende Investition für die Zukunft erscheinen ließ." (Aus: Enquête-Kommission "Gestaltung der technischen Entwicklung; Technikfolgen-Abschätzung und -Bewertung", Chancen und Risiken des Einsatzes von Expertensystemen in Produktion und Medizin, Bundestags-Drucksache 11/7990).

Ansätze zu fallbasierten Systemen, bei denen analoge Schlußweisen erprobt werden, sind wegen ihrer grundlegenden Thematik für den gesamten Bereich der KI von Bedeutung.

1.3 Der Begriff "Expertensystem"

Auch für den Begriff des "Expertensystems" gibt es keine präzise und einheitliche Definition[7]. Hier wird, wie auch beim Begriff der KI, auf softwaretechnische Merkmale oder auf "intelligentes Verhalten" ja gar auf die Simulation eines Experten[8] eines Fachgebiets oder auf eine Kombination hieraus abgestellt.

Eine solche gemischte Expertensystemdefinition stammt von Feigenbaum[9]. In dessen Sicht verkörpert ein Expertensystem ein "intelligentes Computerprogramm, das Wissen und Inferenzverfahren benutzt, um Probleme zu lösen, die immerhin so schwierig sind, daß ihre Lösung ein beträchtliches menschliches Sachwissen erfordert. Das auf diesem Niveau benötigte Wissen in Verbindung mit dem verwendeten Inferenzverfahren kann als Modell für das Expertenwissen der versiertesten Praktiker des jeweiligen Fachgebietes angesehen werden." Das Expertenniveau wird hierbei von Feigenbaum recht hoch angesiedelt: etwa im Bereich eines Ph.D.

---

[7] Einige Definitionen für Expertensysteme:
1. "Computersysteme, die Expertenwissen über Faktenregeln und logische Regeln verfügbar halten. Sie setzen Heuristiken ein, sie können in einer bestimmten Weise strukturiertes Wissen darstellen und können aufgrund von logischen Kalkülen Schlüsse durchführen" (aus: IAO/FpF, Abschätzung möglicher Anwendungen und Auswirkungen von Expertensystemen im Produktionsbetrieb, Stuttgart 1988, S. 22).
2. Ein "Expertensystem hat {eine} eigene Qualität, es wird als ein mehr eigenständig agierendes System erlebt, denn es stellt Fragen, gibt Erklärungen und liefert oft überraschende Antworten" (aus: IAO/FpF, Abschätzung möglicher Anwendungen und Auswirkungen von Expertensystemen im Produktionsbetrieb, S. 26).
3. Ein Expertensystem ist ein "dialogfähiges, hoch interaktives Computerprogramm, welches für ein abgegrenztes Wissensgebiet Fragen einschließlich einer Erklärung auf eine solche Art beantwortet, daß die Qualität der Antwort der eines Experten auf dem jeweiligen Sachgebiet entspricht" (aus: Richard Franzen, Expertensysteme im Recht, in: Fiedler/Traunmüller (Hrsg.), Arbeitspapiere Rechtsinformatik, Heft 21, S. 133).
4. "Ein Expertensystem ist ein Computersystem, bestehend aus einem Programm und einem unter Umständen modifizierten Computer, das das Wissen eines Experten dergestalt nach den Anforderungen des Anwendungsbereichs entsprechend zulässigen Methoden verarbeitet, daß ein Benutzer sich dieses Wissen auf dem Wege eines Dialogs oder durch direkte Zielvorgabe zueigen machen kann, ohne selbst Experte zu sein" (aus: Christian Kowalski, Lösungsansätze für juristische Expertensysteme, Tübingen 1987, S. 39).
5. "Als Expertensystem bezeichnet man ein System, in dem das Wissen eines Experten so gespeichert ist, daß es einem Anwender auf Anfrage zur Verfügung steht" (aus: Jürgen Oechsler, Juristische Programme der "zweiten Generation" ?, Teil 2, in: jur-pc 4/90, S. 548).
[8] In Christian Kowalski, Lösungsansätze für juristische Expertensysteme, Tübingen 1987, S. 16: "Systeme, die einen menschlichen Experten in dessen Fachbereich ersetzen können, indem sie dessen Wissen verarbeiten und für eine Vielzahl von Benutzern verwendbar machen."
[9] P. Harmon/D. King, Expertensysteme in der Praxis, München 1987, S 3 f.

Andere Definitionen beziehen sich auf Merkmale wie
- ein Expertensystem "wird als ein mehr eigenständig agierendes System erlebt"[10]
oder
- ein Expertensystem sei ein "System für Experten"[11].

Diese nur beispielhaft angeführten Definitionen nennen Aspekte, die zu unterschiedlichen Sichtweisen gehören. Diese Sichtweisen sind:

1.3.1 Softwaretechnische (strukturelle[12]) Sichtweise

In dieser Sicht werden Expertensysteme gelegentlich auch als "Wissensbasierte Systeme" bezeichnet.

Die Bestandteile eines (klassischen) Expertensystems sind[13]:
- Wissensbasis,
- Inferenz- oder Ableitungsmaschine,
- Erklärungskomponente,
- Wissenserwerbskomponente (optional),
- Dialogkomponente.

Gelegentlich wird in Definitionen außerdem darauf Bezug genommen, daß in Expertensystemen auch "unscharfes Wissen" (z.B. durch Heuristiken, Verwendung von fuzzy logic) verarbeitet werden kann.

Neben diesen regelbasierten (deduktiven) Systemen sind insbesondere für juristische Anwendungen fallbasierte (induktive) Systeme entwickelt worden, die anhand von Präzedenzfällen und analoger Schlußweise einen aktuellen Fall bearbeiten. In einigen neueren Ansätzen wird eine Kombination von regelbasiertem und fallbasiertem Schließen versucht.

---

[10] In: IAO/FpF, Abschätzung möglicher Anwendungen und Auswirkungen von Expertensystemen im Produktionsbetrieb, Gutachten im Auftrag der Enquête-Kommission "Technikfolgenabschätzung und Bewertung" des Deutschen Bundestages, Stuttgart 1988, S. 26.
[11] Lothar Philipps, Rechtssätze in einem Expertensystem, in: Herbert Fiedler/Roland Traunmüller (Hrsg.), Formalisierung im Recht und juristische Expertensysteme, München 1986, S. 97.
[12] Herbert Fiedler, Entmythologisierung von Expertensystemen, in: Hinrich Bonin (Hrsg.), Entmythologisierung von Expertensystemen, Heidelberg 1990, S. 1-11.
[13] Vgl. z.B. Peter Schnupp/Ute Leibrandt, Expertensysteme, Berlin/Heidelberg 1986, S. 13.

Weitere softwaretechnische Elemente, die auf ein "Expertensystem" bzw. ein "KI-Produkt" hinweisen, sind:

- Einsatz nichtmonotonen Schließens (Schließen mangels besseren Wissens, Default Reasoning). Ein Default ist dabei ein voreingestellter Wert für eine bestimmte Programmvariable). Im Zusammenhang mit der Verwendung von Defaults muß ein spezielles Kontrollsystem (beispielsweise TMS[14] oder ATMS[15]) eingesetzt werden.
- Objektorientierte Wissensdarstellung (Taxonomie) mit Hilfe eines Frame-Formalismus.

1.3.2 Inhaltlich orientierte Sichtweise (modellorientiert/funktional[16])

Gemäß dieser Sichtweise qualifiziert sich ein Expertensystem durch Merkmale wie:

- das Wissen von Experten wird dargestellt,
- dieses wird für nicht-spezialisierte Fachkräfte oder auch für Laien verfügbar gemacht,
- die Arbeitsweise von Experten wird simuliert.

Während hierbei viele Definitionen fordern, daß sich ein Expertensystem wie ein menschlicher Experte verhält, gibt es auch eine abgeschwächte Form der inhaltlichen Sichtweise. Gemäß dieser basiert ein Expertensystem "auf einem Modell eines Wirklichkeitsausschnitts und auf einem Modell der Problemlösefähigkeit eines menschlichen Experten"[17]. Nach dieser Definition von Christaller "können Expertensysteme mit jeder beliebigen Programmiersprache realisiert werden."[18] Die inhaltliche Sichtweise kann also, wie bei dieser Definition erkennbar, völlig von der softwaretechnischen entkoppelt werden.

1.3.3 Sichtweise des Anwenders

Zur Definition des Begriffs "Expertensystem" wird manchmal eine Bewertung aus Sicht des Benutzers herangezogen. In dieser Sicht weist ein Expertensystem folgende Merkmale auf:

- das System wird als eigenständig erlebt,
- Fakten und Regelmengen sind (auch durch den Systemanwender) leicht erweiterbar.

---

[14] J. Doyle, A Truth Maintenance System, in: Artificial Intelligence, 1979, S. 231-272.

[15] J. de Kleer, An Assumption-based TMS, in: Artificial Intelligence, 1986, S. 127-162.

[16] Herbert Fiedler, Entmythologisierung von Expertensystemen, S. 1-11.

[17] Thomas Christaller, Expertensysteme in der Praxis - Was leisten sie und welche Zukunft haben sie?, in: GMD-Spiegel 3/4'91, S. 63.

[18] Thomas Christaller, Expertensysteme in der Praxis, in: GMD-Spiegel 3/4'91, S. 63.

1.4 Zum Begriff "Wissensbasiertes System"

Auch die Anwendung des Begriffs "wissensbasiertes System" auf ein KI-Produkt ist nicht unproblematisch[19]. Betrachtet man beispielsweise einen Experten in einem bestimmten Fachgebiet, so zeigt sich, daß dessen Wissen in unterschiedlichen Ausprägungen vorliegt.
So verfügt dieser Mensch über Faktenwissen, über Problemlösungswissen sowie über Anwendungs- und Erfahrungswissen. Nur ein Teil dieses Wissens läßt sich einem Computer zugänglich machen. Dies gilt es im Auge zu behalten, wenn Definitionen der inhaltlich orientierten Sicht davon sprechen, daß das Wissen von Experten verfügbar gemacht werden soll.

1.5 Bewertung der genannten Sichtweisen

Zu den Hauptaufgaben der Informatik gehört die Konstruktion von Werkzeugen (insbesondere Sprachen) zur Beschreibung und Bearbeitung einer bestimmten Klasse von Aufgaben. Eine Einteilung der Informatik-Produkte (hier speziell der KI-Produkte) gemäß bestimmter Werkzeugeigenschaften ist vor dem Hintergrund der oben genannten Aufgabe angemessen und zweckmäßig. Hingegen erscheint die inhaltlich orientierte Sichtweise in ihrer strengen Ausprägung zur Qualifizierung eines Expertensystems oder eines KI-Produkts aus vielerlei Gründen als nicht geeignet. Die Frage, ob ein System das Wissen eines Experten repräsentiert und dessen Problemlösungsmethode nachvollziehen kann, ist auf analytischem Wege nicht zu beantworten, solange Menschen nicht in der Lage sind, ihr gesamtes Wissen (und nicht nur Faktenwissen) in formalisierter Form anzugeben und solange noch viele Erkenntnisse über das Wesen des menschlichen Denkens ausstehen. Alternativ hierzu könnte man daran denken, die Qualität eines Expertensystems mit Hilfe des sogenannten Turing-Tests nachzuweisen[20]. Dabei liegt allerdings auf der Hand, daß unter den analysierten "juristischen Expertensystemen" keines ist, das in einem solchen Test auch nur annähernd eine Chance gegen einen menschlichen Experten hätte. Augenblicklich entbehrt somit eine Gleichstellung menschlicher und maschineller Expertise jeder Grundlage. Meinte man es ernst mit der streng inhaltlich orientierten Definition, so dürfte man weder in der Gegenwart noch in absehbarer Zukunft ein Software-Produkt als "Expertensystem" oder als "intelligentes Programm" bezeichnen.
Legt man für die inhaltlich orientierte Definition die abgeschwächte Beschreibung von Christaller[21] zugrunde, so könnte man, anstatt zu sagen, daß ein Expertensystem Wissen und Fähigkeiten eines menschlichen Experten besitzen solle, darauf abstellen, daß sich ein

---

[19] Siehe hierzu auch Kasten B-4 in: Enquête-Kommission "Gestaltung der technischen Entwicklung; Technikfolgen-Abschätzung und -Bewertung", Chancen und Risiken des Einsatzes von Expertensystemen in Produktion und Medizin, Bundestags-Drucksache 11/7990.
[20] Die Idee für diese Testanordnung geht zurück auf: A. M. Turing, Computing Machinery and Intelligence, in: Mind LIX, 236, 1950.
Hierbei würde eine Testperson abwechselnd zwei "Experten" befragen, wobei der eine Experte ein Mensch und der andere "Experte" ein Expertensystem wäre. Gelingt es der Testperson nicht, anhand der Antworten beider Gesprächspartner festzustellen, welche Antworten von der Maschine kommen und welche vom Menschen, so wäre nach dem Konzept des Turing-Tests belegt, daß die Maschine "Intelligenz" besitzt.
[21] Thomas Christaller, Expertensysteme in der Praxis, in: GMD-Spiegel 3/4'91, S. 63.

Expertensystem dadurch qualifiziert, daß der Systementwicklung eine eingehende theoretische Analyse von Methode und faktischem Inhalt der (geistigen) Tätigkeit vorausgehen muß, die (teilweise) auf das System übertragen werden soll. Die Qualität eines Expertensystems hängt dann entscheidend von der Qualität der Analyse der fachlichen Tätigkeiten ab, die das System übernehmen soll, beziehungsweise in die das System eingebunden werden soll. Diese Definition ermöglicht es, auf den Aspekt der inhaltlichen Qualität Rücksicht zu nehmen. Dabei werden jedoch klarer definierte - das heißt nachprüfbare - Merkmale zur Definition verwendet.

Es verbleiben also zwei unterschiedliche Definitionsweisen für Expertensysteme, die entweder auf die softwaretechnische oder die abgeschwächte inhaltlich orientierte Sichtweise zurückgreifen. Für beide Definitionsarten lassen sich stützende Argumente anführen. Die softwaretechnische Sichtweise erlaubt eine relativ klare Abgrenzung zwischen Expertensystemen und "konventionellen" Softwareprodukten. Die inhaltlich orientierte Sichtweise formuliert den Maßstab für eine möglichst hohe "geistige Qualität" der betrachteten Systeme, die in der Mehrzahl der Expertensystemdefinitionen eine wichtige Rolle spielt.

Um eine umfassende Diskussion der juristischen Expertensysteme zu ermöglichen, soll in der folgenden Übersicht ein möglichst allgemeiner Begriff von Expertensystem zugrundegelegt werden. Es werden dabei Systeme betrachtet, die einer der skizzierten Sichtweisen genügen oder selbst auch nur den Anspruch erheben, KI-Produkt zu sein.

1.6 Klassifikation der Systeme

Die Entwicklung juristischer Expertensysteme ist vor dem Hintergrund zu sehen, daß Juristen bislang hauptsächlich Textverarbeitungs- und Datenbanksysteme einsetzen. Einige Expertensystemtypen greifen diese bestehenden Nutzungsarten auf und versuchen, jeweils entscheidende Mankos der früheren Lösungen zu vermeiden. Beispiele hierfür sind die Dokumentenkonfigurationssysteme und die "intelligenten" Datenbanksysteme. Gerade im Bereich dieser Systeme wird aber auch deutlich, daß eine Abgrenzung zwischen klassischem Programm und Expertensystem oft nur schwer durchführbar ist, wenn man sich nicht nur auf Architekturmerkmale beschränkt.
Die folgenden Systemklassen beschreiben typische Erscheinungsformen juristischer Expertensysteme[22]. Dabei ist es möglich, daß ein System mehrere dieser Formen in sich verbindet:

- Entscheidungshilfesysteme,
- Hypertext-Anwendungen,
- Konsultationssysteme,
- "Intelligente" Datenbanken,
- Lern- und Ausbildungssysteme,
- Systeme mit einer natürlichsprachlichen Schnittstelle,

---

[22] Die Systemklassen wurden durch Analyse der Systemübersicht gewonnen, die im Rahmen dieser Arbeit erstellt wurde. Eine tabellarische Form dieser Übersicht ist in Anhang 1 enthalten.

- Automatische Textanalysesysteme,
- Anwendung fallbasierten Schließens; insbesondere in Gestalt von Fallvergleichssystemen,
- Hybride Systeme,
- Konfigurationssysteme,
- Argumentationshilfesysteme,
- Systeme mit eigener Inferenzkontrolle,
- Projekte der rechtswissenschaftlichen oder informatischen Grundlagenforschung,
- Spezielle Programmiersprachen beziehungsweise Shells,
- Sonstige Systeme.

Die genannten Systemklassen werden nun näher beschrieben:

1.6.1 Entscheidungshilfesysteme

Die Vertreter dieser Kategorie sind Systeme, die einen Entscheidungsbaum (oder ein Entscheidungsnetz) für ein bestimmtes Sachgebiet beinhalten. Die Oberfläche des Systems besteht aus einer Reihe von Bildschirmseiten, die jeweils eine oder mehrere Fragen enthalten. Der Benutzer hat verschiedene Antwortalternativen: Eine Frage kann bejaht oder verneint werden. Anschließend erhält man eine Frage, die einen anderen Aspekt der Situation betrifft und deren Beantwortung dem System weitere Informationen vermittelt.
Wenn eine Frage weder bejaht noch verneint werden kann, so stehen dem Benutzer verschiedene Alternativen zur Verfügung: Man kann "Unsicher" eingeben, dann liefert das System eine andere Seite, die Fragen enthält, deren Beantwortung letztlich eine Schlußfolgerung auf die ursprünglich gestellte Frage zuläßt. Man kann aber auch Informationen zu einer Frage anfordern, dann präsentiert das System beispielsweise einen Text, der einem einschlägigen Kommentar entnommen ist. Idee ist, daß der Benutzer nach Lektüre dieser Zusatzinformationen in der Lage ist, die gestellte Frage zu beantworten.
Diese Art der Entscheidungshilfesysteme ist gewissermaßen die klassische Form der juristischen Expertensysteme. Systeme wie DISUM und JUDITH, die bereits 1970 entwickelt wurden und somit zu den "Veteranen" unter den hier analysierten Systemen gehören, sind dieser Systemklasse zuzuordnen. Oft weisen auch Systeme, die als Hypertexte realisiert wurden, die hier beschriebene Struktur auf. Wenn auch das Grundprinzip der oben genannten Systeme gleich ist, so gibt es doch beträchtliche Unterschiede in dem Ausmaß, in dem Erklärungen möglich sind, in der Gestaltung der Benutzeroberfläche und den Einsatzmöglichkeiten eines solchen Systems.

Bewertung der Entscheidungshilfesysteme:
- ein solches System repräsentiert logische Zusammenhänge, z.B. zwischen Normen eines Gesetzesbereiches,
- es beinhaltet keine umfassende interne Darstellung und Modellierung der eingegebenen Informationen,
- die Frage der Ermittlung der Wortbedeutungen (insbesondere bei unbestimmten Rechtsbegriffen) verbleibt beim Benutzer,

- er wird hierbei gegebenenfalls durch Hilfekomponenten unterstützt, die in der Art einer
  Datenbank Informationen zu unklaren Begriffen bereithalten.

Das System präsentiert dem Benutzer alle Fragen, die bearbeitet werden müssen, um einen Fall umfassend zu behandeln. Die eigentliche Subsumtionsarbeit, also die Zuordnung konkreter Sachverhaltsmerkmale zu den (abstrakten) Begriffen, nach denen das System fragt, verbleibt beim Benutzer. Ein Entscheidungshilfesystem kann somit insbesondere bei umfangreichen Fragekatalogen, in denen viele Sonderfälle zu berücksichtigen sind und die Gefahr besteht, daß der Mensch einzelne Sonderfälle vergißt, eine wichtige Hilfe sein.

Die Bewertung aus softwaretechnischer Sicht zeigt, daß einige Entscheidungshilfesysteme konventionell programmiert sind. Diese Systeme erfüllen nicht die Anforderungen der softwaretechnischen Expertensystem-Definition. Andere Systeme weisen eine wissensbasierte Architektur auf, wonach sie als Expertensysteme angesehen werden können. Gemeinsames Architekturmerkmal der Entscheidungssysteme ist, daß sie keine interne (objektorientierte) Wissensrepräsentation zur Darstellung semantischer Beziehungen enthalten.

1.6.2 Hypertext-Anwendungen

Hypertexte sind ein recht flexibles Medium und lassen sich für unterschiedlichste Anwendungen einsetzen[23]. Unter einem Hypertext versteht man dabei eine Menge von Dokumenten (Seiten, Karten), die untereinander durch Verweise vernetzt sind.

Die Gestaltung des Inhalts der Karten erfolgt mit Hilfe von im System eingebauten Editorfunktionen für Text und Graphik.
Auf diesen Karten können insbesondere sogenannte Knöpfe (Buttons) angebracht werden. Einem solchen Button können ein oder mehrere Kommandos hinterlegt werden. Diese werden bei Aktivierung des Buttons ausgeführt. Bei den hier betrachteten Systemen werden mit Hilfe der Buttons insbesondere Verweise auf andere Seiten realisiert. Die Aktivierung eines solchen Verweisbuttons bewirkt, daß die aktuelle Seite geschlossen und dafür eine andere Seite (Karte) präsentiert wird.

Mit Hilfe von Hypertexten können Funktionen intelligenter Datenbanken erfüllt werden, indem eine Menge (fachlicher) Informationen beispielsweise baumartig strukturiert wird. Die Knöpfe können mit bestimmten Begriffen benannt werden. Dabei kann auf einer Karte jeweils eine Reihe von Detaillierungen des Begriffes angeboten werden, der als Überschrift auf der Karte steht. Wählt man sich einen dieser Begriffe aus, so kommt man auf eine Karte, auf der dieser Begriff selbst wieder in verschiedene Unterbegriffe aufgespalten ist, aus denen man einen auswählen kann. Die zugrundeliegende Idee ist, daß man, nachdem man eine gewisse Zahl solcher Auswahlen getroffen hat, schließlich die gewünschte Information erhält.

---

[23] Vgl. Ronald Bogaschewsky, Hypertext-/Hypermedia-Systeme - Ein Überblick, in: Informatik-Spektrum, Heft 3, Juni 1992, S. 127-143. Darin wird davon gesprochen, daß "sich das Hypertext-Konzept sogar zur Realisierung eines Wissensbasierten Systems" eignet.

Hypertexte lassen auch eine (aussagen-)logische Verknüpfung zwischen mehreren auf einer Karte befindlichen Buttons zu. Auf diese Weise können einfache entscheidungsunterstützende Systeme hergestellt werden. Eine Karte könnte etwa verschiedene Fragen enthalten, die in einem bestimmten Zusammenhang relevant sind. Der Benutzer beantwortet die Fragen, die wie bei einem Entscheidungshilfesystem mit "Ja", "Nein" oder "Unsicher" beschriftet sind, indem er die entsprechenden Buttons aktiviert. In Abhängigkeit von den Eingaben des Benutzers fährt dann das System fort und präsentiert eine neue Karte mit weiteren Fragen oder mit einer bewertenden Auskunft.
Eine Besonderheit der Hypertexte ist, daß man beide Funktionen nach Belieben miteinander kombinieren kann.

Betrachtet man nur die Systemleistung, so kann es zwischen (wissensbasierten) Entscheidungshilfesystemen und einem Hypertextsystem Überschneidungsbereiche geben. Gleichwohl bleiben interne Unterschiede bestehen. In Hypertextsystemen sind nur in sehr begrenztem Umfang (logische) Ableitungen möglich. Es können zwar aussagenlogische Verknüpfungen realisiert werden, jedoch ist keine "Wissensrepräsentation" im engeren Sinn möglich. Es existiert auch kein eigenständiges Inferenzverfahren. Aus inhaltlich orientierter Sicht können bestimmte Hypertexte als Expertensysteme angesehen werden, aus softwaretechnischer Sicht jedoch nicht.

1.6.3 Konsultationssysteme

Unter einem Konsultationssystem versteht man ein Computerprogramm, das Antworten auf inhaltliche Fragen hinsichtlich eines bestimmten Themas geben kann. Die Abgrenzung zum Entscheidungshilfesystem ist fließend; sie stützt sich vor allem auf die Tiefe der Wissensrepräsentation im jeweiligen System. Während Entscheidungshilfesysteme keine objektorientierte Wissensrepräsentation nutzen, greifen Konsultationssysteme in der Regel auf eine umfassende (objektorientierte) Wissensrepräsentation (Taxonomie) zurück. Konsultationssysteme sind aus softwaretechnischer Sicht als Expertensysteme zu bezeichnen. Im Vergleich zum Entscheidungshilfesystem bietet ein Konsultationssystem oft die Möglichkeit eines flexibleren Dialogs mit dem Benutzer. Im Entscheidungshilfesystem sind bereits bestimmte Entscheidungspfade vorgegeben, von denen während einer Anwendung ein oder mehrere Pfade durchlaufen werden. Ein Konsultationssystem ist zwar auch durch die Vorgabe von Fakten und Regeln determiniert, jedoch erlaubt es oft eine relativ freie Eingabe einer Ausgangssituation und die Behandlung freier, d.h. nicht vom System bereits vorgegebener Fragen. (Ein gutes Beispiel für diesen "freieren" Dialog bietet das System LEX-1).

1.6.4 "Intelligente" Datenbanken

Ein Hauptproblem bei herkömmlichen (juristischen) Datenbanken besteht in ihrer Fixierung auf die syntaktische Suche. Eine Suchanfrage erfordert die Eingabe bestimmter Suchbegriffe. Gibt ein Benutzer ein solches Suchwort ein, so ist er eigentlich an all jenen Dokumenten interessiert, deren Inhalt sich mit dem Themenbereich beschäftigt, der durch das Suchwort bezeichnet ist (semantische Übereinstimmung).
Üblicherweise liefert jedoch die Suche in einem "normalen" System nur solche Dokumente, die das Suchwort in der gleichen Schreibweise enthalten, wie sie vom Benutzer eingegeben wurde (syntaktische Übereinstimmung). Dabei ist die syntaktische Übereinstimmung weder eine notwendige noch eine hinreichende Bedingung dafür, daß zwischen den Dokumenten und dem Suchwort auch eine inhaltliche Übereinstimmung besteht. So bleiben Texte, die sich inhaltlich mit dem gleichen Thema beschäftigen, ohne das angegebene Wort zu benutzen, bei der syntaktischen Suche unentdeckt.
Der Begriff des intelligenten Datenbanksystems beschreibt (als Zielvorstellung) ein System, das nicht mehr nach rein syntaktischen Übereinstimmungen, sondern auch nach semantischen Kriterien sucht. Teilweise realisieren diese "intelligenten" Systeme Ergänzungsmodule, die zu bestehenden Datenbanksystemen hinzugefügt werden können.
Als Beispiel für ein "Intelligentes Datenbanksystem" enthält Anhang 2 eine Beschreibung des Systems "LIRS".

Eine andere Konkretisierung der Idee intelligenter Datenbanken ist von Zarri[24] beschrieben worden. Er skizziert ein System, das eine Suchanfrage modifiziert, wenn sie in der ursprünglichen Form keinen Erfolg hatte. Dabei sollen Fragen erzeugt werden, die der ursprünglichen ähnlich sind. Es gibt eine Prototyp-Version eines solchen Systems, das allerdings keinen juristischen Gegenstandsbereich hat.

1.6.5 Lern- und Ausbildungssysteme

Die Funktion ist ähnlich wie die der Entscheidungshilfesysteme, jedoch der Anspruch ist ein anderer. Statt des Anspruchs, Experten zu ersetzen oder zu simulieren, treten diese Systeme mit dem Anspruch auf, ein hilfreiches Instrument für Anfänger zu sein, die sich in ein bestimmtes Wissensgebiet einarbeiten wollen.
Einige Beobachter der Expertensystem-Technik behaupten, daß oft Systeme, die zunächst mit dem Ziel gebaut wurden, Experten zu ersetzen, die erwünschte Leistung nicht erbrachten. Man machte jedoch die Erfahrung, daß Anfänger in dem vom System bearbeiteten Bereich das System gern benutzten und hierbei ihr Wissen über das Fachgebiet erweitert haben. So wurden Expertensysteme, die ihrem ursprünglichen Ziel nicht gerecht wurden, gelegentlich nachträglich als Lernsysteme deklariert[25].

---

[24] Gian Piero Zarri, The Use of Inference Mechanisms in the Interrogation of Relational Databases, in: A. A. Martino/F. Socci Natali (Eds.), Automated Analysis of Legal Texts, Amsterdam 1986, S. 917-930.
[25] Vgl: IAO/FpF, Abschätzung möglicher Anwendungen und Auswirkungen von Expertensystemen im Produktionsbetrieb, S. 17.

Ein Einsatzkonzept[26] besteht darin, daß Studenten der Rechtswissenschaften mit Hilfe einer Expertensystemshell ein eigenes juristisches Expertensystem entwickeln. Das Lernziel besteht hierbei darin, daß die Aufbereitung des Stoffes (Ermittlung des relevanten Stoffumfangs, Formalisierung der Normen,...) eine gute Übung im Umgang mit dem Stoff selbst darstellt. Das Ergebnis, nämlich das entstehende Computersystem, spielt in diesem Zusammenhang eine eher untergeordnete Rolle.

Andere Vorschläge beziehen sich darauf, daß (bereits erstellte) Expertensysteme gewissermaßen als Trainings-Objekte für Studenten dienen können. Nachdem beispielsweise jemand einen Übungsfall in Gedanken gelöst hat, könnte er den gleichen Fall unter Verwendung eines Expertensystems bearbeiten. Dabei soll das System gewährleisten, daß bei der Fallbearbeitung auch alle relevanten Fragen und Zusammenhänge erkannt und untersucht werden.

1.6.6 Systeme mit einer natürlichsprachlichen Schnittstelle

Neben den Expertensystemen sind natürlichsprachliche Systeme ein intensiv bearbeitetes Gebiet innerhalb der KI. Auch einige der hier dokumentierten Systeme versuchen, eine natürlichsprachliche Oberfläche zur Verfügung zu stellen. Im Rahmen des Projekts LEX-1[27] nahm die Arbeit an der natürlichsprachlichen Dialogschnittstelle sogar den Hauptteil der gesamten Projektarbeit ein. Hierbei war vorgesehen, daß das System eine komplette strafrechtliche Fallbeschreibung in natürlicher Sprache als Eingabe akzeptieren sollte. Im Anschluß daran sollte das System Fragen hinsichtlich des Falls ebenfalls in einem natürlichsprachlichen Dialog beantworten können.
Die Schnittstelle von LEX-1 erlaubt die Eingabe
- einer Fallbeschreibung,
- von Fragen allgemeiner Art über die rechtliche Lage,
- von Fragen bezüglich des konkreten Falls
in natürlicher Sprache.
Um die (gewünschte) Leistung eines solchen Systems zu demonstrieren, soll hier ein Protokoll eines Dialogs mit LEX-1 angegeben werden[28].

---

26 Wie von Lothar Philipps im Zusammenhang mit dem System MULE angedeutet. Siehe Lothar Philipps, Rechtssätze in einem Expertensystem, in: Herbert Fiedler/Roland Traunmüller (Hrsg.), Formalisierung im Recht und juristische Expertensysteme, München 1986, S. 97.
27 Das System LEX-1 wurde vom Wissenschaftlichen Zentrum der IBM Heidelberg in Zusammenarbeit mit der Eberhard-Karls-Universität in Tübingen (Lehrstuhl Prof. Haft) entwickelt.
28 Brigitte Bläser/Hein Lehmann, Ansätze für ein natürlichsprachliches juristisches Konsultationssystem, in: Fritjof Haft/Hein Lehmann (Hrsg.), Das LEX-Projekt, Tübingen 1989, S. 60, 61.

-- Beginn des Beispieldialogs --

"Sachverhalt:
Am 8.4.1957 um 10 Uhr fuhr der Angeklagte mit einem Opel-Karawan in L die S-Straße
entlang. Er überholte den 14-jährigen Oberschüler K. Dabei stieß er ihn mit dem rechten
hinteren Kotflügel des Fahrzeugs an. K stürzte. Er erlitt Hautabschürfungen an den Händen und
Prellungen im Gesicht. Er verlor ein Stück seines Schneidezahns. Der Angeklagte, der den
Anprall bemerkt hatte, hielt das Fahrzeug an, stieg aus und ging dem Oberschüler, der
aufgestanden war, entgegen. Er nannte dem K mit den Worten "B bei Tabak-Schütz" seinen
Namen. Er versprach, die Polizei und die Versicherung zu verständigen. .... Der Angeklagte
fuhr davon und besuchte Kunden seiner Firma. K hatte den Namen des Angeklagten nicht
gehört und sich das polizeiliche Kennzeichen des Opel-Karawan nicht gemerkt. Die Zeugin J,
die Verkäuferin einer Bäckerei, erinnerte sich an die Nummer des Fahrzeugs. Sie hatte den
Vorgang vom Eingang des Ladens aus beobachtet.

Eingabe der Fragen:
Was war der Unfall?
   daß der Angeklagte K mit dem Kotflügel anstieß
Warum Unfall?
  Begründung:
  Das Merkmal Unfall liegt vor, weil ´Schaden-j´ [29]erfüllt ist und
  ´plötzlich-j´erfüllt ist und ´unmittelbare Ursache´ erfüllt ist. Das
  Merkmal ´plötzlich-j´ liegt vor, weil ´gewollt´ inkonsistent mit der
  Wissensbasis ist.
  ......
Warum verletzen-j?
  Begründung:
  Das Merkmal verletzen-j liegt vor, weil .....
Wer wurde verletzt?
  K.
Welche Verletzungen erlitt er?
  die Hautabschürfungen an den Händen und die Prellungen in dem Gesicht.
Was war der Unfallort?
  S-Straße.
Ist die S-Straße eine öffentliche Verkehrsfläche?
  Ja, die S-Straße ist eine öffentliche Verkehrsfläche.
Welche Zeugin war an dem Unfallort anwesend?
  J.
Hatte der Angeklagte eine Feststellungspflicht gegenüber J?
  Ja, der Angeklagte hatte eine Feststellungspflicht gegenüber J."

-- Ende des Beispieldialogs --

---

[29] Die Begriffe mit angehängtem "-j" wie z.B. "Schaden-j" bezeichnen die juristische Bedeutung des
entsprechenden Begriffs.

Das System LEX-1 erfüllt auch die Merkmale eines Konsultationssystems. Es verfügt über drei Wissensbasen[30], die dem System juristisches Fachwissen, linguistisches Wissen sowie Allgemeinwissen zur Verfügung stellen.

Hinsichtlich der Leistungsfähigkeit von LEX-1 ist zu ergänzen, daß das System nur diesen einen Fall sinnvoll selbstständig bearbeiten konnte.

Die entsprechenden Systeme enthalten - aus softwaretechnischer Sicht - sprachbezogenes Wissen in Gestalt einer spezifischen Wissensbasis. Systeme der Sprachverarbeitung werden üblicherweise zwar als KI-Produkte, jedoch nicht als Expertensysteme bewertet.

Bemerkung:
Unter den hier analysierten Systemen ist keines ein rein natürlichsprachliches System. Die Systeme lassen sich immer auch anderen Typen juristischer Expertensysteme zuordnen. In der Regel ist eine natürlichsprachliche Schnittstelle mit einem Konsultationssystem verknüpft.

1.6.7 Automatische Textanalyse

Die Systeme sind in der Lage, aus einem gegebenen (natürlichsprachlichen) Text bestimmte Informationen zu gewinnen und diese zu bearbeiten. Konkrete Aufgaben derartiger Systeme bestehen beispielsweise im Erkennen und Bearbeiten von Querverweisen in einem Text (vgl. Systeme RIS-Verweise und ANAPHORA) oder in der Bearbeitung juristischer Dokumente ausgewählter Art (vgl. System SPADES). Die Abgrenzung zu den Systemen mit natürlichsprachlicher Schnittstelle ist fließend. Im Grundsatz verfügt ein System mit natürlichsprachlicher Schnittstelle über eine breit angelegte Fähigkeit zur Analyse ganzer Sätze oder größerer Textstücke. Dagegen erschließen Textanalysesysteme nicht den Sinn ganzer Sätze oder Passagen. Ihre sprachlichen Fähigkeiten sind nur auf die Bearbeitung einzelner Stichwörter, die in einem Text vorkommen können oder auf besondere Textelemente (z.B. Querverweise) begrenzt.
Anhang 2 enthält eine nähere Beschreibung der Systeme ANAPHORA und SPADES, die in die Klasse der Textanalysesysteme einzuordnen sind.

1.6.8 Anwendung fallbasierten Schließens; insbesondere in Gestalt von Fallvergleichssystemen

Speziell im Bereich juristischer Anwendungen ist die Berücksichtigung von Präzedenzfällen zur Bewertung eines aktuell gegebenen Falls von Bedeutung. Insbesondere im anglo-amerikanischen Kulturbereich spielt das sogenannte "Case-Law" eine erhebliche Rolle.
Die Idee, aus der Darstellung bereits behandelter Fälle Informationen für die Bewertung eines aktuellen Falles gewinnen zu können, liegt allen fallbasiert arbeitenden Systemen zugrunde. Wird dabei eine hinreichende Ähnlichkeit zwischen einem vergangenen und dem aktuellen Fall

---

[30] Zur Darstellung des "Wissens" werden DRS (Discourse Representation Structures) verwendet, die auf der Discourse Representation Theory von Kamp basieren.

festgestellt, so wird die Anwendung der Rechtsfolge des historischen Falles auch auf den aktuellen Fall empfohlen.

Das entscheidende Problem bei all diesen Systemen liegt in der Frage, wie man eine hinreichende Ähnlichkeit zwischen zwei Fällen erkennen kann.

An dieser Stelle gibt es unterschiedliche Lösungsvorschläge, die zu unterschiedlichen Systemgestaltungen führen. Als Beispiel hierfür enthält Anhang 2 eine ausführliche Beschreibung des Systems WZ[31], das den unbestimmten Rechtsbegriff der "Angemessenheit" im Sinne des § 142 Abs. 1 Nr. 2 StGB bearbeitet.

1.6.9 Hybride Systeme

Neben den "reinen" Fallvergleichssystemen (z.B. HYPO, WZ) gibt es speziell in neuerer Zeit Systeme, die neben dem Fallwissen auch Wissen in Form von Regeln (z.B. über Gesetzesinhalte) verarbeiten. Derartige Systeme werden im folgenden als "Hybride Systeme" bezeichnet. Aus den in Anhang 2 näher dargestellten Systemen stellen die Systeme "Anne Gardner System", CABARET, EPS-II und GREBE hybride Systeme dar.

1.6.10 Konfigurationssysteme

Die bisher beschriebenen Systeme unterstützen vorwiegend eine analytische Tätigkeit. Ein Fall oder eine Situation ist gegeben und diese soll juristisch bewertet werden. Im Gegensatz dazu erfüllen Konfigurationssysteme eine planerische und gestaltende Tätigkeit. Beispielsweise wenn es darum geht, einen notariellen Kaufvertrag nach den Wünschen des Mandanten zu gestalten. Hier muß ein Vertragstext konfiguriert werden, der den Wünschen des Mandanten am besten gerecht wird und dabei natürlich auch den gesetzlichen Vorschriften hinsichtlich Form und Inhalt eines solchen Vertrages genügt. Als Beispiel für ein derartiges System enthält Anhang-2 eine ausführliche Beschreibung des Systems KOKON.

1.6.11 Argumentationshilfesysteme

In neuerer Zeit wurden Systeme entwickelt, deren Aufgabe im Aufbau einer guten Argumentationslinie liegt. Oft arbeiten derartige Systeme nicht mit deterministischer und monotoner Logik, sondern benutzen nicht-klassische Logiken. Die konkrete Aufgabe eines solchen Systems kann es beispielsweise sein, aus einer Reihe gegebener Fakten (und Annahmen) eine Teilmenge zu extrahieren, aus der das gewünschte Ergebnis am sichersten herleitbar ist. Ein solches System kann etwa die Aufgabe haben, die entscheidenden Aspekte eines Falles herauszuarbeiten. Andere Systeme verwenden Heuristiken, um aus Sicht eines Anwalts einen Weg zu konstruieren, wie in einer gegebenen Situation die Interessen des

---

[31] Das System WZ wurde von Peter Gerathewohl erstellt. Siehe: Peter Gerathewohl, Erschließung unbestimmter Rechtsbegriffe mit Hilfe des Computers - Begriff der Angemessenheit im Sinne des § 142 Abs. 1 Nr. 2 StGB, Tübingen 1987.

Mandanten am besten zu vertreten sind. Als Beispiel für ein Argumentationshilfesystem enthält Anhang 2 eine Beschreibung des Systems CABARET.

1.6.12 Systeme mit eigener Inferenzkontrolle

Das Kontrollelement nimmt im Rahmen einer Expertensystemarchitektur die zentrale Steuerungsfunktion wahr. Es bestimmt, in welcher Reihenfolge einzelne Ableitungsschritte vorgenommen werden. Unter den dargestellten Systemen gibt es einige Projekte, in denen eine spezielle Neugestaltung des Kontrollelements vorgenommen wird. Dies ist sinnvoll und oft auch notwendig in Verbindung mit hybriden Systemen, die regel- und fallbasiertes Wissen heranziehen. Beispielhaft für diese Systemklasse wird in Anhang 2 das System CABARET erläutert.

1.6.13 Projekte der rechtswissenschaftlichen oder informatischen Grundlagenforschung

In der Darstellung vieler Systeme wird neben anderem darauf hingewiesen, daß das entsprechende Projekt auch der Grundlagenforschung dient. Daneben wurden jedoch einige der dargestellten Projekte (etwa TAXMAN oder F.L.E.) explizit und vornehmlich zum Zwecke der rechtswissenschaftlichen (insbesondere der rechtstheoretischen) und/oder zum Zweck der informatischen Grundlagenforschung betrieben. Diese Systeme werden hier einer eigenen Kategorie zugeordnet.

1.6.14 Spezielle Programmiersprachen oder Shells

Einige juristische KI-Projekte haben nicht die Herstellung eines Systems zur Bearbeitung einer bestimmten rechtlichen Thematik zum Gegenstand, sondern beschäftigen sich mit der grundlegenderen Frage, welche Merkmale eine KI-Sprache haben muß, damit diese eine geeignete Plattform für juristische Anwendungsentwicklungen darstellt.
Als Ergebnis derartiger Untersuchungen wurde eine Reihe speziell auf juristische Bedürfnisse abgestimmter Programmiersprachen und -umgebungen (Shells) realisiert. Einige dieser Systeme sind sehr anspruchsvoll und in Zusammenhang mit rechtstheoretischen Analysen entstanden. Dagegen erreichen andere Systeme, insbesondere solche, die unter Verwendung imperativer Sprachen entwickelt wurden, oft kaum die Leistung und die Funktionalität klassischer KI-Programmiersprachen oder etablierter Shells.

1.6.15 Sonstige Systeme

Neben den bislang aufgezählten Systemtypen gibt es Ideen für Systeme, die andere Funktionen erfüllen. So nennt beispielsweise Martino[32] als weitere Aufgaben, die von juristischen Expertensystemen ausgeführt werden könnten, die Berechnung der Folgen einer Normanwendung sowie die Simulation juristischer Verfahren. Von den hier analysierten Systemen führt nur eines eine Folgenanalyse durch (EPS-II). Und nur zwei Systeme[33] enthalten ein Modul zur Simulation des Verfahrensverlaufs.
In der vorliegenden Übersicht gibt es einige Systeme, deren Merkmale keiner der oben genannten Systemtypen zugeordnet werden können. Es handelt sich um das Vorgangsbearbeitungssystem Dash-XPS, um das System Struktur-2000 und das System von Lutomski, das eine statistische Auswertung von Daten unterstützt. Da jedoch die entsprechenden Merkmale nur jeweils einmal auftraten, wurden diese unter "Sonstige" zusammengefaßt.

1.7 Empirische Auswertung juristischer Expertensysteme

Im Anhang 1 sind die Merkmale von 119 juristischen Expertensystemen[34] nachgewiesen. Die folgende Auswertung bezieht sich zunächst auf einzelne geographische Bereiche (deutschsprachiger Raum, sonstiges Europa, außereuropäischer Bereich) und stellt schließlich eine Gesamtübersicht auf.

1.7.1 Auswertung der Systeme aus dem deutschsprachigen Raum

Entwickler

Deutlich zu erkennen ist, daß die meisten Systeme (25 von 38) im Hochschulbereich entwickelt wurden. An der Entwicklung von mehr als einem Viertel der Systeme sind privatwirtschaftlich organisierte Unternehmen beteiligt. Bei diesem relativ hohen Wert ist allerdings zu berücksichtigen, daß einige Firmen von (ehemaligen) Uni-Mitarbeitern zur Vermarktung ihrer Produkte gegründet wurden und nur begrenzt an der Entwicklung beteiligt waren.

---

[32] Antonio A. Martino, Legal Models, Rationality and Informatics, in: A. A. Martino/F. Socci Natali (Eds.), Automated Analysis of Legal Texts, Amsterdam 1986, S. 269-279.
[33] DataLex, LES-2.
[34] Dabei wurde eine weite Definition zugrundegelegt.

Typ

Zwei Drittel der Systeme stellen Entscheidungshilfe- oder Konsultationssysteme oder aber Shells zur Entwicklung derartiger Systeme dar. Die meisten dieser Systeme weisen keine Merkmale auf, die das System speziell zur Bearbeitung *juristischer* Inhalte befähigen.
Ein Entwicklungsmotiv der Shells ist sicher die finanzielle Not von Hochschuleinrichtungen, die mit regelbasierten Systemen experimentieren wollten, jedoch keine hierfür am Markt vorhandene Shell erwerben konnten. Auch die Hypertext-Systeme sind zu dieser Klasse zu zählen.
Die übrigen Klassen sind nur durch einzelne Systeme repräsentiert, die recht individuelle Architekturen aufweisen.
Zwei umfangreiche Forschungsprojekte (LEX-1, KOKON) hatten nicht in erster Linie die juristischen Anwendungen im Blick. Bei LEX-1 stand die Erprobung der natürlichsprachlichen Schnittstelle im Vordergrund, bei KOKON die Entwicklung und Erprobung neuer KI-Werkzeuge. Andererseits konnten im Rahmen dieser großzügig ausgestatteten Projekte auch speziell juristische Aspekte eingebracht werden.
Unter den übrigen Systemen fallen die Systeme ACS, "Modellbildung" und Oblog insofern aus dem Rahmen, als hier einerseits modernste KI-Techniken benutzt und andererseits spezielle Entwicklungen für juristische Anwender durchgeführt wurden.
Das Fallvergleichssystem WZ stellt im deutschsprachigen Bereich eine Ausnahmeerscheinung dar, denn es unterstützt speziell das "Case-Law", das traditionell in den angelsächsischen Ländern beheimatet ist.
Die Systeme Struktur-2000 sowie DashXPS wurden in die Rubrik "Sonstige" eingeordnet. DashXPS unterstützt die Vorgangsbearbeitung (Schriftwechsel). Das Projekt Struktur-2000 ist als intelligente Schnittstelle zu existierenden Datenbanken konzipiert und könnte auch in die Klasse "Intelligente Datenbanksysteme" eingeordnet werden.

Stadium

Man sieht, daß viele frühere Projekte nach Entwicklung eines Prototyps abgeschlossen wurden. In dieser großen Gruppe finden sich die meisten der Hochschulprojekte wieder.
Kommerziell angeboten werden etwa ein Viertel der Systeme; bei diesen handelt es sich durchweg um Entscheidungshilfesysteme beziehungsweise deren Shells gegebenenfalls mit Hypertextstrukturen.
Jedoch konnte sich bislang keines der kommerziellen Systeme am Markt etablieren.
Das Nixdorf-System NIBEX-Melder wurde nach kurzer Zeit wieder vom Markt genommen; es hatte eher die Funktion einer Demo-Version. Das aktuelle Stadium von NIBEX-Melder wird daher als "Sonstiges Stadium" bezeichnet.
Von den Systemen ASTRA und TRANSEC ist jeweils nur eine (Prototyp)-Installation bekannt. Über die Verbreitung von Shells wie Dialtue, SUSA oder 1st-Card, deren Anwendung nicht (speziell) auf juristische Inhalte fixiert ist, liegen keine Informationen vor.

Juristischer Bereich

Die Gebiete Zivilrecht und Öffentliches Recht (inklusive Steuerrecht) sind in etwa gleichstark vertreten. Das Strafrecht weist weniger Anwendungen auf; zu berücksichtigen ist hier, daß sich drei der vier speziell strafrechtlichen Anwendungen (LEX 0-2) mit § 142 StGB[35] beschäftigen.

Theoretische Basis

Die meisten Systeme arbeiten regelbasiert; nur etwa ein Viertel der Systeme benutzt eine objektorientierte Wissensrepräsentation, die eine Voraussetzung für eine "tiefe Modellierung" darstellt. Diese Systeme können auch im informatischen Sinne als KI-Produkte beziehungsweise als Expertensysteme bezeichnet werden.
Aussagenlogik sowie die Verwaltung von Entscheidungsbaumstrukturen als theoretische Grundlage finden sich meist bei den Shells, die in imperativen Programmiersprachen realisiert sind.
Die anspruchsvolleren KI-Konzepte (Nichtmonotone Logik, TMS, ATMS, Multiple Context Reasoning) finden sich gehäuft bei den Systemen ACS, "Modellbildung" und KOKON.

Realisierung

Etwa ein Drittel der betrachteten Systeme ist imperativ programmiert oder enthält zumindest imperative Elemente. Auffällig ist, daß fast alle *Shells* imperativ programmiert sind (DIALTUE, DISUM, JUDITH, JUREX (Hartleb), 1st Card). Hier kann man die Tendenz erkennen, daß (juristische) Anwender, die keine professionellen Shells zur Verfügung hatten, zunächst selbst Shells entwickelten. Die Leistung dieser selbstentwickelten Shells erreicht dabei in der Regel nicht die Leistung professioneller Shells.
Die Produkte JUDITH und DISUM stammen aus dem Jahr 1970 und stellen die ersten Entwicklungen in diesem Feld juristischer Anwendungen in Deutschland dar.
Die Produkte DIALTUE und JUREX (Hartleb) sind Entwicklungen der 80er Jahre, die verglichen mit den wesentlich älteren Programmen DISUM und JUDITH keine wesentlichen Leistungsverbesserung bieten können.
Das Produkt 1st Card realisiert eine Shell für Hypertexte und Entscheidungshilfesysteme, die zumindest eine zeitgemäße graphische Benutzeroberfläche bietet.
Die Shell DOFLEX ist zwar in Prolog programmiert, bietet jedoch auf der Anwenderseite ein Profil, das mit den bereits genannten Shells vergleichbar ist.

Etwa ein Drittel der Systeme wurde unter Verwendung kommerzieller Expertensystem-Shells realisiert. (Diese setzen auf einer Ebene ein, die praktisch schon höher strukturiert ist als diejenige, die dem Benutzer der selbstentwickelten Shells angeboten wird).

---

[35] Unerlaubtes Entfernen vom Unfallort (typisches Beispiel: Fahrerflucht).

Die kommerziellen Produkte (MELDEX, NIBEX-Melder, BAT-MANN,...), die als
Entscheidungshilfesysteme ausgelegt sind, basieren auf solchen Shells.
Auffällig ist die große Zahl unterschiedlicher Shells, die zur Realisierung herangezogen wurden.
Offensichtlich ist keine am Markt vorhandene Shell für juristische Anwendungen prädestiniert.

Bei einem weiteren Drittel der Systeme wurden logik- oder listenbasierte KI-
Programmiersprachen wie Prolog, Lisp oder ML eingesetzt. Die meisten anspruchsvollen
Prototypentwicklungen sind diesem Bereich zuzuordnen. (ACS, "Modellbildung", Oblog,
Teilweise KOKON und LEX-1). Mitunter werden auf der Basis dieser Programmiersprachen
eigene Shells erstellt (LUIGI, DOMINO Expert, MRS), die dann als Zwischenebene für die
konkrete Zielsystementwicklung dienen.

1.7.2 Auswertung der sonstigen europäischen Systeme

Anzahl der analysierten Systeme: 28

Entwickler

Deutlich zu erkennen ist auch hier, daß die meisten Systeme (13 von 18)[36] im
Hochschulbereich entwickelt wurden.
Hier ist nur ein System bekannt (Latent Damage System), an dessen Entwicklung ein
Privatunternehmen beteiligt war.

Typ

Es bestätigt sich die Klassifizierung aus dem deutschsprachigen Raum; der größte Teil der
Systeme besteht aus Entscheidungshilfesystemen. Bemerkenswert ist jedoch, daß im
europäischen Bereich keine Shells für derartige Systeme nachgewiesen werden konnten.

Stadium

Auch hier ist zu erkennen, daß viele frühere Projekte nach Entwicklung eines Prototyps beendet
wurden. Die Zahl der Prototypen dürfte noch höher liegen; dies konnte aber nicht nachgewiesen
werden, da bei einigen Systemen keine expliziten Angaben über das weitere Schicksal des
Systems verfügbar sind.

---

[36] Nur bei 18 von 28 Systemen war erkennbar, in welchem Bereich das System entwickelt wurde.

Juristischer Bereich

Die Bereiche Öffentliches Recht (11 + 2 SteuerR) und Zivilrecht (11 von 30) sind etwa gleichstark vertreten. Das Strafrecht ist nur mit zwei Systemen vertreten. Universell einsetzbar sind vier Systeme.

Theoretische Basis

Auch hier ist ein Schwerpunkt der theoretischen Konzeption im Bereich der Regelorientierung auszumachen. Nur etwa ein Fünftel der Systeme benutzt eine objektorientierte Wissensrepräsentation. Daneben gibt es eine Reihe teilweise anspruchsvoller Konzepte, die jedoch nur von einzelnen Systemen (vgl. ESPLEX, PROLEXS) eingesetzt werden.

Realisierung

Der Anteil imperativer Programmierung liegt etwas niedriger als in der D-Übersicht. KI-Programmiersprachen und professionelle Shells sind auch hier gleichstark vertreten.

1.7.3 Auswertung der Systeme aus dem außereuropäischen Bereich

Anzahl der analysierten Systeme: 53

Herkunftsländer

USA:	44
Japan:	4
Argentinien:	1
Australien:	1
Kanada:	3
Schweden (als Projektpartner):	1

Entwickler

Auch in diesem Bereich stammt der größte Teil der Systeme aus den Hochschulen. Die privatwirtschaftlichen Entwicklungen erfolgten teilweise in Zusammenarbeit mit Hochschulen.

Typ

Die Klasse der Entscheidungshilfesysteme ist auch hier am stärksten vertreten. Jedoch ist nur etwa ein Viertel der Systeme dieser Klasse zuzuordnen. Neben diesen gibt es ein recht breites Spektrum anderer Systemtypen.

Auf das in den USA vorherrschende Case-Law geht die relativ hohe Zahl von 14 Systemen zurück, die fallbasiert arbeiten (6 rein fallbasierte, 5 hybride Systeme sowie 3 Shells zur Erstellung von fallbasierten bzw. hybriden Systemen). Die vier intelligenten Datenbanksysteme unterstützen ebenfalls vorwiegend ein fallbasiertes Vorgehen.

Auffallend ist auch die Zahl von acht Systemen, die ausdrücklich zu Zwecken der rechtsinformatischen Grundlagenforschung entwickelt wurden.

Stadium

Von den 37 Systemen, für die Aussagen über das Stadium vorliegen, haben 23 das Prototypstadium erreicht. Im Einsatz befinden sich jedoch nur 4 Systeme. Auch hier ist zu sehen, daß die meisten Systeme als Protoyp enden und den Sprung in die Praxis nicht schaffen.

Juristischer Bereich

Wie in den anderen Gebieten, so zeigt sich auch hier eine Dominanz der Systeme mit zivilrechtlicher Orientierung. Verhältnismäßig viele Systeme berücksichtigen daneben steuerrechtliche Fragen (teilweise in Verbindung mit anderen Rechtsgebieten, beispielsweise Wertpapierrecht). Eine Anwendung, die speziell aus dem Bereich der USA zweimal vertreten ist, ist die Prüfung von Pension Plans.

Theoretische Basis

Auch hier bestätigen sich die Ergebnisse der anderen Bereiche; der größte Teil der Systeme ist regelbasiert; ein kleinerer Teil arbeitet (daneben) auch mit einer objektorientierten Wissensrepräsentation. Systeme mit induktiver (fallbasierter) Vorgehensweise haben daneben einen vergleichsweise hohen Anteil. Daneben gibt es eine Reihe weiterer theoretischer Konzepte, die von einzelnen Systemen aufgegriffen werden.

Realisierung

Der Anteil imperativer Programmierung ist deutlich geringer als in den anderen Regionen. Der Hauptteil der Systeme ist unter Verwendung von KI-Programmiersprachen entstanden. Die Shells halten eine Mittelposition, wobei auch hier wieder festzustellen ist, daß bis auf die Shell ROSIE, die in vier Systemen eingesetzt wurde, jede Shell für höchstens zwei Anwendungen benutzt wurde.

1.7.4 Gesamtauswertung aller nachgewiesenen Systeme

Gesamtzahl der nachgewiesenen Systeme: 38 + 28 + 53 = 119

Entwickler

Über die Hälfte der Systeme wurden an Hochschulen oder an sonstigen wissenschaftlichen Einrichtungen entwickelt. An der Entwicklung von etwa einem Fünftel der Systeme waren Privatunternehmen beteiligt.

Typ

Annähernd die Hälfte der Systeme realisiert ein Entscheidungshilfesystem oder eine Shell für derartige Systeme. Daneben gibt es eine Reihe anderer Systemtypen, die durch 7 bis 11 Produkte repräsentiert werden (Konsultations-, Konfigurations-, fallbasierte Systeme, Systeme, die der Grundlagenforschung dienen sowie Systeme mit natürlichsprachlicher Schnittstelle). Die übrigen Systemtypen sind nur durch 1 bis 5 Produkte vertreten.

Stadium

Die meisten Systeme haben das Stadium des Prototyps erreicht und sind mit Erreichen dieses Stadiums eingestellt worden. Nur wenige Systeme werden kommerziell angeboten oder befinden sich im Einsatz in Behörden. Diese Systeme konnten sich jedoch (bislang) nicht am Markt etablieren.

Juristischer Bereich

Die meisten Anwendungen kann das Zivilrecht verzeichnen. Es liegt damit noch vor den universell einsetzbaren Systemen. Die Zahl der Systeme beträgt in den Bereichen Strafrecht, Öffentliches Recht und Steuerrecht jeweils etwa ein Drittel im Vergleich zum Zivilrecht.

Theoretische Basis

Es dominieren die regelbasierten Systeme. Etwa ein Fünftel der Systeme verfügt über eine objektorientierte Wissensrepräsentation. Weitere KI-typische Systemmerkmale wie Heuristiken, Nichtmonotone Logik, Wahrscheinlichkeitsfaktoren,... werden nur von wenigen Systemen realisiert. Hierbei ist anzumerken, daß diese Merkmale meist bei einzelnen - besonders anspruchsvollen - Systemen gehäuft auftreten.

Realisierung

Zur Erstellung juristischer KI-Produkte wurde zu etwa gleichen Anteilen auf KI-Programmiersprachen und auf Shells zurückgegriffen. Im Bereich der KI-Programmiersprachen dominiert die Verwendung von Prolog. Daneben spielt nur noch die Sprache LISP eine Rolle. Dagegen gibt es im Bereich der Shells offensichtlich kein bevorzugtes Produkt. In 31 Systemen, die mit Hilfe einer Shell erstellt wurden, kamen 17 verschiedene Shells zum Einsatz. Imperative Programmierung lag bei etwa einem Fünftel der Systeme vor. In der Regel wird man diese Systeme nicht als KI-Produkte im softwaretechnischen Sinne bezeichnen können.

Der Bereich der Hardwareplattformen reicht von Z80-Microcomputern bis hin zu Großrechnern. Die technisch anspruchsvolleren Systeme wurden meist nicht auf PCs, sondern auf UNIX-Workstations oder zu einem kleineren Teil auch auf Großrechnern realisiert.

1.8 Schlußbemerkungen

Es gibt eine Vielzahl von Konzeptionen zur Realisierung juristischer Expertensysteme. Keines der Systeme konnte jedoch bislang einen Durchbruch am Markt erzielen. Dabei drängt sich die Frage auf, ob sich dies auf bestimmte Eigenschaften oder Merkmale der Systeme zurückführen läßt. Ferner stellt sich die Frage, wie gut die einzelnen Systemarchitekturen den Anforderungen des juristischen Anwendungsgebiets gerecht werden, ja überhaupt gerecht werden können. Mögliche Ursachen für die fehlende Akzeptanz könnten sein:
-    falsche oder überhöhte Vorstellungen der Anwender von der möglichen Leistungsfähigkeit juristischer Expertensysteme,
-    fehlende Informatikwerkzeuge zur Realisierung juristischer Anwendungssysteme,
-    mangelnde Berücksichtigung der Anforderungen einer juristischen (deontischen) Logik,
-    mangelnde Abstimmung der Systemarchitekturen auf die juristische Methodik,
-    mangelnde Technikfolgenberücksichtigung beim Entwurf der Systeme.
Zur Beantwortung dieser Fragen werden in den folgenden Kapiteln theoretische Grundlagen für die Entwicklung juristischer Expertensysteme erarbeitet, die schließlich eine Basis für die Bewertung der bisherigen Systemkonzeptionen abgeben.

2 Erwartungshaltung gegenüber juristischen Expertensystemen

2.1 Einführung

Kaum ein Bereich der Informatik reizt die beteiligten Wissenschaftler mehr zu Spekulationen über die Leistungsmöglichkeiten von Computern als der der "Künstlichen Intelligenz". Auch in Verbindung mit juristischen Expertensystemen finden sich einerseits eine überhöhte Erwartungshaltung bei möglichen Anwendern und andererseits überzogene Ansprüche der Systementwickler. Kapitel 2.2 setzt sich mit derartigen Ansprüchen im allgemeinen auseinander und plädiert mit Fiedler für eine Entmythologisierung der KI. Die folgenden Abschnitte widmen sich zwei typischen Systemaspekten, an denen die Bildung überhöhter Ansprüche deutlich gemacht wird. Es handelt sich dabei einerseits um die Verarbeitung natürlicher Sprache und andererseits um die Durchführung von Fallvergleichen. In der Auseinandersetzung mit diesen Fragen lassen sich Ergebnisse erzielen, deren Berücksichtigung für die Entwicklung juristischer Expertensysteme ratsam erscheint.

2.2 Entmythologisierung der KI

A. B. Cremers fragt in einem Skript[37] zur Vorlesung "Einführung in die KI": "Wir haben die kinematographische Täuschung hingenommen, daß "Bilder laufen" können, warum nicht auch die informatische Täuschung, daß "Maschinen denken" ?" Während er in dieser Frage das von einem Teil der KI-Gemeinde erstrebte Ziel der "informatischen Täuschung" offen ausspricht, aber die Antwort auf die Frage schuldig bleibt, nennen andere ihre Wünsche und Hoffnungen ganz unverhohlen. So prognostizierte Herbert Simon (Nobelpreisträger für Ökonomie) im Jahr 1967: "Maschinen werden innerhalb der nächsten zwanzig Jahre dazu imstande sein, jede Arbeit zu übernehmen, die auch der Mensch ausführen kann".[38]

Die Euphorie über die offenbar möglichen Leistungen des zukünftigen Computereinsatzes steckte auch Juristen an. Popp und Schlink, die zu den ersten gehörten, die in Deutschland ein Computerprogramm zur Unterstützung der juristischen Entscheidungsfindung entwickelten, äußerten sich im Jahr 1975 wie folgt[39]:
"Wenn die Rechtswissenschaft erst einmal willens und in der Lage ist, Anforderungen an ein IJIS (IJIS = Intelligentes juristisches Informationssystem) zu stellen, wird sehr schnell der Zeitpunkt sich einstellen, zu dem man es sich nicht mehr leisten kann, das Denken ausschließlich den Juristen zu überlassen".

---

[37] Armin B. Cremers, Einführung in die KI, Skript zur Vorlesung, Universität Dortmund, WS85/86.
[38] Zitiert nach Wolfgang Coy, Maschinelle Intelligenz - Industrielle Arbeit, in: Ralf Klischewski/Simone Pribbenow (Hrsg.), ComputerArbeit, Berlin 1989, S. 34.
[39] Walter Popp/Bernhard Schlink, Skizze eines intelligenten juristischen Informationssystems, in: DVR 1975, S. 10.

Im gleichen Geist äußern sie sich nach einer USA-Reise und einem Besuch dortiger KI-Forschungsprojekte[40]:
"Dank der von der AI-Forschung erarbeiteten Einsichten und bereitgestellten Techniken ist es möglich geworden, über die Automatisierung oder Halbautomatisierung von Entscheidungen auch auf Gebieten zu reden, die als exklusive Domäne menschlicher Intelligenz galt."
Auch aus dieser Einschätzung spricht die Überzeugung, daß letzlich jede menschliche Geistestätigkeit durch Instrumente der Informatik modelliert und simuliert werden kann.

Derart hochfliegende Träume stammen vorwiegend aus den 60er und 70er Jahren, als der Entwicklungsstand der KI noch nicht so weit fortgeschritten war, daß man die hochgesteckten Ziele durch Ergebnisse konkreter Projekte hätte relativieren müssen. Es gibt aber auch in neuerer Zeit noch Äußerungen, die in ähnlicher Weise den Glauben an eine schier unbegrenzte Denkfähigkeit zukünftiger Computergenerationen äußern. So prognostiziert Martino[41] dem Markt juristischer Expertensysteme ein exponentielles Wachstum. Und Thomas Christaller, Leiter der GMD-Forschungsgruppe "Expertensysteme", schreibt im Jahr 1990[42]:
"Die Ergebnisse der KI-Forschung werden das Bild von uns selbst nachhaltig verändern. Wir werden erkennen, daß wir nicht die einzigen denkfähigen Systeme sind und daß wir keine optimalen Denker sind."
Ähnlich äußert sich der Neuroinformatiker Eckmiller[43]. Er beschreibt "den Menschen" als "kurzsichtiges Wesen von begrenztem mentalen Fassungsvermögen". Dessen Hoffnung beruhe "auf der Entwicklung von informationsverarbeitenden und selbstentscheidenden Systemen, die ihm - Sehhilfen gleich - neue Perspektiven öffnen."
Deutlicher als andere nennt Christaller aber auch den Preis, der zu zahlen wäre, wenn man in den Genuß der übermenschlichen Denker kommen will:
"Dies erfordert aber zweierlei: Einmal die politische Entscheidung, daß man für solche Zwecke gesellschaftliche Mittel, Geld und Menschen, investieren will. (...) Zum anderen unsere gesellschaftliche Entscheidung, daß wir uns auf derartige Hilfsmittel ein- und verlassen wollen."

Auch im juristischen Bereich hält sich der Glaube an Maschinen, die ohne Zutun des Menschen juristische Entscheidungen fällen. So meint Sergot[44]: "A legal expert system incorporating the knowledge of a good lawyer in the form of if-then rules is conceivable."
Ganz plastisch auch die Äußerungen von Matthias Kraft[45]: "Das Fernziel von Expertensystemen ist die Lösung komplexer Sachverhalte. (...). In einer zweiten Stufe sollen dann die Sachverhalte nicht mehr im Anwenderdialog sondern durch Erfassung von Volltexten bearbeitet werden. Der Anwender gibt etwa über einen Scanner einen (weitgehend) vollständigen

---

[40] Walter Popp/Bernhard Schlink, Artificial Intelligence (AI) in der Rechtsinformatik - Stationen einer Forschungsreise in Nordamerika, in: DVR 1975, S. 339.

[41] Antonio A. Martino, Legal Models, Rationality and Informatics, in: A. A. Martino/F. Socci Natali (Eds.), Automated Analysis of Legal Texts, Amsterdam 1986, S. 270.

[42] Thomas Christaller, Fliegen lernen, ohne Vogel zu werden, in: GMD-Spiegel 1/90, S. 26-29.

[43] Rolf Eckmiller, Blindflug mit der Erde, in: Innovatio 5/92, S. 70.

[44] Sergot zitiert nach: Carlo Biagioli/Elio Fameli, Expert Systems in Law: An International Survey and a Selected Bibliography, in: CC-AI, Vol. 4, Nr. 4, 1987, S. 329.

[45] Matthias Kraft, Sophos1.0 - Eine Wissensdatenbank, in: jurPC 3/90, S. 504.

Sachverhalt ein. Dieser wird durch den Computer gelesen. Ein Programm erfaßt die rechtlich relevanten Tatsachen, strukturiert diese wie in der ersten Stufe und wertet sie wie in der kumulativen Abfrage aus." Da braucht man dann dem System nur noch eine Fallbeschreibung aufzuschreiben oder zu erzählen und die Maschine hört zunächst geduldig zu, macht sich seine "Gedanken" dazu, erkennt die rechtlich relevanten Tatsachen und trifft dann eine juristische Entscheidung !?

An den Spekulationen über die möglichen Leistungen beteiligen sich auch Berman/Hafner. Sie sehen das (amerikanische) Rechtssystem in einer Krise, die durch den Einsatz juristischer Expertensysteme entschärft werden könne[46]. Auch Hartleb schildert die Möglichkeiten juristischer Expertensysteme in rosigen Farben. Er meint, das Recht sei "besser als Wissensgebiete der Naturwissenschaft geeignet, mit regelorientierten Expertensystemen bearbeitet zu werden"[47].

Eine bemerkenswerte Einschätzung des Verhältnisses Experte, Maschine und Laie, das zwar auf medizinische Expertensysteme bezogen ist, jedoch ebensogut auf den rechtlichen Bereich anwendbar wäre, stammt vom MEDIS-Institut[48], das von der Enquête-Kommission "Technikfolgenabschätzung" des Deutschen Bundestages den Auftrag bekam, eine Technikfolgenabschätzung für medizinische Expertensysteme durchzuführen.

"Die direkte Kommunikation {gemeint ist die zwischen Patient und medizinischem Expertensystem} kann Informationen und Beurteilungen nachfüttern, für die im Arzt-Patient-Gespräch keine Zeit war oder für die beim Patienten nicht die erforderlichen Kenntnisse vorhanden waren."

Welche Vorstellung vom Verhältnis Experte - Laie muß man eigentlich haben, um auf solche Ideen (und Formulierungen) zu kommen? Vielleicht folgende: Dem vielbeschäftigten Arzt (oder Jurist) tritt bei seiner Tätigkeit immer stärker ins Bewußtsein, daß ihn der fragende Patient (Mandant) im Grunde nur bei der Arbeit stört. So verweist er den fragenden Patient (Mandant) an ein Expertensystem, damit er dort "abgefüttert" wird. Hier wird deutlich, daß möglicher Schaden oder Nutzen von Expertensystemen nicht nur von der Qualität des gespeicherten Wissens abhängt, sondern auch von der Art der Einbeziehung des Expertensystems in traditionelle Arbeitsabläufe.

Das Thema "Perspektiven der KI" polarisiert die Wissenschaftlergemeinde. Einige nehmen eine fortschrittsgläubige Haltung ein, wie sie aus obigen Zitaten spricht. Andere sind kritische Mahner, die ihre Ansichten in gleicher Deutlichkeit äußern: So meint beispielsweise Wolfgang Coy[49]: "Die Künstliche Intelligenz Forschung ist in zentralen Forschungsgebieten in der Situation, wo sie nicht sieht, daß sie aufgeben sollte."

---

[46] Donald H. Berman/Carole D. Hafner, The Potential of Artificial Intelligence to Help Solve the Crisis in Our Legal System, in: Communications of the ACM, Vol. 32, No. 8, August 1989, S. 928-938.

[47] Uwe Hartleb, Juristische Expertensysteme, in: Neue Richtervereinigung (Hrsg.), Computerisierung der Justiz, Leonberg 1987, S. 43.

[48] GSF-Medis, Chancen und Risiken des Einsatzes von Expertensystemen in der Medizin, Neuherberg 1988, Kap. 4, S. 27.

[49] Wolfgang Coy, Maschinelle Intelligenz - Industrielle Arbeit, in: Ralf Klischewski/Simone Pribbenow (Hrsg.), ComputerArbeit, Berlin 1989, S. 40.

Um die auf die Zukunft bezogenen Prognosen der "KI-Optimisten" behandeln zu können, soll kurz auf drei Annahmen eingegangen werden, die sich diese Optimisten meist unausgesprochen zueigen machen.
Dies ist die Abbildtheorie der Wahrheit, die damit eng verbundene Vorstellung von der Objektivität der Wissensbasen sowie die Vorstellung vom menschlichen Geist als symbolverarbeitender Maschine.

2.2.1 Abbildtheorie der Wahrheit

Hinter der "harten KI-These", jede Leistung des menschlichen Geistes könne prinzipiell auch auf eine Maschine übertragen werden, steht die Abbildtheorie der Wahrheit, deren philosophische Wurzeln bis in die Antike zurückreichen.
Die geschichtliche Spur[50] der Abbildtheorie verläuft durch Werke von Hobbes, Descartes, Leibniz, Hume und führt weiter bis zu denen von Aristoteles, Platon und Sokrates.
Die Abbildtheorie definiert Wahrheit als Übereinstimmung eines Modells der Welt mit der realen Welt. Eine unausgesprochene Voraussetzung dabei ist, daß ein Mensch (als Subjekt) die Welt an sich erkennen könne, denn sonst kann man die Strukturen der Welt nicht mit den Strukturen des Modells vergleichen. Eng mit der Abbildtheorie sind einige weitere Annahmen verbunden, die oft als selbstverständlich übernommen werden[51]. Diese Annahmen sind jedoch spätestens seit den Entdeckungen der Quantenphysik nicht mehr haltbar. Ihrzufolge ermittelt die Wissenschaft keine Aussagen über die beobachtete "objektive" Welt (z.B. Elementarteilchen) "an sich", sondern Aussagen über die Wahrnehmung der Welt durch Menschen, die in der Regel außerdem eine bestimmte Meßapparatur benutzen. Der Mensch und die benutzte Versuchsapparatur werden hierbei auf subtile Weise selbst zum Bestandteil der auf dem Prüfstand stehenden Objekte[52]. Die Philosophie hat hieraus Konsequenzen gezogen und hat die

---

[50] Enquête-Kommission "Gestaltung der technischen Entwicklung; Technikfolgen-Abschätzung und -Bewertung", Chancen und Risiken des Einsatzes von Expertensystemen in Produktion und Medizin, S. 14.
[51] Stamper weist u.a. folgende derartige Annahmen nach:
- die Vorstellung, daß sich die Welt in Mengen von Individuen zerlegen läßt (z.B. die Menge aller roten Objekte)
- ein Zustand der Welt lasse sich durch Angabe abstrakter Objekte und Beziehungen zwischen diesen ausdrücken,
- Bedeutung wird durch die Menge der Objekte definiert, die gemeint sind.
Siehe Ronald K. Stamper: The Role of Semantics in Legal Expert Systems and Legal Reasoning, in: Ratio Juris, Vol. 4, No. 2, July 1991, S. 220-221.
[52] Siehe z.B.: Werner Heisenberg, Der Teil und das Ganze, 9. Auflage, München 1985, S. 108:
"Die Prognose über das zukünftige Geschehen kann nicht ohne Bezugnahme auf den Beobachter oder da.; Beobachtungsmittel ausgesprochen werden. Insofern enthält in der heutigen Naturwissenschaft jeder physikalische Sachverhalt objektive und subjektive Züge"
oder
Werner Heisenberg, Das Naturbild der heutigen Physik, in: Werner Heisenberg, Schritte über Grenzen, 5. Auflage, München 1984, S. 101:
"Die Vorstellung von der objektiven Realität der Elementarteilchen hat sich also in einer merkwürdigen Weise verflüchtigt, nicht in den Nebel irgendeiner neuen, unklaren oder noch unverstandenen Wirklichkeitsvorstellung, sondern in die durchsichtliche Klarheit einer Mathematik, die nicht mehr das Verhalten des Elementarteilchens, sondern *unsere Kenntnis* dieses Verhaltens darstellt." (Hervorhebung im Original)

Abbildtheorie durch die Konsenstheorie der Wahrheit[53] ersetzt. Nach dieser Theorie wird eine Aussage als wahr angesehen, wenn diese Aussage unter allen (rational denkenden) Menschen konsensfähig ist. Mit dem Übergang von der Abbildtheorie zur Konsenstheorie wurde gleichzeitig ein Schritt von einer individuellen zu einer sozialen Erkenntnistheorie vollzogen.

Diese philosophischen Überlegungen haben direkten Einfluß auf das Recht und die Bewertung juristischer Expertensysteme. Wenn man die Abbildtheorie verträte, so könnte man die Hoffnung haben, eine wahre Darstellung der Welt (oder eines Ausschnitts hieraus) zu entwickeln, auf Grund derer ein Jurist beispielsweise einen Fall entscheiden kann.

Wäre die Abbildtheorie zutreffend, so könnte man konsequenterweise annehmen, die wahre Beschreibung der Welt in eine formale und für Computer zugängliche Darstellung überführen und die Rechtsanwendung einem System anvertrauen zu können, das einen Fall allein durch Rückgriff auf die Wissensbasis bearbeitet. Der Abbildtheorie entspricht eine Vorstellung von Rechtsanwendung, die als isolierter Prozeß von einem Menschen oder einem Computer ausgeführt wird. Gegen diese Vorstellung von einer isolierten Rechtsanwendungen werden schon seit langem fundierte Einwände formuliert[54], doch findet sich diese Vorstellung in vielen Ansätzen zur Entwicklung juristischer Expertensysteme wieder.

Legt man dagegen das Konsensmodell zugrunde, so ergibt sich ein ganz anderes Bild. Die Rechtsanwendung kann dabei nicht von einem isoliert arbeitenden Entscheider vorgenommen werden, sondern diese Entscheidung entsteht im rational geführten Gespräch (Diskurs) unter den beteiligten Personen. Ein juristisches Expertensystem, das dieser Orientierung Rechnung tragen soll, müßte Raum für einen solchen Dialog lassen. Die Art, wie das geschehen könnte, ist hierbei völlig offen.

Zu denken wäre zunächst an ein System, das ein am Konsensmodell orientiertes Methodenmodell unterstützt (etwa das von Alexy). Ein solches System würde einen Diskurs unter Menschen nach rationalen Regeln kontrollieren, ohne auf die Inhalte des Diskurses einzugehen. Es gab bereits einzelne Entwicklungsprojekte, die ein ähnliches Ziel verfolgten. So wurde von Rittel[55] das System IBIS (Issue-Based Information System) entwickelt, das die Analyse schlecht strukturierter Systeme unterstützen soll. Dem System IBIS liegt die Vorstellung zugrunde, daß ein Systementwurf als "Konversation zwischen den Beteiligten gesehen werden kann"[56].

Daneben wäre auch eine Architektur vorstellbar, die in breitem Umfang auf inhaltliches Wissen zurückgreift. Dieses System dürfte dem Anwender jedoch nicht als starres System gegenübertreten, sondern es müßte in der Lage sein, sich selbst (insbesondere die Wissensbasis)

---

[53] Zur Konsenstheorie und deren Bedeutung für die Informatik siehe: Alfred Lothar Luft, Informatik als Technik-Wissenschaft, Mannheim 1988, S. 149 ff.

[54] Z.B. von Fiedler/Barthel/Voogd in der UFORED-Studie, S. 153:
"Den Bemühungen der "KI"-Forschung um eine Automatisierung menschlicher Denkarbeit und Kreativität liegt zum Teil eine problematische Annahme zugrunde (z.B. in: D. R. Hofstadter, Gödel - Escher - Bach, Harmondsworth 1980).: Es wird davon ausgegangen, menschliche Auseinandersetzung mit Problemen oder mit anderen Menschen sei eine isolierbare geistige Funktion - isolierbar vom Alltagswissen und reduzierbar auf eine Folge formaler Operationen auf einer reduzierten und formalen Menge von Objekten. Ursache dafür ist u. E. ein funktionales Menschenbild, bei dem ein Herauslösen von Einzelaspekten aus einer Gesamtpersönlichkeit selbstverständlich und unproblematisch erscheint."

[55] Vgl. Ronald Bogaschewsky, Hypertext/Hypermedia-Systeme - Ein Überblick, in: Informatik-Spektrum, Heft 34/92, S. 133.

[56] Ronald Bogaschewsky, Hypertext/Hypermedia-Systeme - Ein Überblick, in: Informatik-Spektrum, Heft 34/92, S. 133.

im Laufe eines Verfahrens zu modifizieren und anzupassen. Möglicherweise kann die Untersuchung spezieller Anwendungen der sogenannten Verteilten Künstlichen Intelligenz[57] (VKI) einen Beitrag zur Entwicklung derartiger Systeme leisten.

2.2.2 Vermeintliche Objektivität der Wissensbasis

In Folge der Abbildungstheorie der Wahrheit wird oft eine Objektivität von Wissensbasen postuliert. Dabei wird angenommen, daß ein von Einzelpersonen durchgeführter Erkenntnisvorgang zu objektiv wahren Aussagen führen kann, welche dann in einer Wissensbasis dargestellt werden können. Es wird sogar argumentiert, daß eine systematische Darstellung des Allgemein- und Fachwissens in einer Wissensbasis letztendlich die Meinungsstreitigkeiten zwischen verschiedenen gesellschaftlichen Gruppen beseitigen könnte. Aber selbst unter der (augenblicklich utopischen) Annahme, daß eine Repräsentation des benötigten Fach- und Allgemeinwissens etwa durch Semantische Netze, Frames oder auch andere Systeme möglich sein sollte, ist es unwahrscheinlich, daß sich die beteiligte Fachwelt darüber einigen könnte, welches (immer subjektiv geprägte) Wissen zur Grundlage einer Systementwicklung gemacht werden sollte. Die Logik vermag zu der Frage, welche Wissensrepräsentation "wahr" ist, leider nichts beizutragen. Die Wahrheitsfrage entzieht sich einer formalen Lösung. Die Entwicklung einer brauchbaren Wissensbasis geschieht also in einem sich wiederholenden Zyklus von Neuvorschlägen oder Weiterentwicklungen geeigneter Wissensinhalte und deren Diskussion. Die Tatsache, daß verschiedene Sichten gegebener Sachverhalte über lange Zeit hinaus nebeneinander bestehen können, ist offenbar weniger das Ergebnis der vermeintlich unsystematischen menschlichen Denkweise, sondern könnte damit zusammenhängen, daß viele Situationen und Sachverhalte zu unterschiedlichen Modellen hiervon konsistent sein können[58]. In diesem Fall kann das Problem der verschiedenen juristischen Interpretationen eines gegebenen Sachverhalts auch durch eine Computerrealisierung nicht grundsätzlich gelöst werden. Jede solche Anwendung muß vielmehr die Erkenntnis berücksichtigen, daß jede Wissensbasis subjektiv gefärbt ist. Wegen der unvermeidlichen Subjektivität der Wissensbasis ist es notwendig, hohe Anforderungen an die Transparenz des Systemverhaltens zu stellen, welche die Subjektivität erkennbar macht. Hierzu gehört einerseits eine weitgehende Information der Benutzer über die zum Aufbau der Wissensbasis herangezogenen Wissensquellen sowie eine allgemeinverständliche Beschreibung der Funktionsweise wichtiger Systemkomponenten. Neben diesen Informationen über das Gesamtsystem ist eine handliche Erklärungskomponente erforderlich, die jeden Entscheidungsvorschlag bis hinunter auf die dem System vorgegebenen Fakten zurückführen kann.

---

[57] Vgl. Frank von Martial, Einführung in die verteilte KI, in: Künstliche Intelligenz, Heft 1/92, S. 6-11.

[58] Watzlawick liefert hierfür viele eindrucksvolle Beispiele. Siehe: Paul Watzlawick, Wie wirklich ist die Wirklichkeit, 16. Auflage, München 1978.

2.2.3 Der menschliche Geist als symbolverarbeitende Maschine

Eine andere Annahme der sogenannten "Harten KI" besteht darin, daß sich menschliches Denken auf Prozesse der Symbolverarbeitung zurückführen ließe. Beide, menschliches Gehirn und Computer, wären nach dieser Auffassung "symbolverarbeitende Systeme". Diese Annahme ist jedoch nur eine Hypothese. Sie wird zwar nicht durch bestimmte Forschungsergebnisse der Neuro-Wissenschaften widerlegt, aber es ist auch noch nicht gelungen, bestimmte Symbole im Gehirn aufzufinden, d.h. in bestimmten Reizmustern der Neuronen eine symbolische Repräsentierung eines sprachlichen Begriffs nachzuweisen. Selbst wenn eine solche Zuordnung gelänge, wäre die Gleichstellung von Gehirn und Computer nur dann zulässig, wenn nachgewiesen werden könnte, daß das Gehirn nicht mehr als "nur" Symbolverarbeitung leistet.

2.2.4 KI-Mythen

Definiert man mit Fiedler[59] einen "Mythos" als "traditionell gewordene Vision", so liegt nach dem bislang Gesagten auf der Hand, daß auch Expertensysteme von vielfältigen Mythen umgeben sind. Aufgabe einer dem Rationalen verpflichteten KI-Wissenschaft ist die "Entmythologisierung" der Expertensysteme.
Fiedler nennt folgende "mythosverdächtige Vorstellungen", die oft unkritisch mit Expertensystemen verbunden werden[60]:
- Vorstellung vom "intelligenten" Expertensystem,
- Vorstellung vom Expertensystem für jedermann,
- Vorstellung von der leichten Verständlichkeit und Durchschaubarkeit der Wissensdarstellung,
- Vorstellung von der leichten Aktualisierbarkeit der Wissensbasis,
- Vorstellung von der Erklärungsfähigkeit und Transparenz der Leistung von Expertensystemen,
- Vorstellung von einem leichten Wissenserwerb (Wissensaquisition).

Auch juristische Expertensysteme sind oft von einem Mythos umgeben, den es zu hinterfragen gilt. Am konkreten Beispiel sprachverstehender sowie fallvergleichender Systeme soll dies im folgenden geschehen.

---

[59] Herbert Fiedler, Entmythologisierung von Expertensystemen, in: Hinrich Bonin (Hrsg.), Entmythologisierung von Expertensystemen, Heidelberg 1990, S. 1-11.
[60] So nennt beispielsweise Susskind Transparenz und Flexibilität als besondere Eigenschaften der Expertensysteme. In: Richard E. Susskind, Expert Systems in Law, Oxford 1987, S. 9.
Sergot et al. sprechen davon, daß die Ableitungen eines Expertensystems natürlich wirken und daß das Wissen leicht zu verstehen und leicht zu verändern sei. Vgl.: Marek Sergot/Therese Cory/Peter Hammond/Robert Kowalski/Frank Kriwaczek/Fariba Sadri, Formalisation of the British Nationality Act, in: Yearbook of Law Computers and Technology, Vol. 2, 1986, S. 40-52.

2.3 Entmythologisierung "sprachverstehender" juristischer Expertensysteme

Eine Reihe von Projekten ist darauf ausgerichtet, natürliche Sprache als Eingabe zu akzeptieren. In einigen Systemen wird dabei die Verwendung eines ausgewählten Teils der natürlichen Sprache vorausgesetzt. Es wird aber auch die Ansicht[61] vertreten, daß ein natürlichsprachliches System etwa mit dem (wesentlich umfangreicheren) Teil der Sprache umgehen kann, der zur Formulierung rechtlicher Regeln benutzt wird. Die Zielvorstellung eines solchen Projektes ist letztlich[62] die Bereitstellung einer Maschine, die eine Fallbeschreibung in natürlicher Sprache entgegennehmen und bearbeiten kann. Die Bearbeitung umfaßt dabei die Repräsentierung der Eingabe und eine daran anschließende Auswertung.

Diesen Wunschvorstellungen lassen sich konkrete Erfahrungen entgegenstellen, die im Zusammenhang mit dem LEX-1 Projekt gewonnen wurden.
Dieses Projekt zielte auf die Entwicklung eines Systems, das einen Fall gemäß § 142 StGB[63] bearbeiten kann. Liest man den Beispieldialog[64], der mit diesem System geführt wurde, so könnte man den Eindruck gewinnen, daß das System dem gesteckten Ziel bereits sehr nahe kommt. Im Gegensatz zu den hochgespannten Hoffnungen auf ein natürlichsprachliches Expertensystem, die sich aus diesem Beispieldialog ergeben könnten, wird das Projektergebnis von den Leitern eher zurückhaltend bewertet: Haft und Lehmann[65] bezeichnen die geleistete Arbeit aus gutem Grund als "reine Grundlagenforschung" und fahren fort: "Ob jemals ein praktisch funktionierendes, natürlichsprachliches Expertensystem geschaffen werden kann, ist fraglich. Die beteiligten Wissenschaftler sind eher skeptisch." Ungelöste Probleme hinterließ das Projekt in den Bereichen: Linguistik, Logik und Konsultationssysteme im Recht[66].
Die größten Schwierigkeiten bei der Systemrealisierung traten im Zusammenhang mit der natürlichsprachlichen Eingabe und der Darstellung von Allgemeinwissen auf. Bläser/Lehmann erwähnen hierfür beispielhaft[67]: "So konnte trotz der Projektlaufzeit von fast 5 Jahren nur ein Sprachumfang berücksichtigt werden, der sich bei der Untersuchung von etwa 100 einschlägigen Oberlandesgerichtsurteilen als besonders wichtig herausstellte".

---

[61] Giacomo Ferrari/Carlo Biagioli, Principles for the Formal Representation of Legislative Statements, in: A. A. Martino/F. Socci Natali (Eds.), Automated Analysis of Legal Texts, Amsterdam 1986, S. 491.

[62] Vgl. die oben zitierte Äußerung von Matthias Kraft (Fn. 45).

[63] Wortlaut des § 142 Abs. 1 StGB:
Unerlaubtes Entfernen vom Unfallort.
Ein Unfallbeteiligter, der sich nach einem Unfall im Straßenverkehr vom Unfallort entfernt, bevor er
1. zugunsten der anderen Unfallbeteiligten und der Geschädigten die Feststellung seiner Person, seines Fahrzeugs und der Art seiner Beteiligung durch seine Anwesenheit und durch die Angabe, daß er am Unfall beteiligt ist, ermöglicht hat oder
2. eine nach den Umständen angemessene Zeit gewartet hat, ohne daß jemand bereit war, die Feststellung zu treffen,
wird mit Freiheitsstrafe bis zu drei Jahren oder mit Geldstrafe bestraft.

[64] Vgl. Kapitel 1.6.6.

[65] Fritjof Haft/Hein Lehmann (Hrsg.), Das Lex-Projekt, Tübingen 1989.

[66] Näheres zu diesen Problemen bei Brigitte Bläser/Hein Lehmann, Ansätze für ein natürlichsprachliches juristisches Konsultationssystem, in: Fritjof Haft/Hein Lehmann (Hrsg.), Das Lex-Projekt, S. 43-76. Zu Linguistik siehe S. 69 f, zu Logik S. 71 ff.

[67] Brigitte Bläser/Hein Lehmann, Ansätze für ein natürlichsprachliches juristisches Konsultationssystem, in: Fritjof Haft/Hein Lehmann (Hrsg.), Das Lex-Projekt, S. 43.

2.3.1 Problemkreis Sprachverständnis

Es bleiben ungelöste Probleme im Zusammenhang mit dem Sprachverständnis des Systems: Jedes Verstehen läuft[68] vor dem Hintergrund eines Vorverständnisses (Kontextes) ab. Ein Satz wie "A stürzte und verlor dabei einen Zahn" erschließt sich erst im Zusammenhang. Auch ohne den Zusammenhang zu kennen, geht man (aufgrund seines Vorverständnisses) davon aus, daß A den Zahn aus seinem Mund und nicht aus der Tasche verlor. Je verschiedenartiger der mögliche kontextuelle Rahmen einer Aussage ist, desto größer muß das dazugehörige Weltwissen sein, um eine Aussage vollständig verstehen zu können. Hierzu Sulz[69]: "LEX-1 hat in diesem Sinne nur ein sehr beschränktes Weltbild. Es würde im oben genannten Beispiel automatisch vermuten, daß der Zahn in der Folge eines Verkehrsunfalles verloren ging, weil eine solche Vermutung für alle die Fälle im System implementiert werden mußte, in denen der Text zu wenig Informationen enthält."

Die Trennung von juristischen und Alltagsbegriffen erwies sich als unmöglich. Sulz räumt ein: "Die Arbeiten mit LEX-1 machten uns deutlich, daß es eine scharfe Grenzziehung, an der umgangssprachliche Begriffe die juristischen Fachtermini ablösen, nicht gibt. Auch hier konnten wir uns nur mit der Implementierung von Vermutungen helfen."[70]

2.3.2 Problemkreis fehlender oder unvollständig mitgeteilter Information

Wenn eine Fallbeschreibung in natürlicher Sprache erfolgt, so wird dieser Fall in der Regel nicht vollständig mitgeteilt. Diese Unvollständigkeit kann darin begründet liegen, daß der Erzähler die entsprechende Aussage für selbstverständlich hält. Bei einer Unfallbeschreibung bleibt beispielsweise sicherlich die Feststellung unerwähnt, daß eine Straße auf der der Unfall geschah, eine öffentliche Verkehrsfläche ist. Diese Art der Informationsmängel werden als unecht bezeichnet, da sich die entsprechende Information durch geeignetes Hintergrundwissen erschließen läßt.
Dagegen kann eine Fallbeschreibung auch echte Informationsmängel aufweisen. Die fehlende Information kann dabei nicht auf anderem Wege erschlossen werden. Diese beiden Informationsmängel erfordern eine unterschiedliche Bearbeitung durch das System: Bei echten Informationsmängeln muß das System beim Benutzer rückfragen. Unechte Informationsmängel sollen dagegen durch Default Reasoning behoben werden. Das System greift dann auf Default-Werte zurück, die die "normalerweise" vorkommenden Werte speichern. Das System versucht dabei zunächst zu beweisen, daß der Default-Wert nicht vorliegt (beispielsweise, daß die Straße gesperrt und daher nicht öffentlich ist). Gelingt dieser Beweis nicht, so wird der Default-Wert als gültig angenommen.

---

[68] Wie von der Hermeneutik beschrieben.

[69] Jürgen Sulz, LEX1 - Prototyp eines juristischen Expertensystems, in: Fritjof Haft/Hein Lehmann (Hrsg.), Das Lex-Projekt, S. 109.

[70] Jürgen Sulz, LEX1 - Prototyp eines juristischen Expertensystems, in: Fritjof Haft/Hein Lehmann (Hrsg.), Das Lex-Projekt, S. 113.

Die Abdeckung bestimmter Informationen durch Defaults ist nicht unproblematisch. Wenn nur solche Werte durch Defaults abgedeckt werden sollen, die ein durchschnittlicher menschlicher Zuhörer für selbstverständlich hält, so stellt sich hier das Problem, wie diese ermittelt werden sollen. Unklar ist auch, in welcher Form der Benutzer auf die Verwendung von Defaults hingewiesen wird.

Bläser/Lehmann fassen das Projektergebnis so zusammen[71]: "Der Prototyp LEX-1 wurde (...) ausführlich getestet, wobei sich die Mehrzahl der Fragen auf die Fakten des Falls bezogen, wenige auf deren juristische Relevanz. Für Kenner der Grenzen der heute verfügbaren Technologien (...) ist das Ergebnis sehr gut, jedoch verglichen mit den oben formulierten Anforderungen an juristische Konsultationssysteme völlig unzureichend, schon deshalb, weil nur ein einziger Fall behandelt werden kann."

Die Frage, wie wünschenswert sprachverstehende Systeme überhaupt sind, wurde in dem Abschlußbericht verständlicherweise nicht gestellt.
Selbst wenn alle geschilderten Probleme gelöst werden könnten, so ist eine natürlichsprachliche Eingabe aus Gründen der mangelnden Transparenz außerordentlich fragwürdig. Jeder Benutzer eines Systems soll nachvollziehen können, wie und aufgrund welcher Regeln eine Entscheidung zustande kommt.
Natürliche Sprache muß, bevor sie in Systemen verwendet werden kann, stark interpretiert und manipuliert werden. Dabei fließen viele Vermutungen und Interpretationsstile ein, die das Sprachverständnis des Entwicklers widerspiegeln.
Will man ein natürlichsprachliches System realisieren, so steht man vor der Wahl, entweder dem Benutzer die große Zahl solcher Annahmen darzustellen oder eine solche Erklärung nicht vorzusehen und ihn über das Zustandekommen einer Entscheidung im Unklaren zu lassen.

Die bislang dargestellten Überlegungen offenbaren einen Mythos von sprachverstehenden Expertensystemen. Für die Entwicklung von juristischen Expertensystemen kann, aufgrund der dargestellten Probleme im Zusammenhang mit der Verarbeitung natürlicher Sprache, nur die Empfehlung ausgesprochen werden, auf die Verwendung eines natürlichsprachlichen Dialogmoduls zu verzichten.

---

[71] Brigitte Bläser/Hein Lehmann, Ansätze für ein natürlichsprachliches juristisches Konsultationssystem, in: Fritjof Haft/Hein Lehmann (Hrsg.), Das Lex-Projekt, S. 68.

2.4 Entmythologisierung fallvergleichender juristischer Expertensysteme

Die vermeintliche Fähigkeit von Expertensystemen zu unscharfem und analogem Schließen ist ein weiteres mythosbelastetes Gebiet.

2.4.1 Fallvergleich im System WZ

Peter Gerathewohl[72] unternahm im Rahmen seiner Disseration den Versuch, einen unbestimmten Rechtsbegriff (den der "angemessenen Wartezeit" im Zusammenhang mit §142 StGB) wie er sagt "beherrschbar" zu machen. Er hat hierfür ein Programm entwickelt, das einen gegebenen Fall hinsichtlich dieses unbestimmten Rechtsbegriffs bewertet.
Aus seiner Sicht ist dieser Versuch gelungen, denn er schreibt darüber: "Er {der beschriebene Modellversuch} hat zumindest bewiesen, daß prinzipiell keine Veranlassung mehr besteht, juristische Entscheidungsfindung hinter abstrakten und mehr oder weniger weihevollen Rechtsbegriffen zu verbergen. Vielmehr kann dieses "diffuse Etwas", das hinter solchen Begriffen steckt, durchaus ans Tageslicht befördert und durch einen automatisierten Fallvergleich beherrschbar gemacht werden."[73]

Die folgende Äußerung Gerathewohls beleuchtet sein Verständnis von unbestimmten Rechtsbegriffen: "Denn wie gesagt, ist der Typus, so, wie ihn der Rechtsanwender im Kopf hat, ein ziemlich diffuses Gebilde. Für die Verarbeitung im Computer ist er in dieser Form absolut ungeeignet und muß daher auf die Form zurückgeführt werden, aus der er entstanden ist."[74] Dabei geht Gerathewohl davon aus, daß ein unbestimmter Rechtsbegriff in seiner ganzen Bedeutung durch eine Aufzählung vieler konkreter (nicht unbestimmter) Einzelfälle ersetzt werden könnte. Er behauptet sogar, daß dieser Ersatz besser wäre als der ursprüngliche Begriff: "Es versteht sich von selbst, daß ein solchermaßen entwickelter Typus präziser ist als die intuitiv "eingespeicherte" Systemregel im Kopf des Richters."[75]

Seine Idee ist nun, die relevanten Einzelmerkmale der "Wartezeitsituationen" zu ermitteln und die bislang getroffenen Entscheidungen hinsichtlich dieser Einzelmerkmale und des jeweils ergangenen Urteils zu untersuchen. Die hierbei gewonnenen Werte bilden die Einzelfalldatenbasis, anhand derer neue Fälle bewertet werden. Der Einsatz eines Software-Produktes erlaubt nämlich, aus den eingegebenen Einzelfalldaten eine allgemeine Entscheidungsregel herzuleiten und neue Fälle anhand dieser Regel zu beurteilen.
Diese Konzeption des Fallvergleichs (Case-Law) hat insbesondere in Haft auch im bundesdeutschen Bereich einen Fürsprecher gefunden. Ein derartiger theoretischer Ansatz

---

[72] Peter Gerathewohl, Erschließung unbestimmter Rechtsbegriffe mit Hilfe des Computers. Ein Versuch am Beispiel der "angemessenen Wartezeit" bei §142 StGB, Tübingen 1987.
[73] Peter Gerathewohl, Erschließung unbestimmter Rechtsbegriffe mit Hilfe des Computers, S. 147.
[74] Peter Gerathewohl, Erschließung unbestimmter Rechtsbegriffe mit Hilfe des Computers, S. 24.
[75] Peter Gerathewohl, Erschließung unbestimmter Rechtsbegriffe mit Hilfe des Computers, S. 25.

wird auch von de Mulder[76] befürwortet und findet sich noch in einigen anderen Systemen (z.B. System "Policy/Goal Percentaging Analysis"[77]).

Um auch in einer Rechtsordnung, die nicht am "Case-Law" und der Auslegungsmethode des Fallvergleichs orientiert ist, den Einsatz derartiger Fallvergleichssysteme zu motivieren, entwickelt Haft eine umfassende Konzeption, die hier kurz beschrieben werden soll.

2.4.1.1 Konzept, in das die Idee vom Fallvergleich eingebettet ist

Haft[78] vertritt die Meinung, daß durch den Einsatz von Computern die Begrenztheit der eindimensional und linear in der Zeit verlaufenden Umgangssprache überwunden werden könne. Weiter wörtlich: "Kategorien wie Gut und Böse, Recht und Unrecht erscheinen im Lichte dieser Kritik als Zeugnisse des menschlichen Unvermögens zu differenzierter zeichensprachlicher Modellbildung. Unsere natürliche Sprache zwingt uns zu "schrecklichen Vereinfachungen""[79]. Und er ergänzt: "Wir sind bei der Gesetzgebung wie bei der Gesetzesanwendung sprachlich überfordert."[80]

Für Menschen sei ein unmittelbarer Fallvergleich nicht möglich, denn man benötige hierfür einen mehrdimensionalen Entscheidungsraum, der jedoch in der Umgangssprache nicht vorhanden sei. So begnüge man sich mit einer hochabstrakten Begrifflichkeit, die eine eindimensionale punktuelle Behandlung ermöglicht.

An die Vertreter der juristischen Hermeneutik richtet Haft den Vorwurf, diese "schlichte methodische Not der Umgangssprache mit Kategorien wie Verstehen und Auslegen ins Metaphysische zu überhöhen."[81]

Die Auflösung des von ihm so dargestellten Dilemmas erhofft sich Haft vom automatisierten Fallvergleich. Ein computergestützes juristisches Expertensystem mit ausgesuchten Leitfällen könnte und sollte seiner Meinung nach an die Stelle der abstrakten Begrifflichkeit heutiger Gesetze treten. Er schwärmt[82]: "Die bisherigen Ergebnisse sind ermutigend. Es sieht so aus, als könnten solche Systeme realisiert werden, und als wären sie den herkömmlichen Verfahrensweisen deutlich überlegen. Sie simulieren das Problemlösungsverhalten des

---

76 Richard V. de Mulder, A Model for Legal Decision Making By Computer, in: A. A. Martino/F. Socci Natali (Eds.), Automated Analysis of Legal Texts, Amsterdam 1986, S. 581-592.

77 Stuart S. Nagel, Microcomputers and Judicial Prediction, in: A. A. Martino/F. Socci Natali (Eds.), Automated Analysis of Legal Texts, Amsterdam 1986, S. 681-702.

78 Fritjof Haft, Recht und Sprache, in: Winfried Hassemer/Arthur Kaufmann, Einführung in Rechtsphilosophie und Rechtstheorie der Gegenwart, Heidelberg 1989, S. 247-249.

79 Fritjof Haft, Recht und Sprache, in: Winfried Hassemer/Arthur Kaufmann, Einführung in Rechtsphilosophie und Rechtstheorie der Gegenwart, Heidelberg 1989, S. 247.

80 Fritjof Haft, Recht und Sprache, in: Winfried Hassemer/Arthur Kaufmann, Einführung in Rechtsphilosophie und Rechtstheorie der Gegenwart, Heidelberg 1989, S. 248.

81 Fritjof Haft, Recht und Sprache, in: Winfried Hassemer/Arthur Kaufmann, Einführung in Rechtsphilosophie und Rechtstheorie der Gegenwart, Heidelberg 1989, S. 249

82 F. Haft, Von der Datenverarbeitung zur Problemverarbeitung, in: DSWR, Heft 12, 1983, S. 282.

juristischen Experten und liefern damit für konkrete Fälle Arbeitsanweisungen, welche in vergleichbarer Perfektion sonst nicht geschaffen werden können."

Der gleiche gedankliche Ansatz prägt auch die Dissertationen von Kowalski und Gerathewohl.

Christian Kowalski behauptet[83], die Aufgabe des Juristen bestehe "... nicht darin, selbst eine weltbildliche Darstellung einer Norm zu konstruieren, sondern die im Laufe der verschiedenen richterlichen Entscheidungen gebildete Darstellung mit dem von ihm zu bearbeitenden Sachverhalt zu vergleichen. Damit dieser Vergleich nicht wiederum an der eingeschränkten Abstraktionsfähigkeit des Menschen einerseits und an den Unterschieden der individuellen Weltbilder andererseits scheitert, muß auch er...nach überprüfbaren Vergleichsmethoden überindividuell vollzogen werden. Somit ist also ein solcher Vergleich nur abstrakt möglich - in welchem Arbeitsbereich der Computer so hervorragende Leistung bietet."

Ferner nennt Kowalski den Computereinsatz im Recht sinnvoll, denn die "Gesetzesflut" könne von Menschen nicht mehr überblickt werden und er erleichtere oder erspare dem Juristen die Einarbeitung in ein fremdes Sachgebiet.

2.4.1.2 Analyse des Systems WZ

Bei nährerem Hinsehen ergeben sich aber eine Reihe von Fragen und Ungewißheiten bezüglich des skizzierten Ansatzes, die zu dem Urteil führen könnten, daß es mit dem System WZ gelingt, aus einer Reihe relativ verständlicher Einzelfälle ein Entscheidungssystem herzuleiten, dessen Arbeitsweise nebulös ist und dessen Ergebnisse wie Orakelsprüche hingenommen werden müssen.

Einige der Probleme, die sich bei der Arbeit mit dem skizzierten System ergeben, sind:

2.4.1.2.1 Schwierigkeiten bei der Einordnung eines Falls in das Raster

Das Ziel war ja, den Begriff der Angemessenheit durch eine Liste von Merkmalen zu ersetzen, deren Werte leicht und eindeutig feststellbar sind. Sieht man sich die Werte an, die zu einzelnen Merkmalen genannt werden, so stellen diese teilweise selbst wieder unbestimmte Rechtsbegriffe dar.
So ist die Zuordnung eines Falls zu einem der beiden Werte: normale Witterung / extreme Witterung nur mit Unbestimmtheit möglich. Das Fallmerkmal "Auffälligkeit" kann im System ebenfalls nur durch zwei Werte repräsentiert werden, nämlich entweder "optisch und

---

[83] Christian Kowalski, Lösungsansätze für juristische Expertensysteme, Tübingen 1987, S. 141.

akustisch unauffällig" oder "sehr auffällig". Hier läßt sich leicht vorstellen, daß verschiedene Bearbeiter einen Fall mal der einen mal der anderen Kategorie zuordnen werden.

2.4.1.2.2 Fehlende Vollständigkeit (hinsichtlich der Anzahl der Merkmale)

Es gibt keinerlei Beweise dafür, daß die von Gerathewohl ermittelte Liste der entscheidungsrelevanten Merkmale vollständig ist. Es ist möglich, daß in einem neuen Fall eine Fallkonstellation auftritt, die zwar selten ist, aber nicht ausgeschlossen werden kann und bei der noch andere als die von Gerathewohl herangezogenen Merkmale relevant sind.
Eine Vollständigkeit in diesem Sinne könnte nur durch eine Auffangbedingung sichergestellt werden. Diese würde etwa folgenden Wortlaut haben:
"Außer den genannten Merkmalen sind keine anderen Merkmale im bearbeiteten Fall relevant".
Im Konzept von Gerathewohl könnte man das Merkmal "besonderer Entfernungsgrund" als eine solche Auffangbedingung ansehen. Die Antwort auf die Frage, ob ein besonderer Entfernungsgrund vorliegt, läßt sich nämlich nicht durch Ermitteln einzelner Merkmale, sondern nur durch eine Bewertung des gesamten Vorfalls gewinnen. Hier kommt durch die Hintertür die begriffliche Unbestimmtheit, die ja eigentlich beseitigt werden sollte, wieder in das Verfahren hinein.

2.4.1.2.3 Fehlende Vollständigkeit (hinsichtlich der Werteverteilung in der Induktionsgrundlage)

Die Qualität der generierten Regel hängt von der Qualität und der Menge der Einzelentscheidungen ab, die als Induktionsgrundlage gewählt werden. Hat man, wie Gerathewohl, aus einer Zahl einzelner Fälle eine Regel generiert, so gibt es keinerlei Beweise dafür, daß die Datenbasis vollständig ist, in dem Sinne, daß jeder mögliche Fall aufgrund der daraus erzeugten Regel richtig und aus menschlicher Sicht sinnvoll bewertet wird.
Es ist völlig unklar, ob eine Datenbasis mit 20, 30 oder 50 Fällen ausreichend ist oder ob noch weitere Einzelfälle zugrundegelegt werden müßten.

2.4.1.2.4 Fehlende Transparenz

Üblicherweise erwartet man, daß ein Expertensystem über eine Erklärungskomponente verfügt, die eine getroffene Entscheidung durch einen Hinweis auf die zugrundeliegenden Fakten und die angewandten Regeln rechtfertigen kann. Das System WZ kann jedoch keine Erklärung für eine Entscheidung abgeben.

2.4.1.2.5 Inkonsistente Datenbasis

Besonders problematisch ist die fehlende Transparenz daher, weil die Datenbasis nicht konsistent ist. Denn die zugrundeliegenden Entscheidungen wurden im Laufe einer großen Zeitspanne von unterschiedlichsten Gerichten getroffen. Man kann somit davon ausgehen, daß den einzelnen Entscheidungen unterschiedliche Konzepte/Wertmaßstäbe zugrundelagen. Urteile, die für den Angeklagten besonders großzügig ausfielen sind gegebenenfalls ebenso dabei wie Urteile, die eher streng ausfielen. Die Tatsache, daß die zugrundeliegenden Urteile von verschiedensten Gerichten gefällt wurden, ist bei der Verallgemeinerung ein negativer Einflußfaktor. Die Mittelwertbildung über die verschiedenen Merkmale führt zu einer später nie mehr nachvollziehbaren Mischung verschiedenster Maßstäbe, die den ursprünglichen Entscheidungen zugrundelagen. Die durch Induktion entwickelte Entscheidungsregel stellt im Grunde eine konzeptlose Verallgemeinerung dar.

2.4.1.2.6 Mittelwertbildung

Das System WZ führt automatisch Mittelwertberechnungen durch. Hierdurch trifft das System implizit Entscheidungen, die nicht mehr aus den Einzelfällen zu motivieren sind.
Als Beispiel für die Probleme, die sich aus der fehlenden Vollständigkeit hinsichtlich der Werte und der Mittelwertbildung ergeben können, sei ein Phänomen genannt, das sich beim Übergang vom Version 1 auf Version 2 innerhalb des Systems WZ ergab: Gerathewohl schreibt: "Das Hinzukommen einer Entscheidung mit einer (ausreichenden) Wartezeit von 150 Minuten bewirkte einen Sprung der Wartezeit-Obergrenze, ab der die Wartezeit immer und unabhängig von etwa maßgeblichen Kriterien angemessen ist, von bisher 38 auf 53 Minuten."[84]
Hierbei nimmt ein einziger Fall mit extrem langer Wartezeit einen entscheidenden Einfluß auf die Entscheidungsregel des Systems. Dabei ist problematisch, daß das Entscheidungsverhalten des Systems besonders von solchen (extremen) Einzelfällen abhängt, die ein Mensch wohl kaum als Orientierungshilfe heranziehen würde.

2.4.1.3 Bewertung des Systems WZ

Anhand der Analyse des beispielhaft betrachteten Systems WZ zeigen sich eine Reihe von Problemen, die bei der Anwendung induktiver beziehungsweise fallvergleichender Systeme auftreten.
Insbesondere der Mangel an Transparenz und die Vermischung von (klaren) Entscheidungsprinzipien, die den Ausgangsfällen zugrundelagen, dürften schwerwiegende Vorbehalte der juristischen Methodenlehre hervorrufen. Die Ausgabewerte (Entscheidung) eines fallvergleichenden Systems sollten daher nicht ungeprüft übernommen werden. Eine

---

[84] Peter Gerathewohl, Erschließung unbestimmter Rechtsbegriffe mit Hilfe des Computers, Tübingen 1987, S. 92.

entsprechende Überprüfung wird aber aufgrund der fehlenden Erklärungskomponente fast unmöglich gemacht, so daß ein sinnvoller Einsatz eines solchen Systems kaum vorstellbar ist. Denkbar wäre allenfalls ein hybrides System, das neben induktiven Elementen auch deduktive Elemente besitzt. Hierbei könnten die Ergebnisse einer induktiven Fallbewertung bestimmte Hypothesen für das deduktive Beweisverfahren liefern. Der induktive Teil des Systems könnte etwa auch Heuristiken liefern, die dann vom deduktiven Teil benutzt werden können. Die Entscheidungsbegründung obliegt letztlich dem deduktiven Teil. Vorteile eines hybriden Systems gegenüber einem rein deduktiven würden sich in dem Maße einstellen, in dem es gelingt, das induktiv arbeitende Teilsystem zur Produktion nützlicher Heuristiken zu bringen.

2.4.2 Fallvergleichssystem HYPO[85]

2.4.2.1 Beschreibung der Funktionsweise

Das System WZ verwendet zum Fallvergleich die Merkmale eines aktuellen Falles sowie eine abstrakte Entscheidungsstruktur, die aus den bisherigen Fällen induziert wurde. Demgegenüber erlaubt das System HYPO, jeweils zwei einzelne Fälle miteinander zu vergleichen.
Hierfür werden sogenannte "Dimensionen" verwendet. Dies sind ausgewählte Merkmale der zu behandelnden Falltypen, die als juristisch relevant angesehen werden[86]. Die Verwendung der Dimensionen soll es erlauben, Analogien zu Fällen herzustellen, die teils völlig andere Merkmale enthalten. Um festzustellen, ob eine Dimension auf einen Fall anwendbar ist, werden bestimmte Voraussetzungen geprüft. Dies geschieht mit Hilfe von Regeln. Anschließend holt ein Retrieval-Modul diejenigen Fälle aus der Datenbank, die die gleiche Struktur von Dimensionen aufweisen. Wenn Informationen fehlen, so wird gezielt danach gefragt. Dabei verfügt HYPO über Heuristiken, die die Fragen an den Benutzer leiten. Wenn beispielsweise ein (historischer) Fall gegeben ist, der den aktuellen Fall in einer Dimension unterstützt, so soll gefragt werden, ob der aktuelle Fall dem historischen auch in den anderen Dimensionen ähnelt.

Der Fallvergleich wird immer mit dem Ziel durchgeführt, die Verhandlungsposition einer Prozeßpartei zu stärken. Dabei ist für jede Dimension, also für jedes Fallmerkmal angegeben, welche Ausprägung günstig für den Angeklagten beziehungsweise den Kläger ist.

Ein Beispiel aus dem Rechtsbereich der geschützten Geschäftsgeheimnisse (in Form von Software), mit dem HYPO entwickelt wurde: Wenn eine Person eine Gegenleistung dafür bekommt, daß sie eine neue Arbeitsstelle antritt (und dabei ein Programm des früheren Arbeitgebers einbringt), so ist das für sie schlechter als wenn sie keine Gegenleistung bekommt.

---

[85] Vgl. Beschreibung in: Kevin D. Ashley/Edwina L. Rissland, Toward Modelling Legal Argument, in: A. A. Martino/F. Socci Natali (Eds.), Automated Analysis of Legal Texts, Amsterdam 1986, S. 19-30.
[86] Beachte: Auch dieses System geht davon aus, daß bereits im voraus die relevanten Merkmale bestimmter Falltypen bestimmt werden können.

Das System benutzt Frames, die schematische Fallsituationen darstellen. Diese können von HYPO erkannt werden. Für jede dieser schematischen Fallsituationen sind bestimmte "Dimensionen" festgelegt, deren Ausprägung den Fall für oder gegen den Mandanten sprechen läßt[87]. Das System HYPO kann mit Hilfe dieser Fallvergleichstechnik verschiedene Funktionen realisieren.

Es kann in der Datenbank Fälle suchen, die das eigene Interesse im Verfahren unterstützen. Wenn beispielsweise für einen Kläger ein Fall gefunden wird, dessen Merkmale im Vergleich zum aktuellen Fall ungünstiger für den Kläger ausgeprägt sind, der aber damals zugunsten des Klägers entschieden wurde, so kann der Kläger im aktuellen Fall das Argument a fortiori anwenden und auf diese Weise den früheren Fall zu seinen Gunsten anführen.

Das System kann natürlich auch hypothetische Fälle bearbeiten und auf diese Weise dabei helfen abzuschätzen, wie sich mögliche Argumente der Gegenseite im Prozeßverlauf auswirken würden.

Darüberhinaus kann HYPO zum Entkräften von Gegenargumenten benutzt werden. Dabei wird das Ziel verfolgt, darzustellen, daß das Gegenbeispiel so unterschiedlich von dem aktuellen ist, daß es nicht als Referenz dienen kann.

2.4.2.2 Bewertung des Systems HYPO

Auch das System HYPO arbeitet mit einem festen Merkmalsraster, in das neue Fälle eingeordnet werden. Alle relevanten Fallmerkmale müssen vor der Anwendung des Systems festgelegt werden. Und auch die Rollen der Prozeßbeteiligten sind vorab festgelegt. Dies äußert sich darin, daß beispielsweise einem Kläger jeweils bestimmte und immer gleiche Ziele unterstellt werden. Eine weitere Einschränkung der Praxistauglichkeit von HYPO ergibt sich durch die Forderung, daß den Merkmalen skalierbare Werte zugeordnet werden müssen.

Das System HYPO kann keine sinnvolle Bewertung zweier Fälle liefern, wenn etwa ein historischer Fall in zwei Dimensionen günstiger, in zwei anderen dagegen ungünstiger ist. Dann kann das System nicht beurteilen, ob dieser Fall für oder gegen die Interessen des Mandanten benutzt werden kann. Bewertet werden können nur solche Fallpaare, bei denen ein Fall in allen relevanten Dimensionen günstiger oder ungünstiger ausfällt als der andere.

Im Gegensatz zu WZ kann eine HYPO-Entscheidung nachvollzogen werden. Das System kann die benutzten Dimensionen und die jeweiligen Ausprägungen angeben. Es kann auch die Skala nennen, mit deren Hilfe eine Ausprägung als günstig oder ungünstig bewertet wurde.

---

[87] Beispiele für Dimensionen:
Entwicklungszeit und -aufwand für das Programm (Geschäftsgeheimnis); wird ein ungerechtfertigter Wettbewerbsvorteil erzielt? Ist das Wissen allgemein bekannt? Kann es an einem anderen Ort erlernt werden? Die Höhe einer Prämie, die der neue Arbeitgeber anbietet; Anzahl der Personen, die das Geschäftsgeheimnis kannten; hatte der Arbeitnehmer gegenüber dem früheren Arbeitgeber erklärt, die Geheimnisse nicht weiterzugeben?
(Vgl. Edwina L. Rissland/Eduardo M. Valcarce/Kevin D. Ashley, Explaining and Arguing with Examples, in: Proceedings of the National Conference on Artificial Intelligence (AAAI-84), 1984, S. 288-294.)

Das System HYPO zeigt also eine sehr begrenzte Leistungsfähigkeit, die in einem auffälligen Gegensatz zu dem hochgesteckten Entwicklungsziel[88] steht, das in Zusammenhang mit HYPO genannt wird.

2.5 Schlußbemerkungen

Die mögliche Leistungsfähigkeit juristischer Expertensysteme wird oftmals wesentlich überschätzt. Daher ist bei der Konzeption eines Expertensystems zu prüfen, ob die angestrebten Ziele realistischerweise verwirklicht werden können. Aus den vorangegangenen Überlegungen folgen mehrere für konkrete Entwicklungsprojekte relevante Empfehlungen:

-   Es unrealistisch anzunehmen, daß ein System - gemäß der Abbildtheorie der Wahrheit - so entwickelt werden könnte, daß es nur über objektiv richtige Informationen verfügt.
-   Jedes System, das inhaltliche Fachinformationen enthält, ist vielmehr subjektiv geprägt. Aus der unvermeidlichen Parteilichkeit resultiert die Notwendigkeit einer umfassenden Erklärungskomponente, die die Quellen einzelner im System verwandter Informationen nennt und über die Ableitungen des Systems Aufschluß geben kann.
-   Ein Systementwurf, der dem Konsensmodell der Wahrheit gerecht werden soll, muß Raum für eine inhaltliche Auseinandersetzung zwischen den Beteiligten eines Rechtsstreits lassen. Es könnte sich dabei um ein System handeln, das eine kontrollierte Streitaustragung unterstützt.
-   Es erscheint nicht sinnvoll, Entwicklungsaufwand auf die Erstellung einer natürlich-sprachlichen Schnittstelle zu verwenden. Dieser Aufwand kann an anderen Stellen wirksamer zum Einsatz kommen.
-   Die Verwendung eines Fallvergleichsmoduls in einem juristischen Expertensystem wirft eine Reihe von Problemen auf. Trotz großer Hoffnungen, die oft mit derartigen Modulen verbunden werden, kann nur eine sehr begrenzte Leistung erreicht werden.

---

[88] Kevin D. Ashley/Edwina L. Rissland (Toward Modelling Legal Argument, in: A. A. Martino/F. Socci Natali (Eds.), Automated Analysis of Legal Texts, S. 28) formulieren: "our long range goal is to build a system with enough capabilities to model the kind of legal reasoning done by an attorney in preparing his arguments for litigation."

3 Konzeptionen der Informatik als Entwicklungsgrundlage juristischer Expertensysteme

3.1 Einführung

Eine denkbare Ursache für die bislang unzureichende Qualität juristischer Expertensysteme könnte darin bestehen, daß der Informatik und speziell der Fachrichtung "Künstliche Intelligenz" geeignete Werkzeuge fehlen, die zur Realisierung juristischer Anwendungssysteme benötigt werden. Es kann kaum überraschen, daß die Disziplinen Informatik und Rechtswissenschaften grundsätzlich vielerlei Unterschiede[89] aufweisen. Interessant ist da die Position von Fiedler und Gordon[90], die eine "bemerkenswerte Analogie" zwischen dem "Paradigma richterlicher Rechtsanwendung im gewaltenteilenden Staat" und der "wissensbasierten Gestaltung von Informatiksystemen" entdecken. Auch eine Reihe methodischer Ähnlichkeiten wird behauptet[91]. Insofern dies zutrifft, ist das sowohl für die juristische Methodendiskussion als auch für die Frage der Gestaltung juristischer Expertensysteme von erheblicher Bedeutung. Dann könnte auch die Frage nach der Eignung von Informatik-Werkzeugen zur Realisierung eines juristischen Anwendungssystems klar bejaht werden.

Um eine Antwort hierauf zu finden, werden im folgenden einige Konzepte der Informatik - und speziell der KI - vorgestellt und deren Bezug zu juristischen Anwendungen erläutert.

Doch zunächst soll kurz auf die hier benutzte Bedeutung der Begriffe Formalisierung, Axiomatisierung und Automatisierung eingegangen werden.

3.1.1 Formalisierung

Die Formalisierung eines Gegenstandsbereichs umfaßt einerseits die Entwicklung eines formalen Modells des Gegenstandsbereichs sowie eine Abbildung (Zuordnung) der interessierenden Elemente des Gegenstandsbereichs zu denjenigen Elementen des Modells. Bei dem verwendeten formalen Modell kann es sich beispielsweise um ein mathematisches Modell, um eine Logik oder ein informatisches Modell (etwa eine Programmiersprache) handeln. Gemeinsames Merkmal der formalen Modelle ist, daß sie bestimmte Inhalte (Semantik) durch

---

[89] Eine interessante Gegenüberstellung liefert: Herbert Fiedler, Functional Relations between Legal Regulations and Software, in: Bryan Niblett (Ed.), Computer Science and Law, Cambridge 1980, S. 137-146.

[90] Herbert Fiedler/Thomas F. Gordon, Recht und Rechtsanwendung als Paradigma wissensbasierter Systeme, in: W. Brauer/W. Wahlster (Hrsg.), Wissensbasierte Systeme, Proceedings, Berlin/Heidelberg 1987, S. 63-77.
Ähnlich äußern sich auch: Herbert Fiedler/Roland Traunmüller, Formalisierung im Recht und juristische Expertensysteme, in: G. Hommel/S. Schindler (Hrsg.), Proceedings der 16. GI-Jahrestagung, Berlin/Heidelberg 1986, Band 2, S. 367-369.

[91] Vgl. Herbert Fiedler/Roland Traunmüller, Methodisches Vorgehen in Recht und Informatik im Vergleich - Rechtsanwendung und Systemkonzeption als Modellbildungsprozesse, in: M. Paul (Hrsg.), Proceedings der 19. GI-Jahrestagung, Berlin/Heidelberg, 1989, Band 2, S. 2-27.

die Gestalt der Ausdrücke (Syntax) darstellen. Zulässige Arten von Formeln und deren
Veränderungen werden mit Hilfe syntaktischer Regeln dargestellt.

3.1.2 Axiomatisierung

Ist eine Menge von Sätzen M gegeben, die in der Regel einem formalen Modell entstammen,
so besteht die Zielsetzung der Axiomatisierung darin, eine Teilmenge T der Menge der Sätze zu
finden, aus denen unter Verwendung spezieller Ableitungsregeln alle Sätze der Menge M , aber
auch nur diese, abgeleitet werden können. Die Menge T soll widerspruchsfrei sein. Außerdem
wird die Minimalität von T gefordert. Das heißt, es darf keine Teilmenge von T geben, aus der
ebenfalls genau alle Sätze der Menge M abgeleitet werden können.

3.1.3 Automatisierung

Einige Arbeitsabläufe können durch den Einsatz von Computern automatisiert werden. Als
Gegenstand einer Automatisierung kommen hierbei nur geistige Tätigkeiten in Frage. Die
Formalisierung des Anwendungsbereiches ist eine notwendige Voraussetzung der
Automatisierung. Nicht jedes formale Modell ist jedoch auf einem Computer ausführbar. Die
Informatik kennt (unendlich) viele nichtberechenbare, jedoch formal beschreibbare Funktionen.
Eine Automatisierung kann als Vollautomatisierung oder als Teilautomatisierung erfolgen.

3.2 Inferenztypen

Jedes Programm, das in der softwaretechnischen Sichtweise als Expertensystem bezeichnet
wird, enthält einen Inferenzmechanismus, der das System befähigt, aus gegebenen Fakten und
Schlußfolgerungsregeln neue Fakten abzuleiten. Etablierte Expertensystemshells benutzen
vorwiegend einen deduktiven Ableitungsmechanismus, jedoch kommen für juristische
Anwendungen auch andere Ableitungsschemata in Betracht. Im folgenden werden die
Schlußmechanismen[92] Deduktion, Abduktion, Induktion sowie Analogie betrachtet, die im
Rahmen der juristischen Methodik relevant sind.

---

[92] Zu Deduktion, Abduktion und Induktion siehe auch: Hans-Jürgen Bürckert, Deduktion, Abduktion
und Induktion, in: KI, Heft 3/92, S. 69-70.

3.2.1 Deduktion

Eine deduktive Ableitung benutzt eine Reihe gegebener Fakten sowie eine Schlußfolgerungsregel, um daraus eine Konklusion abzuleiten. Sie folgt dabei folgendem Schema, das als Modus Ponens bekannt ist:

a

a -> b

---

b

Die deduktive Schlußweise ist logisch zulässig. Das bedeutet, daß bei ihrer Anwendung aus wahren Prämissen niemals falsche Schlußfolgerungen gezogen werden können. Aus diesem Grund unterstützen die meisten regelbasierten Expertensysteme ein deduktives Vorgehen.

Die Deduktion spielt auch im Bereich der Rechtstheorie und der juristischen Methodenlehre eine wichtige Rolle[93]. Im Rahmen der juristischen Entscheidungsfindung wird jedoch neben der Deduktion auch auf andere Schlußverfahren zurückgegriffen. So etwa auf die im folgenden erläuterten Formen Abduktion, Induktion und Analogie.

3.2.2 Abduktion[94]

Die Abduktion erlaubt einen Schluß von einer Konklusion auf die Prämisse. Das Schlußschema lautet:

b

a -> b

---

a

Beispiel:

Wenn eine Person an Grippe erkrankt, dann hat sie Fieber.

Person A hat Fieber

Person A hat Grippe.

Dieses Schlußschema wird von der Logik überlicherweise nicht benutzt, weil es keine allgemeingültige Aussage repräsentiert, denn bei Anwendung der Abduktion kann aus gültigen

---

[93] Zur Rolle der Deduktion im Prozeß der Rechtsanwendung siehe:
Hans-Joachim Koch/Rainer Trapp, Richterliche Innovation - Begriff und Begründbarkeit, in: Jan Harenburg/Adalbert Podlech/Bernhard Schlink (Hrsg.), Rechtlicher Wandel durch richterliche Entscheidung, Darmstadt 1980, S. 89.
Hans-Joachim Koch/Helmut Rüßmann, Juristische Begründungslehre, München 1982, 1. Teil, S. 14-118.
[94] Der Begriff "Abduktion" geht auf Charles S. Peirce zurück. Vgl. Charles S. Peirce, Abduction and Induction, Dover, 1955. (Zit. nach: Hans-Jürgen Bürckert, Deduktion, Abduktion und Induktion, in: KI, Heft 3/92, S. 70.)

Prämissen auf ein falsches Ergebnis geschlossen werden. Da es neben der Regel a -> b noch weitere der Art c-> b geben könnte, kann im allgemeinen aus der Konklusion b nicht auf die Prämisse a geschlossen werden (da ja ebensogut auch c gelten könnte, a jedoch nicht. Im obigen Beispiel heißt das: es könnte auch eine andere Ursache für das Fieber geben.).

Trotz der logischen Einwände gegen die Abduktion kann diese auch in einem formalen System genutzt werden, um Hypothesen aufzustellen. Wenn man an einem Ergebnis interessiert ist und außerdem die Schlußregeln kennt, die zu dem Ergebnis führen, kann man mit Hilfe der Abduktion ermitteln, aus welchen Fakten sich das Ergebnis deduktiv ableiten lassen könnte.

Sei eine Situation gegeben, in der nur die Regeln "a -> b" sowie "c ->b" und das Ergebnis "b" gegeben sind. So kann man mit Hilfe der Abduktion herausfinden, daß das Ergebnis "b" deduktiv ableitbar (begründbar) wäre, wenn man das Faktum "a" oder das Faktum "c" als gültig nachweisen könnte.

Die Abduktion ist eine Schlußform, die lange Zeit unbeachtet im Schatten der Deduktion stand, aber häufig im (juristischen) Alltag anzutreffen ist. Auch die Rechtstheorie hat sich inzwischen mit der Abduktion auseinandergesetzt. So wurde von Gordon eine abduktive Theorie juristischer Streitfragen entwickelt[95]. Vor Gordon stammt auch die Konzeption, wie ein solcher abduktiver Ansatz durch Computereinsatz unterstützt werden kann.

3.2.3 Induktion

Die Induktion ist, wie die Abduktion, ein Schlußverfahren, das häufig benutzt wird, jedoch in der Logik nicht zugelassen ist. Dabei wird eine gewisse Zahl gesicherter Einzelerkenntnisse verallgemeinert.

Sei X eine Menge mit m Elementen. Es gelte k, $x_i \in X$. i ist ein Index mit Werten zwischen 1 und einer natürlichen Zahl n. Es gilt: n < m.

$$A(x_1) => B(x_1)$$
$$A(x_2) => B(x_2)$$
$$\dots$$
$$A(x_n) => B(x_n)$$

$$\overline{}$$

$$\forall\ k \in X: A(k) => B(k)$$

Beispiel:
Das Prädiktat A bezeichne Hunde. $A(x_i)$ ist zu lesen als: x_i ist ein Hund. Das Prädikat B stehe für die Eigenschaft "kann bellen". Waldi und Fiffi seien einzelne Hunde. Für sie ist bekannt, daß sie die Folgerungen A(Fiffi) => B(Fiffi) sowie A(Waldi) => B(Waldi) erfüllen. Durch Induktion kann nun aus dem Wissen, das nur für Fiffi und Waldi gesichert ist, darauf geschlossen werden, daß alle Hunde bellen können. Induktive Schlußfolgerungen können beispielsweise auch durch entsprechende Expertensystemshells[96] unterstützt werden.

---

[95] Siehe Thomas F. Gordon, Eine abduktive Theorie juristischer Streitfragen, Reihe Arbeitspapiere der GMD, Nr. 628, März 1992.

[96] Beispielsweise das System RuleMaster, das für die Entwicklung des Systems WZ benutzt wurde.

Im Bereich der Rechtswissenschaften wird die Induktion benutzt, um unter Verwendung mehrerer Präzedenzfälle eine Regel zu bilden, die auf einen aktuell gegebenen Fall angewandt werden soll.

3.2.4 Analogie

Während die Induktion von mehreren Einzelfällen auf die Gesamtheit schließt, wird in der Analogie von einem Einzelfall auf eine anderen Einzelfall geschlossen. Die Definition der Analogie kann auf verschiedene Weise erfolgen. Im Kern geht es darum, daß eine bestimmte Zahl von Übereinstimmungen zwischen zwei Objekten den Schluß begründet, daß eine bestimmte Bewertung, die bereits einem der Objekte zugeordnet wurde, auch auf das andere Objekt übertragen werden kann. Im Rahmen juristischer Entscheidungsfindung hat die Analogie speziell in den angelsächsischen Ländern einen hohen Stellenwert. Aber auch im Bereich der kontinentaleuropäischen Staaten werden juristische Analogiebetrachtungen angestellt. Diese sind relevant, um historische oder hypothetische Fälle mit einem gegebenen Fall vergleichen zu können. Es gibt Ansätze zur computergestützten Durchführung von Analogieschlüssen, die jedoch nur unter sehr eingeschränkten Bedingungen brauchbare Ergebnisse liefern[97].

3.3 Analogie zwischen Rechtsanwendung und Produktionssystemen

Fiedler und Gordon[98] sind der Ansicht, daß eine "bemerkenswerte Analogie" zwischen dem "Paradigma richterlicher Rechtsanwendung im gewaltenteilenden Staat" und der "wissensbasierten Gestaltung von Informatiksystemen" besteht. Diese Analogie soll hier nachgezeichnet und überprüft werden. Die wissensbasierte Gestaltung von Informatiksystemen beinhaltet in der Regel die Entwicklung eines Produktionssystems. Dieses Modell liegt zumindest allen regelorientierten (deduktiven) Expertensystemen zugrunde. Ein Produktionssystem besteht aus den drei Teilen:
- Datenbasis,
- Produktionsregeln
und
- Inferenzkomponente (der eine Kontrollstrategie zugrunde liegt).

Das Konzept "Produktionssystem" kann als eine Abstraktion des Begriffs des Expertensystems gewertet werden, wobei von den (softwaretechnischen) Expertensystemmerkmalen "Erklärungskomponente", "Wissenserwerbskomponente" und "Dialogkomponente" abstrahiert wird und nur die Elemente "Wissensbasis" sowie "Inferenzmaschine" betrachtet werden. Das Element "Wissensbasis" wird dabei in zwei Teile unterteilt, nämlich in den Teil "Datenbasis",

---

[97] Vgl. die Ausführungen zum System HYPO.

[98] Herbert Fiedler/Thomas F. Gordon, Recht und Rechtsanwendung als Paradigma wissensbasierter Systeme, in: W. Brauer/W. Wahlster (Hrsg.), Wissensbasierte Systeme, Proceedings, Berlin/Heidelberg 1987, S. 63-77.

der Aussagen (Fakten) enthält, und einen Teil "Produktionsregeln", der Ableitungsregeln
enthält.

3.3.1 Datenbasis

Die Datenbasis enthält alle relevanten Informationen über die vom System bearbeiteten
Objekte. Diese Informationen bilden den statischen Teil der "Wissensbasis" des
Expertensystems.
Im Licht der Gegenüberstellung von wissensbasierten Systemen und richterlicher
Rechtsanwendung würde der Datenbasis die Menge aller Aussagen über den gegebenen
Sachverhalt beziehungsweise Tatbestand entsprechen. Außerdem würde auch ein Teil des
rechtsdogmatischen Wissens in diesem statischen Teil der Wissensbasis anzusiedeln sein.
Zur Darstellung der Informationen gibt es eine Reihe unterschiedlicher Möglichkeiten. Die
Informationen können regelorientiert oder objektorientiert dargestellt werden. Sie können bei
Bedarf mit (Un-)Sicherheitsfaktoren[99] verbunden sein, die etwas darüber aussagen, ob eine
Aussage gültig, ungültig oder mit einer bestimmten Wahrscheinlichkeit gültig ist. Eine andere
Aufgabe beim Erstellen der Datenbasis ist das Einbeziehen zeitlicher Aspekte. Die Theorien in
diesem Bereich sind noch nicht ausgereift, einige Autoren sprechen sich für Darstellungen aus,
die auf Zeitintervallen beruhen[100], während andere Autoren eine Zeitpunkt-basierte Darstellung
bevorzugen[101].

Eine regelorientierte Darstellung notiert die Fakten in Form von Prädikaten. Ein Beispiel dafür
bietet die Prolog-Notation.

Eine objektorientierte Darstellung stellt verschiedene Objektklassen zur Verfügung. Eine
Objektklasse wird beschrieben durch:
- Namen,
- Variable (Wertefelder) mit zugehörigem (Daten-)Typ,
- gegebenenfalls auch mit Default-Werten.

Objektklassen können hierarchisch geordnet sein. Eine untergeordnete Klasse "erbt"
automatisch alle Variablen der übergeordneten Klasse.

Zur Darstellung der Information muß jeweils ein konkretes Objekt einer Objektklasse "erzeugt"
werden. Diese Erzeugung stellt die Variablen der entsprechenden Objektklasse zur Verfügung.
Die Variablen können dann mit Werten belegt werden, die das konkrete Objekt beschreiben.

---

[99] Vgl. "Certainty Factors", die erstmals von Shortliffe im Rahmen des medizinischen
Expertensystems MYCIN eingesetzt wurden.
[100] So z.B. James F. Allen, Maintaining Knowledge about Temporal Intervals, in: Communications
of the ACM, Vol. 26, Nr. 11, 1983, S. 832-843.
[101] Dies wird z.B. speziell für juristische Belange von Karpf empfohlen (Vgl.: Jørgen Karpf, The
Future and Other Time Issues in Legal Representation, Material zur Konferenz: Expert Systems in
Law, Bologna 1989).

Zusammenhang zwischen regelbasierter und objektorientierter Darstellung:

Die objektorientierte Darstellung läßt sich mit Hilfe einer regelbasierten Struktur realisieren. Als Einschränkung hierzu muß gesagt werden, daß man jeweils alle zu repräsentierenden Aspekte explizit machen muß. Eigenschaften gehen verloren, die zuvor in der objektorientierten Darstellung implizit vorhanden waren.

3.3.2 Produktionsregeln

Die (Produktions-)regeln machen den dynamischen Anteil der "Wissensbasis" eines Expertensystems aus. Sie beschreiben, unter welchen Umständen aus bekannten Informationen auf neue Informationen geschlossen werden kann. Als juristische Parallele der Produktionsregeln läßt sich ein großer Teil der Rechtsnormen[102] (sowie gegebenenfalls begleitende dogmatische Regeln) anführen. Denn auch diese treffen eine Bestimmung darüber, unter welchen Bedingungen aus gegebenen Fakten (Sachverhalts-/Tatbestandsmerkmalen) eine Schlußfolgerung (Rechtsfolge) hergeleitet werden darf.

Derartige Regelsysteme sind im allgemeinen mit der Prädikatenlogik erster Stufe verwandt. Meist gibt es einschränkende Bedingungen hinsichtlich ihrer Gestalt[103]. Auch hier gibt es Ansätze, wie Schließen unter Unsicherheit geschehen kann. Das Konzept der "Fuzzy Logic" von Zadeh stellt den Anknüpfungspunkt vieler Überlegungen in diesem Bereich dar. Tatsächlich gibt es einige juristische Expertensysteme, deren Regeln mit "Certainty Factors" (Wahrscheinlichkeitsfaktoren, die die Gewißheit hinsichtlich der Gültigkeit der Regel angeben) versehen sind. Im Bereich juristischer Anwendung besteht meist kein Zweifel über die Gültigkeit einer Regel, insofern diese aus einem (gültigen) Gesetz abgeleitet wurde. In einem juristischen System wäre die Verwendung von Certainty Factors höchstens im Zusammenhang mit Regeln der Dogmatik oder mit solchen Regeln, die aus dem Erfahrungswissen eines Praktikers stammen, plausibel. Eine entsprechend untergeordnete Rolle spielen Certainty Factors in den bislang diskutierten und entwickelten Systemen[104].

---

[102] Es handelt sich dabei um solche Normen, die Sachverhaltsmerkmale mit Rechtsfolgen verknüpfen; die allgemeine Gestalt derartiger Normen kann man angeben mit: *Wenn* die Sachverhaltsmerkmale gegeben sind, *dann* tritt die Rechtsfolge ein.

[103] Bei Prolog müssen die Regeln die Form von Horn-Klauseln haben.

[104] Certainty Factors können durch die Shell JUREX (Boenninger) verarbeitet werden. Ferner verwendet das System CABARET Certainty Factors. Oskamp/Vandenberghe beschreiben ein (nicht realisiertes) System, dessen Antworten mit Wahrscheinlichkeitsangaben versehen sind. Vgl. Anja Oskamp/Guy P.V. Vandenberghe, Legal Thinking and Automation, in: A. A. Martino/F. Socci Natali (Eds.), Automated Analysis of Legal Texts, Amsterdam 1986, S. 105-114.

3.3.3 Inferenzkomponente

Die Inferenzkomponente hat die Aufgabe, unter Verwendung einer bestimmten Suchstrategie eine Ableitung zu finden, die vom Startzustand aus zu einem Zielzustand führt. Im Bild der Analogie zwischen wissensbasiertem System und richterlicher Rechtsanwendung entspricht die "Inferenzkomponente" der dritten Staatsgewalt (Judikative) - allerdings nur, sofern man die Annahme zugrundelegt, daß ein Richter die (gesetzlichen) Regeln nur auf die Fakten des Sachverhalts anwendet und nicht etwa selbst bestimmte Fakten oder Regeln hinzufügt[105].

Hierfür gibt es zwei Arten des Vorgehens: einerseits Vorwärts- andererseits Rückwärtsverkettung. Bei der Vorwärtsverkettung geht man von den gegebenen Fakten aus und versucht, mögliche Ableitungen zu finden. Im Gegensatz dazu beginnt die Rückwärtsverkettung mit einem gegebenen Ziel, sucht Regeln, die zu diesem Ziel führen und prüft dann, ob die Bedingungen, die die Anwendung dieser Regeln ermöglichen, erfüllt sind.

Technisch ist beides möglich. Beides kommt in den untersuchten Systemen vor. Die Auswahl einer Verkettungsart kann anhand juristischer Kriterien getroffen werden. Bei der zivilrechtlichen Fallösung geht man von einer Rechtsnorm aus, die das Ziel beinhaltet, das man prüfen beziehungsweise erreichen möchte (die sogenannte Anspruchsgrundlage). Bei dieser Denk- und Vorgehensweise ist also das Ziel vorgegeben und man muß von diesem ausgehend versuchen, die notwendigen Bedingungen zu ermitteln und zu prüfen. Diese Methode ist rückwärtsverkettend[106]. Daher liegt es nahe, ein Subsumtionshilfesystem entsprechend auszulegen.

Als "informatisches" Entscheidungskriterium kann man den Verzweigungsgrad des Suchraumes in Vorwärts- wie in Rückwärtsrichtung analysieren[107]. Ist der durchschnittliche Verzweigungsgrad in Vorwärts- und Rückwärtsrichtung unterschiedlich, so kann es sinnvoll sein, eine Strategie einzusetzen, die die Richtung mit dem geringeren Verzweigungsgrad einschlägt. Grundsätzlich ist auch eine gleichzeitige Anwendung von Vorwärts- und Rückwärtsverkettung möglich. Von den untersuchten Systemen macht jedoch keines von einer solchen gemischten Suchstrategie Gebrauch.

---

[105] Karl Larenz, Methodenlehre der Rechtswissenschaft, 6. Auflage, Berlin/Heidelberg 1991. (S. 313) beschreibt einen idealen Rechtsanwender als jemanden, der "nur den Text selbst zum Sprechen bringen will, ohne etwas hinzuzufügen oder wegzulassen." Diese Annahme ist allerdings, wie auch Fiedler und Gordon zugeben, "naiv und nur näherungsweise zu erfüllen" (in: Herbert Fiedler/Thomas F. Gordon, Recht und Rechtsanwendung als Paradigma wissensbasierter Systeme, in: W. Brauer,/W. Wahlster (Hrsg.), Wissensbasierte Systeme).

[106] In der Rechtsanwendungspraxis stellt sich die Rechtsfindung nicht als ein rein rückwärtsverkettender Vorgang dar. Es liegt vielmehr eine gemischt vorwärts- und rückwärtsverkettende Strategie vor.

[107] Näheres hierzu siehe Nils J. Nilsson, Principles of Artificial Intelligence, Berlin/Heidelberg 1982.

3.3.3.1 Breitensuche/Tiefensuche/heuristische Suche

Hinsichtlich der Kontrollstrategie unterscheidet man Tiefensuche (depth-first-search), Breitensuche (breadth-first-search) sowie heuristische Suche[108].

Die wichtigsten Merkmale und Unterschiede:
Mit Hilfe einer Breitensuche wird immer die kürzeste[109] Lösung gefunden, sofern überhaupt eine Lösung existiert. Die Breitensuche hat jedoch exponentiellen Speicherplatzbedarf[110]. Die Tiefensuche hat demgegenüber nur linearen Speicherplatzbedarf, jedoch findet ein Tiefensucheverfahren nicht immer die kürzeste Lösung, manchmal findet es eine existierende Lösung überhaupt nicht.
Heuristische Suchstrategieen können als Zwischenform zwischen Tiefen- und Breitensuche eingeordnet werden. Es gibt theoretische Untersuchungen darüber, unter welchen Bedingungen eine Heuristik eine (optimale) Lösung findet, sofern überhaupt eine solche existiert[111].

Derartige Überlegungen werden üblicherweise nicht in den Veröffentlichungen über die Entwicklung juristischer Expertensysteme angestellt. Man kann jedoch sagen, daß überall da, wo die Programmiersprache Prolog eingesetzt wird, implizit auch ein Tiefensuche-Verfahren (nämlich im Beweiser des Prolog-Systems) zum Einsatz kommt. Eine Anwendung der Breitensuche scheidet in den meisten Fällen aus Effizienzgründen ohnehin aus. In einigen anspruchsvollen juristischen Expertensystemen werden Heuristiken benutzt (z.B. "Anne-Gardner-System", CABARET).
Fragt man danach, welche Suchstrategie beispielsweise ein Richter bei der Fallentscheidung verfolgt, so wird dort wohl weder eine reine Breitensuche noch eine reine Tiefensuche durchgeführt. Es liegt vielmehr ein heuristisches Verfahren vor, wobei allerdings die Heuristiken, nach denen ein Richter vorgeht, in den meisten Fällen nicht explizit gegeben sind.

Ein Produktionssystem kann zum Beweis von ausschließlich positivem Wissen (bestehend aus als gültig erkannten Aussagen) oder auch zur Ableitung negativen Wissens (bestehend aus Aussagen, die als nicht gültig erkannt wurden) konzipiert sein. Eine Methode, die neben positivem auch negatives Wissen zu erzielen vermag, nutzt das Prinzip des "negation by failure", das angewandt werden kann, wenn die "closed world assumption"[112] zutrifft. Dann

---

[108] Erklärung und allgemeine Bemerkungen hierzu: Nils J. Nilsson, Principles of Artificial Intelligence, Berlin/Heidelberg 1982, Kapitel 2, S. 53-97.

[109] Die kürzeste Lösung ist diejenige, die am wenigsten nacheinanderfolgende Regelanwendungen erfordert, um vom Ausgangspunkt zum Ziel zu gelangen.

[110] Im Exponent steht dabei die Zahl der durchgeführten Ableitungsschritte, in der Mantisse der (durchschnittliche) Verzweigungsgrad.

[111] Näheres hierzu siehe: Nils J. Nilsson, Principles of Artificial Intelligence, Berlin/Heidelberg 1982, Kap. 2.4, S. 72-88.

[112] Unter "closed world" versteht man einen Wissensbereich, der in dem Sinn vollständig beschrieben ist, als jede Aussage bezüglich dieser Welt entweder wahr oder falsch ist (d.h. es gibt keine unentscheidbaren Aussagen, wie sie beispielsweise in der Prädikatenlogik vorkommen).

nämlich gilt, daß eine Aussage, deren Gültigkeit nicht bewiesen werden kann, hierdurch als ungültig bewiesen ist.

3.3.3.2 Suche in AND/OR-Graphen und in Spielbäumen[113]

Die bisher verwendeten Such- und Entscheidungsbäume enthielten ausschließlich solche Verbindungen (auch "Kanten" genannt) , die von einem Zustand ("Knoten") ausgingen und zu einem (anderen) Knoten führten.
Wenn von einem Knoten auschließlich solche Kanten ausgehen, so nennt man diesen Knoten OR-Knoten, denn man muß, um eine Lösung zu finden *einen* von diesem Knoten ausgehenden Pfad nachweisen, der zu einem Zielzustand führt.

Es ist aber auch möglich, Kanten zu definieren, die von einem Zustand ausgehen und an mehreren Zuständen enden. Solche Kanten werden als Hyperkanten bezeichnet.

Darstellung einer Hyperkante:

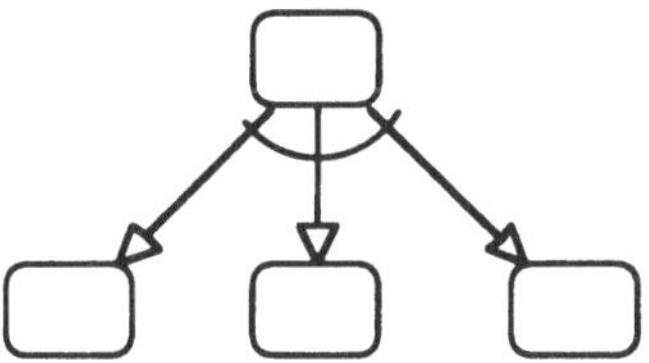

Die bisherigen Such- und Entscheidungsbäume enthielten ausschließlich OR-Kanten. Es ist nun möglich, neben den OR-Kanten in einem solchen Baum auch Hyperkanten zuzulassen. Die hierbei entstehende Struktur heißt AND/OR-Graph.

Für eine Reihe von Problemen sind AND/OR-Graphen[114] die geeignete Darstellungsform. Im Bereich der AND/OR-Graphen stellen die Spielbäume[115] wiederum eine Spezialform dar.

Diese Strukturen können auch im Zusammenhang mit juristischen Entscheidungen bedeutsam sein[116]. Eine Voraussetzung für die Anwendung dieses Konzepts ist allerdings, daß man es mit sogenannten Zwei-Personen-Nullsummenspielen zu tun hat, bei denen alle Informationen (Handlungsalternativen) beiden Spielern bekannt sind.

---

[113] Siehe Nils J. Nilsson, Principles of Artificial Intelligence, Berlin/Heidelberg 1982, Kapitel 3, S. 99ff.
[114] Näheres hierzu siehe Nils J. Nilsson, Principles of Artificial Intelligence, Berlin/Heidelberg 1982, Kap. 1.2.2, S. 37-43.
[115] Vgl. Nils J. Nilsson, Principles of Artificial Intelligence, Berlin/Heidelberg 1982, Kap. 3.4, S. 112-126.
[116] Z.B. Bernhard Schlink, Das Spiel um den Nachlaß, in: A. Podlech: Rechnen und Entscheiden, Berlin 1977, S. 113-142.

Ein AND/OR-Graph kann benutzt werden, um Situationen zu bewerten, in denen sich zwei Personen oder Parteien gegenüberstehen, beispielsweise in einem Rechtsstreit vor Gericht, und eine für die eigene Partei optimale Handlungsstrategie suchen.

Die möglichen Handlungsvarianten können in einem AND/OR-Graphen dargestellt werden. Jeder mögliche (Spiel-)Zustand wird durch eine Zahl bewertet. Man nimmt an, daß die Personen (Min und Max) wechselseitig agieren. Dabei hat Min das Ziel, einen Endzustand mit möglichst niedriger Bewertung zu erreichen und Max das entgegengesetzte Ziel, einen Endzustand mit möglichst hoher Bewertung herbeizuführen. Zur Bewertung der einzelnen Spielzustände können beispielsweise Geldbeträge oder die Dauer von Freiheitsstrafen eingesetzt werden. Wenn Min mit dem Spiel beginnt, so hat der (Spiel-)baum im Prinzip folgende Gestalt:

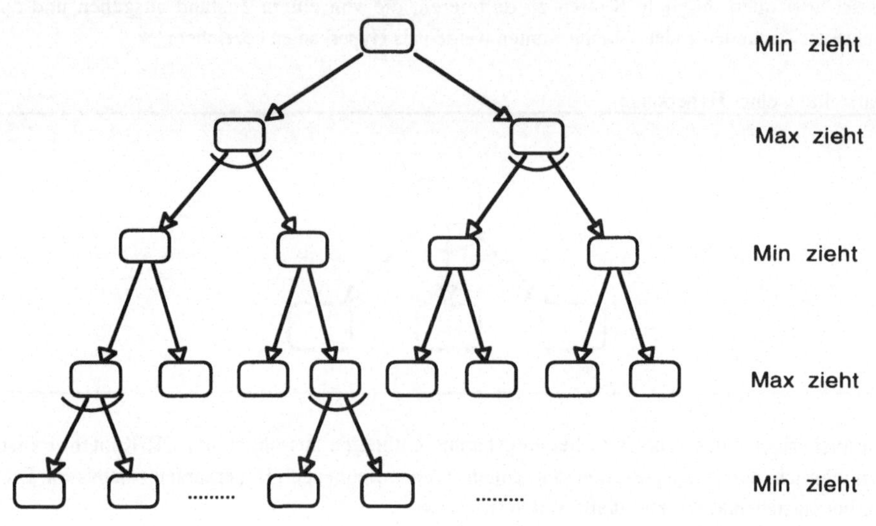

Bemerkung: Die Struktur des Entscheidungsbaumes spiegelt die Situation von Min wider.
Die Knoten, an denen er selbst am Zug ist sind OR-Knoten (nur einfache Kanten gehen davon aus), während die Knoten, an denen Max am Zug ist für ihn als AND-Knoten erscheinen. Eine Hyperkante verbindet, von diesem ausgehend, alle einzeln möglichen Züge des Spielgegners. Da Min nicht weiß, welchen Zug Max ausführen wird, muß er seine Strategie so einrichten, daß er, unabhängig davon, was Max tut, sein Ziel erreicht.

Bei allen ungeraden Tiefenstufen ist Min am Zug, bei allen geraden Tiefenstufen Max. Alle möglichen Züge sind beiden Spielern bekannt. Für jeden Spieler stellt sich nun das Problem, einen Zug zu finden, so daß für alle möglichen Züge des Gegners die Stellungsbewertung am besten (in der eigenen Sicht) ist.

Für diese Art von Spielsituationen sind verschiedene Algorithmen zum automatischen Auffinden einer optimalen Strategie bekannt. Die MINIMAX-Prozedur[117] konstruiert zunächst den gesamten Spielbaum und sucht dann darin den optimalen Lösungsweg. Hinsichtlich der Laufzeit und des Speicherplatzverhaltens ist diese Methode jedoch wenig effizient. Daneben gibt es die ALPHA-BETA-Prozedur, die zu den gleichen Ergebnissen führt (sie liefert für jeden Spieler den für ihn günstigsten nächsten Zug). Der Unterschied zur MINIMAX-Prozedur besteht darin, daß nicht der gesamte Suchbaum durchlaufen wird, sondern nur bestimmte Zweige analysiert werden[118].

Unter den analysierten juristischen Expertensystemen gibt es keines, das eine derartige Auswertung eines Spielbaumes erlaubt. Ein Grund hierfür mag sein, daß die zugrundegelegten Annahmen bei einem typischen Rechtsstreit nicht erfüllt sind. So ist dort keine Situation gleicher Informiertheit gegeben.

3.3.4 Tragfähigkeit der Analogie zwischen Rechtsanwendungsprozeß und dem Konzept der Produktionssysteme

Um die Analogie zwischen dem Paradigma richterlicher Rechtsanwendung im gewaltenteilenden Staat und der Konzeption der Produktionssysteme gut herausstellen zu können, werden bezüglich des Rechtsanwendungsprozesses einige Annahmen gemacht, die im Lichte juristischer Entscheidungspraxis als unzulässige Vereinfachungen angesehen werden müssen. So ist insbesondere die Analogie zwischen dem Inferenzverfahren und dem Richter problematisch, denn ein Richter kann nicht als ein programmierter Automat verstanden werden, der in mechanischer Manier gegebene (Gesetzes-)Regeln anwendet. Ferner ist es idealistisch anzunehmen, daß die Gesetze bereits so aufbereitet sind, daß ein Fall durch iterierte Regelanwendung gelöst werden kann. Alle Probleme der Interpretation von Fall und Gesetz wie auch der Aspekt der Wahrheitsfindung, die in der Auseinandersetzung der Prozeßparteien stattfindet und daher nicht durch vorgefaßte Kategorien erfaßt werden kann, werden in dem Analogiebild ausgeblendet. Die skizzierte Analogie kann daher nicht unmittelbar für eine Systementwicklung genutzt werden.

3.4 Erklärungsfähigkeit

Juristische Expertensysteme unterliegen in besonderem Maße der Notwendigkeit, ihre Ableitungsschritte transparent zu machen und die zur Ableitung benutzten Wissensquellen nachzuweisen. Diese Aufgabe wird bei einem Expertensystem von der Erklärungskomponente erfüllt. Üblicherweise gestatten Erklärungskomponenten von Expertensystemen Antworten auf "Wie-" und "Warum-Fragen". Eine "Wie-Frage" bezieht sich auf das Zustandekommen eines Ergebnisses. Die Antwort auf die "Wie-Frage" besteht in der Ausgabe all der Fakten und Regeln, die zu dem aktuellen Ergebnis führten. Die "Warum-Frage" kann gestellt werden, nachdem das System eine Frage an den Benutzer stellte und dieser wissen möchte, warum das

---

[117] Vgl. Nils J. Nilsson, Principles of Artificial Intelligence, Berlin/Heidelberg 1982, Kap. 3.4.1, S. 115-121.
[118] Nähere Angaben zu AND/OR-Graphen, MINIMAX sowie ALPHA-BETA-Prozedur sind zu finden in: Nils J. Nilsson, Principles of Artificial Intelligence, Berlin/Heidelberg 1982, Kap. 3, S. 99ff.

System nach der speziellen Information fragt. Dann verweist das System auf eine aktuell geprüfte Regel, die bestimmte Voraussetzungen hat, von denen einige nicht vom System selbst ermittelt werden können.

Neben diesen oft realisierten Erklärungsfähigkeiten gibt es noch eine Reihe weiterer Funktionen, die eine Erklärungskomponente haben kann. Waterman et al.[119] realisieren mit SAL ein System, das folgende weitere Erklärungsfunktionen zuläßt:

- "Description" Liefert eine "high-level"-Erklärung darüber, warum das aktuelle Teilergebnis abgeleitet wurde.
- "Example" Liefert ein Beispiel, das demonstriert, warum der entsprechende Begriff abgeleitet wurde.
- "Premises" Zeigt die aktuellen Werte, die zu dem aktuellen Ergebnis führen.
- "Rule" Nennt die aktuell geprüfte Regel.
- "Ruleset" Alle Regeln, die zu dem aktuellen Teilergebnis führen, werden angezeigt.
- "Summary" Die Regelmenge, die zur Ableitung des aktuellen Ergebnisses benutzt wird, wird auf hoher Ebene beschrieben.
- "Tutorial" Gibt Erläuterungen zu den Konzepten, die der aktuell benutzten Regelmenge zugrundeliegen.

3.5 Anwendung monotoner und nichtmonotoner Logik

Das Thema Logik ist eng mit dem der Produktionssysteme verknüpft. So kann man ein Produktionssystem auch als automatisches (logisches) Beweisverfahren ansehen. Die Fakten der Wissensbasis entsprechen Prädikaten, die Produktionsregeln innerhalb der Wissensbasis können als prädikatenlogische Formeln angesehen werden, die eine Implikation darstellen. Die Anwendung eines Produktionssystems besteht dann genau darin, daß die Inferenzmaschine versucht, die zu prüfende Zielformel aus den gegebenen Fakten mit Hilfe der Produktionsregeln abzuleiten.

3.5.1 Monotone Logik

Sei eine Logik durch eine Menge von Literalen (Fakten) und Implikationen (Regeln) gegeben. Bei einer monotonen Logik bewirkt jede Regelanwendung die Ableitung eines (gültigen) Faktums, das in der Regel vorher noch nicht bekannt war. Die Menge der (gültigen) Fakten wird also durch Regelanwendung meist größer, nie jedoch kleiner. Betrachtet man den Zusammenhang zwischen der Zahl der durchgeführten Ableitungsschritte und dem Umfang (Mächtigkeit) der Menge der abgeleiteten gültigen Aussagen als Funktion, so gilt, daß diese Funktion monoton steigend ist.

---

119 Vgl. Donald A. Waterman/Jody Paul/Mark Peterson, Expert System for Legal Decision Making, in: Expert Systems, Vol 3, No. 4, 1986, S. 223.

3.5.2 Nichtmonotone Logik und Default-Reasoning

Bei einer nichtmonotonen Logik gilt der beschriebene Zusammenhang nicht. Es kann
vorkommen, daß nach Durchführung eines Ableitungsschrittes die Gesamtmenge der gültigen
Aussagen kleiner ist als vor der Ableitung. Das hat damit zu tun, daß unter Umständen erkannt
wird, daß Aussagen, die bislang als gültig angenommen wurden, nicht gültig sind. Derartige
Situationen können bei einer juristischen Anwendung vorkommen, wenn man zur Ableitung
nicht auf die Deduktion, sondern etwa auf die Abduktion oder die Induktion zurückgreift. Diese
Verfahren ermöglichen, wie beschrieben, hypothetische Schlußfolgerungen, deren Ergebnisse
später möglicherweise wieder zurückgenommen werden müssen. Das Revidieren von Aussagen,
die bislang als gültig angesehen wurden, ist dabei typisch für die nichtmonotone Logik.
Nichtmonotonie wird gelegentlich auch im Rahmen der Wissensrepräsentation genutzt. Dabei
können Variable mit bestimmten Werten voreingestellt werden. Diese voreingestellten Werte
repräsentieren meist Standardwerte (Defaults). Im weiteren Programmablauf kann sich jedoch
der angenommene (Default-)Wert als falsch erweisen. Dann ist er durch einen anderen Wert zu
ersetzen. Die Besonderheit bei der Verbindung veränderlicher Variablenwerte und einer Logik
besteht darin, daß dann wenn ein Defaultwert ersetzt wird, auch alle anderen Aussagen überprüft
werden müssen, deren Gültigkeit auf der Gültigkeit des Default-Wertes beruht[120].

Beispiel:
> Ein Beweis X, der begründet, daß ein bestimmter Default-Wert A zu revidieren ist,
> basiert eventuell selbst auf anderen Default-Werten, beispielsweise auf B. Wenn B nun
> im weiteren Verlauf der Arbeit mit dem System revidiert wird, so muß auch geprüft
> werden, ob diese Veränderung von B Auswirkungen auf A hat.

Ein Programm, das nichtmonotone Logik benutzt, muß daher mit einer Komponente
ausgerüstet sein, die zu jedem Zeitpunkt gewährleistet, daß alle als gültig angesehenen
Aussagen auch auf gültigen Prämissen beruhen. Diese Komponente wird als ATMS[121]
(Assumption Based Truth Maintenance System) bezeichnet.
Im Bereich der Rechtsanwendung erleichtert die Möglichkeit des Default-Reasoning den
Umgang mit Regel-Ausnahme-Konstruktionen. Der gesetzliche Regelfall kann dabei als
Default eingegeben werden, der, sofern sich die Notwendigkeit hierzu ergeben sollte, durch
einen Ausnahmewert überschrieben werden kann. Unter den analysierten Expertensystemen gibt
es einige, die das Default Reasoning in dieser Weise einsetzen (z.B. KOKON).

Die Möglichkeit der Voreinstellung von Werten kann auch den Bedienungskomfort eines
Expertensystems erheblich erhöhen. So muß ein Dialog nicht alle Angaben vom Benutzer
erfragen, sondern kann zunächst mit den voreingestellten Werten arbeiten. Für den Fall, daß
sich diese Werte als falsch oder unzureichend erweisen, bietet das System jedoch die
Möglichkeit, auch auf veränderte Werte einzugehen.

---

120 Das heißt: die unter Verwendung des Defaults abgeleitet wurden.
121 Hierzu siehe: J. de Kleer, An Assumption-based TMS", in: Artificial Intelligence, 1986, S. 127-
162.

Auch in anderer Weise kann die Verwendung der Nichtmonotonie zur Erhöhung des Bedienungskomforts beitragen. Ein nichtmonotones System kann die Revidierung einer zuvor gemachten Eingabe gestatten (beispielsweise, weil sich diese nachträglich als falsch erweist), ohne daß der gesamte zwischenzeitlich erfolgte Dialog wiederholt werden muß.

3.6 Ansatz von Fohmann[122]

Fohmann behauptet, daß alle traditionellen Ansätze zur Formalisierung im Recht auf ein "lineares singuläres deduktives Begründungsmodell"[123] abgestimmt sind, das er im Zusammenhang mit juristischen Entscheidungen, die oft schlechtdefiniert und nichtschematisch sind, für ungeeignet hält[124]. Er kritisiert damit einerseits die Ansätze der deontischen Logik und andererseits auch die bislang zur Beschreibung juristischer Entscheidungsvorgänge entwickelten Informatikmodelle. Im Rahmen seiner Dissertation geht Fohmann daher dem Ziel nach, eine "weitgehend mathematisierte Theorie regelorientierter schlechtdefinierter nichtschematischer Entscheidungen mit normativem Charakter" zu entwickeln.

Die Schlechtdefiniertheit der Problemstellung soll in jedem Einzelfall durch Anwendung einer speziellen Methode überwunden werden können. Ausgangspunkt hierbei ist eine schlechtdefinierte und nichtschematische Situation. Nach dem Konzept von Fohmann wird diese Situation durch ein Verfahren bearbeitet, bei dem sich unter Umständen mehrfach Programmier- und Ausführungsphasen abwechseln[125]. Diese Bearbeitung, die auch als "Programmierung" bezeichnet wird, wird durch den sogenannten IPL-Supervisor kontrolliert. Diese "Programmierung" erfolgt ihrerseits regelorientiert. Die Regeln werden dabei aus Gesetzesnormen wie auch aus der juristischen Dogmatik gewonnen.
Das Ergebnis dieser Bearbeitung (Programmierung) besteht aus zwei Teilen:
- einer formalen Beschreibung der (präzisierten) Situation sowie
- ein (für diesen Einzelfall) angemessenes Entscheidungsverfahren.
Mit den Worten Fohmanns übernimmt die "Programmierung zugleich die Aufgabe der Präzisierung und Operationalisierung der ursprünglich schlechtdefinierten Entscheidungszusammenhänge".

Fohmann bezeichnet die von ihm entwickelte Sprache IPL als Programmiersprache. Entgegen der üblicherweise hiermit verknüpften Erwartung lassen sich IPL-Programme jedoch nicht von

---

[122] Lothar H. Fohmann, Die Informationale Programmiersprache IPL, München 1985.

[123] Lothar H. Fohmann, Die Informationale Programmiersprache IPL, S. 12; dies bezeichnet eine "von einem einzelnen abstrakt-generellen Normsatz als einziger präskriptiver Prämisse ausgehende Deduktion eines konkret-individuellen Normsatzes".

[124] Die Kritik an dem linearen Begründungs- und Entscheidungsmodell wurde bereits wesentlich früher von anderen Autoren geäußert. Siehe z.B.:
Bernd Lutterbeck, Entscheidungstheoretische Bemerkungen zum Gewaltenteilungsprinzip, in: Wolfgang Kilian/Klaus Lenk/Wilhelm Steinmüller, Datenschutz, Darmstadt 1972, S. 191, 192.
Bernd Lutterbeck, Parlament und Information, München 1977, S. 15-16.
Oder auch: Jochen Schneider/Ulrich Schroth, Determination, Argumentation und Entscheidung, in: Arthur Kaufmann/Winfried Hassemer, Einführung in Rechtsphilosophie und Rechtstheorie der Gegenwart, 5. Auflage, Heidelberg 1989, S. 449.

[125] Lothar H. Fohmann, Die Informationale Programmiersprache IPL, München 1985, S. 27.

Computern ausführen. Dies hängt mit der "informationalen" Eigenschaft von IPL zusammen. Hierunter wird verstanden, daß Objekte (direkt) durch ihre Semantik bezeichnet werden. Üblicherweise werden Objekte im Rahmen der automatischen Datenverarbeitung durch bestimmte syntaktische Elemente bezeichnet. Im Datenverarbeitungsprozeß können auch nur diese syntaktischen Konstrukte, die stellvertretend für die Information stehen, verarbeitet werden.

Der mögliche Nutzen der Sprache IPL besteht darin, daß sie zur detaillierten Beschreibung derjenigen Schritte geeignet ist, die ein menschlicher Entscheider auf dem Weg zu einer Einzelfallentscheidung zu treffen hat.

Hier wird ein formales System angeboten, das viele der üblichen Einschränkungen formaler Systeme im Recht nicht aufweist. Derartige Beschreibungen menschlicher Entscheidungen könnten zur Grundlage einer formalen Theorie juristischer Entscheidung gemacht werden.

Die strenge Ablehnung traditioneller KI-Werkzeuge zur Realisierung juristischer Anwendungssysteme kann jedoch nicht nachvollzogen werden. Die Verbindung dieser Werkzeuge mit dem von Fohmann zu Recht kritisierten linearen singulären und deduktiven Entscheidungsmodell ist nicht unauflöslich. Zur Überwindung dieses Begründungsmodells bieten sich insbesondere nichtmonotone Systemarchitekturen an.

3.7 Neuronale Netze

Ausgehend von dem Eindruck, daß der juristische Entscheidungsprozeß einer Reihe von Faktoren unterliegt, deren exakter Einfluß auf das Resultat jedoch nur schwer zu fixieren ist, könnte man überlegen, ob in diesem Bereich neuronale Netzwerke eingesetzt werden können. Diese erwerben ihre Fähigkeiten durch ein Training an Einzelfällen. Dies würde die Entwickler von der Aufgabe entbinden, eine präzise Beschreibung der juristischen Entscheidungsvorgänge zu erstellen. Die folgenden Überlegungen führen jedoch zu dem Ergebnis, daß neuronale Netze bei der juristischen Entscheidungsfindung höchstens eine untergeordnete Rolle spielen können. Um dies zu begründen, werden einige wesentliche Unterschiede zwischen neuronalen Netzen und Expertensystemen beleuchtet.

Obwohl die Konzeptionen neuronaler Netze oft dem Feld der KI zugeordnet und in einen engen Zusammenhang mit Expertensystemen gebracht werden, weisen doch beide Systemtypen grundlegende Unterschiede auf[126].

So wird in einem Expertensystem das Wissen explizit durch Angabe von Fakten, Regeln, Objekten und deren Beziehungen dargestellt. Ein neuronales Netz repräsentiert Informationen einerseits durch die Art der Verknüpfung der einzelnen Verarbeitungselemente ("Neuronen") und andererseits durch (veränderbare) Werte, die die Koppelungsstärke der Neuronen untereinander festlegen. Dabei ist es wichtig zu sehen, daß man keinen direkten Zusammenhang zwischen einem solchen Wert und einer bestimmten gespeicherten Information herstellen kann.

---

[126] Zum Aufbau neuronaler Netze siehe:
Rüdiger Brause, Neuronale Netze, Stuttgart 1991.
Werner Kinnebrock, Neuronale Netze, München 1992. Darin zum Unterschied zwischen neuronalen Netzen und Expertensystemen, S. 125-126.

Ein Expertensystem kann sein Verhalten durch Angabe der zu einer Ableitung benutzten
Regeln nachvollziehbar belegen. Ein neuronales Netz dagegen kann dies nicht. Es liefert einen
Endzustand, der ein Ergebnis darstellt, aber das System kann keine nähere Erklärung zu dem
Zustandekommen dieser Entscheidung geben.

Die Programmierung eines neuronalen Netzes erfordert das Festlegen der Netzstruktur und eine
anschließende Trainingsphase. In dieser Trainingsphase werden Eingabemuster an das Netz
angelegt und die Koppelungsfaktoren werden dann so gewählt, daß an dem Ausgang des Netzes
das gewünschte Ergebnis anliegt. Dies erfolgt nacheinander mit mehreren Mustern. Durch
hinreichend langes Training kann man neuronale Netze dazu bringen, viele Trainingsmuster
richtig zu bearbeiten (also die richtige Ausgabe nach Anlegen der Eingangsmuster zu erzeugen).
Von den neuronalen Netzen wird dann erwartet, daß sie Eingangsmuster, die den trainierten
ähnlich sind, auch ähnlich behandeln. Bisherige Erfahrungen zeigen, daß dies in gewissem,
teilweise auch hohem Umfang funktioniert. Hierbei wird aber nie eine vollständig zuverlässige
Funktion erreichbar sein. Das Verhalten des Netzes ist nicht vorhersehbar. Dies bedeutet, daß
immer das Risiko besteht, daß der Einzelfall nicht richtig behandelt wird. Insgesamt erscheinen
neuronale Netze als komplexe Systeme mit nicht analysierbarem Verhalten, die in nicht
vorhersehbarer Weise zu nicht begründbaren Ergebnissen kommen[127]. Das bedeutet konkret, es
läßt sich nicht überprüfen, ob und inwieweit ein Netz beispielsweise dem Wortlaut und Sinn
eines Gesetzes gerecht wird. Bei jeder einzelnen Anwendung hat man keine Gewißheit, ob das
System diesen Einzelfall richtig entscheidet. Ein neuronales Netz bringt alle Merkmale in
Zusammenhang, die ihm eingegeben werden. Eine mangelhafte Einrichtung des Netzes (und
Auswahl der verwendeten Merkmale) kann zu unsinnigen Ergebnissen führen. So würde ein
neuronales Netz zwischen dem Aussterben von Störchen und dem Rückgang der Geburtenquote
zweifellos einen Zusammenhang herstellen. Aus den genannten Gründen sind neuronale Netze
für Anwendungen im Bereich juristischer Entscheidungsfindung ungeeignet.

Neuronale Netze können dort eingesetzt werden, wo bislang statistische Verfahren benutzt
wurden[128]. Man könnte ein neuronales Netz benutzen, um bestimmte Hypothesen über einen
Fall oder eine Situation zu erhalten, wobei diese Hypothesen dann durch andere, nachprüfbare
Funktionen erhärtet oder verworfen werden müßten. Auf diese Weise könnte man bei Bedarf ein
neuronales Netz mit einem Expertensystem verbinden, wobei jedes System unabhängig von
dem anderen funktioniert. Die Funktion verschiedener neuronaler Netze wäre dann danach zu
bewerten, wieviele erfolgreiche Hypothesen sie aufstellen.

Neuronale Netze und deren Theorie könnten möglicherweise auch für die Rechtstheorie von
Interesse sein. Einige Vertreter der Rechtstheorie[129] betonen Eigenschaften des Rechtssystems,
die an diejenigen neuronaler Netze erinnern. So sei das Rechtssystem ein rückgekoppeltes und
"selbstorganisierendes Netzwerk", in dem viele Agenten (in diesem Fall: natürliche oder

---

[127] Vgl.: Friedrich Albrecht, Neuronale Computer - Philosophie und Praxis, in: jur-pc, Heft 6, 1990,
S. 640-643.

[128] Die Ähnlichkeit von statistischen Methoden und Anwendung neuronaler Netze betont auch
Roland Traunmüller. Vgl.: Friedrich Albrecht, Neuronale Computer - Philosophie und Praxis, in: jur-
pc, Heft 6, 1990, S. 640-643.

[129] Karl-Heinz Ladeur, Rechtstheoretische Probleme der Entwicklung juristischer Expertensysteme,
Teil 1: jur 10, 1988, S. 379-385.

juristische Personen) parallel handeln. Positives Recht wirkt auf die Gesellschaft und diese Auswirkungen wiederum wirken zurück auf die Gestaltung des Rechts. Dies wird als "Selbsttransformation der Gesellschaft" bezeichnet. Die Auseinandersetzung mit Modellen neuronaler Netze mag auf solche Ansätze inspirierend wirken.

Gegenüberstellung wichtiger Merkmale von Expertensystemen und neuronalen Netzwerken:

Expertensystem	Neuronales Netz
Wissensdarstellung explizit	Wissensdarstellung implizit
(Regeln, Objekte, Beziehungen)	(Netzstruktur, Verbindungsfaktoren)
Erklärungskomponente möglich	Erklärungskomponente nicht möglich
Bearbeitung schrittweise und singulär	Bearbeitung kontinuierlich und massiv parallel
statische Zustände folgen sequentiell nacheinander	(kontinuierliche) Schwingung (durch Rückkoppelung)
nachvollziehbare Ableitungen	nicht nachvollziehbares Einschwingen in Endzustand

3.8 Schlußbemerkungen

Die bislang dargestellten Konzepte bilden natürlich nur eine Auswahl der Informatikwerkzeuge, die im Zusammenhang mit der Formalisierung im Recht diskutiert werden. Weitere Konzepte werden beispielsweise durch Flußdiagramme, Entscheidungstabellen oder Petrinetze repräsentiert. Teilweise wurden ausgewählte Formalismen benutzt, um einzelne rechtstheoretische Fragen zu beleuchten. So entwickelte Åqvist[130] einen Ansatz zur formalen Beschreibung der Kausalität[131]. Philipps benutzt ein einfaches theoretisches Modell zur Analyse strafrechtlicher Lehrmeinungen[132]. Eine sehr umfassende Untersuchung der Formalisierung im Recht ist von Fiedler, Barthel und Voogd[133] durchgeführt worden.

Die Analogie zwischen dem Paradigma richterlicher Rechtsanwendung und der wissensbasierten Gestaltung von Computersystemen ist leider nicht tragfähig genug, um hieraus eine hinreichende Eignung der wissensbasierten Technik zur Realisierung eines juristischen Expertensystems abzuleiten. Die vorangegangene Untersuchung zeigte jedoch auf, daß einzelne Elemente der juristischen Methodik sinnvoll durch formale Modelle der Informatik repräsentiert werden können. Die deduktiven Elemente sind problemlos umzusetzen, aber auch für andere Schlußweisen gibt es Ansätze zur deren informatischer Unterstützung. Unter den Möglichkeiten

---

[130] Lennart Åqvist, Causation in the Law of Torts and Criminal Law, in: A. A. Martino/F. Socci Natali (Eds.), Automated Analysis of Legal Texts, Amsterdam 1986, S. 3-18.
[131] Zwei Personen sind an einem Geschehen beteiligt. Die zweite Person wird geschädigt oder verursacht einen Schaden. Es stellt sich die Frage, inwieweit das Verhalten der ersten Person dafür verantwortlich (kausal) ist.
[132] Lothar Philipps, Kombinatorik strafrechtlicher Lehrmeinungen, in: A. Podlech, Rechnen und Entscheiden, Berlin 1977, S. 221-254.
[133] Herbert Fiedler/Thomas Barthel/Gerhard Voogd, Untersuchungen zur Formalisierung im Recht als Beitrag zur Grundlagenforschung juristischer Datenverarbeitung (UFORED), Opladen 1984.

der KI verspricht insbesondere das Konzept nichtmonotonen Schließens, eine Hilfe bei der Realisierung juristischer Expertensysteme zu sein. Ein solches System ermöglicht die Bearbeitung von Regel-Ausnahme-Strukturen. Es erlaubt generell die Verwendung von Annahmen, die an Stelle (noch) nicht bekannter Informationen eingesetzt werden können. Dabei ist es möglich, im späteren Verlauf der Benutzung des Systems früher gemachte Aussagen zu revidieren. Hier deutet sich die Möglichkeit an, entsprechende Strukturen des juristischen Anwendungsbereichs durch ein Expertensystem unterstützen zu lassen.

Die Untersuchung machte auch einige Probleme deutlich: so gibt es bislang keine überzeugende Konzeption, wie ein System einerseits dem Wunsch nach Bearbeitung unbestimmter und schlecht definierter Informationen nachkommen kann und dabei andererseits auch der Forderung nach einem nachvollziehbaren Ableitungsprozeß genügen kann. Die Konzeption von Fohmann und das Modell neuronaler Netze realisieren jeweils nur eine der beiden Anforderungen. Die neuronalen Netze verkörpern Werkzeuge zur Verarbeitung unbestimmter und schlecht definierter Informationen, allerdings bieten sie keine Erklärungsfähigkeit. Das Modell von Fohmann erlaubt eine nachvollziehbare Formalisierung eines schlecht definierten Entscheidungsvorgangs , aber das Modell kann - aufgrund dessen informationalen Charakters - nicht auf einem Computer eingesetzt werden. Eine denkbare Entwicklungsmöglichkeit wäre darin zu sehen, ein kombiniertes System zu realisieren, das sowohl deduktive wie auch hypothetisch schließende Elemente enthält[134].

---

[134] Siehe hierzu auch Kap 3.2.2.

4 Formale Logik als Entwicklungsgrundlage juristischer Expertensysteme

4.1 Einführung

Versteht man Logik als Lehre vom richtigen Schlußfolgern[135], so liegt auf der Hand, daß der Logik auch eine wichtige Rolle im Bereich juristischer Entscheidungstätigkeit zukommt. Die Beschäftigung mit diesem Thema ist auch deshalb erforderlich, da gelegentlich die Ansicht vertreten wird, daß sich Normen entweder einer Behandlung durch logische Verfahren völlig entzögen oder daß sie nur einer besonderen Logik der Normen unterworfen seien[136]. Eine Auseinandersetzung mit diesen Fragestellungen ist somit von grundlegender Bedeutung für die Konzeption juristischer Expertensysteme.

4.1.1 Zum Begriff "juristische Logik"

Einige Autoren (z.B. Perelman) sprechen von "juristischer Logik", verwenden diese jedoch "im Sinne einer Argumentationstheorie, die auf das Recht anzuwenden ist und dazu führen kann, eine Wahl zu verantworten oder eine Entscheidung zu motivieren"[137]. Diese Begriffsbestimmung der juristischen Logik ist sehr weit und beinhaltet einen guten Teil dessen, was üblicherweise als Methodenlehre bezeichnet wird. In dieser Arbeit soll eine engere Auffassung von Logik zugrundegelegt werden. Logik wird hier im Sinne der modernen (mathematischen) Logik als formale Sprache verstanden, die es erlaubt, aus gegebenen Sätzen (Aussagen, Formeln) zulässige Schlußfolgerungen zu ziehen. Auf der Basis dieser engeren Sicht stellt sich allerdings die Frage, was unter einer juristischen Logik zu verstehen ist. Die formale Logik ist nicht auf eine bestimmte Disziplin beschränkt. Man könnte jedoch unter dem Begriff "juristische Logik" alle diejenigen Aspekte zusammenfassen, die sich durch die Anwendung formaler Logik auf juristische Inhalte ergeben.

4.2 Indikative Logiken

Unter indikativen Logiken werden diejenigen Logiken verstanden, deren Formeln durch Aussagen (feststellende/beschreibende/deskriptive Sätze) interpretiert werden. Den hier beschriebenen indikativen Logiken werden später verschiedene normativ interpretierte Logiken gegenübergestellt.

---

[135] Vgl. Karl Haag/Heinz Wagner, Die moderne Logik in der Rechtswissenschaft, Bad Homburg 1970, S. 8.

[136] Häufig werden Thesen folgender Art konstruiert: Normen haben keine Wahrheitswerte; Logische Beziehungen wie Widerspruch und Folgerung können nur in Bezug auf Wahrheitswerte konstruiert werden. Daher könne Logik nicht auf Normen angewandt werden.

[137] Chaim Perelman, Juristische Logik als Argumentationslehre, Freiburg/München 1979.

Die indikativen Logiken eignen sich generell zur Darstellung juristischer Informationen, wie in verschiedenen Arbeiten[138] gezeigt wird. Die Behandlung dieser Logiken ist daher knapp gehalten.

4.2.1 Aussagenlogik

Im Sinne der Aussagenlogik wird unter einer Aussage[139] ein Satz verstanden, von dem es sinnvoll ist zu behaupten, daß sein Inhalt entweder wahr oder falsch ist.

4.2.1.1 Formale Sicht der Aussagenlogik

Syntax

Alphabet
Das Alphabet umfaßt die Elemente, aus denen Formeln der Aussagenlogik aufgebaut werden können:
- (konstante) Wahrheitswerte   {wahr, falsch}

- Aussagenvariable   "a","b","c",...
{variable Wahrheitswerte; Anzahl: höchstens abzählbar unendlich viele}

- logische Operatoren $\neg$ ("nicht")

                               $\wedge$ ("und")

                               $\vee$ ("oder")

- Hilfszeichen   (Klammern)

Definition der aussagenlogischen Formeln
a) Jede (allein vorkommende) Aussagenvariable ist eine aussagenlogische Formel
b) Seien a, b Formeln, so sind

    $\neg$ a

    a $\wedge$ b

    a $\vee$ b

    (a)

ebenfalls Formeln.

---

[138] Z.B. für Aussagenlogik:
Christian Kowalski, Lösungsansätze für juristische Expertensysteme, Tübingen 1987, S. 73-98. Oder auch:
Herbert Fiedler, Juristische Logik in mathematischer Sicht, in: Archiv für Rechts- und Sozialphilosophie, Band LII (1966), S. 93 ff.
[139] Vgl. Ulrich Klug, Juristische Logik, 4. Auflage, Springer Verlag, Berlin/Heidelberg 1982, S. 22.

c) Induktive Klausel: eine aussagenlogische Formel liegt nur vor, wenn sie ausschließlich unter Verwendung der Regeln a) und b) konstruiert wurde.

Vereinbarung:
Unter Rückgriff auf die Operatoren $\{\neg, \wedge, \vee\}$ können weitere Operatoren definiert werden. Die Verwendung dieser abgeleiteten Operatoren dient der Vereinfachung der Schreibweise.
Es werden folgende abgeleitete Operatoren benutzt:

->   Implikation: x -> y kann an Stelle von $\neg$ x $\vee$ y geschrieben werden {üblicherweise gelesen als: "aus x folgt y"}

<=>   Äquivalenz: x <=> y kann an Stelle von (x -> y) $\wedge$ (y -> x) geschrieben werden {gelesen als: "x ist äquivalent zu y"}.

Semantik

Jeder aussagenlogischen Variablen wird einer der Wahrheitswerte {wahr, falsch} zugeordnet. Diese Zuordnung heißt *Belegung*.

Die Belegung einer Variablen "a" wird mit "Wert(a)" bezeichnet.

Die Semantikdefinition hat das Ziel, jeder gültigen Formel einen Wahrheitswert zuzuordnen.
Dies geschieht durch *Auswertung* der Formel.
Der Wahrheitswert einer Formel f wird mit Wert(f) bezeichnet.

Der Wert einer Formel ergibt sich anhand folgender Auswertungsvorschrift:

Sei f eine aussagenlogische Formel und hat f die Gestalt:
1) $\neg$(a), so ergibt sich Wert($\neg$(a)) als $\neg$ (Wert(a))
2)   a $\wedge$ b, so ergibt sich Wert(a $\wedge$ b) als Wert(a) $\wedge$ Wert(b)
3)   a $\vee$ b, so ergibt sich Wert(a $\vee$ b) als Wert(a) $\vee$ Wert(b)

Für diese Auswertung können folgende Wertetabellen benutzt werden.

x	$\neg$x
w	f
f	w

x	y	x $\wedge$ y	x $\vee$ y	x -> y	x <=> y
w	w	w	w	w	w
w	f	f	w	f	f
f	w	f	w	w	f
f	f	f	f	w	w

Unter den Formeln sind einige dadurch ausgezeichnet, daß ihr Wert unabhängig von der konkreten Belegung immer gleich ist. Derartige Formeln, die unabhängig von der Belegung den Wert "wahr" aufweisen, werden als *allgemeingültig* bezeichnet. Diese Formeln werden auch *Tautologien* genannt.

Formeln, deren Wert bei jeder Belegung "falsch" ist, werden als *widersprüchlich* bezeichnet. Diese Formeln heißen auch *Kontradiktionen*.

4.2.1.2 Axiomatisierung der Aussagenlogik

Eine Axiomatisierung basiert auf einer Auswahl aussagenlogischer Tautologien sowie einer Menge von Ableitungsregeln. Die ausgewählten Tautologien werden *Axiome*[140] genannt. Durch Anwendung der Ableitungsregeln kann man, ausgehend von den Axiomen, Formeln ableiten, die als *Theoreme* bezeichnet werden.

Die Axiomatisierung der Aussagenlogik hat das Ziel, ein formales System anzugeben, in dem alle allgemeingültigen aussagenlogischen Formeln abgeleitet werden können.

Die Axiomatisierung soll folgende Anforderungen erfüllen:

Vollständigkeit: jede allgemeingültige Formel soll (mit Hilfe der Regeln) aus den Axiomen ableitbar sein.

Widerspruchsfreiheit: zwei Formeln "a" und "¬ a" dürfen nicht (gleichzeitig) Theoreme des axiomatischen Systems sein.

Unabhängigkeit: ein beliebiges Axiom darf nicht (unter Verwendung der Regeln) aus den anderen Axiomen ableitbar sein.

Beispiel für eine Axiomatisierung der Aussagenlogik:

Axiomatisierung A[141]*:*

Die oben genannten Syntax- und Semantikregeln der Aussagenlogik werden zugrundegelegt.

Axiome:

A1: (p -> (q -> p))   Gesetz der Prämissenbelastung
A2: ((p -> (q -> r))->(p -> q) -> (p -> r)) Fregescher Kettenschluß
A3: ((¬ p -> ¬ q) -> (q -> p))   umgekehrtes Gesetz der Kontraposition

---

[140] Ein Beispiel für unterschiedliche Interpretationen des Begriffs "Axiom" findet sich in: Hans Kelsen/Ulrich Klug, Rechtsnormen und logische Analyse, Briefwechsel 1959-65, Wien 1981: Darin zeigt sich eine beträchtliche Verwirrung, die dadurch entsteht, daß Klug den Begriff im Sinne der formalen Logik gebrauchte, während Kelsen unter Axiom eine Aussage verstand, von der unzweifelhafte Gültigkeit behauptet wird.

[141] Vgl.: Horst Wessel, Logik, Berlin 1989.

Schlußregeln:

R1:   Aus einer Formel A, in der die Variable a vorkommt, erhält man eine (gültige) Formel, wenn man a durch b ersetzt, wobei b eine beliebige Formel ist (Substitutionsregel).

R2:   Aus a und a -> b folgt b (Modus Ponens, auch Abtrennungsregel genannt).

Es gibt nicht nur *eine* Axiomatisierung der Aussagenlogik; statt der Axiomatisierung A kann man beispielsweise auch folgende Axiomatisierung wählen:

Axiomatisierung B[142]:

Axiome:

A1: (p -> (q -> p))

A2: (p -> (q -> r))->(p -> q -> (p -> r))

A3: (p -> q) ->($\neg$ q -> $\neg$ p)

A4: $\neg\,\neg$ p -> p

A5: p -> $\neg\,\neg$ p

Schlußregeln wie bei A.

4.2.1.3 Anwendung der Aussagenlogik für juristische Zwecke

Die Aussagenlogik enthält ein Konzept zur Auswertung zusammengesetzter Ausdrücke. In vielen Normen sind mehrere durch "und" oder "oder" verknüpfte Tatbestandsmerkmale genannt. Leider zeigt es sich, daß diese Begriffe oft nicht im Sinne der üblichen Interpretation der Aussagenlogik, ja nicht einmal einheitlich verwendet werden. Die praktische Bedeutung der Beachtung logischer Verknüpfungen belegt das Beispiel einer folgenreichen Verwechselung von "und" und "oder", die von Herberger und Simon[143] aufgezeigt wurde. Zur Feststellung des Merkmals "Heimtücke" in § 211 StGB wurde von der Rechtsprechung zunächst konsequent das Vorliegen von Arg- *und* Wehrlosigkeit gefordert. Zu einem späteren Zeitpunkt verwechselte der BGH "und" und "oder" und sprach irrtümlich davon, daß das Merkmal der Heimtücke bei Arg-*oder* Wehrlosigkeit des Opfers vorliege[144]. Unter Bezugnahme auf diese BGH-Definition wurde in einem anderen Fall der Angeklagte verurteilt, bei dem das Opfer als wehrlos, nicht aber als arglos angesehen wurde. Diese Fehlentscheidung wurde schließlich durch eine Rückfrage bei einem anderen BGH-Senat als solche erkannt[145].

---

[142] Vgl.: Horst Wessel, Logik, Berlin 1989.

[143] Maximilian Herberger/Dieter Simon, Wissenschaftstheorie für Juristen, Frankfurt/Main 1980, S. 87.

[144] BGHSt 18, 88.

[145] BGHSt 19, 321f.

In einigen Normen sind mehrere Sachverhaltsmerkmale unter Verwendung unterschiedlicher Operatoren verknüpft. Die Aussagenlogik lehrt, daß in solchen Situationen (ohne weitere Festlegungen) unklar ist, an welcher Stelle der Formel mit der Auswertung zu beginnen ist.

Formales Beispiel:
$a \wedge b \vee c$
Hier kann man entweder zunächst den Teilausdruck $a \wedge b$ oder den Teilausdruck $b \vee c$ auswerten und anschließend das Ergebnis dann mit dem jeweils verbliebenen Operator und dem verbliebenen Operanden verknüpfen. Das Auswertungsergebnis kann in beiden Fällen unterschiedlich sein.
Die Verwendung von Vorrangregeln wie *"und* geht vor *oder"* oder die Verwendung von Klammern beseitigen diese Mehrdeutigkeit.

Ein juristisches Beispiel für eine Norm, in der eine solche Mehrdeutigkeit auftritt ist § 1365 (2) BGB. Diese lautet:
"Entspricht das Rechtsgeschäft den Grundsätzen einer ordnungsmäßigen Verwaltung, so kann das Vormundschaftsgericht auf Antrag des Ehegatten die Zustimmung des anderen Ehegatten ersetzen, wenn dieser sie ohne ausreichenden Grund verweigert *oder* durch Krankheit *oder* Abwesenheit an der Abgabe einer Erklärung verhindert *und* mit dem Aufschub Gefahr verbunden ist.

Für die Antecedenz ("Wenn"-Teil) dieser Norm sind mehrere Deutungen mit unterschiedlichem Inhalt möglich.

Deutung 1:
wenn

       {(dieser sie ohne ausreichenden Grund verweigert)

       oder

       (durch Krankheit)

       oder

       (Abwesenheit an der Abgabe einer Erklärung verhindert)}

und

       (mit dem Aufschub Gefahr verbunden ist)

Deutung 2:
wenn

       (dieser sie ohne ausreichenden Grund verweigert)

oder

       [(durch {Krankheit

       oder

       Abwesenheit}

       an der Abgabe einer Erklärung verhindert)

       und

       (mit dem Aufschub Gefahr verbunden ist)].

Deutung 3:
wenn

>   (dieser sie ohne ausreichenden Grund verweigert)

oder

>   (durch Krankheit)

oder

>   {(Abwesenheit an der Abgabe einer Erklärung verhindert)
>   *und*
>   (mit dem Aufschub Gefahr verbunden ist)}.

Eine formale Notation würde bewirken, daß die logische Interpretation einer solchen Aussage unzweideutig möglich wäre.

4.2.1.4 *"Mechanische" Auswertung von Formeln*

Wenn eine Formel gegeben ist, die nach den syntaktischen Vorschriften aufgebaut wurde, so erlauben es die Semantik-Regeln, in eindeutiger Weise den Wert dieser (Gesamt-)Formel zu bestimmen, wenn die Belegung der Variablen bekannt ist. Diese Auswertung einer Formel kann mit Hilfe eines Computers durchgeführt werden.

Viele entscheidungsunterstützende Systeme, die für juristische Anwendungen vorgeschlagen werden[146], basieren auf einer aussagenlogischen Analyse des Gesetzesmaterials und der Möglichkeit, hierauf aufbauend eine automatische Verknüpfung (Auswertung) der eingegebenen Daten durchzuführen. Neben der Möglichkeit, ein automatisches Auswertungsverfahren einzusetzen, bringt die Berücksichtigung der aussagenlogischen Konzeption eine Vereinheitlichung und Systematisierung der Interpretation von Normen auch bei ihrer Anwendung durch Menschen mit sich.

Einige Tautologien der Aussagenlogik[147] lassen sich zur Vereinfachung gegebener Formeln verwenden. Eine juristische Anwendung könnte dabei von einer Formalisierung eines Regelungsbereichs in Gestalt einer oder mehrerer aussagenlogischer Formeln ausgehen. Ein computergestütztes Verfahren könnte dann dazu benutzt werden, diese Formeln zu vereinfachen. Ein Konzept für ein solches System, das der Analyse der Gesetzgebung dienen könnte, wurde von Martino et al.[148] entwickelt.

Für die Aussagenlogik wurden ferner eine Reihe von Entscheidungsverfahren[149] entwickelt. Diese Verfahren erlauben es festzustellen, ob eine Formel allgemeingültig, widersprüchlich

---

146 Vgl. Kapitel 1.6.1 Entscheidungshilfesysteme.
147 Solche Tautologien (allgemeingültige Formeln), die eine Implikation oder Äquivalenz enthalten.
148 A. A. Martino et al., Knowledge Base in the Automated Analysis of Legislation, in: A. A. Martino/F. Socci Natali (Eds.), Automated Analysis of Legal Texts, Amsterdam 1986, S. 281-306.
149 Z.B. Tableau-Verfahren, Davis-Putnam-Verfahren, Resolutionsmethode, Konnektionsmethode.

oder keines von beidem ist. Die Besonderheit besteht darin, daß auch diese Entscheidung auf Grund einer rein "mechanischen" Auswertung getroffen werden kann, die anhand des Formelaufbaus durchgeführt wird. Dies bedeutet, daß derartige Auswertungsverfahren auch automatisch auf einem Computer ausgeführt werden können. Unter den analysierten juristischen Expertensystemen ist jedoch keines, das ein solches Verfahren einsetzt.

4.2.1.5 Zur Bedeutung der Begriffe "wahr" und "falsch"

Die Verwendung der Werte "wahr" und "falsch" im Zusammenhang mit der Auswertung aussagenlogischer Ausdrücke führt gelegentlich zu Irritationen, die hier kurz angesprochen werden sollen. Mit den Werten "wahr" und "falsch" sind nicht die Begriffe "wahr" und "falsch" im (sprach)philosophischen Sinne[150] gemeint. Für logische Zwecke reicht eine weitaus weniger anspruchsvolle Definition aus. Hier ist es unerheblich, ob die Sätze, denen diese Werte zugeschrieben werden, reale Dinge zutreffend darstellen, beziehungsweise ob sie in einem rationalen Diskurs konsensfähig sind.

Die Logik geht davon aus, daß die elementaren Aussagen einen Wahrheitswert aufweisen; wie diese Aussagen zu den Werten kamen und ob diese Aussagen im philosophischen Sinne als wahr anzusehen sind, kann und soll mit Hilfe der Logik nicht überprüft werden[151].

Wenn die Aussage "die Erde ist flach" mit wahr belegt wird, so kann dies innerhalb der Logik nicht widerlegt werden. Der Ausdruck "wahr" kann in der Logik als undefinierter Grundbegriff übernommen werden[152]. Seine nähere Erörterung ist Angelegenheit der Erkenntnistheorie.

Die Auswahl des Wertepaares {wahr/falsch} ist übrigens nicht die einzige Möglichkeit, den Aussagekalkül zu interpretieren. So sprechen Hilbert und Ackermann[153] beispielsweise von "richtig" an Stelle von "wahr".

---

[150] Gemäß der sprachphilosophischen Abbildtheorie wird eine sprachliche Aussage dann als wahr angesehen, wenn diese die "Welt" zutreffend abbildet. Entsprechend der Konsenstheorie wird eine Aussage als wahr bezeichnet, wenn ihr alle rational argumentierenden Gesprächspartner zustimmen müßten.

[151] Beachte: Hier zeigt sich die Bedeutung der Definition, daß Logik die Lehre von den richtigen Schlußfolgerungen ist. Logik beschäftigt sich nicht mit der Ermittlung und dem Erkennen wahrer Aussagen über die Welt; sie benutzt Sätze als gegeben und formuliert nur Regeln für Schlußfolgerungen, die aus gegebenen Aussagen gezogen werden.

[152] Beispielhaft: Ilmar Tammelo/Helmut Schreiner, Grundzüge und Grundverfahren der Rechtslogik, München 1977, Band 1, S. 53: "Es beeinträchtigt logische Operationen nicht, wenn eine Aussage als wahr bezeichnet wird, die in ihrer Tatsächlichkeit als falsch bekannt ist. Das Denken in der indikativen Logik ist daher ein Denken *ex hypothesi*, in dem von Behauptungen, was immer ihr tatsächlicher Wahrheitswert auch sein mag, formale Konsequenzen gezogen werden"
oder auch:
Jürgen Rödig, Logik und Rechtswissenschaft, in: Dieter Grimm (Hrsg.), Rechtswissenschaft und Nachbarwissenschaften, Band 2, S. 66: "Es muß nach alledem als prinzipielles Mißverständnis der modernen Logik aufgefaßt werden, wenn man glaubt, ihr lediglich solche Sätze unterwerfen zu können, welche verifizierbar sind oder deren Richtigkeit gar mittels Beobachtung festgestellt werden könnte".

[153] Vgl. Ulrich Klug, Juristische Logik, 4. Auflage, Berlin/Heidelberg 1982, S. 22.

Unter einem "Paradoxon" soll die Erscheinung bezeichnet werden, daß aus allgemein als wahr empfundenen Sätzen eine Aussage abgeleitet werden kann, die nicht als wahr empfunden wird.[154] Wenn auch die Grenze zwischen der Definition des Widerspruchs und der des Paradoxons fließend zu sein scheint, so darf doch ein Paradoxon grundsätzlich nicht mit einem Widerspruch verwechselt werden. Ein Widerspruch ist eine Erscheinung, die allein aus dem formalen System begründet werden kann, während sich ein Paradoxon erst bei der Interpretation des formalen Systems, also nach dem Herstellen einer Beziehung zwischen Formeln und einem zu beschreibenden Sachgebiet (z.B. Rechtsnormen und deren Beziehungen untereinander) ergibt. Das Auftreten von Paradoxa ist vorwiegend im Zusammenhang mit der Diskussion um die Normlogik immer wieder thematisiert worden. Die Schlußfolgerungen, die aus dem Auftreten dieser Paradoxa gezogen wurden, sind unterschiedlich. Sie reichen von der Ansicht, daß das Paradoxon nur scheinbar existiert, bis zu der, daß die Paradoxa die Unmöglichkeit von Normlogiken schlechthin anzeigen. Während die Diskussion um die Paradoxa der Normlogik sehr intensiv geführt wurde und wird, werden Paradoxa im Bereich der indikativen Logiken nur selten beachtet, obwohl sie auch dort auftreten. Denn es gibt durchaus aussagenlogische Formeln, die allgemeingültig sind, jedoch mit der üblichen Interpretation "merkwürdig" erscheinen.

So sind beispielsweise die Formeln[155]:
1) a <=> ¬ a -> a
2) a ->(b -> a)
3) ¬(p -> ¬ q) -> (p -> q)
4) ¬(p->q) -> (¬ p -> q))
allgemeingültige Formeln der Aussagenlogik (entsprechend auch in der Prädikatenlogik).

Zur Formel 2 wird etwa ausgeführt, daß sich als Folgerung aus a der Zusammenhang b -> a ergibt. Dabei kann aus einem beliebigen b eine bestimmte Aussage a hergeleitet werden. Eine kritische Analyse dieses Paradoxons zeigt jedoch, daß die Formel 2 harmlos ist. Sie besagt mit anderen Worten: vorausgesetzt, daß a gilt, so schließt man über ein beliebiges b wiederum nur auf die bereits vorausgesetzte Gültigkeit von a. Die Formel besagt im Grunde nur, daß die vorausgesetzte Gültigkeit von a nicht durch eine beliebige andere Formel b beeinträchtigt wird. Paradox wäre ein umgekehrtes Ergebnis: wenn in einer Situation, in der a gilt die Gültigkeit von a durch ein beliebiges b "außer Kraft" gesetzt werden könnte. Dies wäre nicht nur paradox, sondern widersprüchlich und würde den gesamten Kalkül entwerten.

---

154 Rudolf Stranzinger, Die Paradoxa der deontischen Logik, in:
Ilmar Tammelo/Helmut Schreiner, Grundzüge und Grundverfahren der Rechtslogik, Band 2, München 1977, S. 142-159. Verschiedene weitere Definitionen, die etwas formaler gefaßt sind, finden sich bei Edgar Morscher, Antinomies and Incompatibilities Within Normative Languages, in: A. A. Martino (Ed.), Deontic Logic, Linguistics and Legal Information Systems, Amsterdam 1982.
155 Horst Wessel, Logik, Berlin 1989, S. 143 (für Aussagenlogik), S. 242 (für Prädikatenlogik).

4.2.2 Prädikatenlogik 1. Stufe

4.2.2.1 Formale Sicht der Prädikatenlogik

Syntax

Alphabet:

- konstante Wahrheitswerte	{wahr, falsch}
- Individuenvariable	a,b,c,d, ...
- Prädikatenvariable	A,B,C,D,...
- Operatoren	$\wedge$; $\vee$; $\neg$
- Quantoren:	$\forall$ (Allquantor) "für alle ... gilt .... ";
	$\exists$ (Existenzquantor; "es gibt ... für das gilt ...")
- Hilfszeichen	

Formeln[156]

$(F(i_1, ..., i_n)$ ist eine eine n-stellige Prädikatformel, wenn F eine n-stellige Prädikatvariable und $i_1,..., i_n$ Individuenvariable sind.)

Allein vorkommende Prädikatformeln sind (zulässige prädikatenlogische) Formeln.

Wenn A Formel, dann ist auch $\neg$ A eine Formel.

Wenn A Formel, i Individuenvariable, dann sind auch $(\forall$ i) A(i) und $(\exists$ i) A(i) Formeln.

Wenn A, B Formeln, dann auch A -> B, A $\wedge$ B sowie A $\vee$ B.

Aussagenlogische Operatoren: wie dort beschrieben.

Semantik

Die im Rahmen der Vorstellung der Aussagenlogik vorgestellten Termini gelten auch im Bereich der Prädikatenlogik. Wichtige Unterschiede ergeben sich bei den Entscheidungsverfahren. Für den Bereich der Prädikatenlogik existieren zwar Entscheidungsverfahren, die, sofern sie ein Ergebnis liefern, aussagen, ob eine Formel allgemeingültig (oder widersprüchlich) ist oder nicht. Jedoch gibt es einige Formeln, bei denen die Entscheidungsverfahren nicht zu einem Ergebnis kommen können (das Entscheidungsverfahren terminiert nicht).

---

[156] Definition nach Horst Wessel, Logik, Berlin 1989, S. 207.

4.2.2.2 Juristische Anwendungen

Die Prädikatenlogik 1. Stufe[157] ist implizit überall da realisiert, wo PROLOG[158] als Programmiersprache eingesetzt wird. Die Prädikatenlogik 1. Stufe wird gelegentlich auch explizit zur Repräsentation juristischen Wissens benutzt. Dies geschieht jedoch nur in größeren Expertensystemprojekten (speziell bei Konsultationssystemen), die eine interne Modellierung des bearbeiteten Themenbereichs anstreben. Beispiele: LEX-1, KOKON.

4.2.2.3 Axiomatisierung im Recht[159]

Grundlage des Konzeptes der Axiomatisierung[160] ist, daß das juristische Sachgebiet durch eine unendliche[161] Menge von Sätzen repräsentiert werden kann. Das Ziel bei der Axiomatisierung besteht nun im Auffinden einer endlichen Beschreibung dieser unendlichen Menge. Diese endliche Beschreibung könnte eine *Teilmenge* der Gesamtmenge sein, aus der jedoch die Gesamtmenge logisch folgt. Wenn eine solche Beschreibung existiert, so sollte die Menge möglichst wenig Sätze umfassen. Diese Sätze, die auch als Axiome bezeichnet werden, können selbst nicht aus anderen hergeleitet werden, sie bilden die Verankerung der Beweisketten für andere Sätze.

Bezogen auf die Ursprungsmenge sieht die Situation nun so aus, daß eine Teilmenge als Axiomenmenge angesehen wird und die restlichen Sätze aus dieser durch logische Ableitungen zu gewinnen sind.

---

157 Eine Beschreibung der Prädikatenlogik 1.Stufe wird in vielen Veröffentlichungen vorgenommen, z.B. Karl Haag/Heinz Wagner, Die moderne Logik in der Rechtswissenschaft, Bad Homburg v. d. H. 1970, S. 61 ff.

158 Beschreibung der Programmiersprache PROLOG: W. F. Clocksin/C. S. Mellish, Programming in Prolog, Second Edition, Berlin/Heidelberg 1984.
Prolog wird beispielsweise eingesetzt bei den Systemen: ASTRA, British Nationality Act, LEX-1, LEX-2, SUSA.
Bemerkung:
Prolog enthält auch Elemente, die nicht Teil der Prädikatenlogik 1. Stufe sind. So etwa den Cut-Operator. {Bei dessen Verwendung treten semantische Schwierigkeiten auf, die in der Prädikatenlogik 1. Stufe nicht vorkommen}.

159 Vgl.: Jürgen Rödig, "Kennzeichnung der axiomatischen Methode" sowie "Axiomatisierbarkeit juristischer Systeme", in: Jürgen Rödig, Schriften zur juristischen Logik, Berlin/Heidelberg 1980.

160 Oft gibt es Mißverständnisse hinsichtlich der Bedeutung des Begriffes Axiomatisierung. Die Aussage, daß für ein Sachgebiet Axiome zu finden sind, bedeutet nicht, daß diese Axiome automatisch Aussagen mit unangreifbarem Wahrheitsgehalt seien. Aber auch, wenn man ein Axiomensystem gebildet hat, das "vernünftige" Schlüsse zuläßt, so bedeutet das nicht, daß die Axiome als wahre oder gar als einzig wahre Aussagen nachgewiesen wurden.

161 Beweis der Unendlichkeit:
Annahme: die Menge sei endlich. Dann gibt es darin einen längsten Satz A. Ein neuer Satz B wird gebildet durch Konjunktion von A mit sich selbst. B ist wahr, wenn A wahr ist. B müßte also in die Menge der das Gebiet abbildenden Sätze gehören. Dies ist ein Widerspruch zur Annahme, die dadurch widerlegt ist.

Auch im Recht wird die axiomatische Methode angewandt: ein konkretes Rechtsgebiet beinhaltet unendlich viele Rechtssätze. Diese können prinzipiell nicht alle notiert werden. Man hilft sich dadurch, daß Rechtsnormen formuliert werden, die abstrakte Begriffe enthalten.

Die Anwendung der axiomatischen Methode im Recht ist daher nicht nur möglich, sondern notwendig. Die Aufgabe des Gesetzgebers besteht immer in einer Axiomatisierung eines zu regelnden Rechtsgebietes, auch wenn dies oft nicht als solche wahrgenommen wird. Die Frage, die sich in dem Zusammenhang stellt, lautet also nicht, ob eine Axiomatisierung durchgeführt werden kann, sondern nur, wie exakt die Axiomatisierung zu realisieren ist. Ein großes Problem im juristischen Bereich ist die Frage, wie groß die Menge der Axiome sein muß, um die geplante Menge von Rechtssätzen zu realisieren.

Jedes Axiomensystem muß die Bedingungen Widerspruchsfreiheit und Vollständigkeit erfüllen. Die Widerspruchsfreiheit ist eine Grundvoraussetzung für ein sinnvolles Arbeiten mit dem Axiomensystem. Vollständigkeit bedeutet, daß alle gewünschten Sätze aus den Axiomen abgeleitet werden können. Darüber hinaus wird oft auch Unabhängigkeit der Axiome gefordert. Diese garantiert, daß die Axiomenmenge keine überflüssigen Axiome enthält. (Das sind solche, die sich aus anderen Axiomen ableiten lassen).

4.2.3 Prädikatenlogik höherer Stufe

In einer Prädikatenlogik höherer Stufe sind Meta-Prädikate zulässig. Dies sind Prädikate, die auf andere Prädikate angewandt werden können. Auf diese Weise können beispielsweise Anwendungsregeln für andere Prädikate definiert werden.

Dies Konzept könnte etwa im juristischen Bereich dazu benutzt werden, Normkonflikte aufzulösen. Denkbar wäre, daß durch die Meta-Prädikate eine Prioritätenregelung unter den Rechtsnormen (die durch andere Prädikate dargestellt werden) realisiert wird. In einer Situation, in der mehrere Rechtsnormen anwendbar sind, würde dann diejenige zur Anwendung gelangen, die die höchste Priorität aufweist. In der Praxis gibt es nur wenige Systeme (z.B. LES-2), die eine Prädikatenlogik höherer Stufe verwenden.

4.2.4 Modallogik

Syntax:
Durch Hinzunahme von zwei Operatoren "M" und "N" entsteht aus der Aussagen- oder Prädikatenlogik eine entsprechende Modallogik[162].

Semantik:
Sei "p" eine Aussage, so sind die Operatoren wie folgt zu interpretieren:
Np wird interpretiert als: "p ist notwendig wahr"
Mp wird interpretiert als "p ist möglicherweise wahr"

---

162 Vgl. hierzu auch: Karl Haag/Heinz Wagner, Die moderne Logik in der Rechtswissenschaft, Bad Homburg 1970, S. 88 f.

Ergänzung aussagenlogischer Axiomatik:

Als zusätzliche Axiome gelten:
I)   N(p ∧ q) <=> Np ∧ Nq
II)   Np -> p

Folgende Theoreme (allgemeingültige Sätze) sind charakteristisch für die Modallogik:
1.)   p -> Mp
2.)   N ¬ p -> ¬ p
3.)   Np -> Mp

Die Modallogik ist in der dargestellten Form nur von geringem Interesse für die Rechtstheorie. Aber sie bildet die (syntaktische) Basis für viele der diskutierten normativen Logiken. Hierbei werden die Operatoren nur in anderer Weise interpretiert.

4.3 Normlogische Ansätze

Einige Ansätze übernehmen die Syntax einer indikativen Logik und definieren für diese nur eine spezifische normative (deontische) Semantik. Als syntaktische Grundlage für diese Umdeutungen finden sich Aussagen- , Prädikaten- und auch Modallogiken.

4.3.1 Begriffliche Vorbemerkungen

Bevor näher auf die einzelnen Ansätze einer deontischen Logik eingegangen werden kann, sollen die Begriffe Norm, Normformulierung sowie Normaussage präzisiert werden. Die hier benutzte Sprachregelung übernimmt die Definitionen von G. H. von Wright[163].
Ausgehend von dem allgemeinen Begriff Normformulierung, der als Oberbegriff von Norm und Normaussage fungiert, ergeben sich grundsätzlich zwei Wege der Interpretation einer solchen Normformulierung. Sei beispielsweise der Satz "Helfe dem Nachbarn" gegeben, so kann dieser präskriptiv interpretiert werden, wobei dieser Satz dann ein Gebot ausspricht und gleichzeitig die für den Adressaten bindende Wirkung entwickelt. Derart interpretiert soll die Normformulierung als "Norm" bezeichnet werden.
Daneben kann eine Normformulierung auch deskriptiv interpretiert werden. Sie stellt dann (nur) eine Aussage dar, die behauptet, daß eine entsprechende Norm gültig ist. Dabei ist zu beachten, daß eine Normaussage mit einem üblichen Wahrheitswert belegt werden kann.

---

[163] Georg Henrik von Wright, Norms, Truth and Logic, in: A. A. Martino (Ed.), Deontic Logic, Linguistics and Legal Information Systems, Amsterdam 1982, S. 3-20.

4.3.2 Normative Deutung der Aussagenlogik

Schreiber[164] wie auch Klug[165] haben die Möglichkeit aufgezeigt, die Aussagenlogik in einer Weise umzudeuten, daß der Wert "true" durch "rechtens" und der Wert "false" durch "nicht rechtens" ersetzt wird. Dieser Ansatz greift an der bereits erwähnten Stelle an, daß der Formalismus der Aussagenlogik nicht zwingend mit den Werten "wahr" und "falsch" interpretiert werden muß. Aufgrund der begrenzten Ausdrucksfähigkeit der Aussagenlogik (im Vergleich zur Prädikatenlogik) ist der Nutzen einer solchen normativen Umdeutung allerdings nur sehr begrenzt.

4.3.3 Normative Deutung der Prädikatenlogik

Es gibt Ansätze, bei denen die Prädikatenlogik zur Anwendung auf normative Sachverhalte vorgeschlagen wurde[166], jedoch nehmen diese Ansätze keine grundsätzliche Neudefinierung der Semantik vor. Sie beschreiten einen anderen Weg, indem sie Prädikate verwenden, die als Aussagen über Normen (also als Normaussagen) zu verstehen sind.

4.3.4 Normative Deutung der Modallogik

Bei der von Becker[167] vorgeschlagenen normativen Interpretation der Modallogik wird die Bedeutung der Operatoren wie folgt definiert:

Interpretation der Literale[168]:

p   legale Ausführung
¬ p   legale Unterlassung
(illegale Handlungen werden nicht miteinbezogen)

Interpretation der Modaloperatoren "M" und "N":

Np   "p ist geboten"
Mp   "p ist erlaubt"

---

[164] Rupert Schreiber, Logik des Rechts, Berlin/Heidelberg 1962, S. 77.

[165] Ulrich Klug, Bemerkungen zur logischen Analyse einiger rechtstheoretischer Begriffe und Behauptungen, in: Max Käsbauer/Franz von Kutschera (Hrsg.), Festschrift für Wilhelm Britzelmayr, 1962, S. 123f.

[166] Z.B. Ulrich Klug, Juristische Logik, 4. Auflage, Berlin/Heidelberg 1982; Ausführlich auch: Jürgen Rödig, Ein Kalkül des juristischen Schließens, in: Jürgen Rödig, Schriften zur juristischen Logik, Berlin/Heidelberg 1980, S. 107-158.

[167] Vgl. hierzu auch: Karl Haag/Heinz Wagner, Die moderne Logik in der Rechtswissenschaft, Bad Homburg 1970, S. 90.

[168] Ein Literal besteht aus einer negierten oder einer nicht negierten Variablen.

Interpretation der Axiome der Modallogik:

I) $N(p \wedge q) <=> Np \wedge Nq$
Wenn p und q gemeinsam geboten sind, so sind p und q auch einzeln geboten.
II) $Np -> p$
Wenn p geboten ist, so findet p legal statt.

Die Theoreme der Modallogik werden wie folgt interpretiert:

1.) $p -> Mp$
Wenn p legal ausgeführt wird, so ist p erlaubt.
2.) $N \neg p -> \neg p$
Wenn p verboten ist, so findet p nicht legal statt.
3.) $Np -> Mp$
Wenn p geboten ist, dann ist p erlaubt.

Bewertung dieses Ansatzes:
Viele modallogische Theoreme sind auch deontisch richtig. Die vorliegende Konzeption muß jedoch trotzdem verworfen werden, da bereits die deontische Interpretation der (grundlegenden) Axiome I und II keinen Sinn macht. In einem System, in dem beispielsweise Axiom II mit der Interpratation "Wenn p geboten, dann findet p (legal) statt" gilt, würde das Vorkommen einer (illegalen) Unterlassung ausgeschlossen sein.
Man müßte, um derartige Ergebnisse zu vermeiden, die Axiome verändern[169]. Entsprechend müßte auch die Menge der Tautologien angepaßt werden und es würde sich nicht mehr um eine bloße Umdeutung der Modallogik handeln. Offensichtlich ist daher die normlogische Umdeutung des Modalkalküls als deontische Logik unbrauchbar.
Teilweise wurde versucht, diese Schwierigkeiten zu umgehen, indem als Basis für die Umdeutung ein erweiterter Modalkalkül benutzt wurde. So schlug Anderson eine normlogische Interpretation eines erweiterten Modalkalküls vor[170]. Dieser Kalkül enthält neben den weiterhin modallogisch interpretierten Operatoren N und M weitere drei Operatoren "O","F" sowie "P", die als Gebots-, Verbots- und Erlaubnisoperator fungieren. Aber auch dieser Ansatz fördert eine Reihe von Sätzen zutage, deren Bedeutung nicht erwünscht ist.

---

[169] Es gibt entsprechende Ansätze, in denen das Axiom II weggelassen bzw. ersetzt wurde.
[170] Alan Ross Anderson, The Formal Analysis of Normative Systems, in: N. Rescher, The Logic of Decision and Action, Pittsburgh 1966, S. 147-213.

4.4 Eigenständige deontische Logiken

Während die oben beschriebenen Umdeutungen die Syntax, die Menge der Formeln und damit auch die Menge der Tautologien[171] übernehmen und diese nur in neuer Weise interpretieren, besitzt eine "eigenständige" deontische Logik individuelle syntaktische und semantische Regeln, die nach den Erfordernissen des Anwendungsgebietes definiert werden. Dies schließt jedoch nicht aus, daß die syntaktische Struktur einer indikativen Logik ähnelt.

4.4.1 Überblick

Die ersten Versuche, in systematischer Weise eine Normlogik zu konstruieren, gehen auf Ernst Mally zurück[172]. Anfang der 50er Jahre wurde diese Idee von G. H. von Wright aufgegriffen. Dieser entwickelte zunächst ein Konzept monadischer normativer Konzepte[173]. Dies markierte den Anfangspunkt einer bis heute andauernden Diskussion um die Normlogik.

Kritiker des Ansatzes wiesen auf eine Reihe von Paradoxa[174] hin, die sie in dem System von Wrights ausmachten. Als Antwort hierauf entwickelte von Wright sein Konzept weiter[175]. Dabei ging er (zeitweise) von einem monadischen auf ein dyadisches (bedingtes, relatives) Konzept normativer Logik über. Dies stellte eine Verbesserung dar: einige der Paradoxa (Chisholms Paradoxon sowie das Paradoxon von Prior) konnten dadurch vermieden werden. Andere Paradoxa[176] traten jedoch auch bei der dyadischen Konzeption auf. Ein weiteres Defizit besteht darin, daß auch die dyadischen Logiken keine Möglichkeiten zur Formulierung und Bearbeitung temporaler und quantifizierter Ausdrücke zur Verfügung stellen. Ein anderer Ansatz

---

[171] Ist eine (zweiwertige) Logik durch Syntaxregeln beschrieben, so kann man bereits anhand einer abstrakten Auswertung (z. B. indem man Werte "+" und "-" zuläßt) diejenigen syntaktischen Konstrukte ermitteln, die jeweils nur einen Wert annehmen. Die Menge dieser Sätze ist *nicht* davon abhängig, ob die Werte "+" und "-" durch "wahr" und "falsch" oder auch ein anderes Wertepaar interpretiert werden. Ausführlich hierzu: "Der protologische Kalkül", in: Ilmar Tammelo/Helmut Schreiner, Grundzüge und Grundverfahren der Rechtslogik, München 1974, Band 1, S. 15-29.

[172] Hinweis in Georg Henrik von Wright, Norms, Truth and Logic, in: A. A. Martino (Ed.), Deontic Logic, Linguistics and Legal Information Systems, Amsterdam 1982, S. 3.

[173] Georg Henrik von Wright, Deontic Logic, in: Mind, Bd. 60 (1951), S. 1-15.

[174] Z. B. "Paradox of commitment" von Prior (A. N. Prior, The Paradoxes of Derived Obligation, in: Mind 63, 1954, S. 64-65), R. M. Chisholm, "Contrary-to-Duty Imperatives and Deontic Logic", in: Analysis 24, 1963, S. 33-36.

[175] Das System von 1956 (Georg Henrik von Wright, A Note on Deontic Logic and Derived Obligation, in: Mind 65, 1956, S. 507-509) war die Reaktion auf das "paradox of commitment" von Prior (A. N. Prior, The Paradoxes of Derived Obligation, Mind 63, 1954, S. 64-65).
Das System von 1964 bzw. 1965 (Georg Henrik von Wright, A New System of Deontic Logic, in: Risto Hilpinen, Deontic Logic, Dordrecht 1971, S. 105-120) eine Reaktion auf das "contrary-to-duty imperative paradox" von Chisholm (R. M. Chisholm, "Contrary-to-Duty Imperatives and Deontic Logic", in: Analysis 24, 1963, S. 33-36).

[176] Åqvist nennt folgende Paradoxa der dyadischen Logik:
1.) Dilemma of commitment and detachment.
2.) Prima facie vs. aktuelle Verpflichtung.
3.) The ought-implies-can problem.
4.) Paradoxon vom Guten Samariter und das Jephta Dilemma.
5.) Problem der Beziehung von "act-utilitarism" zur deontischen Logik.
(Vgl.: Lennart Åqvist, Deontic Logic, in: D. Gabbay/F. Guenthner (Eds.), Handbook of Philosophical Logic, 1984, Vol. II, S. 605-714).

liegt der Handlungslogik (Logic of Action) zugrunde, die zunächst ebenfalls von Wright in die Diskussion brachte[177]. Dieser Ansatz, der den Blick verstärkt auf die Vorgänge richtet, auf die die deontischen Operatoren angewandt werden, wird in modifizierter Form auch von McCarty vertreten, der diese Logik in die juristische "Shell" LLD integriert.

Diese Konzeptionen sollen im folgenden näher skizziert werden:

4.4.2 Monadische deontische Logiken

Nach Åqvist wird eine Logik als "monadische aussagenlogische deontische Logik im von Wright Typ" bezeichnet, wenn sie die im folgenden beschriebene Syntax aufweist und über bestimmte Abschlußeigenschaften verfügt. Åqvist benennt 10 monadische deontische Logiken[178], die der Konzeption von Wrights genügen.

Syntax:

Alphabet:
(i) (aufzählbare) Menge von Aussagevariablen *Prop* (a,b,...)
(ii) einfache logische Operatoren (true, false, $\neg$, O, P, $\wedge$, $\vee$, ->,<=>))
(iii) Klammern

Sätze (Formeln)
Die Menge aller Sätze ist definiert als kleinste Menge S mit
(a) jede Aussagevariable aus *Prop* gehört zu S
(b) true und false sind in S
(c) Wenn a in S, so auch $\neg$a, Oa, Pa
(d) Wenn a, b in S, so auch (a $\wedge$ b), (a $\vee$ b), (a -> b) sowie (a <=> b).

Definition:
Fa := $\neg$ Pa

---

[177] Georg Henrik von Wright, Handlungslogik, in: H. Lenk (Hrsg.): Normenlogik, 1974, S. 25-38.
[178] Smiley-Hanson Systeme monadischer deontischer Logik. Vgl. Lennart Åqvist, Deontic Logic, in: D. Gabbay/F. Guenthner (Eds.), Handbook of Philosophical Logic, 1984, Vol. II, S. 665-669.

Die Axiome, die zur Definition der unterschiedlichen Logikvarianten herangezogen werden lauten[179]:

(A0) Die Axiome der Aussagenlogik

(A1) Pa <=> ¬ O ¬ a

(A2) O(a -> b) -> (Oa -> Ob)

(A3) Oa -> Pa

(A4) Oa -> OOa

(A5) POa -> Oa

(A6) O(Oa -> a)

(A7) O(POa -> a)

Alle Systeme haben folgende Inferenzregeln:

R1: (Modus Ponens)

Wenn a und a -> b gegeben, so kann auf b geschlossen werden.

Formal notiert:

a

a -> b

b

R2: (O-necessitation)

a

Oa

Hiermit werden zehn Logiken mit den Bezeichnungen *OK*, *OM*, *OS4*, *OB*, *OS5*, *OK+*, *OM+*, *OS4+*, *OB+* und *OS5+* konstruiert.

Die Logiken werden durch Angabe der Axiome definiert, die zusätzlich zu der syntaktischen Grundstruktur gelten sollen.

OK := A0-A2

OM := A0-A2, A6

OS4 := A0-A2, A4, A6

OB := A0-A2, A6, A7

OS5 := A0-A2, A4, A5 (beachte: A6 und A7 sind ableitbar in *OS5*)

Die jeweilige Logikvariante, die durch ein angehängtes "+" bezeichnet ist, ergibt sich durch Hinzunahme des Axioms A3 zur jeweiligen Ausgangslogik.

---

[179] Lennart Åqvist, Deontic Logic, in: D. Gabbay/F. Guenthner (Eds.), Handbook of Philosophical Logic, 1984, Vol. II, S. 666.

4.4.2.1 Paradoxa der monadischen deontischen Logik

Schon bald nach der Definition der monadischen Logiken erschienen Veröffentlichungen, in denen auf bestimmte Paradoxa hingewiesen wurde, die in den Logiken enthalten seien.

Eine brauchbare Definition des Begriffs "Paradoxon" kann - wie bereits erwähnt - durch die folgende Beschreibung gegeben werden: "Aus allgemein als wahr erkannten Sätzen wird eine Aussage abgeleitet, die nicht als wahr empfunden wird"[180].

Ist ein solches Paradoxon aufgetreten, so ergeben sich grundsätzlich zwei Möglichkeiten zur Behandlung des Paradoxons:
1) In einigen Fällen läßt sich begründen, daß die paradoxe Wirkung nicht auf ein unzureichendes formales System zurückzuführen ist, sondern beispielsweise in der Situation begründet ist, die mit dem Formalismus behandelt werden soll. Kein formales System kann dafür garantieren, daß es nur auf "sinnvolle" Fälle angewandt wird. Ist der zugrundeliegende Fall bereits weltfremd konstruiert, so darf man es nicht dem System anlasten, wenn aus diesem Fall nur wiederum Ergebnisse abgeleitet werden, die nicht als wahr empfunden werden.
2) In anderen Fällen weisen die Paradoxa auf "echte" Mängel des formalen Systems hin.

4.4.2.2 Paradoxon von Alf Ross

Dieses Paradoxon ist eines der berühmtesten Paradoxa der deontischen Logik. Seine ausführliche Behandlung ist auch daher sinnvoll, da andere Paradoxa durch logische Umformungen auf dieses Paradoxon zurückgeführt werden können. Die Formulierung dieses Paradoxons lautet:
"From: *Slip the letter into the letter box!* we may infer, *slip the letter into the letter-box or burn it!*"[181]

Die Konsequenzen, die aus diesem "Paradoxon" gezogen werden, sind sehr unterschiedlich. Bevor hier eine eigene Sichtweise entwickelt wird, soll auf drei Aspekte hingewiesen werden, die die Bewertung des Paradoxons entscheidend beeinflussen, die aber von vielen Autoren nicht explizit berücksichtigt werden.

Aspekt 1:
Die englische Originalformulierung des Ross-Paradoxons läßt nicht unmittelbar erkennen, mit welcher Formel der Satz zutreffend zu repräsentieren ist.

---

180 Rudolf Stranzinger, Die Paradoxa der deontischen Logik, in: Ilmar Tammelo/Helmut Schreiner, Grundzüge und Grundverfahren der Rechtslogik, Band 2, München 1977, S. 142-159.
181 Alf Ross, Imperatives and Logic, 1944, Philosophy of Science 11, S. 30-46.

Zur Darstellung des Satzes kommen folgende Formeln in Frage:

I) Op -> O(p ∨ q)
sowie
II) Op -> Op ∨ Oq

Ross selbst wählt die Formel I. Die meisten Autoren benutzen daher auch diese Formel (z.B. Morscher, von Wright). Andere beispielsweise Stranzinger sehen den englischen Satz allerdings besser durch Formel II dargestellt.

Aspekt 2:
Vor einer Analyse des Paradoxons muß man sich ferner darüber klar werden, ob man die Gebote als Normen oder als Normaussagen verstehen will.

Aspekt 3:
Schließlich ist für die Bewertung des Paradoxons wichtig zu klären, welche zeitliche Dimension man den Geboten zumißt. Die ausgesprochenen Gebote könnten für eine unbegrenzte Zeitspanne gültig sein. Man könnte die Gebote aber ebensogut nur auf einen Zeitpunkt beziehen.

Nun zur Analyse des Ross-Paradoxons:

Ausgangssituation

Die Aufforderung "Werfe den Brief in den Briefkasten" ist gegeben. Dieser Satz werde durch Op dargestellt.

Umformung U1

Mit Hilfe der Tautologie (II) Op -> Op ∨ Oq und der Belegung "Verbrenne den Brief" für Oq kann aus Op die Formel Op ∨ Oq abgeleitet werden. Diese Formel wäre wie folgt zu interpretieren:
"Es ist geboten, den Brief in den Briefkasten zu werfen oder es ist geboten, den Brief zu verbrennen."
Die Formel (II) und der mit ihrer Hilfe abgeleitete Satz sind nicht bedenklich. Die Formel hat ihre Entsprechung im Bereich der indikativen Logiken. So läßt es die aussagenlogische Tautologie "p -> p ∨ q" zu, von der gegebenen Wahrheit der Aussage p auf die Wahrheit der Aussage p ∨ q zu schließen, unabhängig davon, welche Aussage durch q repräsentiert wird.

Bedenklich wäre, wenn mit Hilfe einer Regel (Op -> O(p ∨ q)) entweder direkt aus Op oder aus (Op ∨ Oq)[182] auf O(p ∨ q) geschlossen werden könnte, was wie folgt zu interpretieren wäre: "Es ist geboten, den Brief einzuwerfen oder ihn zu verbrennen."

Die Frage, ob man diese Schlußfolgerung als angemessen oder nicht angemessen empfindet, hängt von dem Verständnis der Formel ab: Als *Normaussage* ist das Ergebnis akzeptabel, als *Norm* nicht.

Versteht man die Normformulierungen als Normaussagen, so zeigt sich, daß in der indikativen Logik ein vergleichbares "Paradoxon" auftritt. Denn dort gilt (p -> p ∨ q). Es gilt sogar (p -> p ∨ false). Während derartige Formeln der indikativen Logiken nur selten kritisiert werden, werden sie im Bereich der Normlogik als problematisch angesehen.

Versteht man die Normformulierungen als Normen, so ist klar, daß ein Gebot, das sich auf eine bestimmte Handlung erstreckt, nicht so erweitert werden kann, daß zwar ein Gebot erhalten bleibt, der Inhalt des Gebotes jedoch aufgeweicht wird, indem zu dem "wirklich" gebotenen eine beliebige Handlung als Alternative gestellt wird.

Exkurs:

Wenn man die Ansicht teilt, daß die etablierten Konzepte monadischer/dyadischer deontischer Logiken auch mit Hilfe des Formalismus indikativer Logiken, beispielsweise der Prädikatenlogik, erfüllt werden können, so verwundert es nicht, daß Effekte, wie sie in Zusammenhang mit dem Ross-Paradoxon genannt werden, auch in Zusammenhang mit einer indikativen Logik auftreten.

Dies läßt sich gut anhand einer Diskussion hierüber zwischen Garstka und Rödig[183] anschaulich machen. Hierbei benutzte Garstka das Ross-Paradoxon bemerkenswerterweise dazu, die Anwendbarkeit der indikativen Logik auf Rechtsnormen zu bezweifeln. Garstka führt aus "p -> p ∨ q" gelte in der Prädikatenlogik. Dann könne man in den Rechtsfolgeteil einer Norm irgendeine unsinnige Aussage mitaufnehmen, beispielsweise "Herausgabe -> Herausgabe oder Kaputtmachen" (bezogen auf § 812 BGB) und niemand könne daran Interesse haben, daß neben die gesetzlich vorgesehene eine beliebige andere Alternative gestellt werde.

Rödig bemerkt zutreffend, die von Garstka gewonnenen Aussage sei zwar nicht sinnvoll, aber auch nicht falsch. Sie sei lediglich mit den Mitteln der Aussagenlogik aus der

---

182 Zur Formel O(p ∧ q) => Op ∧ Oq siehe: Rudolf Stranzinger, Die Paradoxa der deontischen Logik, in: Ilmar Tammelo/Helmut Schreiner, Grundzüge und Grundverfahren der Rechtslogik, S. 142-159.
In den meisten Systemen gilt: O(p ∧ q) => Op ∧ Oq.
Zwei Standpunkte hierzu:
Einige Logiker (z.B. Weinberger, Rechtslogik) verbieten die Formel O(p ∧ q) => Op ∧ Oq.
Andere (z.B. vonWright) lassen die Formel O(p ∧ q) => Op ∧ Oq oder sogar O(p ∧ q) <=> Op ∧ Oq als Theorem/Axiom zu.
183 Dieter Rave/Hans Brinckmann/Klaus Grimmer (Hrsg.), Logische Struktur von Normensystemen am Beispiel der Rechtsordnung, Darmstadt 1971, S. 87-90 sowie S. 109-111.

ursprünglichen Norm abgeleitet und dabei abgeschwächt. Assoziiere man jedoch mit diesem Gegenbeispiel die Vorstellung, die gewünschte Rechtsfolge könne durch das "Kaputtmachen" erfüllt werden, so übersehe man, daß aufgrund der Abschwächung zwar eine neue, abgeschwächte Norm entsteht, die ursprüngliche jedoch bestehen bleibt. Die Entscheidung über die Gebotenheit eines Verhaltens muß stets auf der Grundlage sämtlicher Normen der einschlägigen Rechtsordnung getroffen werden[184]. Das Ross Paradoxon ist hier also durch Klarstellung der Interpretation "ausgeräumt" worden.

Umformung U3

Ebenfalls bedenklich wäre, wenn eine Regel zuließe, aus $O(p \lor q)$ oder aus $(Op \lor Oq)$ auf Oq zu schließen. Wenn diese Umformung möglich wäre, so ließe sich $Op \Rightarrow Oq$ ableiten. Dies wäre mit den gegebenen Interpretationen wie folgt zu interpretieren:
"Aus *Es ist geboten, den Brief in den Briefkasten zu werfen* folgt *es ist geboten, den Brief zu verbrennen.*"

Gesamtbewertung

Die angeführten Überlegungen stützen die Ansicht[185], daß das Ross-Paradoxon im Gegensatz zur Sicht seines Schöpfers keine ernsthafte Gefährdung der Möglichkeit der Konstruktion einer deontischen Logik darstellt. Åqvist weist zutreffend darauf hin, daß das Paradoxon unsere Aufmerksamkeit auf die Mehrdeutigkeit normativer Aussagen in natürlicher Sprache lenkt, die als Fehlerquelle in Betracht kommt. Man kann das Ross-Paradoxon nicht derart auffassen, daß es die Unmöglichkeit der Normlogik demonstriert - es macht nicht einmal gravierende Mängel an Syntax und Semantik der deontischen Logik deutlich - es zeigt vielmehr den Spielraum auf, der für die Interpretation von Formeln der deontischen Logik bestehen. Eine Logik, die so konstruiert ist, daß diese Spielräume nicht explizit mit in den Formalismus aufgenommen werden, erscheint allerdings aus pragmatischen Gesichtspunkten verbesserungswürdig.

---

[184] Jürgen Rödig gibt im "Complement zum Sitzungsprotokoll" folgende formal fundierte Darstellung dieses Arguments (in: Dieter Rave/Hans Brinckmann/Klaus Grimmer (Hrsg.), Logische Struktur von Normensystemen am Beispiel der Rechtsordnung, Darmstadt, Dezember 1971, S. 109-111): Ausgangspunkt sei eine Pflicht P, die sich an einen Menschen m richtet (beispielsweise die Pflicht, einem anderen Menschen zu helfen, dargestellt durch P(m)). Außerdem sei die Formel K(m) gegeben. Diese habe die Bedeutung: "m soll ein Fahrzeug zerstören". Aussagenlogisch gilt: a -> (a v b) für beliebige a,b; setzt man P(m) für a und K(m) für b, so entsteht die Formel P(m) -> (P(m) v K(m)). P(m) v K(m) stellt eine aus P(m) abgeleitete Verpflichtung dar. Diese würde auch durch K(m) (also durch das Zerstören eines Fahrzeugs) erfüllt. Aber: aufgrund der Abschwächung von P(m) in die Disjunktion P(m) v K(m) wird P(m) nicht etwa aufgehoben, und die Entscheidung, ob eine Pflicht besteht, kann stets nur auf der Grundlage sämtlicher Normen getroffen werden. (P(m) v K(m)) ∧ P(m)) ist aussagenlogisch mit P(m) äquivalent. Die ursprüngliche Form des Gebots geht durch Ableitung einer Abschwächung nicht verloren.

[185] Die auch von Åqvist vertreten wird. Vgl. Lennart Åqvist, Deontic Logic, in: D. Gabbay/F. Guenthner (Eds.), Handbook of Philosophical Logic, 1984, Vol. II, S. 605-714.

Dies basiert auf dem Satz "Schließe das Fenster und spiele Klavier". Dies kann in: "Es ist geboten, das Fenster zu schließen und Klavier zu spielen" umformuliert und mit der Formel "$O(p \wedge q)$" repräsentiert werden. Unter Verwendung der Tautologie "$O(p \wedge q) \Rightarrow Op$" folgt daraus "$Op$" was mit "spiele Klavier" zu interpretieren ist. Das Problem tritt deutlicher durch die Zuspitzung der Interpretation durch "spiele nur Klavier" (und lasse gegebenenfalls das Fenster offen) zutage.

Am konkret gewählten Beispiel zeigt sich vor allem ein Mangel an zeitlichen Ausdrucksmöglichkeiten; hier möchte man sagen "Es ist geboten, zunächst das Fenster zu schließen und dann Klavier zu spielen". Dabei soll ausgedrückt werden, daß zwei Dinge zeitlich nacheinander ausgeführt werden sollen. Eine solche zeitliche Abfolge, die ein Mensch, der den Ausgangssatz liest, meist automatisch damit verbindet, läßt sich in der hier diskutierten deontischen Logik nicht darstellen. Daher wird der natürlichsprachliche Satz in die Formel $O(p \wedge q)$ "gezwängt", in der nur die Konjunktion[187] beider Handlungen p und q repräsentiert wird.

Die Konjunktion zweier Normen ist aber nur dann sinnvoll, wenn man auch beide gleichzeitig will. Wenn ein Gebot $O(p \wedge q)$ vorliegt, das eine *gleichzeitige* Ausführung beider Gebote beabsichtigt, beispielsweise "gehe nach Hause und achte auf den Straßenverkehr" so wird es nicht als ungewöhnlich empfunden, wenn aus dieser Konjunktion das Gebotensein beider Einzelhandlungen abgeleitet wird.

Ergebnis:
Das Problem liegt hier im Bereich der Übersetzung des (natürlichsprachlichen) Ausgangssatzes in eine Formel. Die deontische Logik erweist sich hierbei nicht als falsch, sondern als unzureichend entwickelt. Es zeigt sich insbesondere ein Mangel an zeitbezogenen Ausdrucksmöglichkeiten.

---

[186] Rudolf Stranzinger, Die Paradoxa der deontischen Logik, in: Ilmar Tammelo/Helmut Schreiner, Grundzüge und Grundverfahren der Rechtslogik, Band 2, München 1977, S. 142-159.
[187] Verknüpfung mit logischem "und".

4.4.2.4 Arthur N. Priors Paradoxon (Paradoxon der abgeleiteten Pflicht)

Dies "Paradoxon" besteht aus vier Formeln[188], wobei behauptet wird, daß jede hiervon paradoxe Ergebnisse herbeiführe.
Die vier (ableitbaren) Formeln sind:
(1) $\neg$ p2 -> (p2 -> Op3)
(2)   Op3 -> (p2 -> Op3)
(3)   O $\neg$p 2 -> O(p2 -> p3)
(4)   Op3 -> O(p2-> p3)

Für alle Sätze kann man Interpretationen angeben, die zunächst ein ungewöhnliches Bild abgeben und es wird behauptet: Keiner der Sätze 1-4 sei logisch gültig.

Folgende Widerlegungen werden dabei für die Sätze 1 - 4 angegeben:
Widerlegung von Satz 1:
Annahme: Satz 1 sei gültig (d.h. Satz 1 sei eine deontische Tautologie).
Dann ist auch jedes Ergebnis einer einheitlichen Ersetzung[189] gültig. Daher auch folgender Satz: "$\neg$ p2 -> (p2 -> O $\neg$ 3)". Hier wird ausgehend von "$\neg$ p2" auf "O $\neg$ p3" geschlossen. Satz 1 war durch die Formel "$\neg$ p2 -> (p2 -> O p3)" gegeben , wobei ebenfalls ausgehend von "$\neg$ p2" auf "O p3" geschlossen wird. Hierin wird das paradoxe Verhalten gesehen.

Gegen diese Argumentation kann man hier einwenden, daß das konfliktträchtige Ergebnis nie zustandekommen kann, denn beide Sätze enthalten Bedingungen, die nicht zu erfüllen sind.
Gemäß Satz 1 kann nur dann auf "O $\neg$ p3" geschlossen werden, wenn "$\neg$ p2" erfüllt ist und auch wenn "p2" erfüllt ist. Dies kann aber nie der Fall sein. Die Tatsache, daß Formel 1 einen deontischen Operator enthält, ist für die vorliegende Argumentation unerheblich. So verwundert es auch nicht, daß Formel 1 ohne Gebots-Operator eine aussagenlogische Tautologie darstellt, mit der ein ähnliches "Paradoxon" konstruiert werden könnte.

Widerlegung von Satz 2:
Die Formel ähnelt einem Paradoxon, das bereits im Zusammenhang mit der Aussagenlogik analysiert wurde. Die Argumentation, mit der das Paradoxon im Bereich der Aussagenlogik behandelt wurde, kann direkt auch auf die hier vorliegende deontische Variante übertragen werden.
Man sieht daran auch gut, daß beide "Paradoxa" keine speziellen Einwände gegen die Normlogik darstellen. Sie sind Ausprägungen bekannter Tautologien. Deren scheinbare Widersprüchlichkeit verschwindet bei genauer Anwendung der Logik[190].

---

[188] Darstellung nach Åqvist, Deontic Logic. Ursprünglich geht dies Paradoxon auf Prior zurück. Vgl.: A. N. Prior, The Paradoxes of Derived Obligation, in: Mind 63, 1954, S. 64-65.

[189] Gemäß dem Bolzano-Kriterium; näheres zu diesem Kriterium: Åqvist, Deontic Logic, Kap. 4.5.

[190] Argumentationslinie: Deprivation-of-Counterintuitive-Force.
(Verminderung der Widersprüchlichkeit)
Diese Argumentationslinie vertreten:
G. H. von Wright (Georg Henrik von Wright, A Note on Deontic Logic and Derived Obligation, in: Mind 65, 1956, S. 508),
Anderson (A. R. Anderson, The Formal Analysis of Normative Systems, in: N. Rescher (Ed.), The Logic of Decision and Action, Pittsburgh 1967, S. 147-213) und
Prior (A. N. Prior, Formal Logic, Clarendon Press, Oxford 1955, S. 224).

Die Sätze 3 und 4 können durch Ersetzen des inneren "->" durch "¬ .. ∨" auf das Ross-Paradoxon (in seiner Form "Op -> O(p ∨ q)") reduziert werden.

Obwohl die Paradoxa keinen zwingenden Beweis eines Mangels der deontischen Logik liefern, so weisen sie doch darauf hin, daß bestimmte (korrekt definierte) Aspekte der Logik immer wieder zu Irritationen führen. Man kann hierin ein pragmatisches Defizit der deontischen Logik ausmachen. Dieses Defizit motiviert zu einer Weiterentwicklung der (monadischen) deontischen Logik. Eine solche geschah beispielsweise durch die Einführung einer bedingten Erlaubnis (von Wright[191]). Hierauf basiert das erste System dyadischer deontischer Logik[192].

4.4.2.5 Roderick M. Chisholms "Contrary-to-Duty Imperative Paradox"

Dieses Paradoxon tritt in verschiedenen Versionen[193] auf.

Beispiel:
Gegeben seien die vier Formeln:

a) Op   {Es ist geboten, daß man seinem Nachbarn hilft.}

b) O(p -> q)   {Es ist geboten, wenn man seinem Nachbarn hilft, dann teilt
                     man dem Nachbarn das Kommen mit.}

c) (¬ p -> O ¬ q)   {Wenn man nicht so handelt (also: dem Nachbarn nicht
                     hilft), dann ist es geboten dem Nachbarn nicht mitzuteilen,
                     daß man kommt.

d) ¬ p   {Man kommt nicht.}

Hieraus läßt sich i) (Oq ∧ O ¬ q) und ii) (Oq ∧ ¬ Oq) ableiten, was einen Widerspruch darstellt.

Bewertung:
a) Die Wahl der Ausgangssätze erscheint nicht gelungen. Satz 3 hat einen sehr ungewöhnlichen Inhalt. Von b) nach c) wird ein Umkehrschluß durchgeführt.

b) Die Ableitung des Widerspruchs i) erfordert, daß die Ableitung O(p -> q)
=> Op -> Oq   zulässig ist.

---

191 Georg Henrik von Wright, A Note on Deontic Logic and Derived Obligation, in: Mind 65, 1956, S. 507-509.
192 Weitere Ergänzungen wurden vorgenommen in: Georg Henrik von Wright, A New System of Deontic Logic, in: Risto Hilpinen, Deontic Logic, Dordrecht 1971, S. 105-120.
Åqvist weist darauf hin, daß die Idee der binären "primitives" eine ergiebige Forschung auslöste.
(So gibt es hierzu Veröffentlichungen u. a. von: Rescher 1958, Powers 1967, Segerberg 1971, von Kutschera 1973 sowie 1974, Lewis 1974, Chellas 1974, Sphon 1975).
193 R. M. Chisholm, Contrary to Duty Imperatives and Deontic Logic, in: Analysis 24, 1963, S. 33-36. J. van Eck, A System of Temporally Relative Modal and Deontic Predicate Logic and its Philosophical Applications, Groningen 1981, S. 30-31.

Die Zweckmäßigkeit dieser Regel muß bezweifelt werden.

Gegenbeispiel für die Interpretation[194] der Formel O(p -> q) => Op -> Oq :

Wenn geboten ist:

> wenn kein Raub begangen wurde, dann wird keine Strafe wegen Raubes verhängt,

dann gilt:

> aus *es ist geboten keinen Raub zu begehen* folgt *es ist geboten keine Strafe wegen Raubes zu verhängen.*

Diese Konsequenz ist zweifellos unerwünscht.

Lösungsansätze durch Änderung des Formalismus[195]:

Åqvist weist darauf hin, daß der oben genannte Widerspruch in monadischer deontische Logik nicht zu vermeiden ist. Die Verwendung dyadischer deontischer Logik erlaubt jedoch eine formale Darstellung der Sätze, die zu keinen Widersprüchen führt.

4.4.2.6 Renaissance der monadischen deontischen Logik bei G. H. von Wright

Von Wright arbeitete zunächst mit monadischer später mit dyadischer deontischer Logik. Seine Analyse der Brauchbarkeit der Ansätze stützt sich jedoch weniger auf diesen Unterschied, als vielmehr auf Fragen der Interpretation[196].

Er gesteht ein, daß er bei Entwicklung der Normlogik im Jahr 1951 die Notwendigkeit der Unterscheidung zwischen Normen, Norm-Formulierungen und Norm-Aussagen nicht gesehen habe. In "Norm and Action" (1963) habe er dann diese Unterscheidung dargestellt und berücksichtigt. Ausgerüstet mit einer neuen Art der Interpretation kommt von Wright schließlich wieder auf eine monadische Formalisierung zurück und versucht darzustellen, daß sich mit der "richtigen" Interpretation alles harmonisch füge.

Darstellung der Interpretation von Wrights:

Von Wright rückt die Aussage in den Mittelpunkt, daß die normgebenden Aktivitäten und Normen selbst unter verschiedenen Aspekten der Rationalität betrachtet werden können.

---

[194] Beispiel von Åqvist, Deontic Logic, in: D. Gabbay/F. Guenthner (Eds.), Handbook of Philosophical Logic, 1984, Vol. II, S. 605-714.

[195] Nach Åqvist, Deontic Logic. Seine Analyse der dyadischen Logik (vgl. Kap. 16) weist sogar zwei Möglichkeiten einer konsistenten und nicht-redundanten Darstellung der vier beteiligten Formeln nach.

[196] Georg Henrik von Wright, Norms, Truth and Logic, in: A. A. Martino (Ed.), Deontic Logic, Linguistics and Legal Information Systems, Amsterdam 1982, S. 3-20.

Dieser Interpretation liegen folgende Thesen zugrunde:
- Normen an sich haben keine Wahrheitswerte.
- Logische Beziehungen, wie Widerspruch und Folgerung können nur im Bezug auf Wahrheitswerte konstruiert werden.
- Es macht keinen Sinn, von Folgerung zwischen Dingen zu sprechen, die keinen Wahrheitswert haben.
- Die Normen können aber (auf einer Meta-Ebene) unter verschiedenen Aspekten der Rationalität betrachtet werden.
- Normen können deskriptiv und präskriptiv interpretiert werden.
- Es gibt eine Logik der Normen, insofern diese deskriptiv interpretiert werden.

Als formales Gerüst hierfür benutzt von Wright eine monadische deontische Logik für Normen der ersten Ordnung.

Axiome:
A0: alle Tautologien der Aussagenlogik (wobei Variable durch Normformeln ersetzt wurden)
A1: $P(p \lor q) <=> Pp \lor Pq$
A2: $P(p \lor \neg p)$
A3: $O(p \lor \neg p)$
A4: $Op <=> \neg P \neg p$

Ableitungsregeln:
R1: Substitutionsregel (anstelle einer Variablen kann eine andere Variable oder ein aussagenlogischer Ausdruck eingesetzt werden).
R2: Modus Ponens.
R3: Aussagenlogisch äquivalente Formeln können in die deontische Logik übernommen werden.

Durch Anwendung der Regel des "rational commitment"[197] erhält man viele bekannte Theoreme der deontischen Logik:
i) $O(p \land q) \rightarrow Op \land Oq$
ii) $Op \land Oq \rightarrow O(p \land q)$
i) + ii) $Op \land Oq <=> O(p \land q)$
iii) $Op \land O(p \land q) \rightarrow Oq$
iv) $P(p \lor q) <=> Pp \lor Pq$
v) $Op \rightarrow O(p \lor q)$

Ausgehend von obigem Formalismus sieht von Wright Probleme bei der Interpretation der Formeln. Diese entstehen beispielsweise bei der Anwendung von (aussagenlogischen) Operatoren auf Normformeln. Beispiel: Formel $Op \lor Pq$. Hier ist zwar eine deskriptive Interpretation möglich, aber eine rein deskriptive Deutung lehnt von Wright ab. Er meint, ein

---

[197] Regel des "rational commitment":
Wenn bislang konsistenter Korpus durch Hinzunahme einer Norm inkonsistent wird, so war die Negations-Norm der hinzugefügten implizit in dem Korpus enthalten.

Mensch, dem man sagt, daß p geboten oder q erlaubt ist, erhält keine klare Aussage. Daher sucht er nach einer Interpretation, die auch eine präskriptive Dimension enthält. Er findet diese, indem er die Normformulierungen als Anweisungen an einen Gesetzgeber auffaßt. Dieser kann beispielsweise angewiesen werden, das eine als Verpflichtung oder das andere als Erlaubnis zu gestalten.

Teilergebnis: von Wright verwirft eine rein deskriptive Interpretation wie auch eine rein präskriptive; er interpretiert die Formeln als "Aufforderungen an den Gesetzgeber".

Gemäß dieser Interpretationslinie bedeutet die Tautologie $O(p \vee \neg p)$ nicht (wie bislang interpretiert), daß für ein p jeweils p oder nicht p geboten ist, sondern es bedeutet, daß ein Gesetzgeber nicht wollen kann, daß gleichzeitig p und nicht p erlaubt sind.

Auch die Paradoxa glaubt von Wright mit seinem Interpretationsansatz beherrschen zu können. So besage die Formel des Ross-Paradoxons, daß ein Gesetzgeber daran gehindert werden solle, einerseits eine Pflicht aufzustellen und andererseits zu erlauben, daß der entsprechende Zustand zusammen mit einem anderen nicht eintritt.

Bewertung dieses Interpretationsansatzes:
Die von von Wright vorgeschlagene Interpretation kann nicht überzeugen. Es fehlt an einer Systematik, die präzise angibt, wie eine gegebene Formel in dieser Sichtweise interpretiert werden soll. Von Wright gibt ohne Not den Anspruch auf, Normen (im allgemeinen) einer Logik zu unterlegen.

4.4.3 Dyadische deontische Logik

Die dyadische deontische Logik wurde entwickelt, um den Paradoxa der monadischen entgehen zu können. Es ist festzustellen, daß einige Konstruktionen[198], die als Paradoxa der monadischen Logik bezeichnet wurden, in der dyadischen nicht auftreten. Daneben existiert eine Reihe von Problemen, die auch durch die Anwendung dyadischer Logik nicht befriedigend gelöst werden kann.

---

[198] So z.B. Chisholms Contrary-to-Duty Paradoxon und Priors Paradox of Commitment.

4.4.4 Probleme der dyadischen deontischen Logik[199]

4.4.4.1 Dilemma von Commitment und Detachment

Annahme: Sei eine dyadische deontische Logik[200] gegeben, die folgende Regel R erfülle.
R: $(A \land O(A)B) \to OB$.
Wenn diese Logik in anderer Hinsicht ausreichend stark ist, so wird die Konsistenz-Forderung verletzt.
Daher wurde einerseits bereits darüber diskutiert, ob auf diese Regel verzichtet werden sollte. Andererseits muß zwischen dem bedingten Gebot auf der einen Seite und dem ohne weitere Bedingungen bestehenden Gebot auf der anderen Seite unterschieden werden. Auch im Zusammenhang mit diesem Problem erweist es sich als Nachteil, daß die zeitlichen Aspekte im Formalismus nicht berücksichtigt wurden und hierdurch die Situation verkompliziert wird. Problematisch ist, wenn ein Gebot, das durch Vorliegen einer Bedingung eintrat, durch den Schluß unabhängig von der weiteren Gültigkeit der Bedingung gilt. Der Formalismus müßte einen zeitlichen Bezug zwischen der Gültigkeit der Bedingung und der Gültigkeit des bedingten Gebotes aussprechen.

4.4.4.2 Konflikt zwischen Prima-facie-Verpflichtung und aktueller Verpflichtung

Annahme:
Zum Zeitpunkt t verpflichtet sich Person A, eine bestimmte Handlung zu einem späteren Zeitpunkt t+7 auszuführen. In der Zwischenzeit können verschiedene Dinge geschehen und die Person an der Ausführung hindern. Die eingegangene Verpflichtung könnte durch eine stärkere überlagert werden. Regelungen, die hierfür getroffen werden könnten, können im Rahmen der deontischen Logik wegen des Mangels an einer zeitbezogenen Darstellung nicht umgesetzt werden.

4.4.4.3 Das Problem der Beziehung des Act-Utilitarismus zur deontischen Logik

Castañeda[201] beschreibt folgendes Problem ethischer Theorien, das als Act-Utilitarismus bekannt ist.
Sei X ein Handelnder, C eine Situation und A eine Handlung(Act), die X in C ausführen kann.

---

[199] Übersicht gemäß J. van Eck, A System of Temporally Relative Modal and Deontic Predicate Logic and its Philosophical Applications, Groningen 1981.
[200] Anderson System. Vgl. A. R. Anderson, The Formal Analysis of Normative Systems, in: N. Rescher (Ed.), The Logic of Decision and Action, Pittsburgh 1967, S. 167-231.
[201] H. N. Castañeda, A Problem for Utilitarism, in: Analysis 28, 1968, S. 141-142. H. N. Castañeda, Ethics and logic: Stevensonianism Revisited, in: Journal of Philosophy 64, 1967, S. 671-683.

Die folgende Konstruktion ist zentral für den Act-Utilitarismus:

(U) X soll A in C tun <=>

Für jede Handlung A´ mit:

    (i) A´ ist für X in C möglich

    (ii) A´ ist eine Alternative zu A in C

gilt

    Die Konsequenzen des Tuns von A durch X sind besser als die des Tuns von A´

    (jeweils bei C).

Betrachte folgende Annahmen:

    (1) X soll P $\wedge$ Q in C tun

    (2) Die drei Akte P $\wedge$ Q, P, Q sind alle

        (i) für X in C möglich

        (ii) Alternativen zueinander in C

    (3) Wenn X P $\wedge$ Q tun soll (in C), dann soll X P in C tun und X soll Q in C tun.

Hierbei erkennt man, daß die Menge {(1),(2),(3),(U)} inkonsistent ist.

Nimmt man an, daß die Annahmen (1) und (2) beibehalten werden, so gibt es die Alternativen

- (3) zu bestätigen und (U) auf Grund der deontischen Logik zurückzuweisen,

- (U) beizubehalten und das Prinzip der deontischen Logik zurückzuweisen.

4.4.4.4 Zusammenfassung

Die Einführung bedingter Gebote, Verbote sowie Erlaubnisse stellt gegenüber der monadischen deontischen Logik eine Verbesserung dar. Die Hauptdefizite der dyadischen deontischen Logik sind in einem Mangel an Ausdrucksmöglichkeiten für temporale und quantifizierende Sachverhalte zu sehen.

4.4.5 Handlungslogik (Logic of Action)

Um das Auftreten des "Ross Paradoxons" zu vermeiden, konzipierte G. H. von Wright[202] ein deontisches System, das nicht auf der Aussagenlogik aufgebaut ist. Es basiert statt dessen auf der hierfür konzipierten Handlungslogik. In diesem deontischen System ist die Formel Op -> O (p $\vee$ q) nicht beweisbar.

Die Handlungslogik kann als Modifikation eines dyadischen Ansatzes deontischer Logik verstanden werden. Die Modifikation besteht darin, daß sich die deontischen Operatoren nicht mehr auf aussagenlogische Ausdrücke beziehen, sondern auf speziell definierte Fakten (die zur

---

[202] Georg Henrik von Wright, Norm and Action, A Logical Inquiry, London 1963;
Georg Henrik von Wright, The Logic of Action - A Sketch, in: N. Rescher (Ed.), The logic of Decision and Action, Pittsburgh 1967, S. 121-136 und
Georg Henrik von Wright, Handlungslogik, in: H. Lenk (Hrsg.), Normenlogik, Pullach 1974.

Beschreibung von Zuständen, Prozessen und Ereignissen dienen). G. H. von Wright definiert Formeln folgender Struktur "P(p/c)" mit der Bedeutung "Die Handlung p ist erlaubt, wenn die Bedingung c erfüllt ist".

Ein *Ereignis* ist als Übergang von einem Zustand in einen anderen aufzufassen.

G. H. von Wright definiert eine *Handlung*[203] als das Bewirken oder das Herbeiführen eines Ereignisses.

Mögliche Handlungen sind dabei das Tun (wird durch "d" bezeichnet) sowie das Unterlassen (wird durch "f" dargestellt).

Die Voraussetzung für Handeln ist eine Gelegenheit; (diese wird durch ein Ereignis bezeichnet). Die Gelegenheit für d(pT¬ p) beispielsweise ist pTp.

Die Ausdrücke, die durch Anwendung der Operatoren "d" oder "f" entstehen, können aussagenlogisch verknüpft werden.
Solche Ausdrücke wiederum, die ein Tun oder Unterlassen formulieren, können durch deontische Operatoren als geboten, erlaubt oder verboten qualifiziert werden.

O   Gebot (obligation)
P   Erlaubnis (permission)

Gebotenes Tun: Od(pT¬p)
Erlaubtes Unterlassen: Pf(pT¬p)

4.4.6 Ansatz von McCarty[204]

Die Konzeption von McCarty übernimmt Elemente der dyadischen Logik sowie der Handlungslogik. Ferner werden weitere Ergängungen eingebracht, die auch eine (begrenzte) Behandlung zeitlicher Aspekte erlauben. Dieser Ansatz stellt sich somit als konsequente Weiterentwicklung der deontischen Logik dar, die die bisherigen Defizite durch die Einführung neuer Strukturmerkmale zu überwinden sucht.
Wie von Wright dies im Zusammenhang mit der Handlungslogik tut, so verwirft auch McCarty den Ansatz, die deontische Logik direkt auf der Aussagenlogik aufzubauen. Auch er entwickelt zunächst eine Sprache zur Beschreibung von Handlungen; diese Handlungen bilden später die Basis für die Definition der deontischen Operatoren. McCarty läßt einfache und zusammengesetzte Handlungen zu. Als Operationen, um aus einfachen Handlungen

---

203 Georg Henrik von Wright, Norm and Action, A Logical Inquiry, London 1963.
204 L. Thorne McCarty, Permissions and Obligations, in: Charles Walter (Ed.), Computing Power and Legal Reasoning, Houston 1985, S. 573-594.

zusammengesetzte zu gewinnen, sind parallele Komposition (zeitgleiche Ausführung) oder Konkatenation ((streng) sequentielle Ausführung) vorgesehen. Das Modell von McCarty läßt keine zusammengesetzten Handlungen zu, deren Teilhandlungen sich zeitlich überschneiden, ohne jedoch identisch zu sein.

Er geht von einer Sprache erster Ordnung L_1 in Verbindung mit einer Zustandsmenge S aus. Ein Zustand repräsentiert hierbei einen Ausschnitt der "Welt"; jedem Zustand wird eine Menge von Formeln (aus L_1) zugeordnet, die in diesem Zustand als gültig angesehen werden. Die Handlungen werden bei McCarty mit Zustandsveränderungen in Verbindung gebracht. Eine Aktion verändert den Zustand der Welt. Auf der Basis von S und L_1 konstruiert McCarty dann eine Sprache L_A, die der Beschreibung von Aktionen dient.

Dieser Art der Definition entspricht, daß Ausdrücke aus L_1 in Bezug auf die Zustände in S (wie üblich) ausgewertet werden, während die Ausdrücke aus L_A im Hinblick auf Folgen von Zuständen (oder Welten ausgewertet) werden.
Die deontische Konzeption McCartys beruht nun darauf, daß jedem Zustand r eine Menge P_r ("Erlaubnismenge") zugeordnet wird, wobei P_r vor dem Hintergrund der bereits vergangenen "Welten" die Menge der erlaubten zukünftigen Welten nennt. Unter ausschließlicher Verwendung der Erlaubnismenge P_r werden drei Ausdrücke konstruiert, die bestimmen, ob eine Aktion in r erlaubt, verboten oder geboten ist[205]. Diese Ausdrücke sind Teil der deontischen Sprache L_D. Es stellt sich heraus, daß die Sprache L_D in die ursprüngliche Sprache L_1 eingebettet werden kann (die Definition wird dadurch rekursiv).

Das System von McCarty stellt außerdem eine dyadische deontische Logik dar, denn die deontischen Formeln enthalten einen Bedingungsteil, der angibt, wann das Gebot, das Verbot, beziehungsweise die Erlaubnis wirksam ist.

Im System von McCarty gelten folgende deontische Zusammenhänge:

Bemerkungen zur Notation:

        Die α_i repräsentieren Aktionen.

        Die p_i repräsentieren Bedingungen.

Behandlung zusammengesetzter Gebote:

$$O <p \mid \alpha_1 > \lor O <p \mid \alpha_2> \Rightarrow O <p \mid \alpha_1 \lor \alpha_2 > \quad (1)$$

$$O <p \mid \alpha_1> \land O <p \mid \alpha_2 > \Leftrightarrow O <p \mid \alpha_1 \land \alpha_2 > \quad (2)$$

---

[205] Erlaubnis: alle denkbaren Nachfolgezustände liegen in der Erlaubnismenge.
Verbot: alle denkbaren Nachfolgezustände liegen nicht in der Erlaubnismenge.

Behandlung zusammengesetzter Erlaubnisse:

$$P <p \mid \alpha_1> \wedge P <p \mid \alpha_2> <=> P <p \mid \alpha_1 \vee \alpha_2> \quad (3)$$

$$P <p \mid \alpha_1> \wedge P <p \mid \alpha_2> => P <p \mid \alpha_1 \wedge \alpha_2> \quad (4)$$

(Im Zusammenhang mit dieser Regel schlägt McCarty vor, diese nur auf bestimmte Formeln/Normen anzuwenden; und zwar auf solche, die nicht erst aus einer Disjunktion (durch Anwendung von (3)) entstanden sind.)

Behandlung zusammengesetzter Bedingungen:

$$P <p_1 \mid \alpha> \wedge P <p_2 \mid \alpha> <=> P <p_1 \vee p_2 \mid \alpha>$$

$$O <p_1 \mid \alpha> \wedge O <p_2 \mid \alpha> <=> O <p_1 \vee p_2 \mid \alpha>$$

$$P <p_1 \mid \alpha> => P <p_1 \wedge p_2 \mid \alpha>$$

$$O <p_1 \mid \alpha> => O <p_1 \wedge p_2 \mid \alpha>$$

Hinsichtlich der Beziehungen zwischen Gebot und Verbot ist anzumerken, daß der Zusammenhang $P <p \mid \alpha> <=> \neg O \neg <p \mid \alpha>$, der oft zur Definition deontischer Logiken benutzt wird, in diesem System nicht gilt. Es gilt stattdessen der schwächere Zusammenhang $P <p \mid \alpha> => \neg F <p \mid \alpha>$.
Ebenso erweist sich die Formel $Op => Pp$ im System von McCarty nicht als gültig. McCarty schlägt vor, eine Zusatzannahme zu machen, die es erlaubt, die Formel $O <p \mid \alpha> => \neg F <p \mid \alpha>$ abzuleiten.

Schlußbemerkungen:
McCarty entwickelt ein System, das einige Konzepte der deontischen Logik integriert und um weitere Merkmale ergänzt. Es ist somit eine konsequente Weiterentwicklung des Ansatzes der deontischen Logik. Eine Besonderheit ist auch, daß dieses logische System in die juristische Shell LLD integriert ist, die ihrerseits eine Basis für die Entwicklung juristischer Expertensysteme (konkrete Anwendung: Entwicklung des Systems EPS-II) darstellt. Dies Konzept ist somit unter den hier analysierten deontischen Logiken das erfolgversprechendste.
Dennoch hat auch dies Konzept (noch) Defizite: Diese liegen einerseits in den zu stark beschränkten Ausdrucksfähigkeiten der Sprache der Aktionen, andererseits liegt für die Sprache noch keine vollständige Axiomatisierung vor. (Es fehlen noch Inferenzregeln für bestimmte Bereiche).

4.5 Möglichkeit der formallogischen Darstellung und Bearbeitung normativer Zusammenhänge

Die Aussage, daß Normen nicht wahrheitsfähig seien, wird von vielen Autoren getroffen[206]. Oft wird hieraus gefolgert, daß normative Zusammenhänge einer Behandlung durch logische Methoden nicht zugänglich seien. Diese Folgerung ist jedoch nicht begründet.

Abgesehen davon, daß man sicher darüber streiten kann[207], ob Normen nicht auch im Widerspruch stehen können (Wenn beispielsweise das Gebot x zu tun mit dem Verbot x zu tun "kollidiert"), hat bereits die Unterscheidung zwischen Normformulierung, Norm und Normaussage die Situation geklärt.

Die Behandlung von Normaussagen ist völlig ausreichend und hierfür kann auch eine indikative Logik eingesetzt werden.

In vielen Arbeiten[208] über den Logikeinsatz im Recht werden indikative Logik und Normlogik als gewissermaßen unvereinbare Gegenpole dargestellt. Mitunter wurden sogar gleiche Argumentationsweisen[209] benutzt, um zu beweisen, daß die deontische Logik geeignet und die indikative Logik ungeeignet sei, wie auch für das genaue Gegenteil.
Die Normlogik wird dabei als echte Erweiterung der indikativen Logik aufgefaßt. Aus logischer Sicht ist jedoch die Normlogik höchstens eine Erweiterung gegenüber der Aussagenlogik, weil die deontische Logik zusätzliche Operatoren verlangt. Im Vergleich zur Prädikatenlogik erweist sich die deontische Logik jedoch nicht als Erweiterung, sondern als Spezialfall hiervon. Die Axiome der Normlogik sind nämlich im Formalismus der Prädikatenlogik darstellbar.

In dieser Sicht kann man sagen, daß alles, was durch Normlogik (der oben skizzierten Art) realisiert werden kann, auch durch Prädikatenlogik realisierbar ist. Dann müssen nur diejenigen Formeln, die die normativen Zusatzbedingungen der Normlogik beschreiben, als Axiome zu den Axiomen der Prädikatenlogik hinzugenommen werden[210].

Es hat daher keinen Sinn, die indikativen Logiken gegen die sogenannten Normlogiken oder umgekehrt ausspielen[211] zu wollen. Grundsätzlich sind beide Wege gangbar[212].

---

[206] Georg Henrik von Wright, Norms, Truth and Logic, in: A. A. Martino (Ed.), Deontic Logic, Linguistics and Legal Information Systems, Amsterdam 1982,
Ulfried Neumann, Juristische Logik, in: A. Kaufmann/W. Hassemer, Einführung in Rechtsphilosophie und Rechtstheorie der Gegenwart, 5. Auflage, Heidelberg 1989.

[207] Vgl. etwa Karl Larenz, Methodenlehre der Rechtswissenschaft, 6. Auflage, Berlin/Heidelberg 1991, S. 335 " ... dürfen nicht verwechselt werden mit Normwidersprüchen, die dann vorliegen, wenn die Normen für denselben Sachverhalt einander ausschließende Rechtsfolgen anordnen."

[208] Z. B. Ota Weinberger, Rechtslogik, 2. Auflage, Berlin 1989, S. 219, 221, 222.

[209] Vgl.: Hansjürgen Garstka, Zum Seminar "Logische Strukturen von Normensystemen", in: D. Rave/H. Brinckmann/K. Grimmer (Hrsg.), Logische Struktur von Normensystemen am Beispiel der Rechtsordnung, Darmstadt 1971, S. 122: Darin wird das Ross Paradoxon als Argument gegen einen Einsatz indikativer Logik im Recht angesehen.

[210] Ein solches System wurde z. B. von Rödig konstruiert: Jürgen Rödig, Ein Kalkül juristischen Schließens, in: J. Rödig, Schriften zur juristischen Logik, Berlin/Heidelberg 1980, S. 107-158.

[211] Viele Veröffentlichungen plädieren für eine Art und verwerfen den anderen Weg.

Eine Formalisierung von Rechtsnormen und Rechtssätzen (verstanden als Normaussagen) dürfte im Prädikatenkalkül ebenso möglich sein wie in einem besonderen deontischen System[213]. In beiden Fällen bleiben aber theoretische wie praktische Vorbehalte. Theoretisch ist noch keines der Systeme ausgereift und ein Blick in die Praxis zeigt, daß dort im Zusammenhang mit der Entwicklung juristischer Expertensysteme nur ein sehr geringer Bedarf an Formalismen zur Behandlung deontischer Logik genannt wird. Aus dieser mangelnden Nachfrage kann natürlich nicht die Überflüssigkeit der deontischen Logik gefolgert werden; es muß jedoch gefragt werden, für welche automatisierten Systeme die Berücksichtigung der deontischen Logik erforderlich ist. Bislang liegt keine Systemkonzeption vor, die essentiellen Gebrauch von einer deontischen Logik macht.

Neben den im Zusammenhang mit den jeweils vorgestellten Logiken genannten Anwendungsmöglichkeiten ist in der Verwendung formallogischer Verfahren folgender Nutzen zu sehen:

Test auf Widerspruchsfreiheit von Gesetzeswerken

Haag und Wagner[214] sind der Ansicht, "daß die mögliche und sinnvolle Anwendung der modernen Logik weder in der Kalkülisierung des Justizsyllogismus und damit in der Applikation der Norm auf den Einzelfall liegt, noch in der heuristischen Normengewinnung, also in der Interpretation, sondern in der theoretischen Möglichkeit, (partielle) Normensysteme mittels normlogischer Kalküle formallogisch widerspruchsfrei aufzubauen und in eine möglichst einfache (axiomatische) Form zu bringen."
Auch Rödig vertritt die Position, daß ein wesentlicher praktischer Nutzen einer (formalisierten) Axiomatisierung darin besteht, ein Gesetz mit Hilfe eines formallogischen Verfahrens auf Widersprüche hin untersuchen zu können. Dies sei beispielsweise im Falle des BAFöG-Gesetzes geschehen. Dabei seien Fehler entdeckt worden, die zuvor noch nicht entdeckt worden waren.

(Jürgen Rödig, Kritik des Normlogischen Schließens, in: J. Rödig, Schriften zur juristischen Logik, Berlin/Heidelberg 1980, S. 169-183. Rödig plädiert für die Verwendung der Prädikatenlogik und verwirft den normlogischen Ansatz von Weinberger.
Grundsätzliche Skepsis an der indikativen Logik äußert: Hansjürgen Garstka, Zum Seminar "Logische Strukturen von Normensystemen", in: D. Rave/H. Brinckmann/K. Grimmer (Hrsg.), Logische Struktur von Normensystemen am Beispiel der Rechtsordnung, Darmstadt 1971, S. 122.
[212] Beispielhaft für diese Richtung steht: Ulfried Neumann, Juristische Logik, in: W. Hassemer/A. Kaufmann: Einführung in Rechtsphilosophie und Rechtstheorie der Gegenwart, Heidelberg 1989, S. 256-280.
[213] Lehmann/Zoeppritz führen aus, daß man sich im LEX-1 Projekt bewußt gegen die Verwendung deontischer Logik beispielsweise zur Darstellung von Pflichten entschieden hat. Vgl.: Hubert Lehmann/Magdalena Zoeppritz, Formale Behandlung des Begriffs "Pflicht", in: G. Hommel/S. Schindler (Hrsg.), Proceedings der 19. GI-Jahrestagung, Berlin/Heidelberg 1986, Band II, S. 392-405.
[214] Karl Haag/Heinz Wagner, Die moderne Logik in der Rechtswissenschaft, Bad Homburg 1970.

4.6 Zusammenfassung

Formale Logik kann, in ihren verschiedensten Ausprägungen, für juristische Zwecke benutzt werden. Aussagenlogik ist dabei insbesondere für Entscheidungshilfesysteme, für Hypertextsysteme und für intelligente Datenbanken von Bedeutung. Prädikatenlogik wird oft von anspruchsvolleren Systemen wie Konsultationssystemen und Systemen zur Grundlagenforschung benutzt. Einzelne Expertensysteme verfügen über eine eingeschränkte Möglichkeit, um deontische Schlußfolgerungen zu ziehen. Jedoch sind die Möglichkeiten hierbei noch sehr begrenzt[215]. Insgesamt gesehen haben deontische Logiken bislang für keine der in Kapitel 1 genannten Systemklassen einen herausragenden Stellenwert gewinnen können. Die Vertreter der deontischen Logik konnten bislang noch nicht überzeugend darstellen, daß die deontische Logik für bestimmte Anwendungen erforderlich ist, welche nicht mit Hilfe einer indikativen Logik, wie etwa der Prädikatenlogik, ebenso zu realisieren wären. Im Vorgriff auf das folgende Kapitel ist hier außerdem festzustellen, daß die deontische Logik selbst im Rahmen der juristischen Methodenlehre keinen festen Platz gefunden hat. Keines der in Kapitel 5 untersuchten Methodenmodelle greift auf ein Modell deontischer Logik zurück. Die Notwendigkeit der Benutzung einer deontischen Logik im Rahmen eines juristischen Expertensystems läßt sich somit weder aus dem Blickwinkel der Logik noch auch aus dem der juristischen Methodenlehre begründen. Der mögliche Einwand, die geringe Akzeptanz gegenwärtiger juristischer Expertensysteme gründe sich auf eine unzureichende Verwendung der deontischen Logik, ist somit ausgeräumt. Obwohl die beiden Forschungsgebiete "deontische Logik" sowie "Juristische Expertensysteme" durch eine sehr formale Sicht der Rechtswissenschaften verwandt erscheinen, zeigt sich die bemerkenswerte Erkenntnis, daß die Forschungen beider Bereiche relativ unbeeinflußt vom jeweils anderen Gebiet durchgeführt werden können und dies tatsächlich auch so geschieht.

---

[215] Vgl. die Ausführungen zur Logik von McCarty.

5 Analyse der juristischen Methodenlehre

5.1 Einführung

Stellt man die Frage, welche Rolle Computer im Rahmen juristischer Entscheidungstätigkeit haben können, so ist zunächst zu analysieren, auf welche Art und Weise juristische Entscheidungen zustandekommen beziehungsweise zustandekommen sollen. Genau dies ist Gegenstand der juristischen Methodenlehre. Benutzt man das Bild der Analogie zwischen gewaltenteilendem Staat und wissensbasiertem System, so fällt der juristischen Methodenlehre die Aufgabe zu, die Kontrollstrategie des Systems zu entwickeln. Da die vorliegende Analyse speziell an Aussagen über die Möglichkeit der Umsetzung der juristischen Methodik in Computerprogramme interessiert ist, soll die juristische Methodenlehre hier in einer algorithmischen Sicht betrachtet werden.

Bevor einige - recht umfangreiche - (Gesamt-)Konzeptionen juristischer Methodik erörtert werden, sollen im folgenden zunächst Grundelemente juristischer Methoden vorgestellt werden.

5.2 Elemente der Gesetzesauslegung

Unter den heutigen juristischen Methodenmodellen ist die besondere Bedeutung des geschriebenen (kodifizierten) Rechts im Rahmen der Rechtsanwendung unumstritten[216]. Verfahren zur Auslegung der Gesetzestexte sind daher in jeder gängigen Methodenkonzeption enthalten.

5.2.1 Ansatz von Savigny[217]

Dieser Ansatz, der bereits aus dem 19. Jahrhundert stammt, benennt die grammatische, logische und historische Auslegung als Werkzeuge für die Rechtsanwendung. Die grammatische Auslegung entspricht nach modernem Sprachgebrauch der sprachlichen, sie intendiert eine Bestimmung der Wortbedeutung. Die logische Auslegung zielt auf die Berücksichtigung der Systematik, die der gesamten Rechtsordnung zugrunde liegt. (Demgegenüber wird unter der heutigen systematischen Auslegung nur auf die Systematik innerhalb eines Gesetzes abgehoben). Die historische Auslegung hat die Aufgabe, die gesellschaftliche Situation zur Zeit der Gesetzesentstehung zu berücksichtigen.

---

[216] Aber auch dies ist nicht so selbstverständlich wie es zunächst scheint. So nimmt die (allerdings nur noch historisch relevante) Freirechtslehre eine extreme rechtsmethodische Position ein, indem sie sich gegen eine ausdrückliche Bindung des Richters an die Rechtsnormen ausspricht. Da die besondere Bindung der Rechtsprechung an das (kodifizierte) Recht sogar verfassungsrechtlich verankert ist, wird diese rechtsmethodische Position heutzutage jedoch nicht mehr vertreten.

[217] Vgl.: Friedrich Karl von Savigny, System des heutigen Römischen Rechts, Band I, 1840, §§32ff.

5.2.2 Subjektive und objektive Auslegungstheorie

Unter dieser Bezeichnung wird eine Methode verstanden, die zur Rechtsanwendung neben der sprachlichen und systematischen auch auf die teleologische Auslegung zurückgreift. Diese fragt nach dem Ziel von Gesetz/Gesetzgeber. Grundidee der objektiven Theorie ist hierbei, daß "nicht die vom Urheber gemeinte, sondern eine unabhängig davon zu ermittelnde "objektive", dem Gesetz immanente Bedeutung die rechtlich maßgebende sei."[218] Im Unterschied dazu sieht die subjektive Theorie vor, den Zweck des Gesetzes aus dem (historischen) Willen des Gesetzgebers abzuleiten.

Heute wird oft[219] eine Sichtweise vertreten, in der die Elemente der subjektiven wie auch der objektiven Theorie enthalten sind. Diese gemischt subjektiv/objektive Sicht wird gelegentlich auch als "Vereinigungstheorie[220]" bezeichnet. Dabei werden folgende Auslegungslemente genannt[221]:

1.) grammatische oder sprachliche Auslegung	(Bestimmung des Wortsinns)
2.) systematische Auslegung	(Beachtung des gesetzlichen Rahmens (Kontext), in dem die auszulegende Vorschrift steht)
3.) historische oder subjektiv-teleologische Auslegung	(Auslegung des Gesetzes anhand der Regelungsabsicht des Gesetzgebers)
4.) objektiv-teleologische Auslegung	(Orientierung am "Zweck des Gesetzes")

Diese Theorie bildet den Kern der traditionellen juristischen Auslegungslehre[222]. Ohne den Anspruch der Gesetzesbindung aufzugeben, wurde dieses Auslegungsmodell von vielen Autoren kritisiert. So wurde beispielsweise bemängelt, daß die subjektive/objektive Theorie den Erkenntnissen der Hermeneutik nicht genügt. Einige Methodenkonzeptionen schlagen eine Erweiterung der subjektiven beziehungsweise objektiven Theorie vor. So wird etwa die Rechtsvergleichung als fünfte Auslegungsmethode vorgeschlagen[223].

---

[218] Karl Larenz, Methodenlehre der Rechtswissenschaft, 6. Auflage, Berlin/Heidelberg 1991, S. 33.

[219] Karl Larenz, Methodenlehre der Rechtswissenschaft, S. 316: "Jeder der beiden Theorien liegt eine Teilwahrheit zugrunde;...".

[220] Hans Joachim Koch/Helmut Rüßmann, Juristische Begründungslehre, München 1982, S. 178.

[221] Hans Joachim Koch/Helmut Rüßmann, Juristische Begründungslehre, München 1982, S. 166.

[222] Vgl. Karl Engisch, Einführung in das juristische Denken, Stuttgart 1977, S. 68. Karl Larenz, Methodenlehre der Rechtswissenschaft, 6. Auflage, Berlin/Heidelberg 1991, S. 320-346. Rechtsprechung des BGH, NJW 1967, 343; BVerfGE 11, 126.

[223] Siehe Peter Häberle, Grundrechtsgeltung und Grundrechtsinterpretation im Verfassungsstaat, in: JZ 1989, S. 913-919.

5.2.3 Hermeneutik

Als ein Hauptvertreter der Hermeneutik, die sich als Wissenschaft des Verstehens (insbesondere von Sprache) begreift, weist Gadamer[224] darauf hin, daß jedes Verstehen aus einer Wechselwirkung von äußerer Wahrnehmung und innerem Vorverständnis hervorgeht. Daher muß man, um eine (geschichtliche) Äußerung verstehen zu können, die Situation des Sprechers/Autors möglichst präzise kennen, um vor diesem Hintergrund die wahre Bedeutung der Äußerung einschätzen zu können. Um aber überhaupt als Mensch der heutigen Zeit den Kontext einer früheren Äußerung begreifen zu können, ist man auf die Rezeption geschichtlicher Dokumenten angewiesen. Hierin liegt ein Problem, das auch als hermeneutischer Zirkel bezeichnet wird.

Von Esser[225] wurden die Gedanken der Hermeneutik auf die Rechtswissenschaften übertragen. Die Berücksichtigung der Hermeneutik soll zu einer Verbesserung des Verständnisses etwa von (historischen) Aussagen oder des kodifizierten Rechts beitragen. Dabei ist festzustellen, daß hermeneutisches Vorgehen durchaus mit der Anwendung der subjektiven oder objektiven Theorie verbunden werden kann.

5.3 Methodische Elemente der Rechtsanwendung

Im Rechtsanwendungsverfahren muß eine Beziehung zwischen konkretem Sachverhalt und gesetzlicher Regelung hergestellt werden. Die Methodik juristischer Entscheidung muß daher neben den Elementen zur Gesetzesauslegung über weitere methodische Komponenten verfügen, die diesen Rechtsanwendungsprozeß strukturieren.

5.3.1 Syllogistik und "Justizsyllogismus"

Die Syllogistik ist eine auf Aristoteles zurückgehende Schlußweise, die man in der Gegenüberstellung zur modernen, formalen Logik als klassische Logik bezeichnet. Sie beruht auf intuitiv einsichtigen Zusammenhängen. Im Gegensatz zur modernen (formalen) Logik stellt sie keine mechanischen Verfahren (Kalküle) zur Ermittlung der Gültigkeit einzelner Aussagen zur Verfügung. In traditionell geprägten rechtsmethodischen Konzeptionen wird der Justizsyllogismus als logischer Kern der Rechtsanwendung dargestellt[226].

Die Syllogistik beschreibt eine Reihe von Schlußweisen (-modi), deren bekannteste der Modus Barbara und der Modus Ferio sind:

---

[224] Hans Georg Gadamer, Wahrheit und Methode, Grundzüge einer philosophischen Hermeneutik, Tübingen 1975.
[225] Josef Esser, Vorverständnis und Methodenwahl in der Rechtsfindung, Frankfurt 1972.
[226] Egon Schneider, Logik für Juristen, 3. Auflage, München 1991, S. 2.
Karl Larenz, Methodenlehre der Rechtswissenschaft, 6. Auflage, München 1991, Kapitel 2.5, "Das logische Schema der Gesetzesanwendung", S. 271 ff.

Modus B*arbara*:

M *a* P	alle M sind P	Obersatz
S *a* M	alle S sind M	Untersatz
S *a* P	alle S sind P	Schlußsatz

Modus F*erio*:

M *e* P	kein M ist P	Obersatz
S *i* M	einige S sind M	Untersatz
S *o* P	einige S sind nicht P	Schlußsatz

Als Operatoren tauchen in den obigen Aussagen die Vokale "*a*","*e*","*i*" und "*o*" auf, die mit folgender Bedeutung belegt werden:

a	alle ... sind
e	kein ... ist (alle sind nicht)
i	einige ... sind
o	einige ... sind nicht

Die einzelnen Schlußweisen werden mit dreisilbigen Namen bezeichnet, deren Vokale die jeweiligen Beziehungen zwischen S, M und P in den Prämissen und der Konklusion charakterisieren.

Der "Justizsyllogismus" stellt eine Modifikation des Modus Barbara dar, wobei der Mittelsatz als singuläre Aussage gegeben ist ("ein S ist M").

Der Obersatz ist dabei die (allgemeine) Rechtsnorm, die durch das Verfahren der Normgewinnung entwickelt wurde. Der Untersatz beinhaltet die Sachverhaltsdarstellung.

Beispiel:

Alle Mörder sollen bestraft werden	Obersatz
T ist ein Mörder	Untersatz
T soll bestraft werden	Schlußsatz

5.3.2 Topik

Die (auf Aristoteles zurückgehende) Topik wurde von Viehweg[227] als juristischer Denk- und Argumentationsstil[228] empfohlen. Die Topik verwirft ein formal-deduktives Vorgehen, da dies nicht ausreichend am zu lösenden Problem orientiert sei. Die Topik schlägt ein Verfahren vor, bei dem zunächst alle relevanten Gesichtspunkte eines Falls gesammelt werden. Diese

---

[227] Theodor Viehweg, Topik und Jurisprudenz, München 1974.
[228] Siehe Theodor Viehweg, Topik und Jurisprudenz: "Techne des Problemdenkens".

Sammlung sollte dann die Basis der Entscheidung bilden. Dabei fließen gesetzliche Normen wie auch nicht-normative Argumente als Topoi in den Entscheidungsprozeß ein. Die Strukturierung eines Entscheidungsverfahrens ist zwar erklärtes Ziel, jedoch bietet die Topik nur allgemein gehaltene Argumentationsschemata[229] an, die ohne erkennbare Systematik nebeneinanderstehen. Wegen ihrer geringen Strukturierung kann die Topik nicht als Methode im engeren Sinn angesehen werden. In dieser Gestalt ist die Topik methodisch eher kontraproduktiv[230]. Betrachtet man die Topik jedoch nicht als Modell der gesamten juristischen Entscheidungsfindung, so kann ihr - in Kombination mit anderen methodischen Elementen - durchaus eine begrenzte Bedeutung[231] zukommen. Positiv anzumerken ist, daß die Topik den Entscheidungsprozeß als einen Diskurs zwischen mehreren Personen beziehungsweise Parteien begreift. Sie kann hinsichtlich dieses Aspekts als Wegbereiter einer modernen Argumentationstheorie (wie sie beispielsweise von Alexy[232] vertreten wird) angesehen werden.

5.3.3 Folgenanalyse

Dieser Ansatz[233] plädiert dafür, in den Fällen, in denen mehrere Entscheidungsmöglichkeiten bestehen, zunächst die möglichen Entscheidungsalternativen zu prüfen und zur Auswahl der endgültigen Entscheidung die Folgen der verschiedenen Alternativen zu analysieren und gegeneinander abzuwägen. Dabei soll die Bindung an das Gesetz erhalten bleiben. Die zu prüfenden Alternativen müssen gesetzlich fundiert sein. Die Folgenanalyse kann dabei helfen, Entscheidungsspielräume auszufüllen oder gesetzlich nicht eindeutig geregelte Situationen zu klären. Sie tritt gegebenenfalls auch in Konkurrenz zu dogmatischen Lehrmeinungen, insofern diesen andere Maßstäbe zugrunde liegen.

5.3.4 Begriffsjurisprudenz

Die Begriffsjurisprudenz ist ein methodischer Ansatz, der als juristische Methode allgemein verworfen wurde und in dieser Hinsicht heutzutage keine Rolle mehr spielt. Die Begriffsjurisprudenz ist jedoch daher interessant, da sie auf bestimmte Elemente zurückgreift, die an Konzeptionen der formalen Logik oder der Wissensrepräsentation erinnern. Das im Rahmen der Begriffsjurisprudenz entwickelte "formale System" wird von bedeutenden Vertretern der traditionellen juristischen Methodenlehre oft mit formal-logischen Konzeptionen

---

[229] Vgl. Chaim Perelman, Juristische Logik als Argumentationslehre, Freiburg/München 1979.

[230] Ekkehart Stein, Methoden der Verfassungsinterpretation und der Verfassungskonkretisierung, Reihe Alternativkommentare, Grundgesetz Band I, Neuwied 1984, S. 104 wirft ihr daher auch vor, daß durch sie das verbreitete unmethodische Argumentieren zum Ideal erhoben werde.

[231] Z. B. zur Klärung von Prämissen, Diskussion empirischer Ergebnisse ...

[232] Robert Alexy, Theorie der juristischen Argumentation, 2. Auflage, Frankfurt/M 1991.

[233] Beispielsweise vertreten durch:
Wolfgang Kilian, Juristische Entscheidung und elektronische Datenverarbeitung, Darmstadt 1974.
Thomas W. Wälde, Juristische Folgenorientierung, Königstein/Ts 1979.
Siehe hierzu auch: Ekkehart Stein, Methoden der Verfassungsinterpretation und der Verfassungskonkretisierung, Reihe Alternativkommentare, Grundgesetz Band I, Neuwied 1984, S. 129-131.

gleichgesetzt[234]. Wenn beispielsweise Larenz von "Logik" spricht, so meint er damit nicht das Konzept der formalen (mathematischen) Logik, sondern das (pseudo-)formale System der Begriffsjurisprudenz. Eine berechtigte Kritik an der Begriffsjurisprudenz überträgt er auf formale Methoden im Recht schlechthin.

Die Gleichsetzung von Begriffsjurisprudenz und formal-logischem Vorgehen hat also folgenschwere Auswirkungen auf die Einschätzung formaler Methoden im Recht[235], wie sie von Vertretern der traditionellen Methodenlehre vorgenommen wird. Wie später noch zu erläutern ist, versperrt diese Identifikation eine sinnvolle Integration formal-logischer Ansätze in den Bereich der traditionellen Methodenlehre.

5.3.4.1 Beschreibung der Begriffsjurisprudenz

Die "Begriffsjurisprudenz" erlebte ihre kurze Blütezeit im 19. Jahrhundert. Sie wurde wesentlich geprägt durch die Vorstellung Puchtas von einer sogenannten "Genealogie der Begriffe". Hiermit ist eine "Begriffspyramide" gemeint, deren Elemente im Verhältnis von Ober- und Unterbegriffen stehen. Im Sprachgebrauch der Informatik könnte man eine solche Struktur als objektorientierte Wissensrepräsentation in Form eines semantischen Netzwerks beschreiben. Die Knoten dieses Netzwerks sollten durch "artbildende Merkmale" charakterisiert werden, die möglichst einen "logischen Gegensatz" bilden sollten. Auch die in der Wissensrepräsentation bekannte Konzeption der "Vererbung" von Eigenschaften sollte im Zusammenhang mit der Genealogie der Begriffe genutzt werden. So beschreibt Larenz: "Jeder höhere Begriff läßt Aussagen zu; indem nun der niedere Begriff dem höheren subsumiert wird, gelten für ihn "zwangsläufig" alle Aussagen, die von dem höheren Begriff gemacht wurden."[236]

Zur Sicht der Begriffsjurisprudenz gehört ferner die Vorstellung, daß eine derartige Begriffspyramide quasi natürlich gegeben ist und nur wahrgenommen werden muß[237].

Die Begriffspyramide sollte neben "Begriffen" auch Rechtssätze (Regeln) enthalten. An ihrer Spitze sollten ethische Grundsätze stehen.

Als Aufgabe der Rechtswissenschaft wird angesehen, "die Rechtssätze in ihrem systematischen Zusammenhang, als einander bedingende und voneinander abstammende" offenzulegen. Jeder

---

[234] Z. B. Claus-Wilhelm Canaris, Systemdenken und Systembegriff in der Jurisprudenz, 2. Auflage, Berlin 1983, S. 20 f oder auch
Thomas W. Wälde, Juristische Folgenorientierung, Königstein/Ts. 1979, S. 25.

[235] Z. B. Claus-Wilhelm Canaris, Systemdenken und Systembegriff in der Jurisprudenz, 2. Auflage, Berlin 1983, Kapitel 3, Das formal-logische System, S. 20 ff. Typisch hierfür steht folgende Äußerung, S. 20: "Ungeeignet, die innere Einheit und Folgerichtigkeit einer bestimmten positiven Rechtsordnung zu erfassen, ist weiterhin ein formal-logisches System."
Oder auch Karl Engisch, Begriffseinteilung und Klassifikation in der Jurisprudenz, in: Gotthard Paulus/Uwe Diederichsen/Claus-Wilhelm Canaris (Hrsg.), Festschrift für Karl Larenz zum 70. Geburtstag, München 1973, S. 152: "So scheint durch die formale Logik, zu welcher man die Methode der Division zu schlagen pflegt, ..." (Anmerkung: Unter "Division" wird dabei die Begriffseinteilung und - auffächerung verstanden).

[236] Karl Larenz, Methodenlehre der Rechtswissenschaft, 6. Auflage, Berlin/Heidelberg 1991, S. 21/22. Larenz gibt hierbei in eigenen Worten die Meinung Puchtas wieder.

[237] Diese Gedankenwelt wird auch von Egon Schneider, Logik für Juristen, vertreten. Auf S. 29 behauptet er, die Zerlegungen von Gattungsbegriffen (Oberbegriffe) in Arten (untergeordnete Begriffe) "ergeben sich von selbst".

Übergang von einer höheren zu einer niedrigeren Darstellungsebene sollte dabei die jeweiligen Begriffe beziehungsweise Rechtssätze in ihre "logischen Elemente" zerlegen. Diese Zerlegung ergebe sich, aufgrund ihres "organischen Zusammenhangs" quasi automatisch - ohne besonderes menschliches Zutun. Ihrering schwärmt: "die Begriffe sind produktiv, sie paaren sich und zeugen neue"[238].

Wenn nun eine solche Begriffs- und Rechtssatzhierarchie gegeben ist, so besteht die Aufgabe der Rechtsanwendung in der begrifflichen Einordnung der zu entscheidenden Situation (Sachverhalt) in diese gegebene Struktur.

Hierzu führt Larenz aus[239]:
"In der Logik versteht man unter einem Subsumtionsschluß einen Schluß, "der dadurch zustande kommt, daß Begriffe von engerem Umfang solchen von weiterem Umfang untergeordnet werden"[240] (...) So kann etwa der Begriff "Pferd" unter den Begiff "Säugetier" subsumiert werden, weil alle zur Definition "Säugetier" erforderlichen und ausreichenden Merkmale auch in dem vollständig definierten Begriff "Pferd" wiederkehren."

5.3.4.2 Stellungnahme zur Begriffsjurisprudenz aus formal-logischer Sicht

Die Begriffspyramide kann als Wissensrepräsentationsstruktur angesehen werden, die Begriffe in eine Beziehung zueinander setzt und eine Vererbung von Merkmalen zuläßt. Die Kritik setzt an der Verbindung dieser Wissensrepräsentation mit (formaler) Logik an. Das beginnt damit, daß im Zusammenhang mit der Begriffspyramide davon gesprochen wird, daß die Unterbegriffe eines Begriffs (möglichst) logisch widersprüchlich sein sollen[241]. Hier muß klar entgegengesetzt werden:
Die mathematische Logik kennt keinen Widerspruch zwischen Begriffen[242]. Ein logischer Widerspruch kann nur innerhalb einer Formel (eines Satzes) auftreten, nicht jedoch zwischen zwei Begriffen.

---

238 Karl Larenz, Methodenlehre der Rechtswissenschaft, 6. Auflage, Berlin/Heidelberg 1991, S. 26.
239 K. Larenz, Methodenlehre der Rechtswissenschaft, 6. Auflage, Berlin/Heidelberg 1991, S. 273.
240 Karl Larenz, Methodenlehre der Rechtswissenschaft, zitiert hier: Hoffmeister, Wörterbuch der philosophischen Begriffe, 2. Auflage, 1955.
241 Vgl. Egon Schneider, Logik für Juristen, 3. Auflage, München 1991, S.29, Regel 2. Auf S. 40 ff. beschreibt er vier(!) Arten von Gegensätzen, die zwischen Begriffen auftreten können.
242 Hierauf hat bereits Jürgen Rödig, Axiomatisierbarkeit juristischer Systeme, in: J. Rödig, Schriften zur juristischen Logik, Berlin/Heidelberg 1980, S. 72 f hingewiesen: "Eine nicht minder gefährliche Version des inhaltlichen Schließens ist die Praktizierung der sogenannten "begriffsjuristischen Methode" in dem Sinn, als man aus bestimmten Begriffen auf normative Sätze glaubt schließen zu können. Als Beispiel sei der Schluß aus dem Begriff des Vertrages auf die Unzulässigkeit öffentlich-rechtlicher Verträge genannt. Tatsächlich lassen jeweils nur ein *Satz* oder eine *Menge von Sätzen* den Beweis auf eine weitere Aussage zu. Wenn man gleichwohl so tut, als werde bereits aus Begriffen geschlossen, so handelt es sich in Wirklichkeit um einen Schluß aus einer ebenso undefinierten wie häufig auch undiskutierten Menge von *mit dem betreffenden Begriff assoziierten Sätzen*. Diese Sätze sind ... nicht selten dringend einer Diskussion bedürftig. Jedoch gerade dadurch, daß man angeblich aus Begriffen schließt, werden sie der sachlichen Debatte entzogen."

Falsch ist daher die Äußerung: "Nicht zufällig spricht man in der Logik von der Subsumtion von Begriffen unter Begriffe."[243] Ebenso falsch ist die mit der begriffsjuristischen Methode verknüpfte Vorstellung, daß die "niedrigeren" Begriffe ohne weiteres aus den "höheren" allein durch logische Schlußfolgerung gewonnen werden können[244]. Die Begriffsjurisprudenz geht von einer Art des inhaltlichen Schließens aus, das der formalen Logik fremd ist. Das bedeutet, daß die (formale) Logik nicht als Werkzeug zur Entfaltung der Begriffspyramide angesehen werden kann[245]. In Folge der Vorstellung, daß sich die Begriffspyramide nach logischen Regeln aus ethischen Prinzipien ableiten lasse, sah die Begriffsjurisprudenz die entstehende Begriffspyramide als objektiv an. Mit den Mitteln der Wissensrepräsentationsprachen kann eine Struktur aufgebaut werden, die der Begriffspyramide ähnelt, jedoch ist zu beachten, daß das darin dargestellte Wissen jeweils das (subjektive geprägte) Wissen eines Menschen oder einer Gruppe von Menschen darstellt. Unterschiedliche Personen können somit zu völlig unterschiedlich strukturierten Begriffshierarchien kommen. So würde vielleicht ein Biologe den Begriff "Tier" als Unterbegriff zu Lebewesen darstellen, während ein Jurist den Begriff "Tier" als Unterbegriff zur "beweglichen Sache" ansehen könnte[246]. Eine Begriffspyramide darf keinesfalls als bloße Darstellung von objektiv gegebenen (weil vermeintlich logisch ableitbaren) Zusammenhängen zwischen Begriffen angesehen werden. Die Wissensrepräsentation stellt kein Produkt der Logikanwendung dar. Die Logik kann jedoch auf die Fakten, die in der Wissensrepräsentationsstruktur enthalten sind, angewandt werden.

Zum Verhältnis der Wissensrepräsentation zur Logik:
Jede formale Logik stellt Regeln zur Verfügung, die es erlauben, aus gegebenen Sätzen andere herzuleiten. Die Wahrheit der Sätze, von denen man bei einer solchen logischen Ableitung ausgeht, kann nicht mit Hilfe der Logik untersucht werden. Für die Logik ist es ohne Bedeutung, ob die zugrundegelegten Aussagen im philosophischen Sinne wahr oder falsch sind. Die Wissensrepräsentation stellt eine (subjektive) Beschreibung eines Teil der "Welt" dar. Diese ist das Substrat, auf die logische Regeln angewandt werden können. Hierzu ist allerdings erforderlich, daß die logischen Regeln, die angewandt werden sollen beziehungsweise dürfen explizit gegeben sind. Wenn dies der Fall ist, also eine Wissensrepräsentation sowie eine (passende) Logik gegeben ist, so kann der konkrete Inhalt der Wissensrepräsentationsstruktur durch Anwendung der logischen Regeln verändert werden.

---

[243] K. Larenz, Methodenlehre der Rechtswissenschaft, 6. Auflage, Berlin/Heidelberg 1991, S. 274.

[244] Beispiel: Nach der begriffsjuristischen Vorstellung zerfällt der Begriff "Recht" in die (widersprüchlichen) Begriffe "Recht an einer Sache" und "Recht gegen eine Person"; eine dritte Möglichkeit gebe es nicht. Hier wird der Gegensatz von Begriffen und der Widerspruch von Aussagen vermengt. Man kann sagen "x ist ein Recht gegen eine Person oder x ist nicht ein Recht gegen eine Person". Beachte: diese Aussage ist nicht widersprüchlich. Bei obiger Konstruktion wird unterstellt, daß die Formel "x ist nicht ein Recht gegen eine Person <=> x ist ein Recht an einer Sache" gilt. Diese Formel ist eine rechtsdogmatische Aussage, welche dem logischen System möglicherweise als Axiom gegeben wird. Damit folgt "x ist ein Recht gegen eine Person oder x ist ein Recht an einer Sache". Diese Formel ist jedoch nicht unmittelbar logisch aus dem Begriff "Recht" abzuleiten.

[245] Karl Larenz, Methodenlehre der Rechtswissenschaft, 6. Auflage, Berlin/Heidelberg 1991, S. 23: "Die Art, wie er die weiteren Begriffe bildet, das logisch-deduktive Verfahren also ...".

[246] Dies Beispiel ist entliehen aus: Karl Larenz, Methodenlehre der Rechtswissenschaft, 6. Auflage, Berlin/Heidelberg 1991, S. 440-441.

Wenn man versucht, in der Konzeption der Begriffsjurisprudenz einen Sinn zu sehen, so müßte man unterstellen, daß die logischen Regeln, die angewandt werden sollen, nicht explizit genannt sind, sondern als allgemein bekannt unterstellt werden. Dies widerspricht jedoch dem Konzept formal-logischen Vorgehens, das immer eine präzise Definition der Syntax und Semantik des formalen Systems erfordert. Der Versuch, ein solches Regelwerk aufzustellen, wäre zweifellos eine nichttriviale Aufgabe, die nicht einfach als bekannt angenommen werden kann[247].

5.4 Methodischer Standpunkt des Bundesverfassungsgerichts

Nach der Beschreibung der einzelnen (recht unterschiedlichen) rechtsmethodischen Elemente soll nun ein Blick in die Praxis der Rechtsprechung geworfen werden. Hierzu soll speziell die Methodik des Bundesverfassungsgerichts (BVerfG) herangezogen werden.

5.4.1 Äußerungen zur Auslegung

Das Bundesverfassungsgericht verweist bei einer Reihe von Entscheidungen[248] auf die "objektive Theorie" mit den Komponenten grammatische (sprachliche), systematische, teleologische und historische Auslegung. Zum Verhältnis dieser Auslegungsarten untereinander geht das Bundesverfassungsgericht[249] prinzipiell davon aus, daß diese sich ergänzen. Die historische Auslegung solle aber nur zur Lösung solcher Fragen herangezogen werden, die anders nicht zu klären sind. Sofern Wertentscheidungen zu treffen sind, müßten diese an der Wertordnung des Grundgesetzes orientiert werden. Methodenkonzepte des 20. Jahrhunderts, wie Hermeneutik oder Folgenanalyse werden vom BVerfG, gemäß der eigenen Äußerungen, nicht für Entscheidungen herangezogen.

5.4.2 Entscheidungspraxis des BVerfG

Stein[250] vertritt die These, daß das BVerfG die eigenen Entscheidungen oft nicht nach den selbstformulierten Grundsätzen trifft. So werden nur in wenigen Entscheidungen alle vier Auslegungsarten angewandt; oft würden nur zwei Auslegungsarten eingesetzt. Die historische Auslegung wird, entgegen der genannten Einsatz-Beschränkung, gleichrangig neben die anderen Auslegungsarten gestellt. Nach Steins Auffassung achtet das BVerfG in erster Linie auf eine

---

247 Siehe auch Jürgen Rödig, Axiomatisierbarkeit juristischer Systeme, in: J. Rödig, Schriften zur juristischen Logik, Berlin/Heidelberg 1980, S. 65-106.
248 BVerfGE 1,299,312; 8,274,307; 10,234,244; 11,126,129ff; 33,265,294; 38,154,163 (zit. nach: Ekkehart Stein, Methoden der Verfassungsinterpretation und der Verfassungskonkretisierung, Reihe Alternativkommentare, Band I, Neuwied 1984, S. 115).
249 Vgl. Ekkehart Stein, Methoden der Verfassungsinterpretation und der Verfassungskonkretisierung, Reihe Alternativkommentare, Band I, Neuwied 1984, S. 116.
250 Ekkehart Stein, Methoden der Verfassungsinterpretation und der Verfassungskonkretisierung, Reihe Alternativkommentare, Band I, Grundgesetz, Neuwied 1984, S. 117.

angemessene Regelung des anstehenden Konflikts. Das hieße, daß dem Ansatz der Folgenanalyse eine entscheidende Rolle zukäme.

5.5 Ausgewählte Konzeptionen der Methodenlehre

Es existiert keine einheitliche juristische Methodenlehre, die als Basis für diese Untersuchung herangezogen werden könnte. Im folgenden sollen daher einzelne ausgewählte methodische Konzeptionen beschrieben werden, die maßgeblich zur Klärung der Frage beitragen können, inwieweit Computer im Bereich juristischer Entscheidungsfindung einsetzbar sind.

5.5.1 Perelman

Perelman[251] entwickelt als Vertreter der Topik keine systematisch angelegte juristische Methodik, sondern er konzentriert sich auf den Teilaspekt der juristischen Argumentation. Hierfür gibt Perelman eine Reihe von Argumentationstypen an, die zum Auffinden und zum Begründen juristischer Entscheidungen herangezogen werden können. Einige der von Perelman genannten Argumentationsformen werden auch in anderen methodischen Konzepten (etwa von Larenz oder Alexy) benutzt. Bemerkenswert ist dabei, daß Perelman seine Darstellung juristischer Argumentationsformen unter der Bezeichnung "Juristische Logik" anbietet.

5.5.1.1 Vorstellung der einzelnen Argumentationstypen

1. Argument a contrario (Umkehrschluß)

Perelmans Beschreibung[252] dieses Arguments läßt sich zusammenfassend durch folgende Formulierung wiedergeben: Wenn es für eine Gruppe von Individuen eine Verpflichtung gibt, so kann dieser Argumentation folgend ausgeschlossen werden, daß es eine andere Verpflichtung gibt, die einer anderen Gruppe von Individuen dieselbe Pflicht auferlegt.

Etwas formaler: Aus $A(x) \rightarrow B(x)$ wird geschlossen, daß $\neg C(x) \rightarrow B(x)$ gilt für ein beliebiges Prädikat C.

Beispiel: Wenn es die Norm gibt, daß alle jungen Männer, die 20 Jahre alt sind, Militärdienst leisten müssen, so könne darauf geschlossen werden, daß Frauen von der Pflicht zum Wehrdienst ausgenommen sind.

---

251 Chaim Perelman, Juristische Logik als Argumentationslehre, Freiburg/München 1979, S. 79 ff.
252 Chaim Perelman, Juristische Logik als Argumentationslehre, Freiburg/München 1979, S. 80.

Eine etwas andere Formulierung der gleichen Schlußweise:
Wenn gilt: aus A folgt B, so könne man schließen, daß aus $\neg$ A $\neg$ B folgt.

Anmerkung hierzu:
Diese Anleitung zum Schließen ist aus (formal-)logischer Sicht falsch !

Einfaches Gegenbeispiel:
Gegeben sei der Satz:
"Wenn X einen Vertrag abschließt, dann erwirbt X einen Rechtsanspruch".
Nach obiger Regel wäre der Umkehrschluß hieraus:
"Wenn X keinen Vertrag abschließt, dann erwirbt X keinen Rechtsanspruch."
Diese Aussage ist aber offensichtlich falsch, da der Rechtsanspruch auch durch ein Delikt
begründet sein kann.

Koch und Rüßmann[253] weisen daher auch darauf hin, daß ein solcher Umkehrschluß nur dann
zulässig ist, wenn die zugrundegelegte Formel als Äquivalenz formuliert ist.
Formal: $(A(x) \mathrel{<=>} B(x)) \mathrel{=>} (\neg A(x) \mathrel{<=>} \neg B(x))$

2. Argument a simili
(auch Argumentum per analogiam oder a pari; Analogieschluß)

Wenn eine Norm bestimmte Personen oder Gegenstände bezeichnet, so kann man diese Norm
gemäß dieser Schlußform auch auf solche, nicht explizit in der Norm erwähnten Personen oder
Gegenstände beziehen, die eine ausreichende Analogie zu den in der Norm genannten aufweisen.

Beispiel:
Angenommen, es gäbe ein Verbot, als Reisender mit einem Hund den Bahnsteig zu betreten.
Durch Analogieschluß könnte man darauf schließen, daß auch das Mitnehmen einer Ziege
verboten ist. Ein präzises Kriterium für die Möglichkeit und die Art der Anwendung des
Analogieschlusses gibt es nicht. Auf das obige Beispiel bezogen heißt das: welche Tiere sind
analog zu Hunden zu behandeln, welche nicht ?

3. Argument a fortiori

Diese Schlußform tritt in zwei Varianten auf: als Argument a minori ad maius ist diese
Schlußform auf negative Vorschriften (Verbote) anzuwenden, während sie als Argument a
maiori ad minus auf positive Vorschriften (Gebote) anzuwenden ist.

---

[253] In H.- J. Koch/H. Rüßmann, Juristische Begründungslehre, München 1982, S. 260, 261.

Beispiel für ein Argument a minori ad maius:

Aus dem Verbot, jemand zu verwunden, wird auf das Verbot geschlossen, jemanden zu töten. Vorausgesetzt ist hierbei, daß sich die Vorschrift auf eine Handlung bezieht, die in verschiedenen Intensitätsabstufungen geschehen kann. Verwunden und Töten aus dem obigen Beispiel können als zwei Vertreter einer Klasse "körperliche Schädigung" aufgefaßt werden, wobei das Ausmaß der Schädigung beim Töten natürlich wesentlich stärker ausgeprägt ist als beim Verwunden. Wenn nun eine weniger ausgeprägte Handlung bereits verboten ist, so ist gemäß des Arguments a minori ad maius auch die stärker ausgeprägte Handlung verboten. Entsprechend ist das Argument a maiori ad minus auf positive Vorschriften anzuwenden.

4. Argument a completudine

Idee: keine Menge von Normen kann jedes beliebige Verhalten eines beliebigen Subjekts juristisch bewerten. Daher wird gefordert, eine Regelung zu akzeptieren, welche die nicht-geregelten Verhaltensweisen jedes Subjekts normativ qualifiziert.

5. Argument a coherentia

Idee: Wenn im Gesetz eine Situation auf zwei gegensätzliche Arten gegegelt sind, so muß im Gesetz auch eine Regelung zu finden sein, die diese Anomalie behebt.

6. Das psychologische Argument

Idee: der Wille des Gesetzgebers soll berücksichtigt werden. Hierzu sind die gesetzesvorbereitenden Werke zu analysieren. Das (zur Zeit der Gesetzgebung) zu lösende Problem und die Lösungsideen müssen hierfür rekonstruiert werden.

7. Das historische Argument

Idee: Es können auch alle früher einmal vom Gesetzgeber geäußerten Regelungskonzepte zur Gesetzesinterpretation herangezogen werden, solange eine Neuerung nicht deutlich ausgesprochen wird.

Bemerkung: In vielen Arbeiten wird das historische Argument mit der Bedeutung verbunden, die Perelman unter dem Titel psychologisches Argument bezeichnet hat.

8. Das apagogische Argument (Argumentum ad absurdum)

Idee: eine Gesetzesinterpretation, die unlogische oder ungerechtfertigte Konsequenzen hätte, wird als nicht zulässig angesehen und ist zu revidieren.

9. Das teleologische Argument

Idee: Geist und Zielsetzung des Gesetzes sollen ermittelt und auf ein Problem, das in dieser Form neu ist (daher in den historischen Quellen nicht berücksichtigt sein kann) angewandt werden. Die Abgrenzung zum psychologischen Argument ist fließend. Vielleicht kann man einen Unterschied in der Abstraktheit der Analysen sehen.

10. Das ökonomische Argument

Idee: Eine Interpretation, die nur anderen Gesetzestext wiederholt, ist zu verwerfen.
Die Berücksichtigung dieses "Arguments" setzt die "Nicht-Redundanz" der Gesetzeswerke voraus.

11. Das systematische Argument

Idee: Die Interpretation einer Norm muß im Zusammenhang des jeweiligen Teils des Rechtssystems geschehen.

12. Das naturalistische Argument

Idee: Der Gesetzestext kann nicht auf eine Situation angewandt werden, wenn sich die "Natur der Sache" gegen eine derartige Anwendung "wehrt".

13. Das Argument ab exemplo

Begründung durch Verweis auf Übereinstimmung mit Präzedenzien.

5.5.1.2 Bemerkungen zu diesen Argumentationsformen

Die Überlegungen Perelmans stellen kein geschlossenes methodisches Konzept dar; vielmehr werden einzelne Argumentationsmuster beschrieben. Offen bleibt, welche Beziehung (Vorrangregelungen) zwischen diesen Mustern bestehen. Offen bleibt auch, ob die Aufzählung der Argumentformen Vollständigkeit anstrebt oder ob weitere Elemente in den

Rechtsanwendungsprozeß einfließen können. Die Relevanz der Übersicht juristischer Schlußformen liegt darin, daß dort relativ viele Schlußformen aufgezählt werden, die nun im einzelnen näher untersucht werden können. Einige der genannten Schlußformen, wie das Argumentum a fortiori, das Argumentum a simili oder der Umkehrschluß werden von vielen anderen Autoren als typische juristische Schlußformen eingeordnet[254].

Einige der Argumentationstypen erfordern Ähnlichkeitsvergleiche (die Typen 2 und 13 würden die Konstruktion von Ähnlichkeitsklassen erfordern, Typ 3 macht sogar eine komparative Anordnung aller Fälle notwendig). Diese Argumente sind konstruktiv in dem Sinne, daß der Anwendungsbereich der vorhandenen Gesetze unter Umständen erheblich erweitert wird. Nach welchen Kriterien die Einteilung der Ähnlichkeitsklassen geschehen soll, bleibt jedoch weitgehend offen; Menschen nehmen oft unbewußt solche Einteilungen vor, jedoch ist es schwierig anzugeben, auf welche Weise dies geschieht.

Im Unterschied zu diesen Argumenten stellen das Argument ad absurdum wie auch das ökonomische und das naturalistische Argument keine konstruktiven, sondern selektive Argumente dar. Sie können dazu benutzt werden, Begründungen, die unter Verwendung anderer Argumente zustande kamen, wieder zu revidieren.

Zur Durchführung der Argumente 6 und 9 werden neben dem Gesetz noch andere Quellen (Geschichte; Ziele) in das Verfahren der Entscheidung miteinbezogen. Diese Argumente können entweder konstruktiv oder selektiv eingesetzt werden.
Bei menschlichen Entscheidungen werden Wertungen nach solchen Kriterien (immer) parallel zu der Prüfung der formalen Ableitbarkeit vorgenommen. Hierbei werden die Entscheidungsziele zur Orientierung bei der formalen Arbeit herangezogen.

Außerdem gibt es noch einige "Argumente", die nicht zur Begründung einer konkreten Entscheidung herangezogen werden können.
So ist beispielsweise das Argument a completudine keine eigenständige Schlußweise. Es verankert eher die Erkenntnis, daß es praktisch keine vollständigen Normensysteme gibt und rechtfertigt damit die Verwendung der komparativen Schlußweisen.
Auch das Argument a coherentia liefert keine Begründung einer Einzelentscheidung. Es ist eher eine Motivation, nach einer den Widerspruch lösenden Regel zu suchen. Die Existenz einer solchen Regel kann jedoch nicht vorausgesetzt werden, da kein Gesetzgeber alle kommenden Situationen vorhersehen kann, auf die eine Norm angewandt werden könnte.

---

[254] Siehe z.B.:
Maximilian Herberger/Dieter Simon, Wissenschaftstheorie für Juristen, Frankfurt/Main, 1980, S. 165-178.
Hans Joachim Koch/Helmut Rüßmann, Juristische Begründungslehre, München 1982, S. 258-261.
Ulrich Klug, Juristische Logik, 4. Auflage, Berlin/Heidelberg 1982. Klug betrachtet den Analogieschluß (S. 109 ff), den Umkehrschluß (S. 137 ff), das Argumentum a fortiori (S. 146 ff) und das Argumentum ad absurdum (S. 151 ff).

Interessant ist, daß es einerseits eine Reihe konstruktiver Argumentationsformen gibt, die den Anwendungsbereich von Normen ausdehnen können, und andererseits selektive Formen, die aus möglichen Ergebnissen einige als unerwünscht aussondern.

Der Sinn der konstruktiven Formen leuchtet ein, wenn man bedenkt, daß ein Gesetzgeber nicht alle Situationen vorhersehen kann, die irgendwann einmal auftreten können. Die Richter arbeiten unter Entscheidungszwang. Sie müssen eine Entscheidung auch dann treffen können, wenn aus den gültigen Gesetzen keine eindeutige Anweisung zur Behandlung einer konkreten Fallkonstellation ersichtlich ist. In dieser Situation ist es plausibel, zuzulassen, daß dann, wenn ein Fall nicht direkt durch eine Norm abgedeckt wird, zur Behandlung des Falls diejenige Norm herangezogen wird, deren Anwendungsbedingungen dem Fall am ähnlichsten sind.

Dieses System zur Ableitung juristischer Entscheidungen gestattet aber offenbar auch die Ableitung einer Vielzahl unerwünschter Ergebnisse. Diese Ergebnisse müssen in einem zweiten Schritt (nach ihrer Ableitung als erstem Schritt) wieder entfernt werden.

Die von Perelman genannten Argumentationsformen tauchen in verschiedenen anderen Methodenkonzeptionen auf. So entwickelt Atienza[255] eine systematisch angelegte Argumentationslehre, die sich ausschließlich auf die Formen "Analogie" und "Argument ad absurdum" stützt. Bemerkenswert ist, daß er dabei eine konstruktive und eine selektive Form benutzt.

5.5.2 Larenz

Larenz rückt im Rahmen seiner methodischen Konzeption die Bindung des Entscheidungsprozesses an (positives) Recht ins Zentrum seiner Überlegungen.

5.5.2.1 Gesetzesauslegung [256]

Alle Texte, auch schriftlich fixierte Gesetze, bedürfen der Auslegung. Larenz illustriert die Notwendigkeit einer Gesetzesauslegung anhand häufig auftretender begrifflicher Schwierigkeiten. Er[257] schlägt ein Auslegungsverfahren vor, das die Elemente der subjektiven mit denen der objektiven Theorie verbindet.

---

[255] Siehe: Manuel Atienza, For a Theory of Legal Argumentation, in: Rechtstheorie 21, 1990, S. 393-414.

[256] Karl Larenz, Methodenlehre der Rechtswissenschaft, 6. Auflage, Berlin/Heidelberg 1991, Kap 4, S. 312 ff.

[257] Zur subjektiven und zur objektiven Theorie führt Karl Larenz aus: "Jeder der beiden Theorien liegt eine Teilwahrheit zugrunde; daher kann keine ohne Einschränkungen akzeptiert werden" (Karl Larenz, Methodenlehre der Rechtswissenschaft, 6. Auflage, Berlin/Heidelberg 1991, S. 316).

Larenz[258] nennt folgende Elemente der Auslegung:

a) Wortsinn-Auslegung
Hierbei geht es darum, die Bedeutung eines Ausdrucks gemäß des allgemeinen Sprachgebrauchs zu ermitteln. Der "allgemeine Sprachgebrauch" ist dabei nicht notwendigerweise mit dem "umgangssprachlichen Wortgebrauch" identisch. Falls es Anhaltspunkte für die Verwendung einer Fachsprache gibt, so ist hier auch die fachsprachliche Bedeutung zu ermitteln.

b) Berücksichtigung des Bedeutungszusammenhangs des Gesetzes (Systematische Auslegung)
Hier geht es darum. nicht nur eine (isolierte) Norm zu betrachten, sondern den Sinn der Norm vor dem Verständnis des gesamten Gesetzes (oder eines größeren Zusammenhanges) zu ermitteln. Bei diesem Auslegungsschritt wird die dem Gesetz zugrundeliegende Systematik berücksichtigt.

c) Berücksichtigung von Regelungsabsicht, Zwecken und Normvorstellungen des historischen Gesetzgebers (subjektiv teleologische Auslegung)
Larenz bezeichnet dies auch als "historisches Element" der Auslegung. In einem modernen Staat sind an der Entstehung eines Gesetzes mehrere Instanzen beteiligt und es fragt sich, welche Quellen hier zur Ermittlung des Willens des Gesetzgebers herangezogen werden sollen. Gemäß seiner Definition vom "Willen des Gesetzgebers"[259] unterscheidet Larenz zwischen
1.)	den Regelungsabsichten, Zwecken und ihrer Rangfolge sowie den Grundentscheidungen des Gesetzgebers und
2.)	den konkreten Normvorstellungen der an der Beratung und Abfassung des Gesetzestextes beteiligten Personen.
Gemäß Larenz geht es in diesem Auslegungsschritt um die unter 1.) bezeichneten Entscheidungen des Gesetzgebers.

d) Objektiv-teleologische Auslegung
Larenz unterscheidet zwei Gruppen objektiv-teleologischer Auslegungskriterien[260]:
1.)	"Strukturen des geregelten Sachbereichs, tatsächliche Gegebenheiten, an denen auch der Gesetzgeber nichts ändern kann, (und) die er vernünftigerweise bei jeder Regelung mit berücksichtigt"
2.)	"rechtsethische(n) Prinzipien, die hinter einer Regelung stehen, in denen der Sinnbezug einer solchen auf die Rechtsidee faßbar, aussprechbar wird."

Diese Auslegungsart und die hierfür verwendeten Kriterien werden deshalb als "objektiv" bezeichnet, "weil es bei ihnen {den Kriterien} nicht darauf ankommt, daß sich der Gesetzgeber ihrer Bedeutung für die von ihm geschaffene Regelung immer bewußt gewesen ist"[261].

---

[258] K. Larenz, Methodenlehre der Rechtswissenschaft, 6. Auflage, Berlin/Heidelberg 1991, S. 305.
[259] "Als "Wille des Gesetzgebers", der sich durch das Gesetz verwirklicht, kann man nur die in der Regelungsabsicht beschlossenen oder aus ihr folgenden Zwecke, Wertsetzungen und Grundentscheidungen bezeichnen, zu denen die am Gesetzgebungsakt Beteiligten in der Tat Stellung genommen haben."
[260] Karl Larenz, Methodenlehre der Rechtswissenschaft, 6. Auflage, Berlin/Heidelberg 1991.
[261] K. Larenz, Methodenlehre der Rechtswissenschaft, 6. Auflage, Berlin/Heidelberg 1991, S. 333.

Unter den rechtsethischen Prinzipien nehmen die in Verfassungsrang erhobenen Prinzipien eine besondere Rolle ein. Als Spezialfall der objektiv-teleologischen Auslegung ergibt sich daher das Gebot verfassungskonformer Auslegung.

Das Verhältnis der Auslegungskriterien zueinander:
Die Wortsinn-Auslegung ermittelt alle in Frage kommenden Bedeutungen; diese Auslegung steckt den Rahmen für die Gesamtauslegung ab. Alle weiteren Auslegungsprinzipien wirken restriktiv, das heißt sie schließen denkbare Wortsinn-Interpretationen aus. Der Bedeutungskontext muß bei jeder Auslegung berücksichtigt werden. Die weiteren Auslegungsarten werden nur bei Bedarf herangezogen: Dabei ist zunächst auf die Regelungsabsicht des Gesetzgebers abzustellen und, wenn auch dies nicht zu einer Klärung des Begriffs führt, so sollen objektiv-teleologische Kriterien herangezogen werden. Hierbei sind zunächst die Strukturen des Sachbereichs zu beachten und, wenn auch dies keine Klärung bringt, so erfolgt eine "verfassungskonforme Auslegung". Larenz nennt und begründet mehrfach diese Rangfolge, vermeidet aber ausdrücklich eine definitive Festlegung.

Ergänzende Bemerkungen:
a) Larenz spricht davon[262], daß die Auslegung vom "Streben nach einer gerechten Fallentscheidung" begleitet sei. Dies stellt jedoch kein eigenes Auslegungselement dar. Es artikuliert sich vielmehr innerhalb des oben skizzierten Gesamtverfahrens. Dabei stellt es einen Antrieb zur immer erneuten Prüfung einer Normauslegung dar und beeinflußt somit die Dauer des Gesamtauslegungsverfahrens.

b) Zur Verwendung von Präjudizien führt Larenz aus, diese sei "von großer praktischer Bedeutung". Konkret orientieren sich Gerichte oft an der (höchstrichterlichen) Rechtsprechung. Ist eine Urteilsbegründung eines "vergleichbaren" Falls gegeben, so ist auch hier eine Auslegung erforderlich mit dem Ziel[263] der "Ermittlung der tatsächlichen Rechtsmeinung der Richter". Hierbei komme nur eine Auslegung nach Wortsinn und Bedeutungszusammenhang in Frage.

---

262 K. Larenz, Methodenlehre der Rechtswissenschaft, 6. Auflage, Berlin/Heidelberg 1991, S. 348.
263 K. Larenz, Methodenlehre der Rechtswissenschaft, 6. Auflage, Berlin/Heidelberg 1991, S. 358.

c) Richterliche Rechtsfortbildung[264]

Als Grenze der Auslegung im engeren Sinne nennt Larenz die des möglichen Wortsinns. "Methodisch geleitete Rechtsfortbildung über diese Grenze hinaus, aber noch im Rahmen des ursprünglichen Plans, der Teleologie des Gesetzes selbst, ist Lückenausfüllung, gesetzesimmanente Rechtsfortbildung; Rechtsfortbildung noch über diese Grenze hinaus, aber innerhalb des Rahmens und der leitenden Prinzipien der Gesamtrechtsordnung, ist gesetzesübersteigende Rechtsfortbildung." Larenz schließt nicht aus, daß in bestimmten Fällen gesetzesimmanente wie auch gesetzesübersteigende Rechtsfortbildung zulässig sei. Methodisch gesehen sind hier folgende Aspekte zu berücksichtigen:

ca) Feststellung einer Gesetzeslücke[265]

Beispiel: Das BGB regelt nicht explizit den wichtigen Fall der sogenannten "positiven Vertragsverletzung" (*schlechte* Erfüllung eines Vertrages); diese "Lücke" wurde bereits 1904 von Staub nachgewiesen.

cb) Lückenausfüllung

Im Fall der gesetzesimmanenten Rechtsfortbildung kommen nach Larenz hierfür folgende Schritte in Frage:

-   Analogieschluß,
-   Umkehrschluß,
-   "teleologische Extension" (Erweiterung des Wortsinns ohne Durchführung eines
    Analogieschlusses),
-   Anwendung des Argumentum "a maiore ad minus",
-   Anwendung des Argumentum "a minore ad maius".

cc) Gesetzesüberschreitende Rechtsfortbildung

Hier werden neue Rechtsinstitute geschaffen, "die in dem ursprünglichen Plan des Gesetzes nicht vorgesehen waren, ja ihm zuwider liefen"[266]. Die Orientierung erfolgt hierbei anhand der Rechtsordnung und der "verfassungsmäßigen Wertordnung". Die Rechtsfortbildung wird gerechtfertigt durch

a)   die Bedürfnisse des Rechtsverkehrs,
b)   "Natur der Sache",
c)   ein rechtsethisches Prinzip (Beispiel: culpa in contrahendo).

Am Ende dieses Prozesses von Auslegung und Rechtsfortbildung steht die "hier und jetzt" anzuwendende Rechtsnorm. Die Durchführung der Auslegung sowie gegebenenfalls der Rechtsfortbildung wird auch als Normgewinnung bezeichnet.

---

264 K. Larenz, Methodenlehre der Rechtswissenschaft, 6. Auflage, Berlin/Heidelberg 1991, S. 366.
265 K. Larenz, Methodenlehre der Rechtswissenschaft, 6. Auflage, Berlin/Heidelberg 1991, S. 373. Er definiert: "Eine Gesetzeslücke ist eine "planwidrige Unvollständigkeit" ...".
266 K. Larenz, Methodenlehre der Rechtswissenschaft, 6. Auflage, Berlin/Heidelberg 1991, S. 413.

Die Normgewinnung ist nur eine von zwei Hauptaufgaben der Rechtsanwendung; die andere besteht in der Darstellung (Larenz spricht hier von "Bildung") des Sachverhalts. Larenz führt hierzu aus: "Der Sachverhalt als Aussage ist also dem Beurteiler nicht von vorneherein "gegeben", sondern er muß von ihm in Hinblick auf die ihm bekannt gewordenen Fakten einerseits, deren mögliche rechtliche Bedeutung andererseits erst gebildet werden."
Dies lenkt den Blick auf zwei Teilaspekte:
Erstens: die Sachverhaltsdarstellung muß erarbeitet werden.
Zweitens: die Gewinnung dieser Darstellung verläuft parallel und in inhaltlicher Abstimmung mit dem Prozeß (des Auffindens und) der Auslegung einschlägiger Gesetzesvorschriften. Hinsichtlich der konkreten Rechtsanwendung existiert dabei die Vorstellung, daß diese beiden Teilaufgaben (Normgewinnung und Sachverhaltsdarstellung) abwechselnd und vor dem Hintergrund der jeweils anderen bearbeitet werden. Diese Situation wird treffend durch die von Engisch geprägte Wendung vom "Hin- und Herwandern des Blickes"[268] beschrieben.

Besondere Schwierigkeiten im Zusammenhang mit der Sachverhaltsdarstellung sieht Larenz im Zusammenhang mit der Deutung menschlichen Verhaltens (besonders, wenn es um innere Einstellungen geht). Da wo eine rechtliche Bewertung auf das Nachempfinden von Lebenssituationen angewiesen ist, können keine abstrakten Regeln zur Durchführung dieser Bewertung angegeben werden.

Schwierig sei die Sachverhaltsbestimmung teilweise auch da, wo es um Urteile gehe, die auf sozialer Erfahrung beruhen.
Als Beispiele nennt Larenz:
- Ermittlung, ob eine Ware mangelhaft ist, (sie ist dies, wenn sie nicht so ist wie sie sein soll; sie soll so sein, daß sie zum gewöhnlichen oder nach dem Vertrag vorausgesetzten Gebrauch tauglich ist (§ 459 BGB));
- Prüfung der Frage: wann ist eine aus anderen Sachen hergestellte Sache neu (§950 BGB)?

5.5.2.3 Das logische Schema der Gesetzesanwendung[269]

Vorbemerkung:

> Hier muß zunächst darauf hingewiesen werden, daß Larenz den Begriff "Logik" nicht im Sinne der modernen (mathematischen, formalen) Logik benutzt. Dies macht sich an zwei entscheidenden Stellen bemerkbar:

---

267 Karl Larenz, Methodenlehre der Rechtswissenschaft, 6. Auflage, Berlin/Heidelberg 1991, Kapitel 3, S. 278 ff.
268 Karl Engisch, Logische Studien zur Gesetzesanwendung, 3. Auflage, Heidelberg 1963, S. 15.
269 Karl Larenz, Methodenlehre der Rechtswissenschaft, 6. Auflage, Berlin/Heidelberg 1991, Kapitel 2.5, S. 271 ff.

1.)   als formales Modell der Logik benutzt Larenz die Syllogistik.

2.)   fälschlicherweise geht Larenz davon aus, daß die Logik bestimmte
      Begriffsdefinitionen beinhaltet und sogar inhaltliche Ableitungsbeziehungen
      zwischen Begriffen begründen kann. Es wurde bereits früher ausgeführt, daß Logik
      nur (formale) Regeln für die korrekte Schlußfolgerung unter Sätzen, nicht aber
      unter Begriffen beinhaltet.

Larenz identifiziert das logische Schema der Gesetzesanwendung mit dem sogenannten
Justizsyllogismus.

Larenz beschreibt zutreffend[270], daß das Schließen innerhalb des Justizsyllogismus im
skizzierten Entscheidungsprozeß eine eher untergeordnete Bedeutung hat. Aufgrund seiner
Auffassung von Logik sieht er deren Anwendungsmöglichkeit jedoch nur im Zusammenhang
mit diesem Syllogismus und bewertet die Einsatzmöglichkeiten der Logik als entsprechend
gering. Die Wahrnehmung der Möglichkeit, formale Logik auch als Instrument zur Darstellung
und Beschreibung der Normgewinnung und Sachverhaltsermittlung zu benutzen, zumindest an
den Stellen, wo auch Larenz klare Richtlinien fordert, bleibt ihm durch diese Sicht versperrt.

Subsumtion

Larenz sieht die Aufgabe der Subsumtion in der Überwindung der Kluft zwischen dem
allgemeinen Begriff (im Gesetz) und einer konkreten Beschreibung; Larenz ist davon überzeugt,
daß die "Logik" (verstanden als Begriffspyramide) in diesem Zusammenhang nicht benutzt
werden könne, weil es nicht nur um ein Verhältnis von "allgemein" zu "speziell" gehe, sondern
auch um eine Zuordnung zwischen (juristischer) Fachsprache und Umgangssprache. Eine
Zuordnung von Ober- und Unterbegriffen hingegen würde Larenz als Gegenstand der Logik (wie
er sie versteht) auffassen.

In informatischer Sicht:
Die von Larenz als "äußeres System" bezeichnete Begriffspyramide ist (im Gegensatz zu
Larenz´ Ansicht) kein Gegenstand der Logik, sondern einer der Wissensrepräsentation. Die
Beschreibung Larenz´ für diese Begriffshierarchie ähneln einer Beschreibung einer Taxonomie.
Diese Taxonomie ist jedoch nichts objektiv Gegebenes, sondern spiegelt in jedem Fall das
(Vor-)Verständnis des Entwicklers wider. Auch im Fall einer Ober- und Unterbegriffshierarchie,
die für Larenz offenbar selbstverständlich gegeben erscheint[271], fließt das Sprachverständnis des
Entwicklers unmittelbar mit ein. Hier zeigen sich viele Wege, auf denen außergesetzliches
Wissen und subjektive Ansichten der Rechtsanwender in den Prozeß der Entscheidungsfindung

---

[270] Karl Larenz, Methodenlehre der Rechtswissenschaft, 6. Auflage, Berlin/Heidelberg 1991, S.
283: "In Wahrheit liegt das Schwergewicht der Gesetzesanwendung nicht auf der abschließenden
Subsumtion, sondern auf der ihr vorausgehenden Beurteilung der einzelnen Elemente des
Sachverhalts als solcher, die den im Tatbestand genannten Merkmalen entsprechen."
[271] Hier zeigt sich die Denkweise der Begriffsjurisprudenz.

einfließen kann. Dies wird besonders deutlich, wenn man eine formal-logische Analyse des Subsumtionsvorganges durchführt. Es ist nämlich keineswegs so, daß Subsumtion nichts mit Logik zu tun hätte. Insofern als es um eine Ableitung bestimmter Aussagen aus gegebenen Aussagen geht, greift die Logik hier sehr wohl ein. Sie ist nur dann überfordert, wenn man von ihr erwartet, daß sie ohne weiteres Zutun beschreibt, wie Begriffe ihrem Inhalt nach in Unterbegriffe zerlegt werden können.

Im Unterschied zu Larenz demonstrieren Koch und Rüßmann[272] zutreffend, welche Rolle die formale Logik im Rahmen der Rechtsanwendung - dabei insbesondere auch bei der Subsumtion - einnehmen kann.
Koch und Rüßmann analysieren eine BGH-Entscheidung[273] aus dem Jahr 1978 zum Verlust einer Niere nach vorsätzlicher Körperverletzung. Dabei war zu prüfen, ob eine Körperverletzung nach §223 StGB oder eine schwere Körperverletzung nach §224 StGB vorliegt.

Die gekürzte Version von §224 StGB lautet:
"Hat die Körperverletzung zur Folge, daß der Verletzte ein wichtiges Glied des Körpers verliert, so ist auf Freiheitsstrafe von einem bis zu fünf Jahren zu erkennen." (P_1)

Die Sachverhaltsbeschreibung lautet:
"Die Körperverletzung K hatte zur Folge, daß der Verletzte eine Niere verlor." (P_2)

Um in dieser Situation zur Ableitung der Rechtsfolge zu kommen, wird eine Aussage der Art "Nieren sind wichtige Glieder" benötigt. (1. Subsumtionsschritt)

Der BGH betrachtete zwei derartige Definitionen nämlich:
"Ein "wichtiges Glied" ist ein Körperteil, der eine in sich abgeschlossene Existenz mit besonderer Funktion im Gesamtorganismus hat." (P_3^{*})
sowie
"Ein "wichtiges Glied" ist ein Körperteil, der mit dem Körper durch ein Gelenk verbunden ist." (P_3^{**})

Bemerkung: keine der beiden Prämissen reicht aus, um mit P_1 und P_2 einen zwingenden Schluß darauf zuzulassen, daß die vorgesehene Rechtsfolge anzuordnen beziehungsweise nicht anzuordnen ist. Dazu bedarf es weiterer Prämissen, beispielsweise
"Nieren sind Körperteile, die eine in sich abgeschlossens Existenz mit besonderer Funktion im Gesamtorganismus haben" (P_4^{*}). (2. Subsumtionsschritt)

Unter Verwendung von P1, P2, P3* und P4* folgt logisch:
F: Es ist auf Freiheitsstrafe zwischen einem und fünf Jahren zu erkennen.

---

[272] Dies Beispiel wird diskutiert in: Hans Joachim Koch/Helmut Rüßmann, Juristische Begründungslehre, München 1982, S. 14-18.
[273] Siehe BGH, JZ 1978, S. 814.

Ergebnis dieser Überlegung:
Mit Rechtsnorm (hier P1) und Tatbestandsbeschreibung (hier: P2) allein ist noch keine Ableitung der Rechtsfolge möglich. Hierfür werden weitere Aussagen benötigt, die vom juristischen Entscheider hinzugefügt werden müssen (hier P3* und P4*). Diese (hinzugefügten) Aussagen ermöglichen die Subsumtion, also die Zuordnung des konkreten Sachverhalts zu einer allgemein formulierten Rechtsnorm. An dieser Stelle fließen dogmatisches Wissen, das sprachliche Verständnis, letztlich auch Allgemeinwissen und das "Weltbild" des Juristen in die Entscheidung ein.

Neben dem "Subsumieren" nennt Larenz die Behandlung des Zusammentreffens (Konkurrenz) mehrerer Rechtssätze oder Regelungen als weitere Aufgabe der Gesetzesanwendung .

Exkurs zu Werturteilen:
Larenz betont[274], daß juristische Entscheidungen oft "Werturteile" enthalten[275]. Wertungen können sowohl im Zusammenhang mit der Sachverhaltsdarstellung wie auch im Zusammenhang der Normgewinnung stehen. Larenz versteht hierunter beispielsweise das Abwägen von Fakten, die man "in ihrer jeweiligen Bedeutung unter dem Blickpunkt der gesetzlichen Regelung wertet". Wertungen seien etwa im Umgang mit unbestimmten Rechtsbegriffen erforderlich. Als Beispiele für Begriffe, die eine Wertung erforderlich machen, nennt Larenz "Gute Sitten" (§§138, 826 BGB, 1 UWG), "Treu und Glauben" (§§157, 242 BGB) sowie "erforderliche Sorgfalt" (§ 276 Abs. 1 S. 2 BGB). Hierbei ist die Abgrenzung zu den unbestimmten Rechtsbegriffen nicht deutlich, die im Bereich der Gesetzesauslegung durch Rückgriff auf Sprachwissen und dogmatisches Wissen (und gegebenenfalls Weltwissen) gelöst werden sollen.

Larenz betont, ein Werturteil gebe nicht nur die Ansicht des Urteilenden wieder, sondern sagt, "daß das betreffende Verhalten oder Verlangen eine solche Bewertung "verdient", daß ihm diese Beurteilung von Rechts wegen zukommt."[276] Implizit geht Larenz bei einer derartigen Formulierung also davon aus, daß es bestimmte Regeln/Konventionen gibt, die ein bestimmtes Vorgehen auch bei der Wertung nahelegen. Insofern derartige Regeln existieren, so kann vermutet werden, daß diese auch in einem formalen Modell darstellbar sind[277].

Oft wird ausgeführt, daß Wertungen nur von Menschen, nicht aber von einem Computer ausgeführt werden können. Die Merkmale, die Larenz als charakteristisch für Werturteile anführt, begründen jedoch in algorithmischer Sicht keine eigenständige Rolle der Wertungen im

---

[274] K. Larenz, Methodenlehre der Rechtswissenschaft, 6. Auflage, Berlin/Heidelberg 1991, S. 288.
[275] Wieacker behauptet sogar, "daß ein Urteil in problematischen Fällen stets Entscheidung zwischen Wertungsalternativen ist". Vgl. Franz Wieacker, Rechtsgewinnung durch elektronische Datenverarbeitung?, in: Hans C. Ficker et al. (Hrsg.), Festschrift für Ernst v. Caemmerer, Tübingen 1978, S. 50.
[276] K. Larenz, Methodenlehre der Rechtswissenschaft, 6. Auflage, Berlin/Heidelberg 1991, S. 290/291.
[277] Karl Larenz, Methodenlehre der Rechtswissenschaft, 6. Auflage, Berlin/Heidelberg 1991, S. 293. Dort äußert er die Vermutung, daß ein sehr großer Teil der Wertungen nach einem objektivierbaren Verfahren zustandekommt.

Vergleich zu anderen Entscheidungselementen[278]. Das Wissen zur Durchführung der Wertungen kann (insofern und soweit es explizit formuliert werden kann) den bereits bestehenden Wissensbasen hinzugefügt werden.

Beispiel: "Bewertung" einer Situation nach Treu und Glauben:
Die juristische Dogmatik hat einen umfangreichen Katalog von Situationen entwickelt, die einen Verstoß gegen "Treu und Glauben" darstellen. Ein Richter, der eine gegebene Situation bewertet, geht nicht nur von dem Wortlaut der Norm aus, sondern greift auf das dogmatische Wissen zurück, das ihm bestimmte Regeln zur Prüfung von "Treu und Glauben" an die Hand gibt. Andere Unklarheiten im Zusammenhang mit unbestimmten Rechtsbegriffen können gegebenenfalls unter Rückgriff auf sprachbezogenes Wissen geklärt werden.

Was bleibt substanziell von der dem Phänomen der "Wertung"?
Die von Larenz angeführten Beispiele für Wertungen haben gemeinsam, daß das Interpretationsergebnis nicht unmittelbar einer geeigneten Wissensbasis entnommen werden kann, sondern erst (gemäß eines bestimmten Verfahrens) erarbeitet werden muß. Werturteile kann man vor dem Hintergrund dieser Unterscheidung solche nennen, die durch prozedurales Wissen gebildet werden. Da Larenz die Logik oft mit einer deklarativen (statischen) Wissensrepräsentation ("äußeres System") gleichsetzt, verwundert es nicht, daß er die Ansicht vertritt, Wertungen seien nicht durch logische Verfahren zu beschreiben. Da er aber die Position einnimmt, daß Wertungen keineswegs rein subjektive Angelegenheiten seien, sondern daß sie nach bestimmten objektivierbaren Prinzipien erarbeitet werden sollen, gründet er hiermit selbst die Basis für die Vermutung, daß derartige Wertungen auch algorithmisierbar sein können.

Eine eingehendere Analyse der Wertungen geht auf Podlech[279] zurück.
Er weist zunächst darauf hin, daß Werturteile nicht allein aus rein deskriptiven Sätzen nach logischen Regeln folgen. Eine Bewertung setzt vielmehr eine von Menschen definierte Vorzugsrelation voraus, die nicht formal begründet werden kann. Hierin steckt ein subjektives Element, das der Wertung nicht genommen werden kann. Trotz der formalen Unbegründbarkeit der Wertmaßstäbe ist es jedoch nicht unmöglich, ein formales System zu konstruieren, das die durch Menschen festgelegten Maßstäbe anwenden und auf diese Weise zu Bewertungen kommen kann. In diesem Zusammenhang ist die Feststellung Podlechs interessant, daß für jede Wertung gilt, "daß ihre Richtigkeit oder Unrichtigkeit - oder besser: ihre Annehmbarkeit für die Gesellschaft - nur diskutierbar ist als Diskussion der Folgen der Wertung für die Gesellschaft."[280] Die Folgenanalyse stellt somit ein entscheidendes Element zur Durchführung

---

[278] Ulfried Neuman, Juristische Logik, in: A. Kaufmann/W. Hassemer, Einführung in Rechtsphilosophie und Rechtstheorie der Gegenwart, 5. Auflage, Heidelberg 1989, S. 269:
"Wenn die Unmöglichkeit einer axiomatisierten Rechtswissenschaft mit der Unmöglichkeit einer wertneutralen Rechtswissenschaft begründet wird, so wird damit an die Sätze eines Axiomensystems eine Forderung gestellt, die jedenfalls keine Forderung des Axiomensystems selbst ist. Es ist nicht zu sehen, warum Sätze, die Wertungen beinhalten, nicht axiomatisierbar sein sollten."
[279] Adalbert Podlech, Wertungen und Werte im Recht, in: Archiv des öffentlichen Rechts, Nr. 95, 1970, Heft 2, S. 185-223.
[280] Adalbert Podlech, Wertungen und Werte im Recht, in: Archiv des öffentlichen Rechts, Nr. 95, 1970, Heft 2, S. 209.

von Wertungen dar. Die Frage nach der Automatisierung der Wertung lenkt somit den Blick auf die Frage nach der Automatisierung einer Folgenabschätzung und einer damit verbundenen "Bewertung" der ermittelten Ergebnisse. Sofern man zunächst auf die Anforderung der Vollständigkeit verzichtet, ist es zweifellos möglich, Computersysteme mit der Ermittlung der Folgen einer bestimmten Entscheidung in einer Situation zu betrauen. Der große Bereich der (Computer)-Simulation beschäftigt sich mit der Erstellung und Implementierung von Modellen, die die Folgen bestimmter Aktionen oder Entscheidungen in einem gegebenen Umfeld berechenbar machen. Mögliche Probleme, die in diesem Umfeld auftreten, werden weniger durch die spezifischen Eigenheiten der "Wertung" gekennzeichnet sein, sondern vielmehr durch Schwierigkeiten, die auch in anderen Bereichen bei dem Versuch einer umfassenden Modellierung eines Gegenstandsbereiches auftreten.

5.5.2.4 Stellungnahme zur methodischen Konzeption von Larenz

Larenz erarbeitet seine Methodenlehre mit dem Anspruch, das Verfahren der Rechtsanwendung so nachvollziehbar wie möglich zu gestalten[281]. Er betont mehrfach, daß kein Bereich der Rechtsanwendung dem alleinigen Ermessen des Richters überlassen werden soll[282]. Er gibt daher für jede Teilaufgabe der Gesetzesanwendung eine Beschreibung der anzuwendenden Arbeitsschritte an.

Die Systematik, die Larenz vorlegt, weist jedoch Defizite im Ausmaß ihrer Strukturierung auf.

- Einige Dinge, wie beispielsweise die Wertungen stehen unvermittelt im Raum und werden nicht bestimmten anderen Verfahren zugeordnet.
- Die Orientierung an Präjudizien, die Larenz selbst als wichtig bezeichnet, hat in seinem Konzept keinen festen Platz.
- Larenz nimmt Elemente in seine Methode auf, die nur dazu dienen, (erkennbare) Defizite der Gesetzgebung auszugleichen[283].

a) So belegt Larenz die Notwendigkeit richterlicher Rechtsfortbildung am Beispiel solcher Gesetzeslücken, die schon seit Jahrzehnten bekannt sind. (Positive Vertragsverletzung, culpa in contrahendo). Hier wäre konzeptionell zu fragen, ob die Methodenlehre diese Defizite auffangen soll oder ob es nicht sachgemäßer wäre, eine entsprechende Anpassung der Gesetze zu fordern.

b) Ein anderes Beispiel für die Ausgleichung gesetzlicher Mängel nannte Larenz im Zusammenhang mit der Motivation der Notwendigkeit der Auslegung von Gesetzen.

So führt er aus: "Viele und gerade die wichtigsten Rechtsbegriffe wie etwa "Rechtsgeschäft", "Anspruch", "rechtswidrig" sind im Gesetz nicht definiert; andere gesetzliche Definitionen, wie

---

[281] Ähnlich äußert sich auch Wieacker. Er sagt, es "besteht auch darin Übereinstimmung, daß der Bestimmungsgrund der rechtlichen Entscheidungen rational sein soll." Siehe: Franz Wieacker, Rechtsgewinnung durch elektronische Datenverarbeitung?, in: Hans C. Ficker et al. (Hrsg.), Festschrift für Ernst v. Caemmerer, Tübingen 1978, S. 50.

[282] Z. B. Karl Larenz, Methodenlehre der Rechtswissenschaft, 6. Auflage, Berlin/Heidelberg 1991, S. 6. Dort beschreibt er die juristische Methodik als "eine auf die Gewinnung von Erkenntnissen gerichtete planmäßige Tätigkeit."

[283] Aus pragmatischen Gründen (Trägheit und Dauer des Gesetzgebungsverfahrens, ...) mag dies verständlich erscheinen. Aus methodischer Sicht ist folgender Punkt problematisch: Die herrschende Rechtsanwendungsmethode ist sehr stark auf das Gesetz fixiert. Dieses bildet Basis und Rahmen der Rechtsanwendung. Wenn nun das Rechtsanwendungsverfahren die gesetzliche Basis verändern darf, so kann sie die Grundlagen ihrer Tätigkeit in eben diesem Maße selbst bestimmen.

die der "Fahrlässigkeit" in § 276 BGB, erweisen sich als unvollständig oder mehrdeutig. Ein und derselbe Ausdruck wird häufig in verschiedenen Gesetzen, ja in demselben Gesetz in verschiedenem Sinne gebraucht; so der Ausdruck "Geschäftsbesorgung" in den §§ 662, 667 BGB einerseits, § 675 BGB andererseits."[284] Hier liegen eindeutig Mängel der Gesetzgebung vor. Von ihr ist zu erwarten, daß wichtige Begriffe definiert werden und daß Begriffe innerhalb eines Gesetzeswerkes jeweils mit der gleichen Bedeutung verwendet werden.

Die Konzeption von Larenz enthält zwei kontroverse Tendenzen. Einerseits arbeitet Larenz an der "Methodenlehre" mit dem Anspruch, daß alle Entscheidungen einigermaßen "objektiv" sein sollen, in dem Sinn, daß das Verfahren der Entscheidungsentstehung dem von ihm vorgegebenen Verfahren entsprechen soll. Andererseits ist Larenz mißtrauisch gegenüber der Anwendung formaler Hilfsmittel zur Beschreibung der von ihm verbal formulierten Entscheidungsverfahren. Eine Hauptursache hierfür ist sicherlich die - im Licht der formalen Logik - falsche Interpretation des Begriffs "Logik".
Daher drückt sich in seiner Konzeption eine tiefe Skepsis gegenüber einer Formalisierung im Recht aus. Die Entscheidungsprozesse haben bei ihm meist einen diffusen Status, welcher durch ein Zitat[285] , das im Zusammenhang mit der Auslegung gemacht wurde, belegt werden kann : "Der Schluß, zu dem er {der Entscheider} gelangt, ist kein logisch zwingender Schluß, sondern eine durch hinreichende Gründe motivierte Wahl zwischen verschiedenen Deutungsmöglichkeiten". Also: die Entscheidung sei nicht willkürlich, aber auch nicht "logisch". An Stelle dieser diffusen Einschätzung wäre mehr Klarheit wünschenswert. An den Stellen, wo Larenz eine abschließende Darstellung anzuwendender Entscheidungsschritte vornimmt, könnten auch formale Werkzeuge zur Darstellung eingesetzt werden. Dies schließt freilich nicht aus, daß einzelne Elemente innerhalb dieses formalen Rahmens unbestimmt oder nicht näher präzisiert sind. Ein solches Konzept würde formale mit nicht-formalen Anteilen integrieren können, allerdings wäre klar bestimmt, was formal und was nicht-formal zu entscheiden ist.

5.5.2.5 Die Methode Larenz´ in formaler Sicht

Larenz entwickelt - wie oben erwähnt - kein schlüssiges Konzept zur Methodik juristischer Entscheidungsfindung. Andererseits enthält es viele verbale Beschreibungen der vorkommenden Entscheidungsschritte. Im folgenden erfolgt eine Rekonstruktion des methodischen Modells von Larenz in der Sprache der Informatik.

---

[284] Karl Larenz, Methodenlehre der Rechtswissenschaft, 6. Auflage, Berlin/Heidelberg 1991.
[285] Karl Larenz, Methodenlehre der Rechtswissenschaft, 6. Auflage, Berlin/Heidelberg 1991, II. Systematischer Teil, Kap. 1, 3. Die Jurisprudenz als "verstehende" Wissenschaft, a) Verstehen durch Auslegen, S. 204.

Modell 1:
In diesem Modell bleiben die Elemente der Rechtsfortbildung zunächst ausgeklammert.

Kernaussagen:
Das Entscheidungsverfahren arbeitet mit den Prozessen: "Auslegung", "Sachverhaltsdarstellung" und "Rechtsanwendung". Die Prozesse "Auslegung" und "Sachverhaltsdarstellung" müssen parallel bearbeitet werden. Die Koordination beider Prozesse wird von dem (ebenfalls parallel ablaufenden) Prozeß "Rechtsanwendung" vorgenommen.

Zu den einzelnen Prozessen:

Auslegung:
Das Auslegungsverfahren greift auf eine große Menge an Hintergrundinformationen zu. Diese können inhaltlich zusammengefaßt als Wissensbasen bezeichnet werden.
- Die Auslegung greift auf den Gesetzestext zurück, welcher in der Wissensbasis "Gesetz" gespeichert ist.
- Die Wortsinn-Auslegung benötigt eine Wissensrepräsentation der benutzten (fach-) sprachlichen Begriffe. Diese ist in der Wissensbasis "Sprache" enthalten.
- Die systematische Auslegung berücksichtigt Fakten und Zusammenhänge, die in einer Wissensbasis "Dogmatik" gespeichert sind.
- Die subjektiv-teleologische Auslegung benutzt die Wissensbasis "Subjektiv", die Material über die Zielsetzung gegebener Gesetze enthält.
- Die objektiv-teleologische Auslegung erfordert zwei Wissensbasen.
  Die Wissensbasis "Sachgebiet" enthält Fakten und Zusammenhänge, die das Sachgebiet der in Frage stehenden Regelung beschreiben. Die Wissensbasis "Verfassungswerte" nennt und beschreibt die rechtsethischen Prinzipien des Grundgesetzes.
- Die von Larenz nur beiläufig erwähnte Orientierung an Präjudizien erfordert eine Wissensbasis "Präjudizien", in der bereits entschiedene Fälle dargestellt und die ergangenen Entscheidungen dokumentiert und begründet sind.

Die zeitliche Anordnung der einzelnen Schritte soll anhand der von Larenz beschriebenen Rangfolge erfolgen, also: zunächst Wortsinn ermitteln, dann systematische Auslegung, wenn erforderlich, dann zuerst subjektiv-teleologische Auslegung und gegebenenfalls schließlich objektiv-teleologische Auslegung durchführen. Die Stellung der Bewertung von Präjudizien läßt sich aus Larenz´ Darstellung nicht entnehmen.

Sachverhaltskonkretisierung:
Der Prozeß der Sachverhaltskonkretisierung greift auf folgende Wissensbasen zurück:
- Wissensbasis "Allgemeinwissen",
- Wissensbasis "Sprache".

Rechtsanwendung:

Subsumtion:

Dieser Prozeß greift auf die Wissensbasen "Allgemeinwissen" und "Sprache" zurück, um die "Kluft" zwischen allgemeiner Bezeichnung in einer Norm und konkreter Sachverhaltsbeschreibung zu überbrücken.

Vorrangige Aufgabe ist es, die (augenblickliche) Interpretation der Norm mit der (augenblicklichen) Darstellung des Sachverhalts abzugleichen. Werden teilweise Übereinstimmungen (zwischen Sachverhalt und Norm) gefunden, so wird nach fehlenden Merkmalen gezielt gesucht. Wird eine vollständige Übereinstimmung gefunden, so erfolgt hierüber eine Meldung. Die Norm und weitere Parameter der Interpretation werden gespeichert. Falls sich weitere Übereinstimmungen finden, so wird ein Modul zur Konfliktlösung aufgerufen und ausgeführt. Dieses Modul greift auf Spezialwissen (Wissensbasis "Normkonflikt") zurück, benutzt aber auch die Wissensbasis "Verfassungswerte".

Modell 2:

Dies Modell enthält alle Komponenten des Modells 1 und verfügt außerdem über Komponenten zur Durchführung der richterlichen Rechtsfortbildung. Das Inferenzverfahren muß um Module zur Durchführung von Analogieschlüssen sowie zur Durchführung von Argumenten "a maiore ad minus" erweitert werden. Dies erfordert eine Wissensbasis "Fälle", in der Sachverhalte und darauf angewandte Rechtsnormen abgespeichert sind. Gegebenenfalls kann diese Wissensbasis mit der Wissensbasis "Präjudizien" kombiniert werden.

Stellungnahme zu diesem Modell aus informatischer Sicht:

Dies Modell enthält eine Reihe (umfangreicher) Wissensbasen, die im Rahmen der Entscheidungsfindung zu konsultieren sind. In diese sind auf vielfältige Weise das Wissen und bestimmte (subjektive) Ansichten der Entwickler dieser Wissenbasen eingeflossen. Dies relativiert Aussagen, wie die von Larenz, daß die Aufgabe des Richters bei der Auslegung darin bestehe, das Gesetz (und nur dies) zum Sprechen zu bringen, ohne selbst etwas hinzuzufügen. Betrachtet man obiges Entscheidungsmodell, so erkennt man schnell, daß eben sehr viele Hintergrundinformationen herangezogen werden müssen, um einen Fall zu entscheiden. Die Frage, wie "objektiv" das Entscheidungsverfahren sein kann, hängt also entscheidend davon ab, inwieweit die Wissensbasen explizit gemacht werden können.

5.5.3 Analytische Begründungslehre

5.5.3.1 Darstellung der Konzeption

An der traditionellen Methodenlehre, wie sie etwa von Larenz vertreten wird, ist aus
verschiedenen Richtungen Kritik geübt worden. Der traditionellen Methodenlehre, die
gelegentlich auch als "Alte Hermeneutik" bezeichnet wird, wird vorgeworfen[286], daß bei einer
konkreten Anwendung ihrer Konzepte verschiedene Probleme auftreten, die durch die Alte
Hermeneutik selbst nicht gelöst werden können. Die analytische Begründungslehre[287] strebt
eine Lösung dieser Probleme an, ohne jedoch die Grundpositionen der Alten Hermeneutik zu
verwerfen. Eine wichtige Veränderung gegenüber der traditionellen Methodenvorstellung besteht
darin, daß im Bereich juristischer Entscheidungsprozesse nachdrücklich zwischen der
Entscheidungsfindung und der Entscheidungsbegründung unterschieden wird[288]. Die Frage der
Entscheidungsfindung wird bewußt offen gelassen und allein der Aspekt der
Entscheidungsbegründung rückt in den Vordergrund. Die Entscheidungsbegründung sollte, um
nachvollziehbar zu sein, bestimmten Kriterien genügen. Die analytische Begründungslehre
greift dabei auf das Instrumentarium von Formalwissenschaften, speziell der Logik und der
Wissenschaftstheorie zurück, um Maßstäbe für eine höhere Rationalität von
Entscheidungsbegründungen zu entwickeln. Koch und Rüßmann plädieren für eine deduktive
Struktur juristischer Entscheidungsbegründungen[289]. In ihrer logisch fundierten Analyse der
Entscheidungselemente demonstrieren sie deutliche Schwächen traditioneller
Entscheidungskonzeptionen, wie etwa deren Festhalten am Schema des Justizsyllogismus. Sie
belegen, daß dessen Elemente, nämlich der Rechtssatz als Obersatz sowie die
Sachverhaltsbeschreibung als Untersatz nicht als bereits gegeben vorausgesetzt werden können,
sondern erst im Verlauf der Rechtsanwendung gebildet werden müssen[290].

5.5.3.2 Bewertung dieser Konzeption

Das Verdienst der analytischen Begründungslehre besteht darin, die traditionelle Methodenlehre
mit den Mitteln der Formalwissenschaften zu überarbeiten. Die dabei erzielten Ergebnisse sind
ein wichtiger Schritt zu einer systematischen Strukturierung des Rechtsanwendungsverfahrens.
Diese wiederum stellt eine notwendige Voraussetzung für die Entwicklung juristischer

---

[286] Hans-Joachim Koch, Die Begründung von Grundrechtsinterpretationen, in: Europäische
Grundrechtezeitschrift, 1986, S. 348.

[287] Als repräsentativ für die analytische Begründungslehre nennt Hans-Joachim Koch folgende
Werke (Vgl.: Hans-Joachim Koch, Die Begründung von Grundrechtsinterpretationen, in:
Europäische Grundrechtezeitschrift, 1986, S. 352):
Robert Alexy: Theorie der juristischen Argumentation,
Maximilian Herberger/Dieter Simon: Wissenschaftstheorie für Juristen,
Hans Joachim Koch/Helmut Rüßmann, Juristische Begründungslehre,
Adalbert Podlech (Hrsg.), Rechnen und Entscheiden.

[288] Hans Joachim Koch/Helmut Rüßmann, Juristische Begründungslehre, München 1982, S.1.

[289] Hans Joachim Koch und Helmut Rüßmann überschreiben den ersten Teil ihrer Begründungslehre
mit dem Titel: "Die deduktive Struktur juristischer Entscheidungsbegründungen".

[290] Siehe hierzu das Beispiel, das in Kapitel 5.5.2.3 benutzt wurde.

Expertensysteme dar. Zu beachten ist dabei allerdings, daß sich die Ergebnisse der analytischen Begründungslehre nur auf den Teilbereich der Entscheidungsbegründung erstrecken und die Frage der Entscheidungsfindung ausklammern. Um zu prüfen, ob und inwieweit auch der Prozeß der Entscheidungsfindung durch Computereinsatz unterstützt werden kann, muß man umfassendere Modelle heranziehen.

5.5.4 Normativ-analytische Theorie des juristischen Diskurses (Alexy)

5.5.4.1 Darstellung der Konzeption

Alexy erarbeitet sein methodisches Konzept unter Rückgriff auf die sogenannte Metaethik[291]. Dies unterscheidet sein Konzept von traditionellen juristischen Methodenkonzeptionen, wie zum Beispiel dem Modell von Larenz. Diese setzen implizit eine gesellschaftlich etablierte Wertordnung voraus, die einem Richter als Einzelperson zugänglich ist und von ihm angewandt werden kann. Dagegen geht Alexy davon aus, daß die Wertordnung, nach der ein Fall zu entscheiden ist, nicht bereits vorgegeben ist, sondern unter den Beteiligten etwa eines Rechtsstreits (auf einer Metaebene) erst ausgehandelt werden muß. Diese Verhandlung ist notwendigerweise mit einem Dialog der Beteiligten verbunden. Alexys Konzept geht davon aus, daß derartige Dialoge in Form von Diskursen vollzogen werden, das heißt in Form rational geführter sachorientierter Gespräche. Geleitet von einem analytischen Ansatz führen Alexys Überlegungen schließlich zu einer Reihe von Regeln, denen ein juristischer Diskurs genügen muß. Dieses Regelwerk integriert unter anderem auch die "Canones" der Auslegung sowie traditionelle juristische Argumentationsformen. Es gliedert sich in eine Menge von Regeln, die auf jeden Diskurs anwendbar sind sowie eine Reihe ergänzender Regeln, die die speziellen Anforderungen juristischer Diskurse repräsentieren.

Im Sinne der analytischen Begründungslehre unterscheidet Alexy streng zwischen den Prozessen Entscheidungsfindung und Entscheidungsbegründung[292]. Bei der Entscheidungsfindung handelt es sich um einen Vorgang, der für eine gründliche Analyse nur schwer zugänglich ist. Eine Befragung von Personen, die Entscheidungen treffen, kann nur begrenzt zur Aufklärung des Entscheidungsfindungsprozesses beitragen, da nicht alle assoziativen Abläufe, die dabei vorkommen, ins Bewußtsein des Entscheiders gelangen müssen. Demgegenüber wird die Entscheidungsbegründung in allen Stufen bewußt gebildet. Dabei wird ausdrücklich darauf Wert gelegt, daß die Begründung für andere Personen nachvollziehbar ist. Indem sich Alexy nur mit den Entscheidungsbegründungen beschäftigt, beschränkt er sich auf einen Bereich, der einerseits einer rationalen Überprüfung zugänglich ist und für den es andererseits auch sinnvoll ist, Rationalität zu fordern, denn diese ist eine Voraussetzung dafür, daß andere Personen eine Begründung verstehen und nachvollziehen können.

---

[291] Siehe hierzu: Robert Alexy, Theorie der juristischen Argumentation, 2. Auflage, Frankfurt/M 1991, S. 53 f.

[292] Diese Unterscheidung wird nicht nur von Alexy betont, sondern sie liegt auch der Arbeit von Koch und Rüßmann zugrunde.

Ein Diskurs kann in Gestalt eines allgemein praktischen, theoretischen (empirischen), sprachanalytischen oder diskurstheoretischen Diskurses auftreten.

Der allgemein praktische Diskurs behandelt das eigentliche "Hauptthema" des Diskurses. In dem hier diskutierten Rahmen ist das Ziel eines allgemein praktischen Diskurses die juristische Bewertung (Entscheidung) eines Falles. Die anderen Diskursformen sind gewissermaßen als Hilfsmittel anzusehen, die benutzt werden können, wenn der weitere Ablauf des allgemein praktischen Diskurses blockiert ist.

Ein sprachanalytischer Diskurs kann erforderlich sein, um die Bedeutung verwendeter Begriffe zu klären.

Ein theoretischer Diskurs hat eine (bis dahin anerkannte) Prämisse des allgemein praktischen Diskurses zum Gegenstand. Hierbei geht es zumeist darum, zu ermitteln, ob bestimmte Behauptungen empirisch haltbar sind.

Die Möglichkeit des diskurstheoretischen Diskurses gewährleistet die Offenheit des Diskursschemas. Bei Bedarf und nach hinreichender Begründung kann das vorgegebene Diskursschema verändert werden. So kann die Situation, daß in einem Diskurs kein eindeutiges Ergebnis vorgezeichnet wird, selbst Gegenstand eines Diskurses sein[293].

Allgemeine Diskursregeln:

Neben "Grundregeln", die Widerspruchsfreiheit der Argumentation, Ernsthaftigkeit der Beiträge sowie begriffliche Präzision sichern, stehen "Vernunftregeln[294]", die Gleichberechtigung der Teilnehmer, Zwanglosigkeit des Diskurses sowie die allgemeine Begründbarkeit von Aussagen fordern.

Es gibt ferner
- Argumentationslastregeln, die bestimmen, wer wann eine Aussage begründen muß,
- Begründungsregeln, die Anforderungen hinsichtlich der Verallgemeinerbarkeit von Aussagen {Haresche Verallgemeinerbarkeitsforderung, Habermassche Verallgemeinerbarkeitsforderung und Baiersches Prinzip} sowie zur Bestandskraft moralischer Auffassungen[295] nennen,
- Übergangsregeln, die festlegen, wann zwischen allgemein praktischem, theoretischem (empirischem), sprachanalytischem und diskurstheoretischem Diskurs gewechselt werden kann.

---

[293] Hierbei könnten Regeln gefunden werden, die angeben, wie zwischen zwei unvereinbaren diskursiv möglichen Lösungen eine Entscheidung herbeigeführt werden kann.
Alexy ist der Ansicht, daß sich auf diese Weise bestimmte Regeln der parlamentarischen Gesetzgebung z. B. das Repräsentations- und Mehrheitsprinzip begründen lassen.

[294] Die Regeln entsprechen den von Habermas aufgestellten Bedingungen der idealen Sprechsituation. Sie haben eher negative als positive Wirkung; Diskurse, die gegen die Regeln verstoßen, sind zu verwerfen; die Einhaltung der Vorschriften ist jedoch nur schwer festzustellen.

[295] Vgl. das von Habermas wie auch von Lorenzen und Schwemmer mit dem Programm der kritischen Genese vorgeschlagene Verfahren, das ein Nachvollziehen der Entwicklung des moralischen Regelsystems durch die Diskursteilnehmer ermöglicht.

Gegenstand praktischer Diskurse sind singuläre normative Aussagen (N). Es gibt zwei Grundtypen ihrer Begründung:
a) Bezug auf eine als geltend vorausgesetzte Regel (R).
b) Hinweis auf die Folgen (F) der in N enthaltenen Imperative.
Auch über R kann ein Disput geführt werden.

Verschiedene Regeln können zu unterschiedlichen Ergebnissen führen. In diesen Situationen müssen Vorrangregeln eingesetzt werden. Die Vorrangregeln können wiederum, wie oben beschieben, gerechtfertigt werden.

Der juristische Diskurs wird als Sonderfall des allgemeinen praktischen Diskurses angesehen. Die Besonderheiten ergeben sich dadurch, daß auf geltendes Recht Rücksicht genommen werden muß. Das Prozeßrecht weist den einzelnen Prozeßparteien ungleiche Rollen zu, die durch unterschiedliche Mitwirkungsrechte und - pflichten gekennzeichnet sind. Die Freiwilligkeit der Teilnahme des Beklagten ist oft nicht gegeben. Die Parteien unterliegen nur einer eingeschränkten Wahrheitspflicht und dürfen sich an ihren eigenen Interessen orientieren. Schließlich ist das Argumentationsverfahren zeitlich begrenzt.

Hinsichtlich eines juristischen Urteils wird eine interne und eine externe Rechtfertigung eines Urteils unterschieden: Die interne Rechtfertigung hat dabei das Ziel nachzuweisen, daß das Urteil aus den angeführten Prämissen logisch folgt. Die externe Rechtfertigung verfolgt das Ziel, die Richtigkeit der Prämissen zu untermauern.

Der traditionellen juristischen Methodenlehre folgend bildet der Justizsyllogismus für Alexy die Grundform der internen Rechtfertigung. Dessen Anwendung wird durch Regeln für die interne Rechtfertigung präzisiert.

Es gibt Spezialregeln zur Behandlung eventuell eintretender Komplikationen wie:
- es gibt alternative Tatbestandsmerkmale,
- die Anwendung ergänzender oder verweisender Rechtsnormen wird erforderlich,
- es sind mehrere Rechtsfolgen möglich,
- verwendete Ausdrücke sind interpretationsfähig.

Die externe Rechtfertigung, die die Prämissen in Gestalt von
- Regeln des positiven Rechts,
- empirischen Aussagen,
- Prämissen, die keines von beiden sind
abzusichern hat, kann methodisch auf sechs verschiedene Konzepte zurückgreifen.

Nämlich auf

- Auslegung   (Gesetz)
- dogmatische Argumentation   (Dogmatik)
- Präjudizienverwertung   (Präjudiz)
- allgemein praktische Argumentation   (Vernunft)
- empirische Argumentation   (Empirie)
- speziell juristische Argumentationsformen.

Alexy integriert in sein Konzept die semantische[296], genetische[297], historische[298], komparative[299], systematische[300] und die teleologische[301] Argumentation. Hinsichtlich der Beziehung dieser Argumentationsarten untereinander gibt Alexy Regeln an. Diese sehen vor, die Auslegung nach dem Willen des Gesetzgebers vor der objektiv-teleologischen Auslegung durchzuführen.

Ferner existieren Regeln für die dogmatische Argumentation sowie für die Verwendung von Präjudizien. Regeln steuern die Argumentationslast bei der Verwendung von Präjudizien. Ferner wird die Verwendung der speziellen juristischen Argumentformen[302] "Argumentum e contrario", " ... a fortiori", " ... ad absurdum" zugelassen.

Ein Diskurs führt nicht notwendig zu einem einzigen Ergebnis, sondern es können mehrere vertretbare Lösungen am Ende des Diskurses verbleiben.

---

[296]Semantisches Argument: Eine Regel W wird benutzt, um eine Interpretation R´von R mit dem Hinweis auf den Sprachgebrauch zu rechtfertigen, zu kritisieren oder als möglich zu behaupten. Die Regel W ist hierbei als Feststellung über die natürliche Sprache oder eine Fachsprache, insbesondere die der Jurisprudenz, aufzufassen.

[297] Genetisches Argument (Fragt nach dem Willen W des Gesetzgebers):
Erste Form: R´ war unmittelbar Gegenstand des Willens des Gesetzgebers.
Zweite Form: Gesetzgeber verfolgt mit R die Zwecke Z_i in der Kombination K ([Z1,..,Zn]K) und die Geltung von R in der Interpretation R´= I(R,W) ist notwendig zur Verwirklichung von (Z1,..,Zn) K.
Hierbei handelt es sich um eine Variante des teleologischen Arguments.

[298] Historisches Argument: Wenn Tatsachen aus der Geschichte des diskutierten Rechtsproblems als Gründe für oder gegen eine Auslegung angeführt werden.
Besondere Form: Eine bestimmte Lösung des diskutierten Problems wurde schon einmal praktiziert. Dies hat zur Konsequenz F geführt. F ist unerwünscht. Die Situation hat sich nicht so verändert, daß F heute nicht mehr eintreten würde. Die fragliche Lösung ist deshalb auch heute nicht empfehlenswert.

[299] Komparatives Argument: Statt auf einen vergangenen Rechtszustand wird auf einen in einer anderen Gesellschaft Bezug genommen. Argumentationsform analog wie bei historischen Argumenten.

[300] Systematisches Argument: Hinweis auf die Stellung der Norm im Gesetzestext oder Hinweis auf logische oder teleologische Beziehung einer Norm zu anderen Normen, Zwecken und Prinzipien. Als im strengen Sinne systematisch sollen nur diejenigen Argumente angesehen werden, in denen es allein um die logischen Beziehungen zwischen Normen geht.

[301] Teleologisches Argument: Entsprechend der genetischen Argumentation, bis auf die Tatsache, daß die Zwecke nicht als vom Gesetzgeber gewollt, sondern als objektiv gesollt qualifiziert werden. Oft kann für eine Norm nicht nur ein, sondern mehrere Zwecke angegeben werden. Für deren Bearbeitung können Präferenzregeln nötig sein.

[302] Beziehung zur modernen Logik: alle lassen sich auf gültige logische Schlußformen bringen; sie enthalten aber substanziell mehr als Logik. Vgl.: Th. Heller, Logik und Axiologie der analogen Rechtsanwendung, Berlin 1961 und auch: U. Diederichsen, Die "reducio ad absurdum" in der Jurisprudenz, in: Festschrift für Karl Larenz, München 1973, S. 155 ff.

5.5.4.2 Bewertung der Konzeption Alexys

Die Konzeption Alexys vermeidet die an der Konzeption von Larenz kritisierten Aspekte.
- Der "Logik"-Begriff bei Alexy ist mit dem Logik-Begriff der Mathematik verträglich.
- Alexy benutzt nicht das Bild der Begriffshierarchie.
- Es wird deutlich, daß neben dem Gesetz auch andere Wissensbereiche die juristische
   Entscheidung beeinflussen (Sprachwissen, Dogmatik, Allgemeinwissen (empirisches
   Wissen)).

Auch in anderer und viel grundlegenderer Weise stellt die Methodik Alexys einen starken
Kontrast zu den traditionellen Methodenkonzeptionen dar. Die traditionelle Methodenlehre sieht
den Richter als isoliert agierende Person, die das gegebene Recht auf einen bestimmten Fall
anwendet. Die Interpetation von Gesetz und Situation obliegt letztlich nur dem Richter. Dies
setzt implizit voraus, daß diese Erkenntnis für eine Einzelperson überhaupt zugänglich ist.
Dagegen orientiert sich Alexy an einem Rechtsmodell, das entscheidend davon geprägt ist, daß
Recht in jeder Situation "ausgehandelt" wird. Recht verwirklicht sich dabei als Ergebnis eines
Diskurses, an dem verschiedene Personen beteiligt sind[303]. Der Entscheidung liegen solche
Fakten und Interpretationen zugrunde, die konsensfähig sind.

Alexys Ansatz integriert formal beschreibbare wie auch unbestimmte Elemente.
Als Beispiel für diese Kombination kann man folgende Regel betrachten:
"Jeder Sprecher, der ein Prädikat F auf einen Gegenstand a anwendet, muß bereit sein, F auch
auf jeden anderen Gegenstand, der a in allen relevanten Hinsichten gleicht, anzuwenden."
Diese Regel enthält die unbestimmte Eigenschaft der Gleichheit in "allen relevanten
Hinsichten"[304].
Das von Alexy entwickelte Regelwerk demonstriert somit, daß die Wahl eines formalen
Ansatzes nicht gleichbedeutend mit der Ausschaltung jeglicher menschlicher Einfluß- und
Bewertungsmöglichkeiten ist.
Die Forderung nach regelgeleitetem Handeln führt zu einer Klärung des schöpferischen Teils der
Rechtsfindung: Die nicht dem positiven Recht entnommenen Prämissen werden in vollem
Ausmaß deutlich. Dies ist vielleicht der wichtigste Aspekt der Forderung nach interner
Rechtfertigung. Sie erhöht die Möglichkeit, Fehler zu erkennen und zu kritisieren.

---

[303] Teubner spricht davon, daß Recht eine soziale Konstruktion der Wirklichkeit voraussetzt. Er
geht dabei weiter als Alexy und behauptet, daß das Recht selbst eine erkenntnisfähige Struktur sei.
(Recht als epistemisches Subjekt). Vgl. Gunther Teubner, Die Episteme des Rechts, in: Dieter Grimm
(Hrsg.), Wachsende Staatsaufgaben - sinkende Steuerungsfähigkeit des Rechts, Baden-Baden 1990,
S. 115-154.
[304] Robert Alexy, Theorie der juristischen Argumentation, 2. Auflage, Frankfurt/M 1991, Regel
1.3, S. 234, 235.

5.5.5 Methodik in Anlehnung an die ökonomische Entscheidungstheorie (Kilian)

5.5.5.1 Darstellung der Konzeption

Die Idee, ein Entscheidungsmodell zu konzipieren, in dem bereits Ansatzpunkte für einen Computereinsatz vorgesehen sind, wurde bereits Anfang der siebziger Jahre von Kilian[305] konkretisiert. Ein umfassender Vergleich der traditionellen Methode mit den (damaligen) Leistungsmöglichkeiten von Computern ergab, daß die traditionelle juristische Methodik, in deren Mittelpunkt der Syllogismus steht, als Basis für einen an dem Einsatz der elektronischen Datenverarbeitung orientierten Ansatz ungeeignet ist. Kilian entwickelte ein neuartiges juristisches Entscheidungsmodell, das Grundkonzepte der ökonomischen Entscheidungstheorie auf den Bereich juristischer Entscheidungsfindung überträgt. Die moderne ökonomische Entscheidungstheorie erarbeitet Bedingungen für eine überlegte Wahl zwischen Handlungsalternativen "in Situationen, in denen trotz unvollkommener Informationen Entscheidungen getroffen werden müssen"[306]. Die Notwendigkeit, Entscheidungen treffen zu müssen, ohne jeweils alle relevanten Informationen zur Verfügung zu haben, ist aber nicht nur typisch für ökonomische, sondern auch für richterliche Entscheidungen. Als Konsequenz aus der Feststellung dieser Ähnlichkeit schlägt Kilian die Anwendung der Modelle moderner ökonomischer Entscheidungstheorie auf den Bereich juristischer Entscheidungsfindung vor. Da die Entscheidungen unter Entscheidungszwang auf der Basis unvollständiger Informationen getroffen werden müssen, kann es nicht darum gehen, die eine richtige Entscheidung zu finden, sondern eine von (oftmals) mehreren möglichen begründbaren Alternativen. Um dabei willkürliche Festlegungen zu vermeiden, gehört die klare Formulierung von Entscheidungsalternativen zur konkreten Ausprägung dieser Methodik. Zur Bewertung unterschiedlicher Alternativen sollte eine Folgenanalyse durchgeführt werden. Das rechtliche Anwendungsgebiet dieser Methodik liegt insbesondere im Bereich des Zivil- und Wirtschaftsrechts - in Bereichen, in denen die Interessen der streitenden Parteien oft unmittelbar in Geldforderungen ausgedrückt werden können. Überall dort, wo diese Voraussetzungen erfüllt sind, können bestimmte Verfahren (beispielsweise: Kostenoptimierung, optimale Verteilung von Lasten) aus dem Bereich der ökonomischen Theorie auf juristische Entscheidungsverfahren übertragen werden.

Aber auch dort, wo die Interessen nicht in Geldbeträgen dargestellt werden können, bietet dieser methodische Ansatz noch einen Vorschlag zur Entwicklung einer transparenten und nachvollziehbaren Entscheidung. Allerdings vermag die Konzeption keine Antwort auf die Frage zu geben, welche Werte zu berücksichtigen sind und wie Dilemmata zwischen divergierenden Zielen bereinigt werden können.

---

[305] Wolfgang Kilian, Juristische Entscheidung und elektronische Datenverarbeitung, Darmstadt 1974.

[306] Wolfgang Kilian, Juristische Entscheidung und elektronische Datenverarbeitung, Darmstadt 1974, S. 162.

Die Arbeit von Kilian realisiert erstmals eine umfassende Gegenüberstellung von traditioneller juristischer Methodik und den Fähigkeiten der Computertechnik. Hierbei wird dargestellt, daß viele Elemente der traditionellen juristischen Methodenlehre konzeptionell unzureichend sind. Außerdem war es vor dem Hintergrund des Informatik-Entwicklungsstandes zu Beginn der 70er Jahre nicht möglich, die traditionelle juristische Methodik mit damaligen informatischen Konzepten zu verbinden. Die Entwicklung eines weitgehend neuen juristischen Methodenmodells durch Kilian ist die Konsequenz dieser Unvereinbarkeit.

Die von Kilian vorgeschlagene Methodik hat den Vorzug eines strukturierten und nachvollziehbaren Entscheidungsverfahrens. Sie kann und will jedoch die traditionelle Methodenlehre nicht in allen Bereichen ersetzen, denn sie versteht sich in der Tradition der formalen Logik, die immer nur innerhalb eines zuvor definierten Systems Ableitungszusammenhänge ermöglicht[307].

Der heutige Stand der Informatik erlaubt auch eine Verknüpfung traditioneller Methodenvorstellungen und der Informatik. Die traditionelle Methodenlehre muß dabei überholte Meinungen, etwa aus dem Bereich der Logik, überwinden, um zu einer Zusammenarbeit mit der Informatik zu kommen. Diese Notwendigkeit, die Kilian bereits sehr frühzeitig ausgesprochen hat, ist auch heute noch gültig.

5.5.6 Rechtsanwendung als Modellbildung

5.5.6.1 Darstellung der Konzeption

Oftmals wird der Prozeß der Rechtsanwendung vorwiegend als ein analytischer Vorgang angesehen. Hierbei sind wichtige Entscheidungsvoraussetzungen wie der zu beurteilende Sachverhalt und eine Interpretation der aktuellen Rechtslage bereits gegeben und die Rechtsanwendung setzt hier ein und prüft, ob die Bedingungen für bestimmte denkbare Rechtsfolgen vorliegen. Diese klassische Entscheidungstheorie geht - mit den Worten Rittels[308] "zu Unrecht davon aus, die Erarbeitung der Problemlage und die Entscheidung seien zwei getrennte Vorgänge". Deren Idealvorstellung der Rechtsanwendung orientiert sich am Schema der Deduktion. Im Gegensatz dazu entwickelte sich eine rechtsmethodische Lehrmeinung, die den Blick auf kreative Elemente im Bereich der Rechtsanwendung richtet. Lutterbeck[309] beschreibt den typischen Entscheidungsprozeß als einen "Lernprozeß, der im Wege der Vor- und Rückkoppelung, also iterativ durchlaufen wird". Diese Sichtweise wird auch

---

307 Vgl. Wolfgang Kilian, Mathematische Logik und Recht, in: Der Betrieb, 1971, Heft 6, S. 273-277.

308 Horst W. J. Rittel, Urteilsbildung und Urteilsrechtfertigung, in: Jan Harenburg/Adalbert Podlech/Bernhard Schlink (Hrsg.), Rechtlicher Wandel durch richterliche Entscheidung, Darmstadt 1980, S. 78.

309 Bernd Lutterbeck, Parlament und Information, München, 1977, S. 18.

von Eberle, Garstka[310] und Fiedler[311] geteilt. Auch Fiedler wendet sich gegen die Vorstellung, daß der Prozeß der Rechtsanwendung rein deduktiv beschrieben werden könne. Er verweist darauf, daß die einzelnen Elemente der Rechtsanwendung, wie der anzuwendende Rechtssatz oder auch die Sachverhaltsdarstellung zunächst gebildet, d.h. formuliert werden müssen. Dieser Schritt stellt eine Modellbildung dar. Im Verlauf eines konkreten Rechtsanwendungsverfahrens werden oft mehrere Modelle entwickelt und wieder verworfen. Mit den Worten Lutterbecks gesprochen: "Entscheidungsprozesse vollziehen sich über verschiedene Stufen der Modellbildung."[312]

Erst im Anschluß an diese Modellbildung kann ein deduktives Rechtsanwendungsverfahren eingreifen und aus den entwickelten Grundlagen in logisch strenger und nachprüfbarer Weise ein Urteil ableiten. Dabei ist das Element der Modellbildung innerhalb des Rechtsanwendungsverfahrens wesentlich entscheidender als das Element der Deduktion[313]. Fiedler, der bei seinen Überlegungen immer die Möglichkeit juristischer Expertensysteme im Auge behält, kommt so zu dem Ergebnis, daß viele Expertensystemprojekte scheiterten, weil sie den Aspekt der Modellbildung nicht hinreichend berücksichtigt haben und stattdessen ein rein deduktiv ausgerichtetes System konzipierten.

Diese hier dargestellte Sichtweise der Rechtsanwendung wird auch von McCarty[314] geteilt. Er weist ergänzend darauf hin, daß rechtliche Regeln nicht statisch, sondern dynamisch sind. Sie können sich ändern, wenn sie auf neue Situationen angewandt werden. Der Schwerpunkt der Rechtsanwendung verschiebt sich von der Theorieanwendung hin zur Theoriekonstruktion. Bei der Theoriekonstruktion gibt es keine an sich richtigen Antworten, vielmehr nur mehr oder weniger plausible Konstruktionen.

Gordon entwickelt auf der Basis des hier skizzierten Ansatzes eine abduktive Theorie juristischer Streitfragen[315], welche wiederum die Grundlage für einen konkreten Systementwurf darstellt, der den Aspekt der Modellbildung in den Vordergrund rückt.

Die Modellbildung wird darin als eine Suche im Raum möglicher Interpretationen juristischer Texte und der Tatsachen des Falls verstanden[316]. Aufgrund der Verwendung der Abduktion zur

---

[310] Carl-Eugen Eberle/Hansjürgen Garstka, Informationsprozesse bei innovativen Entscheidungen, in: Jan Harenburg/Adalbert Podlech/Bernhard Schlink (Hrsg.), Rechtlicher Wandel durch richterliche Entscheidung, Darmstadt 1980, S. 129-130.

[311] Vgl.: Herbert Fiedler, Expert Systems As a Tool for Drafting Legal Decisions, in: A. A. Martino/F. Socci Natali (Eds.), Automated Analysis of Legal Texts, Amsterdam 1986, S. 607-612.
Herbert Fiedler/Roland Traunmüller, Methodisches Vorgehen in Recht und Informatik im Vergleich - Rechtsanwendung und Systemkonzeption als Modellbildungsprozesse, in: M. Paul (Hrsg.), Proceedings der 19. GI-Jahrestagung, Berlin/Heidelberg 1989, Band 2, S. 2-27.
Herbert Fiedler/Thomas F. Gordon, Recht und Rechtsanwendung als Paradigma wissensbasierter Systeme, in: W. Brauer/W. Wahlster (Hrsg.), Wissensbasierte Systeme, Proceedings, Berlin/Heidelberg 1987, S. 63-77

[312] Bernd Lutterbeck, Parlament und Information, München 1977, S. 47.

[313] Fiedler und Traunmüller sprechen sogar von einem damit verbundenen Paradigmenwechsel. Siehe: Herbert Fiedler/Roland Traunmüller, Methodisches Vorgehen in Recht und Informatik im Vergleich - Rechtsanwendung und Systemkonzeption als Modellbildungsprozesse, in: M. Paul (Hrsg.), Proceedings der 19. GI-Jahrestagung, Berlin/Heidelberg 1989, Band 2, S. 5.

[314] Vgl.: L. Thorne McCarty, Artificial Intelligence and Law: How to Get There from Here, in: Ratio Juris, Vol. 3, No. 2, July 1990, S. 194.

[315] Thomas F. Gordon, Eine abduktive Theorie juristischer Streitfragen, Arbeitspapiere der GMD, Nr. 628; März 1992.

[316] Thomas F. Gordon, Eine abduktive Theorie juristischer Streitfragen, 1992, S. 4.

Bildung von Hypothesen versteht Gordon die Abduktion als ein Instrument zur Theoriekonstruktion[317].

Gordon benutzt gegenüber dem in Kapitel 3.2.2 beschriebenen Schema eine verallgemeinerte Form der Abduktion: Dabei liefert diese ausgehend von einer Menge von Regeln der Art a -> b, einer Menge von Hypothesen (möglichen Fakten) sowie einem gewünschten Ziel eine Teilmenge der Menge der Hypothesen, aus denen - unter Verwendung der Regeln - das gewünschte Ziel abgeleitet werden kann.

Gordon gibt im Rahmen seiner Theorie formale Definitionen für eine Reihe von Begriffen aus der juristischen Methodenlehre. So definiert er die Begriffe "Streitfrage", "Argument", "Gegenargument" und "Widerlegung".

Eine Aussage stellt dabei eine juristische Streitfrage dar, wenn sie für den Ausgang des Falls relevant ist. Streitfragen weisen eine Abhängigkeit einerseits von dem zu beweisenden Ziel und andererseits vom aktuellen Kontext an Aussagen auf.

Ein Argument für eine (Ziel-)Aussage Φ wird als minimale widerspruchsfreie Menge von Aussagen definiert, aus der die Zielaussage abgeleitet werden kann.

Eine Widerlegung des Arguments Ψ besteht in einer Aussagenmenge Δ, wobei gilt, daß aus $\Delta \cup \Psi$ der Widerspruch ableitet werden kann.

Ein Gegenargument besteht aus einem Argument, das die Negation der gewünschten Zielaussage stützt.

Ferner werden die Begriffe "Unter-" und "Überbestimmtheit" definiert. Dabei wird unter Unterbestimmtheit eine Situation verstanden, in der weder die gewünschte Zielaussage noch ihre Negation abzuleiten ist. Im Fall der Überbestimmtheit können sowohl Φ als auch $\neg\Phi$ durch Argumente belegt werden.

Die hier skizzierte Theorie erlangt auch dadurch eine besondere Bedeutung, daß Gordon parallel zu der Theorie einen Entwurf für ein Computersystem entwickelt und implementiert, das die abduktive Rechtsanwendung unterstützt[318].

5.5.6.2 Bewertung dieser Konzeption

Die Feststellung, daß die Rechtsanwendung die Bildung von Rechtssatz und Sachverhaltsbeschreibung erfordert, wird auch in anderen methodischen Ansätzen berücksichtigt[319]. Fiedlers Verdienst ist, daß er diesen Aspekt als ein methodisches Element herausarbeitet, das von vielen Entwicklern juristischer Expertensysteme nicht beachtet wurde und das mindestens einen Grund für den bislang fehlenden Erfolg dieser Systeme darstellt.

Nimmt man diese Äußerung ernst, so stellt dies eine Kritik an all den Ansätzen dar, die die Ansicht vertreten, daß eine bessere Beschreibung der Ausgangssituation (Gesetz, mögliche

---

[317] Thomas F. Gordon, Eine abduktive Theorie juristischer Streitfragen, 1992, S. 6.

[318] Siehe hierzu Kapitel 6.9.

[319] Etwa durch die analytische Begründungslehre nach Koch und Rüßmann. Siehe Kapitel 5.5.3.

Sachverhaltsmerkmale) zu einer Verbesserung der Systemleistung führen würde[320]. Nach der Modellbildungstheorie erscheint es unmöglich, ein System so zu konzipieren, daß es im voraus alle Aspekte enthält, die später einmal relevant werden könnten, denn die Relevanz eines Aspekts ergibt sich erst in der jeweiligen konkreten Situation.

Der Ansatz von Gordon greift den Gedanken der Modellbildung auf und faßt diesen in eine abduktive Theorie. Die Theorie erlaubt eine präzise Definition einiger Begriffe, die im Umfeld der Rechtsanwendung wichtig sind. Nicht alle der Begriffe und Definitionen wirken jedoch gleichermaßen praxistauglich. So wird gemäß der Definition von Gordon jede (unentbehrliche) Aussage, die zu einer Ableitung der gewünschten Zielaussage benötigt wird, als Streitfrage definiert. Möglicherweise ist diese Definition mehr als das was man intuitiv unter Streitfrage verstehen würde. Denn in der Praxis sind sicher nicht *alle* zur Ableitung eines Ergebnisses herangezogenen Fakten gleichermaßen umstritten.

5.5.7 Jurimetrics[321]

Dieser von Loevinger 1949 geprägte Begriff bezeichnet eine rechtsmethodische Tendenz, die die traditionelle juristische Methodenlehre für veraltet und unbrauchbar ansieht. Diese sollte völlig durch Methoden der Mathematik, der Statistik, der Informatik und des Operations Research ersetzt werden. Dieser technische Ansatz wurde dem traditionellen gegenüber als in allen Bereichen überlegen angesehen, was sich in entsprechend euphorischen Äußerungen niederschlug. Die Jurimetrics erlebte ihre Blütezeit in den 60er und 70er Jahren. Nachdem einige Ansätze zur Realisierung verschiedener Jurimetrics-basierter Konzepte nicht den gewünschten Erfolg brachten, wurde es jedoch still um diesen Ansatz. Heute sind die Ideen der Jurimetrics nur noch bei wenigen Vertretern der Rechtsinformatik anzutreffen. Ein prominenter Vertreter dieser kleinen Gruppe ist Fritjof Haft.
Dieser beklagt beispielsweise das menschliche "Unvermögen, in vermaschten Systemen und Strukturen zu denken"[322]. In seiner fundamentalen und undifferenzierten Ablehnung aller traditionellen juristischen Konzeptionen gelangt er zu Aussagen wie: "Kategorien wie Gut und Böse, Recht und Unrecht erscheinen im Lichte dieser Kritik nicht als Ausdruck eines platonischen Ideenreiches, sondern als Zeugnisse des menschlichen Unvermögens zu differenzierter zeichensprachlicher Modellbildung."[323] Hafts "vorsichtige Utopie"[324] besteht

---

[320] Diese Ansicht wird beispielsweise vertreten von: Cary G. de Bessonet/George R. Cross, Conceptual Retrieval and Legal Decision Making, in: A. A. Martino/F. Socci Natali (Eds.), Automated Analysis of Legal Texts, Amsterdam 1986, S. 225:
"It seems that part of the solution to many of these problems is to automate the complete specification of the nature of every relevant relation that exists between the entities that are described or referred to in the data base."
[321] Vgl. Darstellung von Anne v.d. Lieth Gardner, An Artificial Intelligence Approach to Legal Reasoning, Cambridge 1987, S. 68 f. Darin wird auf die Zeitschrift "Jurimetrics Journal" verwiesen, die anfänglich unter dem Namen M.U.L.L. erschien.
Siehe auch: Hans W. Baake (Hrsg.), Jurimetrics, Basic Books, New York/London 1963.
[322] Fritjof Haft, Recht und Sprache, in: W. Hassemer/A. Kaufmann, Einführung in Rechtsphilosophie und Rechtstheorie der Gegenwart, 5. Auflage, Heidelberg 1989, S. 247.
[323] Fritjof Haft, Recht und Sprache, in: W. Hassemer/A. Kaufmann, Einführung in Rechtsphilosophie und Rechtstheorie der Gegenwart, 5. Auflage, Heidelberg 1989, S. 247.
[324] Fritjof Haft, Recht und Sprache, in: W. Hassemer/A. Kaufmann, Einführung in Rechtsphilosophie und Rechtstheorie der Gegenwart, 5. Auflage, Heidelberg 1989, S. 247.

darin, an Stelle bisheriger Methodik ein computergestütztes Entscheidungs(hilfe)system treten zu lassen, das auf Fallvergleichen basiert. Wie ein solches System aussehen könnte, kann man an dem System WZ erahnen, das, basierend auf Hafts Ideen, von Gerathewohl realisiert wurde. Dieses System basiert auf dem Gedanken[325], daß ein unbestimmter Rechtsbegriff im Grunde genommen durch eine große Zahl konkreter Einzelfälle ersetzt werden könne (und daß diese Ersetzung sogar noch ein Mehr an Präzision mit sich bringe).

5.5.8 Methodik der Vertragsgestaltung

Der Aspekt der Vertragsgestaltung wird - obwohl diese Aufgabe zu dem Kernbestand anwaltlicher beziehungsweise notarieller Tätigkeit gehört - von den meisten juristischen Methodenkonzeptionen überhaupt nicht berücksichtigt[326]. Die wenigen Beiträge zur Methodik der Vertragsgestaltung stammen von Praktikern, die auf der Basis eigener Erfahrungen bestimmte Lehren entwickelt haben.

Als Ziele optimaler Vertragsgestaltung werden genannt[327]:
- Widerspruchsfreiheit,
- Vollständigkeit und Lückenlosigkeit,
- Ausgewogenheit oder auch Vorteilhaftigkeit für den eigenen Mandanten,
- Sachgerechtigkeit,
- Individualität,
- Problemvermeidung.

Jerschke[328] nennt in seiner Ausarbeitung zwei wesentliche methodische Bestandteile der vertragsjuristischen Arbeit. Eines dieser Element sieht er in der Topik. Er stellt sich dabei ein "Regelbuch für die Überzeugungsarbeit" vor, das dem Vertragsjuristen eine "Zusammenstellung der geläufigen Standardargumente" für einzelne Vertragselemente und -typen anbietet. Als zweites Element nennt er Prüflisten. Diese sollen Fragenkataloge enthalten, anhand derer gegebene Informationen, welche sich auf Standardkonstellationen der notariellen Praxis beziehen, auf ihre Vollständigkeit überprüft werden können (Beispiel: Erstellung von Erbscheinsanträgen). Angesichts bestimmter Massenvorgänge plädiert Jerschke für eine Standardisierung der Fallbearbeitung, etwa die Wiederverwendung bestimmter Textbausteine. Diese Schematisierung wird auch von der Rechtsprechung begrüßt. Der Präsident des BGH, Odersky, formuliert[329]: "Es kann auch aus Sicht der Gerichte die Dinge vereinfachen, wenn

---

[325] Zur Konzeption des "automatisierten Fallvergleichs" siehe auch Kapitel 2.4.

[326] Dies beklagt z.B. Hans-Ulrich Jerschke, Die Wirklichkeit als Muster - Der richtige Weg zum gerechten Vertrag, in: DNotZ 1989 (Sonderheft), S. 21-43.

[327] Diese Merkmale werden genannt von: Carsten Thomas Ebenroth/Helmut Becker, EDV-gestützte Gestaltung internationaler Verträge, in: Computer und Recht, Heft 8/86, S. 506.

[328] Hans-Ulrich Jerschke, Die Wirklichkeit als Muster - Der richtige Weg zum gerechten Vertrag, in: DNotZ 1989 (Sonderheft), S. 21-43.

[329] Beitrag des Präsidenten des BGH Prof. Walter Odersky in dem Podiumsgespräch über den Vortrag von Jerschke. In: DNotZ 1989 (Sonderheft), S. 49.

Vertragsmuster benutzt werden, die sich in der Praxis eingespielt und in Konflikten bewährt haben. Sofern es um diese bereits ausgetragenen Fragen geht, wird dadurch Rechtssicherheit gefördert."

5.6 Abschließende Stellungnahme zu den methodischen Modellen aus informatischer Sicht

Die vorgestellten juristischen Methoden weisen eine unterschiedlich starke Affinität zu formalen Konzepten auf. Ein fast völlig unstrukturierter Ansatz der Topik, wie der von Perelman, markiert eine Extremposition. Die Vorstellung von Haft, der im Computereinsatz einen Zauberschlüssel[330] zur Lösung bisheriger methodischer Nöte der Rechtswissenschaften sieht, steht für eine entgegengesetzte Extremposition. Bei aller berechtigter Kritik an den Berührungsängsten, die die traditionelle Methodenlehre gegenüber formalen, gar automatisierten Verfahren verspürt, verwerfen die Vertreter der Jurimetrics vermutlich vorschnell das Wissen um die vielen auf eine Entscheidung einwirkenden Einflußgrößen, welches im Bereich der traditionellen Methodenlehre vorhanden ist.

Die anderen methodischen Ansätze teilen das Streben nach objektivierbaren Maßstäben für die juristische Entscheidungsfindung. Modernere Positionen, wie die von Kilian und Alexy lassen dabei deutliche Ansatzpunkte für einen Einsatz formaler Methoden im Recht erkennen, während die traditionelle Methodenlehre, fixiert auf die Syllogistik und die Logikdefinition der Begriffsjurisprudenz, keinen Zugang zu dem Instrumentarium formaler Wissenschaften wie der Logik oder der Informatik findet. Grundsätzlich kann aber gesagt werden, daß die Vorhaben der Informatik und der Methodenlehre zusammenwirken können, insofern es der Methodenlehre ernst ist mit der Aussage, daß die juristischen Entscheidungen gemäß einer explizit gegebenen Entscheidungstheorie getroffen werden sollen und können.

Richtet man den Blick auf die Methoden, die den bislang entwickelten juristischen Expertensystemen zugrundeliegen, so stellt man starke Abweichungen von den Konzeptionen der juristischen Methodenlehre fest. Nur selten wird bei der Entwicklung eines juristischen Expertensystems eine der gängigen Rechtsmethoden benutzt. Die von einem System angewandte Methodik wird oft nicht explizit erarbeitet und festgelegt, sondern ergibt sich maßgeblich durch die zur Realisierung benutzten Informatik-Werkzeuge. So orientieren sich Entscheidungshilfesysteme, die auf übliche Shells zurückgreifen, an einem linearen Phasenmodell der Entscheidung, welches aus Sicht der Rechtsmethodik nicht zur Umsetzung juristischer Methodenvorstellungen geeignet erscheint.

---

[330] Herbert Fiedler, Orientierung über juristische Expertensysteme, in: Computer und Recht, 5/87, S. 325.

6 Unterstützung juristischer Entscheidungstätigkeit durch Expertensysteme

6.1 Einführung

Dieses Kapitel greift die Ergebnisse des Kapitels 5 auf und untersucht, inwieweit die in Kapitel 5 skizzierten methodischen Konzeptionen durch den Einsatz von Expertensystemen unterstützt werden können.

6.2 Automatisierung der von Perelman vorgeschlagenen Argumentationstypen

Da Perelman[331] keinen systematischen Ansatz entwickelt, kann hier nur danach gefragt werden, ob die einzelnen Argumentationsformen automatisierbar sind.

Einige Argumentationstypen lassen sich in einfacher Weise formal beschreiben. Hierzu zählen das Argument a contrario, das Argument a simili und das Argument a fortiori[332]. Diese sollen zunächst betrachtet werden.

6.2.1 Argument a contrario (Umkehrschluß)

Der Umkehrschluß ist eine Argumentationsform, die der Logik sehr nahe steht. Allerdings ist er, in der Weise, wie er von Perelman formuliert wurde, aus logischer Sicht unzulässig. Zulässig ist ein Umkehrschluß nur, wenn ihm eine Äquivalenz zugrundeliegt. Dabei hat er die Gestalt:

a <=> b

¬ a

¬ b

<hr>

331 Chaim Perelman, Juristische Logik als Argumentationslehre, Freiburg/München 1979, S. 79 ff.
332 Ulrich Klug (Juristische Logik, 4. Auflage, Berlin/Heidelberg 1982) erläutert ausführlich die formale Behandlung des Analogieschlusses (S. 109 ff), des Umkehrschlusses (S. 137 ff), des Argumentum a fortiori (S. 146 ff) und des Argumentum ad absurdum (S. 151 ff).

6.2.2 Argument a simili (Analogieschluß)

Sei

V ein einstelliges Prädikat, das eine Eigenschaft ausdrückt,

x eine Individuenvariable,

R eine zweistellige transitive, symmetrische und reflexive Relation, die ähnliche Individuenvariable einander zuordnet, so kann der Analogieschluß wie folgt formal dargestellt werden[333]:

$V(x)$

$R(x,y)$

$\underline{V(x) \wedge R(x,y) \rightarrow V(y)}$ (*)

$V(y)$

Erläuterung:

$V(x)$ bedeutet, daß x die durch V ausgedrückte Eigenschaft besitzt.

$R(x,y)$ bedeutet, daß x und y einander ähnlich sind.

Die Formel (*) bedeutet, daß wenn x die Eigenschaft V hat und die Objekte x und y durch die Relation R als einander ähnlich ausgezeichnet sind, dann gilt, daß auch y die Eigenschaft V hat.

Bemerkung:

Die Probleme, die sich üblicherweise bei der Anwendung des Analogieschlusses stellen, sind hierbei jedoch nicht gelöst, sondern nur in die Frage der Konstruktion der Relation R verlagert worden. Dies mag als unbefriedigend angesehen werden. Betrachtet man jedoch die zugrundeliegende Konzeption Perelmans, so zeigt sich, daß auch diese keine weiteren Anleitungen über die Ermittlung der Ähnlichkeit enthält. Neben der hier angegebenen formalen Beschreibung des Analogieschlusses gibt es aufwendigere Konstruktionen, die beispielsweise im Rahmen fallbasierter juristischer Expertensysteme[334] zum Einsatz kommen.

6.2.3 Argument a fortiori

Die formale Behandlung des Arguments a fortiori verläuft ähnlich zu der des Analogieschlusses. Der entscheidende Unterschied besteht darin, daß die verwendete Relation nicht symmetrisch, sondern asymmetrisch sein muß.

Sei wiederum

V ein einstelliges Prädikat, das eine Eigenschaft wie Erlaubnis oder Verbot ausdrückt,

x eine Individuenvariable,

---

[333] Notation nach Hans Joachim Koch/Helmut Rüßmann, Juristische Begründungslehre, München 1982, S. 260.

[334] Z.B. in den Systemen WZ, HYPO, CABARET.

R eine zweistellige transitive, *asymmetrische* und reflexive Relation, die Individuenvariable hinsichtlich der Intensität eines Merkmals der Individuen anordnet, so kann das Argumentum a fortiori wie folgt formal dargestellt werden[335]:

V(x)
R(x,y)
$\underline{V(x) \wedge R(x,y) \rightarrow V(y)}$
V(y)

Beispiel:
Als Individuen werden solche Handlungen gewählt, die eine andere Person körperlich schädigen.
x und y stehen für zwei Formen der Körperverletzung.
Das Prädikat V bezeichne, daß eine Handlung verboten ist.
V(x) bedeutet dann, daß die Handlung x verboten ist.
Die Relation R ordnet Handlungen nach der Schwere der Körperverletzung an.
R(x,y) bedeutet, daß y eine schwerere Schädigung darstellt als die Handlung x.
Gemäß obigem Ableitungsschema kann dann auf V(y) und somit auf das Verbot von y geschlossen werden.
In der hier gewählten Interpretation führt das Schema zu einem Argumentum a minore ad maius. Durch andere Interpretation von V und R kann auch das Argumentum a maiore ad minus realisiert werden.

Auch hier wird die entscheidende Frage, wie die Relation R gestaltet werden soll, nicht durch die Formalisierung gelöst.

Die weiteren von Perelman genannten Argumente sind nicht durch einzelne Schlußschemata darzustellen.

6.2.4 Automatisierbarkeit der einzelnen Argumente

Die psychologische beziehungsweise die teleologische Argumentation beziehen sich auf Wissen, das nicht in Gesetzen enthalten ist. Vor einer Automatisierung müßte genau geklärt werden, welches Wissen zur Anwendung der jeweiligen Argumente herangezogen werden soll. Das entsprechende Material muß formalisiert werden. Außerdem sind (Meta-)Regeln für die Kontrollstrategie des automatisierten Verfahrens erforderlich, die festlegen, wann und in welcher Art das Entscheidungsverfahren auf die externen Quellen Bezug nehmen darf. Die Steuerungsfunktion der Ziele im Hinblick auf die formale Ableitung könnte eventuell durch Heuristiken auf eine Maschine übertragen werden.

---

[335] Notation nach: Hans Joachim Koch/Helmut Rüßmann, Juristische Begründungslehre, München 1982, S. 259.

Das systematische Argument muß bereits im Prozeß der Formalisierung einer Norm berücksichtigt werden. Ist eine formalisierte Darstellung der Norm gegeben, die den systematischen Zusammenhang repräsentiert, so braucht der systematische Aspekt nicht bei jeder Rechtsanwendung erneut berücksichtigt zu werden.

Eine Automatisierung des Argument ad absurdum bereitet besondere Schwierigkeiten. Dies hat zunächst damit zu tun, daß viele praktische Anwendungen eines solchen Schlusses nicht von einem (logischen) Widerspruch ausgehen, sondern nur von einer als unerwünscht beschriebenen Situation. Dies erklärt, weshalb sich so viele Beispiele einer ungenauen Anwendung[336] dieser Argumentationsform entdecken lassen.

Das Argument ad absurdum verwendet eine korrekt abgeleitete rechtliche Bewertung, die jedoch als unerwünscht (paradox) oder gar widersprüchlich dargestellt wird und appelliert in dieser Situation an die Rechtsanwender, die korrekt gebildete, aber unerwünschte Folgerung nicht zur weiteren Rechtsanwendung zu verwenden. Wenn ein Computer in die Lage versetzt werden soll, dieses Argument anzuwenden, so müßte der Formalismus, der dem Computersystem zur Verfügung steht, zweierlei Feststellungen treffen können. Nämlich erstens, daß sich bei enger Auslegung und Anwendung des Gesetzes eine bestimmte Sachverhaltsbewertung ergibt und zweitens, daß dieses Ergebnis (gemäß anderer Maßstäbe) als unangemessen zu bezeichnen ist. Das besondere Problem ergibt sich bei der unter zweitens genannten Feststellung. Hier müßte dem Computer eine spezielle Wissensbasis zur Verfügung stehen, der dieser den Maßstab für die Beurteilung der Angemessenheit der zunächst abgeleiteten Sätze entnehmen könnte. Hier könnte unter anderem auch dogmatisches Wissen herangezogen werden. Eine derartige Wissensbasis wäre aber insgesamt stark subjektiv geprägt und dürfte wohl kaum allgemein konsensfähig sein.

Eine andere Möglichkeit der Automatisierung des Argumentum ad absurdum könnte darin bestehen, daß das Computersystem Widersprüche erkennt, die in einer ihm vorgelegten Argumentation enthalten sind. Der Computer könnte dabei eine von Menschen vorgelegte Argumentation überprüfen. Diese Argumentation müßte dem Computer mit all ihren Prämissen eingegeben werden. Mit formallogischen Ableitungsverfahren läßt sich dann überprüfen, ob beispielsweise eine neu eingegebene Prämisse im Widerspruch zu bisher benutzten Prämissen steht.

Zur Automatisierung des ökonomischen Arguments muß das System in die Lage versetzt werden, eine Ableitung, die mit hohen Kosten verbunden ist, zu verwerfen, wenn das gleiche Ergebnis mit wesentlich niedrigeren Kosten erzielt werden kann. Es gibt "kostenorientierte" Ableitungssysteme. Diese setzen voraus, daß jeder Regelanwendung ein "Preis" zugeordnet ist. Das System kann dann die Gesamtkosten einer Ableitung errechnen und von zwei möglichen Ableitungen die "billigere" wählen. Das entscheidende Problem ist dabei, eine angemessene Kostenfunktion für juristische Regeln zu bestimmen. Man könnte jeder Regel einen einheitlichen Wert zuordnen, dann wäre die kürzeste Ableitung zugleich auch die billigste. Dies

---

[336] Dies wird von Diederichsen näher erläutert. Siehe: Uwe Diederichsen, Die "Reductio ad Absurdum" in der Jurisprudenz, in: Gotthard Paulus/Uwe Diederichsen/Claus-Wilhelm Canaris (Hrsg.), Festschrift für Karl Larenz zum 70. Geburtstag, München 1973, S. 155-179.

wäre vergleichsweise einfach. In einem Breitensucheverfahren wird schon durch die Art der Lösungssuche die jeweils kürzeste Ableitung (die die wenigsten Regelanwendungen erfordert) gefunden. Schwierig wird die Konstruktion der Kostenfunktion, wenn juristische Wertmaßstäbe einfließen sollen. Man könnte Präferenzen unter den Argumenten entwickeln und etwa die Deduktion mit niedrigen Kosten, einen Analogieschluß dagegen mit hohen Kosten verbinden. Dies würde dazu führen, daß bevorzugt solche Ableitungen durchgeführt werden, bei denen möglichst viele deduktive Elemente zum Einsatz kommen.

Die Automatisierung des naturalistischen Arguments wäre nur dann möglich, wenn das Computersystem in die Lage versetzt würde, "die Natur der Sache" bestimmter Regelungsbereiche und Gegenstände zu erkennen. Sofern man derart allgemein von "Natur der Sache" spricht, ist es außerordentlich fraglich, ob es konsensfähige Ansichten hierüber gibt, die man - in formalisierter Darstellung - dem Computersystem zugrundelegen könnte.

6.2.5 Besondere Probleme bei der Automatisierung

6.2.5.1 Bezug auf außergesetzliche Wertordnungen

Fast alle von Perelman vorgeschlagenen Argumentationsformen machen entscheidenden Gebrauch von außergesetzlichen Wissensquellen. Hierbei fragt sich, wo in diesem Modell die allgemein geforderte Bindung der Rechtsanwendung an das Gesetz bleibt. Für die Formalisierung und Automatisierung stellt sich die Frage nach den Möglichkeiten des Wissenserwerbs im Bereich der herangezogenen außergesetzlichen Materialien. Im Bereich dogmatischen Wissens erscheint eine formale Darstellung nicht utopisch. Dagegen sind andere hier erforderliche Wissensbereiche wohl nur schwer formal zu erschließen. Das Hauptproblem des Wissenserwerbs besteht darin, daß Menschen nicht in der Lage sind, all ihr Wissen zu explizieren. Dies soll kurz am Beispiel des Analogieschlusses näher beleuchtet werden. Das verbreitete Unbehagen gegenüber der Vorstellung, daß Computer Analogiebetrachtungen anstellen könnten, liegt sicher auch daran, daß ein Mensch keinen Einblick in die bei ihm während einer Analogiefeststellung ablaufenden gedanklichen Prozesse nehmen kann. Bemühungen um eine Computerisierung solcher Bereiche erfordern entweder präzisere Kenntnisse über die (unbewußt ablaufenden) Entscheidungsvorgänge, die von Menschen durchgeführt werden oder aber man ist auf ein experimentelles Vorgehen angewiesen. Hierbei könnte man ausgehend von einer Hypothese über die geeignete Form der Analogiebildung ein System entwickeln. Dessen Leistungen werden analysiert und zur Verbesserung der Verfahrens benutzt. Diese Vorgehensweise, die gegenwärtig bei vielen Ansätzen zum analogen Schließen in Fallvergleichssystemen zu sehen ist, ist zweifellos mit beträchtlichen Problemen verbunden. So ist es äußerst unwahrscheinlich, daß allgemein konsensfähige Kriterien für das Vorliegen einer ausreichenden Modellierung des Analogieschlusses durch ein Computersystem gefunden werden.

6.2.5.2 Unklares Verhältnis der Argumentationstypen untereinander

Die Anwendungsbereiche der einzelnen Argumentationstypen sind nicht explizit voneinander abgegrenzt. Es gibt sicher viele Situationen, in denen mehrere teils sich widersprechende Argumentationen angewandt werden können. So könnte man in einigen Situationen, in denen ein Ergebnis unter Verwendung des Arguments a contrario erreicht wird, unter Verwendung des Analogieschlusses das gegenteilige Ergebnis erzielen. Um die genannten Argumentationstypen zu automatisieren, müßten präzise Anwendungsbedingungen formuliert werden. Die Anwendungsbereiche müßten entweder disjunkt[337] sein, oder für die Fälle, in denen mehrere Argumentationen mit unterschiedlichem Ergebnis angewandt werden können, müßte eine Prioritätenregelung getroffen werden.

6.3 Computerunterstützung des Justizsyllogismus

Der Justizsyllogismus wird von vielen Autoren[338] in den Mittelpunkt der Diskussion um die Automatisierung im Recht gerückt. Oft wird der Justizsyllogismus als (einziges) Beispiel für die Anwendung der Logik im Recht angesehen. Eine zutreffende Kritik an den Mängeln des Justizsyllogismus als Modell für juristische Entscheidungstätigkeit verleitet dann dazu, die Anwendungsmöglichkeiten formaler Methoden im Recht generell als äußerst beschränkt anzusehen[339].

Die Durchführung des Schlusses innerhalb des Justizsyllogismus ist zweifellos eine triviale Aufgabe, wenn dessen Prämissen (Beschreibung von Sachverhalt und Rechtsnorm) als Sätze gegeben sind. Im weiteren Zusammenhang mit der praktischen Anwendung des Justizsyllogismus treten jedoch einige Schwierigkeiten auf, die speziell mit der Bestimmung der oben genannten Prämissen zusammenhängen. Im Gegensatz zur Meinung Zippelius'[340] kann die Logik aber auch zur Erzielung methodischer Klarheit bei der Ermittlung und Verwendung dieser Prämissen benutzt werden. Koch und Rüßmann[341] haben dies eindrucksvoll durch einen systematischen Einsatz formaler Logik im Zusammenhang mit der praktischen Anwendung des "Justizsyllogismus" (einschließlich der Prämissenbearbeitung) demonstriert. Im einzelnen stießen sie auf folgende Probleme:

---

[337] Dies bedeutet, daß in jeder denkbaren Situation höchstens ein Argumentationstyp in Frage kommt.

[338] Karl Haag/Heinz Wagner, Die moderne Logik in der Rechtswissenschaft, Bad Homburg 1970.
Reiner Hagemann, Die Anwendung der automatischen Datenverarbeitung in der Rechtsfindung, speziell im Subsumtionsprozeß, Speyer 1978.
Konrad Hummler, Automatisierte Rechtsanwendung und Rechtsdokumentation, Zürich 1982.

[339] Karl Haag und Heinz Wagner bezeichnen den Nutzen eines Logikeinsatzes im Bereich des Justizsyllogismus als fragwürdig, da die in diesem Zusammenhang zu leistende logische Arbeit trivial sei. Siehe: K. Haag/H. Wagner, Die moderne Logik in der Rechtswissenschaft, Bad Homburg 1970, S. 17.
Ähnlich äußert sich auch Zippelius. Vgl.: Reinhold Zippelius, Einführung in die juristische Methodenlehre, 5. Auflage, München 1990, S. 79.

[340] R. Zippelius, Einführung in die juristische Methodenlehre, 5. Auflage, München 1990, S. 79.

[341] Hans Joachim Koch/Helmut Rüßmann, Juristische Begründungslehre, München 1982, S. 18 ff.

a) Schwierigkeiten bei der Gewinnung der Norm

Die erforderliche Norm muß häufig erst aus verschiedenen Paragraphen "zusammengebaut werden".

b) Schwierigkeiten bei der Tatsachenfeststellung

Es kann sein, daß weitere Hilfsaussagen nötig sind, um die erforderlichen Tatsachenfeststellungen zu treffen.

c) Schwierigkeiten im Zusammenhang mit der Subsumtion

Im Rahmen der Subsumtion wird ein Zusammenhang zwischen allgemeinem Begriff (der in der Norm enthalten ist) und einer speziellen Beschreibung des Sachverhalts hergestellt. Diese Aufgabe kann der Entscheider nur durch das Hinzufügen bestimmter Aussagen leisten.

d) Schwierigkeiten bei der Ermittlung der Rechtsfolge

Dabei ist oft das Ausfüllen eines Entscheidungsspielraums erforderlich. Hierfür gibt es nur wenige gesetzliche Maßstäbe[342].

Eine voll- oder auch nur teilautomatisierte Anwendung des Justizsyllogismus ist also nicht ohne weiteres möglich. Hier zeigt sich deutlich, wieso der Justizsyllogismus als Modell juristischer Methodik ungeeignet ist. Er ist zwar nicht als falsch zu verwerfen, er lenkt jedoch den Blick auf Teilbereiche der Entscheidung, die problemlos zu bewältigen sind, während die Schwierigkeiten, die bei der Anwendung des Justizsyllogismus auftreten, im Dunkeln bleiben.

6.4 Computerunterstützung des Methodenkonzepts von Larenz

Die folgenden Überlegungen basieren auf dem Larenz-Modell in der Sichtweise, die in Kapitel 5 entwickelt wurde. Dabei wird der Blick auf die *juristischen* Elemente der Methodik von Larenz gerichtet. Die Aussagen Larenz´ über die Beziehung seiner juristischen Methode zu formalen Systemen allgemein und zur Logik im Besonderen werden nicht übernommen, da diese nicht mit dem Verständnis der modernen Logik in Einklang zu bringen sind.

Kernaussagen des Larenz-Modells:
Das Entscheidungsverfahren arbeitet mit den Prozessen: "Auslegung", "Sachverhalts-darstellung" und "Rechtsanwendung".

---

[342] Eine sehr allgemeine Anweisung enthält § 46 StGB. Dieser nennt einige Grundsätze der Strafzumessung.

Die Prozesse "Auslegung" und "Sachverhaltsdarstellung" müssen parallel bearbeitet werden. Die Koordination beider Prozesse wird von dem (ebenfalls parallel ablaufenden) Prozeß "Rechtsanwendung" vorgenommen.

6.4.1 Wissensbasen

Auslegung und Rechtsanwendung benötigen eine große Menge an Hintergrundinformationen. Diese sind in juristischen sowie in allgemeinen Wissensbasen gespeichert.

Juristische Wissensbasen:
- Wissensbasis "Gesetz" (Gesetzestext),
- Wissensbasis "Dogmatik" (systematische Auslegung),
- Wissensbasis "Verfassungswerte" (rechtsethische Prinzipien des Grundgesetzes / für objektiv teleologische Auslegung),
- Wissensbasis "Präjudizien",
- Wissensbasis "Subjektiv" (subjektiv-teleologische Auslegung, Material über die Zielsetzung gegebener Gesetze).

Allgemeine Wissensbasen:
- Wissensbasis "Sprache" (Wortsinn-Auslegung/(fach-)sprachliche Begriffe),
- Wissensbasis "Sachgebiet" (objektiv-teleologische Auslegung).

Die Beantwortung der Frage, ob und inwieweit eine Computerunterstützung des Larenz-Modells möglich ist, hängt nun davon ab, ob und wie die einzelnen Wissensbasen formal beschrieben werden können. Dies soll nun für die beteiligten Wissensbasen untersucht werden.

6.4.1.1 Juristische Wissensbasen

6.4.1.1.1 Wissensbasis "Gesetz" (Gesetzestext)

Die Wissensbasis "Gesetz" hat die Aufgabe, eine Darstellung der gesetzlichen Regelungen zur Verfügung zu stellen. Hier ist der Wortlaut der Normen abgespeichert. Insofern bereitet die Realisierung dieser Wissenbasis keine größeren Schwierigkeiten - im Sprachgebrauch der KI muß jedoch angemerkt werden, daß es sich bei dieser Darstellung nicht um eine "Wissensbasis" handelt[343].

6.4.1.1.2 Wissensbasis "Dogmatik-A" (gesetzesimmanente Dogmatik)[344]

---

[343] In der Wissensbasis "Gesetz" ist - wie in einer konventionellen Datenbank- nur der reine Gesetzestext gespeichert. Dieser Text kann in dieser Form nicht von dem Inferenzmechanismus eines Expertensystems verarbeitet werden. Im Unterschied dazu enthält eine Wissensbasis im Sinne der KI eine Sammlung von Fakten und Ableitungsregeln, die von dem Inferenzmechanismus zum Beweis oder der Widerlegung einzelner Hypothesen benutzt werden kann.

[344] Die Wissensbasis "Dogmatik-A" enthält neben dogmatischem Wissen auch eine formale Darstellung des Gesetzesinhalts. Sie müßte genauer "Wissensbasis Gesetz und Dogmatik" heißen.
Unter Dogmatik wird hier eine wissenschaftlich entwickelte Lehrmeinung verstanden, die zur Rechtsanwendung herangezogen wird, jedoch nicht direkt dem Gesetz entnommen werden kann. Für

Diese Wissensbasis basiert zwar auch auf den gesetzlichen Inhalten, stellt diese jedoch nicht als Text dar, sondern mit Hilfe üblicher Wissensrepräsentationstechniken. Die Formulierung der gesetzlichen Inhalte in einer Wissensrepräsentationssprache erfordert in gewissem Umfang die Verwendung dogmatischen Wissens. Im Unterschied zu der Wissensbasis "Dogmatik-B" soll diese Wissensbasis jedoch möglichst eng an dem Inhalt bleiben, der sich aus dem Wortlaut des Gesetzes ergibt.

In diesem Zusammenhang stellen sich bereits eine Reihe von Fragen:

Die meisten gesetzlichen Regelungen sind in Gestalt einer Implikation in der Art "Wenn Sachverhalt, dann Rechtsfolge" geben. Sie enthalten eine Antezedenz (Wenn-Teil), die die Bedingungen für das Eingreifen der gesetzlichen Regelung nennt, und eine Konsequenz (Dann-Teil), die üblicherweise die Rechtsfolge nennt. Der besondere Wert dieser Implikationsform liegt darin, daß sich derartige Rechtssätze zwanglos als Prolog-Regeln notieren lassen. Einige rechtstheoretische Modelle[345] (z.B. "mechanische Jurisprudenz"[346], Rechtspositivismus vertreten durch Hart; MacCormick) gehen zwar davon aus, daß man das Recht durch eine Menge von Regeln charakterisieren kann. Bezogen auf "das Recht" als Ganzes wird diese Aussage von vielen Wissenschaftlern[347] bestritten, aber selbst bezogen auf einzelne Gesetzesnormen ist festzustellen, daß die angesprochene Implikationsform vielen, aber nicht allen gesetzlichen Regelungen zugrunde liegt. Es stellt sich also die Frage: Lassen sich auch diese Gesetzesnormen in Form einer Implikation darstellen ?

Die folgende Klassifizierung nennt Typen von Rechtssätzen, die nicht in Implikationsform vorliegen und beschreibt die Möglichkeiten einer regelorientierten Darstellung. Diese Rechtssatz-Klassen wurden von Koch und Rüßmann herausgearbeitet[348].

a) Rechtsnormen ohne tatbestandliche Voraussetzungen beziehungsweise ohne Rechtsfolgen

Es gibt Rechtsnormen ohne tatbestandliche Voraussetzungen und/oder ohne Bezeichnung von Rechtsfolgen. Als Beispiel[349] ist §1 VI BBauG zu nennen. Darin werden 18 öffentliche oder private Belange genannt, die bei der Aufstellung von Bauleitplänen zu berücksichtigen sind.

---

die vorliegenden Überlegungen ist es nicht relevant, ob diese Lehrmeinung von vielen oder nur von einzelnen Juristen geteilt wird.

[345] Vgl. zur Darstellung des Rechtspositivismus: Philip Leith, Clear Rules and Legal Expert Systems, in: A. A. Martino/F. Socci Natali (Eds.), Automated Analysis of Legal Texts, Amsterdam 1986, S. 661-679.

[346] Vgl. Thomas F. Gordon, Eine abduktive Theorie juristischer Streitfragen, 1992, S. 2.

[347] Siehe auch hierfür: Philip Leith, Clear Rules and Legal Expert Systems.

[348] Hans Joachim Koch/Helmut Rüßmann, Juristische Begründungslehre, München 1982, §10, Die formale Struktur von Gesetzen, S. 78-103.

[349] Vgl.: H. - J. Koch/H. Rüßmann, Juristische Begründungslehre, München 1982, S. 93.

§1 VII BBauG bestimmt, daß alle diese privaten und öffentlichen Belange "gegeneinander und untereinander gerecht abzuwägen" seien.

Diese Normen selbst liegen nicht in Form einer Implikation vor. Koch und Rüßmann verweisen jedoch auf Gerichtsurteile, die sich auf eine derartige Norm beziehen und eine Konkretisierung hiervon in Form einer Implikation entwerfen und verwenden. Das Bundesverwaltungsgericht (BVerwG) hat auf diese Weise folgende Regel als Konkretisierung von §1 VI BBauG gewonnen: "Wenn ein bauplanungsrechtlich auszuweisendes Gebiet "G" an ein Wohngebiet grenzt und das Wohngebiet an den übrigen drei Seiten schon von Industriegebieten umgeben ist und das Gebiet "G" den Zugang vom Wohngebiet zu einem nahegelegenen Erholungsgebiet ermöglicht, dann ist es verboten, das Gebiet "G" als Industriegebiet auszuweisen."[350]

Dies Beispiel ist kein Beweis dafür, daß sich jede Norm in Form einer Implikation konkretisieren läßt. Es kann höchstens als Beispiel dafür dienen, daß Gerichte im Wege der Rechtsanwendung derartiger Normen einen Zwischenschritt durchführen, der eine Konkretisierung der Norm in Form einer Implikation darstellt. Das Verfahren, nach dem diese Konkretisierung zu erfolgen hätte, ist jedoch nicht dem Gesetzestext zu entnehmen. Hier ist außergesetzliches Wissen erforderlich.

b) "Kann-Bestimmungen", die gemäß den Zwecken des Gesetzes auszufüllen sind

In einigen Gesetzen[351] sind Regelungen der Art enthalten: "wenn bestimmte Bedingungen erfüllt sind, dann *kann* eine Anordnung getroffen werden". Derartige Normen treten zwar in Form einer Implikation auf, aber die genannten Bedingungen reichen offenbar nicht aus, um die endgültige Entscheidung zu begründen. Eine solche "Kann-Bestimmung" läßt der entscheidenden Behörde einen Ermessensspielraum bei der Anwendung der Norm. Hinsichtlich der Ausfüllung dieses Spielraums ist die Behörde gehalten, den Zweck des Gesetzes zu berücksichtigen. Die Behörde ist jedoch (bei einem späteren Fall) an die von ihr einmal gewählten Maßstäbe dauerhaft gebunden (Gleichbehandlungsanspruch). Sie muß die Maßstäbe nennen, nach denen sie entscheidet.

Auf diese Weise wird also die Menge der Vorbedingungen für den Eintritt einer bestimmten Rechtsfolge um diejenigen Bedingungen ergänzt, die von der entsprechenden Behörde genannt werden. Der Ermessensspielraum wird somit im Verlauf der Anwendung schrittweise verkleinert.

Insgesamt bleibt festzuhalten, daß dem Gesetz die Zwecke entnommen werden sollen, anhand derer der Spielraum auszufüllen ist. Das Gesetz selbst enthält jedoch nicht diejenigen Anweisungen, nach denen unter Verwendung der Zwecke des Gesetzes die gewünschte (vollständige) Formulierung in "Wenn-dann"-Form ermittelt werden kann. Ferner ist nicht klar vorgegeben, wann der Ergänzungsprozeß abgeschlossen ist und somit eine hinreichende Bedingung für den Eintritt der Rechtsfolge vorliegt.

---

[350] BVerwGE, 45, 327. (Zitiert nach: Hans Joachim Koch/Helmut Rüßmann, Juristische Begründungslehre, München 1982, S. 96).

[351] Hans Joachim Koch/Helmut Rüßmann nennen als Beispiele § 17 BImschG (Juristische Begründungslehre, S. 85) und § 31 BBauG (Juristische Begründungslehre, S. 92).

c) Ermessensermächtigungen

Diese können auch als Kann-Bestimmungen angesehen werden; zur Präzisierung der Regel kann hierbei jedoch nicht auf den Zweck des Gesetzes zurückgegriffen werden. Ein Beispiel hierfür stellt § 3III BÄrzteO[352] dar, nach der die Gesundheitsbehörde einem Approbationsantrag eines Ausländers stattgeben kann, wenn ein "besonderer Einzelfall" vorliegt oder "Gründe des öffentlichen Gesundheitsinteresses" das nahelegen. Ein anderes Beispiel ist § 3 I NamensänderungsG[353], nach dem eine Behörde einer Namensänderung stattgeben darf, wenn ein "besonderer Einzelfall" vorliegt. Hier müssen sowohl die Verfahren als auch die zur Entscheidung herangezogene "Wertordnung" aus außergesetzlichen Quellen entnommen werden.

d) Grundrechtsbestimmungen

Besondere Schwierigkeiten treten bei dem Versuch auf, Grundrechtsnormen in Form von Implikationen darzustellen. Betrachtet man etwa die Formulierungen in Art. 3, Abs. 1: "Alle Menschen sind vor dem Gesetz gleich", Art. 4 Abs. 2: "Die ungestörte Religionsausübung wird gewährleistet" oder Art. 14 Abs. 2: "Eigentum verpflichtet", so ist zunächst offensichtlich, daß diese Regelungen nicht als Implikationen vorliegen. Die Frage, ob sie als Implikationen interpretiert werden können, kann nicht generell beantwortet werden. Möglich ist, daß beispielsweise die Rechtsprechung konkrete dogmatische Regeln aus diesen Grundrechtsartikeln entwickelt. Es ist dabei aber klar, daß eine solche Konkretisierung in weitem Maße auf außergesetzliches Wissen zurückgreifen muß. Der Anteil, den die ursprüngliche Formulierung an dem formalisierten Darstellung einnimmt, kann dabei schließlich minimal sein. Daher kann man nicht mehr von einer Darstellung der Gesetzesformulierung in Implikationsform sprechen.

Festzuhalten bleibt, daß es offenbar Normen gibt, die nicht als Implikationen formuliert sind. Eine Implikationsstruktur ist jedoch möglicherweise unter Hinzunahme nicht-gesetzlicher Materialien/Werte erreichbar. Diese Möglichkeiten werden im Bereich Wissensbasis "Dogmatik-B" näher analysiert.

Beschränkt man sich auf den Bereich, in dem gesetzliche Regelungen in Form von Implikationen darstellbar sind, so ergeben sich dort weitere Schwierigkeiten. Diese treten in Erscheinung, wenn die Dogmatikdarstellung in Regelform für ein automatisiertes Rechtsanwendungsverfahren benutzt werden soll.
Schwierigkeiten treten sowohl in dem Fall auf, daß nur eine einzelne Norm betrachtet wird als auch in dem Fall, daß durch isolierte Bearbeitung einzelner Normen eine Menge von Normen formalisiert werden soll.

---

[352] Vgl. Hans Joachim Koch/Helmut Rüßmann, Juristische Begründungslehre, S. 93.
[353] Vgl. Hans Joachim Koch/Helmut Rüßmann, Juristische Begründungslehre, S. 93.

6.4.1.1.2.1 Schwierigkeiten bei der Darstellung einzelner Normen in Regelform

Betrachtet man §1 BGB: "Die Rechtsfähigkeit des Menschen beginnt mit der Vollendung der Geburt", so würde man dies, ausschließlich gestützt auf den Text, in folgender Weise als Implikation darstellen:

∀p: Geburt_vollendet (p) -> rechtsfähig (p)   (I)

Darin steht "p" für eine beliebige natürliche Person.

Die (Allgemein-)Gültigkeit dieser Aussage kann durch einen Verweis auf (früher) geborene und inzwischen wieder verstorbene Personen bezweifelt werden. Nach der obigen Regel (I) ergäbe sich auch die Rechtsfähigkeit von bereits verstorbenen Personen. Um diesen offensichtlich unsinnigen Fall zu eliminieren, müßte die Formalisierung verändert werden. Hierzu ist aber zu sagen, daß dies kein Problem ist, das ursächlich mit der Formalisierung zusammenhängt. Daß Menschen, die § 1 BGB lesen, diesen nicht auf Menschen anwenden, die bereits verstorben sind, ist eher ein Hinweis darauf, daß der Prozeß der Rechtsanwendung, auch wenn man versucht, sich auf gesetzliche Regelungen zu stützen, stark durch Allgemeinwissen durchdrungen und beeinflußt wird.

Aus dem Allgemeinwissen ergäbe sich im Zusammenhang mit §1 BGB ferner, daß zwischen den Prädikaten "Geburt_vollendet" und "rechtsfähig" auch die Implikation in umgekehrter Richtung gilt. Das bedeutet: beide Prädikate sind äquivalent:

∀p: Geburt_vollendet (p) <=> rechtsfähig (p) (II)

Aus diesem Beispiel kann man die Lehre ziehen, daß eine rechtliche Formalisierung, die sich nur auf gesetzliche Formulierungen stützt, wenig sinnvoll ist.

6.4.1.1.2.2 Regel-Ausnahme-Prinzip

Gesetzliche Regelungen, die nach dem Regel-Ausnahme-Prinzip formuliert sind, enthalten einen Rechtssatz, der die "Regel" (im Sinne von Regelfall) markiert. Dieser Satz selbst enthält keinen Hinweis auf eventuell existierende Ausnahmen. Die Ausnahmen werden in anderen (meist unmittelbar anschließenden) Normen genannt.

Beispiel:

§ 109 (1) BGB (Regel):

"Bis zur Genehmigung des Vertrages ist der andere Teil zum Widerrufe berechtigt".

§ 109 (2) S. 1 BGB (Ausnahme):

"Hat der andere Teil die Minderjährigkeit gekannt, so kann er nur widerrufen, wenn der Minderjährige der Wahrheit zuwider die Einwilligung des Vertreters behauptet hat".

§ 109 (2) S. 2 BGB (Ausnahme von der Ausnahme):

"er kann auch in diesem Fall nicht widerrufen, wenn ihm das Fehlen der Einwilligung bei dem Abschlusse des Vertrages bekannt war".

Eine ähnliche Struktur weisen § 122 (1) BGB als Regelfall und § 122 (2) BGB (Ausnahme) auf.

In einigen Fällen wird nicht nur eine Regel und eine Ausnahme formuliert, sondern auch noch eine Ausnahme von der Ausnahme sowie auch hiervon eine Ausnahme. Ein Beispiel für eine solche Konstruktion liefert Philipps[354] basierend auf den Paragraphen 398, 399 und 405 BGB.

In anderen Fällen stehen Regel und Ausnahme nicht unmittelbar hintereinander im Gesetzestext. Derartige Situationen ergeben sich beispielsweise im Strafgesetzbuch, dessen Regelungen im Besonderen Teil als "Regelfälle" angesehen werden könnnen. Beispielsweise: §211 StGB: "Der Mörder wird mit lebenslanger Freiheitsstrafe bestraft." Mögliche Ausnahmen werden durch §46 StGB im Allgemeinen Teil des StGB genannt (§ 46 (1) StGB bestimmt: "Die Schuld des Täters ist Grundlage für die Zumessung der Strafe", § 20 StGB regelt eine mögliche "Schuldunfähigkeit wegen seelischer Störungen").

Aus § 20 ergibt sich die Ausnahme zu § 211 StGB: "Wer einen Mord begangen hat, aber nicht schuldfähig ist, wird nicht mit lebenslanger Freiheitsstrafe bestraft".

Von vielen Normen kann man daher sagen, daß sie nicht so gemeint sind, wie sie vom Gesetzgeber niedergeschrieben wurden[355]. Eine Norm trifft oft nur eine Aussage für den

---

[354] Lothar Philipps, Using an Expert System in Testing Legal Rules, in: A. A. Martino/F. Socci Natali (Eds.), Automated Analysis of Legal Texts, Amsterdam 1986, S. 703-710.

[355] Ein Beispiel liefert Jürgen Rödig, Axiomatisierbarkeit juristischer Systeme, in: J. Rödig, Schriften zur juristischen Logik, Berlin/Heidelberg 1980, S. 97.
Er untersucht die möglichst wortgetreue Formalisierung der §§ 812 Abs. 1 S.1 und 814 BGB, ohne die implizit vom Gesetzgeber gewollte Regel-Ausnahmestruktur zwischen beiden zu berücksichtigen. Es zeigt sich, daß beide Normen dann als widersprüchlich anzusehen sind.
Wortlaut der Normen:
§ 812 Abs. 1, S. 1: "Wer durch die Leistung eines anderen oder in sonstiger Weise auf dessen Kosten etwas ohne rechtlichen Grund erlangt, ist ihm zur Herausgabe verpflichtet."
§ 814 BGB: "Das zum Zwecke der Erfüllung einer Verbindlichkeit Geleistete kann nicht zurückgefordert werden, wenn der Leistende gewußt hat, daß er zur Leistung nicht verpflichtet war, oder wenn die Leistung einer sittlichen Pflicht oder einer auf den Anstand zu nehmenden Rücksicht entsprach."
Eine denkbare Formalisierung für § 812 Abs. 1, S.1 wäre:
$\{G(x,y,w) \wedge \neg(N[G(x,y,w)])\} \rightarrow N[H(y,x,w)]$
"Gelangt ein Wert w von einer Person x zu einer anderen Person y und ist es nicht rechtens, daß w von x zu y gelangt, so ist es rechtens, daß y dem x w herausgibt.
Eine Formalisierung von § 814 ("Ausnahme") könnte folgende Gestalt haben:
$\text{Bedingung\_von\_}\S814(x,y,w) \rightarrow \neg(N[H(y,x,w)])$.
Im Fall, daß sowohl die Voraussetzungen von § 812 als auch die von § 814 durch bestimmte Werte (a,b,c) erfüllt sind, ergäbe sich hier ein logischer Widerspruch, denn einerseits ist $N[H(b,a,c)]$ ableitbar und andererseits ist auch $\neg(N[H(b,a,c)])$ ableitbar. Dieser Widerspruch ist aufzulösen, wenn man § 814 als Ausnahme zu § 812 ansieht, die also nicht beide gleichzeitig in Anwendung kommen sollen.

Normalfall. Diese Aussage ist jedoch wie eine allgemeingültige Aussage formuliert. Man sieht ihr nicht an, daß ihre Gültigkeit durch andere Normen eingeschränkt wird. Die Vorstellung, die Paragraphen jeweils einzeln durch eine Formel darzustellen, greift daher zu kurz[356]. Eine Formalisierung gesetzlicher Regelungen in Regelform ist nur dann sinnvoll, wenn sie vor dem Hintergrund des gesamten Gesetzeswerkes entwickelt wird.

6.4.1.1.2.3 Chancen einer Realisierung der Wissensbasis "Dogmatik-A"

Die Regelform, die bei vielen Rechtsnormen anzutreffen ist, läßt vordergründig vermuten, daß gesetzliche Regelungen ohne große Schwierigkeiten beispielsweise als Prolog-Regeln notiert werden können. Die vorangegangene Analyse hat jedoch gezeigt, daß einige Gruppen von Normen existieren, die nur unter Heranziehung außergesetzlicher Materialien in Regelgestalt gebracht werden können. Und selbst die Formalisierung von Normen, die bereits eine "Wenn - dann"-Form aufweisen, bereitet grundlegende Probleme. Die Analyse hat verschiedene Wissensbereiche bezeichnet, die für eine Darstellung in Regelform herangezogen werden müssen. Dabei zeigt sich die Notwendigkeit
- einer systematischen Auslegung (im Zusammenhang mit den Regel-Ausnahme-Strukturen),
- einer objektiv-teleologischen Auslegung (im Zusammenhang mit Kann-Bestimmungen),
- der Berücksichtigung von Allgemeinwissen.

Als Ergebnis ist festzuhalten, daß sich die Hoffnung, durch die bloße Umsetzung gesetzlicher Bestimmungen in eine computergerechte Regelsprache ein brauchbares Expertensystem zu erhalten, nicht erfüllt. Eine regelorientierte Darstellung gesetzlicher Inhalte ist dadurch nicht ausgeschlossen, aber jede solche Darstellung enthält einen erheblichen Anteil an Wissen, das nicht dem Gesetz entnommen werden kann.

Nach dem bislang Gesagten bietet sich eine inhaltsorientierte Technik der Wissensrepräsentation an. Die Regeln der Wissensbasis sollen dabei die Aussagen der Gesetzesnormen wiedergeben, wobei allerdings die Wissensbasis eine andere Gliederung aufweisen kann als das zugrundeliegende Gesetz. Hierbei könnten beispielsweise mehrere Paragraphen durch eine Regel oder auch ein Paragraph durch mehrere Regeln dargestellt werden. Diese Darstellungsform bringt jedoch auch einige Nachteile[357] mit sich. So geht etwa bei der Darstellung von Regel-Ausnahme-Strukturen die Information verloren, welches der Regelfall

---

[356] Hierauf weist auch Rödig hin. Vgl.: Abschnitt "Tücken paragraphenweiser Formalisierung" in: Jürgen Rödig, Axiomatisierbarkeit juristischer Systeme, in: J. Rödig, Schriften zur juristischen Logik, Berlin/Heidelberg 1980, S. 93.
Die gleiche Erfahrung mußten auch die Entwickler des Expertensystems zum British Nationality Act machen. Sie mußten ihre Formalisierung mehrfach revidieren und sprechen daher von einer "Formalisation by Trial and Error". Vgl.: Marek Sergot/Therese Cory/Peter Hammond/Robert Kowalski/Frank Kriwaczek/Fariba Sadri, Formalisation of the British Nationality Act, in: Yearbook of Law, Computers and Technology, Vol. 2, 1986, S. 44.
Die gleiche Erfahrung beschreibt: W. P. Sharpe, Logic Programming for the Law, in: M. A. Bramer (Ed.), Research and Development in Expert Systems, Cambridge 1985, S. 217-228.
[357] Diese Nachteile wurden herausgearbeitet von: Andreas Strasser, Strukturierte Darstellung juristischen Wissens, in: M. Paul (Hrsg.), Proceedings der 19. GI-Jahrestagung, Berlin/Heidelberg, 1989, Band II, S. 112-124.

und welches die Ausnahme ist. Diese Information ist aber wichtig für die Beweislastverteilung. Dabei gilt, daß grundsätzlich derjenige die Beweislast trägt, dem die entsprechende Norm nützt. Bei einer Regel-Ausnahme-Struktur entfällt die Beweislast für Regel und Ausnahme auf unterschiedliche Prozeßparteien. Diese Zuordnung ist nicht oder nur durch umfangreiche Programmergänzungen möglich, wenn die ursprüngliche Struktur der Gesetze nicht auf die Struktur der Wissensrepräsentation übertragen wird.

In Abgrenzung zur inhaltlichen Wissensrepräsentation wird eine strukturorientierte Art der Wissensrepräsentation vorgeschlagen[358]. Diese Art der Darstellung, die auch als "isomorphe Modellierung"[359] bezeichnet wird, legt Wert darauf, daß die Struktur des zugrundeliegenden Gesetzes möglichst gut erhalten bleibt. Eine Norm, die durch eine andere relativiert wird, enthält bei dieser Art der Darstellung keinen Hinweis auf die Ausnahmeregelung, sondern beide stehen unvermittelt (wie im Gesetz) nebeneinander. Diese Darstellung hat den Vorteil, daß sie relativ unabhängig von der jeweiligen Anwendung verwendbar ist. Sie ermöglicht auch eine Realisierung der Erklärungskomponente, die weitgehend unabhängig vom Inhalt der Wissensbasis vorgenommen wird. (Im Fall der inhaltlich orientierten Wissensrepräsentation müssen zusätzliche Erklärungstexte in die Wissensbasis aufgenommen werden, die dann in bestimmten Situationen explizit auf einzelne Paragraphen hinweisen).
Als Nachteil der isomorphen Repräsentation zeigt sich die Notwendigkeit einer aufwendigeren Wissensrepräsentations- und Beweistechnik. So ist zur Bearbeitung der Regel-Ausnahme-Strukturen eine nichtmonotone Ableitungstechnik erforderlich. Die Wissensrepräsentations-sprache muß Meta-Regeln beschreiben können, die beispielsweise angeben, wann eine Ausnahme einer Regel vorgezogen werden soll.
Die Forderung nach isomorpher Modellierung kann leicht mißverstanden werden. Hier wird nicht behauptet, daß eine Wissensbasis dadurch entsteht, daß man die Normen nacheinander und einzeln (paragraphenweise) formalisiert. Die geeignete Ausprägung der Wissensrepräsentation erfordert auch hierbei zuerst den Blick auf das Gesamtwerk.

Vergleich inhaltlich orientierter und strukturorientierter Wissensrepräsentation:
Die inhaltlich orientierte Wissensrepräsentation ergibt sich relativ zwanglos aus der Unvollständigkeit der Gesetze. Sie ergänzt und vereinheitlicht die Darstellung, ist aber auch mit einigen Nachteilen verbunden.
Die Idee der strukturorientierten Wissensrepräsentation orientiert sich am Ziel der Transparenz und Anwendungsneutralität der Wissensbasis.
Zusammenfassend läßt sich sagen, daß jede Modellierung einen Gesamtüberblick über den Inhalt des Wissensbereichs voraussetzt. Vor dem Hintergrund dieses Überblicks sind dann die geeigneten Wissensrepräsentationsstrukturen zu bestimmen. Dabei ist es erstrebenswert, die formale Struktur der Gesetze beizubehalten. Wenn dies jedoch zu einem unverhältnismäßig

---

358 Andreas Strasser, Strukturierte Darstellung juristischen Wissens, in: M. Paul (Hrsg.), Proceedings der 19. GI-Jahrestagung, Berlin/Heidelberg 1989, Band II, S. 112-124. Oder auch: Jørgen Karpf, Isomorphic Modelling of Statutory Law, in: Informatica e Diritto, gennaio-dicembre 1991, S. 89-112.
359 Siehe hierzu: Jørgen Karpf, Isomorphic Modelling of Statutory Law, in: Informatica e Diritto, gennaio-dicembre 1991, S. 89-112.

hohen Aufwand auf Seiten des Inferenzmechanismus führt, so muß zwischen den Alternativen abgewogen werden.

6.4.1.1.3 Wissensbasis "Dogmatik-B" (systematische Auslegung)

Der Versuch, gesetzliche Materialien ohne (intensive) Interpretation in Regelform zu notieren, ist zum Scheitern verurteilt (zumindest bei der Art heutiger Gesetze). Die Möglichkeit juristischer Expertensysteme ist damit nicht genommen; ein solches System könnte auf einer Formalisierung juristischer Dogmatik basieren.

Der Ausprägung einer solchen Wissensbasis kommt somit große Bedeutung zu. Sie enthält gesetzliche Regelungen in ihrem systematischen Zusammenhang, aber darüberhinaus auch dogmatische Konzepte, die sich nicht unmittelbar aus der Interpretation von Normen im engeren Sinne ergeben.

Ein Beispiel aus dem Zivilrecht ist der Urheberrechtsschutz bei Computerprogrammen. Folgt man dabei nur dem Wortlaut des Gesetzes, so müßte man von einem grundsätzlichen urheberrechtlichen Schutz von Computerprogrammen ausgehen. (§ 2 (1) UrhG: "Zu den geschützten Werken der Literatur, Wissenschaft und Kunst gehören insbesondere: 1. Sprachwerke, wie Schriftwerke und Reden, sowie Programme für Datenverarbeitung. 2. ..."; § 2 (2) definiert ergänzend ein "Werk" als "persönliche geistige Schöpfung"). Sieht man in die Praxis der Anwendung des Urheberrechtes auf Computerprogramme, so zeigt sich, daß hierbei die Frage nach der "Schöpfungshöhe", quasi einer Maßeinheit der im Werk verwirklichten schöpferischen Leistung, im Mittelpunkt steht. Eine Formalisierung des Urheberrechtsgesetzes, die dies nicht berücksichtigte, wäre praktisch unbrauchbar.

Auch im Zusammenhang mit dem BGB existiert eine Reihe weitreichender rechtlicher Konzeptionen, die nicht im Gesetz genannt werden. So beispielsweise die sogenannte "Positive Vertragsverletzung" oder der Haftungsgrund "culpa in contrahendo" (c.i.c) . Und dabei handelt es sich keineswegs um seltene Sonderfälle. Positive Vertragsverletzung gewährt einen Schadensersatzanspruch, wenn ein Vertragspartner seine vertraglichen Pflichten zwar ausführt, dies jedoch mangelhaft tut. C.i.c. begründet eine Haftung für Mängel, die in der Anbahnung eines Rechtsgeschäfts auftreten; etwa mangelnde Aufklärung eines Vertragspartners gegenüber dem anderen. Beide Konzepte regeln Vertragsstörungen, die bei jeder Art von Verträgen auftreten können.

Um diese Elemente herum hat sich ein umfangreiches Anwendungswissen herausgebildet. Es gibt beispielsweise detaillierte Listen, die die Aufklärungspflichten von Vertragspartnern darstellen.

Die gesetzliche "Rückendeckung" für derartige dogmatische Strukturen ergibt sich bei c.i.c. durch einen Verweis auf §242 BGB mit seinem unbestimmten Begriff "Treu und Glauben".

Dies gibt auch ein Beispiel dafür, wie die Rechtsanwendung mit unbestimmten Rechtsbegriffen umgeht. Ein Richter sinniert sicherlich nur selten lange über die Bedeutung von "Treu und Glauben", sondern wendet bestimmte dogmatische Regeln an, die zwar nicht im Gesetz stehen, aber dennoch eine Strukturierung des Gebietes und eine Klassifizierung von Fällen erlauben.

Auch im Strafrecht übernehmen dogmatische Strukturen eine herausragende Rolle im Verlauf der Rechtsanwendung.

Das StGB ist, wie andere Gesetzbücher auch, in einen allgemeinen und einen besonderen Teil gegliedert. Im besonderen Teil werden einzelne Straftatbestände und ihr Strafrahmen genannt. Der allgemeine Teil enthält grundsätzliche Regeln, die unabhängig von einem konkreten Tatbestand die Strafbarkeit regeln.

Hier geht es darum, ob und wann
- fahrlässiges /vorsätzliches Tun,
- Handeln oder Unterlassen,
- Versuch und Vorbereitung,
- gemeinsame Täterschaft
und ähnliches strafbar ist.

Zu all diesen Punkten existieren umfangreiche dogmatische Konzeptionen. Hierbei gelangt man, ausgehend von einer Straftheorie zu bestimmten Einschätzungen obiger Fragen.

Wie im Zivilrecht auch, so entwickelt jede Theorie eine Aufteilung bestimmter Prüfungen in Einzelschritte. So gibt es beispielsweise verschiedene Kriterien zur Unterscheidung einer (nicht strafbaren) Vorbereitungshandlung von einer (strafbaren) Versuchshandlung.

Letztlich ergibt sich aus einer strafrechtlichen Theorie jeweils am Ende auch ein konkretes Fallprüfungsschema, das als Grundlage für eine Programmentwicklung benutzt werden könnte.

Eine für das Verständnis strafrechtlicher Entscheidungen notwendige Darstellung derartiger Zusammenhänge ist jedoch nicht im (allgemeinen Teil des) StGB enthalten.

Dogmatisches Wissen spielt natürlich auch im Bereich des Staatsrechts/öffentlichen Rechts eine entscheidende Rolle. Herausragendes Beispiel ist das Verfassungsrecht. Ein Blick in die Kommentierung des Artikels 20 GG vermittelt einen Eindruck, welcher Art dogmatischer Strukturen um einen Grundgesetzartikel herum aufgebaut werden können.

Diese Beispiele belegen, daß dogmatisches Wissen allgemein eine bedeutende Rolle im Rahmen der juristischen Entscheidungsfindung spielt. In Werken der juristischen Methodenlehre wird dies - zugunsten der Vorstellung, daß die Entscheidung nur auf das Gesetz gestützt sei - selten so direkt formuliert.

Eine Automatisierung juristischer Entscheidungen würde eine formale Darstellung des dogmatischen Wissens eines (begrenzten) Rechtsgebietes voraussetzen. Manche juristische Expertensysteme nutzen dogmatisches Wissen, aber die Formalisierung der Rechtsdogmatik wurde dabei nur für ausgewählte Teilbereiche vorgenommen, die für das jeweilige System relevant waren. Der einzige umfassende Ansatz einer derartigen Formalisierung im Recht wurde von Rödig in seinem Werk "Die Denkform der Alternative in der Jurisprudenz" vorgestellt[360]. Er entwickelt darin ein Modell strafrechtlicher Dogmatik, das Antworten auf eine Reihe zentraler Fragen zuläßt. Ausgehend von geeigneten Definitionen der Begriffe "Sachverhalt" und

---

[360] Jürgen Rödig, Die Denkform der Alternative in der Jurisprudenz, Berlin/Heidelberg 1969.

"Alternative" können in der Rödigschen Theorie Aussagen über die Begriffe: "Schaden", "Verhalten", "Unterlassung", "Handlung", "Kausalität", "Kausalität der Unterlassung" und "Doppelkausalität" abgeleitet werden.
Die Theorie gibt an, was unter einer Bewertung eines Sachverhalts zu verstehen ist. Im Rahmen einer Theorie der Bewertungen werden außerdem formale Beschreibungen der Begriffe "Gebot", "Verbot" und "Erlaubnis" entwickelt.

Neben einer verbalen Darstellung liefert Rödig auch eine prädikatenlogische Notation dieser Theorie.

Bei der hier angestellten Betrachtung dieses theoretischen Ansatzes geht es nicht darum, dessen eventuelle Überlegenheit gegenüber anderen Ansätzen herauszustellen. Die inhaltlichen Festlegungen können im Einzelfall Gegenstand juristischer Diskussionen sein. Festzuhalten ist aber, daß Rödig mit seiner Theorie demonstriert hat, daß auch rechtsdogmatische Modelle formal darstellbar sind.

6.4.1.1.4 Wissensbasis "Verfassungswerte" (rechtsethische Prinzipien des Grundgesetzes)

Bei den grundrechtlich geschützten Werten läßt sich beobachten, daß gelegentlich zwei Werte in einem konkreten Fall in Konflikt geraten. Dieser Konflikt muß aufgelöst werden, ohne im Grundsatz einem der beteiligten Werte einen höheren Rang einzuräumen als dem anderen. Dies wird oft auch als Problem der Prinzipienkollision[361] bezeichnet.

Quantifizierbare Werte

Eine einfache Behandlung von Wertungen ergibt sich, wenn der entsprechende Wert quantifizierbar, also mit einem Zahlwert identifizierbar ist. Bei den hier zu diskutierenden rechts-ethischen Prinzipien (z.B. "Freiheit der Meinungsäußerung", "Religions- und Kunstfreiheit") kann man jedoch davon ausgehen, daß diese Werte nicht ohne weiteres quantifizierbar sind.

Abwehrrechte

Die Wertordnung des Grundgesetzes ist in dessen Grundrechtsabschnitt enthalten. Interpretiert man die Grundrechte insbesondere als Abwehrrechte von Bürgern gegenüber dem Staat, so müßte eine Formalisierung zunächst bei der Beschreibung des sogenannten Schutzbereiches ansetzen. Hier gälte es, präzise zu beschreiben, was etwa durch das "Post- und Fernmeldegeheimnis" geschützt sein soll.

---

[361] Vgl. Hans Joachim Koch/Helmut Rüßmann, Juristische Begründungslehre, München 1982, S. 97 ff.

In diesem Punkt weist die Wissensbasis "Verfassungswerte" Ähnlichkeiten mit der Wissensbasis "Dogmatik" auf. Der Schutzbereich der einzelnen Grundrechte[362] ist durch die Dogmatik unterschiedlich präzise beschrieben. Die Grundwerte "Würde des Menschen" (Art. 1 GG) sowie "freie Entfaltung der Persönlichkeit" (Art. 2 Abs. 1 GG) sind nicht ohne weiteres vollständig zu beschreiben. Gibt man den Anspruch auf Vollständigkeit auf, so gibt es auch hier einige Konkretisierungen dieser Grundrechte. So wurde beispielsweise vom Bundesverfassungsgericht aus Art. 1 Abs. 1 in Verbindung mit Art. 2 Abs. 1 GG das allgemeine Persönlichkeitsrecht entwickelt, das wiederum verschiedene Ausprägungen hat. (Recht am eigenen Bild, am eigenen Wort, Recht auf informationelle Selbstbestimmung). Andere Grundrechte, wie das "Briefgeheimnis" oder die "Unverletzlichkeit der Wohnung" sind dogmatisch klarer beschrieben.

Besonderheiten bei der Behandlung von Fällen aus dem Grundrechtsbereich

Grundrechte können im Konflikt miteinander stehen. So kann beispielsweise eine Kollision zwischen Kunstfreiheit und Persönlichkeitsrecht oder zwischen Persönlichkeitsrecht und Rundfunkfreiheit[363] auftreten.
Ein formallogischer Zugang würde in die Richtung tendieren, diesen Konflikt grundsätzlich aufzulösen. Also beispielsweise grundsätzliche Vorrangregeln einzuführen. Dies würde zu einer Rangfolge unter den Grundrechten führen, welche ausdrücklich vermieden werden soll. Die Grundrechtsdogmatik legt Wert auf die Feststellung der Gleichrangigkeit der Grundrechte. Eine Entscheidung ist methodisch als Einzelfallentscheidung konzipiert. Die Frage, welches Grundrecht jeweils Vorrang hat und welches weichen muß, muß jeweils nach Analyse der konkret vorliegenden Situation entschieden werden.

Diese rechtsmethodische Konzeption ist auch logisch sehr interessant:
Wenn eine Situation gegeben ist, in der ein Grundrechtskonflikt auftritt, so bedeutet das, daß in dem formalisierten System zwei widersprüchliche Aussagen abgeleitet werden könnten. Beispielsweise die Aussagen "Handlung X ist erlaubt" und "Handlung X ist nicht erlaubt". Logisch betrachtet würde man dieses System für unbrauchbar halten und den Ersatz des Systems durch ein logisch widerspruchsfreies System fordern. Um dies zu erreichen müßten zusätzliche Regeln entwickelt werden, die beispielsweise für bestimmte Fallgruppen Vorrangregelungen nennen. Um dieses Regelwerk vollständig aufzubauen, müßten alle zukünftigen Situationen und Entwicklungen, mit denen die Rechtsordnung konfrontiert sein könnte, voraussehbar sein. Dies ist jedoch nicht der Fall und somit scheitert auch die Hoffnung auf eine vorausschauend konstruierte widerspruchsfreie Darstellung.
Muß man daher jede Hoffnung auf eine maschinelle Unterstützung derartiger "Wertungen" aufgeben? Die Antwort hierauf hängt in starkem Maße davon ab, ob und wie es gelingt, ein formales System mit einer inhärenten Widersprüchlichkeit zu konstruieren. Denkbar wäre, daß

---

[362] Zur Frage der Formalisierbarkeit von Grundrechtsnormen siehe: Diskussion des Vorschlags von Kilian, den in Art. 14 Abs. 2 S. 1 GG enthaltenen Satz "Eigentum verpflichtet" zu formalisieren. In: Dieter Rave/Hans Brinckmann/Klaus Grimmer (Hrsg.), Logische Struktur von Normensystemen am Beispiel der Rechtsordnung, Darmstadt 1971, S. 96.
[363] Beispiel hierfür: Lebach-Entscheidung des Bundesverfassungsgerichts: BVerfGE 35, 202 (225).

die formale Darstellung der einzelnen Grundwerte nicht gemeinsam, sondern in getrennten Wissensbasen enthalten ist. Ein Fall könnte dann nacheinander aus Sicht jeweils einer solchen Wissensbasis (Wertordnung) behandelt werden. Treten bei den dabei erzielten Einzelergebnissen widersprüchliche Folgerungen auf, so muß ein Verfahren zur Konfliktbehandlung gestartet werden.

Nun wäre zu überlegen, auf welche Weise eine Auflösung des Konflikts im Einzelfall vorgenommen werden kann. Die Rechtsdogmatik bietet nur wenig konkrete Vorschläge, wie diese Frage, mit der sich natürlich auch jeder menschliche Entscheider konfrontiert sieht, zu lösen ist.

Entscheidend ist, daß die Konfliktlösung nicht in der Form erfolgen darf, daß das unterlegene Recht praktisch völlig außer Kraft gesetzt wird. Es muß deutlich sein, daß das unterlegene Recht auch zukünftig seine Bedeutung bewahren kann. Infolgedessen ist keine Bewertung der Normziele auf allgemeiner Ebene angebracht, sondern eine, die möglichst viele Aspekte des konkreten Sachverhalts berücksichtigt.

6.4.1.1.5 Wissensbasis "Subjektiv" (subjektiv-teleologische Auslegung, Material über die Zielsetzung gegebener Gesetze)

Diese Wissensbasis soll Informationen über die Zielsetzung enthalten, mit der "der Gesetzgeber" bestimmte Gesetze erlassen hat. Thorne und Ugarte[364] unterstreichen die Notwendigkeit, die hinter einer speziellen Regel stehenden Regelungsabsichten zu ermitteln und in die Implementierung juristischer Expertensysteme einfließen zu lassen. Sie gehen dabei davon aus, daß die Regelungsabsichten unmittelbar in die Formulierung der Regeln der Wissensbasis integriert werden können.

Ein System, das in dieser Weise zielorientiert arbeitet, indem es die Folgen verschiedener Interpretationen mit den formulierten Zielsetzungen vergleicht, erfüllt eine kybernetische Aufgabe. In dem entsprechenden Modell kann man das Ziel des Gesetzgebers auch als "Sollwert" in einem Regelkreismodell[365] ansehen. Die Aufgabe der Rechtsanwendung wäre dabei, jeweils solche Maßnahmen zu ergreifen, die einen festgestellten "Ist-Wert" in Richtung auf den "Soll-Wert" verändern.

Einzelne Regeln der Wissensbasis könnten eine abstrakte Beschreibung von Zuständen enthalten, die durch die Anwendung des Gesetzes erreicht beziehungsweise vermieden werden sollen. Diese Beschreibungen können mit möglichen Auswirkungen verschiedener Entscheidungsalternativen verglichen werden. Es wäre wünschenswert, daß die Gesetzeszwecke einzelner Normen im Gesetz genannt werden. Die Darstellung der Gesetzeszwecke sollte dabei möglichst klar von der Formulierung der Gesetzesinhalte unterscheidbar sein. Auch die Darstellung des Wissens, das zur Abschätzung der Auswirkungen bestimmter Gesetzesinterpretationen benutzt werden soll, sollte in einem eigenständigen Modul erfolgen.

---

[364] John Thorne/Miguel Ugarte, Using Purposes of the Law in Legal Expert Systems, in: A. A. Martino/F. Socci Natali (Eds.), Automated Analysis of Legal Texts, Amsterdam 1986, S. 711-716.
[365] Hansjürgen Garstka, Regelkreismodelle des Rechts, München 1983.

Zu beachten ist, daß es Zielzustände geben kann, die nicht statisch definiert werden können, sondern die selbst als dynamisches System angelegt sind. Ein solches dynamisches Ziel bezeichnet bestimmte erwünschte (z.B. gesellschaftliche) Funktionsabläufe. Das Ziel einer Rechtsnorm, die "Treu und Glauben" schützt, besteht neben anderem darin, das weitere Funktionieren des privatautonomen Vertragsprinzips zu gewährleisten. Dieses Funktionieren des Regelsystems ist hierbei das Regelungsziel.

Die Wissensbasis "Subjektiv" müßte eine Modellierung dieses dynamischen Systems enthalten. Diese müßte entweder vom Gesetzgeber selbst entwickelt oder aus den Äußerungen des Gesetzgebers abgeleitet werden. Dieses System könnte darüber hinaus mit Fallgruppen verknüpft sein, die jeweils extreme Situationen beschreiben, deren Eintreten durch die Regelung verhindert werden soll.

6.4.1.1.6 Wissensbasis "Präjudizien"

Diese Wissensbasis enthält Beschreibungen früher entschiedener Fälle. Ein Fall wird dabei üblicherweise anhand verschiedener (vorher festgelegter) Kriterien dargestellt. Den Merkmalen werden Werte einer vorher festgelegten Wertemenge zugeordnet. Die großen Schwierigkeiten im Zusammenhang mit der Verwendung von Präjudizien liegen nicht in der Formalisierung gegebener Fälle - somit auch nicht im Aufbau einer entsprechenden Wissensbasis - , sondern in der Art, wie aus gegebenen Fällen und deren Bewertung auf die Bewertung eines neu gegebenen Falles geschlossen werden kann.

6.4.1.2 Allgemeine Wissensbasen

6.4.1.2.1 Wissensbasis "Sprache"

Das gespeicherte Sprachwissen soll dazu dienen, (sprachliche) Mehrdeutigkeiten zu behandeln und für einen Begriff die im Kontext "richtige" Bedeutung zu ermitteln.
Der Aufbau der Wissensbasis "Sprache" ist zweifellos von herausragender Bedeutung. Das spezifische Sprachwissen ist jedoch kein Gegenstand juristischer Forschung. Eine wissenschaftliche Darstellung des Sprachwissens ist daher im Bereich der Sprachwissenschaften und dabei speziell im Bereich der Linguistik zu suchen. Viele wissenschaftliche Arbeiten im Bereich der Linguistik zielen speziell auf eine Computerunterstützung. Inzwischen hat sich sogar ein eigenständiges Forschungsgebiet "Computerlinguistik" etabliert. Ein Forschungsschwerpunkt der Computerlinguistik besteht in der Entwicklung von Sprachübersetzungssystemen[366]. Ein solches System hat die Aufgabe, einen Text zu

---

[366]Beispielsweise im BMFT-Projekt "VERBMOBIL": Hierbei soll ein tragbares Gerät zur Übersetzung typischer Gesprächsinhalte entwickelt werden. Das System soll ab dem Jahr 2000 verfügbar sein. Siehe: N.N., Mit Verbmobil sollen Sprachbarrieren überwunden werden, in: BMFT-Journal, Nr. 1, Februar 1992.
Ein anderes Projekt der Sprachübersetzung ist "EUROTRA". Dies wird im Auftrag der Kommission der Europäischen Gemeinschaften entwickelt und soll die derzeit 9 Amtssprachen der EG ineinander übersetzen können. Dabei beschränkt man sich auf Sprachwissen aus dem Themengebiet "Handbücher über Satellitenkommunikation".

analysieren, eine interne Darstellung zu gewinnen und hieraus eine Formulierung in einer Zielsprache zu synthetisieren.

Der erste Teil der Aufgabe, nämlich die Analyse eines (natürlichsprachlichen) Textes und dessen (semantisch eindeutige) Darstellung in einem internen Format entspricht der Aufgabe, der auch die Wissensbasis "Sprache" dient. Die Entwicklungen in diesem Gebiet bilden ein umfangreiches eigenständiges Thema, das hier nur kurz beleuchtet werden soll. Die Computerlinguistik hat umfangreiche formale Werkzeuge zur Beschreibung syntaktischer wie auch semantischer Eigenschaften von Wörtern entwickelt. Es gibt einige wenige Systeme zur Sprachübersetzung am Markt, die jedoch entweder nur einen sehr spezialisierten Anwendungsbereich besitzen oder nur "Rohübersetzungen" liefern, die noch nachgearbeitet werden müssen.

Neben Projekten zur Sprachübersetzung stehen Projekte, die das Sprachverstehen zum Ziel haben. Ein Beispiel hierfür liefert das LILOG-Projekt[367], das in den Jahren 1985 bis 1991 vom Institut für wissensbasierte Systeme der IBM in Stuttgart in Zusammenarbeit mit fünf Universitäten durchgeführt wurde. Hierbei wurden Prototyp-Systeme entwickelt, die in der Lage sein sollen, Texte eines begrenzten Sachgebiets zu lesen und die darin enthaltenen Informationen zu erfassen und abzuspeichern.

Bei der Systementwicklung zeigte sich, daß das Verstehen von Texten nicht nur detaillierte Kenntnisse der Sprache (Grammatik, Wortformen, etc.) erfordert, sondern auch Verfahren zur Darstellung und Bearbeitung räumlicher und zeitlicher Vorgänge voraussetzt.

Diese Erkenntnis kann sicherlich auch auf die Entwicklung juristischer Expertensysteme bezogen werden. Systeme, die einen Sachverhalt rechtlich bewerten sollen, müssen auch über Fähigkeiten zur Erfassung der dem Sachverhaltsablauf zugrundeliegenden räumlichen und zeitlichen Verhältnisse verfügen.

Abschließend läßt sich sagen, daß zur Zeit noch nicht zu beurteilen ist, ob und wie eine Wissensbasis "Sprache" gestaltet werden könnte. Denn diese müßte über breiter angelegte Sprachfähigkeiten verfügen, als diese bislang in Prototypprojekten demonstriert werden konnten.

Unabhängig von einer konkreten Darstellung bleibt festzuhalten, daß das sprachliche Wissen, auch wenn es von Sprachwissenschaftlern erarbeitet wurde, immer auch das subjektive Sprachgefühl der beteiligten Entwickler widerspiegelt.

Ein Beispiel für ein kommerziell angebotenes System, das "Rohübersetzungen" liefert, stellt das System METAL dar. Siehe hierzu: Susanne Heizmann/Elke Zimmermann, Eine Symbolics, die Deutsch kann ... Maschinelle Übersetzung - besser als ihr Ruf ?, in: c´t, Heft 1, 1990, S. 34-48.

[367] Näheres hierzu siehe: Robert Brenner, Computer werden Bücher lesen, in: IBM Nachrichten 42, Heft 308, 1992, S. 68-70.

6.4.1.2.2 Wissensbasis "Sachgebiet"

Diese Wissensbasis enthält Informationen über Eigenheiten des betrachteten Sachgebiets. Hierbei handelt es sich um dogmatisches Wissen, dessen Darstellung Probleme aufwirft, wie sie bereits in Zusammenhang mit den Wissensbasen zur Dogmatik dargestellt wurden.

6.4.2 Vorgang der Auslegung

Die zeitliche Anordnung der einzelnen Schritte soll anhand der von Larenz beschriebenen Rangfolge erfolgen. Also zunächst den Wortsinn ermitteln, dann erfolgt die systematische Auslegung; wenn erforderlich, so ist danach zunächst die subjektiv-teleologische Auslegung und anschließend gegebenenfalls die objektiv-teleologische Auslegung durchzuführen. Die Einordnung der Bewertung von Präjudizien läßt sich aus Larenz´ Darstellung nicht entnehmen.

Die Ermittlung des Wortsinns erfolgt hier nicht in einem eigenständigen Schritt. Die Ergebnisse der Analyse des (juristischen) Wortsinns fließen in die Gestaltung der Wissensbasis "Dogmatik-A" ein. Die Wortsinn- und die systematische Auslegung benutzen die Wissensbasen "Dogmatik-A" und "Dogmatik-B". Eine Computerunterstützung der Wortsinn- und der systematischen Auslegung könnte durch ein Dialogsystem realisiert werden, das dem Benutzer bei der Beurteilung eines Sachverhalts assistiert.

Die subjektiv-teleologische Auslegung arbeitet mit der Wissensbasis "Subjektiv" (und der Wissensbasis "Sachgebiet").
Die Aufgabe der subjektiv-teleologischen Auslegung besteht darin, die Auswirkungen bestimmter möglicher Entscheidungsalternativen hinsichtlich ausgewählter Zielvorstellungen zu untersuchen. Um ein solches System zu realisieren, wäre es empfehlenswert, einen eigenen Meta-Beweiser zu entwerfen, der die entsprechenden Schritte durchführt. Die erforderlichen Veränderungen in der Systemarchitektur würden wohl einen größeren Umfang haben, als die Ausführungen von Thorne und Ugarte[368] vermuten lassen.

Eine weitere Erhöhung der Komplexität in der Systemarchitektur würde eintreten, wenn man der Erkenntnis folgt, daß der anzustrebende Zielzustand nicht statischer Natur ist, sondern selbst ein dynamisches System sein kann. Das Ziel besteht dann darin, zu gewährleisten, daß bestimmte (z.B. gesellschaftliche) Funktionsabläufe auch zukünftig ungehindert funktionieren können. Eine Entscheidung könnte hierbei aus einer Auswahl geeigneter Parameter für das dynamische System bestehen, welche garantieren, daß das System nicht in einen unerwünschten Zustand übergeht.
Ein solches Entscheidungsmodell würde die Folgen einer Entscheidung berücksichtigen und dabei bestimmte Entwicklungen ausschließen können. Unter mehreren zulässigen Entscheidungsvarianten könnte mit diesem Modell jedoch keine Rangfolge ermittelt werden.

---

[368] John Thorne/Miguel Ugarte, Using Purposes of the Law in Legal Expert Systems, in: A. A. Martino/F. Socci Natali (Eds.), Automated Analysis of Legal Texts, Amsterdam 1986, S. 711-716.

Das zugrundeliegende rechtsmethodische Konzept von Larenz enthält keine weitere Differenzierung der subjektiv-teleologischen Auslegung. Das hier skizzierte Modell für eine Computerunterstützung dieser Auslegungsart ist daher nicht rechtstheoretisch abgedeckt. Es stellt vielmehr eine Spezifikation für ein System dar, dessen praktische Relevanz noch zu erweisen wäre.

6.4.3 Sachverhaltsdarstellung und -konkretisierung

Der Prozeß der Sachverhaltskonkretisierung greift auf folgende Wissensbasen zurück:
- Wissensbasis "Allgemeinwissen",
- Wissensbasis "Sprache".

Schwierigkeiten bei der Tatsachenfeststellung

Im Zusammenhang mit der Tatsachenfeststellung tritt eine Beweisproblematik auf[369]. Es stellt sich die Frage, wie die Glaubwürdigkeit von Zeugen und somit auch der Wert ihrer Aussagen einzuschätzen ist. Es ist offensichtlich, daß im Rahmen der Rechtsanwendung an dieser Stelle zusätzliche Annahmen und Regeln benutzt werden, die nicht explizit im Gesetz genannt sind.

Es gibt wissenschaftliche Ansätze, die sich mit Fragen der automatischen Sachverhaltserfassung und -analyse beschäftigen. So beschäftigen sich einige Wissenschaftlergruppen im Bereich der KI mit Fragen des sogenannten "story understanding"[370]. Dabei wurde eine Reihe von Prototypsystemen entwickelt.
Frühere Story-Understanding-Systeme analysierten Texte und lieferten Übersetzungen oder Zusammenfassungen hiervon oder beantworteten Fragen zu dem Text. Eine Weiterentwicklung bestand in Systemen, die die Informationen über die ausgewerteten Geschichten speicherten und mit späteren Geschichten vergleichen sollten.
So erstellt das System IPP[371] von jeder Geschichte eine Kurzform und verwendet diese zu einer Generalisierung. Werden beispielsweise drei Geschichten über Bombenanschläge in Nordirland eingegeben, die von der IRA verübt wurden, so erzeugt das System eine Regel, daß Bombenanschläge in Nordirland von der IRA verübt werden. Erhält es wieder eine Geschichte über einen Bombenanschlag in Nordirland, so vermutet es die IRA als Täter.
Das System IPP verfügt über Frames, die als Schema möglicher Geschichten dienen. Das System kann nur solche Geschichten verstehen, deren Ablauf so erfolgt, wie es in den Frames

---

[369] Vgl. H.-J. Koch/H. Rüßmann, Juristische Begründungslehre, München 1982, S. 27.

[370] Siehe z.B.: R. Schank/R. Abelson, Scripts, Plans, Goals and Understanding, Hillsdale, NJ 1977. Oder auch: Michael G. Dyer, Understanding Stories Through Morals and Remindings, in: Proceedings of the Eighth International Joint Conference on Artificial Intelligence (IJCAI-83), 1983, S. 75-77.

[371] Beschreibung in: Michael G. Dyer, Understanding Stories Through Morals and Remindings, in: Proceedings of the Eighth International Joint Conference on Artificial Intelligence, 1983, S. 75.

vorgegeben ist. Die Analyse der Geschichte besteht dann darin, daß die Felder der Frames durch konkrete Werte ausgefüllt werden.

IPP kann Geschichten nur durch Ähnlichkeiten und Unterschiede in den Werten vergleichen.

Das System BORIS[372] wurde dafür konzipiert, eine Geschichte in großer Tiefe zu verstehen.

Eine Weiterentwicklung hiervon stellt das System MORRIS dar (Moral and Reminding Inference System). MORRIS soll die "moral of the story" erkennen. Diese wird als eine abstrakte Planungsanweisung für das eigene Handeln aufgefaßt. Beispiel für eine solche Moral: "Viele Köche verderben den Brei". Dies enthält eine abstrakte Planungsanweisung der Art, daß nicht zuviele Personen an der Ausführung einer Aufgabe mitwirken sollten.

Das System MORRIS ist in der Lage, grundlegende Planungsfehler zu erkennen. Anschließend kann es diese mit dem Mißlingen eines Ziels in Verbindung bringen. Ein Ziel könnte etwa sein, daß der "Brei" , also die gestellte Aufgabe, gelingt. Ein möglicher Planungsfehler, der dies vereiteln könnte, besteht in der Beteiligung zu vieler Personen an der Aufgabe. Nach Analyse des Ziels und der vorhandenen Planungsfehler in einer Geschichte kann MORRIS eine entsprechende Moral identifizieren. Diese wird als Antwort auf die Geschichte ausgegeben.

Die Ansätze dieser Forschungsrichtung wurden auch auf juristische Anwendungen übertragen[373].

So soll das System STARE Fallbeschreibungen, die in einem vereinfachten Englisch notiert sind, lesen und analysieren können. Ferner soll das System eine solche Fallbeschreibung mit anderen Fällen vergleichen und eine Bewertung abgeben können.

Zur Fallanalyse greift das System auf frühere Fälle, auf allgemeines Wissen über Vertragsrecht sowie auf Wissen über grundlegende juristische Konzepte zurück.

Als Besonderheit des Systems gilt, daß es Wissen über diejenigen Rollen hat, die die Beteiligten in den Geschichten spielen können.

Analogien werden gebildet, indem die Rollen der beteiligten Personen sowie die Art der Interaktion zwischen den Personen verglichen werden. Die Rollen sind hierarchisch angeordnet.

Es gibt Regeln, die es erlauben, von einer Rolle bestimmte Aussagen abzuleiten.

Das System STARE dient der Grundlagenforschung und soll helfen zu klären, wie sich das Verständnis einer Geschichte erschließen läßt. Die Betonung der Rollen der beteiligten Personen könnte ein Aspekt sein, der auch für Systeme relevant ist, die einen gegebenen Sachverhalt analysieren sollen.

---

[372] Siehe z.B.: W. Lehnert/M. Dyer/P. Johnson/C. Yang/S. Harley, BORIS - An Experiment in In-Depth Understanding of Narratives, in: Artificial Intelligence 20, 1983, S. 15-62.
Oder auch M. G. Dyer , The Role of Affects in Narratives. In: Cognitive Science, 1983, S. 211-242.
[373] Vgl.: Seth R. Goldman/Michael G. Dyer/Margot Flowers, Learning to Understand Contractual Situations, in: Proceedings of the Ninth International Joint Conference on Artificial Intelligence (IJCAI-85), 1985, S. 291-293.
Siehe auch: Michael G. Dyer, Understanding Stories Through Morals and Remindings, in: Proceedings of the Eighth International Joint Conference on Artificial Intelligence (IJCAI-83), 1983, S. 75-77.

6.4.4 Rechtsanwendung

Die traditionelle Methodik nennt als Hauptschritte der Rechtsanwendung die Durchführung des Justizsyllogismus und die Subsumtion.

Auf die Unzulänglichkeit des Justizsyllogismus als Modell juristischer Rechtsanwendung wurde bereits hingewiesen. Er zeichnet sich dadurch aus, daß er diejenigen Anteile der Rechtsanwendung, mit denen die größten Schwierigkeiten verbunden sind, nicht enthält.

Die Frage nach der Computerunterstützung der Rechtsanwendung richtet den Blick auf eine Konzeption für eine Auswertung und Anwendung der Wissensbasen mit dem Ziel einer abschließenden Stellungnahme.

Die Kontrollstrategie der einzelnen Schritte der Gesetzesauslegung wurde bereits behandelt. Es bleibt zu untersuchen, wie der Prozeß der Gesetzesauslegung mit dem der Sachverhaltsanalyse zu einem gemeinsamen Rechtsanwendungsprozeß verbunden werden kann. Eine unumstrittene rechtsmethodische Position gibt hierfür vor, daß sich beide Prozesse gegenseitig beeinflussen und kontrollieren[374].

Eine konkrete Fallbearbeitung dürfte mit der Darstellung eines Sachverhalts (aus Sicht eines Beteiligten) beginnen. Zusammen mit dem Sachverhalt wird möglicherweise gleich die (vermeintlich) verletzte Norm genannt. Wenn dies nicht der Fall ist, so muß zunächst eine anwendbare Norm aufgefunden werden. Diese muß häufig erst aus verschiedenen Paragraphen "zusammengebaut werden"[375]. Im Bereich des Strafgesetzbuches beispielsweise wird eine Tat durch mindestens eine Norm des speziellen Teils und durch mehrere Normen des allgemeinen Teils (z.B. Prüfung von Rechtfertigungs- (§§ 32, 34, 35 StGB) und Schuldausschließungsgründen § 20 StGB) behandelt. In diesem Fall müßte man anhand des Sachverhalts nur die möglicherweise passende Norm des speziellen Teils suchen. Die weiterhin zu prüfenden Normen des allgemeinen Teils ergeben sich aus dem dogmatischen Wissen.
Die Sachverhaltsanalyse soll Wichtiges von Unwichtigem trennen und eine abstraktere Darstellung des Falles entwickeln. Beide Aufgaben hängen zusammen. Die Unterscheidung zwischen Wichtigem und Unwichtigem kann nur in Hinblick auf die gesetzlichen Normen geschehen. Die Abstraktion des Falles kann anhand des Sachgebietswissens und des Allgemeinwissens durchgeführt werden.
Daher kann zunächst bei der Abstraktion angesetzt werden. In der Sachgebietswissensbasis müßten Verknüpfungen zu der Wissensbasis "Dogmatik" bestehen. Hierbei würde eine Zuordnung zwischen umgangs- oder auch fachsprachlichen Bezeichnungen und der juristischen Bezeichnung hergestellt. Wird eine vollständige Übereinstimmung gefunden, so erfolgt hierüber eine Meldung. Die Norm und weitere Parameter der Interpretation werden gespeichert. Falls sich weitere Übereinstimmungen finden, so wird ein Modul zur Konfliktlösung aufgerufen und

---

[374] Siehe etwa: Karl Engisch, Logische Studien zur Gesetzesanwendung, 3. Auflage, Heidelberg 1963, S. 15.
[375] Hans Joachim Koch/Helmut Rüßmann, Juristische Begründungslehre, München 1982, S. 20.

ausgeführt. Dieses Modul greift auf Spezialwissen (Wissensbasis "Normkonflikt") zurück, benutzt aber auch die Wissensbasis "Verfassungswerte".

Die Ausgestaltung eines automatisierten Subsumtionsverfahrens dürfte mit beträchtlichen Schwierigkeiten zu tun haben, da es Juristen oft schwerfällt, genaue Regeln hierfür anzugeben (Problem des Wissenserwerbs). So ist es beispielsweise nur schwer möglich, genaue Regeln zu finden, die angeben, welche Fakten der Fallbeschreibung ohne weitere Prüfung einem Oberbegriff zugeordnet werden können und welche vor einer solchen Zuordnung näher zu analysieren sind[376]. Die Praxis schließt dabei wohl oft einen Kompromiß zwischen Prüfungserfordernis und effizientem Arbeiten. Das angemessene Vorgehen wird dabei wohl eher durch Versuch und Irrtum als durch klare Lehranweisungen erlernt.

6.4.4.1 Zum "Hin- und Herwandern des Blickes"

Das Hin- und Herwandern des Blickes erinnert an eine Erscheinung, die im Rahmen logischer Beweisverfahren auftritt. Dabei werden fehlende Prämissen einer (gesetzlichen) Regel als Ausgangspunkt für eine Rückfrage genutzt. Unklar ist in dem Zusammenhang, wie die Inferenztätigkeit auf die beiden Teilbereiche Sachverhaltsanalyse und Auslegung verteilt werden soll. An dieser Stelle wäre es bereits ein Fortschritt, wenn sich Heuristiken angeben ließen, die eine Vermutung darüber abgeben, wann von der einen auf die andere Seite "geblickt" werden soll. Falls dies möglich ist, könnte man ein hypothesengestütztes (nichtmonotones) Schlußverfahren einsetzen, um den "Blick" in geeigneter Weise zu lenken. Nähere Details zur Abstimmung von Auslegung und Sachverhaltskonkretisierung sind dem Modell von Larenz nicht zu entnehmen.

6.4.4.2 Zur Subsumtion

Unter Subsumtion wird - im Sprachgebrauch der juristischen Methodenlehre - die Überwindung der "Kluft" zwischen allgemeiner Bezeichnung in einer Norm und konkreter Sachverhaltsbeschreibung verstanden. Bezogen auf das obige Modell der Rechtsanwendung umfaßt die Subsumtion Auslegung und Sachverhaltsanalyse.

Koch und Rüßmann haben im Rahmen ihrer Untersuchung auf eine Reihe von Problemen im Zusammenhang mit der Rechtsanwendung hingewiesen. Diese Probleme sollen hier näher betrachtet werden.

---

[376] Vgl. hierzu Rolf Dietrich Herzberg, Kritische Überlegungen zur Methodik der Fallbearbeitung, in: Juristische Schulung, Heft 9, 1990, S. 728-732. Herzberg beschreibt das Problem wie folgt (S. 729): "Mal pochen wir darauf, daß man auch das unzweifelhaft Gegebene nicht ohne Begründung, nicht ohne Hinweis auf den Sachverhalt feststellen dürfe, mal verspotten und karikieren wir Lösungen, die sich gewissenhaft danach richten. Und noch der Examenskandidat tappt im Dunkeln, welcher Kritik vorzubeugen wohl ratsamer ist."

6.4.4.2.1 Schwierigkeiten bei der Ermittlung der Rechtsfolge

Selbst wenn es gelingt, einem gegebenen Fall eine gesetzliche Rechtsfolge zuzuordnen, so stellt sich oftmals das Problem, eine Festlegung innerhalb eines in der Norm genannten Entscheidungsspielraums zu treffen. Klar ist, daß hier außergesetzliches Material herangezogen werden muß. Eine Orientierung kann die Dogmatik oder eine Sammlung von Präzedenzien liefern.

Sofern sich dogmatische Regeln angeben lassen, können diese in die entsprechende Wissensbasis integriert werden. Auch bestimmte Formen fallbasierter Entscheidungen können durch Computereinsatz unterstützt werden, wobei zu berücksichtigen ist, daß es bislang kein allgemein akzeptiertes Konzept zur Art des fallbasierten Schließens gibt.

Zur Bearbeitung von Fällen, für die weder Präzedenzien noch dogmatische Regeln greifbar sind, kann die juristische Methodenlehre keine brauchbaren konkreten Entscheidungsschritte angeben. Diese Fallkonstellation wird hier nicht weiter verfolgt.

6.4.4.2.2 Normkonflikt/Realisationszusammenhang

Gelegentlich gibt es Situationen, in denen zwei unterschiedliche Normen anwendbar sind, jedoch nur eine Norm zum Zuge kommen kann. Hieraus entsteht das Problem der Auswahl der Norm, die weiter verfolgt werden soll. Eine denkbare Lösung besteht in der Einführung von Meta-Regeln (Logik 2. Stufe).

6.5 Axiomatischer Aufbau der Wissensbasen[377]

Legt man die obige Definition der Axiomatisierung[378] zugrunde, so kann man feststellen, daß die Formulierung einer Wissensbasis auch als ein Versuch der Axiomatisierung des bearbeiteten Gebiets angesehen werden kann. An ein axiomatisches System werden üblicherweise die Forderung nach Widerspruchsfreiheit, Vollständigkeit und Unabhängigkeit gestellt. Im folgenden wird untersucht, inwieweit die Wissensbasen diesen Anforderungen genügen.

6.5.1 Widerspruchsfreiheit

Eine Grundvoraussetzung einer formalen Darstellung ist ihre Widerspruchsfreiheit. Diese ist gegeben, wenn es unmöglich ist, zwei Theoreme abzuleiten, von denen das eine die Negation des anderen ist.

---

[377] Wichtige Grundlagen zu diesem Gebiet liefert: Jürgen Rödig, Axiomatisierbarkeit juristischer Systeme, in: J. Rödig, Schriften zur juristischen Logik, Berlin/Heidelberg 1980, S. 65-106.
[378] Vgl. Kapitel 3.1.2.

Bemerkung:
Eine interessante andere Fomulierung hiervon lautet: Ein formales System ist widerspruchsfrei, wenn es wenigstens eine Aussage gibt, welche kein Theorem ist (welche also nicht aus den Axiomen erschließbar ist)[379].

Jede Wissenbasis muß widerspruchsfrei sein, denn aus einer widersprüchlichen Wissensbasis ließe sich jede beliebige Aussage als Theorem ableiten.
Fiedler/Barthel/Voogd[380] weisen darauf hin, daß sich das "Problem der Widersprüche" "nicht so einfach aus dem Prozeß der Rechtsanwendung verdrängen" läßt. Widersprüchliche Bewertungen eines Sachverhalts sind oben auch im Rahmen der Verfassungsauslegung aufgetreten. Dabei wurde eine Architektur vorgeschlagen, bei der das Wissen auf mehrere (in sich widerspruchsfreie) Wissensbasen verteilt wird. Eine Situation kann dann vor dem Hintergrund jeweils einer dieser Wissensbasen bearbeitet werden. Die einzelnen Bearbeitungsphasen können zu unterschiedlichen (möglicherweise sogar widersprüchlichen) Ergebnissen führen. Die Ergebnisse dieser Situationsbearbeitungen werden von einem weiteren (in sich widerspruchsfreien) System ausgewertet.

6.5.2 Vollständigkeit

Gegeben seien zwei Ausdrücke, die in einer nicht tautologischen Weise aus einschlägigen[381] Komponenten aufgebaut sind. Dabei sei der eine Ausdruck die Negation des anderen. Dann gilt das Axiomensystem als vollständig, wenn die Axiome den Schluß auf wenigstens einen der genannten Ausdrücke gestatten.

Bemerkung:
Das Vorliegen einer vollständigen und widerspruchsfreien Axiomatisierung eines Rechtsbereiches ist nicht eindeutig. Es kann verschiedene solche Axiomatisierungen geben.

Spezielle Aufgaben im juristischen Bereich bestehen darin, die horizontale und die vertikale Vollständigkeit des Systems zu ermitteln und zu beschreiben.

---

[379] Beweisskizze nach Jürgen Rödig, Kennzeichnung der axiomatischen Methode, in: J. Rödig, Schriften zur juristischen Logik, Berlin/Heidelberg 1980, S. 57-64.
Annahme: Das Axiomensystem sei widersprüchlich.
Dann gibt es eine Aussage a, so daß im Axiomensystem neben "a" auch "¬a" herleitbar ist.
Im Axiomensystem gilt: wenn a und b herleitbar, dann auch (a ∧ b). Im hier betrachteten System wäre also auch (a ∧ ¬a) herleitbar. Eine Implikation der Art x -> y ist immer wahr, wenn x falsch ist. Aus einer falschen Aussage kann also jede beliebige Aussage hergeleitet werden.
Wenn in einem Axiomensystem (a ∧ ¬ a) herleitbar wären, dann könnte man diese (widersprüchliche) Formel an Stelle von x in die Implikation x -> y einsetzen und daraus alle beliebigen weiteren Aussagen folgern. Damit wäre jede mögliche Formel zugleich ein Theorem.
[380] Herbert Fiedler/Thomas Barthel/Gerhard Voogd, Untersuchungen zur Formalisierung im Recht als Beitrag zur Grundlagenforschung juristischer Datenverarbeitung, Opladen 1984, S. 199.
[381] Gemeint sind die Komponenten, die dem axiomatischen System zugrundeliegen. Das System kann natürlich keine Aussagen hinsichtlich solcher Sätze machen, in denen Elemente vorkommen, die dem System nicht "bekannt" sind.

Oft ist unklar, wie ein rechtlicher Bereich konturiert werden kann, wo also die Grenzen zu anderen Bereichen zu ziehen sind. Bei einer Formalisierung innerhalb des Zivilrechts könnte man beispielsweise versuchen, ein einzelnes Buch des BGB möglichst vollständig darzustellen. Man kann sich aber auch auf einen Vertragstyp beschränken (z.B. Miete oder Dienstvertrag) und dabei weitere spezifische Gesetze (mietrechtlicher oder arbeitsrechtlicher Art) miteinbeziehen. Ähnliche Schwierigkeiten ergeben sich auch bei der Einbeziehung Allgemeiner Teile.

Ein Beispiel dafür, wie schwer die horizontale Vollständigkeit herzustellen ist, liefert die mögliche Drittwirkung der Grundrechte[382]. Das Grundgesetz stellt nicht klar, ob die Grundrechte "nur" als Abwehrrechte des Bürgers gegen den Staat zu sehen sind, oder ob die Grundrechte über die Wirkung auf das Verhältnis Bürger - Staat hinaus auch Einfluß auf das Verhältnis zwischen Privatpersonen nehmen können. Je nachdem wie man diese Frage beantwortet, müßte ein horizontal vollständiges System des Zivilrechts die Grundrechtsauswirkungen berücksichtigen oder nicht.

Auch in einer Beschreibung des Systems KOKON[383] wird auf die Schwierigkeiten beim Herstellen der horizontalen Vollständigkeit eingegangen: Aus dem ersten Buch des BGB konnten oder mußten nicht alle Unwirksamkeitsgründe erfaßt werden. Es gibt Situationen, die formal nicht erfaßbar sind und auch Situationen, deren Vorkommen wegen des Einsatzszenarios (fast) ausgeschlossen werden konnten (Beispiele für beides: Nichtigkeit des Vertrages wegen Verstoßes gegen die guten Sitten, ein auf Unmöglichkeit gerichteter Vertrag). Nachdem die Häufigkeit dieser Fälle bei Grundstückskaufverträgen als "vernachlässigbar gering" eingeschätzt wird, wird dieses Problem für die weitere Systementwicklung ignoriert. Bestimmte weitere Konstellationen, die als "allzu praxisfremd" qualifiziert wurden, sind von vornherein ausgeschlossen worden (Beispiel: unvertretene minderjährige Person als Vertragspartei).
Daneben werden einige Situationen genannt, die ebenfalls nicht formal beschreibbar sind, jedoch nicht einfach vernachlässigt werden können. Eine solche Situation ist der "Schwarzkauf". Die Parteien machen hierbei "gemeinsame Sache" und geben einen falschen Kaufpreis an. Der notarielle Kaufvertrag ist nach § 117 BGB nichtig, da ihm ein Scheingeschäft zugrundeliegt. Die wirklich gewollte Vereinbarung ist nicht beurkundet. Sie ist ungültig, da sie nicht die gesetzlich vorgeschriebene Form aufweist (§§ 125, 313 BGB). Eine solche Situation kann nicht einmal von einem Notar zuverlässig vermieden werden. Daher ist dies auch nicht von einem Computersystem zu erwarten.

---

[382] Näheres zur "Drittwirkung": Hans Joachim Koch/Helmut Rüßmann, Juristische Begründungslehre, München 1982, S. 263.
[383] Vgl. Susanne Wiefel, Anwendungsbeispiel "Immobiliarverträge": Jura und Knowledge Engineering im Grundlagenforschungsprojekt KOKON, München-Ottobrunn 1989, S. 21, 22.

Ergebnis:
Ist eine formale Darstellung eines Bereiches gegeben, so ist nicht ohne weiteres festzustellen, ob dabei die horizontale Vollständigkeit erreicht wurde. Eine Antwort hierauf setzt eine Bestimmung des Umfangs des zu formalisierenden Gebietes voraus. Diese entstammt dem Bereich des dogmatischen Wissens, welches auch die individuellen Ansichten des Entwicklers der Dogmatik widerspiegelt. Somit kann die horizontale Vollständigkeit nur in Bezug auf eine bestimmte Lehrmeinung untersucht werden.

6.5.2.2 Vertikale Vollständigkeit juristischer Systeme

Angenommen, die Axiomatisierung eines Rechtsgebietes sei angestrebt. Mit der (schwierigen) Herstellung der horizontalen Vollständigkeit ist es dann aber nicht getan. Eine weitere Aufgabe besteht in der Konkretisierung einer Norm in Richtung auf den Sachverhalt. Auch der Tatbestand und die Rechtsfolge müssen in jedem zu bearbeitenden Fall konkretisiert werden. Erst ein bis auf die Sachverhaltsebene hinunter konkretisiertes Rechtsgebiet stellt eine lückenlose Regelung dar. Eine solche Vollständigkeit ist jedoch, wie oben bereits erläutert, nicht zu erreichen. Wird eine vertikale Vollständigkeit angestrebt, so muß man sich bewußt machen, daß ein Entscheider im Rahmen der Subsumtion eine Vielzahl von Aussagen zu den gegebenen Tatbestandsaussagen sowie den Rechtsnormen hinzufügen muß, damit eine Entscheidung logisch abgeleitet werden kann.

6.5.2.3 Unabhängigkeit

Eine weitere gewünschte Eigenschaft einer Axiomatisierung besteht in der Unabhängigkeit der Axiome. Dies beschreibt die Situation, daß sich weder ein Axiom noch eine abgeschwächte Fassung des Axioms aus den übrigen Axiomen herleiten läßt. Diese Anforderung ist durch den Wunsch nach einer möglichst kleinen Axiomenmenge motiviert, aus der alle anderen Sätze herleitbar sein sollen. Ein nicht unabhängiges Axiomensystem enthält mindestens ein "überflüssiges" Axiom. Die Frage nach der Unabhängigkeit einer juristischen Formalisierung kann allein anhand einer Analyse des fraglichen formalen Systems durchgeführt werden. Im Gegensatz zur Prüfung der Vollständigkeit fließen hier keine fachbezogenen Annahmen mit ein.

6.5.2.4 Diskussion dieses Axiomatisierungskonzeptes

Trotz der aufgezeigten Schwierigkeiten hält Rödig Gesetzeswerke wie beispielsweise das BGB für axiomatisierbar[384]. Als gut geeignet für eine Formalisierung nennt er das Wechselgesetz, dessen Charakter er als "technisch-pragmatisch" qualifiziert.

---

[384] Vgl. Dieter Rave/Hans Brinckmann/Klaus Grimmer, Referate und Protokolle der Arbeitstagung im Deutschen Rechenzentrum Darmstadt, Darmstadt 1971, S. 83.

Demgegenüber wurde von Fiedler[385] darauf hingewiesen, daß - zumindest die gegenwärtige - Rechtsanwendungspraxis eine pragmatische Komponente aufweist. Dem juristischen Entscheider seien "in gewissen Grenzen unabhängig voneinander einerseits die rechtlichen Regelungen, andererseits die auf Grund dieser Regelungen zu erzielenden "angemessenen" Ergebnisse" vorgegeben. Fiedler führt weiter aus: "Dem Juristen sind also sozusagen zugleich und unabhängig voneinander einerseits seine Axiome, andererseits seine Lehrsätze vorgeschrieben...". "Deshalb gibt es in der juristischen Arbeit mit rechtlichen Regelungen neben einem formalen, "mathematischen" Anteil faktisch stets auch den "pragmatischen" Anteil, der der Sachrichtigkeit und dem gesunden Menschenverstand notfalls mit sprachlicher Brachialgewalt zum Siege verhilft". Fiedler verweist auf Beispiele aus dem Recht der Bundesrepublik, die belegen, daß Juristen gelegentlich inhaltlich und unstreng schließen, daß sie sich nicht streng an sprachliche Formulierungen binden und daß ihre Argumentationen pragmatisch verlaufen.

Das beschriebene Phänomen ist sicherlich zutreffend dargestellt. Der Einwand trifft allerdings nur solche Ansätze, die eine juristische Axiomatik allein auf gesetzliche Regelungen zu gründen versuchen. Eine derartige Axiomatik, die nur den gesetzlichen Inhalt darstellt, nicht aber weiteres Wissen (z.B. dogmatischen Wissens, Sachgebietswissen u.s.w.), erscheint aber auch aus anderen Gründen als wenig sinnvoll. Im oben entwickelten Modell könnten die von Fiedler ausgemachten pragmatischen Aspekte der Rechtsanwendung in die Konstruktion der Wissensbasen "Dogmatik" und "Sachgebiet" sowie gegebenenfalls in den Entwurf der Rechtsanwendungsalgorithmen einfließen.
Pragmatische Lösungen werden von Menschen wohl vorwiegend dann realisiert, wenn die formale Lösung zu einem unbefriedigenden Ergebnis führen würde. Die Wahl der "pragmatischen Lösung" weist somit auch darauf hin, daß bisherige formale Modelle als unzureichend empfunden werden. Es stellt eine Herausforderung an die Gestaltung formaler Systeme dar, diese so zu realisieren, daß Juristen nicht mehr so häufig den - auch rechtsmethodisch nicht vorgesehenen - pragmatischen Weg suchen.

6.5.3 Ausstrahlung auf Gesetzgebungsverfahren

Da, wie Rödig ausführt, jede Gesetzgebung implizit eine (im Regelfall nicht-formale) Axiomatisierung leistet, kann sich eine bewußte Auseinandersetzung mit den Anforderungen an juristische Axiomensysteme auch günstig auf die Gesetzgebungspraxis auswirken.
Auf der Basis der Erkenntnisse über die Axiomatisierung im Recht könnte eine Konzeption der Gesetzgebung realisiert werden, die Verbesserungen in den Bereichen
- Legaldefinitionen,
- Verwendung Allgemeiner Teile in Gesetzen,
- Handhabung des Regel-Ausnahme-Prinzips
bewirkt.

---

385 Herbert Fiedler, Juristische Logik in mathematischer Sicht, in: Archiv für Rechts- und Sozialphilosophie, Band LII (1966), S. 93 ff.

Auch hinsichtlich der Kluft, die zwischen abstrakter Norm und konkretem Tatbestand besteht, könnte man überlegen, ob diese nicht auch durch eine verbesserte Gesetzgebung[386] verringert werden könnte. Koch/Rüßmann[387] weisen jedoch darauf hin, daß die erwähnte Kluft auch durch eine veränderte Gesetzgebung nicht beseitigt werden kann. Denn ein Zeuge soll einerseits keine (abstrakten) Gesetzesformulierungen verwenden, da dann nicht klar wäre, ob der Zeuge den abstrakten Begriff (aus der Sicht der Juristen) in korrekter Weise benutzt. Andererseits ist es natürlich auch nicht möglich, in den Normen alle möglichen konkreten Ausprägungen eines Falls darzustellen. Somit läßt sich die Aufgabe der Überwindung der Kluft durch Interpretation, die der Entscheider nur durch Hinzufügen bestimmter Aussagen leisten kann, nicht ersetzen.

6.6 Chancen der Realisierung eines juristischen Expertensystems nach dem Methodenmodell von Larenz

Aufbauend auf dem Methodenmodell von Larenz kann die Spezifikation eines juristischen Expertensystems entwickelt werden. Hinsichtlich der Strukturierung der einzelnen Systemmodule bietet das Larenz-Modell wenig konkrete Anhaltspunkte. Die Ausarbeitung einer Wissensbasis "Dogmatik" nimmt in dem Zusammenhang eine zentrale Rolle ein. Die Analyse der Möglichkeiten einer Formalisierung gesetzlicher Materialien macht deutlich, daß dogmatisches Wissen für die Rechtsanwendung unverzichtbar ist. Dies steht in einem auffälligen Mißverhältnis zu der Stellung, die der Dogmatik in Lehrbüchern der juristischen Methodenlehre eingeräumt wird. Möglicherweise hat eine Methodenlehre, die das Gesetz in den Mittelpunkt der Rechtsanwendung rückt, Schwierigkeiten, den Einfluß außergesetzlichen Wissens auf die Rechtsanwendung zu akzeptieren.
Das dogmatische Wissen ist auch deshalb von Bedeutung, da hierauf viele Formalisierungsbestrebungen gerichtet sind. Da die Dogmatik auch Begriffsbestimmungen für unbestimmte Begriffe bereithält, vermeidet die Anwendung dogmatischen Wissens einige klassische Auslegungsprobleme, die beispielsweise im Zusammenhang mit unbestimmten Rechtsbegriffen auftreten. Hier soll allerdings nicht die Auffassung vertreten werden, daß sich alle derartigen Auslegungsprobleme durch dogmatische Konstruktionen vermeiden ließen.
Hinsichtlich der anderen juristischen Wissensbasen zeigt sich, daß eine Formalisierung nicht grundsätzlich unmöglich scheint und Ansätze zu einer formalen Behandlung existieren. Bislang gibt es jedoch keinen Versuch, die Probleme im Zusammenhang mit der Verfassungsauslegung formal zu behandeln.
Ebenso steht es um die Verfahren zur Rechtsanwendung, speziell um die Koordination des Inferenzprozesses im Bereich der Sachverhaltsermittlung einerseits und der Gesetzesauslegung andererseits.

---

[386] Diese Frage wurde unter dem Schlagwort "automationsgerechte Gesetzgebung" diskutiert. Dabei wurden Vorschläge der Art gemacht, daß steuerliche Pauschalen so gewählt werden sollten, daß sie durch 12 teilbar sind, damit so die Berechnung für einzelne Monate leichter würde. (Vgl. Hansjörg Geiger/Jochen Schneider, Der Umgang mit Computern, München 1975, S 203 f). Geiger und Schneider nennen auf S. 204 eine Reihe von Merkmalen, die eine automationsgerechte Gesetzgebung erfüllen soll.

[387] Hans Joachim Koch/Helmut Rüßmann, Juristische Begründungslehre, München 1982, S. 22.

Eine in diesem Zusammenhang brauchbare Wissensbasis "Sprache" ist derzeit nicht verfügbar. Trotz der Fortschritte, die die Computerlinguistik macht, ist unbestritten, daß der Weg zu einem sprachverstehenden System noch sehr weit ist.

Um ein Expertensystem nach dem Larenz-Modell zu entwickeln, müßte also noch eine erhebliche Entwicklungsleistung erbracht werden. Über die Möglichkeiten einer Verwirklichung soll hier nicht spekuliert werden - fest steht, daß ein derartiges System in naher Zukunft nicht zu haben sein wird. Die obige Analyse bezeichnet eher konkrete Aufgabenstellungen als fertige Lösungen.

Nun kann man jedoch danach fragen, ob die Realisierung dieses Modells nicht auch in Teilen erfolgen kann. So könnte man daran denken, nur einzelne Wissensbasen oder einzelne Rechtsanwendungselemente zu automatisieren.
Man könnte von einer dogmatischen Wissensbasis ausgehen und zunächst auf die Subsumtion (Abstraktion) verzichten. Dabei gelangt man zu einem System, das zumindest die logische Struktur von Gesetzeswerken widerspiegelt. Dies System müßte auf die Wissensbasen "Gesetz" und "Dogmatik" zurückgreifen. Eine nichttriviale Voraussetzung hierfür besteht darin, daß die Gesamtmenge der benutzten Normen in Implikationsform ("wenn - dann "- Regeln) übersetzt werden könnte. Auch ein solches System ist höchstens in mittelfristiger Sicht realisierbar.

6.7 Computerunterstützung des Methodenmodells von Koch/Rüßmann

Dieses Modell ist auf eine rationale Begründung einer (irgendwie) gefundenen Entscheidung, nicht auf die rationale Entscheidungsfindung selbst gerichtet. Aus formal-logischer Sicht besteht der entscheidende Fortschritt dieser Konzeption im Vergleich zur Larenz-Methodik darin, daß dieses Modell nicht nur mit dem Konzept moderner Logik vereinbar ist, sondern an vielen Stellen ausdrücklich davon Gebrauch macht.
Überlegt man eine Computerunterstützung des Modells von Koch/Rüßmann, so wäre ein System denkbar, das bei der Rekonstruktion einer plausiblen Entscheidungsbegründung behilflich ist.
Die Realisierung eines solchen Modells wäre einfacher als eine des Larenz-Modells, denn die Erstellung diverser Wissensbasen, die zur Behandlung des Larenz-Modells erforderlich sind, kann hier entfallen. Das Wissen der Rechtsanwendung verbleibt beim Menschen. Das System verlangt vom Rechtsanwender die Explizierung der von ihm verwendeten Regeln. Das Computersystem arbeitet mit diesen explizierten Regeln. Es muß über eine Inferenzkomponente verfügen, die es erlaubt, Schlußfolgerungen aus den gegebenen Fakten und Regeln zu ziehen. Der Benutzer (Jurist) könnte dem System Sätze über den zugrundeliegenden Sachverhalt sowie über Rechtsnormen, die möglicherweise einschlägig sind, eingeben. Hieraus wird das System aber in den allermeisten Fällen noch nicht direkt auf eine Rechtsfolge schließen können. Wie oben ausführlich dargelegt, sind oft umfangreiche Auslegungs-, Interpretations- und Subsumtionsvorgänge erforderlich, bis ein solcher Schluß gelingen kann.
Der Jurist hat nun die Aufgabe, schrittweise weitere Informationen einzugeben. Das System versucht, aus den jeweils bislang eingegebenen Fakten und Regeln neue Aussagen abzuleiten.

Denkbar wäre, daß das System nach jeder Eingabe einer neuen Regel oder auch nur auf Anfrage durch den Benutzer diesen darüber informiert, welche Aussagen nunmehr zusätzlich ableitbar sind. Der Anwender des Systems hat vermutlich bereits eine Idee für den Aufbau der Entscheidungsbegründung und kann daher systematisch ausgehend vom Gesetz und von der Sachverhaltsbeschreibung jeweils einzelne Regeln ergänzen, die eine Ableitung in die vorgesehene Richtung erlauben. Ein solches System wäre mit derzeit verfügbaren Informatik-Werkzeugen zu realisieren.
Ein Nutzen dieses Systems läge in einer logischen Überprüfung einer vom Juristen vorgegebenen Entscheidungsbegründung. Außerdem könnte die Verwendung des Systems für besser überlegte Entscheidungsbegründungen sorgen, da das System das Überspringen scheinbar selbstverständlicher Angaben nicht akzeptieren würde.

6.8 Computerunterstützung des Methodenmodells von Alexy

Alexys Theorie juristischer Argumentation weist zwei entscheidende Parallelen zu dem Konzept von Koch und Rüßmann auf. Die eine Parallele besteht darin, daß sich auch Alexy nicht auf die Frage nach der juristischen Entscheidungsfindung, sondern auf die der Begründung gefundener Entscheidungen bezieht. Die andere Parallele besteht darin, daß sein Modell mit dem Verständnis moderner Logik verträglich ist. Ein entscheidender Unterschied seines Modells sowohl zu Koch/Rüßmann als auch zu Larenz besteht darin, daß Alexy von einem Diskursmodell der Entscheidungsbegründung ausgeht. Dieses bietet ein Argument, um Einwänden zu begegnen, die einem formalisierten Entscheidungsmodell vorhalten, daß es nicht fähig sei, eine juristische Entscheidung als Ergebnis eines Verhandlungsvorgangs zu begreifen. Innerhalb der Theorie von Alexy bilden die Regeln für einen rationalen juristischen Diskurs einen Anknüpfungspunkt, um über eine Computerunterstützung dieses Modells nachzudenken.

Es werden verschiedene Ebenen des Diskurses genannt und Regeln für den Wechsel zwischen den Ebenen angegeben. So gibt es die Ebenen: Allgemein praktischer Diskurs, sprachanalytischer Diskurs, diskurstheoretischer Diskurs, empirischer Diskurs.
Der Gegenstand des allgemein praktischen Diskurses ist die eigentliche Rechtsanwendung im gegebenen Fall.
Der sprachanalytische Diskurs thematisiert sprachliches Wissen (beispielsweise die Definition von Begriffen und deren Zusammenhänge).
Beim empirischen Diskurs geht es um Wissen über das Sachgebiet.
Im Rahmen des diskurstheoretischen Diskurses können die Diskursregeln selbst Gegenstand der Auseinandersetzung sein.

Bemerkung:
Bei der Beschreibung dieser Diskursebenen fällt auf, daß die Diskursebenen mit Ausnahme des diskurstheoretischen Diskurses bestimmten Elementen im oben entwickelten Modell der Computerunterstützung der Larenz-Methodik entsprechen. (Sprachanalytischer Diskurs -

Wissensbasis "Sprache"; empirischer Diskurs - Wissensbasis "Sachgebiet", allgemein praktischer Diskurs - Verfahren der Rechtsanwendung).

Alexys Konzept enthält Regeln, die für den allgemein praktischen und solche, die für den juristischen Diskurs gelten. In einem juristischen Diskurs treten Elemente der Gesetzesauslegung auf, die bereits oben ausführlich behandelt wurden (Dogmatik, Zweck des Gesetzes, Ziele des Gesetzgebers, ...).

Setzt man an diesem Regelwerk an, so könnte eine Computerunterstützung in Form eines Argumentationsmonitors realisiert werden.
Dieser Monitor hätte drei Hauptaufgaben:
- er zeigt in jedem Zustand des Diskurses alle in dieser Situation möglichen
  Argumentationsschritte an,
- er verfolgt die Argumentation, indem die Teilnehmer dem System jeweils den gewünschten
  Argumentationsschritt mitteilen; das System stellt dabei sicher, daß kein unzulässiger
  Schritt unternommen wird,
- er dokumentiert den bisherigen Verlauf des Diskurses.

Eine konkrete Realisierung eines solchen Systems könnte in einem Netz mehrerer mit einer window-orientierten graphischen Benutzeroberfläche ausgestatteten Computer vorgenommen werden. Dabei hat jeder Diskursteilnehmer einen Computer zur Verfügung. Die graphische Benutzeroberfläche zeigt (bei allen Geräten gleichzeitig) den aktuellen Stand des Diskurses in mehreren Fenstern an. Ein Textfenster enthält das Protokoll der bislang vorgebrachten Argumente. Dabei ist jedes Argument mit einer Bezeichnung der zugrundeliegenden Regel versehen. Ein Regelfenster repräsentiert den Verlauf des Diskurses durch die Darstellung der angewandten Regeln.

Bemerkung:
Das Textfenster präsentiert den Inhalt, während das Regelfenster die Form des Diskurses wiedergibt.

Schließlich gibt es ein Optionen-Fenster oder eine entsprechende Menüleiste mit Pull-Down-Menüs, in dem die in der aktuellen Situation anwendbaren Regeln angezeigt werden. Diese können beispielsweise durch eine Maus aktiviert werden.
Hat ein Teilnehmer eine Regel ausgewählt, so werden im Text- und im Regelfenster entsprechende Markierungen vorgenommen und der Teilnehmer kann anschließend sein Argument über die Computertastatur eingeben. Diese Eingabe erscheint im Textfenster.

Der Sinn einer solchen Diskursmonitors bestünde darin, eine konkrete Einsatzumgebung für die Diskurstheorie zur Verfügung zu stellen. Alexy vertritt die Position, daß die Einhaltung der von ihm entwickelten Regeln zwar kein optimales Ergebnis garantieren kann, jedoch durch die Einhaltung der Regeln eine Menge ansonsten auftretender Unstimmigkeiten in Entscheidungsprozessen vermieden werden kann.

Der praktische Nutzen eines derartigen Computersystems steht und fällt mit der Verwendbarkeit der Diskursregeln Alexys.

Im Rahmen des bislang beschriebenen Systems fungiert das Computersystem als eine Art Moderator des Gesprächs, während es an der inhaltlichen Auseinandersetzung nicht teilnimmt[388].

Akzeptiert man die dem Modell von Alexy zugrundeliegende Prämisse, daß Rechtsanwendung in dialogischen Strukturen zustandekommt, so könnte man überlegen, ob und unter welchen Bedingungen ein Gesprächsteilnehmer durch einen Computer ersetzt werden könnte und auf diese Weise ein computerkontrollierter Diskurs zwischen Mensch und Computer zustande kommen kann.

Eine Antwort hierauf wäre notwendig, wenn man ein juristisches Expertensystem konstruieren wollte, das einerseits eine inhaltliche Bearbeitung des verhandelten Themas erlaubt (z.B. wie in dem Computermodell der Larenz-Methode) und das sich andererseits in das Diskursschema der Rechtsanwendung fügt.

In diesem Bereich gibt es eine Vielzahl von Problemen, von denen die wenigsten einer praktisch brauchbaren Anwendung nahe sind. Möglicherweise kann die Untersuchung spezieller Anwendungen der sogenannten "Verteilten Künstlichen Intelligenz" (VKI) einen Beitrag zur Entwicklung von Verhandlungsverfahren leisten, nach denen inhaltliche Dialoge zwischen Computer und Mensch ablaufen können.

Die VKI[389] beschäftigt sich vorrangig mit dem Zusammenwirken mehrerer selbständiger KI-Systeme, die jeweils über eigenes Wissen, eigene Inferenzmechanismen und eigene Kontrollstrategieen verfügen. Für den Fall, daß die Wissensbasen der beteiligten Systeme unterschiedliche oder gar widersprüchliche Informationen enthalten, wird nach Verfahren gesucht, wie eine solche Meinungsverschiedenheit unter den beteiligten Systemen (Agenten genannt) behoben werden kann. Die einzelnen Agenten verfügen über Wissen über sich selbst sowie über die anderen Agenten.

6.9 Computerunterstützung des Konzepts "Rechtsanwendung als Modellbildung"

Die konstruktive Sicht der Rechtsanwendung, in deren Mittelpunkt der Prozeß der Modellbildung steht, wird von Gordon zur Grundlage einer weiterführenden Theorie- sowie einer entsprechenden Systementwicklung gemacht.

Gordon beschreibt ein System, dessen Hauptfunktion darin besteht, Argumentationen aufzubauen. Ferner ist es in der Lage, die im Rahmen der Theorie von Gordon entwickelten

---

[388] Es gibt Hypertextanwendungen, die zwar nicht speziell für juristische Anwendungen konzipiert sind, jedoch ein ähnliches Konzept unterstützen, das den Beteiligten beim Austragen einer Meinungsverschiedenheit behilflich sein soll. Siehe Beschreibung der Systeme IBIS und gIBIS in: Ronald Bogaschewsky, Hypertext/Hypermedia-Systeme - Ein Überblick, in: Informatik-Spektrum, Heft 34/92, S. 133.

[389] Vgl. z.B.: Frank von Martial, Einführung in die verteilte KI, in: Künstliche Intelligenz, Heft 1/92, S. 6-11.

Begriffe "Argument", "Widerlegung" und "Gegenargument" bestimmten Programmsituationen zuzuordnen.

Hier soll kurz dargestellt werden, wie ein Computer beim Auffinden von Argumenten behilflich sein kann.

Das System erlaubt die Eingabe einer Reihe von Aussagen, die Fakten oder auch nur Hypothesen eines Sachverhalts repräsentieren. Diese Fakten und Hypothesen müssen nicht widerspruchsfrei sein, so daß man dem System etwa die Sichtweise verschiedener Prozeßbeteiligter eingeben könnte. Man kann ferner bestimmte Zielaussagen nennen, die man aus den zuvor eingegebenen Aussagen ableiten möchte. Dies könnte beispielsweise eine rechtliche Bewertung des Sachverhalts sein. Die Leistung des Systems besteht nun darin anzugeben, ob die Aussage aus einer (logisch konsistenten) Teilmenge der gegebenen Fakten und Hypothesen ableitbar ist.

Ist dies der Fall, so stellt diese Menge, die zudem die Minimalitätsbedingung erfüllen muß, ein Argument für die Zielaussage dar. Wenn das System nacheinander verschiedene Zielaussagen hinsichtlich einer Situation überprüft, so kann es dazu beitragen, unter den Fakten und Hypothesen wichtige von unwichtigen zu trennen. Unwichtige Aussagen sind solche, die in zwei Ableitungen, welche zu widersprüchlichen Ergebnissen gelangen, entweder in beiden oder in keiner der Ableitungen auftreten. Wichtige Aussagen wären solche, die nur in einer der beiden Ableitungen auftreten, die zu den widersprüchlichen Konsequenzen führen.

6.10 Die Zeitdarstellung als Querschnittsproblem der Realisierung juristischer Expertensysteme

Die Notwendigkeit der Darstellung und Bearbeitung zeitlicher Aspekte wird durch theoretische wie auch praktische Ansätze untermauert. In Kapitel 4 wurde darauf hingewiesen, daß das Fehlen der Möglichkeit zeitbezogener Darstellungen einen erheblichen Mangel der üblichen Ansätze deontischer Logik ausmacht. Neben derartigen theoretischen Überlegungen wurde die Notwendigkeit der Zeitdarstellung und -bearbeitung in verschiedenen Projekten[390] zur Entwicklung juristischer Expertensysteme erkannt.

Im Bereich der KI wurden bereits verschiedene Modelle[391] zur Zeitdarstellung und -bearbeitung entwickelt. Diese Modelle lassen sich danach unterscheiden, was als elementare Zeiteinheit benutzt wird. Einige Modelle benutzen den "Zeitpunkt" als elementar, während andere das "Zeitintervall" als elementare Einheit ansehen.

Die zeitpunktbasierten Modelle[392] sind besonders geeignet zur Bearbeitung von Vorgängen, deren Teilereignissen jeweils ein exakter Zeitpunkt zugeordnet werden kann. Demgegenüber ist

---

[390] Vgl. Ejan Mackaay/Daniel Poulin/Jacques Frémont/Paul Bratley/Constant Deniger, The Logic of Time in Law and Legal Expert Systems, in: Ratio Juris, Vol. 3, No. 2, July 1990, S. 254-271.
L. Thorne McCarty, Artificial Intelligence and Law: How to Get There from Here, in: Ratio Juris, Vol. 3, No. 2, July 1990, S. 189-200.

[391] Z.B. von J. McCarthy, D. A. McDermott oder J. F. Allen. Eine kurze Übersicht hierüber findet sich in: Ejan Mackaay/Daniel Poulin/Jacques Frémont/Paul Bratley/Constant Deniger, The Logic of Time in Law and Legal Expert Systems, in: Ratio Juris, Vol. 3, No. 2, July 1990, S. 257-260.

[392] Z.B. John McCarthy, Programs with Common Sense, in: R. J. Brachman/H. J. Levesque (Eds.), Readings in Knowledge Representation, Los Altos, CA 1985, S. 299-308.
Jørgen Karpf, The Future and Other Time Issues in Legal Representation, Paper im Rahmen der Tagung "Expert Systems in Law", Bologna, 3.-5. Mai 1989.

ein intervallbasierter Ansatz[393] zum Umgang mit relativen Zeitangaben geeignet, wobei eine präzise Zeitangabe entbehrlich sein kann. Bei einem intervallbasierten Modell können die Zeitintervalle zueinander in Beziehung gesetzt werden. Intervalle können sich etwa zeitlich überlappen oder ein Intervall kann beginnen, nachdem ein anderes beendet wurde.

Im Bereich juristischer Anwendungen kann daher je nach Aufgabenstellung der eine oder andere Ansatz geeignet sein. Wenn es darum geht, verschiedene Fassungen eines Gesetzes zu verwalten, so bietet sich hierfür ein zeitpunktbasierter Ansatz an. Zur Darstellung eines Sachverhaltsablaufs, wie er beispielsweise von einem Zeugen geschildert wird, erscheint dagegen ein intervallbasierter Ansatz eher geeignet, da in derartigen Aussagen selten genaue Uhrzeiten genannt, sondern eher Zeitabschnitte angeordnet werden. Mackaay et al.[394] weisen darauf hin, daß das gleiche Ereignis aus juristischer Sicht einmal als Zeitpunkt ein andermal als Zeitraum angesehen werden kann. So würde ein Schiffsunglück als Zeitraum angesehen, wenn man nach einem möglichen Versagen des Kapitäns fragt. Aus Sicht des Erbrechts dagegen wird das gleiche Schiffsunglück jedoch als ein Zeitpunkt angesehen. Dies unterstreicht die Notwendigkeit eines Modells zur Zeitdarstellung und -bearbeitung, das sowohl mit Zeitpunkten wie auch mit Intervallen umgehen kann. Ein Beispiel für ein solches System ist der Event Calculus von Kowalski und Sergot[395].

6.11 Mögliche Vorteile eines automatisierten Rechtsanwendungsverfahrens

6.11.1 Automatische Bearbeitung von Paragraphenketten

Koch und Rüßmann[396] nennen einige Anforderungen, die von einer guten Ableitung eines Urteils erfüllt werden müssen. So ist es unter anderem nötig, "Paragraphenketten" vollständig zu erkennen und zu behandeln. Diese haben die Gestalt, daß mehrere Normen gemeinsam eine hinreichende Bedingung für eine Rechtsfolge bilden. Etwa eine hinreichende Bedingung dafür, daß der Verkäufer einer Sache von dem Käufer die Zahlung des Kaufpreises verlangen kann. Beteiligte Teile des BGB, die in diesem Fall die Normenkette bilden, sind der Allgemeine Teil des BGB (Geschäftsfähigkeit, Anfechtung von Willenserklärungen), das Allgemeine Schuldrecht (Fall der Unmöglichkeit einer Leistung, Rücktritt vom Vertrag), das Besondere Schuldrecht (Regelung von Wandlung und Minderung).

Für einen Menschen kann es unter Umständen schwierig sein, alle relevanten Normen im Auge zu behalten. Wenn es gelingt, eine horizontal vollständige Formalisierung eines Gesetzesbereiches zu erstellen, so könnte die Aufgabe, den vollständigen Überblick über die einschlägigen Normen zu behalten, von einem automatisierten Verfahren übernommen werden.

---

[393] J. F. Allen, Maintaining Knowledge about Temporal Intervals, in: Communications of the ACM, Vol. 26, Nr. 11, 1983, S. 832-843.

[394] Ejan Mackaay/Daniel Poulin/Jacques Frémont/Paul Bratley/Constant Deniger, The Logic of Time in Law and Legal Expert Systems, in: Ratio Juris, Vol. 3, No. 2, July 1990, S. 262.

[395] R. A. Kowalski/M. J. Sergot, A Logic-Based Calculus of Events, in: New Generation Computing, 4, 1986, S. 67-95.

[396] In: Hans Joachim Koch/Helmut Rüßmann, Juristische Begründungslehre, München 1982, S. 55.

6.11.2 Korrekte Verwendung von (Legal-)Definitionen

Nachdem ein Begriff definiert wurde ist es wichtig, nur noch mit der Definition, nicht aber gleichzeitig auch noch mit der umgangssprachlichen Bedeutung des zu definierenden Begriffes zu arbeiten (dies ist besonders dann schwierig, wenn es um einen eingängigen Begriff geht, der zu intuitiver Interpretation verleitet). Beispielsweise wird im §5 BImSchG der Begriff der "schädlichen Umwelteinwirkung" definiert durch §3 "Immisionen, die ....". Manche Bearbeiter arbeiten mit beiden Begriffen, obwohl nur die Beschreibung aus §3 herangezogen werden darf. Solche Fehler, die Menschen gelegentlich unterlaufen, könnten durch den Einsatz eines Formalismus verhindert werden.

6.12 Grundlegende Schwierigkeiten, die im Zusammenhang mit dem Einsatz formaler Methoden im Recht auftreten

6.12.1 Darstellung und Aktualisierung des Wissens

An vielen Stellen der Analyse juristischer Entscheidungen zeigt sich, daß eine Vielzahl außergesetzlicher Informationen in den Entscheidungsprozeß einfließen. Strebt man eine Computerunterstützung in diesem Bereich an, so muß das außergesetzliche (dogmatische) Wissen expliziert und formalisiert werden.

Dabei stellt sich die Frage, wie diese formalisierte Darstellung des Wissens zustandekommt und wer dies Wissen kontrolliert. Hier wäre einerseits ein "Konkurrenzmodell" denkbar, bei dem verschiedene Autoren jeweils individuelle Wissensbasen erstellen, so wie heutzutage verschiedene Kommentare zu Gesetzen existieren. Daneben wäre auch denkbar, daß zentrale Einrichtungen in Bund und Ländern Wissensbasen für den dienstlichen Gebrauch entwickeln. Kilian[397] hat zu Recht in diesem Zusammenhang auf die Gefahr einer schleichenden Machtverschiebung zugunsten der Entwickler derartiger Wissensbasen hingewiesen.

Ein weiteres Problem ergibt sich durch die Notwendigkeit ständiger Anpassung der Wissensbasen an den aktuellen Wissensstand. Hierbei wäre an die Beeinflussung der juristischen Dogmatik durch aktuelle Gerichtsentscheidungen zu denken, die nachvollzogen werden müßte.

6.12.2 Unvollständige Explizierung des benötigten Wissens

Die Brauchbarkeit der skizzierten Systemkonzepte hängt direkt davon ab, inwieweit das methodische Wissen expliziert werden kann. Die Wissenserwerbsproblematik, die bei vielen Anwendungen den "Flaschenhals" der Entwicklung darstellt, ist weitgehend ungelöst.

Man wird auch einen direkten Zusammenhang zwischen der Qualität des Wissenserwerbs und dem Ausmaß, in dem menschliche Entscheider pragmatische Lösungen suchen, vermuten können. Die am Plan des Systems vorbeigehende pragmatische Lösung ist solange eine

---

[397] Wolfgang Kilian, Mathematische Logik und Recht, in: Der Betrieb, 1971, Heft 6, S. 273-277.

Alternative zum formalen System, wie das formale System Defizite in der Wissensrepräsentation aufweist.

6.13 Möglichkeiten der Entwicklung juristischer Expertensysteme - Die Position Susskinds

Susskinds[398] Arbeit repräsentiert den bislang umfangreichsten Versuch, Entwicklungsgrundlagen für juristische Expertensysteme vor dem Hintergrund rechtstheoretischer Analysen zu entwickeln. Ihm ist insofern zuzustimmen, als er bemängelt, daß bislang bei der Entwicklung juristischer Expertensysteme zu wenig auf die rechtstheoretischen Grundlagen geachtet wurde. Bemerkenswerterweise kommt Susskind bei seiner Untersuchung dieser Grundlagen zu wesentlich optimistischeren Ergebnissen als dies in der vorliegenden Arbeit der Fall ist. Es führt aus: "My central argument is that there are no theoretical obstacles, from the point of view of jurisprudence, to the development of rule-based expert systems in law"[399].

Susskind hält es für wichtig, sein System auf einem Konsens der Rechtstheoretiker aufzubauen. Er glaubt, einen solchen gefunden und dargestellt zu haben. Dieser erscheint ihm für die Entwicklung eines Expertensystems ausreichend[400]. Susskinds Systemkonzeption orientiert sich an einem rein deduktiven Entscheidungsmodell. Nach verschiedenen Untersuchungen kommt Susskind auf die optimale Gestalt des juristischen Expertensystems. Es handelt sich um den Systemtyp, der hier als Entscheidungshilfesystem bezeichnet wird. Susskind erliegt einigen Expertensystemmythen[401] und zögert nicht, die Leistung eines Entscheidungshilfesystems mit der eines Menschen auf eine Stufe zu stellen[402].

Bewertung der Arbeit Susskinds:
Die Art der Analyse, die Susskind anstellt sowie deren Ergebnisse erscheinen über weite Strecken wenig überzeugend. Daß er am Ende seiner Analysen zu dem Ergebnis kommt, daß ein Entscheidungshilfesystem herkömmlicher Art für die juristischen Belange ausreichend sei, kann nur enttäuschen.
An anderer Stelle[403] distanziert sich Susskind von denjenigen Rechtsinformatikern, die eine umfassende Grundlagenforschung betreiben (wie etwa McCarty) und plädiert stattdessen für eine "pragmatische" Vorgehensweise. Susskinds pragmatischer Weg ist jedoch nur solange eine Alternative zu den anspruchsvolleren Entwicklungen anderer Wissenschaftler, wie er bei seinen Überlegungen eine Reihe rechtsspezifischer Anwendungsprobleme ausklammert. Wenn man sich diesen Problemen des Anwendungsfeldes stellt, so sieht man schnell, daß ein rein deduktiv ausgerichtetes Entscheidungshilfesystem nicht die Lösung sein kann.

---

[398] Richard E. Susskind, Expert Systems in Law, Oxford 1987.

[399] Richard E. Susskind, Expert Systems in Law, Oxford 1987, Preface, S. VII.

[400] Richard E. Susskind, Expert Systems in Law, Oxford 1987, S. 254.

[401] Vgl. Kapitel 2.2.4.

[402] Richard E. Susskind, Expert Systems in Law, Oxford 1987, S. 74.

[403] Richard Susskind, Pragmatism and Purism in Artificial Intelligence and Legal Reasoning, Paper im Rahmen der Tagung "Expert Systems in Law", Bologna, 3.-5. Mai 1989.

6.14 Abschließende Beurteilung der Möglichkeiten der Entwicklung juristischer Expertensysteme

Zunächst ist festzustellen, daß es zur Zeit keine allseits anerkannte und etablierte Methode zur Lösung juristischer Streitfragen gibt. Es gibt eine breite Palette unterschiedlicher Methoden, die oft auf gemeinsame Elemente (z.B. Canones der Auslegung) zurückgreifen. Aber selbst diese Elemente werden von Autor zu Autor unterschiedlich definiert.

Eine Grundvoraussetzung für den Einsatz von Computersystemen in diesem Bereich besteht darin, daß die Rechtswissenschaft zu einer eindeutigen Haltung in der Methodenfrage kommt. Solange dies nicht der Fall ist, muß man sich darüber klar sein, daß jedes System, das dennoch realisiert wird, völlig unabhängig von seiner weiteren Ausgestaltung implizit eine Entscheidung zugunsten eines Methodentyps trifft. Dieser wird dem System zugrundegelegt, alle anderen bleiben ausgeklammert.

Neben dieser Schwierigkeit, die durch die Vielzahl verschiedener Methodenkonzepte verursacht wird, entstehen andere Schwierigkeiten bei der Konzipierung juristischer Expertensysteme durch die Lückenhaftigkeit der einzelnen Methodenkonzepte. Nach dem Methodenkonzept von Larenz kann höchstens eine Spezifikation eines Systems auf relativ hoher Abstraktionsebene entworfen werden. Trotz verstärkter Bemühungen um die Beschreibung einer juristischen Entscheidungstheorie seit Mitte der 60er Jahre liegt in diesem Bereich (noch) kein schlüssiges Modell juristischer Entscheidungstätigkeit vor. Lenk[404] formuliert treffend:
"Die nähere Bestimmung, welche Teile beziehungsweise Aspekte von Verwaltungsentscheidungen technisch unterstützt werden können, scheitert gegenwärtig an mangelnder Durchdringung des tatsächlichen Entscheidungprozesses. Weder die Entscheidungstheorie noch die Rechtstheorie leisten diese gegenwärtig im erforderlichen Maße."
Die Möglichkeit der Entwicklung brauchbarer juristischer Expertensysteme hängt somit von Vorleistungen ab, die die Rechtstheorie und die juristische Methodenlehre erbringen müßten.
Dabei ist durchaus vorstellbar, daß eine Auseinandersetzung mit Fragen der Logik und Algorithmisierbarkeit rechtlicher Entscheidungtätigkeit zu einer Strukturierung des Fachwissens führt, die auch ohne Computereinsatz als Fortschritt im Bereich der Rechtstheorie selbst empfunden wird. Gestützt wird diese Einschätzung durch ein Ergebnis der UFORED-Studie[405], in der festgestellt wird, daß sich die Rechtstheorie bislang nicht mit solchen Fachfragen beschäftigt hat, bei denen ein Beitrag formaler Konzepte zur Rechtsanwendung zu erwarten wäre.

Hinsichtlich der Gestalt möglicher juristischer Expertensysteme zeichnen sich zwei Typklassen ab. Einerseits sind Systeme vorstellbar, die den von Menschen vorgenommenen

---

[404] Klaus Lenk, Anforderungen an Expertensysteme und an ihren Erstellungsprozeß, in: Hinrich Bonin (Hrsg.), Entmythologisierung von Expertensystemen, Heidelberg 1990, S. 71.

[405] Herbert Fiedler/Thomas Barthel/Gerhard Voogd, Untersuchungen zur Formalisierung im Recht als Beitrag zur Grundlagenforschung juristischer Datenverarbeitung, Opladen 1984, S. 196: "Bei der Betrachtung des Beitrages, den die formalen Methoden zu einer Lehre vom logischen Aufbau der Rechtsordnung und der Struktur der Rechtssätze sowie zur Methodik der Gewinnung rechtswissenschaftlicher Erkenntnisse liefert, kommt man zu dem Ergebnis, daß dieser in Bereichen anzusiedeln ist, denen sich die Rechtstheorie bisher nicht gewidmet hat."

Entscheidungsprozeß strukturieren und überprüfen. Andererseits kann es Systeme geben, die auch inhaltlich an dem Entscheidungsprozeß teilnehmen sollen.

Systeme, die inhaltlich am Entscheidungsprozeß teilnehmen

Systeme, die eine inhaltliche Tätigkeit unterstützen sollen, benötigen eine Formalisierung des zu bearbeitenden Bereichs. Eine solche Formalisierung rechtlicher Strukturen ist prinzipiell möglich. Jedoch stellen sich ihrer praktischen Ausführung eine Reihe von Schwierigkeiten entgegen. Denn die Hoffnung auf die Möglichkeit einer bloßen Formalisierung des Gesetzestextes ohne Hinzufügen außergesetzlichen Materials oder auch individueller Interpretationen erfüllt sich nicht. In einer Vielzahl von Schritten zeigt sich die Notwendigkeit einer Ergänzung oder Interpretation des gesetzlichen Materials.
Bei Systemen, die die inhaltliche Arbeit unterstützen sollen, muß die horizontale und vertikale Ausdehnung des darzustellenden Gebiets festgelegt werden. Diese Entscheidungen sind nicht direkt im Gesetz vorgezeichnet. Sie enthalten daher immer subjektive Einschätzungen. Meist ist es darüberhinaus schwierig, die horizontale und vertikale Vollständigkeit bezüglich des festgelegten Rahmens herzustellen. Hierbei sind geeignete Hinweise auf Lücken im Modell sowie auf hinzugefügtes außergesetzliches Material nötig. Es muß ferner eine systematisch-dogmatische Interpretation des Gesetzeswerkes erfolgen, um eine logisch konsistente Beschreibung davon herstellen zu können. Beispielsweise geht es hierbei um die Auflösung der Regel-Ausnahme-Konstrukte durch Beseitigung der Widersprüchlichkeit oder hierarchische Einteilung der Normen, um Prinzipien wie "spezielle Regel geht vor allgemeine Regel" darstellen zu können. Mitunter sind zusätzliche (nicht im Gesetz formulierte) Interpretationen erforderlich, um bestimmte Rechtsnormen in die benötigte "wenn-dann"-Struktur zu bringen. Es müssen geeignete Wissensrepräsentationsstrukturen ausgewählt werden. Diese ergeben sich oft erst (nach systematischer Interpretation) aus dem Gesamtzusammenhang des Gesetzes. Wenn in einem zu regelnden Bereich Normkonflikte auftreten können, so sind zusätzliche Festlegungen erforderlich, um diese auflösen zu können.

Eine (horizontal vollständige) Formalisierung von Gesetzeswerken kann den logisch-systematischen Anteil der Arbeit mit diesen Gesetzen erleichtern und unterstützen.
-   Die logische Interpretation einzelner Normen wird in eindeutiger Weise möglich.
-   Ein formales System kann (wenn es vollständig ist) einem Juristen alle einschlägigen Bestimmungen nennen.
-   Eine formale Darstellung kann daneben auch die Überprüfung eines Gesetzes auf logische Widersprüche hin erleichtern.

Beim Anstreben der vertikalen Vollständigkeit hat man es mit wesentlich größeren Problemen zu tun als bei der horizontalen Vollständigkeit. Die Schwierigkeiten bei dem Versuch einer umfassenden Automatisierung der Subsumtion können hierfür ein Beispiel geben.

Im Vergleich zu den Systemen, die an der Entscheidungstätigkeit inhaltlich beteiligt werden sollen, haben die nicht inhaltlich operierenden Systeme eine größere Realisierungschance. Die Phase der Entscheidungsfindung verbleibt dabei allein bei den beteiligten Menschen. Das System beschränkt sich darauf, bestimmte Ideen und Vorschläge der Menschen beispielsweise auf logische Schlüssigkeit hin zu überprüfen. Zur Realisierung eines solchen Systems kann auf Methodenkonzeptionen (etwa von Koch/Rüßmann oder Alexy) zurückgegriffen werden, die die Maßstäbe der vom System zu leistenden Aufgaben liefern.

7 Berücksichtigung der Technikfolgen im Bereich juristischer Expertensysteme

7.1 Einführung

Aus vielerlei schlechten Erfahrungen mit unüberlegt realisierten und eingeführten Techniken entwickelte sich das Bewußtsein für die Notwendigkeit einer vorausschauenden Analyse denkbarer Technikfolgen. Das Anliegen der Technikfolgenabschätzung (TFA) besteht dabei darin, bereits vor oder während der Entwicklung neuartiger Produkte Erkenntnisse über vorhersehbare Auswirkungen des konzipierten Systems zu gewinnen, diese offenzulegen, mit Betroffenen zu diskutieren und im Wege einer Rückkoppelung in den Entwicklungsprozeß einzubeziehen. Der Nutzen einer Technikfolgenabschätzung im Bereich der Informationstechnik wird teilweise eher skeptisch beurteilt. So ist Lutterbeck der Auffassung, daß traditionelle Konzepte zur Bewältigung der Risiken des Technikeinsatzes nicht zur Behandlung der speziellen Probleme der Informationstechnik geeignet seien[406]. Da jedoch besser geeignete Werkzeuge zum gesellschaftlichen Umgang mit Projekten der Informationstechnik noch nicht greifbar sind, so muß doch - trotz aller Unzulänglichkeiten - versucht werden, eine Bewertung der juristischen Expertensysteme anhand möglicher Folgen ihres Einsatzes zu motivieren.

7.2 Technikfolgenabschätzungen von Expertensystemen - Ergebnisse der Enquête-Kommissionen des Bundestages

In der 10. und 11. Legislaturperiode des Deutschen Bundestages beschäftigten sich Enquête-Kommissionen[407] mit der Frage der Institutionalisierung der Technikfolgenabschätzung beim Deutschen Bundestag. Im Rahmen ihrer Tätigkeit wurden von den Kommissionen mehrere Gutachten zur Technikfolgenabschätzung von Expertensystemen in Produktion[408], fertigender Industrie[409] und Medizin[410] in Auftrag gegeben.

Der Abschlußbericht[411] zum Sachthema "Expertensysteme", den die Enquête-Kommission des 11. Bundestages vorlegte, enthält eine Zusammenfassung der wichtigsten Ergebnisse der

---

[406] Siehe hierzu: Bernd Lutterbeck, Gesellschaftliche Instrumente der Kontrolle und Steuerung von Informationstechnik, in: Computer und Recht, Heft 7, 1988, S. 596-600.

[407] 10. Legislaturperiode: Enquête-Kommission "Einschätzung und Bewertung von Technikfolgen"; 11. Legislaturperiode: Enquête-Kommission "Gestaltung der technischen Entwicklung; Technikfolgen-Abschätzung und -Bewertung".

[408] IAO/FpF, Abschätzung möglicher Anwendungen und Auswirkungen von Expertensystemen im Produktionsbetrieb, Stuttgart 1988.

[409] ISF, Expertensysteme und Qualifikation industrieller Fachkräfte, Gutachten über denkbare Auswirkungen der Anwendung von Expertensystemen in der fertigenden Industrie, München 1989.

[410] GSF-Medis, Chancen und Risiken des Einsatzes von Expertensystemen in der Medizin, Neuherberg 1988.

[411] Enquête-Kommission "Gestaltung der technischen Entwicklung; Technikfolgen-Abschätzung und -Bewertung", Chancen und Risiken des Einsatzes von Expertensystemen in Produktion und Medizin, Bundestags-Drucksache 11/7990.

Kommissionsarbeit. Hier sollen einige Thesen[412] dieses Berichts aufgegriffen werden, die auch für juristische Expertensysteme relevant sind.

7.2.1 Thesen zur Entwicklung und zum Einsatz von Expertensystemen

These 1:
"Expertensysteme stellen eine Erweiterung bisheriger Möglichkeiten der EDV dar."

Dieser These kann nicht uneingeschränkt zugestimmt werden; zumindest aus Sicht der theoretischen Informatik bewirkt die Verwendung von KI-Methoden keine Erweiterung bisheriger Möglichkeiten. Betrachtet man allerdings die Möglichkeiten der EDV aus Sicht der Softwaretechnik, so könnte man der Aussage zustimmen. Denn die KI hat eine Reihe von Programmiertechniken entwickelt, die zweifellos für eine bestimmte Klasse von Problemstellungen eine elegantere Behandlung erlauben als dies mit "klassischen" imperativen Programmiersprachen möglich wäre. Wichtig ist jedoch zu sehen, daß die Verwendung der Expertensystemtechnik nicht automatisch zu besseren Programmen führt.

These 2:
"Die Nutzung der Chancen und die Vermeidung von Risiken dieser Technik hängen in starkem Maße von der organisatorischen Einbettung und der Gestaltung von Tätigkeiten im Rahmen einer Anwendung von Expertensystemen ab."

Diese These unterstreicht die Notwendigkeit einer interdisziplinären Entwicklung von Expertensystemen. Das Wissen über die Organisation von Arbeits- beziehungsweise Verwaltungsabläufen muß von Anfang an in die Ausgestaltung eines (juristischen) Expertensystems einbezogen werden. Der Verwaltungsbereich liefert ein gutes Beispiel für obige These. Nutzen oder Schaden eines Expertensystems in der Verwaltung ist nicht allein durch einen Blick auf die Technik des Systems zu erkennen. Das System übernimmt einen Teil der Verwaltungsarbeit und fügt sich so in bestimmte, auch ohne Computer vorhandene Entwicklungstendenzen. In einer Verwaltung, der vorrangig an Effektivität liegt und die bereits viele Vorgänge durch Formulare erfassen und anhand schematischer Richtlinien auswerten läßt, stellt die Verwendung von Computern nur einen weiteren Schritt zur Erreichung dieses Ziels dar. Hier wäre zu kurz gegriffen, wollte man Kritikpunkte wie Anonymität der Verwaltung nur dem Computereinsatz anlasten. Diese Kritik muß auf die Arbeitsorganisation gerichtet sein, in die das Computersystem eingefügt wird.

---

[412] Enquête-Kommission "Gestaltung der technischen Entwicklung; Technikfolgen-Abschätzung und -Bewertung", Chancen und Risiken des Einsatzes von Expertensystemen in Produktion und Medizin, Bundestags-Drucksache 11/7990, S. 8.

These 3:
"Eine schwerwiegende Gefahr der Anwendung von Expertensystemen ist die allmähliche Erosion der vorhandenen Qualifikationen ihrer Benutzer. "

Das Phänomen der Qualifikationserosion ist für alle Expertensysteme relevant, die durch fachkompetente Anwender benutzt werden. Die These unterstellt dabei als selbstverständlich, daß ein Expertensystem jeweils von einem fachlich kompetenten Benutzer bedient werden sollte. Vorstellungen wie die von Hartleb[413], der glaubt, durch Expertensysteme entfalle "der Zwang, auf dem bearbeiteten Gebiet selbst umfassendes Wissen zu haben" wird damit eine klare Absage erteilt. Jedes System soll nun auf der einen Seite anspruchsvolle Fachaufgaben erfüllen, bedarf aber auf der anderen Seite einer ständigen Kontrolle durch einen Experten. Je besser das System seine Aufgaben erfüllt, desto seltener wird die Korrektur durch den Menschen erforderlich. Der Mensch kommt immer mehr aus der Übung und im Fall eines Versagens der Maschine fehlt ihm diese möglicherweise in dem entscheidenden Augenblick. Dieses Problem wird von der Enquête-Kommission treffend als "Anforderungsdilemma" bezeichnet.

These 4:
"Selbständig entscheidende Expertensysteme können nur dann zuverlässig arbeiten, wenn ihre Konstrukteure für alle möglichen Situationen Vorkehrungen getroffen haben. Die Situation in der realen Welt ist aber meistens zu komplex, um diese Bedingung zu erfüllen."

Die Schwierigkeiten bei der Erstellung juristischer Expertensysteme wurden in den vorangegangenen Kapiteln verdeutlicht. In diesem Anwendungsgebiet bestehen keine Aussichten darauf, daß ein System auf alle zukünftigen Fälle ausreichend vorbereitet werden kann. Ein selbständig entscheidendes juristisches Expertensystem sollte daher nicht angestrebt werden.

These 5:
"Bei expertenunterstützenden Systemen können in der Praxis - etwa wegen Zeitknappheit und/oder Komplexität der Lage - Situationen entstehen, in denen der menschliche Experte nicht mehr in der Lage ist, die Empfehlungen des Systems beurteilen zu können. Eine Anforderung an die Entwickler des Expertensystems ist deshalb die Gestaltung der Anwendung in einer Art und Weise, die verantwortliches, kompetentes Entscheiden durch den Menschen ermöglicht."

Das Risiko, daß die Überprüfung der maschinellen Entscheidungen aufgrund knapp bemessener Arbeitszeit nur mangelhaft oder gar nicht ausgeführt wird, besteht auch bei juristischen Systemen. Insbesondere, wenn die hohen Anschaffungskosten durch Rationalisierungseffekte wettgemacht werden sollen, also dadurch, daß der Mensch mit Hilfe des Computersystems nun wesentlich mehr Entscheidungen in einer gegebenen Zeitspanne treffen soll.

---

413 Uwe Hartleb, Juristische Expertsysteme, in: Neue Richtervereinigung (Hrsg.), Computerisierung der Justiz, Leonberg 1987, S. 71.

These 6:
"Expertensysteme können Chancen bieten, die Kompetenz und Kritikfähigkeit von Laien
gegenüber Experten zu stärken. "

Ein Expertensystem kann eventuell auch zu Schulungszwecken eingesetzt werden. Diese
Einsatzart kann durch eine großzügige Ausgestaltung der Erklärungskomponente sinnvoll
unterstützt werden. Im juristischen Bereich könnte überlegt werden, ob sich Laien durch
Benutzung eines Expertensystems einfachere Informationen über rechtliche Sachverhalte
verschaffen können.
Dieser Anwendungsmöglichkeit steht zunächst die geringe Qualität rein maschinell erzeugter
Entscheidungen beziehungsweise Auskünfte entgegen. Weitere Hürden vor einem solchen
Einsatz würden durch die Kluft zwischen der Umgangssprache des Benutzers und der
Dialogsprache des Expertensystems entstehen, die erst durch entsprechende Schulungen
überwunden werden könnten. Auf natürlichsprachliche Systeme sollte man in diesem
Zusammenhang nicht hoffen, denn ein sinnvoller Umgang mit einem derartigen System würde
ein umfassendes Funktionsverständnis des Systems beim Benutzer voraussetzen.
Ferner könnten im juristischen Bereich auch standesrechtliche Fragen einer Rechtsberatung
durch Computersysteme entgegenstehen.

Zusammenfassend ist im Gegensatz zu obiger These zu fordern, daß Expertensysteme nur von
solchen Benutzern zu Rate gezogen werden sollen, die über ausreichende Kompetenzen
verfügen, um die vom Programm ausgegebenen Empfehlungen sachgerecht beurteilen zu
können[414].

These 7:
"Die gegenwärtigen Grenzen der Expertensysteme werden im wesentlichen durch Probleme der
Wissendarstellung und der "Akquisition" des Wissens bestimmt. "[415]

Dieser Einschätzung kann nach der vorangegangenen Analyse der Möglichkeiten der
Realisierung juristischer Expertensysteme voll zugestimmt werden. Die Fragen der
Wissendarstellung und der "Akquisition" des Wissens stellen auch hierbei einen entscheidenden
Hemmschuh dar. Die Probleme der Darstellung treten insbesondere bei dem Versuch der
Modellierung des Allgemeinwissens deutlich hervor.
Die Kommission weist in diesem Zusammenhang auf Tendenzen in der Informatik hin, das
theoretische Wissen zu Lasten anderer Wissenarten überzubewerten. "Eine Gefahr, die hierbei
besteht, ist die, daß nur solches Wissen verwendet ... wird, das auch von Wissensingenieuren

---

[414] Dies wird an anderer Stelle auch von der Enquête-Kommission gefordert. Siehe Enquête-
Kommission "Gestaltung der technischen Entwicklung; Technikfolgen-Abschätzung und
-Bewertung", Chancen und Risiken des Einsatzes von Expertensystemen in Produktion und Medizin,
S. 70.
[415] Enquête-Kommission "Gestaltung der technischen Entwicklung; Technikfolgen-Abschätzung
und -Bewertung", Chancen und Risiken des Einsatzes von Expertensystemen in Produktion und
Medizin, S. 19.

erkannt und formalisiert werden kann."[416] Weitere Probleme ergeben sich bei der Pflege und Erweiterung einer bereits vorhandenen Wissensbasis.

These 8:
Nach Einschätzung der Enquête-Kommission "scheinen solche Anwendungen von Expertensystemen auf Akzeptanz zu stoßen, die eigene Entscheidungen des Anwenders einer Kritik unterwerfen, um zusätzliche Gesichtspunkte in den Entscheidungsprozeß einzuführen."[417]

Dabei wird die Möglichkeit verworfen, dem Computersystem die Aufgabe zu übertragen, einen eigenen Entscheidungsvorschlag zu entwickeln[418]. Stattdessen sollen die Expertensysteme eher als Entscheidungsanalysesysteme eingesetzt werden. Eine juristische Anwendung eines solchen Systems würde eine von einem Menschen erstellte Entscheidungsskizze einer Analyse unterziehen. Ein solches System könnte unmittelbar an die Vorstellungen von Koch/Rüßmann[419] zur juristischen Entscheidungsbegründung anknüpfen. Ausgehend von der Theorie juristischer Argumentation wie sie von Alexy[420] erarbeitet wurde, könnte ein Analysesystem nicht nur die von einem Experten (Juristen) getroffene Entscheidung überprüfen, sondern auch den der Entscheidung vorangehenden und diese beeinflussenden Diskurs der Verfahrensbeteiligten.

These 9:
"Besonders augenfällig sind die Beschränkungen und ungelösten Probleme der Expertensystemtechnik im medizinischen Bereich. Obwohl hier teilweise schon 15 Jahre und länger an der Entwicklung einzelner Systeme gearbeitet wird und aus dem Bereich der Medizin wichtige Impulse für die Entwicklung der Technik kamen, wurde die Weitergabe auch bekannter Programme an die Praxis immer weiter hinausgezögert. Die verzögerte Diffusion ist vermutlich auf andere als rein technische Probleme zurückzuführen."[421]

Die Auswertung der Übersicht juristischer Expertensysteme[422] machte deutlich, daß auch die Entwicklung eines typischen juristischen Expertensystems mit dem Prototypstadium endet.

---

[416] Enquête-Kommission "Gestaltung der technischen Entwicklung; Technikfolgen-Abschätzung und -Bewertung", Chancen und Risiken des Einsatzes von Expertensystemen in Produktion und Medizin, S. 20.
[417] Enquête-Kommission "Gestaltung der technischen Entwicklung; Technikfolgen-Abschätzung und -Bewertung", Chancen und Risiken des Einsatzes von Expertensystemen in Produktion und Medizin, S 22.
[418] Diese Anwendungsform wird beispielsweise von Hartleb favorisiert. Siehe: Uwe Hartleb, Juristische Expertensysteme, in: Neue Richtervereinigung (Hrsg.), Computerisierung der Justiz, Leonberg 1987, S. 41.
[419] Hans Joachim Koch/Helmut Rüßmann, Juristische Begründungslehre, München 1982.
[420] Robert Alexy, Theorie der juristischen Argumentation, 2. Auflage, Frankfurt/M 1991.
[421] Enquête-Kommission "Gestaltung der technischen Entwicklung; Technikfolgen-Abschätzung und -Bewertung", Chancen und Risiken des Einsatzes von Expertensystemen in Produktion und Medizin, S. 21.
[422] Vgl.: Kapitel 1.7.

Daß der Übergang in die Praxis auch bei den medizinischen Systemen[423] nicht gelang, dämpft die Hoffnungen auf eine baldige Praxisreife juristischer Systeme.

These 10:
"Die Erwartungen an Expertensysteme sind vielfach sehr hoch, und die Kluft zwischen derartigen Erwartungen und dem tatsächlichen Leistungsvermögen ist eine wichtige Ursache von unerwünschten Folgen dieser Technik"[424].

Die Enquête-Kommission greift mit dieser These das bereits angesprochene Problem der Expertensystemmythen auf. Sie vertritt die Ansicht, daß die Unterschiede zwischen heutigen Expertensystemen und herkömmlichen Computerprogrammen nicht so groß sind wie üblicherweise angenommen wird. Die unangemessen hohen Erwartungen, die mit Expertensystemen verbunden werden, werden durch den Expertensystemmythos hervorgerufen. Die Bloßstellung der Mythen trägt dazu bei, zu verhindern, daß Expertensysteme mit Aufgaben betraut werden, die sie in Wirklichkeit nicht erfüllen können. Ferner kann hierdurch auch den Risiken, die durch unkritisches Vertrauen in das System und durch nachlassendes Verantwortungsgefühl entstehen, entgegengewirkt werden.

Die in der These ausgeprochene Befürchtung wird auch von Fiedler[425] geteilt. Dieser sieht die Gefahren juristischer Expertensysteme nicht vorrangig von Erscheinungen wie dem Mißlingen der Einrichtung oder mangelnder Akzeptanz ausgelöst. Vielmehr fürchtet er "inhaltliche Unrichtigkeiten oder Unangemessenheiten", die unbemerkt vom Menschen eintreten, wenn Expertensysteme vermeintlich "erfolgreich" zum Einsatz kommen.

Als Antwort auf die dargestellten möglichen Gefahren wurde das Konzept der sozialverträglichen Technikgestaltung entwickelt.
Diese nimmt vorhersehbare soziale Auswirkungen des Expertensystemeinsatzes ernst und versucht, rechtzeitige Maßnahmen zur Abwendung dieser Auswirkungen zu ergreifen. Die in Frage kommenden Maßnahmen können technischer Art sein, vorwiegend wird es sich hierbei jedoch um Aspekte der Arbeitsorganisation, um Fragen der Mitwirkung bei der Systemgestaltung sowie um das Festlegen von Auskunftsansprüchen handeln. Bezogen auf das Umfeld der demokratischen Gesellschaftsordnung besteht das Ziel der sozialverträglichen Technikgestaltung in der Stärkung "derjenigen gesellschaftlichen Bedürfnisse und Interessen ..., die von der technischen Entwicklung besonders betroffen sind und aufgrund struktureller Gegebenheiten keine angemessenen Möglichkeiten haben, sich gegen die einseitige Abwälzung der sozialen Kosten der technischen Entwicklung zur Wehr zu setzen."[426]

---

[423] Bekannte medizinische Prototypentwicklungen sind z.B. Mycin, Puff, Internist und XPLAIN.

[424] Vgl.: Enquête-Kommission "Gestaltung der technischen Entwicklung; Technikfolgen-Abschätzung und -Bewertung", Chancen und Risiken des Einsatzes von Expertensystemen in Produktion und Medizin, S. 22.

[425] Herbert Fiedler, Entmythologisierung von Expertensystemen, in: Hinrich Bonin (Hrsg.), Entmythologisierung von Expertensystemen, Heidelberg 1990, S. 9.

[426] Enquête-Kommission "Gestaltung der technischen Entwicklung; Technikfolgen-Abschätzung und -Bewertung", Chancen und Risiken des Einsatzes von Expertensystemen in Produktion und Medizin, S. 64.

Konkrete Ziele der sozialverträglichen Gestaltung von Expertensystemen lauten[427]:
- eine problemorientierte und arbeitsangepaßte Gestaltung der Benutzeroberfläche der Expertensysteme,
- Änderungsfreundlichkeit von Expertensystemen,
- Vermeidung von sozialer Isolation durch Maßnahmen zur Erhaltung und Verbesserung von Kooperations- und Kommunikationsmöglichkeiten,
- Verhinderung einer weiteren Verdichtung der Arbeit.

7.2.2 Querschnittsprobleme beim Einsatz von Expertensystemen

Die Enquête-Kommission konstatierte ferner folgende Querschnittsprobleme[428] beim Einsatz von Expertensystemen, die speziell auch auf den Einsatz juristischer Expertensysteme zutreffen:

7.2.2.1 Gefahr der Manipulation oder Zerstörung von Programmen (durch Naturkatastrophen, Hacker, ...)

Juristische Entscheidungsprozesse stellen einen sehr sensiblen Teil einer demokratischen Gesellschaft dar. Die Justiz hat die Aufgabe, Meinungsunterschiede und Konflikte zwischen Bürgern, Organisationen, staatlichen Einrichtungen und gesellschaftlichen Zielvorstellungen - niedergelegt in Gesetzen - zu regulieren. Die befriedende Funktion einer gerichtlichen Entscheidung hängt zweifellos auch davon ab, daß alle Konfliktparteien von der Unabhängigkeit der Entscheidungsgremien überzeugt sind. Bestünde eine Möglichkeit der Manipulation juristischer Expertensysteme, so wären tiefe Zweifel an der grundsätzlichen Unabhängigkeit der Entscheidungsgremien und der von diesen benutzten Entscheidungsverfahren angebracht.

Bemerkung:
Neben der Gefahr der (vorsätzlichen) Manipulation des Programms stehen Unzulänglichkeiten bei der Programmierung als weitere Fehlerquellen. Die Auswirkungen eines (zufälligen) Programmfehlers können ebenso schwerwiegend sein wie absichtlich herbeigeführte Programmveränderungen[429]. Üblicherweise wird die korrekte Funktion eines Programms durch (systematische) Tests überprüft. Ein solcher Test garantiert jedoch letztlich nur die korrekte Bearbeitung der betrachteten Beispieldaten. Trotz des systematischen Vorgehens bei der

---

[427] Enquête-Kommission "Gestaltung der technischen Entwicklung; Technikfolgen-Abschätzung und -Bewertung", Chancen und Risiken des Einsatzes von Expertensystemen in Produktion und Medizin, S. 67.

[428] Siehe: Enquête-Kommission "Gestaltung der technischen Entwicklung; Technikfolgen-Abschätzung und -Bewertung", Chancen und Risiken des Einsatzes von Expertensystemen in Produktion und Medizin, S. 56ff.

[429] Die Enquête-Kommission nennt als Beispiel hierfür den Abschuß eines iranischen Zivilflugzeugs (Airbus) im Jahr 1988 durch das US-amerikanische Kriegsschiff "Vincennes". Dieser wurde durch einen Programmierfehler des Expertensystems AEGIS (automatisches Feuerleitsystem) verursacht. Siehe: Enquête-Kommission "Gestaltung der technischen Entwicklung; Technikfolgen-Abschätzung und -Bewertung", Chancen und Risiken des Einsatzes von Expertensystemen in Produktion und Medizin, S. 56.

Zusammenstellung der Testdaten kann ein Programm Fehler enthalten, die nicht durch einen systematischen Test entdeckt werden können. Verfahren zum Beweisen der Korrektheit eines Programms[430] sind zwar bekannt, jedoch sind diese Verfahren so aufwendig, daß sie in vertretbarer Zeit weder manuell noch automatisch durchgeführt werden können. Fiedler bemerkt zutreffend[431], daß bei Expertensystemen eine Funktionsüberprüfung zusätzlich dadurch erschwert wird, daß die Funktionalität der Systeme bei Verwendung von Heuristiken oder auch einer auf Veränderung angelegten Wissensbasis nur noch schwer durchschaubar ist. Aber selbst wenn eine Übereinstimmung zwischen Spezifikation und Programm nachgewiesen würde, so kann nicht ausgeschlossen werden, daß die dem System zugrundeliegende Spezifikation einen Fehler enthält[432].

Konsequenz:
Die bislang ungelöste Frage nach einer praktikablen Verifikationsmethode veranlaßte die Kommission, ein Entwicklungsmoratorium für solche Expertensysteme vorzuschlagen, deren mögliche Fehlentscheidungen zu einer Verletzung verfassungsmäßiger Grundrechte führen können.[433].

7.2.2.2 Einfluß auf demokratische Meinungsbildungs- und Entscheidungsprozesse

Der Einsatz von Computern und Kommunikationstechniken nimmt Einfluß auf die Prozesse politischer Meinungsbildung wie auch allgemein auf die Funktion der Demokratie[434]. Eine Einführung von Computersystemen und speziell von Expertensystemen ohne entsprechende Ausgleichsmaßnahmen führt zu einer Stärkung der Position der (öffentlichen) Verwaltung[435]. Diese Stärkung der Exekutive könnte nach Ansicht der Enquête-Kommission zu einer Beeinträchtigung der staatlichen Gewaltenteilung führen.

---

[430] Dies wird als Verifikation bezeichnet.

[431] In: Herbert Fiedler, Entmythologisierung von Expertensystemen, in: Hinrich Bonin (Hrsg.), Entmythologisierung von Expertensystemen, Heidelberg 1990, S. 9f.

[432] Zum Thema Testen von Expertensystemen äußert sich auch: Henry Thompson, Empowering Automatic Decision-Making Systems: General Intelligence, Responsibility and Moral Sensibility, in: Proceedings of the Ninth International Joint Conference on Artificial Intelligence (IJCAI-85), 1985, S. 1281-1283.

[433] Enquête-Kommission "Gestaltung der technischen Entwicklung; Technikfolgen-Abschätzung und -Bewertung", Chancen und Risiken des Einsatzes von Expertensystemen in Produktion und Medizin, S. 61.

[434] Die Bundesregierung erkennt die politische Dimension der zunehmenden Abhängigkeit der Gesellschaft von komplexen EDV-Systemen an, indem sie feststellt, daß "viele Bereiche von Wirtschaft und Verwaltung bereits heute von dem einwandfreien Funktionieren der IT abhängig sind." Vgl.: Enquête-Kommission "Gestaltung der technischen Entwicklung; Technikfolgen-Abschätzung und -Bewertung", Chancen und Risiken des Einsatzes von Expertensystemen in Produktion und Medizin, S. 61.

[435] Auf die Gefahr einer derartigen Machtverschiebung weist auch Kilian hin. Siehe: Wolfgang Kilian, Mathematische Logik und Recht, in: Der Betrieb 1971, Heft 6, S. 273-277.

7.2.2.3 Erhöhte Überwachungsmöglichkeiten

Eine weitere vorhersehbare Auswirkung eines verstärkten Computereinsatzes besteht in einer umfassenderen Erfassung auch personenbezogener Daten und somit einer ausgeweiteten Kontrollmöglichkeit staatlicher Stellen gegenüber den Bürgern.

7.2.2.4 Teilweises Fehlen geeigneter rechtlicher Regelungen

Der Bereich des Computerrechts allgemein steht derzeit noch vor vielen - teilweise grundlegenden - Fragen. Neben diesen Fragen, die hier nicht näher betrachtet werden sollen, werfen Expertensysteme eine Reihe besonderer Schwierigkeiten auf. Vor einem Einsatz etwaiger juristischer Expertensysteme wäre eine Klärung dieser Fragen erforderlich.
Eine Reihe von Problemen wird durch mögliche Fehler des juristischen Expertensystems aufgeworfen. Neben "üblichen" haftungsrechtlichen Fragestellungen im Zusammenhang mit Expertensystemen wäre hier beispielsweise zu fragen, ob das Prozeßrecht möglicherweise Rechtsmittel gegen (Gerichts-) Entscheidungen zuläßt, die durch einen Fehler eines juristischen Expertensystems zuungunsten einer beteiligten Prozeßpartei beeinflußt wurden.
Im Zusammenhang mit juristischen Expertensystemen können aber auch neuartige datenschutzrechtliche Probleme auftreten. Ein Expertensystem speichert nicht nur Informationen, die von Menschen eingegeben wurden (wie ein klassisches Datenbanksystem), sondern es erlaubt, Schlußfolgerungen aus dem gespeicherten Wissen zu ziehen. Sowohl die Ausgangsdaten wie auch mögliche Schlußfolgerungen können datenschutzrelevant, weil personenbezogen sein. Problematisch ist in diesem Zusammenhang die Ausgestaltung eines Auskunftsrechts der Betroffenen. Üblicherweise wird einem Berechtigten mitgeteilt, welche Informationen über ihn in einem Computersystem gespeichert sind. Im Rahmen eines Expertensystems ist eine Auskunft über die gespeicherten Daten unzureichend. Erforderlich wäre, die Auskunftspflicht auch auf abgeleitetes oder auf ableitbares personenbezogenes Wissen auszuweiten. Ein Auskunftsrecht, das dem Betroffenen eine Mitteilung über tatsächlich abgeleitetes Wissen zugesteht, würde eine umfassende Protokollierung und Archivierung aller einzelnen Programmläufe erfordern. Hierbei würden umfangreiche Dateien mit personenbezogenen Daten entstehen, die selbst vor Mißbrauch geschützt werden müßten. Eine andere Ausgestaltung der Auskunft könnte so erfolgen, daß eine Person, über die personenbezogenes Wissen abgeleitet werden kann, darüber informiert wird, aufgrund welcher Expertensystemregeln welche Schlußfolgerungen grundsätzlich über sie angestellt werden können.

Die Kommission bemängelt das Fehlen von Kennzeichnungspflichten für Expertensysteme.
Sie hält es für sinnvoll, jedes Expertensystem mit folgenden Angaben zu versehen:
- Beschreibung des herangezogenen Wissens (Name von Experten, Literaturquellen etc),
- Datum der letzten Aktualisierung der Wissensbasis,
- Information über die Schadensersatzregelung.

Bundy/Clutterbuck[436] schlagen in ähnlicher Weise vor, daß Anbieter von Expertensystemen folgende Informationen über ihr System nennen:
- Was leistet das Produkt; einschließlich eines Hinweises auf die Grenzen der Systemleistung und Angaben zur Verläßlichkeit.
- Bekannte Fehler (bugs).
- Folgen eines Systemversagens.
- In welchem Ausmaß und in welcher Art muß der Benutzer in den Programmlauf eingreifen ?
- Welche Fähigkeiten werden bei den Benutzern vorausgesetzt ?
- Welche Komplexität hat das Programm (Angegeben durch Speicherplatz- und Zeitbedarf).
- Ausmaß und Art der erforderlichen Wartung und Abschätzung der dabei anfallenden Kosten.
- Mögliche soziale, ökonomische sowie rechtliche Folgen der Verwendung des Produkts.

7.3 Technikfolgenabschätzung juristischer Expertensysteme - Beitrag von Goebel und Schmalz

Goebel/Schmalz[437] halten folgende negative Auswirkungen des Einsatzes juristischer Expertensysteme für möglich:

7.3.1 Verlust an Individualgerechtigkeit

Ein Verlust an Individualgerechtigkeit könnte sich durch die Anwendung eines schematischen Verfahrens auf Situationen ergeben, für die dieses Verfahren nicht vorgesehen ist. Ein Computersystem, das zur Bearbeitung einer Klasse von Fällen entwickelt wurde, erhebt bestimmte Informationen, um den jeweiligen Fall zu entscheiden. Goebel und Schmalz sehen die Gefahr, daß die Benutzer des Systems (z.B. Sachbearbeiter) dieses auch auf Fälle anwenden, für die das computerisierte Verfahren nicht oder nur schlecht geeignet ist. Es werden bei einem derartigen Vorgehen nur solche Merkmale erfaßt, die das System bearbeiten kann. Weitere Fallmerkmale, die dem System unbekannt sind, bleiben unberücksichtigt. Hierdurch wird die Falldarstellung verkürzt. Dies kann sich unter Umständen zu Ungunsten des Klienten/Antragstellers auswirken. Diese Gefahr kann möglicherweise durch Schulungen reduziert werden, bei denen die Anwender mit den Grenzen der Systeme vertraut gemacht werden.

---

[436] Alan Bundy/Richard Clutterbuck, Raising the Standards of AI Products, in: Proceedings of the Ninth International Joint Conference on Artificial Intelligence (IJCAI-85), 1985, S. 1289-1294.
[437] Jürgen W. Goebel/Reinhard Schmalz, Problems of Applying Legal Expert Systems in Legal Practice, in: A. A. Martino/F. Socci Natali (Eds.), Automated Analysis of Legal Texts, Amsterdam 1986, S. 613-623.

7.3.2 Verschiebung der Verantwortlichkeit für die Entscheidung

Bei "manueller" Entscheidung ist hierfür der Jurist verantwortlich, der die Entscheidung trifft. Werden aber Teile der Entscheidung durch einen Computer beeinflußt, so stellt sich die Frage, wer im Fall einer falschen Entscheidung hierfür verantwortlich zeichnet. In Frage kommt der juristisch qualifizierte Benutzer, der beispielsweise für die Richtigkeit der eingegebenen Daten verantwortlich gemacht werden kann. Daneben kommen aber auch die Entwickler beziehungsweise Programmierer des Systems sowie die Händler in Frage. Hier wird klar erkennbar, daß die Verantwortlichkeit für die Entscheidung von einer auf mehrere Personen verteilt wird. Zur Lösung derartiger Schwierigkeiten muß nach geeigneten Haftungsregelungen gesucht werden.

7.3.3 Verschiebung der Entscheidungsprioritäten

Goebel und Schmalz vermuten, daß eine Computerisierung im Bereich juristischer Entscheidungstätigkeit dazu führt, daß die Entscheidungen vorwiegend nach technisch-ökonomischen Kriterien erstellt werden. Schnelligkeit und Ökonomie der Entscheidungen rücken nach ihrer Einschätzung dabei in den Vordergrund. Die Rechtssicherheit wird durch ein solches Verfahren erhöht, während die Möglichkeit einer fließenden Weiterentwicklung und kontinuierlichen Anpassung an aktuelle Verhältnisse erschwert oder unmöglich gemacht wird. Bei der Bewertung dieses Arguments ist zu unterscheiden, ob das System den Vorgang der Entscheidungsfindung oder den der Entscheidungsbegründung unterstützen soll. Ein System, das der Entscheidungsfindung dient, unterliegt der genannten Gefahr in größerem Ausmaß als ein System, das die Entscheidungsbegründung überprüft. Eine Orientierung an Schnelligkeit und Ökonomie ist nicht zwangsläufig mit dem Einsatz von Computern verbunden - oft wird jedoch die Computertechnik zur Rationalisierung benutzt und dient dabei dem Wunsch, gegebene Fälle schneller bearbeiten zu können. Der Verschiebung von Entscheidungsprioritäten kann möglicherweise durch ein Überdenken der Arbeitsorganisation in Verwaltung und Justiz entgegengewirkt werden. Zur Möglichkeit der kontinuierlichen Weiterentwicklung von Expertensystemen ist zu sagen, daß es technisch möglich ist, eine dynamische Aktualisierung der Wissensbasis zu realisieren. Allerdings birgt dies die Gefahr, daß die Transparenz des Systems sinkt und der Gewinn an Rechtssicherheit wieder vermindert wird.

7.4 Technikfolgenabschätzung juristischer Expertensysteme - Beitrag der UFORED[438]-Studie

7.4.1 Aspekte der Formalisierung im Recht

Rechtliche Regelungen formulieren nicht nur Maßstäbe zur Bewertung gegebener Sachverhalte, sondern sie sind auch als Kommunikationsakte zu verstehen[439]. Sie drücken den Willens des Gesetzgebers aus und sollen auch für Bürger allgemein verständlich sein.

Die Formalisierung im Recht kann sich also nicht darauf konzentrieren, nur gesetzliche Inhalte zu formalisieren. Die Formalisierung im rechtlichen Bereich hat vielmehr folgende Dimensionen[440]:

- Formalisierung rechtlicher Regelungen,
- Formalisierung von Arbeit,
- Formalisierung von Kommunikation.

Die Formalisierung rechtlicher Regelungen stand in den Kapiteln 2 bis 6 im Mittelpunkt. Das Thema der Formalisierung der Arbeit wurde in den obigen Ausführungen angeschnitten. Demgegenüber hat sich die Enquête-Kommission nur am Rande mit der Formalisierung der Kommunikation (zwischen Behörde und Bürger; beziehungsweise zwischen Experte und Laie) beschäftigt, da sie keine Expertensysteme des Verwaltungsbereichs untersucht hat.

Betrachtet man die Forderungen[441], die im Rahmen einer bürgernahen Verwaltung gefordert werden wie:

- Entbürokratisierung,
- Aufhebung der Arbeitsteilung,
- Mitwirkungsrechte der betroffenen Bürger,
- Verhinderung von mehr Kontrolle des Einzelnen,

so bemerkt man ein Spannungsverhältnis zwischen diesen Forderungen und möglichen Auswirkungen des Computereinsatzes im Bereich der öffentlichen Verwaltung.

Der Aspekt der Kommunikation zwischen Bürger und Verwaltung stand - so Fiedler/Barthel/Voogd - "kaum im Vordergrund beziehungsweise war nie der Ausgangspunkt des Untersuchungsinteresses".

Die üblichen Techniken der Systemanalyse sind nicht zur Beschreibung derartiger Kommunikationssituationen und der dabei entstehenden Schwierigkeiten geeignet. Die

---

[438] Herbert Fiedler/Thomas Barthel/Gerhard Voogd, Untersuchungen zur Formalisierung im Recht als Beitrag zur Grundlagenforschung juristischer Datenverarbeitung (UFORED), Opladen 1984.

[439] So Herbert Fiedler, Functional Relations between Legal Regulations and Software, in: Bryan Niblett (Ed.), Computer Science and Law, Cambridge 1980, S. 137-146.

[440] Nach: Herbert Fiedler/Thomas Barthel/Gerhard Voogd, Untersuchungen zur Formalisierung im Recht als Beitrag zur Grundlagenforschung juristischer Datenverarbeitung, Opladen 1984, S. 21f.

[441] Rainer Hohner/Heinz Schöller, Regeln für den Umgang mit dem Bürger - Pragmatische Ansätze zur Sicherung der Interaktionsfähigkeit der Verwaltung, in: Wolfgang Hoffmann-Riem (Hrsg.), Bürgernahe Verwaltung? Analysen über das Verhältnis von Bürger und Verwaltung, Neuwied/Darmstadt 1979, S. 170-172.

verschiedenen Formen der sich verstärkenden Entfremdung[442] der betroffenen Bürger können nicht berücksichtigt werden, denn sie entziehen sich einer formalen Darstellung. Es "sind eine Reihe von Ansätzen der Sozialwissenschaften zur Beschreibung von Kommunikationsbeziehungen (auch zwischen Bürger und Verwaltung) gemacht worden, aber keine davon ist aufgegriffen worden, um konstruktiv das Verhältnis zwischen Bürger und Verwaltung zu verbessern"[443].

Lenk formuliert ergänzend:
"Die Anwendung des Computers auf menschliche Belange führt eine mechanistische Rationalität in gesellschaftliche Beziehungen ein, die überwiegend irrationaler Natur sind und nicht formalisiert werden können."[444]

Da die drei Ebenen der Formalisierung aneinander gekoppelt sind, sollten Projekte, die nur eine Formalisierung rechtlicher Regelungen durchführen, nicht in einen Praxiseinsatz übernommen werden. Vor einem solchen Einsatz müssen zunächst noch die beiden anderen Aspekte der Formalisierung bedacht und im Rahmen des Entwicklungsprozesses berücksichtigt werden.

Fiedler, Barthel und Voogd betonen: "Eine prinzipiell mögliche Programmierbarkeit einzelner juristischer Entscheidungszusammenhänge bedeutet eben noch nicht, daß ein solches Programm unter den Aspekten der Veränderung der Arbeit und der Kommunikation zwischen Verwaltung und Bürger auch sinnvoll, nützlich oder rechtsstaatlich vertretbar und mithin wünschenswert wäre."[445]

Ein erster Schritt, dieser Erkenntnis gerecht zu werden, kann darin bestehen, die Qualität juristischer Expertensysteme nicht nur anhand der Kriterien Korrektheit und Effizienz zu bewerten, sondern auch weitere Aspekte wie Verständlichkeit, Veränderbarkeit, Beweisbarkeit, Verläßlichkeit und Wartbarkeit zu berücksichtigen[446].

7.4.2 Aspekte der Modellbildung

In den vorangegangenen Kapiteln wurde bereits dargestellt, daß es nicht ein objektiv wahres Modell eines Sachverhalts gibt, sondern daß bei der Bildung eines Modells eine Reihe von Gestaltungsmöglichkeiten existieren, die vom Entwickler des Modells individuell genutzt werden.

---

[442] Diese äußern sich in Gestalt von (Gefühlen der) Machtlosigkeit, Orientierungslosigkeit, Selbstentfremdung sowie sozialer Isolation.

[443] Vgl.: Herbert Fiedler/Thomas Barthel/Gerhard Voogd, Untersuchungen zur Formalisierung im Recht als Beitrag zur Grundlagenforschung juristischer Datenverarbeitung, S. 39. Zum gleichen Thema siehe: K. Lenk, Gesellschaftliche Auswirkungen der Informationstechnik, in: Nachrichten für Dokumentation 33, 1982, Nr. 6, S. 200 ff.

[444] Klaus Lenk, Informationstechnik und Gesellschaft, in: G. Friedrichs/A. Schaff (Hrsg.), Auf Gedeih und Verderb, Wien/München/Zürich 1982, S. 319/320.

[445] Herbert Fiedler/Thomas Barthel/Gerhard Voogd, Untersuchungen zur Formalisierung im Recht als Beitrag zur Grundlagenforschung juristischer Datenverarbeitung, Opladen 1984, S. 45.

[446] Vgl.: Herbert Fiedler, Functional Relations between Legal Regulations and Software, in: Bryan Niblett (Ed.), Computer Science and Law, Cambridge 1980, S. 137-146.

Das Ergebnis der Formalisierung ist ein (formales) Modell, das sich auf fachliche Inhalte, Arbeitsabläufe oder Kommunikationsprozesse bezieht. Lutterbeck[447] unterstreicht: "Modelle sind immer "Modelle-wovon","Modelle-wozu" und "Modelle-für wen"". Dabei werden folgende Aspekte der Modellierung deutlich, wie sie auch von Fiedler, Barthel und Voogd genannt werden.

Ein Modell
- bildet etwas ab,
- erfaßt dabei nur ausgewählte Aspekte des zugrundeliegenden Sachverhalts, (d.h. es ist nicht vollständig),
- ist für jemanden gemacht (und unterliegt somit bestimmten Interessen).

Weizenbaum formuliert treffend: "Ein Modell ist letzten Endes ein anderes Objekt als der Gegenstand den es modelliert. Aus diesen Gründen verfügt es über Eigenschaften, die sein Gegenstück nicht hat"[448]

7.4.3 Auswirkungen der Automatisierung am Beispiel der Steuerverwaltung

Fiedler/Barthel/Voogd weisen auf eine Studie[449] zur Auswirkung der Automatisierung hin, die von Brinckmann u.a. erstellt wurde. Diese analysierte entsprechende Auswirkungen am Beispiel der Steuerbehörden.
Die Studie konnte folgende Hauptauswirkungen der Automatisierung ermitteln:
- Isolierung von Daten aus dem Kontext,
- stärkere Zersplitterung der Tätigkeiten,
- Anfall umfangreicher Datenerfassungsarbeiten (monotone Tätigkeiten),
- keine Einschränkung der Entscheidungsspielräume.
Die Studie bestätigte die Ansicht, daß negative Auswirkungen der Automatisierung oft nicht direkt durch das technische System an sich, sondern durch dessen unbedachte Integration in die gegebenen Strukturen und Arbeitsabläufe hervorgerufen werden.

7.4.4 Rückwirkung auf die Gesetzgebung - Computergerechte Gesetzgebung

In einer Zusammenstellung der "Grundsätze für die Gestaltung automationsgeeigneter Rechts- und Verwaltungsvorschriften" konstatierte das Bundesinnenministerium[450] mit Blick auf die Automatisierung: "Ihre vielfältigen Möglichkeiten können jedoch nur dann sinnvoll und

---

[447] Bernd Lutterbeck, Parlament und Information, München 1977, S. 58.

[448] Joseph Weizenbaum, Die Macht der Computer und die Ohnmacht der Vernunft, Frankfurt 1978, S. 202.

[449] Hans Brinckmann/Klaus Grimmer/Bernd Jungesblut/Thore Karlsen/Klaus Lenk/Dieter Rave: Automatisierte Verwaltung, Frankfurt/M 1981.

[450] Grundsätze für die Gestaltung automationsgeeigneter Rechts- und Verwaltungsvorschriften des BMI vom 22.11.1973 (Veröffentlicht in: Bundesministerium des Inneren (Hrsg.), Gemeinsames Ministerialblatt, 1973, Nr. 30, S. 555-558).

wirtschaftlich genutzt werden, wenn die zugrundeliegenden Vorschriften den Anforderungen der Automation entsprechen".

Sicherlich ist es sinnvoll und richtig, bereits bei der Gesetzgebung eine klare Strukturierung, einheitliche Begriffsdefinitionen und die Beachtung logischer Auswertungsregeln im Auge zu behalten. Dies sollte jedoch nicht dazu führen, solche Aspekte aus Gesetzeswerken auszublenden, die sich möglicherweise einer Automatisierung entgegenstellen oder diese zumindest erschweren würden. Der Regelungsinhalt darf nicht dem Anwendungsverfahren untergeordnet werden. Bei der Niederschrift des Gewollten sollte dagegen sehr wohl auf eine Form geachtet werden, die einer Teilautomatisierung der Rechtsanwendung entgegenkommt.

7.5 Technikfolgenabschätzungen juristischer Expertensysteme - Beitrag von Lutterbeck

Denkbare Schwierigkeiten, die bei einem möglichen Praxiseinsatz juristischer Expertensysteme auftreten können, sind nach Ansicht Lutterbecks[451] im Zusammenhang mit den folgenden vier Problembereichen zu sehen:
- dem entscheidungstheoretischen Problem,
- dem rechtstheoretischen Problem,
- dem demokratietheoretischen Problem,
- dem technologiepolitischen Problem.

All diese Problembereiche stehen einer Entwicklung juristischer Expertensysteme nicht grundsätzlich im Wege, relativieren jedoch euphorische Hoffnungen auf deren problemlose Realisierung sowie deren Leistungsfähigkeit. In jedem dieser nicht-technischen Problembereiche sind Entscheidungen zu treffen, die die nachfolgende Systemgestaltung maßgeblich beeinflussen.

Zwei dieser Problembereiche ergeben sich als Folge eines möglichen Einsatzes juristischer Expertensysteme. Es handelt sich dabei um das demokratietheoretische und das technologiepolitische Problem.

7.5.1 Demokratietheoretisches Problem

Der Einsatz juristischer Expertensysteme berührt den Bereich der Rechtsprechung in seiner Rolle als staatliche Gewalt. Die Übertragung von Entscheidungselementen auf Computersysteme erfordet daher eine angemessene Legitimation[452].

---

451 Bernd Lutterbeck, Automation geistiger Arbeit von Juristen, in: Neue Richtervereinigung (Hrsg.), Computerisierung der Justiz, Leonberg 1987, S. 85 ff.

452 An anderer Stelle unterstreicht Lutterbeck dies durch die These, nach der die wesentlichen Defizite bekannter Instrumente zur Steuerung der Informationstechnik zumeist in der unzureichenden Legitimation liegen. Siehe: Bernd Lutterbeck, Gesellschaftliche Instrumente der Kontrolle und Steuerung von Informationstechnik, in: Computer und Recht, Heft 7, 1988, S. 596-600.
Auf die Legitimationsproblematik weisen auch Goebel und Schmalz hin. Vgl.: Jürgen W. Goebel/Reinhard Schmalz, Problems of Applying Legal Expert Systems in Legal Practice, in: A. A. Martino/F. Socci Natali(Eds.), Automated Analysis of Legal Texts, Amsterdam, 1986, S. 620.

Dabei müßten die Interessen von Entwicklern, Anwendern und den von der Anwendung "Betroffenen" ermittelt werden. Auf der Basis dieser Informationen fordert Lutterbeck eine normative Festlegung struktureller Eigenschaften zukünftiger Systeme. Hierbei könnten Entwicklungsvorgaben für folgende Merkmale[453] vorgenommen werden:
- Vollständigkeit,
- Aktualität,
- Objektivität,
- Transparenz,
- Leistungsfähigkeit,
- Wirtschaftlichkeit,
- Flexibilität,
- Zugänglichkeit.

Vollständigkeit und Objektivität sind Ziele, die nur annäherungsweise erreicht werden können. Das Ziel der Transparenz steht in einem Konflikt zu der entscheidungstheoretisch erwünschten Flexibilität (Lernfähigkeit). Ein System, dessen Wissensbasis bei einer Fallbearbeitung verändert werden kann, ist nur sehr schwer kontrollierbar. Hier zeigt sich ein breiter Gestaltungsspielraum, der in einem geeigneten demokratischen Verfahren auszufüllen ist.

7.5.2 Technologiepolitisches Problem

Aufgrund des immensen Aufwandes, der erforderlich wäre, um zu beweisen, daß ein Expertensystem seiner Spezifikation gemäß implementiert wurde, wird die korrekte Funktion nur durch Tests überprüft, die keine Garantie für Fehlerfreiheit darstellen. Die Tatsache, daß Systemfehler nicht ausgeschlossen werden können, wirft das technologiepolitische Problem auf, ob und wenn ja wie innerhalb der Gesellschaft bestimmte Konventionen für den Einsatz von Systemen, die mit sensiblen Anwendungen betraut werden sollen, etabliert werden können. Lutterbeck plädiert in dem Zusammenhang für ein spezielles Zulassungsverfahren, das alle Expertensysteme zu absolvieren hätten, die eine sensible Aufgabenstellung übernehmen sollen. Aufgrund der Forderung nach einer möglichst hohen Gerechtigkeit der Justizvorgänge wäre jedes juristische Expertensystem, das einen Beitrag zur Entscheidungsfindung liefert, als ein derart sensibles System anzusehen, denn Fehler eines solchen Systems würden das Vertrauen in die Neutralität und Gerechtigkeit der Justiz erschüttern.
Die Etablierung eines Zulassungsverfahrens ginge über die Möglichkeit zur Mitgestaltung der Systeme hinaus, da hiermit bestimmten Systemen der Zugang zum Markt gänzlich verwehrt werden könnte. Bevor jedoch ein solches Zulassungsverfahren angewandt werden könnte, müßten entsprechende Handlungsregeln und -maßstäbe hierfür entwickelt werden.

---

[453] Lutterbeck übernimmt diese Merkmale von Jochen Schneider, Information und Entscheidung des Richters, Ebelsbach 1980, S. 207.

7.6 Zusammenfassung

Trotz möglicher Skepsis gegenüber dem Nutzen der Technikfolgenabschätzung zur Gestaltung von Systemen der Informationstechnik im allgemeinen liefert die Analyse möglicher Auswirkungen des Einsatzes juristischer Expertensysteme Ergebnisse, die zur Gestaltung der Systeme herangezogen werden sollten.

Die Möglichkeit unerwünschter Folgen des Einsatzes juristischer Expertensysteme motiviert die Forderung danach, die Technikfolgenberücksichtigung als methodisches Element in den Prozeß der Entwicklung juristischer Expertensysteme zu integrieren. Hierbei sollte ein Dialog zwischen Auftraggebern, Entwicklern sowie den vom Einsatz Betroffenen in Gang kommen. Damit die Ergebnisse dieser Diskussion in den Entwicklungsprozeß integriert werden können, empfiehlt es sich, die Technikfolgenberücksichtigung nicht als eine Phase im Entwicklungsprozeß zu sehen, sondern als ein Element, das parallel zum Planungs- und Entwicklungsvorgang abläuft. Im Fall juristischer Expertensysteme müßte die Folgendiskussion auf unterschiedlichen gesellschaftlichen Ebenen geführt werden. So wäre eine Ebene die der jeweiligen Behörde, die das System einsetzen möchte. Hier ist eine Auseinandersetzung von Behördenleitung, Behördenmitarbeitern sowie betroffenen Bürgern erforderlich. Wenn das einzusetzende System möglicherweise in die verfassungsmäßig festgelegte Gewaltenteilung eingreift und dabei eine Gewalt stärkt oder schwächt, so wäre zusätzlich eine Diskussion durch entsprechende Gremien auf Landes- oder Bundesebene erforderlich. Neben der Legitimation einzelner Systeme könnten diese Gremien auch spezielle rechtliche Regelungen erstellen, die den Einsatz der Expertensysteme steuern. Ein konkretes Ziel sollte dabei die Einführung bestimmter Kennzeichnungskonventionen hinsichtlich juristischer Expertensysteme sein.

Neben der Forderung nach der Durchführung einer Technikfolgenberücksichtigung als methodische Komponente im Planungs- und Entwicklungsverfahren eines juristischen Expertensystems liefert die obige Auseinandersetzung mit möglichen Folgen des Einsatzes juristischer Expertensysteme auch Beispiele für bestimmte inhaltliche Schwerpunkte, die im Rahmen eines solchen Verfahrens untersucht werden sollten. So muß sich jedes Verfahren der Folgenbewertung juristischer Expertensysteme mit folgenden Fragen auseinandersetzen:
- Welche Formalisierung der Arbeitsabläufe und der Kommunikation mit Antragstellern oder Mandanten ist mit der Systemeinführung verbunden ?
- Wie verändert der Systemeinsatz die Qualität der erbrachten Dienstleistung ? (etwa: Individualgerechtigkeit, Entscheidungsprioritäten)
- Welche Auswirkungen können Systemfehler hervorrufen ?
- Wie wird die Verantwortlichkeit für vom System beeinflußte Entscheidungen geregelt ?
- Wie kann eine Qualifikationserosion vermieden werden ?
- Beeinflußt das System den demokratische Meinungsbildungs- und Entscheidungsprozeß ?
- Schafft das System neue Überwachungsmöglichkeiten ?

Diese Liste bezeichnet notwendige Fragestellungen. Sie ist nicht vollständig und muß in jedem Einzelfall geeignet ergänzt werden.

Die obigen Überlegungen zu möglichen Folgen des Einsatzes juristischer Expertensysteme erbrachten ferner einige konkrete inhaltliche Positionen. So zum Beispiel:
- selbständig entscheidende Systeme sollten nicht realisiert werden,
- die Anwendung der Systeme darf nur durch Benutzer erfolgen, die ausreichende Fachkenntnisse haben, um das Systemverhalten aus Sicht des Anwendungsgebiets zu überprüfen,
- die Arbeitsorganisation muß den Benutzern des Systems Zeit zur Überprüfung der Ergebnisse des Systems lassen,
- ein vorteilhafter Systementwurf plant nicht ein System, das Entscheidungselemente festlegt, sondern eines, das die Entscheidung eines Menschen hinterfragt (z.B. hinsichtlich Schlüssigkeit, Vollständigkeit).

8 Unterstützung juristischer Tätigkeit durch Expertensysteme

8.1 Einführung

Im folgenden soll analysiert werden, welche juristischen Tätigkeiten durch welche Typen juristischer Expertensysteme unterstützt werden können. Dabei werden zunächst die möglichen juristischen Tätigkeitsfelder, die das Umfeld für einen Systemeinsatz darstellen, beleuchtet. Anschließend werden die in Kapitel 1.6 dargestellten Systemtypen daraufhin untersucht, inwieweit sie zur Unterstützung juristischer Tätigkeit geeignet sind.

8.2 Relevante juristische Tätigkeitsfelder

8.2.1 Richterarbeitsplatz

Unter den möglichen Berufsfeldern eines Juristen nimmt das der richterlichen Tätigkeit eine herausgehobene Stellung ein. Dies zeigt sich in einer sehr starken Ausrichtung der juristischen Hochschulausbildung auf die richterliche Tätigkeit. Auch die meisten Untersuchungen zur juristischen Methodenlehre orientieren sich schwerpunktmäßig an der richterlichen Entscheidungstätigkeit. Die derart ausgerichtete Methodenlehre bildete in Kapitel 5 die Grundlage für eine Spezifikation juristischer Expertensysteme. Implizit wurde dabei auch die Orientierung an der richterlichen Tätigkeit übernommen. Die Aussagen über mögliche Unterstützung juristischer Tätigkeiten, die in dieser Arbeit gewonnen wurden, beziehen sich daher vorzugsweise auf die richterliche Entscheidungstätigkeit.

Das Verhältnis zwischen Justiz und Datenverarbeitung bewegt sich in einem Spannungsverhältnis zwischen zwei Aspekten. Einerseits ist der Bereich der Justiz durch das Vorhandensein einer Vielzahl von Vorurteilen gekennzeichnet[454], die gegen eine (weitere) Einführung von EDV-Systemen gerichtet sind. Andererseits finden sich in diesem Bereich oft veraltete und unprofessionell betriebene Computersysteme. Dabei ist anzunehmen, daß sich beide Merkmale gegenseitig fördern und auf diese Weise eine rationale Haltung zum Computereinsatz verhindern. Hier bietet sich ein Potential möglicher Verbesserungen durch den Einsatz von Computersystemen[455].

8.2.2 Arbeitsplatz von Anwalt und Notar

Die Aufgaben eines Anwalts unterscheiden sich in vielen Punkten von denen eines Richters. Aber auch ein mit der Vertretung eines Mandanten betrauter Rechtsanwalt muß eine eigene Einschätzung des vorgetragenen Sachverhalts gewinnen. Insofern überschneidet sich die Arbeitsweise eines Anwalts mit der des Richters. Andererseits weichen viele typische

---

[454] Vgl. Thesen des "Kienbaum-Gutachtens" über Organisation der Amtsgerichte und EDV, in: jur-pc 11/91, S. 1304-1305.

[455] Auch dies ist dem Kienbaum-Gutachten zu entnehmen (Vgl.: jur-pc 11/91, S. 1304-1305).

anwaltliche Aufgaben vom Konzept richterlicher Tätigkeit ab. So besteht eine wichtige Aufgabe des Anwalts im Entwurf einer Handlungsstrategie. Hier muß der Anwalt mehrere Handlungs- beziehungsweise Argumentationsalternativen konstruieren und miteinander vergleichen. Dabei ist er teilweise sehr stark auf Vermutungen (etwa über die Strategie der Gegenseite) angewiesen. Richter und Anwalt haben ferner ein grundsätzlich unterschiedliches Verhältnis zu den am Prozeß beteiligten Parteien. Während die Richtertätigkeit grundsätzlich am Ziel der Wahrheitsfindung und der Gerechtigkeit orientiert ist und daher unparteiisch sein soll, wird von einem Anwalt erwartet, daß er für seinen Mandanten Partei ergreift und dessen Sicht der Dinge juristisch untermauert. Ein weiterer Unterschied zwischen anwaltlicher beziehungsweise notarieller und richterlicher Tätigkeit besteht darin, daß ein Anwalt/Notar im zivilrechtlichen Bereich an der Erstellung verschiedenster Verträge (beispielsweise Testamente, Erbverträge, Immobilienkaufverträge, Gesellschaftsverträge, Betriebsvereinbarungen) mitwirkt. Diese Mitwirkung an der Vertragserstellung ist teilweise gesetzlich vorgeschrieben, wie im Fall der Immobilienkaufverträge.

8.2.3 Verwaltung

Neben den Arbeitsfeldern Justiz und Anwaltschaft bietet sich für Juristen die Möglichkeit einer Beschäftigung in der öffentlichen Verwaltung. Ein Verwaltungsjurist hat, wie ein Richter auch, gegebene Sachverhalte anhand rechtlicher Regelungen zu beurteilen. Daher lassen sich keine klaren Grenzlinien zwischen diesen Tätigkeitsbereichen ziehen. Im Vergleich zu Gesetzgebung und Rechtspflege weist der Bereich der öffentlichen Verwaltung jedoch mehr "determinierende Sachzusammenhänge"[456] auf, welche die Automatisierung zusammenhängender Sachgebiete erleichtern[457].

8.2.4 Hierarchische Abstufungen der Entscheidungstätigkeit und Anwendungsmöglichkeiten juristischer Expertensysteme

Betrachtet man das Feld juristischer Entscheidungstätigkeiten, so können diese unterschiedlichen Ebenen der Organisationshierarchie zugeordnet werden. Im Verwaltungsbereich könnte man eine Hierarchie zwischen Sachbearbeitern und Ministern aufspannen. In der Justiz ist eine entsprechende Hierarchie etwa zwischen einem Rechtspfleger am Amtsgericht und einem Verfassungsrichter auszumachen. Die Organisationsstrukturen innerhalb der Hierarchien binden in der Regel untere Hierarchiestufen an Entscheidungen höherer Ebenen. Innerhalb der Verwaltungen werden von oben nach unten Verwaltungsvorschriften und Ausführungsrichtlinien vorgegeben. Im Justizbereich üben die Entscheidungen höherer Gerichtsinstanzen in der Regel eine Leitfunktion für die untergeordneten Instanzen aus. Die Tätigkeit der unteren Entscheidungsebenen ist also

---

[456] So Fiedler in: Herbert Fiedler, Automatisierung im Recht und juristische Informatik, 4. Teil, in: Juristische Schulung, 1/71, S. 67-71.

[457] Diese Ansicht wird beispielsweise geteilt von: Jochen Schneider/Ulrich Schroth, Determination, Argumentation und Entscheidung, in: A. Kaufmann/W. Hassemer (Hrsg.), Einführung in Rechtsphilosophie und Rechtstheorie der Gegenwart, 5. Auflage, Heidelberg 1989, S. 463.

insgesamt wesentlich stärker durch Regeln determiniert als die der oberen Ebenen. Dies führt dazu, daß für Aufgaben der unteren Ebenen eher unterstützende Expertensysteme entwickelt werden können als für höhere Ebenen.

8.3 Eignung unterschiedlicher Systemkonzeptionen zur Realisierung juristischer Expertensysteme

Im folgenden werden die in Kapitel 1.6 ermittelten Systemklassen auf ihre Eignung zur Unterstützung juristischer Tätigkeiten hin untersucht.

8.3.1 Entscheidungshilfesysteme

Ein System zur Entscheidungshilfe (welches unter Umständen auch durch ein Hypertextsystem realisiert werden kann) kann dazu benutzt werden, gegebene Normen und ergänzendes dogmatisches Wissen systematisch darzustellen. Erreichbar wäre unter günstigen Umständen ein System, das einem Juristen dabei hilft, den Überblick über Situationen zu behalten, die unter Umständen durch komplexe Regelungen gegeben sind. Ein solches System könnte man als elektronische Checkliste ansehen, anhand derer ein Fachmann einzelne Arbeitsschritte abhaken kann. Derartige Systeme enthalten keine objektorientierte Darstellung des zu regelnden Bereichs. Auf logischer Ebene ist die Verwendung der Aussagenlogik ausreichend. Ein solches System kann sowohl für richterliche als auch für anwaltliche Zwecke benutzt werden.
Ein Entscheidungshilfesystem reproduziert die bei der Entwicklung ausgewählten Daten. Die Konzeption der Entscheidungshilfesysteme harmoniert daher mit der erkenntnistheoretischen Abbildtheorie. Modellbildungsprozesse können durch derartige Systeme nicht sinnvoll unterstützt werden.

8.3.2 Konsultationssysteme

Konsultationssysteme erfüllen ähnliche Aufgaben wie Entscheidungshilfesysteme. Im Unterschied zu jenen verfügen sie über eine (umfassende) interne (objektorientierte) Repräsentierung des zur regelnden Bereichs. Hierbei können beispielsweise auch Default-Werte und nichtmonotone Schlußfolgerungsmechanismen verwendet werden. Dies alles führt dazu, daß das Verhalten eines Konsultationssystems weniger transparent ist, als das eines Entscheidungshilfesystems. Der Aufwand zum Nachvollziehen einer vom System vorgeschlagenen Entscheidung wird höher. Insgesamt besteht auch das Risiko, daß ein Konsultationssystem in stärkerem Maße subjektive Einschätzungen (beispielsweise der Entwickler) transportiert als ein Entscheidungshilfesystem. Daher scheinen Konsultationssysteme für den richterlichen Bereich nur bedingt geeignet. Ein Einsatz wäre nur dann vertretbar, wenn das System in akzeptabler Zeit ein Nachvollziehen der vorgeschlagenen Entscheidung erlaubt. Sollte dies aus Sicht eines typischen Benutzers zu umständlich oder gar unmöglich sein, darf ein solches System nicht im richterlichen Bereich eingesetzt werden. Über die Einsatzmöglichkeiten in der Anwaltspraxis müßte je nach Einsatzfeld und geforderter Leistung individuell entschieden werden.

Mögliche Anwendungen von Konsultationssystemen können sich an der Abbildtheorie oder auch an der Konsenstheorie orientieren.

8.3.3 "Intelligente" Datenbanken

Datenbanken leisten nur einen flankierenden Beitrag zur Tätigkeit eines Juristen. Sieht man den Schwerpunkt juristischer Tätigkeit im Bereich der Modellbildung, so kann ein Datenbanksystem Material liefern, das eine bestimmte Ansicht des Juristen unterstützt. Es dient dabei der Absicherung eines bereits entwickelten Modells, nicht aber der Modellbildung selbst. Ein Übergang von "gewöhnlichen" zu "intelligenten" Datenbanken kann zu einer Leistungssteigerung führen. Diese beruht auf der Integration von (sprachlichem und fachbezogenem) Wissen, das die in einer "intelligenten" Datenbank gespeicherten Texte inhaltlich für das System erschließt. Ob und in welchem Ausmaß diese Verbesserung eintritt, hängt von der Qualität des Zusatzwissens ab. Dieses Zusatzwissen ist subjektiv (durch Entscheidungen der Systementwickler) geprägt und jede Antwort des Systems muß vor dem Hintergrund dieser Subjektivität gesehen werden. Daher ist auch bei einem solchen System auf die uneingeschränkte Nachvollziehbarkeit der Ergebnisse zu achten. Die denkbaren Verbesserungen, die "intelligente" von "konventionellen" Datenbanken unterscheiden, ändern jedoch nichts an der untergeordneten Stellung der Datenbankfunktionen im Rahmen der Rechtsanwendung.

8.3.4 Lern- und Ausbildungssysteme

Expertensysteme können, bei geeigneter organisatorischer Unterstützung, zu Ausbildungszwecken eingesetzt werden. Wenn Expertensysteme benutzt werden sollen, um Wissen von der Maschine auf Menschen zu transferieren, so ist dabei zu berücksichtigen, daß dies nur im Bereich einfacher Wissenszusammenhänge erfolgreich sein kann. Normalerweise bedürfen die Ausgaben eines Expertensystems der Interpretation und Überarbeitung durch einen Experten. Dieser Experte steht bei den hier diskutierten Ausbildungskonzepten nicht zur Verfügung und der Benutzer des Systems ist ebenfalls nicht in der Lage, die Ausgaben des Systems zu hinterfragen. Daher besteht die Gefahr, daß der fachunkundige Benutzer fehlerhafte oder unzureichende Angaben des Systems unkritisch übernimmt, wodurch das Expertensystem seine Aufgabe verfehlen würde.

8.3.5 Systeme mit einer natürlichsprachlichen Schnittstelle

Beispielhaft für ein solches System wurde in Kapitel 2.3 das System LEX-1 betrachtet. Die Nachteile einer natürlichsprachlichen Schnittstelle erwiesen sich dabei als deutlich schwerer als eventuelle Vorteile. Die Transparenz eines solchen Systems ist sehr gering. Daher kann von der Verwendung einer solchen Schnittstelle nur abgeraten werden.

Neben den anhand des Systems LEX-1 demonstrierten konkreten Problemen der Sprachverarbeitung können auch auf einer sehr fundamentalen Ebene Vorbehalte gegen den Anspruch geltend gemacht werden, daß Computer einen Text oder eine Rede bald ebenso "verstehen" können wie ein Mensch.

Die Informatik beschreibt und entwickelt (formale) Sprachen. Sie ist in ihrem Wesen sehr eng mit einer bestimmten Auffassung von Sprache, nämlich dem rationalen Sprachverständnis, verwandt[458]. Eine Auseinandersetzung mit anderen Auffassungen von Sprache, beispielsweise derjenigen der Hermeneutik, lehrt jedoch, daß das Sprachverständnis des Rationalismus zu eng angelegt ist. Denn dieser geht davon aus, daß sich die Bedeutung eines Satzes aus der Bedeutung der einzelnen Wörter sowie der Art ihrer Zusammenstellung im Satz ergibt. Die Erkenntnis, daß das Verstehen immer vor einem Verstehenshintergrund abläuft (Vorverständnis) ist dieser Sichtweise fremd. Aus Sicht der KI könnte man hier einwenden, daß es auch möglich ist, Computersysteme zu entwickeln, die ein Vorverständnis haben. Das System LEX-1 bezog, wie beschrieben, alle unbestimmten Äußerungen auf Verkehrsunfälle. Es wurde sozusagen mit dem Vorverständnis ausgerüstet, daß alle Sachverhalte, deren Kontext nicht ausdrücklich genannt wird, im Zusammenhang mit einem Verkehrsunfall zu sehen sind. Legt man es jedoch auf den Vergleich zwischen menschlichem Verständnis und "Computerverständnis" an, so muß ein grundsätzlicher und unüberbrückbarer Unterschied zwischen beiden festgestellt werden. Denn das Vorverständnis, über das ein Mensch verfügt, erwächst aus den umfassenden Lebenserfahrungen dieses Menschen - es ist durch die menschliche Biographie geprägt. Eine Maschine kann eine solche Biographie nicht teilen. Ihr fehlen schlicht die Voraussetzungen, um ein dem Menschen vergleichbares Verständnis zu entwickeln.

8.3.6 Automatische Textanalyse

Textanalysesysteme weisen eine mehr oder weniger stark ausgeprägte Ähnlichkeit mit natürlichsprachlichen Systemen auf. In entsprechendem Maße gelten die Vorbehalte, die gegenüber den natürlichsprachlichen Systemen geäußert wurden auch gegenüber Textanalysesystemen. Denkbar wären solche Systeme bestenfalls zur Bearbeitung stark schematisierter Schriftstücke. Das System könnte dann einen Bearbeitungsvorschlag für ein analysiertes Schreiben entwerfen, sofern eine sinnvolle Interpretation für das untersuchte Schreiben aufgefunden werden kann. Ein solches System könnte beispielsweise aus einer Datenbank ergänzende Informationen über die Vorgeschichte des betreffenden Vorgangs zusammenstellen, die zur Bearbeitung des Schreibens benötigt werden. Der Sachbearbeiter, der das Schreiben später verantwortlich bearbeitet, kann, wenn die Analyse des Systems aus seiner Sicht zutreffend ist, die bereitgestellten Informationen benutzen und eventuell auch einen vom System erstellten Antworttext übernehmen.

---

[458] Eine überzeugende Darstellung hiervon findet sich in: T. Winograd/F. Flores, Understanding Computers and Cognition, Norwood, New Jersey 1986.

Zu bemerken ist, daß ein solches System nur mit der Vorstellung der Abbildtheorie in Einklang steht. Der Aspekt der Modellbildung im Bereich einer Entscheidung kann durch ein solches System nicht unterstützt werden.

8.3.7 Anwendung fallbasierten Schließens; insbesondere in Gestalt von Fallvergleichssystemen

Einige Fallvergleichssysteme, wie beispielsweise HYPO, realisieren den Fallvergleich durch geeignete Regelanwendungen. Ein derartiger regelbasierter Fallvergleich bietet grundsätzlich die Möglichkeit, eine Systementscheidung nachzuvollziehen. Allerdings sind mit derartigen Systemen bislang keine überzeugenden Leistungen erreicht worden. Andere Fallvergleichssysteme, wie etwa das System WZ, benutzen ein induktives Arbeitsverfahren. Derartige Systeme verfügen über keine Erklärungskomponente. Ein solches System darf daher nicht im Zusammenhang mit richterlicher Tätigkeit angewandt werden. Aber auch in anderen juristischen Aufgabenbereichen ist von einem Einsatz eines solchen Systems abzuraten.

8.3.8 Hybride Systeme

Der Einsatz von Systemen, die sowohl fall- als auch regelbasiert vorgehen, kann unter bestimmten Bedingungen im juristischen Bereich akzeptabel sein. Voraussetzung hierfür ist, daß der fallbasierte Teil des Systems nur dazu benutzt wird, bestimmte Ziele oder Heuristiken für den regelbasierten Teil vorzugeben. Der Nachweis, daß dieses Ziel oder die Heuristik in der gegebenen Situation brauchbar ist, muß von dem regelbasierten Teil geleistet werden. Eine solche Systemkombination könnte die Leistung fallbasierter Technik nutzen, ohne auf eine Nachvollziehbarkeit der Systemergebnisse verzichten zu müssen. Angesichts der Bedeutung, die nicht-deduktive Elemente wie Analogie, Induktion oder Abduktion im Bereich juristischer Entscheidungstätigkeit haben, kommt den hybriden Systemen eine besondere Bedeutung bei der Konzeption juristischer Expertensysteme zu.

8.3.9 Konfigurationssysteme

Die Aufgabe der Konfigurationssysteme ist planerisch gestaltend. Eine solche Systemkonzeption kommt der Vorstellung entgegen, die die Rechtsanwendung als Modellbildung begreift. Dabei bietet sich die Aufgabe der Vertragskonfiguration als mögliches Anwendungsgebiet an. Hierbei könnte das System die Gestaltung des entsprechenden Vertrages nach bestimmten Vorgaben (Zielen) optimieren. Das läßt derartige Systeme insbesondere zum Einsatz in Kanzleien von Anwälten beziehungsweise Notaren interessant erscheinen. Im Bereich richterlicher Tätigkeit könnte ein solches System eventuell zur Formulierung von Urteilsbegründungen benutzt werden. Dies wäre jedoch nur dann sinnvoll, wenn das System mit einem Konsultationssystem kombiniert würde, welches den Anwender bei der Bewertung des gegebenen Falls unterstützt.

8.3.10 Argumentationshilfesysteme

Diese Systeme können sehr flexibel gestaltet sein und beispielsweise dazu benutzt werden, bestimmte Argumentationslinien zu entwerfen. Ein solches System[459] könnte zur Unterstützung einer richterlichen Entscheidung dienen, indem es nacheinander verschiedene rechtliche Bewertungen eines Falls untersucht. Dabei könnten alle Behauptungen der beiden Prozeßparteien in das System eingegeben werden. Das System könnte dann prüfen, ob die zugrundegelegten Aussagen die Anordnung einer bestimmten Rechtsfolge rechtfertigen.
Ein derartiges System kann auch für einen Anwalt nützlich sein, der eine Zusammenstellung von Fakten und Hypothesen sucht, die eine möglichst gute Argumentation zum Erreichen seiner Ziele zuläßt. Hierbei können auch vermutete Gegenargumente berücksichtigt werden.
Die Verwendung von Argumentationssystemen kann eine fachliche Auseinandersetzung (Diskurs) zwischen den Beteiligten eines Rechtsstreits unterstützen. Während etwa Entscheidungshilfesysteme, Konsultationssysteme oder intelligente Datenbanken an der (erkenntnistheoretischen) Abbildtheorie orientiert sind, stellt ein Argumentationshilfesystem einen Systemtyp dar, der die Austragung eines Meinungsstreits unterstützt und somit der Konsenstheorie Rechnung trägt.

8.3.11 Systeme mit eigener Inferenzkontrolle

Einige anspruchsvollere Systeme verfügen über eine speziell entwickelte Inferenzkontrolle. Deren Erforderlichkeit hängt von dem jeweiligen Aufgabengebiet des angestrebten Systems und der Art der vorgesehenen Realisierung ab. In der Regel erfordern die in dieser Arbeit untersuchten rechtsmethodischen Elemente, die Gegenstand einer Implementierung sein könnten, keine bestimmten Inferenzverfahren. In Einzelfällen, wie etwa der angestrebten Verwendung von Meta-Regeln oder der in Kapitel 6.5.1 angedeuteten Strategie zur Behandlung widersprüchlicher Aussagen, ist jedoch ein Eingriff in die Kontrollstrategie sinnvoll. Die Erforderlichkeit einer eigenen Inferenzkontrolle ist daher in jedem Einzelfall zu prüfen.

8.3.12 Projekte der rechtswissenschaftlichen oder informatischen Grundlagenforschung

Diejenigen Systeme, die in diese Klasse fallen, sind gegenwärtig wegen ihres grundlegenden Charakters nicht unmittelbar für einen praktischen Einsatz geeignet. Richtet man den Blick jedoch in die Zukunft, so nehmen die Grundlagenprojekte eine entscheidende Rolle im Prozeß der Entwicklung brauchbarer juristischer Expertensysteme ein. Vergleicht man die in Kapitel 6 skizzierten Systemarchitekturen, die ausgehend von der juristischen Methodenlehre entwickelt wurden, mit bisher verwirklichten Architekturen, so zeigt sich, daß diesen oft eine rechtstheoretische Fundierung fehlt. Die Berücksichtigung rechtstheoretischer Konzeptionen ist jedoch für die Entwicklung juristischer Expertensysteme notwendig. Die bislang vorliegenden

---

[459] Siehe hierzu auch Kapitel 6.9.

Rechtstheorien sind nicht so weit durchstrukturiert, daß sie zwanglos als Computerprogramm zu realisieren wären. Daraus ergibt sich die Notwendigkeit der Durchführung interdisziplinär getragener Grundlagenforschungsprojekte. Es ist abzusehen, daß diese Systemklasse zukünftig eine wachsende Bedeutung einnehmen wird.

8.3.13 Spezielle Programmiersprachen oder Shells

Einige Shells werden als Systeme angeboten, die dem juristischen Benutzer die Möglichkeit einer individuellen Gestaltung des Expertensystems geben[460]. Für Endanwender (Richter, Anwälte, ...) können derartige Programmierwerkzeuge jedoch nur dann interessant sein, wenn sie bereit sind, gewisse Systemkenntnisse zu erwerben, um schließlich individuell benötigte Systeme selbst zu gestalten.

Die Gestaltung des Systems durch den Benutzer hätte den Vorteil, daß der Benutzer einen umfassenden Überblick über das im System vorhandene Wissen hat. Ein weiterer Vorteil wäre, daß das System an solchen Prinzipien orientiert wäre, die dem Benutzer (der ja auch Entwickler ist) wichtig sind. Eine durch dieses System unterstützte Entscheidung könnte somit im maschinellen wie im manuellen Teil von einer ähnlichen Wertorientierung getragen sein. Diesen Vorteilen der Eigenentwicklung der Wissensbasis steht eine Reihe von Nachteilen gegenüber. So muß sich der Benutzer zunächst KI-Kenntnisse aneignen, um eine eigene Wissensbasis entwickeln zu können. Der schrittweise Aufbau einer nichttrivialen Wissensbasis ist sehr aufwendig und wird mit vielerlei Rückschlägen verbunden sein. Das individuell entwickelte System ist sehr stark an den Entwickler beziehungsweise Benutzer gebunden. Es dürfte sehr schwierig sein, eine solche Wissenbasis von einer anderen Person übernehmen und weiterentwickeln zu lassen.

Die Entwicklung speziell juristischer Shells wird außerdem gelegentlich gefordert, um hiermit ein Werkzeug zur Verfügung zu stellen, das speziellen Erfordernissen des juristischen Anwendungsgebiets Rechnung tragen soll. So besitzt beispielsweise das System LLD ein Modul zur Bearbeitung deontischer Logik. Die Verwendung derartiger Shells kann sinnvoll sein, um den Entwicklungsaufwand einzelner Anwendungen zu reduzieren. Voraussetzung für den sinnvollen Einsatz ist jedoch, daß die Entwicklung der Shell auch rechtstheoretische Positionen berücksichtigt.

8.4 Zusammenfassung der Systembewertung

Mißt man die mögliche Leistungsfähigkeit der einzelnen Systemtypen an den Systemkonzeptionen, die in Kapitel 6 dargestellt wurden, so erweisen sich einige Systemklassen aufgrund ihrer begrenzten Leistungsfähigkeit als unzureichend, ein juristisches Expertensystem zu realisieren. Dies trifft auf Entscheidungshilfesysteme sowie auf Intelligente

---

[460] Optimistisch äußern sich: Jochen Schneider/Ulrich Schroth, Determination, Argumentation und Entscheidung, in: Arthur Kaufmann/Winfried Hassemer, Einführung in Rechtsphilosophie und Rechtstheorie der Gegenwart, 5. Auflage, Heidelberg 1989, S. 458: "Der Jurist kann jetzt sich selbst seine Entscheidungsunterstützung individuell aufbauen."

Datenbanken zu. Andere Systemklassen - beispielsweise sprachverstehende oder rein induktiv fallvergleichende Systeme lassen Einsatzprobleme erwarten, die dazu führen, daß von der Verwendung derartiger Elemente in einem juristischen Expertensystem abgeraten werden muß. Die weitere Bewertung der Systemklassen hängt von der vertretenen juristischen Methodenkonzeption ab. Geht man von einer traditionellen juristischen Methodenkonzeption - wie etwa der von Larenz - aus, so bietet sich zur Realisierung eines juristischen Expertensystems ein hybrides System mit Erklärungsfähigkeit an. Die Notwendigkeit einer umfassenden Wissensdarstellung sowie die Forderung nach Transparenz sind dabei Aspekte der Systementwicklung, deren Vereinbarkeit noch nicht durch ein Prototypsystem belegt ist.
Zur Realisierung eines juristischen Expertensystems, das einer modernen Methodenkonzeption folgt, kommt ein Argumentationshilfesystem oder ein Konfigurationssystem in Frage.
Die Entwicklung eines juristischen Expertensystems erfordert die Verwendung anspruchsvoller Techniken der Künstlichen Intelligenz, wie etwa Systeme nichtmonotonen und nicht-deduktiven Schließens. Die Analyse der juristischen Methodenlehre liefert zwar eine Reihe von Anhaltspunkten für die Gestaltung juristischer Expertensysteme. In vielen Einzelfragen sind die Methodenkonzeptionen jedoch nicht aussagekräftig genug, um eine bestimmte Systemarchitektur auch im Detail zu bestimmen. In dieser Richtung sind noch beträchtliche rechtsinformatische Forschungsanstrengungen erforderlich. Hieraus resultierende Prototyp-Systeme, die als Grundlagenforschungsprojekte qualifiziert werden können, werden noch wesentliche Fortschritte erzielen müssen, um der Rechtsinformatik ein brauchbares Instrumentarium zur Entwicklung juristischer Expertensysteme an die Hand zu geben
Zur Umsetzung einer solchen Systemarchitektur sollten, soweit möglich, Expertensystemshells benutzt werden. Dabei ist darauf zu achten, daß diese Shells die benötigten Techniken (nichtmonotones Schließen, hybride Architektur, Metaprogrammierung) zur Verfügung stellen.

Schlußbemerkungen und Ausblick

Zusammenfassende Schlußbemerkungen

Gestützt auf eine empirische Analyse juristischer Expertensysteme wurde in Kapitel 1 eine Reihe typischer Funktionsklassen ermittelt. Dabei ist bemerkenswert, daß trotz einer Vielzahl unterschiedlicher Systemkonzeptionen und -inhalte bisher keine Systemgruppe von der juristischen Praxis angenommen wurde. Dies offenbart grundlegende Mängel bisheriger Ansätze zur Entwicklung juristischer Expertensysteme.

Die in Kapitel 2 vorgenommene Thematisierung des Anspruchs, der gelegentlich mit juristischen Expertensystemen verbunden wird, belegt die Notwendigkeit einer "Entmythologisierung von Expertensystemen"[461]. Das Auseinanderklaffen von Anspruch und tatsächlich erzielter Leistung wurde anhand konkreter Beispiele belegt. Es gibt kein Patentrezept, wie man sich bei zukünftigen Entwicklungsvorhaben vor Mythenbildung schützen kann. Man kann allerdings vor dem Hintergrund der aktuellen Entwicklungsmöglichkeiten vor bestimmten Projektzielen warnen. Auf einer philosophisch - erkenntnistheoretischen Ebene muß davor gewarnt werden, die Abbildtheorie der Wahrheit zur Grundlage einer Systementwicklung zu machen. Es muß vielmehr beachtet werden, daß kein System nur objektiv wahre Aussagen enthalten kann. Anders formuliert: jedes konkret entwickelte System ist durch eine - von mehreren möglichen - Ansichten geprägt. Das System sollte daher eine gut ausgebaute Erklärungskomponente haben, um die Arbeitsschritte für die Anwender nachvollziehbar zu machen. Wünschenswert ist, daß ein konkreter Systementwurf ausdrücklich das Konsensmodell der Wahrheit berücksichtigt, indem es etwa die inhaltliche Auseinandersetzung zwischen den an einem Rechtsstreit beteiligten Personen unterstützt.
Die Untersuchungen in Kapitel 2 führten zu einer Reihe konkreter Empfehlungen. So wird davon abgeraten, ein System mit einer natürlichsprachlichen Schnittstelle anzustreben. Außerdem sollte die mögliche Verwendung von Fallvergleichsmodulen sehr kritisch hinterfragt werden. Derartige Module lösen oft überzogene Erwartungen aus, die von konkreten Systemen nicht eingelöst werden können.

Die Informatik und insbesondere die KI bieten - das wurde in Kapitel 3 deutlich - eine Reihe von Werkzeugen zur Realisierung juristischer Anwendungsprogramme, die strukturelle Eigenschaften des juristischen Anwendungsgebiets widerspiegeln und sich daher zur Implementierung dieser Eigenschaften in besonderem Maße anbieten. Allerdings muß auch hier vor einer manchmal durchscheinenden Euphorie gewarnt werden. Eine Analogie zwischen dem Paradigma richterlicher Rechtsanwendung und dem Aufbau wissensbasierter Systeme ist höchstens auf sehr abstraktem Niveau auszumachen, wobei viele entscheidende Komponenten der Entscheidungsprozesse ausgeblendet werden.

---

[461] So der Titel eines Workshops, der 1989 an der Fachhochschule Nordostniedersachsen in Lüneburg stattfand. Dokumentation in: Hinrich Bonin (Hrsg.), Entmythologisierung von Expertensystemen, Heidelberg 1990.

In Kapitel 4 wurde die Bedeutung der formalen Logik für juristische Expertensysteme unterstrichen. Besonders Aussagenlogik und Prädikatenlogik spielen eine wichtige Rolle. Diese Logiken werden durch viele Prototypen juristischer Expertensysteme genutzt. Die weitere Auseinandersetzung mit dem Thema "Logik im Recht" führte zu dem Ergebnis, daß die teilweise sehr heftige Diskussion um die deontische oder Normlogik nur einen geringen Beitrag zur Entwicklung juristischer Expertensysteme leisten kann. Die Tatsache, daß unter den analysierten Expertensystemen nur einzelne waren, die eine Modellierung logischer Zusammenhänge zwischen Geboten, Verboten und Erlaubnissen beinhalteten, ist eine konsequente Folge dieser Einsicht. Gestützt wird dies Ergebnis auch durch die Analyse der Modelle juristischer Methodik in Kapitel 5. Denn im Rahmen dieser Modelle spielen die Fragen der Normlogik höchstens eine untergeordnete Rolle. Insgesamt läßt sich eine Notwendigkeit zur Verwendung spezieller Normlogiken im Rahmen juristischer Expertensysteme nicht feststellen.

Die Auseinandersetzung mit der juristischen Methodenlehre stellt einen unverzichtbaren Schritt in der Entwicklung eines juristischen Expertensystems dar. Da sich bislang keine einheitliche juristische Methodik durchsetzen konnte, muß für jedes System entschieden werden, welche methodische Konzeption als Maßstab für die Entwicklung benutzt werden soll. Nach der Auswahl einer solchen Methodik kann aus dieser eine Spezifikation dessen gewonnen werden, was das zu entwickelnde System zu leisten hat. In dieser Arbeit wurden mehrere methodische Konzeptionen der deutschen juristischen Methodenlehre auf Ansatzpunkte für eine Computerunterstützung untersucht. Dabei stellte sich heraus, daß diese Anknüpfungspunkte sowohl bei traditionellen Konzeptionen (vertreten durch Larenz) als auch bei moderneren (analytisch geprägten) Modellen (z.B. Koch/Rüßmann, Alexy) vorhanden sind. Die Verbindung traditioneller Methodenlehre mit formalen Vorgehensweisen wird allerdings dadurch erschwert, daß sich die traditionelle Methodik eine weithin unzutreffende Vorstellung von formaler Logik macht. So wird oft auf die klassische Syllogistik verwiesen, teilweise wird Logik auch als Argumentationsform angesehen, wodurch sie selbst in die Nähe der Methodenlehre rückt. Oft herrscht auch ein Verständnis vor, das durch Vorstellungen der Begriffsjurisprudenz geprägt ist. Obwohl deren juristische Zielvorstellungen längst als überholt gelten, wird ihre "Logik" auch heute noch verbreitet. Die Analyse modernerer methodischer Konzepte zeigt, daß innerhalb der juristischen Methodenlehre eine Entwicklung in Richtung "strukturierte Entscheidungsfindung und -begründung" zu erkennen ist. Dies drückt sich deutlich in den methodischen Ansätzen von Alexy, Koch/Rüßmann sowie in dem Konzept von Kilian aus.
Trotz der Bedeutung der juristischen Methodenlehre für die Entwicklung juristischer Expertensysteme greifen nur wenige Entwickler auf eine solche Methodik zurück. Viele Systeme sind daher an der aktuellen juristischen Methodik vorbeientwickelt worden. Hierin ist ein Hauptgrund für die fehlende Akzeptanz bisheriger juristischer Expertensysteme zu sehen.

Das sechste Kapitel beleuchtete einzelne Komponenten der methodischen Konzeptionen und untersucht deren Formalisierbarkeit. Das Methodenkonzept von Larenz wäre am besten durch ein Konsultationssystem zu unterstützen, welches gegebenenfalls durch ein fallvergleichendes Modul ergänzt werden könnte. Die Realisierung eines solchen Systems, das sehr umfangreich und aufwendig gestaltet wäre, ist allerdings auch von weiteren Fortschritten der juristischen Methodenlehre abhängig. Die Zielsetzung bestünde hierbei in einer Verfeinerung der Beschreibung der einzelnen methodischen Elemente, welche eine enge interdisziplinäre

Zusammenarbeit von Informatikern und Juristen erfordert. Analytisch geprägte Methodenmodelle wie die von Koch und Rüßmann oder Alexy bieten günstigere Bedingungen für eine Computerunterstützung. Ein System nach Koch/Rüßmann könnte einen Juristen bei der Abfassung einer Entscheidungsbegründung unterstützen. Die methodische Theorie Alexys könnte durch ein Expertensystem unterstützt werden, das die Einhaltung der juristischen Diskursregeln prüft, Vorschläge zur Fortführung eines Diskurses bietet und einen solchen Diskurs dokumentiert. Die bereits auf die Integration einer Computerunterstützung ausgerichtete Methodik nach Kilian könnte durch den Einsatz von Expertensystemen zweifellos besser unterstützt werden, als dies zur Zeit der Ausarbeitung der Konzeption denkbar schien.

Es erscheint wichtig, den Aspekt der Modellbildung im Rahmen der Rechtsanwendung deutlicher als bisher wahrzunehmen. Es gilt, Möglichkeiten für eine Computerunterstützung einer an der Modellbildung ausgerichteten Argumentations- und Entscheidungstheorie zu ermitteln.

Kapitel 7 thematisierte denkbare Folgen des Einsatzes juristischer Expertensysteme und gründete hierauf zusätzliche Regeln, die bei der Entwicklung derartiger Systeme zu beachten sind. Hierbei zeigte sich deutlich, daß die Aufgabe einer akzeptablen Integration juristischer Expertensysteme in eine bestehende Arbeits- und Organisationsumgebung nicht allein technisch gelöst werden kann. Vielmehr ist hierfür ein Dialog zwischen Auftraggebern, Entwicklern und den vom Einsatz Betroffenen erforderlich.

Vor dem Hintergrund der in den vorangegangenen Kapiteln erarbeiteten Anforderungen an ein juristisches Expertensystem wurden schließlich in Kapitel 8 die empirisch ermittelten Systemklassen auf ihre Eignung zur Realisierung eines solchen Systems überprüft.

Ausblick

Die vorliegende Arbeit macht deutlich, daß eine Unterstützung juristischer Tätigkeit durch Expertensysteme grundsätzlich möglich ist, daß dieser aber in weiten Teilen rechtsmethodische und rechtsinformatische Grundlagen fehlen. Es sind noch viele inhaltliche Einzelfragen auf dem Weg zur Entwicklung erfolgreicher juristischer Expertensysteme zu lösen. Vordringlich ist, eine intensive Zusammenarbeit von Juristen und Informatikern in Gang zu bringen. Im Rahmen dieser Zusammenarbeit müßte von juristischer Seite eine Konkretisierung der juristischen Methodik vorgenommen werden. Die bislang existierenden Methodenkonzeptionen sind in vielen Bereichen zu allgemein gehalten, um sie als Grundlage für eine Systementwicklung zu benutzen. Die Aufgabe der Informatik besteht darin, eine Modellierung der juristischen Methodik vorzunehmen, die charakteristische Strukturen und Eigenheiten des juristischen Fachgebiets unterstützt.

Literaturverzeichnis

Bemerkung:
Die folgende Literaturübersicht bezieht sich auf den vorangegangenen Textteil des Buches. Die Literaturangaben zu einzelnen Expertensystemen finden sich im Anhang 1 im Anschluß an die Tabelle ab Seite 249.

Alexy, Robert: Theorie der juristischen Argumentation, 2. Auflage, Suhrkamp-Verlag, Frankfurt/M 1991.

Allen, James F.: Maintaining Knowledge about Temporal Intervals, in: Communications of the ACM, Vol. 26, Nr. 11, 1983, S. 832-843.

Anderson, Alan Ross: The Formal Analysis of Normative Systems, in: Nicholas Rescher (Ed.), The Logic of Decision and Action, University of Pittsburgh Press, Pittsburgh 1967, S. 147-213.

Åqvist, Lennart: Deontic Logic, in: D. Gabbay/F. Guenthner (Eds.), Handbook of Philosophical Logic, Vol. II, D. Reidel Publishing Company, Dordrecht 1984, S. 605-714.

Åqvist, Lennart: Causation in the Law of Torts and Criminal Law, in: A. A. Martino/F. Socci Natali (Eds.), Automated Analysis of Legal Texts, North-Holland, Amsterdam 1986, S. 3-18.

Ashley, Kevin D./Rissland, Edwina L.: Toward Modelling Legal Argument, in: A. A. Martino/F. Socci Natali (Eds.), Automated Analysis of Legal Texts, North-Holland, Amsterdam 1986, S. 19-30.

Atienza, Manuel: For a Theory of Legal Argumentation, in: Rechtstheorie 21, 1990, S. 393-414.

Baake, Hans W. (Hrsg.): Jurimetrics, Basic Books, New York/London 1963.

Berman, Donald H./Hafner, Carole D.: The Potential of Artificial Intelligence to Help Solve the Crisis in Our Legal System, in: Communications of the ACM, Vol. 32, No. 8, August 1989, S. 928-938.

Bessonet, Cary G. de/Cross, George R.: Conceptual Retrieval and Legal Decision Making, in: A. A. Martino/F. Socci Natali (Eds.), Automated Analysis of Legal Texts, North-Holland, Amsterdam 1986, S. 219-227.

Biagioli, Carlo/Fameli, Elio: Expert Systems in Law: An International Survey and a Selected Bibliography, in: CC-AI The Journal for the Integrated Study of Artificial Intelligence, Cognitive Science and Applied Epistemology, Vol. 4, Nr. 4, 1987, S. 323-359.

Bläser, Brigitte/Lehmann, Hein: Ansätze für ein natürlichsprachliches juristisches Konsultationssystem, in: F. Haft/H. Lehmann (Hrsg.), Das LEX-Projekt, S. 43-76.

BMI (Bundesministerium des Inneren).: Grundsätze für die Gestaltung automationsgeeigneter Rechts- und Verwaltungsvorschriften des BMI vom 22.11.1973, in: Bundesministerium des Inneren (Hrsg.), Gemeinsames Ministerialblatt (GMBL) 1973, S. 555-558.

Bonin, Hinrich (Hrsg.): Entmythologisierung von Expertensystemen, Decker und Müller Verlag, Heidelberg 1990.

Brause, Rüdiger: Neuronale Netze, B. G. Teubner Verlag, Stuttgart 1991.

Brenner, Robert.: Computer werden Bücher lesen, in: IBM Nachrichten 42, Heft 308, 1992, S. 68-70.

Brinckmann, Hans/Grimmer, Klaus/Jungesblut, Bernd/Karlsen, Thore/Lenk, Klaus/Rave, Dieter: Automatisierte Verwaltung, Campus Verlag, Frankfurt/M 1981.

Bundy, Alan/Clutterbuck, Richard: Raising the Standards of AI Products, in: Proceedings of the Ninth International Joint Conference on Artificial Intelligence (IJCAI-85), 1985, S. 1289-1294.

Bürckert, Hans-Jürgen: Deduktion, Abduktion und Induktion, in: KI, Heft 3/92, S. 69-70.

Canaris, Claus-Wilhelm: Systemdenken und Systembegriff in der Jurisprudenz, 2. Auflage, Duncker und Humblot, Berlin 1983.

Castañeda, Hector-Neri: Ethics and logic: Stevensonianism revisited, Journal of Philosophy 64, 1967, S. 671-683.

Castañeda, Hector-Neri: A Problem for Utilitarianism, in: Analysis 28, 1968, S. 141-142.

Chisholm, R. M.: Contrary-to-Duty Imperatives and Deontic Logic, in: Analysis 24, 1963, S. 33-36.

Christaller, Thomas: Fliegen lernen, ohne Vogel zu werden, in: GMD-Spiegel 1/90, S. 26-29.

Clocksin, William F./Mellish, Christopher S.: Programming in Prolog, Second Edition, Springer Verlag, Berlin/Heidelberg 1984.

Coy, Wolfgang: Maschinelle Intelligenz - Industrielle Arbeit, in: R. Klischewski/S. Pribbenow (Hrsg.), ComputerArbeit, VAS Verlag für Ausbildung und Studium, Berlin 1989, S. 23-40.

Cremers, Armin B.: Einführung in die KI, Skript zur Vorlesung, Universität Dortmund, WS85/86.

Diederichsen, Uwe: Die "reducio ad absurdum" in der Jurisprudenz, in: G. Paulus/U. Diederichsen/C. W. Canaris (Hrsg.), Festschrift für Karl Larenz zum 70. Geburtstag, C. H. Beck Verlag, München 1973, S. 155-180.

Doyle, J.: A truth maintenance system, in: Artificial Intelligence 12, 1979, S. 231-272.

Dyer, Michael G.: Understanding Stories Through Morals and Remindings, in: Proceedings of the Eighth International Joint Conference on Artificial Intelligence (IJCAI-83), 1983, S. 75-77.

Dyer , Michael G.: The Role of Affects in Narratives, in: Cognitive Science, Vol. 7, No. 3, 1983, S. 211-242.

Ebenroth, Carsten Thomas/Becker, Helmut: EDV-gestützte Gestaltung internationaler Verträge, in: Computer und Recht, Heft 8/86, S. 504-510.

Eberle, Carl-Eugen/Garstka, Hansjürgen: Informationsprozesse bei innovativen Entscheidungen, in: Jan Harenburg/Adalbert Podlech/Bernhard Schlink (Hrsg.), Rechtlicher Wandel durch richterliche Entscheidung, S. 123-149.

Eck, Job van: A System of Temporally Relative Modal and Deontic Predicate Logic and its Philosophical Applications, Department of Philosophy, University of Groningen, 1981.

Eckmiller, Rolf: Blindflug mit der Erde, in: Innovatio 5/92, S. 70-73.

Esser, Josef: Vorverständnis und Methodenwahl in der Rechtsfindung, Athenäum-Fischer-Taschenbuchverlag, Frankfurt 1972.

Engisch, Karl: Logische Studien zur Gesetzesanwendung, 3. Auflage, Heidelberg 1963.

Engisch, Karl: Einführung in das juristische Denken, Kohlhammer Verlag, Stuttgart 1977.

Engisch, Karl: Begriffseinteilung und Klassifikation in der Jurisprudenz, in: Gotthard Paulus/Uwe Diederichsen/Claus-Wilhelm Canaris (Hrsg.), Festschrift für Karl Larenz zum 70. Geburtstag, C. H. Beck Verlag, München 1973, S. 125-153.

Enquête-Kommission "Gestaltung der technischen Entwicklung; Technikfolgen-Abschätzung und -Bewertung": Chancen und Risiken des Einsatzes von Expertensystemen in Produktion und Medizin, Bundestags-Drucksache 11/7990.

Ferrari, Giacomo/Biagioli, Carlo: Principles for the Formal Representation of Legislative Statements, in: A. A. Martino/F. Socci Natali (Eds.), Automated Analysis of Legal Texts, North-Holland, Amsterdam 1986, S. 483-493.

Fiedler, Herbert: Juristische Logik in mathematischer Sicht, in: Archiv für Rechts- und Sozialphilosophie, Band LII (1966), S. 93-116.

Fiedler, Herbert: Functional Relations between Legal Regulations and Software, in: Bryan Niblett (Ed.), Computer Science and Law, Cambridge University Press, 1980, S. 137-146.

Fiedler, Herbert: Expert Systems As a Tool for Drafting Legal Decisions, in: A. A. Martino/F. Socci Natali: (Eds.) Automated Analysis of Legal Texts, North-Holland, Amsterdam 1986, S. 607-612.

Fiedler, Herbert: Orientierung über juristische Expertensysteme, in: Computer und Recht, 5/87, S. 325-331.

Fiedler, Herbert: Entmythologisierung von Expertensystemen, Einführung in die Thematik für Recht und öffentliche Verwaltung, in: H. Bonin (Hrsg.), Entmythologisierung von Expertensystemen, S. 1-11.

Fiedler, Herbert/Barthel, Thomas/Voogd, Gerhard: Untersuchungen zur Formalisierung im Recht als Beitrag zur Grundlagenforschung juristischer Datenverarbeitung (UFORED), Westdeutscher Verlag, Opladen 1984.

Fiedler, Herbert/Gordon, Thomas F.: Recht und Rechtsanwendung als Paradigma wissensbasierter Systeme, in: W. Brauer/W. Wahlster (Hrsg.), Wissensbasierte Systeme, Proceedings, Springer Verlag, Berlin/Heidelberg 1987, S. 63-77.

Fiedler, Herbert/Traunmüller, Roland (Hrsg.): Formalisierung im Recht und Ansätze juristischer Expertensysteme, Reihe: Arbeitspapiere Rechtsinformatik, Heft 21, J. Schweitzer Verlag, München 1986.

Fiedler, Herbert/Traunmüller, Roland: Formalisierung im Recht und juristische Expertensysteme, in: G. Hommel/S. Schindler (Hrsg.), Proceedings der 16. GI-Jahrestagung, Springer Verlag, Berlin/Heidelberg, 1986, Band 2, S. 367-369.

Fiedler, Herbert/Traunmüller, Roland: Methodisches Vorgehen in Recht und Informatik im Vergleich - Rechtsanwendung und Systemkonzeption als Modellbildungsprozesse, in: M. Paul (Hrsg.), Proceedings der 19. GI-Jahrestagung, Springer Verlag, Berlin/Heidelberg, 1989, Band 2, S. 2-27.

Flores, F./Winograd, T.: Understanding Computers and Cognition, Ablex Publishing Corporation, Norwood, New Jersey 1986.

Fohmann, Lothar H.: Die Informationale Programmiersprache IPL, R. Oldenbourg Verlag, München 1985.

Franzen, Richard: Expertensysteme im Recht, in: H. Fiedler/R. Traunmüller (Hrsg.), Formalisierung im Recht und Ansätze juristischer Expertensysteme, S. 131-165.

Gadamer, Hans Georg: Wahrheit und Methode, Grundzüge einer philosophischen Hermeneutik, Verlag Mohr, Tübingen 1975.

Gardner, Anne von der Lieth: An Artificial Intelligence Approach to Legal Reasoning, MIT-Press, Cambridge 1987.

Garstka, Hansjürgen: Zum Seminar "Logische Strukturen von Normensystemen", in: D. Rave/H. Brinckmann/K. Grimmer (Hrsg.), Logische Struktur von Normensystemen am Beispiel der Rechtsordnung, Darmstadt 1971, S. 119-123.

Garstka, Hansjürgen: Regelkreismodelle des Rechts, Reihe Arbeitspapiere Rechtsinformatik, Heft 18, J. Schweitzer Verlag, München 1983.

Geiger, Hansjörg/Schneider, Jochen: Der Umgang mit Computern, C. H. Beck Verlag, München 1975.

Gerathewohl, Peter: Erschließung unbestimmter Rechtsbegriffe mit Hilfe des Computers. Ein Versuch am Beispiel der "angemessenen Wartezeit" bei §142 StGB, Dissertation, Tübingen 1987.

Goebel, Jürgen W. /Schmalz, Reinhard: Problems of Applying Legal Expert Systems in Legal Practice, in: A. A. Martino/F. Socci Natali (Eds.), Automated Analysis of Legal Texts, Amsterdam 1986, S. 613-623.

Goldman, Seth R./Dyer, Michael G./Flowers, Margot: Learning to Understand Contractual Situations, in: Proceedings of the Ninth International Joint Conference on Artificial Intelligence (IJCAI-85), 1985, S. 291-293.

Gordon, Thomas F.: Eine abduktive Theorie juristischer Streitfragen, Arbeitspapiere der GMD, Nr. 628, März 1992.

Gordon, Thomas F.: Künstliche Intelligenz und Recht, Teil 1, in: jur-PC 5/90.

GSF-Medis: Chancen und Risiken des Einsatzes von Expertensystemen in der Medizin. Gutachten im Auftrag der Enquête-Kommission "Technikfolgenabschätzung und Bewertung" des 11. Deutschen Bundestages. Erstellt von: Institut für Medizinische Informatik und Systemforschung (Medis) der Gesellschaft für Strahlen- und Umweltforschung (GSF), Neuherberg, Dezember 1988.

Haag, Karl/Wagner, Heinz: Die moderne Logik in der Rechtswissenschaft, Verlag Gehlen, Bad Homburg v. d. H. 1970.

Habel, Christopher: Perspektiven einer logischen Fundierung der KI, in: KI, Heft 3/92, S. 7-13.

Häberle, Peter: Grundrechtsgeltung und Grundrechtsinterpretation im Verfassungsstaat, in: Juristenzeitung (JZ) 1989, S. 913-919.

Haft, Fritjof: Von der Datenverarbeitung zur Problemverarbeitung, in: Datenverarbeitung, Steuern, Wirtschaft, Recht (DSWR), Heft 12, 1983, S. 279-282.

Haft, Fritjof: Recht und Sprache, in: A. Kaufmann/W. Hassemer (Hrsg.), Einführung in Rechtsphilosophie und Rechtstheorie der Gegenwart, S. 233-255.

Haft, Fritjof/Lehmann, Hein (Hrsg.): Das LEX-Projekt, Reihe: Neue Methoden im Recht, Band 6, Attempto-Verlag, Tübingen 1989.

Hagemann, Reiner: Die Anwendung der automatischen Datenverarbeitung in der Rechtsfindung, speziell im Subsumtionsprozeß, Dissertation, Hochschule für Verwaltungswissenschaften, Speyer 1978.

Harenburg, Jan/Podlech, Adalbert/Schlink, Bernhard (Hrsg.): Rechtlicher Wandel durch richterliche Entscheidung, Toeche-Mittler Verlag, Darmstadt 1980.

Harmon, P./King, D.: Expertensysteme in der Praxis, R. Oldenbourg Verlag, München 1987.

Hartleb, Uwe: Juristische Expertensysteme, in: Neue Richtervereinigung (Hrsg.), Computerisierung der Justiz, Leonberg 1987, S. 41-76.

Heisenberg, Werner: Das Naturbild der heutigen Physik, in: W. Heisenberg, Schritte über Grenzen, 5. Auflage, R. Piper Verlag, München 1984.

Heisenberg, Werner: Der Teil und das Ganze, 9. Auflage, Deutscher Taschenbuch Verlag, München 1985.

Heizmann, Susanne/Zimmermann, Elke: Eine Symbolics, die Deutsch kann ..., Maschinelle Übersetzung - besser als ihr Ruf ?, in: c´t, Heft 1, 1990, S. 34-48.

Heller, Theodor: Logik und Axiologie der analogen Rechtsanwendung, Walter de Gruyter Verlag, Berlin 1961.

Herberger, Maximilian/Simon, Dieter: Wissenschaftstheorie für Juristen, Alfred Metzner Verlag, Frankfurt/Main 1980.

Herzberg, Rolf Dietrich: Kritische Überlegungen zur Methodik der Fallbearbeitung, in: Juristische Schulung, Heft 9, 1990, S. 728-732.

Hohner, Rainer/Schöller, Heinz: Regeln für den Umgang mit dem Bürger - Pragmatische Ansätze zur Sicherung der Interaktionsfähigkeit der Verwaltung: in: Wolfgang Hoffmann-Riem (Hrsg.): Bürgernahe Verwaltung? Analysen über das Verhältnis von Bürger und Verwaltung, Luchterhand Verlag, Neuwied/Darmstadt 1979, S. 161-173.

Hummler, Konrad: Automatisierte Rechtsanwendung und Rechtsdokumentation, (Dissertation), Reihe Computer und Recht, Band 12, Schulthess Polygraphischer Verlag, Zürich 1982.

IAO/FpF: Abschätzung möglicher Anwendungen und Auswirkungen von Expertensystemen im Produktionsbetrieb. Gutachten im Auftrag der Enquête-Kommission "Technikfolgenabschätzung und Bewertung" des Deutschen Bundestages. Erstellt vom

Verein zur Förderung produktionstechnischer Forschung e.V (FpF) in Kooperation mit dem Fraunhofer-Institut für Arbeitswissenschaft und Organisation (IAO), Stuttgart 1988.

ISF: Expertensysteme und Qualifikation industrieller Fachkräfte, Gutachten über denkbare Auswirkungen der Anwendung von Expertensystemen in der fertigenden Industrie, erstellt vom Institut für Sozialwissenschaftliche Forschung (ISF), München 1989.

Jerschke, Hans-Ulrich: Die Wirklichkeit als Muster - Der richtige Weg zum gerechten Vertrag, in: Deutsche Notarzeitschrift (DNotZ) 1989 (Sonderheft), S. 21-43.

Karpf, Jørgen: The Future and Other Time Issues in Legal Representation, Material zur Konferenz: Expert Systems in Law, Bologna, May 1989.

Kaufmann, Arthur/Hassemer, Winfried (Hrsg.): Einführung in Rechtsphilosophie und Rechtstheorie der Gegenwart, 5. Auflage, C. F. Müller Verlag, Heidelberg 1989.

Kelsen, Hans/Klug, Ulrich: Rechtsnormen und logische Analyse, Briefwechsel 1959-65, Verlag Franz Deuticke, Wien 1981.

Kilian, Wolfgang: Juristische Entscheidung und elektronische Datenverarbeitung, Toeche-Mittler Verlag, Darmstadt 1974.

Kilian, Wolfgang: Mathematische Logik und Recht, in: Der Betrieb 1971, Heft 6, S. 273-277.

Kinnebrock, Werner: Neuronale Netze, Oldenbourg Verlag, München 1992.

Kleer, J. de: An Assumption-based TMS, in: Artificial Intelligence 28, 1986, S. 127-162.

Klug, Ulrich: Bemerkungen zur logischen Analyse einiger rechtstheoretischer Begriffe und Behauptungen, in: Max Käsbauer/Franz von Kutschera (Hrsg.), Festschrift für Wilhelm Britzelmayr, 1962.

Klug, Ulrich: Juristische Logik, 4. Auflage, Springer Verlag, Berlin/Heidelberg 1982.

Koch, Hans Joachim: Unbestimmte Rechtsbegriffe und Ermessensermächtigungen im Verwaltungsrecht, Alfred Metzner Verlag, Frankfurt/M 1979.

Koch, Hans-Joachim/Trapp, Rainer: Richterliche Innovation - Begriff und Begründbarkeit, in: Jan Harenburg/Adalbert Podlech/Bernhard Schlink (Hrsg.), Rechtlicher Wandel durch richterliche Entscheidung, S. 83-121.

Koch, Hans-Joachim: Die Begründung von Grundrechtsinterpretationen, in: Europäische Grundrechtezeitschrift, 1986, S. 345-361.

Koch, Hans Joachim/Rüßmann, Helmut: Juristische Begründungslehre, C. H. Beck Verlag, München 1982.

Kowalski, Christian: Lösungsansätze für juristische Expertensysteme (Warum kann und soll es juristische Expertensysteme geben?), Inaugural-Dissertation, Tübingen 1987.

Kowalski, Robert/Sergot, Marek: A Logic-based Calculus of Events, in: New Generation Computing, 4, 1986, S. 67-95.

Kraft, Matthias: Sophos 1.0 - Eine Wissensdatenbank. Teil 1 in: jur-pc 3/90, S. 496-504. Teil 2 in: jur-pc 4/90, S. 540-546.

Ladeur, Karl-Heinz: Rechtstheoretische Probleme der Entwicklung juristischer Expertensysteme, Teil 1, jur 10/88, S. 379-385.

Larenz, Karl: Methodenlehre der Rechtswissenschaft, 6. Auflage, Springer Verlag, Berlin/Heidelberg 1991.

Lehmann, Hubert/Zoeppritz, Magdalena: Formale Behandlung des Begriffs "Pflicht", in: G. Hommel/S. Schindler (Hrsg.), Proceedings der 19. GI-Jahrestagung, Springer Verlag, Berlin/Heidelberg, 1986, Band II, S. 392-405.

Lehnert, Wendy G./Dyer, Michael G./Johnson, Peter N./Yang, C. J./Harley, Steve: BORIS - An Experiment in In-Depth Understanding of Narratives, Artificial Intelligence 20, 1983, S. 15-62.

Leith, Philip: Clear Rules and Legal Expert Systems, in: A. A. Martino/F. Socci Natali (Eds.), Automated Analysis of Legal Texts, North-Holland, Amsterdam 1986, S. 661-679.

Lenk, Hans (Hrsg.): Normenlogik, Verlag Dokumentation, Pullach 1974.

Lenk, Klaus: Gesellschaftliche Auswirkungen der Informationstechnik, in: Nachrichten für Dokumentation 33, 1982, Nr. 6, S. 200-211.

Lenk, Klaus: Informationstechnik und Gesellschaft, in: Günter Friedrichs/Adam Schaff (Hrsg): Auf Gedeih und Verderb, Rowohlt Verlag, Wien/München/Zürich 1982, S. 295-335.

Lenk, Klaus: Anforderungen an Expertensysteme und an ihren Erstellungsprozeß, in: Hinrich Bonin (Hrsg.), Entmythologisierung von Expertensystemen, Decker und Müller Verlag, 1990, S. 67-78.

Lennartz, Hans Albert: Probleme der Automatisierung richterlicher Informationsverarbeitung - am Beispiel juristischer Expertensysteme, in: Datenschutz und Datensicherung 6/90, S. 288-292.

Luft, Alfred Lothar: Informatik als Technik-Wissenschaft, BI Wissenschaftsverlag, Mannheim 1988.

Lutterbeck, Bernd: Entscheidungstheoretische Bemerkungen zum Gewaltenteilungsprinzip, in: Wolfgang Kilian/Klaus Lenk/Wilhelm Steinmüller (Hrsg.): Datenschutz, Toeche-Mittler-Verlag, Darmstadt 1972, S. 187-205.

Lutterbeck, Bernd: Parlament und Information, Oldenbourg Verlag, München 1977.

Lutterbeck, Bernd: Automation geistiger Arbeit von Juristen, in: Neue Richtervereinigung (Hrsg.), Computerisierung der Justiz, Leonberg 1987, S. 78-94.

Lutterbeck, Bernd: Gesellschaftliche Instrumente der Kontrolle und Steuerung von Informationstechnik, in: Computer und Recht, Heft 7, 1988, S. 596-600.

Martial, Frank von: Einführung in die verteilte KI, in: Künstliche Intelligenz 1/92, S. 6-11.

Martino, A. A. (Ed.): Deontic Logic, Linguistics and Legal Information Systems, North-Holland, 1982.

Martino, Antonio A./Socci Natali, F. (Eds.), Automated Analysis of Legal Texts, North-Holland, Amsterdam 1986.

Martino, Antonio A./Abba, Laura/Asirelli, Patrizia/Cammelli, Antonio/Mariani, Paola/Martinelli, Maurizio/Socci, Fiorenza/Tiscornia, Daniela: Knowledge Base in the Automated Analysis of Legislation, in: A. A. Martino/F. Socci Natali (Eds.), Automated Analysis of Legal Texts, North-Holland, Amsterdam 1986, S. 281-306.

Martino, Antonio A.: Legal Models, Rationality and Informatics, in: A. A. Martino/F. Socci Natali (Eds.), Automated Analysis of Legal Texts, North-Holland, Amsterdam 1986, S. 269-279

McCarthy, John: Programs with Common Sense, in: Ronald J. Brachman/Hector J. Levesque (Eds.), Readings in Knowledge Representation, Morgan Kaufmann Publishers, Los Altos, CA, 1985, S. 299-308.

McCarty, L. Thorne: The TAXMAN Project: Towards a Cognitive Theory of Legal Argument, in: Bryan Niblett (Ed.), Computer Science and Law, Cambridge University Press, 1980, S. 23-43.

McCarty, L. Thorne: Permissions and Obligations, in: Charles Walter (Ed.), Computing Power and Legal Reasoning, S. 573-594.

McCarty, L. Thorne: Artificial Intelligence and Law: How to Get There from Here, in: Ratio Juris, Vol. 3, No. 2, July 1990, S. 189-200.

Morscher, Edgar: Antinomies and Incompatibilities Within Normative Languages, in: A. A. Martino (Ed.), Deontic Logic, Linguistics and Legal Information Systems, S. 83-102.

Mulder, Richard V. de: A Model for Legal Decision Making By Computer, in: A. A. Martino/F. Socci Natali (Eds.), Automated Analysis of Legal Texts, North-Holland, Amsterdam 1986, S. 581-592.

N. N.: Mit Verbmobil sollen Sprachbarrieren überwunden werden, in: BMFT-Journal, Nr. 1, Februar 1992.

Nagel, Stuart S.: Microcomputers and Judicial Prediction, in: A. A. Martino/F. Socci Natali (Eds.), Automated Analysis of Legal Texts, North-Holland, Amsterdam 1986, S. 681-702.

Neumann, Ulfried: Juristische Logik, in: A. Kaufmann/W. Hassemer (Hrsg.), Einführung in Rechtsphilosophie und Rechtstheorie der Gegenwart, S. 256-280.

Nilsson, Nils J.: Principles of Artificial Intelligence, Springer Verlag, Berlin/Heidelberg 1982.

Oechsler, Jürgen: Juristische Programme der "zweiten Generation" ? Teil 1 in: jur-pc 3/90, S. 505-512. Teil 2 in: jur-pc 4/90, S. 548-551.

Oskamp, Anja/Vandenberghe, Guy P.V.: Legal Thinking and Automation, in: A. A. Martino/F. Socci Natali (Eds.), Automated Analysis of Legal Texts, North-Holland, Amsterdam 1986, S. 105-114.

Perelman, Chaim: Juristische Logik als Argumentationslehre, Karl Alber Verlag, Freiburg/München 1979.

Philipps, Lothar: Kombinatorik strafrechtlicher Lehrmeinungen, in: A. Podlech, Rechnen und Entscheiden, Berlin, 1977, S. 221-254.

Philipps, Lothar: Rechtssätze in einem Expertensystem, in: Herbert Fiedler/Roland Traunmüller (Hrsg.): Formalisierung im Recht und Ansätze juristischer Expertensysteme, S. 96-112.

Philipps, Lothar: Using an Expert System in Testing Legal Rules, in: A. A. Martino/F. Socci Natali (Eds.), Automated Analysis of Legal Texts, North-Holland, Amsterdam 1986, S. 703-710.

Podlech, Adalbert: Gehalt und Funktionen des allgemeinen verfassungsrechtlichen Gleichheitssatzes, Verlag Duncker und Humblot, Berlin 1971.

Podlech, Adalbert: Rechnen und Entscheiden, Verlag Duncker und Humblot, Berlin 1971.

Podlech, Adalbert: Wertungen und Werte im Recht, in: Archiv des öffentlichen Rechts, Nr. 95, 1970, Heft 2, S. 185-223.

Popp, Walter/Schlink, Bernhard: Skizze eines intelligenten juristischen Informationssystems, in: Datenverarbeitung im Recht (DVR) 1975, S. 1-28.

Popp, Walter/Schlink, Bernhard: Artificial Intelligence (AI) in der Rechtsinformatik - Stationen einer Forschungsreise in Nordamerika, Datenverarbeitung im Recht (DVR) 1975, S. 294 - 340.

Prior, A. N.: Formal Logic, Clarendon Press, Oxford 1955.

Prior, A. N.: The Paradoxes of Derived Obligation, in: Mind 63, 1954, S. 64-65.

Rave, Dieter/Brinckmann, Hans/Grimmer, Klaus (Hrsg.): Logische Struktur von Normensystemen am Beispiel der Rechtsordnung, Referate und Protokolle der Arbeitstagung im Deutschen Rechenzentrum Darmstadt, 1. bis 3. Oktober 1970, Darmstadt, Dezember 1971.

Rissland, Edwina L./Valcarce, Eduardo M./Ashley, Kevin D.: Explaining and Arguing with Examples, in: Proceedings of the National Conference on Artificial Intelligence (AAAI-84), 1984, S. 288-294.

Rittel, Horst W. J.: Urteilsbildung und Urteilsrechtfertigung, in: Jan Harenburg/Adalbert Podlech/Bernhard Schlink (Hrsg.), Rechtlicher Wandel durch richterliche Entscheidung, Darmstadt 1980, S. 55-79.

Ross, Alf: Imperatives and Logic, in: Philosophy of Science 11, 1944, S. 30-46.

Rödig, Jürgen: Die Denkform der Alternative in der Jurisprudenz, Springer Verlag, Berlin/Heidelberg 1969.

Rödig, Jürgen: Schriften zur juristischen Logik, Hrsg. von Elmar Bund/Burkhard Schmiedel/Gerda Thieler-Mevissen, Springer Verlag, Berlin/Heidelberg 1980.

Rödig, Jürgen: Kennzeichnung der axiomatischen Methode, in: Jürgen Rödig, Schriften zur juristischen Logik, S. 57-64.

Rödig, Jürgen: Axiomatisierbarkeit juristischer Systeme, in: Jürgen Rödig, Schriften zur juristischen Logik, S. 65-106.

Rödig, Jürgen: Ein Kalkül juristischen Schließens, in: J. Rödig, Schriften zur juristischen Logik, Berlin/Heidelberg 1980, S. 107-158.

Rödig, Jürgen: Kritik des Normlogischen Schließens, in: Jürgen Rödig, Schriften zur juristischen Logik, S. 169-184.

Rödig, Jürgen: Logik und Rechtswissenschaft, in: Dieter Grimm (Hrsg.): Rechtswissenschaft und Nachbarwissenschaften, 2. Band, C. H. Beck Verlag, München 1976.

Savigny, Friedrich Karl von: System des heutigen Römischen Rechts, Band I, 1840.

Schank, Roger/Abelson, Robert: Scripts, Plans, Goals and Understanding; Lawrence Erlbaum Associates, Hillsdale, NJ 1977.

Schlink, Bernhard: Das Spiel um den Nachlaß, in: Adalbert Podlech: Rechnen und Entscheiden, S. 113 -142.

Schmalhofer, Franz/Thoben, Jörg: The Model-Based Construction of a Case-Oriented Expert System, in: AI Communications, 5(1), 1992, S. 3-18.

Schneider, Egon: Logik für Juristen, 3. Auflage, Verlag Vahlen, München 1991.

Schneider, Jochen: Information und Entscheidung des Richters, Verlag Rolf Gremer, Ebelsbach 1980, S. 207.

Schneider, Jochen/Schroth, Ulrich: Determination, Argumentation und Entscheidung, in: Arthur Kaufmann/Winfried Hassemer (Hrsg.), Einführung in Rechtsphilosophie und Rechtstheorie der Gegenwart, S. 421-464.

Schnupp, Peter/Leibrandt, Ute: Expertensysteme, Springer Verlag, Berlin/Heidelberg 1986.

Schreiber, Rupert: Logik des Rechts, Springer Verlag, Berlin/Heidelberg 1962.

Stamper, Ronald K.: The Role of Semantics in Legal Expert Systems and Legal Reasoning, in: Ratio Juris, Vol. 4, No. 2, July 1991, S. 219-244.

Stein, Ekkehart: Methoden der Verfassungsinterpretation und der Verfassungskonkretisierung, Reihe Alternativkommentare, Grundgesetz Band I, Luchterhand Verlag, Neuwied 1984.

Stranzinger, Rudolf: Die Paradoxa der deontischen Logik, in: Ilmar Tammelo/Helmut Schreiner, Grundzüge und Grundverfahren der Rechtslogik, Band 2, S. 142-159.

Strasser, Andreas: Strukturierte Darstellung juristischen Wissens, in: M. Paul (Hrsg.), Proceedings der 19. GI-Jahrestagung, Springer Verlag, Berlin/Heidelberg 1989, Band 2, S. 112-124.

Sulz, Jürgen: LEX1 - Prototyp eines juristischen Expertensystems, in: Fritjof Haft/Hein Lehmann (Hrsg.), Das LEX-Projekt, S. 77-114.

Susskind, Richard E.: Expert Systems in Law, Clarendon Press, Oxford 1987.

Susskind, Richard E.: Pragmatism and Purism in Artificial Intelligence and Legal Reasoning, Paper im Rahmen der Tagung "Expert Systems in Law", Bologna, 3.-5. Mai 1989.

Tammelo, Ilmar/Schreiner, Helmut: Grundzüge und Grundverfahren der Rechtslogik, Verlag Dokumentation, München, Band 1 1974, Band 2 1977.

Teubner, Gunther: Die Episteme des Rechts, in: Dieter Grimm (Hrsg.), Wachsende Staatsaufgaben - sinkende Steuerungsfähigkeit des Rechts, Nomos Verlag, Baden-Baden 1990, S. 115-154.

Thompson, Henry: Empowering Automatic Decision-Making Systems: General Intelligence, Responsibility and Moral Sensibility, in: Proceedings of the Ninth International Joint Conference on Artificial Intelligence (IJCAI-85), 1985, S. 1281-1283.

Thorne, John/Ugarte, Miguel: Using Purposes of the Law in Legal Expert Systems, in: A. A. Martino/F. Socci Natali (Eds.), Automated Analysis of Legal Texts, North-Holland, Amsterdam 1986, S. 711-716.

Turing, A. M.: Computing Machinery and Intelligence, in: Mind 59, 1950, S. 433-460.

Viehweg, Theodor: Topik und Jurisprudenz, 5. Auflage, C. H. Beck Verlag, München 1974.

Wälde, Thomas W.: Juristische Folgenorientierung, Athenäum Verlag, Königstein/Ts 1979.

Walter, Charles (Ed.): Computing Power and Legal Reasoning, Houston 1985.

Waterman, Donald A./Paul, Jody/Peterson, Mark: Expert System for Legal Decision Making, in: Expert Systems, Vol. 3, No. 4, S. 212-226.

Watzlawick, Paul: Wie wirklich ist die Wirklichkeit, 16. Auflage, R. Piper Verlag, München 1978.

Weizenbaum, Joseph: Die Macht der Computer und die Ohnmacht der Vernunft, Suhrkamp Verlag, Frankfurt 1978.

Weinberger, Ota: Rechtslogik, 2. Auflage, Verlag Duncker und Humblot, Berlin 1989.

Wessel, Horst: Logik, Deutscher Verlag der Wissenschaften, Berlin 1989.

Wieacker, Franz: Rechtsgewinnung durch elektronische Datenverarbeitung?, in: Hans C. Ficker et al. (Hrsg.), Festschrift für Ernst v. Caemmerer, Verlag J.C.B. Mohr, Tübingen 1978, S. 45-71.

Wiefel, Susanne: Anwendungsbeispiel "Immobiliarverträge": Jura und Knowledge Engineering im Grundlagenforschungsprojekt KOKON. Forschungsbericht. Hrsg. von: Systemtechnik Berner und Mattner GmbH, München-Ottobrunn 1989.

Wright, Georg Henrik von: Deontic logic, in: Mind 60, 1951, S. 1-15.

Wright, Georg Henrik von: A Note on Deontic Logic and Derived Obligation, in: Mind 65, 1956, S. 507-509.

Wright, Georg Henrik von: Norm and Action. A Logical Inquiry, London 1963.

Wright, Georg Henrik von: A New System of Deontic Logic, in: Risto Hilpinen, Deontic Logic, D. Reidel Publishing Company, Dordrecht 1971, S. 105-120.

Wright, Georg Henrik von: The Logic of Action - A Sketch, in: Nicholas Rescher (Ed.), The Logic of Decision and Action, University of Pittsburgh Press, Pittsburgh 1967, S. 121-136.

Wright, Georg Henrik von: Deontic Logics, American Philosophical Quarterly 4, 1967, S. 136-144.

Wright, Georg Henrik von: Handlungslogik, in: H. Lenk (Hrsg.), Normenlogik, Pullach 1974, S. 25-38.

Wright, Georg Henrik von: Norms, Truth and Logic, in: A. A. Martino (Ed.), Deontic Logic, Linguistics and Legal Information Systems, North-Holland, Amsterdam 1982.

Wolf, Gerhard: juris - ein denkbar einfacher Zugang zu allen Informationen, die Sie brauchen?, jur-pc; Heft 4/92, S. 1524-1536.

Yoshino, H./Kagayama, S./Ohta, S./Kitahara, M./Kondoh, H./Nakakawaji, M/Ishimaru, K/Takao, S.: Expert System LES-2, in: Eiiti Wada (Ed.), Proceedings of the 5th Conference on Logic Programming '86, Springer Verlag, Berlin/Heidelberg, S. 34-45.

Zarri, Gian Piero: The Use of Inference Mechanisms in the Interrogation of Relational Databases, in: A. A. Martino/F. Socci Natali (Eds.), Automated Analysis of Legal Texts, North-Holland, Amsterdam 1986, S. 917-930.

Zippelius, Reinhold: Einführung in die juristische Methodenlehre, 2. Auflage, C. H. Beck Verlag, München 1974.

Anhang 1
Übersicht über juristische Expertensysteme

Die folgende tabellarische Übersicht nennt in Kurzform die wichtigsten Merkmale der dieser
Arbeit zugrundeliegenden Expertensysteme. Die Übersicht nennt zunächst die Systeme aus dem
deutschsprachigen Raum. Anschließend werden weitere europäische Systeme vorgestellt.
Schließlich folgen die Systeme aus dem außereuropäischen Bereich.

Das Darstellungsschema

Die Darstellung der einzelnen Produkte erfolgt anhand eines Rasters, dessen Felder im
folgenden näher erläutert werden:

Name des Systems

In einigen Fällen enthielten die Systembeschreibungen keinen speziellen Namen.
In einem solchen Fall wird der angegebene Name des Systems entweder von dem Entwickler
oder einer charakteristischen Funktion des Systems abgeleitet. Diese abgeleiteten Namen
werden in Anführungszeichen notiert.

Land

Angabe des Landes, in dem die Systementwicklung durchgeführt wurde. Für den europäischen
Bereich wurden die KFZ-Nationalitätenkennzeichen benutzt. Im Überseebereich wurden folgende
Abkürzungen verwendet:

USA	Vereinigte Staaten von Amerika
J	Japan
ARG	Argentinien
CAN	Kanada
AUS	Australien

Entwickler (abgekürzt: Entw)

Hier wird die Art der Einrichtung bezeichnet, die das System entwickelt hat.
Dabei bedeutet:

U	Universität
B	Behörde
F	Privatwirtschaftlich organisiertes Unternehmen
I	Institut

Typ

Es geschieht eine Zuordnung zu einer der Systemklassen, die in Kapitel 1.5 dargestellt wurden. Dabei werden folgende Abkürzungen benutzt:

Arg	Argumentationshilfesystem
DSS	Entscheidungshilfesystem (Decision Support System)
Kons	Konsultationssystem
DokKonfig	Dokumentenkonfigurationssystem
IIS	intelligentes Informationssystem
nat-spr. Sys	natürlichsprachliches System
CBS	Fallbasiertes System (Case Based System)
HybrSyst	Hybrides System (fall- und regelbasiert)
intell DB-Anschluß	intelligenter Datenbankanschluß
Vorgangsb	Vorgangsbearbeitung
Grundl	Grundlagenforschung
HLL	spezielle Programmiersprache

Stadium

Das Entwicklungsstadium, das zum Zeitpunkt der letzten Veröffentlichung über das System erreicht wurde, wird angegeben.

E	System ist noch in Entwicklung
Ef	System befindet sich in der Entwurfsphase
P	Prototyp
Ei	System wird (z.B. in einer Behörde) eingesetzt
K	System wird kommerziell angeboten
Test	System befindet sich im Anwendungstest
X	System wurde nur kurzfristig am Markt angeboten

Juristischer Anwendungsbereich

Der Anwendungsbereich wird durch Angabe der bearbeiteten Rechtsgebiete beschrieben. In der Literatur beschriebene Beispielanwendungen universeller Systeme werden durch die Abkürzung "Bsp" gekennzeichnet. Ein Eintrag "U; Bsp: Täterschaft, Teilnahme" ist zu lesen als: "Das System ist universell einsetzbar. Es gibt Beispielanwendungen zu den Themen Täterschaft und Teilnahme".

Bedeutung der Abkürzungen:

AWG	Außenwirtschaftsgesetz
AWV	Außenwirtschaftsverordnung
EStG	Einkommensteuergesetz
IRS	Internal Revenue Service
IS	Informationssystem
G	Gesetz
GGVS	Gefahrgutverordnung Straße
R (z.B. in ArbeitsR)	Recht
TA Luft	Technische Anleitung zur Reinhaltung der Luft
U	Universell einsetzbar
UCC	Uniform Commercial Code
V	Verordnung
StGB	Strafgesetzbuch

Theoretische Basis

Aus informatischer Sicht werden besondere Merkmale der Systemarchitektur genannt.

Verwendete Abkürzungen:

AL	Aussagenlogik
ATMS	Assumption Based Truth Maintenance System
ATN	Augmented Transition Network
BB	Blackboard
BFS	Breitensuche (Breadth First Search)
BWC	Rückwärtsverkettung (Backward Chaining)
CBR	Case Based Reasoning
CF	Certainty Factors
DL	Deontische Logik
DN	Decision Network
DR	Default Reasoning
DRS	Discourse Representation Structures
DT	Entscheidungsbaum (Decision Tree)
EK	Erklärungskomponente
EK(Warum, Wie)	Erklärungskomponente, die auf Warum und Wie-Fragen antworten kann
FWC	Vorwärtsverkettung (Forward Chaining)
HE	Heuristiken
IL	Intuitionistische Logik
MCR	Multiple Context Reasoning
N-monL	Nichtmonotone Logik
O	Objektorientierte Wissensrepräsentation
PL	Prädikatenlogik
R	Regeln
RelDB	Relationale Datenbank

SN	Semantische Netze
TMS	Truth Maintenance System
WEK	Wissenserwerbskomponente
WR	Wissensrepräsentation

Realisierung

Hier werden die Hardware-Plattformen sowie die benutzten Softwaretools (Shells, Programmiersprachen, ...) genannt.

Verwendete Abkürzungen:

BS	Betriebssystem
HLL	Programmiersprache (High Level Language)
HW	Hardware
MS	Microsoft
Oberfl	Oberfläche
WS	Workstation
XPS-Sh	Expertensystemshell

Zeit

Falls in den Quellen explizit genannt, ist hier vermerkt, wann das Projekt begonnen und gegebenenfalls beendet wurde. Wenn keine expliziten Angaben verfügbar sind, so wird hier angegeben, wann Veröffentlichungen der Entwickler über das System erschienen sind.

Name	Land	Ent w.	Typ	Stad ium	jur. Bereich	Th. Basis	Realisierung	Zeit
ACS	D	U	Arg-Shell	P	U	TMS, NmonL, BWC, BFS	Oberfl.: Modula-2, TML-Prolog	1988
"Adressie-rung"	D	B	DSS	E	ErbschaftssteuerR	R, EK	XPS-Sh: ESE. HW: IBM 3084	1990
"AFG-XPS"	D	U	DSS	P	Arbeitsförderungs G	R, EK (Warum, Wie)	HLL: Prolog; HW: PC; BS: MS/DOS	1990
ASTRA	D	F	DSS	K	12. BundesImmis-sionsschutzV	R, BWC	XPS-Sh: Domino Expert basierend auf Prolog, HLL: C. HW: Siemens MX2, MX 500; BS: SINIX 2.0	1986-89
BAT-MANN	D	F	DSS	K	Bundes-Angestellten-Tarifvertrag	R	XPS-Sh: Xi-Plus; BS: MS/DOS, OS/2, VAX/VMS, IBM/MVS	1989
DashXPS	D	U	Sonst, Vorgangs-bearbeitung	P	Berliner DatenschutzG	R, O	XPS-Sh: Babylon; HLL: CommonLisp; HW: Apple Macintosh	1990/91
Dialtue 1+2	D	U/ F	Shell	K	U	DT	Vers.1: HLL: Cobol; HW: Univac; Vers. 1.1 für PC; Vers. 2 Cobol und Assembler	1982-85
DISUM	D	U	DSS-Shell	P	U	DT	HLL: Fortran IV	1970
DOFLEX	D	U	DSS-Shell, Hypertext	P	U	R, AL, DT	BS: MS/DOS, Unix (Cadmus 9230); HLL Prolog	1989

Name	Land	Ent w.	Typ	Stad ium	jur. Bereich	Th. Basis	Realisierung	Zeit
ExperTeam Assistenz-Systeme	D	F	Kons, DokKonfig	E	ArbeitsR	R,O,BWC,Event-Driven-Programmierung, Hypertext	SW: MS Windows, MS Tool Kits, MS C, XPS-Sh: Knowledge Pro	1989-92
GEFOVEX	D	U	DokKonfig	P	Gestaltung von Gesellschafts-verträgen	R	XPS-Sh: Xi-Plus	um 1990
IJIS	D	U	IIS	Ef	U	SN		1975
Judith	D	U	DSS-Shell	P	U/ZivilR	DT	HLL: Fortran IV	1970
JUREX (Boenninger)	D	U	DSS-Shell		U	R, O, CF, WEK, EK (Wie, Warum)		1990
JUREX (Hartleb)	D	B	DSS-Shell	P	U; Bsp: Datenschutz, SozialR	R, AL	1) HLL: Cobol; BS: BS 2000(Siemens) 2) HLL: Basic; HW: PC; BS: MS/DOS	1986,87
JUTEXT	A	B	DokKonfig	P	U (Bereich Textverarb)	R, FWC, BWC, AL	HW: PC ; BS: MS/DOS	1989
KOKON	D	U/ F	DokKonfig	P	Grundstücks-Kaufverträge	R, O, C, N-monL, ATMS, Multiprozessor-BB	HW: Symbolics; BS: Unix 1. Version: HLL Prolog 2. Version: LUIGI (WR-Sprache)	1985-89
LEX-0	D	U/ F	DSS	P	§ 142 StGB	R	HLL: Prolog	1985-86

Name	Land	Ent w.	Typ	Stad ium	jur. Bereich	Th. Basis	Realisierung	Zeit
LEX-1	D	U/ F	nat-spr. Kons	P	§ 142 StGB	R, O, DRS, drei Wissensbasen (allg. jur. und linguistisches Wissen)	HLL: PL/1, USL, Prolog HW: IBM-Mainframe	1985-89
LEX-2	D	U/ F	DSS	P	§ 142 StGB	DN	HLL: Turbo-Prolog	1987
MAREX	D	U	DSS	P	Internationales MARPOL-Abkommen	R	HLL: Prolog	1990
Meldex/PC	D	F	DSS	K	AWG, AWV	R	XPS-Sh: Xi-Plus, BS: MS/DOS 3.3	1989
"Modell-bildung"	D	U	Shell f. Arg sowie DokKonfig	E	U; Bsp: EhescheidungsR	R, O, mehrsortige PL, ATMS, DR, Multiple Context Reasoning (MCR)	HLL: ML; BS: UNIX	1989
Münchener XPS (MULE)	D	U	DSS-Prototyp	P	U; Bsp: Täterschaft, Teilnahme	R, BWC, Regel/Ausnahme-Strukturen	XPS-Sh: Expert System Toolkit	1986
NIBEX-Melder	D	F	DSS	X	AWG, AWV, innerdeutscher Zahlungsverkehr	R, O (700-800 Regeln, 90 Objekte)	XPS-Sh: TWAICE	1986-89

Name	Land	Ent w.	Typ	Stadium	jur. Bereich	Th. Basis	Realisierung	Zeit
OBLOG 1, 2	D	U	HLL	P	U; Bsp: ErbR, SteuerR, StellvertreterR	R, O, Default Reasoning, modifizierte SLD-Resolution	1) LISP -> MRS -> OBLOG 2) Prolog	1986-88
REFOWEX	D	U	DSS	P	Rechtsformwahl für Unternehmen	R, EK	XPS-Sh: Xi-Plus	1991
RIS-Verweise	A	U/B	Textanalyse (IIS)	P	U	eigene Normalform der Zitierung	HLL: PL/1; SW-Umgebung: ISPF/PDF unter TSO	1989
Sophos 1.0	D	U	DSS-Shell	P	U	R, DT		1990
Strafrecht	CH		DSS	Ef	StrafR, StVG		HW: PC; BS: MS/DOS	1986
Struktur 2000	D	U/F	intell DB-Anschluß	Ef	U; Bsp: Informationssuche in Datenbank-Systemen	noch nicht festgelegt	XPS-Sh: TWAICE; SW: Tools zur Arbeit an graph. Oberfläche	1990-91
SUSA/ ProHaft ST	D	U	DSS-Shell	P[462]	U;Bsp:Produkt-haftungs-Richtlinie der EG	R, EK	HW: PC, Atari; HLL: Turbo Prolog	1989/90
TAXEGA	D	F	DSS	P	TA Luft	R, O	XPS-Sh: Nexpert Object, SW: Oracle	1990
TRANSEC	D	F	DSS	K	GGVS	R, O	XPS-Sh: TWAICE, Teile in C	

---

462 Das System wird als Public-Domain-Version angeboten.

Name	Land	Ent w.	Typ	Stadium	jur. Bereich	Th. Basis	Realisierung	Zeit
Unterhalts-sicherungsG	D		DSS	P	Unterhalts-sicherungsG	DT, 600 integrierte Fragen	Version 1: HW: IBM 370/168, HLL: Algol/Delft, PL/1 Version 2: HW: PC; SW: dBase II	1976-86
WIBEZ	D	B	DSS	P	§22 EStG	R (800 Regeln)	XPS-Sh: ESE; HW: IBM 3084	1990
WZ	D	U	CBS	P	Unbestimmte Rechtsbegriffe. Bsp: "Angemes-senheit" in § 142 StGB	induktives Arbeiten (fallbasiert)	XPS-Sh: Rule-Master; BS: MS/DOS	1986-87
1stCard	D	U/ F	DSS-Shell, Hypertext	K	U	DN, AL	HLL: GEM-Basic; HW: Atari ST	1989

Name	Land	Entw	Typ	Stadium	jur. Bereich	Th. Basis	Realisierung	Zeit
ACCI	GB	U	DSS	P	Company Tax Law	R, EK	SW: Advisor, VME; HW: ICL 2900	1984
Anaphora	PL	U	Textanalyse	E	U (Bereich Auflösung v. Querverweisen)	AL, (Frames)		1982
Automa Infortunistico	I	I	DSS	P	Verkehrsunfall-schäden			1976
British Nationality Act	GB	U	DSS, Grundl	P	British Nationality Act	R (nur aus Gesetz abgeleitet)	XPS-Sh: APES; HLL: microProlog; HW: Z80	1983-84
Bruitlog	F		DSS, IIS	P	KommunalR	R	HLL: Prolog	1985-86
CARAF	F		nat-spr. CBS	E	Allocation familiales	nat-spr. Schnittstelle, Induktion	HLL: Prolog	1980
CASE	GB		Sonstiges (Computer sentencing system)		Sentencing Process (Engl/Wales)	R, statistische Vorhersage		1989
DHSS	GB	U	Kons	E	Beihilfewesen	R, Event calculus	Shell: APES; HW: Sun WS, PC	1987
ELI (Leith)	IRL		DSS		Welfare Law	R, rechtstheor orientiert, BWC (eigener Interpreter entwickelt).Regeln können Informationen tragen, woher sie stammen	Impl.: Interlisp	ab 1982

Name	Land	Ent w	Typ	Stad ium	jur. Bereich	Th. Basis	Realisierung	Zeit
ELP Advisor(Envir onmental Law Protection)	I		DSS	P	Law No 1497 vom 29.6.1939	R, VWC (17 Abschnitte d. Gesetzes in 60 Regeln dargestellt), AL	Impl: Crystal (dies in C), Schnittstelle zu DBMS (Oracle 5.1)	1991
ESPLEX	I	I	Kons-Shell, Grundl	E	Vertragsrecht	R, O, FWC, BWC, PL, DL, SN, HE, Closed World Assumption	HLL: Prolog; spez. Inferenzmaschine	1983-87
IRI-Project	I		nat-spr. Sys	Ent w	Umweltrecht (environmental impact evaluation)	DL, PL incl. Modul für probabilistisches Schließen		
LABEO	I	I	IIS		U			1982
Latent Damage System	GB	U/ F	DSS	K	Latent Damage Act	R, eingeschränkte DL	XPS-Sh: Crystal	1986
LEGOL	GB	U	HLL	P	U; Bsp: SozialR, ErbR, SteuerR	Rel. DB, Tupel für Aktionen, Regeln zum Verändern		1976-82
LEIDRAAD	NL	U	?	P	Dutch Unemployment Insurance Law	R, DR, CF	Prolog	1989

Name	Land	Entw	Typ	Stadium	jur. Bereich	Th. Basis	Realisierung	Zeit
LEXIS	I		Sonstiges (Hilfe bei Gesetzgebung)		Eheschließung, -scheidung (Art. 84-92 It. Civil Code, Law No 989 v. 1.12. 1970)	R, VWC/BWC, DR	XPS-Sh: XiPlus, HW: PC mit mind. 512 K RAM	1989
"Martinelli-System"	I		DSS, CBS		Gesetzgebung zum Thema "fair rents"	Induktion, arithmetische Elemente		1983
Marzano-System	I		Sonstiges (Antragsanalyse, Vorgangsbearbeitung)		Tavolare (Rechtesicherung bei Grundstückskauf)	O (Frames, SN)	C; HW: PC; BS: MS/DOS bzw. XENIX System V. Zwei Textanalysemodule implementiert	1989
Methodus	I	U	Shell		Registration by road haulage workers	R, FWC, BWC, "Inferenznetzwerk"	HLL: Basic	1985,86
OECD-CERI	F	B	Textanalyse, IIS	P	IS für Studienbereich	Aus Text wird Algorithmus generiert		1974,75
"Patrizi/Franzosi-System"	I	U	CBS	P	Ähnlichkeit zweier Trademarks	Induktion		1977
PROLEXS	NL	U	Kons	E	Mietrecht	R, O, FWC, BWC, eigene WR-Sprache, BB, DR, TMS		1985-89

Name	Land	Entw	Typ	Stadium	jur. Bereich	Th. Basis	Realisierung	Zeit
PLUTO	S	B	DSS, DokKonfig	Test	Für Sozialarbeiter		Shell, die in LISP geschrieben ist, 6 Module in Pascal	
SARA	N	U	CBS	P	U (Bereich: Analyse von Entscheidungen)	Eingabewerte können gewichtet werden, Frames		1982
SEFIT	I			P	Staatliche Innovations-förderung	R (250), O, Klassen	XPS-Sh: Nexpert Object; HW: Macintosh	1989
SENPRO	NL	U	DSS		Strafhöhe	Hulsman Sentencing Model, Kosten-Nutzen-Analyse	HW: DEC 2050	1982
Xcite	N	U	DSS	P	Sect. 6 Norwegian Citizenship Act 1950	R, Regel-Ausnahme-Konstrukte	SW: Smalltalk/V, Window-Oberfläche	1989

Name	Land	Entw	Typ	Stadium	jur. Bereich	Th. Basis	Realisierung	Zeit
ABF-Prozessor	USA	F	DokKonfig	K	U, Dokumente für Anwälte	Sprache ABF, R, AL, BWC, Arithm.	Pascal auf IBM PC	1979
"Anne Gardner System"	USA	U	Grundl/ HybrSyst	E	Angebot und Annahme (im Zivilrecht)	R, BWC, CBR, Deduktion, Analogie, versch. Interpretationen können generiert werden, ATN, HE, DR	WR-Sprache MRS (realisiert in MacLisp); HW: DEC System 20	1983
A-Project	J	U	Kons		Vertragsrecht	AL	HLL: Basic; HW: NEC PC 8800	1982
ASSYST	USA			Ei	StrafR, Sentencing Reform Act		SW: C, Window System Panel Plus; HW: PC	
CABARET	USA	U	HybrSyst, Arghilfe	E	§ 280 A(c)(1) US Internal Revenue Code	R, eigene Ableitungskontrolle, HE, CF, MCR, FWC, BWC, CDL		1989
CACE	USA	U/F	DSS	E	StrafR (Rauschgiftdelikte)	R, Shallow System, DN		1989
CACTUS	USA	F	DSS/Grundl		StrafR		HLL: Turbo Prolog	1985
CCLIPS	USA	U	IIS		ZivilR (Louisiana Civil Code)	Normalisierung nach L. E. Allen, SN, eigene WR-Sprache ANF (begrenzt nat-sprachl. Dialog)	HLL: LISP	Ende 70er, 1985,86

Name	Land	Entw	Typ	Stadium	jur. Bereich	Th. Basis	Realisierung	Zeit
Chomexpert	Can		DSS	P	Canadian unemployment insurance law	Zeitbearbeitung, Open Texture geplant	Prolog; HW: Macintosh	1990
CHOOSE	USA	U	DSS	P	SteuerR		HLL: Basic	1981
CORPTAX	USA	U	DSS		SteuerR, IRS	DN	HLL: Basic	1980
Darwin	USA	U	Shell (für "law governd systems")		U	R, O, DL, versch. Kontrollstrategien, Meta-Regeln möglich	HLL: Quintus Prolog; HW: Sun WS	1987
DataLex	Aus	U	Shell für Kons/ HybrSys und Arg, Prozeß-simulation	E	U; Bsp: ErbR, UrheberR, u.a.	R, CBR, Schließen unter Ungewißheit	HLL: C; HW: PC, Macintosh	1986,87
DCKR	J	I			Copyright Law	R, O	HLL: Prolog	1984
Default	USA	U/ F	DSS		Mietrecht	DN	HLL: Prolog; HW: PC	1987
DSCAS	USA	U	DSS	P	öff. Bauaufträge	R, FWC	XPS-Sh: ROSIE	1984
EPN	Arg	U	DSS		Vollstreckung (Schuldscheine)			1977
EPS	USA	U/ F	DSS, DokKonfig	P	Testamentarische Grundstücks-planung (ZivilR, SteuerR)	R, Frames, autom. Vergleich verschiedener Lösungsvorschläge, EK (Warum, Wie)	HLL: Interlisp; XPS-Sh: ROSIE; HW: Xerox WS Serie 1100	1987

Name	Land	Ent w	Typ	Stad ium	jur. Bereich	Th. Basis	Realisierung	Zeit
EPS-II	USA	U/ F	Kons, DokKonfig, HybrSyst	E	Testamentarische Grundstücks- planung	R, CBR, Theorie der Prototypen und Deformationen (vgl. LLD)	XPS-Sh: LLD	1989
FLE	USA	U	nat-spr. Grundl		U	Entwurf v. Strategien, Auswahl v. Argumenten, Meinungsbildung		1985
Grandjur	USA	U	DSS	E	StrafR	R	HLL: Prolog; Hypertext	1989
GREBE	USA	U	HybrSyst		Texas Workers Compensation Law	R, CBR, spez. Konzept der Ähnlichkeitsermittlung, SN		1989
HRA	Can	U	HybrSyst, Grundl	P	Hearsay Rule	R, CBR	XPS-Sh: M.1; SW: dBase III	1988
Hypo	USA	U	CBS-Shell, Arg.	P	U; Bsp: VertragsR, Schutz v. Geschäfts- geheimnissen	Fallvergleich, Frames, HE		1984
"Income Tax Act"	Can	U	Kons		Einkommensteuer	R, DR, FWC, BWC, Zeitrepräsentation, EK	HLL: C-Prolog	1986
JEDA	USA	U/ B	DSS	Ei	Federal Black Lung Benefits Act		HLL: TurboPascal, TurboProlog; HW: PC	1987
KRIP	J	F	nat-spr Kons	P	Patentrecht	R, Frames, Intervall- Logik, DL	HLL: Prolog/KABA, DEC10- Prolog HW: DEC 2060, NEC PC 9801	1985

Name	Land	Ent w	Typ	Stad ium	jur. Bereich	Th. Basis	Realisierung	Zeit
LAS	USA	U	CBS	P	Körperverletzung	Induktion, SN	SW: DSL	1975
LES-2	J	U/ F	nat-spr Kons, Fallsimulation,	P	Kaufvertrag, Zivilprozeßrecht	R, eigene Inferenz (Metaregeln), PL	HLL: Prolog/KABA; HW: NEC PC 9801	1986,88
LDS	USA	F	DSS	P	Produkthaftung	R, Arithmetik	XPS-Sh: ROSIE	1980
LESTER	USA	U	CBS	E	ArbeitsR	O	HLL: PCScheme; HW: PS/2	
LLD	USA	U	Grundl, HLL, Shell für HybrSyst	E	U; Bsp: UCC, Anwendung in EPS-II	R, DR, DL, IL, CBR, Zeitpunkte u. -intervalle	HLL: Common Lisp; HW: Sun/3	1988
LIRS	USA	U	IIS	P	U; Bsp: UCC	Sem Netze, (O)	SW: SDL; HLL: Lisp; HW: MTS- Computer	1978
"Lutomski- System"	USA	U	Sonstiges: Statistik	P	Title VII employment discrimination	(R), O, N-monL		1989
Marshall	USA	I	Arg-Shell		U	Argumentationstheorie nach Toulmin		1989
"McCoy/Chatt erton-System"	USA		DSS-Shell		U; Bsp: Ehescheidung	DN		1969-71
Mediator	USA	U	CBS		U	Frames, Induktion		1985
NJ2C-11	USA		DSS, kleines Prototyp- programm	P	Title 2C, Chapter 11 New Jersey Revised Statues (criminal homicide)	R	Prolog (Code wurde durch Programme Normalizer und Autopro aus geeigneter Spezifikation erzeugt)	1990

Name	Land	Entw	Typ	Stadium	jur. Bereich	Th. Basis	Realisierung	Zeit
Nomos	USA	U/ B/ F	Arg, CBS	E	Mietrecht	Fallvergleich		1986
OLGS (Office Letter Generation System)	USA		DokKonfig (Erweiterung von ABF)				Impl.: C, HW IBM PC DBMS-Anschluß (Oracle)	
Polytext	USA/ S	U	nat-spr. IIS	P	Regeln des Stockholm Arbitration Institut	versch. Retrieval-Konzepte	nat-spr. System LIFER (von SRI International)	1979 - Anfang 80er
PTE Analyst	USA	F	Kons	K	Rentenversorgung (ERISA)	O, (R)	XPS-Sh: PCPlus	1987
Quinlan Legal Expert System	USA		DSS, kleines Prototyp-programm	P	Title 2C, Chapter 11 New Jersey Revised Statues mit Ausnahmen	R	Prolog (Code wurde durch Programme Normalizer und Autopro aus geeigneter Spezifikation erzeugt)	1990
SAL	USA	F	DSS	P	ArbeitsR, Entschädigung für Asbestschäden	R, FWC, Charakter der beteiligten Personen wird berücksichtigt	XPS-Sh: ROSIE, Erklärungen in XPL HW: Xerox Serie 1100 WS	1986,87
SCALIR	USA	U	IIS	P	U; Bsp: Copyright Law	SN, Konnektionismus, Fallbasiert		1989
Screening Employ Plans	USA	U/ B	DSS	P	Employee pension plans	R	XPS-Sh: KEE-2; HW: Lisp-Maschine	1987

Name	Land	Entw	Typ	Stadium	jur. Bereich	Th. Basis	Realisierung	Zeit
SPADES	USA	B	nat-spr. Textanalyse	P	Screening pension plans, IRCode	Vergleich vorwiegend auf Ebene der Textbausteine, Theorie signifikanter Abweichungen, Wahrscheinlichkeitsfaktoren	XPS-Sh: KEE; HW: Symbolics LISP-Maschine	1987
STARE	USA	U	nat-spr. CBS, Arg	E	VertragsR	Episodic Memory		
Taxadvisor	USA	U	DSS	P	SteuerR in Zusammenhang mit Immobilien	R, BWC	XPS-Sh: EMYCIN	1982
TAXMAN I	USA	U	Grundl	P	SteuerR für Kapitalgesellschaften	zeitbezogene Verarbeitung	HLL: micro-Planner (realisiert in LISP), Teile direkt in LISP; HW: PDP-11	1977
TAXMAN-II	USA	U	Grundl	P	SteuerR für Kapitalgesellschaften	R, O, DL	WR-Sprache: AIMDS	1980
"Winston-System"	USA	U	CBS		U; Bsp Körperverletzung	O, Ähnlichkeit nach Anzahl d. Merkmalsübereinstimmungen		1979
3-DPR	USA	U	Grundl	P	U	DL	HLL: Prolog	1987

Literaturangaben zu den Systemen

Überblicksdarstellungen

AAAI-80: Proceedings of the National Conference on Artificial Intelligence, Stanford University 1980.

AAAI-83: Proceedings of the National Conference on Artificial Intelligence, Washington 1983.

AAAI-84: Proceedings of the National Conference on Artificial Intelligence, Austin, Texas, August 1984.

Biagioli, Carlo/Fameli, Elio: Expert Systems in Law: An International Survey and a Selected Bibliography, in: CC-AI, The Journal for the Integrated Study of Artificial Intelligence, Cognitive Science and Applied Epistemology, Vol. 4, Nr. 4, 1987.

Ciampi, C. (Ed.): Artificial Intelligence and Legal Information Systems, North-Holland, Amsterdam 1982.

CJ-IJ-Symp, Proceedings of the 9th Symposium on Legal Data Processing in Europe, Bonn, 10-12. October 1989; Hrsg. von: Council of Europe, Strasbourg 1991.

Erdmann, Ulrich/Fiedler, Herbert/Haft, Fritjof/Traunmüller Roland (Hrsg.): Computergestützte juristische Expertensysteme, Reihe Neue Methoden im Recht, Band 1, Attempto-Verlag, Tübingen 1986.

Fiedler, Herbert/Haft, Fritjof/Traunmüller Roland (Hrsg.): Expert Systems in Law, Reihe Neue Methoden im Recht, Band 4, Attempto-Verlag, Tübingen 1988.

Fiedler, Herbert/Traunmüller Roland (Hrsg.): Formalisierung im Recht und Ansätze juristischer Expertensysteme, Reihe Arbeitspapiere Rechtsinformatik, Heft 21, J. Schweitzer Verlag, München 1986.

IJCAI-83: Proceedings of Eighth International Joint Conference on Artificial Intelligence, Karlsruhe 1983.

IJCAI-85: Proceedings of the Ninth International Joint Conference on Artificial Intelligence, University of California, Los Angeles 1985.

ICAIL-87: The First International Conference on Artificial Intelligence and Law, Boston 1987, Proceedings , Hrsg: ACM, New York.

ICAIL-89: The Second International Conference on Artificial Intelligence and Law, Vancouver 1989, Proceedings , Hrsg: ACM, New York.

Martino, Antonio A./Socci Natali, F. (Eds.), Automated Analysis of Legal Texts, North-Holland, Amsterdam 1986.

Ringwald, Gerhard (Hrsg.): Perspektiven formaler Methoden im Recht, Reihe Neue Methoden im Recht, Band 2, Attempto Verlag, Tübingen 1986.

Seim, Kai: Juristische Expertensysteme in Deutschland, eine Übersicht, Studienarbeit an der TU Berlin, FB Informatik, Juli 1990.

Walter, Charles (Ed.): Computing Power and Legal Reasoning, West Publishing Co, St. Paul (MN) 1985.

Deutschsprachige Systeme

ACS (Argument Construction Set)
Schweichhart, Karsten: Das Argument Construction Set, Technical Report, Arbeitspapiere der GMD, Nr. 348, St. Augustin 1988.
Seim, Kai: Juristische Expertensysteme in Deutschland.

"Adressierung von Schreiben"
Keine Literatur verfügbar.

"AFG-XPS"
Wenger, Karsten: Ein Expertensystem für das Arbeitsförderungsgesetz, in: Computer und Recht 12/90, S. 801-805.

ASTRA
N.N.: Produktinformationen der Firma Siemens.
N.N.: Umfrage: Nutzen der KI-Technologie im praktischen Einsatz, in: KI 3/90, S. 40.
Seim, Kai: Juristische Expertensysteme in Deutschland, eine Übersicht.
Hälker, M./Bubeck, F./Stahl, V.: Möglichkeiten der Bearbeitung von Umweltschutz-Vorschriften mit Hilfe der Expertensystem-Technik, in: G. Hommel/S. Schindler (Hrsg.), GI 16. Jahrestagung, Proceedings, 1986, Band 2, S. 436-447.

BAT-MANN (Bundes-Angestellten Tarif Menügesteuerte Dialoganwedung für
Auskunftszwecke und Neueinstellungen)
N.N.: Produktblätter der Firma ExperTeam.

DashXPS (Datenschutz-Expertensystem),
Seim, Kai/Rüffler, Dieter: Entwicklung eines Expertensystems mit babylon zur Unterstützung von Datenschutzbeauftragten, Reihe Arbeitspapiere der GMD, Nr. 627, März 1992.

DIALTUE (Versionen 1 und 2)

Cames, Hans-Peter: Dialtue Anwenderhandbuch, Drollig Verlag, Tübingen 1986.

Ringwald, Gerhard: Das Tübinger Dialogverfahren (DIALTUE(2)) - eine Schnittstelle zu Expertensystemen, in: Ulrich Erdmann/Herbert Fiedler/Fritjof Haft/Roland Traunmüller (Hrsg.), Computergestützte juristische Expertensysteme, S. 111-122.

Cames, Hans-Peter: Nonverbale Expertensysteme, in: Gerhard Ringwald (Hrsg.), Perspektiven formaler Methoden im Recht, S. 109-124.

DISUM

Franzen, Richard: Expertensysteme im Recht, in: Herbert Fiedler/Roland Traunmüller (Hrsg.), Formalisierung im Recht und Ansätze juristischer Expertensysteme, S. 131-165.

Ausführlich:

Suhr, Dieter (Hrsg.): Computer als juristischer Gesprächspartner, J. Schweitzer Verlag, Berlin 1970.

Exper-Team Assistenz-Systeme
Keine Literatur verfügbar.

DOFLEX (Dortmunder Flexible Legal Expertsystem Environment)

Witulski, Klaus: Entwicklung einer Expertensystemumgebung zur Verarbeitung sich häufig ändernder Vorschriften (Dissertation), Deutscher Universitäts Verlag, Wiesbaden 1989.

Witulski, Klaus: Verarbeitung sich ändernder Vorschriften durch Expertensysteme, in: M. Paul (Hrsg.), Proceedings der 19. GI-Jahrestagung, Springer Verlag, Berlin/Heidelberg 1989, Band 2, S. 99-111.

GEFOVEX

Müller-Böling, Detlef/Bröckelmann, Jörg: GEFOVEX, erschienen in: Schriftenreihe des BIFEGO; Universität Dortmund.

IJIS

Popp, Walter/Schlink, Bernhard: Skizze eines intelligenten juristischen Informationssystems, in: Datenverarbeitung im Recht (DVR), 1975, S. 1-28.

JUDITH

Franzen, Richard: Expertensysteme im Recht, in: Herbert Fiedler/Roland Traunmüller, Formalisierung im Recht und Ansätze juristischer Expertensysteme, S. 131-165.

Popp, Walter/Schlink, Bernhard: Skizze eines intelligenten juristischen Informationssystems, in: Datenverarbeitung im Recht (DVR), 1975, S. 1-28.

Ausführlich:

Suhr, Dieter (Hrsg.): Computer als juristischer Gesprächspartner, J. Schweitzer Verlag, Berlin 1970.

JUREX (Entwickelt von Boenninger/Boenninger)

Boenninger, Karl/Boenninger, Ingrid: Grundzüge des juristischen Expertensystems JUREX, in: jur-pc 7-8/90, S. 683-688.

Boenninger, Karl/Boenninger, Ingrid: Expertensystem JUREX im Dienste juristischer Entscheidungsfindung, in: Staat und Recht, 1989, S. 379-384.

JUREX (Entwickelt von Hartleb)

Hartleb, Uwe: Juristische Expertensysteme und Recht, in: Recht der Datenverarbeitung (RDV) 4/86, S. 176-186.

Hartleb, Uwe: The Legal Expert System Shell JUREX, in: CJ-IJ-Symp, S. 107.

Hartleb, Uwe: Juristische Expertensysteme, in: Neue Richtervereinigung (Hrsg.), Computerisierung der Justiz, Leonberg 1987, S. 41-77.

JUTEXT

Schneider, Martin: JUTEXT: A special expert system within the Austrian administration of justice, in: CJ-IJ-Symp, S. 45-54.

KOKON

Bräuer, Ingo/Gerl, Günter/Hau, Ulrike vom/Kowalewski, Detlef/Wiefel, Susanne/Schneeberger, Josef/Strasser, Andreas: KOKON: Konfigurierung von Dokumenten am Beispiel "Immobiliarkaufverträge", in: Rainer Lutze/Andreas Kohl (Hrsg), Wissensbasierte Systeme im Büro, Oldenbourg Verlag, München 1991, S. 367-400.

Kowalewski, Detlef L./Schneeberger, Josef: KOKON: Wissensbasierte Konfigurierung von Verträgen, in: Günther Hommel/Sigram Schindler (Hrsg.), GI 16. Jahrestagung: Proceedings, Springer-Verlag Berlin/Heidelberg 1986, Band 2, S. 421-435.

Kowalewski, Detlef L./Schneeberger, Josef/Wiefel, Susanne: KOKON-3: Ein prototypisches System zur Vertragskonfigurierung, in: M. Paul (Hrsg.), Proceedings der 19. GI-Jahrestagung, Springer Verlag, Berlin/Heidelberg 1989, Band 2, S. 79-92.

Kowalewski, Detlef: Nichtmonotonie im prototypischen Dokumenten-Konfigurierungssystem KOKON, in: KI 4/89, S. 54-58.

Seim, Kai: Juristische Expertensysteme in Deutschland, eine Übersicht.

Wiefel, Susanne: Anwendungsbeispiel "Immobiliarverträge": Jura und Knowledge Engineering im Grundlagenforschungsprojekt KOKON, Forschungsbericht, Hrsg. von: Systemtechnik Berner und Mattner GmbH, München-Ottobrunn 1989.

Theoretische Vorarbeiten:

Strasser, Andreas: Strukturierte Darstellung juristischen Wissens, in: M. Paul (Hrsg.), Proceedings der 19. GI-Jahrestagung, Springer Verlag, Berlin/Heidelberg 1989, Band 2, S. 112-124.

Darin wird verwiesen auf:

Strasser, Andreas/Ring, Stephan: Eine Taxonomie zum Grundstücksverkehrsrecht, Technical Report FB-TUM-88-04, TU München, 1988.

Strasser, Andreas/Schneeberger, Josef: Ein Ansatz zur Formalisierung von Recht, Technical Report FB-TUM-87-03, TU München, 1987.

LEX-0

Grundmann, Stefan: Computergestützte juristische Expertensysteme, in: Datenverarbeitung, Steuern, Wirtschaft, Recht (DSWR) 10/87, S. 213-219.

Grundmann, Stefan: Vorüberlegungen zur Ausarbeitung eines computergestützten juristischen Expertensystems, in: Datenverarbeitung im Recht (DVR), 1985, S. 175-190.

Grundmann, Stefan: Juristische Expertensysteme - Brücke von (Rechts)informatik zu Rechtstheorie, in: Ulrich Erdmann/Herbert Fiedler/Fritjof Haft/Roland Traunmüller (Hrsg.), Computergestützte juristische Expertensysteme, S. 97-110.

Cames, Hans-Peter: Nonverbale Expertensysteme, in: Gerhard Ringwald (Hrsg.), Perspektiven formaler Methoden im Recht, S. 109-124.

LEX-1

Alschwee, Brigitte/Grundmann, Stefan: System Design for a Computer-Aided Juridical Expert System, in: A. A. Martino/F. Socci Natali (Eds.), Automated Analysis of Legal Texts, North-Holland, Amsterdam 1986, S. 567-579.

Baumann, Raimund/Jürgen Sulz: Lex - ein juristisches Expertensystem, in: Computer und Recht 4/89, S. 331-335.

Haft, Fritjof: Zukunftsperspektiven der Justizarbeit mit elektronischen Medien, in: Computer und Recht 9/87, S. 641-645.

Haft, Fritjof/Lehmann, Hein (Hrsg.): Das LEX-Projekt, Reihe: Neue Methoden im Recht, Band 6, Attempto-Verlag, Tübingen 1989.

Kamp, H: A Theory of Truth and Semantic Representation, in: J. Groenendijk/T. M. V. Jansen/M. Stokhof (Eds.), Truth, Interpretation and Information, Foris, Dordrecht 1984, S. 1-41.

Lehmann, Hubert/Zoeppritz, Magdalena: Formale Behandlung des Begriffs "Pflicht", in: G. Hommel/S. Schindler (Hrsg.), Proceedings der 19. GI-Jahrestagung, Band II, 1986, Springer Verlag, Berlin/Heidelberg, S. 392-405.

Lehmann, Hubert: Legal Concepts in a Natural Language Based Expert System, in: Ratio Juris, Vol. 3, No. 2, July 1990, S. 245-253.

Seim, Kai: Juristische Expertensysteme in Deutschland.

Erdmann, Ulrich/Fiedler, Herbert/Haft, Fritjof/Traunmüller, Roland (Hrsg): Computergestützte juristische Expertensysteme, Tübingen 1986
darin
- *Lehmann, Hein:* Das juristische Konsultationssystem LEX aus software-technischer Sicht, S. 49-74,
- *Lehmann, Hubert:* Formale Repräsentation juristischen Wissens, S. 75-86,
- *Alschwee, Brigitte:* Analyse natürlicher Sprache in einem juristischen Expertensystem, S. 87-96.

LEX-2

Wolf, Gerhard: Möglichkeiten und Grenzen des Einsatzes von Computern bei der Lösung von Rechtsfällen (Veröffentlichung angekündigt).

MAREX (Maritime Expert System)
Posselt, Jens-Christian/Quirchmayr, Gerald: A Decision Support System for International Maritime Law, Hrsg. vom Seminar für Verwaltungslehre, Hamburg.

MELDEX/PC
N.N.: Produktinformationen der Firma Insiders GmbH, Mainz.

"Modellbildung"
Gordon, Thomas F.: Issue Spotting in a System for Searching Interpretation Spaces; ICAIL-
1989.
Gordon, Thomas F.: A Theory Construction Approach to Legal Document Assembly; Logica,
Informatica, Diritto; Florence; November 1989.
Gordon, Thomas F.: An Abductive Theory of Legal Issues, International Journal of Man-
Machine-Studies, Vol. 35, 1991, S. 95-118.
Gordon, Thomas F.: Eine abduktive Theorie juristischer Streitfragen, Arbeitspapiere der GMD,
Nr. 628, März 1992.

Münchener Expertensystem/MULE
Philipps, Andrea: Experten, Laien und Systeme - das Münchener Expertensystem und seine
Ziele, in: Ulrich Erdmann/Herbert Fiedler/Fritjof Haft/Roland Traunmüller (Hrsg),
Computergestützte juristische Expertensysteme, S. 135-151.
Philipps, Lothar: Rechtssätze in einem Expertensystem, in: Herbert Fiedler/Roland
Traunmüller (Hrsg.), Formalisierung im Recht und Ansätze juristischer Expertensysteme,
S. 96-112.
Philipps, Lothar: Using an Expert System in Testing Legal Rules, in: A. A. Martino/F. Socci
Natali (Eds.), Automated Analysis of Legal Texts, North-Holland, Amsterdam 1986, S.
703-710.

NIBEX-Melder
NN: Produktinformation: NIBEX-Melder, Version 2.87, Hrsg. von: Nixdorf AG, Fürstenallee
7, 4790 Paderborn.
Savory, Stuart E.: Eine Anwendung für Banken im NEGIS-System, in: Stuart E. Savory
(Hrsg.), Expertensysteme, Nutzen für ihr Unternehmen, Oldenbourg Verlag, München
1987, S. 175-185.
Kossek, Wolfram: NIBEX-Melder, in: Stuart E. Savory (Hrsg.), Expertensysteme, Nutzen für
ihr Unternehmen, 2. Auflage, S. 185-210, Oldenbourg Verlag, München 1989.
Seim, Kai: Juristische Expertensysteme in Deutschland, eine Übersicht.

OBLOG (Versionen 1 und 2)
Gordon, Thomas F./Quirchmayr, Gerald: ein hybrides Wissesrepräsentationssystem zur
Modellierung rechtswissenschaftlicher Probleme, in: Günther Hommel/Sigram Schindler
(Hrsg.), GI 16. Jahrestagung: Proceedings, Springer-Verlag, Berlin/Heidelberg 1986, Band
2, S. 406-420.
Gordon, Thomas F./Quirchmayr, Gerald: OBLOG - eine Programmiersprache für juristische
Expertensysteme, in: Ulrich Erdmann/Herbert Fiedler/Fritjof Haft/Roland Traunmüller
(Hrsg.), Computergestützte juristische Expertensysteme, S. 123-134.
Seim, Kai: Juristische Expertensysteme in Deutschland, eine Übersicht.
Gordon, Thomas F.: Object-oriented Predicate Logic and its Role in Representing Legal
Knowledge, in: C. Walter (Ed.), Computing Power and Legal Reasoning, S. 163-203.

Gordon, Thomas F.: Oblog-2, A Hybrid Knowledge Representation System for Defeasible Reasoning, in: ICAIL-87, S. 231-239.

Gordon, Thomas F.: Oblog (Version 2), Reference Manual, Arbeitspapiere der GMD, Nr. 271, Sankt Augustin 1987.

REFOWEX

Müller-Böling, Detlef/Kirchhoff, Susanne: Zum Einsatz von Expertensystemen in der Gründungsberatung, in: Die Betriebswirtschaft 51(1991) 2, S. 231-244.

"RIS-Verweise"

Enser, Gerhard/Quirchmayr, Gerald/Traunmüller, Roland/Wilfert, Norbert: The Support of Legal Decisions by the Integration of Legal Information Systems and Expert Systems Technology, in: CJ-IJ-Symp, S. 33-44.

Enser, Gerhard/Quirchmayr, Gerald/Traunmüller, Roland/Wilfert, Norbert: Der Einsatz von Expertensystemtechniken zur Unterstützung der Arbeit mit Rechtsinformationssystemen, in: M. Paul (Hrsg.), Proceedings der 19. GI-Jahrestagung, Springer Verlag, Berlin/Heidelberg 1989, Band II, S. 125-140.

Sophos 1.0

Kraft, Matthias: Sophos 1.0 eine Wissensbank, Teile 1 und 2 in jurPC 3/90, S. 496-504 sowie in jurPC 4/90, S. 540-546.

Lichti, Daniela: Sophos - eine juristische Expertensystemshell, unveröffentlichter Bericht, Universität Augsburg, Fachbereich Rechtswissenschaften.

Strafrecht

Walder, Hans: Computerprogramm "Strafrecht", in: Ulrich Erdmann/Herbert Fiedler/Fritjof Haft/Roland Traunmüller (Hrsg.), Computergestützte juristische Expertensysteme, Tübingen 1986, S. 179-184.

Struktur-2000
Keine Literatur verfügbar.

SUSA/ProHaft ST

Lehrstuhl für Rechtsinformatik, Universität Saarbrücken (Hrsg.): Informationsblätter zu SUSA/ProHaft.

TAXEGA (Technische Anleitung-Luft-EXpertensystem zur Emissions-Geräte-Auswahl)

Verweyen-Frank, Hiltrud: TAXEGA, in: Informatik im Umweltschutz, Proceedings, Springer-Verlag, Berlin/Heidelberg 1990, S. 237-246.

TRANSEC

Nixdorf Computer AG (Hrsg.): Produktinformationen "Transec", Paderborn 1989.

Unterhaltssicherungsgesetz

Dittmar, Ingrid/Dittmar, Günter: Vollautomatische Rechtsanwendung auf Mikrocomputern am Beispiel des Unterhaltssicherungsgesetzes, in: Herbert Fiedler/Roland Traunmüller (Hrsg.), Formalisierung im Recht und Ansätze juristischer Expertensysteme, S. 73-95.

WIBEZ

Siegmann, Jürgen: Expertensystem für knifflige Steuerfragen, in: IBM Nachrichten 40 (1990), Heft 301, S. 50-54.

WZ (Wartezeit)

Gerathewohl, Peter: Erschließung unbestimmter Rechtsbegriffe mit Hilfe des Computers. Ein Versuch am Beispiel der "angemessenen Wartezeit" bei §142 StGB, Dissertation, Tübingen 1987.

Gerathewohl, Peter: Repräsentation eines unbestimmten Rechtsbegriffs in einem Expertensystem - Ein Versuch anhand der "Angemessenheit" i.S.d. §142 StGB, in: Datenverarbeitung, Steuern, Wirtschaft, Recht (DSWR) Heft10/87, S. 220-223.

Gerathewohl, Peter: Representation of an Indefinite Legal Expression in an Expert System - An Experiment with the Term "Appropriateness" as Used in § 142 of the German Criminal Code, in: Herbert Fiedler/Fritjof Haft/Roland Traunmüller (Hrsg), Expert Systems in Law, Tübingen 1988, S. 99-109.

1st Card

Sarnow, Karl: Kartenhäuser, in c´t 3/90, S. 146-149.

Oppenhorst, Gerhard: Juristische Expertensysteme selbst gemacht - Mit ´1st Card´ auch ohne Programmiersprachenkenntnisse, in: jur-PC 5-6/89, S. 171-173.

Europäische Systeme

ACCI (Apportionment of Close Companies Income)
Roycroft, A. E./Loucopoulos, P.: ACCI. An Expert System for the Apportionment of Close
  Companies Income, in: M. A. Bramer (Ed.), Research and Development in Expert
  Systems, Cambridge University Press, 1984, S. 127-139.

ANAPHORA
Studnicki, F./Polanowska, B./Strabrawa, E./Fall, J. M./Lachwa, A.: A Semantic Approach to
  Automated Resolving of Interdocumental Cross-referendes in Legal Texts, in: R.W. Bailey
  (Ed.), Computing in the Humanities, North-Holland, Amsterdam 1982, S. 133-147.

AUTOMA INFORTUNISTICO
Biagioli, Carlo/Fameli, Elio: Expert Systems in Law.

British Nationality Act
Sergot, M. J./Sadri, F./Kowalski, R. A./Kriwaczek, F./Hammond, P./Cory, H.T.: The British
  Nationality Act as a Logic Program, in: Communications of the ACM, Vol. 29, 1986,
  No. 5, S 370-386.
Sergot, M. J./Sadri, F./Kowalski, R. A./Kriwaczek, F./Hammond, P./Cory, H. T.:
  Formalisation of the British Nationality Act, in: C. Arnold (Ed.), Yearbook of Law,
  Computers and Technology, Vol. 2, 1986, S. 40-52.
Bench-Capon, T. J. M.: Logical Models of Legislation and Expert Systems, in: Herbert
  Fiedler/Fritjof Haft/Roland Traunmüller (Hrsg.), Expert Systems in Law, Tübingen 1988,
  S. 27-41.
Biagioli, Carlo/Fameli, Elio: Expert Systems in Law.

Bruitlog
Bourcier, D.: About Intelligence in Legal Information Systems, in: C. Walter (Ed.),
  Computing Power and Legal Reasoning, S. 319-336.

CARAF (Comparison automatique des Règlements d´ Allocations Familiales)
Biagioli, Carlo/Fameli, Elio: Expert Systems in Law.
Darin wird hingewiesen auf:
Raccah: Formal understanding, in: Semantikos II, No. 4, 1980.

CASE
Bainbridge, David A.. CASE - Computer Assisted Sentencing. A Computer System to Assist
  with the Sentencing of Offenders, Paper im Rahmen der Tagung "Expert Systems in
  Law", Bologna, 3.-5. Mai 1989.

DHSS (Department of Health and Social Security)
Bench-Capon, T. J. M.: Logical Models of Legislation and Expert Systems, in: Herbert
  Fiedler/Fritjof Haft/Roland Traunmüller (Hrsg.), Expert Systems in Law, S. 27-41.
Bench-Capon, T. J. M.: Support for Policy Makers: Formulating Legislation with the Aid of
  Logical Models, in: ICAIL-87, S. 181-189.

Bench-Capon, T. J. M./Robinson, G.O./Raouten, T.W./Sergot, M.J.: Logic Programming for Large Scale Applications in Law: A Formalisation of Supplementary Benefit Legislation, in: ICAIL-87, S. 190-198.

Jones, R. P.: Representing DHSS Regulations in a Logic Program - Imperial College London, in: C. Arnold (Ed.), Yearbook of Law, Computers and Technology, Vol. 2, 1986, S. 149-150.

Der Event-Calculus ist beschrieben in:

Sergot, M. J./Kowalski, R. A.: A Logic-based Calculus of Events, in: New Generation Computing, Vol. 4, New York 1986, S. 67-95.

Eli

Leith, Philip: Legal Expertise and Legal Expert Systems, in: Yearbook of Law, Computers and Technology, Vol. 2, 1986, S. 1-24.

ELP-Advisor (Environmental Legal Protection)

Giorgi, Rosa M. di/Fameli, Elio/Nannucci, Roberta: ELP Advisor: An Automated Advisory System in the Environmental Law, Abstract im Rahmen der Tagung "Expert Systems in Law", Bologna, 3.-5. Mai 1989

Fameli, Elio/Nannucci, Roberta/Giorgi, Rosa Maria di: Expert Systems and Databases: A Prototype in Environmental Law, in: Informatica e Diritto, gennaio-dicembre 1991, S. 227-247.

ESPLEX

Biagioli, Carlo/Fameli, Elio: Expert Systems in Law.

Biagioli, Carlo/Mariani, Paola/Tiscornia, Daniela: ESPLEX: A Rule and Conceptual Model for Representing Statutes, in: ICAIL-87, S. 240-251.

Mariani, Paola/Tiscornia, Daniela: ESPLEX: An Expert System Application in Legislative Drafting, Abstract und Paper im Rahmen der Tagung "Expert Systems in Law", Bologna, 3.-5. Mai 1989.

IRI-Project

Pattaro, Enrico/Casadei, Giorgio/Sartor, Giovanni: A Project of an Expert System in Environmental Law (IRI-Project), Abstract im Rahmen der Tagung "Expert Systems in Law", Bologna, 3.-5. Mai 1989.

LABEO

Biagioli, Carlo/Fameli, Elio: Expert Systems in Law.

Latent Damage System

Susskind, Richard E./Capper, Philip N.: Latent Damage Law - The Expert System, Butterworths, London 1988.

Susskind, Richard E.: The Latent Damage System: A Jurisprudential Analysis, in: ICAIL-89, S. 23-32.

LEIDRAAD
Quast, Jeannette A./de Wildt, Jaap H.: The Concept of "Commensurate Work" in a Legal
Knowledge Based System, Abstract und Paper im Rahmen der Tagung "Expert Systems in
Law", Bologna, 3.-5. Mai 1989.

LEGOL (Legally Oriented Language)
Stamper, Ronald K./Tagg, Clare/Mason, Peter J./Cook, Sandra/Marks, Jo: Developing the
LEGOL Semantic Grammar, in: C. Ciampi (Ed.), Artificial Intelligence and Legal
Information Systems, North-Holland, Amsterdam 1982, S. 357-379.
Stamper, Ronald K.: The Legol-1 Prototype System and Language, in: The Computer Journal,
Vol. 20, 1977, S. 102-108.
Stamper, Ronald K./Mason, Peter J./Jones, S.: Legol-2.0: A Relational Specification
Language for Complex Rules, in: Information Systems 4 (December 1979), No. 4, S.
293-305.
Stamper, Ronald K.: LEGOL: Modelling Legal Rules by Computer, in: Bryan Niblett (Ed.),
Computer Science and Law, Cambridge University Press, 1980, S. 45-71.
Fiedler, Herbert/Barthel, Thomas/Voogd, Gerhard: Untersuchungen zur Formalisierung im
Recht als Beitrag zur Grundlagenforschung juristischer Datenverarbeitung (UFORED),
Westdeutscher Verlag, Opladen 1984, S. 132-142.

LEXIS
Cammelli, Antonio/Socci, Fiorenza: The Lexis Project: A Shell-Based Expert System for
Legislative Drafting, Paper im Rahmen der Tagung "Expert Systems in Law", Bologna,
3.-5. Mai 1989

"Martinelli-System"
Biagioli, Carlo/Fameli, Elio: Expert Systems in Law.

Marzano-System
Marzano, Gilberto: An Expert System for Processing of Paperworks in Property Field, Paper
im Rahmen der Tagung "Expert Systems in Law", Bologna, 3.-5. Mai 1989

METHODUS
Biagioli, Carlo/Fameli, Elio: Expert Systems in Law.

OECD-CERI
Traunmüller, R.: Modellierung von Rechtsnormen und juristische Expertensysteme, in:
Hinrich Bonin (Hrsg.), Entmythologisierung von Expertensystemen, Decker und Müller
Verlag, Heidelberg 1990, S. 53-65.
Darin wird hingewiesen auf:
Strigl, K./Traunmüller, R.: Measuring Student Success, A Systematical Statistical Analysis,
Paris: OECD, 1974.
Strigl, K./Traunmüller, R.: Measuring Student Success, in: Association for Institutional
Research, Annual 15-th Forum, St. Louis (Missouri), May 1975.
Traunmüller, R./Reichl, E. R.: Die Entwicklung von Verwaltungsinformationssystemen am
Fallbeispiel des Österreichischen Hochschulinformationssystems, in: Informationssysteme
für die 80er Jahre, Linz: ÖGI, 1980.

"Patrizi-Franzosi-System"
Biagioli, Carlo/Fameli, Elio: Expert Systems in Law.

PLUTO
Wahlgren, Peter: Swedish Experiences with Decision Support Systems, Paper im Rahmen der
Tagung "Expert Systems in Law", Bologna, 3.-5. Mai 1989.

PROLEXS (PROtotype LEgal EXpertSystem)
Berg, Peter H. van den/Oskamp, Anja: PROLEXS: A User-oriented Approach for Building
Legal Expert Systems, in: Ulrich Erdmann/Herbert Fiedler/Fritjof Haft/Roland
Traunmüller (Hrsg.), Computergestützte juristische Expertensysteme, Tübingen 1986, S.
165-169.
Berg, Peter H. van den/Oskamp, Anja/Walker, R. F./Schrickx, J. A.: Prolexs, Divide and
Rule: A Legal Application, in: ICAIL-89, S. 54-62.
Walker, R. F./Zeinstra, P. G. M./Berg, P. H. van den : A Model to Model Knowledge about
Knowledge or Implementing Meta-Knowledge in Prolexs, Paper im Rahmen der Tagung
"Expert Systems in Law", Bologna, 3.-5. Mai 1989.

SARA
Bing, J.: Legal Norms, Discretionary Rules and Computer Programs, in: B. Niblett (Ed.),
Computer Science and Law, Cambridge University Press, S. 119-146.
Bing, J.: Uncertainty, Decisions and Information Systems. Elements in the legal decision pro-
cess introducing uncertainty and their relation to legal information systems, in: C. Ciampi
(Ed.), Artificial Intelligence and Legal Information Systems, North-Holland, Amsterdam
1982, S. 27-48.

SEFIT
Valente, Adriana: SEFIT: An Expert System to Access the Fund for Technological Innovation,
Abstract und Paper im Rahmen der Tagung "Expert Systems in Law", Bologna, 3.-5. Mai
1989.

SENPRO
Mulder, R.V. de:/Gubby, H.M.: Legal Decision Making by Computer: An Experiment with
Sentencing, in: Computer/Law Journal, IV, No. 2, 1983, S. 243-303.
Mulder, R.V. de: A Model for Legal Decision Making by Computer, in: A. A. Martino/F.
Socci (Eds.), Automated Analysis of Legal Texts, North-Holland, Amsterdam 1986, S.
581-592.

Xcite
Galtung, Andreas/Mæsel, Dag Syvert: Xcite (an expert system for naturalization cases), in:
ICAIL-89, S. 81-86.

Außereuropäische Systeme

ABF-Prozessor
Sprowl, James A.: Automated Assembly of Legal Documents, in: Bryan Niblett (Ed.), Computer Science and Law, Cambridge University Press, 1980, S. 195-206.
Darin wird hingewiesen auf:
Sprowl, James A.: Automating the Legal Reasoning Process: A computer that uses regulations and statutes to draft legal documents, in: American Bar Foundation Research Journal, 1979, No. 1, S. 1-81.
Osman, Monahed R./Evens, Martha W./Harr, Henry/Sprowl, James A.: OLGS - An Office Letter Generation System, Paper im Rahmen der Tagung "Expert Systems in Law", Bologna, 3.-5. Mai 1989.

"Anne-Gardner-System"
Gardner, Anne v.d. Lieth: The Design of a Legal Analysis Program, in: AAAI-83, S. 114-118.
Gardner, Anne v.d. Lieth: An Artificial Intelligence Approach to Legal Reasoning, MIT-Press, Cambridge 1987.
Gardner, Anne v.d. Lieth: Overview of an Artificial Intelligence Approach to Legal Reasoning; in: C. Walter (Ed.), Computing Power and Legal Reasoning, S. 247-274.

ASSYST (Applied Sentencing System)
Gaes, Gerry/Simon, Eric: Assyst - Computer Support for Guideline Sentencing, in: ICAIL-89, S. 195-200.

A-Project
Kitahara, Munenori/Yoshino, Hajime: LES-Project, in: Herbert Fiedler/Fritjof Haft/Roland Traunmüller (Hrsg.), Expert Systems in Law, S. 47-66.

CABARET (Case-Based Reasoning Tool)
Rissland, Edwina L./Skalak, David B.: Interpreting Statutory Predicates, in: ICAIL-89, S. 46-53.
Skalak, David B.: Taking Advantage of Models for Legal Classification, in: ICAIL-89, S. 234-241.

CACE
Weiner, Steven S.: CACE: Computer Assisted Case Evaluation in the Brooklyn District Attorney´s Office, in: ICAIL-89, S. 215-223.

CACTUS (Computer Aided Criminal Trial Evidence Admissibility Heuristic)
Shelton, David C./Weikers, Ronald N.: Computerized Knowledge Representation and Common Law Reasoning, in: Computer/Law Journal, Vol. 9, No. 3, Summer 1989.

CCLIPS (Civil Code Legal Information Processing System)

Biagioli, Carlo/Fameli, Elio: Expert Systems in Law.

Bessonet, C. G.de/Cross, G. R.: Representation of Some Aspects of Legal Causality, in: C. Walter (Ed.), Computing Power and Legal Reasoning, S. 205-214.

Bessonet, C. G. de/Cross, G. R.: Conceptual Retrieval and Legal Decision-Making, in: A. A. Martino/F. Socci (Eds.), Automated Analysis of Legal Texts, S. 219-227.

CHOMEXPERT

Mackaay, Ejan/Poulin, Daniel/Frémont, Jacques/Bratley, Paul/Deniger, Constant: The Logic of Time in Law and Legal Expert Systems, in: Ratio Juris, Vol. 3, No. 2, July 1990, S. 254-271

CHOOSE

McCarty, L. Thorne: Intelligent Legal Information Systems: An Update, in: Herbert Fiedler/Fritjof Haft/Roland Traunmüller (Hrsg), Expert Systems in Law, S. 15-25.

Biagioli, Carlo/Fameli, Elio: Expert Systems in Law. Darin wird verwiesen auf:

Hellawell, Robert: CHOOSE: A Computer Program for Legal Planning and Analysis, in: Columbia Journal of Transnational Law, 1981, S. 339-357.

CORPTAX

Biagioli, Carlo/Fameli, Elio: Expert Systems in Law.

Hellawell, R.: A Computer Program for Legal Planning and Analysis: Taxation of stock redemptions, in: Columbia Law Review, LXXX, No. 7, 1980, S. 1363-1398.

McCarty, L. Thorne: Intelligent Legal Information Systems: An Update, in: Herbert Fiedler/Fritjof Haft/Roland Traunmüller (Hrsg.), Expert Systems in Law, S. 15-25.

Darwin

Minsky, Naftaly H./Rozenshtein, David: System = Program + Users + Law, in: ICAIL-87, S. 170-180.

DataLex/LES

Greenleaf, Graham/Mowbray, Andrew/Tyree, Alan L.: Expert Systems in Law: the DataLex Project, in: ICAIL-87, S. 9-17.

DCKR (Definite Clause Knowledge Representation)

Kitahara, Munenori/Yoshino, Hajime: LES-Project, in: Herbert Fiedler/Fritjof Haft/Roland Traunmüller (Hrsg.), Expert Systems in Law, S. 47-66.

DEFAULT

Purdy, Roger: Knowledge Representation in "DEFAULT": An Attempt to Classify General Types of Knowledge Used by Legal Experts, in: ICAIL-87, S. 199-208.

DSCAS (Differing Site Condition Analysis System)
Biagioli, Carlo/Fameli, Elio: Expert Systems in Law.
Darin wird verwiesen auf:
Kruppenbacher, T.A.: The Application of Artificial Intelligence to Contract Management, Vol. I, Master´s Thesis, Department of Civil, Environmental and Architectural Engineering, University of Colorado Press, Boulder (Colorado) 1984.

"EPN" ("Execution of Promissory Notes")
Guibourg, Ricardo Alberto: An Automatic Decision-Making System, in: C. Ciampi (Ed.), Artificial Intelligence and Legal Information Systems, S. 310-328.

EPS (Estate Planning System)
Schlobohm, Dean A./Waterman, Donald A.: Explanation for an Expert System That Performs Estate Planning, in: ICAIL-87, S. 18-27.

EPS II
McCarty, L. Thorne/Schlobohm, Dean A.: EPS-II: Estate Planning With Prototypes, in: ICAIL-89, S. 1-10.

F. L. E. (Foundations of Legal Expertise)
Dyer, Michael G./Flowers, Margot: Toward Automatic Legal Expertise, in: C. Walter (Ed.), Computing Power and Legal Reasoning, S. 49-68.

GRANDJUR
Purdy, Roger D.: Knowledge and Tools in Building Grandjur 1.1, in: ICAIL-89, S. 201-206.

GREBE (Generator of Recursive Exemplar-Based Explanations)
Branting, L. Karl: Representing and Reusing Explanations of Legal Precedents, in: ICAIL-89, S. 103-110.

HRA (Hearsay Rule Advisor)
MacCrimmon, Marilyn T.: Expert Systems in Case-Based Law: The Hearsay Rule Advisor, in: ICAIL-89, S. 68-73.
Darin wird hingewiesen auf:
Blackman, Susan J.: Expert Systems in Case-Based Law: The Rule Against Hearsay, 1988 (LLM-Thesis).

HYPO
Rissland, Edwina L.: Argument Moves and Hypotheticals, in: C. Walter (Ed.), Computing Power and Legal Reasoning, S. 129-143.
Ashley, Kevin D.: Reasoning by Analogy, in: C. Walter (Ed.), Computing Power and Legal Reasoning, S. 105-127.
Rissland, Edwina L./Valcarce, Eduardo M./Ashley, Kevin D.: Explaining and Arguing with Examples, in: AAAI-84, S. 288-294.
Rissland, Edwina L./Ashley, Kevin D.: A Case-Based System for Trade Secrets Law, in: ICAIL-87, S. 60-66.

"Income Tax Act/Canada"

Sherman, David M.: A Prolog Model of the Income Tax Act of Canada, in: ICAIL-87, S. 127-136.

Sherman, David M.: Expert Systems and ICAI in Tax Law: Killing Two Birds with One AI Stone, in: ICAIL-89, S.74-80.

Darin wird hingewiesen auf:

Sherman, David M.: Blueprint for a Computer-Based Model of the Income Tax Act of Canada; York University, September 1986 (LLM-Thesis).

JEDA (Judical Expert Decisional Aide)

Kale, L. V./Pethe, Vishwas P./Rippey, Charles P: A Specialized Expert System for Judical Decision Support, in: ICAIL-89, S. 190-194.

JUDGE

Biagioli, Carlo/Fameli, Elio: Expert Systems in Law.

Darin wird verwiesen auf:

Bain, W. M.: Toward a Model of Subjective Interpretation, Research Report 324, Department of Computer Science, Yale University, 1984.

KRIP

Nitta, Katsumi/Nagao, Juntaro: KRIP: A Knowledge Representation System for Laws Relating to Industrial Property; in: Logic Programming ´85, Springer-Verlag, Berlin/Heidelberg 1985, S. 276-286.

LAS (Legal Analysis System)

Biagioli, Carlo/Fameli, Elio: Expert Systems in Law.

Meldman, J. A.: A Preliminary Study in Computer-aided Legal Analysis, Ph. D. Thesis, Department of Electrical Engineering and Computer Science, MIT, 1975.

LDS (Legal Decisionmaking System)

Waterman, Donald A./Peterson, Mark A.: Role-Based Models of Legal Expertise, in: AAAI-80, S. 272-275.

Waterman, Donald A./Paul, Jody/Peterson, Mark A.: Expert Systems for Legal Decision Making, in: Expert Systems, Vol. 3, No. 4, 1986, S. 212-226.

Waterman, Donald A./Peterson, Mark A.: An Expert Systems Approach to Evaluating Product Liability Cases, in: C. Walter (Ed.), Computing Power and Legal Reasoning, S. 627-659.

LES-2

Yoshino, Hajime/Kitahara, Munenori: LES-Project, in: Herbert Fiedler/Fritjof Haft/Roland Traunmüller (Hrsg.), Expert Systems in Law, S. 47-66.

Yoshino, H./Kagayama, S./Ohta, S./Kitahara, M./Kondoh, H./Nakakawaji, M./Ishimaru, K./Takao, S.: Legal Expert System LES-2, in: Logic Programming ´86, Springer-Verlag, Berlin/Heidelberg 1986, S. 34 ff.

LESTER (Legal Expert System for Termination of Employment Review)

Lambert, Kenneth A./Grunewald, Mark H.: LESTER: Using Paradigm Cases in a Quasi-Precedential Legal Domain, in: ICAIL-89, S. 87-92.

LIRS (Legal Information Retrieval System)

Hafner, C. D.: Representation of Knowledge in a Legal Information Retrieval System, in: R. Oddy/S. Robertson/C. van Rijsbergen/P. Williams (Eds.), Information Retrieval Research, Butterworths, London 1981, S. 139-153.

Hafner, C. D.: An Information Retrieval System Based on a Computer Model of Legal Knowledge, Research Report, UMI Research Press, Ann Arbor 1981.

McCarty, L. Thorne: Intelligent Legal Information Systems: An Update, in: Herbert Fiedler/Fritjof Haft/Roland Traunmüller (Hrsg), Expert Systems in Law, S. 15-25.

LLD (Language of Legal Discourse)

McCarty, L. Thorne: Intelligent Legal Information Systems: An Update, in: Herbert Fiedler/Fritjof Haft/Roland Traunmüller (Hrsg.), Expert Systems in Law, S. 15-25.

McCarty, L. Thorne: A Language for Legal Discours, I. Basic Features, in: ICAIL-89, S. 180-189.

Default-Reasoner beschrieben in:

McCarty, L. Thorne: Programming Directly in a Non-monotonic Logic, Technical Report LRP-TR-21, Computer Science Department, Rutgers University, September 1988 (zitiert nach: McCarty, L. Thorne: A Language for Legal Discours, I. Basic Features, in: ICAIL-89, S. 180-189).

Beschreibung der benutzten deontischen Logik in:

McCarty, L. Thorne: Permissions and Obligations, in: IJCAI-83, S. 287-294.

McCarty, L. Thorne: Permissions and Obligations, in: Charles Walter (Ed.), Computing Power and Legal Reasoning, S. 573-594.

Darstellung der intuitionistischen Logik in:

McCarty, L. Thorne: Clausal intuitionistic logic. I. Fixed-point Semantics, in: Journal of Logic Programming, 5(1), 1988, S. 1-31.

McCarty, L. Thorne: Clausal intuitionistic logic. II. Tableau Proof Procedures, in: Journal of Logic Programming, 5(2), 1988, S. 93-132.

"Lutomski-System"

Lutomski, Leonard S.: The Design of an Attorney´s Statistical Consultant, in: ICAIL-89, S. 224-233.

"Marshall-System"

Marshall, Catherine C.: Representing the Structure of a Legal Argument, in: ICAIL-89, S. 121-127.

"McCoy/Chatterton-System"

Biagioli, Carlo/Fameli, Elio: Expert Systems in Law.

Darin wird hingewiesen auf:

McCoy, R. W./Chatterton, W. A.: Computer Assisted Legal Service, in: Law and Computer Technology, I, No. 11,1969, S. 2-7.

MEDIATOR

Biagioli, Carlo/Fameli, Elio: Expert Systems in Law.

Kolodner, Janet L./Simpson, Robert L./Sycara-Cyranski, Katia: A Process Model of Case Based Reasoning in Problem Solving, in: IJCAI-85, S 284-290.

NJ2C-11

Allen, Layman E./Payton, Sallyanne/Saxon, Charles S.: Synthesizing Related Rules from Statutes and Cases for Legal Expert Systems, in: Ratio Juris, Vol. 3, No. 2, July 1990, S. 272-318

NOMOS

Biagioli, Carlo/Fameli, Elio: Expert Systems in Law.

Darin wird hingewiesen auf:

Wood, G. D.: NOMOS: A Practical Advisor, Research Report, Cambridge: Harvard Law School, 1986.

OLGS

Osman, Monahed R./Evens, Martha W./Harr, Henry/Sprowl, James A.: OLGS - An Office Letter Generation System, Paper im Rahmen der Tagung "Expert Systems in Law", Bologna, 3.-5. Mai 1989.

PLEX

Walter, Charles: Legal Abstractions in PLEX, a Legal Expert System for Determining the Validity of Patents, Paper im Rahmen der Tagung "Expert Systems in Law", Bologna, 3.-5. Mai 1989.

POLYTEXT

Bing, Jon: Designing Text Retrieval Systems for "Conceptual Searching", in: ICAIL-87, S. 43- 45.

PTE Analyst (Prohibited Transaction Exemption Analyst)

Bellairs, Keith: Legal Data Modeling: The Prohibited Transaction Exemption Analyst, in: ICAIL-87, S. 252-257.

Quebec Housing Law

Thomasset, Claude: Expert System in Quebec Housing Law: from Prototype I to Prototype II, Paper im Rahmen der Tagung "Expert Systems in Law", Bologna, 3.-5. Mai 1989.

Quinlan Legal Expert System

Allen, Layman E./Payton, Sallyanne/Saxon, Charles S.: Synthesizing Related Rules from Statutes and Cases for Legal Expert Systems, in: Ratio Juris, Vol. 3, No. 2, July 1990, S. 272-318.

SAL (System for Asbestos Litigation)

Waterman, Donald A./Paul, Jody/Peterson, Mark A.: Expert Systems for Legal Decision Making, in: Expert Systems, Vol. 3, No. 4, 1986, S. 212-226.

SCALIR (Symbolic and Connectionist Approach to Legal Information Retrieval)
Rose, Daniel E./Belew, Richard K.: Legal Information Retrieval: A Hybrid Approach, in: ICAIL-89, S. 138-146.

"Screening Employee Pension Plans"
Grady, Gary/Patil, Ramesh S.: An Expert System for Screening Employee Pension Plans for the Internal Revenue Service, in: ICAIL-87, S. 137-144.

SPADES (Screening of Pension Applications and Determination Support)
Morris, Gary/Taylor, Keith/Harwood, Maury: Handling Significant Deviations in Boilerplate Text, in: ICAIL-87, S. 145-154.

STARE
Goldman, Seth R./Dyer, Michael G./Flowers, Margot: Learning to Understand Contractual Situations, in: IJCAI-85, S 291-293.
Goldman, Seth R./Dyer, Michael G./Flowers, Margot: Precedent-based Legal Reasoning and Knowledge Acquisition in Contract Law: A Process Model, in: ICAIL-87, S. 210-221.

TAXADVISOR
Biagioli, Carlo/Fameli, Elio: Expert Systems in Law. Darin wird verwiesen auf:
Michaelsen, R.: A Knowledge-based System for Individual Income and Transfer Tax Planning, Ph.D Thesis, Champaign-Urbana, University of Illinois, Accounting Dept., 1982.
Michaelsen, R./Michie, D.: Expert Systems in Business, in: Datamation, Vol. 29, No. 11, S. 240-246.

TAXMAN (I)
McCarty, L.Thorne: A Computational Theory of Eisner v. Macomber, in: C. Ciampi (Ed.), Artificial Intelligence and Legal Information Systems, S. 329-355.
McCarty, L.Thorne: Reflexions on TAXMAN: An Experience in Artificial Intelligence and Legal Reasoning, Harvard Law Review 90, 1977, S. 837-893.

TAXMAN (II)
McCarty, L.Thorne: A Computational Theory of Eisner v. Macomber, in: C. Ciampi (Ed.), Artificial Intelligence and Legal Information Systems, S. 329-355.
McCarty, L. Thorne: The TAXMAN Project: towards a cognitive theory of legal argument, in: B. Niblett (Ed.), Computer Science and Law, Cambridge University Press, 1980, S. 23-43.
Sridharan, N. S.: Representing Knowledge in AIMDS, Informatica e Diritto, 2-3, 1981, S. 201-221.

Details der TAXMAN II-Beschreibung in:

McCarty, L. Thorne/Sridharan, N.S.: The Representation of an Evolving System of Legal Concepts: I. Logical Templates, in: Proceedings of the 3rd Biennal Conference of the Canadian Society for Computational Studies of Intelligence, 1980, S. 304-311.

"Winston-System"

Ashley, Kevin D.: Reasoning by Analogy, in: C. Walter (Ed.), Computing Power and Legal Reasoning, S. 105-127.

Winston, P. H.: Learning and Reasoning by Analogy, Communications of the ACM, Vol. 23, No. 12, S. 689-703, 1979.

3DPR

Belzer, Marvin: Legal Reasoning in 3-D, in: ICAIL-87, S. 155-163.

Anhang 2   Ausführliche Darstellung ausgewählter Projekte

Die Auswahl orientiert sich an folgenden Zielsetzungen:
- Die verschiedenen Typklassen sollen durch die Systeme illustriert werden.
- Vorzugsweise sollen solche Projekte dargestellt werden, bei denen eine konkrete Implementierung auf (rechts-)theoretischen Vorüberlegungen basiert.

Folgende Systeme werden näher beschrieben:

Name:	Typ:
1. WZ	Anwendung fallbasierten Schließens
2. KOKON	Konfigurationssystem
3. LIRS	"Intelligente" Datenbank
4. CABARET	Hybrides System/Argumentationshilfesysteme/System mit eigener Inferenzkontrolle
5. Anne Gardner-System	Grundlagenforschung/hybrides Systeme
6. ANAPHORA	Automatische Textanalyse
7. British Nationality Act	Grundlagenforschung/Entscheidungshilfesystem
8. EPS-II	Konsultationssystem/Konfigurationssystem/hybrides System
9. F.L.E.	Grundlagenforschung/Natürlichsprachliches System
10. GREBE	Hybrides System
11. LDS	Entscheidungshilfesystem
12. SPADES	Automatische Textanalyse/Natürlichsprachliches System
13. TAXMAN/LLD	Grundlagenforschung/Spezielle Programmiersprache

1. WZ

Das System WZ wurde von Peter Gerathewohl im Rahmen seiner Dissertation mit dem Titel: "Erschließung unbestimmter Rechtsbegriffe mit Hilfe des Computers - Begriff der Angemessenheit im Sinne des § 142 Abs. 1 Nr. 2 StGB" erstellt.

Das System basiert auf dem Gedanken[462], daß ein Computereinsatz im Bereich der juristischen Entscheidungsfindung sinnvollerweise einen automatischen Fallvergleich durchführt. Gerathewohl übernimmt von Haft den Gedanken, daß ein unbestimmter Rechtsbegriff im Grunde durch eine große Zahl konkreter Einzelfälle ersetzt werden könne.

Zur Entwicklung des Systems WZ wurde der von der Shell "RuleMaster" zur Verfügung gestellte Regelgenerator "RuleMaker" benutzt. Dieser erlaubt es, allgemeines Wissen aus Einzelfällen zu generieren. Daneben ist es auch möglich, Regeln in das System zu integrieren, die vom Benutzer eingegeben werden.

Als Eingabedaten zur Erzeugung des Expertensystems werden also Daten über Einzelfälle benötigt, die schließlich verallgemeinert werden sollen.

---

462 Zur Konzeption des "automatisierten Fallvergleichs" siehe auch Kapitel 2.4.

Gerathewohl analysiert die in der Literatur dokumentierten einschlägigen Entscheidungen zu
§ 142 StGB und ermittelt zunächst die entscheidungsrelevanten Kriterien (Merkmale):

Diese waren:
- Fremdschaden (FS),
- allgemeine Feststellungserwartung (FE),
- Tageszeit (TZ),
- Unfallort (UO),
- Verkehrsdichte (VD),
- optische und akustische Auffälligkeit des Unfalls (AF),
- Wochentag (WT),
- feststellungsfördernde Hinterlassung oder Aktivität (FH),
- Schwierigkeit der Sach- und/oder Rechtslage (SR),
- Ungünstige Jahreszeit oder Witterung (JW),
- Besonderer Entfernungsgrund (EG).

Es wurde ferner ermittelt, welche konkreten Werte die einzelnen Merkmale annahmen.
Dabei kam Gerathewohl zu dem Ergebnis, daß für jedes Merkmal nur einige wenige Werte
benutzt wurden.

FS: 0: keine Angabe hierzu
    1: Sachschaden (Höhe unbekannt oder belanglos)
    2: geringer, unbedeutender Sachschaden
    3: mittlerer bis großer Sachschaden
    4: Personenschaden/Verletzte
    5: Personenschaden/Todesopfer

FE: 0: keine Angabe hierzu
    1: geringe Erwartung (nur Polizei kommt zur Feststellung in Frage)
    2: gesteigerte Erwartung

TZ: 0: keine Angabe hierzu
    1: untertags
    2: abends
    3: nachts

UO: 0: keine Angabe hierzu
    1: innerorts in mittlerer oder großer Stadt oder in Stadtzentrum/Geschäftsstraße
     einer kleineren Stadt/Ortschaft
    2: inner- oder außerorts in bebautem Gebiet
    3: inner- oder außerorts auf Autobahn/Bundesstraße
    4: außerorts

VD: 0: keine Angabe hierzu
    1: wenig oder kein Verkehr
    2: normaler, fließender Verkehr
    3: lebhafter/dichter Verkehr

AF: 0: keine Angabe hierzu
        1: optisch und akustisch unauffällig
        2: optisch oder akustisch sehr auffällig

WT: 0: keine Angabe hierzu
        1: Werktag
        2: Sonntag oder Feiertag

FH: 0: keine Angabe hierzu
        1: wahrheitsgemäße Nachricht, Kfz, Papiere etc. hinterlassen
           oder Versuch, Geschädigten oder Polizei vom Unfall zu
           unterrichten

SR: 0: keine Angabe hierzu
        1: einfache Sach- und Rechtslage

JW: 0: keine Angabe hierzu
        1: Kälte, starker Niederschlag oder sonstige extreme
           Witterungsverhältnisse

EG: 0: keine Angabe hierzu
        1: Verletzung, Krankheit, hohes Alter, Gebrechlichkeit, fehlende
           witterungsgerechte Bekleidung, wichtige Prüfung, Hochzeit,
           Geburt etc.

Die empirische Grundlage für den ersten Prototyp umfaßte 18 Entscheidungen. Eine
notwendige Bedingung für die Auswahl von Entscheidungen war: Es müssen Angaben zu
mindestens einem wartezeitbestimmenden Kriterium vorhanden sein.

Die folgende Tabelle stellt die Werte der Merkmale der 18 Fälle dar, die als Induktionsgrundlage dienten. Die Abkürzung "ang." bedeutet, daß in dem entsprechenden Fall die Wartezeit als angemessen beurteilt wurde. "Unang" steht entsprechend für eine nicht angemessene Wartezeit.

WZ	FE	FS	WT	TZ	UO	JW	VD	AF	SR	EG	FH	
10	1	2	0	0	0	0	0	0	0	0	0	ang.
20	2	1	0	2	2	0	0	0	0	0	0	unang
60	1	5	2	1	2	0	0	0	0	0	0	ang.
30	0	2	0	0	0	0	0	0	0	0	0	ang.
30	0	1	0	3	2	0	0	0	0	0	0	ang.
10	2	2	0	0	0	0	0	0	0	0	0	unang
30	1	2	0	3	2	0	0	0	0	0	0	ang.
10	0	2	0	2	3	0	3	0	0	0	0	unang
45	0	2	0	3	2	0	0	0	0	0	0	ang.
30	2	4	0	3	1	0	2	2	0	0	0	unang
60	0	2	0	0	0	0	0	0	0	0	0	ang.
15	0	2	0	3	0	0	1	0	0	0	0	ang.
30	0	1	0	2	0	1	0	0	0	0	0	ang.
30	0	1	3	1	0	0	0	0	0	0	0	unang
30	1	2	0	1	2	0	0	1	0	0	0	ang.
10	1	2	3	3	2	1	1	0	1	1	0	ang.
20	0	2	2	1	1	0	3	0	1	0	1	ang.
15	0	5	0	0	0	0	0	0	0	0	0	unang

Dieser Datenbestand wurde (automatisch durch RuleMaker) verallgemeinert und es wurde eine allgemeine Entscheidungsregel abgeleitet.

Das Ergebnis, das auf 18 Fällen basierte, führte aus Sicht des Entwicklers noch keine ausreichend guten Ergebnisse herbei. Daher wurde der Datenbestand vergrößert.

Aus dem vergrößerten Datenbestand entstand folgender Entscheidungsbaum:

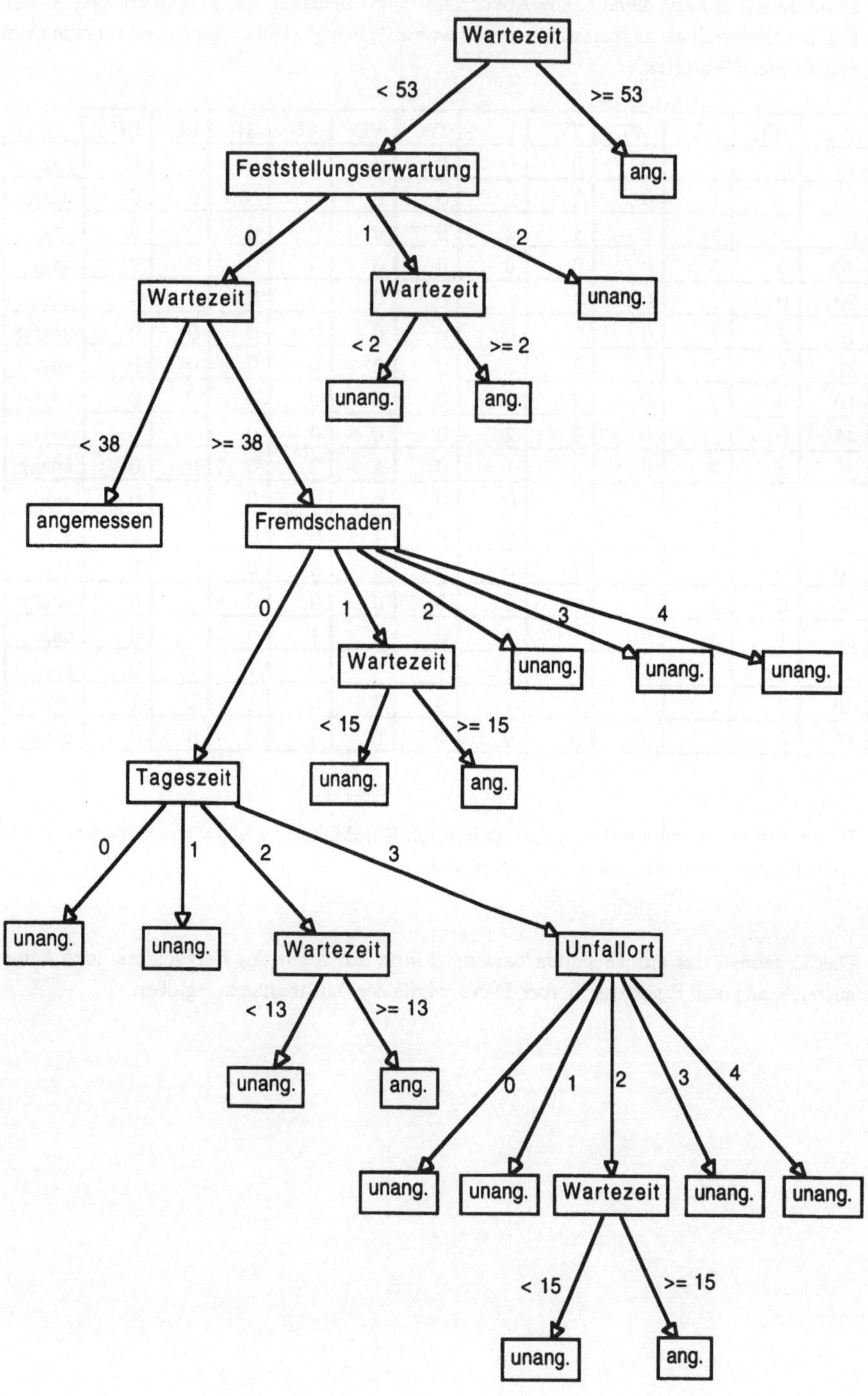

2. KOKON

Das System KOKON ist eine Entwicklung der Systemtechnik Berner und Mattner. Es wurde in Zusammenarbeit mit der TU München im Rahmen des WISDOM-Verbundprojektes verwirklicht. Es handelt sich dabei um ein Konfigurationssystem für Grundstückskaufverträge. Es benutzt sowohl Regeln als auch Objekte zur Repräsentation der Informationen. KOKON verwendet Default-Reasoning und verfügt hierfür über ein ATMS zur Behandlung der nichtmonotonen Zusammenhänge[463].

Das Projektziel wird wie folgt beschrieben[464]:
"Das Ziel von KOKON als anwendungsorientiertes Vorhaben bestand in der Entwicklung eines wissensbasierten Systems zur Konfiguration von Dokumenten.(...) Als Anwendungsbeispiel ist der Grundstückskaufvertrag ausgewählt worden. Dieser Vertragstyp eignet sich aufgrund der eingeschränkten Erscheinungsformen des Vertragsinhaltes und der durch das Beurkundungsgesetz vorgeschriebenen äußeren Form der Urkunde[465]."

Beschreibung des juristischen Gegenstandsbereiches:

Die dargestellten Informationen wurden begrenzt auf den Bereich der käuflichen Veräußerung von Grundbesitz. (Verpflichtungen wie Tausch oder Schenkung sind nicht implementiert, können aber ohne großen Aufwand nachträglich eingefügt werden). Vertragsgegenstand kann hierbei ein Grundstück oder eine Teilfläche eines Grundstücks sein, jedoch nicht Wohnungseigentum.
Es kann jeweils nur das Eigentum am Vertragsgegenstand übertragen werden. Die Übertragung von anderen Rechten (beispielsweise Nutzungsrechte oder Erbbaurechte) ist nicht vorgesehen.

Als Beteiligte des Vertrages können sowohl natürliche als auch juristische Personen (hier exemplarisch auf eingetragenen Verein, GmbH und Aktiengesellschaft begrenzt) auftreten. Personenmehrheiten sind nicht vorgesehen. Besonderer Wert wurde auf die Darstellung der rechtsgeschäftlichen Stellvertretung und der notwendigen gesetzlichen Vertretung natürlicher Personen gelegt, wobei jedoch der Umfang des Wissens auf die häufiger vorkommenden Vertretungsfälle eingeschränkt wurde.
Der Kaufpreis kann wahlweise als Fest- oder Quadratmeterpreis angegeben werden. Die Möglichkeit einer Kaufpreisfinanzierung in Verbindung mit der Bestellung von Grundpfandrechten an dem zu veräußernden Grundstück ist implementiert.

---

[463] Näheres zu objektorientierter Darstellung, ATMS, Default-Reasoning und nicht-monotoner Logik: Kapitel 3.
[464] In: Susanne Wiefel, Anwendungsbeispiel "Immobiliarverträge": Jura und Knowledge Engineering im Grundlagenforschungsprojekt KOKON, Hrsg. von: Systemtechnik Berner und Mattner GmbH, München-Ottobrunn 1989, S. 6.
[465]Regelungen hinsichtlich der Gestalt der Urkunde werden getroffen in:
§ 9 Beurkundungsgesetz: Inhalt der Vertragsniederschrift.
§ 313 BGB: Grundstückskaufverträge müssen durch Notar beurkundet werden.
§ 20, 29 GBO, § 925 BGB: Grundbuchamt verlangt zur Eintragung den Nachweis der erklärten Auflassung durch notarielle Urkunde.

Gängige Vertragsabwicklungen wie Treuhandabwicklung durch den Notar sind berücksichtigt. Zahlungen auf ein Notaranderkonto, Auflassungsvormerkungen und andere Sicherungsmittel werden je nach Sachlage zur Absicherung der Parteiinteressen verwendet.

Behördliche Genehmigungserfordernisse, insbesondere auch eine eventuell notwendige Genehmigung durch das Vormundschaftsgericht und deren Voraussetzungen sind dem System bekannt.

Darüberhinaus enthält die Wissensbasis Regeln über folgende Themenkreise:
- Geschäftsfähigkeit der Vertragsparteien,
- Ehegattenzustimmung (§ 1365 BGB),
- Erfordernis behördlicher Genehmigungen,
- Eingetragene Verfügungsverbote,
- Bestimmbarkeit des Vertragsgegenstandes bei Teilstückverkauf.

Strukturierung und Umsetzung des Wissens:
Das System besitzt Informationen über
- Verträge allgemein,
- Kaufverträge,
- Grundstückskaufverträge.

Die vom System voreingestellten Default-Werte für die Vertragsparteien lauten:
- natürliche Personen,
- geschäftsfähig,
- unverheiratet,
- nicht behindert,
- verfügungsbefugt.

Ablauf der Konfigurierung:
Die Benutzeroberfläche beinhaltet mehrere Fenster, deren wichtigste das
- Formularfenster sowie das
- Dokumentenfenster sind.
Das erstere enthält einen Fragenkatalog zur Ermittlung bestimmter Eingabewerte. Das zweite enthält den jeweils bislang erzeugten Vertragstext.
Das heißt, daß der Vertragstext parallel zur Dateneingabe generiert wird. Hierbei geht das System von einem Minimalvertrag aus, der in allen Bereichen lediglich Mindestanforderungen (einfachste Konstellationen) erfüllt, aber rechtlich durchführbar ist. Als Ausprägung der Werte werden jeweils die angegebenen Default-Werte angenommen. (Beispiel Geschäftsfähigkeit: mögliche Zustände: geschäftsfähig, beschränkt geschäftsfähig, geschäftsunfähig. Hier ist "geschäftsfähig" der Default). Durch einen derartigen Einsatz von Defaults ist es möglich, daß das System gewissermaßen von Anfang (der Sitzung) an einen rechtlich zulässigen Vertragstext präsentiert.
Werden dem System im weiteren Verlauf der Konsultation durch Eingaben im Eingabefenster Informationen bekannt, die den benutzten Default-Werten widersprechen, so werden die entsprechenden Defaults durch die vom Benutzer eingegebenen Werte ersetzt. Im Anzeigefenster wird der Vertragstext den jeweils gültigen Werten angepaßt.

3. LIRS

Das Systems LIRS (Legal Information Retrieval System) wurde von Carole D. Hafner an der North Eastern University of Boston entwickelt. Das Projekt wurde 1978 im Stadium des Prototyps abgeschlossen. Der juristische Anwendungsbereich des Systems ist universell; Hafner führte beispielhafte Anwendung zur Darstellung der Artikel 3 und 4 des "Uniform Commercial Code" (Regelungen hinsichtlich "checks" und "notes") durch.

Zur Funktionsweise des Systems:
Der Benutzer kann eine Query-Language benutzen, deren Hauptfunktionen durch folgende Kommandos beschrieben werden:

DESCRIBE: Hier kann der Benutzer eine Beschreibung des gesuchten Dokuments oder Konzepts in einer Form eingeben, die der englischen Sprache angelehnt ist.

FIND: Veranlaßt die Suche anhand eines Ausdrucks der (formalen) Anfragesprache.

CITES: Dient der Suche von Dokumenten, die ein anderes zitieren.

ISSUES: Hiermit kann nach den Folgen eines rechtlichen Konzepts beziehungsweise einer Situation gefragt werden.

Theoretische Basis:
Die Wissensrepräsentation erfolgt mit Hilfe Semantischer Netze. Dabei werden folgende Beziehungen zwischen Objekten dargestellt:
- Element/Menge-Beziehung,
- Hierarchie von Mengen,
- Rollenbeziehung,
- Ereignis-Eintritt-Beziehung.
Die Informationsdarstellung wie auch die Query-Language greifen auf die hierfür entwickelte Sprache SDL (Structured Description Language) zurück.

Zur Darstellung von Ausnahmen von Regeln wurde ein "Unless"-Operator zur Verfügung gestellt.

Realisierung:
Das System wurde in LISP auf einem MTS-Computersystem programmiert. Die Beispielanwendung enthält etwa 200 Fälle und 200 Paragraphen.

Bemerkung:
Das Projekt diente vorrangig der Verbesserung bestehender Datenbankkonzepte. Die Auswahl juristischer Inhalte für eine Verwendung in dem Prototyp LIRS erfolgte stellvertretend für andere Fachgebiete.

4. CABARET

Das System CABARET (Case-Based Reasoning Tool) wurde Ende der 80er Jahre von Edwina L. Rissland und David B. Skalak am Department of Computer and Information Science der University of Massachusetts, Amherst entwickelt. Es handelt sich um ein Argumentationshilfesystem, das klassische und probabilistische Regeln (Regeln mit Wahrscheinlichkeitswert) wie auch fallbasiertes Schließen zuläßt.

Das System unterstützt die Behandlung und Anwendung von Section § 280 A(c)(1) des U.S. Internal Revenue Code.

Funktion:
Das System kann hinsichtlich einer gegebenen Situation verschiedene Standpunkte vertreten. Wenn beispielsweise möglich scheint, daß in der gegebenen Situation eine Regel mit einer unerwünschten Folgerung anzuwenden wäre, so sucht das System nach Möglichkeiten, diese Regel zu diskreditieren. Es sucht hierfür beispielsweise nach geeigneten Gegenbeispielen oder wählt eine engere oder weitere Interpretation eines unbestimmten Begriffes.

Die Steuerung der Aktionen des Systems erfolgt durch eine speziell entwickelte Inferenzkontrolle. Die Auswahl des jeweils nächsten durchzuführenden Arbeitsschrittes wird durch eine Menge von etwa 30 Heuristiken kontrolliert. Die Heuristiken helfen beispielsweise das Schließen zu beginnen, den Anwendungsbereich einer Regel zu erweitern, eine Regel zu diskreditieren, ein Teilergebnis zu bekräftigen, ...).
Zur Beschreibung der Aktivitäten beider Reasoning-Elemente (fall- und regelbasiert) gibt es eine spezielle Sprache CDL (Control Description Language).
Die Inferenzkomponente des regelbasierten Teils kann vorwärts und rückwärts schließen.
Der regelbasierte Teil soll die "leichten" Fälle lösen, während das fallbasierte Schließen zur Bearbeitung schwierigerer Fälle vorgesehen ist. Die Entwickler stellen die Behauptung auf, daß der fallbasierte Teil nicht die übliche "Brittleness" aufweist.

Bemerkung:
CABARET ist ein Nachfolgesystem von HYPO. An HYPO hatte sich gezeigt, daß fallbasiertes Schließen allein nicht zur juristischen Beurteilung eines Sachverhalts ausreicht. Daher wurde CABARET als hybrides System konzipiert, dessen Regeln insbesondere Elemente der Rechtsordnung einbringen sollen.

5. Das System von Anne Gardner

Im Rahmen ihrer Promotion erarbeitete Anne von der Lieth Gardner Mitte der 80er Jahre an der Stanford University ein juristisches Expertensystem, das der Klasse der hybriden Systeme zuzuordnen ist. Die Systementwicklung resultierte aus rechtstheoretischen Überlegungen. Daher kann dieses System auch den Projekten rechtstheoretischer und rechtsinformatischer Grundlagenforschung zugerechnet werden.

Juristischer Anwendungsbereich:
Anne Gardner konzipierte ein computerorientiertes Modell juristischen Schließens
("computational model of legal reasoning"). Die Anwendung dieses Modells wird von Anne
Gardner anhand einer Frage des Vertragsrechts, nämlich der Identifizierung von Angebot und
Annahme, erläutert. Hierbei werden allerdings teilweise einschränkende Annahmen gemacht: so
ist beispielsweise nur eine mündliche Annahme eines Angebots vorgesehen.

Funktion:
Nach manueller Übersetzung der Fallbeschreibung in eine vom System bearbeitbare formale
Sprache kann das System Regel-Deduktion und Analogieschlüsse durchführen. Es verfügt über
eine Heuristik, die einfache von schwierigen Fragen unterscheiden soll.
Eine Antwort auf einfache Fragen wird aus dem Wissen hergeleitet, das in Regeln dargestellt
ist. Wenn sich daneben keine Anhaltspunkte ergeben, die das abgeleitete Wissen in Frage
stellen, wird das gewonnene Ergebnis als gesichert angesehen.
Die Schwierigkeiten bei der Beantwortung schwieriger Fragen ergeben sich nach Analyse von
Anne Gardner aus der "Open-texture"-Eigenschaft der zugrundeliegenden Falldarstellung. Hier
sind verschiedene Interpretationen eines gegebenen Sachverhalts möglich. Das System wurde
daher in die Lage versetzt, verschiedene Interpretationen einer solchen Situation zu erzeugen.
Einige der erzeugten Alternativen können unter Verwendung von Heuristiken wieder
ausgesondert werden. Die übrigen Zweige geben dem Anwender eine Übersicht über die
Ergebnisse, die insgesamt erreicht werden können. Die Verzweigungspunkte des Baumes
bezeichnen dabei die relevanten Aspekte ("significant issues") eines Falles.
Als Erweiterungsmöglichkeit wurde angedeutet, daß das System unter Verwendung dieses
Baums Argumente für und gegen eine Meinung hinsichtlich einer schwierigen Frage
entwickeln könnte.

Die Wissensrepräsentation erfolgt anhand von Regeln und (Präzedenz-)Fällen. Es handelt sich
dabei sowohl um Experten- wie auch um Allgemeinwissen. Die allgemeinste
Wissensrepräsentationsstruktur besteht in einer Art von ATN (Augmented Transition
Network).
Der Inferenzmechanismus verwendet Heuristiken und benutzt Default-Reasoning. Er ist dafür
ausgelegt, auch unvollständig beschriebene ("open textured") Situationen zu bearbeiten.
Als Repräsentationssprache wurde MRS (Meta Reasoning System) gewählt, eine Sprache, die
sich der Notation des Prädikatenkalküls bedient. Die Implementierung erfolgte in Maclisp (auf
Dec System 20).

Bemerkung:
Im Rahmen der Programmierung wurde viel Aufwand betrieben, um das exponentielle
Wachstum des Baumes zu begrenzen, der die Interpretationsalternativen darstellt.

Bewertung des Systems durch Anne Gardner:

Gardner erhebt den Anspruch, ihr Programm spiegele die Vorgehensweise eines Juristen[466].

Sie geht davon aus, daß juristische Experten in vielen Einzelfällen keine juristischen Streitfälle sehen und daß daher ihr Programm für einen bedeutenden Teil der praktischen Fälle geeignet sei.

6. ANAPHORA

Dieses System wurde von F. Studnicki, B. Polanowska, E. Strabrawa, J. M. Fall, A. Lachwa zu Beginn der 80er Jahre am Institut für Informatik der Universität Cracow (Polen) entwickelt.

Das System findet Querverweise im Text und erkennt die semantischen Eigenschaften des Verweises. Der Verweis wird in einer Normalform (Sprache SRL) dargestellt. Eine Suchstrategie (zum Auffinden der Referenz) wird ausgewählt und die Suche des Textes, auf den verwiesen wird, wird (in einer angeschlossenen Datenbank) veranlaßt.

Es wurde eine Klassifikation der in Frage kommenden Verweistypen durchgeführt.

Hierbei sind vier Klassen von Verweisen ermittelt worden:

1.) Verweise, die explizit eine Seitenzahl oder einen Paragraphen nennen,

2.) Verweise, die relativ zum gegebenen Text sind (z.B. "der *vorhergehende* Paragraph").

3.) Implizite Verweise, die auf unmittelbar vorangegangene Textabschnitte bezogen sind (z.B. Formulierung von Ausnahmen durch Begriffe wie "daneben", "dagegen", "dennoch")

4.) Semantische Verweise, die nur durch ihren Inhalt auf andere Textelemente hinweisen. (Z.B. "*Wenn keine anderen Preise gelten, sollen diejenigen Regelungen dieses Gesetzes angewandt werden, die die Einzelhandelspreise betreffen.*")

Es wurde eine spezielle formale Sprache zur Darstellung von Verweisen entwickelt. Diese Sprache SRL (language of semantic interpretation) stellt eine Normalform für die Verweise dar. Sie erlaubt eine aussagenlogische Verknüpfung elementarer Symbole.

7. British Nationality Act

Dies System wurde in den Jahren 1983 und 84 von Marek Sergot und Robert Kowalski innerhalb der "Logic Programming Group" des Imperial College in London realisiert.

Es handelt sich dabei um ein Entscheidungshilfesystem, dessen Entwicklung Zielen der rechtstheoretischen Grundlagenforschung diente.

Der juristische Anwendungsbereich besteht im Britischen Staatsbürgerschaftsrecht (British Nationality Act von 1981).

---

[466] Anne v. d. L Gardner, The Design of a Legal Analysis Program, in: Proceedings of the National Conference on Artificial Intelligence (AAAI-83), 1983, S. 114: "The design of the program is intended to reflect lawyers´own understanding of the nature and uses of legal materials".

In seiner Funktionalität repräsentiert des Systems einen typischen Vertreter eines Entscheidungshilfesystems.

Es handelt sich um ein rein regelbasiertes System. Den Entwicklern war wichtig aufzuzeigen, daß die Computersprache Prolog zur Implementierung eines juristischen Entscheidungs-hilfesystems besonders gut geeignet sei.
Hierbei wird mit der "Closed World"-Annahme gearbeitet, nach der alles, was nicht als wahr bekannt ist, als falsch gilt ("negation by failure"). Das System verfügt über eine Erklärungskomponente.

Die Implementierung erfolgte mit Hilfe der Shell APES und der Sprache Micro-Prolog auf einem Z80-Microcomputer mit 128 kByte Hauptspeicher. Der Umfang des Systems erreichte etwa 150 Regeln.

Bemerkungen:
Das Staatsbürgerschaftsrecht wurde als Gegenstand dieser Entwicklung ausgewählt, da es übersichtlich und in sich abgeschlossen ist. Ferner gab es zur Zeit der Entwicklung noch wenig konkrete Fälle hierzu, die im Rahmen des Case-Law hätten berücksichtigt werden müssen.

Gemäß der Darstellung von Biagioli/Fameli[467] sind die Entwickler des Systems "British Nationality. Act" davon überzeugt, daß auf der Basis von "Wenn- dann Regeln" ein juristisches Expertensystem entwickelt werden kann, das über das Wissen eines guten Juristen verfügt.

8. EPS II

Die Entwicklung von EPS-II als Nachfolgesystem von EPS wurde 1989 von Dean A. Schlobohm und L. Thorne McCarty konzipiert.

Es handelt sich um ein hybrides Konsultations- und Dokumentenkonfigurierungssystem.

Juristischer Anwendungsbereich:
Internal Revenue Code und verwandtes Steuerrecht.

Funktion:
Das System verwendet Bestimmungen des Internal Revenue Code sowie verwandter fiskalischer Vorschriften, um einen oder mehrere Grundstückspläne (testamentarische Regelungen hinsichtlich des Grundbesitzes) zu erstellen, die den Wünschen des Mandanten gerecht werden.

Das System enthält standardisierte Pläne (Prototypen). Ausgehend von einem solchen Prototyp-Plan können rechtliche Regeln zur kontrollierten Modifikation (Deformation) dieses Prototypplans eingesetzt werden. Alle möglichen Veränderungen werden dabei im Hinblick auf ihre Folgen (Auswirkungen auf die Ziele des Mandanten) untersucht.

---

[467] Carlo Biagioli/Elio Fameli, Expert Systems in Law: An International Survey and a Selected Bibliography, in: CC-AI, Vol. 4, Nr. 4, 1987.

Als Ziele des Mandanten kommen hierbei in Frage:
- Unterstützung/Versorgung von Begünstigten,
- Erhalt der Kontrolle über die Vermögenswerte,
- Minimierung der anfallenden Steuerlast.

Auf diese Weise wird folgenorientiert ein individueller Plan erzeugt, der den Wünschen des Mandanten entspricht.

Theoretische Basis:
Das System ist fall- und regelbasiert. Es erfolgt eine explizite Repräsentation der Ausgangssituation (Fakten und Relationen). Zur Darstellung des Rechts wird eine Mischung aus arithmetischen Ausdrücken und konzeptuellen Regeln verwandt. Zur Behandlung der Prototypen (Standard-Fälle) und deren Veränderung wird die Theorie der Prototypen und Deformationen benutzt, die von L.Thorne McCarty im Rahmen des TAXMAN-II-Projektes entwickelt wurde.

Realisierung:
Die Implementierung von EPS-II soll unter Verwendung der Language of Legal Discourse (LLD) geschehen, die von L. Thorne McCarty entwickelt wurde.

Bemerkung:
Die Entwickler überlegen, ob sie das System so gestalten können, daß bei Veränderung des Rechts automatisch angepaßte Pläne konstruiert werden.

9. F. L. E.

Die Entwicklung des Systems F.L.E. (Foundations of Legal Expertise) wurde Mitte der 80er Jahre von Michael Dyer und Margaret Flowers am Artificial Intelligence Laboratory der University of California, Los Angeles durchgeführt.

Es handelt sich um ein natürlichsprachliches System, das einen Beitrag zur Grundlagenforschung im Bereich der (juristischen) Wissensrepräsentation und -verarbeitung leisten sollte.

Theoretische Basis:
Das System beinhaltet einen "episodischen" Speicher (episodic memory), der kurze Fall- beziehungsweise Situationsbeschreibungen ("Episoden") enthält. Es gibt spezielle Programmkomponenten, die die Indizierung sowie den Zugriff und das Retrieval von "Episoden" unterstützen.
Die Entwickler wählten eine rechtswissenschaftliche Anwendung ihres Systems, da dieser Anwendungsbereich besondere Merkmale aufweist, die dem System übertragen werden sollten.
So insbesondere die Merkmale:
- Natürlichsprachlicher Vergleich von Situationen,
- Aufbau einer Argumentationsstrategie,
- Meinungsbildung durch Befragen von Personen.

Ein Schwerpunkt des Systems liegt auf der Beschreibung und dem Erkennen abstrakter rechtlicher Fragestellungen.

Bemerkung:
Das System F. L. E. nutzt die Ergebnisse mehrerer Vorprojekte; speziell der Projekte:

BORIS	Dies Programm verfügt über die Fähigkeit zur Darstellung einfacher natürlichsprachlicher Texte zum Thema "Ehescheidung" sowie zur Beantwortung von Fragen hinsichtlich der Texte in einem natürlichsprachlichen Dialog.
ABDUL/ILANA	Dies Programm kann in einem Dialog über die Frage der Verursachung des arabisch-israelischen Krieges von 1967 entweder die Argumentationslinie eines Arabers oder die eines Israeli vertreten.
HARRY	Dieses Projekt untersuchte die Schlußweisen, die im Bereich des Argumentierens auftreten.
CYRUS	Dies Programm realisiert eine konzeptuelle Datenbank, die eine Reihe von Vorgängen/Ereignissen (Episoden) aus dem Leben des früheren Secretary of State (Außenministers) Cyrus Vance enthält.

10. GREBE

Das hybride System GREBE (Generator of Recursive Exemplar-Based Explanations) wurde von L. Karl Branting, Department of Computer Sciences, University of Texas, Austin entwickelt.

Juristischer Anwendungsbereich:
Arbeitsunfall-Entschädigungen für Arbeiter, die außerhalb ihres Arbeitsplatzes unterwegs sind. (Nach texanischem Recht).

Funktion:
Um zu prüfen, ob im aktuellen Fall ein bestimmtes Merkmal vorliegt, erfolgt ein Vergleich mit bereits bekannten Fällen, die das fragliche Merkmal aufweisen. Aus dem bereits bekannten Fall wird die Begründung für das Vorliegen des fraglichen Merkmals entnommen. Das System prüft dann anhand von Regeln, ob sich diese Begründung auf den aktuellen Fall übertragen läßt und diesem somit auch das entsprechende Merkmal zugesprochen werden kann.

Theoretische Basis:
Im Bereich des fallbasierten Schließens wird ein besonderes Konzept der Ähnlichkeitsermittlung umgesetzt. Die üblichen Methoden der Ähnlichkeitsermittlung (z.B. nach Anzahl gemeinsamer Merkmale, gegebenenfalls Berücksichtigung einer Gewichtung dieser Merkmale) werden verworfen.
Das System GREBE versucht die Wiederverwendung von früher bereits erfolgreich durchgeführten Begründungen, die das Vorliegen bestimmter Merkmale belegten.

Die Falldarstellung geschieht mit Hilfe eines Semantischen Netzes.

11. LDS

Das Entscheidungshilfesystem LDS (Legal Decisionmaking System) wurde zu Beginn der 80er
Jahre von Donald A. Waterman und Mark A. Peterson, The Rand Corporation, Santa Monica,
Kalifornien entwickelt.

Juristischer Anwendungsbereich:
Schadensregulierung in Produkthaftungsfällen.

Funktion:
Nachdem ein entsprechender Fall eingegeben wurde, bestimmt das System den Umfang der
Haftung des Angeklagten, ermittelt den Streitwert und sucht nach einer gerechten Entscheidung,
die sich in der Höhe einer Geldleistung ausdrückt. Die Feststellung der angemessenen
Entschädigung erfolgt aufgrund folgender Parameter:

- Verlust: Höhe des eingetretenen Gesamtschadens.

- Haftung: Wahrscheinlichkeitswert dafür, daß der Angeklagte für den Schaden haftet
        (hier werden beispielsweise die unterschiedlichen Praktiken der
        Rechtsanwendung in den einzelnen Bundesstaaten berücksichtigt).

- Verantwortlichkeit: Abschätzung des Ausmaßes der Verantwortlichkeit des Klägers für
        den Schaden.

- Charakteristik: Berücksichtigung ausgewählter charakteristischer Eigenschaften des Falls
        und der beteiligten Personen.
        (Hier greifen Regeln wie beispielsweise "Fähigkeiten des Anwalts des
        Klägers haben geringeren Einfluß auf das Prozeßergebnis als die
        Fähigkeiten des Anwalts der Verteidigung").

- Kontext: Berücksichtigung des Situationskontextes (z.B. Strategie, Art, Zeitpunkt
        einer Forderung durch den Kläger; konkret: wenn der Kläger dringend Geld
        benötigt, so führt dies tendenziell zu einer Abwertung des Anspruchs,
        dagegen wird der Wert des Anspruchs um bis zu 20 % erhöht, wenn der
        Prozeßbeginn unmittelbar bevorsteht).

Nachdem das System Werte für diese Merkmale ermittelt hat, erfolgt die Bestimmung des
vorgeschlagenen Entschädigungsbetrages durch Multiplikation dieser Werte.
Entschädigungsbetrag := Verlust * Haftung * Verantwortlichkeit * Charakteristik * Kontext.

Das benutzte Wissen stammt aus verschiedenen Quellen und wurde durch intensive Interviews
und Beobachtung der Arbeit von Anwälten gewonnen.
Die Implementierung wurde regelorientiert vorgenommen; im Kern wird jedoch die rechtliche
Bewertung auf eine arithmetische Operation reduziert.

Realisierung:
Die Implementierung erfolgte unter Verwendung der Programmiersprache ROSIE
(regelorientiertes Programmiersystem, Shell). Das Programm beinhaltet etwa 300 Regeln.

Bemerkung:
Es fällt auf, daß dem Systementwurf eine intensive Praxis-Studie vorausging; sie diente der
Ermittlung von Regeln, die beispielsweise auch persönliche Eigenschaften der beteiligten
Personen berücksichtigen.

12. SPADES

Das natürlichsprachliche Textanalysesystem SPADES (Screening of Pension Applications and
Determination Support) wurde Ende der 80er Jahre von Gary Morris, Keith Taylor und Maury
Harwood, Artificial Intelligence Lab, Internal Revenue Service, Washington entwickelt.

Der juristische Anwendungsbereich besteht in der Analyse sogenannter "pension plans", die an
den "Internal Revenue Service" (IRS) übermittelt werden. Die rechtliche Grundlage hierfür
ergibt sich aus dem Internal Revenue Code.

Funktion:
Das Programm überprüft zunächst, ob es früher schon einen ähnlichen Plan gab. Die Absätze
des Plans werden dabei Wort für Wort mit früheren Plänen verglichen. Ist keine solche
Übereinstimmung zu finden, so versucht das System, innerhalb eines jeden Abschnitts einen
Titel zu entdecken. Wenn ein Titel gefunden wurde, so wird ein Vergleich mit einem
Themenbaum (Topic Tree) durchgeführt, der die Themen enthält, die in jedem Plan enthalten
sein müssen. Das System kann auch auf signifikante Abweichungen reagieren. Eine
signifikante Abweichung besteht dabei aus einem - im Vergleich zum Topic Tree - zusätzlichen
beziehungsweise einem fehlenden Textbaustein.
Das Programm verfügt über ein Lexikon mit Synonymen zu allen wichtigen Schlagwörtern;
für jedes Dokument werden die Vorkommen dieser Wörter registriert. Anhand einer Grammatik
kann das System jede mögliche Anordnung der einzelnen Themen innerhalb eines Plans
erkennen. (Diese Anordnung kann nur begrenzt variieren).
Das System verfügt über Regeln, um innerhalb eines Abschnittes aus der Formulierung des
Textes auf bestimmte Inhalte zu schließen. (Beispielsweise eine Regel der Art:"wenn sich
mindestens drei Vorkommen von "joint and survivor" und mindestens ein Vorkommen des
Schlüsselbegriffes "death" (oder ein Synonym hiervon) zwischen vier Vorkommen des Begriffs
"benefit" (oder Synonym) befinden, dann erhöhe den Grad der Wahrscheinlichkeit, daß sich
dieser Abschnitt mit der Möglichkeiten der Zahlung von Sterbegeld (death benefits)
beschäftigt".)
Der Vergleich von aktuellem Plan und dieser Struktur führt schließlich zu einer Reihe von
Fragen, die noch (automatisch) überprüft werden müssen, um eine Qualifikation der
Textabschnitte vornehmen zu können. Diese Fragen richten sich oft darauf festzustellen, ob
bestimmte Begriffe innerhalb des Textabschnittes vorkommen oder nicht vorkommen.
Aspekte, die vom System nicht behandelt werden können, müssen vom Sachbearbeiter
nachgetragen werden.

Theoretische Basis:
Ein Großteil eines "Pension Plans" ist aus vorgegebenen Textbausteinen zusammengesetzt.
Zum Erkennen von Abweichungen im Planaufbau werden Heuristiken verwandt, die aus
Expertenbefragungen hervorgingen. Das System arbeitet mit Wahrscheinlichkeitsfaktoren
(Certainty Factors).

Realisierung:
Die Implementierung erfolgte unter Verwendung der Shell Kee auf Symbolics Lisp-Maschinen.

Bemerkung:
Die Autoren bezeichnen das Problem des Verstehens natürlicher Sprache im allgemeinen als
ungelöst. Sie halten es jedoch für realistisch, in abgegrenzten Bereichen, wie der Bearbeitung
von Pension Plans, ein Computersystem mit der Fähigkeit natürlichsprachlicher Analyse zu
konstruieren.

13. TAXMAN/LLD

Das von L. Thorne McCarty, Computer Science Department und Faculty of Law, Rutgers
University, New Brunswick realisierte TAXMAN (I) Projekt beschäftigte sich mit Fragen der
Computerunterstützung beim juristischen Schließen. Demgegenüber richtete TAXMAN (II)
den Blick auf die Frage nach einer optimalen Wissensrepräsentationssprache für juristische
Anwendungen. Die Erkenntnisse aus beiden Projekten flossen schließlich in die Entwicklung
der Language of Legal Discourse (LLD) ein, die widerum zur Realisierung des Systems EPS-II
vorgesehen ist.

Es handelt sich um Projekte der Grundlagenforschung im rechtstheoretischen und
rechtsinformatischen Bereich, verbunden mit der Suche nach geeigneten juristischen
Programmierwerkzeugen (Sprachen, Shells)

Die Entwicklung der TAXMAN-Systeme wurde anhand von Beispielanwendungen aus dem
Steuerrecht für Kapitalgesellschaften durchgeführt. So behandelt das regelbasierte System
TAXMAN (I) das Subchapter C des Chapter I des Internal Revenue Code von 1954 und kann
verschiedene Typen (Typen B,C,D) der Unternehmensreorganisation erkennen. Das Projekt
TAXMAN-II verfolgte die Zielrichtung, ein Werkzeug zu entwickeln, das den Ablauf eines
Prozesses in allen für den Verlauf wesentlichen Eigenschaften erfassen kann. Hierzu gehört das
Erfassen der unumstrittenen Fakten, der Gesetze sowie die Darstellung der unterschiedlichen
Sichtweisen/Argumentationen der Prozeßgegner. Die Wissensrepräsentation ist objekt-orientiert
(Frames). Das System erlaubt die Berücksichtigung deontischer Konzepte. Zur Realisierung
von TAXMAN II wurde die Programmierumgebung AIMDS benutzt, die speziell hierfür in
LISP programmiert worden war.

Die Sprache LLD ist speziell zur Implementierung hybrider Systeme geeignet. Hierbei sollen
sowohl Analyse- wie auch Planungsfunktionen unterstützt werden. Es soll möglich sein, eine
tiefe Modellierung des entsprechenden fachlichen Bereichs durchzuführen.

Basierend auf elementaren Sprachelementen können Ereignisse und Aktionen dargestellt werden. Diese können disjunktiv, sequentiell oder parallel miteinander verbunden werden. Das System unterstützt Default-Reasoning und erlaubt die Darstellung und Bearbeitung von Zeitpunkten und -intervallen. LLD verfügt über eine eigene Inferenzkomponente und kann Ausdrücke der deontischen Logik bearbeiten. Die Auswertung der Daten erfolgt mit Hilfe intuitionistischer Logik.

Für die Falldarstellung wurde das im Rahmen von TAXMAN (II) entwickelte Konzept der "Prototypes and Deformations" benutzt. Zur Beschreibung einer Klasse von Fällen geht man dabei von einem (Standard-)Fall aus, der als Prototyp anzusehen ist. Ergänzend wird angegeben, an welchen Stellen und in welcher Weise andere Fälle, die zu der gleichen Klasse gehören, von dem Standardfall abweichen können.

Die Implementierung von LLD erfolgte in Common Lisp auf Sun/3-Workstations.